MECHANICS OF MACHINES

WILLIAM L. CLEGHORN and NIKOLAI DECHEV

SECOND EDITION

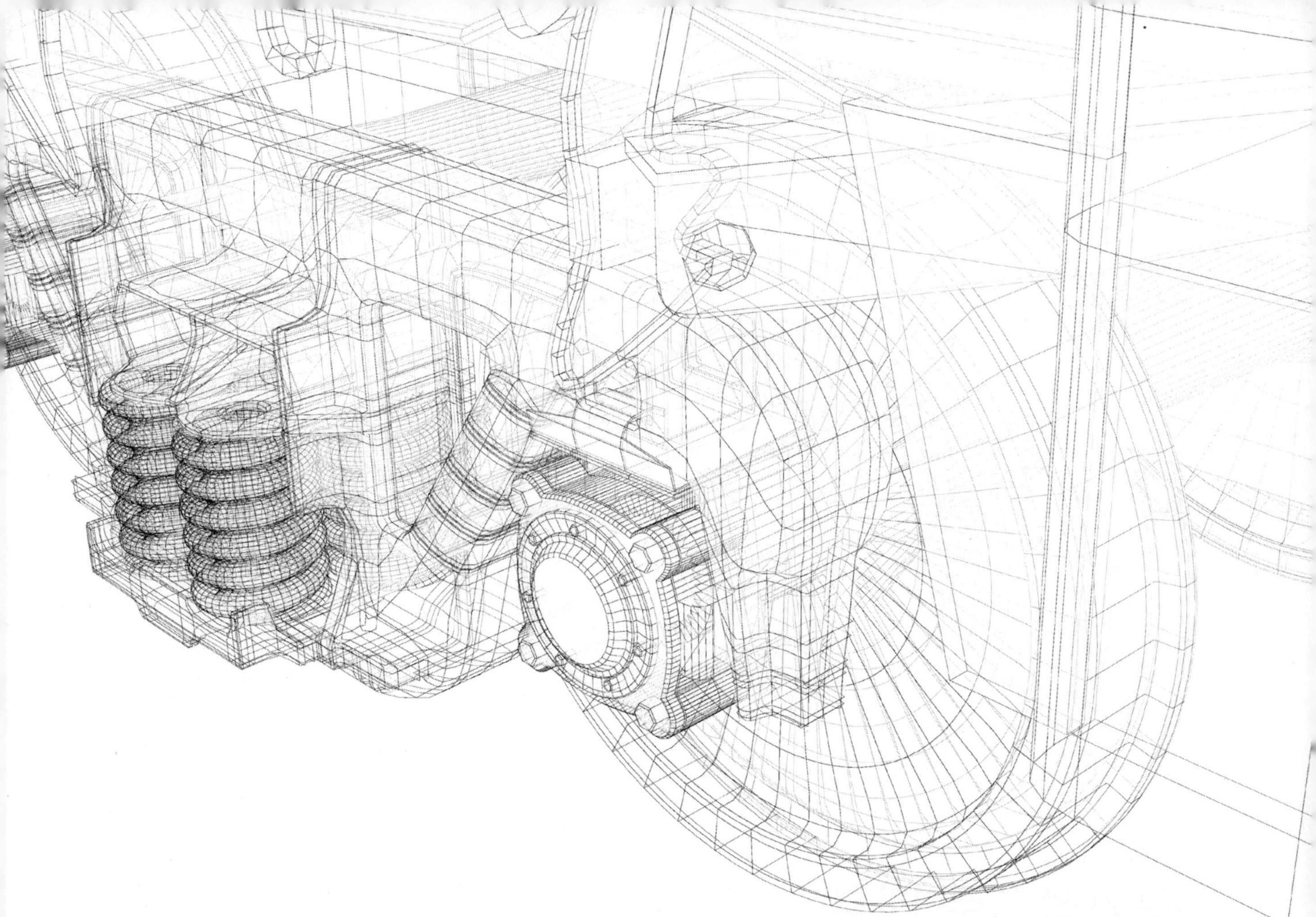

2nd Editon

동영상으로 배우는 기구학

WILLIAM L. Cleghorn / NIKOLAI DECHEV 지음

권순만 · 김화수 · 남정환 · 배강열 · 손정현 · 이상범 · 이종길 · 최명진 옮김

한티미디어

옮긴이

권순만 (smkwon@changwon.ac.kr)
창원대학교 기계공학부

김화수 (hskim94@kgu.ac.kr)
경기대학교 기계시스템공학과

남정환 (jhnam@dyu.ac.kr)
동양대학교 기계시스템공학과

배강열 (kybae@gntech.ac.kr)
경남과학기술대 메카트로닉스공학과

손정현 (jhsohn@pknu.ac.kr)
부경대학교 기계설계공학과

이상범 (sblee@kookmin.ac.kr)
국민대학교 자동차공학과

이종길 (jklee@kunsan.ac.kr)
군산대학교 기계공학부

최명진 (mjchoi@khu.ac.kr)
경희대학교(수원) 기계공학부

2nd Editon

동영상으로 배우는 기구학

MECHANICS OF MACHINES

발행일 2016년 8월 31일 1쇄
2020년 2월 10일 2쇄
2022년 3월 10일 3쇄
2025년 8월 15일 4쇄
지은이 WILLIAM L. Cleghorn and NIKOLAI DECHEV
옮긴이 권순만 · 김화수 · 남정환 · 배강열 · 손정현 · 이상범 · 이종길 · 최명진
펴낸이 김준호
펴낸곳 한티미디어 | **주 소** 경기도 고양시 덕양구 청초로 66, 덕은리버워크 B동 1707호
등 록 제 15-571호 2006년 5월 15일
전 화 02)332-7993~4 | **팩 스** 02)332-7995
ISBN 978-89-6421-271-4 (93550)
정 가 30,000원

마케팅 노호근 김택균
관 리 김지영

이 책에 대한 의견이나 잘못된 내용에 대한 수정정보는 한티미디어 홈페이지나 이메일로 알려주십시오.
독자님의 의견을 충분히 반영하도록 늘 노력하겠습니다.

홈페이지 www.hanteemedia.co.kr | **이메일** hantee@empal.com

저자 서문

이 교재는 주로 학부생들이 한 학기 동안 기구학 수업을 듣는 데 적당하도록 충분한 주제와 자료들을 제시하였고, 실무 엔지니어들도 유용하게 사용할 수 있도록 구성하였다.

단위 표기 방법은 국제표준단위계(SI Unit)를 우선적으로 따랐으나, 예제 중 약 1/4 가량은 **미국상용단위계**(U.S. Customary)가 사용되었다.
각 단원마다 실용적 중요성을 갖는 여러 상황에 관련된 예제들을 수록하였고, 보다 다양한 문제들을 각 단원의 말미에 수록하였다. 또한 부록 A에는 Working Model 2D 프로그램을 이용하여 스물여섯 가지의 전산원용 설계 과제를 수행할 수 있도록 하였다.

이 책과 연관된 웹사이트(https://global.oup.com/us/companion.websites/9780199379910/stud/storage/con/)는 실제로 사용 중인 기계 시스템의 비디오 클립, 기구, 구동 영상 등 많은 파일을 제공하고 있다. 이것들은 MPEG(.mp4) 형식으로 저장되어 있고 Windows Media Player 또는 Quicktime player가 설치된 적절한 영상 플러그인과 함께 웹 브라우저를 통해 볼 수 있다. 이러한 파일들은 본문 중 대괄호 내의 굵은 글씨(예를 들어 [**비디오 1.1**]) 또는 본문 옆의 여백에 실린 텍스트 박스에서 확인할 수 있다.

비디오 1.1
단기통 엔진

또한 연관된 웹사이트에는 Working Model 2D의 파일 실행기를 필요로 하며, 이 소프트웨어를 기반으로 상호적인 2D 모델들이 들어 있다. 이 모델들을 이용하기 위해선 Working Model 2D를 다운로드 받아 설치하여야 한다. 이 소프트웨어를 얻기 위한 경로는 연관된 웹사이트에서 제공한다. 이러한 파일들은 본문 중 대괄호 내의 굵은 글씨(예를 들어 [**모델 1.14A**]) 또는 본문 옆의 여백에 실린 텍스트 박스에서 확인할 수 있다. 부록 D는 모든 모델과 구동 영상, 비디오들을 목록에 정리하였다.

비디오 1.14A, 1.14B
모델 1.14A, 1.14B
커플러 점을 가진 4절 링크

또한 연관된 웹사이트에는 기구의 합성과 해석을 다루는 문제와 함께 10개 이상의 Mathcad 파일이 들어있다. Mathcad 파일들이 적용된 문제는 각 단원의 말미에 수록된 문제에서 확인할 수 있다.

기구의 운동학적 해석과 동역학적 해석을 위해 도해적 방법과 해석적 방법이 제시된다. 단지 기구의 한 위치에서의 해석이 요구되는 상황에서는 도해적 방법을 적용할 수 있다. 이러한 도해적 방법은 1:1 스케일이 아닌 축소된 비율의 형상을 종종 필요로 하며 각 단원의 말미에 수록된 문제 중 축소 비율과 관련된 문제들은 여백에 @ 모양 아이콘으로 표시하였고, 연관된 웹사이트에서 확인할 수 있다. 해석적 방법은 일련의 기구 구성의 해결이 요구되는 사례에서 유용하다.

1장에서는 운동 특성에 따른 링크 기구 분류 및 평면 기구 조인트의 자유도에 대한 기본적인 개념을 학습하며 이와 관련된 기구 동영상이 제공된다.

2장에서는 평면 기계 시스템의 정역학적, 동역학적 해석을 수행하기 위해 요구되는 자료들의 배경 지식을 제공한다. 극좌표계에서의 상대 속도, 상대 가속도의 표현 방법 및 물체의 순간 속도 중심을 다룬다. 또한 강체의 운동 방정식과 이와 연관된 일반적인 단위계도 제시된다. 기계적 이득에 대한 개념은 기구의 순간 속도 중심을 사용함으로써 이에 대한 정의를 기술한다.

3장에서는 전형적인 평면 기구의 도해적 해석 방법을 다룬다. 기구의 한 위치에서의 벡터 다각형을 이용하는 속도 및 가속도 해석 방법이 제시된다. 순간 속도 중심 방법을 이용한 속도 분석 또한 다루어진다.

4장에서는 평면 기구의 운동학적 해석을 위해 복소수를 근간으로 한 해석적 방법을 보여준다. 이 기법을 이용하여 만들어지는 방정식들은 일련의 위치에서의 해석을 원활히 수행하기 위해 컴퓨터에서 프로그래밍 될 수 있다.

5장에서는 기어에 관한 포괄적인 개요를 제시한다. 흔히 사용되는 기어 유형에 대한 소개와 기어 이의 물림과 관련된 동영상들이 제공된다. 또 기어 제작의 일반적인 방법에 대해서도 언급한다.

6장에서는 기어열 및 유성 기어열의 해석을 위한 적당한 전산원용 알고리즘이 제공된다.

7장에서는 캠 기구의 설계 과정을 제시하며 이를 위한 도해적 방법과 해석적 방법 두 가지가 모두 소개된다. 또한 연관된 웹사이트에서 제공하는 Cam Design 프로그램을 이용하여 광범위하고 다양한 원판 캠을 해석할 수 있도록 하였다. 주어진 입력 파라미터와 종동절의 규정된 운동을 위하여 모든 적절한 기구학적 파라미터가 입력 운동의 함수로서 제공된다.

8장에서는 평면 기구의 도해적 힘 해석을 다룬다. 도해적 해석은 주어진 임의 기구의 정적 또는 동적인 상태 모두에 적용될 수 있다.

9장에서는 평면 기구의 해석적 힘 해석을 다룬다. 임의로 구성된 단순 기구에 대한 운동의 지배방정식이 유도된다. 이를 컴퓨터에 프로그래밍하여 복합적으로 구성된 기구에 대한 결과를 제시할 수 있다. 4절 링크 기구와 슬라이더 크랭크 기구의 균형을 맞추는 방법 또한 제공된다.

10장에서는 플라이휠의 설계와 해석을 다루며, 설계 공차 내에서 속도 변동을 유지하기 위해 요구되는 플라이휠의 크기를 결정하는 방법을 소개한다.

11장에서는 기구의 합성에 대한 일반적인 몇 가지 방법들이 제시된다. 4절 링크 기구와 슬라이더 크랭크 기구의 함수 합성과 경로 합성을 위한 도해적, 해석적 기법을 소개한다.

12장에서는 설계 과정 방법론을 소개하였으며 이를 기구 및 기계에 적용한다. 문제 공식화, 개념화, 예비 설계, 상세 설계, 구현, 시험, 문서화/보고를 포함하여 완벽한 설계 가정을 기술하였다. 각 단계에 대한 다양한 예제가 제공된다.

13장에서는 기구 및 설계에 있어 광범위한 사례 연구를 기술한다. 사례 연구는 독자들에게 설계 목표 및 목적의 설정을 개발하는 문제 공식화 단계를 따르도록 권장한다. 다음으로 설계 목표 및 목적을 만족시키는 하나 이상의 가능한 설계 해결방안을 기술한다. 현장에서 공통적으로 사용되는 해결책과 이 작동에 대한 설명도 포함되어 있다. 끝으로 설계 요약과 권고사항에서 제안된 설계 해결책에 대한 평가 및 그 한계를 강조한다.

부록 A에는 다양한 설계 과제를 수록하였고, 이 과제들은 Working Model 2D 소프트웨어를 이용하여 이상적으로 설계할 수 있다. **부록 B**에서는 스칼라와 벡터에 연관되는 관련 자료의 배경 지식이 제공된다. **부록 C**에서는 이 교재에서 소개된 많은 자료를 기반으로 한 기계역학의 간결한 재검토가 이루어진다. **부록 D**에는 이 교재와 연관된 웹사이트 내 파일들의 목록이 나열되어 있다.

감사의 글

저자들은 international edition을 준비하는 데 중요한 역할을 해주신 Alberta 대학교의 Ben Jar에게 감사를 표하고 싶습니다.

우리는 이 책을 준비하는 데 중요한 역할을 해주신 Toronto 대학교, Victoria 대학교, 그리고 Manitoba 대학교의 많은 동료들과 교수님들께 진심 어린 감사를 드립니다. 또한 주석에 대한 재검토, 향상된 그림, 소프트웨어 개발, 그리고 설명과 제안을 해주신 다음의 여러분들께 깊은 감사를 드립니다. Mr. Sean Voskamp, Professor Mina Hoorfar, Professor Homayoun Najjaran, Professor Kenneth C. Smith, Ms. Laura Fujino, Professor James K. Mills, Dr. Henry Chu, Professor Petru-Aurelian Simionescu, Dr. Leif E. Becker, Mr. Joshua Coutts, Mr. Hoi Sum (Sam) Iu, Mr. Peter Bahoudian, Mr. Martin Côté, Mr. Andy K. L. Sun, 고인이 되신 Professor Robert G. Fenton, Professor John Van de Vegte, Professor Ron P. Podhorodeski, Dr. George Tyc, Dr. Masoud Alimardani, Mr. Daniel Ohlsen, 그리고 Mr. K. K. (John) Mark. 또한 초안의 여러 부분을 재검토하고 유용한 정보를 제공해준 수많은 학부 학생들에게도 감사를 드립니다.

각 장의 평가와 각 장 말미에 수록된 문제의 해답을 일일이 확인하면서 매우 유용한 의견을 제공해주신 다음 분들께 감사를 드립니다. Northeastern 대학교의 Professor Hamid Nayeb-Hashemi; Tulsa 대학교의 Professor Jeremy Daily; Central Florida 대학교의 Dr. Ali Gordon; Vanderbilt 대학교의 Professor Thomas Winthrow; Texas Tech. 대학교(텍사스 주 Lubbock 소재)의 Mr. Andrew Mosedale; New York 시립대학교의 Professor Peyman Honarmandi; Louisiana 주립대학교의 Professor Su-Seng Pang; Pittsburgh 주립대학교의 Professor Robert Gerlick; Cincinnati 대학교의 Professor Janak Dave; Nevada 대학교의 Professor Mohamed B. Trabia; Tennessee 대학교(테네시 주 Knoxville 소재)의 Professor Madhu Madhukar; Miami 대학교의 Professor Jizhou Song; South Carolina-Columbia 대학교의 Professor David Rocheleau; Widener 대학교의 Professor Christopher J. Massey; Texas at Arlington 대학교의 Professor Daejong Kim; Mississippi 주립대학교의 Professor Tonya Stone; Calgary 대학교의 Professor Peter Goldsmith; Memphis 대학교의 Professor Teong Tan; Prudue 대학교의 Professor Masoud Mojtahed; Delaware 대학교의 Professor Calumet James L. Glancey; Massachusetts 대학교(매사추세츠 주 Lowell 소재)의 Professor Christopher Niezrecki; Louisiana Tech 대학교의 Professor Chad B. O'Neal; New Brunswick 대학교의 Professor Robert Rogers.

재정적인 도움과 기여를 해주신 회사 및 다음의 관계자 여러분들께도 깊은 감사를 드립니다. Mr. Andrew Kowalski, Magna Powertrain; Mr. Richard Houghton, General Gear Limited; 고인이 되신 Mr. Hagop Artinian, Swissway Machining Limited; Mr. John Augerman,

Mr. Will J. Bachewich, Mr. Michael W. Borowitz, Mr. Steven J. Grave, Mr. Bruce M. Kretz, General Motors of Canada Limited; Mr. William Frey, HD Systems Inc; Mr. Andy Eaton, AE Auto Plus Inc.

많은 소프트웨어의 개발에 재정적 도움이 되어 준 Toronto 대학교의 기계산업공학과 및 Information Technology Courseware Development Fund에 감사의 마음을 전합니다.

특히 저와 아주 인연이 깊은 Dr. Clarice Chalmers와 고인이 되신 Mr. Wallace G. Chalmers에게 늦게나마 깊은 감사를 드립니다. 이분들의 지원과 격려가 없었더라면 아마도 이 책은 완성되지 못했을 것입니다.

역자 서문

우리 생활에서 이용되는 기계나 장치가 정밀화, 고속화는 물론 지능화되어야 하는 시점에서 더욱 실용적인 공학 교육이 요구되고 있다. 이와 더불어 공학 교육의 전반에서 체계적인 전산원용 해석 및 설계기법의 학습은 미래를 준비하는 현 시대의 공학도들에게 매우 중요한 요소가 된다. 이 역서가 기계공학 분야에서 그 역할을 하는 데 일조하기를 기대한다.

기구학은 기계부품 간의 상대 운동을 연구하는 학문으로서, 이 책에서는 기계에 응용되는 기구를 크게 링크 기구, 기어 및 캠 기구 등으로 분류하고 각 기구 요소에 대한 운동 해석, 기구 설계 및 힘 해석의 기본 이론을 제시하였다. 이와 더불어 학습력 향상을 위한 다양한 기계 및 장치의 사진과 전산원용 응용학습 자료들을 웹사이트 www.oup.com/cleghorn-xse를 통하여 제공하고 있다. 또한 이 책은 기구학의 기본 개념, 기구 형태 및 특성 분석을 위해 도해적 접근법과 해석적 접근법을 조화롭게 소개하여 학습 과정에서 쉽게 이해할 수 있으며, 전산원용 학습 자료의 이용으로 기구 해석과 기구 설계 과정의 분석력과 응용력을 크게 향상시킬 수 있는 실용적 도서로 추천될 수 있다고 사료된다.

이 책의 번역 과정에서 용어 및 관련 표현들의 선택에 있어서 독자 여러분의 이해를 도울 수 있도록 역자 일동은 최선의 노력을 기울였으나, 학습 과정에 불편이나 어려움을 주지나 않을까 염려스럽다. 앞으로도 완전한 번역을 위해 보완과 노력을 약속드리며 많은 지도 편달을 부탁드린다.

끝으로 이 책이 기구학 및 관련 분야의 학습과 응용에 좋은 지침서가 되길 진심으로 기원하며, 이 책의 기획에서부터 출판까지 적극적으로 지원해주신 한티미디어 여러분의 노고에 감사를 드린다.

2016년

역자 일동

차례

CHAPTER 3 | 평면 기구의 도식적 기구학 해석

CHAPTER 4 | 평면 기구의 분석적 기구학 해석

CHAPTER 5 | 기어

CHAPTER 6 | 기어열

CHAPTER 7 | 캠

CHAPTER 8 | 평면 기구의 도해적 힘 해석

CHAPTER 9 | 평면 운동 기구의 힘 해석과 밸런싱

CHAPTER 10 | 관성차

CHAPTER 11 | 기구의 합성

CHAPTER 12 | 기구와 기계 장치의 설계

CHAPTER 13 | 기구와 기계에 대한 설계 사례 학습

APPENDIX A | WORKING MODEL 2D를 이용한 보충 설계 과제

APPENDIX B | 스칼라와 벡터

APPENDIX C | 역학: 정역학과 동역학

CHAPTER 1

소개

1.1 서론

역학(mechanics)은 힘과 모멘트가 작용할 때, 정지되어 있거나 운동하는 시스템의 조건을 예측하는 과학이다. 역학에는 정지 상태에 있는 움직이지 않는 시스템(정역학)과 운동하는 시스템(동역학)이 포함된다. 정역학 시스템에서의 부품들의 운동은 0이므로(또는 미미하므로) 그 해석은 부품들 사이에 작용하는 정적인 힘에 관한 것이다. 동역학에서의 해석은 운동하는 부품들의 시스템에서 발생하는 힘과 관련되어 있다.

기계(machine)는 원하는 일을 수행하기 위해 부품들을 통하여 에너지를 전달하는 장치라고 정의한다. 이러한 정의는 전달된 에너지의 형태 또는 부품의 크기와 강성을 제한하지는 않는다. 따라서 이는 기계적이고 전기적인 장치의 방대한 집합체를 망라하고, 이들 중의 많은 것은 우리의 생활에 깊은 영향을 미친다. 가장 단순한 기계 종류의 하나는 레버이다. 레버는 큰 운동을 갖는 작은 힘을 작은 운동을 갖는 큰 힘으로 변환하여 일을 한다. 이러한 방식으로 사람의 수고로부터 얻을 수 있는 작은 힘은 여러 가지 농사일과 건축을 위한 큰 힘으로 확대될 수 있다. 더 복잡한 기계의 예로는 자동차가 있다. 자동차는 이동하기 위하여 엔진으로부터의 에너지를 구동축과 바퀴로 전달하는 기계이다. 실제로 엔진은 연료(가솔린)로부터의 에너지를 구동축으로 전달하는 기계라고도 말할 수 있다.

기구학(Mechanics of Machines)이라는 제목으로 된 이 책은 부품을 통하여 에너지를 전달하는 여러 가지 기계적 시스템의 정역학과 동역학을 다룬다. 바퀴와 레버는 기계의 초기 발명품들이다. 엔지니어들은 진보된 사회를 위한 기발한 기계들을 많이 설계하였다. 기계는 교통수단, 농사일, 제조업, 제약, 전쟁, 스포츠 그리고 우리 사회의 모든 분야에서 널리 사용되고 있다. 예를 들어 의사들은 환자를 치료하기 위하여 기계를 이용하고, 또한 원래의 팔다리를 대체하기 위하여 의수와 의족과 같은 기계를 처방할 수 있다. 최근에는 로보틱 기계가 제조방법에 많은 영향을 끼치고 있다. 어떤 것은 신뢰할 수 있는 정확한 방식으로 반복적인 일을 빠르게 수행할 수 있고, 까다롭고 위험한 환경에서도 일할 수 있다.

어떤 기계는 기계적인 요소와 전기적인 요소들의 조합이다. 자동차는 구동계, 현가장치, 조향장치의 기계 부품들과 함께 엔진에서 공기-연료 혼합물을 점화시키고 라이트를 켜며, 운전자를 위한 감지 피드백을 위하여 이용되는 전기 부품들로 구성되어 있다.

전기 부품을 가지는 기계는 대체로 적어도 몇 개는 기계 부품과 혼합되어 있다. 컴퓨터 안에 있는 하드 드라이브는 데이터를 저장하는 디스크를 돌리기 위한 회전축을 가진 전기 모터를 가지고 있다. 그것은 또한 데이터를 저장하고 접근하기 위하여 디스크 위에서 흔들려 움직이는 마그네틱 센서 헤드를 가지고 있는 기계적 암(arm)을 가지고 있다. 키보드는 기계적인 부품들을 갖고 있는 기계로 간주할 수 있는데 프린터와 스캐너 종이를 다루기 위하여 기어와 레버 암과 같은 기계 부품들을 가지고 있다. 많은 전자시계들은 한 번에 하나의 이를 돌리는 소형의 래칫 휠(ratchet wheel)에 의하여 작동되는 손을 가지고 있다.

이 교재에서는 단지 기계의 부품들만을 고려하여 해석하려고 한다. 이러한 해석을 수행하기 위해서는 기계의 모든 부품을 동시에 해석하려고 시도하기보다는 **기구**(mechanisms) 또는 **링크기구**(linkages)라고 하는 하부 시스템으로 기계를 나누는 것이 대체로 편리하다. 그들은 움직이거나 고정될 수도 있는데 이러한 제한에도 기계는 수없이 많은 종류가 있다.

기계의 잘 알려진 예는 그림 1.1에서 예를 들어 보여준 단기통 내연 피스톤 엔진이다. 이 기계는 좋은 예가 된다. 왜냐하면 그 자체 안에 이 본문에서 나중에 설명할 기구들을 가지고 있기 때문이다. 특히 **타이밍 벨트 기구**(timing belt drive)와 **캠 기구**(cam mechanism) 그리고 **슬라이더 크랭크 기구**(slider crank mechanism)와 같은 3개의 기구를 강조하여 표시하

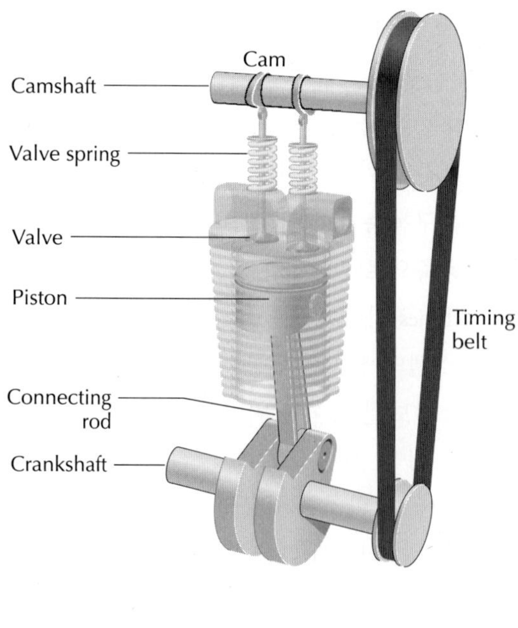

그림 1.1 ● 단기통 피스톤 엔진[비디오 1.1]

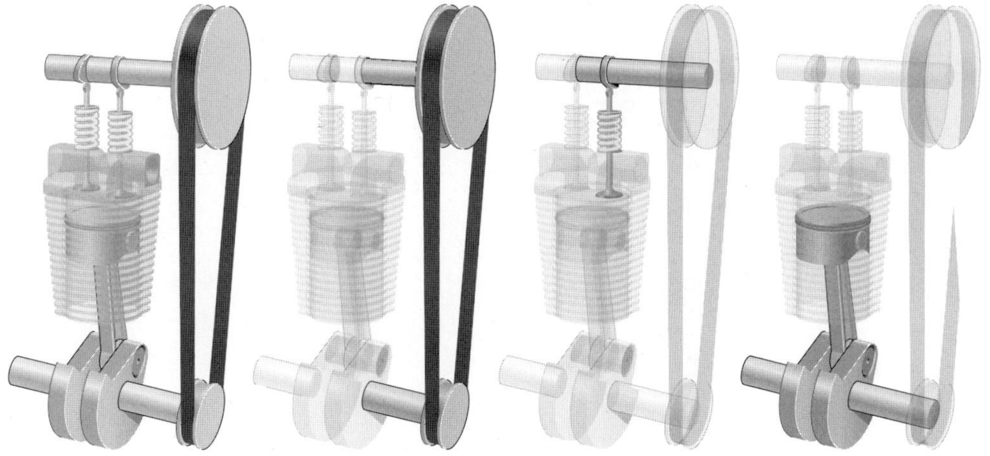

(a) (b) (c) (d)

그림 1.2 ● 단기통 엔진 기구. (a) 엔진, (b) 타이밍 벨트 기구, (c) 캠 기구, (d) 슬라이더 크랭크 기구

고, 그림 1.2(b)와 그림 1.2(c) 그리고 1.2(d)에서 각각 예로서 보여준다. 이 기계의 동영상은 [**비디오 1.1 단기통 피스톤 엔진**]에서 제공되고 동반 웹사이트에 포함되어 있다. 이 기계의 구체적인 작동 묘사는 13장의 13.2.1절에 있다.

비디오 1.1
단기통 피스톤 엔진

간단한 기계는 또한 간단한 기구로 간주할 수도 있다. 예를 들어 그림 1.3(a)에 나타낸 집게는 하나의 기계 또는 기구로 간주할 수 있다. 그림 1.3(b)는 잡는 힘을 충분히 주기 위하여 필요한 손의 힘을 해석하는 데 이용된 시스템의 자유물체도를 보여준다.

기구들은 정확한 상대 운동과 힘의 전달이 요구되는 곳에 응용하기 위하여 널리 이용된다. 운동은 연속적이거나 간헐적이고, 선 또는 각운동일 수 있다. 여러 종류의 기계와 기구의 예들이 1.2절과 13장에 제시되어 있다. 엔지니어들이나 설계에 특별히 관심이 있는 사람들은 다양한 기계와 기구들의 거동을 잘 알아야 하는데, 이는 때로 새로운 문제의 필요를 채우기 위하여 현존하는 기계설계에 적용하거나 약간의 수정을 할 수 있기 때문이다.

기계 또는 기구의 개별 부품은 또한 **링크**(link)라고도 한다. 이들은 케이블과 벨트 같은

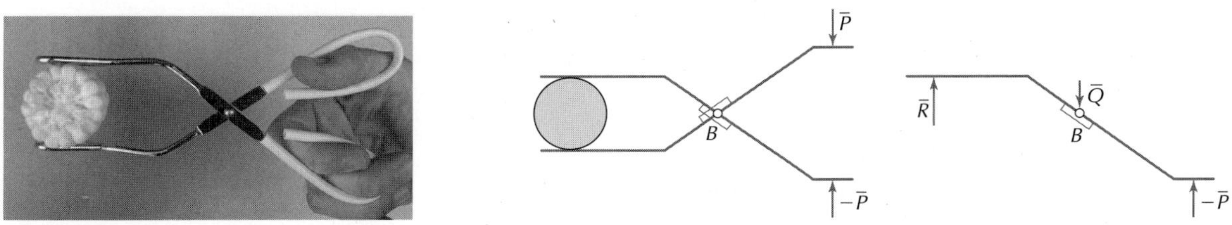

(a) (b)

그림 1.3 ● (a) 집게, (b) 자유물체도

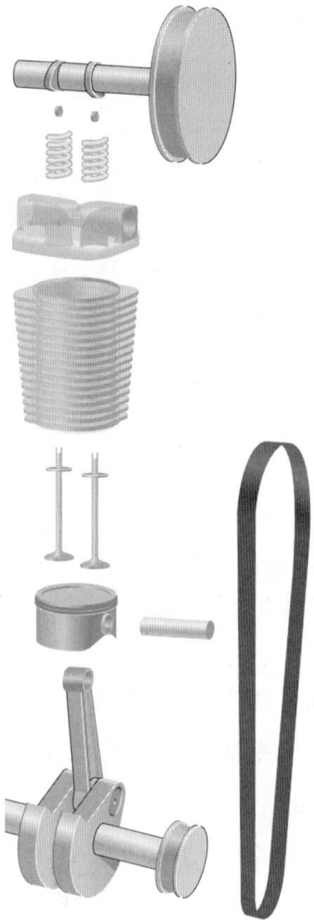

그림 1.4 ● 엔진 조립도[비디오 1.4]

비강성체일 수도 있고, 크랭크, 레버, 바퀴, 봉(棒), 또는 기어와 같은 강체일 수도 있다. 그림 1.4는 엔진의 분해도를 보여준다. [**비디오 1.4**]는 이 엔진을 한 링크씩 조립하는 동영상을 제공한다. 이 기구의 대부분의 링크는 강체로 간주될 수 있는데, 타이밍 벨트와 밸브 스프링은 유연한 링크의 예이다.

비디오 1.4
엔진 조립도

1.2 일반적으로 사용되는 기구

이 절에서는 일반적인 기구의 약간의 예를 제공한다. 기계와 기구의 더 많은 예와 설명은 13장에서 배운다.

1.2.1 슬라이더 크랭크 기구

비디오 1.5
슬라이더 크랭크 기구

그림 1.5에서 **슬라이더 크랭크 기구**(slider crank mechanism)의 예를 보여준다. 이 기구는 링크 1로 표시된 고정된 **기초 링크**(base link)에 결합되어 있다. 기초 링크의 모든 부분은 빗금

으로 그려져 있다. 다른 링크들은 기초 링크에 대하여 이동한다. 링크 2로 표시된 **크랭크**(crank)는 O_2로 나타낸 **기초 피벗**(base pivot)에 관하여 회전한다. 링크 2의 다른 끝단인 점 B는 피벗점 또는 베어링으로 링크 2와 3 사이의 상대 회전 운동을 하도록 한다. 링크 3은 **커플러**(coupler) 또는 **연결봉**(connecting rod)이라고 한다. 커플러는 점 D로 표시된 베어링을 통하여 링크 4에 연결되어 있다. 링크 4는 **슬라이더**(slider) 또는 **피스톤**(piston)이라고 한다. 슬라이더는 **슬라이드**(slide)에 대하여 이동하며 이 슬라이드는 기초 링크의 일부이다. 슬라이더 중심의 직선 경로를 **작용선**(line of action)이라 한다.

기구의 운동을 해석할 때, **개략도**(skeleton diagram)라 불리는 매우 간단한 그림을 이용하는 것이 때로 편리하다. 개략도의 치수는 운동을 결정하는 데 매우 중요하다. 그림 1.6(a)는 엔진에서 나타나는 슬라이더 크랭크 기구를 보여준다. 이 기구의 개략도의 형태는 그림 1.6(b)에 있다. 개략도에서 베어링은 작은 원 또는 점으로 나타낸다. 크랭크와 연결봉은 직선으로 간단히 그린다. 피스톤은 사각형으로 나타낸다. 빗금 친 선들은 기초 링크를 나타낸다.

비디오 1.7
편심 슬라이더 크랭크 기구

또 다른 슬라이더 크랭크 기구를 그림 1.7에서 보여준다. 이 예에서 기초 피벗 O_2는 점 D의 작용선에 있지 않다. 치수 r_1을 **편심**(offset)이라고 한다. 치수 r_2와 r_3는 각각 크랭크와 커플러의 길이이다.

1.2.2 4절 기구

4절 기구(four-bar mechanism)는 가장 일반적이고 유용한 기구이다. 그림 1.8(a)는 전형적인

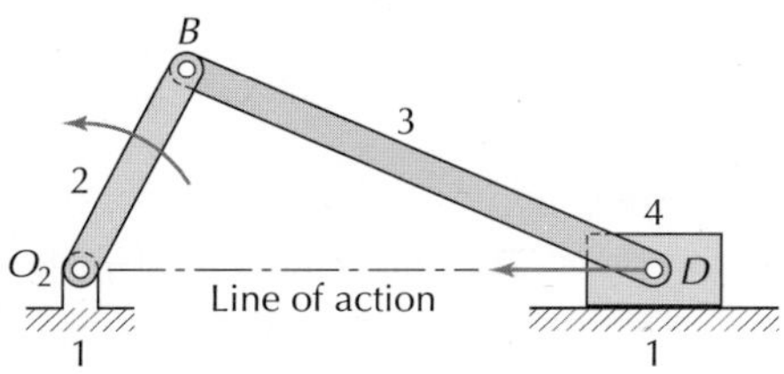

그림 1.5 ● 슬라이더 크랭크 기구[비디오 1.5]

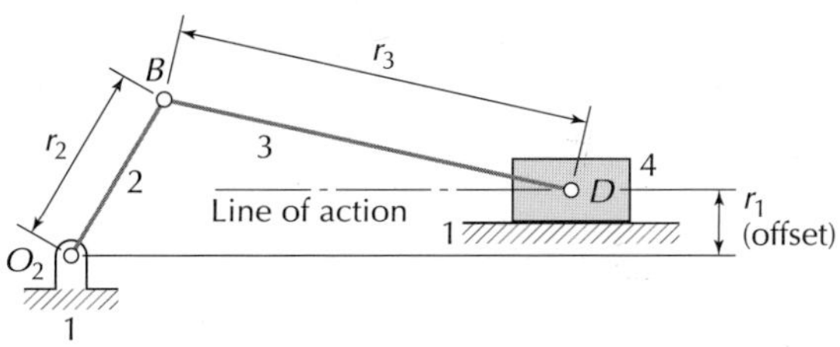

그림 1.7 ● 편심 슬라이더 크랭크 기구[비디오 1.7]

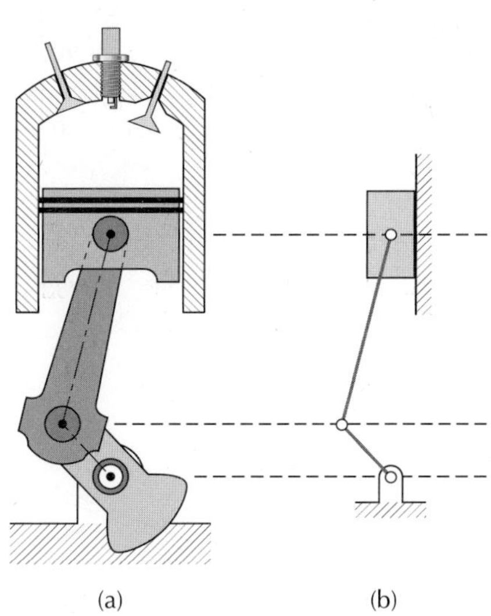

그림 1.6 ● (a) 슬라이더 크랭크 기구, (b) 개략도

4절 기구의 예이다. 이것은 4개의 **봉**(棒, bar) 또는 링크를 가지고 있다(고정된 기초 링크와 3개의 이동 링크). 링크 2와 4는 각각 기초 피벗 O_2와 O_4를 통하여 기초 링크에 연결되어 있다. 커플러(coupler)인 링크 3은 점 B와 D로 표시된 이동 피벗을 통하여 링크 2와 4에 연결되어 있다. 이 기구에서 만일 링크 2를 그 기초 피벗에 관하여 회전시키면 링크 4는 또한 그 기초 피벗에 관하여 회전하게 된다.

비디오 1.8
4절 기구

그림 1.8(a)의 기구에서 링크 2와 4의 각변위를 θ_2^*와 θ_4^*라 한다. 그림 1.8(b)는 링크 2의 각변위의 함수로 링크 4의 각변위를 나타낸다. 이 기구는 또한 **각도 함수 발생 기구**(angular function-generating mechanism)로 알려져 있다.

그림 1.9는 4절 기구의 개략도를 보여준다. 이는 또한 링크들의 길이를 나타낸다. 이 길이는 얻고자 하는 운동의 종류와 정도를 결정한다. 운동의 종류는 1.7절에 제시되어 있다.

비디오 1.10
등가 4절 기구

많은 기구들은 하나의 개략도 형태로부터 발전할 수 있다. 그림 1.10(a)에 있는 4절 기구의 개략도를 보면, 그림 1.10에서 예로 든 다른 모든 기구들은 근본적으로 4절 기구와 같으므로 **등가 기구**(equivalent mechanism)로 간주된다. [**비디오 1.10**]의 동영상을 통하여 보여준 바와 같이, 이 기구들 모두는 동일한 운동을 전달한다. 관련된 힘들을 고려하지 않고 운동을 해석할 때, 링크의 폭과 링크 사이의 베어링의 크기를 알 필요는 없다. 운동을 결정하는 데 중요한 정보는 **중심 간 거리**(center-to-center distance)이다. 그림 1.10(a)와 1.10(c)는 두 등가 기구에 대하여 동일한 일반적인 거리 r을 예로 보여준다.

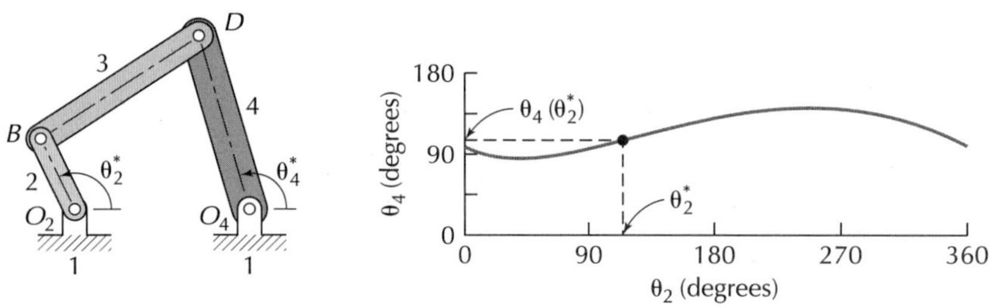

(a) (b)

그림 1.8 ● (a) 4절 기구[비디오 1.8], (b) 함수 그래프

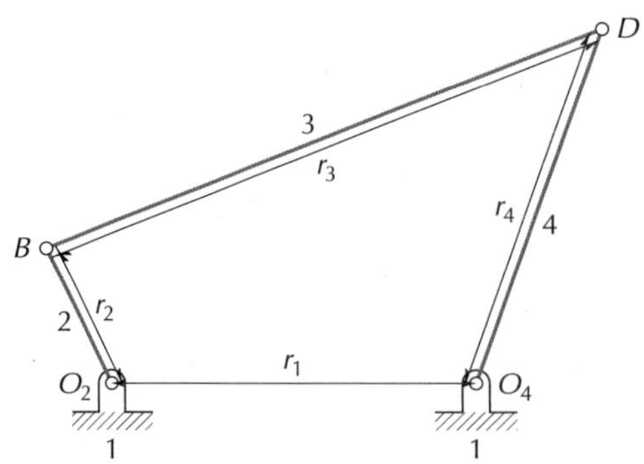

그림 1.9 ● 4절 기구의 치수

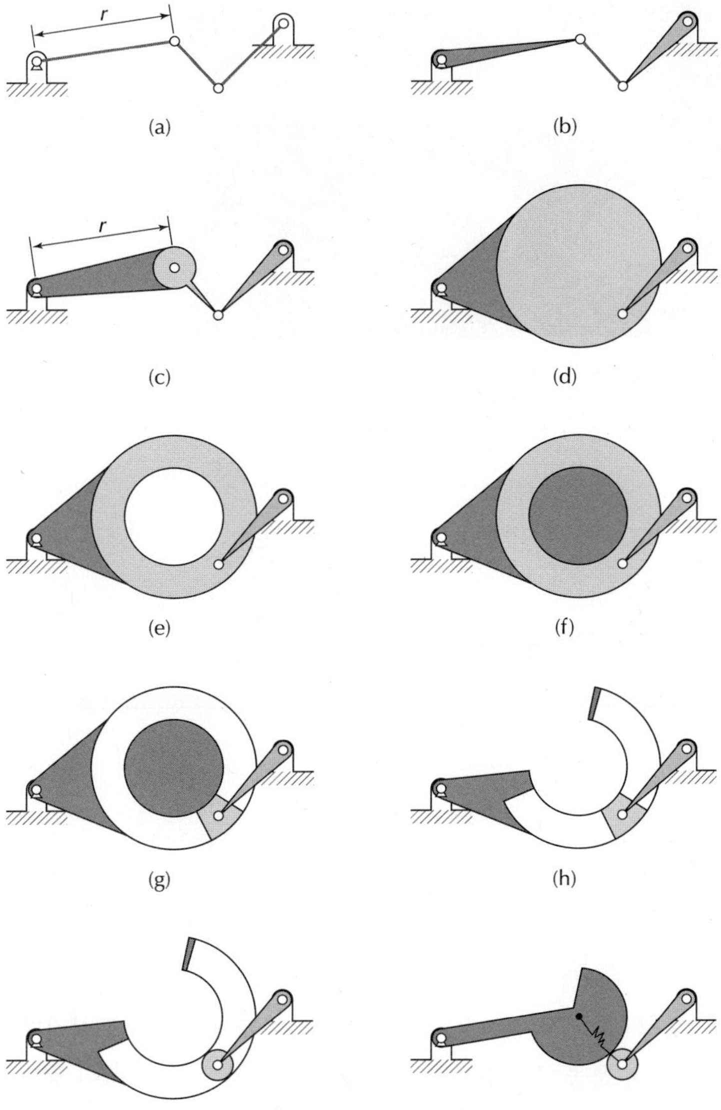

그림 1.10 ● 등가 4절 기구[비디오 1.10]

비디오 1.12
세탁기 기구

기구는 하나의 기구로 시작하여 발전시킬 수 있는데, 더 복잡한 기구를 만들기 위하여 링크들을 추가한다. 그림 1.11은 가정용 세탁기에서 사용되는 4절 기구를 보이고, 그림 1.12는 동일한 시스템의 예를 보여준다. 그림 1.12(a)는 그림 1.12(b)에 나와 있는 기구의 일부인 4절 기구이다. 일정한 입력 운동이 링크 2인 기어를 통하여 제공되며, 이것은 큰 기어인 링크 3을 구동시킨다. 두 기어는 원으로 나타낸다. 링크 1, 3, 4와 5는 4절 기구의 4개의 링크를 구성한다. 링크 5는 링크 6과 함께 교접하는 기어 부분이다. 링크 2가 일정한 회전 속도로 구동될 때, 링크 6이 요동 회전 운동을 하는 경우와 같이 링크들은 균형을 이룬다.

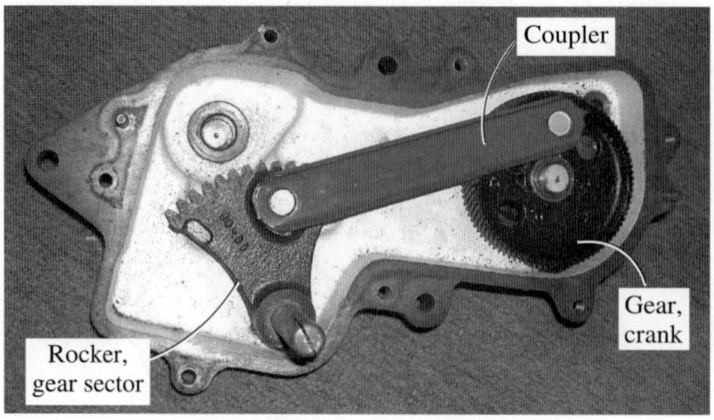

그림 1.11 ● 세탁기 기구

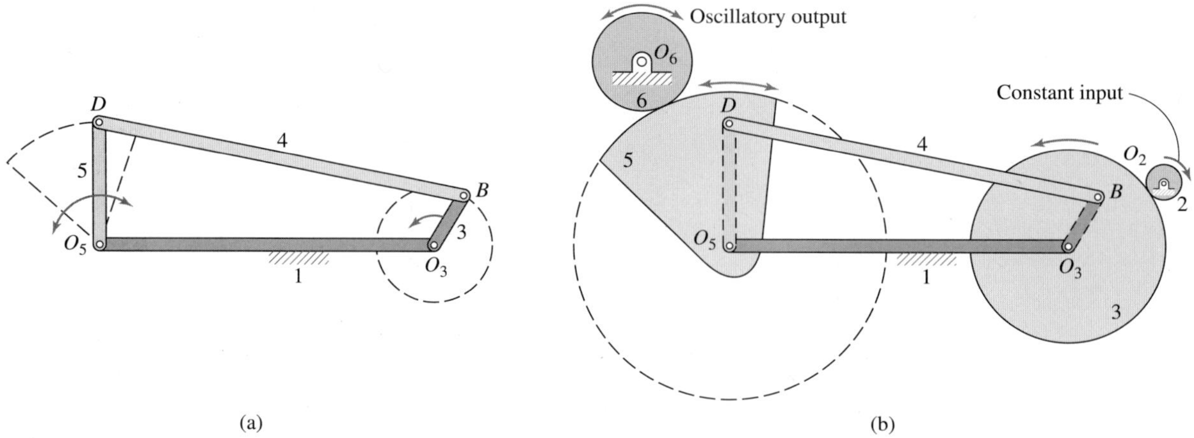

그림 1.12 ● 세탁기 기구[비디오 1.12]

작동 시 링크 6은 세탁 운동을 제공하기 위하여 교반기를 구동시킨다.

여러 가지 운동 경로가 4절 기구의 커플러에 있는 선택된 점으로부터 얻어질 수 있는데, 이를 또한 **커플러 점**(coupler point)이라 부른다. 이 기구들은 **경로 발생 기구**(path-generating mechanism)라 불린다. 커플러 점에 의하여 그려진 경로의 형태는 그림 1.13에 나타낸 치수에 관한 함수이다. 이들은 피벗 사이의 거리 r_1, r_2, r_3, 그리고 r_4로 구성된다. 이에 더하여 치수 r_5와 r_6는 링크 2와 3 사이의 피벗에 대한 커플러 점의 위치를 정의한다. 예를 들어 그림 1.14는 치수가

비디오 1.14A, 1.14B
모델 1.14A, 1.14B
커플러 점을 가진 4절 기구

$$r_1 = 7.2 \text{ cm}; \qquad r_2 = 2.5 \text{ cm}; \qquad r_3 = 6.0 \text{ cm}; \qquad r_4 = 7.2 \text{ cm}$$

인 4절 기구를 보여준다.

또한 이 그림은 r_5와 r_6의 다른 값을 이용하여 얻어진 3개의 다른 **커플러 곡선**(coupler curve)을 나타낸다. [**모델 1.14A**]와 [**모델 1.14B**]를 이용한다면 커플러에 대한 커플러 점 C

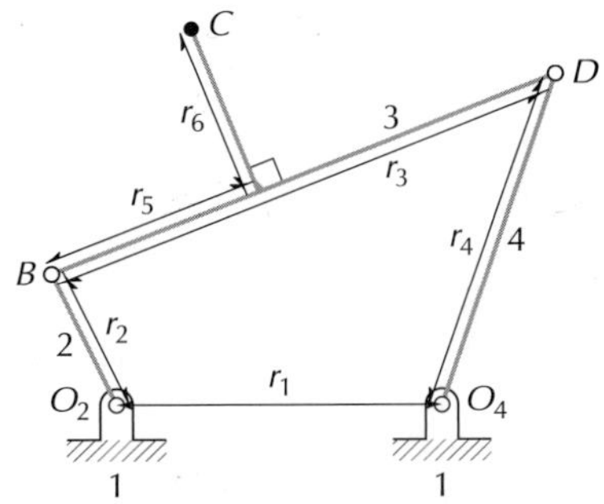

그림 1.13 ● 커플러 점을 가진 4절 기구의 치수

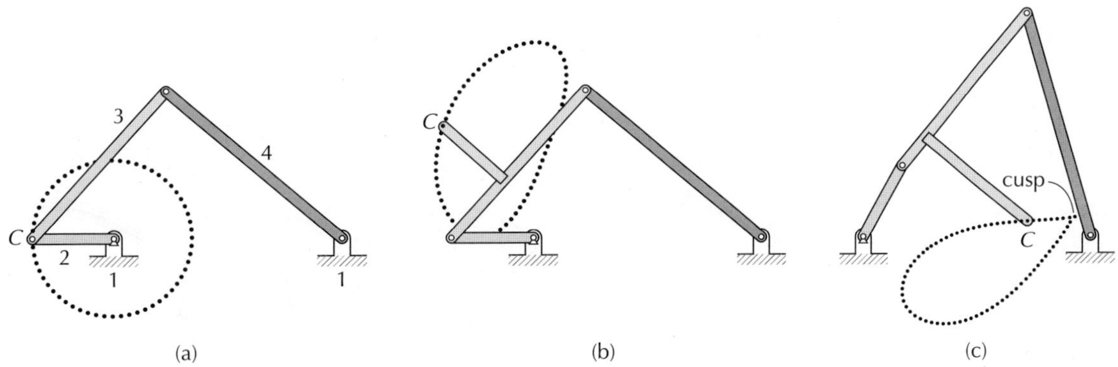

그림 1.14 ● 커플러 점을 가진 4절 기구의 치수[모델 1.14A, 1.14B]

의 위치를 규정하고 이에 대한 커플러 곡선을 보여주는 것이 가능하다.

비디오 1.15A
체비셰프 직선 기구

비디오 1.15B
로버트 직선 기구

비디오 1.15C
와트 직선 기구

비디오 1.16
필름 이동 기구

적절하게 선택된 커플러 점을 가진 4절 기구들은 사이클의 어떤 부분에 대하여 직선에 매우 가까운 경로를 생성할 수 있다. 이러한 기구들은 **직선 기구**(straight-line mechanism)라고 한다. 그림 1.15는 **체비셰프 직선 기구**(Chebyshev straight-line mechanism), **로버트 직선 기구**(Robert straight-line mechanism), 그리고 **와트 직선 기구**(Watt straight-line mechanism)라 불리는 기구의 세 가지 형태를 보여준다.

그림 1.16은 커플러 점을 가진 4절 기구의 응용 사례이다. 이 기구는 영사기에서 필름을 간헐적으로 진행시키기 위하여 사용된다. 각 사이클 동안에 커플러 점은 필름에 있는 구멍에 들어가고[그림 1.16(a)] 그것을 다음 그림으로 진행시킨다. 그것의 팔의 끝이 완전히 들어가지 않을 때[그림 1.16(b)], 그 필름은 정지되어 머물고 셔터(그림에는 나와 있지 않음)는 영상을 순간적으로 조사하기 위하여 빛이 통과하도록 열린다.

1.2.3 벨트 구동, 체인 구동 그리고 기어 구동

기계류의 설계에서 공통적인 요구는 하나의 축으로부터 다른 축으로 회전 운동을 부드럽게 전달하는 것이다. 축들이 평행할 때, 이것은 그림 1.17에 나타낸 바와 같이 축에 풀리를

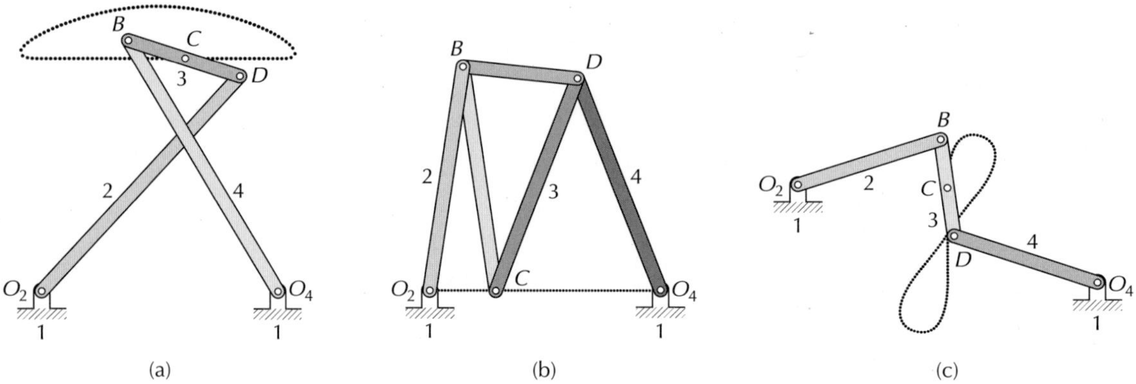

그림 1.15 ● 직선 기구. (a) 체비셰프[비디오 1.15A], (b) 로버트[비디오 1.15B], (c) 와트[비디오 1.15C]

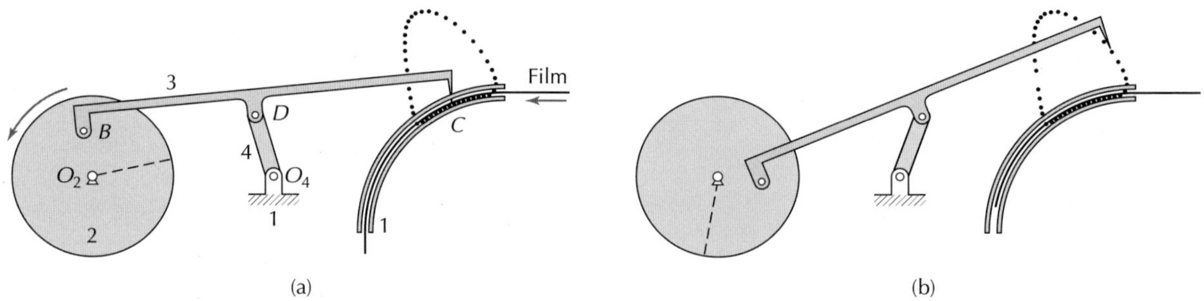

그림 1.16 ● 필름 이동 기구[비디오 1.16]

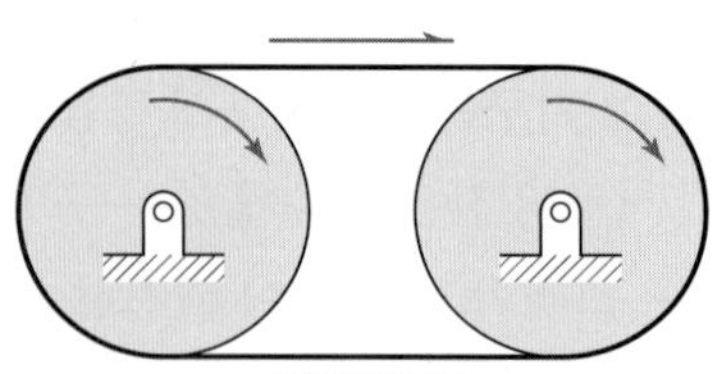

그림 1.17 ● 개루프 마찰 운동 기구

그림 1.18 ● 개루프 마찰 운동 기구

부착하고 인장하에서 두 풀리의 주위를 연속적인 벨트로 감싸서 수행된다. **개루프 마찰 구동**(open loop friction drive)으로 알려진 이 시스템은 두 풀리가 같은 방향으로 회전한다. 그림 1.18은 개루프 마찰 구동의 또 다른 배열을 보여준다. **아이들 풀리**(idler pulley)는 입력과

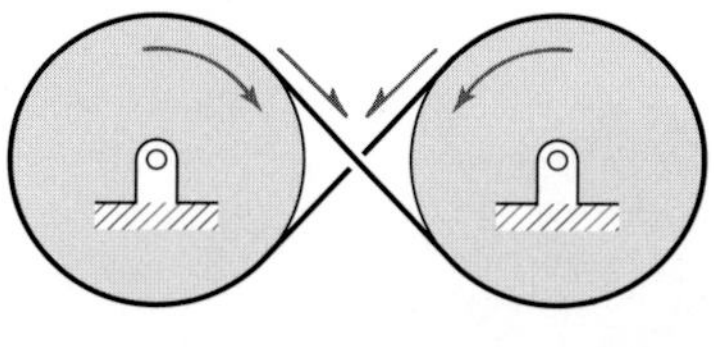

그림 1.19 ● 엇걸기 벨트 마찰 운동 기구

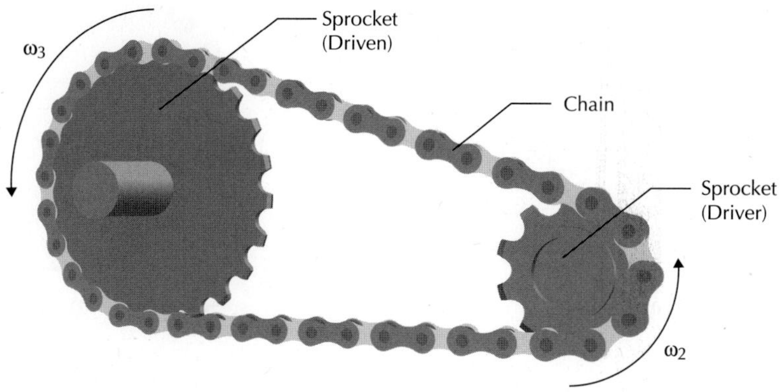

그림 1.20 ● 체인 구동[비디오 1.20]

출력 풀리를 다른 평면에서 회전할 수 있도록 한다. 한편 그림 1.19에 나타낸 바와 같이 또 다른 배열이 풀리 사이의 벨트를 엇갈리게 하여 얻어진다. 이때 풀리는 반대 방향으로 회전할 것이다. 이러한 배열을 **엇걸기 벨트 마찰 구동**(cross belt friction drive)이라 한다.

그림 1.20은 **체인 구동**(chain drive)으로 알려진 개루프 마찰 구동과 유사한 시스템을 보여준다. 체인 구동에서 연속된 체인은 벨트를 대체하고 **스프로켓**(sprockets)은 풀리를 대체한다. 체인은 일련의 따로 분리된 링크들로 구성되었고 대체로 금속재료로 만들어졌다. 각 링크는 핀에 의하여 다음 링크에 연결되어 회전 조인트를 형성한다. 체인 구동은 벨트-풀리 시스템에 비하여 중요한 작은 차이가 있다. 체인에 있는 링크들은 스프로켓에 이를 가지고 맞물려 있다. 따라서 체인은 정상적인 작동 중에는 스프로켓에 대하여 미끄러질 수 없다. 이는 체인을 통하여 한 스프로켓으로부터 다른 스프로켓으로 큰 토크를 전달할 수 있게 한다. 벨트-풀리 시스템과는 달리 스프로켓은 체인에서의 링크와 링크 사이의 거리에 따른 별개의 지름을 가져야 한다. 추가적으로 스프로켓의 중심과 중심 사이의 거리는 체인 링크의 간격에 따라야 한다. 체인 구동 시스템은 자전거(발판 운동을 바퀴 운동으로), 모터사이클(전달 출력을 바퀴 운동으로), 공장 컨베어 시스템 그리고 산업 장비에서 볼 수 있다. 체인 구동의 특별한 예는 (a) 체인 톱, (b) 굴착기 또는 장갑 탱크의 궤도 시스템을 포함한다.

비디오 1.20
체인 구동

그림 1.21은 물리적인 접촉에서 한 쌍의 구름 운동을 하는 원통을 통하여 회전 운동을 전달하는 대체 수단들을 보여준다. 이러한 예에서 운동의 전달은 원통 사이의 마찰에 의존한다. 이러한 기구는 한 쌍의 **마찰 기어**(friction gear)라 알려져 있다. 부드러운 전동은 마찰 기어 사이의 마찰 용량을 초과하지 않는 한 성취될 수 있다. 만일 마찰 용량을 초과한다면 미끄럼이 발생하고 종동절의 운동은 구동절의 운동에 대하여 일정한 비율을 갖지 않을 것이다.

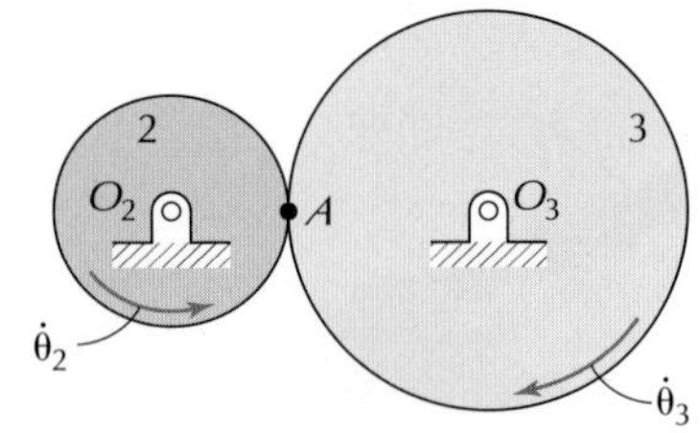

그림 1.21 ● 마찰 기어

그림 1.22 ● 치 기어[비디오 1.22]

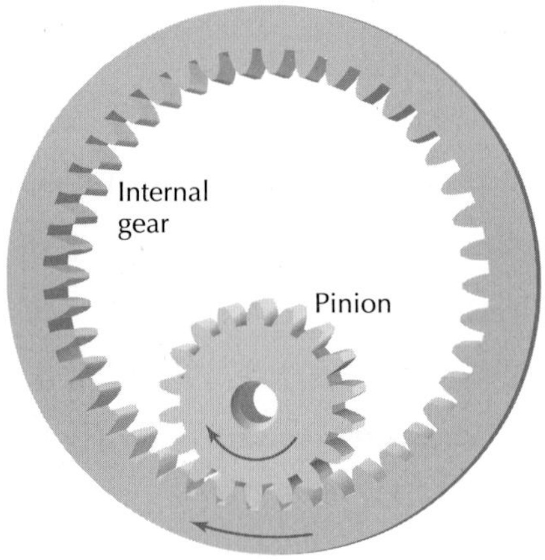

그림 1.23 ● 내접 기어쌍[비디오 1.23]

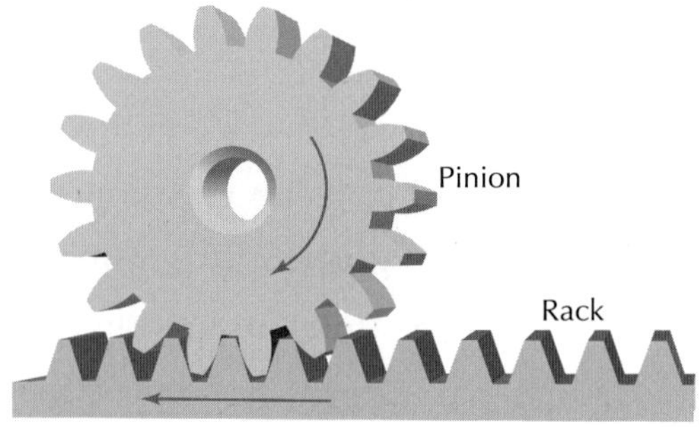

그림 1.24 ● 랙과 피니언[비디오 1.24]

비디오 1.22
치 기어

비디오 1.23
내접 기어쌍

비디오 1.24
랙과 피니언

비디오 1.25
랙과 피니언
조향 기구

만일 기어가 서로 맞물리는 이를 가진다면 미끄럼을 피할 수 있다. 이러한 것을 **치 기어**(toothed gear)라 부른다. 그림 1.22는 **기어열**(gear train)을 형성하는 3개의 교접하는 치 기어를 보여준다. 이 기어열에서 가장 작은 것으로 중간에 있는 기어를 **피니언**(pinion)이라고 한다. 이것은 또한 **아이들 기어**(idler gear)라 한다. 그림 1.23에 나타낸 기어열에서 **내치 기어**(internal gear)로 알려진 기어 중의 하나는 링의 안쪽에 이를 가지고 있다. 내치 기어가 외주에 이를 가진 기어[**외치 기어**(external gear)]와 내접하고 있을 때 두 기어는 같은 방향으로 회전한다. 내접 기어쌍은 일반적으로 유성 기어열에서 이용되고, 이것은 6장에서 논의된다.

그림 1.24는 **랙과 피니언**(rack and pinion) 기어열을 나타낸다. **랙**(rack)은 직선 운동을 제공하고 무한대의 반지름을 갖는 기어의 부분에 상당한다. 그림 1.25(a)는 자동차의 조향 기구에 이용된 랙과 피니언의 예이다. 그림 1.25(b)는 이 기어열을 확대하여 나타낸 것이다.

기어와 기어열에 관해서는 5장과 6장에서 자세히 알아볼 것이다.

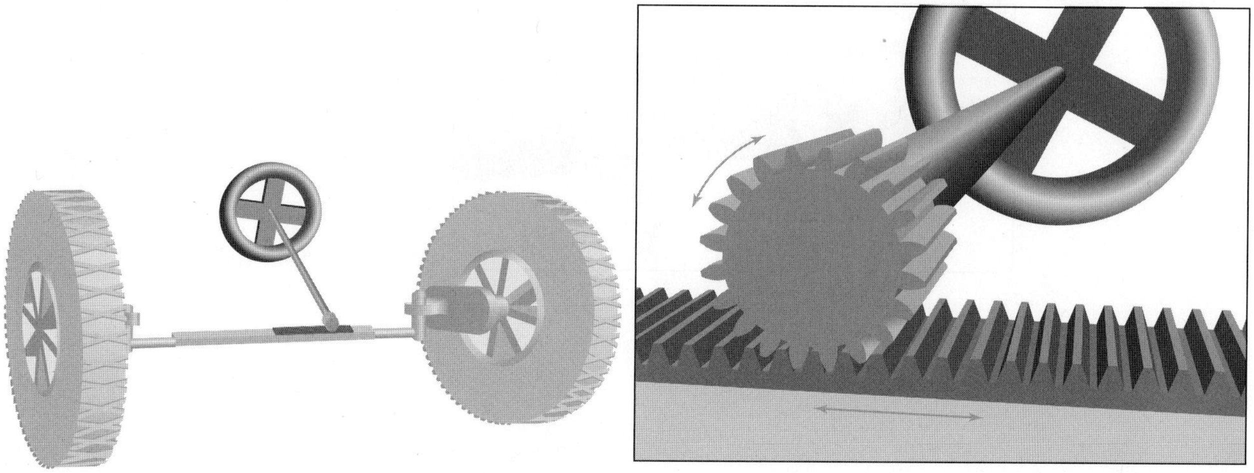

(a) (b)

그림 1.25 ● 랙과 피니언 조향 기구[비디오 1.25]

1.2.4 캠 기구

비디오 1.26
원판 캠 기구

비디오 1.27
원판 캠

캠(cam)은 직접 접촉에 의해 **종동절**(follower)로 알려진 다른 링크에 운동을 전달하기 위하여 사용되는 기구의 링크이다. **원판 캠 기구**(disc cam mechanism)로 알려진 캠 기구의 한 종류를 그림 1.26에서 예시하고 있다. 그림 1.26(a)에 나타낸 위치로부터 시작하여 링크 2인 원판 캠의 회전은 링크 4인 종동절이 병진 운동을 하도록 한다. 그림 1.26(b)는 종동절이 병진 운동을 한 후 기구의 형태를 예시한다. 만일 롤러가 캠과 접촉을 유지하고 캠이 일정한 속도로 구동된다면 종동절의 운동은 주기적일 것이다. 원판 캠 기구의 응용은 피스톤 엔진의 밸브열에서 볼 수 있다. 흡입과 배기 밸브를 포함하는 전형적인 밸브열이 그림 1.27에

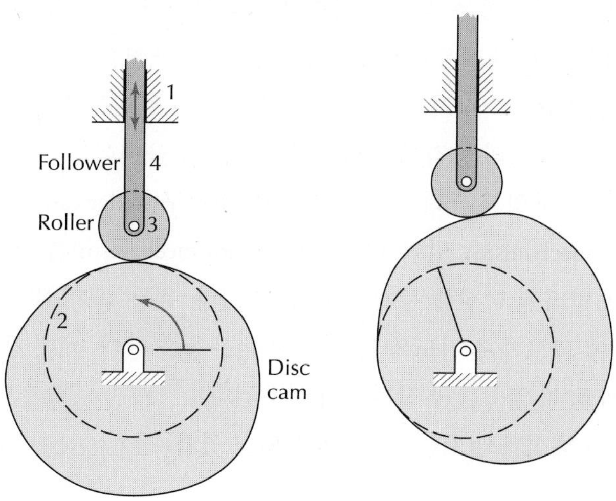

(a) (b)

그림 1.26 ● 원판 캠 기구[비디오 1.26]

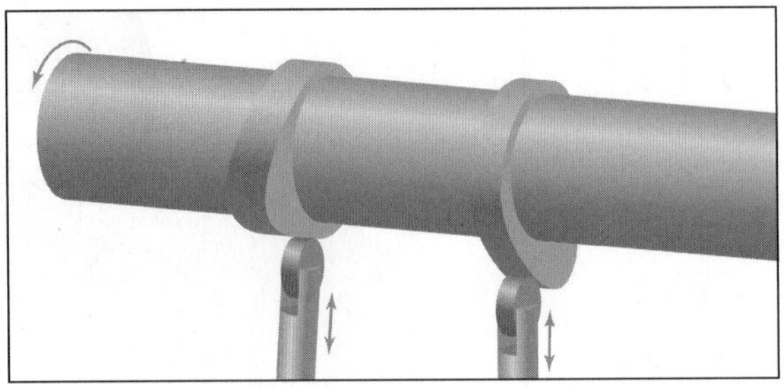

그림 1.27 ● 원판 캠[비디오 1.27]

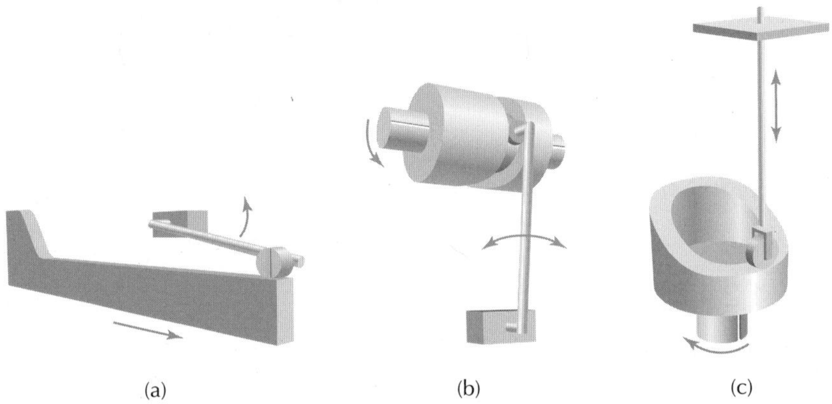

그림 1.28 ● 캠의 종류. (a) 쐐기 캠[비디오 1.28A], (b) 원통 캠[비디오 1.28B], (c) 말단 캠[비디오 1.28C]

주어져 있다. 이 예시는 그림 1.1의 일부를 확대한 것이다.

비디오 1.28A
쐐기 캠

비디오 1.28B
원통 캠

비디오 1.28C
말단 캠

캠 기구는 간단하고 저렴하며, 적은 수의 운동 부품을 가지고, 비슷한 출력 운동을 제공하는 다른 기구에 비하여 좁은 공간을 차지하도록 설계될 수 있다. 더욱이 캠의 형태는 다양한 종동절 운동을 산출하기 위하여 간단한 방식으로 구해진다. 이러한 이유 때문에 캠 기구는 현대의 기계류에서 널리 이용되고 있다. 캠 기구의 결점은 약한 마모 저항과 고속으로 운전 시 캠과 종동절 사이의 충격에 의하여 발생하는 소음이다.

그림 1.28은 캠 기구의 추가적인 종류인 **쐐기 캠 기구**(wedge cam mechanism), **원통 캠 기구**(cylindrical cam mechanism), **말단 캠 기구**(end cam mechanism)를 설명한다. 원통 캠의 응용은 그림 1.29에 나타낸 낚싯줄 감개에서 볼 수 있다. 원통 캠이 회전할 때, 종동절은 낚싯줄이 **실패**(spool)에 고르게 감기도록 앞뒤로 병진 운동을 한다. 쐐기 캠은 13장의 13.16.1절에서 보여준 것과 같이 열쇠잠금 장치에서 이용된다.

원판 캠 기구의 해석과 설계는 7장에 제시되어 있다.

비디오 1.29
낚싯줄 감개

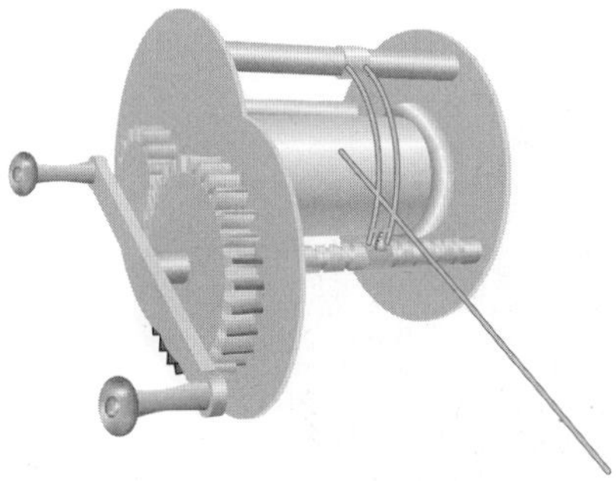

(a)

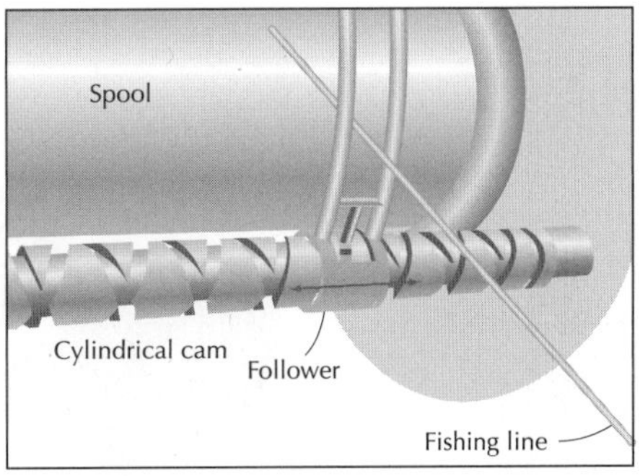

(b)

그림 1.29 ● 낚싯줄 감개[비디오 1.29]

1.3 평면 기구와 공간 기구

평면 운동(planar motion)은 평면에 제한된다. **평면 기구**(planar mechanism)에서 이 기구의 모든 링크의 운동은 동일한 평면이나 서로 평행한 평면에서 일어난다. 그림 1.5와 1.8에 예시된 슬라이더 크랭크 기구와 4절 기구는 평면 기구의 예이다.

비디오 1.30
의수

공간 기구(spatial mechanism)에서 링크들은 3차원에서 움직인다. 예를 들어 그림 1.30은 의수를 보여준다[1]. 손가락은 그림 1.30(a)에 나타낸 형태부터 시작한 다음 그림 1.30(b)처럼 물체를 감쌀 수 있다. 평면에서 엄지손가락은 다른 네 손가락의 운동 평면에 평행하지 않은 평면에서 움직인다.

비디오 1.31
찰머스 현가장치

공간 기구의 또 다른 예는 그림 1.31에서 예시된 차량 현가장치이다. 보여준 현가장치는 **찰머스 현가장치**(Chalmers suspension)라 불리며 시멘트 트럭과 같은 튼튼한 차량에 이

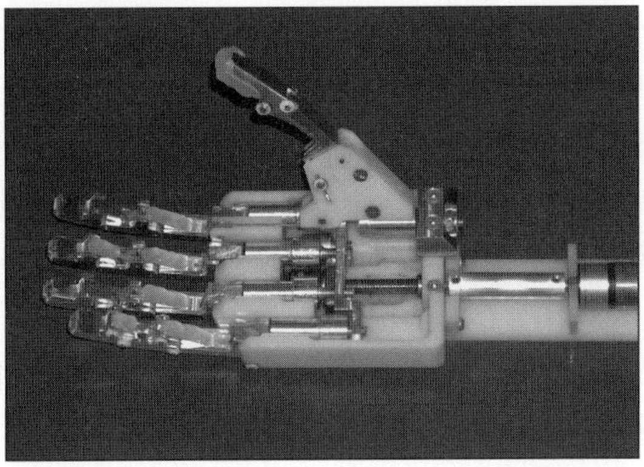

(a)

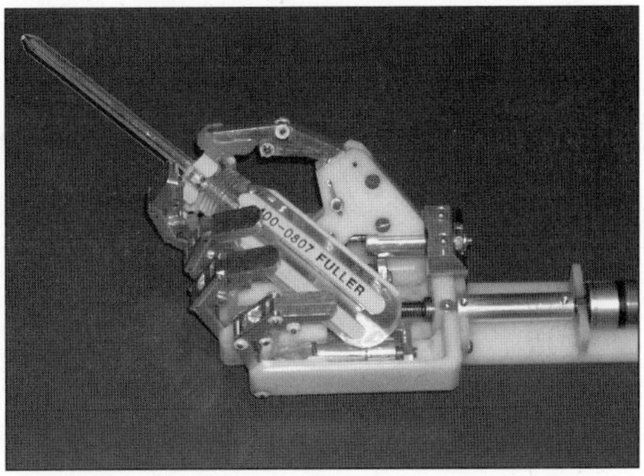

(b)

그림 1.30 ● 의수[비디오 1.30]

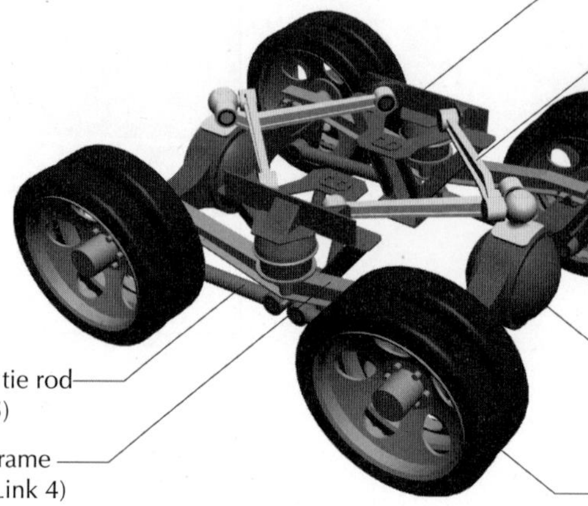

그림 1.31 ● 챨머스 현가장치[비디오 1.31]

용된다. 노면은 불균일한데 진입로나 짐 싣는 곳도 마찬가지이다. 이 기구의 목적은 그림에서 보여주는 모든 타이어에 차량의 무게가 잘 분포되도록 하는 것이다. 타이어와 노면 사이가 잘 접촉되기 위하여 각 타이어는 기초 링크에 대하여 상하로 움직일 수 있어야 한다. 그러나 기구는 회전동력을 바퀴에 전달하기 위하여 차동(액슬을 통하여)을 허용해야 한다. 작동 중에는 프레임의 운동, 하부 타이로드, 액슬 그리고 상부 타이로드는 모두 다른 평면에 있다.

1.4 운동 연쇄와 운동 대우

운동 연쇄(kinematic chain)는 기초 링크를 명시하지 않은 상태로 함께 연결된 링크들의 조합이다. 그림 1.32는 4절 운동 연쇄를 예시한다. 모든 링크들은 피벗으로 연결되어 있다. 그림 1.32(b)는 이 운동 연쇄의 개략도를 나타낸다.

일련의 대체 기구는 교대로 운동 연쇄의 링크 중 하나를 기초 링크가 되도록 고정된 위치에 고정시킴으로써 생성된다. 대체로 절대 운동의 종류와 크기(즉 기초 링크에 대한)는 기초 링크의 선택에 달려 있다. 1.6절은 단일 운동 연쇄로부터 생성된 운동의 여러 종류의 예를 제시한다.

기구의 링크들은 **운동 대우**(kinematic pair) 또는 **조인트**(joint)로 함께 연결된다. 평면 기구에 있는 3개의 일반적인 운동 대우는 다음과 같다.

- **회전 대우**(turning pair)는 두 링크 사이의 상대적인 회전 운동을 허용한다. 이러한 대우는 또한 **베어링**(bearing), **피벗**(pivot), 또는 **핀 조인트**(pin joint)라 불린다. 4절 기구

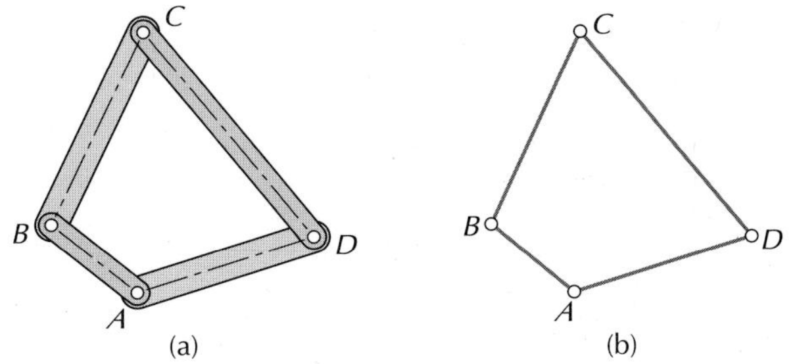

그림 1.32 ● (a) 4절 운동 연쇄, (b) 개략도

(그림 1.8)는 전체적으로 4개의 회전 대우를 가지고 있다. 그림 1.33은 회전 대우로 연결된 링크들의 다른 예를 개략도와 함께 제시한다.

- **미끄럼 대우**(sliding pair)는 두 링크 사이의 상대적인 미끄럼 운동을 허용한다. 예를 들어 그림 1.5에서 링크 4는 링크 1에 대하여 미끄럼 운동을 하도록 허용되어 있다. 그림 1.34는 미끄럼 대우에 의하여 연결된 링크들의 다른 예들을 예시한다.
- **구름 대우**(rolling pair)는 한 쌍의 마찰 기어에서 이용된 것과 같이(그림 1.21) 두 링크 사이에 상대적인 구름 운동을 허용한다. 구름 대우의 또 다른 예는 그림 1.35에 예시하였다. 이 기구에서 볼 베어링은 레일 트랙을 따라 구름 운동한다. 외측 기초 레일과 내측 슬라이더 레일 사이에 끼어 있는 구름 운동을 하는 볼을 이용함으로써 기초링크와 슬라이더 링크 사이의 마찰력은 감소된다. 이러한 방식으로 두 링크 사이에 상대적인 선형 미끄럼 운동을 한다. 선형 베어링 미끄럼 장치는 밀링머신 베드 또는 정밀기계에 있는 각기둥 링크와 같은 정확한 선형 운동을 요구하는 응용에서 전형적으로 이용된다. 이러한 응용에서 횡방향 운동(원하는 선형 경로를 따르지 않는 축에서의 운동)은 원하지 않는다. 베어링의 미끄럼 장치는 또한 공구박스에 있는 캐비닛의 서랍과 같이 무거운 하중의 선형 병진 운동을 요구하는 곳에서 적용되곤 한다. 그림 1.36은 구름 대우에 의하여 연결된 링크들의 다른 예들을 제시한다. 구름 대우에서 링크들 사이에는 미끄럼이 없다고 가정한다.

비디오 1.35
선형 베어링
미끄럼 장치

각 회전 대우, 미끄럼 대우, 그리고 구름 대우는 인접한 링크들 사이에 하나의 상대 운동을 허용한다. 이러한 운동 대우를 모두 **1자유도 대우**(one degree of freedom pair)라 한다.

운동 대우의 다른 종류는 **2자유도 대우**(two degree of freedom pair)라 한다. 이것은 인접한 링크들 사이에 2개의 상대 운동을 허용한다. 이들의 예가 그림 1.37에 나와 있다. 그림 1.37(a)는 링크 2와 3 사이의 2자유도를 예시한다. 자유도 중의 하나는 링크들 사이의 상대 회전이다. 다른 자유도는 링크 2의 슬롯에서 링크 3의 한쪽 끝에 있는 핀의 병진 운동이다. 그림 1.37(a)에 나타낸 바와 같이 이 2자유도 대우는 하나의 미끄럼 대우와 하나의 회전 대우를 이용하여 개략도 형태로 나타낼 수 있다.

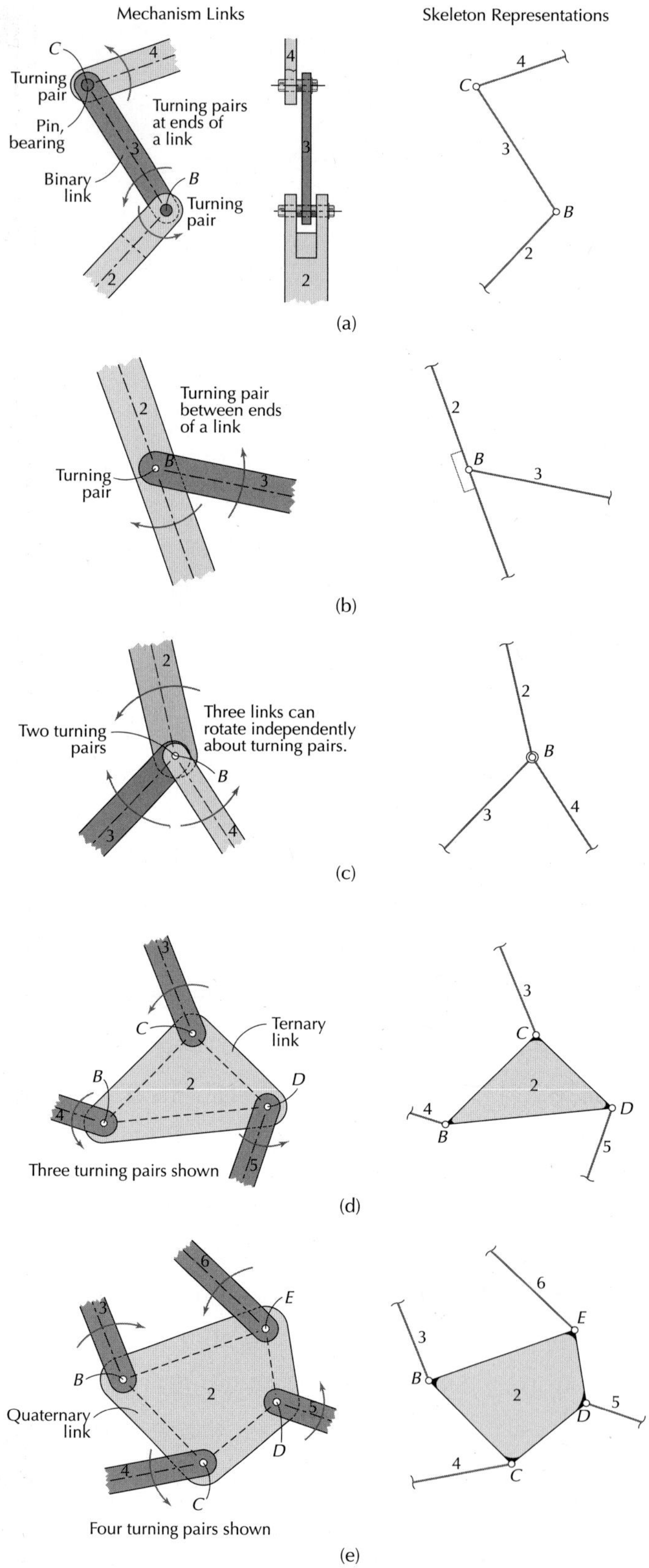

그림 1.33 ● 회전 대우의 예

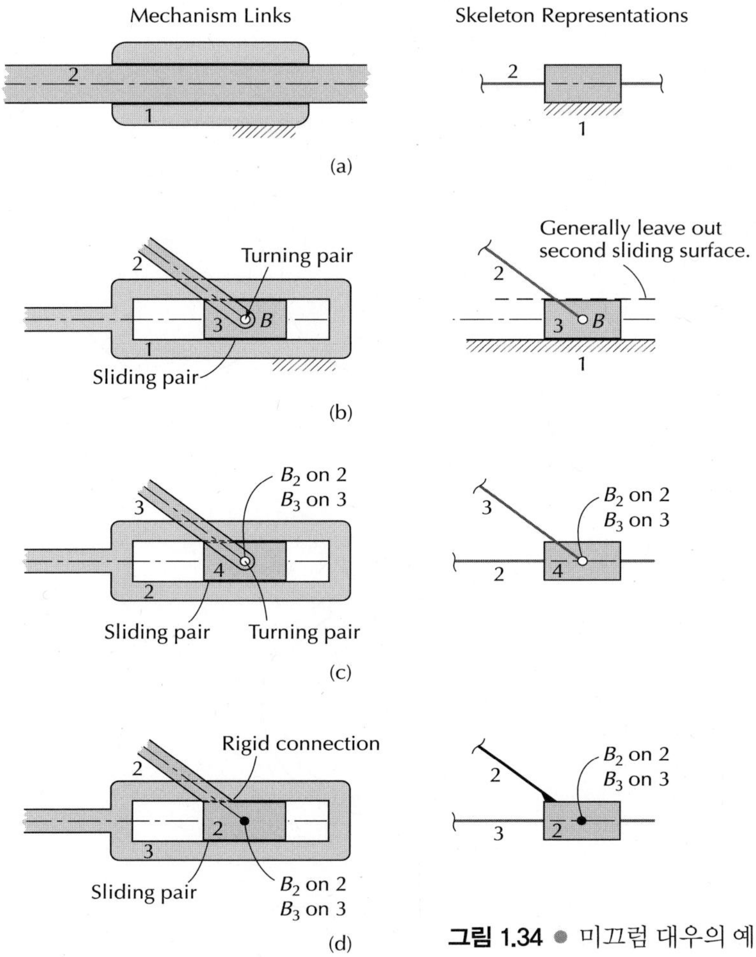

그림 1.34 ● 미끄럼 대우의 예

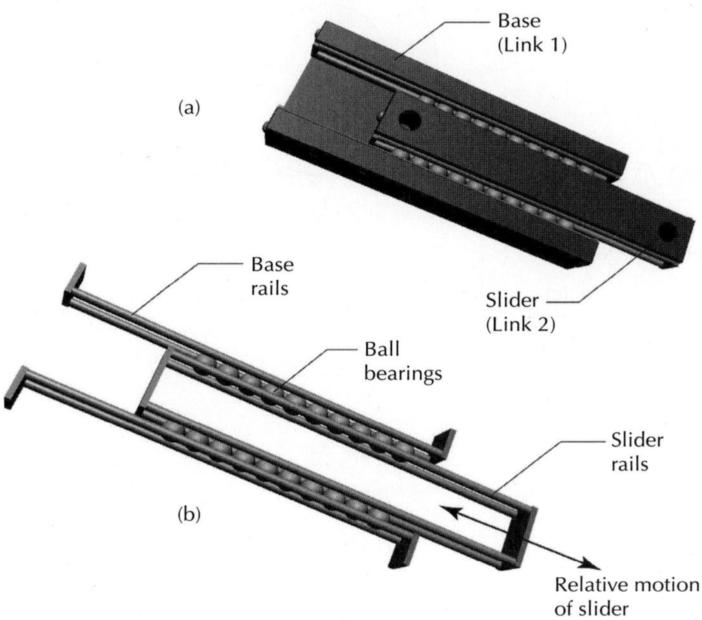

그림 1.35 ● 선형 베어링 미끄럼 장치. (a) 온전한 기구의 조감도, (b) 슬라이더 레일과 볼 베어링[비디오 1.35]

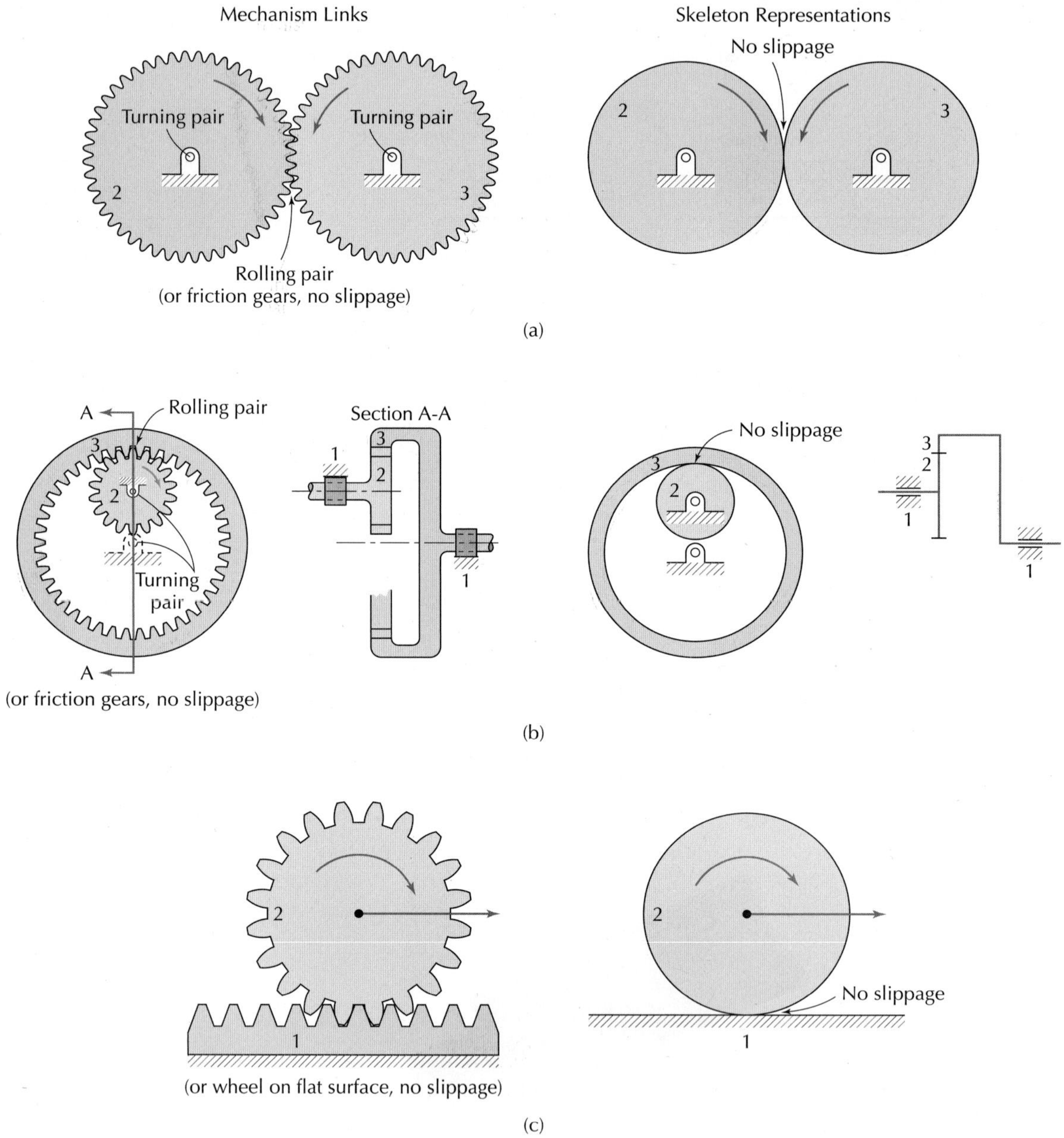

그림 1.36 ● 구름 대우의 예

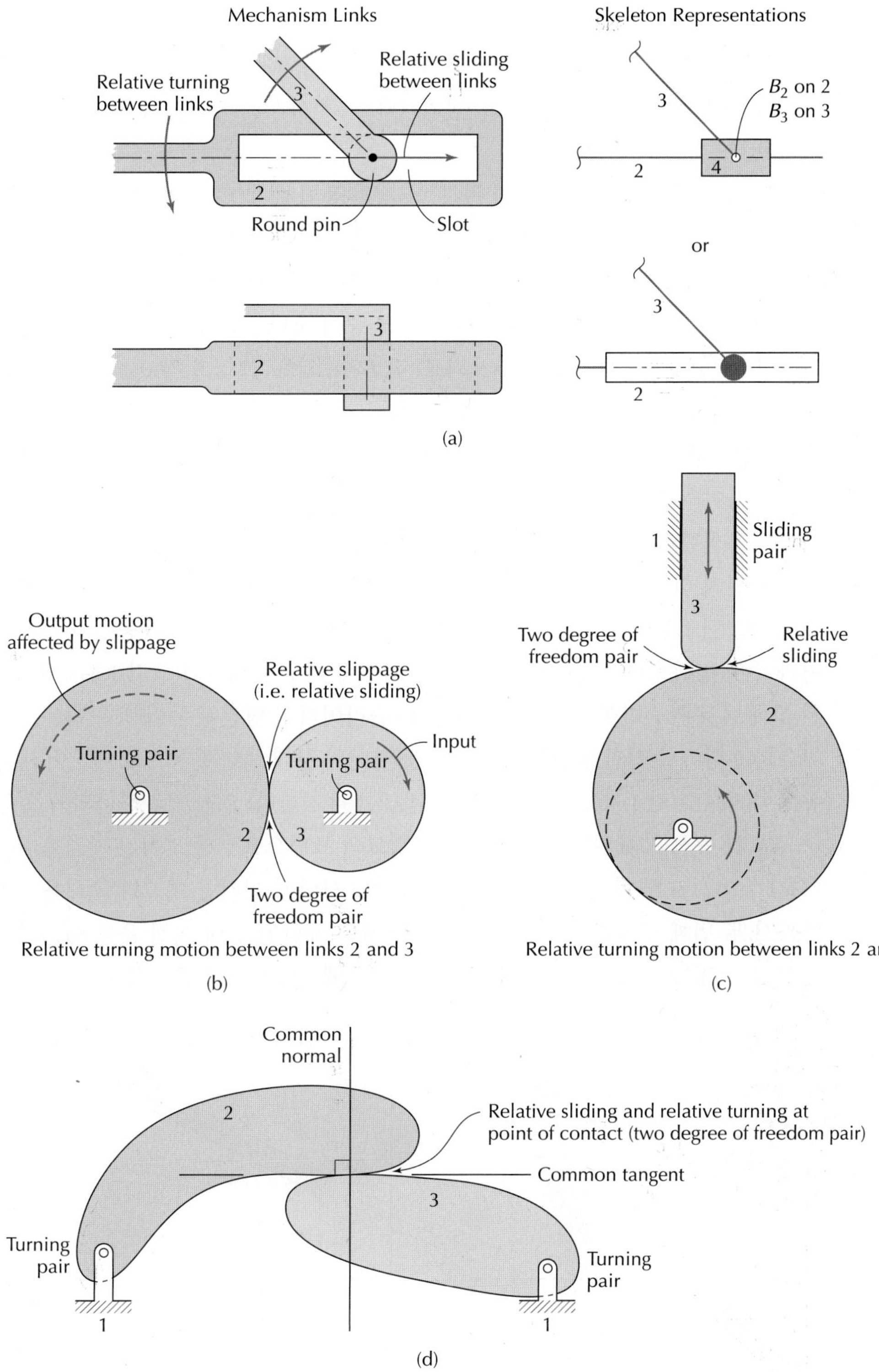

그림 1.37 ● 2자유도 대우의 예

1.5 기구의 가동성

기구의 **자유가동성** 또는 **가동성**(mobility)은 기구의 모든 링크들의 위치를 규정하기 위하여 요구되는 독립 매개변수의 수로 정의된다. 이 절에서는 평면 기구의 가동성만을 고려하도록 한다.

평면 운동을 수행하는 강체의 위치는 3개의 독립 매개변수를 규정하여 설명할 수 있다. n개의 링크를 가진 평면 기구는 움직일 수 있는 $n-1$개의 링크를 가지고 있다. 따라서 링크들이 독립적으로 움직이려면 $3(n-1)$개의 매개변수가 규정될 필요가 있다. 그림 1.38(a)는 4절 기구를 보여준다. 그림 1.38(b)에서 링크 중의 하나는 기구의 나머지 링크들로부터 분리된다. 이 링크의 위치는 점 B의 x 좌표, 점 B의 y 좌표, 그리고 각 θ를 규정하여 나타낸다. 유사한 규정이 다른 운동 링크에도 적용된다.

기구의 링크들은 독립적으로 움직이지 않고 대신 운동 대우에 의하여 연결되어 있다. 링크들 사이의 각 운동 대우는 기구의 독립된 운동의 수를 감소시키는 하나 또는 그 이상의 구속을 제공한다. 각각의 1자유도 대우(회전 대우, 미끄럼 대우, 혹은 구름 대우)는 링크들 사이의 단지 하나의 상대 운동을 허용하는 한편 2개의 상대 운동은 구속한다. 회전 대우에 대하여(그림 1.33), 단지 상대 회전 운동만 허용된다. 구속된 상대 운동은 회전 대우에서 수평과 수직 방향으로 선형 병진 운동이다. 미끄럼 대우에 대하여(그림 1.34), 유일하게 허용된 상대 운동은 슬라이드의 방향에 접하는 슬라이더의 병진 운동이다. 구속된 운동은 슬라이드의 방향에 수직인 병진 운동과 링크들 사이의 상대 회전 운동으로 이루어진다. 구름 운동에 대하여(그림 1.36), 링크들은 접촉 상태를 유지한다. 그러므로 하나의 구속은 링크 하나의 회전 중심이 대우를 형성하는 다른 링크의 표면으로부터 고정된 거리를 유지해야 한다는 것이다. 또한 구름 대우에 대하여 링크들 사이에 어떠한 미끄럼도 허용되지 않는다. 따라서 두 번째 구속은 링크들 사이에 발생하는 제한된 상대 회전 운동 때문에 일어난다. 각각의 2자유도 대우(그림 1.37)는 링크들 사이에 2개의 상대 운동을 허용하고, 단지 하나

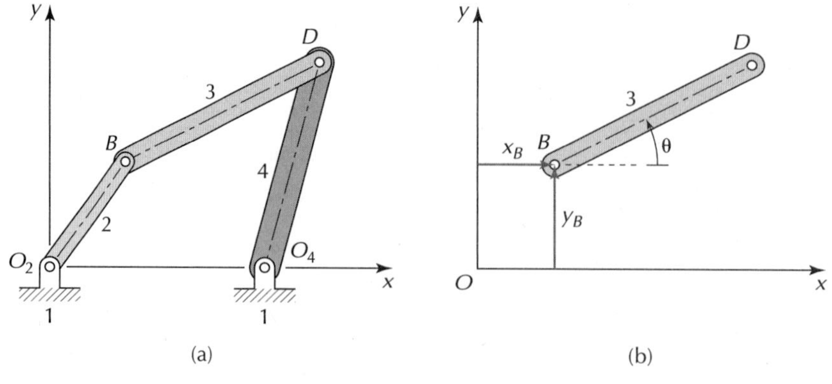

그림 1.38 ● 평면에 있는 기구 링크의 위치 열거

의 상대 운동이 구속된다. 그림 1.37(d)에 나타낸 2자유도 운동 대우에 대하여, 링크들 사이에 상대 회전 운동과 미끄럼 운동이 있을 수 있다. 상대 미끄럼 운동은 접촉점에서 두 면에 **공통 접선**(common tangent)을 따라서 발생한다. 이 두 링크를 고려할 때 유일한 구속은 **공통 법선**(common normal)을 따라서 어떠한 상대 운동도 있을 수 없다는 것이다.

위의 시험을 수행할 때, 링크 수와 운동 대우의 수와 종류에 관하여 평면 기구의 가동성 m에 대한 표현식을 유도하는 것이 가능하다. 기구의 각 운동 대우가 기구의 어느 다른 운동 대우에 의하여 적용되지 않는 1개 또는 2개의 구속을 부과하는 경우에 가동성은 다음과 같이 표현할 수 있다.

$$m = 3(n-1) - 2j_1 - j_2 \tag{1.5-1}$$

여기서

n = 기구의 링크 수

j_1 = 1자유도 대우의 수

j_2 = 2자유도 대우의 수

j_1과 곱하는 계수 2는 각각의 1자유도 대우와 관련된 2개의 구속에 상당한다. 운동 대우의 수를 포함하는 항의 앞에 있는 뺄셈 부호는 도입된 구속에 의하여 발생하는 가동성의 감소와 관련된다.

만일 기구의 하나 이상의 운동 대우가 **동일한**(same) 구속을 부과한다면 **과구속**(redundant constraint)을 가지고 있다고 말한다. 이러한 경우 방정식 (1.5-1)은 더 이상 유효하지 않고 대신에 다음 식을 적용한다.

$$m = 3(n-1) - 2j_1 - j_2 + N_R \tag{1.5-2}$$

여기서

N_R = 과구속의 수

과구속의 존재는 기구를 검사하여 구한다. 다음에 이어서 예를 제시한다.

1.5.1 과구속이 없는 기구의 가동성의 예

이 절에서 제시된 모든 예제는 과구속이 없는 경우이다. 따라서 가동성은 식 (1.5-1) 또는 식 (1.5-2)에서 $N_R = 0$을 이용하여 계산된다.

그림 1.39(a)에 나타낸 4절 기구는 4개의 링크, 즉 기초 링크와 3개의 이동 링크를 가지고 있으며, 모두가 회전 대우인 4개의 운동 대우로 구성되어 있다. 이 기구에는 2자유도 대우가 없다. 요약하면

$$n=4; \qquad j_1=4; \qquad j_2=0$$

식 (1.5-1)에 위의 값들을 대입하면

$$m=3\,(n-1)-2j_1-j_2=3(4-1)-2\times4-0=1$$

즉 하나의 입력 값이 결정될 모든 링크의 위치를 허용하기 위하여 지정될 필요가 있다. 만일 θ_2가 지정된다면, 기구의 다른 변수 값들(즉 θ_3와 θ_4)을 계산할 수 있다.

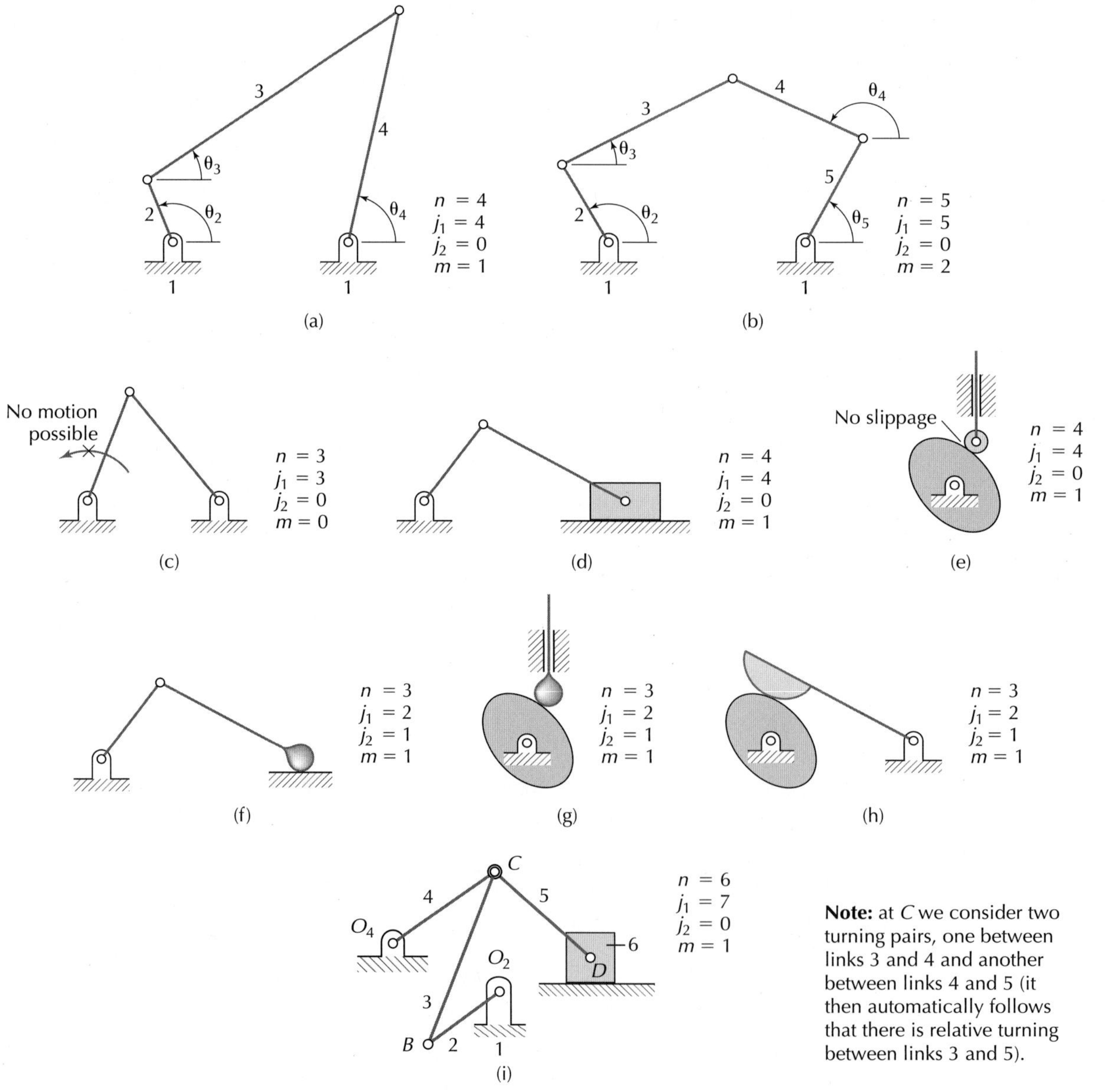

그림 1.39 ● 가동성의 예

두 번째 예로서 그림 1.39(b)에 나타낸 5절 기구를 고려하자. 이 예제에서는 5개의 링크($n=5$)와 모두가 회전 대우($j_1=5$)인 총 5개의 1자유도 대우가 있다. 2자유도 대우($j_2=0$)는 없다. 식 (1.5-1)을 이용하여 $m=2$를 얻는다. 그러므로 기구의 결합 구조를 결정하기 위하여 2개의 독립 매개변수를 지정하는 것이 필요하다. 그림 1.39(b)에 나타낸 바와 같이 이것은 θ_2와 θ_5의 값을 지정하여 달성된다.

7개의 더 많은 예제가 그림 1.39에 제공되어 있다. 링크의 수와 1 그리고 2자유도 대우의 수, 그리고 식 (1.5-1)을 이용하여 계산된 가동성의 값이 각 예제에 대하여 작성되었다.

1.5.2 적어도 하나의 과구속을 갖는 기구의 가동성의 예

적어도 하나의 과구속을 가진 기구의 가동성은 N_R의 적절한 값을 가지고 식 (1.5-2)를 이용하여 계산할 수 있다.

그림 1.40(a)는 한 쌍의 마찰 기어를 나타낸다. 전체는 3개의 링크이다. 링크 2와 3은 각각 회전 대우를 통하여 기초 링크에 연결되어 있다. 링크 2와 3은 A에서 접촉한다. 만일 A에서 미끄럼이 없다면 링크 2와 3은 구름 대우에 의하여 연결되어 있는 것이다. 기어 2의 명시된 회전은 기어 3의 일정한 회전을 하도록 한다. 모든 링크의 위치는 기어 2의 입력 운동에 대하여 결정되고, 관찰에 의하여 가동성은 하나와 같다. 이 기구에 대하여

$$n=3; \qquad j_1=3; \qquad j_2=0$$

식 (1.5-1)을 적용하면

$$m=3(n-1)-2j_1-j_2=3(3-1)-2\times3-0=0$$

기구가 움직일 수 없다는 것을 나타내는 결과를 얻는다. 이것은 부정확한 결과이다. 이것은 위의 계산에서 이 기구에 존재하는 1개의 과구속을 고려하지 않았기 때문이다. 과구속은 O_2와 O_3 사이의 고정된 거리 c이다. 이 구속은 하나의 운동 대우 이상에서 **두 번**(twice) 적용된다. 그것은 2개의 회전 대우에 의하여 적용된다[그림 1.40(b)]. 그러나 **동일한**(same) 구속

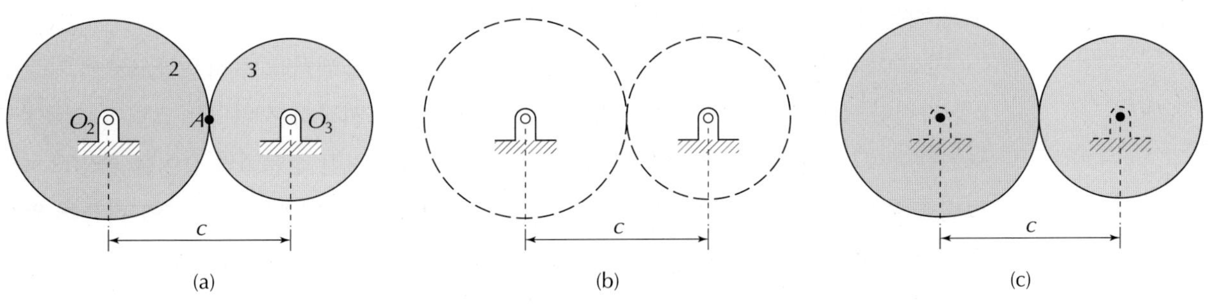

그림 1.40 ● 마찰 기어

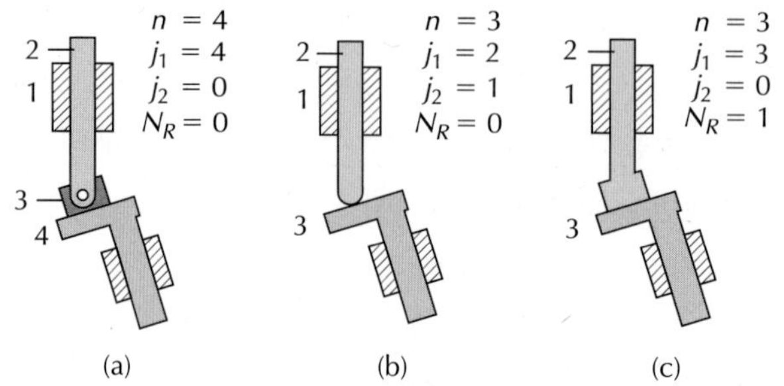

그림 1.41 ● 가동성의 예

은 구름 대우를 고려하여 적용된다[그림 1.40(c)]. 그러므로 이 기구에 대하여 $N_R = 1$이다. 식 (1.5–2)에 N_R와 함께 링크와 운동 대우의 수량의 값을 대입하면 $m = 1$의 정확한 값을 준다.

그림 1.41에서 추가적인 예를 보여준다. 여기서 각각의 경우에 대한 링크와 운동 대우의 수가 주어졌다. 각각의 기구는 입력과 출력 사이에 동일한 상대 운동을 일으키고, 각 기구는 $m = 1$이다. 그림 1.41(a)와 1.41(b)에서 보여준 기구에서는 과구속이 존재하지 않는다. 그러나 그림 1.41(c)에 보여준 기구에서는 링크 2와 3 사이에 상대 회전 운동을 하는 과구속이 있다. 이 구속은 링크 2와 3을 연결하는 미끄럼 대우에 의하여 한 번 적용된다. 동일한 구속이 링크 1과 2 그리고 링크 1과 3 사이의 미끄럼 대우의 조합에 의하여 적용된다.

1.5.3 고정 시스템을 확실하게 하기 위한 가동성의 계산을 이용한 예

비디오 1.42
모델 1.42
프런트-엔드 로더 기구

그림 1.42에 주어진 프런트-엔드 로더의 예를 고려하자. 이 기구는 2개의 액추에이터 성분 6과 7에 의하여 구동된다. 만일 이 두 액추에이터의 길이가 일정하게 유지된다면 링크로 간주할 수 있고, 이 경우에는 $n = 9$이다. 운동 대우(모두 회전 대우)의 전체 수는 12이다. 따라서

$$m = 3(n-1) - 2j_1 - j_2 = 3(9-1) - 2 \times 12 - 0 = 0$$

이 결과는 만일 두 액추에이터의 길이가 일정하게 유지된다면 프런트-엔드 로더가 움직이도록 허용되지 않는다는 것을 나타낸다.

사실 이 기구는 운전자에게 두 액추에이터의 길이를 조절하도록 허용함으로써 가동성 2를 가진다. 전형적인 위치들을 그림 1.42에 나타내었다. 시작하는 위치는 그림 1.42(a)에서 보여준다. 그 다음 **덤프 액추에이터**(dump actuator)로 알려진 성분 6의 길이를 줄임으로써 버킷은 뒤로 회전하게 된다[그림 1.42(b)]. 다음으로 짐을 들어올리기 위하여 **리프트 액추에이터**(lift actuator)로 알려진 성분 7을 연장한다[그림 1.42(c)]. 마지막으로 덤프 액추에이터가 버킷을 비우기 위하여 연장된다[그림 1.42(d)].

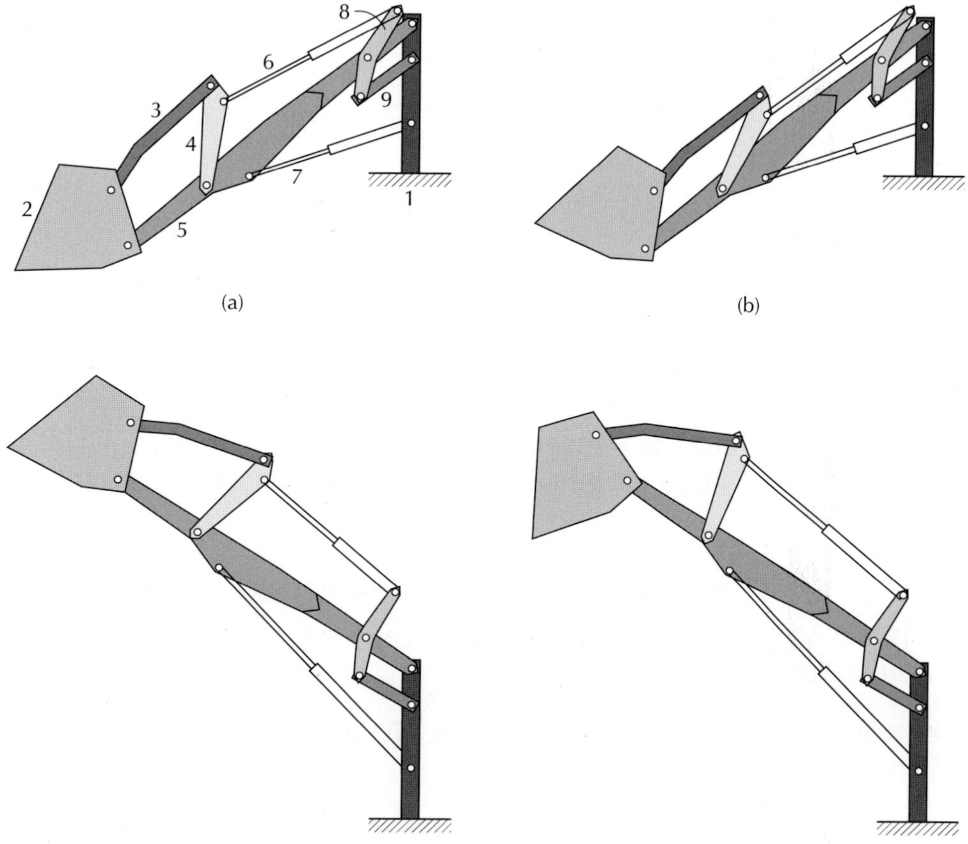

(a) (b) (c) (d)

그림 1.42 ● 프런트-엔드 로더 기구[비디오 1.42]

1.6 기구의 전치

모든 기구는 하나의 고정된 기초 링크를 가지고 있다. 다른 모든 링크들은 이 고정된 기초 링크에 대하여 움직인다.

전치된 기구(inverted mechanism)는 원래 고정되었던 링크를 이동 링크로 만들고 원래 이동 링크를 고정 링크가 되도록 선정함으로써 얻게 된다. 기구의 전치의 예로서 그림 1.43에 같은 운동 연쇄로부터 만들어진 네 기구를 보여준다. 각 경우에 운동 연쇄의 다른 링크가 고정된다. 슬라이더 크랭크 기구는 그림 1.43(a)에서 예로서 보여주며, 여기서 링크 1은 기초 링크이다. 그림 1.43(b), 1.43(c), 1.43(d)는 각각 링크 2, 3, 4가 고정되고 링크 1은 움직이는 경우들에 해당한다. 이 세 기구들은 그림 1.43(a)에 주어진 기구의 전치들이다. 그림 1.43의 네 기구들은 링크 1과 2 사이에 구동 모터를 가지고 있다. 한 사이클을 통해 축

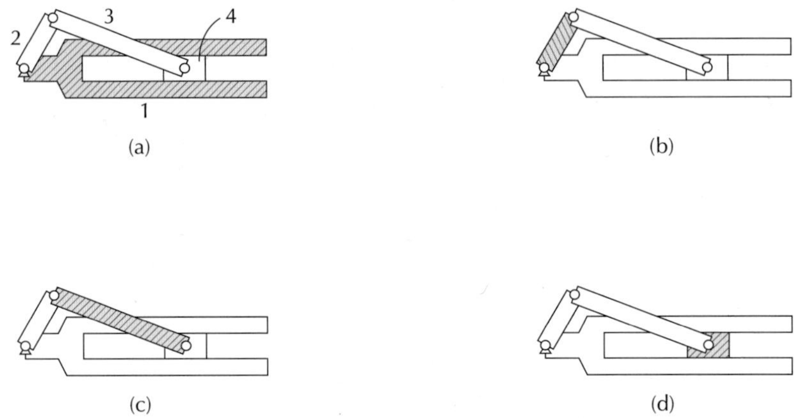

그림 1.43 ● 슬라이더 크랭크 기구의 축적된 상들과 세 전치[비디오 1.43]. (a) 슬라이더 크랭크 기구(링크 1 고정), (b) 전치 #1(링크 2 고정), (c) 전치 #2(링크 3 고정), (d) 전치 #3(링크 4 고정)

비디오 1.43
슬라이더 크랭크 기구의 축적된 상들과 세 전치

적된 상들의 세트가 그림 1.44에 주어져 있다. 각 기구에서 기초 링크에 대한 링크의 **절대**(absolute) 운동은 구별된다. 그러나 모든 기구들은 같은 링크 길이를 가지며, 모두 운동 연쇄에서 같은 위치에 구동 모터를 가지고 있다. 링크들 사이의 **상대**(relative) 운동은 이 기구들 모두에 대하여 동일하다. 일반적으로 n개의 링크를 가진 기구는 $n-1$개의 전치를 가질 수 있다.

비디오 1.45
4절 기구와 세 전치

또 다른 한 기구의 전치의 예를 그림 1.45에서 보여준다. 링크 1이 고정된 그림 1.45(a)의 4절 기구를 고려해 보자. 이 기구의 3개의 전치는 각각 링크 2, 3, 4를 고정시킨 그림 1.45(b), 1.45(c), 1.45(d)에서 보여준다. 한 사이클을 통해 축적된 상들의 세트가 그림 1.46에 주어져 있다.

속도 제어기(speed governor)는 또 다른 기구의 작동을 조절(제어)하기 위하여 이용된 기구이다. 속도 제어장치는 역슬라이더 기구를 포함한다. 그림 1.47(a)는 구식 증기기관차를 보여준다. 이 엔진의 동력은 그림 1.47(b)에서 보여준 것과 같은 속도 제어기를 이용하여 제어된다. 속도 제어기는 회전 입력 운동을 선형 출력 운동으로 변환하는 원리로 작동한다. 여기서 보여준 제어장치에 대하여 기관차 바퀴로부터의 회전 입력 운동(기관차의 속도에 따라)은 벨트와 풀리 시스템에 의한 입력이다. 풀리는 베벨 기어 세트를 돌리고 다음은 2개의 볼 질량을 돌린다. 질량들이 돌 때, 그들은 구심력을 받고 그들을 반경 방향 바깥쪽으로 흔들리게 한다. 만일 질량들이 빠르게 회전한다면 이 반경 방향 바깥쪽 운동(역슬라이더 부분)은 제어봉을 들어 올린다. 만일 질량이 더 천천히 회전한다면 제어봉은 떨어질 것이다. 이 제어봉의 선형 운동은 엔진의 열교환기로 들어가는 물의 양을 제어/조절하기 위하여 이용된다. 이렇게 하여 엔진의 출력 동력을 조절한다. 만일 기관차의 속력이 너무 높으면 제어봉은 자동적으로 올라가고 엔진의 동력은 약해진다. 만일 기관차의 속력이 너무

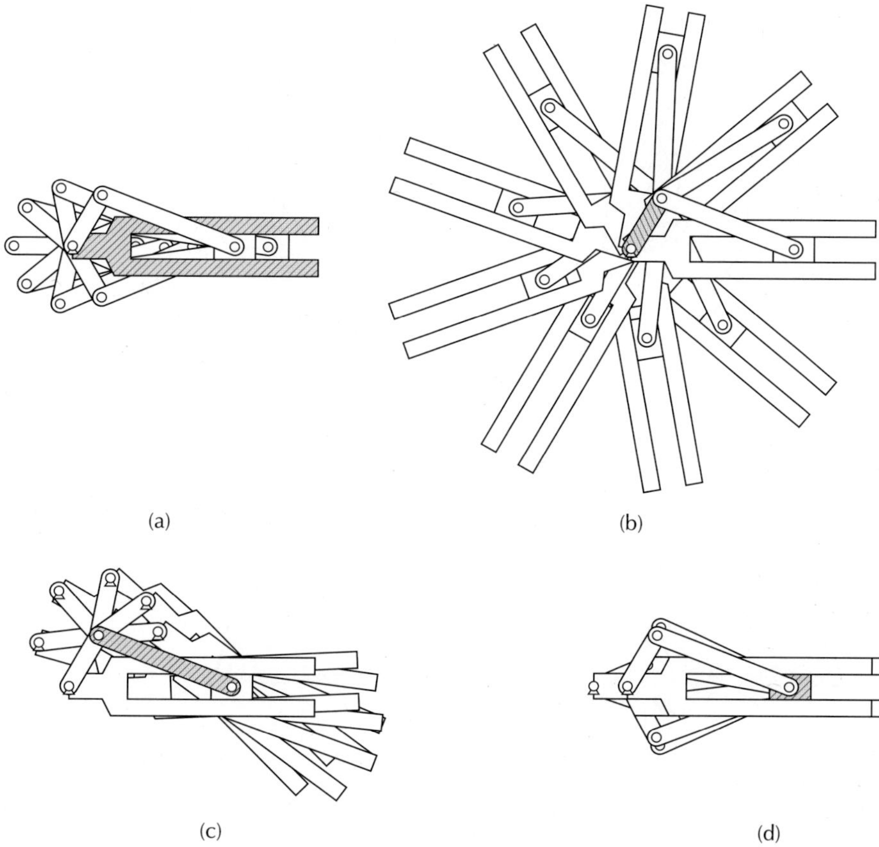

그림 1.44 ● 슬라이더 크랭크 기구의 축적된 상들과 세 전치[비디오 1.43]

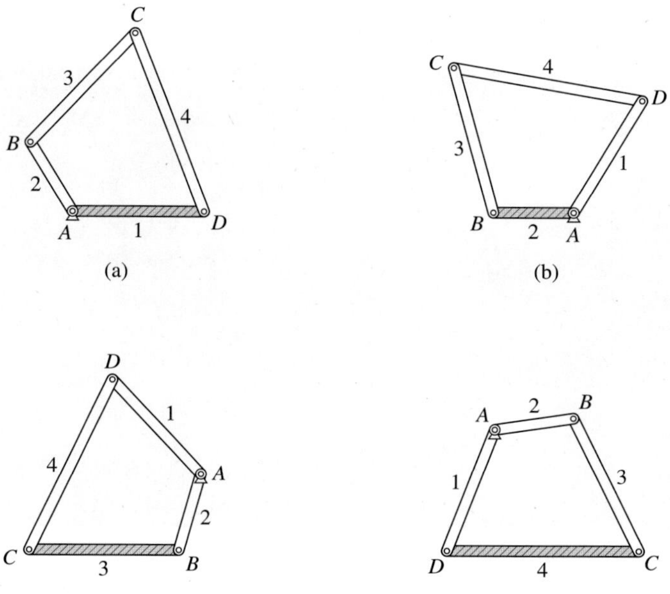

그림 1.45 ● 4절 기구와 세 전치[비디오 1.45]. (a) 슬라이더 크랭크 기구(링크 1 고정), (b) 전치 #1(링크 2 고정), (c) 전치 #2(링크 3 고정), (d) 전치 #3(링크 4 고정)

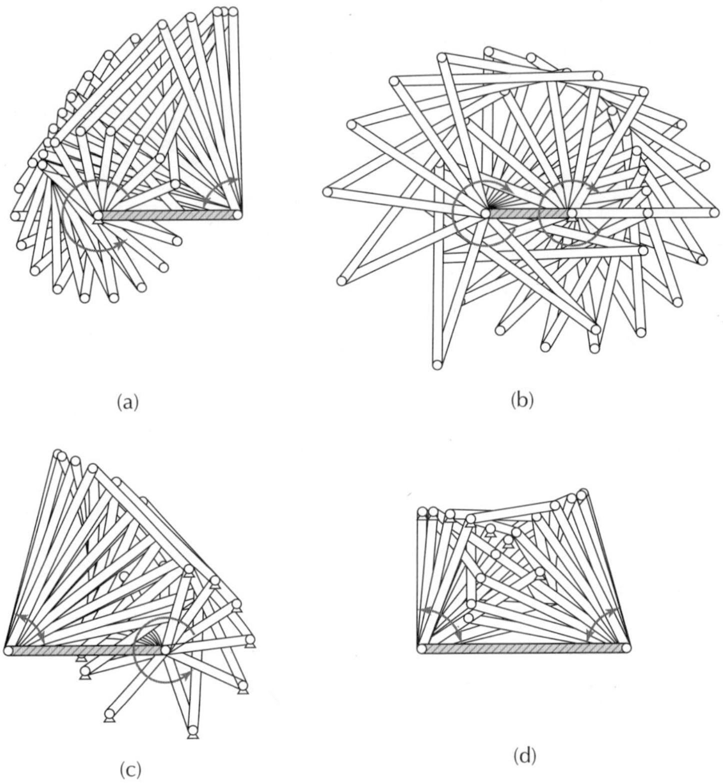

그림 1.46 ● 4절 기구와 세 전치[비디오 1.45]. (a) 크랭크 로커, (b) 드래그 링크, (c) 크랭크 로커, (d) 로커-로커

(a) (b)

그림 1.47 ● (a) 증기 기관차, (b) 속도 제어기

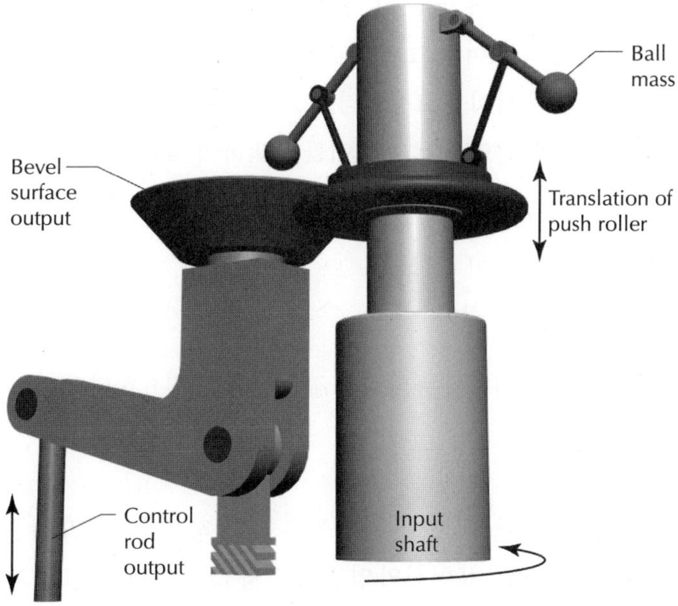

그림 1.48 ● 속도 제어기[비디오 1.48]

비디오 1.48
속도 제어기

낮으면 제어봉은 자동적으로 떨어지고 엔진의 동력은 증가한다. 이러한 관점에서 보면 속도 제어기는 순수하게 기계에 기초한 폐루프 제어 시스템의 예이다. 다른 속도 제어기의 예(다른 형태를 가진)를 그림 1.48에서 보여준다.

1.7 4절 기구와 슬라이더 크랭크 기구의 종류

4절 기구와 슬라이더 크랭크 기구는 종류에 따라 세분된다. 한 종류는 완전한 회전을 할 수 있는 링크들의 수에 의하여 특징지어지고 이 링크는 기초 피벗에서 기초 링크에 연결되어 있다. 이 절은 링크의 길이에 기초를 둔 기구의 종류를 결정하는 방법을 제공한다.

1.7.1 4절 기구 – 그라스호프의 기준

그림 1.45와 1.46은 4절 기구의 3개의 다른 종류를 예로 보여준다. 그림 1.45(a)와 그림 1.45(c)에서 **크랭크**(crank)인 링크 2는 완전한 회전을 하는 반면, **로커**(rocker)인 링크 4는 제한된 두 위치 사이를 요동한다. 이러한 4절 기구를 **크랭크 로커**(crank rocker)라 부른다. 그림 1.45(b)에서 링크 1과 링크 3은 완전한 회전을 할 수 있고, 이것은 **드래그 링크**(drag link)라 불린다. 그림 1.45(d)에서 링크 1과 링크 3은 둘 다 완전한 회전을 할 수 없고, 이것은 **로**

커-로커(rocker-rocker)라 불린다. 이 세 종류의 4절 기구의 또 다른 예는 그림 1.49에 나와 있다. 그림 1.49(a)에서 보여준 크랭크 로커 기구에서 만일 링크 2가 완전한 회전을 하면 링크 4는 한정된 두 위치 사이를 요동한다. 요동 운동의 진폭은 $\Delta\theta_4$이다.

4절 기구를 다음과 같이 링크의 길이를 구별하여 학습한다.

- s: 가장 짧은 링크의 길이
- l: 가장 긴 링크의 길이
- p, q: 다른 두 링크의 길이

운동 연쇄를 조립하기 위해서는 다음과 같은 관계가 필요하다.

$$s + p + q \geq l$$

위 표현식의 양변이 같을 때, 모든 링크들은 동일 직선상에 있도록 구속되고, 어떤 움직임도 허용되지 않는다. 오직 표현식의 양변이 같지 않을 때만, 링크의 회전이 있을 수 있다.

4절 기구의 종류는 **그라스호프의 기준**(Grashof's Criterion)[2]을 이용하여 결정된다. 링크 길이의 위와 같은 지정을 이용하여 그라스호프의 기준을 표 1.1에 나타냈다.

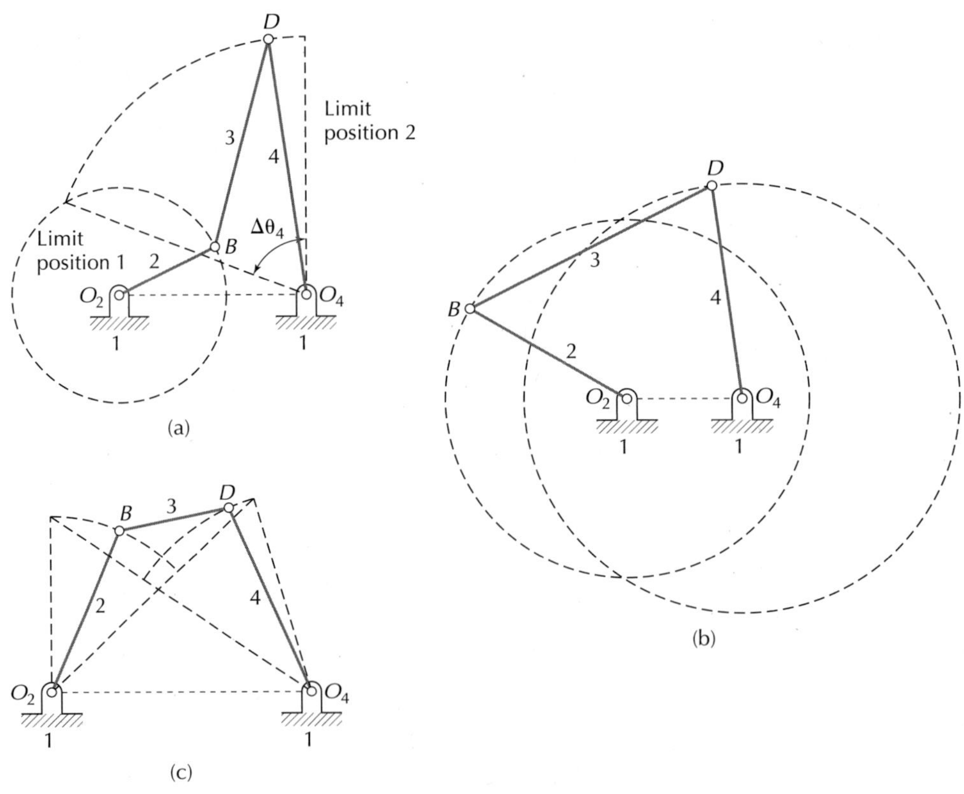

그림 1.49 ● 4절 기구의 종류. (a) 크랭크 로커, (b) 드래그 링크, (c) 로커-로커

표 1.1 4절 기구의 분류

부류 I 운동 연쇄 $s+l<p+q$	**부류 II 운동 연쇄** $s+l>p+q$
만일 *s*가 입력 링크이면, 기구는 크랭크 로커이다. 만일 *s*가 기초 링크이면, 기구는 드래그 링크이다. 만일 그렇지 않다면, 기구는 로커-로커이다.	기구는 로커-로커이다.

표 1.1에서 운동 연쇄의 두 부류는 동일하다. 단지 부류 I 운동 연쇄는 4절 기구의 세 종류를 모두 얻는 것이 가능하다.

그림 1.45에서 예를 든 4절 기구를 고려하자. 이 예에서

$$s = 1.9 \text{ cm}; \qquad p = 3.2 \text{ cm}; \qquad q = 3.8 \text{ cm}; \qquad l = 4.8 \text{ cm}$$

따라서

$$s + l = 6.7 \text{ cm} < p + q = 7.0 \text{ cm}$$

기구들이 부류 I 운동 연쇄로부터 만들어진다. 그러므로 전치를 통하여 그림 1.46에서 예를 든 것과 같이 4절 기구의 다른 종류들을 얻는 것이 가능하다.

다음과 같은 경우는

$$s+l=p+q$$

표 1.1에서 다루지 않았다. **변환점 기구**(change point mechanism)라 불리는 이러한 기구는 모든 링크들이 동일 직선상에 있는 기하학적 구조가 된다. 그림 1.50은 변환점 기구의 예를

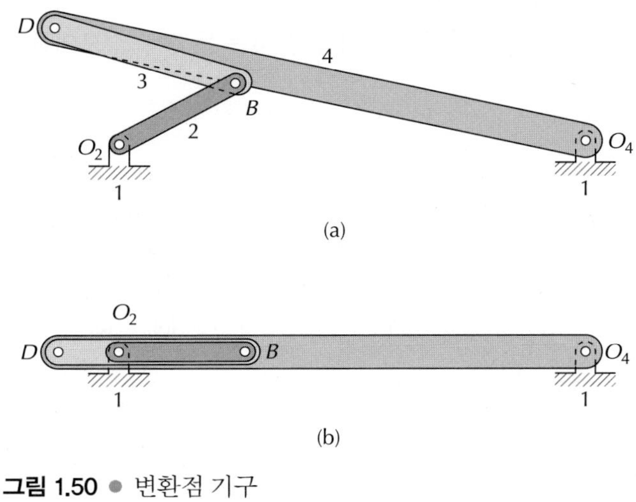

그림 1.50 ● 변환점 기구

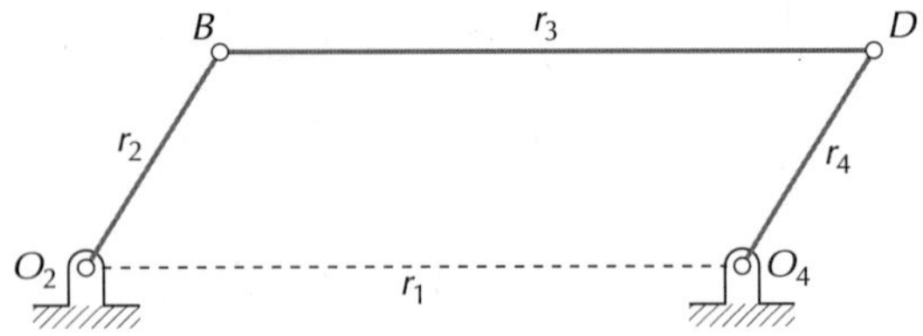

그림 1.51 ● 평행사변형 4절 기구[비디오 1.51]

그림 1.52 ● 평행사변형 4절 기구의 응용 예

보여준다.

변환점 기구의 특별한 경우는 다음과 같은 경우에 발생한다.

$$r_1 = r_3 \qquad \text{and} \qquad r_2 = r_4$$

비디오 1.51
평행사변형 4절 기구

비디오 1.53
모델 1.53
가변적 기초 링크 4절 기구

이것은 **평행사변형 4절 기구**(parallelogram four-bar mechanism)라 불린다. 그림 1.51은 이러한 기구의 개략도를 보여준다. 이 기구에서 링크 1은 항상 링크 3에 평행하고 링크 2는 항상 링크 4에 평행하다. 그림 1.52는 평행사변형 4절 기구를 합병시킨 자동차용 잭을 보여준다. 자동차는 들어 올려지는 동안 항상 지면(기초 링크)에 평행한 상태를 유지한다.

[**모델 1.53**]을 가지고 기초 링크의 길이를 조절하고, 이에 따른 운동을 보여주는 것이 가능하다. 세 이동 링크의 길이는 다음과 같다.

$$r_2 = 2.0\ \text{cm}; \qquad r_3 = 4.0\ \text{cm}; \qquad r_4 = 5.0\ \text{cm}$$

그림 1.53은 기초 링크의 길이가 다음의 값을 갖는 두 경우를 보여준다.

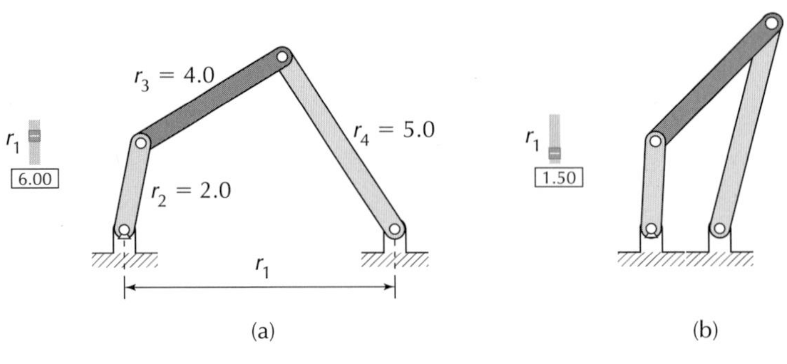

그림 1.53 ● 가변적 기초 링크 길이를 갖는 4절 기구[비디오 1.53]. (a) 크랭크 로커, (b) 로커-로커

표 1.2 4절 기구 종류의 예

r_1 (cm)	Type of Four-Bar Mechanism
$0.0 < r_1 < 1.0$	Drag link
$r_1 = 1.0$	Change point
$1.0 < r_1 < 3.0$	Rocker–rocker
$r_1 = 3.0$	Change point
$3.0 < r_1 < 7.0$	Crank rocker
$r_1 = 7.0$	Change point
$7.0 < r_1 < 11.0$	Rocker–rocker
$r_1 = 11.0$	All links collinear, no motion possible
$r_1 > 11.0 = r_2 + r_3 + r_4$	Impossible to assemble mechanism

Note: $r_2 = 2.0$ cm; $r_3 = 4.0$ cm; $r_4 = 5.0$ cm.

$$r_1 = 6.0 \text{ cm} \qquad \text{and} \qquad r_1 = 1.5 \text{ cm}$$

위 값은 각각 크랭크 로커와 로커-로커 기구에 해당한다.

그림 1.53에 나타낸 기구에 상응하여 표 1.2는 r_1 값의 범위와 4절 기구의 상응하는 종류를 나열한다. 링크 길이의 범위는 허용할 수 있는 이론적인 범위를 나타낸다. 그러나 설계에서 실제적인 범위는 약간 엄격하고, 때로 링크들 사이의 운동 전달을 어렵게 한다. 이것은 2장에 제시된 예들을 통하여 더 설명한다.

1.7.2 슬라이더 크랭크 기구

그림 1.7에서 보여준 슬라이더 크랭크 기구를 생각해 보자. 편심을 r_1이라 하고 크랭크와 커플러의 길이를 각각 r_2와 r_3라 한다. 크랭크가 완전한 회전을 하기 위해서는 다음 관계가 필요하다.

$$r_2 < r_3 \qquad \text{and} \qquad |r_1| \le r_3 - r_2$$

만일

$$|r_1| > r_2 + r_3$$

이면 기구를 조립하는 것은 불가능하다.

위의 예로서, 그림 1.54는 다음과 같은 슬라이더 크랭크 기구를 보여준다.

$$r_2 = 1.5\ \text{cm}; \qquad r_3 = 2.5\ \text{cm}$$

비디오 1.54
모델 1.54
가변적 편심을 갖는 슬라이더 크랭크 기구

그림 1.54(a), 1.54(b), 1.54(c)는 각각 편심이 0.0, −0.9, −1.4 cm인 경우를 보여준다. 그림 1.54(a)와 1.54(b)에서 보여준 기구에서 크랭크는 완전한 회전을 할 수 있다. 그러나 그림 1.54(c)에서 보여준 기구에서

$$|r_1| > r_3 - r_2$$

이므로 크랭크는 매우 제한된 범위의 허용할 수 있는 운동을 한다. **[모델 1.54]**를 가지고 편심의 조절이 가능하고 이에 따른 운동을 볼 수 있다.

그림 1.54(a)와 1.54(b)에 나타낸 기구에서 슬라이더는 두 한계위치 사이를 움직인다. 슬라이더의 두 한계위치 사이의 거리를 **행정**(stroke)이라고 한다. 편심량은 행정의 값에 영향을 준다. 편심량이 0일 때[그림 1.54(a)]

$$\text{행정} = 2\,r_2 = 3.0\ \text{cm}$$

0이 아닌 편심량에 대해서는 그림 1.54(b)에 나타낸 바와 같이

$$\text{행정} > 2\,r_2$$

이다.

1.8 기구의 동족

커플러 점을 가진 모든 4절 기구와 슬라이더 크랭크 기구의 연합은 커플러 점의 동일한 경로를 발생시킬 적어도 하나 이상의 기구이다. 이러한 연합된 기구는 **동족**(cognate)이라고 한다. 기구의 링크들이 부적절한 위치를 갖지만 어떤 기구가 커플러 점의 적절한 경로를 발생시키기 위하여 설계된 경우에는 동족 기구를 대신 수행하는 것이 가능하다. 이 절에서는 4절 기구와 슬라이더 크랭크 기구의 동족 기구를 구성하는 방법을 제시한다.

1.8.1 4절 기구의 동족

커플러 점을 가진 4절 기구는 2개의 관련된 동족을 가진다. 그림 1.55에 나타낸 4절 기구는 2개의 기초 피벗 O_2와 O_4를 가지고 있다. 이동 피벗은 B와 D이고 커플러 점은 C로 명명되어 설계되었다.

그림 1.56(a)는 원래의 4절 기구에 더해진 2개의 4절 기구를 보여준다. 이들 4절 운동 연

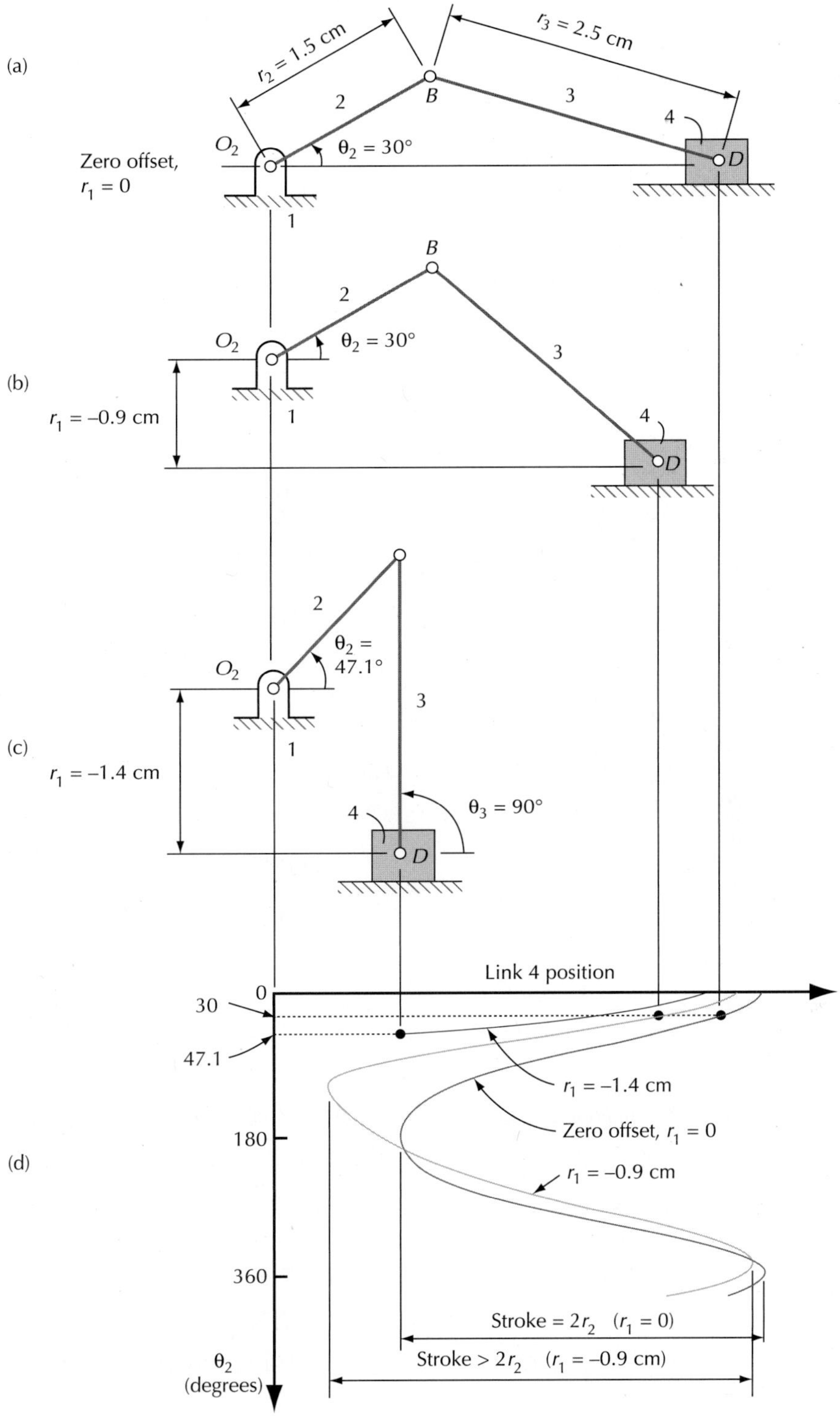

그림 1.54 ● 가변적 편심을 갖는 슬라이더 크랭크 기구[비디오 1.54]

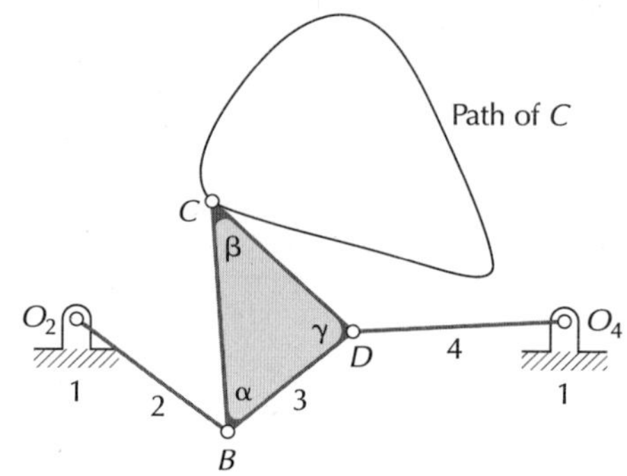

그림 1.55 ● 하나의 커플러 점을 가진 4절 기구

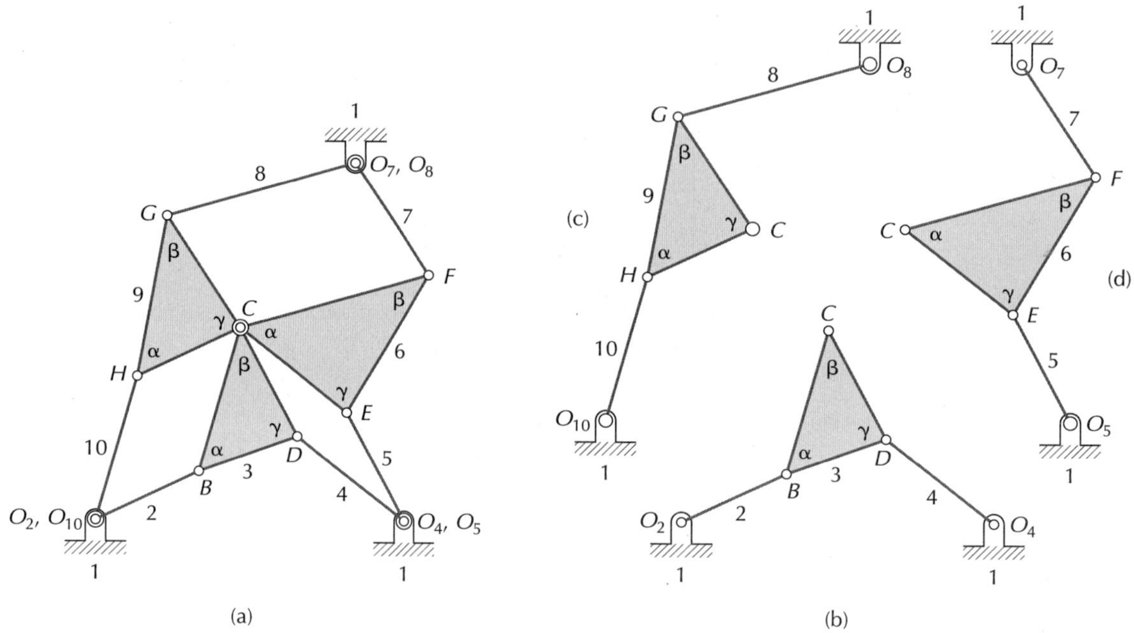

그림 1.56 ● 4절 기구의 동족

쇄는 점 $O_{10}HGO_8$과 O_5EFO_7을 포함한다. 지적한 바와 같이 다음의 점 O_2와 O_{10}, O_4와 O_5, O_7과 O_8은 일치한다. 3개의 모든 기구는 동일한 커플러 점 C를 공유한다.

그림 1.56(a)에서 예를 들어 설명한 3개의 4절 기구에 대하여 다음 사항들이 필요하다.

- 점 BDC, HCG, CEF로 형성된 삼각형은 유사하다.
- 점 O_2BCH, DO_4EC, CFO_7G는 평행사변형을 형성한다.
- 기초 피벗 O_2, O_4, O_7은 점 BDC에 의하여 형성된 삼각형과 유사한 삼각형을 형성한다.

그림 1.56(b), 1.56(c)와 1.56(d)는 서로 분리된 같은 3개의 4절 기구를 보여준다. 그림 1.57은

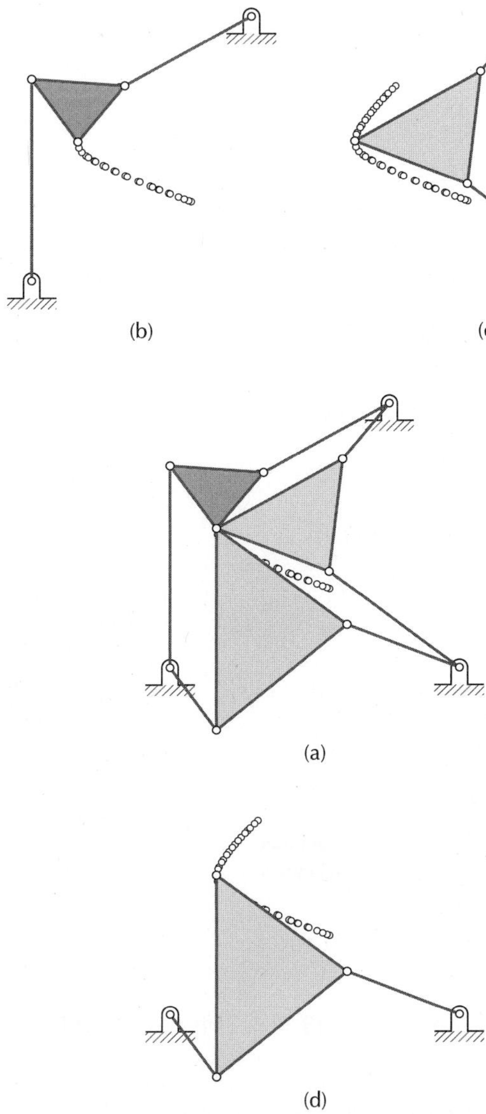

그림 1.57 ● 4절 기구의 동족[비디오 1.57]

비디오 1.57
4절 기구의 동족

3개의 분리된 기구가 연결되어 함께 움직일 수 있는 3개의 4절 기구를 보여준다. 모든 기구들은 동일한 커플러 점 경로를 그리기 위해 일치하여 움직일 수 있다.

주어진 주된 기구의 링크들에 대한 4절 기구 동족의 링크 길이를 결정하기 위한 간단한 방법은 **케일리 삼각형**(Cayley's triangles)을 구성한다. 그림 1.58(a)에서 보여준 기구에 대하여 이것을 구성하기 위하여 기초 피벗을 분리시키고 그림 1.58(b)에서 보여준 것과 같이 링크들은 O_2, B, D 그리고 O_4가 직선 위에 위치하도록 한다. 점 B, C 그리고 D는 내측 각 α, β 그리고 γ를 갖는 삼각형을 만든다. 1개의 선을 피벗 O_2를 통과하여 재배치한 링크들의 BC에 평행하게, 그리고 또 다른 선을 피벗 O_4를 통과하여 DC에 평행하게 그린다. 두 선은 O_7

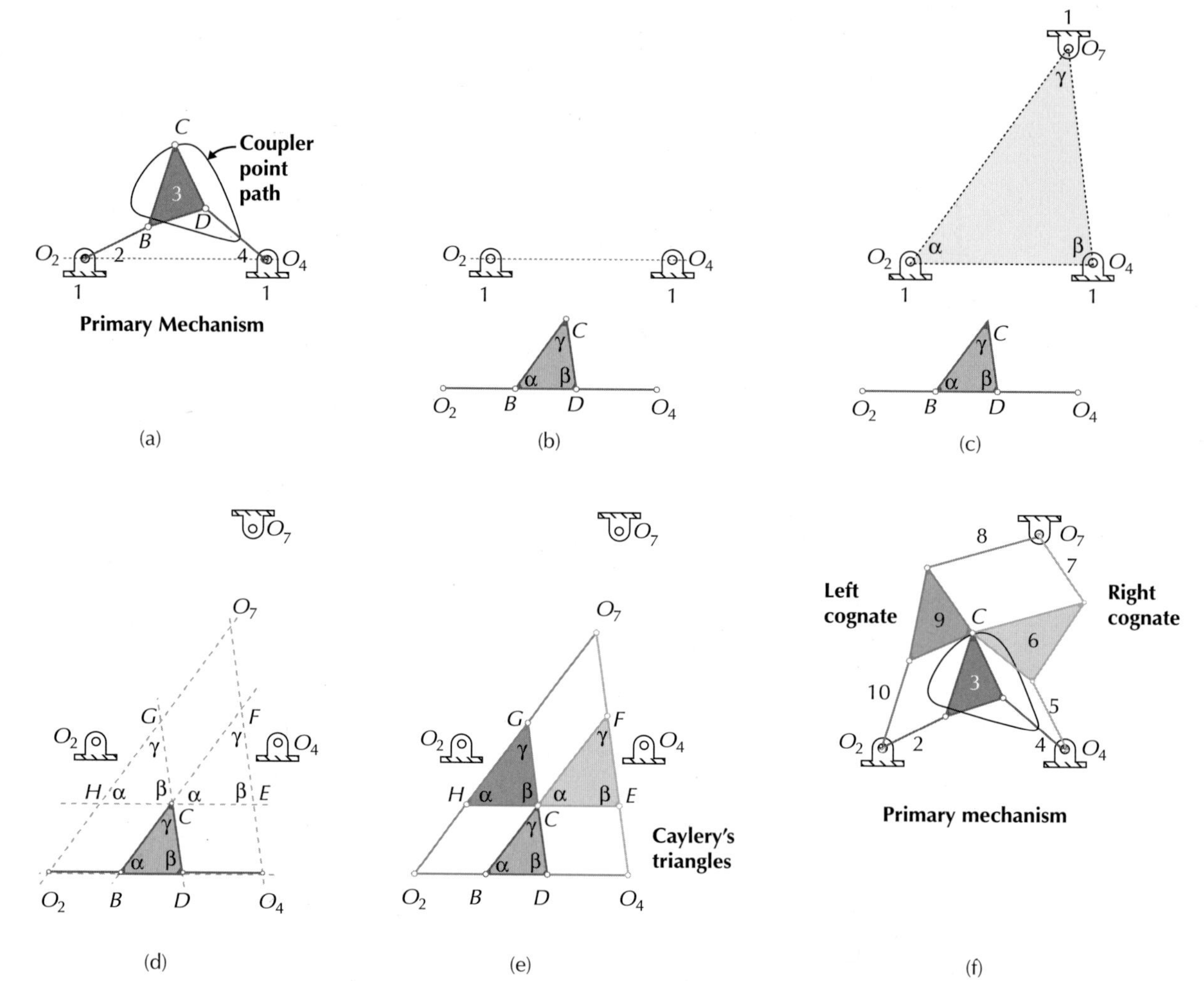

그림 1.58 ● 4절 기구 동족의 링크 기하학적 구조를 구하기 위한 케일리 삼각형의 구성[비디오 1.58]

에서 교차한다. 이 점은 동족을 위한 세 번째 기초 피벗 점의 위치이다[그림 1.58(C)]. 1개의 선을 재배치한 링크에 있는 O_2를 통과하여 BC에 평행하게 그린다. 또 다른 선을 피벗 O_4를 통과하여 DC에 평행하게 그리고, 세 번째 선을 C를 통과하여 BD에 평행하게 그린다[그림 1.58(d)]. 삼각형 GHC와 FCE는 삼각형 CBD와 유사하다. 선들은 케일리 삼각형을 나타내기 위하여 진하게 나타냈다. 이 삼각형은 동족 링크들의 기하학적 구조를 포함한다[그림 1.58(e)]. 세 기구의 링크들은 분리되어 기초 피벗들과 연결될 수 있다[그림 1.58(f)].

비디오 1.58
케일리 삼각형

[**비디오 1.58**]은 그림 1.58에서 예시된 두 동족의 구성을 동영상으로 제공한다.

1.8.2 슬라이더 크랭크 기구의 동족

슬라이더 크랭크 기구는 하나의 관련된 동족을 가진다. 그림 1.59에 나타낸 슬라이더 크랭

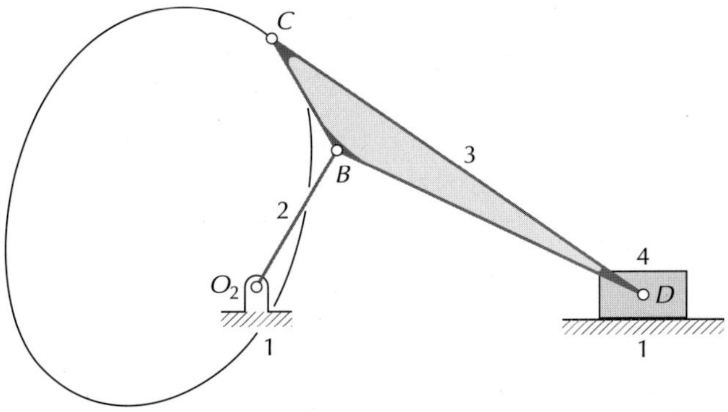

그림 1.59 ● 하나의 커플러 점을 가진 슬라이더 크랭크 기구

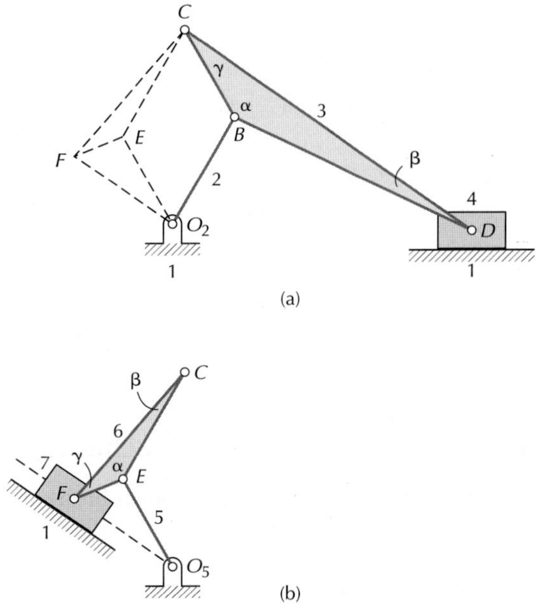

그림 1.60 ● 슬라이더 크랭크 기구의 동족

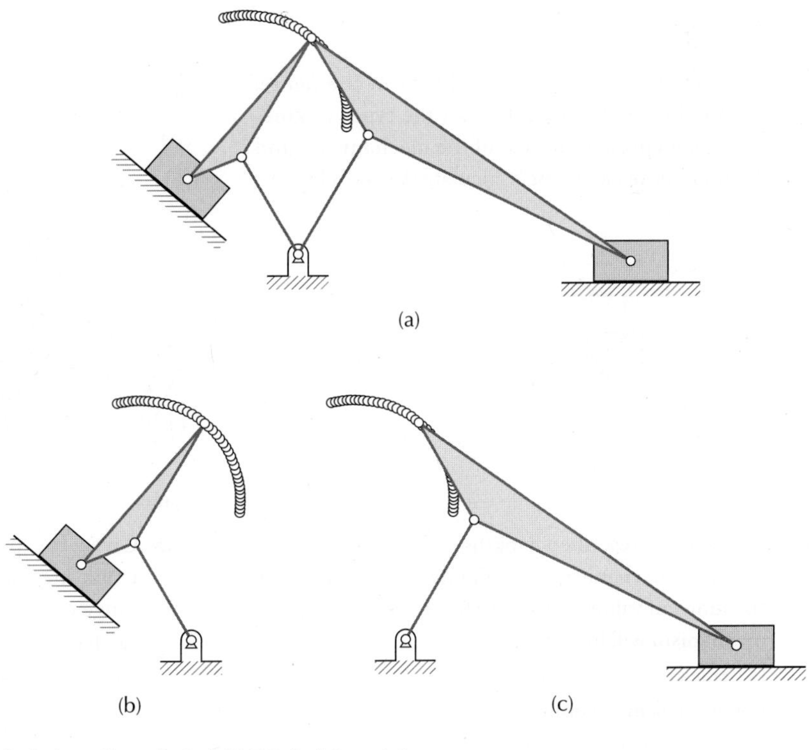

그림 1.61 ● 슬라이더 크랭크 기구의 동족[비디오 1.61]

비디오 1.61
슬라이더 크랭크 기구의 동족

크 기구를 고려하자. 크랭크가 회전할 때, 커플러 점 C는 표시된 경로를 그린다. 동족 기구의 작도는 그림 1.60(a)에서 보여준다. 표시된 점선 O_2BCE는 평행사변형을 형성한다. 또한 BDC와 ECF는 닮은 삼각형을 형성한다. 동족 기구는 그림 1.60(b)에서 예를 들어 설명하였다. 그림 1.61은 2개의 분리된 기구가 연결되어 함께 움직일 수 있는 2개의 슬라이더 크랭크 기구를 보여준다. 모든 기구들은 동일한 커플러 점 경로를 그릴 수 있다.

Problems

Four-Bar and Slider Crank Mechanisms

P1.1 For each of the mechanisms shown in the figure, determine the mobility.

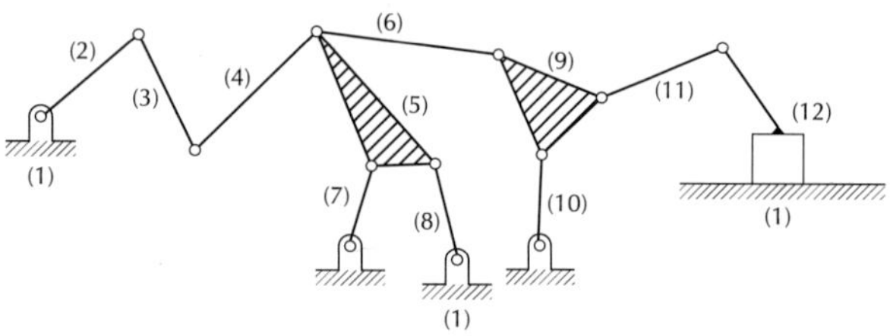

Figure P1.1

P1.2 For each of the mechanisms shown in the figure, specify the number of links. List the types of kinematic pairs present in each of the mechanisms, and the number of each type. Calculate the mobility.

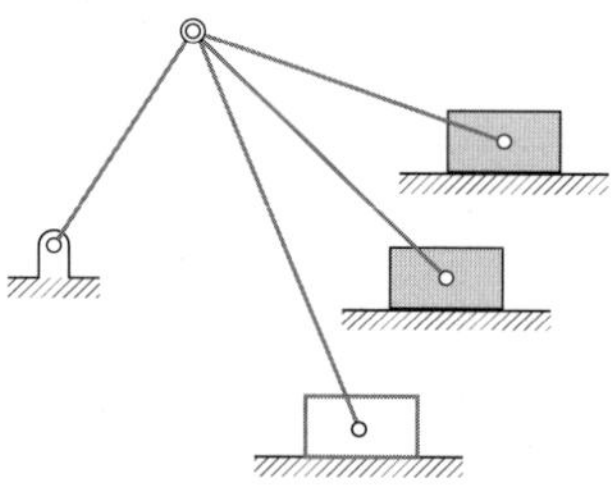

Figure P1.2

P1.3 Given the prescribed lengths of three links of a four-bar mechanism (see Figure 1.9), determine the range of values of the length of link 4 so that the mechanism will become a

(a) crank rocker mechanism
(b) drag link mechanism
(c) change point mechanism
(d) rocker–rocker mechanism

$$r_1 = 1.0 \text{ cm}; \quad r_2 = 3.0 \text{ cm}; \quad r_3 = 2.5 \text{ cm}$$

P1.4 For each set of link lengths given in the table (see Figure 1.9) (i) determine whether or not the links can actually form a mechanism; (ii) if a mechanism exists, determine the type of four-bar mechanism.

TABLE P1.4

Unit: cm

	r_1	r_2	r_3	r_4
(a)	4	13	6	15
(b)	2	9	4	12
(c)	5	2.5	6	4

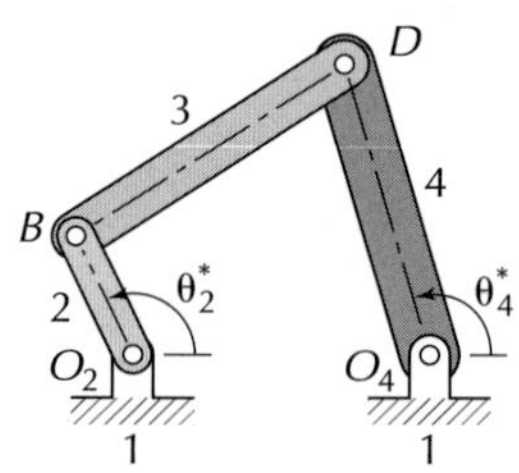

Figure P1.4

P1.5 Given the prescribed link dimensions of a slider crank mechanism (see Figure 1.7), determine the range of values of the length of link 3 so that

(a) link 2 can make a full rotation
(b) the mechanism can be assembled

$$r_1 = 1.0 \text{ cm}; \quad r_2 = 2.5 \text{ cm}$$

P1.6 For the four-bar mechanism shown in the figure, the following link dimensions are given:

$r_1 = 7.0$ cm (length of the base link)

$r_2 = 2.0$ cm (length of the input link)

$r_4 = 6.0$ cm (length of the output link)

Determine the type of four-bar mechanism when the length of the coupler, link 3, is

(a) $r_3 = 4$ cm
(b) $r_3 = 10$ cm
(c) $r_3 = 12$ cm

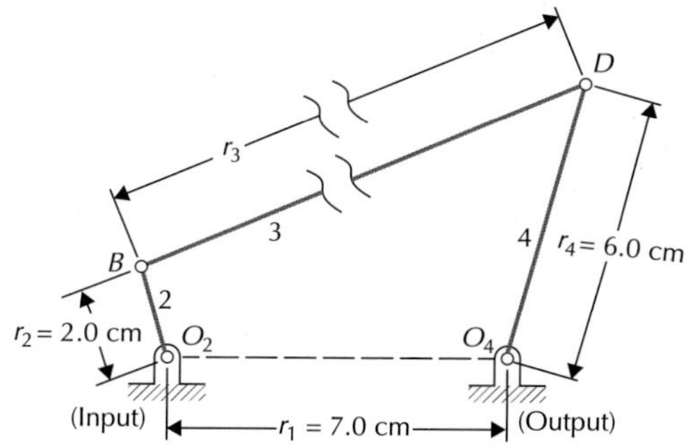

Figure P1.6

P1.7 Find a mechanical device around you, name the energy transforming mechanism (gears, slider-crank, four-bar linkage, belt drive, or cam), and give the skeleton representation.

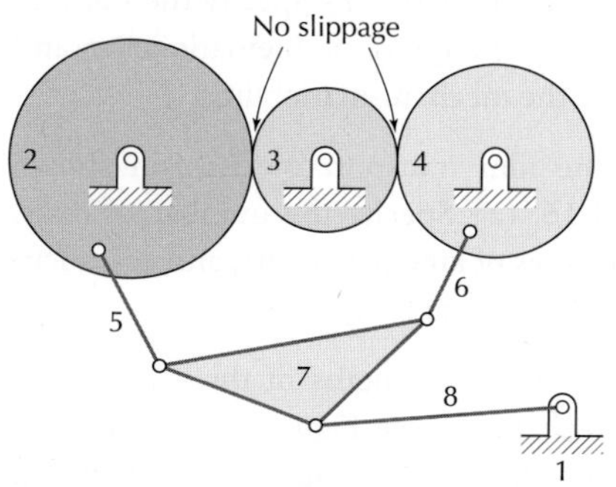

Figure P1.7

P1.8 Fill up the spaces underlined with "*" on the right. The mechanism shown in the figure below consists of a planetary gear train of type A (including gear 1-ring, gear 3-sun, gear 4-planet, and link 2-crank, where gear 1 is fixed), link 5 (with a slot), plate 6 (with a pin in the slot), and a sliding block 7. Treat the ring gear as part of the ground (link 1).

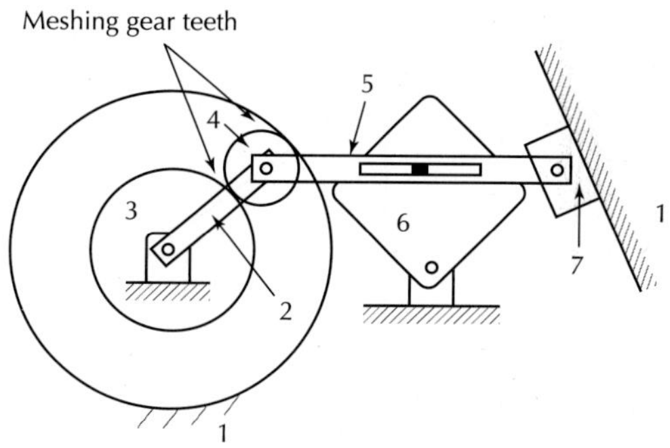

Figure P1.8

Number of links, n = 7

J_1 joints:

between links: 1 and 2   2 and 4
1 and___*   2 and___*
1 and 6   5 and___*
1 and___*

J_2 joints:

between links 1 and 4
3 and 4
___* and___*

Mobility, m = ___*

Kinematic Pairs, Number of Links, and Mobility

P1.9 Fill up the spaces underlined with "*" on the right.

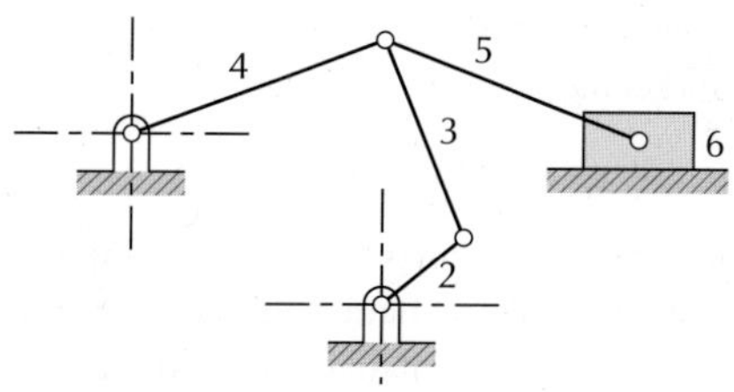

Figure P1.9

Number of links n = 6

Number of J_1 joints =___*

Number of J_2 joints =___*

Mobility m =___*

P1.10 For each of the mechanisms shown in Figure P1.10, determine the mobility.

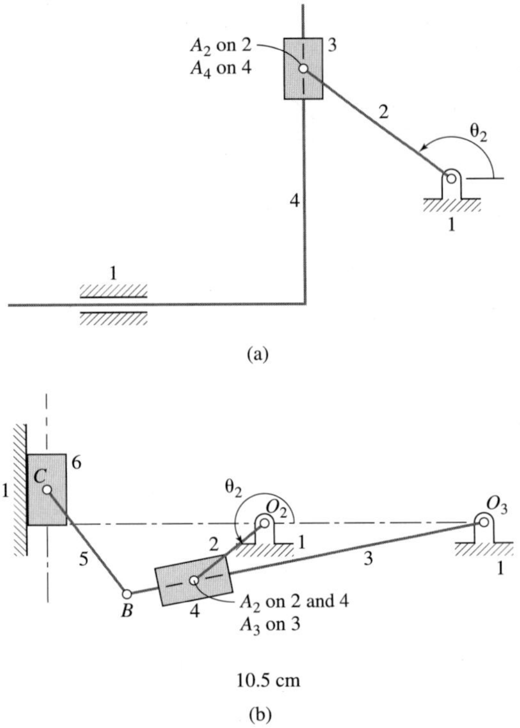

Figure P1.10

P1.11 Given the prescribed lengths of three links of a four-bar mechanism (see Figure 1.9), determine the range of values of the length of link 2 so that the mechanism will become a

(a) crank rocker mechanism
(b) drag link mechanism
(c) change point mechanism
(d) rocker–rocker mechanism

$r_1 = 2$ cm; $r_3 = 5.0$ cm; $r_4 = 4$ cm

P1.12 For each of the mechanisms shown in Figure P1.12, list the types of kinematic pairs present and the number of each type. Calculate the mobility.

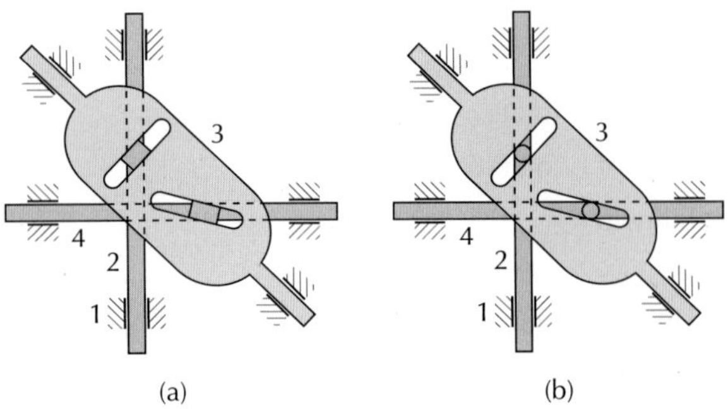

Figure P1.12

P1.13 For each of the mechanisms shown in Figure P1.13, list the types of kinematic pairs present and the number of each type. Calculate the mobility.

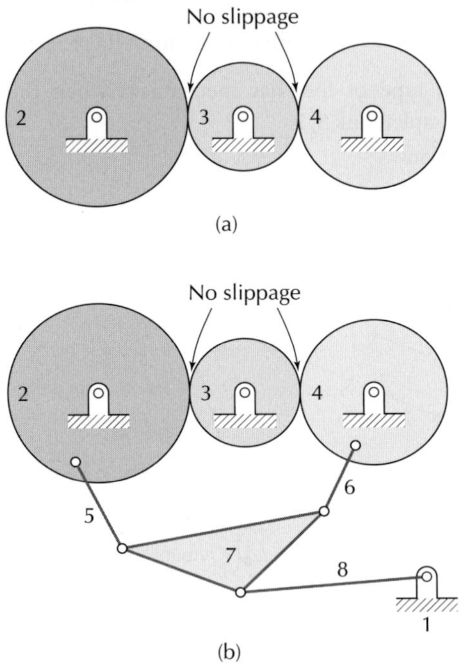

Figure P1.13

P1.14 Consider the Roberts straight-line mechanisms shown in Figure 1.15(b). (a) Specify the number of links, (b) list the types of kinematic pairs, and (c) calculate the mechanism mobility.

P1.15 Consider the film transport mechanism shown in Figure 1.16. (a) Specify the number of links, (b) list the types of kinematic pairs, and (c) calculate the mechanism mobility.

P1.16 Given the prescribed lengths of three links of a four-bar mechanism (see Figure 1.9), determine the range of values of the length of link 2 so that the mechanism will become a

(a) crank rocker mechanism
(b) drag link mechanism
(c) change point mechanism
(d) rocker–rocker mechanism

$r_1 = 3$ cm; $r_3 = 2$ cm; $r_4 = 4$ cm

P1.17 Given the dimensions of a slider crank mechanism (see Figure 1.7), determine the range of values of the length of link 2 so that

(a) link 2 can make a full rotation
(b) the mechanism can be assembled

$$r_1 = 3.0 \text{ cm}; \qquad r_3 = 9.0 \text{ cm};$$

P1.18 Given the dimensions of a slider crank mechanism (see Figure 1.7), determine the range of values of the length of link 2 so that
(a) link 2 can make a full rotation
(b) the mechanism can be assembled

$$r_1 = 32.0 \text{ cm}; \qquad r_3 = 4.0 \text{ cm}$$

Cognates

P1.19 The nomenclature for this group of problems is given in Figure P1.19, and the dimensions and data are given in Table P1.19. For each, draw the two cognates of the mechanism.

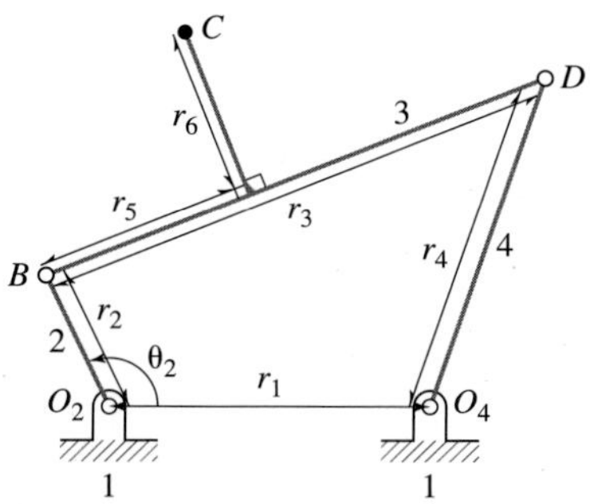

Figure P1.19

TABLE P1.19

	r_1 (cm)	r_2 (cm)	r_3 (cm)	r_4 (cm)	r_5 (cm)	r_6 (cm)	θ_2 (degrees)
(a)	1	0.2	0.4	1	0.2	0.5	30
(b)	5	1	4	3	−2	0	60
(c)	8	2	10	6	6	−3	120
(d)	0.2	1	0.4	0.9	0.2	0.4	210

P1.20 The nomenclature for this group of problems is given in Figure P1.20, and the dimensions and data are given in Table P1.20. For each, draw the cognate of the mechanism.

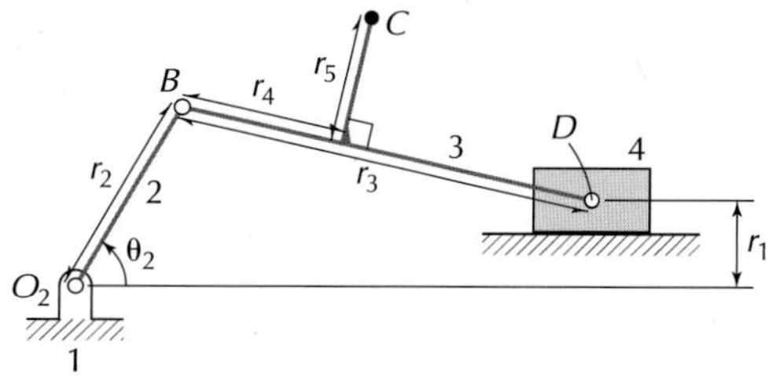

Figure P1.20

TABLE P1.20

	r_1 (cm)	r_2 (cm)	r_3 (cm)	r_4 (cm)	r_5 (cm)	θ_2 (degrees)
(a)	0	5	10	−4	0	30
(b)	0	2	6	2	4	60
(c)	2	4	8	12	0	120
(d)	−2	4	7	5	−3	315

P1.21 For the mechanism shown on Figure P1.21, construct Cayley's triangles and determine the geometries of the links of the two cognates.

$$r_{O_2O_4} = 13.0 \text{ cm}; \quad r_{O_2B} = 5.0 \text{ cm};$$
$$r_{BD} = 9.0 \text{ cm}; \quad r_{O_4D} = 6.0 \text{ cm}$$

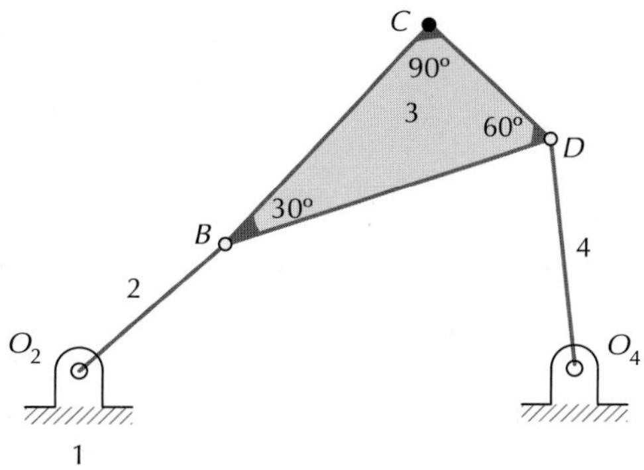

Figure P1.21

P1.22 For the mechanism shown in the figure, calculate the mobility.

$$r_{O_2-O_4} = r_{O_4-O_5} = r_{O_5-O_6} = r_{BD} = r_{DE} = r_{EF}$$

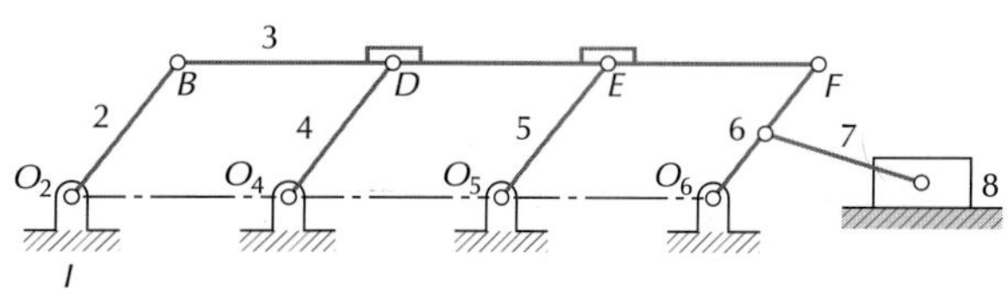

Figure P1.22

CHAPTER 2

강체와 평면 기구의 역학

2.1 서론

이 장은 점과 평면 기구의 링크들의 위치와 변위의 해석으로 시작한다. 그 후에는 평면에 있는 두 점 사이의 상대 속도와 상대 가속도를 위한 표현식을 제시한다. 이 내용은 3장과 4장에서 공부할 평면 기구의 운동학 해석을 위한 배경이 된다.

전달각(transmission angle)의 개념이 소개된다. 이것은 평면 기구의 설계에서 고려되어야 할 매개변수이다. **속도의 순간 중심**(instantaneous center of velocity)을 정의한 후, 평면 기구의 모든 속도의 순간 중심을 찾는 방법을 제시한다. 이 방법들은 기구의 **기계적인 이득**(mechanical advantage)을 결정하기 위하여 이 장에서 이용하고, 또한 속도 해석을 수행하기 위하여 3장에서 이용할 것이다.

기구의 **한계위치**(limit position)와 **시간비**(time ratio)가 제시되고, 이로부터 입력이 일정한 속력으로 구동될 때 한계위치 사이를 운동하는 출력의 평균 속력을 구하는 것이 가능하다.

강체의 정적인 힘과 동적인 힘에 대한 지배방정식을 검토한다. 이것은 8장과 9장에서 평면 기구의 힘 해석을 위하여 이용할 것이다. 이 식들에서 이용한 물리량 단위의 일반적인 세트를 표로 만들었다.

2.2 위치해석

2.2.1 점의 위치해석

그림 2.1(a)는 평면에 있는 점 A와 B를 나타낸다. 점들의 위치는 고정 좌표계의 원점에 대하여 **위치 벡터**(position vectors) $\bar{r}_{AO}$와 $\bar{r}_{BO}$로 나타낼 수 있다.

그림 2.1(a)에서 예시된 것과 같이 점 B의 위치는 또한 두 벡터의 합으로 나타낼 수 있다. 즉

$$\bar{r}_{BO} = \bar{r}_{AO} + \bar{r}_{BA} \tag{2.2-1}$$

여기서 $\bar{r}_{BA}$는 점 A에 대한 점 B의 **상대 위치 벡터**(relative position vector)이다.

직교좌표에서 그린 각 벡터들은 x 성분과 y 성분의 항으로 나타낼 수 있다. 그 대신에 벡터는 같은 방향을 향하는 단위길이의 벡터에 그것의 크기를 곱하여 정의될 수 있다. 그림 2.1에서 보여준 상대 위치 벡터는

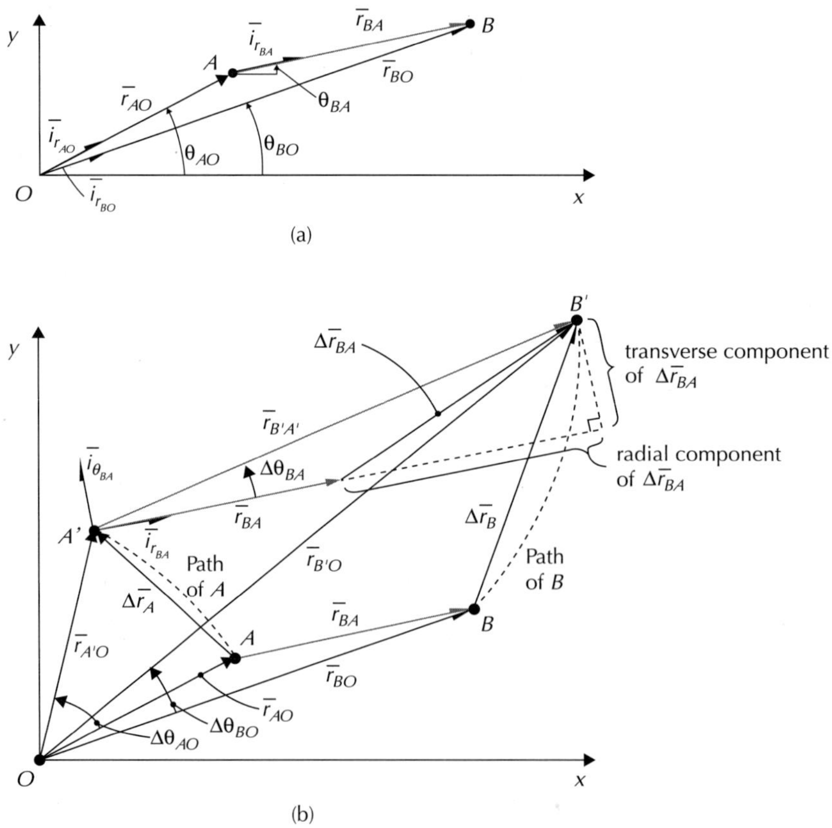

그림 2.1 ● (a) 점들의 위치, (b) 점들의 변위

$$\boxed{\bar{r}_{BA} = r_{BA}\,\bar{i}_{r_{BA}}} \quad (2.2\text{-}2)$$

여기서 $\bar{i}_{r_{BA}}$는 **단위 상대 반경 벡터**(unit relative radial vector)이다. 상대 위치 벡터와 단위 상대 반경 벡터의 방향은 수평선으로부터 반시계 방향으로 벡터의 꼬리 끝에서 측정한 각 θ_{BA}에 의해 정의된다.

기구의 해석에서 때로는 기구에 있는 점들의 위치를 관찰하는 것이 필요하다. 기구에 있는 어떤 점의 위치는 위치 벡터로 나타낼 수 있다. 그림 2.2(a)에서 보여준 기구에서 좌표계의 원점은 피벗 O_2에 있다. 점 B, C와 D의 위치는 위치 벡터로 나타냈다. 기구에 있는 어느 점은 또한 위치 벡터와 상대 위치 벡터, 또는 벡터들의 합으로 표현될 수 있다. 예를 들어 점 C의 위치는 다음과 같이 표현된다.

$$\bar{r}_{CO_2} = \bar{r}_{BO_2} + \bar{r}_{CB} \quad (2.2\text{-}3)$$

2.2.2 강체와 기구의 위치해석

강체 또는 기구의 링크 위치는 항상 위치 벡터로 정의할 수는 없다. 그림 2.2(a)에 나타낸 슬라이더 크랭크 기구에서 크랭크, 링크 2는 기초 피벗에 관하여 회전하도록 제한되었다. 따라서 그것의 위치는 수평으로부터 링크의 선으로 반시계 방향으로 측정한 각 θ_2에 의해 정의된다. 슬라이더, 링크 4는 대체로 순수 병진 운동을 하고 수평으로 이동하도록 제한되었다. 따라서 링크 4의 위치는 점 D의 위치 벡터를 사용하여 정의된다. 커플러, 링크 3은 더 복잡한 운동을 한다. 따라서 그것의 위치는 하나의 간단한 위치 벡터 또는 단순한 각 위치로 정의할 수 없다. 링크 3의 위치는 $\bar{r}_D$와 각 θ_3라는 링크에 있는 점에 대한 위치 벡터로 명

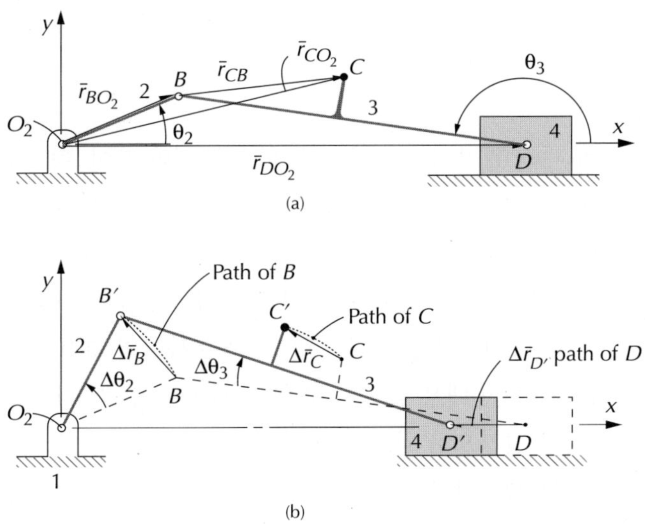

그림 2.2 ● (a) 기구에 있는 점들의 위치, (b) 기구의 변위

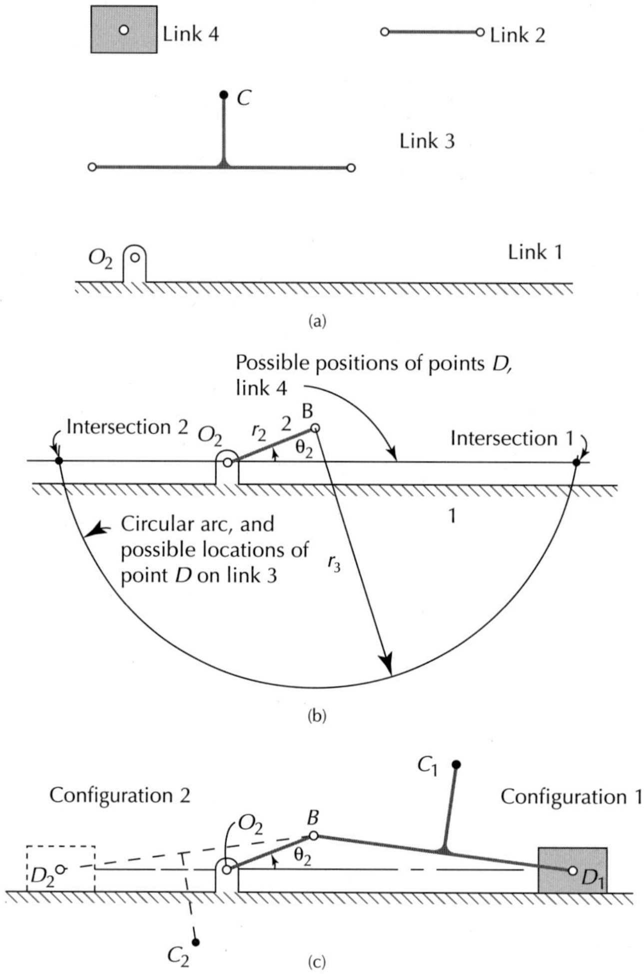

그림 2.3

시될 수 있다.

평면 기구의 도해적 위치해석은 간단한 일이다. 예와 같이, 링크 2의 규정된 각 위치와 함께 슬라이더 크랭크 기구의 모든 링크들의 기하학적 구조가 주어지고[그림 2.3(a) 참고] 조립된 기구의 형태를 구하도록 요구한다. 이 기구는 가동성(1.5절 참고)이 1이다. 만일 θ_2가 주어진다면 전체 기구의 기하학적 구조가 결정될 수 있다. 그림 2.3(b)에서 예시된 바와 같이 규정된 위치로 링크 1과 2를, 그리고 링크 2와 3 사이의 회전 대우 점 B를 확인한다. 이제 링크 3과 4 사이의 회전 대우 점 D를 구한다. 점 D는 링크 3에 있으므로, B를 중심으로 링크 3의 길이와 같은 반경으로 원호를 그린다. 원호에 있는 모든 점들은 링크 3에 있는 점 D의 가능한 위치들을 제공한다. 점 D는 또한 링크 4에 있고, 기초 링크에 대하여 수평으로 병진 운동하도록 제한되어 있다. 따라서 링크 4에 있는 점 D의 가능한 위치에 상응하는 수평 직선을 그린다. 이 예제에서 슬라이더는 편심되어 있지 않으므로 직선은 O_2를 통과하여 그려진다. 원호와 직선의 교차점은 링크 2의 주어진 위치에 대한 점 D의 가능한 위치를 제공한다. 실제로 2개의 교차점이 있는 것을 주목하라. 즉, 주어진 링크 2의 위치에 대하여 기구는 그림 2.3(c)에서 예시된 것과 같이 두 형태 중의 하나로 조립될 수 있다. 때로 입력 링크(들)의 규정된 위치(들)에 대하여 2개의 형태로 기구를 조립하는 것이 가능하다.

위의 예는 기구의 형태를 도해적으로 구한 것이다. 눈금이 있는 도해는 순차적으로 기구의 도해적 속도, 가속도 그리고 힘 해석을 위하여 이용할 수 있다. 이에 대한 절차는 3장과 8장에서 제시된다. 해석이 요구되는 기구의 각 형태에 대하여, 그 기구의 분리된 도해적 구조를 그린다. 다른 한편으로, 평면 기구의 해석적 위치해석은 4장에서 제시된다. 여기서 해석적 표현식은 기구의 모든 필요한 형태에 대한 위치 변수들의 값을 계산하기 위하여 반복적으로 이용할 수 있도록 유도된다. 그런 다음 결과들은 해석적 속도, 가속도 그리고 힘 해석을 위해 이용된다. 이러한 절차는 4장과 9장에서 제시된다.

예제 2.1 | 4절 기구의 도해적 작도

4절 기구의 주어진 링크의 길이와 링크 2의 위치에 대하여 기하학적 방법으로 기구를 작도하라.

$$r_1 = 10.0\text{ cm};\quad r_2 = 4.0\text{ cm};\quad r_3 = 8.0\text{ cm};\quad r_4 = 5.0\text{ cm};\quad \theta_2 = 30°$$

풀이

먼저 그림 2.4(a)에서 보여준 것과 같이 명시된 형태로 링크 1과 2를 그린다. 이 형태에

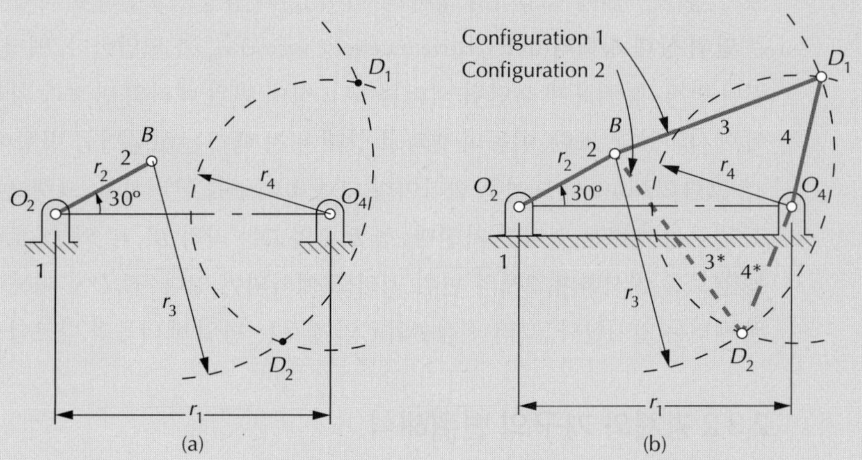

그림 2.4

대하여, 링크 3과 4를 연결하는 회전 대우는 B에 있는 회전 대우로부터 커플러의 길이 r_3와 같은 거리에 위치해야 한다. 같은 회전 대우는 또한 기초 피벗 O_4로부터 거리 r_4에 위치해야 한다. 두 위치에 대한 요구는 각각 B와 O_4를 중심으로 하여 반경 r_3와 r_4의 원호를 그려서 도해적으로 나타낼 수 있다. 두 요구를 만족하기 위하여, 회전 대우는 원호들의 교차점에 위치해야 한다. 두 교차점은 그림 2.4(b)에서 예시된 것과 같이 두 기하학적 작도 중의 하나로 기구의 링크들을 조립하는 것이 가능하다는 것을 나타낸다.

2.3 변위해석

2.3.1 점의 변위해석

한 점의 변위는 그것의 위치 변화이다. 그것은 **변위 벡터**(displacement vector)로 나타낸다. 그림 2.1(b)는 점 A와 B가 점선으로 표시된 경로를 따라 각각 점 A'와 B'로 이동한 것을 보여준다. 변위 벡터 $\Delta\overline{r}_A$와 $\Delta\overline{r}_B$는 이동하기 전과 후의 점들 사이를 연장한다. 이 그림은 이동의 경로와 변위 벡터가 일치하지 않는 것을 나타낸다. 이동 후의 상대 위치 벡터는 다음과 같이 나타낸다.

$$\overline{r}_{B'A'} = \overline{r}_{BA} + \Delta\overline{r}_{BA} \tag{2.3-1}$$

여기서 $\Delta\overline{r}_{BA}$는 점 A에 대한 점 B의 **상대 변위 벡터**(relative displacement vector)이다. 이 예시에서 $\overline{r}_{B'A'}$는 $\overline{r}_{BA}$에 평행하지 않다. 따라서 $\overline{i}_{r_{BA}}$의 방향으로부터 반시계 방향으로 90°로 향하는 **단위 상대 횡벡터**(unit relative transverse vector) $\overline{i}_{\theta_{BA}}$를 도입한다. 벡터 $\overline{i}_{r_{BA}}$와 $\overline{i}_{\theta_{BA}}$는 $\overline{r}_{BA}$와 관련된 반경-횡 좌표계의 단위 벡터들이다. 상대 변위 벡터의 반경과 횡 성분은 그림 2.1(b)에서 예시되었다. 또한, 이동의 결과로 상대 위치 벡터는 $\Delta\theta_{BA}$만큼 방향이 변했다.

그림 2.2(b)에서 보여준 슬라이더 크랭크 기구를 고려하자. 크랭크는 $\Delta\theta_2$만큼 회전하고 그 기구는 새로운 형태를 가진다. 점 B, C와 D는 각각 B', C'와 D'로 이동한다. 점선은 이동 경로를 예시하며, 3개의 변위 벡터도 예시되어 있다. 점 D에 대하여, 그것의 경로와 변위 벡터는 일치한다. 그러나 점 B와 C의 경로는 변위 벡터들과 다르다.

2.3.2 강체와 기구의 변위해석

강체의 변위의 서술은 대체로 한 점보다는 많은 것을 포함한다. 기구의 변위해석은 결정해야 할 모든 링크들에 대한 변위를 요구한다. 이것은 기구의 두 형태를 그리고 발생하는 변위를 확인함으로 수행된다. 그림 2.2(b)에서 보여준 슬라이더 크랭크 기구에 대하여, 링크 2는 기초 피벗 O_2에 관하여 순수한 회전 운동을 하도록 구속되었다. 따라서 이 링크의 변위는 기초 피벗에 관한 각위치 $\Delta\theta_2$의 변화로 정의된다. 링크 4는 선형 병진 운동을 하도록 구속되어 있고, 그것의 변위는 점 D의 변위 벡터에 의하여 정의된다. 링크 3의 변위의 사양은 링크에 있는 한 점, 말하자면 점 D의 선형 변위의 값과 링크의 각위치의 변화 $\Delta\theta_3$을 요구한다.

2.4 평면 운동을 하는 두 점 사이의 상대 속도

부록 C는 고정점에 대하여 평면에서 이동하는 점의 위치와 속도, 가속도에 대한 표현식을 제시한다. 이 절에서, 한 평면에서 2개의 이동하는 점을 가지는 더 일반적인 경우를 고려한다. 점 사이의 상대 속도를 위하여 하나의 표현식이 전개되었다. 그림 2.5는 두 이동하는 점 A와 B 그리고 이 점들의 이동 경로를 나타낸다. 상대 위치 벡터가 반경-횡 좌표계의 관련 단위 벡터와 함께 예시되었다.

두 점 사이의 상대 속도는 시간에 대하여 식 (2.2-2)를 미분하여 구해진다.

$$\bar{v}_{BA} = \frac{d}{dt}(\bar{r}_{BA}) = \frac{d}{dt}(r_{BA}\,\bar{i}_{r_{BA}}) = \dot{r}_{BA}\,\bar{i}_{r_{BA}} + r_{BA}\frac{d}{dt}(\bar{i}_{r_{BA}}) \tag{2.4-1}$$

단위 상대 반경 벡터의 시간 도함수에 대한 표현식은 부록 C에서 제시된 것과 유사한 절차를 이용하여 구할 수 있다. 결과는

$$\frac{d}{dt} = (\bar{i}_{r_{BA}}) = \dot{\theta}_{BA}\,\bar{i}_{\theta_{BA}} \tag{2.4-2}$$

여기서 $\dot{\theta}_{BA}$는 A와 B를 연결하는 선분의 **각속도**(angular velocity)이다.

식 (2.4-2)를 식 (2.4-1)에 대입하면

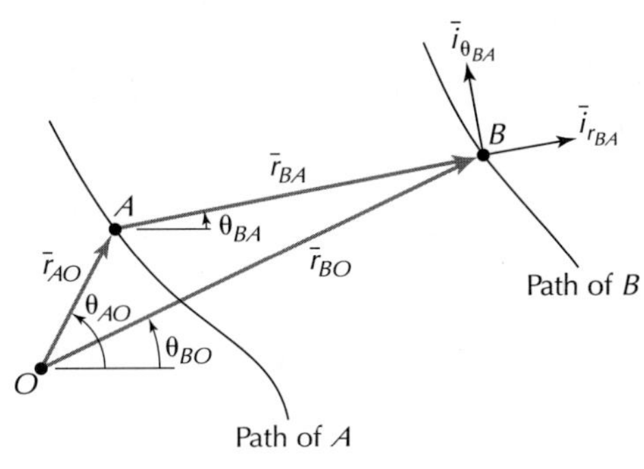

그림 2.5 ● 두 이동점 사이의 상대 위치 벡터

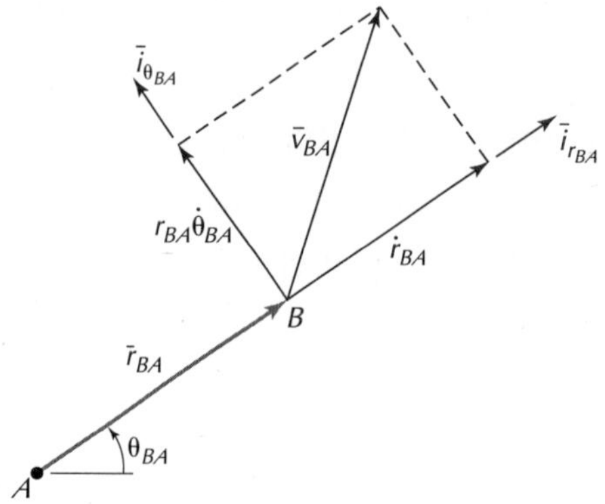

그림 2.6 ● 두 점 사이의 상대 속도 성분

$$\boxed{\bar{v}_{BA} = \dot{r}_{BA}\,\bar{i}_{r_{BA}} + r_{BA}\,\dot{\theta}_{BA}\,\bar{i}_{\theta_{BA}}} \tag{2.4-3}$$

식 (2.4-3)의 성분들이 그림 2.6에서 예시되었다. 식 (2.4-3)의 특별한 경우는 2.5절에서 제시된다.

2.5 상대 속도 표현식의 특별한 경우

2.5.1 고정된 거리로 분리된 두 점

만일 점 A와 B가 고정된 거리로 분리되어 있다면

$$\dot{r}_{BA} = 0 \tag{2.5-1}$$

식 (2.4-3)으로 표현된 상대 속도는 다음과 같이 된다.

$$\boxed{\bar{v}_{BA} = r_{BA}\,\dot{\theta}_{BA}\,\bar{i}_{\theta_{BA}}} \tag{2.5-2}$$

식 (2.5-2)에서 상대 속도는 A와 B를 연결하는 선분에 의하여 정의된 것과 같은 횡방향을 향한다. 따라서 그것은 상대 위치 벡터에 수직이다.

요약하면, 고정된 거리로 분리된 두 점에 대하여 상대 속도는 항상 점들을 연결하는 선분에 수직인 방향으로 향하여야만 한다.

예로서 그림 2.7(a)에 나타낸 4절 기구를 고려하자. 링크 2의 분리된 그림은 그림 2.7(b)에 나와 있다. 점 B와 O_2는 같은 링크 위에 있으므로 고정된 거리로 떨어져 있다. 따라서

$$\bar{v}_{BO_2} = r_{BO_2}\,\dot{\theta}_{BO_2}\,\bar{i}_{\theta_{BO_2}} \tag{2.5-3}$$

O_2는 고정되어 있으므로, 식 (2.5-3)으로 주어진 상대 속도는 또한 절대 속도를 나타내고

$$\bar{v}_{BO_2} = \bar{v}_B = r_{BO_2}\,\dot{\theta}_{BO_2}\,\bar{i}_{\theta_{BO_2}} \tag{2.5-4}$$

그림 2.7(c)는 링크 3의 그림을 보여준다. 점 B와 C는 같은 링크 위에 있고 고정된 거리로 떨어져 있다. 두 점 사이의 상대 속도는

$$\bar{v}_{CB} = r_{CB}\dot{\theta}_{CB}\bar{i}_{\theta_{CB}} \tag{2.5-5}$$

점 C의 절대 속도는 다음과 같이 표현된다.

$$\bar{v}_C = \bar{v}_B + \bar{v}_{CB} \tag{2.5-6}$$

식 (2.5-4)와 (2.5-5)를 식 (2.5-6)에 대입하면 다음과 같이 된다.

$$\bar{v}_C = r_{BO_2}\,\dot{\theta}_{BO_2}\,\bar{i}_{\theta_{BO_2}} + r_{CB}\dot{\theta}_{CB}\bar{i}_{\theta_{CB}} \tag{2.5-7}$$

이동 링크는 각속도의 하나의 값을 가진다. 그림 2.7(c)에 나타낸 링크 3을 고려하면 다음과 같다.

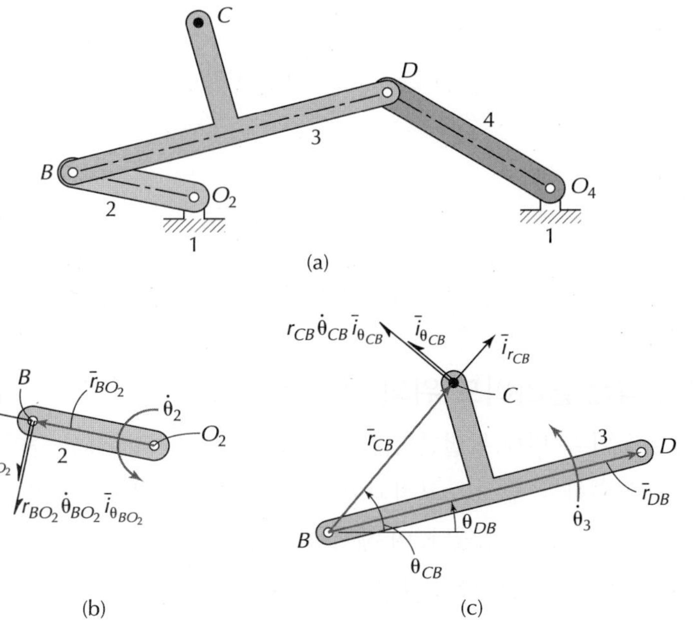

그림 2.7 ● 기구의 링크 위에 있는 점 사이의 상대 속도

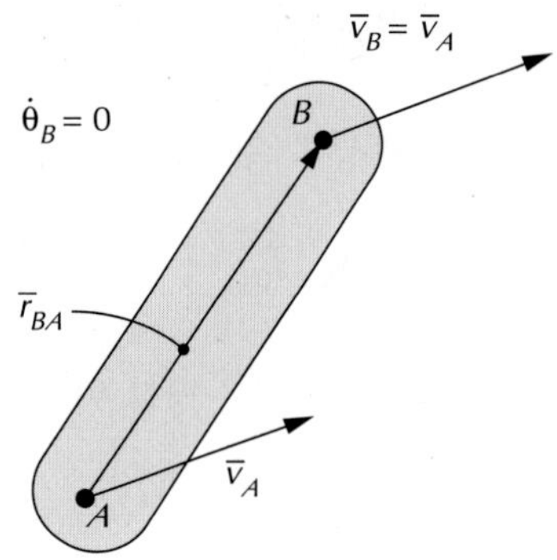

그림 2.8 ● 순수 병진 운동을 하는 물체

$$\dot{\theta}_{CB} = \dot{\theta}_{DB} = \dot{\theta}_3 \tag{2.5-8}$$

이제 그림 2.8에서 보여준 강체를 고려하자. 이 물체 위에 있는 고정된 거리로 떨어진 두 점은 A와 B이다. 보여준 순간에 대하여 다음과 같다고 말하자.

$$\bar{v}_B = \bar{v}_A$$

그러므로 다음 식을 이용하여

$$\bar{v}_B = \bar{v}_A + \bar{v}_{BA} = \bar{v}_B + r_{BA}\dot{\theta}$$

우리는 다음의 결론을 얻는다.

$$\bar{v}_{BA} = \bar{0}$$

그런 다음에

$$\dot{\theta} = 0$$

이 순간에 강체는 순수 병진 운동을 한다.

2.5.2 직선 슬라이드 위의 슬라이더

식 (2.4-3)의 두 번째 특별한 경우로, 그림 2.9에 나타낸 직선 슬라이드 위의 슬라이더의 움직임을 고려하자. 점 A는 고정되어 있다. 점 B_2는 슬라이드인 링크 2 위에 있고, 점 B_3는 슬라이더인 링크 3 위에 있다. 이 해석을 편리하게 하기 위해서, 점 B_2와 B_3는 상대 운동이 고려되는 순간에 일치한다고 가정한다.

점 B_2는 고정점 A로부터 고정된 거리를 유지하므로 그 속도는 2.5.1절에서 제시한 특별

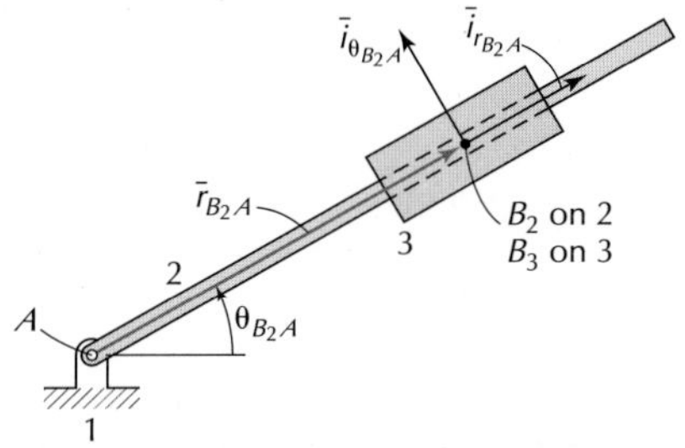

그림 2.9 ● 직선 슬라이드 위의 슬라이더

한 경우를 고려하여 구해질 수 있다. 이 결과는

$$\bar{v}_{B_2A} = \bar{v}_{B_2} = r_{B_2A}\dot{\theta}_{B_2A}\bar{i}_{\theta_{B_2A}} \tag{2.5-9}$$

점 B_3에 대하여, 관련된 위치 벡터의 식은

$$\bar{r}_{B_3A} = \bar{r}_{B_2A} + \bar{r}_{B_3B_2} \tag{2.5-10}$$

그리고 상대 속도의 식은

$$\bar{v}_{B_3A} = \bar{v}_{B_2A} + \bar{v}_{B_3B_2} \tag{2.5-11}$$

혹은

$$\bar{v}_{B_3} = \bar{v}_{B_2} + \bar{v}_{B_3B_2} \tag{2.5-12}$$

여기서 식 (2.4-3)을 이용하면

$$\bar{v}_{B_3B_2} = \dot{r}_{B_3B_2}\bar{i}_{r_{B_3B_2}} + r_{B_3B_2}\dot{\theta}_{B_3B_2}\bar{i}_{\theta_{B_3B_2A}} \tag{2.5-13}$$

그러나

$$r_{B_3B_2} = 0 \tag{2.5-14}$$

또한, 고려하는 순간에 B_2와 B_3는 일치하지만, 만일 슬라이더가 슬라이드에 대하여 이동한다면 선분 B_2A와 같은 방향인 선을 따라서 이동한다. 따라서 다음과 같이 써도 된다.

$$\bar{i}_{r_{B_3B_2}} = \bar{i}_{r_{B_2A}} \tag{2.5-15}$$

식 (2.3-9)와 (2.3-12)~(2.3-15)를 조합하면

$$\bar{v}_{B_3} = \bar{v}_{B_3} + \bar{v}_{B_3B_2} = r_{B_2A}\dot{\theta}_{B_2A}\bar{i}_{\theta_{B_2A}} + \dot{r}_{B_3B_2}\bar{i}_{r_{B_2A}} \tag{2.5-16}$$

식 (2.5-9)와 (2.5-16)에 주어진 B_2와 B_3의 속도를 위한 표현식들을 비교하면, 다음 사항을 알게 된다.

- B_2와 B_3는 **같은** 횡방향 속도 성분을 공유한다.
- B_2와 B_3는 **다른** 반경 성분을 가질 수 있다.

예제 2.2 | 기구 링크의 회전 속력이 0인 형태의 결정

그림 2.10에서 보여준 슬라이더 크랭크 기구에 대하여 다음을 구하라.

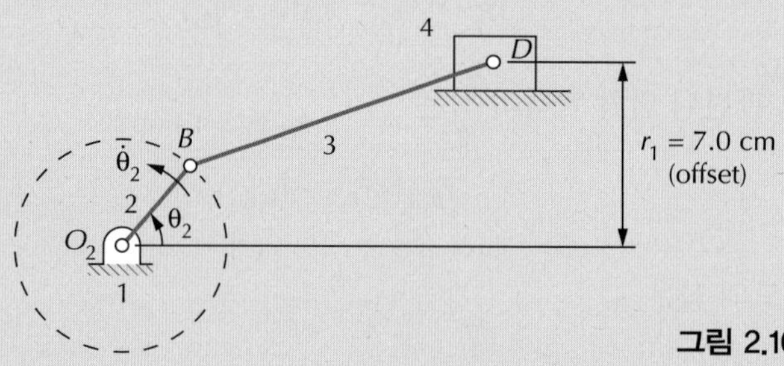

그림 2.10

(a) 링크 3의 회전 속력이 0일 때 θ_2의 값(들)
(b) 슬라이더의 상응하는 선속도

$$r_1 = 7.0 \text{ cm};\quad r_2 = 4.0 \text{ cm};\quad r_3 = 12.0 \text{ cm};\quad \dot{\theta}_2 = 20 \text{ rad/sec CCW (constant)}$$

풀이

(a) 링크 3에 있는 두 점은 B와 D이다. 점 B의 속도의 방향은 기구가 이동함에 따라 변하며 $\bar{r}_{BO_2}$에 수직이다(이것은 2.5.1절에서 제시된 특별한 경우의 예이다). 점 D는 슬라이더에 있고 수평으로 이동하도록 구속되어 있다(이것은 2.5.2절에서 제시된 특별한 경우의 예이다). 링크 3은 B와 D에서의 속도의 방향이 같을 때, 회전 속도는 0이고 순수한 병진 운동을 한다. 이것은 그림 2.11에서 예시된 것과 같이, 링크 2가 슬라이더에 수직일 때 이루어진다.

(b) 그림 2.11에서 보여준 두 형태에 대한 슬라이더의 속력은

$$v_{D_1} = v_{D_2} = v_{B_1} = r_2\dot{\theta}_2 = 80 \text{ cm/sec}$$

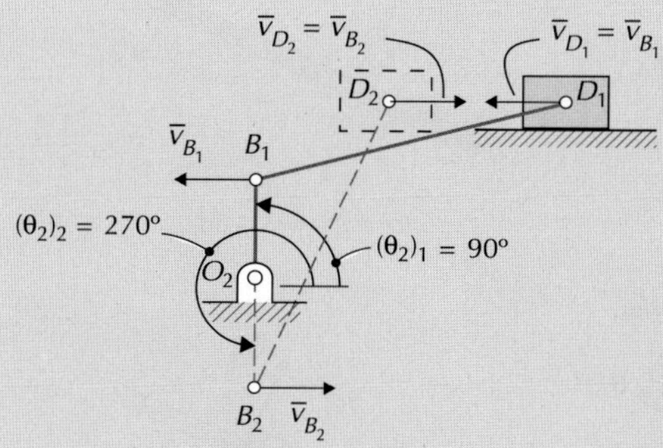

그림 2.11

2.6 평면 운동을 하는 두 점 사이의 상대 가속도

이 절에서는 그림 2.5에서 예시된 것과 같이, 이동하는 점 A에 대하여 이동하는 점 B의 운동 해석을 계속한다. 이제 두 점 사이의 상대 가속도를 고려한다. 속도 해석을 위해 2.4절에서 사용한 유사한 방법을 이용하여 점들 사이의 상대 가속도를 다음과 같이 구할 수 있다.

$$\overline{a}_{BA} = \frac{d}{dt}(\overline{v}_{BA}) = (\ddot{r}_{BA} - r_{BA}\dot{\theta}_{BA}^2)\overline{i}_{r_{BA}} + (r_{BA}\ddot{\theta}_{BA} + 2\dot{r}_{BA}\dot{\theta}_{BA})\overline{i}_{\theta_{BA}} \quad (2.6\text{-}1)$$

가속도에 대한 위의 표현식은 반경 방향에서의 두 성분과 횡방향에서의 두 성분으로 구성된다. 이것을 그림 2.12에서 예를 들어 설명하고, 이 네 성분을 각각 따로 아래에서 논의한다.

2.6.1 미끄럼 가속도

그림 2.13(a)에서 예를 든 상대 **미끄럼 가속도**(sliding acceleration)는 다음과 같다.

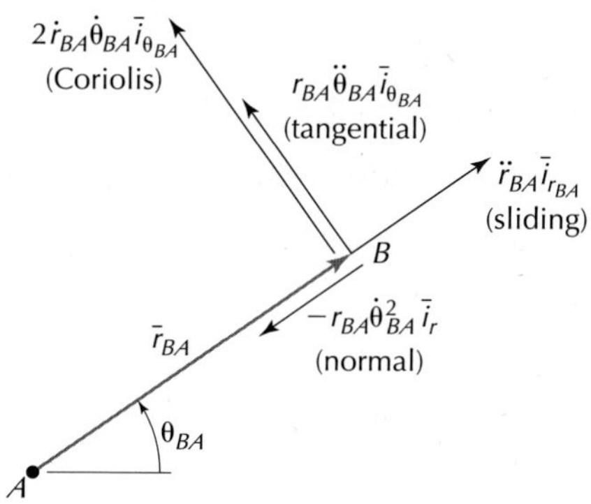

그림 2.12 ● 두 점 사이의 상대 가속도 성분

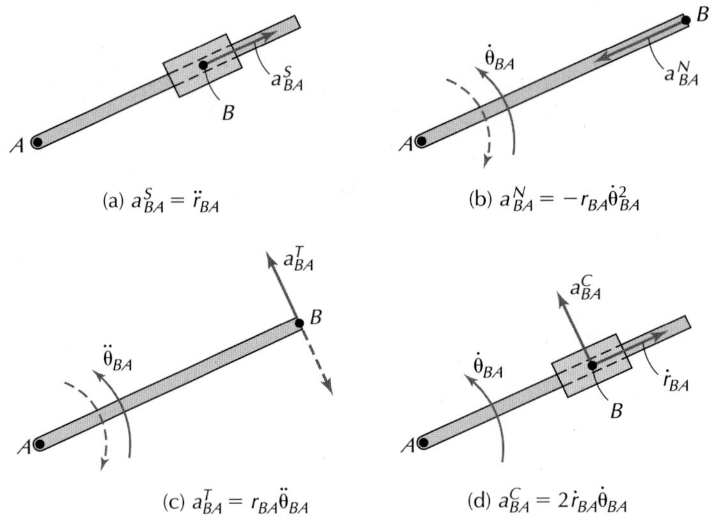

그림 2.13 ● 상대 가속도 표현식의 성분

$$\boxed{a^S_{BA} = \ddot{r}_{BA}} \tag{2.6-2}$$

여기서 점 A는 슬라이드 위에 있고, 점 B는 슬라이더 위에 있다.

이 경우에 상대 가속도는 점 A와 B의 위치에 의하여 정의된 반경 방향을 향한다. 미끄럼 가속도는 양과 음의 반경 방향이어야 한다.

2.6.2 법선 가속도

그림 2.13(b)에서 예를 든 **법선 가속도**(normal acceleration)는 다음과 같이 표시한다.

$$\boxed{a^N_{BA} = -r_{BA}\dot{\theta}^2_{BA}} \tag{2.6-3}$$

여기서 음의 부호는 법선 가속도가 항상 음의 반경 방향을 향한다는 뜻이다. 법선 가속도의 방향은 각속도의 방향과는 독립적이다.

법선 가속도는 원운동에서 발생한다. 그림 2.14에 나타낸 반경이 r인 원판을 고려하자. 이것은 일정한 속도비 $\dot{\theta}$로 기초 피벗 O에 관하여 회전한다. 짧은 시간 동안에 원판의 주위에 있는 점 B는 점 B'로 이동한다. 한 점의 속도는 복소수 평면에서 벡터로 표현될 수 있다(부록 B의 B.4절 참고). 점 B와 B'에서 속도는

$$\overline{v}_B = r\dot{\theta}e^{i\pi/2}; \quad \overline{v}_{B'} = r\dot{\theta}e^{i(\pi/2+\Delta\theta)} \tag{2.6-4}$$

점 B는 일정한 속력으로 이동한다. 그러나 그 속도의 방향은 변한다. 따라서 다음과 같이

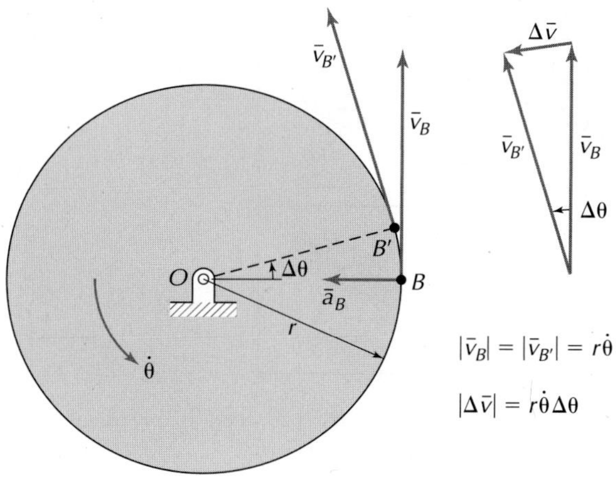

그림 2.14 ● 원운동

표현된 가속도를 가진다.

$$\bar{a}_B = \lim_{\Delta t \to 0} \frac{\bar{v}_{B'} - \bar{v}_B}{\Delta t} \tag{2.6-5}$$

식 (2.6-4)를 (2.6-5)에 대입하여 간결하게 하면

$$\bar{a}_B = \lim_{\Delta t \to 0} \frac{\bar{v}_{B'} - \bar{v}_B}{\Delta t} = \lim_{\Delta t \to 0} \frac{\Delta \bar{v}_B}{\Delta t} = \lim_{\Delta t \to 0} -\frac{r\dot{\theta}\Delta\theta}{\Delta t} = -r\dot{\theta}^2 \tag{2.6-6}$$

식 (2.6-6)에서 음의 부호는 가속도가 음의 반경 방향으로 향한다는 것을 가리킨다.

2.6.3 접선 가속도

그림 2.13(c)에서 예를 든 상대 **접선 가속도**(tangential acceleration)는 다음과 같이 표시된다.

$$\boxed{a_{BA}^T = r_{BA}\ddot{\theta}_{BA}} \tag{2.6-7}$$

이 상대 가속도는 A와 B를 연결하는 선분에 수직이다. **각가속도**(angular acceleration) $\ddot{\theta}_{BA}$를 묘사하는 양과 음의 부호에 따라 양과 음의 횡방향이 될 수 있다.

2.6.4 코리올리 가속도

그림 2.13(d)에서 예를 든 상대 **코리올리 가속도**(Coriolis acceleration)는 다음과 같이 표시된다.

$$\boxed{a_{BA}^C = 2\dot{r}_{BA}\dot{\theta}_{BA}} \tag{2.6-8}$$

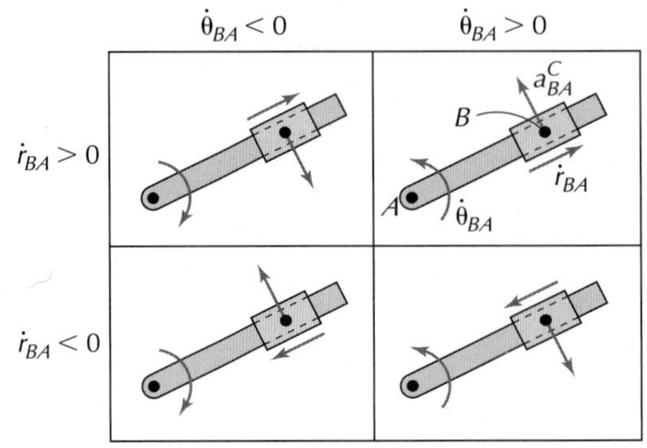

그림 2.15 ● 슬라이드(A)에 관한 슬라이더(B)의 코리올리 가속도

여기서 점 A는 슬라이드 위에 있고, 점 B는 슬라이더 위에 있다.

코리올리 가속도가 나타나기 위해서는 상대 미끄럼(즉 $\dot{r}_{BA}$)이 각속도(즉 $\dot{\theta}_{BA}$)를 가지는 참고 좌표계에서 발생되어야 한다. 이것은 슬라이더 블록이 슬라이드를 따라서 이동하고, 동시에 슬라이드가 회전 운동을 할 때 발생한다. 그림 1.43(b)에서 전형적인 예를 제시한다. 코리올리 가속도의 방향은 미끄럼 속도의 부호와 각속도의 부호에 의존한다. 이 교재(평면 시스템의 해석을 위하여 일반적인 규약을 따름)에서 양의 각변위, 각속도와 각가속도는 전형적으로 반시계 방향으로 간주한다. 미끄럼 속도의 양의 값은 고려하는 두 점에 의하여 정의된 양의 반경 방향의 운동에 대응한다. 그림 2.13(d)는 양의 미끄럼 속도와 양의 각속도의 결합을 보여준다. 그러면 결과 코리올리 가속도는 양의 횡방향을 향한다.

그림 2.15는 양과 음의 각속도와 미끄럼 속도의 네 가지 가능한 조합을 보여준다. 상대 코리올리 가속도 성분이 각 조합에 대하여 그려졌다. 모든 코리올리 가속도 성분은 다음의 크기를 가진다.

$$\left|a_{BA}^{C}\right| = \left|2\dot{r}_{BA}\dot{\theta}_{BA}\right| \tag{2.6-9}$$

코리올리 가속도의 또 다른 예를 그림 2.16에서 보여준다. 회전하는 원판은 기초 피벗 O에 관하여 회전한다. 반경선이 O와 주위에 있는 P 사이 원판에 그려져 있다. 원판 위에 있는 개미가 점 B에 있다고 하자. 그것은 점 B로부터 점 P를 향하여 반경으로 그린 선을 따라 속력 $\dot{r}$로 이동한다. 짧은 시간 간격 동안에 개미는 점 B로부터 B'로 이동하고 원판은 $\Delta\theta$만큼 회전한다. 점 B와 B'에서 속도는

$$\overline{v}_B = \dot{r} + r\dot{\theta}e^{i\pi/2}; \quad \overline{v}_{B'} = \dot{r}e^{i\Delta\theta} + (r+\Delta r)\dot{\theta}e^{i(\pi/2+\Delta\theta)} \tag{2.6-10}$$

비록 원판의 중심에 대하여 개미의 반경 방향 이동이 일정한 속력일지라도, 그것은 상대 운

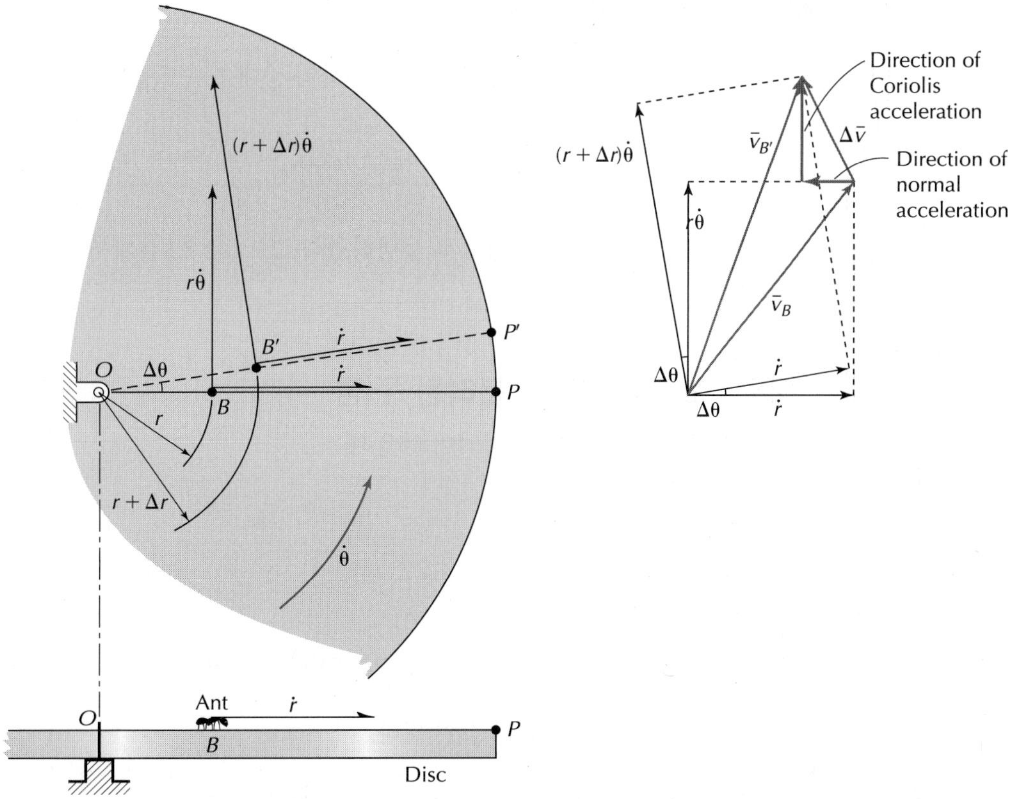

그림 2.16 ● 코리올리 가속도의 예[모델 2.16]

동의 방향에 수직인 속도의 성분에서 증가를 체험한다. 그러므로 개미는 그 방향으로 가속도를 받는다. 점 B에서 개미의 가속도는

$$\bar{a}_B = \lim_{\Delta t \to 0} \frac{\bar{v}_{B'} - \bar{v}_B}{\Delta t} \tag{2.6-11}$$

식 (2.6-10)을 식 (2.6-11)에 대입하고 간략하게 하면

$$\bar{a}_B = -r\dot{\theta}^2 + i2\dot{r}\dot{\theta} \tag{2.6-12}$$

비디오 2.16
모델 2.16
코리올리 가속도

식 (2.6-12)는 기초 피벗에 역으로 향하는 법선 가속도 성분이 있고, 상대 운동의 방향에 수직인 코리올리 가속도가 있다는 것을 나타낸다. [**모델 2.16**]을 이용하면, 디스크에 대한 물체(즉 개미)의 반경 방향 운동과 디스크의 회전 속력의 여러 조합을 시뮬레이션 할 수 있다.

2.7 상대 가속도 식의 특별한 경우

식 (2.6-1)~(2.6-5)를 조합하면, 점 A와 B 사이 상대 가속도를 다음과 같이 표현할 수 있다.

$$\bar{a}_{BA}=(a_{BA}^{S}+a_{BA}^{N})\bar{i}_{r_{BA}}+(a_{BA}^{T}+a_{BA}^{C})\bar{i}_{\theta_{BA}} \tag{2.7-1}$$

성분들을 그림 2.12에서 예로서 설명하였다. 2.7.1~2.7.3절에서 이 표현식의 몇 가지 특별한 경우를 조사할 것이다.

2.7.1 고정된 거리로 분리된 두 점

두 점이 고정된 거리로 분리되어 있을 때

$$\dot{r}_{BA}=0;\quad \ddot{r}_{BA}=0 \tag{2.7-2}$$

그 다음에 2.6절로부터

$$a_{BA}^{C}=0;\quad a_{BA}^{S}=0 \tag{2.7-3}$$

그리고 식 (2.7-1)은 다음과 같이 된다.

$$\begin{aligned}\bar{a}_{BA}&=(-r_{BA}\dot{\theta}_{BA}^{2})\bar{i}_{r_{BA}}+(r_{BA}\ddot{\theta}_{BA})\bar{i}_{\theta_{BA}}\\&=(a_{BA}^{N})\bar{i}_{r_{BA}}+(a_{BA}^{T})\bar{i}_{\theta_{BA}}\end{aligned} \tag{2.7-4}$$

이것은 고정된 거리로 떨어져 있는 두 점 사이에는 단지 법선과 접선 상대 가속도만이 있을 수 있다는 것을 나타낸다.

예로서 그림 2.17(a)에 나타낸 4절 기구를 고려하자. 링크 2의 분리된 그림이 그림 2.17(b)에 나와 있다. 점 B와 O_2는 같은 링크 위에 있고 고정된 거리로 떨어져 있다. 그러므로

$$\bar{a}_{BO_2}=(-r_{BO_2}\dot{\theta}_{BO_2}^{2})\bar{i}_{r_{BO_2}}+(r_{BO_2}\ddot{\theta}_{BO_2})\bar{i}_{\theta_{BO_2}} \tag{2.7-5}$$

O_2는 고정되어 있으므로, 식 (2.7-5)에서 주어진 상대 가속도 또한 절대 가속도를 나타내고

$$\bar{a}_{BO_2}=\bar{a}_{B}=(-r_{BO_2}\dot{\theta}_{BO_2}^{2})\bar{i}_{BO_2}+(r_{BO_2}\ddot{\theta}_{BO_2})\bar{i}_{\theta_{BO_2}} \tag{2.7-6}$$

더욱이 만일 기구의 링크 2가 일정한 속도로 구동된다면

$$\dot{\theta}_{BO_2}=\text{constant};\quad \ddot{\theta}_{BO_2}=0$$

이고 식 (2.7-6)은 다음과 같이 된다.

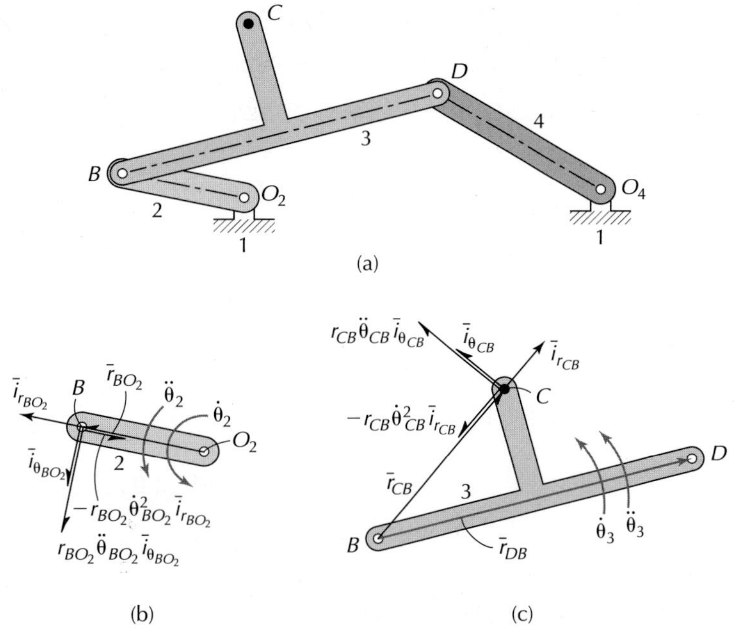

그림 2.17 ● 기구 링크 위에 있는 점 사이의 상대 가속도. (a) 기구, (b) 링크 2, (c) 링크 3

$$\bar{a}_B = (-r_{BO_2}\dot{\theta}^2_{BO_2})\bar{i}_{r_{BO_2}} \tag{2.7-7}$$

그림 2.17(c)는 링크 3을 예시한다. 점 B와 C는 같은 링크 위에 있으므로, 그들은 고정된 거리로 떨어져 있다. 따라서

$$\bar{a}_{CB} = (-r_{CB}\dot{\theta}^2_{CB})\bar{i}_{r_{CB}} + (r_{CB}\ddot{\theta}_{CB})\bar{i}_{\theta_{CB}} \tag{2.7-8}$$

점 C의 절대 가속도는 다음과 같이 표현된다.

$$\bar{a}_C = \bar{a}_B + \bar{a}_{CB} \tag{2.7-9}$$

식 (2.7-7)과 (2.7-8)을 식 (2.7-9)에 대입하면

$$\bar{a}_C = (-r_{BO_2}\dot{\theta}^2_{BO_2})\bar{i}_{r_{BO_2}} + (-r_{CB}\dot{\theta}^2_{CB})\bar{i}_{r_{CB}} + (r_{CB}\ddot{\theta}_{CB})\bar{i}_{\theta_{CB}} \tag{2.7-10}$$

된다. 이동 링크는 단지 하나의 각가속도를 가질 수 있다. 따라서 그림 2.17(c)에 나타낸 링크 3에 대하여 다음과 같다.

$$\ddot{\theta}_{CB} = \ddot{\theta}_{DB} = \ddot{\theta}_3 \tag{2.7-11}$$

2.7.2 직선 슬라이드 위의 슬라이더

이제 그림 2.9에 예시된 바와 같이 직선 슬라이드 위를 따라 이동하는 슬라이더의 특별한 경우를 고려하자. 다음과 같은 경우의 점 B_2와 B_3에 대하여 고려하자.

$$r_{B_2B_3} = 0 \tag{2.7-12}$$

그 다음에 2.6절로부터

$$a^N_{B_2B_3} = 0; \quad a^T_{B_2B_3} = 0 \tag{2.7-13}$$

그리고 식 (2.7-1)은 다음과 같이 된다.

$$\begin{aligned}\bar{a}_{B_3B_2} &= (\ddot{r}_{B_3B_2})\bar{i}_{r_{B_2A}} + (2\dot{r}_{B_3B_2}\dot{\theta}_{B_2A})\bar{i}_{\theta_{B_2A}} \\ &= (a^S_{B_3B_2})\bar{i}_{r_{B_2A}} + (a^C_{B_3B_2})\bar{i}_{\theta_{B_2A}}\end{aligned} \tag{2.7-14}$$

즉 순간적으로 일치하는 두 점에 대하여, 두 점 사이에 발생하는 상대 미끄럼 가속도와 상대 코리올리 가속도를 가질 수 있다.

2.7.3 곡선 슬라이드 위의 슬라이더

그림 2.18(a)는 곡선 슬라이드 위의 슬라이더를 예시한다. 슬라이드는 곡률 반경 ρ, 각속도 $\dot{\theta}_2$와 각가속도 $\ddot{\theta}_2$를 가진다. 슬라이드에 관한 슬라이더의 속도는 $\bar{v}_{B_3B_2}$로 주어진다. 이러한 운동이 주어진다면, 그림 2.18(b)는 슬라이드 위에 있는 점 A에 관한 점 B_2의 가속도의 두 성분을 보여준다. 이것은 법선과 접선 성분으로 이루어진다. 슬라이드 위에 있는 점 B_2에 관하여 점 B_3로 나타낸 슬라이더의 가속도의 성분들은 그림 2.18(c)에서 보여준다. 직선 슬라이드 위에 있는 슬라이더의 경우와 마찬가지로 미끄럼 운동에 접하고 수직인 상대 미끄럼과 코리올리 성분이 있다. 이에 더하여, 슬라이드의 곡률의 중심을 향하는 가속도의 성분이 있다. 이 성분의 크기는

$$\frac{v^2_{B_2B_3}}{\rho} \tag{2.7-15}$$

그림 2.18은 원호의 형태인 슬라이드를 예시하고, 따라서 곡률 반경은 일정하다. 식 (2.7-15)는 고려하는 위치에 상응하는 곡률 반경의 값을 적용하여 원호가 아닌 경우를 포함하는 해석에 적용된다.

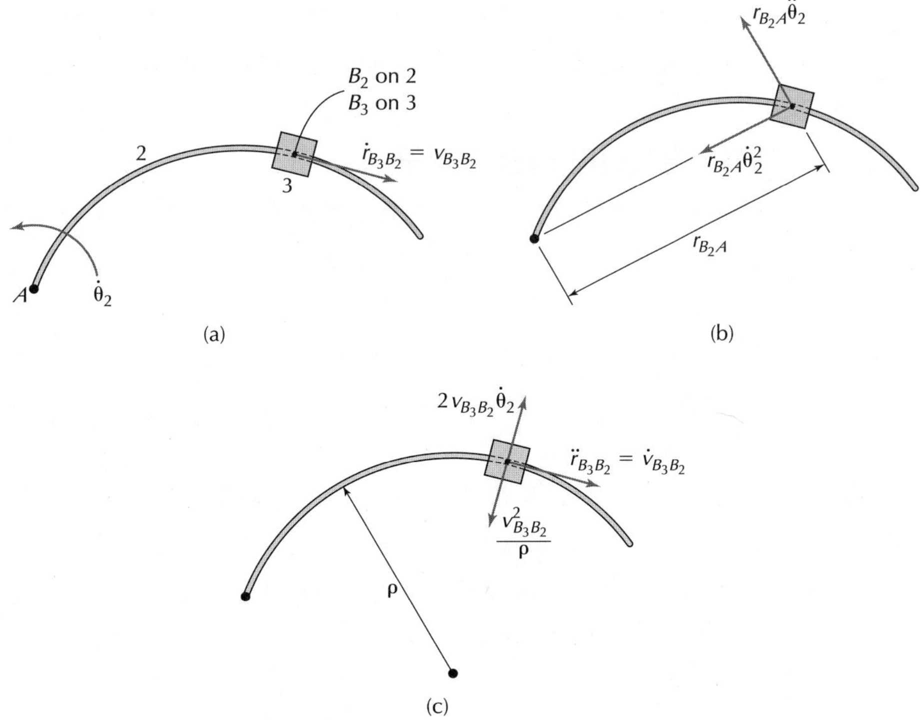

그림 2.18 ● 곡선 슬라이드 위의 슬라이더

2.8 기구의 한계위치와 시간비

그림 2.19에 나타낸 슬라이더 크랭크 기구를 고려하자. 크랭크는 완전한 회전을 할 수 있고, 슬라이더는 두 **한계위치**(limit position) D_1과 D_2 사이를 이동한다. 한계위치는 슬라이더의 **행정**(stroke)을 정의한다.

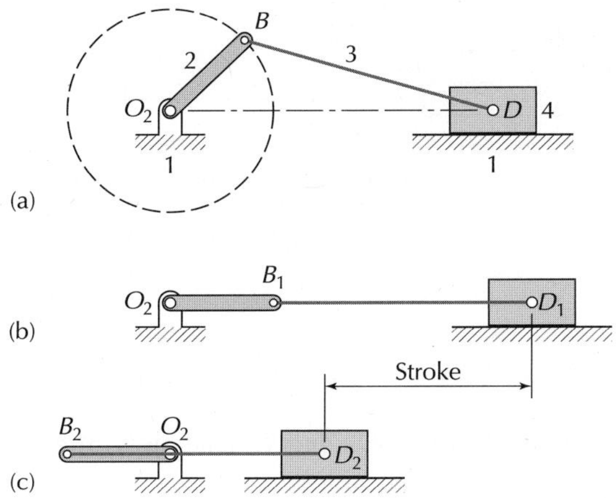

그림 2.19 ● 슬라이더 크랭크 기구의 한계위치. (a) 기구, (b) 첫 번째 한계위치의 형태, (c) 두 번째 한계위치의 형태

이 절에서 몇 개의 일반적인 기구들의 한계위치를 제시한다. 기구의 입력 링크는 완전한 회전을 하고, 출력 링크는 두 한계위치 사이를 이동하는 조건으로 제한할 것이다.

2.8.1 슬라이더 크랭크 기구

크랭크가 완전한 회전을 할 수 있고 일정한 속력으로 회전하는 사례에서, **시간비**(time ratio)란 슬라이더가 한계위치 사이를 한 방향으로 이동하는 시간을 같은 한계위치 사이를 반대 방향으로 이동하는 데 걸리는 시간으로 나눈 것으로 정의한다. 시간비는 무차원이고 대체로 계산된 값은 1보다 크거나 같도록 한다.

그림 2.20(a)는 슬라이더 크랭크 기구를 보여준다. 크랭크는 반시계 방향으로 회전하고 있다. 또한 두 한계위치를 보여준다. 각 한계위치에서 크랭크와 커플러는 일직선상에 있다. 슬라이더를 오른쪽 한계위치 D_1으로부터 왼쪽에 있는 한계위치 D_2로 이동하기 위하여 요구되는 크랭크의 회전은 $\Delta\theta_2$로 표시된다.

한계위치의 간단한 개요는 그림 2.20(b)와 2.20(c)에서 보여준다. 그림 2.20(a), 2.20(b), 그리고 2.20(c)를 비교하면

$$\Delta\theta_2 = 180° + \alpha_2 - \alpha_1 \tag{2.8-1}$$

여기서

$$\alpha_1 = \sin^{-1}\left(\frac{r_1}{r_2 + r_3}\right); \qquad \alpha_2 = \sin^{-1}\left(\frac{r_1}{r_3 - r_2}\right) \tag{2.8-2}$$

또한

$$s_1 = [(r_2 + r_3)^2 - r_1^2]^{1/2}; \quad s_2 = [(r_3 - r_2)^2 - r_1^2]^{1/2} \tag{2.8-3}$$

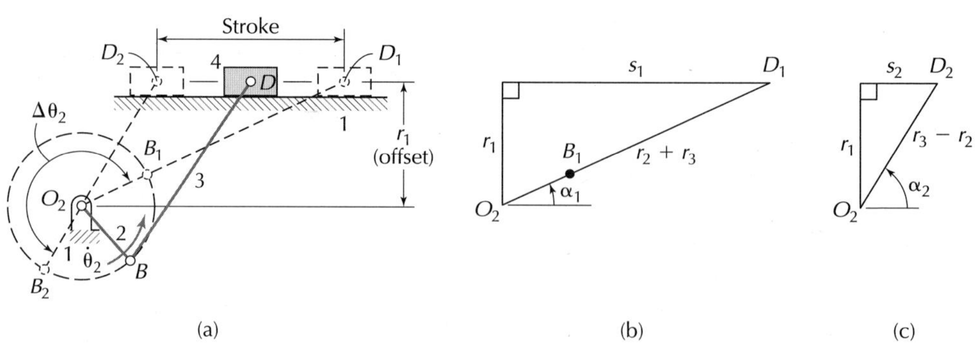

그림 2.20 ● 편심된 슬라이더 크랭크 기구의 한계위치. (a) 기구, (b) 첫 번째 한계위치의 형태, (c) 두 번째 한계위치의 형태

그리고

$$\boxed{\text{stroke} = s_1 - s_2 = [(r_2 + r_3)^2 - r_1^2]^{1/2} - [(r_3 - r_2)^2 - r_1^2]^{1/2}} \tag{2.8-4}$$

만일 크랭크가 반시계 방향으로 일정한 속도로 회전한다면, 하나의 한계위치에서 다른 한계위치로 슬라이더가 왼쪽으로 이동하는 데 걸린 시간은

$$\Delta t_1 = \frac{\Delta\theta_2}{\dot{\theta}_2} \tag{2.8-5}$$

이고, 슬라이더가 한계위치 사이를 오른쪽으로 이동하는 데 걸린 시간은

$$\Delta t_2 = \frac{2\pi - \Delta\theta_2}{\dot{\theta}_2} \tag{2.8-6}$$

기구의 시간비는

$$\boxed{T_R = \frac{\Delta t_1}{\Delta t_2} = \frac{\Delta\theta_2}{2\pi - \Delta\theta_2}} \tag{2.8-7}$$

행정과 슬라이더가 한계위치 사이를 이동하기 위하여 요구되는 경과 시간을 설정한다면, 각 방향으로 이동하는 슬라이더의 **평균** 속도를 구하는 것이 가능하다. 왼쪽으로 이동하는 슬라이더의 평균 속도는

$$(v_{4,\text{avg}})_{\text{left}} = \frac{\text{stroke}}{\Delta t_1} = \frac{\text{stroke}}{\left(\dfrac{\Delta\theta_2}{\dot{\theta}_2}\right)} \tag{2.8-8}$$

이고 오른쪽으로 이동하는 슬라이더의 평균 속도는

$$(v_{4,\text{avg}})_{\text{right}} = \frac{\text{stroke}}{\Delta t_2} = \frac{\text{stroke}}{\left(\dfrac{2\pi - \Delta\theta_2}{\dot{\theta}_2}\right)} \tag{2.8-9}$$

편심이 0인 경우는 시간비가 유일하고, 왼쪽과 오른쪽으로 이동하는 슬라이더의 평균 속도는 동일하다.

3장과 4장에서 방법들이 제시되고, 그것에 의하여 슬라이더의 속력의 순간 값이 구해진다.

2.8.2 크랭크 로커 4절 기구

그림 2.21(a)는 크랭크 로커 4절 기구를 보여준다. 크랭크는 반시계 방향으로 회전한다. 그림 2.21(b)와 2.21(c)는 그것의 한계 형태로 기구의 간략화된 개요를 보여준다. 슬라이더 크랭크 기구의 해석과 유사한, 로커를 표시된 첫 번째 한계위치로부터 두 번째 한계위치로 이동시키기 위하여 요구되는 크랭크의 반시계 방향의 각진동은

$$\Delta\theta_2 = 180° + \alpha_2 - \alpha_1 \tag{2.8-10}$$

여기서 α_1과 α_2에 대한 표현식은 코사인법칙을 이용하여 구한다(부록 뒷부분의 삼각함수 명제 참고). 그림 2.21(b)로부터

$$r_4^2 = r_1^2 + (r_2 + r_3)^2 - 2(r_2 + r_3)r_1 \cos\alpha_1 \tag{2.8-11}$$

또는

$$\alpha_1 = \cos^{-1}\left[\frac{r_1^2 + (r_2 + r_3)^2 - r_4^2}{2(r_2 + r_3)r_1}\right] \tag{2.8-12}$$

유사하게, 그림 2.21(b)와 2.21(c)에 나타낸 다른 각들은 링크의 길이로 다음과 같이 표현할 수 있다.

$$\alpha_2 = \cos^{-1}\left[\frac{r_1^2 + (r_3 - r_2)^2 - r_4^2}{2(r_3 - r_2)r_1}\right] \tag{2.8-13}$$

$$\beta_1 = \cos^{-1}\left[\frac{r_1^2 + (r_2 + r_3)^2 + r_4^2}{2r_1r_4}\right] \tag{2.8-14}$$

$$\beta_2 = \cos^{-1}\left[\frac{r_1^2 - (r_3 - r_2)^2 + r_4^2}{2r_1r_4}\right] \tag{2.8-15}$$

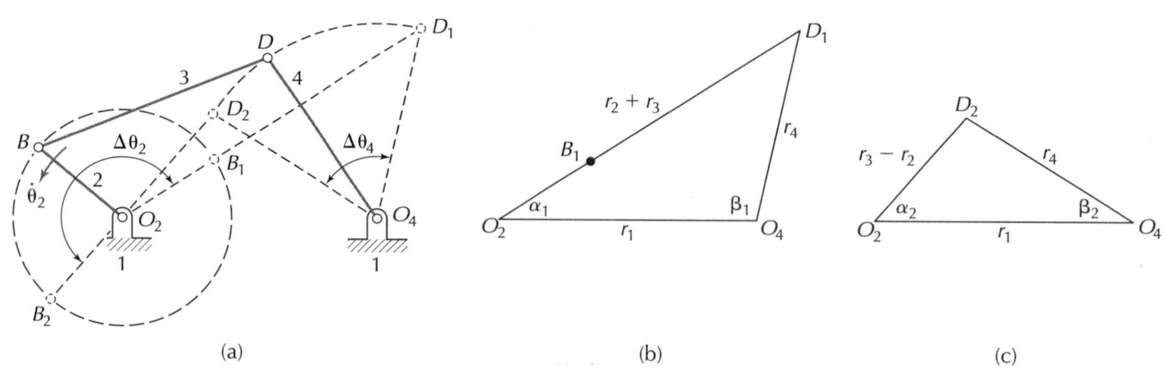

그림 2.21 ● 4절 기구의 한계위치. (a) 기구, (b) 첫 번째 한계위치의 형태, (c) 두 번째 한계위치의 형태

로커의 운동의 진폭은 다음과 같이 표현될 수 있다.

$$\Delta\theta_4 = \beta_1 - \beta_2 \tag{2.8-16}$$

슬라이더 크랭크 기구를 위하여 전개된 식 (2.8-5)~(2.8-7)은 또한 현재의 경우에 적용될 수도 있다. 슬라이더 크랭크 기구의 해석과 유사한, 시계 방향과 반시계 방향의 로커의 평균 회전 속력은 다음과 같다.

$$(\dot{\theta}_{4,avg})_{CW} = \frac{\Delta\theta_4}{\left(\dfrac{2\pi - \Delta\theta_2}{\dot{\theta}_2}\right)}; \quad (\dot{\theta}_{4,avg})_{CCW} = \frac{\Delta\theta_4}{\left(\dfrac{\Delta\theta_2}{\dot{\theta}_2}\right)} \tag{2.8-17}$$

2.8.3 급속 귀환기구

급속 귀환기구(quick-return mechanisms)는 일정한 입력, 속력으로 구동될 때, 한 방향으로의 출력 운동을 완성하는 시간은 반대 방향으로의 출력 운동을 완성하는 시간과 다르다는 것으로 정의된다. 이러한 정의를 이용하여, 급속 귀환기구로 분류될 수 있는 다양한 기구들이 있다. 예를 들어, 크랭크 로커 4절 기구와 슬라이더 크랭크 기구는 급속 귀환기구로 설계될 수 있다. 그러나 때로 급속 귀환기구라는 이름은 그림 2.22와 같이 역슬라이더 크랭크 기구를 포함하는 기구에 대하여 유보되어 있다. 이 기구의 한계위치 중 하나를 나타내었으며, 두 번째 한계위치의 기하학적 구조는 점선으로 예시되었다. 두 한계위치는 링크 2가 링크 4에 수직일 때 발생한다. 한계위치에서 링크 6의 속도는 0이다. 링크 2는 반시계 방향으로 일정한 속도로 구동된다고 가정한다. 그림 2.22로부터 점 O_2, P_2와 O_4는 직각 삼각형을 형성한다. 그러므로

$$\beta = \cos^{-1}\left(\frac{r_2}{r_1}\right) \tag{2.8-18}$$

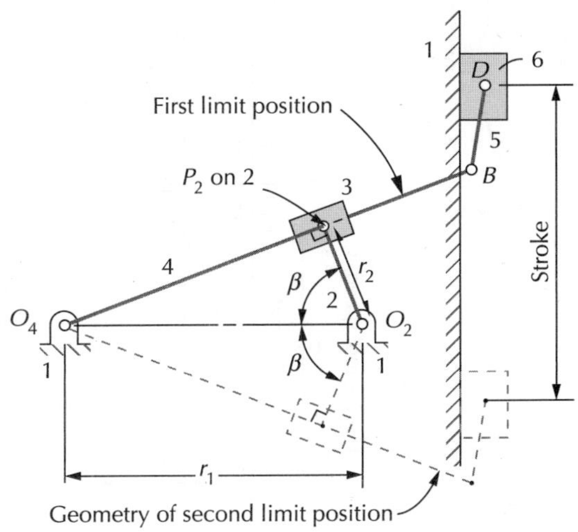

그림 2.22 ● 급속 귀환기구의 한계위치

여기서

$$r_1 = r_{O_2O_4}; \quad r_2 = r_{O_2P_2} \tag{2.8-19}$$

수평 축에 대한 한계위치의 기하학적 대칭에 기인하여, 링크 6을 첫 번째 한계위치로부터 두 번째 한계위치로 내려가도록 요구되는 링크 2의 회전은 2β이다. 이 운동을 수행하기 위하여 요구되는 시간은

$$\Delta t_1 = \frac{2\beta}{\dot{\theta}_2} = \frac{2\cos^{-1}\left(\dfrac{r_2}{r_1}\right)}{\dot{\theta}_2} \tag{2.8-20}$$

이고, 링크 6을 위쪽으로 두 번째 한계위치로부터 첫 번째로 이동하는 데 요구되는 시간은

$$\Delta t_2 = \frac{2\pi - 2\cos^{-1}\left(\dfrac{r_2}{r_1}\right)}{\dot{\theta}_2} \tag{2.8-21}$$

링크 6의 내려가고 올라가는 운동의 시간비는

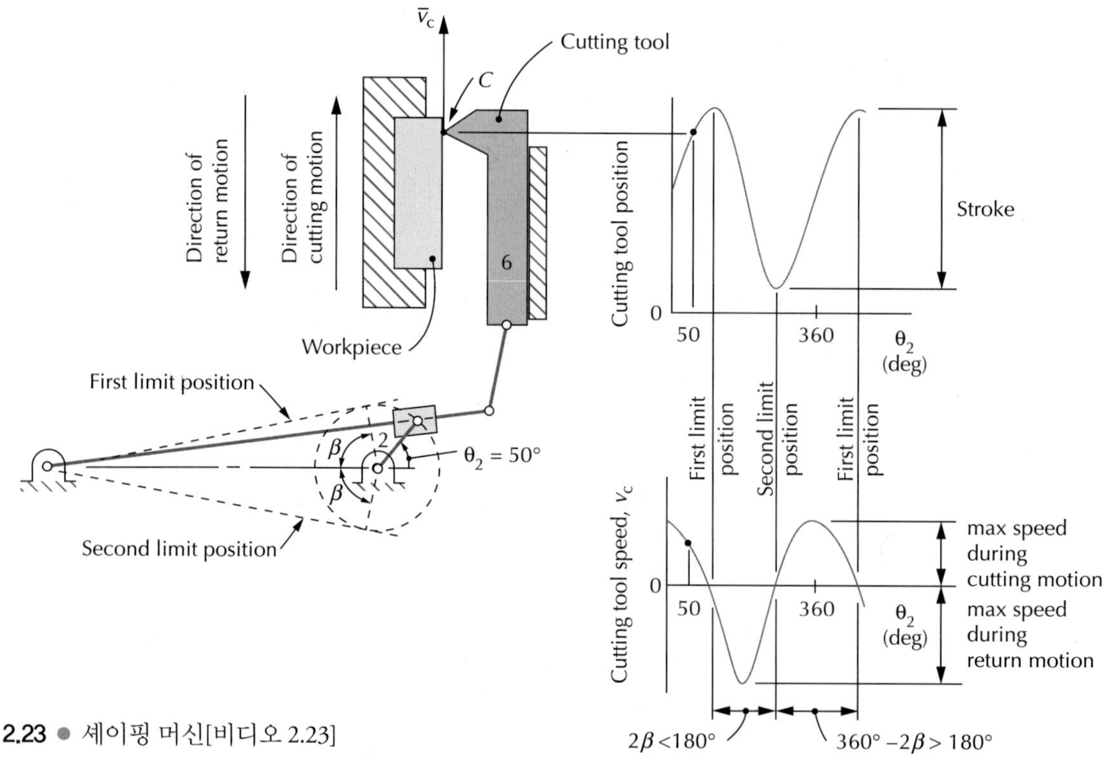

그림 2.23 ● 셰이핑 머신[비디오 2.23]

$$T_R = \frac{\Delta t_1}{\Delta t_2} \tag{2.8-22}$$

비디오 2.23
셰이핑 머신

그림 2.23에서 예시된 셰이핑 머신은 그림 2.22에서 보여준 것과 같은 동일한 기구를 포함한다. 링크 6은 두 한계위치 사이를 왕복하는 절삭공구이다. 링크 6의 위치와 속력의 그림은 링크 6을 한계위치 사이를 이동시키기 위한 링크 2의 두 회전량이 다르다는 것을 보여준다. 더욱이, 링크 2가 일정한 속도로 구동될 때, 기구는 귀환운동보다 더 긴 시간이 걸리는 느린 절삭운동을 하도록 한다.

예제 2.3 | 슬라이더 크랭크 기구의 평균 속도

다음과 같은 길이와 크랭크의 각속도를 가진 그림 2.20(a)에서 보여준 슬라이더 크랭크 기구에 대하여

$$r_1 = 2.0 \text{ cm}; \quad r_2 = 3.5 \text{ cm}; \quad r_3 = 10.0 \text{ cm}$$
$$\dot{\theta}_2 = 20.0 \text{ rad/sec CCW (constant)}$$

오른쪽과 그리고 왼쪽으로 향하는 슬라이더의 평균 속력을 구하라.

풀이

식 (2.8-2)로부터

$$\alpha_1 = \sin^{-1}\left(\frac{r_1}{r_2 + r_3}\right) = \sin^{-1}\left(\frac{2.0}{3.5 + 10.0}\right) = 8.52^\circ$$
$$\alpha_2 = 17.92^\circ$$

식 (2.8-1)로부터

$$\Delta\theta_2 = 180^\circ + \alpha_2 - \alpha_1 = 189.40^\circ = 3.31 \text{ rad}$$

식 (2.8-4)를 이용하면, 슬라이더의 행정길이는

$$\text{stroke} = [(r_2 + r_3)^2 - r_1^2]^{1/2} - [(r_3 - r_2) - r_1^2]^{1/2} = 7.17 \text{ cm}$$

식 (2.8-8)과 (2.8-9)를 이용하여 결과를 산출한다.

$$(v_{4,\text{avg}})_{\text{left}} = \frac{\text{stroke}}{\left(\dfrac{\Delta\theta_2}{\dot{\theta}_2}\right)} = \frac{7.17}{\left(\dfrac{3.31}{20.0}\right)} = 43.35 \text{ cm/sec}$$
$$(v_{4,\text{avg}})_{\text{right}} = 48.14 \text{ cm/sec}$$

예제 2.4 | 역슬라이더 크랭크 기구의 한계위치와 평균 속력의 해석

그림 2.24에서 보여준 역슬라이더 크랭크 기구에 대하여

(a) 기구가 한계위치에 있을 때 θ_2의 값을 구하라.

(b) 한계위치 사이를 반시계 방향으로 회전하는 링크 4의 평균 회전 속력을 구하라.

(c) B_2와 순간적으로 B_2와 일치하는 슬라이드 링크 4에 있는 점 사이, 상대 코리올리 가속도가 없는 곳에 대하여 $0 < \theta_2 < 360°$ 범위에 있는 모든 θ_2의 값을 명시하라.

$$r_{O_2O_4} = 6.0 \text{ cm}; \quad r_{O_2B_4} = 2.0 \text{ cm}; \quad \dot{\theta}_2 = 8.0 \text{ rad/sec CCW (constant)}$$

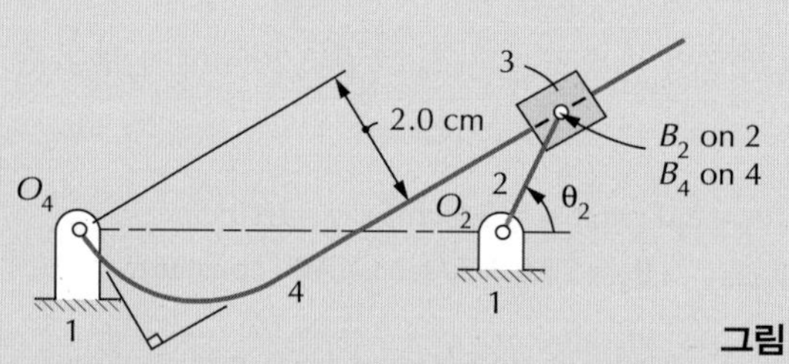

그림 2.24 ● 역슬라이더 크랭크 기구

풀이

(a) 기구의 한계위치는 링크 2가 슬라이드 링크 4에 수직일 때 발생한다. 이것은 이 형태에서 점 B_2가 슬라이드에 평행하게 이동하고 어떤 운동도 링크 4에 전달되지 않기 때문이다. 이 기하학적 형태는 그림 2.25에서 보여준다. 한계위치에 상응하는 링크 2의 각도는

$$(\theta_2)_1 = 180° - \sin^{-1}\left(\frac{2.0}{3.0}\right) = 131.8°; \quad (\theta_2)_2 = 270°$$

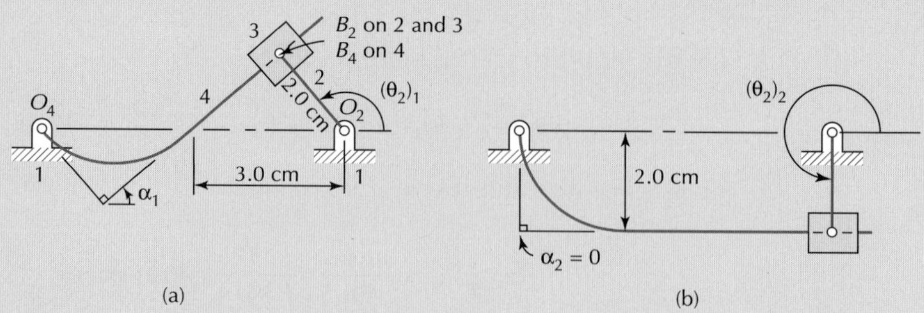

그림 2.25 ● 역슬라이더 크랭크 기구의 한계위치. (a) 첫 번째 한계위치의 기하학적 형태, (b) 두 번째 한계위치의 기하학적 형태

(b) 한계위치 사이에서 반시계 방향으로 회전하는 링크 4에 대한 링크 2의 각운동은

$$\Delta\theta_2 = (\theta_2)_1 + 360° - (\theta_2)_2 = 221.8°$$

한계위치 사이의 링크 4의 각운동은

$$\Delta\theta_4 = \alpha_1 - \alpha_2 = \sin^{-1}\left(\frac{2.0}{3.0}\right) - 0 = 41.8°$$

반시계 방향으로 회전하는 링크 4의 평균 각속도는

$$(\dot{\theta}_{4,avg})_{CCW} = \frac{\Delta\theta_4}{(\Delta\theta_2 / \dot{\theta}_2)} = \frac{41.8°}{\left(221.8° / 8.0 \dfrac{rad}{sec}\right)} = 1.51 \frac{rad}{sec}$$

(c) 상대 코리올리 가속도는 다음과 같이 표현된다.

$$a^C_{B_2B_4} = 2\dot{r}_{B_2B_4}\dot{\theta}_4$$

상대 코리올리 가속도는 다음 중의 하나일 때 사라진다.

$$\dot{\theta}_4 = 0 \text{ (i.e. limit positions when } (\theta_2)_1 = 0 \text{ or } (\theta_2)_2 = 131.8°) \text{ or } \dot{r}_{B_2B_4} = 0$$

이것은 점 B_2와 B_4가 같은 속도일 때이다. 이것은 그림 2.26에 예시되었다. 그러므로 상대 코리올리 가속도가 사라지는 때 θ_2 값의 완전한 세트는 0, 131.8°, 180° 그리고 270°이다.

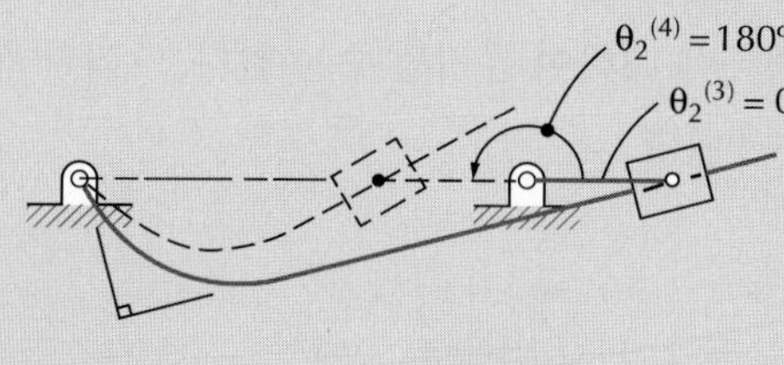

그림 2.26

2.9 전달각

1.7절은 4절 기구와 슬라이더 크랭크 기구의 특별한 형태를 생성하기 위한 요구들을 제공한다. 그 요구들은 어떤 형태를 생성하기 위한 링크들의 길이의 범위를 결정하기 위하여 사용할 수 있다. 이러한 범위의 한계는 이론적이다. 실제적인 설계에서는 링크들 사이에 운동

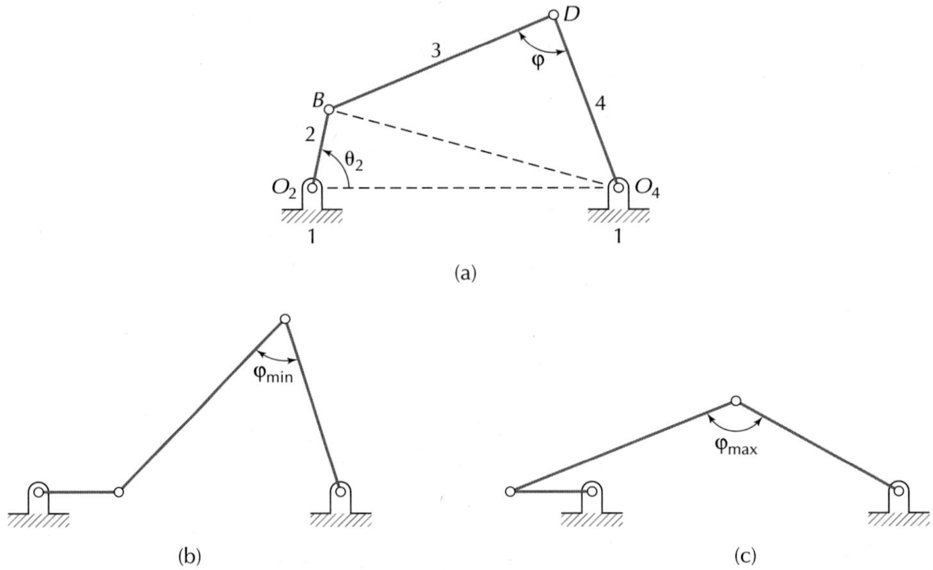

그림 2.27 ● (a) 4절 기구의 전달각, (b) $\theta_2 = 0^\circ$, (c) $\theta_2 = 180^\circ$

전달의 질에 대한 언급이 추가적으로 고려되어야 한다. 한 가지 일반적으로 고려할 사항은 **전달각**(transmission angle) ϕ이다. 4절 기구(그림 2.27 참조)에 대하여 ϕ는 커플러의 중심선과 종동링크의 중심선 사이의 각도이다. 슬라이더 크랭크 기구의 전달각(그림 2.28 참조)은 커플러의 중심선과 슬라이더 작용선의 수직선 사이의 각도로 측정된다.

전달각의 이상적인 값은 90°이다. 이 예시에서, 커플러에 의하여 종동링크에 적용된 상호 작용력의 작용선은 커플러와 종동링크 사이의 운동 대우의 운동 작용선과 일치한다. 이 이상적인 값은 기구의 모든 형태에 대하여 유지될 수는 없다. 그러나 전달각이 다음과 같은 범위에 있다면 일반적으로 수용된다.

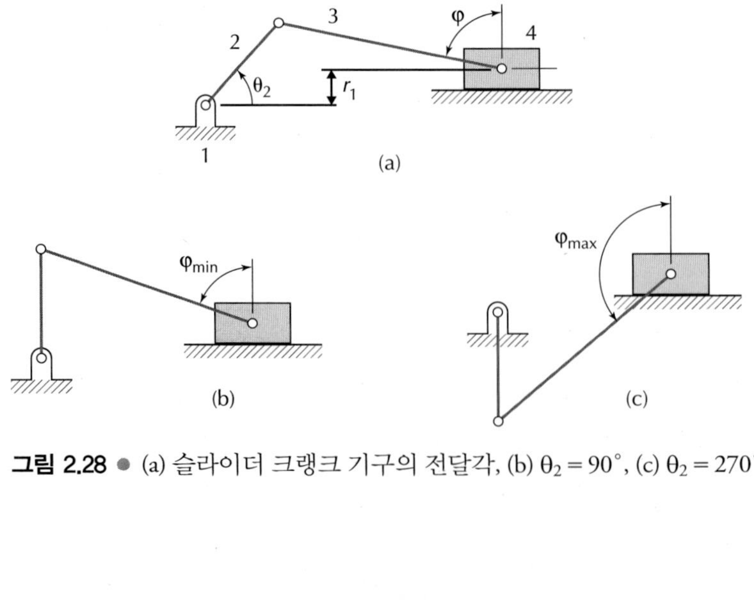

그림 2.28 ● (a) 슬라이더 크랭크 기구의 전달각, (b) $\theta_2 = 90^\circ$, (c) $\theta_2 = 270^\circ$

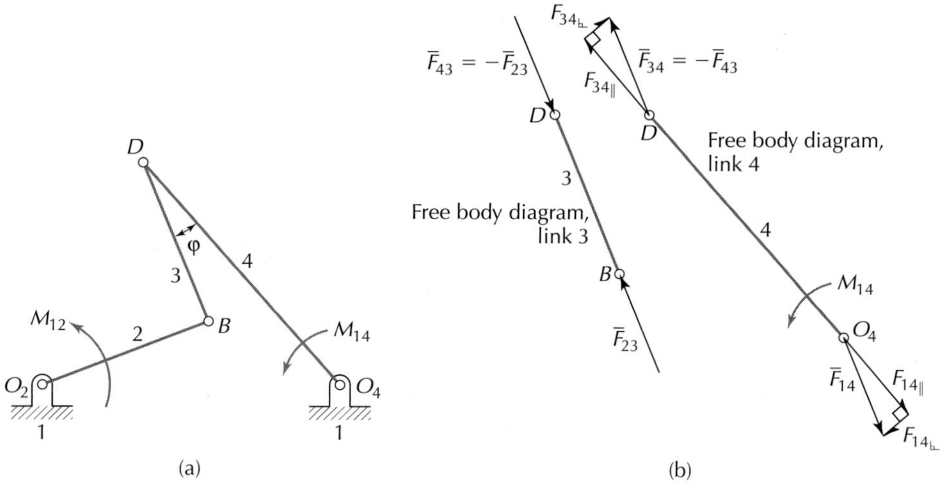

그림 2.29 ● 작은 전달각을 가진 4절 기구의 형태

$$45° < \varphi < 135° \tag{2.9-1}$$

전달각이 이 범위 밖에 있다면 운동의 비효율적인 전달이 된다. 그림 2.29(a)는 수용될 수 있는 범위 밖에 있는 작은 전달각을 가지는 4절 기구의 형태를 보여준다. 구동 토크 M_{12}는 링크 2에 작용된다. 그림 2.29(b)에 나타낸 바와 같이 링크 3에서 링크 4에 전달된 힘의 방향은 점 O_4에 관한 작은 토크 M_{14}가 되나, 같은 점에서 높은 베어링 압력을 가지게 된다. 전달각이 0 혹은 180°에 가까운 경우, 기구는 구속되는 경향이 있다.

그림 2.27(a)를 이용하면 4절 기구의 전달각에 대한 표현식을 구할 수 있다. 점 O_2O_4B로 이루어진 삼각형에 대하여 코사인법칙을 적용하면

$$r_{BO_4}^2 = r_1^2 + r_2^2 - 2r_1r_2\cos\theta_2 \tag{2.9-2}$$

다시 점 DO_4B로 이루어진 삼각형에 대하여 코사인법칙을 이용하면

$$r_{BO_4}^2 = r_3^2 + r_4^2 - 2r_3r_4\cos\varphi$$

혹은

$$\varphi = \cos^{-1}\left(\frac{r_3^2 + r_4^2 - r_{BO_4}^2}{2r_3r_4}\right) \tag{2.9-3}$$

식 (2.9-2)와 (2.9-3)을 결합하여 링크 2의 각변위의 함수로 전달각을 구할 수 있다.

$$\boxed{\varphi = \cos^{-1}\left(\frac{r_3^2 + r_4^2 - r_1^2 - r_2^2 + 2r_1r_2\cos\theta_2}{2r_3r_4}\right)} \tag{2.9-4}$$

그림 2.27(b)와 2.27(c)는 전달각이 극값인 4절 기구의 형태를 나타낸다. 이 형태들은 다음과 같을 때 발생한다.

$$\theta_2 = 0 \quad \text{and} \quad \theta_2 = 180^\circ \tag{2.9-5}$$

크랭크 로커 4절 기구의 전달각의 최솟값과 최댓값에 대한 표현식은 다음과 같다.

$$\boxed{\begin{aligned} \varphi_{min} &= \cos^{-1}\left[\frac{r_3^2 + r_4^2 - (r_1 - r_2)^2}{2r_3r_4}\right] \\ \varphi_{max} &= \cos^{-1}\left[\frac{r_3^2 + r_4^2 - (r_1 - r_2)^2}{2r_3r_4}\right] \end{aligned}} \tag{2.9-6}$$

예제 2.5 | 4절 기구의 전달각

링크 길이를 갖고 있는 크랭크 로커 4절 기구에 대하여

$$r_1 = 8.0\ \text{cm}; \quad r_2 = 3.5\ \text{cm}; \quad r_3 = 10.0\ \text{cm}; \quad r_4 = 9.0\ \text{cm}$$

다음을 구하라.

(a) 링크 2의 각 변위의 함수로 전달각 φ

(b) 전달각의 최소와 최댓값

풀이

(a) 대표적인 각도에 대하여

$$\theta_2 = 30^\circ$$

식 (2.9-4)를 이용하여 구한다.

$$\begin{aligned} \varphi &= \cos^{-1}\left(\frac{r_3^2 + r_4^2 - r_1^2 - r_2^2 + 2r_1r_2\cos\theta_2}{2r_3r_4}\right) \\ &= \cos^{-1}\left(\frac{10.0^2 + 9.0^2 - 8.0^2 - 3.5^2 + 2 \times 8.0 \times 3.5 \times \cos 30^\circ}{2 \times 10.0 \times 9.0}\right) = 31.64^\circ \end{aligned}$$

이것과 θ_2의 다른 값들에 대한 추가적인 계산을 기초하여, 그림 2.30은 링크 2의 각

변위의 함수로 된 전달각의 도표를 나타낸다.

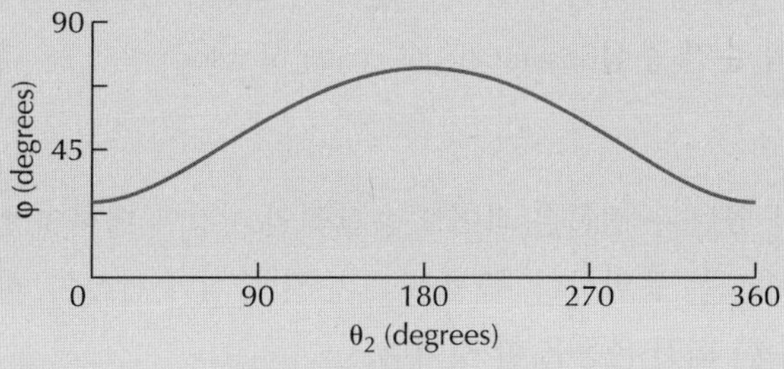

그림 2.30 ● 4절 기구의 전달각

(b) 식 (2.9-6)을 이용하여, 한 사이클을 통한 전달각의 최소와 최댓값은

$$\varphi_{min} = 26.7°; \quad \varphi_{max} = 74.3°$$

위의 결과는 전달각이 몇몇의 위치에 대하여 45°보다 작다는 것을 나타내며, 그러므로 운동 사이클의 일부에 대하여 일반적으로 수용되는 범위[식 (2.9-1)] 밖에 있을 것이다.

그림 2.28(a)은 슬라이더 크랭크 기구를 예시하고, 이로부터 다음 식을 얻는다.

$$r_3 \cos\varphi = r_2 \sin\theta_2 - r_1 \tag{2.9-7}$$

전달각을 구한다면

$$\boxed{\varphi = \cos^{-1}\left(\frac{r_2 \sin\theta_2 - r_1}{r_3}\right)} \tag{2.9-8}$$

그림 2.28에서 보여준 기구의 크랭크는 완전한 회전을 할 수 있다. 그림 2.28(b)와 2.28(c)는 전달각이 극값일 때의 기구의 형태를 예시하고, 이러한 형태는 다음과 같을 때 발생한다.

$$\theta_2 = 90° \text{ and } \theta_2 = 270° \tag{2.9-9}$$

전달각의 최소와 최댓값에 상응하는 표현식은

$$\boxed{\begin{aligned} \varphi_{min} &= \cos^{-1}\left(\frac{r_2 - r_1}{r_3}\right) \\ \varphi_{max} &= \cos^{-1}\left(\frac{-r_2 - r_1}{r_3}\right) \end{aligned}} \tag{2.9-10}$$

2.10 속도의 순간 중심

i와 j로 표시되고, 적어도 하나는 평면 운동을 하는 2개의 링크를 고려하자. 이들 2개의 링크와 관련된 **속도의 순간 중심**(instantaneous center of velocity) $P_{i,j}$는 다음과 같은 속성을 가진다.

- 두 링크의 각각에 있는 두 점들은 적어도 순간적인 시간에 대하여 일치한다.
- 두 점의 절대 선속도는 동일하다. 즉 속도의 순간 중심에 관하여, 하나의 링크는 다른 링크에 관하여 순수한 회전 운동을 할 것이다.

예로서 그림 2.31에 나타낸 두 링크를 고려하자. 점 A_2와 A_3는 각각 링크 2와 3에 있다. 둘은 $P_{2,3}$과 일치한다. 이 순간에

$$\overline{v}_{A_2} = \overline{v}_{A_3} = \overline{v}_{P_{2,3}} \tag{2.10-1}$$

속도의 순간 중심은 지금부터 간단하게 **순간 중심**(instantaneous center)이라고 할 것이다. 이것은 3장의 평면 운동 기구들의 속도 해석을 완성하기 위하여 이용된다.

이동하는 강체에 있는 두 점의 속도가 주어진다면, 기초 링크에 관하여 강체의 순간 중심을 구하는 것이 가능하다. 그림 2.32는 평면 운동을 하는 링크 2의 예시이다. 예시된 순간에, 링크 2에 있는 속도 $\overline{v}_A$와 $\overline{v}_B$의 **방향**은 정의된다. 지금 2.5.1절에 제시된 고정된 거리로 분리된 두 점들 사이의 상대 속도의 조건을 적용한다. 이러한 해석으로부터, 점 A는 점 A를 통과하여 연장시키고 $\overline{v}_A$에 수직인 선의 어딘가에 위치한 고정점에 관하여 움직인다. 마찬가지로 점 B는 B를 통과하여 연장시키고 $\overline{v}_B$에 수직인 선 위에 있는 고정점에 관하여 움직인다. 그러므로 링크 2의 영속도의 점 $P_{1,2}$는 이들 두 선이 교차하는 곳에 있어야 한다. 여기서 아래첨자 1과 2는 각각 기초 링크와 이동 링크를 가리킨다.

순간 중심 $P_{1,2}$를 구했다면, 링크 2에 있는 모든 점들은 그 순간에 $P_{1,2}$에 관하여 회전한다고 생각할 수 있다. 2.5.1절에 제시된 해석을 이용하여 다음을 얻는다.

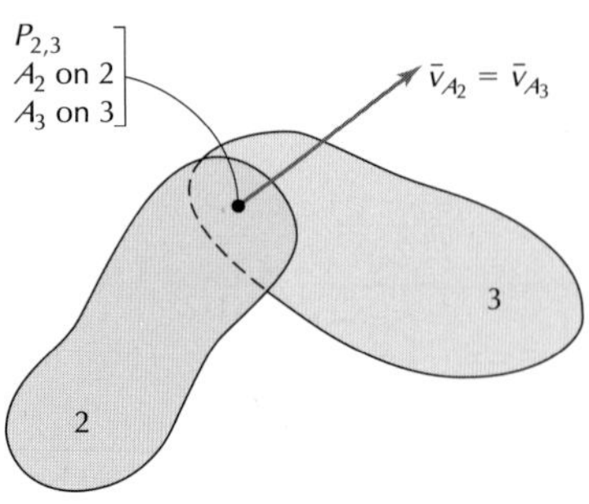

그림 2.31 ● 순간 중심의 예

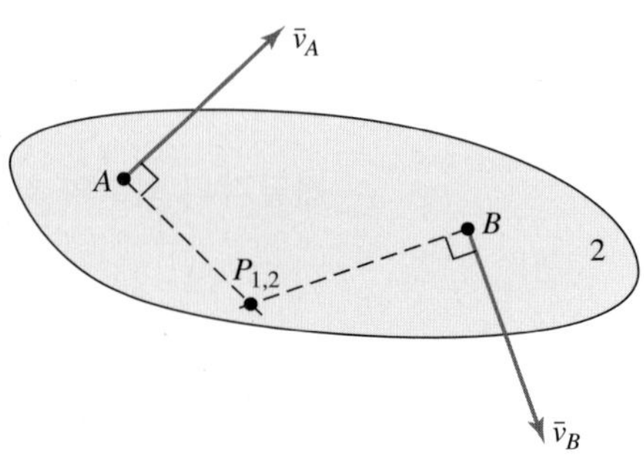

그림 2.32 ● 순간 중심 찾기

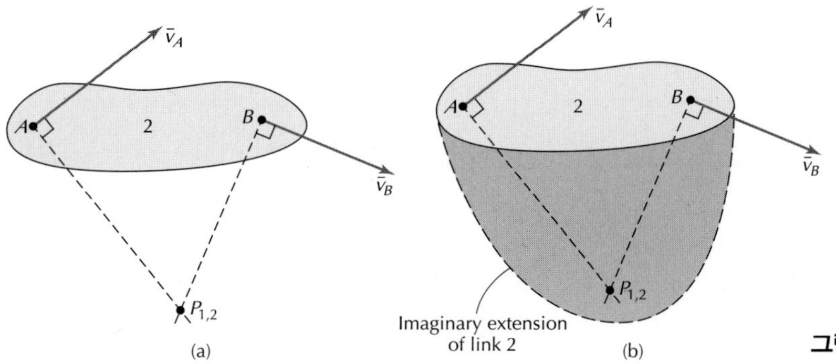

그림 2.33

$$|\bar{v}_A| = r_{P_{1,2}A}|\dot{\theta}_2|; \quad |\bar{v}_B| = r_{P_{1,2}B}|\dot{\theta}_2| \tag{2.10-2}$$

또는

$$|\dot{\theta}_2| = \frac{|\bar{v}_A|}{r_{P_{1,2}A}} = \frac{|\bar{v}_B|}{r_{P_{1,2}B}} \tag{2.10-3}$$

따라서 만일 $\bar{v}_A$와 $\bar{v}_B$의 작용선만을 안다면 축척도는 $r_{P_{1,2}A}$와 $r_{P_{1,2}B}$를 구하기 위하여 이용되고, 다음으로 $\bar{v}_B$와 $\dot{\theta}_2$의 크기를 구하기 위하여 이용된다.

위의 경우에 대하여, 순간 중심은 링크 2의 실제의 경계 안에 놓이게 된다. 이것은 항상 그런 것은 아니다. 그림 2.33(a)에 예시된 바와 같이 링크의 실제의 경계 밖에 있는 순간 중심을 구할 가능성이 있다. 여기서 그림 2.33(b)에 나타낸 바와 같이 그 링크의 실제 경계의 가상적인 연장을 생각할 수 있다.

링크 위에 있는 두 점의 속도가 그림 2.34(a)에서와 같이 평행할 때, 순간 중심은 식 (2.10-3)을 적용하여 구한다. 그러나 이 경우에 두 속도를 알아야만 한다. 만일 $\bar{v}_A$와 $\bar{v}_B$가 크기와 방향이 동일하다면[그림 2.34(b)], 이 링크는 순수 병진 운동을 하고, 순간 중심은 운동에 수직인 방향으로 무한대의 거리에 있다. 만일 $\bar{v}_A$와 $\bar{v}_B$가 평행하고 방향이 반대라면[그림 2.34(c)], 순간 중심은 A와 B 사이에 있게 된다.

운동 대우를 통하여 연결된 두 링크에 대한 순간 중심의 위치를 표 2.1에 요약하였다. 기구의 각 링크는 다른 모든 링크에 관하여 상대 운동을 가질 수 있는 가능성이 있다. 결과적으로 n개의 링크를 가지는 기구에서 순간 중심의 전체 수 p는

$$\boxed{p = \frac{n(n-1)}{2}} \tag{2.10-4}$$

식 (2.10-4)에서 약수 1/2은 순간 중심 $P_{i,j}$와 $P_{j,i}$가 같다는 사실을 고려한 것이다.

그림 2.35(a)에 예시한 4절 기구에서 $n = 4$이고, 순간 중심의 수는

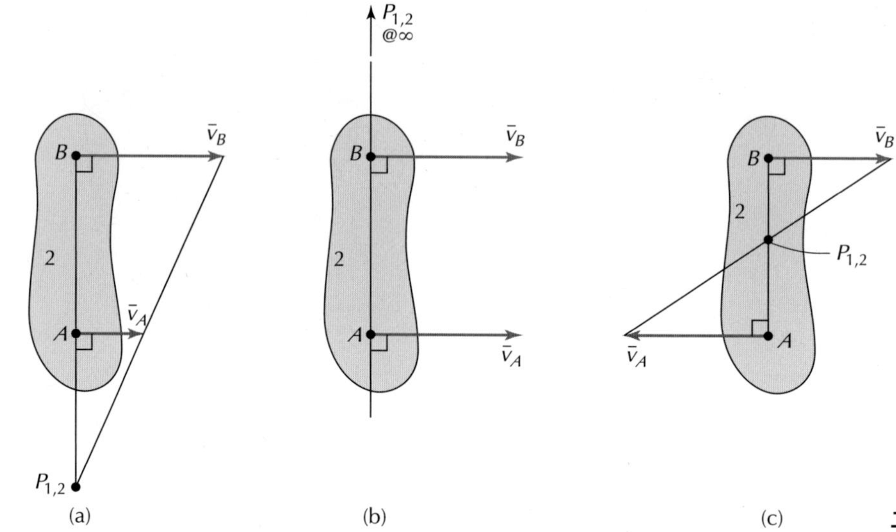

그림 2.34

$$p=\frac{n(n-1)}{2}=\frac{4(4-1)}{2}=6 \qquad (2.10\text{-}5)$$

순간 중심의 완전한 세트는 $P_{1,2}$, $P_{1,3}$, $P_{1,4}$, $P_{2,3}$, $P_{2,4}$, $P_{3,4}$이다. 순간 중심의 몇 개는 운동 대우를 조사하고 표 2.1을 이용하여 구한다. 이들은 $P_{1,2}$, $P_{2,3}$, $P_{3,4}$, $P_{1,4}$이고, 이것을 그림 2.35(a)

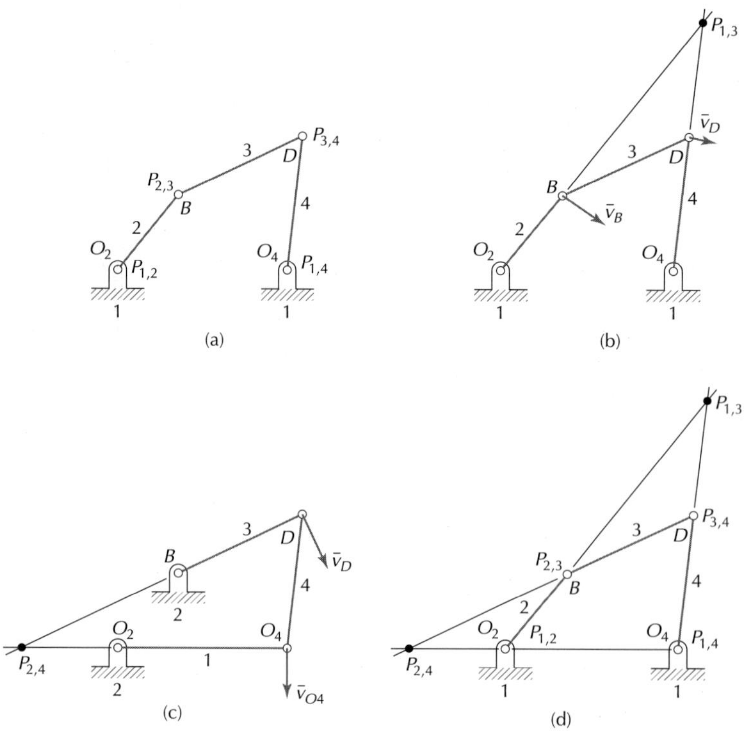

그림 2.35 ● 4절 기구의 순간 중심

표 2.1 운동 대우의 여러 종류에 대한 순간 중심의 위치

운동 대우의 종류		순간 중심의 위치
회전 대우	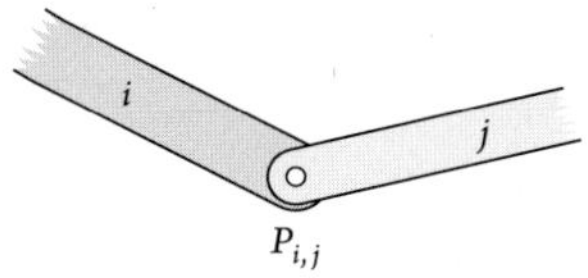	순간 중심은 회전 대우와 일치한다.
미끄럼 대우(곡선 슬라이드)	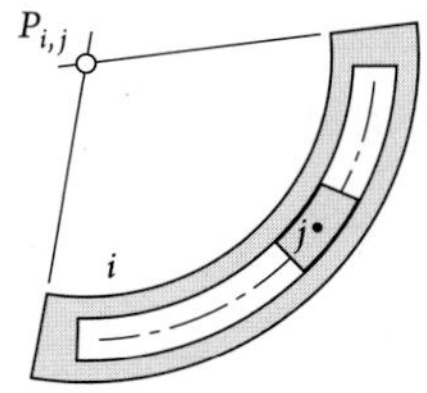	슬라이더는 슬라이드에 관하여 곡선 운동을 한다. 순간 중심은 슬라이드의 곡률 중심에 있다.
미끄럼 대우(직선 슬라이드)	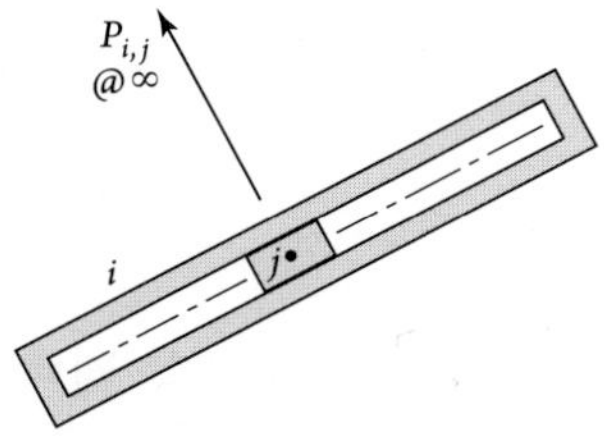	슬라이더는 슬라이드에 관하여 직선 운동을 한다. 직선 슬라이드는 무한 반경의 곡선 슬라이드에 상당한다. 따라서 순간 중심은 미끄럼 운동에 수직인 방향으로 무한대의 거리에 있다.
구름 대우	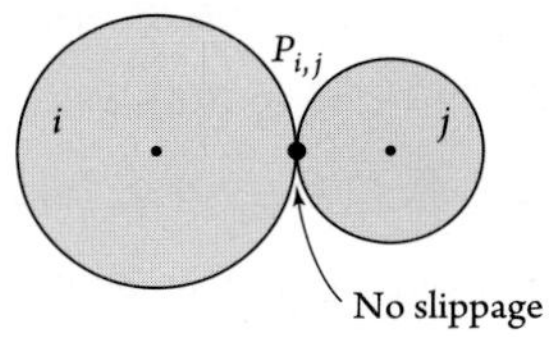	순간 중심은 접촉점에 있고 이것은 두 링크가 같은 속도를 가지는 유일한 점이다.
2자유도 대우	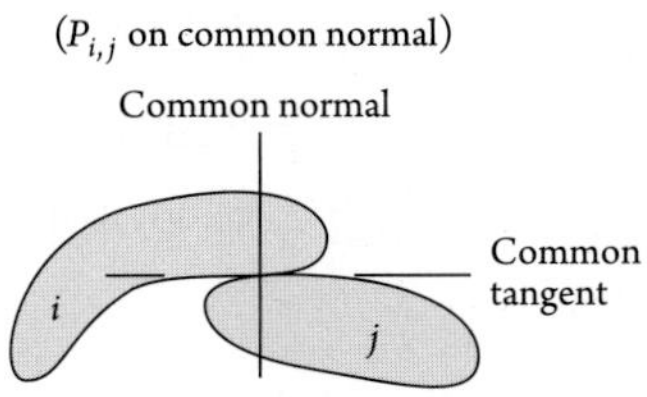 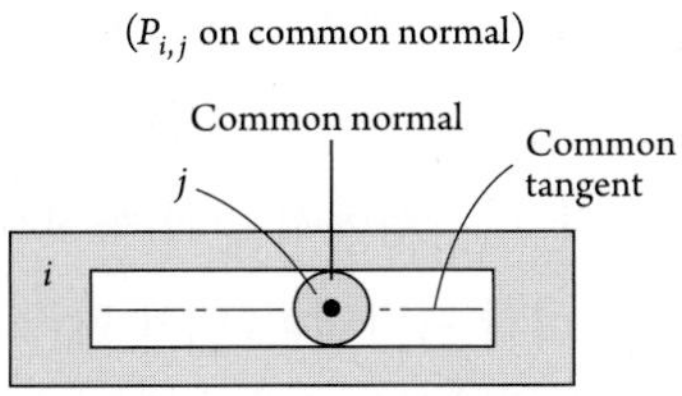	상대 운동은 접촉점에서 두 링크 사이의 **공통 접선**(common tangent)을 따라 발생한다. 결과적으로 순간 중심은 **공통 법선**(common normal)에 있게 된다. 공통 법선에 있는 순간 중심의 위치는 미끄럼 속도와 각속도의 비에 따른다.

에서 보여준다.

2개의 다른 순간 중심은 $P_{1,3}$과 $P_{2,4}$이다. 순간 중심 $P_{1,3}$은 그림 2.32에 예시된 것과 유사한 해석에 의하여 구한다. 선들을 점 B와 D에서의 속도에 수직으로 그린다. 두 선의 교차점이 순간 중심 $P_{1,3}$이다[그림 2.35(b)].

나머지 순간 중심은 $P_{2,4}$이다. 이것의 위치는 그림 2.35(c)에 나타낸 바와 같이 기구를 치환하여 링크 2를 고정 링크로 만들어 구할 수 있다. 그림 2.35(b)에 나타낸 기구에 대하여 같은 추론을 사용하면 순간 중심은 D와 O_4에서의 속도에 수직인 두 선의 교차점에 있다.

그림 2.35(b)와 2.35(c)에서 보여준 기구에 대한 상대 운동은 동일하므로(1.6절 참조), 구해진 6개의 모든 순간 중심은 원래의 기구와 치환 기구에 적용한다. 순간 중심의 완전한 세트를 그림 2.35(d)에서 보여준다.

2.11 케네디 정리

그림 2.35에서 보여준 4절 기구의 해석으로부터 링크 중 어느 3개와 관련된 순간 중심은 일직선상에 있는 것을 알 수 있다. 즉 순간 중심의 다음 세트 각각은 같은 직선상에 있다.

- $P_{1,2}$, $P_{2,3}$, $P_{1,3}$
- $P_{1,4}$, $P_{3,4}$, $P_{1,3}$
- $P_{2,4}$, $P_{1,2}$, $P_{1,4}$
- $P_{2,4}$, $P_{2,3}$, $P_{3,4}$

이 결과는 어느 평면 기구에도 적용될 수 있는 **케네디 정리**(Kennedy's Theorem)에 따른다. 정리는 서로에 관하여 운동을 하는 i, j, k로 표시된 3개의 링크를 고려할 때, 3개의 관련된 순간 중심 $p_{i,j}$, $p_{i,k}$, $p_{j,k}$는 같은 직선상에 놓인다는 것을 말한다[3].

어떤 기구의 순간 중심의 위치를 구하는 경우, 어떤 것은 표 2.1에서 제공한 지침을 이용하여 쉽게 찾을 수 있다. 그런 다음 나머지는 케네디 정리의 연속적인 적용에 의하여 구할 수 있다.

어떤 사람은 연구하고자 하는 기구에 관련된 **보조 다각형**(auxiliary polygon)을 그려서 모든 순간 중심을 확인한다. 그림 2.36(a)에 나타낸 기구와 순간 중심에 대응하는 보조 다각형을 그림 2.36(b)에 예시하였다. 다각형에서 면과 꼭짓점의 수는 기구의 링크 수와 같아야 한다. 다각형의 각 꼭짓점은 링크를 나타내고, 이에 따라 숫자를 할당한다.

보조 다각형의 모든 면과 대각선은 2개의 링크와 관련된다. 각 면과 대각선은 순간 중심에 대응한다. 또한 보조 다각형은 케네디 정리의 요구를 예시한다. 면과 대각선에 의하여 형성된 각 삼각형은 3개의 링크와 연관되고, 3개의 대응하는 순간 중심은 동일한 직선상에 놓인다. 그림 2.36(c)는 4개의 보조 다각형을 보여주며 각각은 색칠된 삼각형을 가지고 있다. 각 그림 옆에는 직선상에 놓이는 대응하는 3개의 순간 중심을 명기하였다.

비디오 2.36
4절 기구의
순간 중심

[**비디오 2.36**]은 그림 2.36에서 예시한 순간 중심을 구하는 순서를 동영상으로 제공한다.

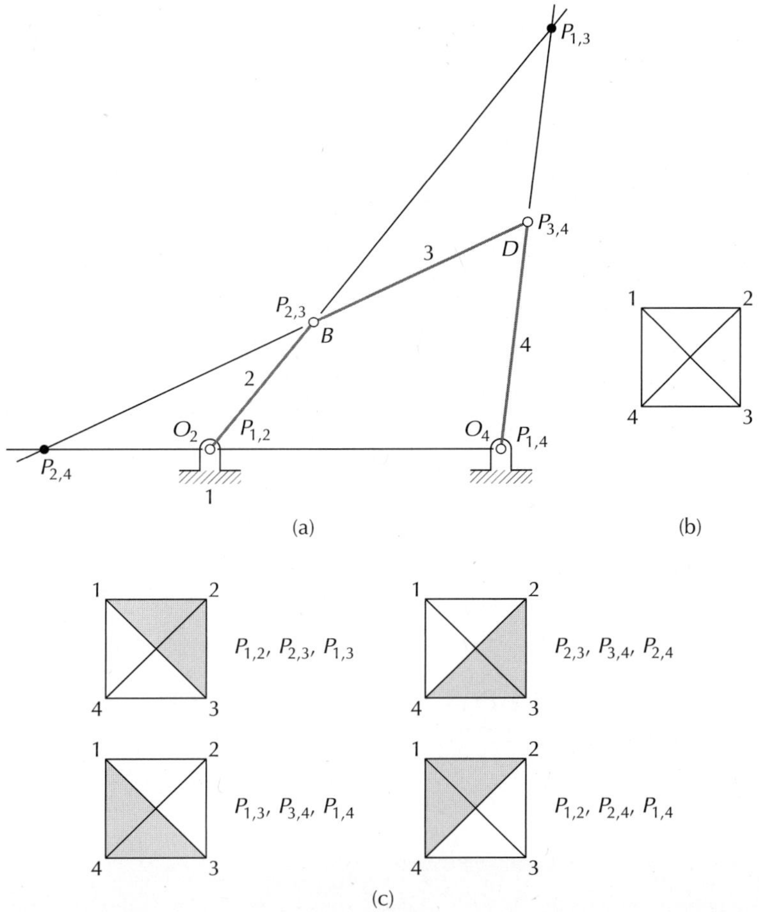

그림 2.36 ● 4절 기구의 순간 중심[비디오 2.36]

예제 2.6 | 슬라이더 크랭크 기구의 순간 중심

그림 2.37(a)에 나타낸 슬라이더 크랭크 기구에 대하여, 각 위치에 대한 모든 순간 중심을 구하라.

풀이

기구는 4개의 링크($n = 4$)를 가지므로, 식 (2.10-4)를 이용하면, 6개의 순간 중심($p = 6$)이 나온다. 그들은 $P_{1,2}$, $P_{1,3}$, $P_{1,4}$, $P_{2,3}$, $P_{2,4}$, $P_{3,4}$이다.

다음 순간 중심들은 운동 대우를 조사하여 찾는다(표 2.1): $P_{1,2}$, $P_{2,3}$, $P_{3,4}$, $P_{1,4}$. $P_{1,3}$을 찾기 위하여 보조 다각형을 이용한다. 그림 2.37(c)에 나타낸 바와 같이 꼭짓점 1과 꼭짓점 3 사이의 대각선은 삼각형 1-2-3과 1-3-4의 일부이다. 이것은 $P_{1,3}$이 $P_{1,2}P_{2,3}$

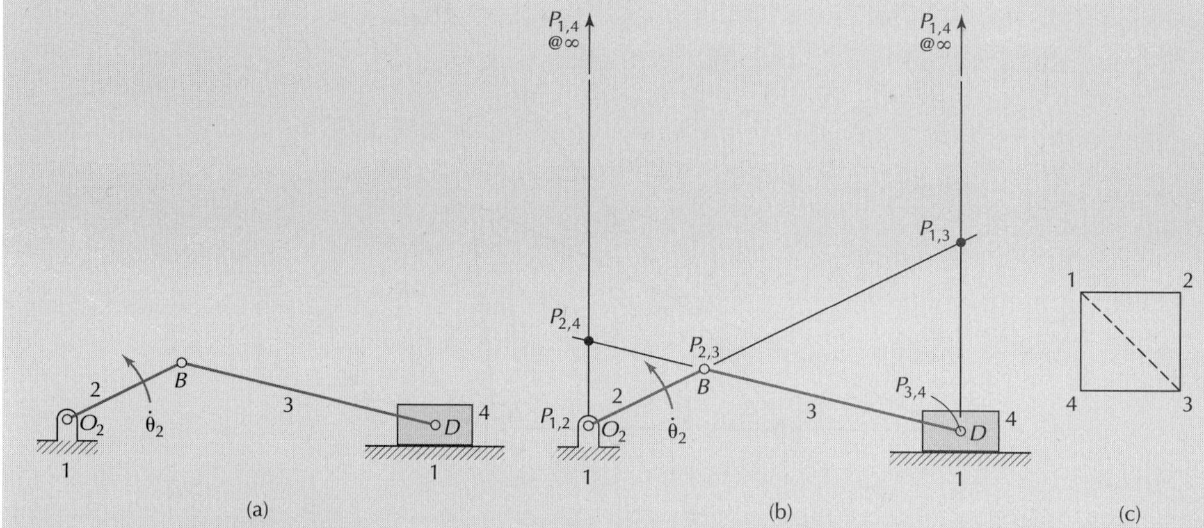

그림 2.37

및 $P_{1,4}P_{3,4}$와 같은 직선상에 놓인다는 것을 나타낸다. 따라서 그것은 두 직선의 교차점에 놓인다. 순간 중심 $P_{2,4}$도 유사한 방법으로 구한다. 6개의 모든 순간 중심을 그림 2.37(b)에서 보여준다.

예제 2.7 | 치환된 슬라이더 크랭크 기구의 순간 중심

그림 2.38(a)에서 보여준 치환된 슬라이더 크랭크 기구에 대하여, 각 위치에 대한 모든 순간 중심을 구하라.

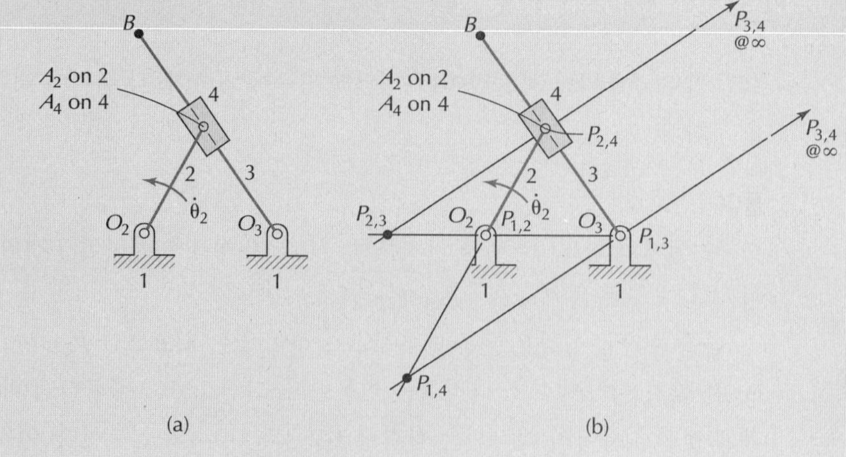

그림 2.38

풀이

이 기구는 4개의 링크와 6개의 순간 중심을 가진다. 다음의 순간 중심들은 운동 대우를 조사하여 구한다: $P_{1,2}$, $P_{1,3}$, $P_{2,4}$, $P_{3,4}$. 그런 다음, 보조 다각형(즉 케네디 정리)을 이용하여 찾는다.

- 선 $P_{1,2}P_{2,4}$와 $P_{1,3}P_{3,4}$의 교차점에 있는 $P_{1,4}$
- 선 $P_{1,2}P_{1,3}$과 $P_{2,4}P_{3,4}$의 교차점에 있는 $P_{2,3}$

모든 순간 중심을 그림 2.38(b)에 예시하였다.

예제 2.8 | 2자유도 대우로 된 기구의 순간 중심

그림 2.39(a)에 나타낸 기구에 대하여 모든 순간 중심들을 구하라.

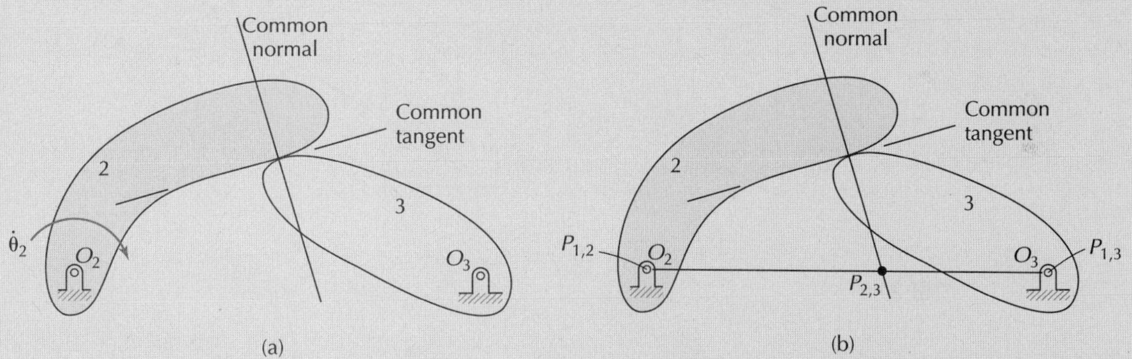

그림 2.39

풀이

이 기구는 3개의 링크를 가지고 있다. 식 (2.10-4)를 이용하면 단지 3개의 순간 중심이 있다. 순간 중심 $P_{1,2}$와 $P_{1,3}$은 회전 대우와 일치한다. 케네디 정리에 따르면, 순간 중심 $P_{2,3}$은 $P_{1,2}P_{1,3}$과 같은 직선 위에 놓인다. 추가로 표 2.1로부터 링크 2와 3 사이의 접촉점에서의 공통 법선에 놓인다. 따라서 순간 중심 $P_{2,3}$은 그림 2.39(b)에 나타낸 대로 위치한다.

예제 2.9 | 6절 기구의 순간 중심

그림 2.40(a)에 나타낸 기구에 대하여 모든 순간 중심들을 구하라.

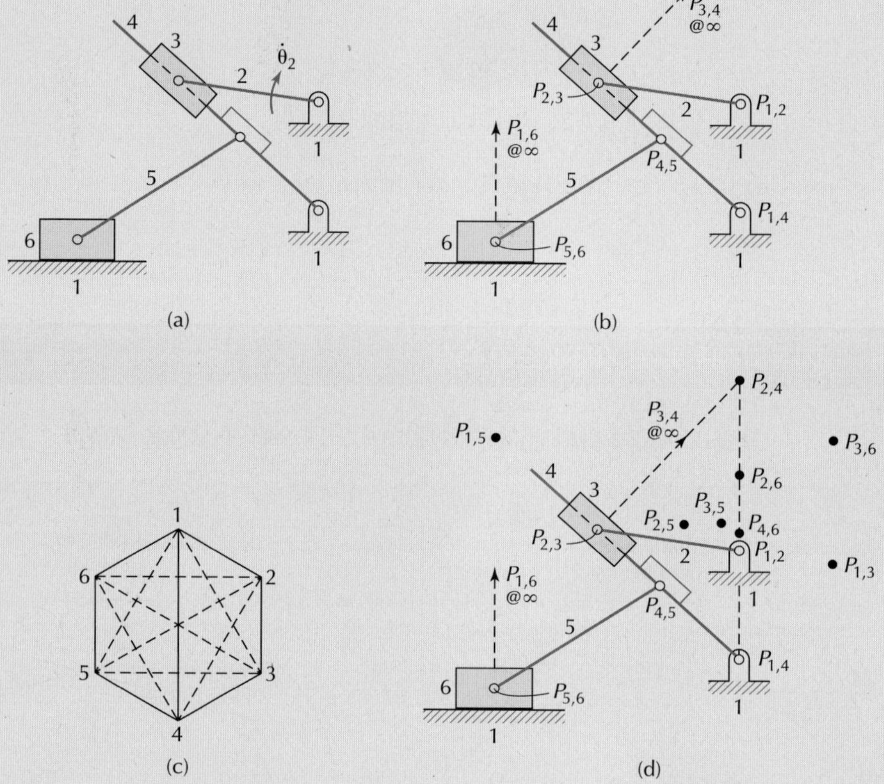

그림 2.40

풀이

이 기구는 6개의 링크를 가지며, 식 (2.10-4)를 이용하면 15개의 순간 중심을 가진다. 다음의 순간 중심들은 운동 대우를 조사하여 구할 수 있다: $P_{1,2}$, $P_{1,4}$, $P_{1,6}$, $P_{2,3}$, $P_{3,4}$, $P_{4,5}$, $P_{5,6}$. 이들을 그림 2.40(b)에 나타내었다. 대응하는 보조 다각형을 그림 2.40(c)에 나타내었다. 운동 대우를 조사하여 구한 순간 중심들은 실선으로 보조 다각형에 묘사하였고, 나머지 순간 중심들은 점선으로 나타내었다.

나머지 순간 중심들의 위치는 다음을 고려하여 구한다.

- 선 $P_{1,2}P_{1,4}$와 $P_{2,3}P_{3,4}$의 교차점에 있는 $P_{2,4}$ [그림 2.40(d) 참조]
- 선 $P_{1,4}P_{1,6}$과 $P_{4,5}P_{5,6}$의 교차점에 있는 $P_{4,6}$

- 선 $P_{1,2}P_{2,3}$과 $P_{1,4}P_{3,4}$의 교차점에 있는 $P_{1,3}$
- 선 $P_{1,4}P_{4,5}$와 $P_{1,6}P_{5,6}$의 교차점에 있는 $P_{1,5}$
- 선 $P_{1,3}P_{1,5}$와 $P_{3,4}P_{4,5}$의 교차점에 있는 $P_{3,5}$
- 선 $P_{1,2}P_{1,5}$와 $P_{2,4}P_{4,5}$의 교차점에 있는 $P_{2,5}$
- 선 $P_{1,2}P_{1,6}$과 $P_{2,5}P_{5,6}$의 교차점에 있는 $P_{2,6}$
- 선 $P_{2,3}P_{2,6}$과 $P_{3,5}P_{5,6}$의 교차점에 있는 $P_{3,6}$

그림 2.40(d)는 모든 순간 중심들을 보여준다.

2.12 운동역학

이 절에서는 강체 운동역학의 지배방정식을 제시한다. 이 식들의 유도는 부록 C에 나와 있다.

2.12.1 선운동

강체의 선운동의 지배방정식은

$$\boxed{\overline{F} = m\overline{a}_G} \tag{2.12-1}$$

여기서

$\overline{F}$ = 강체에 작용된 정미 외력

m = 강체의 질량

$\overline{a}_G$ = 질량 중심의 가속도

식 (2.12-1)을 이용할 때, 힘이 강체에 작용하는 점의 위치에는 제한이 없다. 또한 그림 2.41에 나타낸 것과 같이 강체는 추가적인 모멘트를 받을 수도 있다.

2.12.2 각운동

일정한 크기의 강체는 또한 각운동을 가진다. 그림 2.42는 질량 중심 점 G를 가진 강체를 보여준다. 각운동을 위한 관련된 지배방정식은

$$\boxed{M_O = I_G\ddot{\theta} + m(x_G\ddot{y}_G - \ddot{x}_G y_G)} \tag{2.12-2}$$

여기서

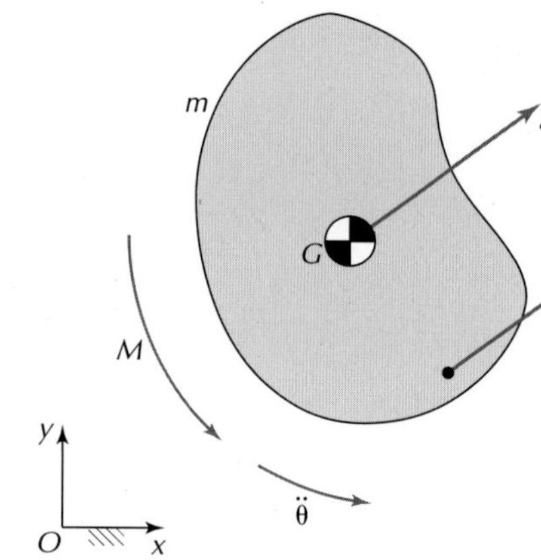

그림 2.41 ● 외적으로 작용된 부하와 모멘트를 받는 강체

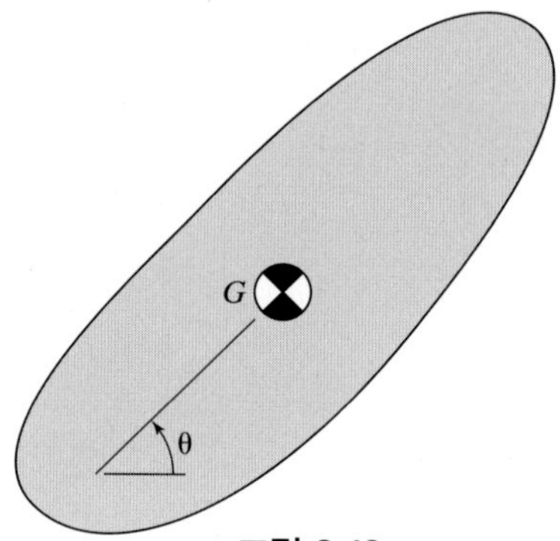

그림 2.42

M_O = 점 O에서 측정한 강체에 작용된 정미 외부 모멘트

$\ddot{\theta}$ = 강체의 각가속도

$x_G y_G$ = 참고 좌표계에 관한 질량 중심의 좌표

$\ddot{x}_G \ddot{y}_G$ = 질량 중심의 가속도의 성분

I_G = 질량 중심에 관한 강체의 **극 질량 관성 모멘트**(polar mass moment of inertia; 부록 C의 C.9절 참조)

이 책에서는 강체에 작용된 정미 모멘트와 강체의 각가속도는 반시계 방향을 양으로 간주한다.

만일 좌표계의 원점이 질량의 중심에 위치한다면

$$x_G = 0 = y_G \tag{2.12-3}$$

이고 식 (2.12-2)는 다음과 같이 된다.

$$M_G = M_O = I_G \ddot{\theta} \tag{2.12-4}$$

일반적으로 이용되는 식 (2.12-1) 및 (2.12-2)와 관련된 단위의 세트는 2.13절에 제시되어 있다.

2.12.3 강체의 고정축 회전

그림 2.43에 나타낸 강체는 점 O에서 고정축에 관하여 움직이도록 허용된다. 이러한 종류의 운동에서는 좌표계의 원점을 점 O에 위치시키는 것이 편리하다. 이 경우에

$$x_G = r\cos\theta; \quad y_G = r\sin\theta \tag{2.12-5}$$

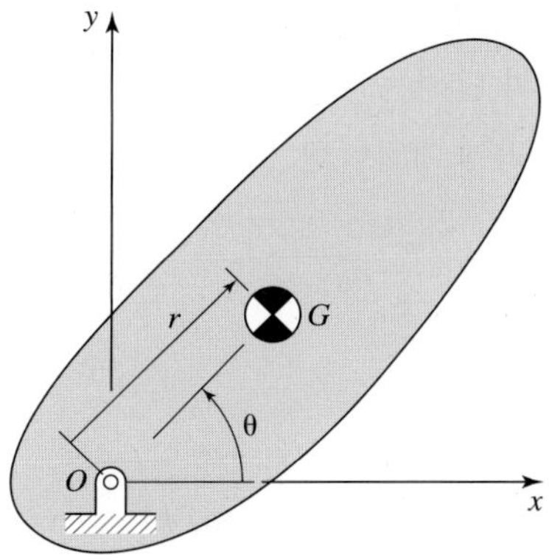

그림 2.43

여기서 r은 점 O로부터 무게 중심 G까지의 반경 거리이다.

식 (2.12-5)를 식 (2.12-2)에 대입하면

$$\boxed{\begin{aligned} M_O &= I_G\ddot{\theta} + m(x_G\ddot{y}_G - \ddot{x}_G y_G) \\ &= I_G\ddot{\theta} + mr\cos\theta(-r\dot{\theta}^2\sin\theta + r\ddot{\theta}\cos\theta) \\ &\qquad - mr\sin\theta(-r\dot{\theta}^2\cos\theta + r\ddot{\theta}\sin\theta) \\ &= I_O\ddot{\theta} \end{aligned}} \tag{2.12-6}$$

여기서 간략화 한 후

$$\boxed{I_O = I_G + mr^2} \tag{2.12-7}$$

은 점 O에 관한 극 질량 관성 모멘트이다. 식 (2.12-7)은 **평행축 원리**(parallel-axis theorem)라고 한다.

2.13 단위계

공학에서 이용하는 다중 단위계는 일반적으로 **국제표준단위계**(System International, SI 또는 **미터** 단위계)와 **미국상용단위계**(U.S. Customary) 두 그룹으로 분류된다. 강체 운동의 지배방정식을 위한 일관된 단위의 세트를 이 절에서 제시한다.

이들을 다른 세트로 조절하기 위하여 질량과 극 질량 관성 모멘트에 대한 다음의 대체식을 만든다.

$$m = \frac{m^*}{g_c}; \quad I_G = \frac{I_G^*}{g_c} \tag{2.13-1}$$

여기서 m 및 I_G와 같은 양 m^*와 I_G^*는 각각 질량과 극 질량 관성 모멘트라 하고, g_c는 **중력 상수**(gravitational constant)이다. g_c의 값과 단위는 지배방정식에서 다른 성분들의 단위에 따른다. 식 (2.13-1)을 식 (2.12-1)과 (2.12-2)에 대입하면

$$\overline{F} = \frac{m^*}{g_c}\overline{a}_G \tag{2.13-2}$$

그리고

$$M_O = \frac{I_G^*}{g_c}\ddot{\theta} + \frac{m^*}{g_c}(x_G\ddot{y}_G - \ddot{x}_G y_G) \tag{2.13-3}$$

표 2.2와 2.3은 식 (2.13-2)와 (2.13-3)의 각 성분에 대한 단위를 제공한다. 각 표에 대하여, 일관된 단위의 세트는 표에서 열 단위로 얻어진다.

표 2.2와 2.3에서 $g_c = 1$인 경우는 식 (2.13-1)로부터

$$m = m^*; \quad I_G = I_G^* \tag{2.13-4}$$

식 (2.13-2)와 표 2.2를 이용하면 SI 단위계에 대한 힘은 다음과 같이 정의된다.

$$\boxed{1\text{ Newton} = 1\text{N} = 1\text{kg} \times 1\frac{\text{m}}{\text{sec}^2}}$$

그리고

$$\boxed{1\text{ dyne} = 1\text{gr} \times 1\frac{\text{cm}}{\text{sec}^2}}$$

표 2.2와 2.3의 이용에 대한 간단한 예시를 아래에서 제공한다.

표 2.2 식 (2.13-2)와 (2.13-3)에 대한 SI 단위계로부터 원용된 일관된 단위 세트

	1	2
$\overline{F}$	dyne	N
M_O	dyne-cm	N-m
m^*	gr	kg
I_G^*	gr-cm^2	kg-m^2
x, y	cm	m
$\overline{a}_G, \ddot{x}, \ddot{y}$	cm/sec^2	m/sec^2
$\ddot{\theta}$	rad/sec^2	rad/sec^2
g_c	1	1

표 2.3 식 (2.13-2)와 (2.13-3)에 대한 미국상용단위계로부터 원용된 일관된 단위 세트

	1	2	3	4
$\bar{F}$	lb	lb	lb	lb
M_O	ft-lb	ft-lb	in-lb	in-lb
m^*	lbm	1b-sec²/ft (slug)	lbm	1b-sec²/ft
I_G^*	lbm-ft²	lb-ft-sec²	lbm-in²	lb-in-sec²
x, y	ft	ft	in	in
$\bar{a}_G, \ddot{x}, \ddot{y}$	ft/sec²	ft/sec²	in/sec²	in/sec²
$\ddot{\theta}$	rad/sec²	rad/sec²	rad / sec²	rad/sec²
g_c	32.2 1bm-ft/1b-sec²	1	386 1bm-in / 1b-sec²	1

예제 2.10 | 외력을 받는 강체

그림 2.44에 나타낸 강체에서 질량 중심의 가속도의 크기를 구하라.

$$|\bar{F}| = 12 \text{ lb}; \quad m^* = 21 \text{ bm}$$

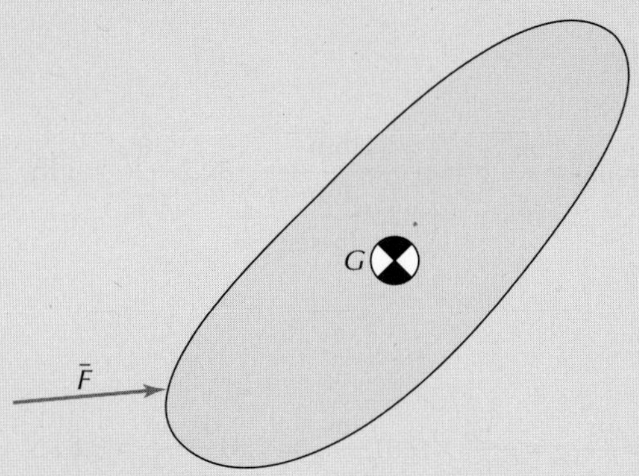

그림 2.44

풀이

주어진 양의 단위를 참고하여 표 2.3에 열거한 단위 세트에서 1번 열과 3번 열 중 하나를 이용한다. 3번 열을 이용한다면

$$g_c = 386 \frac{1\text{bm-in}}{1\text{b-sec}^2}$$

그리고 식 (2.13-2)로부터

$$|\bar{a}_G| = \frac{|\bar{F}|}{\left(\frac{m^*}{g_c}\right)} = \frac{12\text{ lb}}{\left[\frac{2\text{ lbm}}{\left(386\frac{\text{lbm-in}}{\text{lb-sec}^2}\right)}\right]} = 2320\frac{\text{in}}{\text{sec}^2}$$

우리는 일반적으로 지구의 표면에서 강체에 작용된 중력을 강체의 **무게**(weight)로 간주한다. 힘인 무게는 벡터 양이다. 이 벡터의 방향은 지구의 중심을 향한다.

강체가 중력의 영향하에서 자유롭게 낙하하도록 허용될 때, 가속도의 크기는

$$g = |\bar{a}_G| = 9.81\frac{\text{m}}{\text{sec}^2} = 32.2\frac{\text{ft}}{\text{sec}^2} = 386\frac{\text{in}}{\text{sec}^2}$$

이 가속도의 크기는 강체의 질량에 독립적이다. 식 (2.13-1)과 (2.13-2)를 이용하면 질량 m인 강체의 무게의 크기 W는

$$W = mg \tag{2.13-5}$$

$m^* = 1$ lbm인 질량의 무게는

$$W = mg = \frac{m^*}{g_c}g = \frac{1\text{lbm}}{\left(32.2\frac{\text{lbm-ft}}{\text{lb-sec}^2}\right)}32.2\frac{\text{ft}}{\text{sec}^2} = 1\text{ lb}$$

$m^* =$ 1 kg인 질량의 무게는

$$W = \frac{m^*}{g_c}g = \frac{1\text{ kg}}{1} \times 9.81\frac{\text{m}}{\text{sec}^2} = 9.81\frac{\text{kg-m}}{\text{sec}^2} = 9.81\text{N}$$

물체가 자유낙하하지 않도록 하기 위하여, 물체에 작용한 정미 힘이 0이 되도록 무게와 같은 크기의 상향 힘이 적용되어야 한다.

어떤 예에서는 강체의 규정된 가속 운동이 중력에 의한 힘보다 훨씬 큰 힘을 요구할 때 중력이 무시될 수 있다. 달리 해석하여, 중력이 강체 운동의 평면에 수직으로 작용한다면 중력은 무시될 수 있다.

예제 2.11 물리적 진자

그림 2.45에 예시된 강체는 질량 중심 G로부터 거리 l에 있는 점 O에 피벗으로 연결되어 있다. 중력은 아래로 작용한다. 평형 위치는 점 O와 G가 수직적인 정렬에서 대응한다. 만일 강체가 평형 위치로부터 작은 각 θ를 이루며 피벗으로 연결된다면, 그 운동이 조화 운동을 한다는 것을 보여주고, 한 진동의 주기를 구하라.

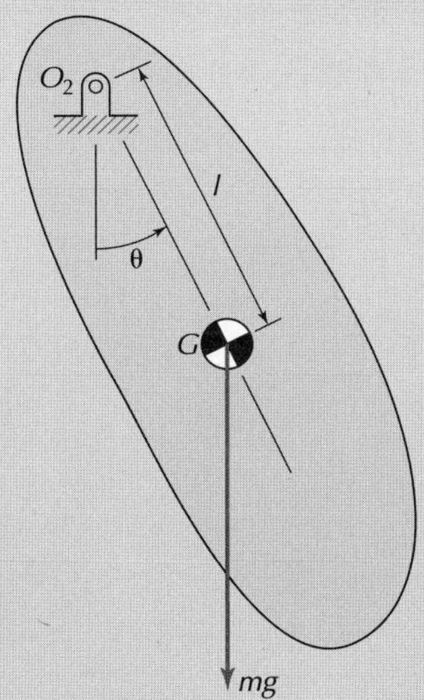

그림 2.45 ● 물리적 진자

풀이

식 (2.12-6)을 이용하면

$$M_O = -mgl\sin\theta = I_O\ddot{\theta} \tag{2.13-6}$$

작은 각도이므로

$$\sin\theta \approx \theta \tag{2.13-7}$$

그런 후, 식 (2.13-6)은

$$\ddot{\theta} + \omega_n^2\theta = 0 \tag{2.13-8}$$

이 되고, 여기서 이 시스템의 **고유 진동수**(natural frequency)는 다음과 같이 정의된다.

$$\omega_n = \left(\frac{mgl}{I_O}\right)^{1/2} \tag{2.13-9}$$

식 (2.13-8)의 해는 [4]이다.

$$\theta = \Theta \cos(\omega_n t + \varphi) \tag{2.13-10}$$

여기서 Θ와 φ는 임의의 상수이다. 따라서 각운동은 시간에서 조화 운동을 한다.

식 (2.13-9)와 (2.13-10)을 이용하여, 다음과 같은 것을 인식하고 하나의 진동에 대한 시간 주기 τ을 구한다.

$$\omega_n \tau = \left(\frac{mgl}{I_O}\right)^{1/2} \tau = 2\pi \tag{2.13-11}$$

이것으로부터

$$\tau = 2\pi \left(\frac{I_O}{mgl}\right)^{1/2} \tag{2.13-12}$$

2.14 평형 방정식

2.14.1 정적 조건

운동이 없는 정적 조건에 대하여

$$\bar{a}_G = \bar{0}; \quad \ddot{\theta} = 0 \tag{2.14-1}$$

식 (2.12-1)과 (2.12-4)는 다음과 같이 간단하게 된다.

$$\boxed{\bar{F} = \bar{0}} \tag{2.14-2}$$

$$\boxed{M_O = 0 = M_G} \tag{2.14-3}$$

식 (2.14-2)와 (2.14-3)은 강체의 정적 평형의 지배방정식이다.

예제 2.12 | 피벗 링크의 정적 평형

그림 2.46(a)에 나타낸 브레이크 레버는 점 O_2에서 기초 링크에 피벗으로 연결된 링크로 구성된다. 100 N의 힘이 운전자의 발에 의하여 작용하여 케이블에 장력을 일으킨다. 정적 평형 조건을 가정하여 다음을 구하라.

(a) 케이블에서의 장력의 크기

(b) O_2에서의 반력

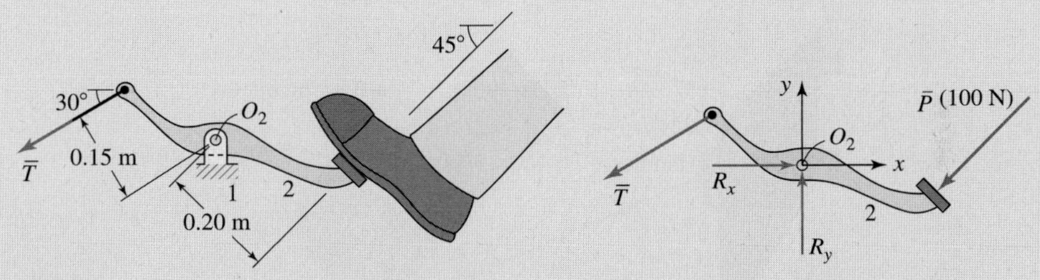

그림 2.46 (a) (b)

풀이

(a) 링크의 자유물체도는 그림 2.46(b)에서 보여준다. O_2에 관한 모멘트를 합하면

$$\sum M_{O_2} = -100 \times 0.20 + |\overline{T}| \times 0.15 = 0$$

이것으로부터

$$|\overline{T}| = 133\text{N}$$

(b) 그림 2.46(b)에서 보여준 자유물체도를 참고하면 다음을 얻는다.

$$\sum F_x = 0 = P_x + T_x + R_x = -100\cos 45° - 133\cos 30° + R_x,$$
$$R_x = 186\text{ N}$$

또한

$$\sum F_y = 0 = P_y + T_y + R_y = -100\sin 45° - 133\sin 30° + R_y,$$
$$R_y = 137\text{ N}$$

그러므로

$$\overline{R} = R_x\overline{i} + R_y\overline{j} = 186\overline{i} + 137\overline{j}\text{ N}$$

예제 2.13 | 문 래칫 기구의 힘 해석

비디오 2.47
문과 레칫 머신

그림 2.47(a)는 문에 설치된 래칫 기구를 나타낸다. 래칫은 닫힌 위치에서 문을 잡아주기도 하지만, 손잡이에 작용하는 문을 열기 위하여 제공되는 충분한 잡아당기는 힘으로 사용된다. 그림 2.47(b)는 래칫의 근접 촬영 사진을 나타낸다. 이 시스템의 도해적인 측면도는 그림 2.48에서 예시되었다. 이 도면에서, 문은 수평적으로 움직이도록 제한되었다. 그림 2.48(a)는 문이 열린 상태에 있는 래칫을 나타낸다. 스프링은 자유 길이로부터

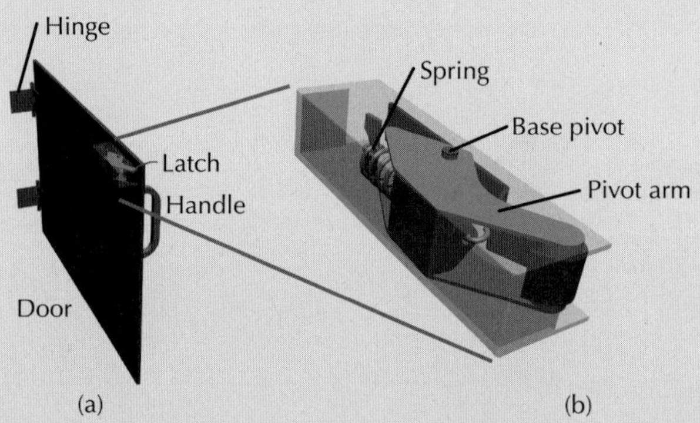

그림 2.47 ● (a) 문과 래칫, (b) 래칫의 근접 촬영 사진[비디오 2.47]

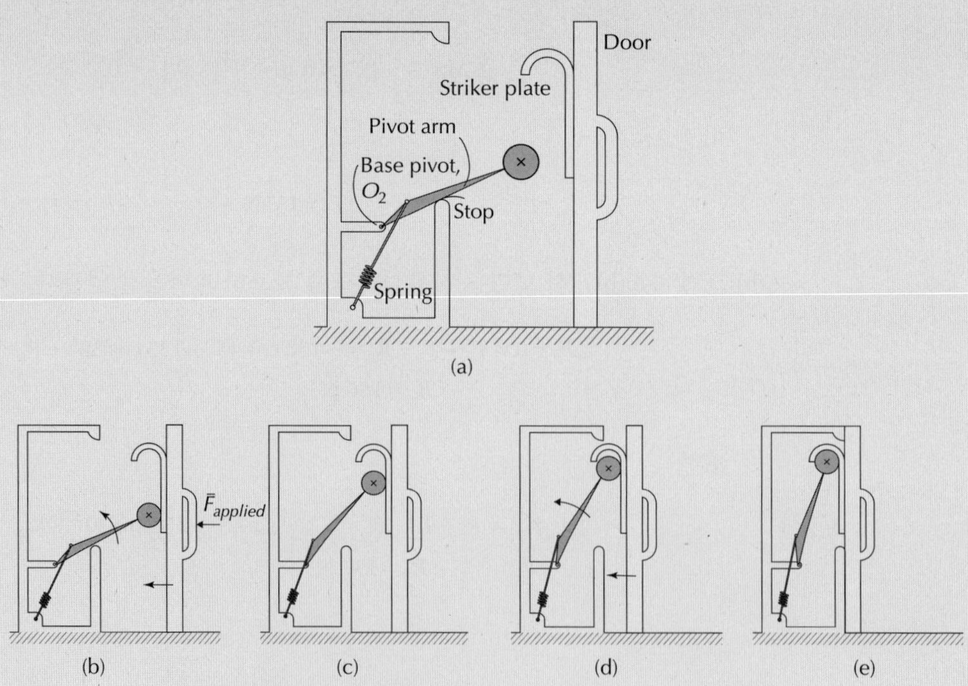

그림 2.48 ● 문 래칫의 위치

늘어나서 인장력하에 있다. 피벗 암은 스톱과 접촉되어 있다. 그림 2.48(b)는 문의 닫히는 과정을 나타낸다. 문에 있는 스트라이커 판은 피벗 암의 원통 부분과 접촉되어 있고, 외력은 피벗 암을 스톱으로부터 떨어지게 한다. 스프링에서의 인장력은 피벗 암에 기초 피벗 O_2에 관한 시계 방향 모멘트를 주고, 외적으로 작용된 힘의 반시계 방향 모멘트로 대응한다. 외력으로 문을 미는 것을 계속한다면 그림 2.48(c)에서 예시된 위치로 문이 오도록 한다. 이제 스프링은 기초 피벗에 관한 모멘트를 제공하지 않는다. 문을 조금 더 밀면 그림 2.48(d)에서 나타낸 형태로 이 시스템을 가져온다. 스프링에 있는 인장력은 피벗 암에 기초 피벗에 관한 반시계 방향의 모멘트를 주고, 더 이상 문을 닫기 위하여 외력을 작용할 필요가 없다. 이 기구는 문이 그림 2.48(e)의 닫힌 형태로 갈 때까지 스프링 힘의 작용하에 계속 움직이도록 할 것이다. 스프링은 여전히 인장력하에 있으므로, 스프링은 충분한 힘이 손잡이에 작용되지 않는다면 문을 닫힌 위치에 확실하게 고정시킬 것이다.

아래에서 제공한 매개변수와 그림 2.49에 예시된 기구에 대하여 피벗 암, 링크 2를 열린 위치에서 닫힌 위치로 이동시키기 위하여 점 C에 수평적 위치의 함수로 요구되는 외력을 구하라. 스트라이커 판과 링크 2의 원통 부분 사이의 마찰력을 무시하라. 관성

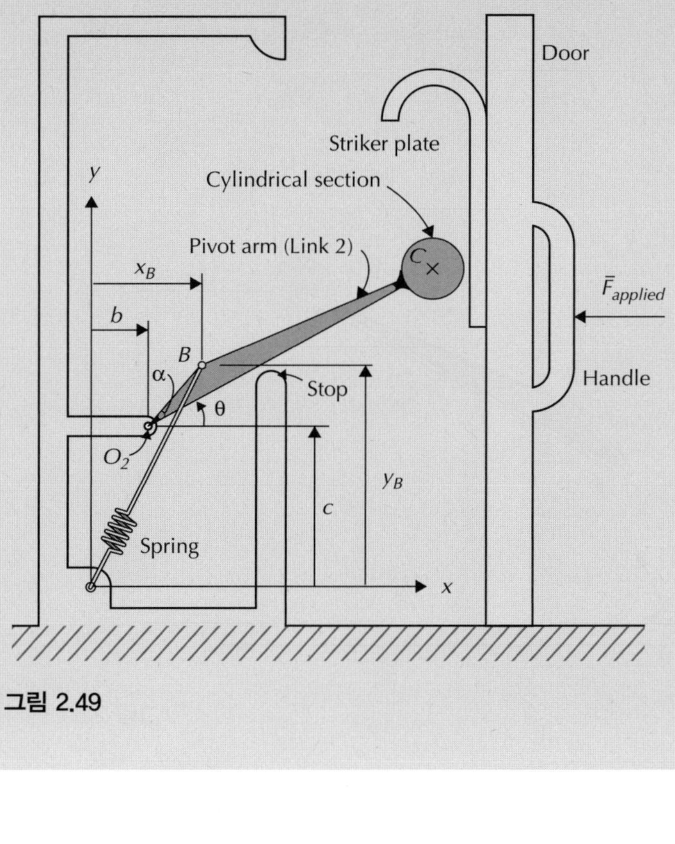

그림 2.49

력과 중력의 영향을 무시하라.

$$r_{BO_2} = 2.0\text{ cm};\quad r_{CO_2} = 8.0\text{ cm};\quad b = 1.4\text{ cm};\quad c = 4.0\text{ cm}$$

$$spring\ freelength = 4.0\,\text{cm};\quad k = 50.0\frac{\text{N}}{\text{cm}};\quad \alpha = 20°;\quad 25° \le \theta \le 75°$$

풀이

그림 2.50은 링크 2의 자유물체도를 나타낸다. 점 B의 좌표는

$$x_B = b + r_{BO_2}\cos(\theta + \alpha);\quad y_B = c + r_{BO_2}\sin(\theta + \alpha) \tag{2.14-4}$$

스프링의 현재 길이는

$$spring\ length = \left(x_B^2 + y_B^2\right)^{1/2} \tag{2.14-5}$$

늘어난 현재 길이에 대한 스프링에서 작용하는 힘은

$$F_{spring} = k\,(spring\ length - spring\ free\ length) \tag{2.14-6}$$

여기서 k는 스프링 상수이다. 점 B에 작용된 스프링 힘의 수평과 수직 성분은

$$F_{x,spring} = F_{spring}\cos\varphi\,;\quad F_{y,spring} = F_{spring}\sin\varphi \tag{2.14-7}$$

여기서

$$\varphi = \tan2^{-1}(x_B, y_B) \tag{2.14-8}$$

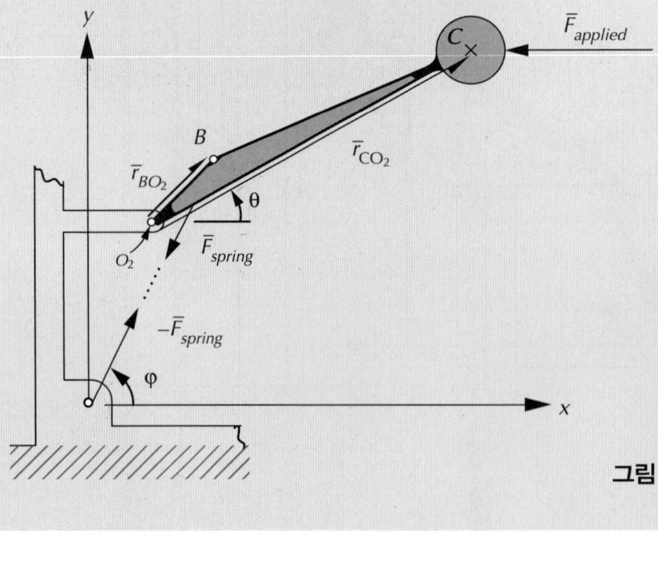

그림 2.50 ● 자유물체도

기초 피벗에 관한 스프링 힘의 모멘트는(부록 C의 C.8절 참조)

$$(\overline{M}_{O_2})_{spring} = \overline{r}_{BO_2} \times \overline{F}_{spring}$$

$$= \begin{vmatrix} \bar{i} & \bar{j} & \bar{k} \\ r_{BO_2}\cos(\theta+\alpha) & r_{BO_2}\sin(\theta+\alpha) & 0 \\ F_{x,spring} & F_{y,spring} & 0 \end{vmatrix}$$

$$= r_{BO_2}\left[\cos(\theta+\alpha)F_{y,spring} - \sin(\theta+\alpha)F_{x,spring}\right]\overline{k} \tag{2.14-9}$$

외력에 기인한 모멘트는

$$(-M_{O_2})_{applied} = \overline{r}_{CO_2} \times \overline{F}_{applied} = r_{CO_2}\sin\varphi F_{applied}\overline{k} \tag{2.14-10}$$

정적평형에 있는 래칫을 고려하는 각 위치에 대하여는 다음과 같다.

$$\Sigma\left(\overline{M}_{O_2}\right) = \left(\overline{M}_{O_2}\right)_{spring} + \left(\overline{M}_{O_2}\right)_{applied} = \overline{0} \tag{2.14-11}$$

모든 모멘트는 $\overline{k}$의 방향으로 향하므로, 식 (2.14-11)을 스칼라 식으로 간주할 수 있다. 식 (2.14-11)에 식 (2.14-9)와 (2.14-10)을 대입하고 외력의 크기를 구하면

$$F_{applied} = \frac{r_{BO_2}\left[\cos(\theta+\alpha)F_{y,spring} - \sin(\theta+\alpha)F_{x,spring}\right]}{r_{CO_2}\sin\varphi} \tag{2.14-12}$$

주어진 매개변수 값에 대하여, 그림 2.51은 점 C의 수평 위치의 함수로 나타낸 외력의

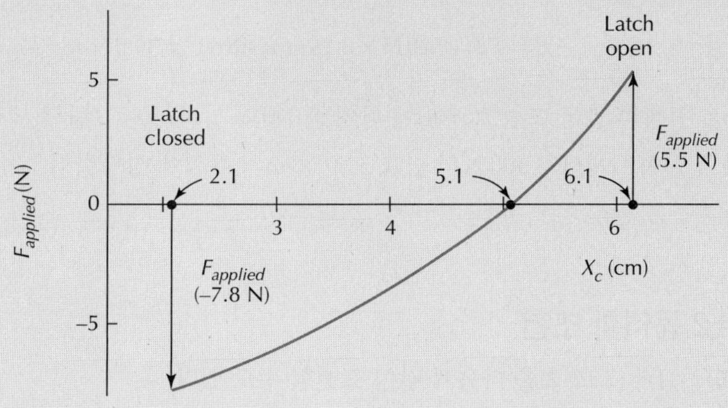

그림 2.51 ● 외력

크기에 대한 도표이다. 피벗 암을 스톱으로부터 분리시키기 위하여 5.5 N의 힘이 필요하다. 5.1 cm보다 작은 x_c의 값에 대하여, 외력의 크기는 음의 값이다. 이러한 위치에 대하여 외력은 필요하지 않고 문은 자동적으로 닫힌다. 음의 값은 문이 닫혀 있도록 하는 힘의 크기와 문을 열기 위하여 당기는 힘의 크기에 상응한다. 닫힌 위치로부터 문을 움직이기 위하여 7.8 N의 힘이 필요하다.

예제 2.14 | 레버의 힘 해석

그림 2.52(a)에 나타낸 레버에 작용하는 300 N의 수평력을 O에서의 힘과 우력으로 구성되는 상당 시스템으로 대치하라.

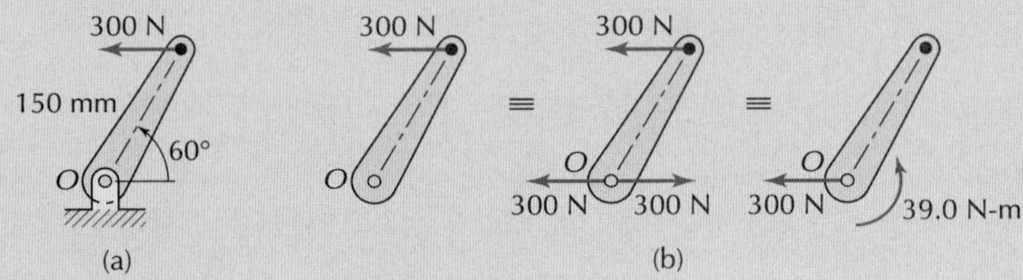

그림 2.52

풀이

점 O에 2개의 크기가 같고 방향이 반대인 300 N의 힘을 작용시키고 반시계 방향의 우력을 확인한다.

$$M = Fd = 300\,\mathrm{N} \times 0.15\,\mathrm{m} \times \sin 60° = 39.0\,\mathrm{N\text{-}m}$$

따라서 원래의 힘은 그림 2.52(b)에 나타낸 3개의 상응하는 그림의 세 번째에서 보여주는 바와 같이 O에서의 300 N의 힘과 39.0 N-m의 우력에 상당한다.

2.14.2 동역학 조건

식 (2.12-1)과 (2.12-2)를 다음과 같이 표현할 수도 있다.

$$\boxed{\overline{F} + \overline{F}_{IN} = \overline{0}} \tag{2.14-13}$$

그리고

$$\boxed{M_O + M_{IN} = 0} \tag{2.14-14}$$

여기서, 식 (2.13-1)을 이용하여 **관성력**(inertia force)은 다음과 같이 정의된다.

$$\overline{F}_{IN} = -m\overline{a}_G = -\frac{m^*}{g_c}\overline{a}_G \tag{2.14-15}$$

그리고 **관성모멘트**(inertia moment) 또는 **토크**(torque)는

$$\begin{aligned} M_{IN} &= -I_G\ddot{\theta} - m(x_G\ddot{y}_G - \ddot{x}_G y_G) \\ &= -\frac{I_G^*}{g_c}\ddot{\theta} - \frac{m^*}{g_c}(x_G\ddot{y}_G - \ddot{x}_G y_G) \end{aligned} \tag{2.14-16}$$

만일 좌표계의 원점이 질량 중심에 놓인다면 식 (2.14-16)은 간략화 할 수 있다.
그러므로

$$x_G = 0 = y_G \tag{2.14-17}$$

그러면

$$M_{IN} = -I_G\ddot{\theta} = -\frac{I_G^*}{g_c}\ddot{\theta} \tag{2.14-18}$$

식 (2.14-13)과 (2.14-14)는 **달랑베르의 원리**(D'Alembert's Principle)라 한다. 그들은 정적 문제를 위하여 이용된 식들과 유사하다.

예제 2.15 경사면 위에 있는 원판의 동역학적 힘 해석

그림 2.53(a)에 나타낸 원판을 경사면에서 정지 상태로부터 놓는다. 원판은 미끄럼이 없이 구름 운동을 한다고 가정하라. 중력은 아래로 작용한다. 그것의 각가속도를 구하기 위하여 달랑베르의 원리를 이용하라.

$$m^* = 2.0\text{ kg};\quad R = 0.3\text{ m};\quad \beta = 20°$$

풀이

표 2.2를 이용한다면 이 문제를 위해 주어진 양들의 단위로부터

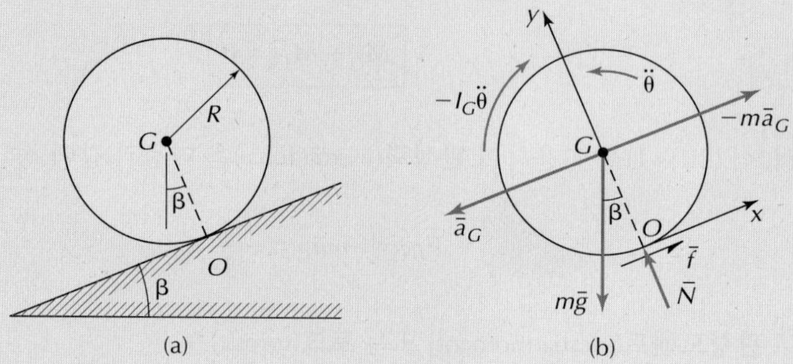

그림 2.53

$$g_c = 1;\ m = m^*;\ I_G = I_G^*$$

을 알 수 있다. 질량 중심에 관한 원판의 극 질량 관성 모멘트(부록 C의 C.9절 참조)는

$$I_G^* = \tfrac{1}{2}m^*R^2 = \tfrac{1}{2} \times 2.0 \text{ kg} \times 0.3^2 \text{ m}^2 = 0.090 \text{ kg-m}^2$$

그림 2.53(b)에 나타낸 원통의 자유물체도는 마찰력, 원통과 경사면 사이의 법선력, 관성력 및 관성 모멘트를 포함한다. 직각 좌표계는 원통와 경사면 사이의 접촉점에 원점이 놓이도록 한다. 이렇게 위치를 정하면 모멘트를 합산할 때 법선력과 마찰력을 고려할 필요가 없게 된다. 또한

$$x_G = 0;\ y_G = R$$

또한 이 문제에 대한 조사를 통하여

$$|\bar{a}_G| = |\ddot{x}_G| = R\ddot{\theta}$$

그리고

$$M_O = mgR\sin\beta \tag{2.14-19}$$

식 (2.14-16)으로부터

$$\begin{aligned} M_{IN} &= -I_G\ddot{\theta} - m(x_G\ddot{y}_G - \ddot{x}_G y_G) \\ &= -I_G\ddot{\theta} - m(0 - R\ddot{\theta}R) = -(I_G + mR^2)\ddot{\theta} \end{aligned} \tag{2.14-20}$$

식 (2.14-14)와 (2.14-19) 그리고 (2.14-20)을 조합하면

$$mgR\sin\beta-(I_G+mR^2)\ddot{\theta}=0$$

이것으로부터 다음을 얻는다.

$$\ddot{\theta}=\frac{mgR\sin\beta}{I_G+mR^2}=\frac{2.0\text{ kg}\times 9.81\text{ m/sec}^2\times 0.3\text{ m}\times\sin 20°}{0.090\text{ kg-m}^2+2.0\text{ kg}\times 0.3^2\text{ m}^2}=7.46\,\frac{\text{rad}}{\text{sec}^2}\text{ CCW}$$

2.15 기계적 이득

때로 가용할 수 있는 힘과 토크를 이용하는 것이 요구되고, 인접한 기계적 시스템에 적용하기 위하여 그것의 크기를 증가시키든지 감소시킨다. 예를 들어, 그림 2.54(a)는 레버의 한쪽 끝에 손을 통하여 작용하는 힘을, 그리고 다른 쪽 끝에는 다른 기계적 시스템과 접촉하는 것을 나타낸다. 그림 2.54(b)를 이용하면, 정적 평형을 유지하기 위하여 기초 피벗에 관한 모멘트들의 합을 구한다.

$$F_{out}b-F_{in}a=0 \tag{2.15-1}$$

그러므로

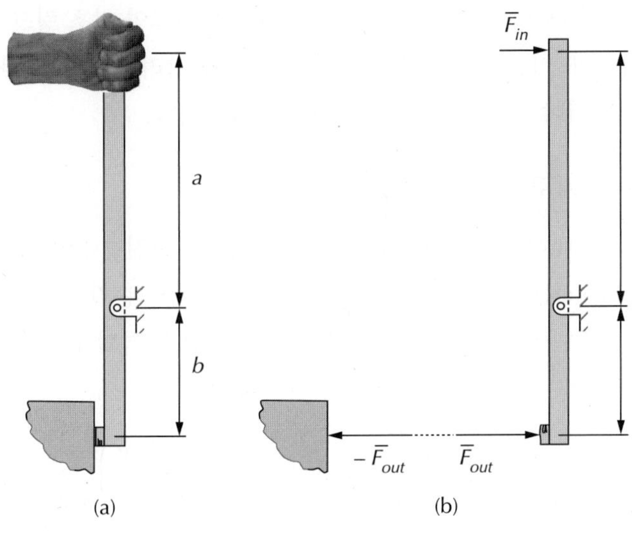

그림 2.54 ● 레버

$$F_{out} = \frac{a}{b} F_{in} \tag{2.15-2}$$

기계적 이득(mechanical advantage)은 기구에 작용된 입력 힘의 크기에 대한 출력 힘의 크기의 비로 정의된다. 레버에 대한 기계적 이득은

$$\boxed{M.A. = \frac{F_{out}}{F_{in}} = \frac{a}{b}} \tag{2.15-3}$$

기계적인 이득의 결정은 정적 평형 상태에 있다고 고려되는 기구의 한 형태의 해석을 포함한다. 기계적 이득은 레버를 포함하는 예에 대하여 쉽게 구했다. 더 복잡한 기구에 대하여, 기계적 이득을 구하기 위한 간단한 방법은 순간 중심을 이용하여 완성할 수 있다(2.10절)[5]. 아래에 제시된 해석에서 하나의 입력을 가지는, 즉 가동성이 하나인 기구에 한한다. 또한 기구들은 단지 하나의 출력에 작용하는 힘을 가지고 있다. 마찰에 기인한 손실이 없는 기구를 고려할 것이고, 중력과 관성력의 효과를 무시할 것이다. 그때 그 기구는 해석되는 형태로부터 이동한다고 가정할 수 있고, 그때 입력 힘으로부터 작용되는 **일의 비**(rate of work) 또는 **동력의 비**(rate of power)는 출력 힘을 통하여 전달되는 일의 비와 동일할 것이다.

그림 2.54에서 예시된 레버는 기초 링크를 포함하여 전체적으로 2개의 링크를 가지고 있고, 식 (2.10-4)에 기초한다. 이것은 또한 기초 피벗에 위치한 하나의 순간 중심을 포함한다. 아래에 제시된 절차를 위하여, 최소 4개의 링크를 가지며 6개의 순간 중심을 갖는 기구를 고려할 것이다. 기구들의 전체적인 4개의 그룹은 입력과 출력 링크가 회전 또는 병진 운동하는 곳이 어딘지를 고려할 것이다. 그리고 각각에 대한 기계적인 이점의 표현식을 구할 것이다. 기계적 이득의 표현식은 기구의 다음 4개의 링크인 기초 링크 1, 입력 링크 *in*, 출력 링크 *out*, 그리고 또 다른 링크 *k*에 대한 순간 중심을 고려하여 구할 것이다. 즉 3개의 다른 링크들과 구별되어야 하는 기구에 대한 임의의 링크이다.

회전-회전 운동 기구

이 그룹의 기구에 대하여, 입력과 출력변수들은 둘 다 회전변수이다. 4절 기구가 전형적인 예이다. 그림 2.55(a)는 링크 1, *in*, *out*와 *k*와 관련된 6개의 순간 중심의 기하학적 관계를 나타낸다. 입력과 출력이 둘 다 회전하는 시스템에 대한 동력의 표현식을 이용하면, 다음 식을 얻는다.

$$\left(\frac{dW}{dt}\right)_{in} = T_{in}\dot{\theta}_{in} = T_{out}\dot{\theta}_{out} = \left(\frac{dW}{dt}\right)_{out} \tag{2.15-4}$$

여기서 T_{in}과 T_{out}는 힘에 의하여 입력과 출력 링크에 가해진 기초 피벗들에 대한 모멘트들

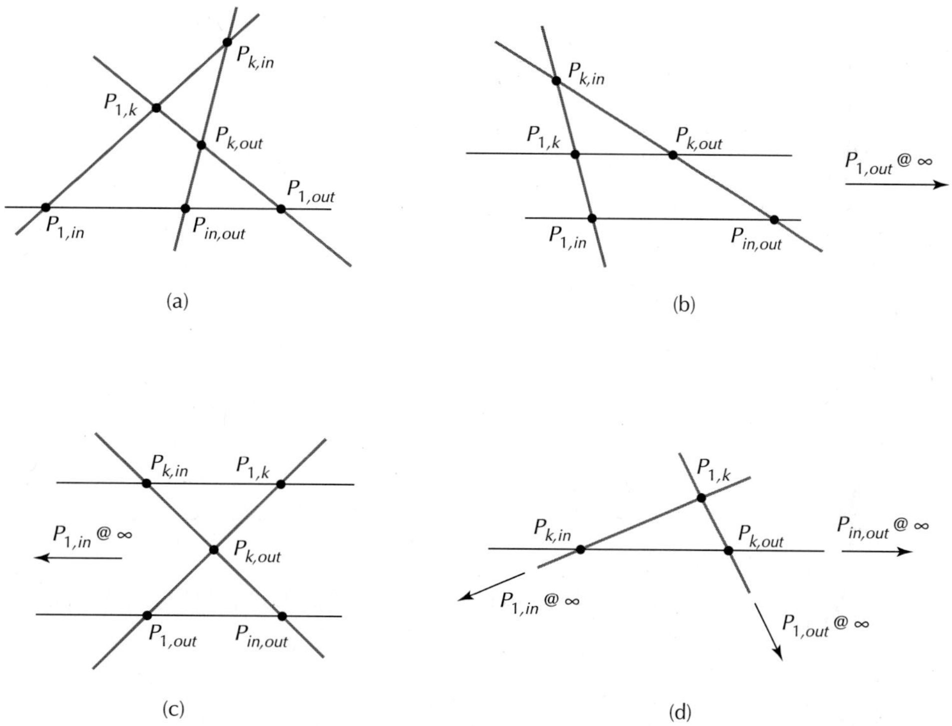

그림 2.55 ● 4개의 링크에 대한 순간 중심. (a) 회전-회전 운동 기구, (b) 회전-병진 운동 기구, (c) 병진-회전 운동 기구, (d) 병진-병진 운동 기구

이다. $\dot{\theta}_{in}$과 $\dot{\theta}_{out}$ 각각 입력과 출력 링크의 회전 속력이다. 식 (2.15-4)를 이용하면, 기계적 이득은 다음과 같이 표현할 수 있다.

$$M.A. = \frac{F_{out}}{F_{in}} = \frac{\left(\dfrac{T_{out}}{r_{out}}\right)}{\left(\dfrac{T_{in}}{r_{in}}\right)} = \frac{r_{in}}{r_{out}}\frac{\dot{\theta}_{in}}{\dot{\theta}_{out}} \tag{2.15-5}$$

여기서 r_{in}과 r_{out}는 각각 입력과 출력 링크의 길이이다.

입력과 출력 링크 사이 순간 중심의 속도 크기는 다음과 같이 쓸 수 있다.

$$v_{P_{in,out}} = r_{P_{1,in}P_{in,out}}\dot{\theta}_{in} = r_{P_{1,out}P_{in,out}}\dot{\theta}_{out} \tag{2.15-6}$$

또는

$$\frac{\dot{\theta}_{in}}{\dot{\theta}_{out}} = \frac{r_{P_{1,out}P_{in,out}}}{r_{P_{1,in}P_{in,out}}} \tag{2.15-7}$$

식 (2.15-5)와 (2.15-7)을 결합하면

$$M.A. = \frac{F_{out}}{F_{in}} = \frac{r_{in}}{r_{out}} \frac{r_{P_{1,out}P_{in,out}}}{r_{P_{1,in}P_{1,out}}} \tag{2.15-8}$$

회전-병진 운동 기구

이 그룹의 기구에 대하여, 입력변수는 회전이고 출력변수는 병진이다. 만일 크랭크가 입력이고 슬라이더가 출력이라면 슬라이더 크랭크 기구가 전형적인 예이다. 다음과 같이 말할 수 있다.

$$\left(\frac{dW}{dt}\right)_{in} = T_{in}\dot{\theta}_{\text{in}} = F_{in}r_{in}\dot{\theta}_{in} = F_{out}r_{out}\dot{\theta}_{out} = F_{out}v_{out} = \left(\frac{dW}{dt}\right)_{out} \tag{2.15-9}$$

여기서 v_{out}은 출력 속도의 크기이다. 그림 2.55(b)에서 나타낸 것과 같이, 순간 중심 $P_{1,out}$은 무한대에 위치한다. 출력 링크의 속도의 크기는 순간 중심 $P_{in,out}$의 속도의 크기와 같으므로

$$v_{out} = r_{P_{1,in}P_{in,out}}\dot{\theta}_{in} \tag{2.15-10}$$

식 (2.15-9)와 (2.15-10)을 결합하면

$$F_{in}r_{in}\dot{\theta}_{in} = F_{out}r_{P_{1,in}P_{in,out}}\dot{\theta}_{in} \tag{2.15-11}$$

이 그룹의 기구에 대한 기계적 이득의 표현식은

$$M.A. = \frac{F_{out}}{F_{in}} = \frac{r_{in}}{r_{P_{1,in}P_{in,out}}} \tag{2.15-12}$$

병진-회전 운동 기구

이 그룹의 기구에 대하여, 입력변수는 병진이고 출력변수는 회전이다. 만일 슬라이더가 입력이고 크랭크가 출력이라면 슬라이더 크랭크 기구가 전형적인 예이다. 위와 같은 유사한 해석을 이용하고 그림 2.55(c)에서 주어진 순간 중심의 배열을 사용하면 기계적인 이점에 대한 다음과 같은 표현식을 얻게 된다.

$$M.A. = \frac{F_{out}}{F_{in}} = \frac{r_{P_{1,out}P_{in,out}}}{r_{out}} \tag{2.15-13}$$

병진-병진 운동 기구

이 그룹의 기구에 대하여, 입력과 출력변수 모두 병진이다. 네 링크의 6개의 순간 중심에서 3개는 그림 2.55(d)에서 예시된 것과 같이 무한대에 있다. 위와 같은 유사한 절차를 이용하면 다음 식을 구할 수 있다.

$$M.A. = \frac{r_{P_{1,k}P_{k,in}}}{r_{P_{1,k}P_{k,out}}} \tag{2.15-14}$$

예제 2.16 | 슬라이더 크랭크 기구의 기계적 이득

그림 2.56에 나타낸 기구에 대하여, 나타낸 위치에서 링크 4로부터 20 N의 파쇄력을 제공하기 위하여 요구되는 링크 2에 작용하는 힘 $\bar{Q}$를 구하라.

$$c = 5.0 \text{ cm}; \qquad d = 15.0 \text{ cm}$$

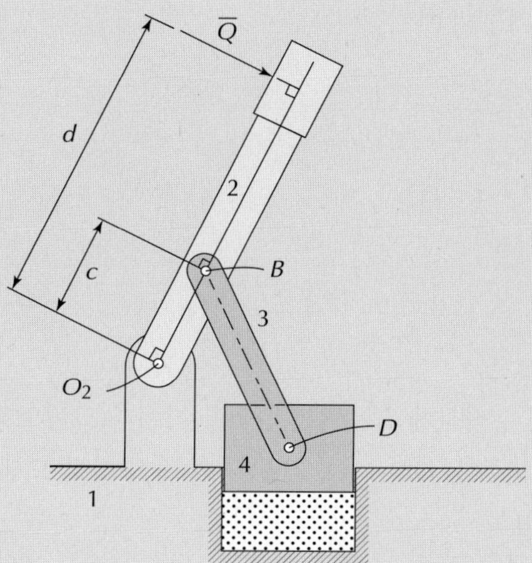

그림 2.56

풀이

순간 중심들을 그림 2.57에서 나타내었다. 이 기구는 회전-병진 운동의 그룹에 속한다. 그림 2.57로부터

$$r_{in} = c = 5.0 \text{ cm}; \quad r_{P_{1,2}P_{2,4}} = 4.5 \text{ cm}$$

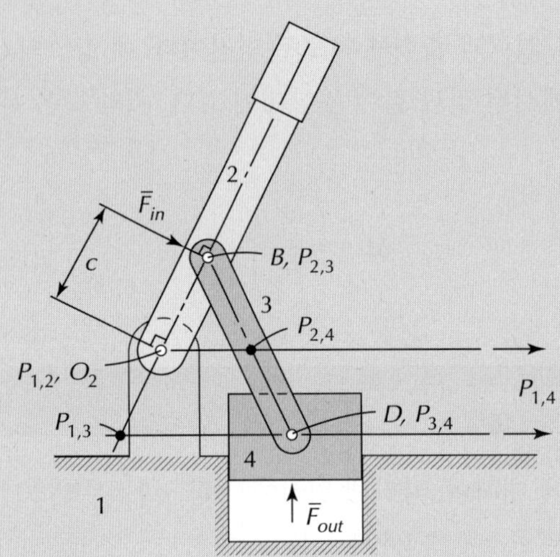

그림 2.57

식 (2.15-12)를 이용하면, 기구의 기계적 이득은

$$M.A. = \frac{F_{out}}{F_{in}} = \frac{r_{in}}{r_{P_{1,in}P_{in,out}}} = \frac{c}{r_{P_{1,2}P_{2,4}}} = \frac{5.0}{4.5} = 1.1$$

그러므로

$$F_{in} = \frac{F_{out}}{M.A.} = \frac{20\ \text{N}}{1.1} = 18\ \text{N}$$

이것은 점 B에서 링크 2에 수직하게 작용되는 힘의 크기이다(그림 2.57 참조). 그림 2.56과 2.57을 비교하면, 요구되는 힘 $\bar{Q}$는 기초 피벗 O_2에 관한 상당 모멘트가 다음과 같다는 것을 알므로 구할 수 있다.

$$Qd = F_{in}c$$

그러므로

$$Q = \frac{c}{d}F_{in} = \frac{5.0}{15.0}18\ \text{N} = 6.0\ \text{N}$$

기구에 대한 힘 해석의 다른 방법은 8장에서 제시된다.

Problems

Permissible Geometries

P2.1 For the given link lengths of a four-bar mechanism (see Figure 1.9) and the position of link 2, construct the permissible geometries of the mechanism.

$$r_1 = 12.0\text{ cm};\quad r_2 = 6.0\text{ cm};\quad r_3 = 20.0\text{ cm};\quad r_4 = 10.0\text{ cm}$$
$$\theta_2 = 120°$$

P2.2 For the given link lengths of a five-bar mechanism (see Figure 1.39(b)) and the positions of links 2 and 5, construct the permissible geometries of the mechanism.

$$r_1 = 15.0\text{ cm};\quad r_2 = 4.0\text{ cm};\quad r_3 = 12.0\text{ cm};\quad r_4 = 9.0\text{ cm};$$
$$r_5 = 6.0\text{ cm};\quad \theta_2 = 120°;\quad \theta_5 = 60°$$

P2.3 Use relative motion analysis, based on the following information, to determine angular acceleration of link 7 at the moment.

$$r_{O_2A} = 6.0\text{ cm};\quad r_{AC} = 8.0\text{ cm};\quad r_{CD} = 10.0\text{ cm};\quad r_{O_5D} = 4.0\text{ cm}$$
$$r_{AB_3} = 2.0\text{ cm};\quad r_{O_7B_7} = 5.0\text{ cm}$$
$$\theta_2 = 110°;\quad \dot{\theta}_2 = 75\text{ rpm CW (constant)}$$
$$\theta_5 = 10°;\quad \dot{\theta}_5 = 100\text{ rpm CW};\quad \ddot{\theta}_5 = 75\text{ rad/sec}^2\text{ CCW}$$

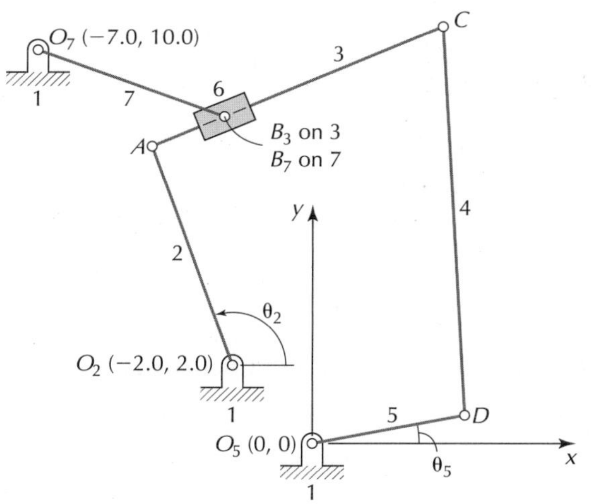

Figure P2.3

Limit Positions and Zero Speeds

P2.4 For the mechanism shown in Figure P2.4, specify

(a) the value(s) of θ_2 when the speed of link 4 is zero and determine the corresponding value(s) of the rotational speed of link 3 when this takes place

(b) the value(s) of θ_2 when the rotational speed of link 3 is zero and determine the corresponding value(s) of the speed of link 4 when this takes place

$$r_{O_2A} = 3.0\text{ cm};\quad r_{AB} = 6.0\text{ cm};\ \theta_2 = 100\text{ rpm CW}$$

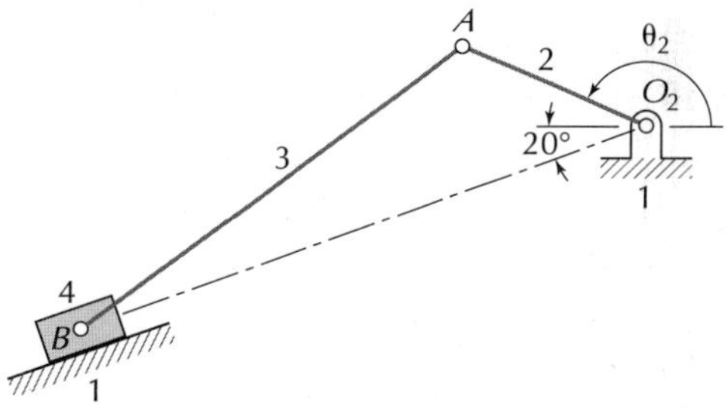

Figure P2.4

P2.5 Use relative motion analysis, based on information provided below, to determine (i) velocity of point G, and (ii) the Coriolis acceleration of E5 with respect to E1.

$$r_{O_2B} = 4.0\text{ cm};\quad r_{BC} = 4.0\text{ cm};\quad r_{BD} = 10.0\text{ cm}$$
$$r_{CE_5} = 6.0\text{ cm};\quad r_{CG} = 9.0\text{ cm}$$
$$\theta_2 = 30°;\quad \dot{\theta}_2 = 160\text{ rpm CCW};\quad \ddot{\theta}_2 = 50\text{ rad/sec}^2\text{ CW}$$

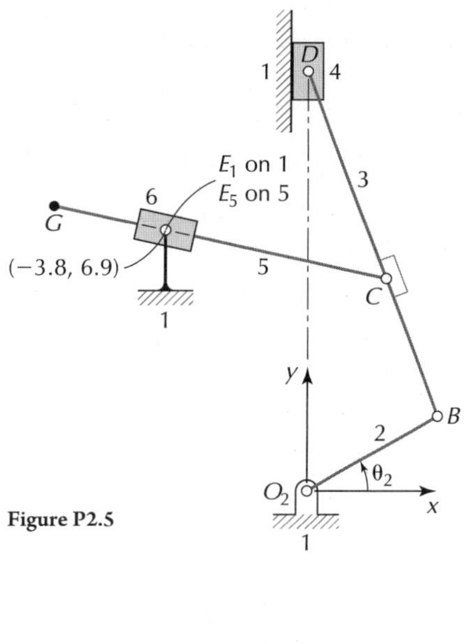

Figure P2.5

P2.6 For the mechanism shown in Figure P2.6, determine
(a) the stroke of point *D*
(b) the value(s) of θ_2 when the rotational speed of link 3 is zero
(c) the value(s) of θ_2 when the rotational speed of link 5 is zero
(d) the average linear speed of point *D* to the left while moving between its limit positions
(e) the average linear speed of point *D* to the right while moving between its limit positions

$$r_{O_2B_2} = 3.0 \text{ cm}; \; r_{O_2O_3} = 6.0 \text{ cm}; \; r_{O_3C} = 13.0 \text{ cm}$$

$$\dot{\theta}_2 = 8.0 \text{ rad/sec CW}$$

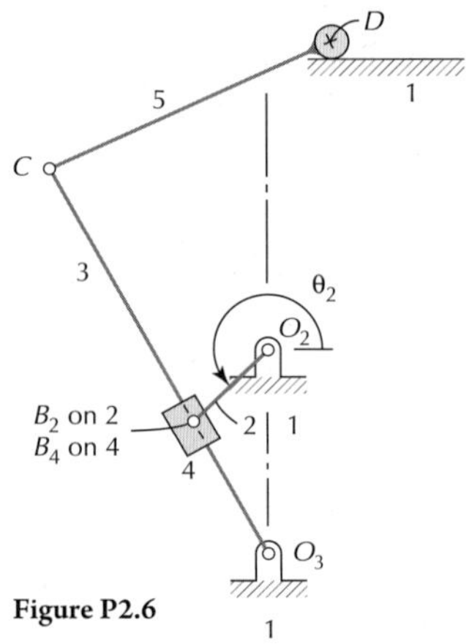

Figure P2.6

Average Speeds, Time Ratio

P2.7 Figure P2.7 shows a crank rocker mechanism. Determine
(a) the average angular speed of the rocker in the clockwise direction
(b) the average angular speed of the rocker in the counterclockwise direction
(c) the time ratio

$$r_1 = 8.0 \text{ cm}; \quad r_2 = 2.0 \text{ cm}; \quad r_3 = 4.0 \text{ cm}; \quad r_4 = 7.0 \text{ cm}$$

$$\dot{\theta}_2 = 40.0 \text{ rad/sec CW(constant)}$$

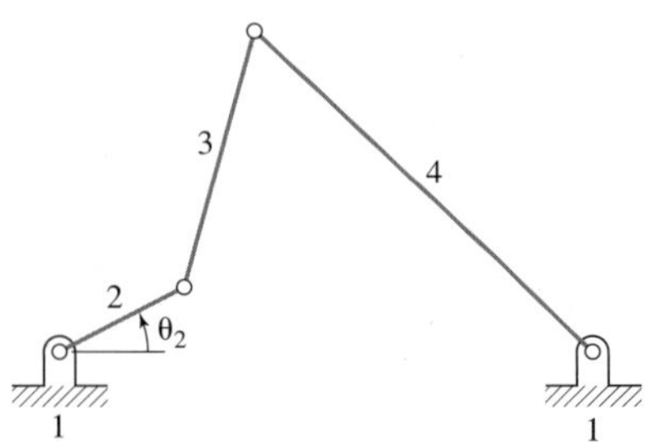

Figure P2.7

P2.8 Figure P2.8 shows a slider crank mechanism. Determine
(a) the average speed of the slider to the right
(b) the average speed of the slider to the left
(c) the time ratio

$$r_1 = 2.0 \text{ cm}; \qquad r_2 = 5.0 \text{ cm}; \qquad r_3 = 8.0 \text{ cm}$$

$$\dot{\theta}_2 = 30.0 \text{ rad/sec CCW(constant)}$$

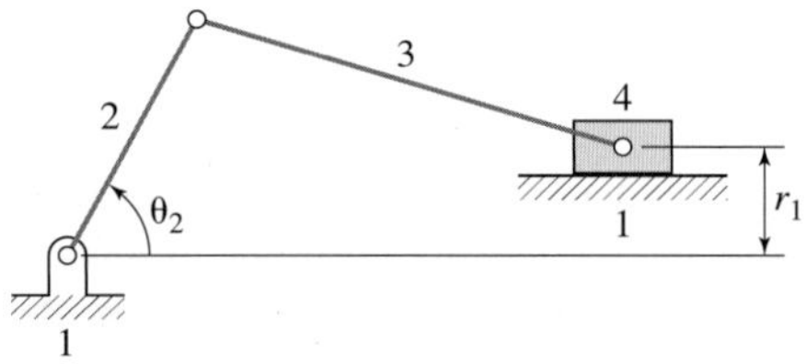

Figure P2.8

P2.9 For the mechanism shown in Figure P2.9, determine
(a) the value(s) of θ_2 when point *C* is stationary
(b) the stroke of point *C*
(c) the average linear speed of point *C* to the left while moving between its limit positions

$$r_{B_2O_2} = 2.5 \text{ cm}; \quad \dot{\theta}_2 = 8.0 \text{ rad/sec CCW(constant)}$$

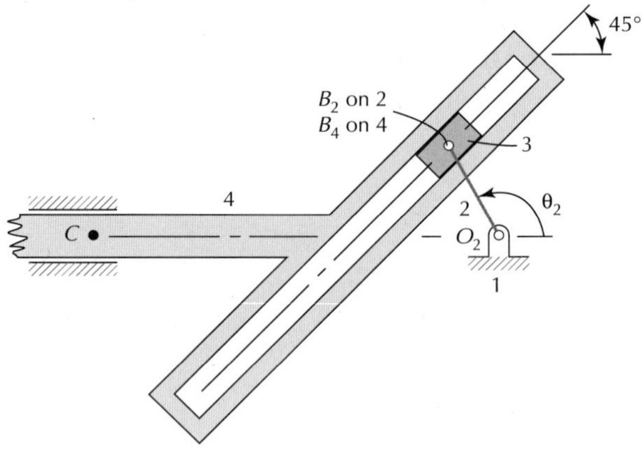

Figure P2.9

Zero Speed, Coriolis Acceleration

P2.10 For the mechanism shown in Figure P2.10, specify
(a) the value(s) of θ_2 when the rotational speed of link 3 is zero
(b) the value(s) of θ_2 when the linear speed of point *D* is zero
(c) the value(s) of θ_2 when the Coriolis acceleration of B_1 with respect to B_3 is zero

$$r_{O_2A} = 3.0 \text{ cm}; r_{O_2B_1} = 5.0 \text{ cm}; r_{AC} = 8.0 \text{ cm}; r_{CD} = 4.0 \text{ cm}$$

$$\dot{\theta}_2 = 10 \text{ rad/sec CCW(constant)}$$

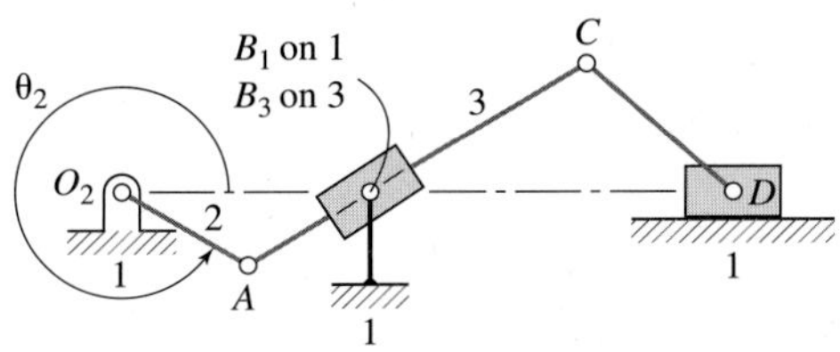

Figure P2.10

P2.11 For the mechanism shown in Figure P2.11

(a) determine the value(s) of θ_2 when the rotational speed of link 3 is zero

(b) determine the average rotational speed of link 4 in the clockwise direction between those positions at which the rotational speed of link 3 is zero

(c) specify all values of the angular position of link 2 in the range $0 \le \theta_2 \le 360°$ when there is no relative Coriolis acceleration between links 3 and 4 at point D_1, and briefly describe your answer

$$r_{O_2D_1} = 6.0 \text{ cm}; \quad r_{O_2B} = 2.0 \text{ cm}$$

$$\dot{\theta}_2 = 8.0 \text{ rad/sec CCW (constant)}$$

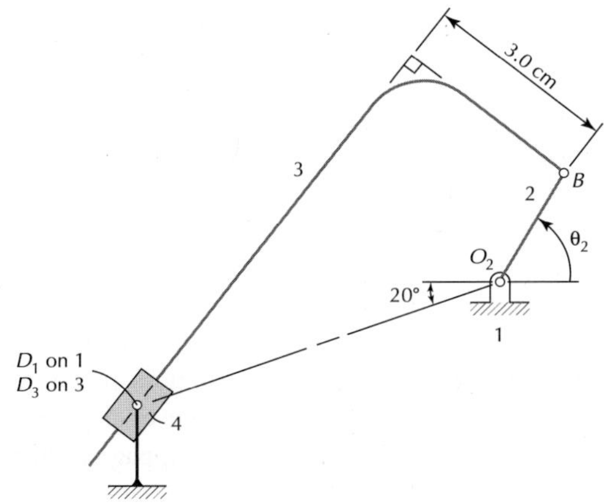

Figure P2.11

P2.12 For the mechanism shown in Figure P2.12, determine all values of θ_2 in the range $0 \le \theta_2 \le 360°$ for which there is no relative Coriolis acceleration between D_1 and the point on the slide, link 3, which instantaneously coincides with D_1.

$$r_{O_2B} = 5.0 \text{ cm}; \quad \dot{\theta}_2 = 6.0 \text{ rad/sec CCW (constant)}$$

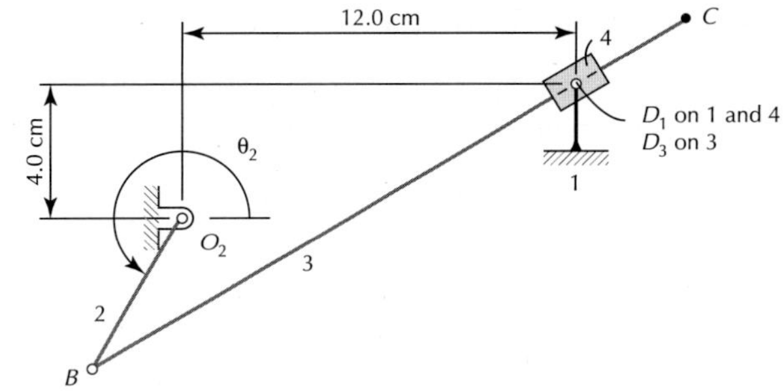

Figure P2.12

Transmission Angle

P2.13 For the given dimensions of a four-bar mechanism (see Figure 1.9), determine the minimum and maximum values of the transmission angle throughout a cycle.

$$r_1 = 10.0 \text{ cm}; \quad r_2 = 4.0 \text{ cm}; \quad r_2 = 12.0 \text{ cm}; \quad r_2 = 8.0 \text{ cm}$$

P2.14 For the given dimensions of a slider crank mechanism (see Figure 1.7), determine the minimum and maximum values of the transmission angle throughout a cycle.

$$r_1 = 2.0 \text{ cm}; \quad r_2 = 4.0 \text{ cm}; \quad r_3 = 12 \text{ cm}$$

P2.15 Use relative motion analysis, based on information provided in the figure on the next page to determine angular acceleration of link 2 at the moment.

$$r_{O_2B_2} = 4.0 \text{ in}; \quad r_{CB_4} = 0.8 \text{ in}; \quad r_{O_2D} = 4.25 \text{ in}; \quad \rho = 1.5 \text{ in}$$
$$d\theta_4/dt = 100 \text{ rpm CW (constant)}$$

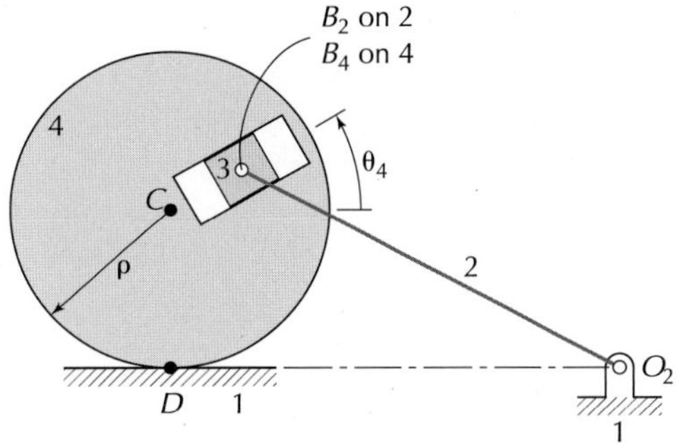

Figure P2.15

Instantaneous Centres

P2.16 Locate all instantaneous centres of the mechanism shown in Figure P2.16.

$$\theta_2 = 45°; \; r_{O_2B} = 2.5 \text{ cm}$$

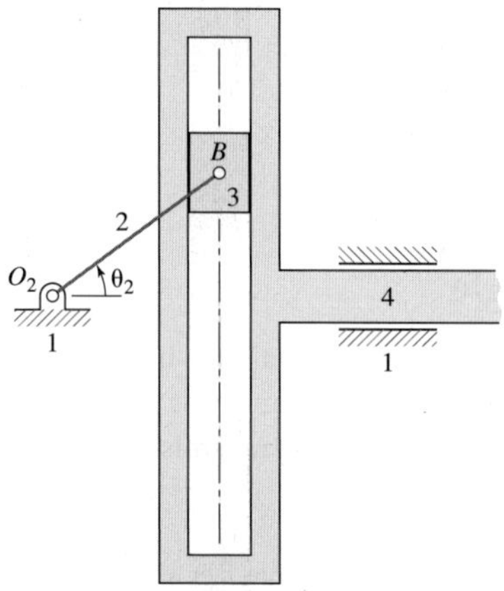

Figure P2.16

P2.17 The figure shows an intermittent-motion mechanism, known as the Geneva mechanism. The circular peg P is attached to link 2 and slides in the slots of link 3. Specify the magnitude and direction of the maximum and minimum rotational speed of link 3 throughout a cycle and the corresponding value of $\dot{\theta}_2$ when this takes place.

$$\overline{O_2P} = 8\sqrt{2} \text{ cm}; \; \overline{O_2O_3} = 16.0 \text{ cm}; \; and$$
$$\dot{\theta}_2 = 30 \text{ rad/sec } CCW \text{ (constant)}$$

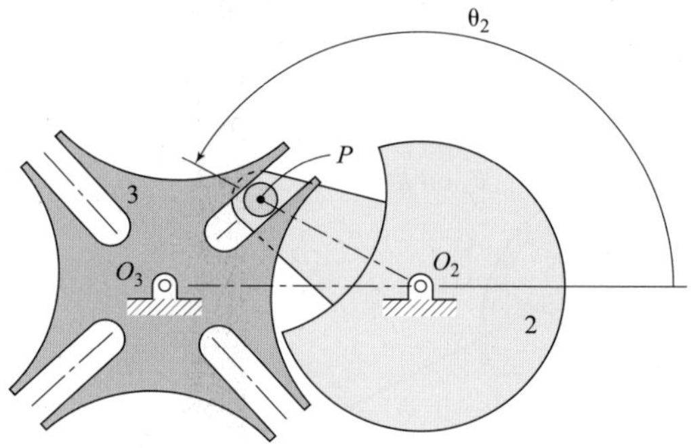

Figure P2.17

P2.18 Locate all instantaneous centres, except $P_{4,5}$, of the mechanism shown in Figure P2.18.

$$r_{O_2O_3} = 6.0 \text{ cm}; \; r_{O_2B_2} = 4.0 \text{ cm}; \; r_{O_3C} = 12.0 \text{ cm};$$
$$r_{CD} = 7.0 \text{ cm}; \; \theta_2 = 30°$$

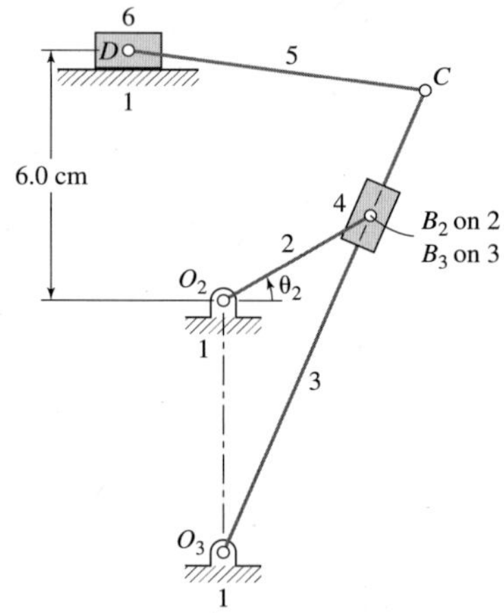

Figure P2.18

P2.19 For the mechanism in the configuration shown in Figure P2.19 determine the positions of all of the instantaneous centres. There is no slippage at the rolling pairs.

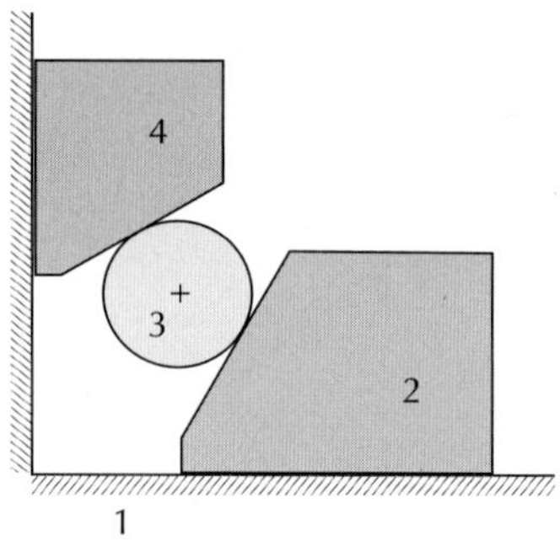

Figure P2.19

P2.20 For the mechanism in the configuration shown in Figure P2.20, determine the locations of all of the instantaneous centres. There is no slippage at the rolling pairs.

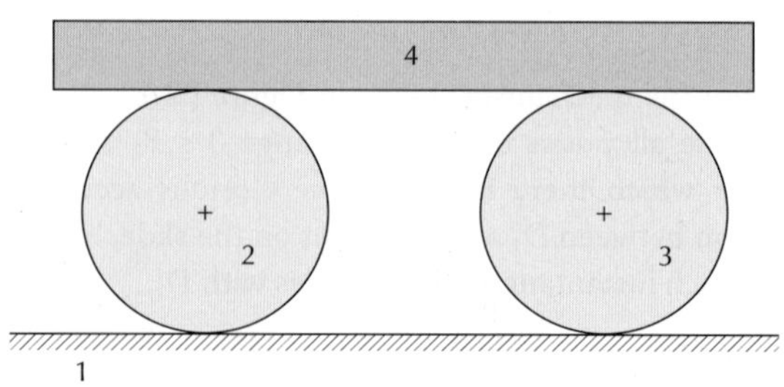

Figure P2.20

P2.21 For the mechanism in the configuration shown in Figure P2.21, determine the locations of all of the instantaneous centres. There is no slippage at the rolling pairs.

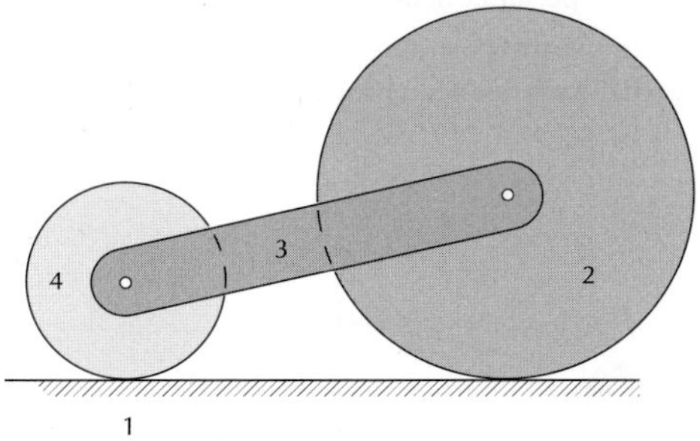

Figure P2.21

P2.22 In the quick-return mechanism shown below, = 10 rad/s (CCW). Determine the velocities of points A, B and C. Lengths and angles can be measured from the figure.

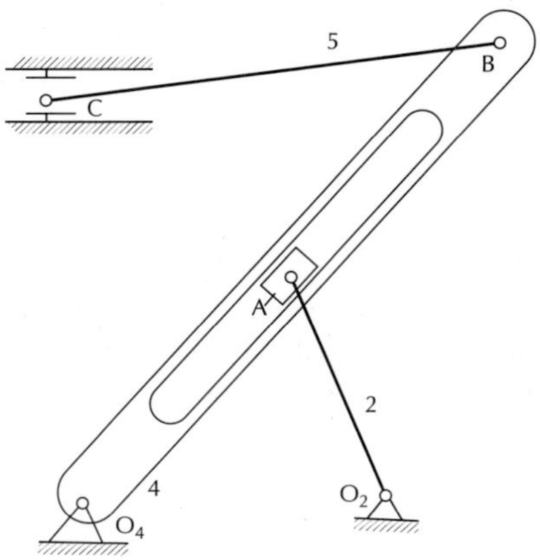

Figure P2.22

P2.23 For the mechanisms in the configurations shown in Figure P2.23, determine the locations of all of the instantaneous centres. There is no slippage at the rolling pairs.

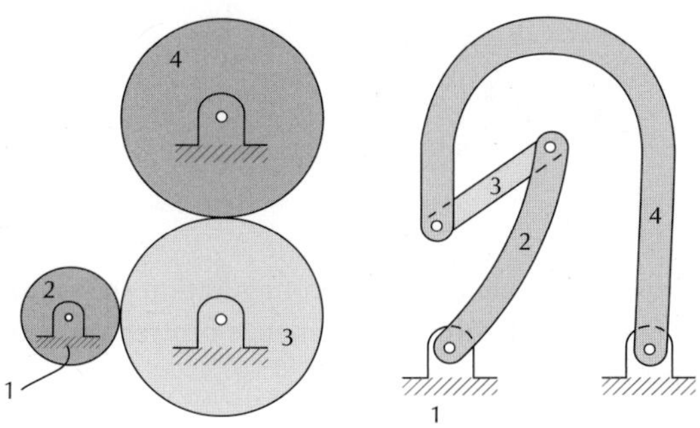

(a) (b) **Figure P2.23**

P2.24 For the mechanisms in the configurations shown in Figure P2.24, determine the locations of all of the instantaneous centres. There is no slippage at the rolling pair.

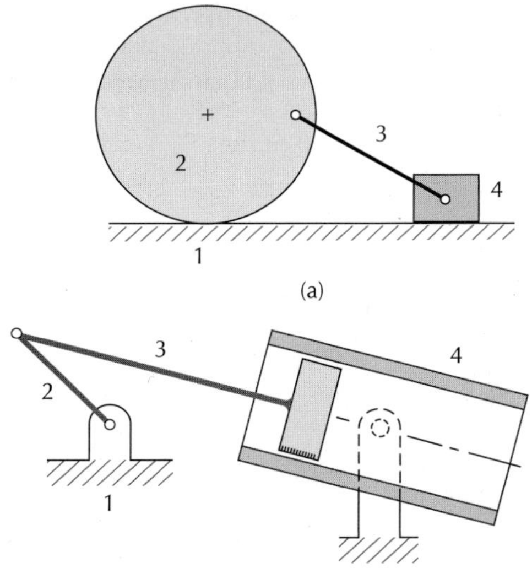

Figure P2.24 (b)

P2.25 Length and angles can be measured from the figure. A circular disk rotates about point A, and produces reciprocating motion of slider D. Slider B and C move along fuids in the circular disk. If the angular velocity of the circular disk is CCW with magnitude of ω, determine:

(a) The magnitude and direction of the angular velocity of plate BCD;

(b) The magnitude and direction of the velocity of slider D

Express the answers in terms of ω.

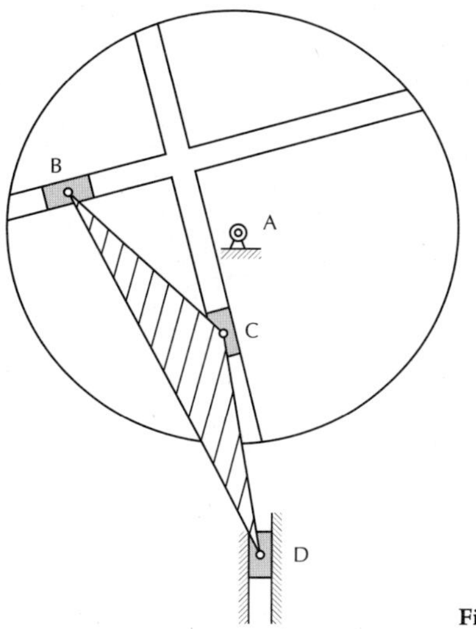

Figure P2.25

Instantaneous Centres, Mobility

P2.26 For the mechanism in the position shown in Figure P2.26

(a) Specify the number of links, the types of kinematic pairs, and the number of each type, and calculate the mobility

(b) Determine the positions of all instantaneous centres

$$r_{O_2B_2} = 4.0 \text{ cm}$$

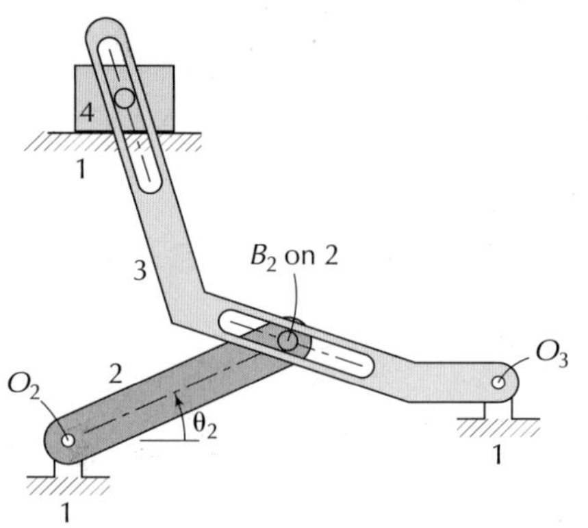

Figure P2.26

P2.27 For the mechanism in the configuration shown in Figure P2.27, four instantaneous centres are also provided.

(a) Specify the types of kinematic pairs, and the number of each type, and calculate the mobility.

(b) Determine the positions of the instantaneous centres that have not been provided.

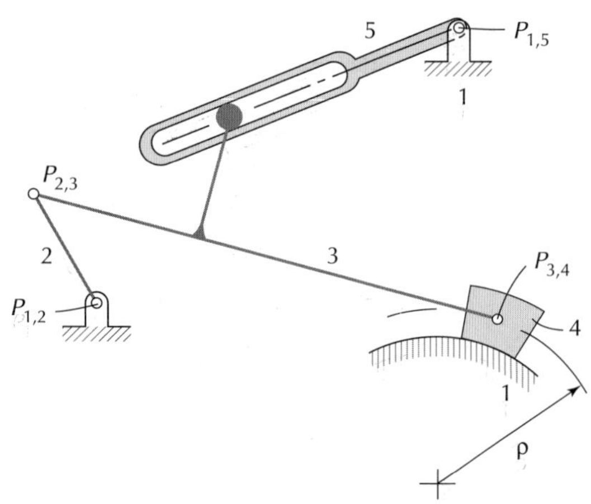

Figure P2.27

P2.28 For the mechanism in the configuration shown in Figure P2.28, six instantaneous centres are also provided.

(a) Specify the types of kinematic pairs, and the number of each type, and calculate the mobility.

(b) Determine the positions of the instantaneous centres that have not been provided.

$$r_{O_4C_4} = 1.5 \text{ in}$$

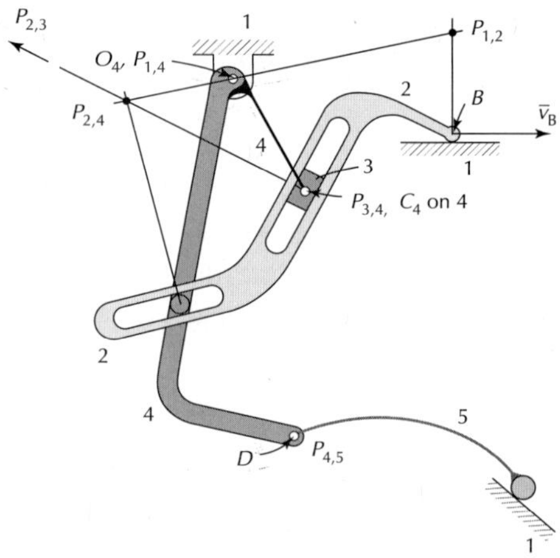

Figure P2.28

P2.29 In the mechanism shown below, link AE rotates with a constant angular velocity of 200 rpm (CW). Find acceleration of point D at this moment.

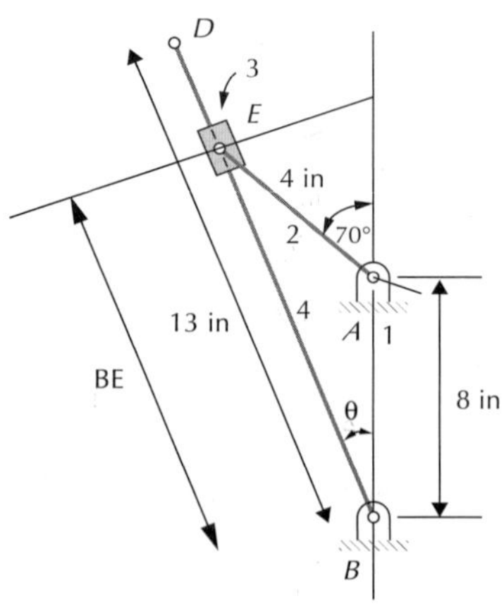

Figure P2.29

P2.30 For the mechanism in the configuration shown in Figure P2.30, three instantaneous centres are also provided.

(a) Specify the types of kinematic pairs, and the number of each type, and calculate the mobility.

(b) Determine the positions of the instantaneous centres that have not been provided.

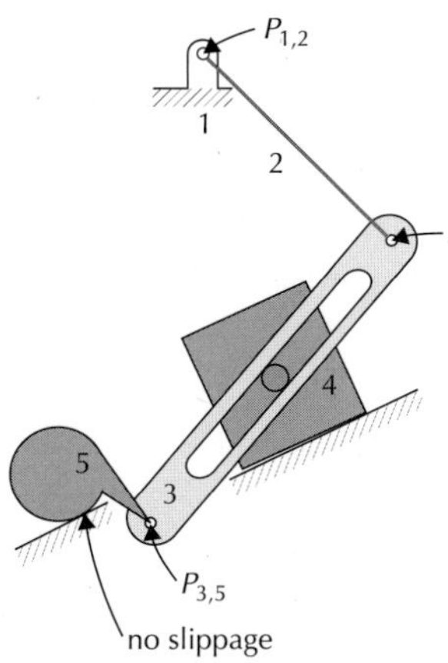

Figure P2.30

P2.31 For the mechanism in the configuration shown in Figure P2.31, six instantaneous centres are also provided.

(a) Specify the types of kinematic pairs, and the number of each type, and calculate the mobility.

(b) Determine the positions of the instantaneous centres that have not been provided.

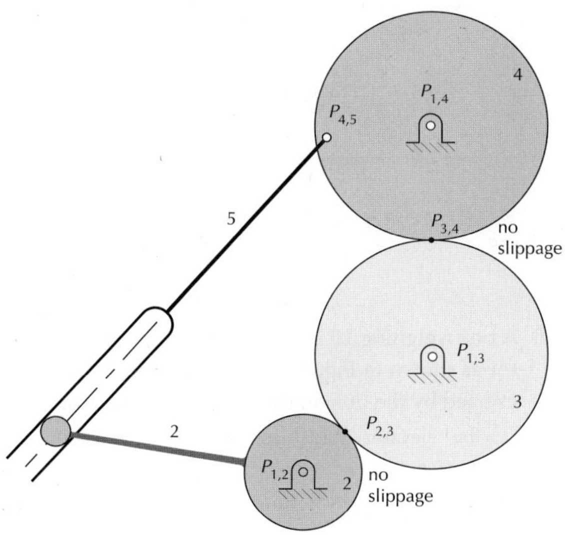

Figure P2.31

Force Analysis

P2.32 For the crane shown in Figure P2.32, calculate the moment about point *A* exerted by the 120,000 N force supported by the hoisting cable of the crane for the position shown.

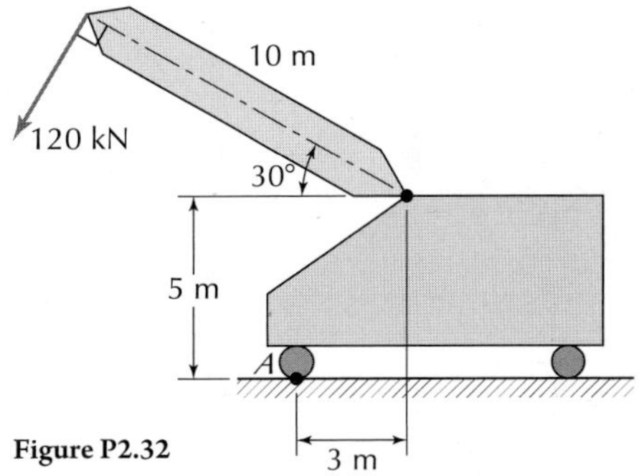

Figure P2.32

P2.33 A construction worker shown in Figure P2.33 uses a 6-kg wheelbarrow to transport a 25-kg bag of cement. What force must he exert on both handles?

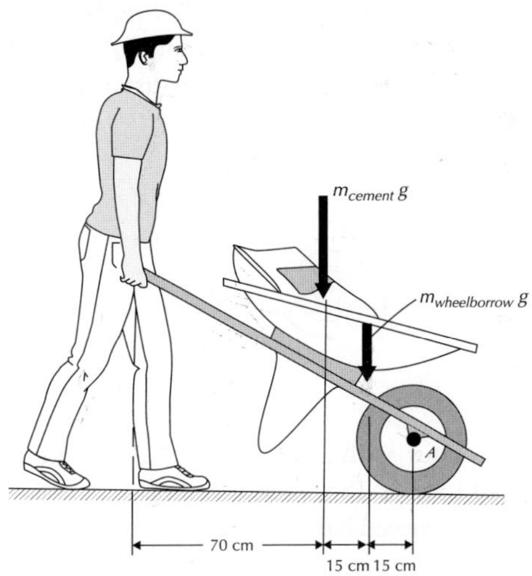

Figure P2.33

P2.34 In raising the massless pole from the position shown in Figure P2.34, the tension *T* in the cable must supply a moment about *O* of 72 kN-m. Determine *T*.

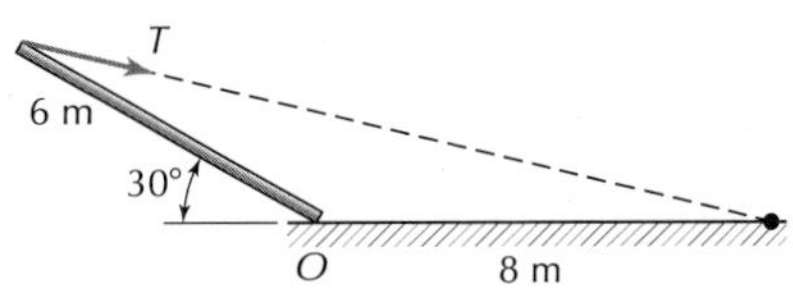

Figure P2.34

P2.35 A truck-mounted crane shown in Figure P2.35 is used to lift a 200-kg safe.

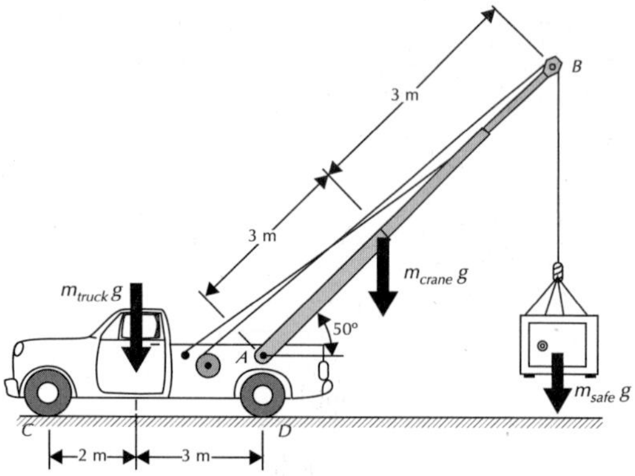

Figure P2.35

Determine the reaction at the

(a) front wheels

(b) rear wheels

$$m_{truck} = 2500\ \text{kg};\quad m_{crane} = 120\ \text{kg}$$

P2.36 For the link shown in Figure P2.36, replace the couple and force shown by a single force $\overline{F}$ applied at point D. Locate D by determining distance b.

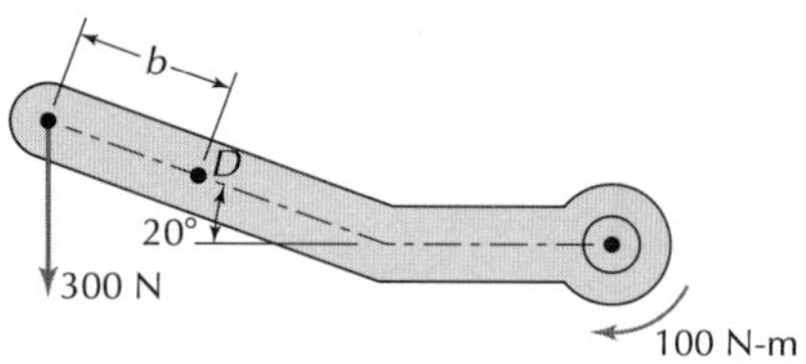

Figure P2.36

P2.37 Bar AB rotates with a constant CCW angular velocity of 1 rad/s. The block at B slides in a circular slot in the curved bar CE. At the instant shown, the centre of the circular slot is at D. Determine (a) angular velocity and (b) angular acceleration of bar CE at this instant.

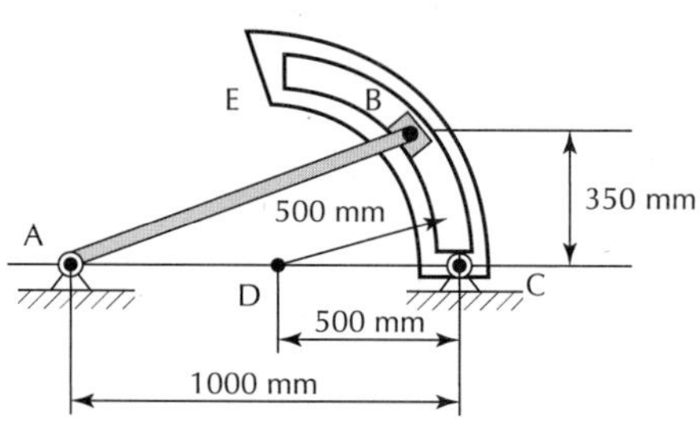

Figure P2.37

P2.38 The lever shown in Figure P2.38 is to be designed to operate with a 200 N force. The force is to provide a counterclockwise couple of 80 N-m at A. Determine dimension a.

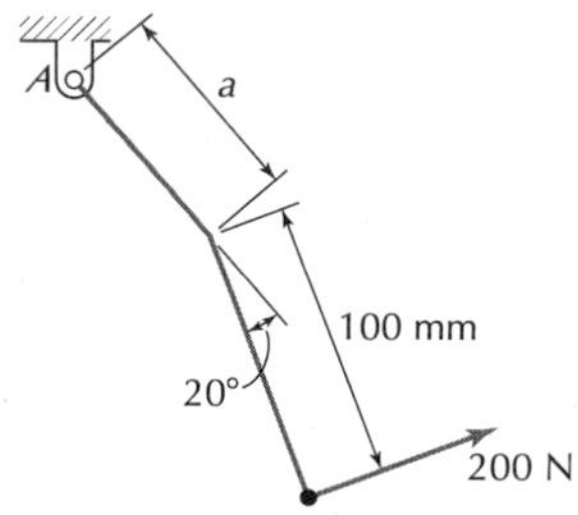

Figure P2.38

P2.39 One end of the rod AB shown in Figure P2.39 rests in the corner A and the other is attached to cable BD. Neglect the effect of gravity. Determine

(a) the reaction at A

(b) the tension in the cable

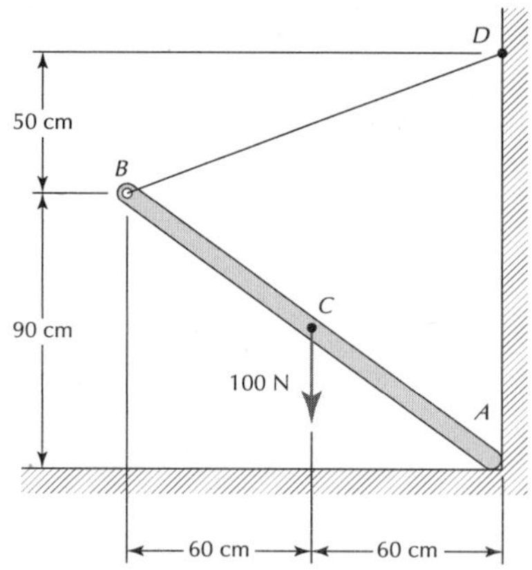

Figure P2.39

P2.40 A box weighing 10 N rests on the floor of an elevator as shown in Figure P2.40. Determine the force exerted by the box on the floor of the elevator if

(a) the elevator starts up with an acceleration of $3\ \text{m/sec}^2$

(b) the elevator starts down with an acceleration of 3m/sec^2

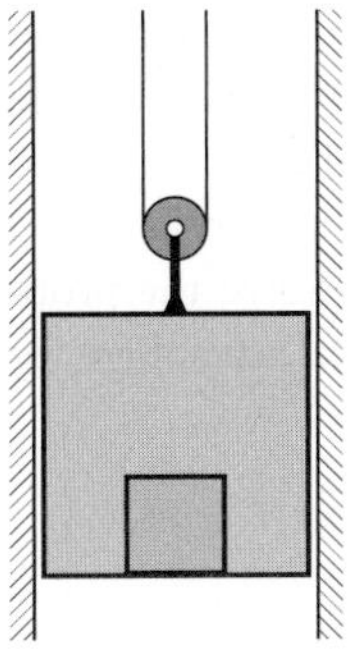

Figure P2.40

P2.41 Rod OB shown in Figure P2.41 is supported by a base pivot at O and rests against a pin at A. Determine the reactions at O and A when a 200 N horizontal force is directed to the right at B. Neglect the effect of gravity.

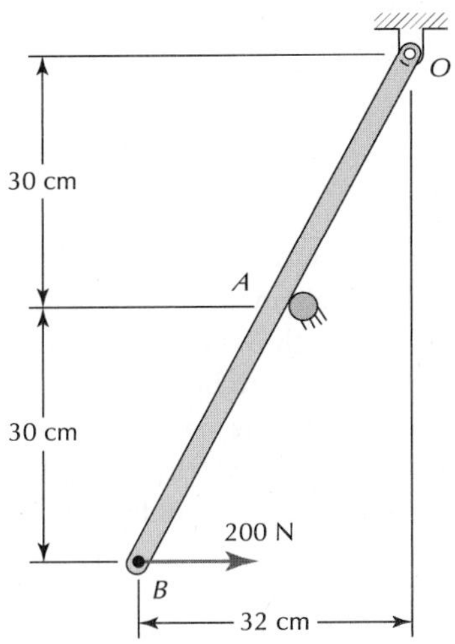

Figure P2.41

P2.42 Determine the constant force required to accelerate an automobile with mass 1000 kg on a level road from rest to 30 m/sec in 5 seconds. Gravity acts vertically downward (Figure P2.42).

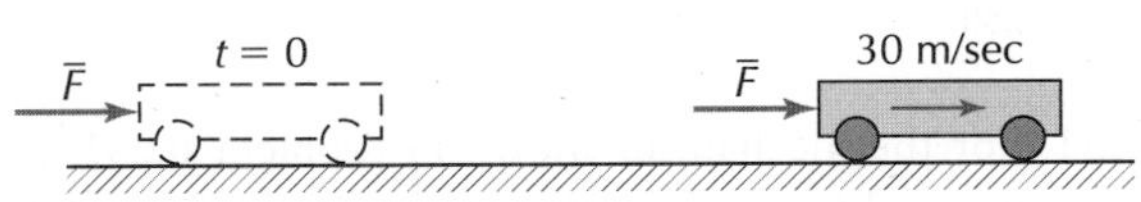

Figure P2.42

P2.43 Determine the constant force required to accelerate an automobile with mass 1000 kg on a road with a 10° incline from rest to 30 m/sec in 5 seconds Gravity acts vertically downward (Figure P2.43).

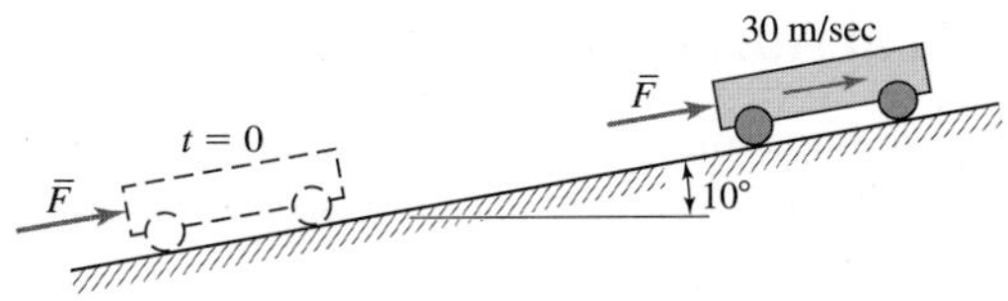

Figure P2.43

P2.44 A freight elevator contains three crates as shown in Figure P2.44. The mass of the cage of the elevator is 1000 kg, and the masses of crates A, B, and C are 200, 100, and 50 kg, respectively. At one instant, the elevator undergoes an upward acceleration of 5 m/sec^2. At this instant, determine

(a) the tension in the cable

(b) the force exerted by crate B on crate C.

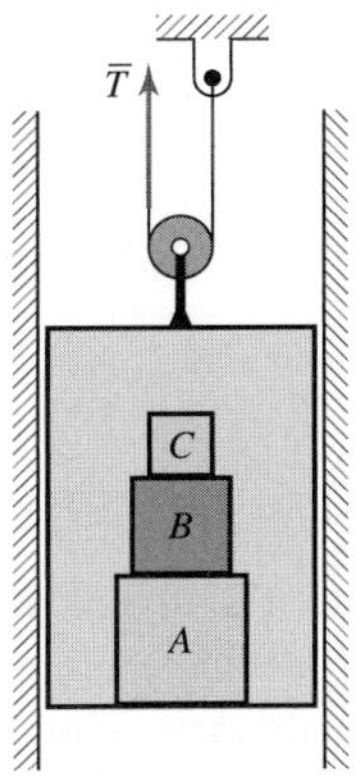

Figure P2.44

P2.45 The solid disc shown in Figure P2.45 has a mass of 20 kg and a radius of 0.3 m. Block B has a mass of 5 kg. When a torque of $T = 75$ N-m is applied to the disc, determine the acceleration of block B and the tension in the cable. Gravity acts vertically downward.

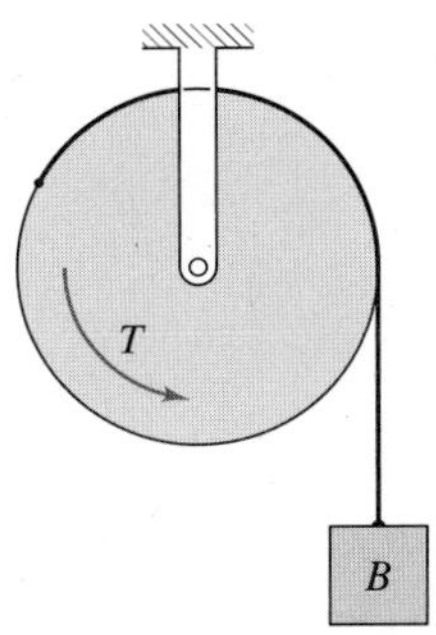

Figure P2.45

Mechanical Advantage

P2.46 Derive Equation (2.15-13), the expression for the mechanical advantage of a translating–rotating mechanism.

P2.47 At this instant shown, a = 150 mm, b = 125 mm and the distance a+b between points A and C is decreasing at the rate of 0.2 mm/sec. Use relative velocity analysis to determine velocity of the block containing B and D at the instant.

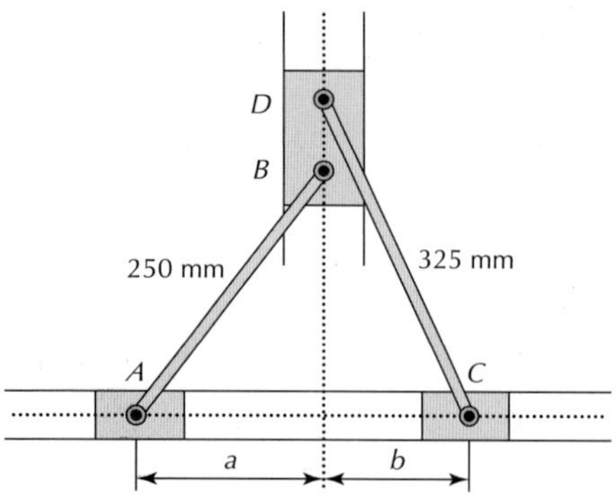

Figure P2.47

P2.48 For the mechanism shown in Figure P2.48, link 2 is the input, and link 4 is the output. Determine the output force required to maintain static equilibrium for the position shown. Solve the problem by determining the mechanical advantage for the given configuration.

$$r_1 = 13.0 \text{ cm};\quad r_2 = 6.0 \text{ cm};\quad r_3 = 5.5 \text{ cm};\quad r_4 = 10.0 \text{ cm}$$

$$\theta = 70°;\quad F_{in} = 15.0 \text{ N}$$

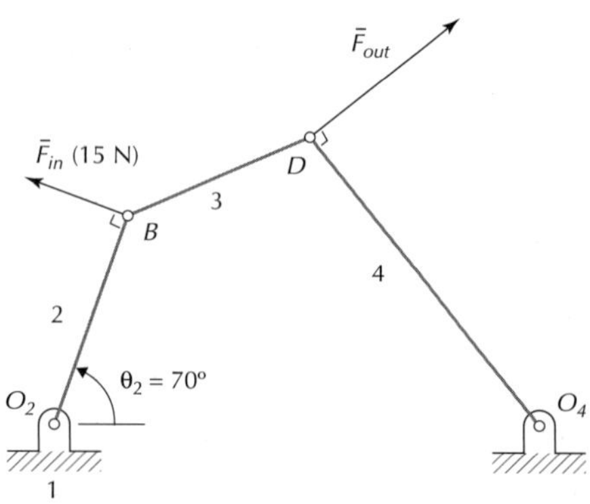

Figure P2.48

P2.49 For the mechanism shown in problem P2.49 an external force of 20 N is applied to link 5 to the right. Determine the magnitude of the moment to be applied to link 2 of length 4.0 cm to keep the mechanism is static equilibrium. Solve the problem by determining the mechanical advantage for the given configuration.

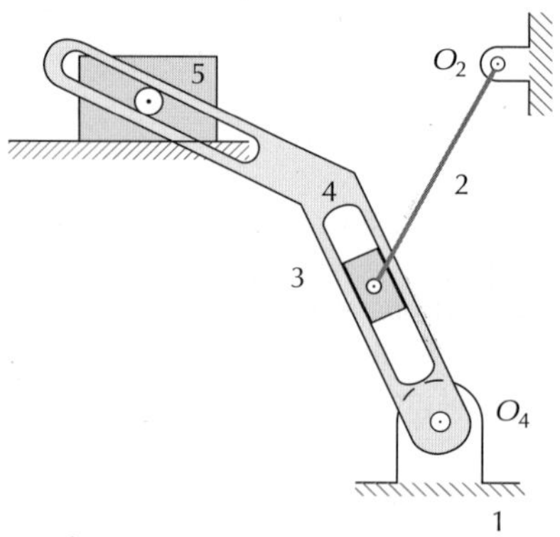

Figure P2.49

P2.50 For the mechanism shown in problem P2.50 an external moment of 40 N-cm counterclockwise is applied to link 2 of length 3.0 cm. Determine the magnitude of the moment to be applied to be applied to link 4 to keep the mechanism is static equilibrium. Solve the problem by determining the mechanical advantage for the given configuration.

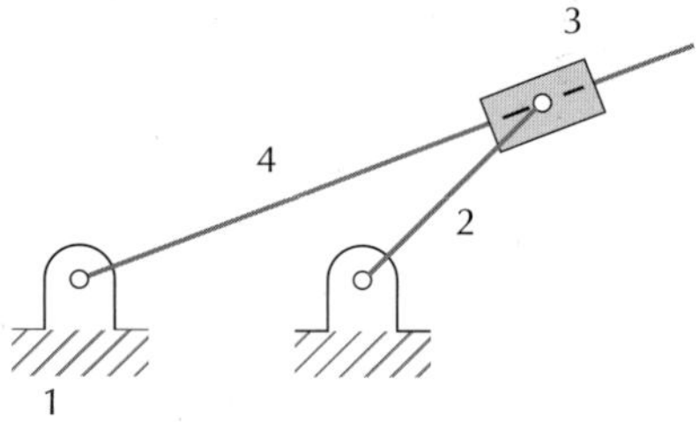

Figure P2.50

P2.51 For the mechanism shown in problem P2.51 an external force of 20 N is applied to link 2 to the left. Determine the magnitude of the force to be applied to be applied to link 4 along the line of action of the slide to keep the mechanism is static equilibrium. Solve the problem by determining the mechanical advantage for the given configuration.

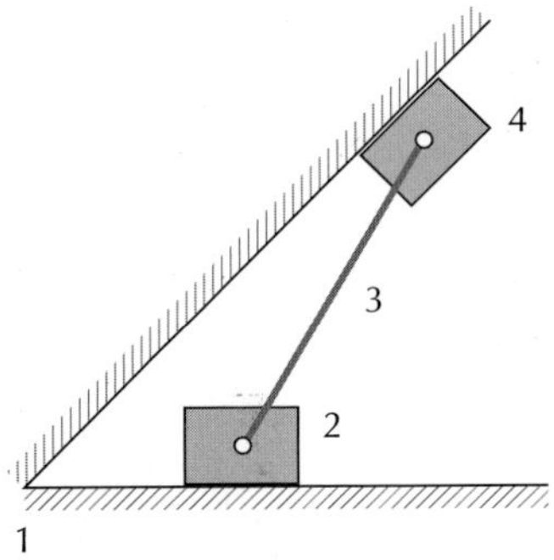

Figure P2.51

P2.52 For the mechanism shown in problem P2.26, determine the magnitude of the horizontal force to be applied to be applied to link 4 to keep the mechanism is static equilibrium if a moment of 2.0 N-m counterclockwise is applied to link 2. Solve the problem by determining the mechanical advantage for the given configuration.

$$r_{B_2O_2} = 4.0 \text{ cm}$$

P2.53 The mechanism shown in Figure 2.39 has a total of three links. Derive an expression for the magnitude of the ratio of the torques to be applied to links 2 and 3 about their base pivots to maintain static equilibrium. Use the concept of mechanical advantage and the locations of the instantaneous centres.

P2.54 Determine stroke for block 6 in the quick return mechanism below.

r_{AB} = 50 mm; d_{AB} = 280 mm; *BC* = 150 mm; d_{BE} = 250 mm

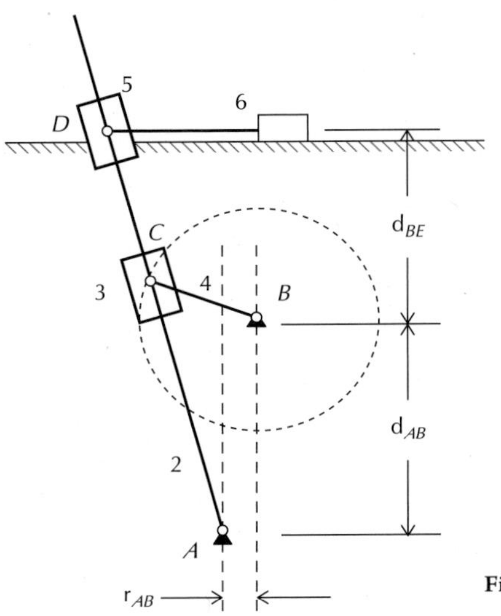

Figure P2.54

P2.55 Bar *CD* and slotted plate *OBE* are connected through circular pin *A*. Note that pin *A* is fixed to bar *CD* and slides without any friction in slot *BE* of the slotted plate *OBE*. Also, it is known that Bar *CD* rotates about point *C*, and slotted plate *OBE* rotates about point *O*. At the moment, as shown in the figure, bar *CD* is in the horizontal position and rotates in a counter-clockwise direction at an angular velocity ω = 2 rad/sec and angular acceleration α = 1 rad/sec^2 (also counter-clockwise), and slot *BE* forms an angle of 45° with the vertical line *OA*. Determine the angular velocity Ω and the angular acceleration $\dot{\Omega}$ of the slotted plate *OBE* at this moment.

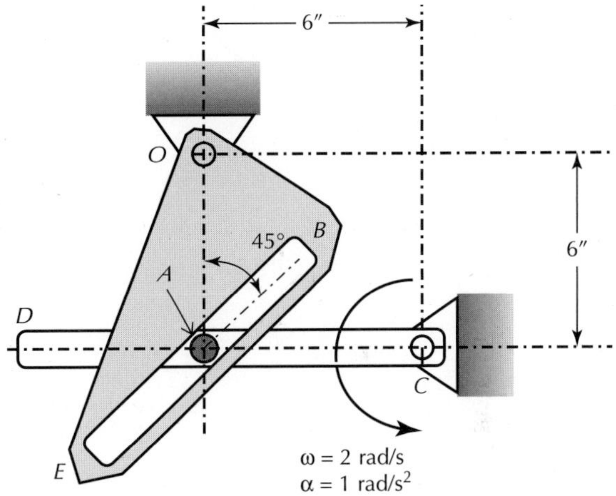

Figure P2.55

CHAPTER 3

평면 기구의 도식적 기구학 해석

3.1 서론

이 장에서는 평면 기구의 속도와 가속도에 대한 도식적 분석을 제시한다. 각각의 분석은 기구에 대한 하나의 형상에 적합하며 분석을 완성하는 위치에서 기구가 일정한 비율로 그려져야 한다. 속도 분석 방법 중 하나는 순간 중심의 개념을 이용한다(2.10절). 또 다른 방법은 속도와 가속도에 대한 벡터 다각형(vector polygon)을 구축하는 것을 포함하고 있다. 이 장에서 제시하는 모든 방법은 2장에서 제시한 내용을 바탕으로 하고 있다.

3.2 순간 중심을 이용한 속도 분석

기구의 순간 중심은 평면 기구의 형상을 위한 속도 분석을 완성하는 데 사용할 수 있다. 순간 중심 $P_{i,j}$에서의 속도가 링크 i와 j에서 동일하기 때문에 이것은 고려하는 순간에서의 링크와 링크 사이의 동작 전환점이라고 생각할 수 있다.

평면 기구에 대한 속도 분석은 다음과 같은 일반적인 과정을 거쳐서 할 수 있다.

1. 현재 분석 중인 형상에서 일정한 비율로 기구의 도표를 그린다.
2. 분석을 완성하는 데 요구되는 순간 중심의 위치를 구한다.
3. 입력 동작을 바탕으로 순간 중심의 속도를 표시한다. 그림 2.37(b)에 나와있는 기구의 크랭크인 링크 2에서 순간 중심 $P_{2,3}$에서의 속도 크기는 다음과 같이 링크 2에서의 회전 속력으로 표현할 수 있다.

$$|\overline{v}_{P_{2,3}}| = r_{P_{1,2}P_{2,3}}|\dot{\theta}_2| \tag{3.2-1a}$$

4. 다른 속도를 계산하기 위해 필요한 식을 적어 놓는다. 링크 i와 j 사이의 순간 중심을 고려한다면 다음과 같은 식이 나온다.

$$|\bar{v}_{P_{1,i}}| = r_{P_{1,i}P_{i,j}}|\dot{\theta}_i| = r_{P_{1,j}P_{i,j}}|\dot{\theta}_j| \tag{3.2-1b}$$

5. 필요한 모든 속도가 결정될 때까지 이 과정을 반복해서 분석을 마친다.

기구의 속도 분석을 위해서 항상 모든 순간 중심의 위치를 결정지을 필요는 없다. 이는 예제를 통해서 보일 것이다.

예제 3.1 | 슬라이더 크랭크 기구의 속도 분석

그림 3.1의 슬라이더 크랭크 기구에서 슬라이더의 속도를 주어진 위치에서 링크 2의 회전 속도에 대한 함수로서 구하라. 순간 중심을 이용하라.

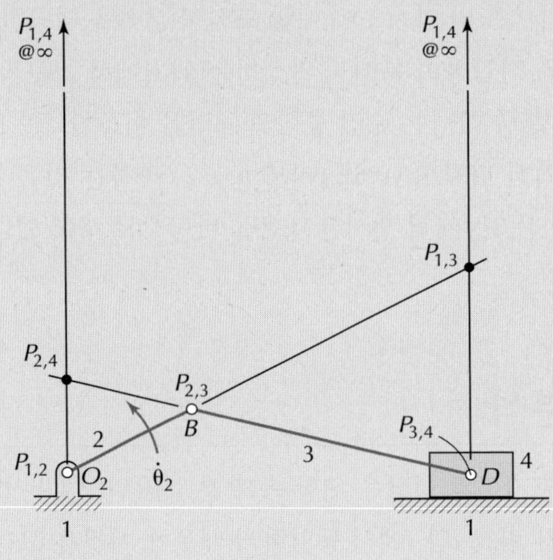

그림 3.1

풀이

이 기구에 대한 순간 중심은 예제 2.6에서 구하였다.

슬라이더의 속도는 한 가지 이상의 방법으로 구할 수 있다. 이 예제에서는 두 가지 방법이 제시된다. 첫 번째 방법에서는 기구 링크와 순간 중심을 입력부터 출력까지 통과한다. 두 번째 방법에서는 하나의 순간 중심을 통과하는 동작의 전환을 고려하여 최종 결과를 구한다.

방법 #1

여기서 순간 중심 $P_{2,3}$을 고려해 보자. 이것은 링크 2와 링크 3 사이의 동작 전환점이다. 이 점에서의 속도는 두 링크에서 모두 같다. 링크 2는 $P_{1,2}$ 주위를 회전하고 링크 3은 $P_{1,3}$ 주위를 회전한다고 하면

$$|\bar{v}_{P_{2,3}}| = |\bar{v}_B| = r_{P_{1,2}P_{2,3}}|\dot{\theta}_2| = r_{P_{1,3}P_{2,3}}|\dot{\theta}_3| \tag{3.2-2}$$

그리고 다음과 같이 된다.

$$|\dot{\theta}_3| = \frac{r_{P_{1,2}P_{2,3}}}{r_{P_{1,3}P_{2,3}}}|\dot{\theta}_2| \tag{3.2-3}$$

순간 중심 $P_{3,4}$는 링크 3과 링크 4 사이의 동작 전환점이다. 링크 3 위에 있는 하나의 점이라는 것을 고려해서 속도 크기를 구한다면

$$|\bar{v}_{P_{3,4}}| = |\bar{v}_D| = r_{P_{1,3}P_{3,4}}|\dot{\theta}_3| \tag{3.2-4}$$

식 (3.2-3)과 (3.2-4)를 결합하면 다음과 같은 결과가 나온다.

$$|\bar{v}_D| = r_{P_{1,3}P_{3,4}}\frac{r_{P_{1,2}P_{2,3}}}{r_{P_{1,3}P_{2,3}}}|\dot{\theta}_2| \tag{3.2-5}$$

링크 4인 슬라이더는 순수 병진(pure translation)을 하고 있다. 그러므로 속도 $\bar{v}_D$는 이 링크 위의 모든 점에서 같다.

위 분석에서 순간 중심 $P_{2,4}$는 사용되지 않았다.

방법 #2

만약 순간 중심 $P_{2,4}$를 사용하게 된다면 링크 2와 링크 4 사이의 직접적인 동작 전환을 고려한다. 이 순간 중심의 속력을 링크 2 위의 하나의 점으로 표현하면

$$|\bar{v}_{P_{2,4}}| = r_{P_{1,2}P_{2,4}}|\dot{\theta}_2| \tag{3.2-6}$$

링크 4인 슬라이더는 순수 병진 중이라서

$$|\bar{v}_{P_{2,4}}| = |\bar{v}_D| = r_{P_{1,2}P_{2,4}}|\dot{\theta}_2| \tag{3.2-7}$$

이 분석에서 순간 중심 $P_{1,3}$과 $P_{1,4}$는 사용되지 않았다. 이 경우 링크 3의 각속도는 구할 필요가 없었다.

예제 3.2 | 역슬라이더 크랭크 기구의 속도 분석

그림 3.2의 역슬라이더 크랭크 기구에서 점 B의 속도를 주어진 위치에서 링크 2의 회전 속력에 대한 함수로서 구하라. 순간 중심을 이용하라.

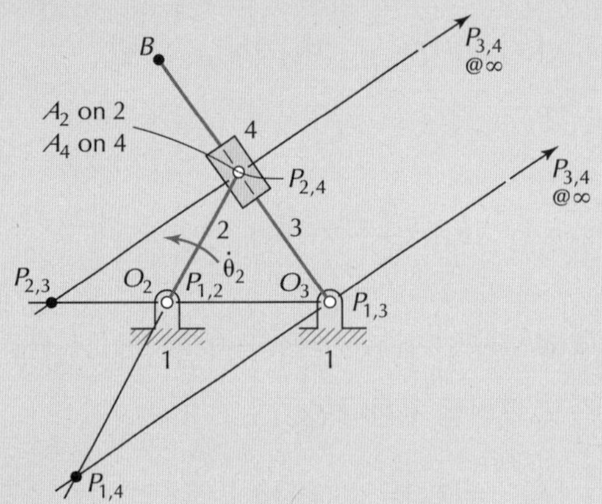

그림 3.2

풀이

이 기구에 대한 순간 중심은 예제 2.7에서 구하였다. 점 B의 속도를 구하는 두 가지 방법이 제시된다.

방법 #1

순간 중심 $P_{2,4}$는 링크 2와 링크 4 사이의 동작 전환점이다. 그러므로

$$|\bar{v}_{P_{2,4}}| = |\bar{v}_{A_2}| = r_{P_{1,2}P_{2,4}}|\dot{\theta}_2| = r_{P_{1,4}P_{2,4}}|\dot{\theta}_4| \quad (3.2\text{-}8)$$

여기서 다음을 구할 수 있다.

$$|\dot{\theta}_4| = \frac{r_{P_{1,2}P_{2,4}}}{r_{P_{1,4}P_{2,4}}}|\dot{\theta}_2| \quad (3.2\text{-}9)$$

검사에 의하면 링크 4의 회전 속력은 반시계 방향에 있다. 또한 링크 3과 링크 4는 같은 회전 속도를 가지도록 구속되어 있다.

$$|\dot{\theta}_3| = |\dot{\theta}_4| \quad (3.2\text{-}10)$$

점 B의 속도의 크기는

$$|\bar{v}_B| = r_{P_{1,3}B}|\dot{\theta}_3| \tag{3.2-11}$$

식 (3.2-9)~(3.2-11)을 결합하면 속도 크기는 다음과 같이 표현할 수 있다.

$$|\bar{v}_B| = r_{P_{1,3}B}|\dot{\theta}_3| = r_{P_{1,3}B}\frac{r_{P_{1,2}P_{2,4}}}{r_{P_{1,4}P_{2,4}}}|\dot{\theta}_2| \tag{3.2-12}$$

검사에 의하면 속도는 아래 왼쪽 방향으로 가고 있다.

방법 #2

순간 중심 $P_{2,3}$은 링크 2와 링크 3 사이의 동작 전환점이다. 그러므로

$$r_{P_{1,2}P_{2,3}}|\dot{\theta}_2| = r_{P_{1,3}P_{2,3}}|\dot{\theta}_3| \tag{3.2-13}$$

식 (3.2-11)과 (3.2-13)을 결합하면 점 B의 속도 크기는 다음과 같이 표현할 수 있다.

$$|\bar{v}_B| = r_{P_{1,3}B}|\dot{\theta}_3| = r_{P_{1,3}B}\frac{r_{P_{1,2}P_{2,3}}}{r_{P_{1,3}P_{2,3}}}|\dot{\theta}_2| \tag{3.2-14}$$

예제 3.3 | 2자유도 대우와 결합한 기구의 속도 분석

그림 3.3의 기구에서 링크 2의 회전 속력은 시계 방향으로 미리 정해져 있다. 링크 3의 회전 속력을 구하라. 순간 중심을 이용하라.

풀이

이 기구에 대한 순간 중심은 예제 2.8에서 구하였다.

순간 중심 $P_{2,3}$의 속도 크기는 다음과 같이 표현할 수 있다.

$$v_{P_{2,3}} = r_{P_{1,2}P_{2,3}}|\dot{\theta}_2| = r_{P_{1,3}P_{2,3}}|\dot{\theta}_3| \tag{3.2-15}$$

여기서

$$|\dot{\theta}_3| = \frac{r_{P_{1,2}P_{2,3}}}{r_{P_{1,3}P_{2,3}}}|\dot{\theta}_2| \tag{3.2-16}$$

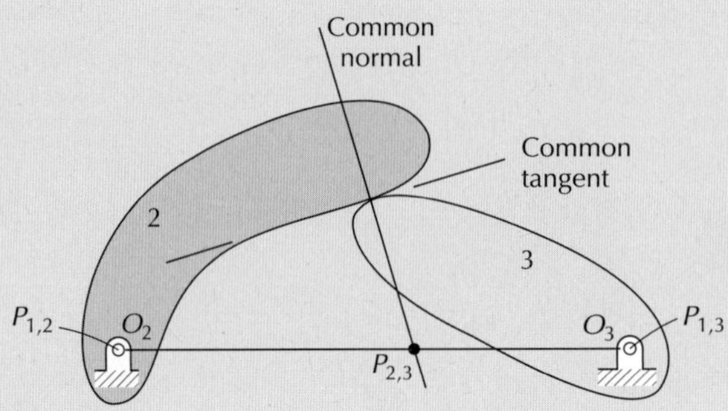

그림 3.3

검사에 의하면 링크 3의 회전 속력 방향은 반시계 방향이다. 이는 링크 2와는 반대 방향이다.

예제 3.4 | 2자유도 대우를 가진 시스템의 속도 분석

그림 3.4에 링크 2는 C에 중심이 있는 원형 형상이며, 기초 피벗 O_2에 대해 완전회전을 한다. 링크 2와 3은 기구가 움직일 때 직접 접촉을 유지한다. 순간 중심을 이용하여 다음을 결정하라.

(a) $\theta_2 = 0$일 때 링크 3의 회전 속도의 크기와 방향

(b) $\theta_2 = 135°$일 때 링크 3의 회전 속도의 크기와 방향

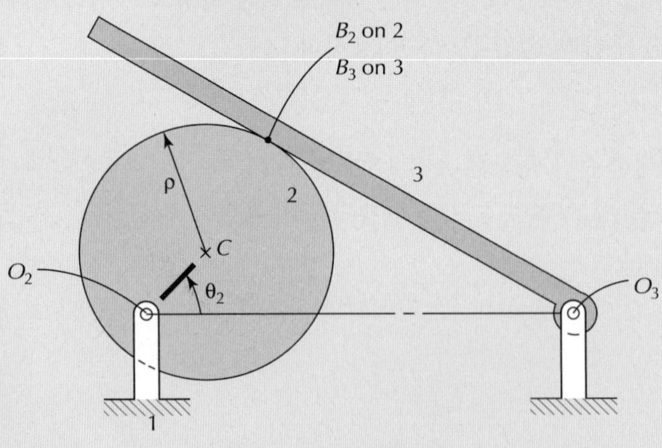

비디오 3.4
2자유도 대우를
가진 기구

그림 3.4 ● 2자유도 대우를 가진 기구[비디오 3.4]

(c) 링크 3의 회전 속도가 0이 되기 위한 범위 $0 \le \theta_2 \le 360°$의 모든 θ_2

$$r_{O_2O_3} = 10.0 \text{ cm} \; ; \; r_{O_2C} = 2.0 \text{ cm} ; \rho = 3.0 \text{ cm}$$
$$\dot{\theta}_2 = 12.0 \text{ rad/sec} \quad \text{CCW (constant)}$$

풀이

(a) 기구는 3개의 순간 중심을 가지며 그것은 모두 같은 직선상에 있다. 링크 2와 3 사이에는 상대적인 미끄럼과 회전이 있을 수 있다. 그러므로 이들 링크 사이에 순간 중심은 접촉점을 통과하는 공통 법선상에 있다. 링크 2가 원형이기 때문에, 공통 법선은 항상 원의 중심, C를 통과한다. $\theta_2 = 0$일 때 [그림 3.5(a) 참조]

$$r_{P_{1,2}C} = r_{P_{1,2}P_{2,3}} = 2.0 \text{ cm}$$
$$r_{P_{1,3}P_{2,3}} = r_{P_{1,2}P_{1,3}} - r_{P_{1,2}P_{2,3}} = 8.0 \text{ cm}$$

식 (3.2-1b)를 이용하면, 링크 3의 회전 속도는

$$|\dot{\theta}_3| = \frac{r_{P_{1,2}P_{2,3}}}{r_{P_{1,3}P_{2,3}}} |\dot{\theta}_2| = \frac{2.0}{8.0} 12.0 = 3.0 \frac{\text{rad}}{\text{sec}}$$

$$\dot{\theta}_3 = 3.0 \frac{\text{rad}}{\text{sec}} \text{CW}$$

(b) $\theta_2 = 135°$일 때[그림 3.5(b) 참조], 삼각형 O_2O_3C에 코사인법칙을 적용하면,

$$r^2_{P_{1,3}C} = r^2_{P_{1,2}C} + r^2_{P_{1,2}P_{1,3}} - 2r_{P_{1,2}C} r_{P_{1,3}} \cos\theta_2 \; ; \quad \text{Solving: } r_{P_{1,3}C} = 11.5 \text{ cm}$$

사인법칙을 적용하면

$$\frac{r_{P_{1,2}C}}{\sin\alpha} = \frac{r_{P_{1,3}C}}{\sin\theta_2}; \quad \text{Solving: } \alpha = 7.1°$$

삼각형 BO_3C에 대해

$$\sin\beta = \frac{\rho}{r_{P_{1,3}C}}; \quad \text{Solving: } \beta = 15.1°$$

그리고

$$\cos\beta = \frac{r_{P_{1,3}B}}{r_{P_{1,3}C}}; \quad \text{Solving: } r_{P_{1,3}B} = 11.1 \text{ cm}$$

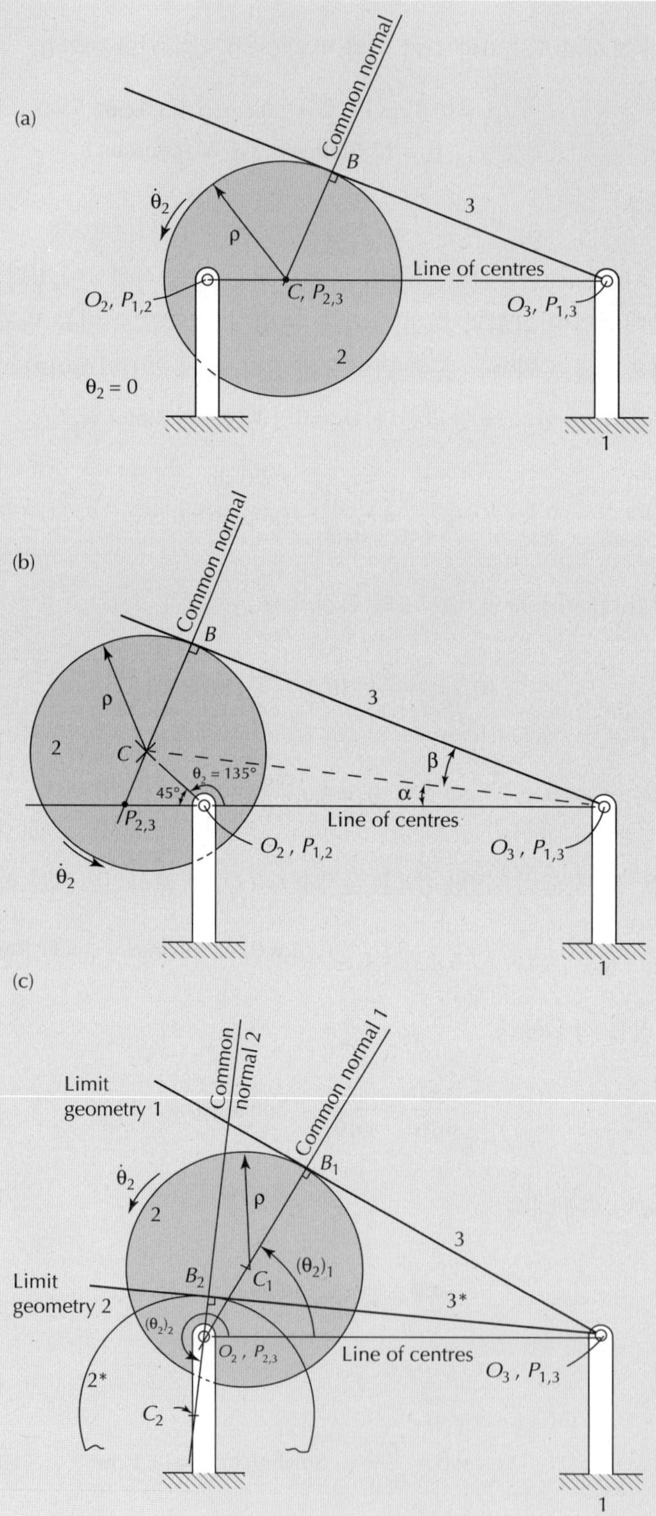
(a)
Common normal
B
3
$\dot{\theta}_2$
ρ
Line of centres
O_2, $P_{1,2}$
C, $P_{2,3}$
O_3, $P_{1,3}$
2
$\theta_2 = 0$
1
(b)
Common normal
B
3
ρ
2
C
β
$\theta_2 = 135°$
45°
α
$P_{2,3}$
Line of centres
O_2, $P_{1,2}$
O_3, $P_{1,3}$
$\dot{\theta}_2$
1
(c)
Common normal 2
Common normal 1
Limit geometry 1
B_1
$\dot{\theta}_2$
ρ
2
3
$(\theta_2)_1$
Limit geometry 2
B_2
C_1
3*
$(\theta_2)_2$
O_2, $P_{2,3}$
Line of centres
O_3, $P_{1,3}$
2*
C_2
1

그림 3.5

삼각형 $BP_{1,3}P_{2,3}$에 대해

$$\cos(\alpha+\beta) = \frac{r_{P_{1,3}B}}{r_{P_{1,3}P_{2,3}}}; \quad \text{Solving: } r_{P_{1,3}P_{2,3}} = 12.0 \text{ cm}$$

그림 3.5(b)로부터 다음을 얻는다.

$$r_{P_{1,2}P_{2,3}} = r_{P_{1,3}P_{2,3}} - r_{P_{1,2}P_{2,3}}; \quad \text{Solving: } r_{P_{1,2}P_{2,3}} = 2.0 \text{ cm}$$

식 (3.2-1b)를 이용하면, 링크 3의 회전 속도는

$$|\dot{\theta}_3| = \frac{r_{P_{1,2}P_{2,3}}}{r_{P_{1,3}P_{2,3}}}|\dot{\theta}_2| = \frac{2.0}{12.0}12.0 = 2.0\frac{\text{rad}}{\text{sec}}$$

$$\dot{\theta}_3 = 2.0\,\frac{\text{rad}}{\text{sec}}\,\text{CCW}$$

(c) 식 (3.2-1b)를 조사하면, 링크 3의 회전 속도가 0이 되기 위해서는 다음이 요구된다.

$$r_{P_{1,2}P_{2,3}} = 0$$

2개의 일치하는 기구의 기하형상이 그림 3.5(c)에 나타나 있다. 제한된 구조형상 1에 대해서,

$$r_{P_{2,3}B_1} = \rho + r_{P_{2,3}C_1} = 5.0 \text{ cm}$$

$$(\theta_2)_1 = \cos^{-1}\left(\frac{r_{P_{2,3}B_1}}{r_{P_{2,3}P_{1,3}}}\right) = 60^\circ$$

그리고 제한된 구조형상 2에 대해서

$$r_{P_{2,3}B_2} = \rho - r_{P_{2,3}C_2} = 1.0 \text{ cm}$$

$$(\theta_2)_2 = 180^\circ + \cos^{-1}\left(\frac{r_{P_{2,3}B_2}}{r_{P_{2,3}P_{1,3}}}\right) = 264.2^\circ$$

예제 3.5 | 6절 기구의 속도 분석

그림 3.6의 기구에서, 링크 6의 속도를 주어진 위치에서 링크 2의 회전 속력에 대한 함수로서 구하라. 순간 중심을 이용하라.

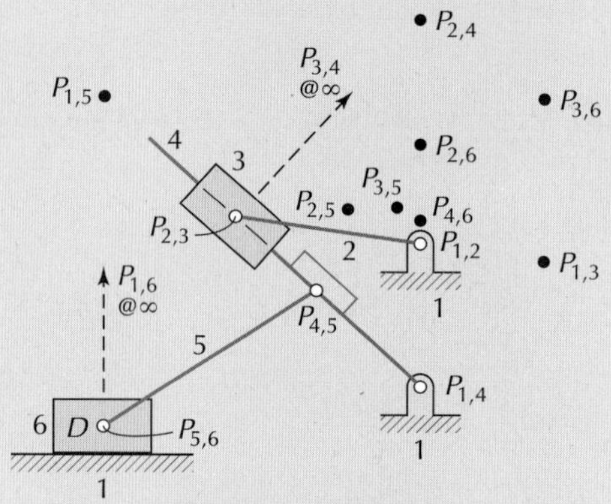

그림 3.6 ● 6절 기구의 순간 중심

풀이

이 기구에 대한 순간 중심은 예제 2.9에서 구하였다. $P_{2,6}$의 속도를 입력 링크 2 위의 한 점으로 표현한다면

$$v_{P_{2,6}} = r_{P_{1,2}P_{2,6}} \, |\dot{\theta}_2| \tag{3.2-17}$$

슬라이더는 순수 병진 중이라서

$$v_{P_{2,6}} = v_D = r_{P_{1,2}P_{2,6}} \, |\dot{\theta}_2| \tag{3.2-18}$$

위 분석에서 링크 3, 4, 5의 각속도는 구할 필요가 없었다.

예제 3.6 | 바퀴가 있는 시스템의 속도 분석

그림 3.7(a)의 기구에서, 바퀴 2는 기초 피벗 O_2에 대해 8.0 rad/sec의 속도로 반시계 방향으로 회전한다. 링크 3은 같은 기초 피벗에 대해 시계 방향으로 4.0 rad/sec의 속도로 회전한다. 바퀴 4는 회전 대우로 링크 3에 연결되고 바퀴 2와 구름 대우로 연결되어 있다. 주어진 위치에서, 모든 순간 중심의 위치를 구하고 그것들을 이용해서 바퀴 4의 회전 속도를 구하라.

$$r_2 = 15.0 \text{ cm}; \quad r_4 = 9.0 \text{ cm}$$

풀이

기구는 전체 6개의 순간 중심을 가진다. 5개의 $P_{1,2}$, $P_{1,3}$, $P_{2,3}$, $P_{2,4}$, $P_{3,4}$는 기구학적 대우

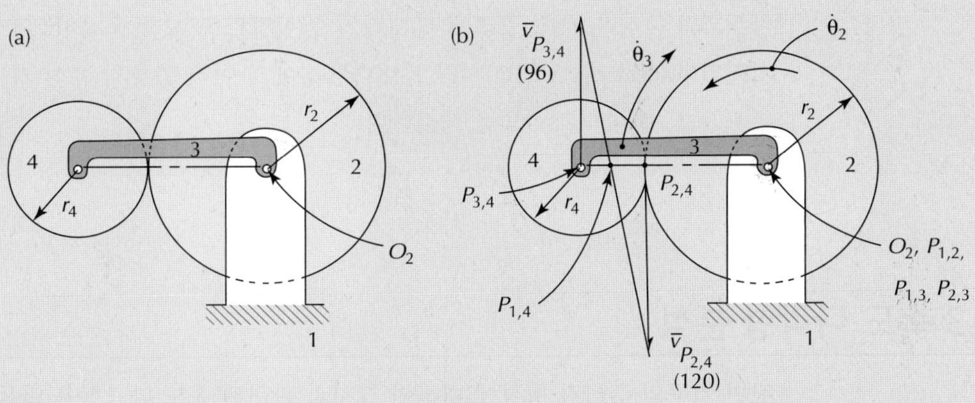

그림 3.7 ● 바퀴가 있는 시스템[비디오 3.7]

비디오 3.7
바퀴가 있는 시스템

를 조사함으로써 정해지며 그림 3.7(b)에 나타나 있다.

순간 중심, $P_{2,4}$와 $P_{3,4}$에 대해서,

$$v_{P_{2,4}} = r_{P_{1,2}P_{2,4}}\dot{\theta}_2 = r_2\dot{\theta}_2 = 15.0 \times 8.0 = 120\frac{\text{cm}}{\text{sec}}$$

$$v_{P_{3,4}} = r_{P_{1,3}P_{3,4}}\dot{\theta}_3 = -96.0\frac{\text{cm}}{\text{sec}}$$

이들 결과는 그림 3.7(b)에 표시되어 있다.

결정되어야 할 순간 중심은 $P_{1,4}$가 남아있다. 케네디 정리를 이용하면, $P_{1,4}$는 $P_{1,2}$와 $P_{2,4}$를 지나는 선상 및 $P_{1,3}$과 $P_{3,4}$를 지나는 선상에 있어야 한다. 그러나 두 선은 동일선이기 때문에, $P_{1,4}$의 위치를 결정하기 위한 유일한 교차점이 없다. 대신에, 순간 중심 $P_{2,4}$와 $P_{3,4}$의 속도가 평행하고 둘 다 링크 4와 관련이 있다. 이것은 그림 2.34(c)에 설명된 조건의 예이다. 2개의 순간 중심과 링크 4 위의 영속도점($P_{1,4}$) 사이는 선형 속도분포가 있다. 그러므로

$$r_{P_{1,4}P_{2,4}} = \frac{v_{P_{2,4}}}{v_{P_{2,4}} - v_{P_{3,4}}}r_{P_{2,4}P_{3,4}} = \frac{120}{120-(-96.0)}9.0\text{ cm} = 5.0\text{ cm}$$

링크 4의 회전 속도는 다음과 같다.

$$|\dot{\theta}_4| = \frac{r_{P_{1,2}P_{2,4}}}{r_{P_{1,4}P_{2,4}}}|\dot{\theta}_2| = \frac{15.0}{5.0}8.0 = 24.0\frac{\text{rad}}{\text{sec}}$$

$$\dot{\theta}_4 = 24.0\frac{\text{rad}}{\text{sec}}\text{CW}$$

바퀴 4의 중심은 기초 링크에 상대적인 원형경로를 따라 움직이므로, 이 기구는 **유성 기어열**(planetary gear train)이라 불린다. 6장에서 여러 종류의 유성 기어열을 상세히 다루고, 속도 분석의 대안법을 제시한다.

3.3 속도 다각형 분석

평면 기구의 주어진 형상에 대하여 그것과 관련된 속도 다각형을 만들 수 있다. 이 다각형은 기구의 한 형상과 대응하며 기구 상의 선택한 점들 사이에 일어나는 모든 상대적 속도에 대한 도식적 표시이다. 일단 속도 다각형을 만들면 모든 점에서의 절대 속도, 어느 두 점 사이의 상대 속도와 모든 링크의 회전 속도를 구할 수 있다.

속도 다각형을 만들기 위해서는 다음과 같은 일반적인 과정이 필요하다.

1. 기구에 대해 현재 분석 중인 형상을 일정한 비율로 다이어그램을 그린다.
2. **극다이어그램**(polar diagram)을 만들되 속도 0인 모든 점은 원점(극점) O_V에 위치시킨다.
3. 극점부터 시작해서 바로 계산이 가능한 속도 벡터들을 추가한다. 예를 들어 기본 링크(base link)에 관해서 미리 정해진 입력 동작에 바탕을 둔 속도 벡터들을 고려해 볼 수 있다.
4. 계산하고 다른 속도 벡터들을 추가하는 과정에서 도움이 되는 상대 속도식을 적어 놓는다.
5. 관심 있는 모든 점들에 대한 분석이 끝날 때까지 이 기구를 진행한다.

이제 이 속도 다각형은 절대와 상대 속도를 구하는 데 이용할 수 있다. 이 과정은 다음의 예제들에 설명되어 있다.

예제 3.7 | 4절 기구의 속도 분석

그림 3.8(a)의 4절 기구에서 링크의 길이는

$$r_{O_2O_4} = r_1 = 8.0\text{ cm};\quad r_{O_2B} = r_2 = 3.5\text{ cm}$$
$$r_{BD} = r_3 = 10.0\text{ cm};\quad r_{O_4D} = r_4 = 9.0\text{ cm}$$

입력 회전 속도는

$$\dot{\theta}_2 = 350\text{ rpm CCW} = 350 \times \frac{2\pi}{60}\text{rad/sec CCW} = 36.7\text{ rad/sec CCW}$$

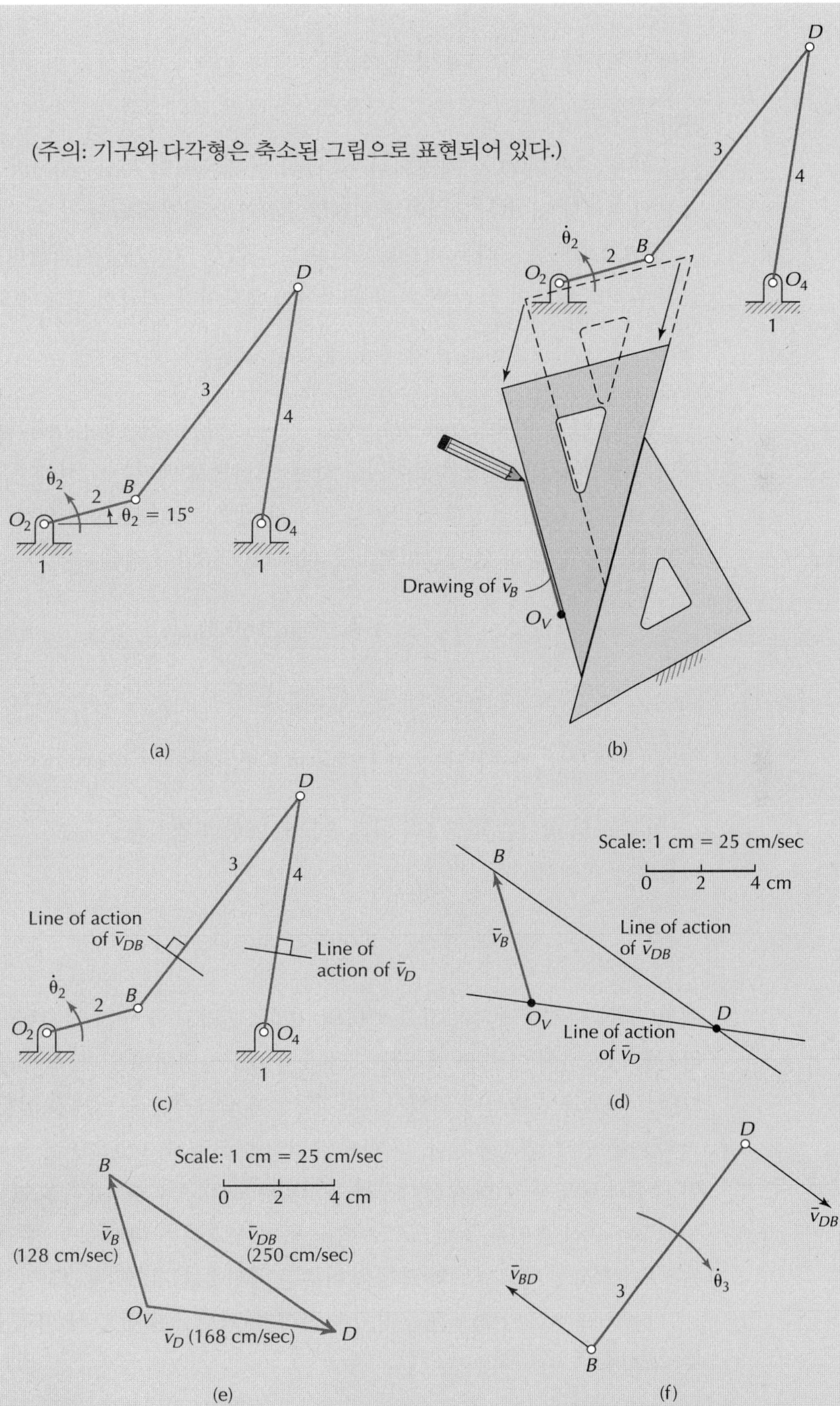

그림 3.8 ● 기구와 속도 다각형[비디오 3.8]

주어진 위치에서 링크 3과 링크 4의 회전 속력을 속도 다각형을 이용하여 구하라.

풀이

기초 피벗은 O_2와 O_4로 지정되어 있다. 이 두 점에서의 속도는 0이며 속도 다각형에서 극점에 위치할 것이다. 움직이는 회전쌍은 B와 D로 지정되어 있다.

점 B의 속도를 구하는 것으로부터 속도 다각형 그리기를 시작한다. 점 B는 링크 2의 끝에 위치해 있으며 점 O_2에 따라 움직이기 때문이다. 적합한 상대 속도식은

$$\bar{v}_B = \bar{v}_{O_2} + \bar{v}_{BO_2} \tag{3.3-1}$$

그러나 O_2는 영속도(zero velocity)를 가지고 있기 때문에 점 B와 점 O_2 사이의 상대 속도는 점 B에서의 절대 속도이기도 하다. 그러므로 벡터는 극점에서부터 그려진다. 또한 점 B는 점 O_2와 일정한 거리만큼 떨어져 있으므로 2.5.1절에 의하여 점 B의 상대 속도 방향은 기구 상의 **선 세그먼트**(line segment) O_2B와 수직을 이룬다. 즉

$$\bar{v}_B = \bar{v}_{BO_2} = r_2\dot{\theta}_2\,\bar{i}_{\theta_{BO_2}} \tag{3.3-2}$$

여기서 속도 크기는

$$v_B = |\bar{v}_B| = |r_2\dot{\theta}_2| = 3.5\ \text{cm} \times 36.7\ \text{rad/sec} = 128\ \text{cm/sec}$$

이 속도의 방향은 링크 2의 회전 속도의 방향을 검사하면 구할 수 있다. 다음과 같은 비율을 선택해서

$$1\ \text{cm} = 25\ \text{cm/sec} \tag{3.3-3}$$

벡터($\bar{v}_B$)를 다각형에 추가하고 벡터의 머리를 B라고 표시한다. 그림 3.8(b)는 2개의 삼각자를 이용하여 이 속도 벡터를 그리는 방법을 설명하고 있다. 삼각자의 한 변은 선 세그먼트 O_2B와 평행하게 위치시킨다. 두 번째 삼각자는 그림에 보이듯이 첫 번째 삼각자의 다른 변과 맞닿게 한다. 두 번째 삼각자를 고정하고 있으면서 첫 번째 삼각자의 변이 극점과 닿도록 첫 번째 삼각자를 움직인다. 그림 3.8(b)를 살펴보면 극점과 닿는 변은 링크 2와 수직을 이루고 있으므로 속도 벡터를 그리는 데 이용할 수 있다. 또한 삼각자는 기구 상의 선 세그먼트와 평행을 이루는 벡터를 쉽게 그리는 데 이용할 수 있다.

다음으로 점 D의 속도를 구하고자 한다. 여기서 D는 점 O_4에 따라 움직이는 것을 볼 수 있으며

$$\overline{v}_D = \overline{v}_{O_4} + \overline{v}_{DO_4} \tag{3.3-4}$$

D와 O_4 사이의 거리는 일정하기 때문에 이 두 점 사이의 상대 속도는 기구 상에서 두 점을 연결하는 선과 수직을 이룬다고 결론지을 수 있다[그림 3.8(c)]. 즉

$$\overline{v}_D = \overline{v}_{DO_4} = r_4 \dot{\theta}_4 \overline{i}_{\theta_{DO_4}} \tag{3.3-5}$$

O_4는 고정되어 있기 때문에 극점에서부터 $\overline{v}_D$의 작용선을 그려 넣는다[그림 3.8(d)]. 그러나 이 벡터의 크기는 아직 모른다. 벡터의 방향 또한 구해야 한다.

기구 상의 점 D 또한 점 B에 따라 움직이며 우리는 다음과 같은 관계를 이용할 수 있다.

$$\overline{v}_D = \overline{v}_B + \overline{v}_{DB} \tag{3.3-6}$$

점 B와 점 D는 일정한 거리만큼 떨어져 있으므로 대응하는 상대 속도는 기구 상에서 대응하는 방향과 수직을 이룬다[그림 3.8(c)]. 즉

$$\overline{v}_{DB} = r_3 \dot{\theta}_3 \overline{i}_{\theta_{DB}} \tag{3.3-7}$$

식 (3.3-6)에서 점 D의 속도는 점 B의 속도에 관하여 표현하였기 때문에 B에서부터 시작하여 상대 속도의 작용선을 다각형에 추가한다[그림 3.8(d)]. 여기서 작용선은 알지만 이 벡터의 크기와 방향은 아직 알지 못한다.

점 D의 속도는 유일하다(unique). 식 (3.3-5)와 (3.3-7)의 상대 속도식과 속도의 작용선을 만족시키기 위해서 점 D의 속도 머리 부분은 두 작용선이 교차하는 지점에 위치해 있어야 한다[그림 3.8(d)]. 이것은 다각형 상에서 점 D로 지정한다. 점 B와 점 D 사이의 상대 속도를 표시한다. 완성된 속도 다각형은 그림 3.8(e)에 나타나 있다. 그림 3.8(f)에 표시되어 있듯이 다음을 주의하라.

$$\overline{v}_{DB} = -\overline{v}_{BD} \tag{3.3-8}$$

이제 속도 다각형이 완성되었기 때문에 링크 3과 4의 각속력 크기와 방향을 구할 수 있다. 이를 위해서 식 (3.3-3)에 주어진 비율(scale)을 이용하여 다각형의 속력을 측정한다. 결과는 다음과 같다.

$$v_{DB} = 250\ \text{cm/sec}; \quad v_D = 168\ \text{cm/sec}$$

식 (3.3-7)의 크기를 고려하여 다시 정리하면

$$|\dot{\theta}_3| = \frac{v_{DB}}{r_3} = \frac{250}{10.0} = 25.0\ \text{rad/sec}$$

마찬가지로 식 (3.3-5)에서 링크 4의 회전 속력 크기는

$$|\dot{\theta}_4| = \frac{v_D}{r_4} = \frac{168}{9.0} = 18.7\,\text{rad/sec}$$

점 B와 D를 양 끝점으로 하는 링크 3의 회전 속력 방향은 상대 속도 $\bar{v}_{DB}$의 방향을 검사하면 구할 수 있다. 이 상대 속도는 B에 관한 D의 상대 속도이다. 즉 기구 상에서 점 D에서 점 B를 바라보았을 때 오른쪽으로 움직이는 것을 볼 수 있다. 이는 링크가 시계 방향으로 움직인다는 것과 대응한다. 그림 3.8(f)에 예시되어 있다.

만약 상대 속도 $\bar{v}_{DB}$를 이용한다고 해도 같은 결과를 얻을 수 있다. 이 경우 점 B는 점 D에 관해 오른쪽으로 움직이는 것을 볼 수 있다. 이 또한 링크가 시계 방향으로 움직인다는 결론에 도달하게 된다. 이는 그림 3.8(f)에 나타나 있다. 링크 4에 대하여 비슷한 분석을 하면 링크 4 또한 시계 방향으로 움직인다는 것을 알 수 있다. 그러므로 링크 3과 4의 회전 속력은

$$\dot{\theta}_3 = 25.0\ \text{rad/sec CW}; \quad \dot{\theta}_4 = 18.7\ \text{rad/sec CW}$$

비디오 3.8
기구와 속도 다각형

비디오 3.9
상대 속도에 관한 예

상대 속도에 대한 한 예로 그림 3.9의 4절 기구를 생각해 보자. 그림 3.9(a)에서 커플러(coupler)는 분리되어 있다. 링크의 양쪽 끝에 상대 속도가 나타나 있다. 그림 3.9(b)에 보이는 형상에서 커플러는 시계 방향으로 회전하고 있다. 각진 화살표는 회전 속력의 방향을 가리킨다. 그림 3.9(c)와 3.9(d)에 보이듯이 순환기(cycle)의 후반에서 커플러는 반시계 방향으로 돌고 있다.

[**비디오 3.8**]은 예제에서 제시된 속도 다각형 구조의 동영상을 제공한다.

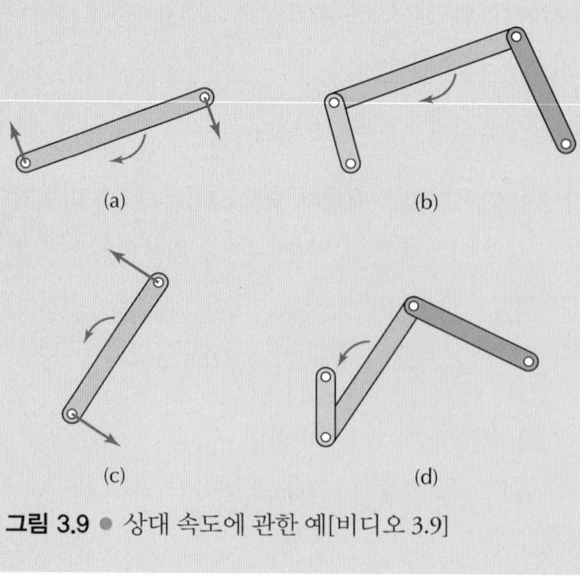

그림 3.9 ● 상대 속도에 관한 예[비디오 3.9]

예제 3.8 | 커플러 점을 가진 4절 기구의 속도 분석

예제 3.7과 같은 4절 연쇄(kinematic chain)를 생각해 보자. 그림 3.10에서와 같이 링크 3에 커플러 점 C가 추가되었다. 점 C의 속도를 구하라.

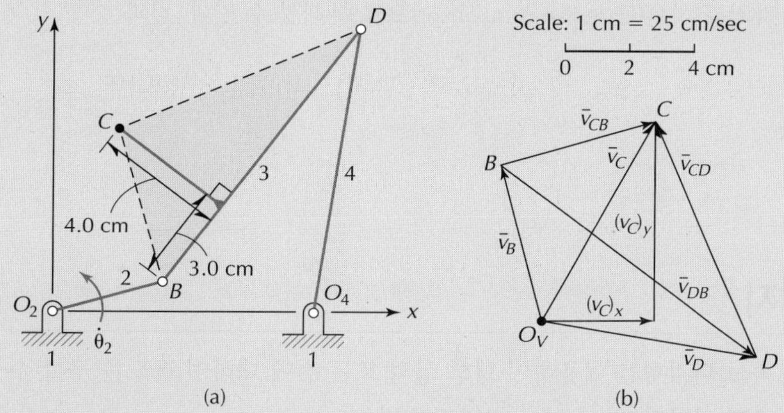

그림 3.10 ● (a) 기구, (b) 속도 다각형

풀이

예제 3.7의 속도 다각형과 같은 속도 다각형을 그리는 것부터 시작한다. 그리고 점 B에 관해 점 C의 속도를 생각해 본다. 적합한 상대 속도식은

$$\bar{v}_C = \bar{v}_B + \bar{v}_{CB} \tag{3.3-9}$$

점 B와 C는 일정한 거리만큼 떨어져 있으므로 이 두 점 사이의 상대 속도는 기구 상에서 이 두 점을 잇는 선 세그먼트와 수직을 이루는 방향에 있다. 더군다나 C는 B에 관해서 움직이고 있기 때문에 이 상대 속도의 작용선은 다각형의 점 B에서부터 그려진다. 그러나 이 벡터의 크기와 방향은 아직 알 수 없다.

이와 유사한 방법으로 점 C의 속도는 점 D에 따라 움직인다. 적합한 상대 속도식은

$$\bar{v}_C = \bar{v}_D + \bar{v}_{CD} \tag{3.3-10}$$

기구 상에서 C와 D 사이의 상대 속도는 이 두 점을 잇는 작용선이 놓인 방향과 수직을 이룬다. 이 경우 이 상대 속도의 작용선은 다각형의 점 D에서부터 그려진다.

점 C의 속도는 유일하고 식 (3.3-9)와 (3.3-10)을 모두 만족시켜야 하기 때문에 점 C의 속도 벡터 머리는 대응하는 속도의 두 작용선이 교차하는 지점에 위치해 있어야 한다. 이는 다각형 상에서 점 C로 표시된다. 점 B, C 및 D 사이의 상대 속도를 표시한다. 점

C의 절대 속도는 극점에서부터 점 C까지 벡터를 그리고 구할 수 있다. 결과는

$$|\bar{v}_C| = 181 \text{ cm/sec}$$

이 속도의 방향은 그림 3.10(b)의 다각형에 표시되어 있다. 점 C의 속도는 그것의 직각좌표 성분(Cartesian component)으로 분해할 수 있다. 결과는

$$(v_C)_x = 87 \text{ cm/sec}; \quad (v_C)_y = 159 \text{ cm/sec}$$

3.4 속도 이미지

속도 다각형을 이용하여 링크 상의 모든 점에 대하여 속도를 구할 수 있는 유용한 도구를 **속도 이미지**(velocity image)라고 한다.

기구가 움직이는 동안 링크 내의 모든 점은 일정한 거리만큼 떨어져 있다. 그러므로 같은 링크 상의 두 점 사이의 상대 속도는 기구 상에서 이 두 점을 연결하는 선과 수직을 이루는 방향에 놓일 것이다. 더군다나 상대 속도의 크기는 기구에서의 거리와 링크의 회전 속력을 곱한 값과 같다. 그러나 링크의 회전 속력은 유일하기 때문에 속도 다각형 상에서 같은 링크 내의 두 점 사이의 거리는 기구 상에서 대응하는 점들 사이의 거리에 비례한다.

예제 3.8을 예로 들어 다시 생각해 보자. 속도 다각형은 그림 3.11(b)에 다시 그려져 있다. 점 B, C 및 D 사이의 상대 속도 크기는 표시되어 있다. 모든 식에 $\dot{\theta}_3$이 공통으로 들어 있기 때문에 기구 상의 점 B, C 및 D로 정의된 삼각형[그림 3.11(a)]은 속도 다각형의 점 B, C 및 D로 정의된 삼각형[그림 3.11(b)]과 **닮은꼴**이다.

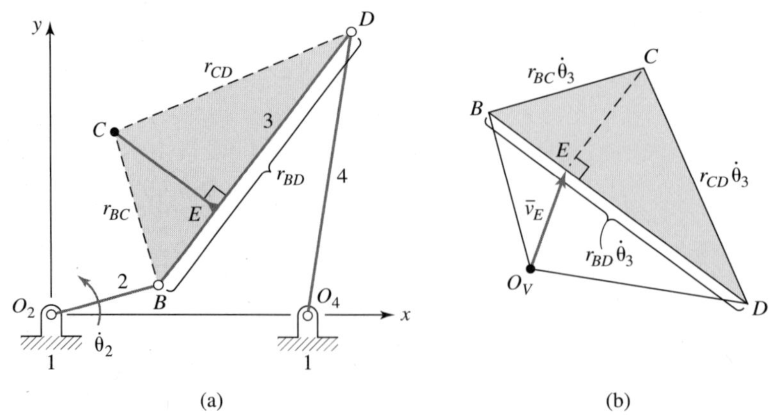

그림 3.11 ● 속도 이미지의 예. (a) 기구, (b) 속도 다각형의 윤곽

속도 다각형에 있는 링크에 대한 속도 이미지가 만들어지면 링크 상의 점에 대한 속도는 쉽게 구할 수 있다. 예를 들어 그림 3.11(a)의 기구에서 점 *E*는 속도 다각형에서 그것의 이미지에서 찾을 수 있다. 그러면 그 점에서의 절대 속도는 다각형 상의 극점에서 점 *E*까지 그린 벡터와 대응한다.

링크 2와 4에 대한 속도 이미지도 속도 다각형 상에 나타난다. 링크 2의 이미지는 다각형에서 극점과 점 *B* 사이에 있으며, 링크 4의 이미지는 극점과 점 *D* 사이에 있다.

속도 이미지를 이용한 속도 다각형 분석에 대한 더 많은 예제는 밑에 소개되어 있다.

예제 3.9 | 슬라이더 크랭크 기구의 속도 분석

그림 3.12(a)의 슬라이더 크랭크 기구에서 링크의 길이는

$$r_{O_2B} = r_2 = 3.5 \text{ in}; \quad r_{BD} = r_3 = 9.0 \text{ in}$$

입력 회전 속력은

$$\dot{\theta}_2 = 500 \text{ rpm CCW} = 52.4 \text{ rad/sec CCW}$$

주어진 위치에서 링크 3의 회전 속력과 점 *C*의 속도를 구하라.

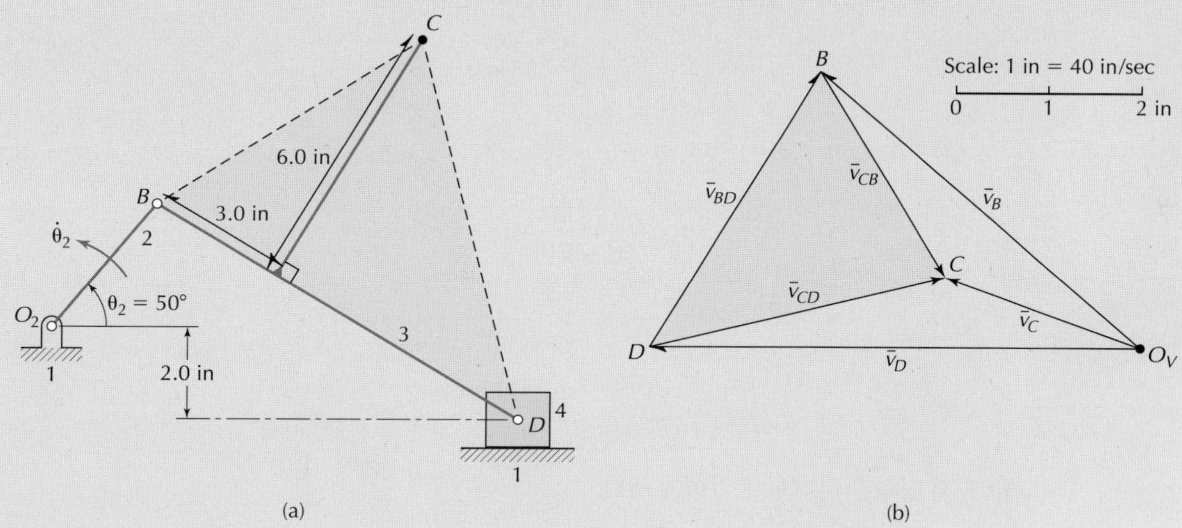

그림 3.12 ● (a) 기구, (b) 속도 다각형

풀이

B의 속력은

$$v_B = |r_2 \dot{\theta}_2| = 3.5 \text{ in} \times 52.4 \text{ rad/sec} = 183 \text{ in/sec}$$

이며 벡터는 극점에서부터 시작하여 다각형에 추가된다. 그림 3.12(b)의 다각형에 점 B를 표시한다.

점 D로 지정된 슬라이더는 기본 링크에 따라 움직인다. 그러므로 그에 대한 속도의 작용선은 극점에 관해서 그려진다. 하지만 이 벡터의 크기와 방향을 아직 알 수는 없다.

기구 상의 점 D 또한 점 B에 따라 움직이므로 다음의 관계를 이용할 수 있다.

$$\overline{v}_D = \overline{v}_B + \overline{v}_{DB} \tag{3.4-1}$$

상대 속도의 작용선은 점 B에서부터 시작하여 다각형에 추가된다. 두 작용선의 교차하는 지점은 다각형 상에서 점 D가 된다. 벡터 $\overline{v}_D$와 $\overline{v}_{DB}$를 표시한다.

예제 3.8에서 제시한 과정을 사용하여 다각형에서 점 C를 구한다. 점 C는 속도 이미지로도 구할 수 있다. 그리고는 $\overline{v}_C$, $\overline{v}_{CB}$ 및 $\overline{v}_{CD}$를 표시한다.

예제 3.7와 유사한 분석법으로 $\overline{v}_{DB}$의 방향을 관찰했을 때 링크 3의 회전 속력 방향은 시계 방향에 있는 것으로 판정된다.

링크 3의 회전 속력 크기는 다음을 이용하여 구한다.

$$v_{DB} = 138 \text{ in/sec}$$

그러므로

$$\dot{\theta}_3 = \frac{v_{DB}}{r_3} = \frac{138}{9.0} = 15.3 \text{ rad/sec CW}$$

또한

$$|\overline{v}_C| = 91 \text{ in/sec}$$

$\overline{v}_C$의 방향은 다각형에 주어져 있다.

예제 3.10 | 역슬라이더 크랭크 기구의 속도 분석

그림 3.13(a)의 역슬라이더 크랭크 기구에서 링크의 길이는

$$r_{O_2O_3} = r_1 = 5.0 \text{ in}; \quad r_{O_2B_2} = r_2 = 6.0 \text{ in}$$

링크 2의 회전 속력은

$$\dot{\theta}_2 = 30.0 \text{ rad/sec CW}$$

주어진 형태에 대한 기구의 속도 다각형과 링크 3의 회전 속력을 구하라.

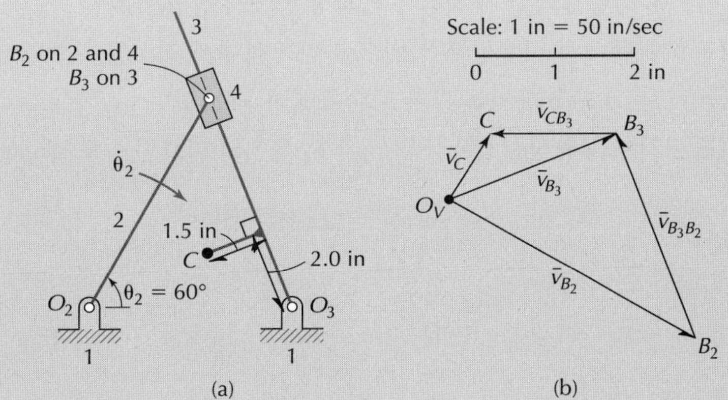

그림 3.13 ● (a) 기구, (b) 속도 다각형

풀이

B_2의 속력은

$$v_{B_2} = |r_2\dot{\theta}_2| = 6.0 \text{ in} \times 30.0 \text{ rad/sec} = 180 \text{ in/sec}$$

다각형에 B_2의 속력을 그려 놓는다.

다음으로 점 B_3의 속도를 고려하여 다음을 주목한다.

$$\bar{v}_{B_3} = \bar{v}_{B_3O_3} = r_{B_3O_3}\dot{\theta}_3\bar{i}_{\theta_{B_3O_3}} \tag{3.4-2}$$

여기서

$$r_{B_3O_3} = 5.57 \text{ in}$$

B_3의 속도의 작용선은 극점에서부터 시작하여 다각형에 추가된다.

이제는 B_2에 대한 B_3의 동작을 다음 식을 이용하여 살펴본다.

$$\bar{v}_{B_3} = \bar{v}_{B_2} + \bar{v}_{B_3B_2} \tag{3.4-3}$$

식 (3.4-3)에서 $\bar{v}_{B_2}$를 알 수 있다. 게다가 2.5.2절에서 제시한, 슬라이더가 직선형 슬라이드에서 움직이고 있는 특별한 경우에 따라

$$\bar{v}_{B_3B_2} = \dot{r}_{B_3B_2}\,\bar{i}_{r_{B_3O_3}} \tag{3.4-4}$$

슬라이드의 방향에 놓여 있는 이 상대 속도의 작용선은 B_2에서부터 시작하여 다각형에 추가된다. 두 작용선의 교차 지점은 다각형 상에서 점 B_3가 된다.

이전 예제들에서 사용한 분석법으로 다각형에서 점 C를 구한다. 이제 다각형상의 벡터들이 그림 3.13(b)에서와 같이 모두 표시가 되어 있다.

이제 다각형을 완성시켰으니 점 B_3와 B_2 사이의 미끄럼 속도(sliding velocity) 크기는

$$v_{B_3B_2} = |\dot{r}_{B_3B_2}| = 140 \text{ in/sec}$$

B_3의 절대 속도 크기는

$$v_{B_3} = v_{B_3O_3} = 113 \text{ in/sec}$$

링크 3의 회전 속력은

$$\dot{\theta}_3 = \frac{v_{B_3O_3}}{r_{B_3O_3}} = \frac{113}{5.57} = 20.3 \text{ rad/sec CW}$$

인데 여기서 회전 속력의 방향은 $\bar{v}_{B_3}$의 방향과 O_3에 대한 B_3의 위치를 살펴보면서 구해졌다.

예제 3.11 | 6절 기구의 속도 분석

그림 3.14(a)의 기구에서 링크의 길이는

$$r_{O_2O_4} = r_1 = 2.0 \text{ in};\quad r_{BO_2} = r_2 = 1.0 \text{ in};\quad r_{BD} = r_3 = 3.5 \text{ in}$$

$$r_{BC} = 2.0 \text{ in};\quad r_{DO_4} = r_4 = 2.0 \text{ in};\quad r_{E_5C} = 1.5 \text{ in}$$

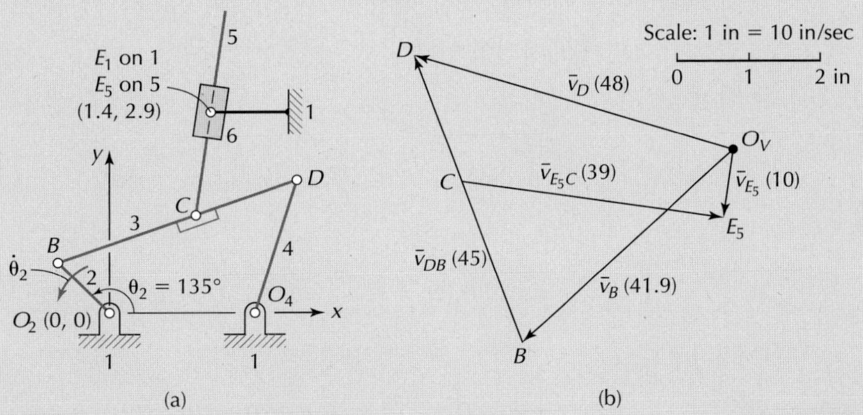

그림 3.14 ● (a) 기구, (b) 속도 다각형

입력 회전 속력은

$$\dot{\theta}_2 = 400 \text{ rpm CCW} = 41.9 \text{ rad/sec CCW}$$

주어진 형태에 대한 기구의 속도 다각형과 링크 3, 4 및 5의 회전 속력을 구하라.

풀이

다음의 과정을 이용한다.

- v_B를 계산한다.

$$v_B = |r_2\dot{\theta}_2| = 1.0 \text{ in} \times 41.9 \text{ rad/sec} = 41.9 \text{ in/sec}$$

- 다각형에서 B의 위치를 구한다.
- 다음 식을 이용한다.

$$\bar{v}_D = \bar{v}_B + \bar{v}_{DB} \tag{3.4-5}$$

그리고 다각형에서 D의 위치를 구하기 위해 $\bar{v}_D$와 $\bar{v}_{DB}$의 작용선을 그려 넣는다.

- 속도 이미지를 이용하여 C의 위치를 구한다.
- 다음 식을 이용한다.

$$\bar{v}_{E_5} = \bar{v}_C + \bar{v}_{E_5C} \tag{3.4-6}$$

그리고 다각형에서 E_5의 위치를 구하기 위해 $\bar{v}_{E5}$와 $\bar{v}_{E_5C}$의 작용선을 그려 넣는다.

- 모든 벡터를 표시한다. 그림 3.14(b)에서 완성된 속도 다각형을 보여준다. 속도의 크기는 괄호 안에 표시되어 있다.
- 회전 속력은

$$\dot{\theta}_3 = \frac{v_{DB}}{r_3} = \frac{45}{3.5} = 12.9 \text{ rad/sec CCW}$$

$$\dot{\theta}_4 = \frac{v_D}{r_4} = \frac{48}{2.0} = 24.0 \text{ rad/sec CCW}$$

$$\dot{\theta}_5 = \frac{v_{CE_5}}{r_{CE_5}} = \frac{39}{1.5} = 26.0 \text{ rad/sec CW}$$

3.5 가속도 다각형 분석

가속도 다각형 방법은 속도 다각형 방법과 많은 유사점을 가지고 있다. 그러나 가속도 다각형을 완성하기 위해서는 속도 다각형 분석의 결과를 먼저 얻어야 한다. 법선 가속도(normal acceleration)와 코리올리 가속도(Coriolis acceleration)를 구하기 위해서는 회전 속도와 미끄럼 속도의 값이 필요하다.

가속도 다각형을 만들기 위해서는 다음과 같은 일반적인 과정이 필요하다.

1. 기구에 대해 현재 분석 중인 형상을 일정한 비율로 도표를 그린다.
2. 극다이어그램을 만들되 가속도 0인 모든 점은 원점(극점) O_A에 위치시킨다.
3. 극점부터 시작해서 바로 계산이 가능한 가속도 벡터들을 추가한다. 예를 들어 기본 링크에 관해서 미리 정해진 입력 동작에 바탕을 둔 가속도 벡터들을 고려해 볼 수 있다.
4. 계산하고 다른 가속도 벡터들을 추가하는 과정에서 도움이 되는 상대 가속도 식을 적어 놓는다.
5. 관심 있는 모든 점들에 대한 분석이 끝날 때까지 이 기구를 진행한다.

이제 이 가속도 다각형은 절대 및 상대 가속도를 구하는 데 이용할 수 있다. 이 과정은 다음의 예제들에 설명되어 있다.

예제 3.12 | 일정한 입력 속도를 가진 4절 기구의 가속도 분석

예제 3.7(그림 3.8 참조)의 4절 기구를 생각해 보자. 속도 분석에서 필요한 관련 정보는 그림 3.15(a)에 설명되어 있다. 링크 2의 회전 속력은 일정하다. 가속도 다각형을 만들어서 주어진 위치에 대한 링크 3과 4의 각가속도를 구하라.

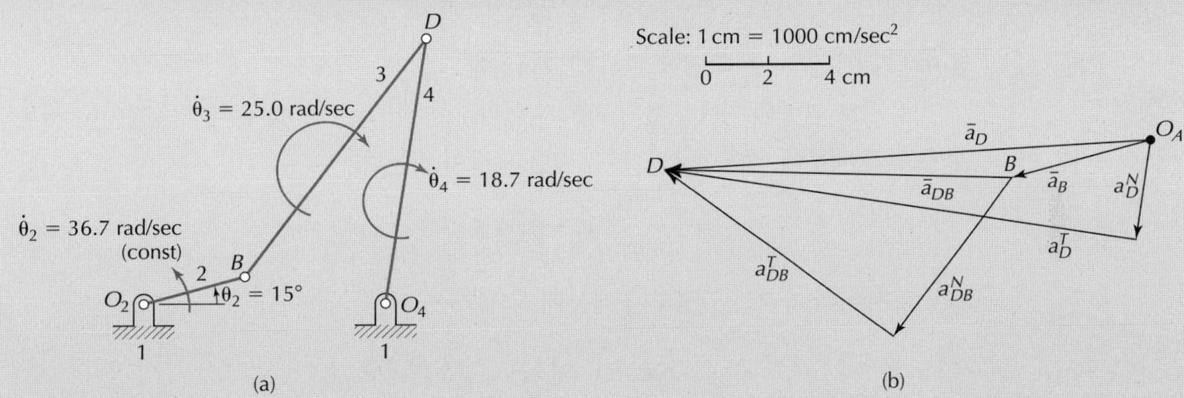

그림 3.15 ● (a) 기구, (b) 가속도 다각형[비디오 3.15]

풀이

이 예제에서는 모든 운동 대우(kinematic pair)가 일정한 거리만큼 떨어져 있다. 그러므로 2.7.1절에 의하여 상대 가속도의 접선 성분과 법선 성분만 생각하면 된다.

가속도 다각형을 만드는 데 있어서 먼저 O_2와 일정한 거리만큼 떨어져 있는 점 B의 가속도를 구한다. 식 (2.7-4)를 이용하여

$$\begin{aligned}\bar{a}_B = \bar{a}_{BO_2} &= (-r_2\dot{\theta}_2^2)\bar{i}_{r_{BO_2}} + (r_2\ddot{\theta}_2)\bar{i}_{\theta_{BO_2}} \\ &= (a_{BO_2}^N)\bar{i}_{r_{BO_2}} + (a_{BO_2}^T)\bar{i}_{\theta_{BO_2}}\end{aligned} \tag{3.5-1}$$

더군다나

$$\dot{\theta}_2 = \text{constant}; \ddot{\theta}_2 = 0$$

이기 때문에 식 (3.5-1)은 다음과 같이 정리가 된다.

$$\bar{a}_B = (-r_2\dot{\theta}_2^2)\bar{i}_{r_{BO_2}} \tag{3.5-2}$$

B의 가속도 방향은 점 O_2와 B에 의하여 정의된 선 세그먼트와는 음(negative)의 반경 방

향에 있어야 한다. 값은 다음과 같다.

$$a_B^N = -r_2\dot{\theta}_2^2 = -3.5 \times 36.7^2 = -4710 \text{ cm/sec}^2$$

다음의 비율을 이용하면

$$1 \text{ cm} = 1000 \text{ cm/sec}^2 \tag{3.5-3}$$

점 B의 가속도 벡터는 극점에 관하여 그려진다.

다음으로 점 D의 가속도를 구하고자 한다. 여기서 D는 점 O_4에 따라 움직이는 것을 알 수 있기 때문에 상대 가속도 식을 다음과 같이 적는다.

$$\overline{a}_D = \overline{a}_{O_4} + \overline{a}_{DO_4} \tag{3.5-4}$$

D와 O_4 사이의 거리는 일정하기 때문에 상대 가속도는

$$\begin{aligned} \overline{a}_{DO_4} &= (-r_4\dot{\theta}_4^2)\overline{i}_{r_{DO_4}} + (r_4\ddot{\theta}_4)\overline{i}_{\theta_{DO_4}} \\ &= (a_{DO_4}^N)\overline{i}_{r_{DO_4}} + (a_{DO_4}^T)\overline{i}_{\theta_{DO_4}} \end{aligned} \tag{3.5-5}$$

예제 3.7의 회전 속력 값을 이용하여 법선 가속도 성분을 구하면

$$a_{DO_4}^N = -r_4\dot{\theta}_4^2 = -9.0 \times 18.7^2 = -3150 \text{ cm/sec}^2$$

가속도의 법선 성분은 극점에서부터 그리고, 접선 성분의 작용선은 법선 가속도 벡터의 머리에서부터 그린다. 우리는 아직 접선 성분의 크기를 알 수 없다. 또한 벡터가 점 D와 O_4에 의하여 정의된 선 세그먼트와 수직을 이루면서 가리킬 수 있는 방향이 두 가지나 되기 때문에 이 방향은 아직 결정되지 않았다.

기구 상에서 점 D는 점 B에 따라 움직인다. 또한 점 B와 D는 일정한 거리만큼 떨어져 있다. 우리는 다음의 상대 가속도 식을 이용한다.

$$\overline{a}_D = \overline{a}_B + \overline{a}_{DB} \tag{3.5-6}$$

여기서

$$\begin{aligned} \overline{a}_{DB} &= (-r_3\dot{\theta}_3^2)\overline{i}_{r_{DB}} + (r_3\ddot{\theta}_3)\overline{i}_{\theta_{DB}} \\ &= (a_{DB}^N)\overline{i}_{r_{DB}} + (a_{DB}^T)\overline{i}_{\theta_{DB}} \end{aligned} \tag{3.5-7}$$

법선 가속도 성분은

$$a_{DB}^N = -r_3\dot{\theta}_3^2 = -10.0 \times 25.0^2 = -6250 \text{ cm/sec}^2$$

식 (3.5-6)에서 상대 가속도 $\bar{a}_{CB}$는 점 B와 관련이 있다. 그러므로 법선 가속도 성분과 접선 가속도의 작용선은 점 B에서부터 시작하여 다각형에 추가된다. 접선 성분의 경우 우리는 작용선만 알 뿐 아직 크기와 방향은 모른다.

그러나 여기서 점 D의 가속도는 유일하다는 것을 알아야 한다. 상대 가속도 식 (3.5-4)와 (3.5-6) 그리고 접선 가속도 성분들의 작용선을 만족시키기 위해서 $\bar{a}_D$의 머리는 두 작용선의 교차 지점에 놓여 있어야 한다. 이는 다각형에서 점 D로 표시된다. 완성된 가속도 다각형은 그림 3.15(b)에 나타나 있다.

이제 가속도 다각형이 완성되었으니 링크 3과 4의 각가속도의 크기와 방향을 구할 수 있다. 이를 위해서 식 (3.5-3)에 주어진 비율을 이용하여 다각형에서 가속도의 접선 성분들을 측정한다. 결과는

$$a_{DB}^T = 9080 \text{ cm/sec}^2; \quad a_D^T = 15,300 \text{ cm/sec}^2$$

식 (3.5-5)와 (3.5-7)의 접선 성분만을 고려하면 링크 3과 4의 각가속도 크기는

$$|\ddot{\theta}_3| = \frac{a_{DB}^T}{r_3}; \quad |\ddot{\theta}_4| = \frac{a_D^T}{r_4} \qquad (3.5\text{-}8)$$

식 (3.5-8)에 값을 대입하면

$$|\ddot{\theta}_3| = \frac{a_{DB}^T}{r_3} = \frac{9080}{10.0} = 908 \text{ rad/sec}^2$$

$$|\ddot{\theta}_4| = \frac{a_D^T}{r_4} = \frac{15,300}{9.0} = 1700 \text{ rad/sec}^2 \qquad (3.5\text{-}9)$$

점 B와 D를 양 끝점으로 하는 링크 3의 각가속도 방향은 a_{BD}^T의 방향을 살피면 구할 수 있다. 이 상대 가속도는 점 B에 대하여 보이게 된다. 즉 기구 상에서 D를 B에서 바라봤을 때 그것이 왼쪽 위 방향으로 가속하는 것처럼 보일 것이다. 이것은 이 순간 링크가 반시계 방향으로 가는 각가속도를 가지는 것과 대응한다. 그림 3.16에서 이를 설명하고 있다. 또 다른 방법으로 각가속도의 방향을 구하는 데 상대 가속도 a_{BD}^T를 이용하여 같은 결론을 얻을 수 있다. 이때 그림 3.16에 설명되어 있듯이

$$a_{BD}^T = -a_{DB}^T \qquad (3.5\text{-}10)$$

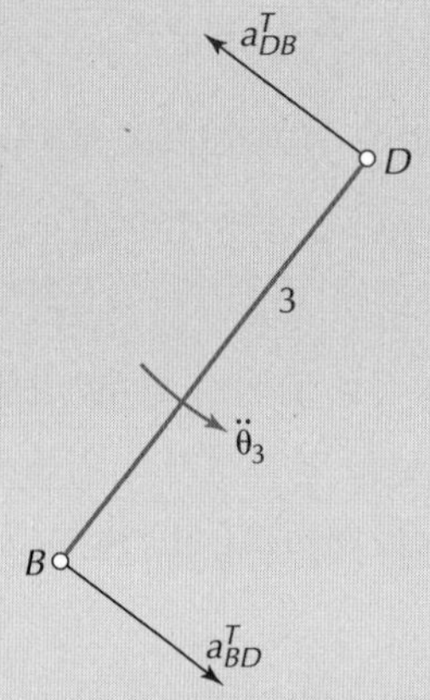

그림 3.16 ● 점 B와 D 사이의 접선 가속도의 상대 성분

링크 4에 대한 유사한 분석을 한 결과 동일한 순간에 대하여 반시계 방향으로 가는 각가속도를 가지고 있는 것을 알 수 있다. 그러므로 링크 3과 4의 각가속도는

$$\ddot{\theta}_3 = 908 \text{ rad/sec}^2 \text{ CCW}; \quad \ddot{\theta}_4 = 1700 \text{ rad/sec}^2 \text{ CCW}$$

두 링크에 대한 각가속도의 방향(즉 반시계 방향)은 각속도의 방향(즉 시계 방향)과는 반대이기 때문에 이 위치에서 두 링크는 **각감속**(angular deceleration), 다시 말하자면 느려지고 있다. 링크에 대한 각속도와 각가속도의 방향이 모두 같으면 링크는 **각가속**(angular acceleration), 다시 말하자면 빨라지고 있을 것이다.

비디오 3.15
기구와 가속도 다각형

[**비디오 3.15**]는 이 예제에서 나타낸 가속도 다각형의 작도에 관한 동영상 과정을 제공한다.

예제 3.13 | 가변 입력 속도를 가진 4절 기구의 가속도 분석

예제 3.12의 4절 기구를 생각해 보자. 기구의 형상과 링크 2의 입력 회전 속력의 순시값은 예제 3.12의 그것과 같다. 그러나 링크 2는 다음과 같은 비율로 감속을 하고 있다.

$$\ddot{\theta}_2 = 600 \text{ rad/sec}^2 \text{ CW}$$

가속도 다각형을 만들어서 주어진 위치에 대한 링크 3과 4의 각가속도를 구하라.

풀이

기구의 형상과 링크 2의 입력 회전 속력의 순시값은 예제 3.12와 같기 때문에 링크 3과 4의 회전 속력과 가속도의 법선 성분 또한 같다.

식 (2.7-4)를 이용하면 점 B의 가속도는

$$\begin{aligned}\bar{a}_B = \bar{a}_{BO_2} &= (-r_2\dot{\theta}_2^2)\bar{i}_{r_{BO_2}} + (r_2\ddot{\theta}_2)\bar{i}_{\theta_{BO_2}} \\ &= (-3.5\times 36.7^2)\bar{i}_{r_{BO_2}} + [3.5\times(-600)]\bar{i}_{\theta_{BO_2}} \\ &= (-4710)\bar{i}_{r_{BO_2}} + (-2100)\bar{i}_{\theta_{BO_2}} \\ &= (a_{BO_2}^N)\bar{i}_{r_{BO_2}} + (a_{BO_2}^T)\bar{i}_{\theta_{BO_2}} \end{aligned} \tag{3.5-11}$$

이 가속도는 극점에서부터 시작하여 다각형에 추가된다. 가속도 다각형을 만드는 나머지 과정은 예제 3.12와 유사하다. 그림 3.17(b)에 제시된 다각형에서 다음을 측정한다.

$$a_{DB}^T = 13{,}200\ \text{cm/sec}^2;\quad a_D^T = 18{,}000\ \text{cm/sec}^2$$

식 (3.5-8)을 이용하여 링크 3과 4의 각가속도를 구하면

$$\ddot{\theta}_3 = 1320\ \text{rad/sec}^2\ \text{CCW};\quad \ddot{\theta}_4 = 2000\ \text{rad/sec}^2\ \text{CCW}$$

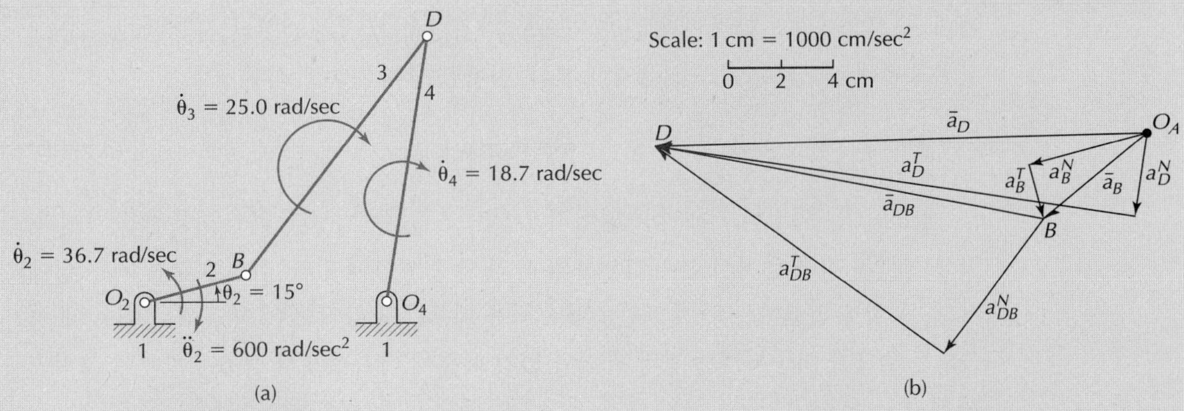

그림 3.17 ● (a) 기구, (b) 가속도 다각형

예제 3.14 | 커플러 점을 가진 4절 기구의 가속도 분석

예제 3.8(그림 3.10 참조)의 4절 기구에 커플러 점 C가 링크 3에 추가된 기구를 생각해 보자. 이 기구는 그림 3.18(a)에 다시 그려져 있다. 링크 2의 회전 속력은 일정하다. 점 C의 가속도를 구하라.

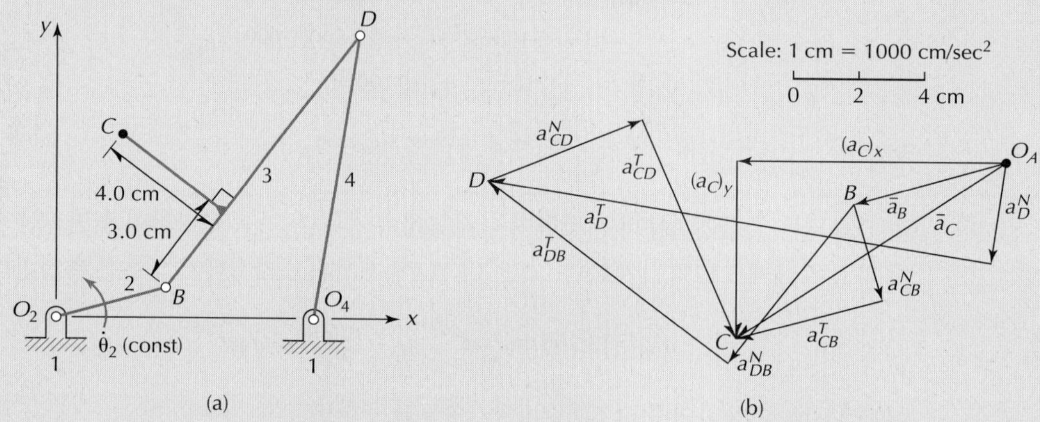

그림 3.18 ● (a) 기구, (b) 가속도 다각형

풀이

예제 3.12의 가속도 다각형과 같은 가속도 다각형을 그리는 것부터 시작한다. 그리고 점 B에 관해 점 C의 가속도를 생각해 본다. 적합한 상대 가속도 식은

$$\bar{a}_C = \bar{a}_B + \bar{a}_{CB} \tag{3.5-12}$$

점 B와 C는 일정한 거리만큼 떨어져 있으므로 $\bar{a}_{CB}$는 법선과 접선 성분만을 가진다. 법선 성분은 기구 상에서 선 세그먼트와 음의 반경 방향에 있다. 접선 성분은 기구 상에서 그 두 점을 연결하는 선 세그먼트와 수직을 이루는 방향에 있다. 더군다나 이 상대 가속도는 점 B를 이동시키는 것과 관련이 있기 때문에 다각형에서 점 B에 관하여 그려지게 된다.

법선 성분의 크기와 방향 모두 구할 수 있기 때문에 그것을 구하는 것부터 시작한다. 법선 가속도의 크기는

$$a_{CB}^N = -r_{CB}\dot{\theta}_3^2 = -(3.0^2 + 4.0^2)^{1/2} \times 25.0^2 = -3130 \text{ cm/sec}^2$$

다각형에 법선 가속도의 크기와 a_{CB}^T의 작용선을 그려 넣는다. 그러나 우리는 작용선의

크기와 방향을 아직 모른다.

점 C의 가속도는 점 D에 대하여 유사한 방법으로 움직인다. 적합한 상대 가속도 식은

$$\overline{a}_C = \overline{a}_D + \overline{a}_{CD} \tag{3.5-13}$$

여기서 $\overline{a}_{CD}$의 법선 성분은

$$a_{CD}^N = -r_{CD}\dot{\theta}_3^2 = -8.06 \times 25.0^2 = -5040 \text{ cm/sec}^2$$

이 법선 성분과 a_{CD}^T의 작용선은 점 D에서부터 시작하여 다각형에 추가된다.

점 C의 가속도는 유일하고 식 (3.5-12)와 (3.5-13)의 조건을 모두 만족시켜야 하기 때문에 상대 접선 가속도의 두 작용선이 교차하는 지점에 위치해 있어야 한다. 점 C의 절대 가속도는 극점에서부터 점 C까지 벡터를 그려서 구할 수 있다. 그려진 벡터에서 방향을 알 수 있으며 크기는 다각형에 있는 다른 벡터들과 같은 비율을 이용하여 구할 수 있다. 크기는

$$|\overline{a}_C| = 9740 \text{ cm/sec}^2$$

그림 3.18(b)는 완성된 가속도 다각형을 보여준다. 점 C의 가속도는 그것의 직각좌표 성분으로 분해할 수 있다. 결과는 다음과 같다.

$$(a_C)_x = -8050 \text{ cm/sec}^2; \quad (a_C)_y = -5740 \text{ cm/sec}^2$$

3.6 가속도 이미지

가속도 다각형을 이용하여 링크 상의 모든 점에 대하여 가속도를 구할 수 있는 유용한 도구를 **가속도 이미지**(acceleration image)라고 한다.

한 링크 위의 모든 점은 일정한 거리만큼 떨어져 있다. 그러므로 같은 링크 상의 두 점 사이의 상대 가속도는 상대 가속도의 법선과 접선 성분만을 가질 수 있다. 즉 같은 링크 위에 있는 점 사이에서는 상대 가속도의 미끄럼이나 코리올리 성분은 없다. 식 (2.6-3)과 (2.6-7)에 주어진 것처럼 가속도의 법선과 접선 성분 크기는 점 사이의 거리에 비례한다. 그리고 접선 가속도 성분은 링크의 회전 속력에 종속적인 반면에 접선 성분은 각가속도에 비례한다. 그러나 링크는 회전 속력과 각가속도에 대하여 유일한 값을 가지고 있기 때문에 기구 상에서 같은 링크 내의 두 점 사이의 거리는 가속도 다각형에서 대응하는 두 점 사이의 거

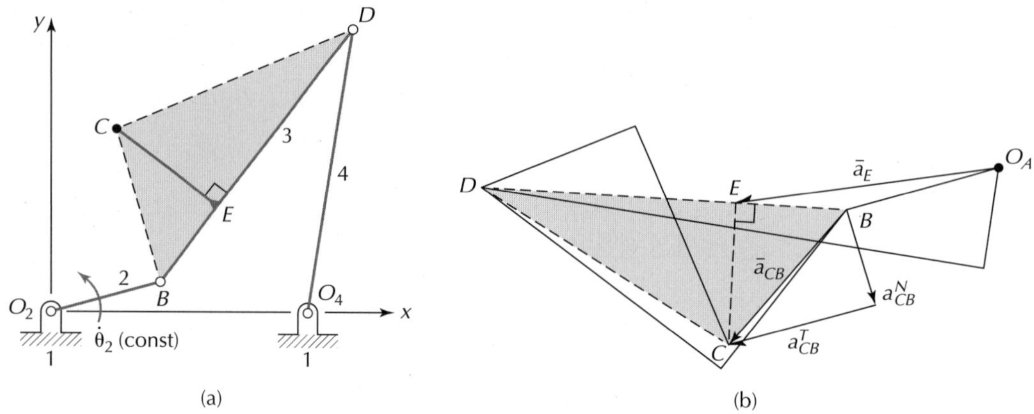

그림 3.19 ● 가속도 이미지의 예제. (a) 기구, (b) 가속도 다각형의 윤곽

리에 비례한다.

예제 3.14를 다시 생각해 보자. 가속도 다각형은 그림 3.19(b)에 다시 그려져 있다. 점 *B*와 *C* 사이의 상대 가속도 크기는 표시되어 있다. 상대 가속도는 법선 성분과 접선 성분으로 구성되어 있다. 기구 상의 점 *B*, *C* 및 *D*로 정의된 삼각형[그림 3.19(a)]은 가속도 다각형의 점 *B*, *C* 및 *D*로 정의된 삼각형[그림 3.19(b)]과 닮은꼴이다.

가속도 다각형에 있는 링크에 대한 가속도 이미지가 만들어지면 링크 상의 점에 대한 가속도는 쉽게 구할 수 있다. 예를 들어 그림 3.19(a)의 기구에서 점 *E*는 가속도 다각형의 이미지에서 찾을 수 있다. 그러면 그 점에서의 절대 가속도는 다각형 상의 극점에서 점 *E*까지 그린 벡터와 대응한다.

링크 2와 4에 대한 가속도 이미지도 가속도 다각형 상에 나타난다. 링크 2의 이미지는 다각형에서 극점과 점 *B* 사이에 있으며, 링크 4의 이미지는 극점과 점 *D* 사이에 있다.

가속도 이미지를 이용한 가속도 다각형 분석에 대한 더 많은 예제가 다음에 소개되어 있다.

예제 3.15 | 슬라이더 크랭크 기구의 가속도 분석

예제 3.9(그림 3.12 참조)의 슬라이더 크랭크 기구를 생각해 보자. 이 기구는 그림 3.20(a)에 다시 그려져 있다. 링크 2의 회전 속력은 일정하다. 주어진 형상에 대하여 기구의 가속도 다각형과 링크 3의 각가속도를 구하라.

풀이

상대 가속도의 법선과 접선 성분뿐만 아니라 슬라이더(링크 4)에 대하여 슬라이드(링크

1)에 관한 가속도의 미끄럼 성분이 있을 수 있다. 그러나 슬라이드의 방향은 고정되어 있기 때문에 가속도의 코리올리 성분은 존재하지 않는다.

B의 가속도에 대한 법선 성분은

$$a_B^N = -r_2\dot{\theta}_2^2 = -3.5 \times 52.4^2 = -9610 \text{ in/sec}^2$$

이며 벡터는 극점에서부터 시작하여 다각형에 추가된다. 다각형에서 점 B를 표시한다.

점 D로 지정된 슬라이더는 기본 링크에 따라 움직이므로 그에 대한 가속도의 작용선

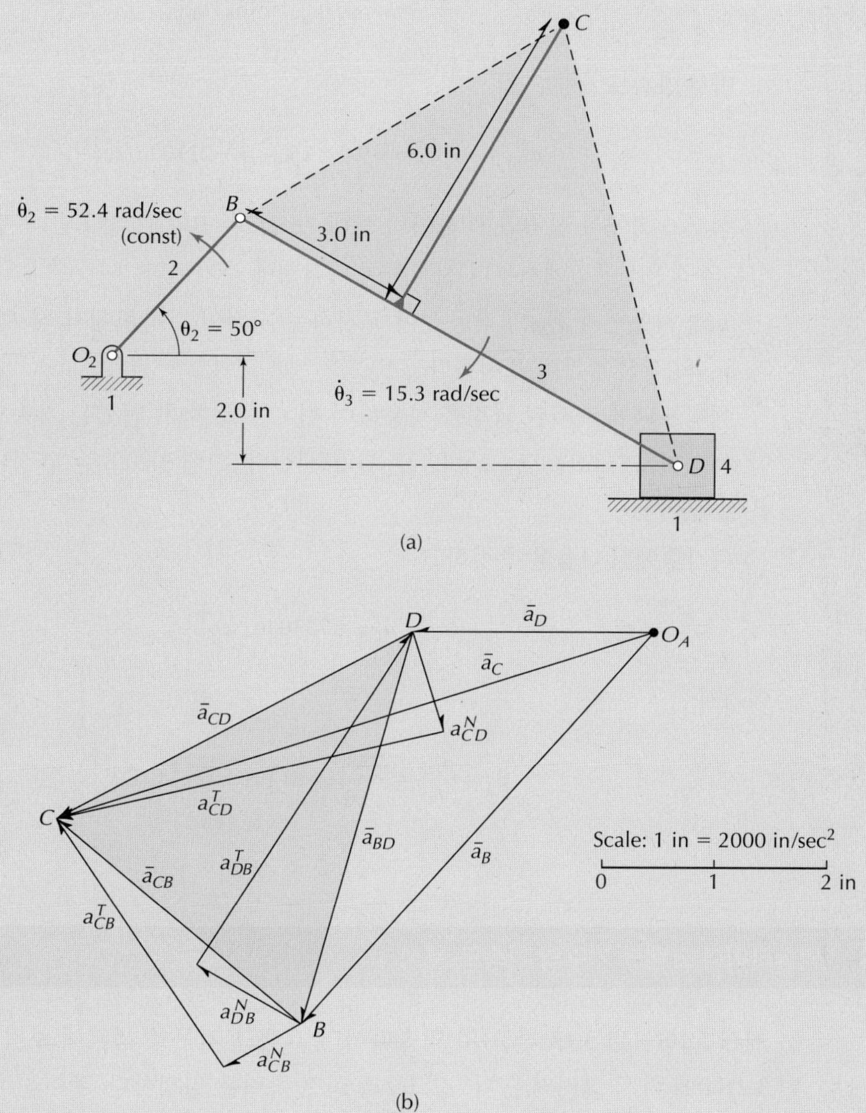

그림 3.20 ● (a) 기구, (b) 가속도 다각형

은 극점에 관하여 그려진다. 그러나 이 벡터의 크기와 방향은 아직 알 수 없다.

이제 다음의 관계를 이용하는데

$$\bar{a}_D = \bar{a}_B + \bar{a}_{DB} \tag{3.6-1}$$

여기서

$$\begin{aligned}\bar{a}_{DB} &= (-r_3\dot{\theta}_3^2)\bar{i}_{r_{DB}} + (r_3\ddot{\theta}_3)\bar{i}_{\theta_{DB}} \\ &= (a_{DB}^N)\bar{i}_{r_{DB}} + (a_{DB}^T)\bar{i}_{\theta_{DB}}\end{aligned} \tag{3.6-2}$$

법선 가속도 성분은

$$a_{DB}^N = -r_3\dot{\theta}_3^2 = -9.0 \times 15.3^2 = -2110 \text{ in/sec}^2$$

식 (3.6-2)에서 점 B와 D 사이의 상대 가속도는 B와 관련이 있다. 법선 성분과 접선 성분의 작용선은 B에서부터 시작하여 다각형에 추가된다.

$\bar{a}_D$의 작용선과 a_{DB}^T의 작용선이 교차하는 지점이 다각형에서 점 D가 된다. 벡터 $\bar{a}_D$와 $\bar{a}_{DB}$의 접선 성분이 표시된다.

예제 3.14에 제시된 과정을 사용하여 점 C를 구한다. 점 C는 가속도 이미지로도 구할 수 있다. 그리고는 $\bar{a}_C$, $\bar{a}_{CB}$ 및 $\bar{a}_{CD}$를 표시한다. 그림 3.20(b)는 완성된 가속도 다각형을 보여준다.

다각형에서 다음을 측정하고

$$a_{DB}^T = 7330 \text{ in/sec}^2$$

여기서

$$\ddot{\theta}_3 = \frac{a_{DB}^T}{r_3} = \frac{7330}{9.0} = 814 \text{ rad/sec}^2 \text{ CCW}$$

예제 3.16 | 역슬라이더 크랭크 기구의 가속도 분석

예제 3.10(그림 3.13 참조)의 역슬라이더 크랭크 기구를 생각해 보자. 이 기구는 그림 3.21(a)에 다시 그려져 있다. 링크 2의 회전 속력은 일정하다. 주어진 형상에 대하여 기구의 가속도 다각형과 링크 3의 각가속도를 구하라.

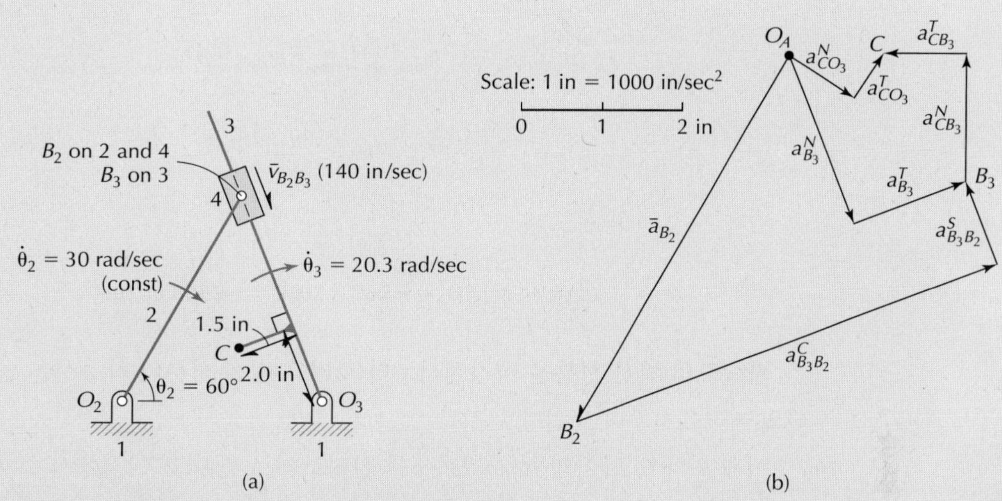

그림 3.21 ● (a) 기구, (b) 가속도 다각형

풀이

이 문제에서 슬라이드에 관하여 슬라이더는 가속도의 미끄럼 성분을 가질 수 있다. 그러나 슬라이드가 회전하기 때문에 슬라이드와 슬라이더 사이에는 코리올리 성분도 있다.

가속도 다각형을 만드는 데 있어서 먼저 점 B_2의 가속도를 구한다. 점 B_2와 O_2는 일정 거리 r_2만큼 떨어져 있기 때문에

$$\bar{a}_{B_2} = \bar{a}_{B_2O_2} = (-r_2\dot{\theta}_2^2)\bar{i}_{r_{B_2O_2}} + (r_2\ddot{\theta}_2)\bar{i}_{\theta_{B_2O_2}} \tag{3.6-3}$$

일정한 회전 속력에 대하여 식 (3.6-3)은 다음과 같이 정리가 된다.

$$\bar{a}_{B_2} = (-r_2\dot{\theta}_2^2)\bar{i}_{r_{B_2O_2}} = (-6.0 \times 30^2)\bar{i}_{r_{B_2O_2}} = -5400 \text{ in/sec}^2\ \bar{i}_{r_{B_2O_2}}$$

가속도 벡터 $\bar{a}_{B_2}$는 점 B_2와 O_2에 의하여 정의되고 음의 반경 방향에 있는 극점에 대하여 그려진다.

다음으로 점 B_3의 가속도를 구한다. B_3가 O_3에 따라 움직이므로 적합한 상대 가속도 식은

$$\bar{a}_{B_3} = \bar{a}_{O_3} + \bar{a}_{B_3O_3} \tag{3.6-4}$$

점 B_3와 O_3 사이의 일정한 거리에 대하여

$$\bar{a}_{B_3O_3} = (-r_{B_3O_3}\dot{\theta}_3^2)\bar{i}_{r_{B_3O_3}} + (r_{B_3O_3}\ddot{\theta}_3)\bar{i}_{\theta_{B_3O_3}}$$

$$= (a_{B_3O_3}^N)\bar{i}_{r_{B_3O_3}} + (a_{B_3O_3}^T)\bar{i}_{\theta_{B_3O_3}} \tag{3.6-5}$$

법선 가속도 성분은

$$a_{B_3O_3}^N = -r_{B_3O_3}\dot{\theta}_3^2 = -5.57 \times 20.3^2 = -2300 \text{ in/sec}^2$$

가속도의 법선 성분은 극점에서부터 그리고 접선 성분의 작용선은 법선 가속도 벡터의 머리에서부터 그린다.

이제 B_3와 B_2 사이의 상대 가속도를 살펴보기로 한다. 2.7.2절에서 소개한 **직선 슬라이드**(straight slide)에 있는 슬라이더의 가속도에 대한 특별한 경우를 이용하면 이 경우에

$$\bar{a}_{B_3} = \bar{a}_{B_2} + \bar{a}_{B_3B_2} \tag{3.6-6}$$

여기서

$$\bar{a}_{B_3B_2} = (\ddot{r}_{B_3B_2})\bar{i}_{r_{B_3O_3}} + (2\dot{r}_{B_3B_2}\dot{\theta}_3)\bar{i}_{\theta_{B_3O_3}}$$

$$= (a_{B_3B_2}^S)\bar{i}_{r_{B_3O_3}} + (a_{B_3B_2}^C)\bar{i}_{\theta_{B_3O_3}} \tag{3.6-7}$$

코리올리 가속도의 크기는

$$|a_{B_3B_2}^C| = |2\dot{r}_{B_3B_2}\dot{\theta}_3| = |2 \times 140 \times 20.3| = 5680 \text{ in/sec}^2$$

식 (3.6-7)에서 상대 코리올리와 슬라이드 가속도 성분은 점 B_3의 것이며 점 B_2와 관련이 있다. 그러므로 이 상대 가속도 성분들은 점 B_2에서부터 시작하여 다각형에 추가된다. 여기서 코리올리 가속도의 크기를 알 수 있고 방향도 구할 수 있어서 코리올리 가속도를 먼저 추가한다. 슬라이드 가속도에 대해서는 작용선만을 알고 있다.

현재 슬라이더(점 B_2)의 가속도를 알고 있으며 슬라이더에 대한 슬라이드(점 B_3)의 코리올리 가속도를 그릴 것이다. 상대 코리올리 가속도의 방향은 그림 2.15에 주어져 있다. 이 그림과 슬라이드에 대하여 지금 알고 있는 상대 슬라이드와 회전 속력 조합(combination)을 이용하면 상대 코리올리 가속도는 왼쪽 아래 방향으로 향하고 있다는 것을 알 수 있다. 그러나 이 그림은 슬라이드에 대하여 슬라이더의 가속도가 설정되어 있다. 이 경우에 우리는 슬라이더의 가속도를 알고 있으며 슬라이드의 가속도를 구하

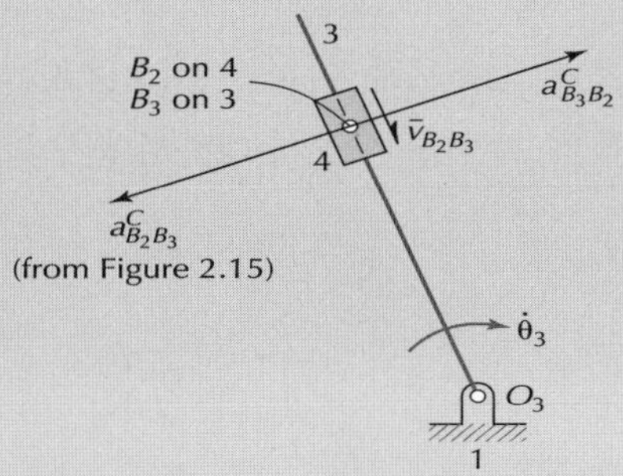

그림 3.22 ● 코리올리 가속도의 방향

고자 한다. 다음을 상기하며

$$a^C_{B_2B_3} = -a^C_{B_3B_2} \tag{3.6-8}$$

그림 2.15에 보이는 가속도의 방향을 반대로 놓는다. 이는 그림 3.22에 설명되어 있다.

그림 3.21(b)에서 코리올리 성분은 다각형에 추가된다. 슬라이드 가속도의 작용선은 코리올리 가속도의 벡터 머리에 추가된다.

점 B_3의 가속도는 유일하다. 그러므로 상대 가속도 식 (3.6-4)와 (3.6-6) 그리고 가속도의 접선과 슬라이드 성분의 작용선을 만족시키기 위해서 점 B_3의 가속도 머리는 두 작용선이 교차하는 지점에 위치해 있어야 한다. 이는 다각형에서 점 B_3로 표시된다.

링크 3에 위치한 점 C의 가속도는 점 B_3 및 O_3와 관련 있는 법선과 접선 성분을 이용하거나 가속도 이미지를 이용하여 구할 수 있다. 그림 3.21(b)에서 완성된 가속도 다각형을 보여준다.

이 그림에서

$$a^T_{B_3O_3} = 1490 \text{ in/sec}^2$$

그러므로 링크 3의 각가속도는

$$\ddot{\theta}_3 = \frac{a^T_{B_3O_3}}{r_{B_3O_3}} = \frac{1490}{5.57} = 268 \text{ rad/sec}^2 \text{ CW}$$

각가속도는 회전 속력과 같은 방향에 있기 때문에 링크 3은 가속하고 있다.

예제 3.17 | 6절 기구의 가속도 분석

예제 3.11(그림 3.14 참조)의 기구를 생각해 보자. 이 기구는 그림 3.23(a)에 다시 그려져 있다. 링크 2의 회전 속력은 일정하다. 주어진 형상에 대하여 기구의 가속도 다각형과 링크 5의 각가속도를 구하라.

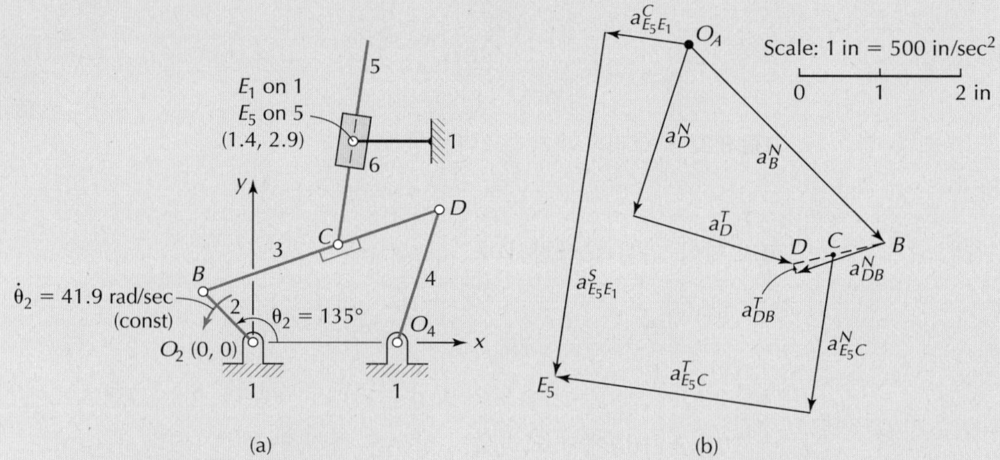

그림 3.23 ● (a) 기구, (b) 가속도 다각형

풀이

이 문제에서는 슬라이드(링크 5)에 관하여 슬라이더(링크 6)가 가속도의 미끄럼 성분을 가질 수 있다. 그러나 슬라이드가 회전하기 때문에 코리올리 성분도 존재한다.

다음의 과정을 이용한다.

(a) 법선 가속도 성분을 계산한다.

$$a^N_{BO_2} = -r_{BO_2}\,\dot{\theta}_2^2 = -1.0\times 41.9^2 = -1760 \text{ in/sec}^2$$
$$a^N_{DB} = -r_{DB}\,\dot{\theta}_3^2 = -3.5\times 12.9^2 = -582 \text{ in/sec}^2$$
$$a^N_{DO_4} = -r_{DO_4}\,\dot{\theta}_4^2 = -2.0\times 24.0^2 = -1150 \text{ in/sec}^2$$
$$a^N_{E_5C} = -r_{E_5C}\,\dot{\theta}_5^2 = -1.5\times 26.0^2 = -1010 \text{ in/sec}^2$$

(b) 코리올리 가속도의 크기를 계산한다.

$$a^C_{E_5E_1} = 2\dot{r}_{E_5E_1}\dot{\theta}_5 = 2\times 10\times 26.0 = 520 \text{ in/sec}^2$$

(c) 다음 순서로 가속도 다각형을 만든다.

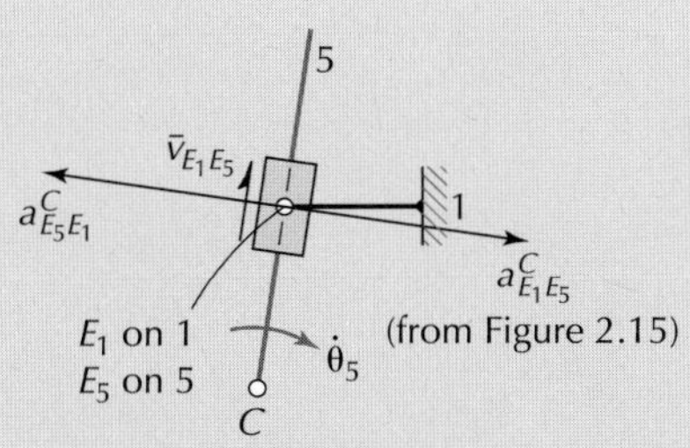

그림 3.24 ● 코리올리 가속도의 방향

- a^N_B를 그리고 B를 표시한다.
- a^N_D와 a^N_{DB}를 그린다.
- a^T_D와 a^T_{DB} 들의 작용선을 그리고 D를 표시한다.
- 가속도 이미지를 이용하여 C를 표시한다.
- $a^N_{E_5C}$와 $a^C_{E_5E_1}$를 그린다(코리올리 가속도의 방향은 그림 3.24 참조).
- $a^T_{E_5C}$와 $a^S_{E_5E_1}$들의 작용선을 그리고 E_5를 표시한다.
- 모든 벡터를 표시한다. 그림 3.23(b)에서 완성된 가속도 다각형을 보여준다.

(d) 링크 5의 각가속도를 구한다.

$$\ddot{\theta}_5 = \frac{a^T_{E_5C}}{r_{E_5C}} = \frac{1550}{1.5} = 1030 \text{ rad/sec}^2 \text{ CCW}$$

예제 3.18 | 캠 기구의 속도와 가속도 분석

그림 3.25의 캠 기구를 생각해 보자. 링크 2의 회전 속력과 링크의 길이는

$$\dot{\theta}_2 = 3.0 \text{ rad/sec CCW (constant)}$$
$$r_{O_2B_2} = 1.3 \text{ cm}; \quad r_{O_4B_4} = 1.8 \text{ cm}$$

원형의 캠과 롤러 종동절(roller follower)의 반지름은 그림에 표시되어 있다. 주어진 형상에 대하여 속도 다각형과 가속도 다각형을 구하라.

풀이

점 B인 롤러 종동절의 중심은 점 B_2와 B_4로 구성되어 있다고 생각해 보자. 여기서 점 B_2

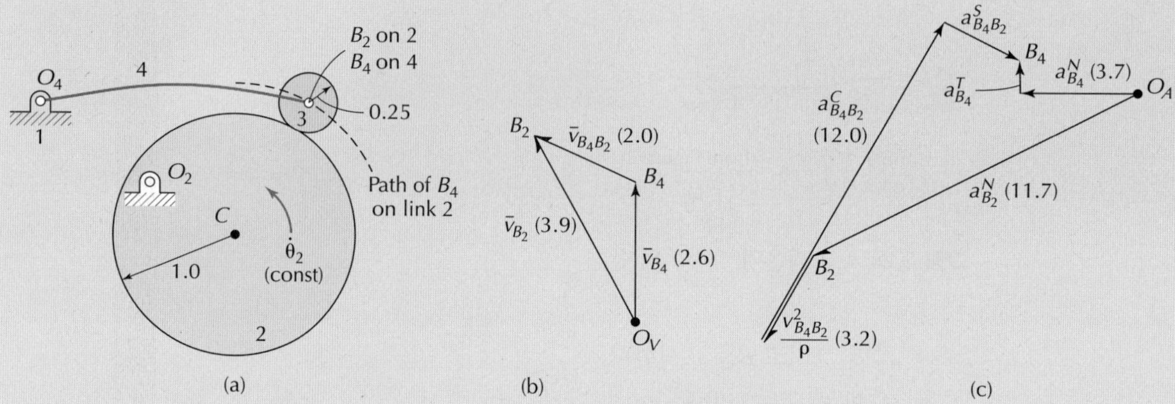

그림 3.25 ● (a) 기구, (b) 속도 다각형, (c) 가속도 다각형

는 링크 2의 가상의 물리적 확장이다. 이 두 점 사이의 운동은 곡선 모양의 슬라이드 위에 움직이는 슬라이더와 똑같다. 곡률(curvature)의 반지름은 캠의 반지름과 롤러 종동절의 반지름을 합한 것과 같다. 점 B_2와 B_4 사이에 상대적 미끄럼(relative sliding)과 가속도의 코리올리와 원형 성분이 있을 수 있다.

다각형을 완성하기 위해 필요한 속도와 가속도의 값은

$$v_{B_2} = r_{B_2O_2}\dot{\theta}_2 = 1.3 \times 3.0 = 3.9 \text{ cm/sec}$$

$$\dot{\theta}_4 = \frac{v_{B_4}}{r_{B_4O_4}} = \frac{2.6}{1.8} = 1.44 \text{ rad/sec CCW}$$

$$a^N_{B_2} = -r_{B_2O_2}\dot{\theta}_2^2 = -1.3 \times 3.0^2 = -11.7 \text{ cm/sec}^2$$

$$a^N_{B_4} = -r_{B_4O_4}\dot{\theta}_4^2 = -1.8 \times 1.44^2 = -3.7 \text{ cm/sec}^2$$

$$a^C_{B_4B_2} = 2v_{B_4B_2}\dot{\theta}_2 = 2 \times 2.0 \times 3.0 = 12.0 \text{ cm/sec}^2$$

$$\frac{v^2_{B_4B_2}}{\rho} = \frac{v^2_{B_4B_2}}{r_{CB_2}} = \frac{2.0^2}{(1.0 + 0.25)} = 3.2 \text{ cm/sec}^2$$

그림 3.25(b)와 그림 3.25(c)에 각각 완성된 속도 다각형과 가속도 다각형이 나타나 있다. 속도와 가속도의 크기는 괄호 안에 표시되어 있다.

Problems

Instantaneous Centres, Velocity Analysis

P3.1 For the mechanism shown in Figure P3.1, determine the magnitudes of the linear velocities of points *B*, *C*, and *D* using instantaneous centres.

$$r_{O_2O_4} = 4.0 \text{ cm};\ r_{O_2B} = 1.0 \text{ cm};\ r_{BD} = 3.0 \text{ cm}$$
$$r_{O_4D} = 2.5 \text{ cm};\ r_{BC} = 2.0 \text{ cm};\ r_{CD} = 1.5 \text{ cm}$$
$$\theta_2 = 45°;\ \dot{\theta}_2 = 60 \text{ rad/sec CCW}$$

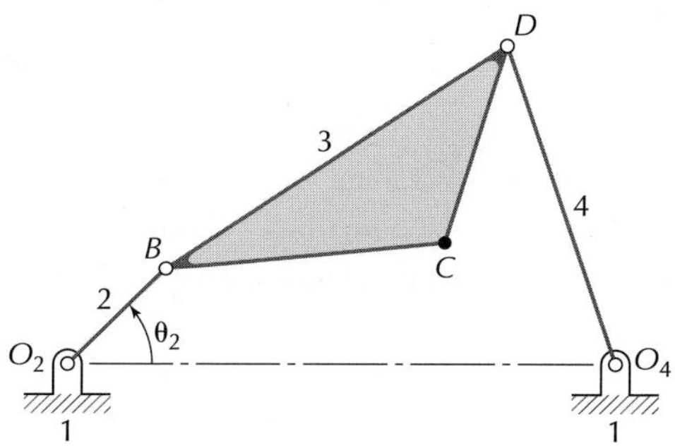

Figure P3.1

P3.2 For the mechanism shown in Figure P3.2, determine the linear velocity of link 3 using instantaneous centres.

$$r_{O_2C} = 1.5 \text{ cm};\ \rho = 0.75 \text{ cm}$$
$$\theta_2 = 110°;\ \dot{\theta}_2 = 600 \text{ rpm CW}$$

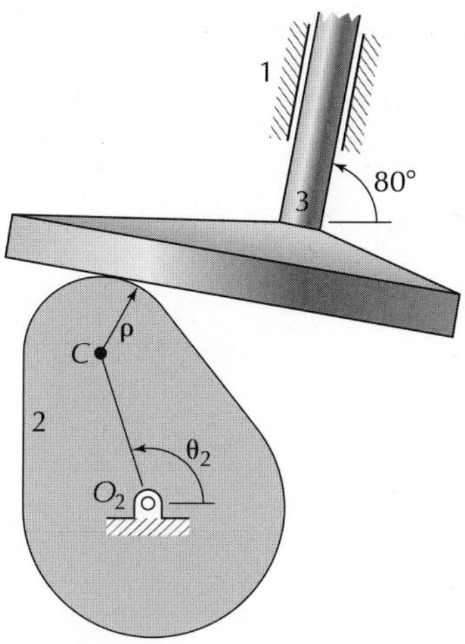

Figure P3.2

P3.3 For the mechanism shown in the figure, determine the magnitude of sliding velocity of block B in the slot of link 4 using instantaneous centres.

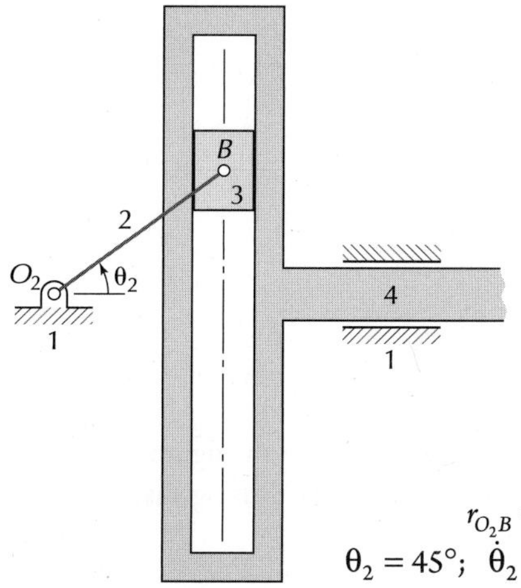

Figure P3.3

P3.4 For the mechanism shown in Figure P3.4, determine, using instantaneous centres,

(a) the angular velocity of link 4

(b) the linear velocity of point *D*

$$r_{O_2B_2} = 2.0 \text{ in};\ r_{O_2O_4} = 1.5 \text{ in};\ r_{O_4C} = 1.0 \text{ in};\ r_{CD} = 3.0 \text{ in}$$
$$\theta_2 = 30°;\ \dot{\theta}_2 = 36 \text{ rad/sec CW}$$

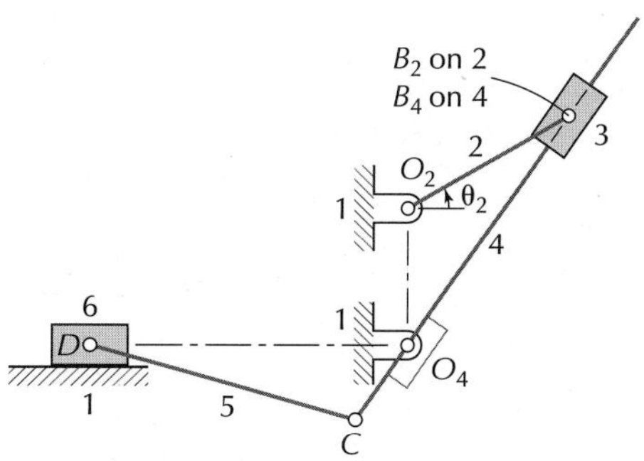

Figure P3.4

P3.5 For the mechanism shown in the figure, determine the linear velocity of link 6 using instantaneous centres.

$$r_{O_2O_3} = 3.0 \text{ cm};\ r_{O_2B_2} = 2.0 \text{ cm};\ r_{O_3C} = 5.5 \text{ cm};\ r_{CD} = 2.5 \text{ cm}$$
$$\theta_2 = 30°;\ \dot{\theta}_2 = 40 \text{ rad/sec CCW}$$

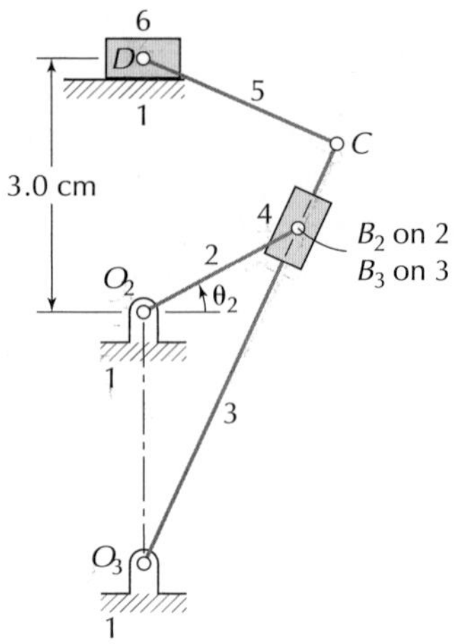

Figure P3.5

P3.6 For the mechanism shown in the figure, determine the rotational speed of link 5 using instantaneous centres.

$$r_{O_2O_6} = 5.33 \text{ cm}; \quad r_{O_2O_3} = 4.0 \text{ cm};$$
$$r_{O_2B_2} = 2.0 \text{ cm}$$
$$r_{O_3C} = 8.0 \text{ cm}; \quad r_{CD} = 1.33 \text{ cm};$$
$$r_{O_6D} = 4.0 \text{ cm}$$
$$\theta_2 = 300°; \quad \dot{\theta}_2 = 10 \text{ rad/sec CCW}$$

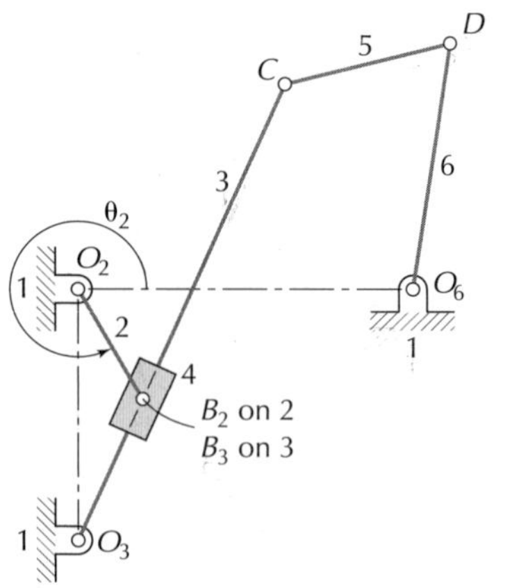

Figure P3.6

P3.7 For the mechanism shown in Figure P3.7, determine the linear velocity of point C using instantaneous centres.

$$r_{O_6A} = r_{O_6C} = 1.0 \text{ in}; \quad r_{AD} = 1.5 \text{ in}; \quad r_{O_2B_2} = 1.0 \text{ in}$$
$$\theta_2 = 315°; \quad \dot{\theta}_2 = 3.0 \text{ rad/sec CW}$$

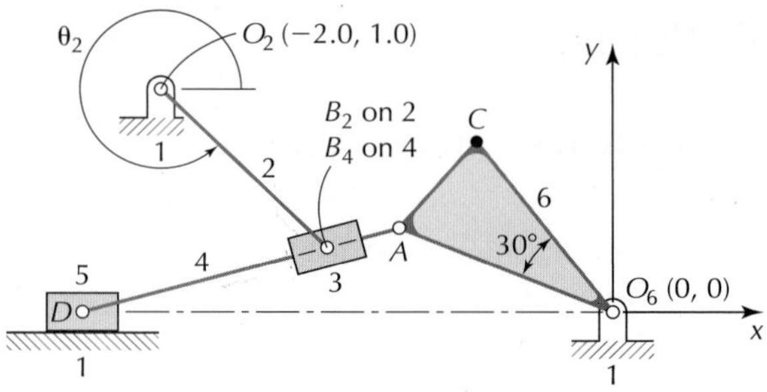

Figure P3.7

P3.8 For the mechanism shown in Figure P3.8, determine the linear velocity of point D using instantaneous centres.

$$r_{O_2O_4} = 1.0 \text{ in}; \quad r_{O_2O_6} = 2.5 \text{ in}; \quad r_{O_2A} = 1.0 \text{ in}$$
$$r_{AB} = 2.5 \text{ in}; \quad r_{O_4B} = 1.5 \text{ in}; \quad r_{O_4C} = 2.0 \text{ in}$$
$$r_{CD} = 1.0 \text{ in}; \quad r_{CE} = 1.5 \text{ in}; \quad r_{O_6E} = 2.0 \text{ in}$$
$$\theta_2 = 45°; \quad \dot{\theta}_2 = 5.0 \text{ rad/sec CCW}$$

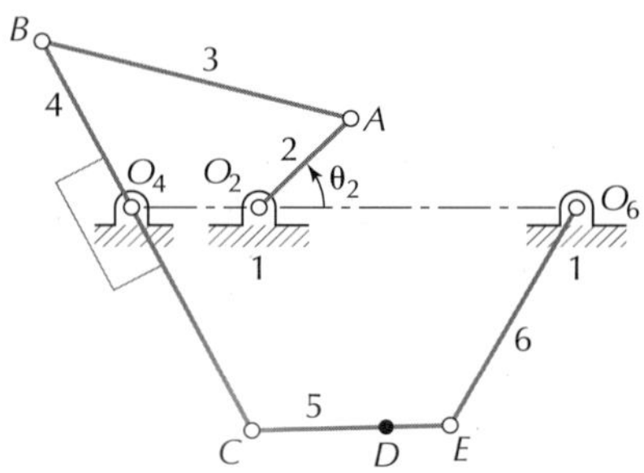

Figure P3.8

P3.9 For the mechanism in the position shown in Figure P3.9, determine, using instantaneous centres,

(a) the rotational speed of link 3
(b) the linear speed of link 4

$$r_{O_2B_2} = 4.0 \text{ cm}; \quad \dot{\theta}_2 = 75 \text{ rpm CW}$$

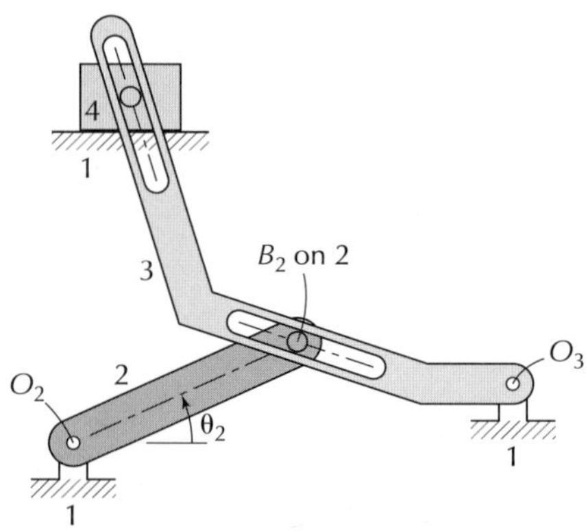

Figure P3.9

P3.10 For the mechanism in the configuration shown in Figure P3.10, seven instantaneous centres are also provided. Using instantaneous centres, determine

(a) the magnitude and direction of rotational speed of link 3

(b) the magnitude and direction of rotational speed of link 5

(c) the velocity of point D

$$r_{O_2B_2} = 10 \text{ cm}; \quad \dot{\theta}_2 = 16 \text{ rad/sec CW}$$

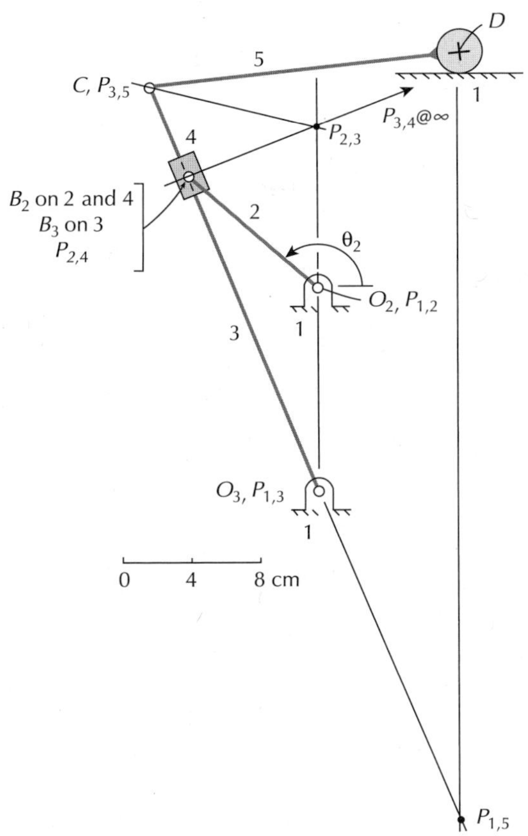

Figure P3.10

P3.11 For the mechanism in the configuration shown in Figure P3.11, six instantaneous centres are also provided. Using only the instantaneous centres which have been provided, determine

(a) the magnitude and direction of rotational speed of link 2

(b) the magnitude and direction of rotational speed of link 4

(c) the velocity of point D

$$r_{O_4C_4} = 1.5 \text{ in}; \quad |\bar{v}_B| = 5.0 \text{ in/sec}$$

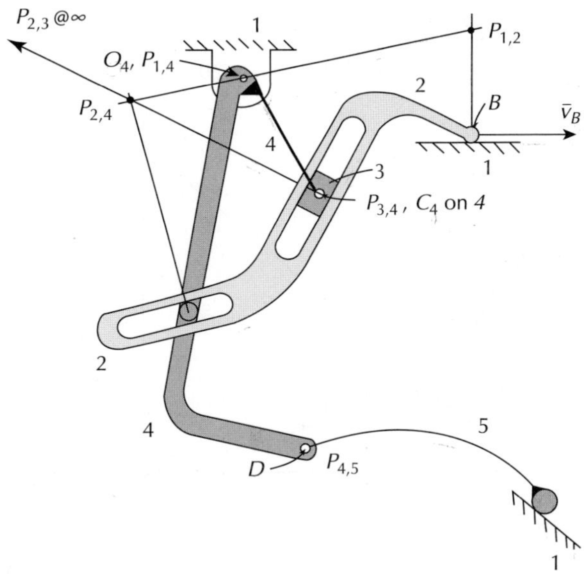

Figure P3.11

P3.12 Using the instantaneous centres of the mechanism shown in Figure P3.12, determine

(a) the magnitude and direction of rotational speed of link 3

(b) the Coriolis acceleration of point D_3 with respect to point D_1

(c) the velocity of point C

$$r_{P_{1,2}P_{2,3}} = 3.0 \text{ cm}; \quad \dot{\theta}_2 = 200 \text{ rpm CCW}$$

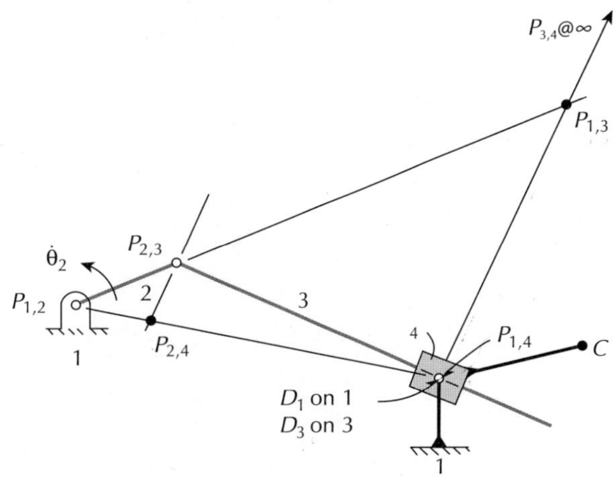

Figure P3.12

P3.13 Using the instantaneous centres of the mechanism shown in Figure P3.13, determine

(a) the magnitude and direction of rotational speed of link 3

(b) the velocity of point C

$$r_{P_{2,3}P_{3,4}} = 4.0 \text{ cm}; \quad |\overline{v}_A| = 20 \text{ cm/sec}$$

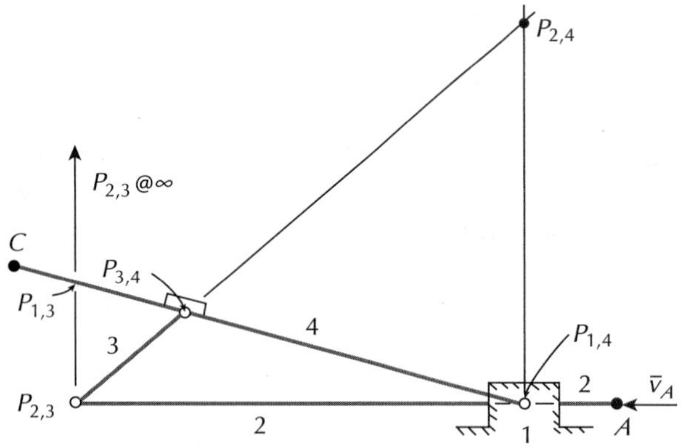

Figure P3.13

P3.14 For the mechanism shown in the figure, determine using the instantaneous centres

(a) the magnitude and direction of rotational speed of link 4

(b) the magnitude and direction of rotational speed of link 5

(c) the velocity of point C

$$r_{P_{1,2}P_{1,3}} = 10 \text{ cm}; \quad \dot{\theta}_2 = 60 \text{rpm CCW}$$

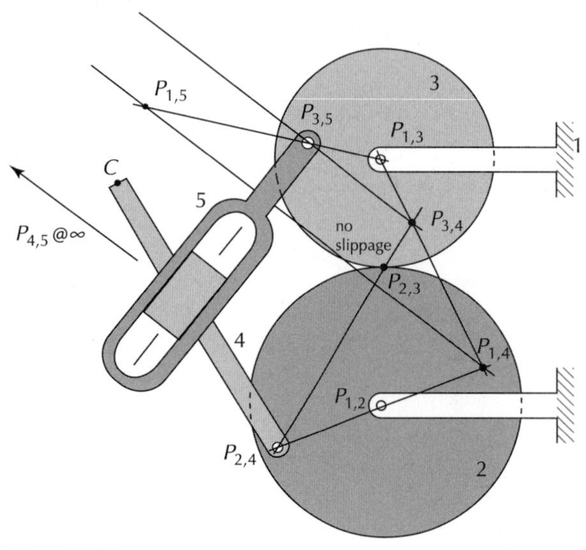

Figure P3.14

P3.15 For the mechanism in the configuration shown in Figure P3.15, using the instantaneous centres, determine

(a) the magnitude and direction of rotational speed of link 4

(b) the magnitude and direction of rotational speed of link 5

(c) the linear velocity of point D

$$r_{P_{1,2}P_{2,3}} = 6 \text{ cm}; \quad \dot{\theta}_2 = 10 \text{ rad/sec CCW}$$

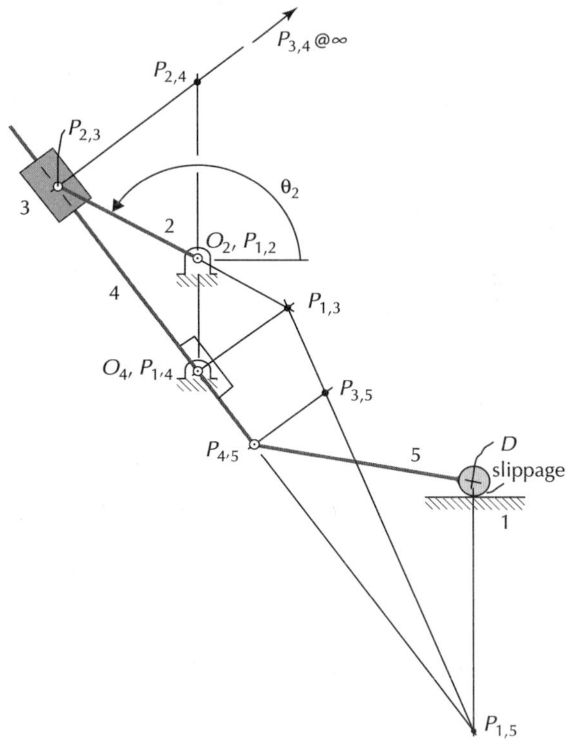

Figure P3.15

P3.16 For the mechanism shown in the figure, there is no slippage between links 2 and 4. In the configuration shown, determine the locations of all of the instantaneous centres, and use these to find the rotational speed of link 4 when

$$\dot{\theta}_2 = 3 \text{ rad/s CW}; \quad \dot{\theta}_3 = 6 \frac{\text{rad}}{\text{sec}} \text{ CW}$$

$$r_2 = 15.0 \text{ cm}; \quad r_4 = 9.0 \text{ cm}$$

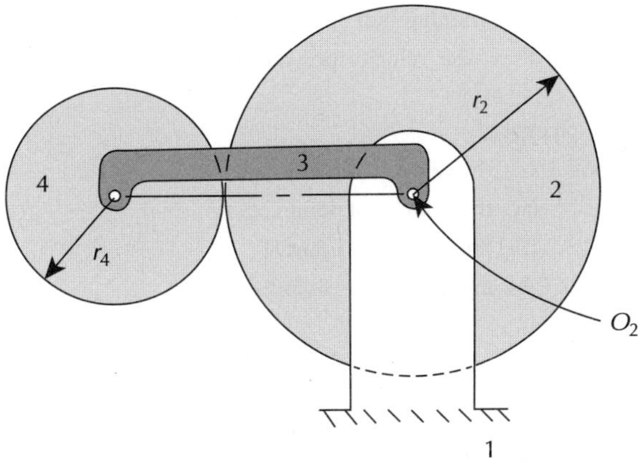

Figure P3.16

P3.17 For the mechanism shown in Figure P3.17, determine the rotational speeds of links 2 and 3 using instantaneous centres.

$$r_{O_2O_4} = 5.75 \text{ in}; \quad r_{O_2B} = 5.75 \text{ in}; \quad \rho_3 = 0.875 \text{ in};$$
$$\rho_4 = 1.75 \text{ in}$$
$$\theta_2 = 171°; \quad \dot{\theta}_4 = 120 \text{ rpm CW}$$

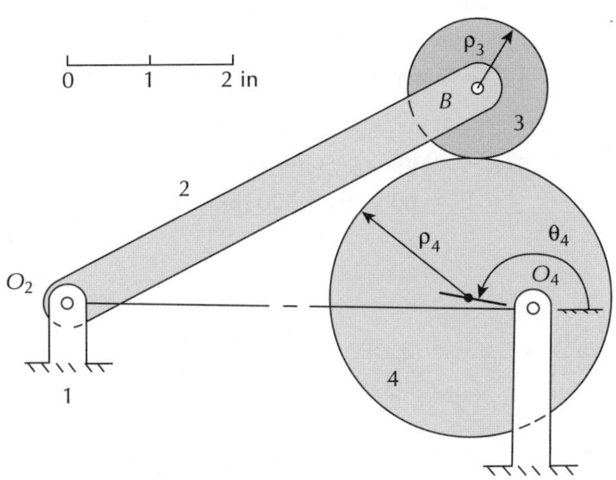

Figure P3.17

P3.18 For the mechanism shown in Figure P3.18, determine the rotational speed of link 3 and the velocity of point C using instantaneous centres.

$$r_{O_2O_3} = 4.5 \text{ in}; \quad r_{O_2B_2} = 2.75 \text{ in}; \quad r_{O_3C} = 8.5 \text{ in}$$
$$\theta_2 = 135°; \quad \dot{\theta}_2 = 120 \text{ rpm CW}$$

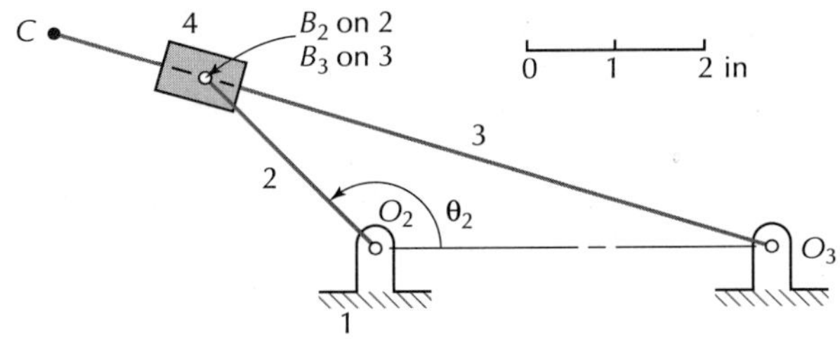

Figure P3.18

P3.19 For the mechanism shown in Figure P3.19, determine the rotational speed of link 3 and the linear velocity of point C using instantaneous centres.

$$r_{O_2B} = 2.5 \text{ in}; \quad r_{BD} = 5.0 \text{ in}; \quad r_{BC} = 3.6 \text{ in}; \quad r_{CD} = 2.6 \text{ in}$$
$$\theta_2 = 40°; \quad \dot{\theta}_2 = 20 \text{ rad/sec CCW}$$

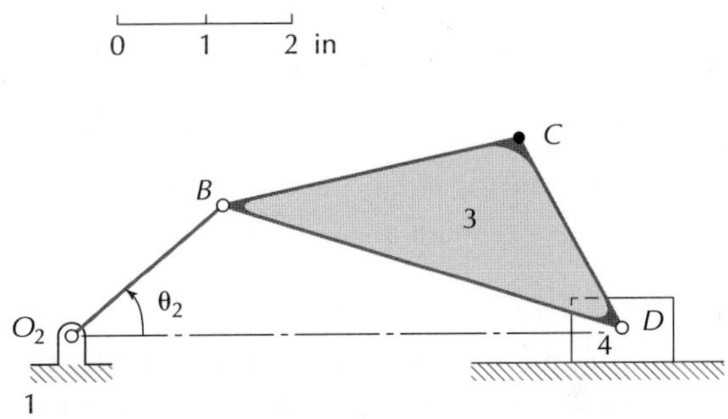

Figure P3.19

P3.20 For the mechanism in the configuration shown in the figure, determine the rotational speed of link 3 and the linear velocity of point C using instantaneous centres.

$$v_B = 30 \text{ in/sec}$$

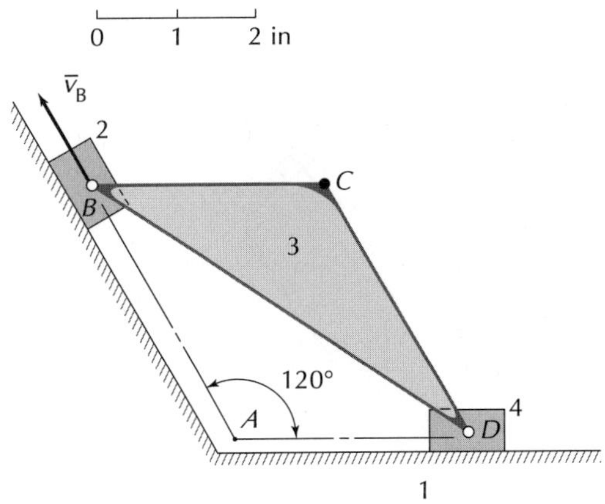

Figure P3.20

Velocity Polygon

P3.21 For the mechanism shown in Figure P3.21, the two links are in contact at point P. For the position shown, determine by drawing a velocity polygon

(a) the absolute velocity of P on 2

(b) the absolute velocity of P on 3

(c) the sliding velocity between links at P

(d) the magnitude of the ratio of rotational speeds of links 2 and 3

$$r_{O_2P_2} = 5.3 \text{ cm}; \quad r_{O_3P_3} = 7.0 \text{ cm}; \quad \dot{\theta}_2 = 10 \text{ rpm CW}$$

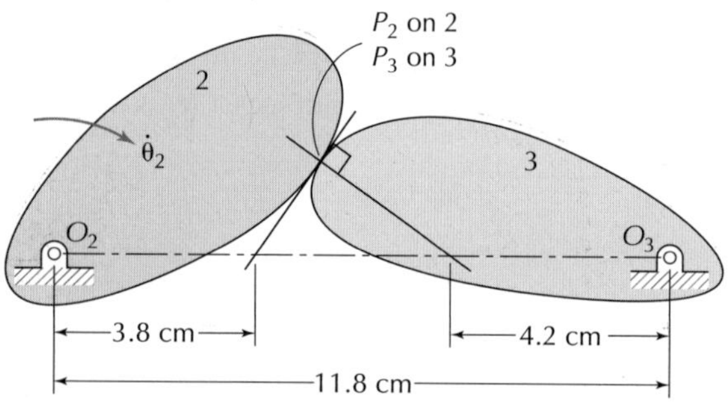

Figure P3.21

P3.22 For the mechanism shown in Figure P3.22, the two links are in contact at point P. For the position shown, determine by drawing a velocity polygon

(a) the absolute velocity of P on 2

(b) the absolute velocity of P on 3

(c) the sliding velocity between links at P

(d) the magnitude of the ratio of rotational speeds of links 2 and 3

$$r_{O_2P_2} = 8.8 \text{ cm}; \quad r_{O_3P_3} = 5.1 \text{ cm}; \quad \dot{\theta}_2 = 20 \text{ rpm CW}$$

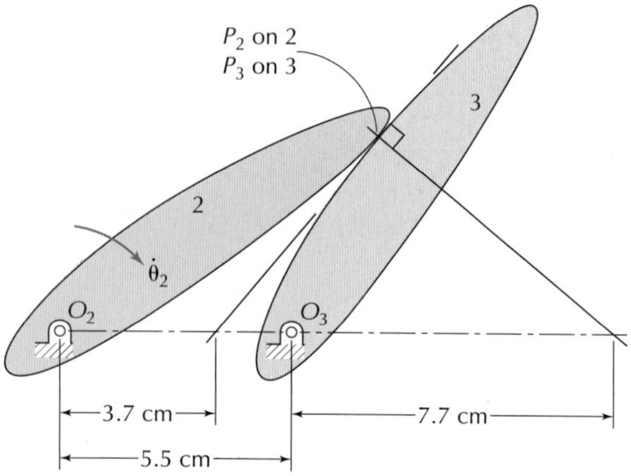

Figure P3.22

P3.23 For the mechanism shown in the figure,

(a) draw the velocity polygon (employ scale: 1 in = 20 in/sec)

(b) specify

(i) the velocity of point B

(ii) the velocity of point C

(iii) the velocity of point D

(c) the angular velocity of link 3

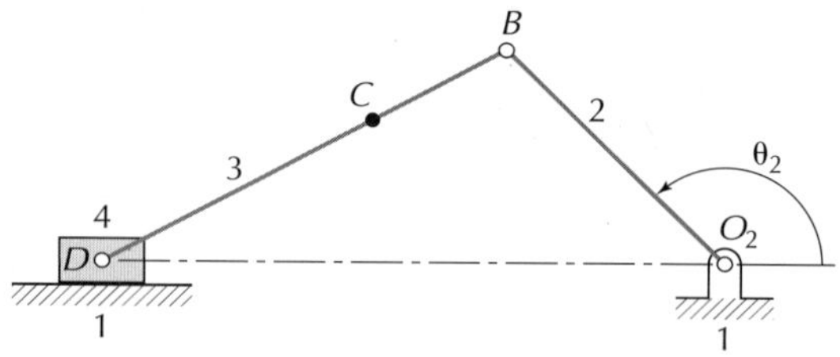

Figure P3.23

P3.24 For the mechanism shown in the figure,

(a) draw the velocity polygon (employ scale: 1 in = 20 in/sec)

(b) specify

(i) the velocity of point B

(ii) the velocity of point C

(iii) the velocity of point D

(iv) the angular velocity of link 3

(v) the angular velocity of link 4

$$r_{O_2B} = 3.0 \text{ in}; \quad r_{BD} = 6.0 \text{ in}; \quad r_{O_2O_4} = 8.0 \text{ in}$$
$$r_{O_4D} = 5.0 \text{ in}; \quad r_{BC} = 7.0 \text{ in}; \quad r_{CD} = 2.0 \text{ in}$$
$$\theta_2 = 60°; \quad \dot{\theta}_2 = 500 \text{ rpm CW}$$

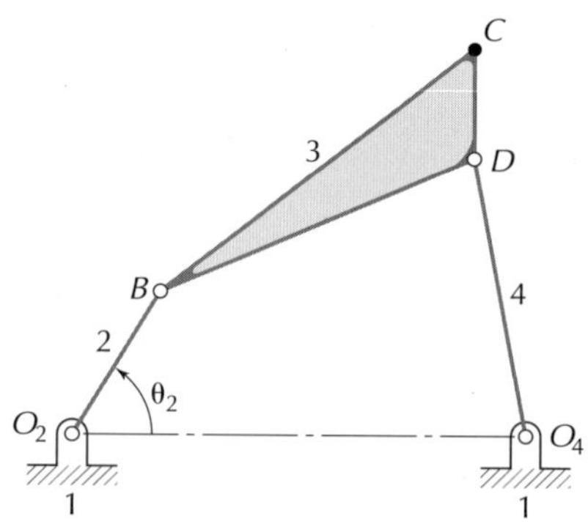

Figure P3.24

P3.25 For the mechanism shown in Figure P3.25,

(a) draw the velocity polygon (employ scale: 1 cm = 5 cm/sec)

(b) specify

(i) the velocity of point D
(ii) the velocity of point E
(iii) the angular velocity of link 3
(iv) the angular velocity of link 5

$$r_{O_2B} = 4.5 \text{ cm};\quad r_{BD} = 6.0 \text{ cm};\quad r_{CD} = 1.5 \text{ cm};\quad r_{DE} = 3.0 \text{ cm}$$
$$\theta_2 = 135°;\quad \dot{\theta}_2 = 6.0 \text{ rad/sec CW}$$

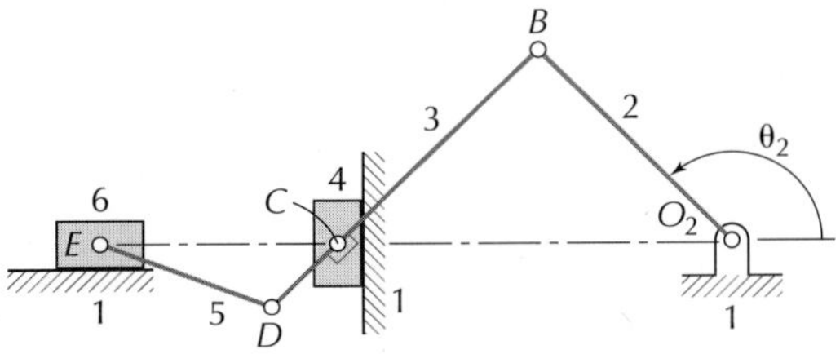

Figure P3.25

P3.26 For the mechanism shown in Figure P3.26,

(a) draw the velocity polygon (employ scale: 1 cm = 10 cm/sec)
(b) specify
 (i) the velocity of point G
 (ii) the Coriolis acceleration of E_5 with respect to E_1

$$r_{O_2B} = 4.0 \text{ cm};\quad r_{BC} = 4.0 \text{ cm};\quad r_{BD} = 10.0 \text{ cm}$$
$$r_{CE_5} = 6.0 \text{ cm};\quad r_{CG} = 9.0 \text{ cm}$$
$$\theta_2 = 30°;\quad \dot{\theta}_2 = 160 \text{ rpm CCW};\quad \ddot{\theta}_2 = 50 \text{ rad/sec}^2 \text{ CW}$$

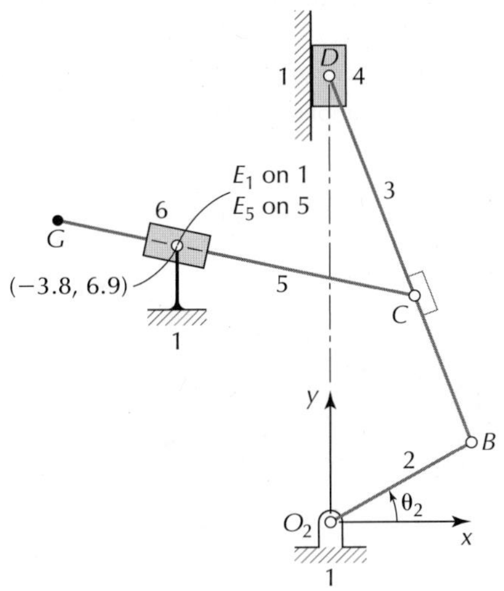

Figure P3.26

P3.27 For the mechanism in the configuration shown in Figure P3.27,

(a) draw the velocity polygon (employ scale: 1 cm = 10 cm/sec)
(b) determine the angular velocity of link 6

$$r_{O_4D} = 8.0 \text{ cm};\quad |\overline{v}_A| = 60.0 \text{ cm/sec}$$

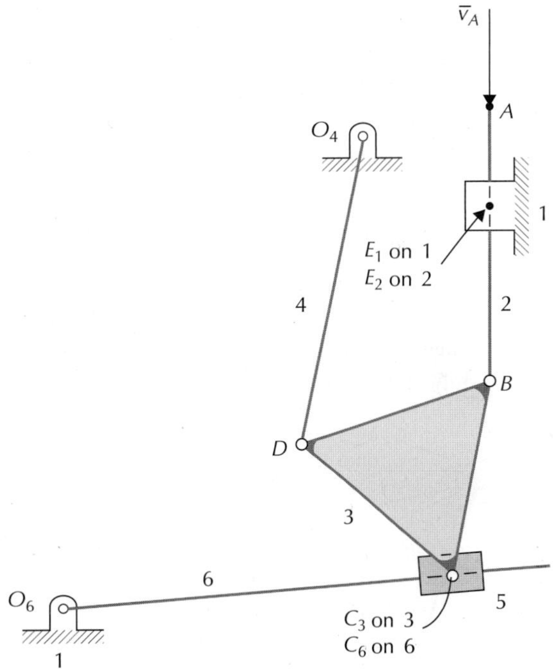

Figure P3.27

P3.28 For the mechanism in the configuration shown in the figure,

(a) draw the velocity polygon (employ scale: 1 cm = 20 cm/sec)
(b) determine
 (i) the angular velocity of link 3
 (ii) the angular velocity of link 6
 (iii) the Coriolis acceleration of point C_6 with respect to point C_3

$$r_{O_2B} = 8.0 \text{ cm};\quad \dot{\theta}_2 = 330 \text{ rpm CCW}$$

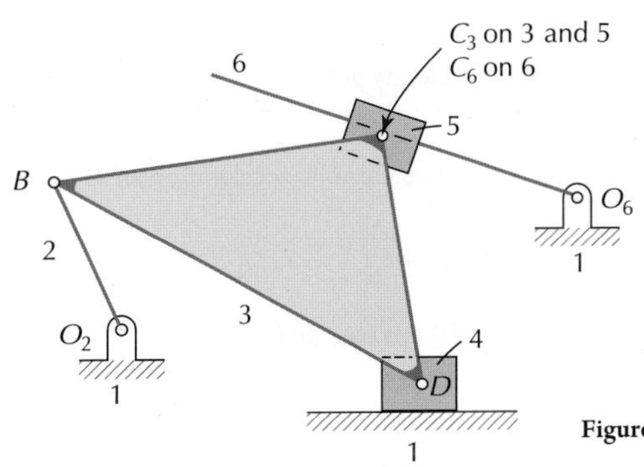

Figure P3.28

P3.29 For the mechanism in the configuration shown in Figure P3.29,

$$r_{O_2B} = 4.0 \text{ cm}; \quad \dot{\theta}_2 = 200 \text{ rpm CCW}$$

(a) draw the velocity polygon (employ scale: 1 cm = 10 cm/sec)

(b) determine

(i) the angular velocity of link 3

(ii) the angular velocity of link 6

(iii) the Coriolis acceleration of point C_6 with respect to point C_3

(c) if the angular velocity of link 2 is changed to a constant rate of 350 rpm CCW for the given configuration, specify the Coriolis acceleration of point C_3 with respect to point C_6

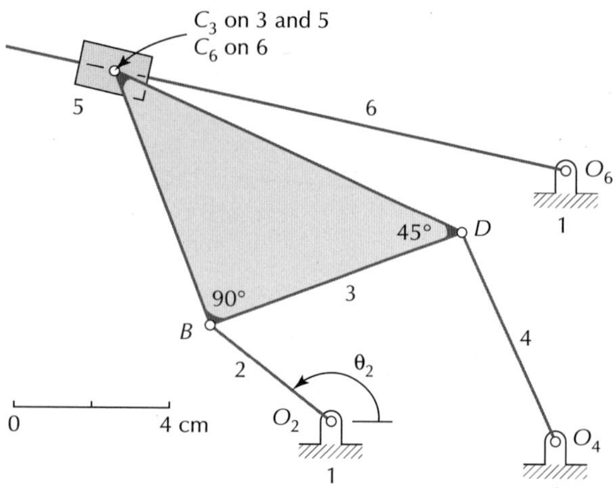

Figure P3.29

P3.30 For the mechanism in the configuration shown in Figure P3.30,

(a) given the input motion

$$r_{O_2A} = 4.0 \text{ cm}; \quad \dot{\theta}_2 = 180 \text{ rpm CW}$$

(i) draw the velocity polygon (employ scale: 1 cm = 10 cm/sec)

(ii) determine the Coriolis acceleration of D_1 with respect to D_5

(b) given the input motion

$$\overline{v}_B = 30 \text{ cm/sec} @ 0°$$

(The input motion given in part (a) no longer applies.)

(i) determine the magnitude and direction of rotational speed of link 3

(ii) determine the magnitude of the Coriolis acceleration of D_1 with respect to D_5

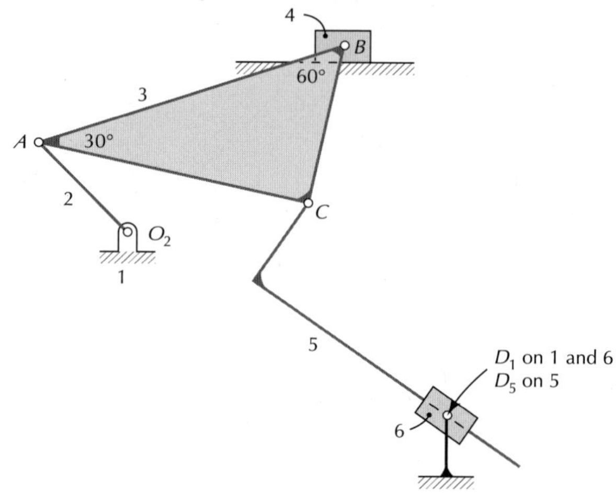

Figure P3.30

P3.31 For the mechanism in the configuration shown in Figure P3.31,

(a) draw the velocity polygon (employing scale: 1 cm = 10 cm/sec)

(b) determine the magnitude and direction of rotational speed of link 3

(c) determine the velocity of point E

(d) determine the Coriolis acceleration of C_6 with respect to C_3

$$r_{O_2B} = 4.0 \text{ cm}; \quad \dot{\theta}_2 = 200 \text{ rpm CW}$$

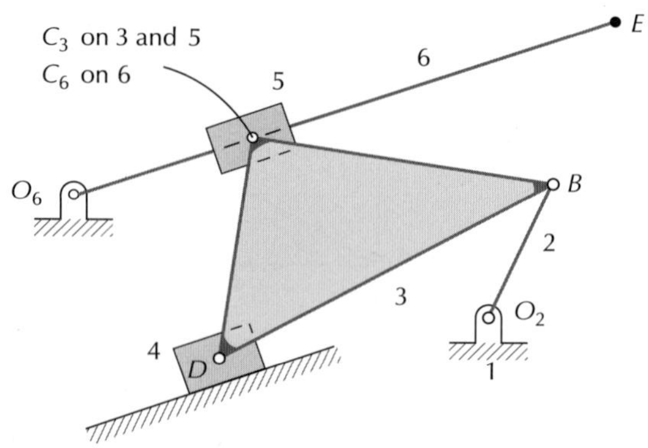

Figure P3.31

P3.32 For the mechanism in the configuration shown in the figure,

(a) draw the velocity polygon

(b) determine the magnitude and direction of rotational speed of link 3

(c) determine the velocity of point E

$$r_{O_2B} = 10 \text{ cm}; \quad \dot{\theta}_2 = 300 \text{ rpm CW}$$

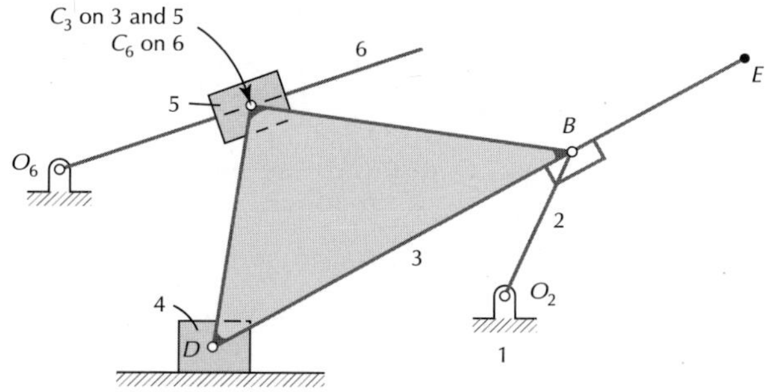

Figure P3.32

P3.33 For the mechanism in the configuration shown in Figure P3.33,

(a) draw the velocity polygon (employ scale: 1 cm = 10 cm/sec)

(b) determine

(i) the angular velocity of link 4

(ii) the linear velocity of point C

$$r_{O_2B} = 2.45 \text{ cm}; \quad \dot{\theta}_2 = 230 \text{ rpm CCW}$$
$$\dot{\theta}_5 = 130 \text{ rpm CCW}$$

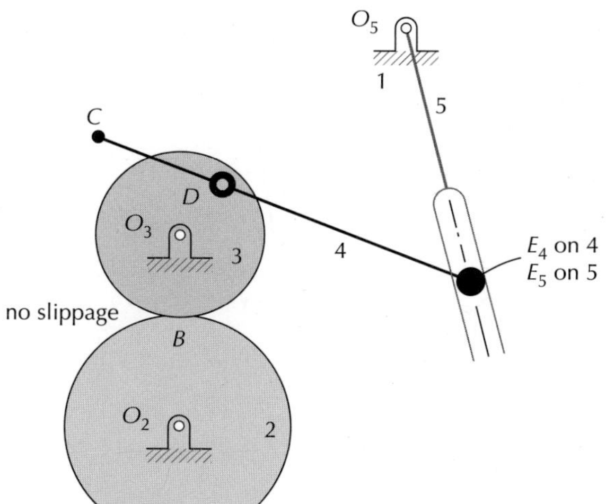

Figure P3.33

Velocity and Acceleration Polygons

P3.34 For the mechanism shown in Figure P3.34,

(a) draw the velocity polygon (employ scale: 1 cm = 10 cm/sec)

(b) draw the acceleration polygon (employ scale: 1 cm = 50 cm/sec^2)

(c) specify

(i) the sliding acceleration of point B_2 relative to point B_3

(ii) the angular accelerations of links 3 and 5

$$r_{O_2B_2} = 6.0 \text{ cm}; \quad r_{O_2O_3} = 5.0 \text{ cm}$$
$$r_{O_3C} = 6.0 \text{ cm}; \quad r_{CD} = 9.0 \text{ cm}$$
$$\theta_2 = 10°; \quad \dot{\theta}_2 = 80 \text{ rpm CW (constant)}$$

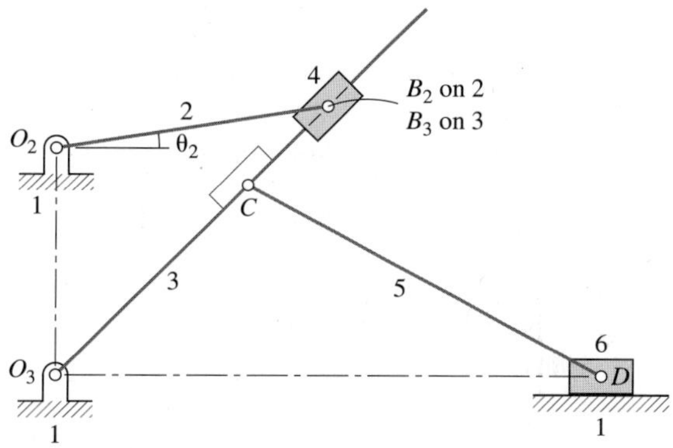

Figure P3.34

P3.35 For the mechanism shown in Figure P3.35,

(a) draw the velocity polygon (employ scale: 1 cm = 10 cm/sec)

(b) draw the acceleration polygon (employ scale: 1 cm = 100 cm/sec^2)

(c) specify the angular acceleration of link 7

$$r_{O_2A} = 6.0 \text{ cm}; \quad r_{AC} = 8.0 \text{ cm}; \quad r_{CD} = 10.0 \text{ cm}; \quad r_{O_5D} = 4.0 \text{ cm}$$
$$r_{AB_3} = 2.0 \text{ cm}; \quad r_{O_7B_7} = 5.0 \text{ cm}$$
$$\theta_2 = 110°; \quad \dot{\theta}_2 = 75 \text{ rpm CW (constant)}$$
$$\theta_5 = 10°; \quad \dot{\theta}_5 = 100 \text{ rpm CW}; \quad \ddot{\theta}_5 = 75 \text{ rad/sec}^2 \text{ CCW}$$

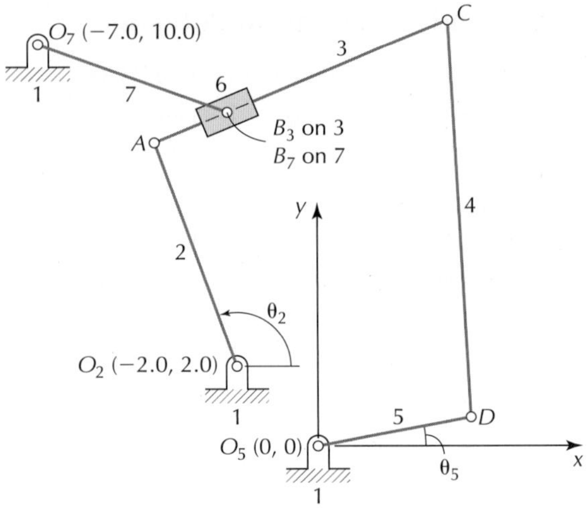

Figure P3.35

P3.36 For the mechanism shown in the figure,

(a) draw the velocity polygon (employ scale: 1 cm = 20 cm/sec)

(b) draw the acceleration polygon (employ scale: 1 cm = 200 cm/sec²)

(c) specify the angular acceleration of link 5

$$r_{O_2A} = 6.0 \text{ cm}; \quad r_{AD_3} = 20 \text{ cm}$$
$$r_{AB} = 12 \text{ cm}; \quad r_{BC} = 14 \text{ cm}$$
$$\theta_2 = 100°; \quad \dot{\theta}_2 = 160 \text{ rpm CCW (constant)}$$

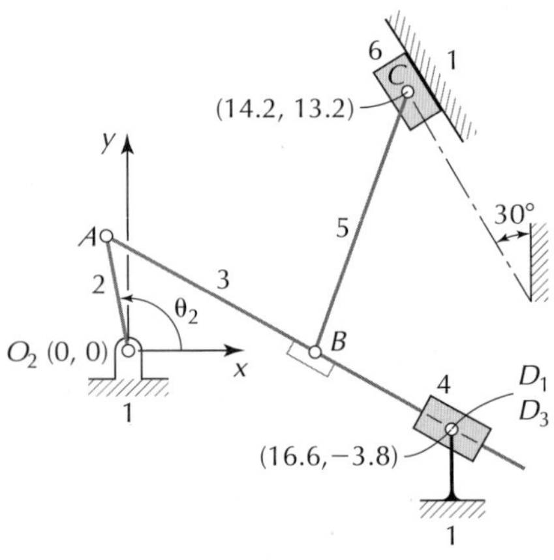

Figure P3.36

P3.37 For the mechanism shown in Figure P3.37,

(a) draw the velocity polygon (employ scale: 1 cm = 10 cm/sec)

(b) draw the acceleration polygon (employ scale: 1 cm = 100 cm/sec²)

(c) specify the angular acceleration of link 6

$$r_{O_2A} = 4.0 \text{ cm}; \quad r_{AB} = 9.0 \text{ cm}; \quad r_{O_4B} = 8.0 \text{ cm}$$
$$r_{O_4C_4} = 4.0 \text{ cm}; \quad r_{O_6C_6} = 6.0 \text{ cm}$$
$$\theta_2 = 45°; \quad \dot{\theta}_2 = 140 \text{ rpm CW (constant)}$$

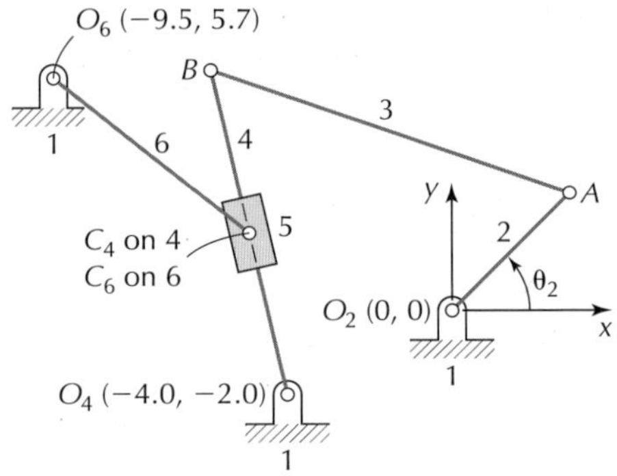

Figure P3.37

P3.38 For the mechanism shown in Figure P3.38,

(a) draw the velocity polygon (employ scale: 1 cm = 10 cm/sec)

(b) draw the acceleration polygon (employ scale: 1 cm = 100 cm/sec²)

(c) specify the angular acceleration of link 6

$$r_{O_2A} = 4.0\text{cm}; \quad r_{AB} = 9.0\text{cm}; \quad r_{O_4B} = 8.0\text{cm}$$
$$r_{AC_3} = 6.0\text{cm}; \quad r_{O_6C_6} = 6.0\text{cm}$$
$$\theta_2 = 140°; \quad \dot{\theta}_2 = 140 \text{ rpm CCW (constant)}$$

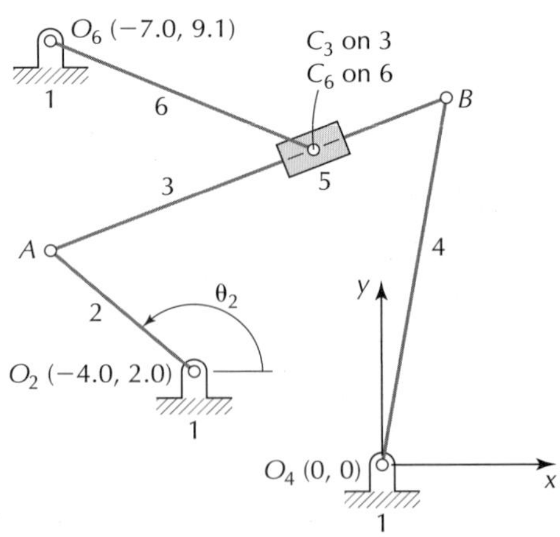

Figure P3.38

P3.39 For the mechanism shown in the figure,

(a) draw the velocity polygon (employ scale: 1 cm = 20 cm/sec)

(b) draw the acceleration polygon (employ scale: 1 cm = 200 cm/sec²)

(c) specify

(i) the acceleration of point B_6

(ii) the angular accelerations of links 3 and 6

(d) the angular velocity of link 2 is changed to a constant rate of 80 rpm CCW, specify the new angular acceleration for link 6

$$r_{O_2A} = 10\,\text{cm}; \quad r_{AC} = 26\,\text{cm}$$
$$r_{AB_3} = 10\,\text{cm}; \quad r_{O_6B_6} = 16\,\text{cm}$$
$$\theta_2 = 135°; \quad \dot{\theta}_2 = 130\,\text{rpm CCW (constant)}$$

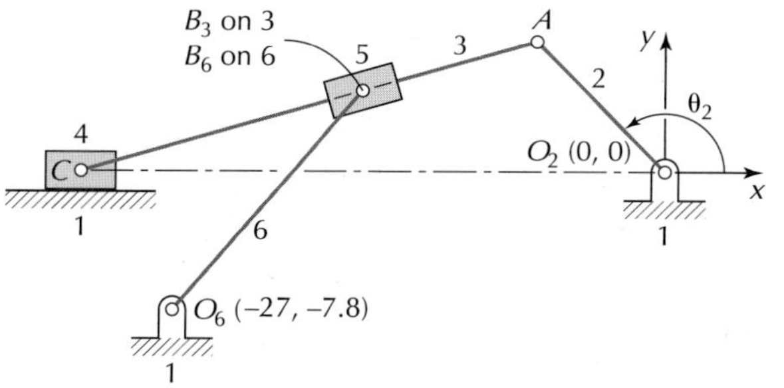

Figure P3.39

P3.40 For the mechanism shown in the figure,

(a) draw the velocity polygon (employ scale: 1 cm = 15 cm/sec)

(b) draw the acceleration polygon (employ scale: 1 cm = 300 cm/sec²)

(c) specify

(i) the angular acceleration of link 4

(ii) the acceleration of link 6

$$r_{O_2A_2} = 4.5\text{ cm}; \quad r_{O_4B} = 1.5\text{ cm}; \quad r_{O_2O_4} = 7.5\text{ cm}$$
$$r_{BC} = 6.75\text{ cm}; \quad \theta_2 = 150°$$
$$\dot{\theta}_2 = 180\text{ rpm CW (constant)}$$

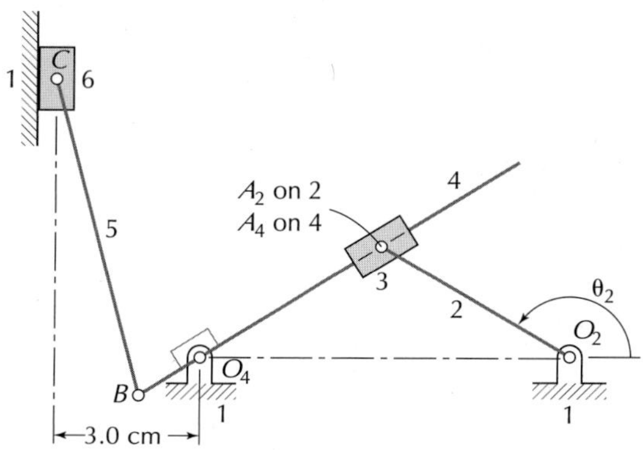

Figure P3.40

P3.41 For the mechanism shown in Figure P3.41,

(a) draw the velocity polygon (employ scale: 1 in = 10 in/sec)

(b) draw the acceleration polygon (employ scale: 1 in = 500 in/sec²)

(c) specify

(i) the sliding acceleration between points B_2 and B_4

(ii) the angular acceleration of link 2

$$r_{O_2B_2} = 4.0\,\text{in}; \quad r_{CB_4} = 0.8\,\text{in}; \quad r_{O_2D} = 4.25\,\text{in}; \quad \rho = 1.5\,\text{in}$$
$$\dot{\theta}_4 = 100\,\text{rpm CW (constant)}$$

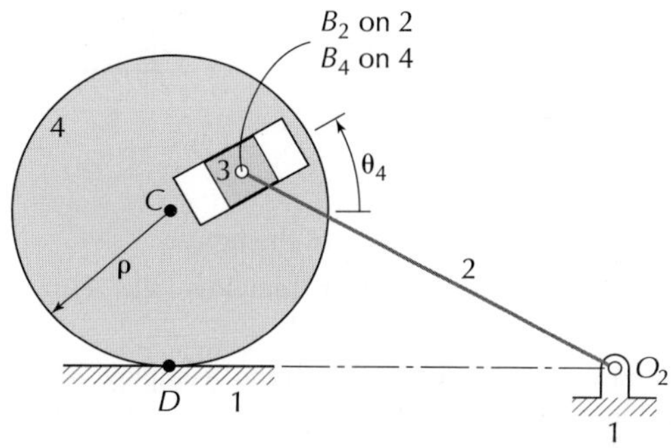

Figure P3.41

P3.42 For the mechanism shown in Figure P3.42,

(a) draw the velocity polygon for the limit position shown (employ scale: 1 cm = 10 cm/sec)

(b) repeat part (a) for the other limit position

(c) draw the acceleration polygon for the limit position shown (employ scale: 1 cm = 200 cm/sec²)

(d) specify the angular accelerations of links 3 and 4

$$r_{O_2O_4} = 8.0\text{ cm}; \quad r_{O_2B} = 2.5\text{ cm}$$
$$r_{BD} = 9.5\text{ cm}; \quad r_{O_4D} = 6.0\text{ cm}$$
$$\dot{\theta}_2 = 20\text{ rad/sec CCW (constant)}$$

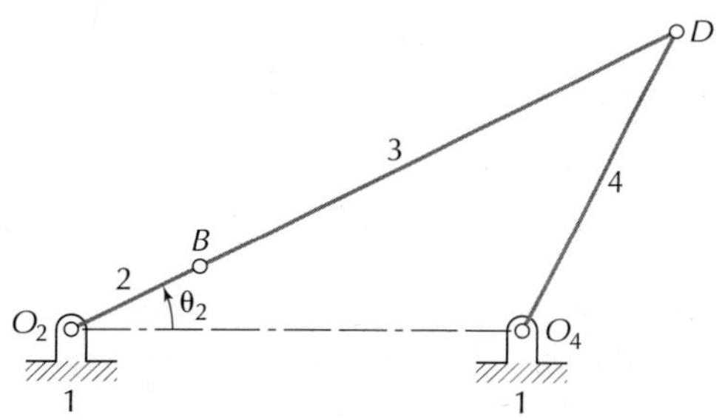

Figure P3.42

P3.43 For the mechanism shown in Figure P3.43,

(a) draw the velocity polygon (employ scale: 1 cm = 10 cm/sec)

(b) draw the acceleration polygon (employ scale: 1 cm = 100 cm/sec^2)

$$r_{O_2B} = 3.0 \text{ cm};\quad r_{BC} = 7.0 \text{ cm};\quad r_{O_2O_4} = 8.0 \text{ cm}$$
$$r_{O_4C} = 4.0 \text{ cm};\quad r_{O_4D} = 2.0 \text{ cm};\quad r_{DE} = 8.0 \text{ cm}$$
$$\theta_2 = 45°;\quad \dot{\theta}_2 = 20 \text{ rad/sec CCW (constant)}$$

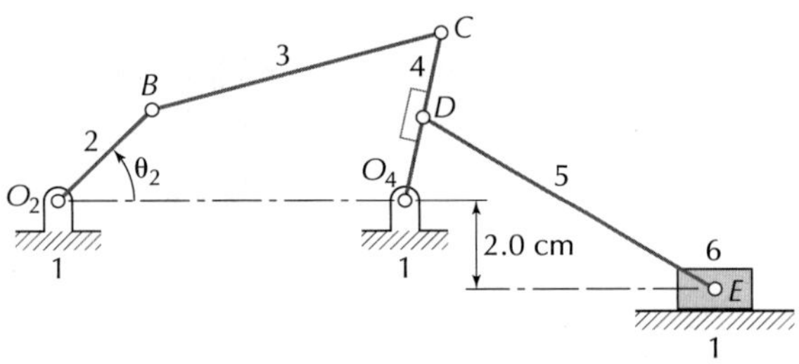

Figure P3.43

P3.44 For the mechanism shown in the figure,

(a) draw the velocity polygon (employ scale: 1 in = 3.33 in/sec)

(b) draw the acceleration polygon (employ scale: 1 in = 3.33 in/sec^2)

$$r_{O_2C} = 0.5 \text{ in};\quad \rho = 1.0 \text{ in}$$
$$\theta_2 = 315°;\quad \dot{\theta}_2 = 10 \text{ rad/sec CW (constant)}$$

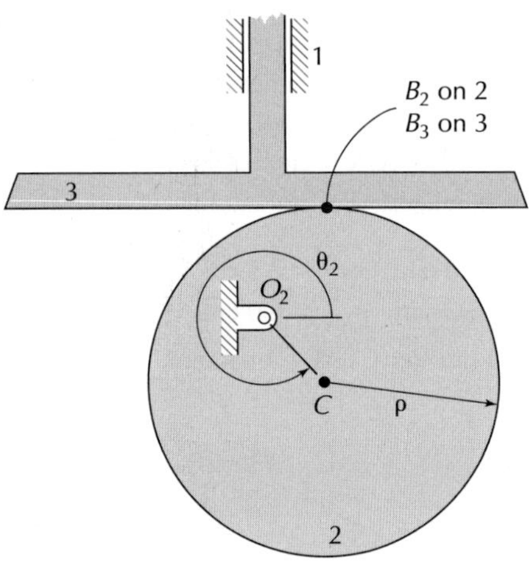

Figure P3.44

P3.45 For the mechanism shown in Figure P3.45,

(a) draw the velocity polygon (employ scale: 1 cm = 10 cm/sec)

(b) specify

(i) the rotational speeds of links 3 and 4

(ii) the velocities of the midpoints of links 2, 3, and 4 (i.e. points *D, E,* and *F*)

(c) draw the acceleration polygon (employ scale: 1 cm = 400 cm/sec^2)

(d) specify

(i) the angular accelerations of links 3 and 4

(ii) the accelerations of the midpoints of links 2, 3, and 4

$$r_{O_2O_4} = 12.0 \text{ cm};\quad r_{O_2B} = 4.0 \text{ cm}$$
$$r_{BC} = 14.0 \text{ cm};\quad r_{O_2C} = 8.0 \text{ cm}$$
$$\theta_2 = 45°;\quad \dot{\theta}_2 = 30 \text{ rad/sec CW (constant)}$$

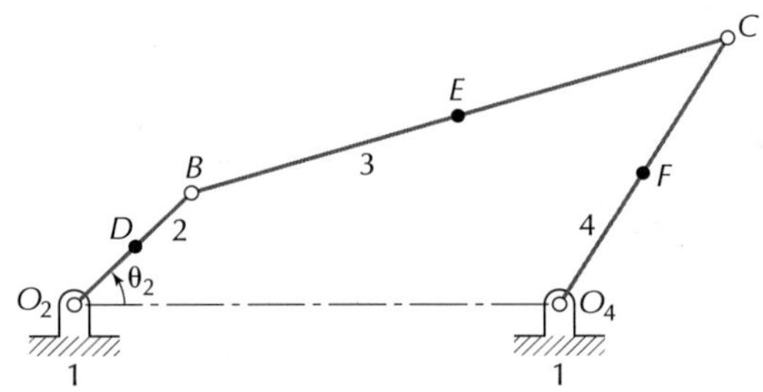

Figure P3.45

P3.46 For the mechanism shown in Figure P3.46,

(a) draw the velocity polygon (employ scale: 1 cm = 10 cm/sec)

(b) draw the acceleration polygon (employ scale: 1 cm = 100 cm/sec^2)

(c) specify the angular acceleration of link 3

$$r_{O_2O_3} = 6.0 \text{ cm};\quad r_{O_2B_2} = 3.0 \text{ cm};\quad r_{O_3C} = 12.0 \text{ cm}$$
$$r_{CD} = 4.5 \text{ cm};\quad \theta_2 = 30°$$
$$\dot{\theta}_2 = 20 \text{ rad/sec CCW (constant)}$$

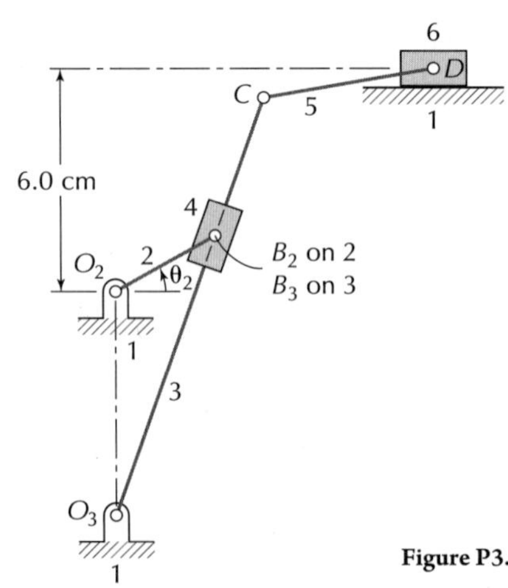

Figure P3.46

P3.47 For the scaled mechanism shown in Figure P3.47,

(a) draw the velocity polygon (employ scale: 1 cm = 10 cm/sec)

(b) draw the acceleration polygon (employ scale: 1 cm = 100 cm/sec²)

(c) specify

(i) the angular accelerations of links 3 and 5

(ii) the acceleration of link 6

$$r_{O_2A} = 3.0 \text{ cm}; \quad r_{BA} = 4.0 \text{ cm}$$
$$r_{AC_3} = 8.0 \text{ cm}; \quad r_{BD} = 5.0 \text{ cm}$$
$$\theta_2 = 130°; \quad \dot{\theta}_2 = 180 \text{ rpm CCW (constant)}$$

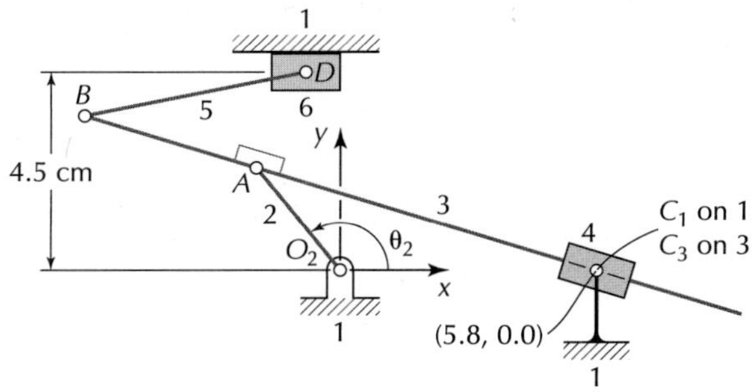

Figure P3.47

P3.48 For the mechanism in the configuration shown in the figure, determine

(a) the angular velocity of link 4

(b) the velocity of point B_2 with respect to point B_4

(c) the Coriolis acceleration of point B_4 with respect to point B_2

$$r_{O_2O_4} = 4.0 \text{ cm}; \quad r_{O_2B_2} = 4.0\sqrt{2.0} \text{ cm}$$
$$\theta_2 = 45°; \quad \dot{\theta}_2 = 4.0 \text{ rad/sec CW}$$

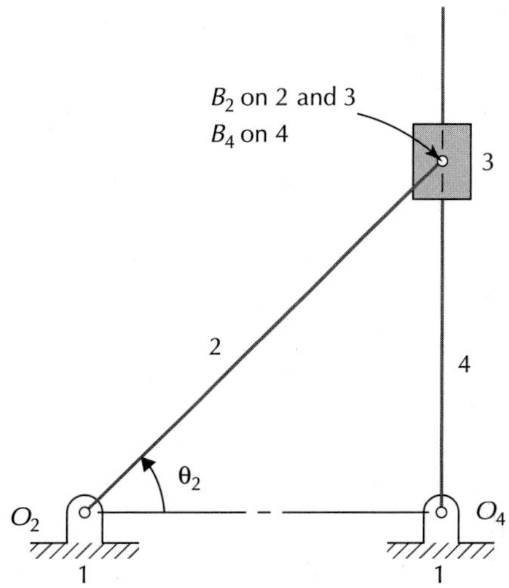

Figure P3.48

CHAPTER 4

평면 기구의 분석적 기구학 해석

4.1 서론

이 장에서는 평면 기구에서 링크들의 위치, 속도 및 가속도에 대한 분석적 표현을 만드는 방법을 제시한다. 이 표현들은 컴퓨터에 프로그램으로 작성함으로써 운동학적 양의 수치값을 결정할 수 있다. 그러므로 기구의 다양한 거동을 해석할 때, 결과는 3장에서 제시한 도식적 기법들보다 손쉽게 구할 수 있다.

이 장에서 설명하는 방법은 복소수를 사용하는 것에 바탕을 두고 있다. 복소수에 대한 간단한 설명은 부록 B에 포함되어 있다.

4.2 루프 폐쇄식

루프(loop)는 링크를 따라 기구를 통과하는 경로로 정의되며 기구학적 대우(kinematic pair)를 통해 시작점까지 돌아온다. 기구는 모든 링크와 기구학적 대우를 거치기 위해 필요한 루프의 수로 분류할 수 있다.

그림 4.1은 각각 루프가 1개인 기구를 보여준다. 각각의 경우 하나의 루프는 모든 링크와 기구의 기구학적 대우를 통과한다. 그림 4.2는 각각 루프가 2개인 기구를 보여준다.

복소 평면에 있는 벡터는 기구 루프를 표현하기 위해 사용된다. 그러나 루프의 복소 벡터 표현은 다양한 방법으로 만들어질 수 있다. 예를 들어, 그림 4.3(a)에 표현된 4절 기구를 고려해보자. 링크 길이는 r_1, r_2, r_3, r_4로 나타내고 링크 각(좌표계에 관한)은 θ_2, θ_3, θ_4로 나타낸다. 그림 4.3(b)와 4.3(c)에서는 기구의 2개의 다른 복소 벡터 표현을 보여준다. 여기서

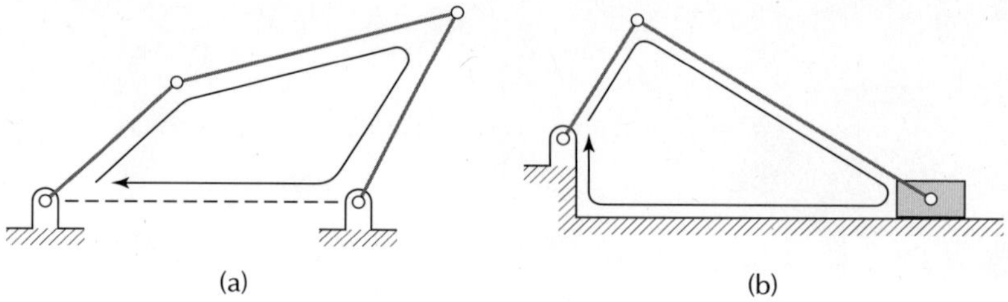

그림 4.1 ● 루프가 1개인 기구의 예

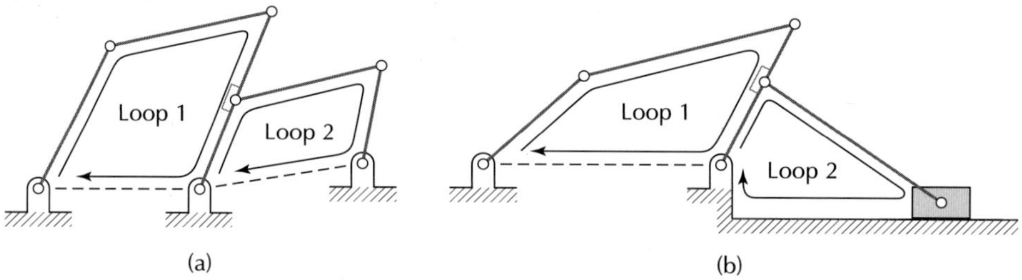

그림 4.2 ● 루프가 2개인 기구의 예

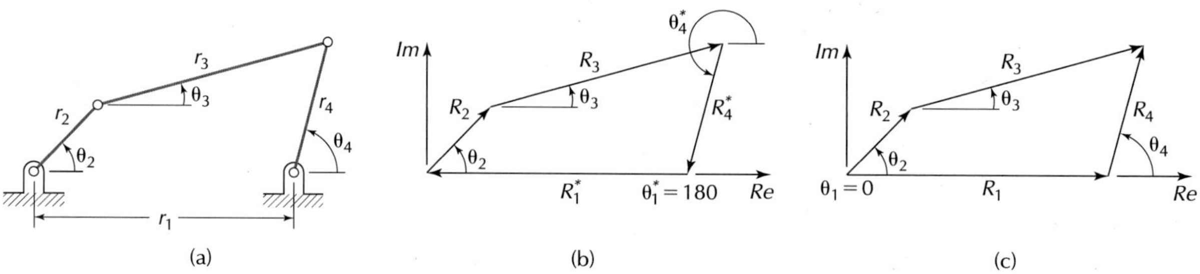

그림 4.3 ● 4절 기구의 복소 벡터 표현. (a) 기구, (b) 벡터 표현, 버전 1, (c) 벡터 표현, 버전 2

$R_n(n = 1, 2, 3, 4)$은 복소 벡터를 나타낸다. 그림 4.3(b)에서는 모든 벡터의 머리가 그 앞의 벡터의 꼬리와 닿도록 했다. 그림 4.3(c)에서 벡터 R_1과 R_4는 그림 4.3(b)에 나와 있는 방향과 서로 다른 방향을 가리키고 있다. 따라서 상응하는 각(또한 복소수 또는 복소 벡터의 **복소 편각**이라 불린다)과는 다르다.

루프에 있는 각각의 벡터에 대하여 방향을 설정해 주면서 벡터 루프를 만든다. 위에서 제시한 두 가지 버전을 비교해 보면 그림 4.3(c)처럼 아마 두 번째 버전을 선택하게 될 것이다. 두 번째 버전에서는 기구에서 링크의 각변위를 묘사할 때 흔히 사용하는 벡터의 편각들을 사용하였기 때문이다.

각 벡터 루프에 대하여 기구의 링크들이 움직일 때 루프는 닫혀 있어야 한다는 조건을 명시하기 위한 **루프 폐쇄식**(loop closure equation)을 작성할 수 있다. 루프 폐쇄식을 작성하기 위해서, 루프 내에 어떤 2개의 벡터 사이의 한 점에서 시작한다. 그런 다음 루프 내의 모든 벡터를 지나서 시작점까지 돌아온다. 시계 방향이든 반시계 방향이든 자유롭게 진행할 수 있다. 루프를 지나면서 벡터들은 각 벡터의 머리의 위치를 만나게 된다. 벡터들은 1개의 식으로 결합되고 0이 된다.

그림 4.3(b)의 벡터 루프에서, 실수와 허수축의 원점에서 시작해서 시계 방향으로 루프를 지나가면, 다음 식과 같다.

$$R_2 + R_3 + R_4^* + R_1^* = 0 \quad \text{or} \quad R_1^* + R_2 + R_3 + R_4^* = 0 \tag{4.2-1}$$

그림 4.3(c)와 연관된 루프 폐쇄식은

$$R_2 + R_3 + (-R_4) + (-R_1) = 0 \quad \text{or} \quad R_1 - R_2 - R_3 + R_4 = 0 \tag{4.2-2}$$

식 (4.2-2)에서 루프를 통과할 때 이들 벡터의 머리를 만나게 되므로 R_1과 R_4 앞에 음의 부호를 두었다.

그림 4.3(b)와 4.3(c)는 같은 기구의 두 가지 표현이다. 이 2개의 표현을 비교해보면, 벡터 R_2와 R_3는 일치한다. 링크 1과 4에 대해 벡터 사이의 관계는

$$R_1^* = -R_1; \quad R_4^* = -R_4 \tag{4.2-3}$$

기구의 분석을 위해서, 기구에 적용되는 **독립변수**(independent variable)와 **종속변수**(dependent variable)를 정의하는 것이 중요하다. 기구의 입력은 독립변수로 여긴다. 입력의 결과가 종속변수가 된다.

- 독립변수의 수는 기구의 자유도 또는 가동성(mobility)과 같다(1.5절 참조).
- 각 기구 루프에 대하여 2개의 종속변수가 있다.

종속변수는 벡터의 크기 또는 편각 중 하나가 될 수 있다. 예를 들어 그림 4.3(c)의 4절 기구를 보자. 독립변수가 링크 2의 각, θ_2인 경우, 두 종속변수는 θ_3와 θ_4이다.

또 다른 예로 그림 4.4(a)의 슬라이더 크랭크 기구에 대한 복소 벡터 표현을 생각해 보

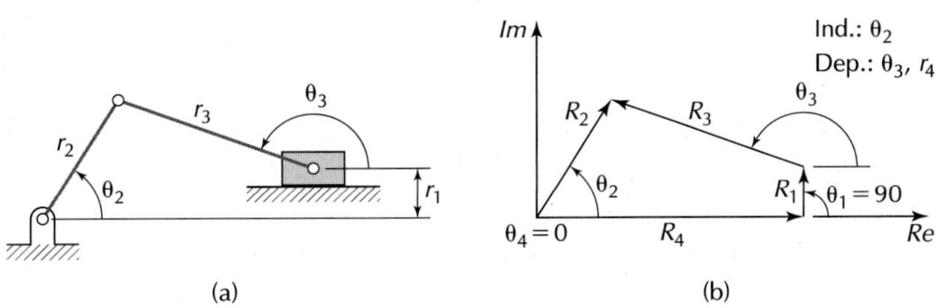

그림 4.4 ● (a) 슬라이더 크랭크 기구, (b) 복소 벡터 표현

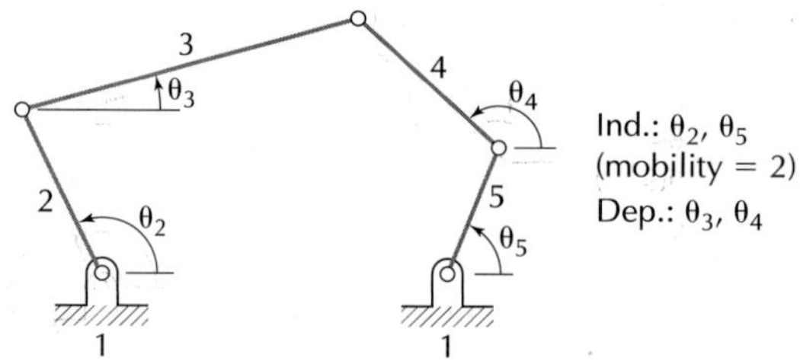

그림 4.5 ● 5절 기구

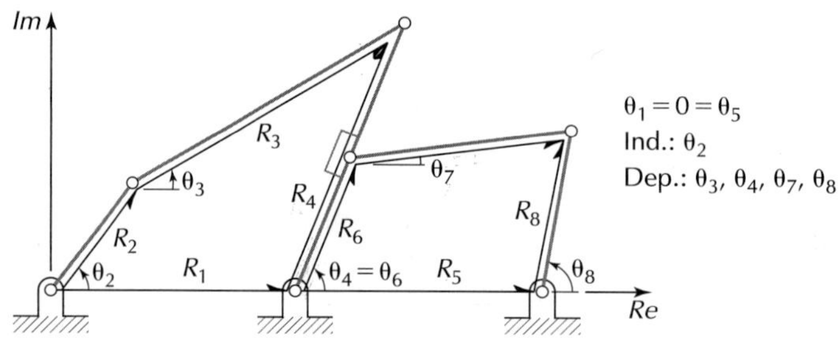

그림 4.6 ● 6절 기구에 대한 복소 벡터 표현

자. 대응하는 복소 벡터 표현은 그림 4.4(b)에 나타나 있다. 독립변수가 링크 2의 각변위로 선택되었다면 두 종속변수는 링크 3의 각변위와 벡터 R_4의 크기가 된다. 벡터 R_1은 슬라이더 오프셋(slider offset)에 대응하며, 슬라이더 오프셋은 고정되어 있어 기구가 동작하면서도 그것의 길이나 각은 변하지 않는다. 그러므로 벡터 R_1의 크기나 편각은 변수가 아니다. 벡터 R_4는 슬라이드의 작용선 상에 있고 그것의 크기는 슬라이더의 위치를 나타낸다.

그림 4.5는 5절 기구를 보여준다. 이 기구의 가동성은 2이다. 두 독립변수가 θ_2와 θ_5이라면 남은 두 변수량(variable quantity)은 종속변수인 θ_3와 θ_4가 된다.

그림 4.6은 6절 기구를 보여준다. 이 기구의 가동성은 1이다. θ_2가 단일의 독립변수가 된다. 이 기구는 2개의 루프를 가지므로 총 4개의 종속변수(각 루프당 2개)가 있다. 이 변수들을 조금 더 쉽게 식별하기 위하여 그림 4.6에서 기구연결 부분에 복소 벡터를 부가하였다. 종속변수는 θ_3, θ_4, θ_7과 θ_8이다. 또한

$$\theta_6 = \theta_4$$

이므로 첫 번째 루프에 대한 분석이 끝나면 θ_6는 두 번째 루프에 대한 분석에서 알고 있는 값으로 여길 수 있다.

그림 4.7(a)는 커플러 점을 가진 4절 기구를 보여준다. 이 기구는 2개의 벡터 루프로 나타낼 수 있다. 그림 4.7(b)에서 보여주는 첫 번째 벡터 루프는 4절 기구 주위를 지나간다. 그

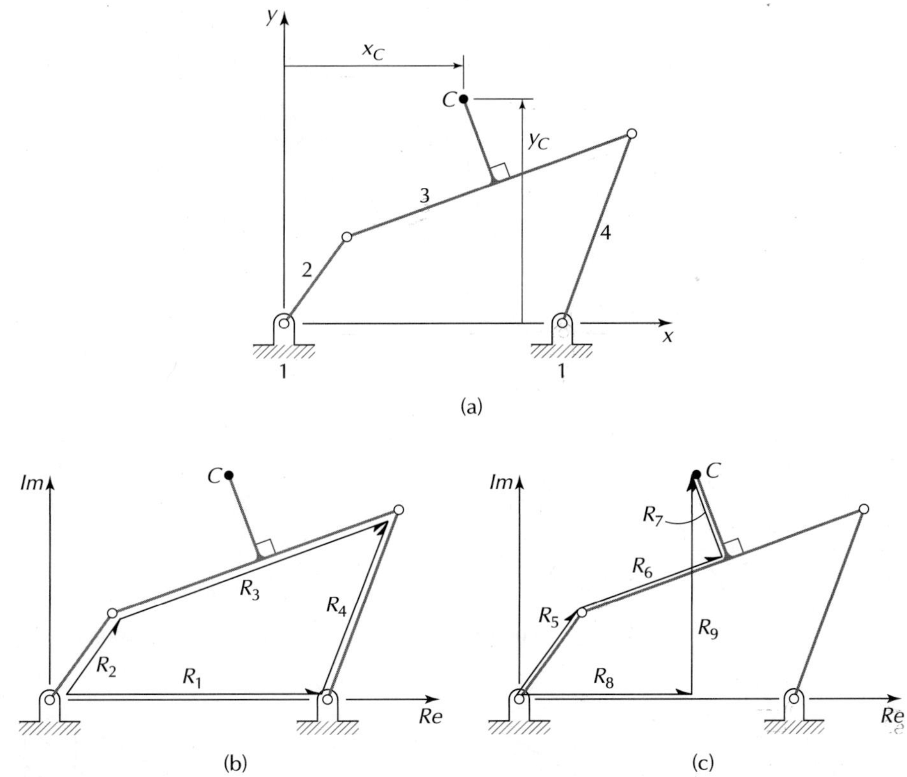

그림 4.7 ● 커플러 점을 가진 4절 기구에 대한 복소 벡터 표현. (a) 기구, (b) 첫 번째 벡터 루프, (c) 두 번째 벡터 루프

림 4.7(c)에서 보여주는 두 번째 벡터 루프는 커플러 점을 포함하고 있다. 두 번째 루프에서

$$\theta_8 = 0;\quad \theta_9 = 90°$$

두 번째 벡터 루프와 연관된 종속변수는 벡터 R_8과 R_9의 크기들이다. 첫 번째 루프의 각들을 알면 두 번째 벡터 루프에 대한 벡터의 각변위는 쉽게 구할 수 있다는 것을 주목하자. 두 루프의 각 사이의 관계는

$$\theta_5 = \theta_2;\quad \theta_6 = \theta_3;\quad \theta_7 = \theta_3 + 90°$$

그림 4.8(a)는 프런트-엔드 로더(front-end loader)를 보여준다. 이 기구는 이전 예제보다 더 견고하며, 4개의 폐쇄 루프로 모델링 될 수 있다. 이 기구에 대응하는 복소 벡터 표현은 그림 4.8(b)에 나타나 있다. 루프 폐쇄식은

루프 1: $R_1 + R_2 - R_3 - R_4 = 0$

루프 2: $R_5 + R_6 - R_7 - R_8 = 0$

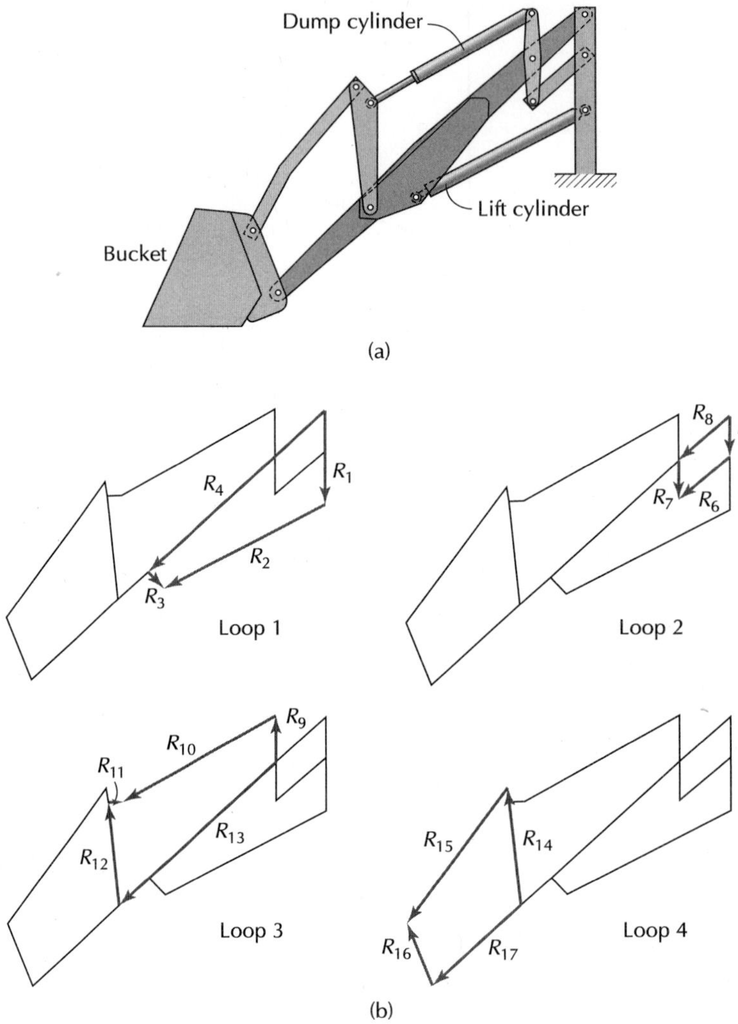

그림 4.8 ● (a) 프런트-엔드 로더 기구, (b) 복소 벡터 표현

루프 3: $R_9 + R_{10} - R_{11} - R_{12} - R_{13} = 0$

루프 4: $R_{14} + R_{15} - R_{16} - R_{17} = 0$

이 기구의 가동성은 2이다. 이것은 실제적으로 벡터 R_{16}에 의해 표현되는 버켓의 자세와 위치를 제어하는 데 2개의 독립입력이 요구된다는 뜻이다. 2개의 입력은 리프트 실린더(lift cylinder)의 길이와 덤프 실린더(dump cylinder)의 길이이다. 모델에서 리프트 실린더는 벡터 R_2로 표현되고 덤프 실린더는 벡터 R_{10}으로 표현된다. 그러므로 두 독립변수는 벡터 R_2와 R_{10}의 크기들이다. 이 기구를 표현하기 위해 4개의 벡터 루프가 필요하기 때문에 8개의 종속변수가 있다.

이어지는 다음 두 절에서 하나의 벡터 루프(4.3절)로 표현되는 기구에 대한 분석이 이루어지고 그 다음 절에서는 하나 이상의 벡터 루프(4.4절)를 필요로 하는 기구에 대하여 설명한다.

4.3 하나의 루프로 된 평면 기구의 복수 벡터 분석

복소 벡터 분석을 하기 위해서는 다음과 같은 일반적인 과정이 필요하다.

1. 다각형을 만들기 위하여 복소 벡터를 이용하여 기구 연결 부분을 표현한다.
2. 루프 폐쇄식을 만들고 두 종속변수를 식별한다.
3. 루프 폐쇄식의 실수와 허수 부분이 되는 2개의 식을 만든다.
4. 폐루프 방정식의 실수와 허수 부분으로부터 2개의 방정식을 만들고 단순화시킨다.
5. 4단계의 식을 이용하여 두 종속변수에 대하여 푼다.
6. 종속변수의 시간 도함수(time derivative)의 값을 다음 두 방법 중 하나를 이용하여 구한다.
   (i) **방법 #1**: 5단계에서 구한 종속변수에 대한 정리된 식을 이용하여 그것을 시간에 대하여 미분한다.
   (ii) **방법 #2**: 4단계에서 구한 루프 폐쇄식의 실수와 허수 부분을 미분하여 시간 도함수에 대하여 푼다.

위의 과정에 삼각함수를 이용하여야 한다. 부록에 여러 삼각함수에 대한 목록을 제공하였다.

4.3.1 스카치 요크 기구

그림 4.9(a)의 스카치 요크 기구(Scotch yoke mechanism)를 생각해 보자. 여기서 입력 동작은 링크 2의 회전이다.

이 기구를 분석하기 위해서 위에서 제시한 여섯 단계를 적용할 것이다.

1단계: 그림 4.9(b)는 이 기구의 복소 벡터 표현을 보여준다.

2단계: 대응하는 루프 폐쇄식은

$$R_2 - R_3 - R_1 = 0 \tag{4.3-1}$$

3단계: 링크 2의 회전이 입력이므로 독립변수는 각변위 θ_2, 종속변수는 벡터 R_1과 R_3의 크기이다.

4단계: 복소 벡터 R_j와 r_j, θ_j와의 관계를 이용함으로써 2개의 식을 만들 수 있다.

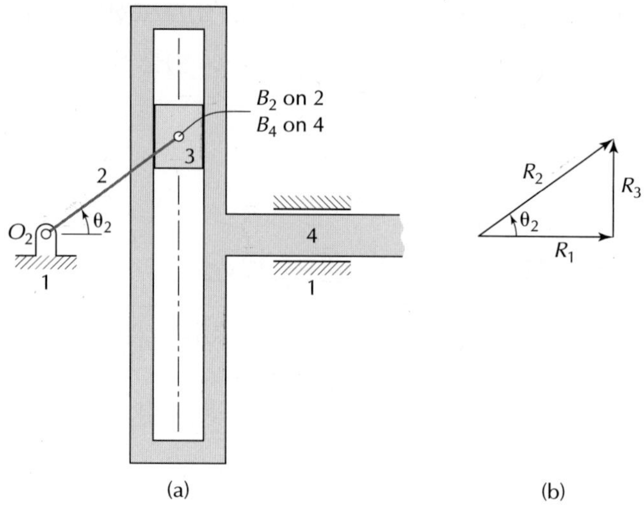

그림 4.9 ● (a) 스카치 요크 기구, (b) 복소 벡터 표현

$$R_j = r_j(\cos\theta_j + i\sin\theta_j), j = 1,2,\ldots \tag{4.3-2}$$

식 (4.3-2)를 식 (4.3-1)에 적용하면,

$$r_2(\cos\theta_2 + i\sin\theta_2) - r_3(\cos\theta_3 + i\sin\theta_3) - r_1(\cos\theta_1 + i\sin\theta_1) = 0 \tag{4.3-3}$$

$\theta_1 = 0$이고 $\theta_3 = 90°$라는 것을 상기하여 식 (4.3-3)을 단순화시키면

$$r_2\cos\theta_2 - r_1 + i(r_2\sin\theta_2 - r_3) = 0 \tag{4.3-4}$$

식 (4.3-4)의 실수 성분은

$$\boxed{r_1 = r_2\cos\theta_2} \tag{4.3-5}$$

허수 성분은

$$\boxed{r_3 = r_2\sin\theta_2} \tag{4.3-6}$$

5단계: 독립변수는 각변위 θ_2이며 종속변수는 r_1과 r_3이다. 즉 식 (4.3-5)와 (4.3-6)은 독립변수와 특수한 링크 차원(specified link dimension)과 관련하여 종속변수를 표현하도록 정리되었다.

6단계: 종속변수의 시간 도함수를 구할 수 있다. 두 종속변수는 알려진 양(quantity)에 대하여 명시적으로 표현하였기 때문에 위에서 설명한 두 방법은 모두 동일하다.

식 (4.3-5)와 (4.3-6)의 시간 도함수에서 r_2는 일정하므로 $\dot{r}_2 = 0$이 되고

$$\boxed{\dot{r}_1 = -r_2\dot{\theta}_2 \sin\theta_2} \tag{4.3-7}$$

그리고

$$\boxed{\dot{r}_3 = r_2\dot{\theta}_2 \cos\theta_2} \tag{4.3-8}$$

2차 시간 도함수는

$$\boxed{\ddot{r}_1 = -r_2\dot{\theta}_2^2 \cos\theta_2 - r_2\ddot{\theta}_2 \sin\theta} \tag{4.3-9}$$

그리고

$$\boxed{\ddot{r}_3 = -r_2\dot{\theta}_2^2 \sin\theta_2 + r_2\ddot{\theta}_2 \cos\theta_2} \tag{4.3-10}$$

입력 회전 속력을 일정하다고 가정하면 다음을 설정함으로써 식 (4.3-9)와 (4.3-10)의 특수한 경우를 얻는다.

$$\ddot{\theta}_2 = 0$$

계산하여 구한 양에 대한 표현들은 도식적 및 분석적 기법들을 이용하여 비교할 수 있다. 이 예의 경우

$$|\dot{r}_1| = |\bar{v}_{B_4}|; \qquad |\dot{r}_3| = |\bar{v}_{B_4B_2}|; \qquad |\ddot{r}_1| = |\bar{a}_{B_4}|; \qquad |\ddot{r}_3| = |a^S_{B_4B_2}|$$

4.3.2 역슬라이더 크랭크 기구

그림 4.10(a)의 역슬라이더 크랭크 기구를 생각해 보자. 입력 동작은 링크 2의 회전이다.

1단계: 그림 4.10(b)는 이 기구의 복소 벡터 표현을 보여준다.

2단계: 대응하는 루프 폐쇄식은

$$R_2 - R_3 - R_1 = 0 \tag{4.3-11}$$

3단계: 링크 2의 회전이 입력 운동이므로, 독립변수는 입력 각변위 θ_2, 종속변수는 r_3와 θ_3이다.

4단계: 식 (4.3-2)를 이용하면,

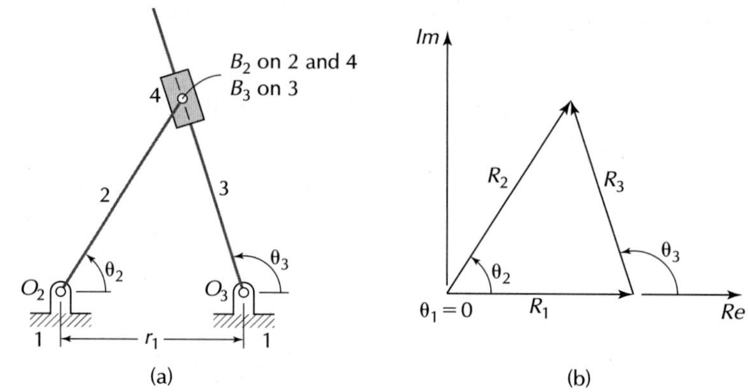

그림 4.10 ● (a) 역슬라이더 크랭크 기구, (b) 복소 벡터 표현

$$r_2(\cos\theta_2 + i\sin\theta_2) - r_3(\cos\theta_3 + i\sin\theta_3) - r_1(\cos\theta_1 + i\sin\theta_1) = 0 \tag{4.3-12}$$

$\theta_1 = 0$이라는 것을 상기하면 식 (4.3-12)는

$$r_2\cos\theta_2 - r_3\cos\theta_3 - r_1 + i(r_2\sin\theta_2 - r_3\sin\theta_3) = 0 \tag{4.3-13}$$

식 (4.3-13)의 실수 부분은

$$r_2\cos\theta_2 - r_3\cos\theta_3 - r_1 = 0 \tag{4.3-14}$$

허수 부분은

$$r_2\sin\theta_2 - r_3\sin\theta_3 = 0 \tag{4.3-15}$$

5단계: 주어진 종속변수 r_3와 θ_3에 대해 식 (4.3-14)와 (4.3-15)에서 종속변수를 한쪽으로 옮겨서 다시 정리하면

$$r_3\cos\theta_3 = r_2\cos\theta_2 - r_1 \tag{4.3-16}$$

$$r_3\sin\theta_3 = r_2\sin\theta_2 \tag{4.3-17}$$

식 (4.3-16)과 (4.3-17)을 각각 제곱하여 더하고 다음 항등식을 이용하면

$$\cos^2\theta + \sin^2\theta = 1$$

여기서 다음을 얻고

$$r_3^2 = r_1^2 + r_2^2 - 2r_1r_2\cos\theta_2 \tag{4.3-18}$$

그러므로

$$\boxed{r_3 = \left(r_1^2 + r_2^2 - 2r_1 r_2 \cos\theta_2\right)^{1/2}} \tag{4.3-19}$$

여기서 제곱근의 양의 값만을 취하였다.

식 (4.3-19)에서 종속변수 r_3는 독립변수와 링크 1과 2에 주어진 치수로 표현되었다. 식 (4.3-16)과 (4.3-17)을 제곱하고 더하기에 앞서 다시 정리를 해줘야 한다. 그렇지 않으면 추가적인 교차항(cross term)이 생겨 종속변수에 대한 계산이 불가능해진다.

식 (4.3-17)을 (4.3-16)으로 나누면

$$\tan\theta_3 = \left(\frac{r_2 \sin\theta_2}{r_2 \cos\theta_2 - r_1}\right) \tag{4.3-20}$$

또는

$$\theta_3^* = \tan^{-1}\left[\frac{\sin\theta_2}{\cos\theta_2 - \left(\dfrac{r_1}{r_2}\right)}\right], \quad -90° < \theta_3^* < 90° \tag{4.3-21}$$

식 (4.3-21)은 독립변수 θ_2와 주어진 링크 치수로 표현되었다. 식 (4.3-21)의 좌변에 별표가 표시되어 있는데 이는 식에서 역삼각함수가 사용된다는 것을 의미한다. 이 식을 계산기나 컴퓨터로 계산할 때 오직 각의 주요 값(principal value)만이 제공된다. 역삼각함수의 주요 값 범위는 $\sin^{-1}$일 경우 $-90°\sim90°$, $\cos^{-1}$일 경우 $0°\sim180°$, $\tan^{-1}$일 경우 $-90°\sim90°$이다. 그 결과 식 (4.3-21)을 이용하여 얻은 값은 링크의 실제 각변위와 대응하지 않을 수도 있다. 그러므로 식 (4.3-21)을 이용하여 얻은 값을 이미 알고 있는 결과와 대조하여 확인할 필요가 있다. 예를 들어 다음을 선택한다면

$$r_1 = 1.0 \text{ cm}; \quad r_2 = 1.0 \text{ cm}; \quad \theta_2 = 60°$$

이에 대응하는 구조는 그림 4.11에 나타나 있다. 이 경우 우리는 다음을 얻어야 한다.

$$\theta_3 = 120°$$

그러나 식 (4.3-21)에 의하면

$$\theta_3^* = -60°$$

그러므로 식 (4.3-21)을 이용하여 얻은 각변위 값은 주어진 링크길이와 θ_2에 대해서는 틀리므로 필히 수정해야 한다.

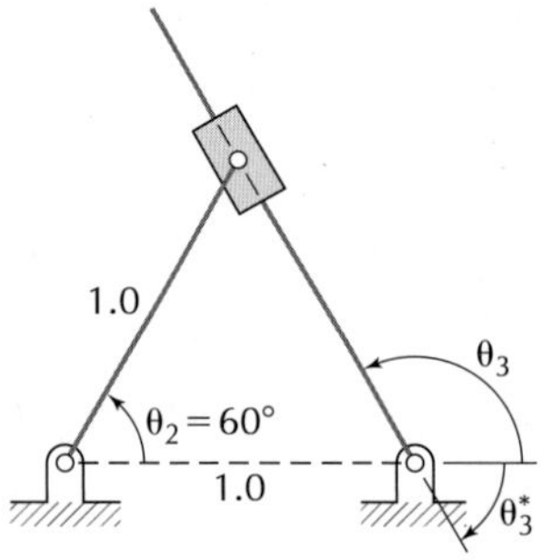

그림 4.11 ● 역슬라이더 크랭크 기구의 특수한 구조

$$\tan\theta = \tan(\theta + 180°)$$

식 (4.3-21)을 조정하면 다음을 얻는다.

$$\theta_3 = 180° + \theta_3^*$$

이는 선택된 형상에서 각변위에 대한 올바른 값을 제공할 것이다. 그림 4.11에서 제시한 기구의 다른 형상에 대해서는 다음을 볼 수 있다.

$$\theta_3 = \begin{cases} \theta_3^* + 180° & \text{if } 0° < \theta_2 \le 180° \\ \theta_3^* - 180° & \text{if } 180° < \theta_2 \le 360° \end{cases}$$

θ_3의 범위는 $-180° < \theta_3 < 180°$이다. 일반적으로, 역함수를 포함하는 종속변수의 표현식을 계산할 때 알려진 기하에 반하는 방정식을 체크하고 필요한 경우 조정해야 할 필요가 있다.

이 예제에서는, θ_3에 대한 표현식을 위해 조정이 필요한지 아닌지는 분모와 분자의 부호를 따로 유지하는 역삼각함수 $\tan2^{-1}(x, y)$를 이용함으로써 점검을 피할 수 있다. 식 (4.3-21)로부터 다음을 얻는다.

$$\boxed{\theta_3 = \tan2^{-1}\left[\cos\theta_2 - \left(\frac{r_1}{r_2}\right), \sin\theta_2\right]; \quad -180° < \theta_3 < 180°} \tag{4.3-22}$$

6단계: 이제 종속변수에 대한 시간 도함수를 구할 것이다. 앞에서 언급한 두 가지 방법을 이용할 것이다.

방법 #1 (종속변수에 대한 정리된 식을 이용하여 그것을 시간에 대하여 미분한다.)
식 (4.3-19)의 시간 도함수는

$$\dot{r}_3 = \frac{1}{2}(r_1^2 + r_2^2 - 2r_1 r_2 \cos\theta_2)^{-1/2}(2r_1 r_2 \sin\theta_2 \dot{\theta}_2) \tag{4.3-23}$$

식 (4.3-19)를 대입하여 간단히 하면

$$\dot{r}_3 = \frac{r_1 r_2}{r_3}\sin\theta_2\dot{\theta}_2 \tag{4.3-24}$$

식 (4.3-24)는 종속변수 중 하나에 대한 시간 도함수를 독립변수와 두 종속변수 중 하나와 관련하여 표현한 것이다. 식 (4.3-19)를 이용하여 먼저 종속변수에 대하여 풀고 난 후, 시간 도함수를 구할 수 있어서 이는 허용된다.

마찬가지로 2차 시간 도함수에 대하여

$$\ddot{r}_3 = \frac{\dot{r}_3^2}{r_3} + \frac{r_1 r_2}{r_3}(\dot{\theta}_2^2\cos\theta_2 + \ddot{\theta}_2\sin\theta_2) \tag{4.3-25}$$

θ_3에 대한 1차 시간 도함수를 구하기 위하여 식 (4.3-21)과 다음을 이용한다.

$$\frac{d}{dt}\tan^{-1}u = \frac{1}{1+u^2}\frac{du}{dt}$$

식을 간단히 하면

$$\dot{\theta}_3 = \dot{\theta}_3^* = \dot{\theta}_2\left[\frac{1-\left(\frac{r_1}{r_2}\right)\cos\theta_2}{1+\left(\frac{r_1}{r_2}\right)^2-2\left(\frac{r_1}{r_2}\right)\cos\theta_2}\right] \tag{4.3-26}$$

식 (4.3-26)을 시간에 대하여 미분하면

$$\ddot{\theta}_3 = \dot{\theta}_2^2\left\{\frac{\left(\frac{r_1}{r_2}\right)\sin\theta_2\left[\left(\frac{r_1}{r_2}\right)^2-1\right]}{\left[1+\left(\frac{r_1}{r_2}\right)^2-2\left(\frac{r_1}{r_2}\right)\cos\theta_2\right]^2}\right\} + \ddot{\theta}_2\left\{\frac{1-\left(\frac{r_1}{r_2}\right)\cos\theta_2}{\left[1+\left(\frac{r_1}{r_2}\right)^2-2\left(\frac{r_1}{r_2}\right)\cos\theta_2\right]}\right\} \tag{4.3-27}$$

식 (4.3-26)과 (4.3-27)에서 $\dot{\theta}_3$와 $\ddot{\theta}_3$의 양의 값은 반시계 방향과 대응한다.

일정한 입력 회전 속력이 있다고 생각하고 $\ddot{\theta}_2 = 0$이라고 설정하면 이는 식 (4.3-25)와 (4.3-27)에 대한 특수한 경우가 된다.

방법 #2 (루프 폐쇄식의 실수와 허수 부분을 미분하여 시간 도함수에 대하여 푼다.)

루프 폐쇄식의 실수와 허수 부분으로 돌아가서 이를 시간에 대하여 미분하고 종속변수의 시간 도함수에 대하여 푼다.

식 (4.3-16)과 (4.3-17)의 시간 도함수를 취한다.

$$-r_3 \sin\theta_3\dot{\theta}_3 + \dot{r}_3 \cos\theta_3 = -r_2 \sin\theta_2\dot{\theta}_2 \tag{4.3-28}$$

$$r_3\cos\theta_3\dot{\theta}_3 + \dot{r}_3\sin\theta_3 = r_2\cos\theta_2\dot{\theta}_2 \tag{4.3-29}$$

식 (4.3-28)과 (4.3-29)에서 $\dot{r}_3$에 대하여 풀고 $\dot{\theta}_3$를 제거하기 위해서 다음을 이용하여

$$\text{Equation (4.3-28)} \times \cos\theta_3 + \text{Equation (4.3-29)} \times \sin\theta_3$$

다음을 얻는다.

$$\dot{r}_3(\cos^2\theta_3 + \sin^2\theta_3) = r_2\dot{\theta}_2(-\sin\theta_2\cos\theta_3 + \cos\theta_2\sin\theta_3) \tag{4.3-30}$$

다음의 항등식을 이용하여

$$\cos^2\theta + \sin^2\theta = 1; \quad \sin(\theta_3 - \theta_2) = \sin\theta_3\cos\theta_2 - \sin\theta_2\cos\theta_3$$

식 (4.3-30)은 다음과 같이 된다.

$$\boxed{\dot{r}_3 = r_2\dot{\theta}_2\sin(\theta_3 - \theta_2)} \tag{4.3-31}$$

유사한 방법으로

$$\boxed{\dot{\theta}_3 = \frac{r_2\dot{\theta}_2}{r_3}\cos(\theta_3 - \theta_2)} \tag{4.3-32}$$

2차 시간 도함수를 구하기 위하여 식 (4.3-28)과 (4.3-29)를 시간에 대하여 미분하고 풀어서 다음을 얻는다.

$$\boxed{\ddot{r}_3 = -r_2\left[\dot{\theta}_2^2\cos(\theta_3 - \theta_2) + \ddot{\theta}_2\sin(\theta_3 - \theta_2)\right] + r_3\dot{\theta}_3^2} \tag{4.3-33}$$

$$\boxed{\ddot{\theta}_3 = \frac{r_2}{r_3}\left[\dot{\theta}_2^2\sin(\theta_3 - \theta_2) + \ddot{\theta}_2\cos(\theta_3 - \theta_2)\right] - \frac{2\dot{r}_3\dot{\theta}_3}{r_3}} \tag{4.3-34}$$

시간 도함수를 구하기 위하여 사용한 두 방법을 비교해 보면 첫 번째 방법은 더 직접적이지만 복잡한 도함수를 만들어 낸다는 단점이 있다.

이 두 방법은 종속변수에 대한 시간 도함수를 서로 매우 다르게 표현하고 있다. 이는 식 (4.3-24)와 (4.3-26)을 식 (4.3-31) 및 (4.3-32)와 비교해 보면 뚜렷하게 나타난다. 그러나 이 식을 이용하여 계산된 값은 모두 동일할 것이다.

계산된 값에 대한 식은 도식적 및 분석적 기법을 이용하여 비교할 수 있다. 이 예에서는

$$|\dot{r}_3| = |\overline{v}_{B_3B_2}|; \quad |\ddot{r}_3| = |a^S_{B_3B_2}|$$

종속변수와 그것의 시간 도함수를 계산하는 과정에서 코리올리 가속도는 직접 구할 수 없다. 그러나 코리올리 가속도는 종속변수에서 계산할 수 있다. 식 (2.6-8)을 이용하면

$$|a^C_{B_3B_2}| = |2\dot{r}_{B_3B_2}\dot{\theta}_3| = |2\dot{r}_3\dot{\theta}_3|$$

예제 4.1 역슬라이더 크랭크 기구의 분석

그림 4.12(a)의 기구에 대하여, 복소수 접근법을 이용하여 주어진 위치에서 다음을 구하라.

(a) 링크 4의 회전 속도

(b) 점 B_2에 대한 점 B_3의 코리올리 가속도

$$r_{O_2O_4} = 3.0 \text{ cm}; \quad r_{O_4D} = r_4 = 8.0 \text{ cm}; \quad \theta_2 = 60°; \quad \dot{\theta}_2 = 30 \text{ rad/sec CW}$$

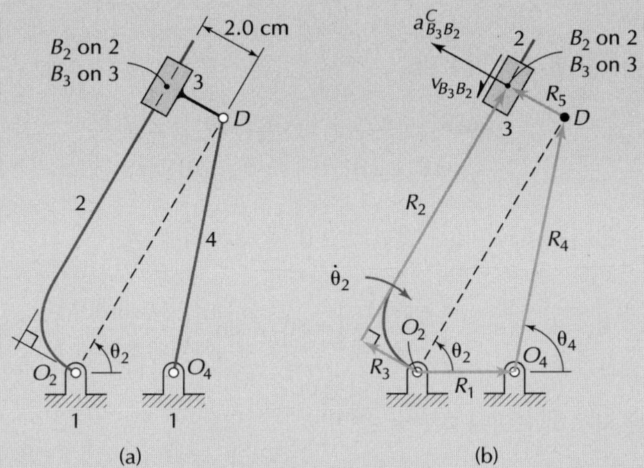

그림 4.12 ● 역슬라이더 크랭크

풀이

그림 4.12(b)는 복소 벡터 표현을 나타내고 있다. 루프 폐쇄식은

$$R_3 + R_2 - R_5 - R_4 - R_1 = 0 \tag{4.3-35}$$

그러나

$$R_3 = R_5 \tag{4.3-36}$$

이기 때문에 식 (4.3-35)는 다음과 같이 축소된다.

$$R_2 - R_4 - R_1 = 0 \tag{4.3-37}$$

식 (4.3-37)의 실수 부분은

$$r_2 \cos\theta_2 - r_4 \cos\theta_4 - r_1 = 0 \tag{4.3-38}$$

식 (4.3-37)의 허수 부분은

$$r_2 \sin\theta_2 - r_4 \sin\theta_4 = 0 \tag{4.3-39}$$

독립변수는 θ_2이고 종속변수는 θ_4와 r_2이다.
종속변수 θ_4에 대하여 풀고 r_2를 제거하기 위하여

$$\text{Equation}(4.3\text{-}38) \times \sin\theta_2 - \text{Equation}(4.3\text{-}39) \times \cos\theta_2$$

을 이용하면 다음 결과가 나온다.

$$\begin{aligned} & r_2 \cos\theta_2 \sin\theta_2 - r_4 \cos\theta_4 \sin\theta_2 - r_1 \sin\theta_2 \\ & - r_2 \sin\theta_2 \cos\theta_2 + r_4 \sin\theta_4 \cos\theta_2 = 0 \end{aligned} \tag{4.3-40}$$

식 (4.3-40)을 간단히 하여 다시 정리하고 θ_4에 대하여 풀면

$$\theta_4 = \theta_2 + \sin^{-1}\left(\frac{r_1 \sin\theta_2}{r_4}\right) = 60° + \sin^{-1}\left(\frac{3.0 \sin 60°}{8.0}\right) = 78.9° \tag{4.3-41}$$

식 (4.3-39)를 사용하고 r_2에 대하여 풀면

$$r_2 = r_4 \frac{\sin\theta_4}{\sin\theta_2} = 8.0 \text{ cm} \frac{\sin 78.9°}{\sin 60°} = 9.07\text{cm} \tag{4.3-42}$$

식 (4.3-38)의 시간 도함수는

$$-r_2 \dot{\theta}_2 \sin\theta_2 + \dot{r}_2 \cos\theta_2 + r_4 \dot{\theta}_4 \sin\theta_4 = 0 \tag{4.3-43}$$

식 (4.3-39)의 시간 도함수는

$$r_2\dot{\theta}_2 \cos\theta_2 + \dot{r}_2 \sin\theta_2 + r_4\dot{\theta}_4 \cos\theta_4 = 0 \qquad (4.3\text{-}44)$$

링크 4의 회전 속력에 대하여 풀기 위해서 다음을 이용한다.

$$\text{Equation}(4.3\text{-}43) \times \sin\theta_2 - \text{Equation}(4.3\text{-}44) \times \cos\theta_2$$

이를 간단히 하면

$$\dot{\theta}_4 = \frac{r_2\dot{\theta}_2}{r_4 \cos(\theta_2 - \theta_4)} = \left[\frac{9.07(-30)}{8.0\cos(60° - 78.9°)}\right] \text{rad/sec} = -35.9\,\text{rad/sec} \qquad (4.3\text{-}45)$$

두 번째 종속변수의 시간 도함수에 대하여 풀기 위해서 다음을 이용한다.

$$\text{Equation}\,(4.3\text{-}43) \times \cos\theta_2 + \text{Equation}\,(4.3\text{-}44) \times \sin\theta_2$$

이를 간단히 하면

$$\begin{aligned}\dot{r}_2 &= r_4\dot{\theta}_4 \sin(\theta_2 - \theta_4) = [8.0(-35.9)\sin(60° - 78.9°)]\ \text{cm/sec} \\ &= -93.0\ \text{cm/sec}\end{aligned} \qquad (4.3\text{-}46)$$

문제에 대한 풀이는 다음과 같다.

(a) 링크 4의 회전 속도는

$$\dot{\theta}_4 = -35.9\ \text{rad/sec} = 35.9\ \text{rad/sec CW}$$

(b) 점 B_2에 대하여 점 B_3의 코리올리 가속도의 크기는

$$|a^C_{B_3B_2}| = 2|\dot{r}_{B_3B_2}||\dot{\theta}_2| = 2|\dot{r}_2||\dot{\theta}_2| = (2 \times 93.0 \times 30.0\ \text{cm/sec}^2)\ \text{cm/sec}^2 = 5580\ \text{cm/sec}^2$$

이 상대 가속도의 방향은 그림 4.12(b)에 나타나 있다.

4.3.3 4절 기구

그림 4.3(a)의 4절 기구의 분석을 고려하자. 링크 2의 회전이 입력 운동이다.

1단계: 그림 4.3(c)는 이 기구의 복소 벡터 표현을 나타내고 있다.

2단계: 루프 폐쇄식은 다음과 같이 쓸 수 있다.

$$R_1 + R_4 = R_2 + R_3 \qquad (4.3\text{-}47)$$

3단계: 링크 2의 회전이 입력 운동이므로, 독립변수는 입력편각 θ_2, 두 종속변수는 각변위 θ_3와 θ_4이다.

4단계: 식 (4.3-2)를 식 (4.3-47)에 대입하여 실수와 허수 부분을 정리하면, 실수 성분은

$$r_1 \cos\theta_1 + r_4 \cos\theta_4 = r_2 \cos\theta_2 + r_3 \cos\theta_3 \tag{4.3-48}$$

허수 성분은

$$r_1 \sin\theta_1 + r_4 \sin\theta_4 = r_2 \sin\theta_2 + r_3 \sin\theta_3 \tag{4.3-49}$$

5단계: 종속변수인 θ_3와 θ_4가 주어져 있으므로, θ_3와 θ_4를 구하기 위하여 식 (4.3-48)과 (4.3-49)를 푼다. 식 (4.3-48)과 (4.3-49)를 다시 정리하고 $\theta_1 = 0$을 이용하면

$$r_3 \cos\theta_3 = r_1 - r_2 \cos\theta_2 + r_4 \cos\theta_4 \tag{4.3-50}$$

$$r_3 \sin\theta_3 = -r_2 \sin\theta_2 + r_4 \sin\theta_4 \tag{4.3-51}$$

식 (4.3-50)과 (4.3-51)을 각각 제곱하여 더하면

$$r_3^2 = r_1^2 + r_2^2 + r_4^2 - 2r_2r_4 \cos\theta_2 \cos\theta_4 - 2r_1r_2 \cos\theta_2 + 2r_1r_4 \cos\theta_4 - 2r_2r_4 \sin\theta_2 \sin\theta_4 \tag{4.3-52}$$

위 식을 다시 정리하면

$$\cos\theta_4(\cos\theta_2 - h_1) + \sin\theta_2 \sin\theta_4 = -h_3 \cos\theta_2 + h_5 \tag{4.3-53}$$

여기서

$$\boxed{h_1 = \frac{r_1}{r_2};\ h_3 = \frac{r_1}{r_4};\ h_5 = \frac{r_1^2 + r_2^2 - r_3^2 + r_4^2}{2r_2r_4}} \tag{4.3-54}$$

식 (4.3-53)은 종속변수 중 θ_4에 관한 것이다. 그러나 θ_4는 사인과 코사인 함수에 모두 나타난다. 이 종속변수에 대하여 양함수식(explicit expression)을 구하기 위하여 식 (4.3-53)에 다음의 항등식을 이용한다.

$$\sin\theta = \frac{2\tan\left(\dfrac{\theta}{2}\right)}{1 + \tan^2\left(\dfrac{\theta}{2}\right)};\quad \cos\theta = \frac{1 - \tan^2\left(\dfrac{\theta}{2}\right)}{1 + \tan^2\left(\dfrac{\theta}{2}\right)}$$

간단히 하면

$$d\tan^2\left(\frac{\theta_4}{2}\right) + b\tan\left(\frac{\theta_4}{2}\right) + e = 0 \tag{4.3-55}$$

여기서

$$\boxed{d = -h_1 + (1 - h_3)\cos\theta_2 + h_5} \tag{4.3-56}$$

$$\boxed{b = -2\sin\theta_2} \tag{4.3-57}$$

$$\boxed{e = h_1 - (1 + h_3)\cos\theta_2 + h_5} \tag{4.3-58}$$

식 (4.3-55)는 $\tan(\theta_4/2)$에 대한 2차 방정식이다. θ_4에 대하여 풀면

$$\boxed{\theta_4 = 2\tan^{-1}\left[\frac{-b \pm \left(b^2 - 4de\right)^{1/2}}{2d}\right]} \tag{4.3-59}$$

유사한 방법으로 식 (4.3-48)과 (4.3-49)에서 θ_4를 제거하면 θ_3를 구할 수 있다. 결과는

$$\boxed{\theta_3 = 2\tan^{-1}\left[\frac{-b \pm \left(b^2 - 4ac\right)^{1/2}}{2a}\right]} \tag{4.3-60}$$

여기서

$$\boxed{a = -h_1 + (1 + h_2)\cos\theta_2 + h_4} \tag{4.3-61}$$

$$\boxed{c = h_1 + (1 - h_2)\cos\theta_2 + h_4} \tag{4.3-62}$$

$$\boxed{h_2 = \frac{r_1}{r_3};\ h_4 = \frac{-r_1^2 - r_2^2 - r_3^3 + r_4^2}{2r_2 r_3}} \tag{4.3-63}$$

식 (4.3-59)와 (4.3-60)은 θ_3와 θ_4가 주어진 링크 길이와 θ_2의 값에 대하여 각각 2개의 값을 가지고 있다는 것을 나타낸다. 주어진 각변위에 대한 기구의 2개의 가능한 거동은 2.2.2절에서 4절 기구의 도식적 위치해석을 할 때와 일치한다. 그림 4.13은 동일한 입력 각변위를 가지고 있는 기구에 대한 두 가지 형상을 보여준다. 링크 3과 4의 각변위는 다음과 같다.

$$\begin{aligned}(\theta_3)_1 &= 2\tan^{-1}\left[\frac{-b - (b^2 - 4ac)^{1/2}}{2a}\right]\\ (\theta_4)_1 &= 2\tan^{-1}\left[\frac{-b - (b^2 - 4de)^{1/2}}{2d}\right]\end{aligned} \tag{4.3-64}$$

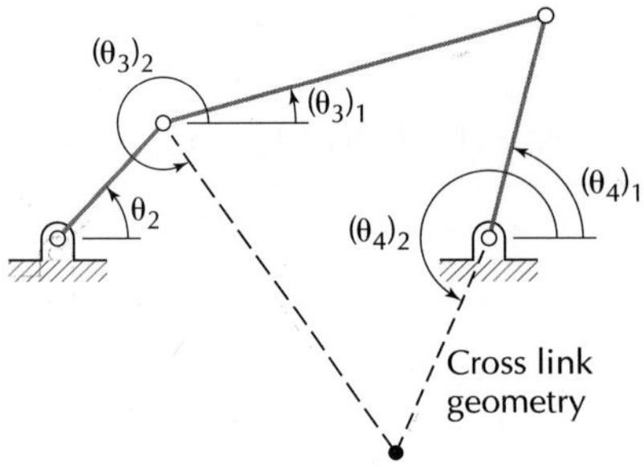

그림 4.13 ● 주어진 입력 각변위를 가지고 있는 4절 기구의 두 가지 가능한 형상

그리고

$$(\theta_3)_2 = 2\tan^{-1}\left[\frac{-b + (b^2 - 4ac)^{1/2}}{2a}\right]$$
$$(\theta_4)_2 = 2\tan^{-1}\left[\frac{-b + (b^2 - 4de)^{1/2}}{2d}\right] \tag{4.3-65}$$

식 (4.3-59)와 (4.3-60)을 이용하는 데 있어서 양의 부호 또는 음의 부호 둘 중 하나를 선택해야 한다. 적합한 선택을 하기 위해서는 먼저 두 각변위를 모두 계산한 후 분석하고 있는 기구에 대하여 알려진 구조(geometry)와 대조하여 일치하는 것을 선택한다. 식 (4.3-59)와 (4.3-60)은 4절 기구의 모든 종류에 적용할 수 있다.

6단계: 이제 종속변수에 대한 시간 도함수를 구한다. 이 예제에서는 두 번째 방법(루프 폐쇄식의 실수와 허수 부분을 미분하고 도함수에 대하여 푸는 것)만을 사용할 것이다. 식 (4.3-50)과 (4.3-51)의 시간 도함수를 구하면 $\dot{\theta}_3$와 $\dot{\theta}_4$에 대한 다음 두 선형식을 얻는다.

$$-r_2\dot{\theta}_2 \sin\theta_2 - r_3\dot{\theta}_3 \sin\theta_3 = -r_4\dot{\theta}_4 \sin\theta_4 \tag{4.3-66}$$

$$r_2\dot{\theta}_2 \cos\theta_2 + r_3\dot{\theta}_3 \cos\theta_3 = r_4\dot{\theta}_4 \cos\theta_4 \tag{4.3-67}$$

식 (4.3-66)과 (4.3-67)에서 θ_3와 θ_4의 값은 이미 알고 있는 값으로 여길 수 있다. 왜냐하면 이들은 식 (4.3-59)와 (4.3-60)을 이용하여 구할 수 있기 때문이다. $\dot{\theta}_3$를 풀기 위해서 다음을 이용하여

$$\text{Equation (4.3-66)} \times \cos\theta_4 + \text{Equation (4.3-67)} \times \sin\theta_4$$

다음을 얻는다.

$$r_2\dot{\theta}_2(\sin\theta_2 \cos\theta_4 - \sin\theta_4 \cos\theta_2) + r_3\dot{\theta}_3(\sin\theta_3 \cos\theta_4 - \sin\theta_4 \cos\theta_3) = 0 \tag{4.3-68}$$

다음 항등식을 이용하여

$$\sin(\theta_i - \theta_j) = \sin\theta_i \cos\theta_j - \sin\theta_j \cos\theta_i$$

식을 정리하면 다음을 얻는다.

$$\boxed{\dot{\theta}_3 = \frac{r_2\dot{\theta}_2}{r_3}\frac{\sin(\theta_2 - \theta_4)}{\sin(\theta_4 - \theta_3)}} \tag{4.3-69}$$

유사한 방법으로

$$\boxed{\dot{\theta}_4 = \frac{r_2\dot{\theta}_2}{r_4}\frac{\sin(\theta_2 - \theta_3)}{\sin(\theta_4 - \theta_3)}} \tag{4.3-70}$$

$\ddot{\theta}_3$와 $\ddot{\theta}_4$에 대한 식을 구하기 위하여 식 (4.3-66)과 (4.3-67)을 시간에 대하여 미분하고 푼다. 결과는

$$\boxed{\ddot{\theta}_3 = \frac{-r_2\dot{\theta}_2^2\cos(\theta_2 - \theta_4) - r_2\ddot{\theta}_2\sin(\theta_2 - \theta_4) - r_3\dot{\theta}_3^2\cos(\theta_3 - \theta_4) + r_4\dot{\theta}_4^2}{r_3\sin(\theta_3 - \theta_4)}} \tag{4.3-71}$$

$$\boxed{\ddot{\theta}_4 = \frac{-r_2\dot{\theta}_2^2\cos(\theta_2 - \theta_3) - r_2\ddot{\theta}_2\sin(\theta_2 - \theta_3) - r_3\dot{\theta}_3^2 + r_4\dot{\theta}_4^2\cos(\theta_3 - \theta_4)}{r_4\sin(\theta_3 - \theta_4)}} \tag{4.3-72}$$

예제 4.2 | 4절 기구의 분석

그림 4.14(a)는 다음의 조건을 가진 4절 기구를 나타내고 있다.

$$r_1 = 8.0\,\text{cm};\quad r_2 = 3.5\,\text{cm};\quad r_3 = 10.0\,\text{cm};\quad r_4 = 9.0\,\text{cm}$$
$$\theta_2 = 15°;\quad \dot{\theta}_2 = 36.7\,\text{rad/sec (constant)},\quad \text{therefore } \ddot{\theta}_2 = 0$$

링크 3과 4의 각변위, 각속도와 각가속도를 구하라.

풀이

식 (4.3-54)와 (4.3-63)을 이용하여 먼저 다음을 계산한다.

$$h_1 = \frac{r_1}{r_2} = \frac{8.0}{3.5} = 2.286;\quad h_2 = 0.800;\quad h_4 = -1.361$$

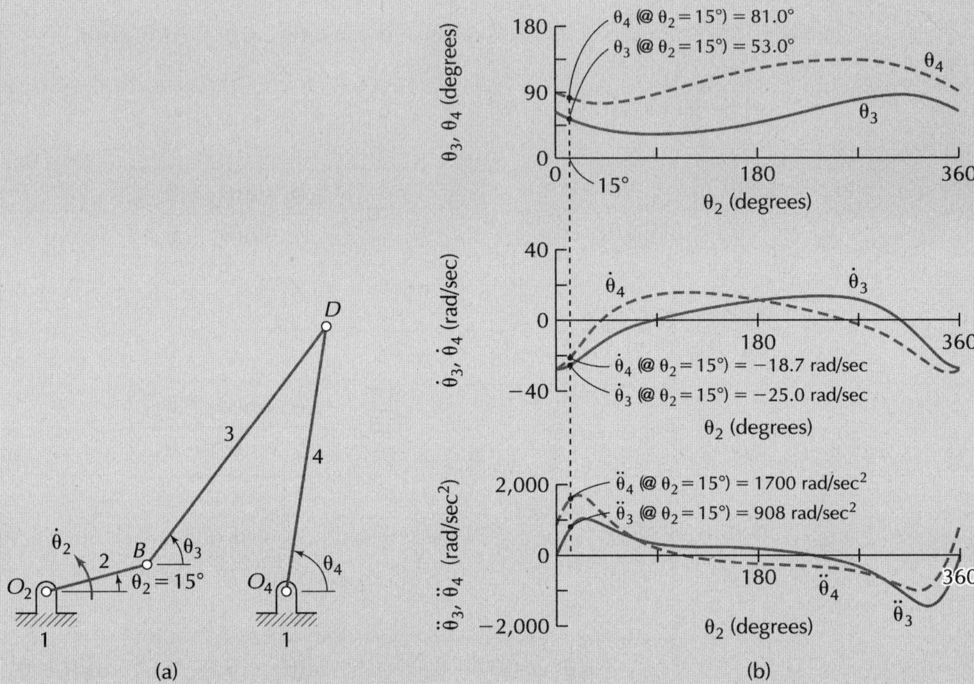

그림 4.14 ● 4절 기구에 대한 각함수 도표

그러고 나서 식 (4.3-57), (4.3-61)과 (4.3-62)를 이용하여

$$a = -h_1 + (1 + h_2)\cos\theta_2 + h_4$$
$$= -2.286 + (1 + 0.800)\cos 15° - 1.361 = -1.908$$
$$b = -0.518; \quad c = 0.732$$

식 (4.3-64)와 (4.3-65)를 이용하면

$$(\theta_3)_1 = 2\tan^{-1}\left[\frac{-b - (b^2 - 4ac)^{1/2}}{2a}\right]$$
$$= 2\tan^{-1}\left[\frac{-(-0.518) - \left((-0.518)^2 - 4(-1.908)\times 0.732\right)^{1/2}}{2\times(-1.908)}\right] = 53.0°$$
$$(\theta_3)_2 = -75.2°$$

여기서 주어진 기구의 형상을 검사하면

$$\theta_3 = (\theta_3)_1 = 53.0°$$

같은 방법으로 링크 4의 각변위는

$$\theta_4 = (\theta_4)_1 = 81.0°$$

식 (4.3-69)를 이용하여 링크 3의 각속도를 구하면

$$\dot{\theta}_3 = \frac{r_2\dot{\theta}_2}{r_3}\frac{\sin(\theta_2 - \theta_4)}{\sin(\theta_4 - \theta_3)}$$

$$= \left[\frac{3.5 \times 36.7}{10.0}\frac{\sin(15.0° - 81.0°)}{\sin(81.0 - 53.0°)}\right]\text{rad/sec} = -25.0\ \text{rad/sec}$$

같은 방법으로 식 (4.3-70)을 이용하면

$$\dot{\theta}_4 = -18.7\,\text{rad/sec}$$

식 (4.3-71)과 (4.3-72)를 이용하면 링크 3과 4의 각가속도는

$$\ddot{\theta}_3 = 908\,\text{rad/sec}^2; \quad \ddot{\theta}_4 = 1700\,\text{rad/sec}^2$$

회전 속력이나 각가속도의 양의 값은 반시계 방향에 있다. 반면 음의 값은 시계 방향과 일치한다.

그림 4.14(b)는 동작의 한 사이클(cycle) 동안의 각변위, 각속도, 각가속도에 대한 함수의 도표를 나타내고 있다.

4.3.4 슬라이더 크랭크 기구

그림 4.4(a)의 슬라이더 크랭크 기구를 생각해 보자. 이때 입력은 링크 2의 회전이다.

1단계: 그림 4.4(b)는 이 기구의 복소 벡터 표현을 나타내고 있다.

2단계: 루프 폐쇄식은

$$R_2 - R_3 - R_1 - R_4 = 0 \tag{4.3-73}$$

3단계: 링크 2의 회전이 입력이므로, 독립변수는 θ_2, 두 종속변수는 각변위 θ_3와 r_4이다.

4단계와 5단계: 식 (4.3-2)를 식 (4.3-73)에 대입하여 실수와 허수 부분을 구하고 $\theta_1 = 90°$와 $\theta_4 = 0$인 점을 이용하면

$$r_2\cos\theta_2 - r_3\cos\theta_3 - r_4 = 0 \tag{4.3-74}$$

$$r_2 \sin\theta_2 - r_3 \sin\theta_3 - r_1 = 0 \tag{4.3-75}$$

식 (4.3-75)는 종속변수 중 하나인 θ_3만을 포함하고 있어서 다음과 같이 양함수 형태로 푸는 것이 가능하다.

$$\theta_3^* = \sin^{-1}\left(\frac{-r_1 + r_2 \sin\theta_2}{r_3}\right), \quad -90° \le \theta_3^* \le 90° \tag{4.3-76}$$

다음의 조건을 갖는 특수한 경우를 생각해 본다.

$$r_1 = 0; \quad r_2 = 1.0; \quad r_3 = 1.0; \quad \theta_2 = 60°$$

이 경우 다음을 얻어야 한다.

$$\theta_3 = 120°$$

그러나 식 (4.3-76)에서

$$\theta_3^* = 60°$$

그러므로 식 (4.3-76)에서 구한 각변위 값은 올바르지 않고 수정을 해야 한다.

$$\sin\theta = \sin(180° - \theta)$$

이기 때문에

$$\boxed{\theta_3 = 180° - \theta_3^* = 180° - \sin^{-1}\left(\frac{-r_1 + r_2 \sin\theta_2}{r_3}\right)} \tag{4.3-77}$$

이제 종속변수 θ_3를 계산할 수 있고 식 (4.3-74)를 수정해서 얻어진 다음의 식에 값을 대입하여 r_4를 구할 수 있다.

$$\boxed{r_4 = r_2 \cos\theta_2 - r_3 \cos\theta_3} \tag{4.3-78}$$

이 예제에서 종속변수를 양함수 형태로 정의하는 식을 만들기 위해 루프 폐쇄식의 실수와 허수 부분을 결합할 필요가 없었다는 것을 주목하자.

6단계: 식 (4.3-74)와 (4.3-75)의 시간 도함수는

$$-r_2\dot{\theta}_2 \sin\theta_2 + r_3\dot{\theta}_3 \sin\theta_3 - \dot{r}_4 = 0 \tag{4.3-79}$$

$$r_2\dot{\theta}_2 \cos\theta_2 - r_3\dot{\theta}_3 \cos\theta_3 = 0 \tag{4.3-80}$$

종속변수의 1차 시간 도함수를 구하기 위하여 식 (4.3-79)와 (4.3-80)을 풀면

$$\dot{r}_4 = \frac{r_2\dot{\theta}_2 \sin(\theta_3 - \theta_2)}{\cos\theta_3} \tag{4.3-81}$$

$$\dot{\theta}_3 = \frac{r_2\dot{\theta}_2 \cos\theta_2}{r_3 \cos\theta_3} \tag{4.3-82}$$

식 (4.3-79)와 (4.3-80)을 시간에 대하여 미분하고 종속변수의 2차 시간 도함수에 대하여 풀면

$$\ddot{r}_4 = \frac{-r_2\dot{\theta}_2^2 \cos(\theta_3 - \theta_2) + r_2\ddot{\theta}_2 \sin(\theta_3 - \theta_2) + r_3\dot{\theta}_3^2}{\cos\theta_3} \tag{4.3-83}$$

$$\ddot{\theta}_3 = \frac{-r_2\dot{\theta}_2^2 \sin\theta_2 + r_2\ddot{\theta}_2 \cos\theta_2 + r_3\dot{\theta}_3^2 \sin\theta_3}{r_3 \cos\theta_3} \tag{4.3-84}$$

예제 4.3 | 슬라이더 크랭크 기구의 분석

그림 4.15(a)는 슬라이더 크랭크 기구를 보여주고 있다. 링크 길이와 크랭크의 동작은

$$r_2 = 3.5\,\text{in}; \quad r_3 = 9.0\,\text{in}$$
$$\theta_2 = 50°; \quad \dot{\theta}_2 = 52.4\,\text{rad/sec (constant), and therefore } \ddot{\theta}_2 = 0$$

링크 3의 각변위, 각속도와 각가속도, 그리고 링크 4의 변위, 속도와 가속도를 각각 구하라.

풀이

그림 4.15(a)의 기구와 그림 4.4의 기구를 비교해 보면

$$r_1 = -2.0\,\text{in}$$

식 (4.3-77)을 이용하여 링크 3의 각변위를 구하면

$$\theta_3 = 180° - \sin^{-1}\left(\frac{-r_1 + r_2\sin\theta_2}{r_3}\right)$$
$$= 180° - \sin^{-1}\left(\frac{2.0 + 3.5\sin 50°}{9.0}\right) = 148.7°$$

식 (4.3-78)을 이용하여 링크 4의 변위를 구하면

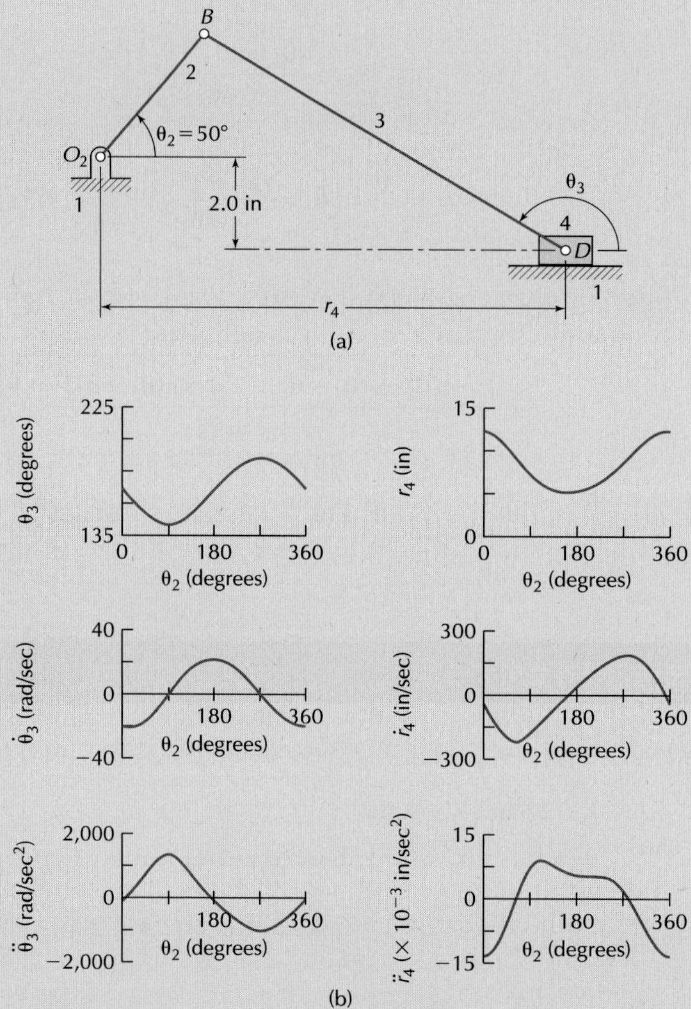

그림 4.15 ● 슬라이더 크랭크 기구의 함수 도표

$$r_4 = r_2 \cos\theta_2 - r_3 \cos\theta_3 = (3.5\cos 50^\circ - 9.0\cos 148.7^\circ)\ \text{in} = 9.940\ \text{in}$$

식 (4.3-81)에서 (4.3-84)까지를 이용하여 링크 3과 4의 속도와 가속도를 구하면

$$\dot{\theta}_3 = 15.3\ \text{rad/sec}; \quad \dot{r}_4 = -212\,\text{in/sec}$$
$$\ddot{\theta}_3 = 814\,\text{rad/sec}^2; \quad \ddot{r}_4 = -4170\,\text{in/sec}^2$$

그림 4.15(b)는 동작의 한 사이클 동안의 변위, 속도와 가속도의 함수에 대한 도표를 보여준다.

4.4 다중 루프를 가진 평면 기구의 복소 벡터 분석

다중 루프를 가진 평면 기구에서 각각의 벡터 루프에 대하여 루프 폐쇄식을 만들고 실수와 허수 부분에서 각 루프의 두 종속변수에 대하여 풀 수 있다. 루프가 2개 이상인 경우에는 차례대로 한 루프의 종속변수에 대하여 풀어야 한다.

다중 루프를 가지고 있고 미리 주어진 입력 운동을 가지고 있는 평면 기구의 복소 벡터 분석을 수행하는 데는 다음의 절차가 요구된다.

1. 기구를 조사하고 복소 벡터 루프의 수로 기구를 나누어라. 각각의 루프는 다각형을 만들고, 다각형의 각 면은 고유의 복소 벡터로 표현되어야 한다.
2. 루프 내 각각의 벡터를 세어라.
3. 주어진 입력 동작과 관련된 루프에서 시작하라. 그 루프에서 독립변수를 규정지어라. 다음으로, 같은 루프에서 두 종속변수를 규정지어라.
4. 3단계에서 정의한 루프에 대해 일치하는 루프 폐쇄식을 만들어라.
5. 4단계에서 루프 폐쇄식의 실수와 허수 부분을 2개의 식으로 만들고 단순화시켜라.
6. 5단계에서 방정식의 2개의 종속변수를 풀어라.
7. 이전 루프(들)에서 구한 양적 정보를 이용하여 근접한 루프로 넘어간다. 이때 이전 루프(들)에서 구한 값을 공통각(common angle)이나 루프 사이에 공유하고 있는 벡터의 길이에 적용한다. 이 과정은 모든 루프와 종속변수가 풀릴 때까지 3단계에서 6단계까지 반복한다.
8. 다음 방법 중 하나를 이용하여 종속변수의 시간 미분의 값을 구하라.
   (i) **방법 #1**: 6단계에서 구한 종속변수에 대한 풀이 식을 이용하고 그것을 시간에 관하여 미분한다.
   (ii) **방법 #2**: 5단계에서 구한 루프 폐쇄식의 실수와 허수 성분을 미분하고 시간 미분 양에 대해 푼다.

이 절차는 예제에서 제시된다.

4.4.1 원점을 가진 역슬라이더 크랭크 기구

그림 4.16(a)의 커플러 점 C를 생각해 보자. 링크 3의 기초 피벗에 대하여 원형 호 주위로 움직이도록 구속되고 그것을 **원점**(circle point)이라 한다. 미리 정해진 링크 2 각동작(angular motion)에 대한 변위, 속도와 가속도의 직각좌표 성분 식을 구할 것이다.

1단계와 2단계: 이 기구에서 2개의 벡터 루프는 그림 4.16(b), 4.16(c)와 같이 만들어졌다.

3단계: 링크 2의 회전이 입력이므로, 그림 4.16(b)에 보인 루프 1의 해석에서 시작할 것이

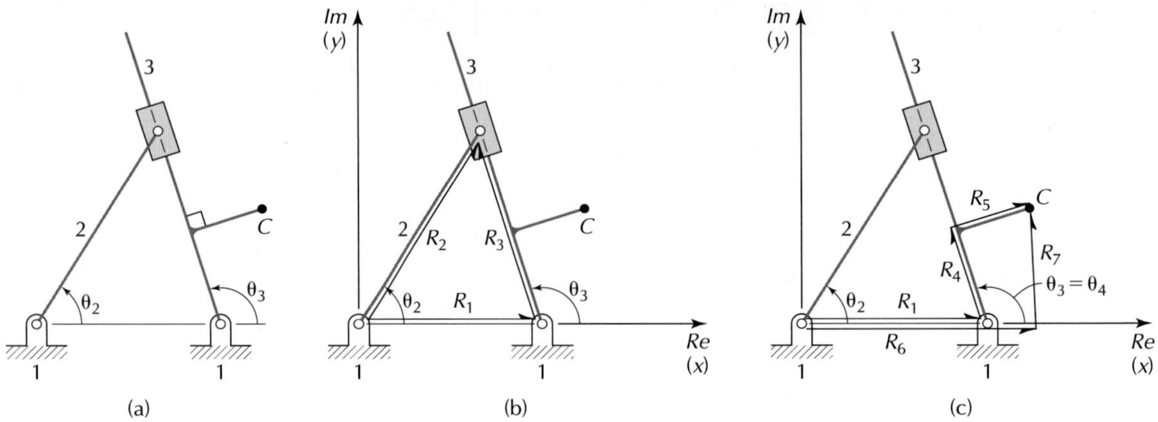

그림 4.16 ● (a) 커플러 점을 가진 역슬라이더 크랭크 기구, (b) 첫 번째 벡터 루프, (c) 두 번째 벡터 루프

다. 여기서 독립변수는 θ_2이고 2개의 종속변수는 θ_3와 r_3이다.

4단계: 첫 번째 루프 폐쇄식은

$$R_2 - R_3 - R_1 = 0 \tag{4.4-1}$$

5단계: 2개의 식을 만들 수 있다. 복소 벡터 R_j의 관계식을 이용하여 링크 값 r_j와 θ_j을 쓴다.

$$R_j = r_j(\cos\theta_j + i\sin\theta_j), \quad j = 1, 2, \ldots \tag{4.4-2}$$

식 (4.4-2)를 식 (4.4-1)에 적용하면,

$$\begin{aligned} &r_2(\cos\theta_2 + i\sin\theta_2) - r_3(\cos\theta_3 + i\sin\theta_3) \\ &- r_1(\cos\theta_1 + i\sin\theta_1) = 0 \end{aligned} \tag{4.4-3}$$

$\theta_1 = 0$을 이용하면, 식 (4.4-3)은 다음과 같이 된다.

$$r_2\cos\theta_2 - r_3\cos\theta_3 - r_1 + i(r_2\sin\theta_2 - r_3\sin\theta_3) = 0 \tag{4.4-4}$$

식 (4.4-4)의 실수 성분은

$$r_2\cos\theta_2 - r_3\cos\theta_3 - r_1 = 0 \tag{4.4-5}$$

허수 성분은

$$r_2\sin\theta_2 - r_3\sin\theta_3 = 0 \tag{4.4-6}$$

6단계: 종속변수 r_3와 θ_3은 식 (4.4-5)와 (4.4-6)을 다시 정리하고 이들 두 종속변수를 한쪽으로 옮기면 다음과 같이 쓰여진다.

$$r_3 \cos\theta_3 = r_2 \cos\theta_2 - r_1 \tag{4.4-7}$$

$$r_3 \sin\theta_3 = r_2 \sin\theta_2 \tag{4.4-8}$$

식 (4.4-7)과 (4.4-8)을 제곱하고 더하고, 다음 공식을 사용하면

$$\cos^2\theta + \sin^2\theta = 1$$

다음을 얻는다.

$$r_3^2 = r_1^2 + r_2^2 - 2r_1r_2\cos\theta_2 \tag{4.4-9}$$

그러므로

$$\boxed{r_3 = (r_1^2 + r_2^2 - 2r_1r_2\cos\theta_2)^{1/2}} \tag{4.4-10}$$

거기서 제곱근의 양의 값만이 취해진다.

추가적으로, θ_3에 대한 표현식이 만들어져야 한다. θ_3에 대한 풀이의 접근법은 4.3.2절에서 이미 언급되었다는 점을 주목하자. 특히 θ_3는 식 (4.3-22)와 같이 풀린다.

$$\boxed{\theta_3 = \tan2^{-1}\left[\cos\theta_2 - \left(\frac{r_1}{r_2}\right), \sin\theta_2\right], \quad -180° < \theta_3 < 180°} \tag{4.4-11}$$

7단계: 두 번째 벡터 루프에 대해 3단계에서 6단계까지 반복한다. 두 번째 루프 폐쇄식은

$$R_1 + R_4 + R_5 - R_7 - R_6 = 0 \tag{4.4-12}$$

이 방정식의 실수와 허수 성분은

$$r_1 + r_4\cos\theta_4 + r_5\cos(\theta_4 - 90°) - r_6 = 0 \tag{4.4-13}$$

$$r_4\sin\theta_4 + r_5\sin(\theta_4 - 90°) - r_7 = 0 \tag{4.4-14}$$

두 번째 벡터 루프에서, r_6과 r_7은 종속변수이다. 또한

$$\theta_6 = 0; \quad \theta_7 = 90°$$

두 번째 벡터 루프를 분석할 때, 각 θ_4는 알려진 것으로 여길 수 있다. 다음을 조사함으로써

$$\theta_4 = \theta_3 \tag{4.4-15}$$

두 번째 루프의 2개의 종속변수에 대해 풀고 단순화시키면, 다음을 얻는다.

$$r_6 = r_1 + r_4 \cos\theta_3 + r_5 \sin\theta_3 \quad (4.4\text{-}16)$$

$$r_7 = r_4 \sin\theta_3 - r_5 \cos\theta_3 \quad (4.4\text{-}17)$$

식 (4.4-16)과 (4.4-17)은 점 C의 위치를 나타내는 직각 성분과 일치한다. 즉,

$$x_C = r_6 ; \quad y_C = r_7 \quad (4.4\text{-}18)$$

점 C의 위치 벡터는 그러므로 다음과 같다.

$$\boxed{\overline{r}_C = x_C \overline{i} + y_C \overline{j}} \quad (4.4\text{-}19)$$

8단계: 식 (4.4-16)과 (4.4-17)을 시간에 관하여 미분하면 속도의 직각 성분은

$$\dot{r}_6 = \dot{x}_C = \dot{\theta}_3(-r_4 \sin\theta_3 + r_5 \cos\theta_3) \quad (4.4\text{-}20)$$

$$\dot{r}_7 = \dot{y}_C = \dot{\theta}_3(r_4 \cos\theta_3 + r_5 \sin\theta_3) \quad (4.4\text{-}21)$$

점 C의 속도는 다음과 같이 표현될 수 있다.

$$\boxed{\overline{v}_C = \dot{x}_C \overline{i} + \dot{y}_C \overline{j}} \quad (4.4\text{-}22)$$

더군다나, 가속도의 직각 성분은

$$\ddot{r}_6 = \ddot{x}_C = \dot{\theta}_3^2(-r_4 \cos\theta_3 - r_5 \sin\theta_3) + \ddot{\theta}_3(-r_4 \sin\theta_3 - r_5 \cos\theta_3) \quad (4.4\text{-}23)$$

$$\ddot{r}_7 = \ddot{y}_C = \dot{\theta}_3^2(-r_4 \sin\theta_3 + r_5 \cos\theta_3) + \ddot{\theta}_3(r_4 \cos\theta_3 + r_5 \sin\theta_3) \quad (4.4\text{-}24)$$

점 C의 가속도는

$$\boxed{\overline{a}_C = \ddot{x}_C \overline{i} + \ddot{y}_C \overline{j}} \quad (4.4\text{-}25)$$

위의 해석은 복소수의 **직각 형식**을 사용해서 이루어졌다. 복소수의 다른 형식은 **극형식**이다(부록 B의 B.4절 참고). 어떤 형식으로든 결과를 낼 수 있다. 예를 들면 점 C의 위치, 속도, 가속도를 극형식으로 쓸 수 있다. 그림 4.17을 참고하면 점 C의 위치 벡터는 3개의 복소 벡터의 합으로 표현할 수 있다.

$$R_C = R_1 + R_4 + R_5 \quad (4.4\text{-}26)$$

식의 오른 편에 3개의 벡터에 대해 복소수의 극형식을 취하면, 다음을 얻는다.

$$R_C = r_1 e^{i\theta_1} + r_4 e^{i\theta_4} + r_5 e^{i\theta_5} \quad (4.4\text{-}27)$$

다음을 인식하면,

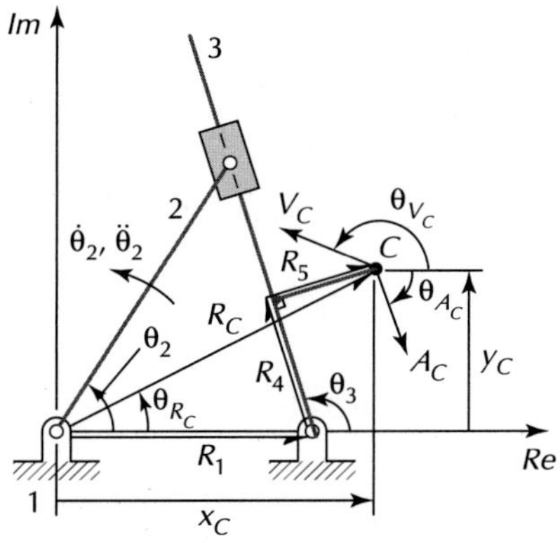

그림 4.17 ● 원점의 극형식의 위치 벡터

$$\theta_5 = \theta_4 - \frac{\pi}{2} = \theta_3 - \frac{\pi}{2}; \quad \theta_1 = 0 \tag{4.4-28}$$

그러므로 식 (4.4-27)은 다음과 같이 된다.

$$\boxed{R_C = r_1 + r_4 e^{i\theta_3} + r_5 e^{i(\theta_3 - \pi/2)}} \tag{4.4-29}$$

이것은 점 C의 위치 벡터의 극형식이다.

점 C의 속도는

$$V_C = \frac{d}{dt}(R_C) \tag{4.4-30}$$

식 (4.4-29)를 식 (4.4-30)에 대입하면, 다음을 얻는다.

$$\boxed{\begin{aligned} V_C &= ir_4\dot{\theta}_3 e^{i\theta_3} + ir_5\dot{\theta}_3 e^{i(\dot{\theta}_3 - \pi/2)} \\ &= \dot{\theta}_3 e^{i\dot{\theta}_3}(r_5 + ir_4) \end{aligned}} \tag{4.4-31}$$

이것은 점 C의 속도의 극형식이다. 점 C의 가속도는

$$A_C = \frac{d}{dt}(V_C) \tag{4.4-32}$$

식 (4.4-31)을 식 (4.4-32)에 대입하면 다음을 얻는다.

$$\boxed{\begin{aligned} A_C &= (i\dot{\theta}_3^2 + \ddot{\theta}_3)e^{i\theta_3}(r_5 + ir_4) \\ &= e^{i\theta_3}\left[r_5\ddot{\theta}_3 - r_4\dot{\theta}_3^2 + i\,(r_5\dot{\theta}_3^2 + r_4\ddot{\theta}_3)\right] \end{aligned}} \tag{4.4-33}$$

이것은 점 C의 가속도의 극형식이다.

식 (4.4-31)을 (4.4-20)~(4.4-22)와 비교하고, 식 (4.4-33)을 (4.4-23)~(4.4-25)와 비교하면 극형식의 표현이 상당히 간결하다는 것을 알 수 있다.

점 C의 위치 벡터를 극형식으로 다음과 같이 나타낼 수 있다.

$$R_C = |R_C| e^{i\theta_{R_C}} \tag{4.4-34}$$

여기서 식 (4.4-18)을 이용하면, 벡터의 크기와 복소 편각은

$$|R_C| = (x_C^2 + y_C^2)^{1/2}, \quad \theta_{R_C} = \tan 2^{-1}(x_C, y_C) \tag{4.4-35}$$

비슷하게, 속도와 가속도 벡터의 극형식은 다음과 같이 나타낼 수 있다.

$$V_C = |V_C| e^{i\theta_{V_C}} \tag{4.4-36}$$

여기서

$$|V_C| = (\dot{x}_C^2 + \dot{y}_C^2)^{1/2}, \quad \theta_{V_C} = \tan 2^{-1}(\dot{x}_C, \dot{y}_C) \tag{4.4-37}$$

그리고

$$A_C = |A_C| e^{i\theta_{A_C}} \tag{4.4-38}$$

여기서

$$|A_C| = (\ddot{x}_C^2 + \ddot{y}_C^2)^{1/2}, \quad \theta_{A_C} = \tan 2^{-1}(\ddot{x}_C, \ddot{y}_C) \tag{4.4-39}$$

예제 4.4 | 두 루프 기구의 분석

그림 4.18(a)의 기구에 대해, 주어진 위치에서 링크 6의 속도와 가속도를 구하라. 복소수 접근법을 이용하라.

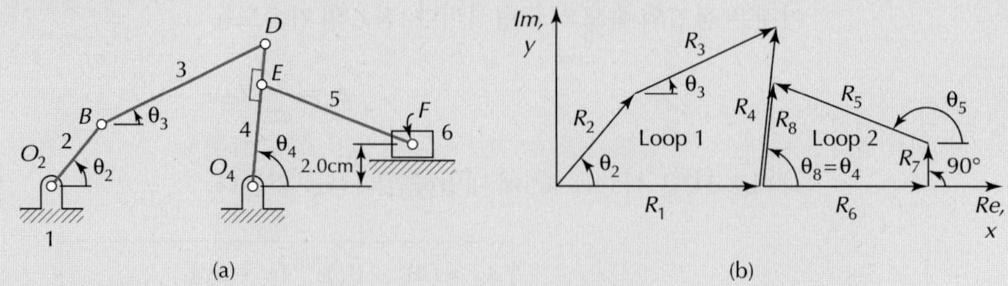

그림 4.18 ● 두 루프 기구

$$r_{O_2O_4} = 10.0 \text{ cm}; \quad r_{O_2B} = 4.0 \text{ cm}; \quad r_{BD} = 9.0 \text{ cm}$$
$$r_{O_4D} = 7.0 \text{ cm}; \quad r_{O_4E} = 5.0 \text{ cm}; \quad r_{EF} = 8.0 \text{ cm}$$
$$\theta_2 = 50°; \quad \dot{\theta}_2 = 30 \text{ rad/sec CCW}; \quad \ddot{\theta}_2 = 200 \text{ rad/sec}^2 \text{ CW}$$

풀이

기구는 그림 4.18(b)에 두 벡터 루프로 나타나 있다. 루프 1에서 시작한다. 왜냐하면 입력이 그 루프의 벡터 중 하나와 연관되어 있기 때문이다. 루프 1은 4절 기구 체인이다(4.3.3절). 그러므로 그 절에서 방정식을 이용하면

$$r_1 = 10.0 \text{ cm}; \quad r_2 = 4.0 \text{ cm}; \quad r_3 = 9.0 \text{ cm}; \quad r_4 = 7.0 \text{ cm}$$
$$\theta_2 = 50°; \quad \dot{\theta}_2 = 30 \text{ rad/sec}; \quad \ddot{\theta}_2 = -200 \text{ rad/sec}^2$$

다음이 결정된다.

$$\theta_4 = 84.4°; \quad \dot{\theta}_4 = 8.26 \text{ rad/sec}; \quad \ddot{\theta}_4 = 569 \text{ rad/sec}^2$$

벡터 식으로부터 벡터 4와 8이 동일한 각운동을 가진다는 것을 안다. 루프 2의 벡터는 옵셋(4.3.4절)을 가진 슬라이더 크랭크 기구의 것들과 동일하다. 그리고 벡터 8은 입력이다. 그러므로 4.3.4절의 벡터 수를 수정하고 다음을 이용하면

$$r_7 = 2.0 \text{ cm}; \; r_8 = 5.0 \text{ cm}; \; r_5 = 8.0 \text{ cm}$$
$$\theta_8 = \theta_4 = 84.4°; \quad \dot{\theta}_8 = \dot{\theta}_4 = 8.26 \text{ rad/sec}; \quad \ddot{\theta}_8 = \ddot{\theta}_4 = 569 \text{ rad/sec}^2$$

다음을 얻는다.

$$\theta_5 = 180° - \sin^{-1}\left(\frac{-r_7 + r_8 \sin\theta_8}{r_5}\right) = 158°$$

$$\dot{r}_6 = \frac{r_8\dot{\theta}_8 \sin(\theta_5 - \theta_8)}{\cos\theta_5} = -42.7 \text{ cm/sec}$$

$$\dot{\theta}_5 = \frac{r_8\dot{\theta}_8 \cos\theta_8}{r_5 \cos\theta_5} = -0.543 \text{ rad/sec}$$

$$\ddot{r}_6 = \frac{-r_8\dot{\theta}_8^2 \cos(\theta_5 - \theta_8) + r_8\ddot{\theta}_8 \sin(\theta_5 - \theta_8) + r_5\dot{\theta}_5^2}{\cos\theta_5} = -2842 \text{ cm/sec}^2$$

그러므로 링크 6의 속도와 가속도는 다음과 같다.

$$\overline{v}_F = 42.7 \text{ cm/sec @180°}; \quad \overline{a}_F = 2842 \text{ cm/sec}^2 \text{ @180°}$$

4.4.2 커플러 점을 가진 4절 기구

그림 4.7(a)의 4절 기구를 생각해 보자. 커플러 점 C의 변위, 속도와 가속도의 직각좌표 성분을 링크 2의 각동작과 관련하여 구할 것이다.

이 기구에서 2개의 벡터 루프는 그림 4.7(b)와 4.7(c)에서와 같이 만들어졌다. 루프 폐쇄식은

$$R_2 + R_3 - R_4 - R_1 = 0 \tag{4.4-40}$$

그리고

$$R_5 + R_6 + R_7 - R_9 - R_8 = 0 \tag{4.4-41}$$

첫 번째 루프 벡터는 4.3.3절에서 제시한 것과 같다. 이전의 분석에서 얻은 결과를 이제 두 번째 벡터 루프의 종속변수를 구하는 데 이용할 것이다.

두 번째 벡터 루프에서

$$\theta_8 = 0; \quad \theta_9 = 90^\circ \tag{4.4-42}$$

이고

$$r_5 = r_2; \quad \theta_5 = \theta_2; \quad \theta_6 = \theta_3; \quad \theta_7 = \theta_3 + 90^\circ \tag{4.4-43}$$

그러므로 θ_5, θ_6와 θ_7은 이제 알고 있는 값이다. 두 번째 루프의 종속변수는 벡터 R_8과 R_9의 크기들이다.

식 (4.4-41)의 실수와 허수 부분을 가지고 식의 좌변에 루프의 종속변수만을 남겨 두고 식 (4.4-42)와 (4.4-43)을 이용하면

$$r_8 = r_2 \cos\theta_2 + r_6 \cos\theta_2 - r_7 \sin\theta_3 \tag{4.4-44}$$

$$r_9 = r_2 \sin\theta_2 + r_6 \sin\theta_3 + r_7 \cos\theta_3 \tag{4.4-45}$$

식 (4.4-44)와 (4.4-45)는 또한 점 C의 위치의 직각좌표 성분과 관련이 있다. 즉

$$x_C = r_8; \quad y_C = r_9 \tag{4.4-46}$$

식 (4.4-44)와 (4.4-45)를 시간에 대하여 미분하면 속도의 수평과 수직 성분을 얻게 된다.

$$\dot{r}_8 = \dot{x}_C = -r_2\dot{\theta}_2 \sin\theta_2 - \dot{\theta}_3(r_6 \sin\theta_3 + r_7 \cos\theta_3) \tag{4.4-47}$$

$$\dot{r}_9 = \dot{y}_C = r_2\dot{\theta}_2 \cos\theta_2 + \dot{\theta}_3(r_6 \cos\theta_3 - r_7 \sin\theta_3) \tag{4.4-48}$$

식 (4.4-47)과 (4.4-48)을 시간에 대하여 미분하면 가속도의 수평과 수직 성분을 얻게 된다.

$$\ddot{r}_8 = \ddot{x}_C = -r_2\dot{\theta}_2^2\cos\theta_2 - r_2\ddot{\theta}_2\sin\theta_2 - \dot{\theta}_3^2(r_6\cos\theta_3 - r_7\sin\theta_3) - \ddot{\theta}_3(r_6\sin\theta_3 + r_7\cos\theta_3) \quad (4.4\text{-}49)$$

$$\ddot{r}_9 = \ddot{y}_C = -r_2\dot{\theta}_2^2\sin\theta_2 + r_2\ddot{\theta}_2\cos\theta_2 - \dot{\theta}_3^2(r_6\sin\theta_3 + r_7\cos\theta_3) + \ddot{\theta}_3(r_6\cos\theta_3 - r_7\sin\theta_3) \quad (4.4\text{-}50)$$

예제 4.5 커플러 점을 가진 4절 기구의 분석

그림 4.19(a)는 다음의 조건을 나타내는 커플러 점을 가진 4절 기구를 보여주고 있다.

$$r_1 = 8.0\text{ cm};\quad r_2 = 3.5\text{ cm};\quad r_3 = 10.0\text{ cm}$$
$$r_4 = 9.0\text{ cm};\quad r_6 = 3.0\text{ cm};\quad r_7 = 4.0\text{ cm}$$
$$\theta_2 = 15°;\quad \dot{\theta}_2 = 36.7\text{ rad/sec (constant)}$$

주어진 좌표계에 대하여 커플러 점 C의 변위, 속도와 가속도를 구하라.

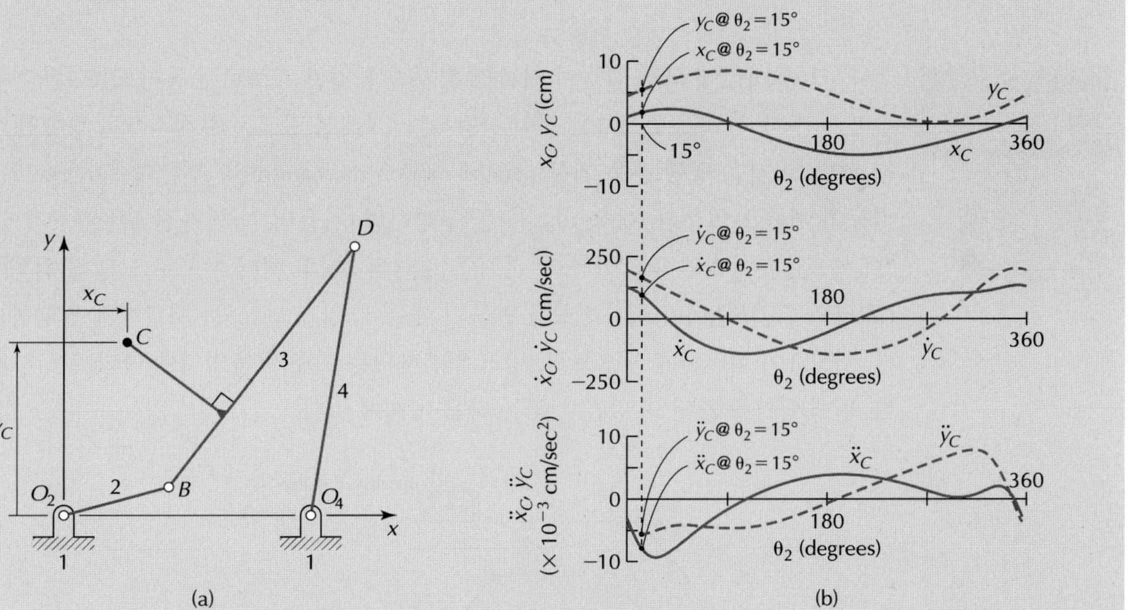

그림 4.19 ● 4절 기구의 커플러 점 경로에 대한 도표

풀이

필요한 값 중 일부는 예제 4.2에서 이미 구하였다. 식 (4.4-44)와 (4.4-46)을 이용하면

$$x_C = r_2\cos\theta_2 + r_6\cos\theta_3 - r_7\sin\theta_3$$
$$= (3.5\times\cos 15° + 3.0\times\cos 53° - 4.0\times\sin 53°)\text{ cm} = 1.99\text{cm}$$

비슷한 방법으로

$$y_C = 5.71\text{ cm};\quad \dot{x}_C = 86.6\text{ cm/sec};\quad \dot{y}_C = 159\text{ cm/sec}$$
$$\ddot{x}_C = -8050\text{ cm/sec}^2;\quad \ddot{y}_C = -5470\text{ cm/sec}^2$$

식 (4.4-19), (4.4-22)와 (4.4-25)에서

$$\overline{r}_C = x_C\overline{i} + y_C\overline{j} = (1.99\overline{i} + 5.71\overline{j})\text{ cm} = 6.05\text{ cm @ }70.8°$$

$$\overline{v}_C = (86.6\overline{i} + 159\overline{j})\text{ cm/sec} = 181\text{ cm/sec @ }61.4°$$

$$\overline{a}_C = (-8050\overline{i} - 5470\overline{j})\text{ cm/sec}^2 = 9730\text{ cm/sec}^2\text{ @ }214°$$

그림 4.19(b)는 동작 한 사이클 동안의 커플러 점의 변위, 속도와 가속도 성분에 대한 함수 도표를 보여준다.

비디오 4.20
평행 운동 기구

링크 중 하나에 모든 점들이 커플러 점처럼 동일한 경로로 운동하도록 4절 기구의 경로를 만드는 데 링크를 추가하는 것이 가능하다. 그래서 링크는 자체적으로 평행한 상태로 있게 된다. 이것을 **평행 운동 기구**(parallel-motion mechanism)라 부른다. 그림 4.20은 그러한 기구의 예를 보여준다. 링크 1에서 4를 구성하며, 커플러 점을 가진 4절 기구가 있다. 링크 5에서 8은 추가적인 링크이다. 추가적인 링크는 2개의 벡터 루프로 모델링 될 수 있다. 점 $CDFE$와 O_4DFO_8이 평행사변형을 만들기 때문에, 링크 1, 7, 5는 서로에게 평행하게 남아있다. 링크 1이 회전하지 않으므로, 링크 5의 자세는 기구가 움직임에 따라 일정하게 유지된다. 평행 링크를 가진 또 다른 기구는 다음 예제에 있다.

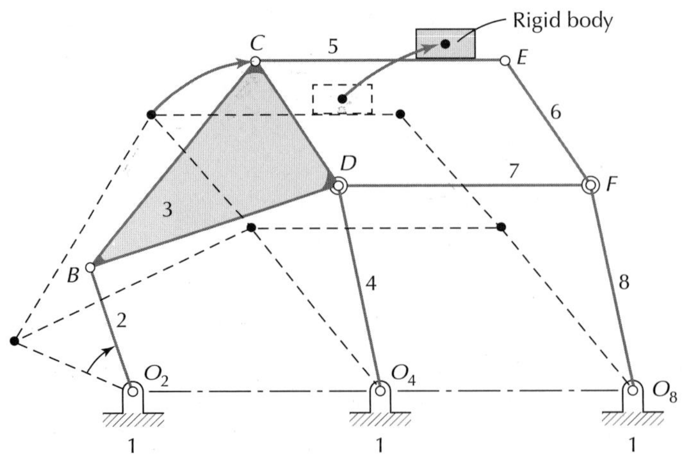

그림 4.20 ● 평행 운동 기구[비디오 4.20]

예제 4.6 | 우산의 분석

비디오 4.21
우산

그림 4.21(a)는 우산의 예를 보여준다. 그림 4.21(b)는 면이 전개될 때 이용하는 기구가 드러나도록 덮개 면이 제거된 우산을 보여준다. 그림 4.22는 전개된 기구 중 일부의 한 옆면이다. 우산은 슬라이더 링크 4가 위쪽으로 움직임으로써 닫힌 상태에서 열림 위치가 된다. 비슷한 기구의 개략도가 그림 4.23에 나타나 있다. 슬라이더는 사용 중에 우산의 다른 링크가 위쪽과 바깥쪽으로 움직이도록 슬라이딩 축에 관하여 위쪽으로 움직일 수 있다.

그림 4.23의 기구에 대해서, 점 G에서 H까지 움직일 때 A_2의 위치의 함수로서 점 B의 좌표를 구하라.

$$r_{DB} = 35.0 \text{ cm};\quad r_{O_3E} = 16.0 \text{ cm} = r_{A_2E}$$
$$r_{EC} = 13.0 \text{ cm} = r_{DF};\quad r_{EF} = 3.0 \text{ cm} = r_{CD}$$
$$r_{O_3G} = 30.0 \text{ cm};\quad r_{O_3H} = 5.0 \text{ cm}$$

풀이

그림 4.24는 그림 4.23에 설명된 기구의 복소 벡터 표현을 보여준다. 3개의 벡터 루프가 사용된다. 주어진 정보에서 다음을 얻는다.

$$\begin{aligned} &r_2 = r_3 = 16.0 \text{ cm};\quad r_4 = r_6 = 3.0 \text{ cm};\quad r_5 = r_7 = r_9 = 13.0 \text{ cm} \\ &r_8 = 13.0 \text{ cm};\quad r_{10} = 35.0 \text{ cm};\quad 5.0 \text{ cm} \le r_1 \le 30.0 \text{ cm} \end{aligned} \tag{4.4-51}$$

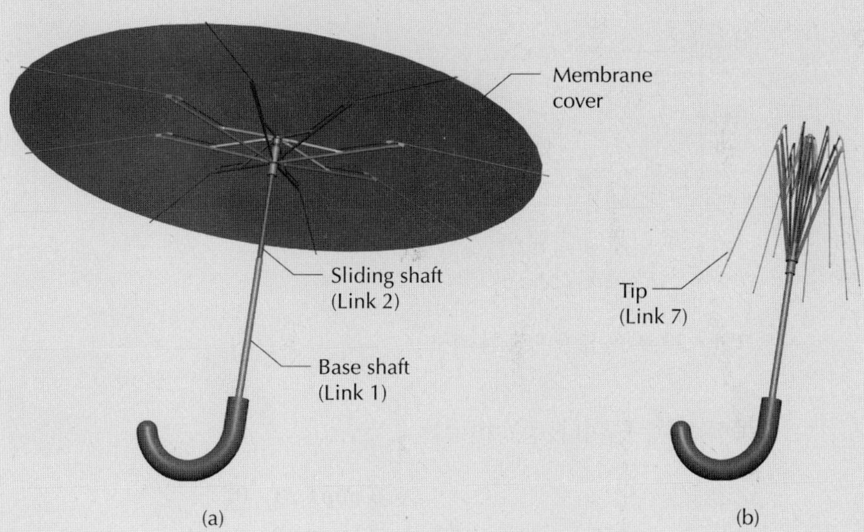

그림 4.21 ● 우산[비디오 4.21]

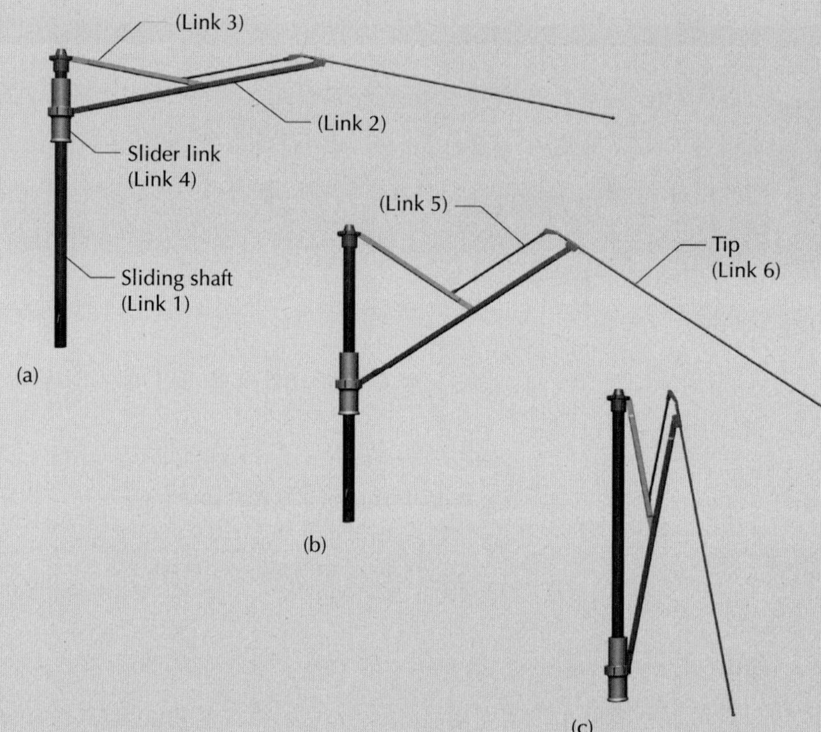

그림 4.22 ● 완전 열림에서 완전 닫힘까지 우산의 단일 링크. (a) 완전 열림, (b) 부분 열림, (c) 완전 닫힘

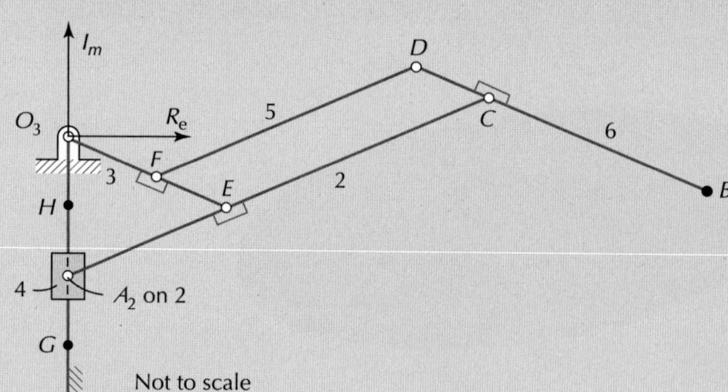

그림 4.23 ● 우산에 사용된 기구

독립변수는 r_1이다. 종속변수는

$$\textbf{Loop1:}\ \theta_2, \theta_3$$
$$\textbf{Loop2:}\ \theta_5, \theta_6$$
$$\textbf{Loop3:}\ r_{11}, r_{12}$$

루프 1의 해석[그림 4.24(a) 참조]

루프 폐쇄식은

$$R_1 + R_3 - R_2 = 0 \tag{4.4-52}$$

$\theta_1 = 90°$임을 인지하면, 실수 성분은

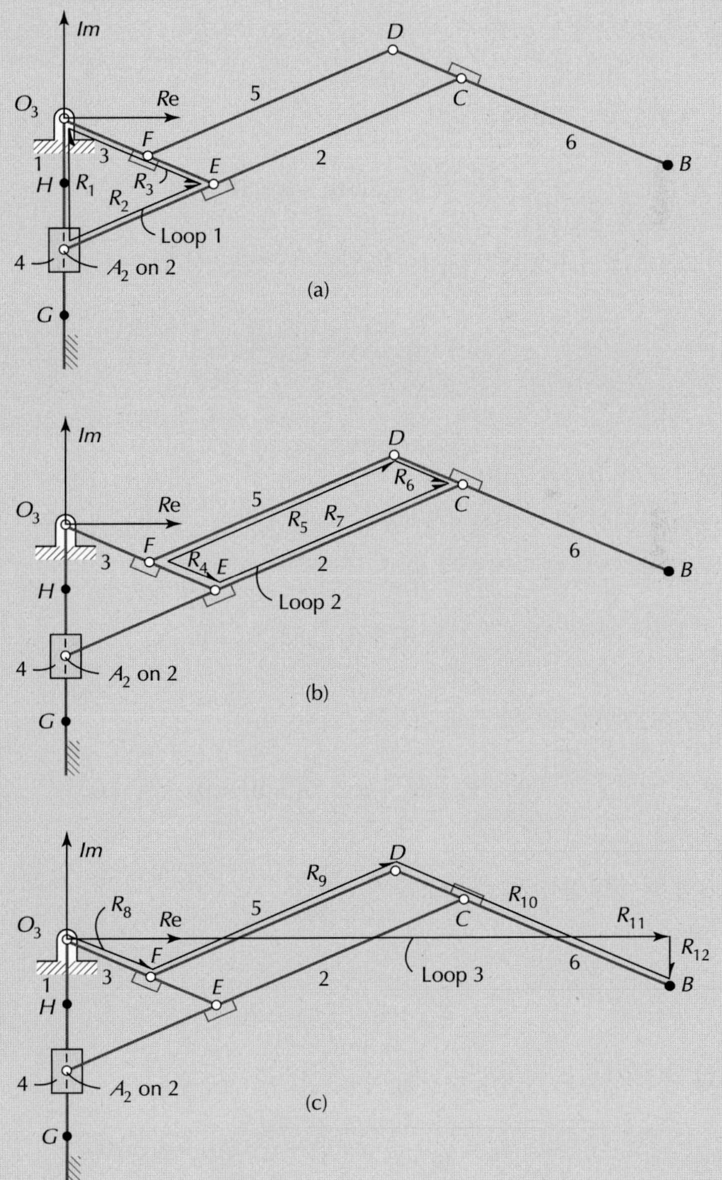

그림 4.24 ● 우산에 사용된 기구의 복소 벡터 표현. (a) 루프 1, (b) 루프 2, (c) 루프 3

$$r_3 \cos\theta_3 - r_2 \cos\theta_2 = 0 \tag{4.4-53}$$

$r_2 = r_3$이므로 다음을 얻는다.

$$\cos\theta_3 = \cos\theta_2 \quad \text{or} \quad |\theta_3| = |\theta_2| \tag{4.4-54}$$

추가적으로, 루프 내에 벡터를 정리하고 방향을 보면, 다음을 얻는다.

$$\theta_2 = -\theta_3 \tag{4.4-55}$$

식 (4.4-52)의 허수 성분은

$$r_1 + r_3 \sin\theta_3 - r_2 \sin\theta_2 = 0 \tag{4.4-56}$$

식 (4.4-51), (4.4-55)와 (4.4-56)을 연립하면 다음을 얻는다.

$$\theta_2 = \theta_2^* = \sin^{-1}\left(\frac{r_1}{2r_2}\right) \tag{4.4-57}$$

루프 2의 해석[그림 4.24(b) 참조]

루프 2의 자세한 해석적 분석을 할 수 있을 것이다. 그러나 벡터들이 평행사변형을 이루기 때문에, 즉시 다음을 알게 된다.

$$\theta_2 = \theta_6 \quad \text{and} \quad \theta_5 = \theta_7$$

그리고 다른 벡터 루프와 연관 지으면,

$$\theta_2 = \theta_5 = \theta_7 = \theta_9; \quad \theta_3 = \theta_4 = \theta_6 = \theta_8 = \theta_{10} \tag{4.4-58}$$

루프 3의 해석[그림 4.24(c) 참조]

루프 폐쇄식은

$$R_{11} + R_{12} - R_{10} - R_9 - R_8 = 0$$

실수와 허수 성분은 점 B의 수평 및 수직 성분을 제공한다.

$$\begin{aligned} x_B &= r_{11} = r_{10}\cos\theta_{10} + r_9\cos\theta_9 + r_8\cos\theta_8 \\ y_B &= -r_{12} = r_{10}\sin\theta_{10} + r_9\sin\theta_9 + r_8\sin\theta_8 \end{aligned} \tag{4.4-59}$$

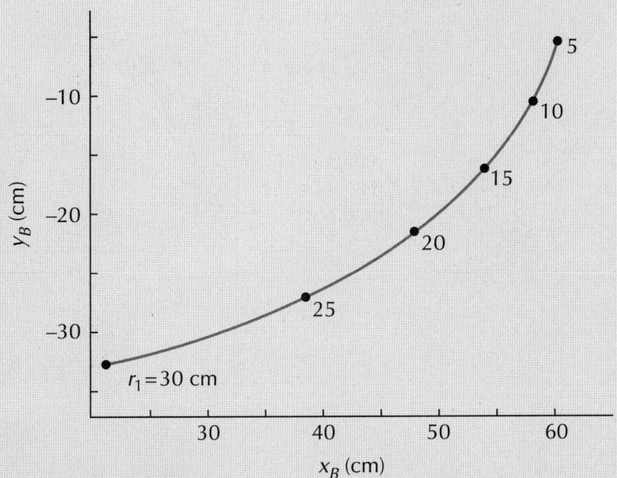

그림 4.25 ● 점 B의 좌표

식 (4.4-51), (4.4-58)을 (4.4-59)와 연립하고 단순화시키면 다음을 얻는다.

$$
\begin{aligned}
x_B &= (r_8 + r_9 + r_{10})\cos\theta_2 \\
y_B &= (-r_8 + r_9 - r_{10})\sin\theta_2
\end{aligned}
\tag{4.4-60}
$$

식 (4.4-51)과 (4.4-60)을 이용하면, 그림 4.25는 점 B의 좌표의 그래프를 보여준다.

예제 4.7 | 2개의 루프 기구의 분석

그림 4.26(a)에 기구에 대하여, 링크 2 위의 점 A는 10 cm/sec의 속력으로 위로 움직인다. 주어진 자세에서, 복소수 접근법을 이용하여 다음을 구하라.

(a) 링크 4의 각속도

(b) 점 E의 선속도

$$r_{O_4C} = 6.0\text{ cm};\quad r_{O_4D} = 8.0\text{ cm};\quad r_{BC} = 3.0\text{ cm};\quad r_{DE} = 9.0\text{ cm}$$

풀이

그림 4.26(b)는 2개의 벡터 루프로 표현된 기구를 보여준다.

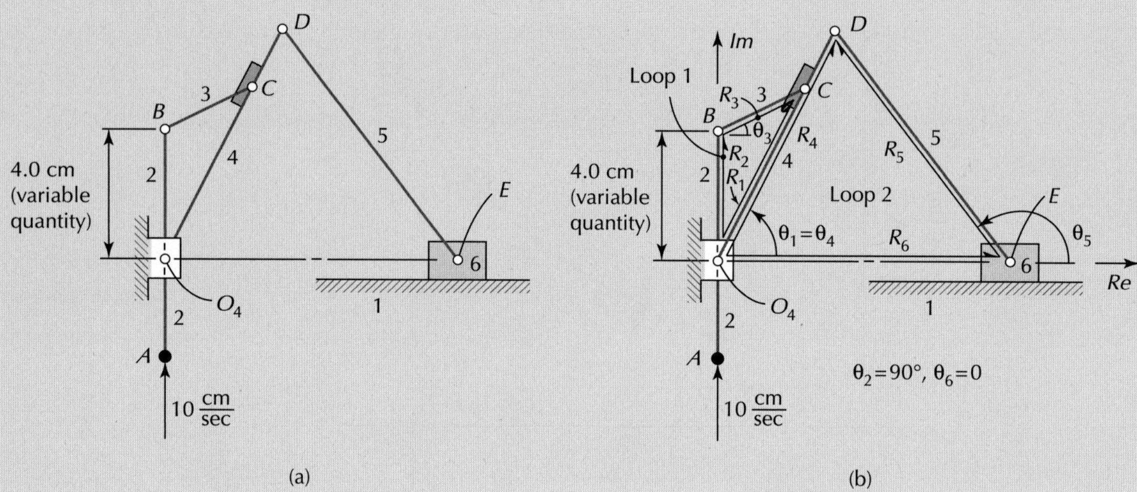

그림 4.26 ● 2개의 루프 기구

$$r_1 = 6.0 \text{ cm}; \quad r_2 = 4.0 \text{ cm}(\text{variable}); \quad r_3 = 3.0 \text{ cm}$$
$$r_4 = 8.0 \text{ cm}; \quad r_5 = 9.0 \text{ cm}; \quad \dot{r}_2 = 10.0 \text{ cm/sec}$$

(a) 루프 1(Ind: r_2; Dep: θ_1, θ_3)

$$\text{루프 폐쇄식: } R_2 + R_3 - R_1 = 0$$

$$\text{실수 성분: } r_2\cos\theta_2 + r_3\cos\theta_3 - r_1\cos\theta_1 = 0, \quad \text{since } \cos\theta_2 = 0,$$
$$r_1\cos\theta_1 = r_3\cos\theta_3 \tag{4.4-61}$$

$$\text{허수 성분: } r_2\sin\theta_2 + r_3\sin\theta_3 - r_1\sin\theta_1 = 0, \quad \text{since } \sin\theta_2 = 1,$$
$$r_1\sin\theta_1 = r_2 + r_3\sin\theta_3 \tag{4.4-62}$$

$$(4.4\text{-}61)^2 + (4.4\text{-}62)^2: \quad r_1^2 = r_2^2 + r_3^2 + 2r_2r_3\sin\theta_3$$

$$\theta_3 = \theta_3^* = \sin^{-1}\left(\frac{r_1^2 - r_2^2 - r_3^2}{2r_2r_3}\right); \quad \text{solve: } \theta_3 = 27.3°$$

$$(4.4\text{-}62): \theta_1 = \theta_1^* = \sin^{-1}\left(\frac{r_2 + r_3\sin\theta_3}{r_1}\right); \quad \text{solve: } \theta_1 = 63.6°$$

$$\frac{d}{dt}(4.4\text{-}61): \quad -r_1\dot{\theta}_1\sin\theta_1 = -r_3\dot{\theta}_3\sin\theta_3 \tag{4.4-63}$$

$$\frac{d}{dt}(4.4\text{-}62): \quad r_1\dot{\theta}_1\cos\theta_1 = \dot{r}_2 + r_3\dot{\theta}_3\cos\theta_3 \tag{4.4-64}$$

$$(4.4\text{-}63)\times\cos\theta_1 + (4.4\text{-}64)\times\sin\theta_1:$$

$$0 = -r_3\dot{\theta}_3\sin\theta_3\cos\theta_1 + \dot{r}_2\sin\theta_1 + r_3\dot{\theta}_3\cos\theta_3\sin\theta_1$$

$$\dot{\theta}_3 = -\frac{\dot{r}_2\sin\theta_1}{r_3\sin(\theta_1-\theta_3)}; \quad \text{solve: } \dot{\theta}_3 = -5.04\,\frac{\text{rad}}{\text{sec}}$$

그러므로

$$(4.4\text{-}64): \quad \dot{\theta}_1 = \frac{\dot{r}_2 + r_3\dot{\theta}_3\cos\theta_3}{r_1\cos\theta_1}; \quad \text{solve: } \dot{\theta}_1 = -1.29\,\frac{\text{rad}}{\text{sec}}$$

$$\text{since: } \dot{\theta}_4 = \dot{\theta}_1, \quad \text{therefore } \dot{\theta}_4 = 1.29\,\frac{\text{rad}}{\text{sec}}\text{CW}$$

(b) 루프 2(Ind: θ_4; Dep: θ_5, r_6)

$$\text{루프 폐쇄식: } R_4 - R_5 - R_6 = 0$$

$$\text{실수 성분: } r_4\cos\theta_4 - r_5\cos\theta_5 - r_6\cos\theta_6 = 0, \text{ since } \cos\theta_6 = 1,$$

$$r_4\cos\theta_4 - r_5\cos\theta_5 - r_6 = 0 \tag{4.4-65}$$

$$\text{허수 성분: } r_4\sin\theta_4 - r_5\sin\theta_5 - r_6\sin\theta_6 = 0, \text{ since } \sin\theta_6 = 0$$

$$r_4\sin\theta_4 - r_5\sin\theta_5 = 0 \tag{4.4-66}$$

$$(4.4\text{-}66): \theta_5^* = \sin^{-1}\left(\frac{r_4\sin\theta_4}{r_5}\right); \quad \text{solve}: \theta_5^* = 52.8°$$

$$\text{by inspection,} \quad \theta_5 = 180° - \theta_5^* = 127.2°$$

$$\frac{d}{dt}(4.4\text{-}65): \quad -r_4\dot{\theta}_4\sin\theta_4 + r_5\dot{\theta}_5\sin\theta_5 - \dot{r}_6 = 0 \tag{4.4-67}$$

$$-r_4\dot{\theta}_4\sin\theta_4 - \dot{r}_6 = -r_5\dot{\theta}_5\sin\theta_5$$

$$\frac{d}{dt}(4.4\text{-}66): \quad r_4\dot{\theta}_4\cos\theta_4 - r_5\dot{\theta}_5\cos\theta_5 = 0 \tag{4.4-68}$$

$$r_4\dot{\theta}_4\cos\theta_4 = r_5\dot{\theta}_5\cos\theta_5$$

$$(4.4\text{-}67)\times\cos\theta_5 + (4.4\text{-}68)\times\sin\theta_5:$$

$$-r_4\dot{\theta}_4\sin\theta_4\cos\theta_5 - \dot{r}_6\cos\theta_5 + r_4\dot{\theta}_4\cos\theta_4\sin\theta_5 = 0$$

$$\dot{r}_6 = \frac{r_4\dot{\theta}_4\sin(\theta_5 - \theta_4)}{\cos\theta_5}; \quad \text{solve } \dot{r}_6 = 15.3\frac{\text{cm}}{\text{sec}}$$

그러므로

$$\overline{v}_E = 15.3 \text{ cm/sec @ } 0°$$

Problems

Complex Analysis, Velocity

P4.1 For the mechanism shown in Figure P4.1, determine the rotational speed of link 2 and the sliding velocity of link 3 with respect to link 2 if $\overline{v}_A = 2.0$ in/sec in the direction shown. Use a complex number approach.

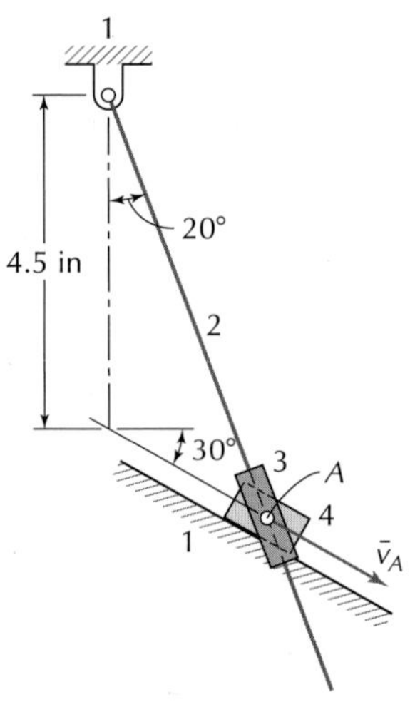

Figure P4.1

P4.2 For the mechanism shown in Figure P4.2, determine the rotational velocity of link 3. Use a complex number approach.

$$r_{O_2B} = 4.0 \text{ cm}; \quad r_{BD} = 8.0 \text{ cm}$$
$$\theta_2 = 225°; \quad \dot{\theta}_2 = 150 \text{ rpm} \quad \text{CW}$$

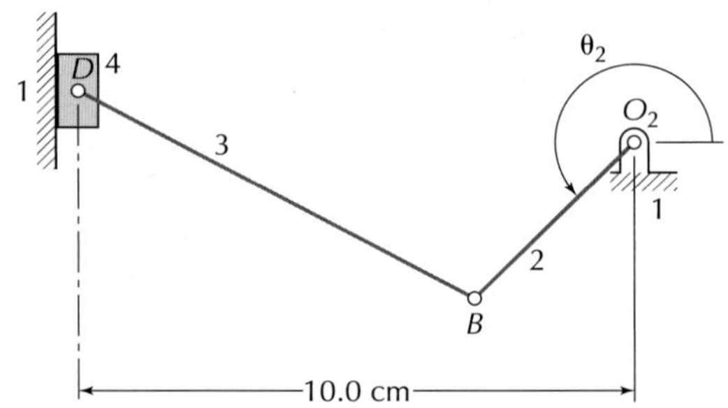

Figure P4.2

P4.3 Figure P4.3 shows an intermittent-motion mechanism known as the Geneva mechanism (Chapter 13, Section 13.10.2). The circular peg P is attached to link 2 and slides in the slots of link 3. Use a complex number approach when $\theta_2 = 160°$ and determine

(a) the rotational velocity of link 3

(b) the sliding velocity of peg P with respect to the slot in link 3

$$r_{O_2P} = 4.0\sqrt{2} \text{ cm}; \quad r_{O_2O_3} = 8.0 \text{ cm}$$
$$\dot{\theta}_2 = 30 \text{ rad/sec} \quad \text{CCW}$$

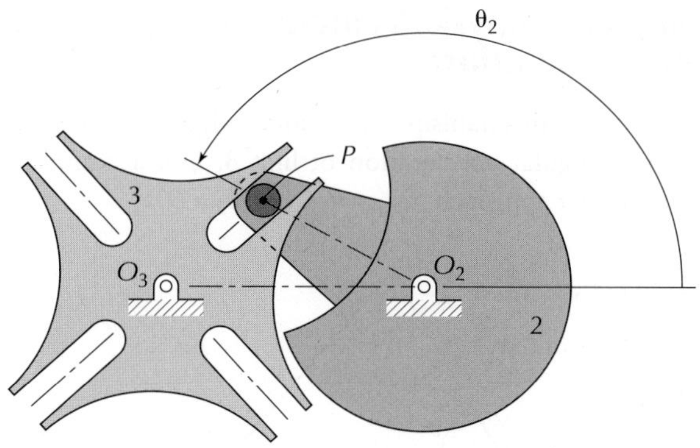

Figure P4.3

P4.4 For the mechanism shown in Figure P4.4, determine

(a) the speed of point C as a function of θ_2

(b) the magnitude of the relative velocity of B_4 with respect to B_2 as a function of θ_2

(c) the magnitude of the sliding acceleration of B_4 with respect to B_2 as a function of θ_2

(d) the maximum magnitude of the sliding velocity of B_4 with respect to B_2 during a complete rotation of link 2, and the corresponding value(s) of θ_2 where this takes place (*Hint*: Use the expression from part (c) to determine value(s) of θ_2 where the sliding acceleration is zero.)

Use a complex number approach.

$$r_{O_2B2} = 1.5 \text{ in}; \quad \dot{\theta}_2 = 75 \text{ rpm} \quad \text{CW (constant)}$$

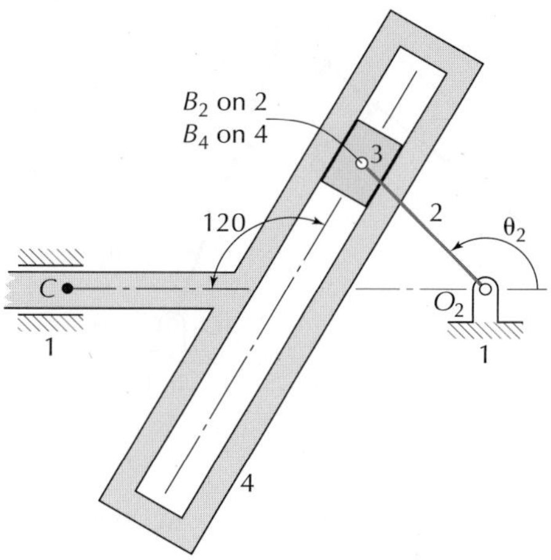

Figure P4.4

P4.5 Peg B in the figure is mounted on hydraulic cylinder BD and slides freely along the slot in link AC. If the hydraulic cylinder extends at a constant velocity of 0.5 m/s upward, use loop closure analysis to determine

(a) expressions for angular velocity and angular acceleration of link AC as a function of q,

(b) values and directions for (a) when q = 30°.

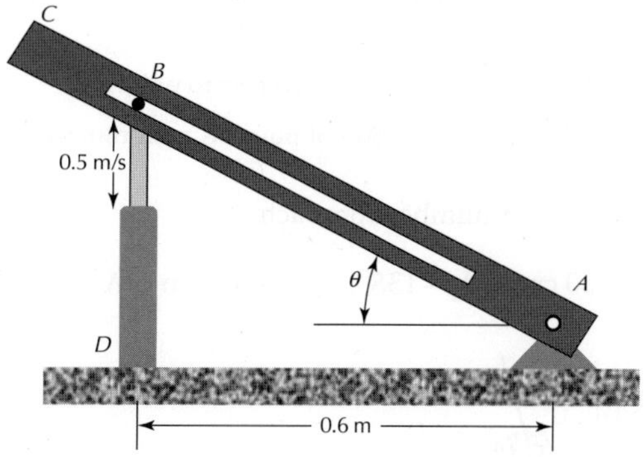

Figure P4.5

P4.6 For the mechanism shown in the figure, determine

(a) the speed of point C as a function of θ_2

(b) the magnitude of the relative velocity of B_4 with respect to B_2 as a function of θ_2

(c) the magnitude of the sliding acceleration of B_4 with respect to B_2 as a function of θ_2

(d) the maximum magnitude of the sliding velocity of B_4 with respect to B_2 during a complete rotation of link 2, and the corresponding value(s) of θ_2 when this takes place

(e) the maximum magnitude of the sliding acceleration of B_4 with respect to B_2 during a complete rotation of link 2, and the corresponding value(s) of θ_2 when this takes place

Use a complex number approach.

$$r_{O_2B_2} = 8.0 \text{ cm}; \quad \dot{\theta}_2 = 200 \text{ rpm} \quad \text{CCW (constant)}$$

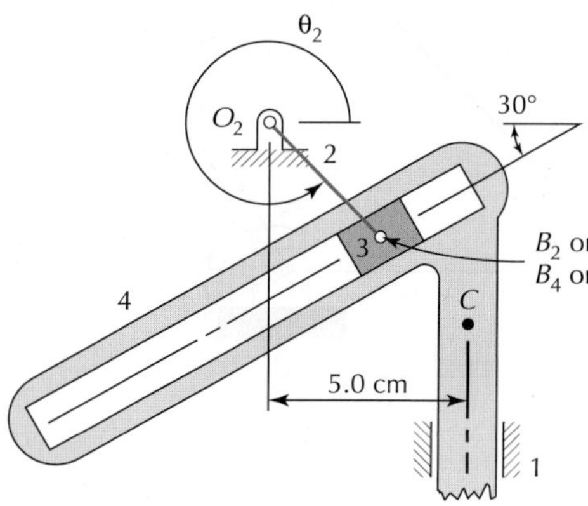

Figure P4.6

Complex Analysis, Velocity and Coriolis Acceleration

P4.7 For the mechanism shown in Figure P4.7, determine

(a) the angular velocity of link 3

(b) the velocity of point A_2 with respect to point A_3

(c) the Coriolis acceleration of point A_2 with respect to point A_3

Use a complex number approach.

$$r_{O_2A_2} = 5.0 \text{ cm}; \quad \theta_2 = 135°; \quad \dot{\theta}_2 = 80 \text{ rpm CW}$$

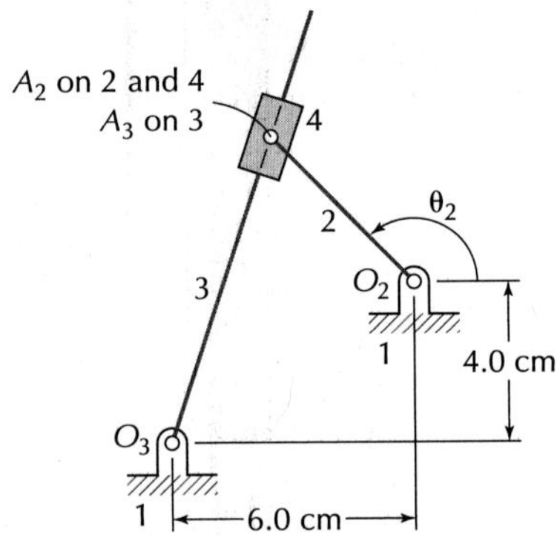

Figure P4.7

P4.8 Use loop closure analysis to determine R_C and ϕ (angle of link *BC* from the horizontal axis) for $\theta = 60°$. (The figure is not drawn to scale)

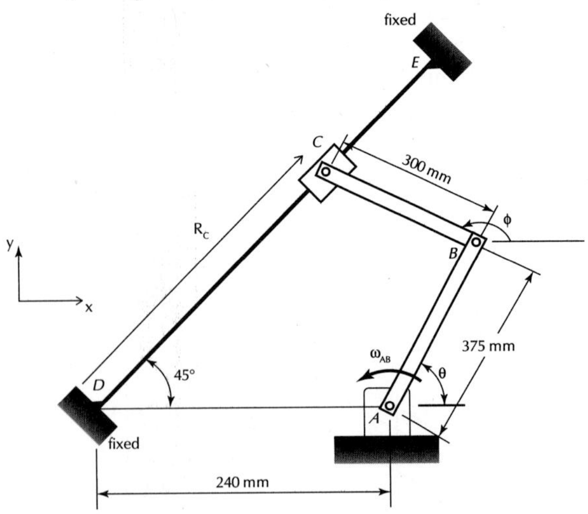

Figure P4.8

Complex Analysis, Velocity and Acceleration

P4.9 For the mechanism shown in the figure, determine the angular acceleration of link 3. Use a complex number approach. $r_{O_2A} = 6.5$ cm; $\theta_2 = 60°$

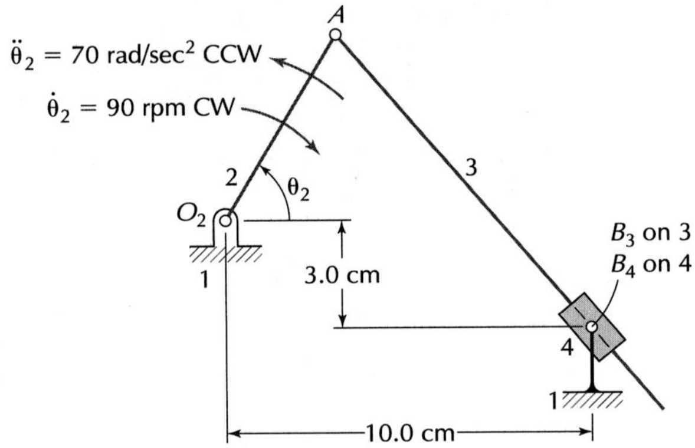

Figure P4.9

P4.10 Figure P4.10 depicts a skeleton diagram representation of an Oldham coupling.(Chapter 13, Section 13.2.3). Determine $r_2, r_3, \dot{r}_2, \dot{r}_3, \ddot{r}_2, \ddot{r}_3$ in terms of $r_1, \theta_2, \dot{\theta}_2, \ddot{\theta}_2$. Use a complex number approach.

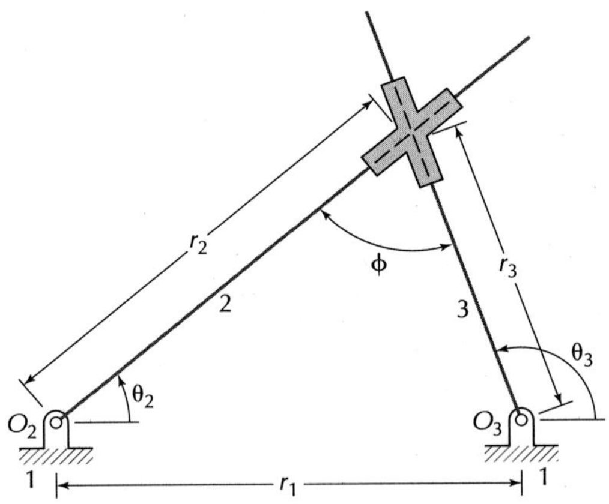

Figure P4.10

P4.11 For the mechanism shown in the figure, determine

(a) the acceleration of point *B*,

(b) the sliding acceleration of A_2 with respect to A_4.

Use a complex number approach.

$$r_{O_2A_2} = 7.0 \text{ cm}; \quad \theta_2 = 45°$$

TABLE P4.13

	r_1 (cm)	r_2 (cm)	r_3 (cm)	r_4 (cm)	θ_2 (degrees)	$\dot{\theta}_2$ (rad/sec)	$\ddot{\theta}_2$ (rad/sec^2)
(a)	5	1	4	3	30	30	0
(b)	8	2	5	4	60	45	0
(c)	10	32	20	20	120	–50	40
(d)	5	1	6	4	210	100	–40

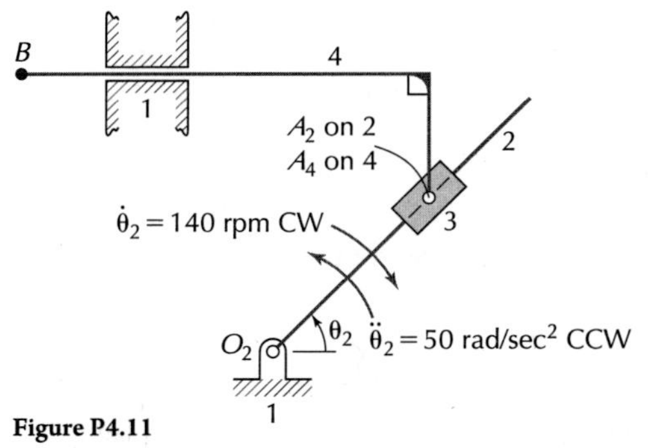

Figure P4.11

P4.12 Determine the rotational speed of link 3 of the mechanism given in Figure P4.12 for the position shown. Use a complex number approach.

$$r_{O_2A} = 4.0 \text{ cm}; \quad r_{AB} = 10.0 \text{ cm}; \quad \theta_2 = 45°$$

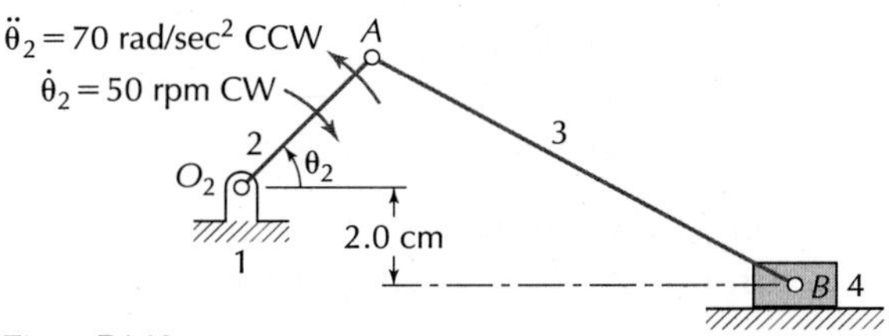

Figure P4.12

P4.13 The nomenclature for this group of problems is given in Figure P4.13, and the dimensions and data are given in Table P4.13. For each, determine the angular displacements, angular velocities, and angular accelerations of links 3 and 4. Use a complex number approach. **(Mathcad program: fourbarkin)**

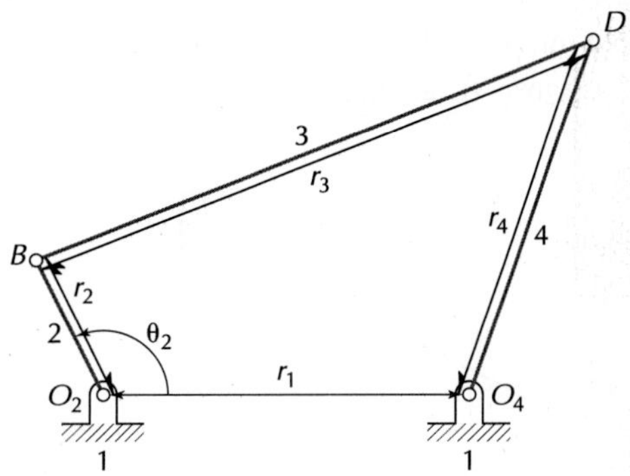

Figure P4.13

P4.14 The nomenclature for this group of problems is given in Figure P4.14, and the dimensions and data are given in Table P4.14. For each, determine the angular displacement, angular

TABLE P4.14

	r_1 (cm)	r_2 (cm)	r_3 (cm)	θ_2 (degrees)	$\dot{\theta}_2$ (rad/sec)	$\ddot{\theta}_2$ (rad/sec^2)
(a)	0	5	10	30	50	0
(b)	0	3	4	60	45	0
(c)	2	3	6	120	–50	40
(d)	–2	4	10	150	100	–4

velocity, and angular acceleration of link 3, and the displacement, velocity, and acceleration of link 4. Use a complex number approach. **(Mathcad program: slidercrankkin)**

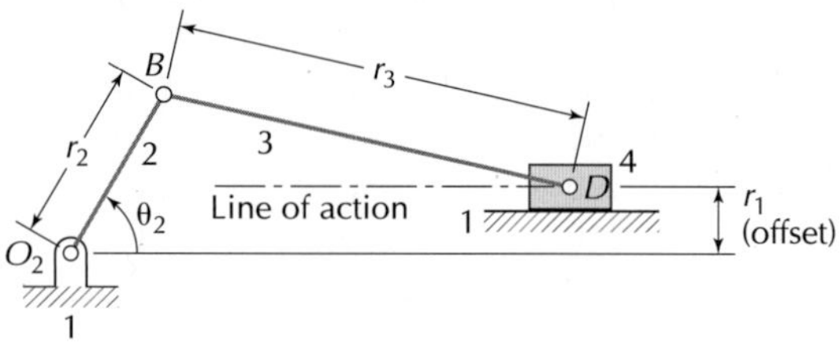

Figure P4.14

Complex Analysis, Multiple Loops

P 4.15 For the mechanism shown in the figure, determine

(a) the velocity of point C

(b) the sliding velocity of point B with respect to the base link

Use a complex number approach.

$$r_{O_2A} = 6.0\text{ cm};\; r_{AB} = 12.0\text{ cm};\; r_{AB} = 9.0\text{ cm}$$
$$\theta_2 = 320°;\; \dot{\theta}_2 = 180\text{ rpm CW}$$

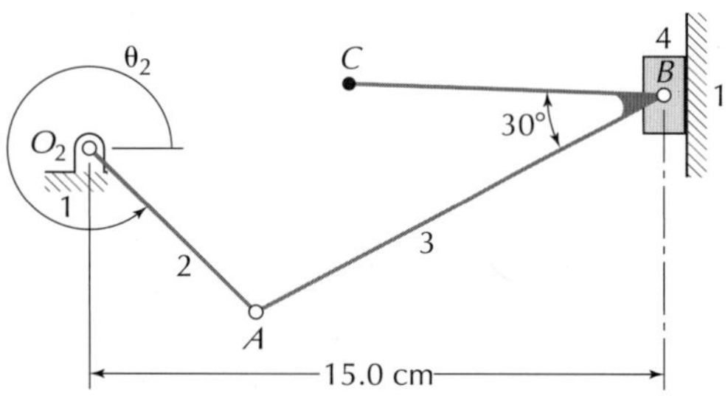

Figure P4.15

P4.16 For the mechanism shown in Figure P4.16, determine

(a) the angular velocity of link 3

(b) the velocity of point B_3 with respect to point B_1

(c) the Coriolis acceleration of point B_3 with respect to point B_1

(d) the equations for the components of velocity of point C in terms of given parameters and quantities determined in parts (a), (b), and (c)

Use a complex number approach.

$$r_{O_2A} = 6.0\text{ cm};\; r_{AB} = 12.0\text{ cm};\; r_{BC} = 9.0\text{ cm}$$
$$\theta_2 = 315°;\; \dot{\theta}_2 = 180\text{ rpm CW}$$
$$r_{O_2A} = 6.0\text{ cm};\; r_{AB} = 12.0\text{ cm}$$

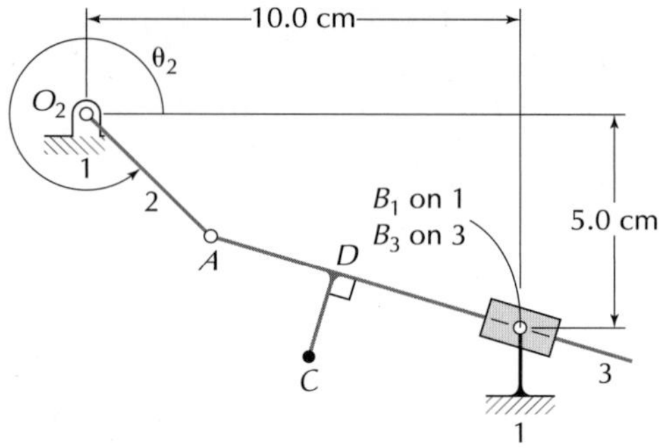

Figure P4.16

P4.17 For the mechanism shown in Figure P4.17, determine the velocity of point C. Use a complex number approach.

$$r_{O_2A} = 1.5\text{ in};\; r_{AB} = 1.5\text{ in};\; r_{BC} = 1.0\text{ in};\; r_{AD} = 4.0\text{ in}$$
$$\theta_2 = 45°;\; \dot{\theta}_2 = 150\text{ rpm CCW}$$

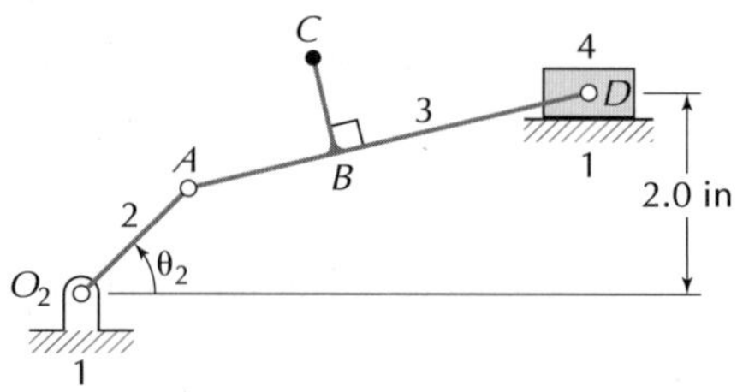

Figure P4.17

P4.18 For the mechanism shown in the figure, determine

(a) the angular velocity of link 3

(b) the velocity of point C

Use a complex number approach.

$$r_{O_2B} = 3.0\text{ cm};\; r_{BC} = 15.0\text{ cm}$$
$$\theta_2 = 225°;\; \dot{\theta}_2 = 30\text{ rad/sec CCW}$$

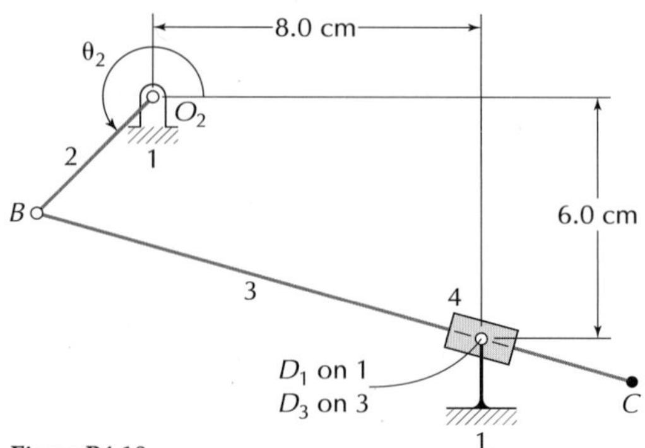

Figure P4.18

TABLE P4.19

	r_1 (cm)	r_2 (cm)	r_3 (cm)	r_4 (cm)	r_5 (cm)	r_6 (cm)	θ_2 (degrees)	$\dot{\theta}_2$ (rad/sec)	$\ddot{\theta}_2$ (rad/sec^2)
(a)	1	0.2	0.4	1	0.2	0.5	30	30	0
(b)	5	1	4	3	−2	0	60	45	0
(c)	8	2	10	6	12	−1	120	−50	40
(d)	0.2	1	0.4	0.9	0.2	0.4	210	100	−40

TABLE P4.20

	r_1 (cm)	r_2 (cm)	r_3 (cm)	r_5 (cm)	r_6 (cm)	θ_2 (degrees)	$\dot{\theta}_2$ (rad/sec)	$\ddot{\theta}_2$ (rad/sec^2)
(a)	0	5	10	−4	0	30	30	0
(b)	0	2	6	2	4	60	45	0
(c)	2	4	8	12	0	120	−50	40
(d)	−2	3	7	5	−3	315	100	−40

P4.19 The nomenclature for this group of problems is given in Figure P4.19, and the dimensions and data are given in Table P4.19. For each, determine the linear displacement, linear velocity, and linear acceleration of point C. Use a complex number approach. **(Mathcad program: fourbarcpkin)**

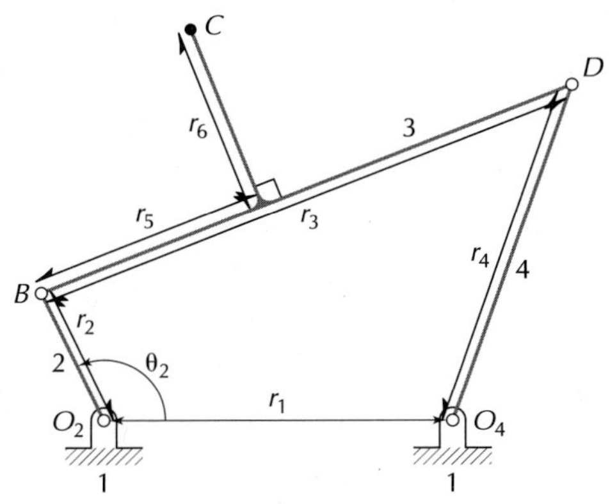

Figure P4.19

P4.20 The nomenclature for this group of problems is given in Figure P4.20, and the dimensions and data are given in Table P4.20. For each, determine the linear displacement, linear velocity, and linear acceleration of point C. Use a complex number approach. **(Mathcad program: slidecrankcpkin)**

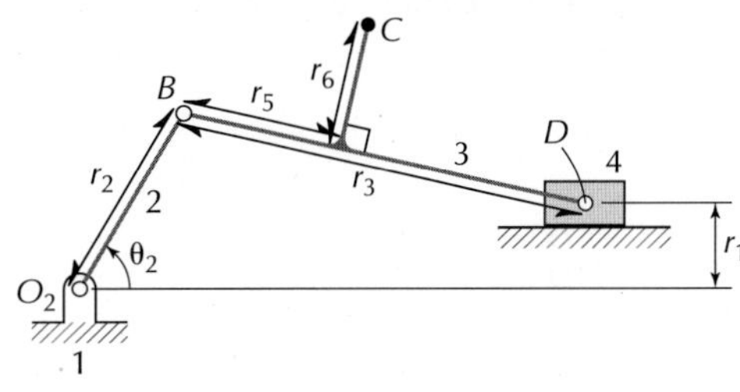

Figure P4.20

P4.21 For the mechanism shown in Figure P4.21, determine

(a) the angular velocity of link 3
(b) the velocity of point C
(c) the angular acceleration of link 3
(d) the acceleration of point C.

Use a complex number approach.

$$r_{O_2B} = 5.0\text{ cm};\quad r_{BC} = 20.0\text{ cm}$$
$$\theta_2 = 330°;\quad \dot{\theta}_2 = 40.0\text{ rad/sec CCW (constant)}$$

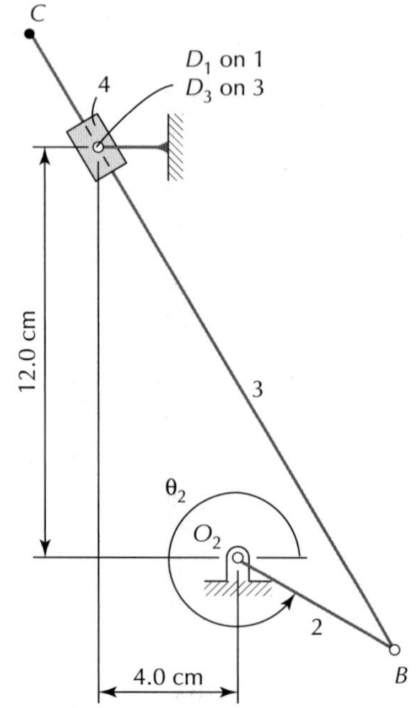

Figure P4.21

P4.22 For the mechanism shown in the figure, determine

(a) the angular velocity of link 3

(b) the velocity of point C

Use a complex number approach.

$$r_{O_2B} = 3.0\text{ cm};\quad r_{BC} = 12.0\text{ cm};\quad r_{O_2D_1} = 7.0\text{ cm}$$
$$\theta_2 = 45°;\quad \dot{\theta}_2 = 10.0\text{ rad/sec CW}$$

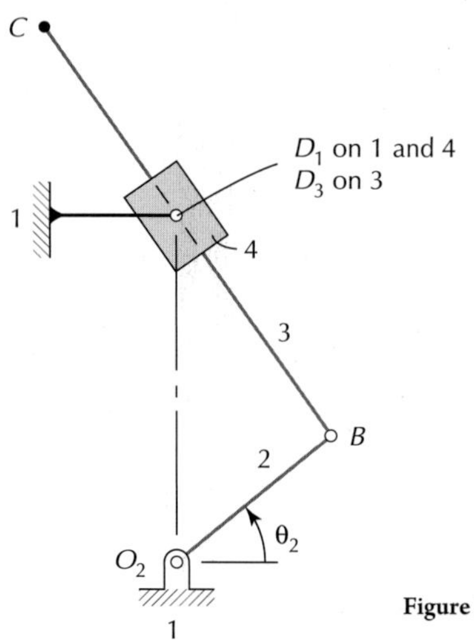

Figure P4.22

P4.23 For the mechanism shown in Figure P4.23, determine

(a) the angular velocity of link 3

(b) the velocity of point C

Use a complex number approach.

$$r_{O_2B} = 5.0\text{ cm};\quad r_{BC} = 6.0\text{ cm};\quad r_{BD} = 10.0\text{ cm}$$
$$\theta_2 = 40°;\quad \dot{\theta}_2 = 15.0\text{ rad/sec CW}$$

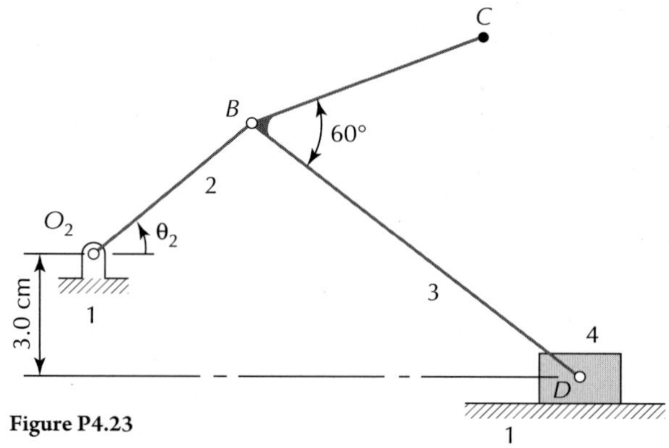

Figure P4.23

P4.24 For the mechanism shown in Figure P4.24, determine for the position shown

(a) the rotational speed and direction of link 3

(b) the velocity of point C

Use a complex number approach.

$$r_{O_2B} = 2.0\text{ cm};\quad r_{BC} = 1.0\text{ cm}$$
$$\theta_2 = 30°;\quad \dot{\theta}_2 = 200\text{ rpm CCW}$$

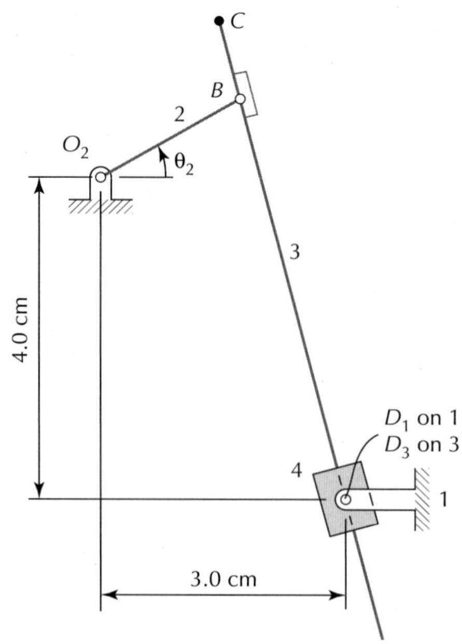

Figure P4.24

P4.25 For the cam-follower mechanism given in the figure on the next page, use loop closure analysis to determine linear velocity and linear acceleration of the follower, link 3, as a function of θ_2.

$r_{O_2C} = 1.5$ in; $\rho = 0.75$ in; $\theta_2 = 110°$; $\dot{\theta}_2 = 600$ rpm CW

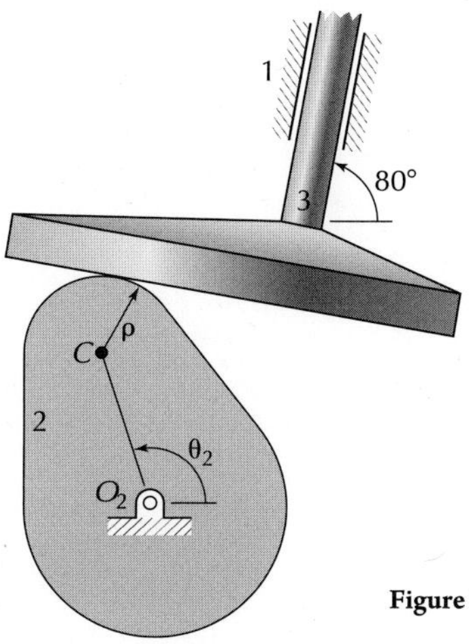

Figure P4.25

P4.26 For the mechanism shown in Figure P4.26

$$\theta_2 = 300°;\quad r_{O_2B} = 5.0 \text{ cm}$$

(a) Determine the Coriolis acceleration of D_1 with respect to D_3 if

$$\dot{\theta}_2 = 40.0 \text{ rad/sec CCW (constant)}$$

Use a complex number approach for part (a).

(b) Determine the Coriolis acceleration of D_1 with respect to D_3 if

$$\dot{\theta}_2 = 80.0 \text{ rad/sec CCW (constant)}$$

(c) Determine the Coriolis acceleration of D_1 with respect to D_3 if

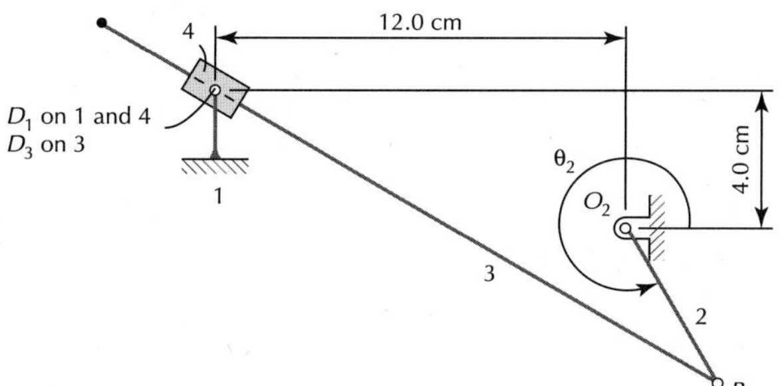

Figure P4.26

$$\dot{\theta}_2 = 80.0 \text{ rad/sec CW (constant)}$$

(*Hint*: For parts (b) and (c), use the result from part (a) as a guide.)

P4.27 For the mechanism shown in Figure P4.27, determine the angular position, velocity, and acceleration of link 6. Use a complex number approach.

$$r_{O_2O_4} = 10.0 \text{ cm};\quad r_{O_2B} = 4.0 \text{ cm}$$
$$r_{BD} = 9.0 \text{ cm};\quad r_{O_4D} = 7.0 \text{ cm}$$
$$r_{O_4O_6} = 6.0 \text{ cm};\quad r_{O_4E} = 5.0 \text{ cm}$$
$$r_{EF} = 8.0 \text{ cm};\quad r_{O_6F} = 5.0 \text{ cm}$$
$$\theta_2 = 50°;\quad \dot{\theta}_2 = 30 \text{ rad/sec CCW (constant)}$$

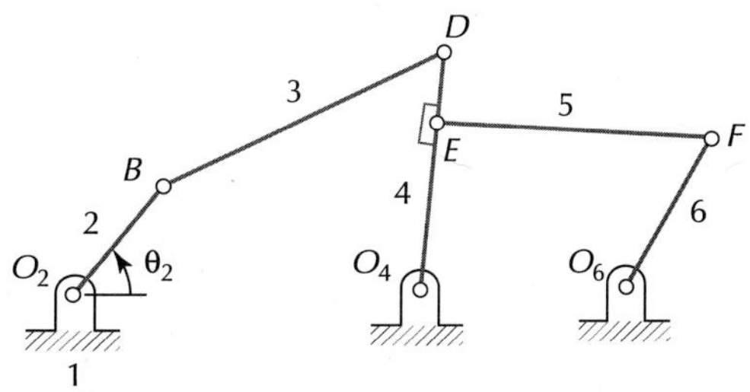

Figure P4.27

P4.28 For the mechanism shown in the figure below, use loop closure analysis to determine the sliding velocity of B_4 with respect to B_3 at this instant. It is known that $\theta_2 = 135°$ and $\theta_4 = 84.78°$ at this instant, and $\dot{\theta} = 30$ rad/sec CW (constant). Note that the drawing may not be proportional to the dimensions. Value of θ_4 is given here to reduce the time for calculation. The θ_4 value could have been determined from the other conditions given above.

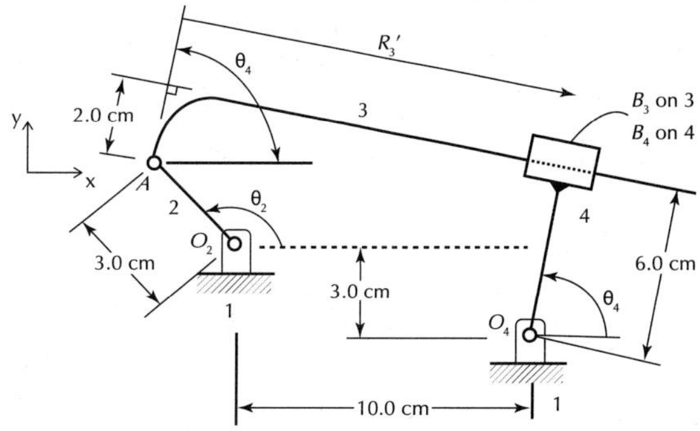

Figure P4.28

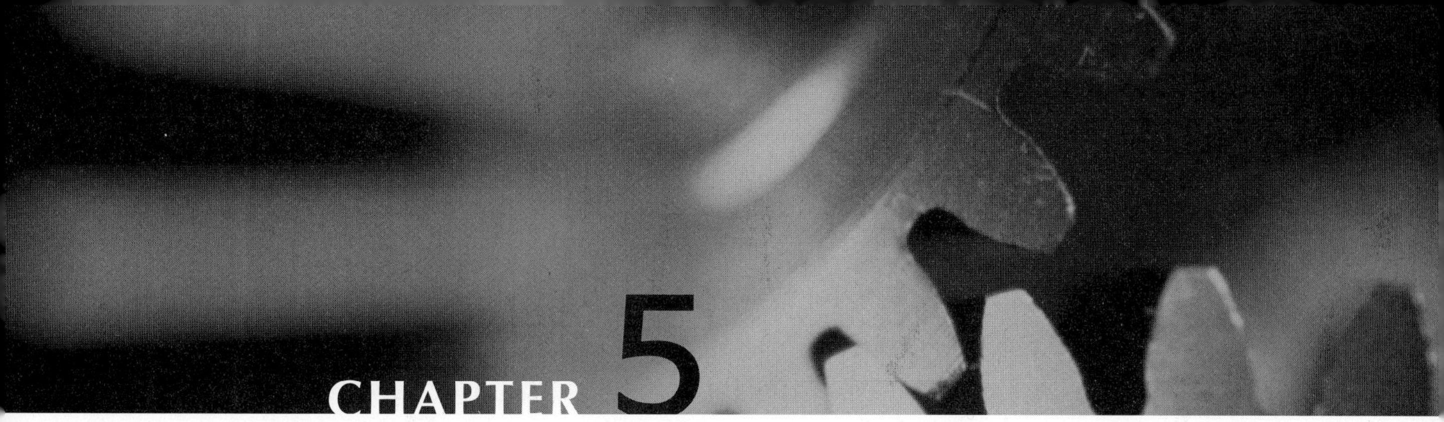

CHAPTER 5

기어

5.1 서론

이 장에서는 마찰차와 이를 가진 기어 시스템을 다룬다. 다음 절에서는 마찰차를 해석하기 위한 수학적 모델을 다루고 다양한 형태의 이를 가진 기어와 기어의 일반적인 제작 방법에 관하여 설명한다.

5.2 마찰 전동장치

어떤 축에서 다른 축으로 회전 운동과 동력을 전달하는 것의 단순한 의미는 그림 5.1(a)과 같이 한 쌍의 마찰 기어를 이용하여 나타낼 수 있다.

여기서, 동력 전달은 접촉하는 원통 사이의 마찰력에 의존한다. 각 원통의 자유물체도는 그림 5.1(b)와 같다. 두 원통의 접선은 힘의 크기이다.

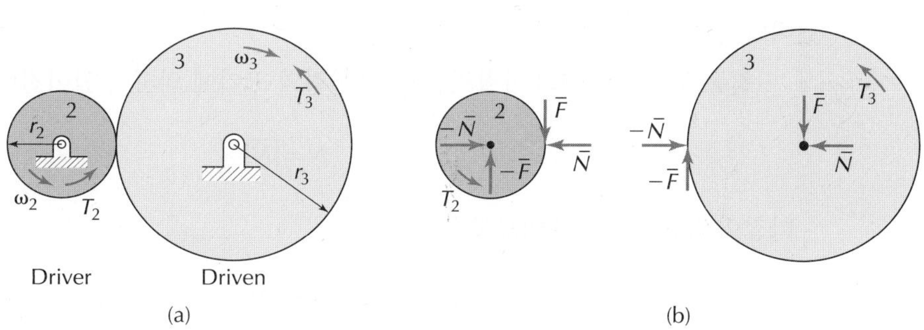

그림 5.1 ● 마찰 기어. (a) 마찰 기어 세트, (b) 자유물체도

$$F = |\bar{F}| \tag{5.2-1}$$

그림의 배열에서 기어 2는 **구동기어**(driver gear)이고 기어 3은 **종동기어**(driven gear)이다. 동력은 기어 2에 연결된 축을 통하여 시스템으로 공급되고, 기어 3에 부착되어 있는 축을 통하여 이동된다. 구동기어 2의 회전력(토크, torque)은 그 회전 속도와 같은 방향이다. 그 회전력의 크기는

$$|T_2| = Fr_2 \tag{5.2-2}$$

기어 3에 전달되는 회전력은 그 회전 방향과 반대이다. 그 회전력의 크기는

$$|T_3| = Fr_3 \tag{5.2-3}$$

식 (5.2-2)와 식 (5.2-3)을 합치면,

$$\left|\frac{T_2}{T_3}\right| = \frac{r_2}{r_3} \tag{5.2-4}$$

만약 미끄러짐이 발생하지 않는다면

$$r_2|\omega_2| = r_3|\omega_3| \tag{5.2-5}$$

속도비의 크기는

$$|e| = \left|\frac{\omega_3}{\omega_2}\right| = \frac{r_2}{r_3} \tag{5.2-6}$$

식 (5.2-4)와 식 (5.2-6)을 합하면

$$|T_2\omega_2| = |T_3\omega_3| \tag{5.2-7}$$

그러나 회전 속도에 의한 회전력의 증가는 **동력**을 산출한다(부록 C의 C.10.3절 참조). 따라서 식 (5.2-7)은 마찰차 사이에서 미끄러짐이 없고 동력 전달 손실이 없다고 가정한 상태이다.

원통의 접선 방향의 마찰력은 큰 법선력의 크기에 의하여 얻어진다.

$$N = |\overline{N}| \tag{5.2-8}$$

마찰이 작용하는 형태이므로

$$F \le \mu N \tag{5.2-9}$$

마찰계수 μ는 일반적으로 1보다는 작다. 그러므로 N은 반드시 F보다 커야 한다. 그림

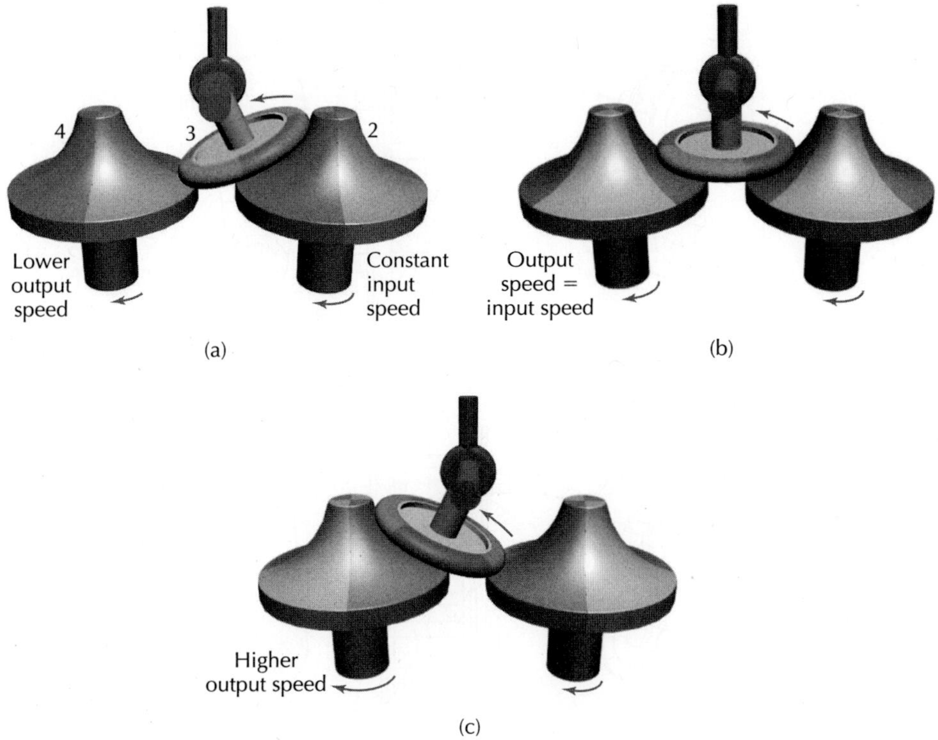

그림 5.2 ● 무단변속 구동 장치[비디오 5.2]

비디오 5.2
무단변속 구동 장치

5.1(b)에 나타내었듯이 이렇게 상대적으로 큰 법선력은 베어링에 의하여 지지되어야 하며, 반드시 설계에 고려하여야 한다.

마찰 전동장치의 명확한 장점은 속도비의 범위를 연속적으로 발생시키는 것이다. 그림 5.2에 제시된 시스템에 대하여 고려해보자. 속도비의 변화는 링크 3, 즉 유동바퀴(아이들 휠)의 위치 변경에 의하여 이루어진다. 그리고 이로 인하여 링크 2와 링크 4 사이의 접촉반경이 다양하게 변화한다. 그림에 아이들 휠의 세 위치 각각에서 세 가지의 속도비를 발생시키는 것을 나타내었다. 만약 입력 원뿔 2가 일정한 비로 회전한다면, 출력 원뿔 4는 다양한 회전 속도를 가질 것이다.

그림 5.3은 속도비의 범위를 연속적으로 발생시킬 수 있는 다른 시스템을 나타내고 있다. 이 시스템은 그림 1.17과 같은 바로걸기 마찰구동 형태를 적용하였다. 이 경우, 속도비의 범위는 반지름이 다른 풀리의 벨트 접촉에 의하여, 2개의 반쪽 풀리의 위치 조정에 의하여 이루어진다. 그림 5.3(a)와 5.3(b)는 두 가지의 각각 다른 속도비의 위치를 나타내고 있다. 그림 5.4에 유사한 장치를 추가로 나타내었다.

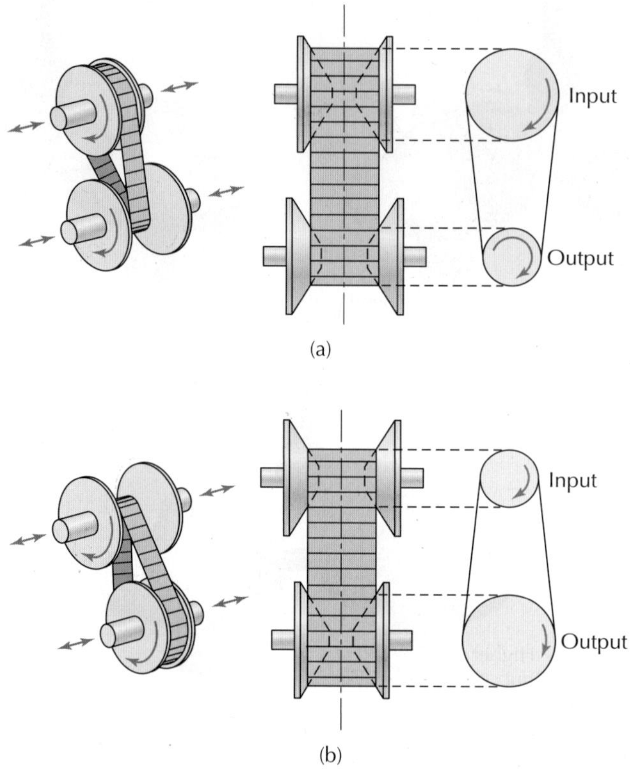

그림 5.3 ● 무단변속 벨트 구동 장치. (a) 고속비, (b) 저속비

5.3 치 기어의 일반적인 형태

비디오 5.4
무단변속 벨트
구동 장치

비디오 5.5A
직선 평기어

비디오 5.5B
헬리컬 평기어

직선 평기어[straight spur gear; 5.5(a)]: 이 기어는 회전축에 평행한 직선 이로 되어 있고 상대적으로 제작이 용이하다.

헬리컬 평기어[helical spur gear; 그림 5.5(b)]: 헬리컬 평기어의 이는 회전축에 대하여 비스듬한 각을 가지고 있다. 평기어와 비교해보면, 기어의 맞물림에서 접촉길이가 더 길어 결과적으로 강도와 내구성이 증가된다. 헬리컬 평기어는 일반적으로 자동차의 동력전달장치나 공작기계에 쓰인다. 그림 13.16(13장)은 전기 드릴에 사용된 헬리컬 평기어를 보여준다.

헬리컬 평기어의 **나선각** ψ를 그림 5.6에 나타내었다. **오른쪽 방향**과 **왼쪽 방향**의 종류를 나타낸다. 회전축이 평행한 한 쌍의 맞물리는 헬리컬 평기어는 하나는 왼쪽 헬리컬 기어, 다른 하나는 오른쪽 헬리컬 기어를 포함하여야 하고 나선각은 반드시 같아야 한다. 나선각이 45°로 이루어진 특별한 형태의 헬리컬 평기어를 **마이터 기어**(miter gear)라고 부른다. 마이터 기어는 그림 5.7에서 보는 바와 같이 회전축의 중심선이 다른 한 축과 직각을 이룰 수 있다. 이 경우 2개의 왼쪽 헬리컬 평기어가 사용된다.

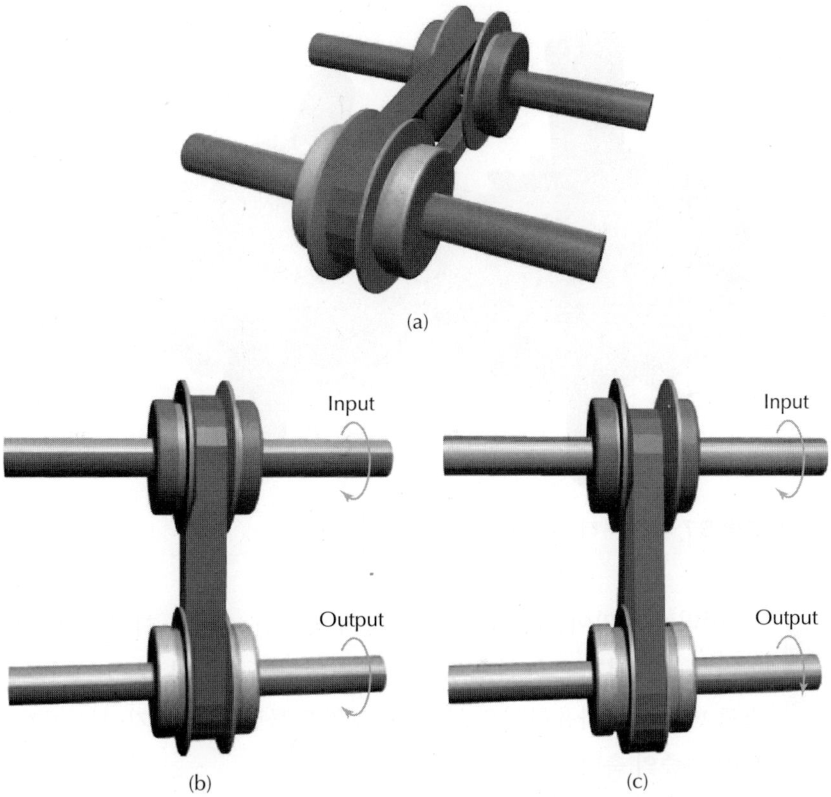

그림 5.4 ● (a) 무단변속 벨트 구동 장치[비디오 5.4], (b) 단위속도비, (c) 저속비

그림 5.5 ● 평기어. (a) 직선 평기어[비디오 5.5A], (b) 헬리컬 평기어[비디오 5.5B]

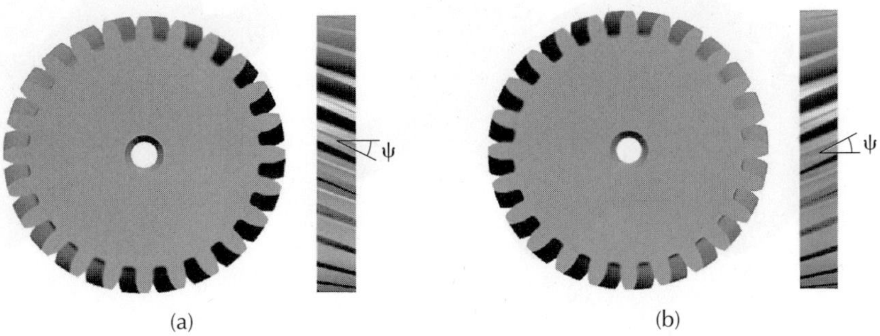

그림 5.6 ● 좌, 우 헬리컬 기어. (a) 오른쪽 헬리컬 기어, (b) 왼쪽 헬리컬 기어

그림 5.7 ● 마이터 기어[비디오 5.7]

비디오 5.7
마이터 기어

비디오 5.8A
헤링본 기어,
좁은 이

비디오 5.8B
헤링본 기어,
넓은 이

헬리컬 평기어는 이의 방향 때문에 맞물린 기어의 회전축 방향으로 하중이 작용한다. 헬리컬 평기어가 포함되는 장치들에는 이러한 축방향 하중을 지지하기 위하여 종종 스러스트 베어링을 사용하기도 한다. 한 쌍의 맞물린 직선 평기어는 이가 회전축과 평행하기 때문에 하중의 축방향 요소가 없다.

헤링본 기어[herringbone gear; 그림 5.8(a), 5.8(b)]: 헤링본 기어는 왼쪽과 오른쪽 2개의 헬리컬 기어와 동등하다. 왜냐하면 한쪽에서 발생된 축 하중이 다른 한쪽에서 발생된 축 하중에 의하여 상쇄되기 때문이다. 헤링본 기어는 대형 터빈이나 발전기 같은 하중이 큰 장치에 적합하다.

직선 베벨 기어[plain bevel gear; 그림 5.9(a)]: 이 기어는 각을 지닌 두 축 사이에 운동을 전달할 수 있다.

스파이럴 베벨 기어[spiral bevel gear; 그림 5.9(b)]: 스파이럴 베벨 기어의 이는 경사지게 가공되었다. 그래서 맞물린 기어의 접촉 선의 길이가 직선 베벨 기어에 비교하면 더욱 길

(a) (b)

그림 5.8 ● 헤링본 기어. (a) 좁은 이[비디오 5.8A], (b) 넓은 이[비디오 5.8B]

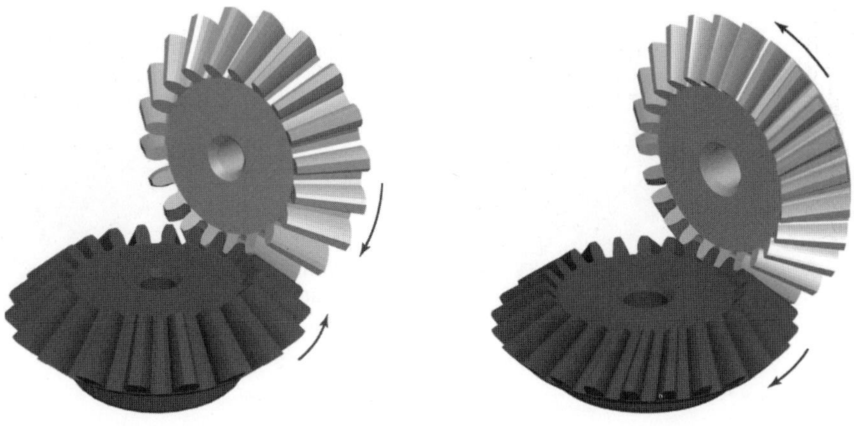

(a) (b)

그림 5.9 ● 베벨 기어. (a) 직선 베벨 기어[비디오 5.9A], (b) 헬리컬 베벨 기어[비디오 5.9B]

다. 그래서 더욱 강한 이의 강도와 내구력을 제공한다.

비디오 5.9A
직선 베벨 기어

비디오 5.9B
헬리컬 베벨 기어

비디오 5.10
하이포이드 기어 장치

하이포이드 기어(hypoid gear; 그림 5.10): 하이포이드 기어 세트는 스파이럴 베벨 기어와 유사하다. 그러나 이는 맞물린 두 기어의 회전축이 교차하지 않도록 가공되었다. **링 기어**를 구동하고 동력이 입력되는 작은 기어를 **피니언**(pinion)이라 한다. 하이포이드 기어는 일반적으로 후륜 구동 차량의 차동기어 장치(6장의 6.6절 참조)에 사용된다. 후륜 구동 축을 낮게 함으로써 차체의 높이를 감소시킬 수 있다.

웜과 휠 기어(worm and wheel gear; 그림 5.11, 그림 5.12): 웜 기어는 나사 형태와 비슷하다. 맞물려진 기어를 휠이라고 한다. 동력은 항상 웜으로 공급된다. 실제로 웜과 휠 기어 장치는 전형적인 자동 잠금장치이다(즉, 휠 기어의 구동에 의하여 운동을 전달할 수 없다). 웜과 휠 기어 장치는 작은 공간에서 높은 감속비를 얻는 데 사용된다. 각각의 웜과 휠 기어 장치를 그림 5.11에 나타내었다. 웜 기어의 1회전에 휠의 이 1개가 진행한다. 그러므로 속도

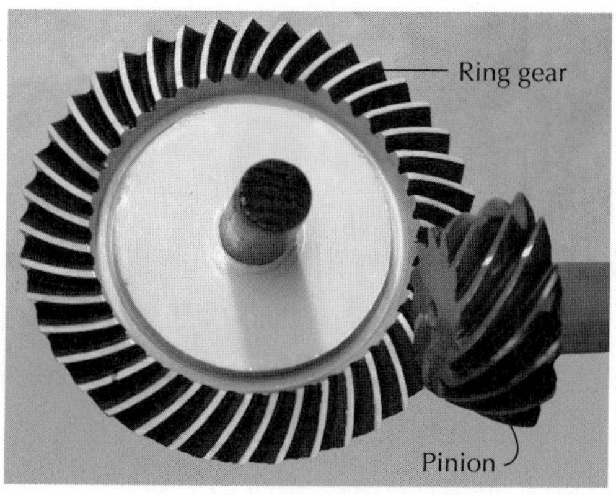

그림 5.10 ● 하이포이드 기어 장치[비디오 5.10]

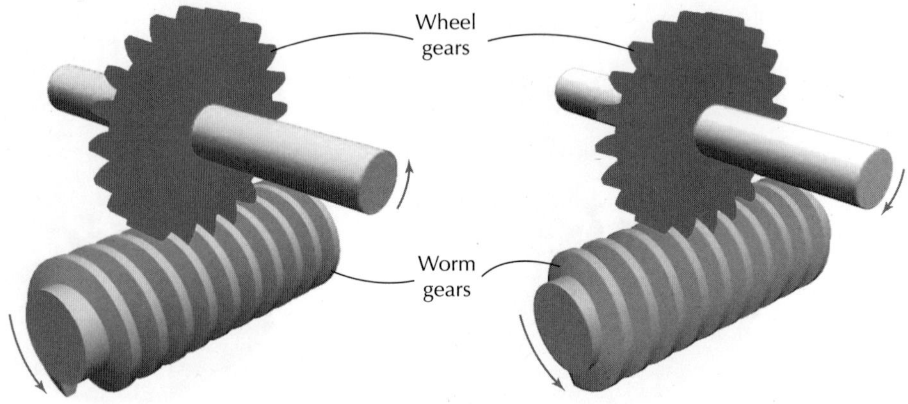

그림 5.11 ● 웜과 휠 기어. (a) 오른쪽 웜[비디오 5.11A], (b) 왼쪽 웜[비디오 5.11B]

비의 크기는

그림 5.12 ● 웜과 휠, 이중 웜. (a) 오른쪽 웜[비디오 5.12A], (b) 왼쪽 웜[비디오 5.12B]

비디오 5.11A
웜과 휠 기어, 오른쪽 웜

비디오 5.11B
웜과 휠 기어, 왼쪽 웜

비디오 5.12A
웜과 휠, 이중 웜, 오른쪽 웜

$$|e| = \frac{1}{N_{wheel}} \tag{5.3-1}$$

여기서 N_{wheel}은 휠의 잇수이다.

그림 5.11(a)에 **오른쪽 웜**, 그림 5.11(b)에 **왼쪽 웜**을 나타내었다. 웜의 입력 운동이 같고, 두 기어장치의 속도비 크기가 같을지라도 그 휠의 회전 방향은 반대이다.

그림 5.12는 두 가지의 다른 형태의 웜과 휠 장치이다. 각각 **2중 웜**으로 조합되어있다. 각각 왼쪽, 오른쪽 웜기어를 설명한다. 두 가지 경우 모두 각각의 웜 기어의 1회전에 대하여 휠은 2개의 잇수가 진행된다. 그러므로 속도비의 크기는

비디오 5.12B
웜과 휠, 이중 웜, 왼쪽 웜

$$|e| = \frac{2}{N_{wheel}} \tag{5.3-2}$$

웜 기어는 4줄 정도로도 설계할 수 있다.

5.4 기어 물림의 기본 법칙

기어의 물림에 있어서 일정한 속도비를 유지하는 것은 매우 중요하다. 변동부하와 속도변화로 인하여 속도비의 매우 작은 변화는 원하지 않는 진동과 소음으로 연결될 수 있다. 이 절에서는 일정한 속도를 유지하는 데 필요한 치형의 요구조건에 대하여 설명한다.

그림 5.13은 접촉점 Q에 접촉하고 있는 링크 2와 링크 3을 나타낸다. 이 링크들은 점 O_2와 O_3를 중심축으로 지지되어 있다. **중심선**은 점 O_2와 O_3를 포함하고 있다. 링크의 회전 속도는 ω_2와 ω_3로 나타내었다. 조사에 의하면 링크가 회전하는 만큼 접촉이 유지된다면 ω_2와 ω_3는 반드시 반대 방향이다. 접촉점 Q는 실제로 2개의 점으로 구성되어 있다. 즉 링크 2의 Q_2와 링크 3의 Q_3이다.

그림 5.13(a)와 같이 점 Q가 중심선 위에 있을 때, 그 링크들 사이에는 구름 운동이 일어난다. 이러한 경우, 점 Q에는 상대적인 미끄럼이 발생하지 않으므로

$$\bar{v}_{Q_2} = \bar{v}_{Q_3}$$

그림 5.13(b)는 점 Q가 중심선 상에 위치하지 않을 때 링크의 교체를 나타내고 있다. 이 경우에는 상대적인 미끄럼과 회전 운동이 존재한다. 그리고 점 Q는 자유도 2의 운동 대우이

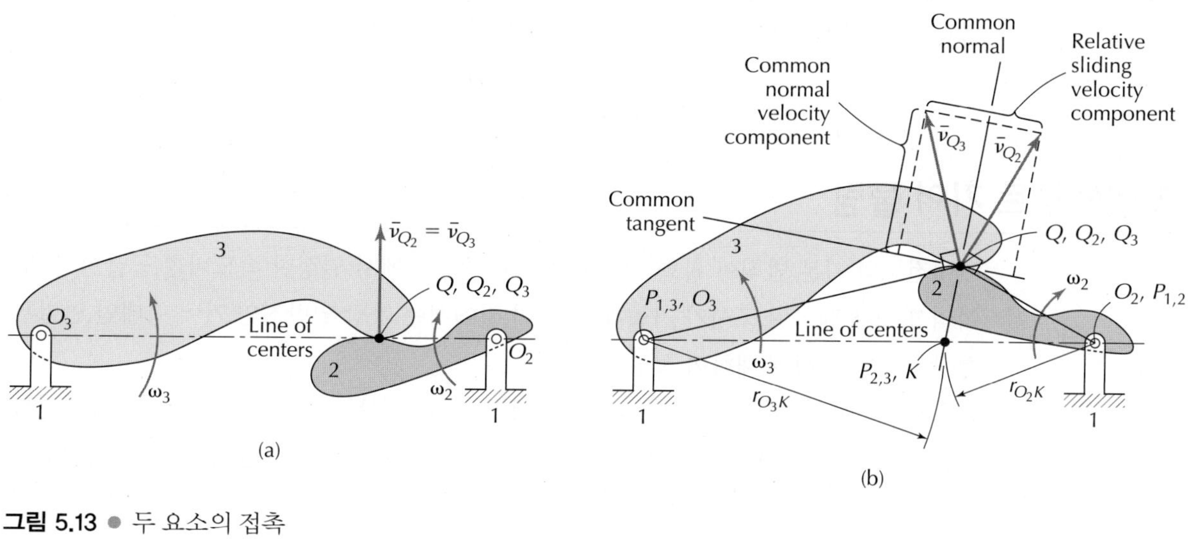

그림 5.13 ● 두 요소의 접촉

다. 접촉면에서의 점 Q는 **공통 접선**과 **공통 법선**을 나타낸다. 공통 법선은 중심선의 점 K와 교차한다.

링크 사이의 회전 속도비는 순간 중심 개념(2.10절)을 이용하여 쉽게 찾을 수 있다. 그림 5.13(b)에서 나타낸 바와 같이 2개의 순간 중심 $P_{1,2}$와 $P_{1,3}$는 각각 점 Q_2와 Q_3이다. 케네디 정리(2.11절)에 의하여 세 번째 순간 중심은 점 K이다. 이러한 시스템에 대하여 다음과 같이 쓸 수 있다.

$$|\overline{v}_{P_{2,3}}| = r_{P_{1,2}P_{2,3}}|\omega_2| = r_{P_{1,3}P_{2,3}}|\omega_3| \tag{5.4-1}$$

이 식은 다음 식과 같이 나타낼 수 있다.

$$r_{O_2K}|\omega_2| = r_{O_3K}|\omega_3| \tag{5.4-2}$$

그리고

$$\left|\frac{\omega_3}{\omega_2}\right| = \frac{r_{O_2K}}{r_{O_3K}} \tag{5.4-3}$$

식 (5.4-3)은 접촉하고 있는 두 링크의 속도비는 중심선 상의 선분의 길이 비와 동등하다는 것을 나타내고 있다. 선분의 길이는 링크의 회전축과 점 K의 위치도 포함된다.

링크에 있어서 위의 명확한 경우가 기어의 물림에도 적용될 수 있다. 또한 **기어전동의 기본 법칙**에서 알 수 있듯이 한 쌍의 맞물린 기어의 일정한 속도비 유지 조건을 추론할 수 있다. 이 법칙은 다음과 같은 상태이다. 한 쌍의 기어가 일정한 속도비를 유지하기 위해서는 맞물린 이의 접촉점에서, 공통 법선은 고정점에서 중심선과 반드시 교차하여야 한다.

이 고정점을 **피치점**이라고 한다. 비록 접촉점의 위치가 변할지라도 기어 물림의 기본 법칙은 고정된 피치점의 위치가 유지되는 한 여전히 만족(성립)한다.

5.5 인벌루트 기어 물림

기어전동의 기본 법칙이 확립되었고, 기어의 맞물림에서 일정한 속도비를 공급할 수 있는 이의 형태에 대하여 조사가 가능해졌다. 이 절에서는 가장 일반적인 기어 형태인 인벌루트 형상을 갖는 치형에 대하여 설명한다.

그림 5.14(a)는 반지름 r_{b2}와 r_{b3}의 **기초원**인 2개의 원통이 서로 반대 방향으로 회전하는 것을 나타낸다. ω_2와 ω_3는 회전 속도와 방향을 나타내고 있다. 그림 1.19에 나타낸 바와 같이 엇걸기 마찰 전동과 비슷하게 한 줄의 끈이 기초원 주위에 감겨져 있고, 기초원 사이에

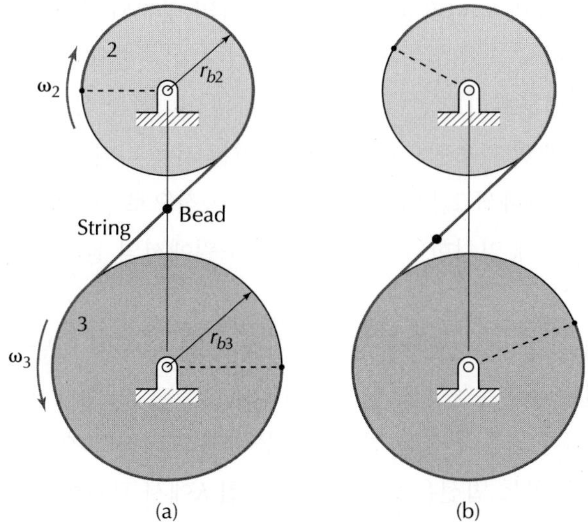

그림 5.14 ● 끈에 의하여 연결된 2개의 원통

연결된 끈에 구슬이 부착되어 있다. 그림 5.14(a)와 같이 그 구슬은 기초원의 중심선 상에 위치하고 있으며, 그림 5.14(b)는 그 구슬의 위치이동을 나타내고 있다. 기초원이 회전한 만큼 끈은 기초원 2에서 풀리고 기초원 3에 의하여 팽팽하게 감긴다. 끈의 팽팽함을 유지하기 위해서 풀림과 감김 속도는 반드시 동일해야 한다. 즉

비디오 5.15
인벌루트 형상의 생성

$$r_{b2}|\omega_2| = r_{b3}|\omega_3| \tag{5.5-1}$$

기초원이 회전하는 만큼, 그 구슬은 정지하고 있는 고정링크에 대하여 직선 경로로 움직인

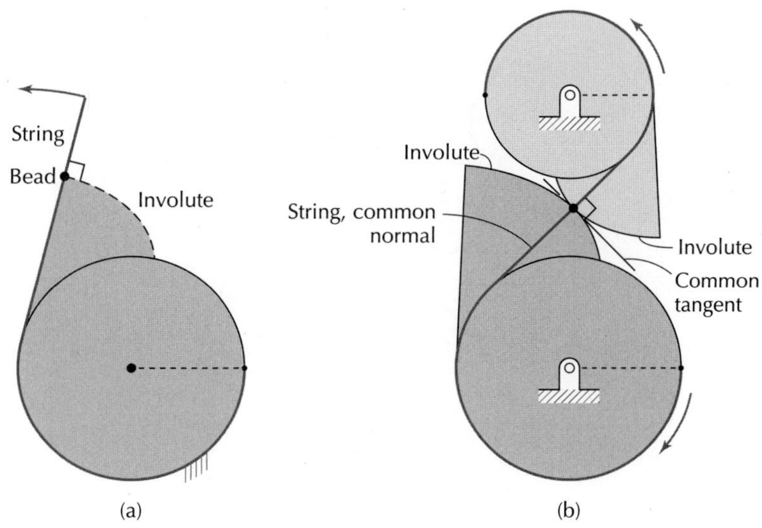

그림 5.15 ● 인벌루트 형상의 생성[비디오 5.15]. (a) 1개의 원통 모델, (b) 2개의 원통 모델

다. 그러나 그림 5.15(a)에서 나타낸 바와 같이 하나의 정지된 기초원 주위를 끈으로 감거나 풀어서 기초원에 대한 구슬의 운동을 관찰할 수 있다. 이러한 조건하에서, 그 구슬에 의하여 그려지는 곡선을 **인벌루트**라고 한다. 끈이 풀어지는 어떠한 방향도 인벌루트에 직각이다.

그림 5.15(b)는 2개의 기초원으로 구성되어 있는 것을 나타낸다. 이 경우에 구슬은 각각의 기초원에 대하여 하나씩 2개의 인벌루트를 연속적으로 그려낸다. 모든 위치에서 구슬은 인벌루트의 접촉점에 일치한다. 그리고 두 기초원에서의 실의 방향은 두 인벌루트 곡선에 직각이다.

그림 5.15(b)의 설명용 모델에서 끈을 제거해 보자. 대신에 인벌루트 형상을 갖는 맞물린 면에 의하여 전달되는 운동을 그림 5.16에 설명하였다. 이 형상들은 점 A에서 접촉한다. 인벌루트 형상에 대한 공통 법선은 접촉점을 통하여 그려진다. 이는 두 기초원을 연결하는 끈과 같은 방향이다. 공통 법선은 중심선의 피치점 K에서 교차한다. 기초원이 회전하는 동안 비록 접촉점이 변할지라도 피치점의 위치는 여전히 고정된다. 피치점이 움직이지 않기 때문에 인벌루트 형상의 물림은 기어 물림의 기본 법칙을 만족한다. 즉 일정한 속도비를 낼 수 있는 것이다.

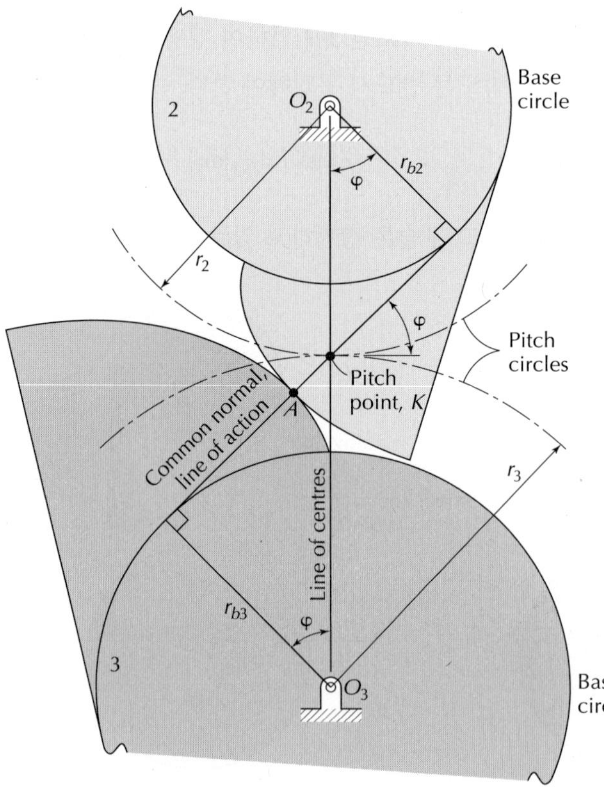

그림 5.16 ● 이중 인벌루트

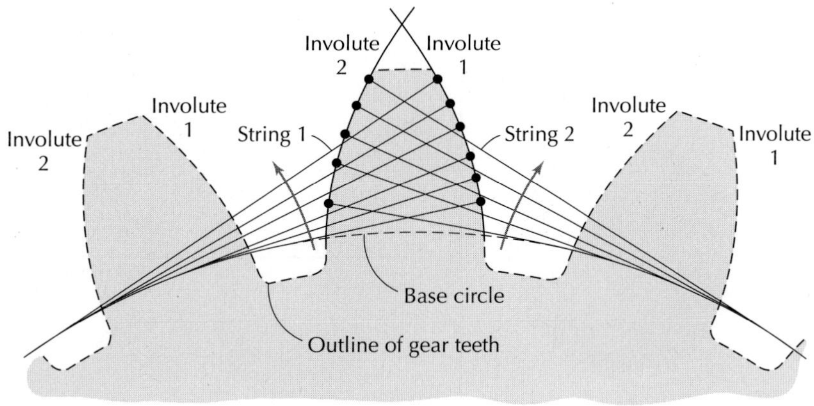

그림 5.17 ● 인벌루트 기어의 생성

비디오 5.18
직선 평기어

비디오 5.19
외치 기어

비디오 5.20
렉과 피니언 기어

한 쌍의 맞물린 기어에서 일정한 속도를 발생시키기 위하여 기어 이는 인벌루트 형상으로 구성되어 있다. 각각의 기어는 그 원주 상에 여러 개의 이가 위치한다. 모든 이의 양쪽 면의 형상은 인벌루트 곡선이다. 각각의 이는 인벌루트 치형이 적용되고 2개의 인벌루트로 만들어진다. 그림 5.17에서 나타낸 바와 같이 각 기어 잇면의 인벌루트는 기초원에서 풀려진 궤적과 동등하다. 실 1과 2의 구슬이 인벌루트 1과 2를 그려낸다. 그림 5.18은 인벌루트 치형의 한 쌍의 기어를 나타낸다. 1개의 기어의 모든 이빨은 동일한 인벌루트 형상과 균일한 높이를 가지고 있다.

[**비디오 5.18**]은 한 쌍의 기어 이빨이 물려 들어오고 물려나가는 것과 기어가 회전하는 동안 일정한 속도비를 유지하는 것을 보여주고 있다. 그림 5.19는 내치 기어에 맞물린 외치 기어를 나타내고 있다. 그림 5.20은 랙과 피니언 기어장치를 나타내고 있다.

한 쌍의 기어에 대한 접촉점에서의 공통 법선을 **작용선**이라 한다. 기어는 인벌루트 형상으로 구성되고 고정된 작용선을 갖는다. 마찰이 없다고 가정하며, 작용선은 맞물리는 이빨에서 작용력의 방향을 나타내고 있다. 그림 5.16에 나타내었듯이 작용선과의 각도, 그리고 중심선의 직각 방향이 이루는 각을 **압력각** φ라 한다.

그림 5.16은 각 기어에서 2개의 피치원의 비를 나타낸다. 이 원의 중심은 O_2와 O_3이고, 기초원에 대하여 동일하며 둘 다 피치점을 통과한다. 각각의 반지름을 r_2, r_3라 하고 식 (5.4-2)에 적용하면

$$r_2|\omega_2| = r_3|\omega_3| \tag{5.5-2}$$

따라서 속도비의 크기는

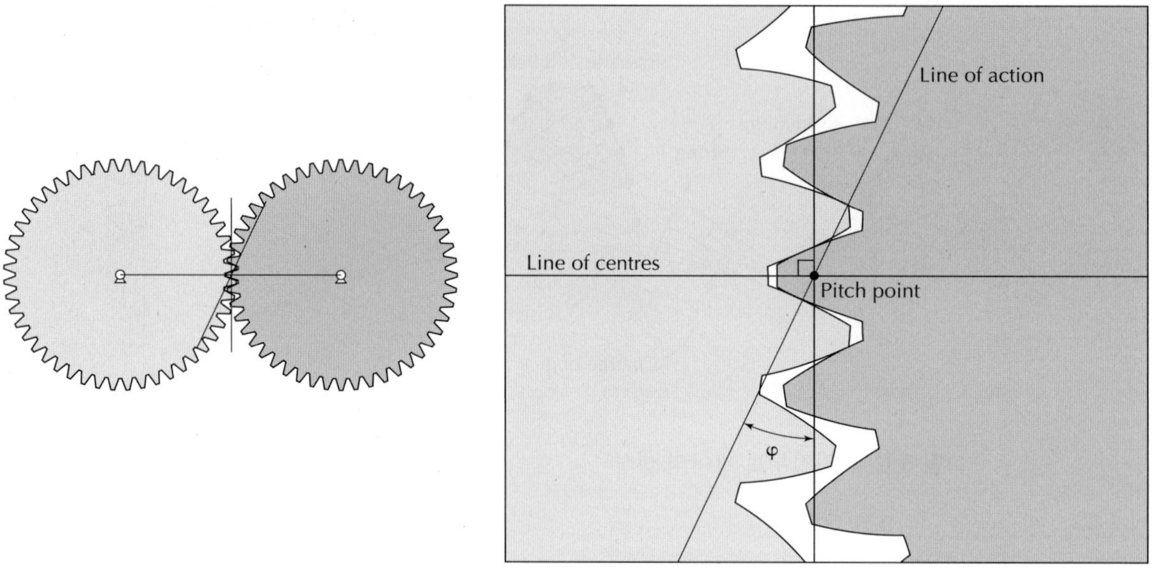

(a) (b)

그림 5.18 ● (a) 직선 평기어[비디오 5.18], (b) 맞물린 기어 부의 확대

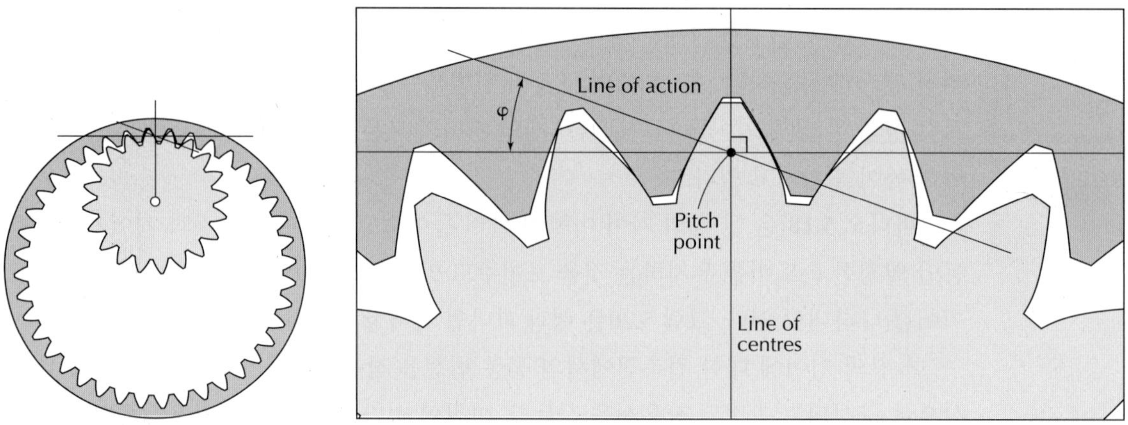

(a) (b)

그림 5.19 ● (a) 내접 기어쌍[비디오 5.19], (b) 맞물린 기어 부의 확대

$$\left|\frac{\omega_3}{\omega_2}\right| = \frac{r_2}{r_3} \tag{5.5-3}$$

식 (5.5-3)은 반지름이 r_2, r_3인 한 쌍의 마찰 기어에서 마찰이 존재하지 않는다고 고려하여 얻어진 식 (5.2-6)과 동일하다. 그래서 한 쌍의 기어는 반지름이 같은 피치원의 마찰 기어와 기구학적으로 동등하다. 식 (5.5-2)의 양변은 **피치 선속도** v_p를 나타낸다.

그림 5.16을 이용하여 기초원과 피치원의 반지름에서의 관계는

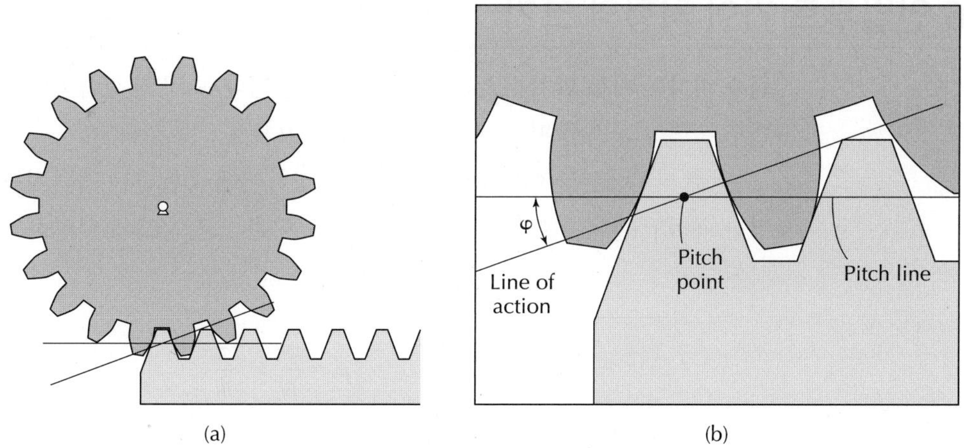

그림 5.20 ● (a) 랙과 피니언 기어[비디오 5.20], (b) 맞물린 기어 부의 확대

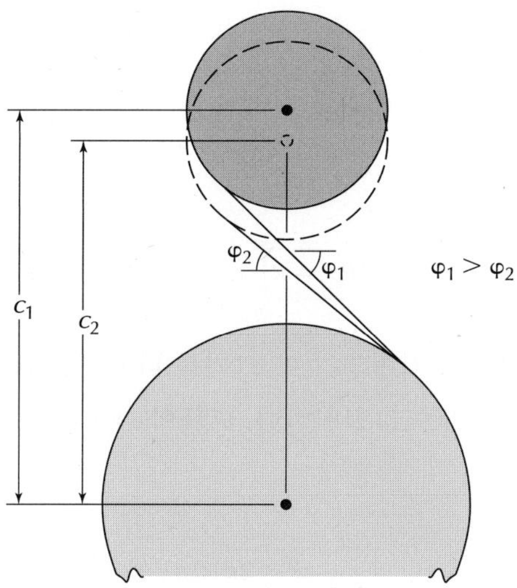

그림 5.21 ● 압력각의 변화

$$\boxed{r_{bj} = r_j \cos\varphi} \tag{5.5-4}$$

치형의 인벌루트 형상은 그 기초원에 대한 함수이며, 한 쌍의 맞물린 기어에서 **중심거리**에 의존된다. 그림 5.21은 끈으로 감겨진 2개의 기초원을 나타낸다. 2개의 중심거리 c_1과 c_2가 그림과 같이 나타나 있다. 각각의 작용선과 압력각은 다르다. 그러나 인벌루트 형상은 각각의 기초원에 대하여 동등하게 생성시킨다. 그래서 기어가 서로 접촉하는 동안 중심거리가 변할지라도 일정한 속도비는 유지될 수 있다.

5.6 인벌루트 기어 치형의 크기

원주 피치와 **지름 피치**는 두 가지 의미로 사용된다. 미국의 관습적인 단위계를 사용하여 인벌루트 형상의 직선 평기어의 크기를 가리킨다.

원주 피치 p_c는 기어 이의 한 점에서 인접기어에 부합하는 점까지를 피치원을 따라서 측정한 곡선의 길이를 인치로 나타낸 것이다. 이를 그림 5.22에 설명하였으며 다음 식으로 표시된다.

$$\boxed{p_c = \frac{\pi d}{N} = \frac{2\pi r}{N}} \tag{5.6-1}$$

여기서 d는 피치원 직경이며 N은 기어의 잇수이다.

지름 피치 P는 피치원 직경의 1인치당 기어의 잇수이다. 그리고 단위는 in^{-1}이며 다음과 같이 나타낸다.

$$\boxed{P = \frac{N}{d} = \frac{N}{2r}} \tag{5.6-2}$$

식 (5.6-1)과 식 (5.6-2)를 합하면

$$\boxed{Pp_c = \pi} \tag{5.6-3}$$

모듈은 SI 단위계에서 인벌루트 치형의 기어 크기를 나타내는 데 사용된다. 모듈은 피치원 직경을 기어의 잇수로 나눈 값으로 정의한다. 모듈의 단위는 밀리미터이고 다음과 같이 나타낸다.

$$\boxed{m = \frac{d}{N} = \frac{2r}{N}} \tag{5.6-4}$$

맞물린 2개의 기어는 반드시 같은 값의 지름 피치, 원주 피치 그리고 모듈이어야 한다. 이 요구사항은 간단하게 "맞물리는 기어는 반드시 같은 피치이다"라고 할 수 있다. 맞물린 기어는 반드시 동일한 압력각을 가져야 한다.

식 (5.6-1), (5.6-2) 및 (5.6-4)로부터

$$d = 2r = \frac{Np_c}{\pi} = \frac{N}{P} = mN \tag{5.6-5}$$

그래서 주어진 피치, 기어 잇수는 그 피치원 반경에 비례한다. 식 (5.5-3)을 이용하여 다음과 같은 결론을 내릴 수 있다.

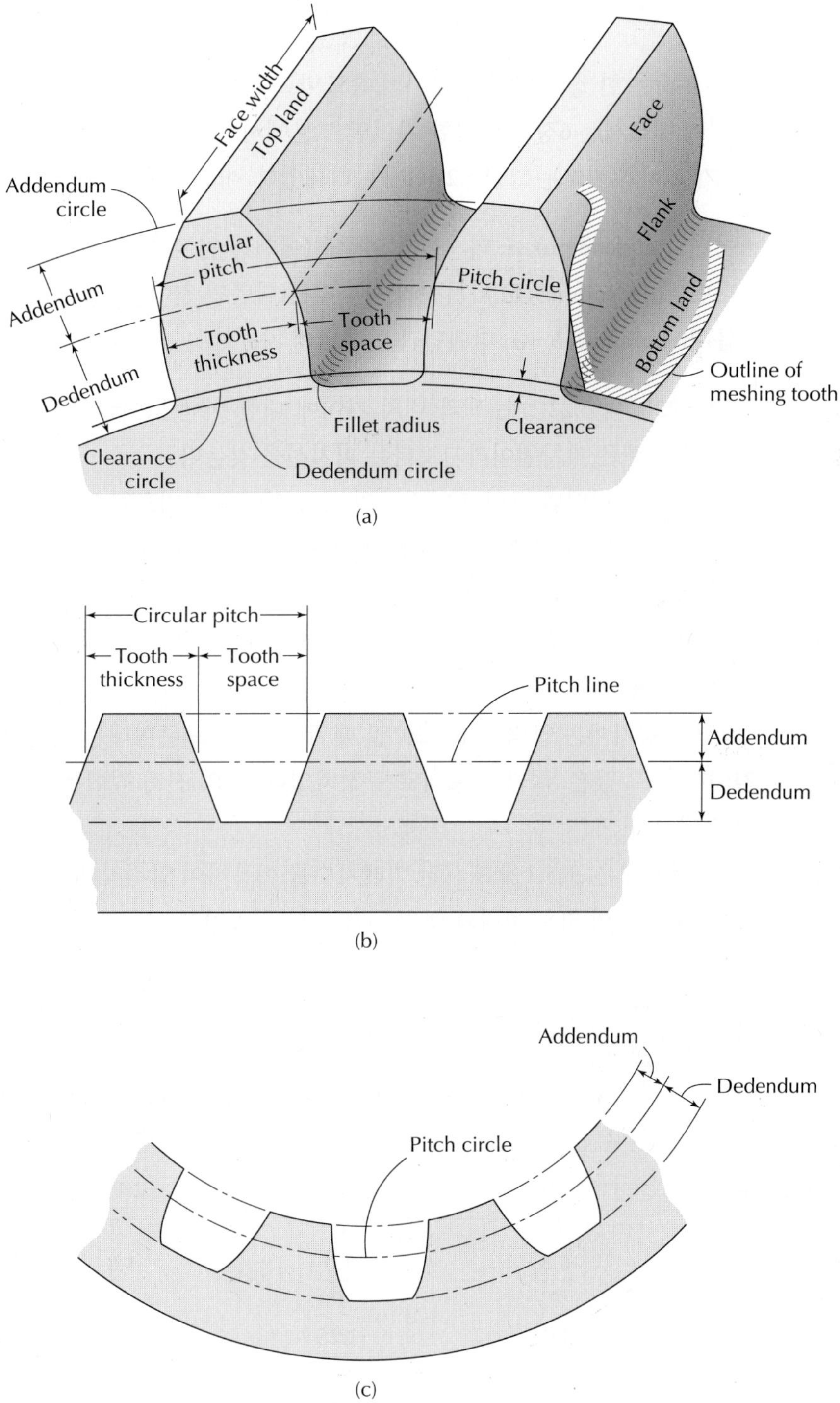

그림 5.22 ● 평기어 명칭. (a) 외치 기어, (b) 랙, (c) 내치 기어

$$\left|\frac{\omega_3}{\omega_2}\right| = \frac{r_2}{r_3} = \frac{N_2}{N_3} \tag{5.6-6}$$

식 (5.6-6)은 한 쌍의 맞물린 기어의 속도비 크기는 잇수비와 반비례함을 나타내고 있다. 속도비에 대해서는 6장의 다양한 기어열 부분에서 다시 언급할 것이다.

기어 이의 비례는 그림 5.22(a)에 나타내었다. 이 그림에는 다음의 내용이 포함되어 있다.

- **어덴덤(addendum), *a***: 피치원과 이끝원(어덴덤 원이라 함) 사이의 반지름 방향의 거리
- **디덴덤(dedendum), *b***: 피치원과 이뿌리원(디덴덤 원이라 함) 사이의 반지름 방향의 거리
- **틈새(clearance), *b*−*a***: 디덴덤과 어덴덤의 차

그림 5.22(b)와 5.22(c)는 랙과 내치 기어에 대한 어덴덤(이끝원)과 디덴덤(이뿌리원)을 나타내었다. 랙은 피치원이라기보다는 **피치선**을 갖는다.

어덴덤과 디덴덤 그리고 압력각의 값은 기어의 설비호환성 때문에 표준화(규격화)되어 있다. 이들은 역시 원주 피치, 지름 피치 또는 모듈의 형태로 표현할 수 있다. 표 5.1에 지름 피치의 형태로 표준화된 값을 요약하여 나타내었다. 미국의 관습적 단위를 사용하여 압력각의 값을 세 가지로 표준화하였다(즉 14.5°, 20°, 그리고 25°). 오늘날에는 20°가 가장 일반적으로 사용된다.

직선 평기어는 압력각 φ = 20°일 때 두 가지의 표준형태를 갖는다. 즉, **이의 반**과 **전체 깊이**이며 그 값은 두 가지 형태로 규정하였다. 이의 전체 깊이는 이의 반보다 어덴덤의 큰 값을 갖는다.

그림 5.23은 표 5.1에 제시된 비례치수를 이용하여 압력각 20°와 이의 전체 깊이에 대하여, 여섯 가지의 지름 피치와 랙의 이를 나타내고 있다.

표 5.1 지름 피치에 의한 치형의 표준 비율

	Addendum a	Dedendum b	Whole Depth $a+b$	Clearance $b-a$
Full-depth tooth(φ = 14.5°)	$\frac{1.0}{P}$	$\frac{1.157}{P}$	$\frac{2.157}{P}$	$\frac{0.157}{P}$
Stub tooth (φ = 20°)	$\frac{0.8}{P}$	$\frac{1.0}{P}$	$\frac{1.8}{P}$	$\frac{0.2}{P}$
Full-depth tooth (φ = 20°)	$\frac{1.0}{P}$	$\frac{1.25}{P}$	$\frac{2.25}{P}$	$\frac{0.25}{P}$
Full-depth tooth (φ = 25°)	$\frac{1.0}{P}$	$\frac{1.25}{P}$	$\frac{2.25}{P}$	$\frac{0.25}{P}$

표 5.1의 비율은 디덴덤의 값이 어덴덤보다 크다는 것을 나타낸다. 틈새는 디덴덤과 어덴덤의 차로 정의되며, 한 쌍의 맞물린 기어의 이뿌리와 이끝 사이의 거리에 상당한다. SI 단위계에서 가장 일반적인 형태는 압력각 20°에서 이의 전체 깊이이다. 어덴덤과 디덴덤 값을 모듈 형식으로 나타내면

$$a = 1.0m; \qquad b = 1.25m \tag{5.6-7}$$

모듈의 전형적인 표준값은

$$m = 1.0, 1.25, 1.5, 2, 2.5, 3, 4, 5, 6, 8, 10, 12, 16, 20, 25, 32, 40, 50 \text{ mm}$$

그림 5.24는 압력각 $\varphi = 20°$와 이의 전체 깊이에 대하여 세 가지 모듈값으로 랙의 이를 나타내었다.

그림 5.22(a)에서 나타내었듯이 **이 두께**와 **이 홈**(tooth space)은 피치원을 따라 측정된다. 이 두께는 일반적으로 원주 피치의 1/2이다. 그래서 기어의 두 이 사이의 이 홈과 이 두께는 같다.

이 경우, 2개의 맞물린 기어의 피치원이 피치점에서 접촉한다면, 접촉은 맞물린 기어의 양쪽 잇면에서 연속적으로 발생한다. 명백하게, 이 두께는 이 홈보다 더 클 수 없다. 그렇지 않으면 서로 물릴 수 없기 때문이다.

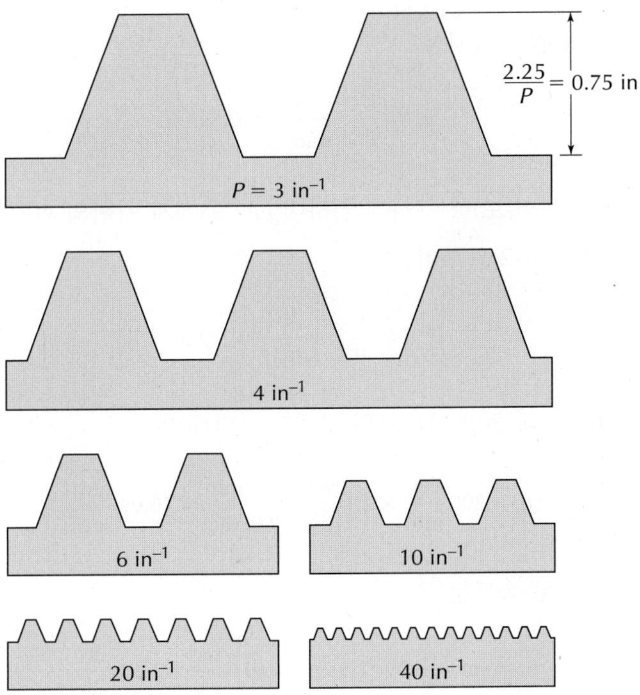

그림 5.23 ● 지름 피치에 의한 치형의 크기(전체 깊이, $\varphi = 20°$)

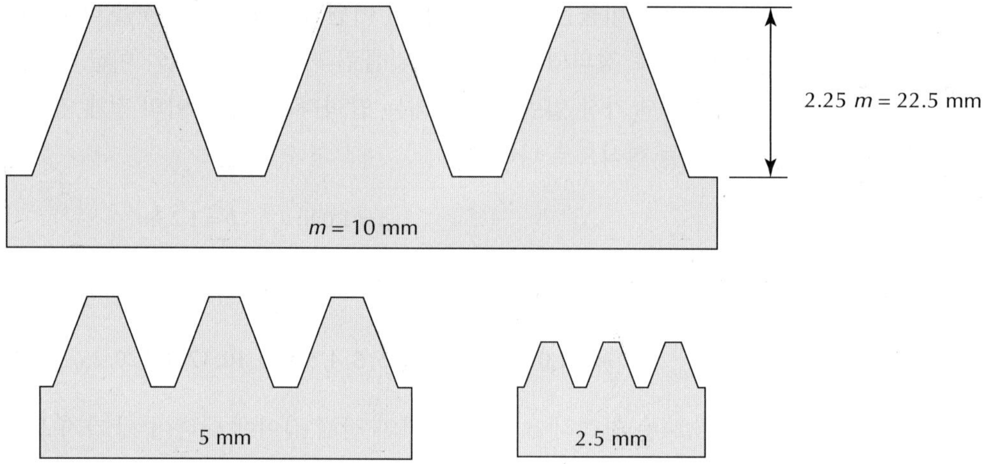

그림 5.24 ● 모듈에 대한 치형의 크기(전체 깊이, $\varphi = 20°$)

예제 5.1

잇수 30개, 지름 피치 6 in^{-1}, 200 rpm으로 회전하는 평기어가 있다. 원주 피치와 피치선 속도(원주 속도)를 구하라.

풀이

식 (5.6-3)으로부터 원주 피치는

$$p_C = \frac{\pi}{P} = \frac{\pi}{6\ \text{in}^{-1}} = 0.524\ \text{in}$$

피치 선속도(원주 속도)를 구하기 위하여 $v_p = r\omega$에서 기어의 피치원 직경을 먼저 결정하여야 한다. 식 (5.6-2)로부터

$$d = \frac{N}{P} = \frac{30}{6\ \text{in}^{-1}} = 5.0\ \text{in}$$

기어의 각속도를 매 초당 라디안의 형태로 나타내면

$$\omega = 200\frac{\text{rev}}{\text{min}} \times 2\pi\frac{\text{rad}}{\text{rev}} \times \frac{1}{60}\frac{\text{min}}{\text{sec}} = 20.94\frac{\text{rad}}{\text{sec}}$$

마지막으로 피치 원주 속도는

$$v_P = r\omega = \frac{d}{2}\omega = 2.5\ \text{in} \times 20.94\ \frac{\text{rad}}{\text{sec}} = 52.4\ \frac{\text{in}}{\text{sec}}$$

예제 5.2

2개의 평기어가 맞물려 있다. 종동기어 3은 구동기어 2의 회전 속도의 1/4이고, 기어 2의 회전 속도는 500 rpm, 모듈은 1.5 mm, 잇수는 24이다. 다음을 구하라.

(a) 기어 3의 잇수를 구하라.
(b) 피치 선속도를 구하라.

풀이

(a) 식 (5.6-4)로부터

$$d_2 = mN_2 = 1.5 \times 24 = 36 \text{ mm}; \quad r_2 = 18 \text{ mm}$$

식 (5.5-2)로부터

$$r_3 = \frac{r_2|\omega_2|}{|\omega_3|} = \frac{r_2\omega_2}{\left(\frac{1}{4}\omega_2\right)} = 4r_2 = 4 \times 18 \text{ mm} = 72 \text{ mm}$$

$$d_3 = 144 \text{ mm}$$

기어 3의 잇수는

$$N_3 = \frac{d_3}{m} = \frac{144}{1.5} = 96$$

여기서 두 기어의 모듈은 같은 값이다.

(b) 피치 선속도의 크기는

$$v_p = r_2|\omega_2| = 18 \text{ mm} \times 500 \times \frac{2\pi \text{ rad}}{60 \text{ sec}} = 942 \frac{\text{mm}}{\text{sec}} = r_3|\omega_3|$$

5.7 백래시와 안티백래시 기어

두 기어의 물림에 있어서 허용할 수 있는 한계조건은 이 두께와 이 홈이 같을 때이다. 왜냐하면 기어의 제작에 있어서 이 두께가 이 홈보다 약간 작게 제작되기 때문이다. **백래시**는 피치원을 따라 측정한 이 폭과 이 두께의 차이다. 그림 5.25는 한 쌍의 물린 기어의 백래시를 설명하고 있다. 대수롭지 않을지라도 백래시의 양은 종종 설계에 고려된다. 특히 역회전

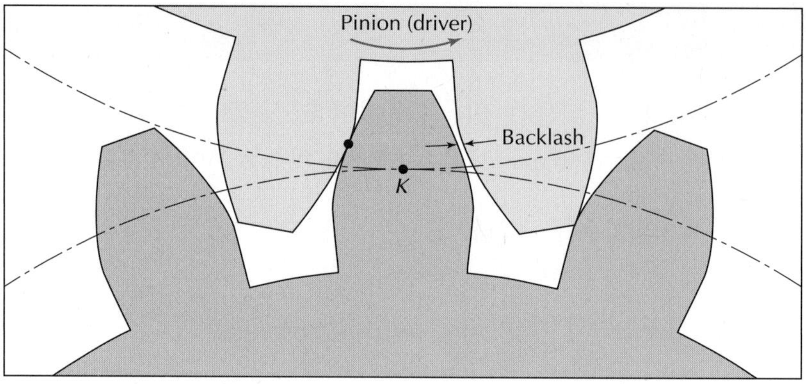

그림 5.25 ● 백래시

그림 5.26 ● (a) 안티백래시 기어, (b) 안티백래시 기어의 확대

하는 경우에 과도한 백래시는 이 사이에서 충격을 발생시킨다. 이로 인하여 소음과 이에 작용하는 하중(부하)이 증가될 수 있다.

안티백래시 기어는 그림 5.26(a)에 나타내었다. 그림 5.26(b)는 기어 이를 확대하여 보여주고 있다. 이 기어는 동일한 축 상에서 스프링 힘의 작용으로 다른 하나의 기어에 상대적으로 회전할 수 있는 2개의 반쪽 기어로 구성되어 있다. 2개의 반쪽 이는 기어가 물려있지 않을 때는 서로 엇갈려져 있다. 두 이끝면 위의 점선은 어긋남을 나타낸다. 물림에 의하여 그 어긋남은 감소되거나 없어진다. 두 반쪽 기어 사이의 상대 회전은 기어 물림에 의한 힘의 전달을 통하여 이루어진다.

비디오 5.27
안티백래시 기어

그림 5.27은 2개의 기어와 물리는 피니언을 나타낸다. 하나는 표준기어이고, 다른 하나는 안티백래시 기어이다. 그림 5.27(a)에서 기어들은 분리되어 있다. [**비디오 5.27**]과 같이 2개의 기어가 피니언과 물려지도록 그림 5.27(b)와 같이 진행된다. 일반적인 2개의 기어 물림은 기어 이빨의 양쪽 면이 연속적으로 접촉하지 않는다. 그러나 피니언과 안티백래시 기어가 물림으로써 비록 그 회전 방향이 역회전할지라도 양쪽 면의 접촉이 유지된다.

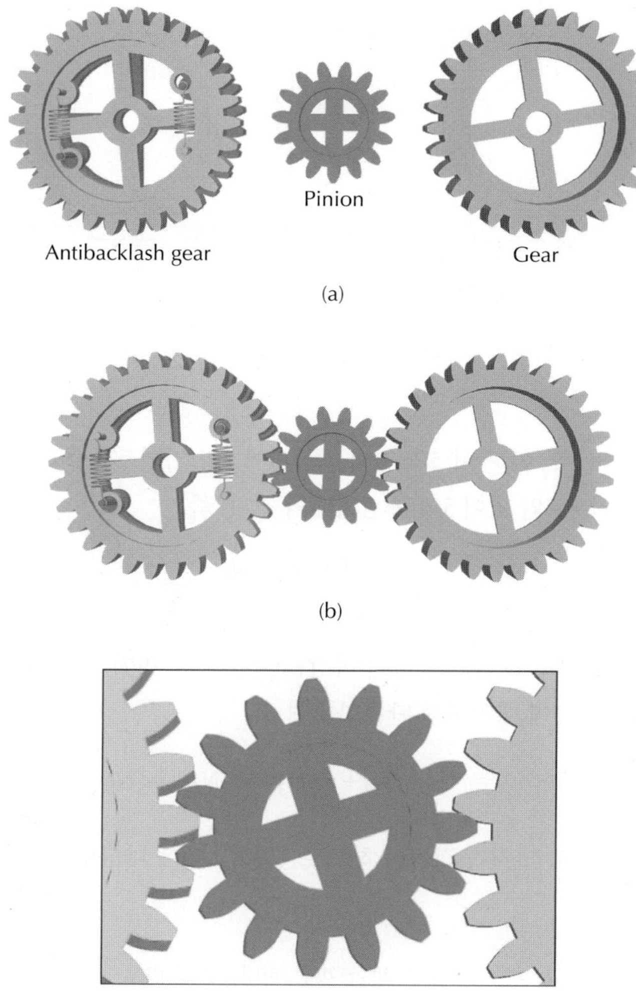

(a)

(b)

(c)

그림 5.27 ● 안티백래시 기어[비디오 5.27]. (a) 분리된 기어상태, (b) 조립된 기어상태, (c) 기어 물림부의 확대

5.8 복귀 기어열의 설계에 있어서 기하학적 고려사항

기어열에 대해서는 6장에서 상세하게 논할 것이다. 우선은 기어열을 설계하는 데 있어서 기하학적 고려사항에 대하여 공부하기로 한다. **복귀 기어열**(reverted gear train)이라고 불리는 기어열의 특별한 형태로 설명할 것이다.

복귀 기어열은 동일선 상에 입력축과 출력축이 있는 것으로 그 특징을 기술하고 있다. 전형적인 복귀 기어열은 그림 5.28에 설명하였다. 기어 2는 입력축에 조립되어 있고, 기어 5는 출력축에 조립되어 있다. 기어 3과 기어 4는 하나의 축에 견고하게 연결되어 있고 하나

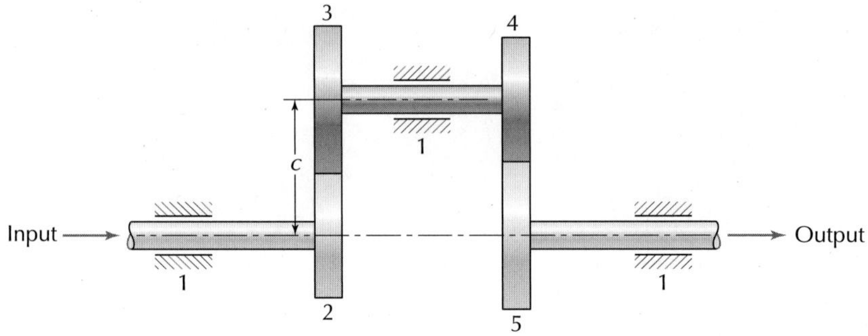

그림 5.28 ● 복귀 기어열

의 공통 회전축이다. 이 기어 3과 기어 4는 기어 2와 기어 5가 물려있다. 기어 2와 기어 3의 중심거리 c는 기어 4와 기어 5의 중심거리와 같다. 즉

$$c = \frac{d_2}{2} + \frac{d_3}{2} = \frac{d_4}{2} + \frac{d_5}{2} \tag{5.8-1}$$

여기서 d_2, d_3, d_4 그리고 d_5는 피치원 직경을 나타낸다. 만약 모듈에 의하여 기술할 경우 식 (5.6-4)를 식 (5.8-1)에 대입하여 단순화하면

$$m_2 N_2 + m_3 N_3 = m_4 N_4 + m_5 N_5 \tag{5.8-2}$$

물린 기어는 반드시 피치가 같아야 하므로, 그림 5.28에 나타낸 기어열에 대하여 다음과 같이 나타낼 수 있다.

$$m_2 = m_3 \quad \text{and} \quad m_4 = m_5 \tag{5.8-3}$$

그리고 식 (5.8-2)는 다음과 같이 쓸 수 있다.

$$m_2 (N_2 + N_3) = m_4 (N_4 + N_5) \tag{5.8-4}$$

비슷한 표현으로 모듈에 의하여 표현된 식 (5.8-2)에서 식 (5.8-4)를 원주 피치와 지름 피치에 의하여 정의할 수도 있다.

모든 기어 이의 크기가 같을 경우(예를 들어 $m_2 = m_4$), 식 (5.8-4)는 다음과 같이 간단하게 된다.

$$N_2 + N_3 = N_4 + N_5 \tag{5.8-5}$$

예제 5.3

표 5.2는 그림 5.28과 같은 복귀 기어열의 정보를 제공하고 있다. 모든 기어들은 압력각 20°이고 전체 깊이를 갖는다. 다음을 구하라.

(a) 기어 2의 원주 피치
(b) 기어 3의 기초원 반지름
(c) 기어 4의 피치원 직경
(d) 기어 5의 이끝원(어덴덤) 직경
(e) 기어 2와 3의 중심거리 c

표 5.2 그림 5.28과 같은 복귀 기어열에 대한 변수들

Gear No.	No. of Teeth	Diametral Pitch (in^{-1})
2	30	6
3	48	—
4	—	8
5	72	—

풀이

표 5.2에서 누락된 정보를 결정하는 것부터 시작하면 기어 2와 3이 맞물려 있고, 기어 4와 5가 맞물려 있으므로

$$P_3 = P_2 = 6\ \text{in}^{-1} \quad \text{and} \quad P_5 = P_4 = 8\ \text{in}^{-1}$$

식 (5.8-1)에 식 (5.6-2)를 대입하면

$$\frac{N_2}{2P_2} + \frac{N_3}{2P_3} = \frac{N_4}{2P_4} + \frac{N_5}{2P_5}$$

$$\frac{30}{2\times 6\ \text{in}^{-1}} + \frac{48}{2\times 6\ \text{in}^{-1}} = \frac{N_4}{2\times 8\ \text{in}^{-1}} + \frac{72}{2\times 8\ \text{in}^{-1}}$$

위 식으로부터

$$N_4 = 32$$

위 식을 기본으로 하여 풀면 다음과 같다.

(a) 식 (5.6-3)으로부터

$$p_{c2} = \frac{\pi}{P_2} = \frac{\pi}{6\ \text{in}^{-1}} = 0.524\ \text{in}$$

(b) 식 (5.5-4)와 식 (5.6-2)로부터 다음 식을 얻을 수 있고

$$r_{b3} = r_3 \cos\varphi = \frac{d_3}{2}\cos\varphi = \frac{N_3}{2P_3}\cos\varphi = \frac{48}{2\times 6\ \text{in}^{-1}}\cos 20° = 3.76\ \text{in}$$

(c) 식 (5.6-2)로부터

$$d_4 = \frac{N_4}{P_4} = \frac{32}{8\ \text{in}^{-1}} = 4.00\ \text{in}$$

(d) 식 (5.6-2)와 표 5.1로부터 기어 5의 이끝원 직경은

$$d_5 + 2a_5 = \frac{N_5}{P_5} + 2\frac{1}{P_5} = \frac{72}{8\ \text{in}^{-1}} + \frac{2}{8\ \text{in}^{-1}} = 9.25\ \text{in}$$

(e) 식 (5.8-1)과 식 (5.6-2)로부터

$$c = \frac{d_2}{2} + \frac{d_3}{2} = \frac{N_2}{2P_2} + \frac{N_3}{2P_3} = \frac{30}{2\times 6\ \text{in}^{-1}} + \frac{48}{2\times 6\ \text{in}^{-1}} = 6.50\ \text{in}$$

5.9 기어의 제작

기어의 제작에는 주조, 밀링 그리고 창성법(generating process) 등을 포함한 다양한 방법이 사용되고 있다. 이 절에서는 기어를 생산하는 데 사용하는 중요한 방법들을 소개하기로 한다.

기어 이의 크기(즉 지름 피치 또는 원주 피치 또는 모듈)가 주어졌다면, 인벌루트 치형은 그 기어의 잇수에 의존된다. 그림 5.29는 잇수가 6개, 20개, 45개인 형태를 나타낸다. 잇수가 많은 치형은 곧은 치면을 나타내고 있다. 랙처럼 잇수가 무한대로 증가한다면, 기어 이의 측면 형태는 직선이다. 기어 잇수에 의존되는 인벌루트 치형은 기계공작에서 반드시 고려되어야 한다.

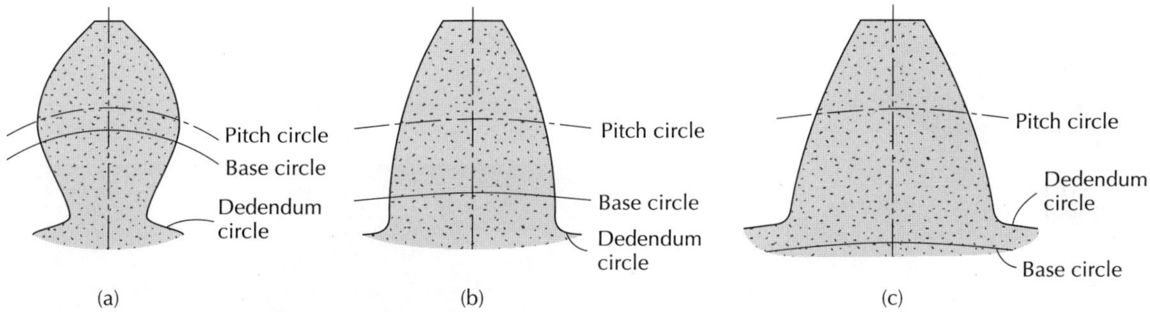

그림 5.29 ● 대표적인 기어 이의 형상. (a) 6개, (b) 20개, (c) 45개

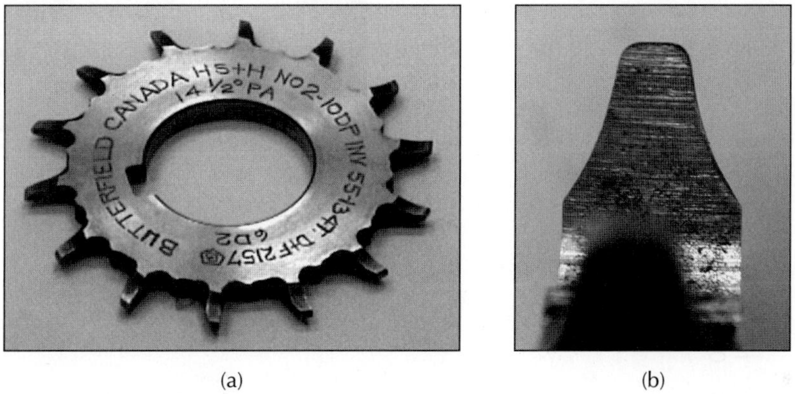

그림 5.30 ● (a) 밀링 커터, (b) 밀링 커터의 단면

5.9.1 밀링 성형

직선 평기어와 랙의 이는 **밀링 성형**을 이용하여 가공한다. 공작물의 잇면을 밀링 커터가 반복적으로 가로질러 통과함으로써 치형이 가공된다. 이러한 밀링 커터를 그림 5.30에 나타내었다. 각각의 치형을 가공하는 동안 공작물은 정지하고 있다. 그림 5.31은 개략적인 밀링 성형 가공을 나타내며, 그림 5.32에 직선 평기어의 밀링 성형을 위한 장치 구성을 나타내었다. 랙의 가공에 있어서는 공작물이 커터 사이를 옮겨지며 가공된다.

비디오 5.32
직선 평기어의 밀링 성형

이러한 공정은 다음에 설명하는 다른 방법에 비교하여 상대적으로 저속이다. 또한 가공 정밀도는 성형커터의 정밀도에 의존한다. 그래서 기어형상에 피치가 주어지면 기어 잇수와 상관적 요소이므로 각 기어의 피치와 압력각은 반드시 동일 계열이어야 한다. 실제로 전체적인 정밀도를 위하여 각각의 잇수에 대하여 다른 커터가 필요하게 된다. 그러나 일반적으로 기어형상의 근사치를 만들어 내기 위하여 같은 피치와 같은 압력각에 대하여 8개로 구성된 한 세트의 커트가 사용된다.

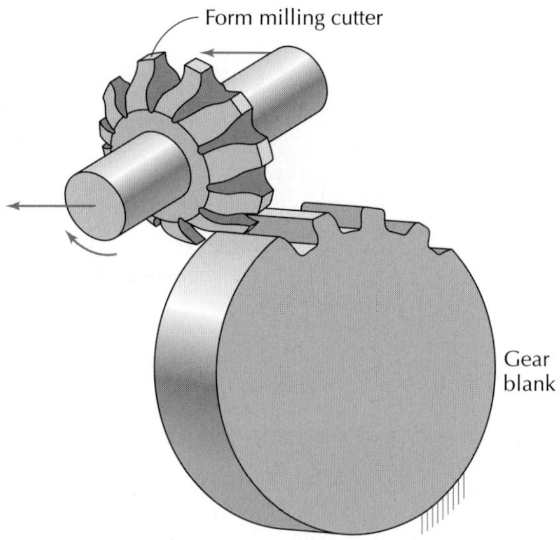

그림 5.31 ● 밀링 성형

그림 5.32 ● 직선 평기어의 밀링 성형[비디오 5.32]

5.9.2 창성 공정

호빙

호빙(hobbing)은 기어가공의 황삭 또는 정삭(사상가공)의 다양한 방법 중에서 가장 빠른 방법 중의 하나이다. 이러한 전형적인 커터를 **호브**(hob)라고 하며 그림 5.33(a)에 나타내었고, 호브 커터의 한 열의 단면을 그림 5.33(b)에 나타내었다. **호브 피치** p_h는 커터 사이의 간격이다. 그림 5.34는 호브와 기어의 측면을 나타내었다. 호브가 회전하고 공작물도 면밀히 조화를 이루며 연속적으로 회전한다. 호브의 각 회전에 대하여 기어는 그 회전축을 정해진 각도에 따라 1개씩 회전한다. 호브와 공작물의 상대 운동은 인벌루트 치형을 만들어낸다. 그

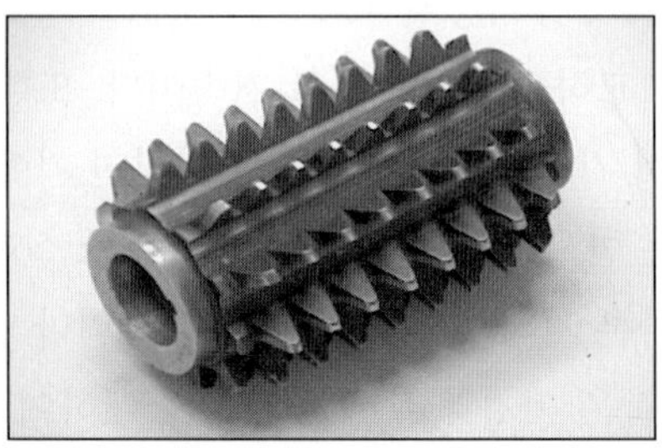

(a)

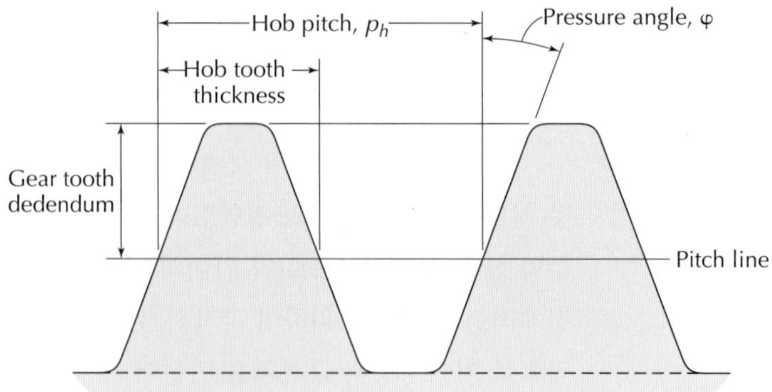

(b)

그림 5.33 ● (a) 기어 호브, (b) 호브의 단면

림 5.35는 공작물에 대한 커터의 위치에 대한 두 종류의 축적된 이미지를 나타낸다. 첫 번째 연속적인 그림은 커터가 치형의 한쪽 면의 인벌루트 형상 가공을 진행하는 것을 나타낸다. 그리고 두 번째 연속적인 그림은 인접한 인벌루트 형상 공정이 진행되고 커터가 빠져나오는 것을 나타낸다. 게다가 위에는 상대 회전 운동에 대하여 설명하였다.

비디오 5.34
직선 평기어와 호브

비디오 5.37
직선 평기어의 호빙

호브가 공작물의 치면을 가로질러 천천히 구동되면 기어의 치면은 완전한 인벌루트 형상이 만들어진다. 그림 5.36(a)와 5.36(b)는 각각 절삭공정 전과 후의 호브와 기어의 상대 위치를 나타낸다. 치면을 가로지르는 호브의 상대 운동과 이동에 대한 동영상을 [**비디오 5.34**]에 나타내었다. 실제 공정에 있어서는 기어를 절삭하기 이전에는 이가 없는 원판의 형태로 시작한다. 직선 평기어의 호브 사진은 그림 5.37에 나타내었다.

기어 호빙에 있어서 이 사이의 공간은 호브에 의하여 이루어진다. 직선 평기어에서 호

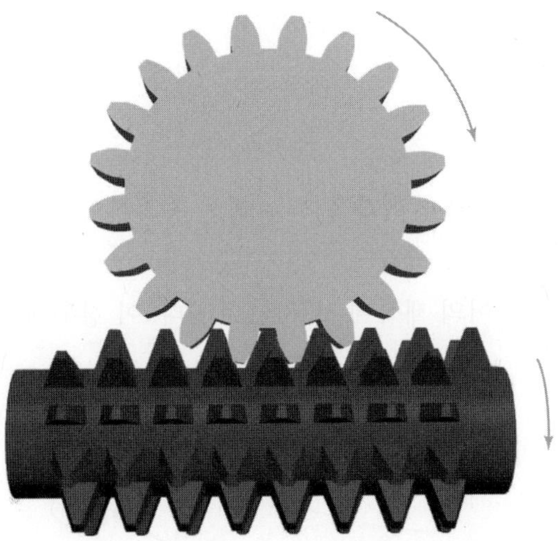

그림 5.34 ● 직선 평기어와 호브[비디오 5.34]

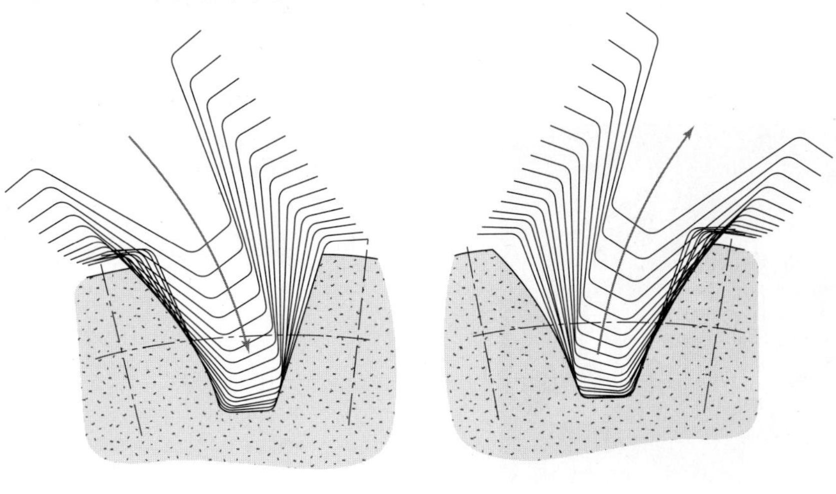

그림 5.35 ● 호빙 가공 – 호브와 공작물의 상대 운동

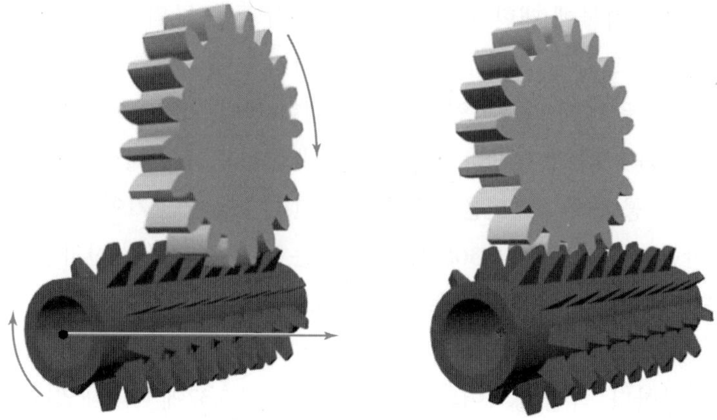

그림 5.36 ● 직선 평기어와 호브[비디오 5.34]

브는 1개의 치형을 생성한다.

$$p_c = p_h \tag{5.9-1}$$

싱글 호브는 주어진 원주 피치와 압력각을 갖는 직선 평기어의 어떠한 크기의 가공공정에도 사용될 수 있다.

또한 호브는 헬리컬 평기어의 제작에 사용될 수 있다. 이 경우에 호브는 직선 평기어를

그림 5.37 ● 직선 평기어의 호빙[비디오 5.37]

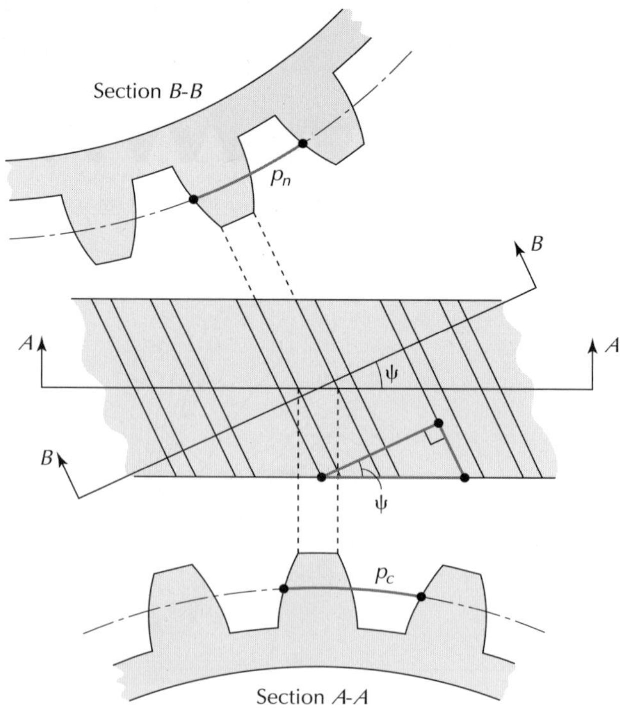

그림 5.38 ● 헬리컬 평기어의 단면

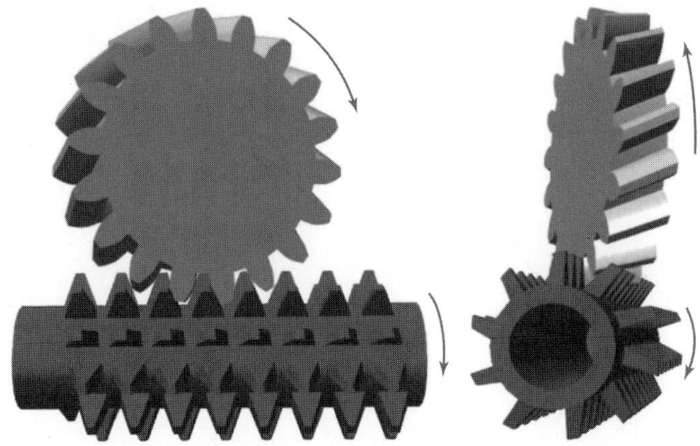

(a) (b)

그림 5.39 ● 헬리컬 평기어와 호브[비디오 5.39]

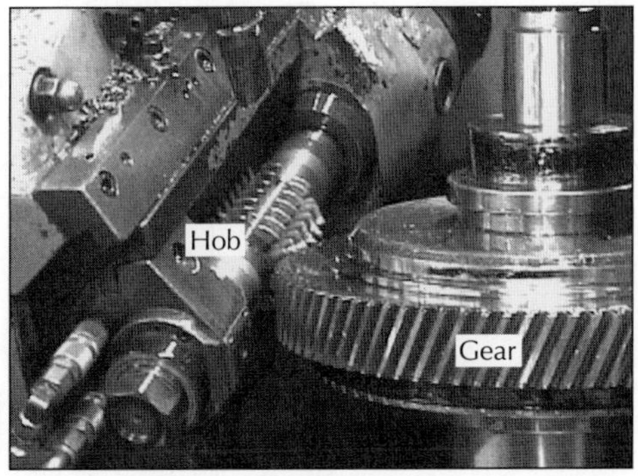

그림 5.40 ● 헬리컬 평기어의 호빙[비디오 5.40]

비디오 5.39
헬리컬 평기어와 호브

비디오 5.40
헬리컬 평기어의 호빙

가공하는 위치에서 **나선각** ψ만큼 회전된다(그림 5.38 참조). 헬리컬 기어를 절삭하는 전형적인 구성은 그림 5.39에 나타내었다. 헬리컬 평기어의 호빙가공 사진은 그림 5.40에 나타내었다.

헬리컬 평기어에 대해서, 호브는 그림 5.38에 나타낸 바와 같이 **법선 피치** p_n으로 주어진 간격에 의하여 기어를 생성한다. 법선 피치와 호브 피치 p_h 그리고 헬리컬 기어의 원주 피치 p_c와의 관계는 다음과 같다.

$$\boxed{p_n = p_h = p_c \cos\psi} \tag{5.9-2}$$

예를 들어, 그림 5.33(a)에 나타낸 호브의 호브 피치는 0.375 인치(inch)이다. 그래서 식 (5.6-1)을 사용하여 잇수 $N = 62$일 때, 직선 평기어의 피치원 직경은 (즉, $p_c = p_h$) 다음과 같이 구할 수 있다.

$$d = \frac{Np_c}{\pi} = \frac{62 \times 0.375 \text{ in}}{\pi} = 7.400 \text{ in} \tag{5.9-3}$$

만약 동일한 피치원 직경을 가진 헬리컬 평기어를 가공하기 위하여 같은 호브를 사용하기 원한다면, 호브에 의하여 절삭되는 이 사이의 공간은 법선 피치이며 다음과 같다.

$$p_n = 0.375 \text{ in} \tag{5.9-4}$$

식 (5.9-2)를 사용하여 원주 피치는 법선 피치보다 크다. 따라서 동일한 크기의 기어는 잇수가 적게 된다. 만약 헬리컬 평기어의 잇수가 $N = 60$이고 같은 크기의 직선 평기어면 원주 피치는

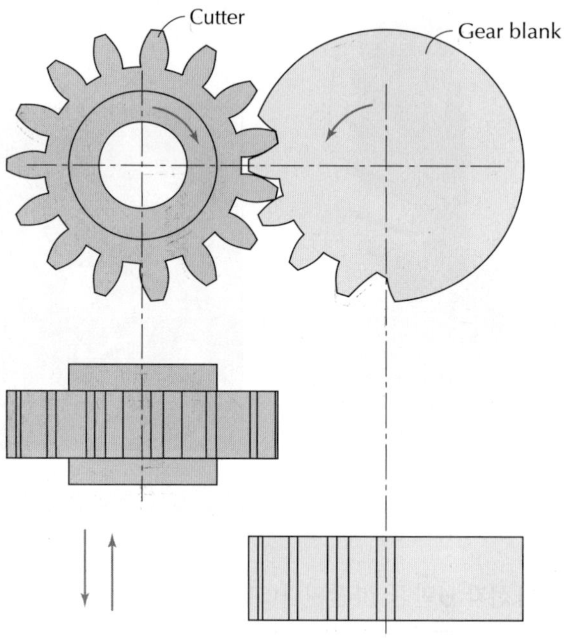

그림 5.41 ● 직선 평기어의 세이핑

$$p_c = \frac{\pi d}{N} = \frac{\pi \times 7.400 \text{ in}}{60} = 0.3875 \text{ in} \tag{5.9-5}$$

식 (5.9-2), 식 (5.9-4) 그리고 식 (5.9-5)를 합치면

$$\psi = \cos^{-1}\left(\frac{p_n}{p_c}\right) = \cos^{-1}\left(\frac{0.375}{0.3875}\right) = 14.57°$$

비디오 5.42A
직선 평기어의 세이핑, 외치 기어

비디오 5.42B
직선 평기어의 세이핑, 내치 기어

비디오 5.43A
기어 세이핑, 직선 평기어

비디오 5.43B
기어 세이핑, 내치 기어

호브 가공은 일반적으로 외치 기어 공정에서는 제한이 있다. 그러나 호브 가공은 큰 직경의 내치 기어를 제작하기 위하여 특별히 제작된 구면 호브로 완성할 수 있다.

세이핑

세이핑(shaping)은 다른 형태의 제작공정이다. 공작물에 대하여 커터를 왕복운동 시키는 세이핑 공정을 그림 5.41에 나타내었다. 커터와 공작물은 각 이의 절삭 공정 사이에서 분할 회전한다. 커터와 공작물의 상대 운동이 요구하는 기어의 인벌루트 형상을 생성한다.

그림 5.42는 외치 기어 가공과 내치 기어 가공의 두 가지 다른 설명을 나타내고 있다. 두 가지 다 같은 공구를 사용하고 있다. [**비디오 5.42A**]와 [**비디오 5.42B**]의 동작들은 기어의 회전과 커터의 왕복운동의 설명을 위하여 과장되었다. 그림 5.43은 직선 평기어와 내치 기어를 가공하는 사진이다.

(a) (b)

그림 5.42 ● 직선 평기어의 세이핑. (a) 외치 기어[비디오 5.42A], (b) 내치 기어[비디오 5.42B]

(a) (b)

그림 5.43 ● 기어 세이핑. (a) 직선 평기어[비디오 5.43A], (b) 내치 기어[비디오 5.43B]

플레이닝

플레이닝(planning)은 베벨 기어를 제작하기 위한 절삭 공정이다. 그림 5.44는 단순한 베벨 기어의 절삭을 개략적으로 설명하고 있다. 이 공정은 이의 양면 형상을 가지며 동시에 왕복 운동을 하는 2개의 커터를 가지고 있다. 그림에서는 보이지 않지만 이 2개의 커터는 공구대

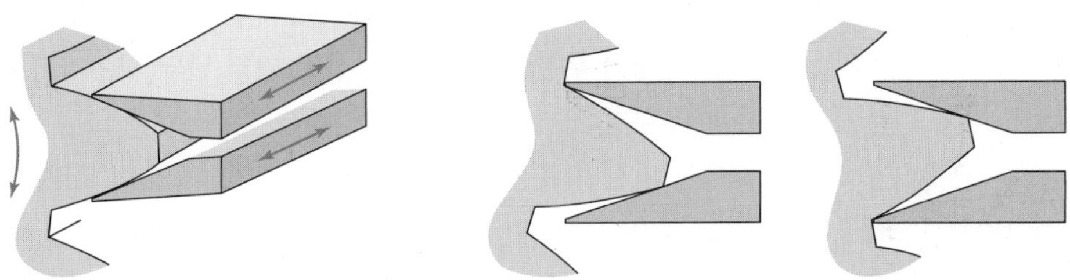

(a) (b)

그림 5.44 ● 플레이닝 공정의 개략도

그림 5.45 ● 베벨 기어의 플레이닝[비디오 5.45]

(a) (b)

그림 5.46 ● (a) 베벨 기어의 회전 브로칭, (b) 커터

비디오 5.45
베벨 기어의
플레이닝

에 설치되어 있다. 각각의 이를 가공하는 데 있어서 공구대는 공작물에 대하여 기어가 맞물린 것과 같은 상대 운동을 한다. 그림 5.45은 베벨 기어 절삭을 위한 기계 구성을 나타낸다.

회전 브로칭

베벨 기어의 **회전 브로칭**(rotary broaching) 공정은 직선 평기어의 밀링 성형 공정과 다소 비슷한 점이 있다. 그림 5.46(a)는 회전 브로칭 공정의 기계구성을 나타내고 있다. 여기에는 회전커터가 포함되어 있다. 그림 5.46(b)에 커터의 분리된 그림을 나타내었다. 원주상에 커터의 날이 다른 별개의 부분이 있다. 한 부분은 커터 날의 깊이가 점차적으로 증가하는 부분이고, 다른 한 부분은 커터 날의 깊이가 일정한 부분이다.

비디오 5.47
회전 브로칭 공정

그림 5.47에는 회전 브로칭의 또 다른 설명을 하였다. 그림 5.47(a)는 설정으로부터의 출발을 나타낸다. 그림 5.47(b)는 커터가 회전위치로 들어가는 것을 나타낸다. 가공되지 않은 기어가 정지하고 있는 동안, 홈은 기어를 가공한다. 그림 5.47(c)는 날의 깊이가 증가되어 이를 완성하는 것을 나타낸다. 그런 다음 기어는 수직으로 상승 이동한다[그림 5.47(d)].

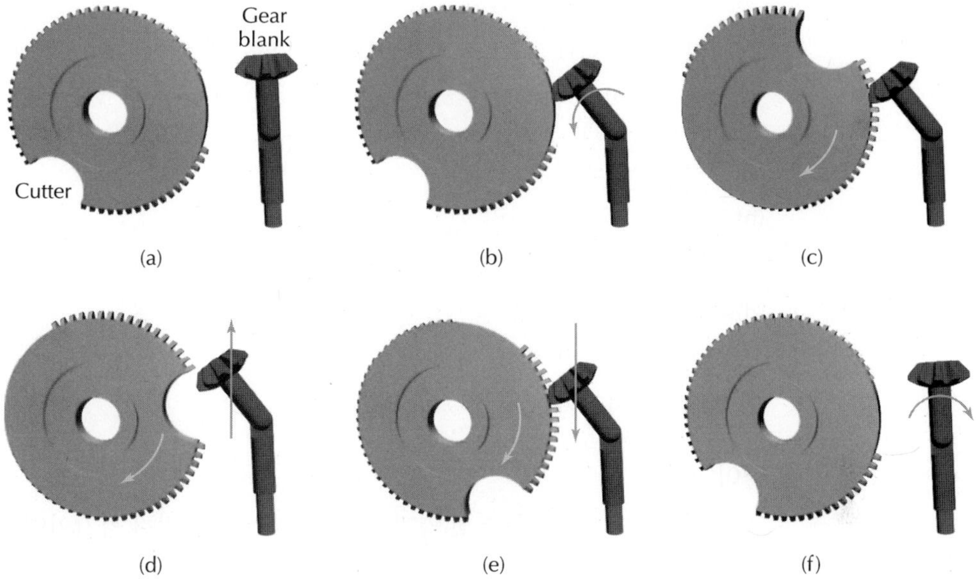

그림 5.47 ● 회전 브로칭 공정[비디오 5.47]

커터는 연속적으로 회전하고 공작물은 다시 일정한 깊이로 하강하여 홈을 가공한다[그림 5.47(e)]. 이 상대 운동은 홈의 바닥까지 직선으로 가공한다. 커터의 원주 일부분에 날이 없는 부분이 있다. 이 공간은 공작물의 다음 홈을 가공하기 위한 것이다. 공작물이 일정한 각도를 회전하여 분할하는 동안, 다른 절삭공정의 출발을 위하여 그 위치에서 회전한다. 이 공정은 모든 홈이 가공될 때까지 반복되고 가공된 기어는 원래의 위치로 되돌아간다[그림 5.47(f)].

예제 5.4

표 5.3은 그림 5.28에 나타낸 복귀 기어열에 적합한 정보를 제공하고 있다.

표 5.3 그림 5.28에 나타낸 복귀 기어열에 대한 변수

Gear No.	No. of Teeth	Type of Gear
2	30	Straight spur
3	48	—
4	29	—
5	47	Helical spur

모든 기어들은 압력각 20°인 호브 커터를 사용하여 제작하였고, 호브 피치는 0.375 in이고 전체 깊이이다. 다음을 구하라.

(a) 기어 3의 기초원 반지름
(b) 기어 2와 3의 중심거리
(c) 기어 4의 원주 피치
(d) 기어 5의 비틀림 각
(e) 기어 4의 피치원 직경
(f) 기어 4의 이끝원 직경

풀이

조사에 의하면 기어 3은 직선 평기어이고 기어 4는 헬리컬 평기어이다.

(a) 기어 2와 기어 3에 대하여

$$p_{c2} = p_{c3} = 0.375 \text{ in} = p_h$$

식 (5.6-3)으로부터

$$P_2 = P_3 = \frac{\pi}{p_{c3}} = \frac{\pi}{0.375 \text{ in}} = 8.38 \text{ in}^{-1}$$

식 (5.5-4)와 (5.6-2)로부터

$$r_{b3} = r_3 \cos\varphi = \frac{d_3}{2}\cos\varphi = \frac{N}{2P_3}\cos\varphi = \frac{48}{2\times 8.38 \text{ in}^{-1}}\cos 20° = 2.69 \text{ in}$$

(b) 식 (5.8-1)과 (5.6-2)로부터

$$c = \frac{d_2}{2} + \frac{d_3}{2} = \frac{N_2}{2P_2} + \frac{N_3}{2P_3} = \frac{30}{2\times 8.38 \text{ in}^{-1}} + \frac{48}{2\times 8.38 \text{ in}^{-1}} = 4.65 \text{ in}$$

(c) 식 (5.8-1)과 (5.6-1)을 합하고 (b)항의 결론을 도입하면

$$c = 4.65 \text{ in}\ \frac{d_4}{2} + \frac{d_5}{2} = \frac{N_4 p_{c4}}{2\pi} + \frac{N_5 p_{c5}}{2\pi} = \frac{29 p_{c4}}{2\pi} + \frac{47 p_{c5}}{2\pi}$$

여기서

$$p_{c4} = p_{c5}$$

따라서

$$p_{c4} = 0.384 \text{ in}$$

(d) 기어 4와 기어 5는 알고 있으므로

$$p_{n4} = p_{n5}$$

식 (5.9-2)로부터

$$p_{n4} = p_{c4}\cos\psi_4 = p_h$$

$$0.375 = 0.384\cos\psi_4$$

그러므로

$$\psi_4 = 12.7° = \psi_5$$

(e) 식 (5.6-1)로부터

$$d_4 = \frac{N_4 p_{c4}}{\pi} = \frac{29 \times 0.384 \text{ in}}{\pi} = 3.54 \text{ in}$$

(f) 주어진 호브로 직선 평기어와 같은 헬리컬 평기어에 대한 어덴덤이 얻어진다. 따라서

$$a_4 = a_2 = \frac{1}{P_2} = \frac{1}{8.38} \text{ in}$$

(e)항에서 얻어진 결론을 이용하면 기어 4의 이끝원 직경은

$$d_4 + 2a_4 = \left(3.54 + \frac{2}{8.38}\right) \text{in} = 3.78 \text{ in}$$

예제 5.5 | 한 쌍의 평기어 설계

한 쌍의 외접 평기어의 속도비가 0.4이다. 기어 사이의 중심거리는 65 mm이다. 기어는 모듈 1.25인 호브를 사용하여 절삭하였다.

풀이

속도비의 크기는

$$\left|\frac{\omega_3}{\omega_2}\right| = \frac{N_2}{N_3} = 0.4 \quad \text{or} \quad N_2 = 0.4N_3 \tag{5.9-6}$$

식 (5.8-1)과 (5.6-4)를 합하면 중심거리는

$$c = 65\text{mm} = \frac{d_2}{2} + \frac{d_3}{2} = \frac{N_2 m_2}{2} + \frac{N_3 m_3}{2}$$

따라서

$$m_2 = m_3$$

이 결과를 식 (5.9-6)에 대입하면

$$2c = 130\,\text{mm} = m_2(N_2 + N_3) = m_2(N_2 + 0.4N_2) = m_2(1.4N_3) \tag{5.9-7}$$

주어진 피치원 직경과 호브, 가장 큰 기어 잇수는 직선 평기어에 대한 가공이다. 이 경우 식 (5.9-6)과 (5.9-7)을 호브의 모듈 $m_h = m_2 = 1.25$ mm에 대하여 풀면

$$N_2 = 29.7; \quad N_3 = 74.3$$

기어 잇수는 반드시 정수여야 하기 때문에 이 결과는 수용할 수가 없다. 잇수의 상한 값인 위의 결과를 이용한 한 쌍의 헬리컬 평기어에 대하여 수용할 수 있는 해법을 찾아야 한다. 식 (5.9-6)과 다음의 표에서 다양한 가능성을 고려하여야 한다.

N_3	$N_2 = 0.4\,N_3$
74	29.6
73	29.2
72	28.8
71	28.4
70	28

두 기어의 잇수가 정수인 결과는

$$N_2 = 28; \quad N_3 = 70$$

그리고 요구된 중심거리와 원주 피치는 다음과 같이 결정된다.

$$c = 65\text{ mm} = \frac{N_2 + N_3}{2\pi} p_c = \frac{28 + 70}{2\pi} p_c; \quad p_c = 4.167\text{ mm}$$

식 (5.6-5)를 이용하여 호브 피치와 기어의 법선 피치는

$$p_h = p_n = m_h \pi = 1.25\,\text{mm} \times \pi = 3.927\ \text{mm}$$

따라서 식 (5.9-2)를 이용하면 두 기어의 나선각은

$$\psi = \cos^{-1}\left(\frac{p_n}{p_c}\right) = \cos^{-1}\left(\frac{3.927}{4.167}\right) = 19.6°$$

이 예제는 한 쌍의 맞물린 기어의 요구 중심거리에 대한 나선각의 다양한 설계에 대하여 설명하고 있다.

5.10 물림률

2개의 맞물린 기어를 통하여 회전 운동을 전달하는 데 있어서, 하나 또는 그 이상의 기어가 언제나 접촉되어야 하는 것이 필수적이다.

한편, 매끄러운 운동 전달이 없는 경우도 있을 수 있다. 일정한 속도로 회전하는 한 쌍의 맞물린 기어의 **물림률**(contact ratio)은 전 시간에 걸쳐 접촉한 평균 잇수이다. 이론적으로 물림률은 1.00보다 반드시 커야 한다. 그러나 1.40은 실용적인 최솟값으로서 일반적으로 허용한다.

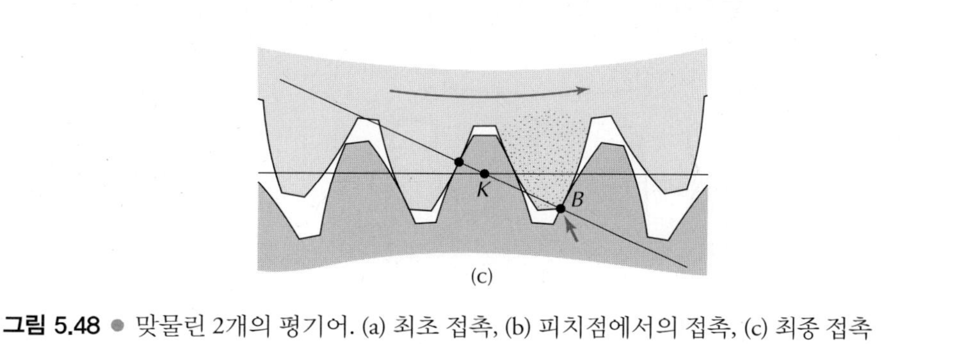

그림 5.48 ● 맞물린 2개의 평기어. (a) 최초 접촉, (b) 피치점에서의 접촉, (c) 최종 접촉

그림 5.48은 인벌루트 치형을 가진 한 쌍의 맞물린 기어를 설명하고 있다. 기어 2는 구동기어이고 기어 3은 종동기어이다. 종동기어의 끝이 구동기어에 접촉한 때의 최초 접촉점을 그림 5.48(a)에서 A로 표시하였다. 종동기어가 구동기어의 가장 바깥지점에 접촉하였을 때의 최종 접촉점을 그림 5.48(c)에서 B로 나타내었다. 이러한 환경에는 두 번째 접촉되는 이의 물림이 있다. 맞물린 기어의 앞과 뒤에는 이가 물려 나가고 물려 들어오는 다른 한 쌍이 있다. 그래서 불균일한 운동 전달과 연속성을 지킬 수 있다. 그림 5.48(b)는 피치점에서 접촉점의 다른 환경을 설명하고 있다. 이 경우, 기어접촉의 한 점이며 이때 어떠한 순간에도 맞물린 기어의 수는 정수이다.

그림 5.48에 나타낸 기어는 사이클이 진행되는 동안 한 쌍의 기어가 맞물린다. 그러나 다른 때는 두 쌍이 접촉하는 경우도 있다. 그림 5.49에서 그림 5.48의 기어의 전 시간에 걸쳐 맞물린 잇수의 관계를 나타내고 있다. 곡선의 평균시간, 즉 물림률은

$$m_c = \frac{1 \times 0.47\tau + 2 \times 0.53\tau}{\tau} = 1.53$$

이다. 그림 5.50은 맞물린 기어의 다른 쌍을 나타내고 있다. 이 경우, 물려있는 기어의 처음과 마지막 접촉점 사이에는 3개의 접촉점이 있다. 여기에선 안 나타나지만 다른 조건에서는 2개의 접촉점이 있다. 이 기어조합은 그림 5.48에 나타낸 기어보다 높은 접촉률을 가지

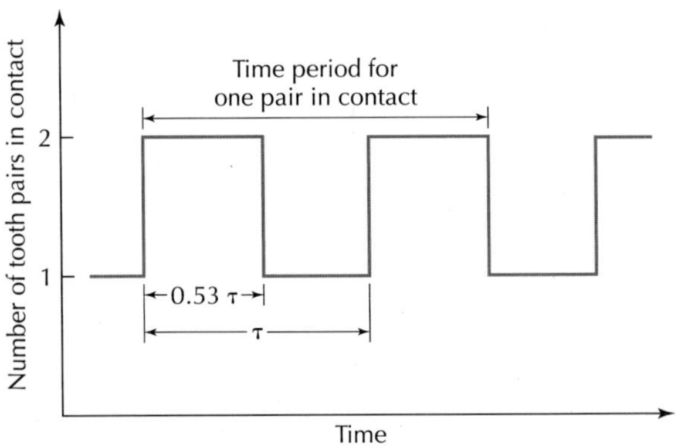

그림 5.49 ● 물림률의 설명

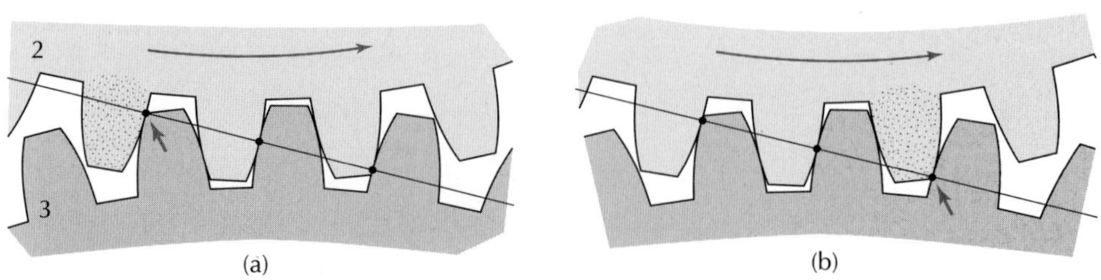

그림 5.50 ● 맞물린 2개의 평기어. (a) 최초 접촉, (b) 최종 접촉

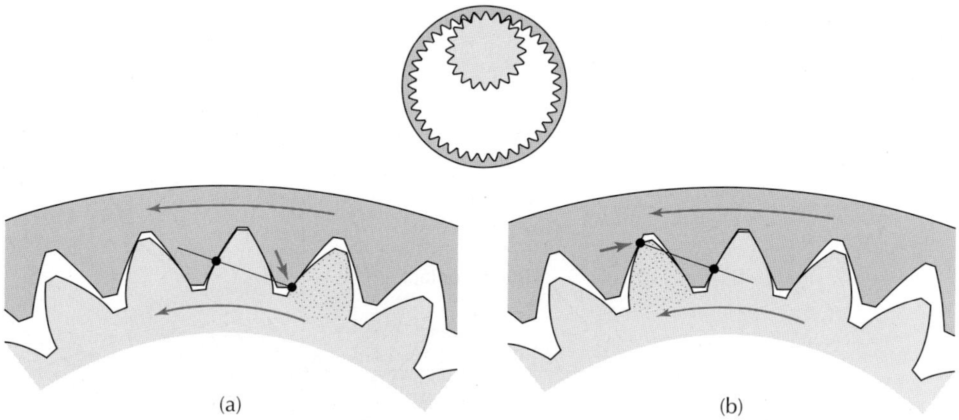

그림 5.51 ● 외치 기어와 내치 기어의 조합. (a) 최초 접촉, (b) 최종 접촉

고 있다.

그림 5.51은 외치 기어와 내치 기어의 조합을 나타낸다. 여기서 외치 기어는 구동기어이고 접촉점의 처음과 마지막을 나타내고 있다.

그림 5.52는 한 쌍의 맞물린 기어에 대하여 처음 조건과 마지막 조건을 같은 그림에 결합하여 나타내었다. 처음 접촉점과 마지막 접촉점을 각각 A와 B로 표시하였다. 길이 r_{AB}는 **물림길이**(length of action)이고 Z로 표시한다. 물림작용을 하는 동안 접촉점은 A에서 B까지의 직선을 따라 이동한다. 기어 2와 기어 3이 처음 접촉할 때와 마지막 접촉할 때, 기어 2의 측면과 피치원과의 교차점 상에 점 S와 S'가 있다. 점 T와 T'는 기어 3에 관하여 비슷하게 정의한다. 원호 SS' 그리고 TT'는 **접촉호**(arc of action)이다. 그리고 한 쌍의 맞물린 기어에서 이 접촉호는 반드시 같아야만 한다. 그림 5.52에 나타낸 바와 같이 기어의 각도변위의 처음과 마지막 접촉조건은 두 부분으로 나누어질 것이다. 각도 α_2와 α_3는 **접근각**(angles of approach)이고, β_2와 β_3는 **퇴거각**(angles of recess)이다. 물림률을 접촉호와 원주 피치의 형태로 나타내면 다음 식과 같다.

$$m_c = \frac{\text{arc of action}}{p_c} = \frac{(\alpha_2 + \beta_2)r_2}{p_c} = \frac{(\alpha_3 + \beta_3)r_3}{p_c} \tag{5.10-1}$$

인벌루트 치형의 기어 물림에서의 회전전달이 엇걸기 벨트 마찰구동과 동등하다고 인정함으로써 물림률에 대한 다른 표현을 찾을 수 있다. 그림 5.52를 참조하면 이의 접촉이 A에서 B로 움직이는 동안 접촉길이를 어느 한쪽의 기초원 반지름으로 나눔으로써 회전한 각도를 구할 수 있다. 양쪽 기어에 대하여 이 각도는 다음과 같이 나타낼 수 있다.

$$\frac{r_{AB}}{r_b} = \frac{Z}{r_b} \tag{5.10-2}$$

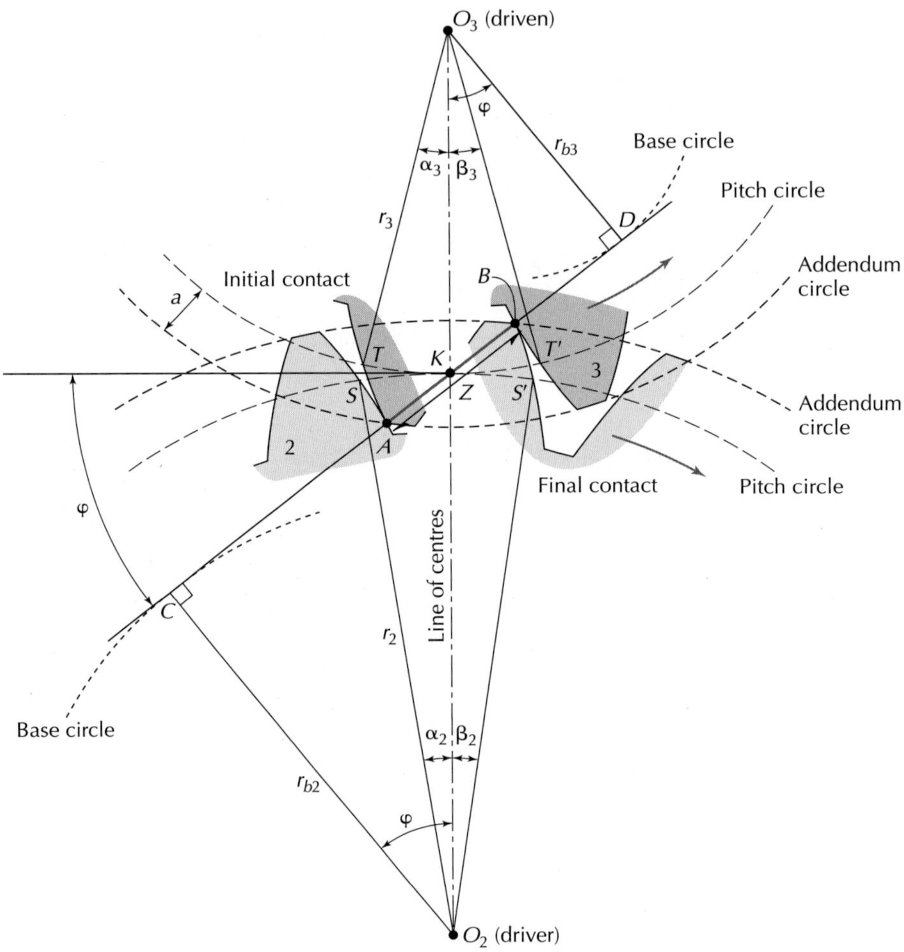

그림 5.52 ● 맞물린 2개의 평기어[비디오 5.52]

1개의 이에 대한 각도는

$$\frac{2\pi}{N} \tag{5.10-3}$$

물림률에 대한 표현은 식 (5.10-2)와 (5.10-3)에서 다음 식과 같이 각도의 비를 취하는 것으로 구할 수 있다.

$$\boxed{m_c = \frac{\left(\dfrac{Z}{r_b}\right)}{\left(\dfrac{2\pi}{N}\right)} = \frac{Z}{p_b}} \tag{5.10-4}$$

여기서

$$\boxed{p_b = \frac{2\pi r_b}{N}} \tag{5.10-5}$$

p_b의 양을 **기초 피치**(base pitch)라고 한다. 기초피치의 방정식의 형태는 피치원 반경에 기초원 반경을 치환하는 것을 제외하고는 원주 피치의 식 (5.6-1)과 같은 형태이다.

접촉길이 Z는 그림 5.52에서 구할 수 있다. 여기서

$$Z = r_{AB} = r_{AK} + r_{KB} \tag{5.10-6}$$

그리고

$$r_{AK} = r_{AD} - r_{KD}\ ;\quad r_{KB} = r_{CB} - r_{CK} \tag{5.10-7}$$

r_{AK}를 구하기 위하여 길이 r_{AD}와 r_{KD}를 결정한다. 오른쪽 삼각형 O_3DA에서

$$r_{O_3A} = r_3 + a\ ;\quad r_{O_3D} = r_{b3} = r_3\cos\varphi \tag{5.10-8}$$

그러므로

$$r_{AD} = [(r_{O_3A})^2 - (r_{O_3D})^2]^{1/2} = [(r_3 + a)^2 - r_3^2\cos^2\varphi]^{1/2} \tag{5.10-9}$$

또한

$$r_{KD} = r_3\sin\varphi \tag{5.10-10}$$

식 (5.10-7)에서 (5.10-10)을 합하면

$$r_{AK} = r_{AD} - r_{KD} = [(r_3 + a)^2 - r_{b3}^2]^{1/2} - r_3\sin\varphi \tag{5.10-11}$$

마찬가지로

$$r_{KB} = [(r_2 + a)^2 - r_{b2}^2]^{1/2} - r_2\sin\varphi \tag{5.10-12}$$

식 (5.10-6), 식 (5.10-11) 그리고 식 (5.10-12)를 합하면

$$\boxed{Z = [(r_2 + a)^2 - r_{b2}^2]^{1/2} + [(r_3 + a)^2 - r_{b3}^2]^{1/2} - (r_2 + r_3)\sin\varphi} \tag{5.10-13}$$

랙과 피니언 조합에 대해서, 랙은 무한 반지름인 기어의 일부분과 동등하다. 그러므로 식 (5.10-13)은 사용할 수 없다. 이 경우에 만약 피니언이 링크 2이면, 접촉길이는 다음과 같이

나타낼 수 있다.

$$Z = [(r_2 + a)^2 - r_{b2}^2]^{1/2} - r_2 \sin\varphi + \frac{a}{\sin\varphi} \tag{5.10-14}$$

기어 3이 내치차인 외치와 내치 기어로 맞물리는 기어의 접촉길이는

비디오 5.52
맞물린 2개의 평기어

$$Z = [(r_2 + a)^2 - r_{b2}^2]^{1/2} - [(r_3 - a)^2 - r_{b3}^2]^{1/2} + (r_3 - r_2)\sin\varphi \tag{5.10-15}$$

[**비디오 5.52**]는 한 쌍의 맞물린 외치 기어의 최초접촉에서 최종접촉까지의 동영상이다.

예제 5.6 | 맞물린 기어의 물림율

그림 5.53은 전체 깊이 기어로 맞물린 피치와 이끝원을 나타내고 있다. 제시된 그림으로부터 물림율을 계산하라.

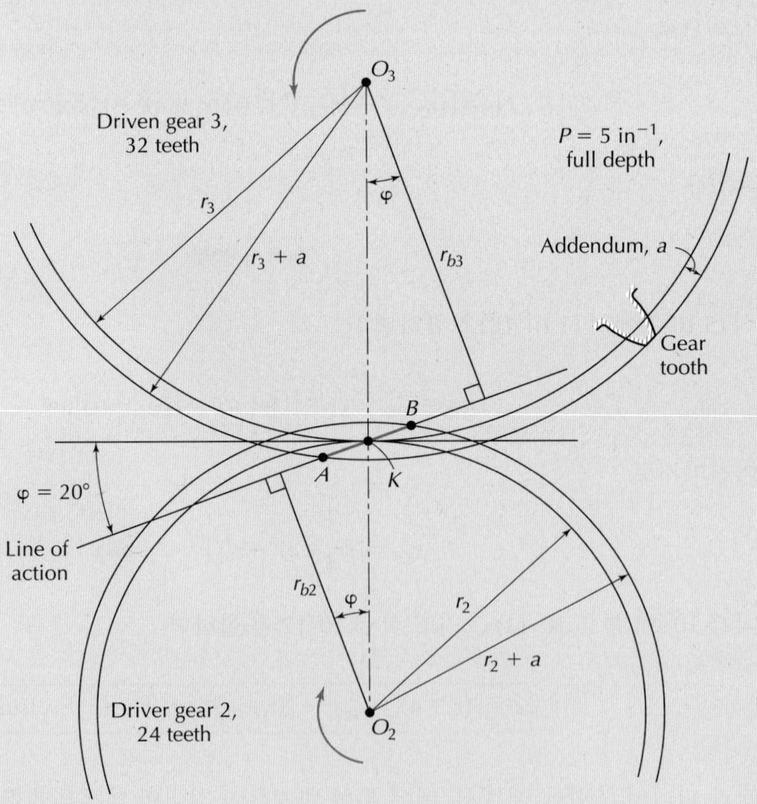

그림 5.53

풀이

피치원 반지름(식 5.6-2)은

$$r_2 = \frac{d_2}{2} = \frac{N_2}{2P} = \frac{24}{2 \times 5\ \text{in}^{-1}} = 2.400\ \text{in}; \quad r_3 = \frac{N_3}{2P} = 3.200\ \text{in}$$

표 5.1로부터 두 기어의 어덴덤은

$$a = \frac{1.0}{P} = \frac{1}{5\ \text{in}^{-1}} = 0.200\ \text{in}$$

기초원 반지름(식 5.5-4)은

$$r_{b2} = r_2 \cos\varphi = 2.4\cos 20°\ \text{in} = 2.255\ \text{in}; \quad r_{b3} = r_3 \cos\varphi = 3.007\ \text{in}$$

이끝원 반지름은

$$r_2 + a = (2.400 + 0.200\ \text{in}) = 2.600\ \text{in}; \quad r_3 + a = 3.400\ \text{in}$$

식 (5.10-13)으로부터 물림길이는

$$\begin{aligned} Z &= [(r_2 + a)^2 - r_{b2}^2]^{1/2} + [(r_3 + a)^2 - r_{b3}^2]^{1/2} - (r_2 + r_3)\sin\varphi \\ &= \{[2.600^2 - 2.255^2]^{1/2} + [3.400^2 - 3.007^2]^{1/2} - (2.400 + 3.200)\sin 20°\} \\ &= 0.966\ \text{in} \end{aligned}$$

식 (5.10-5)로부터 기초 피치는

$$p_b = p_{b2} = \frac{2\pi r_{b2}}{N_2} = \frac{2\pi \times 2.255\ \text{in}}{24} = 0.590\ \text{in} = p_{b3}$$

식 (5.10-4)로부터 물림률은

$$m_c = \frac{Z}{p_b} = \frac{0.966}{0.590} = 1.64$$

5.11 이의 간섭과 언더컷

식 (5.6-5)에 의하면 기어 잇수는 그 피치원 반경에 비례한다. 또한 식 (5.5-4)와 같이 기초원 반경과 압력각이 주어진 인벌루트 기어는 피치원 반경에 비례한다. 게다가 디덴덤과 표준치수(표 5.1 또는 식 5.6-7)에서의 이 전체 깊이는 지름 피치의 함수이다. 이러한 관계를 조합함으로써 압력각과 기어 잇수가 주어지면 이뿌리 원 반경보다 크든지 적든지 할 것이다. 이에 대한 것을 아래에 설명한다.

그림 5.29는 세 가지의 치형을 나타내고 있다. 모든 기어는 동일한 피치, 동일한 압력각 그리고 동일한 깊이이다. 왜냐하면 각각의 기어는 잇수가 다르고 치형에 대한 기초원의 위치가 다르기 때문이다. 그림 5.29(a)는 6개의 이를 가진 기어를 나타내고 있다. 이 경우 기초원은 디덴덤보다 크다. 따라서 인벌루트 치형은 오직 기초원보다 바깥쪽에만 생성되고 (그림 5.15 참조) 기초원보다 안쪽의 치형은 인벌루트가 아니다. 그림 5.29(a)에서 이 치형 부분은 기어의 중심을 향한 반지름 선과 같은 원으로, 이뿌리 부분에 단순하게 그려졌다. 그림 5.29(b)는 잇수가 20개인 기어를 나타내고 있다. 여기서 기초원 안쪽에 기어 형상이 인벌루트가 아닌 곡선으로 감소되는 부분이 있다. 그림 5.29(c)는 잇수가 45개인 기어를 나타내고 있다. 여기서 기초원은 이뿌리원보다 작다. 그래서 이의 형상은 완전한 인벌루트 형상으로 제작될 것이다.

한 쌍의 인벌루트 기어의 맞물림은 두 기초원 사이에서 감기는 줄과 동등하다(5.5절 참조). 이러한 인벌루트들은 인벌루트 치형의 형상과 대등하다.

그림 5.54는 2개의 기초원과 하나의 줄(작용선)이 그 사이에 감겨있는 것을 나타낸다. 점 E와 F는 기초원 그리고 작용선과 교차한다. 이들은 2개의 인벌루트가 생성될 수 있는 것을 나타낸다. 한 쌍의 기어에는 2개의 인벌루트 형상이 맞물리는 한계범위가 있다. 이러

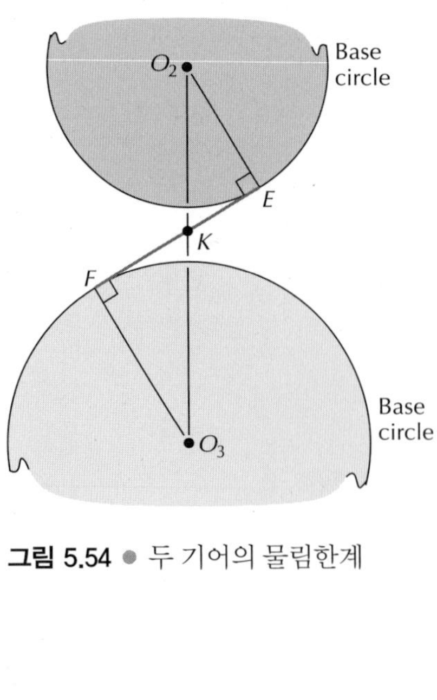

그림 5.54 ● 두 기어의 물림한계

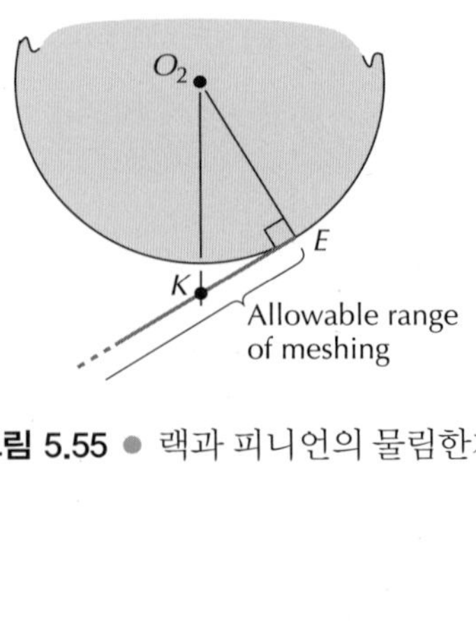

그림 5.55 ● 랙과 피니언의 물림한계

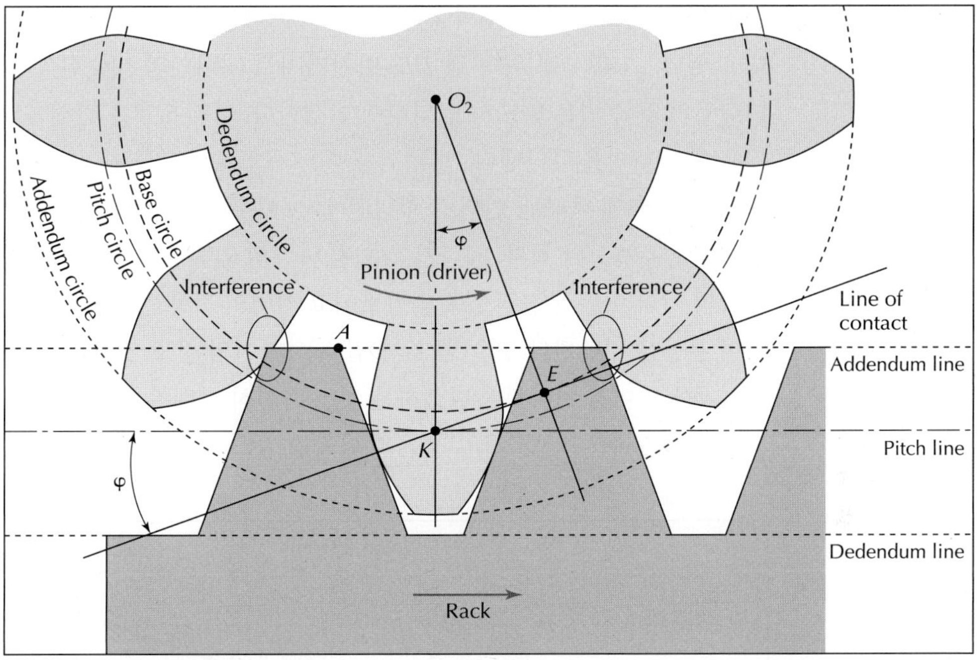

그림 5.56 ● 랙과 피니언의 간섭

한 점들을 **물림한계**라고 한다. 한계범위 외에서는 두 인벌루트 형상이 맞물리는 것은 불가능하다. 또한 그림 5.54는 2개의 물림한계 사이에 있는 작용선 상에 위치한 피치점 K를 보여준다.

랙은 무한 반경의 기어와 동등하다. 랙과 피니언의 조합에 있어서는 단 하나의 물림한계가 고려된다. 그림 5.55는 랙과 피니언의 인벌루트에서 일어날 수 있는 물림 범위를 나타내고 있다.

그림 5.56은 랙에 물려있는 잇수 8개짜리 피니언에 대하여 설명하고 있다. 기어는 압력각 20°(표 5.1 참조)이고 전체 깊이이다. 피니언의 기초원은 이뿌리원보다 크다. 기초원 안쪽의 이의 형상은 그림에서 보는 바와 같이 정확하게 맞물리는 것은 불가능하다. 이 그림에서 피니언과 랙이 간섭되는 두 군데는 강조하여 나타내었다.

그림 5.57은 그림 5.56에서 한 쌍의 기어의 물림 근처를 확대하여 나타내었다. 그림 5.57(b)에서 나타낸 조건으로부터 출발하는 피니언에 대하여 랙에 있는 점 A의 경로를 고찰하기로 한다. 그림 5.57(b)에서 보듯이 점 A는 최초에 피니언의 점 H와 접촉한다. 그림 5.57(c)는 맞물리는 동안 피니언에 대한 A의 경로를 점선으로 나타내었다. 그래서 이 선은 피니언의 외부 경계선보다 안쪽이므로 발생할 수 있는 간섭량으로 나타난다. 점선은 피니언의 한쪽 면이 간섭을 피하기 위하여 허용할 수 있는 외형선을 나타내고 있다. **언더컷**(undercutting)은 피니언 재료의 제거가 요구되며, 이의 간섭을 예방할 수 있다. 그림 5.57(d)

는 랙의 한쪽 모서리(점 A)의 간섭에 의하여 언더컷이 발생한 피니언 이의 한쪽 면을 나타내고 있다. 그러나 랙 위의 점 D도 마찬가지로 피니언과 비슷한 간섭이 일어난다. 그래서 피니언의 양쪽 면은 반드시 언더컷이 발생한다. 그림 5.58은 간섭을 예방하기 위하여 언더컷을 한 피니언을 나타낸다.

그림 5.58에 나타낸 언더컷 피니언에서, 이뿌리 부의 측면(flank)에서 이두께는 기초원에서의 이두께보다 적다. 게다가 기초원 바깥의 인벌루트 곡선의 작은 부분도 제거되었다. 각각의 기어 이는 본질적으로 외팔보이고 기어의 작용선을 따라서 상호 작용하는 힘에 의하여 운동은 전달된다. 기어의 두께 감소는 기어의 강도 저하라는 나쁜 효과가 따른다. 기어설계에 있어서 언더컷이 발생하는 것은 확실히 피해야 한다.

그림 5.56에 나타낸 이의 간섭은 피치를 감소시키는 것에 의한 잇수의 증가 또는 피니

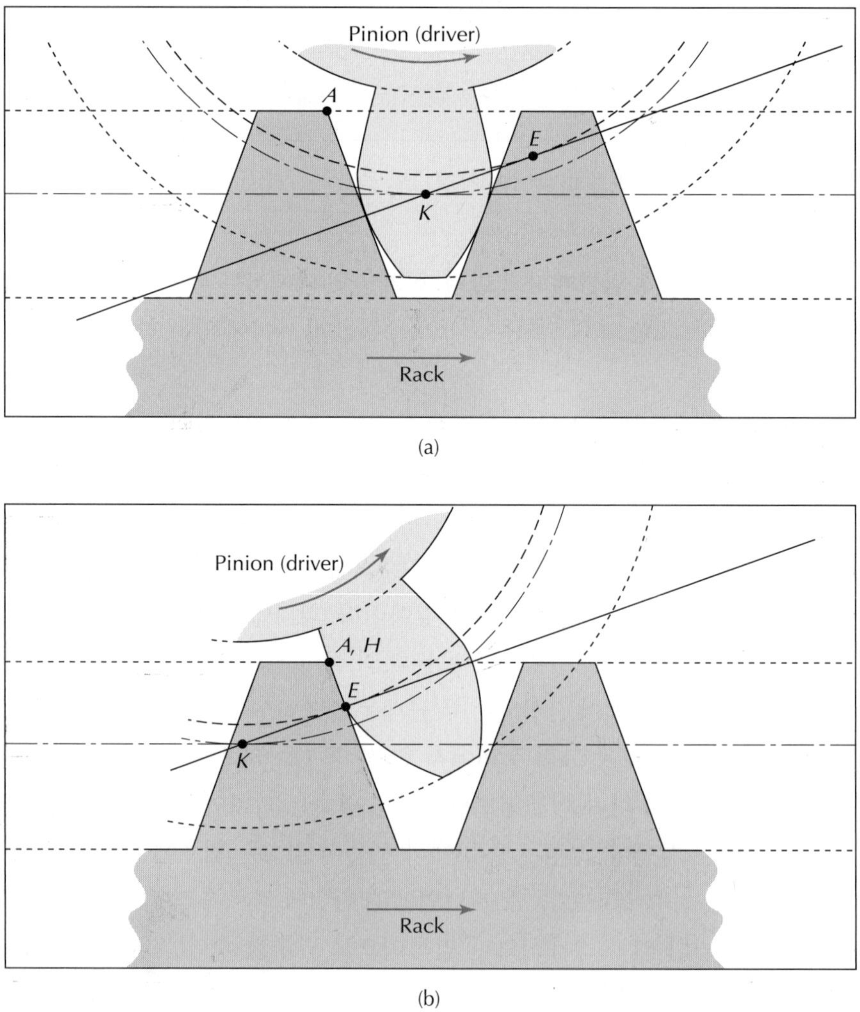

그림 5.57 ● 랙과 피니언의 간섭

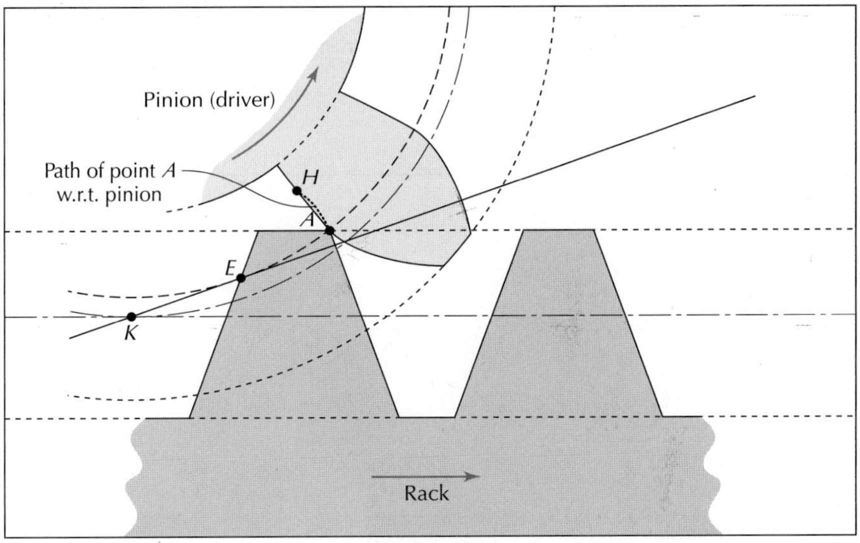

(c)

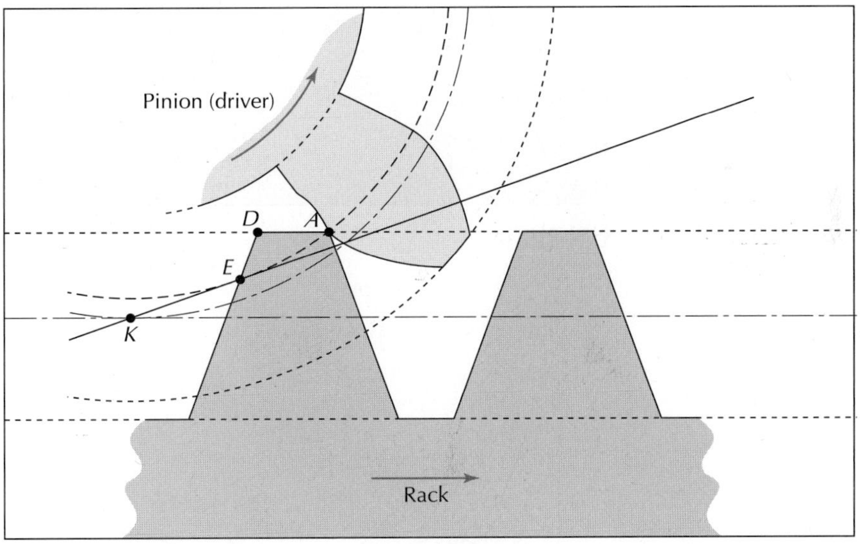

(d)

그림 5.57 ● (계속) 랙과 피니언의 간섭

언의 피치원 직경의 증가로 제거할 수 있다. 그림 5.59는 대체방법을 나타내고 있다. 여기서 피니언은 그림 5.56에서 나타낸 언더컷이 발생하지 않은 것과 동일하다. 그러나 그림 5.59와 같이 랙의 어덴덤은 그림 5.56에 나타낸 것보다 적다. 즉 그림 5.59에서 나타낸 랙은 표 5.1에 제시한 표준 비례치수가 아니다. 그림 5.59에서 랙의 어덴덤은 기초원인 물림 한계점 *E*에 닿아 있다. 이 경우에 접촉점은 결코 기초원보다 안쪽이 아니며 간섭을 없애기 위하여 인벌루트의 일부분을 제거할 필요가 없다. 만약 랙의 어덴덤이 그림 5.59에 나타낸 것보다 크다면 간섭을 예방하기 위하여 피니언의 인벌루트 일부분을 제거할 필요가 있다.

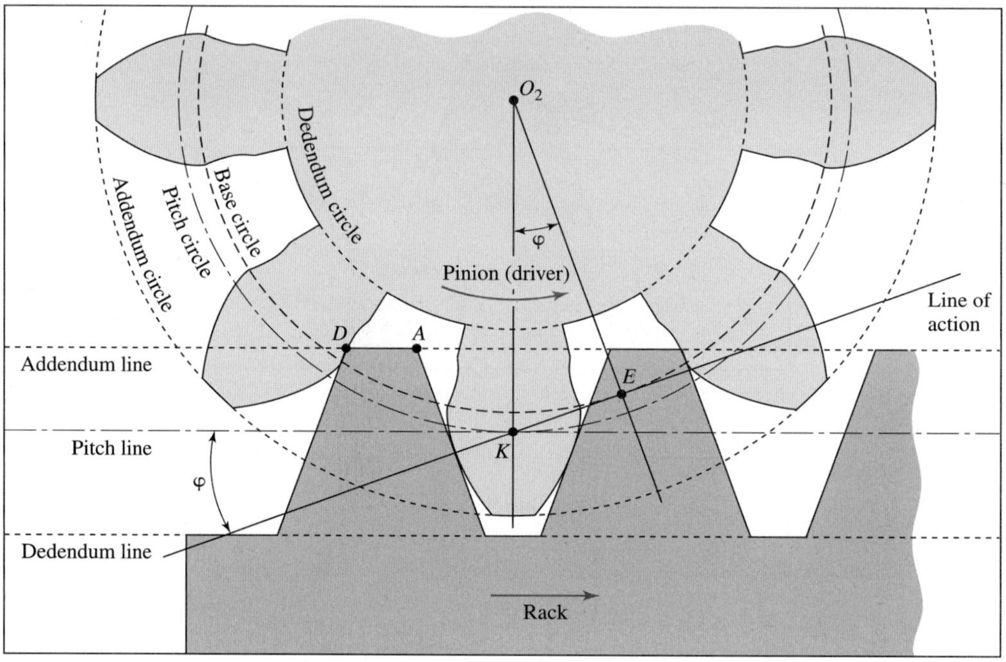

그림 5.58 ● 피니언의 언더컷

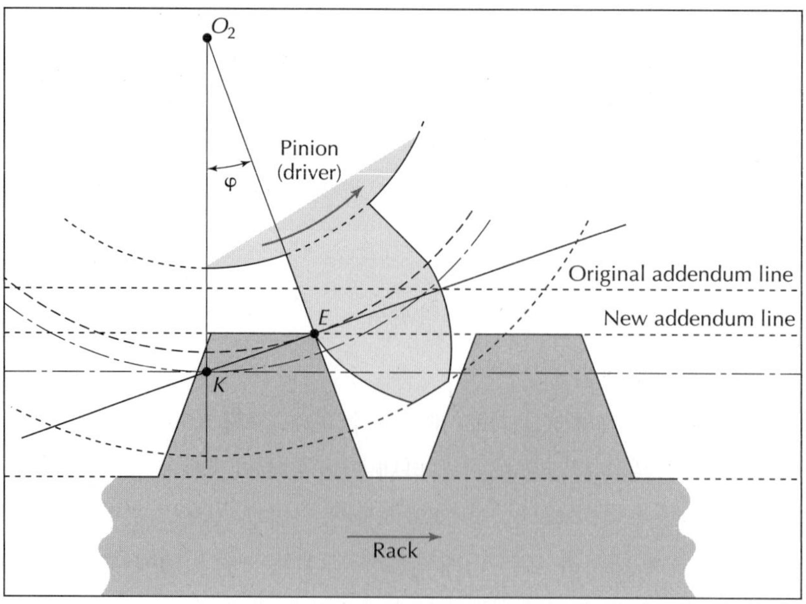

그림 5.59 ● 랙과 피니언 – 랙의 감소(줄임)

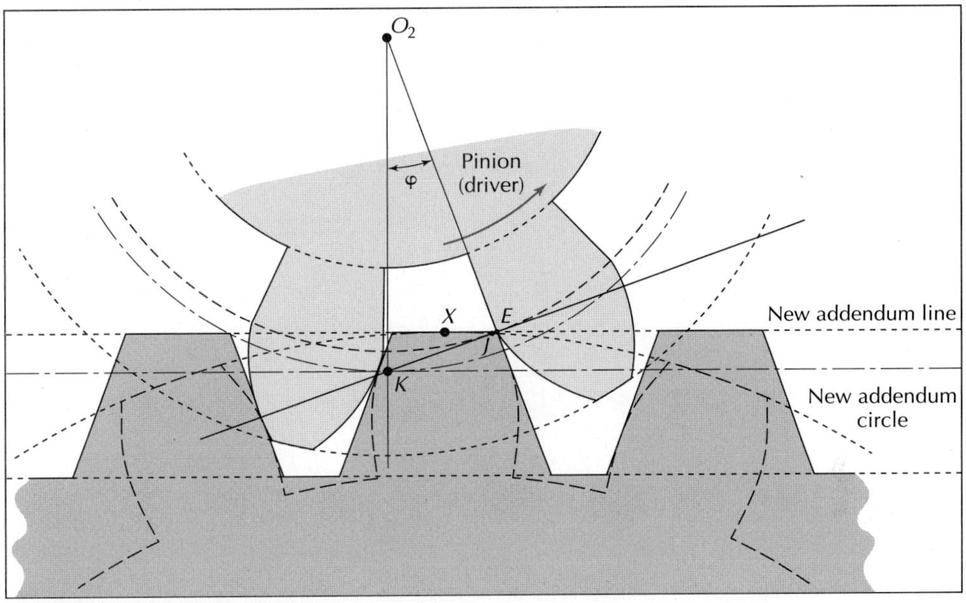

그림 5.60 ● 랙과 기어에서의 피니언 물림

인벌루트의 한 부분을 간섭을 예방하기 위하여 잘라 내었을 때 물림길이의 식 (5.10-13)에서 (5.10-15)의 식은 적용할 수 없다. 마찬가지로 어덴덤을 감소시키면 물림률뿐만 아니라 물림길이 감소도 야기한다.

그림 5.60은 그림 5.59에서 나타낸 것과 같은 동일한 랙과 피니언에 대하여 설명하고 있다. 맞물린 기어의 외형선을 점선으로 나타내었다. 기어의 어덴덤은 랙의 것과 동일하다. 기어의 이끝원은 점 X에서 랙의 이끝선에 접선을 이룬다. 기어의 모서리 점 J는 점 E보다 약간 낮다. 피니언과 기어 사이의 접촉점은 결코 간섭한계에 도달하지 않고 항상 언더컷이 없는 물림 허용범위 내에 있다. 그래서 피니언이 랙과 간섭 없이 맞물려진다면 당연히 같은 이의 명세를 가진 다른 기어 그리고 피니언보다 잇수가 많거나 동일한 기어와도 맞물릴 수 있다고 결론지어진다.

기어의 주어진 형상에 대하여 인벌루트 형상의 일부를 제거하지 않아도 되는 랙과 맞물릴 수 있는 피니언의 최소 잇수를 결정할 수 있다. 랙에서 한계가 되는 경우는 물림한계를 지나는 랙의 이끝선(addendum line)이다. 그림 5.61은 어떤 랙과 피니언 조합에 있어서 가장 중요한 치수를 나타낸다. 피치점과 물림한계는 각각 K와 E로 나타내었다. 그래서

$$\sin\varphi = \frac{r_{KE}}{r} \qquad (5.11\text{-}1)$$

또한,

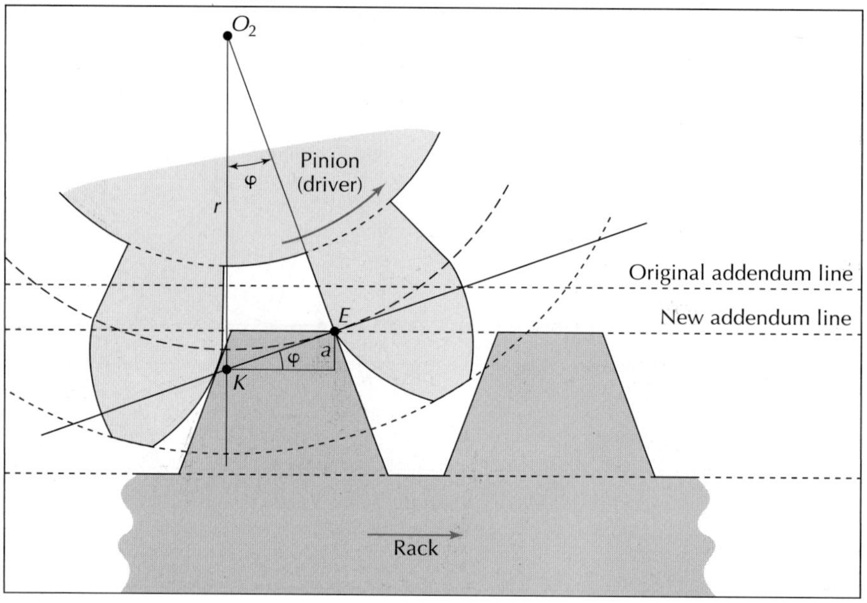

그림 5.61 ● 언더컷 예방을 위한 기하학적 구조

$$\sin\varphi = \frac{a}{r_{KE}} = \frac{\left(\frac{\alpha}{P}\right)}{r_{KE}} \tag{5.11-2}$$

여기서 α는 주어진 이끝원(addendum)에서 지름 피치 P로 나눌 때의 상수이다. 표 5.1에 제시된 표준화된 기어치수를 적용하면 이의 전체 깊이인 경우는 $\alpha = 1.0$, 반 깊이인 경우는 $\alpha = 0.8$이다.

식 (5.11-1)과 (5.11-2)를 곱하여 정리하면 다음과 같이 된다.

$$\sin^2\varphi = \frac{\alpha}{rP} \tag{5.11-3}$$

식 (5.11-3)과 식 (5.6-2)를 합하면

표 5.4 언더컷을 피할 수 있는 기어의 최소 잇수

	Full-Depth Tooth (φ = 14.5°)	Stub Tooth (φ = 20°)	Full-Depth Tooth (φ = 20°)	Full-Depth Tooth (φ = 25°)
Meshing with a rack	32	14	18	12
Manufactured using a hob	37	18	22	14

$$\sin^2 \varphi = \frac{2\alpha}{N} \tag{5.11-4}$$

또는

$$\boxed{N = \frac{2\alpha}{\sin^2 \varphi}} \tag{5.11-5}$$

식 (5.11-5)는 인벌루트의 일부분을 제거하지 않고 랙과 맞물릴 수 있는 피니언의 최소 잇수를 계산할 수 있다. 일반적인 기어시스템에 대한 최소 잇수를 표 5.4에 나타내었다. 표에 있는 값은 랙과 피니언의 물림에 대하여 계산되었기 때문에 최소의 피니언과 맞물리는 같거나 더 큰 크기의 기어에 대해서 보편적으로 사용할 수 있다.

비디오 5.62
언더컷이 필요한 기어의 물림

그림 5.62는 잇수 5개의 피니언이 큰 기어와 맞물린 것과 피니언의 기초원에 대해서 나타내고 있다. 피니언의 치형은 이미 언더컷이 되어있다. 따라서 간섭은 없다. 그러나 물림률은 1보다 적다. 그리고 실제로는 접촉이 없는 환경조건을 나타내고 있다. 결과적으로 이러한 기어는 일정한 속도비를 유지하는 것이 불가능하다.

공작물(5.9.2절)에 대한 호브 날의 상대 운동은 랙과 피니언의 물림 운동과 비슷하다. 이 경우에 상대 운동을 하는 동안 재료는 기어로부터 절삭된다. 만약 호브가 기어제작을 위하여 기초원에 설치되었다면, 요구되는 언더컷 가공이 제작공정 도중에 가공되므로 기어는 기초원보다 커질 것이다. 또한 식 (5.11-5)는 인벌루트 형상의 일부분의 제거도 없는 호브가공에 있어서 기어의 최소 잇수를 계산하는 데 사용될 것이다. 그림 5.33의 조사에 의하면 호브 날의 어덴덤은 가공된 기어의 디덴덤과 같다. 그래서 α는 표 5.1에 제시된 디덴덤 값의 실험에 의하여 얻어진다. 압력각 14.5°의 전체 깊이 형상에 대해서 고려하면 그 값은

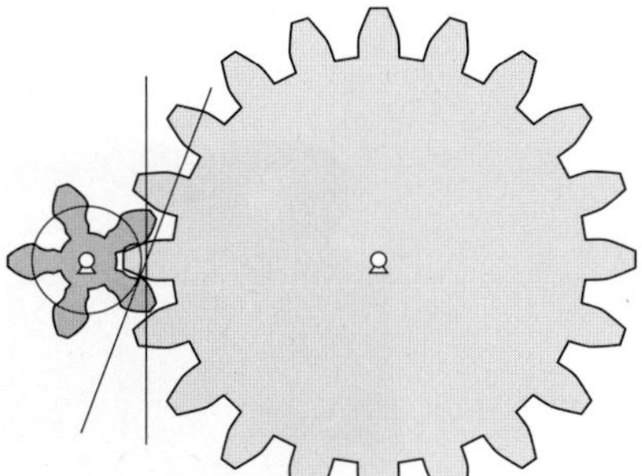
(a)

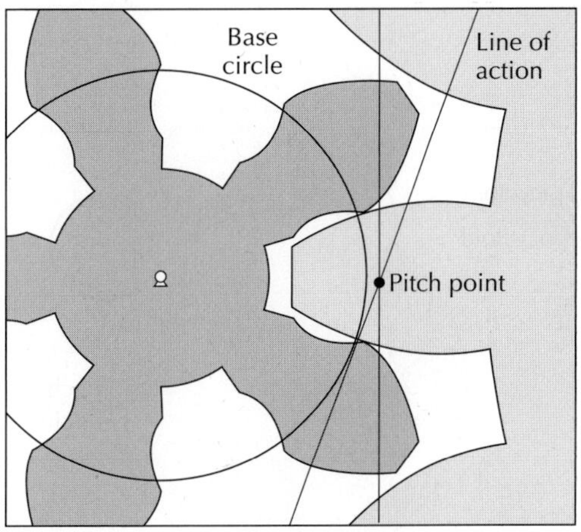

(b)

그림 5.62 ● (a) 언더컷이 필요한 기어의 물림[비디오 5.62], (b) 물린 이 주변의 확대

1.157이고 압력각 20°와 25°인 경우는 1.125이다. 계산된 최소 잇수는 표 5.4에 나타내었다.

5.12 사이클로이드 기어 물림

비디오 5.63
사이클로이드 곡선의 생성

비디오 5.64
사이클로이드 기어펌프

사이클로이드 기어전동은 기어전동의 기본 법칙을 만족하는 **사이클로이드 치형** 또는 사이클로이드 모양을 가진 치형이다. 그림 5.63의 그림과 같이 하나의 **사이클로이드**는 피치원의 안쪽과 바깥쪽 위를 구르는 구름원에 의하여 형성되며, 구름원 표면 위의 한 점의 경로를 그린 것이다. 피치원의 바깥쪽과 안쪽의 곡선은 각각 **내측 사이클로이드**(hypocycloid)와 **외측 사이클로이드**(epicycloid)로 불린다. 2개의 맞물린 기어의 피치원의 크기는 서로 다를 수 있다. 그러나 1개의 기어에서의 외측 사이클로이드와 내측 사이클로이드에 대한 구름원의 크기는 맞물린 기어의 외측 사이클로이드, 내측 사이클로이드와 반드시 각각 짝을 이룬다.

사이클로이드 치형의 기어들은 가끔 양정펌프에 사용된다. 그림 5.64는 자동차 엔진에 사용되는 오일펌프를 나타내고 있다. 이러한 형태의 기어펌프는 **사이클로이드 기어펌프**로 불린다. 그림 5.65는 다른 종류의 기어펌프를 나타내고 있다. 이것은 링크 2와 링크 3이 가리키듯이 사이클로이드 치형을 가진 2개의 기어로 구성되어 있다. 링크 3은 내치 기어이고 두 기어는 하나의 축에 고정되어 회전한다. 기어 사이에는 여러 개의 접촉점이 있다. 모든 접촉점의 공통 법선을 그린 것을 그림에서 알 수 있다. 그래서 동일한 고정점에서의 모든 공통 법선의 교차점에서 반드시 요구되는 하나의 일정한 속도비가 있다.

접촉점에서의 공통 법선의 방향은 회전하는 기어와 같이 고정되지 않는다. 이것은 공통 법선의 방향이 여전히 고정되는 인벌루트 기어 치형을 갖는 기어들과는 다르다.

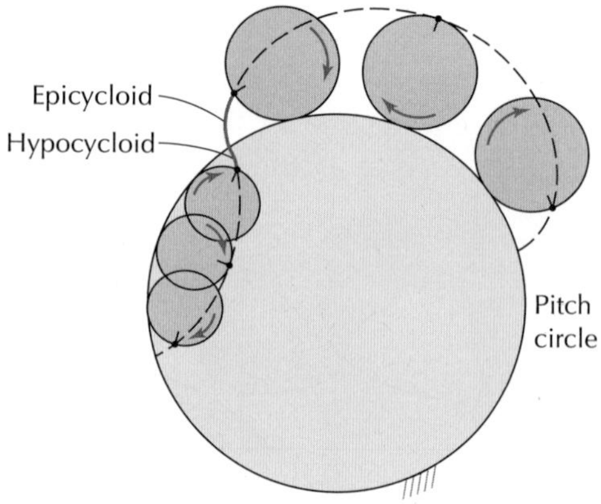

그림 5.63 ● 사이클로이드 곡선의 생성[비디오 5.63]

그림 5.64 ● 사이클로이드 기어펌프[비디오 5.64]

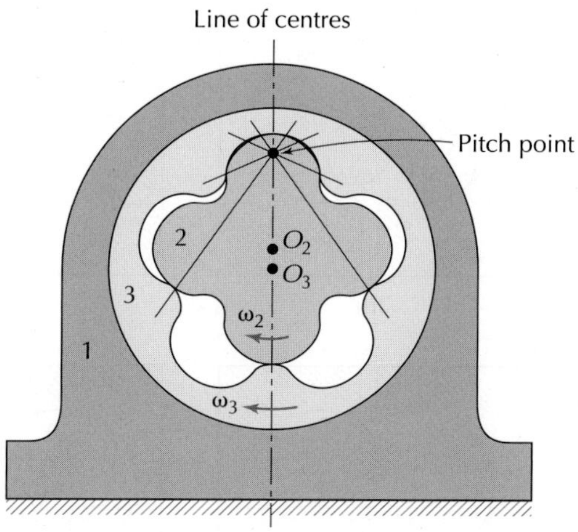

그림 5.65 ● 사이클로이드 기어펌프

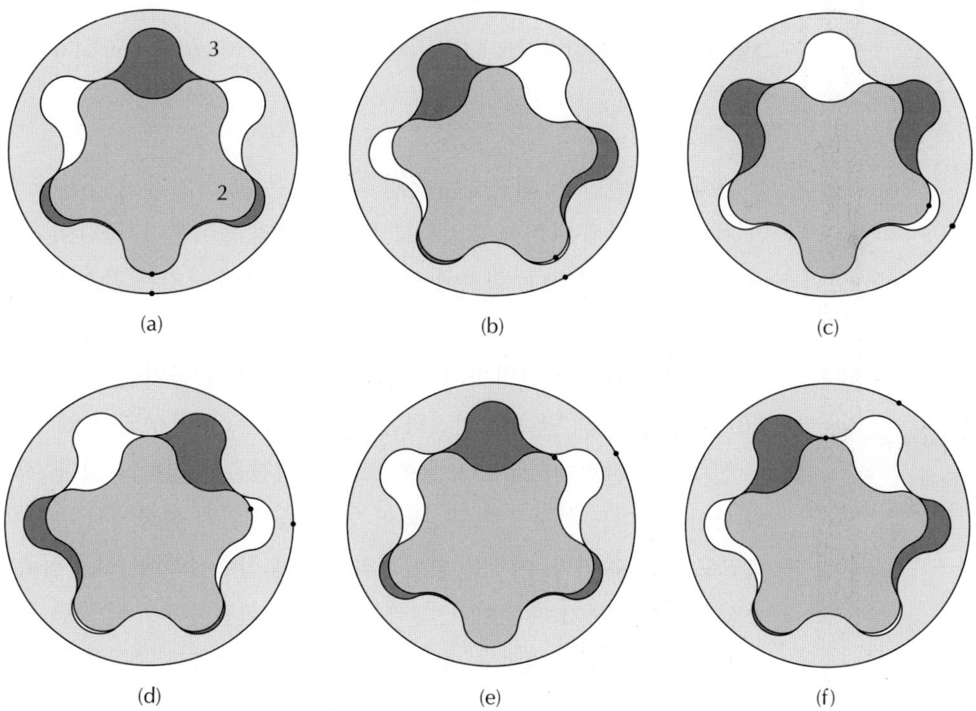

그림 5.66 ● 사이클로이드 기어펌프[비디오 5.66]. (a) $\theta_3 = 0°$, (b) $\theta_3 = 30°$, (c) $\theta_3 = 60°$, (d) $\theta_3 = 90°$, (e) $\theta_3 = 120°$, (f) $\theta_3 = 150°$

비디오 5.66
사이클로이드 기어펌프

그림 5.66은 기어의 여러 다양한 위치들을 나타낸다. 각각의 그림에서 각도는 선택된 출발점에서부터 링크 3의 회전을 나타낸다. 실험 시연을 위해서, 접촉점 사이의 공간들은 하나씩 흰색과 검은색으로 구분되어 교차된다. 실제에 있어서 모든 공간(포켓)은 동일

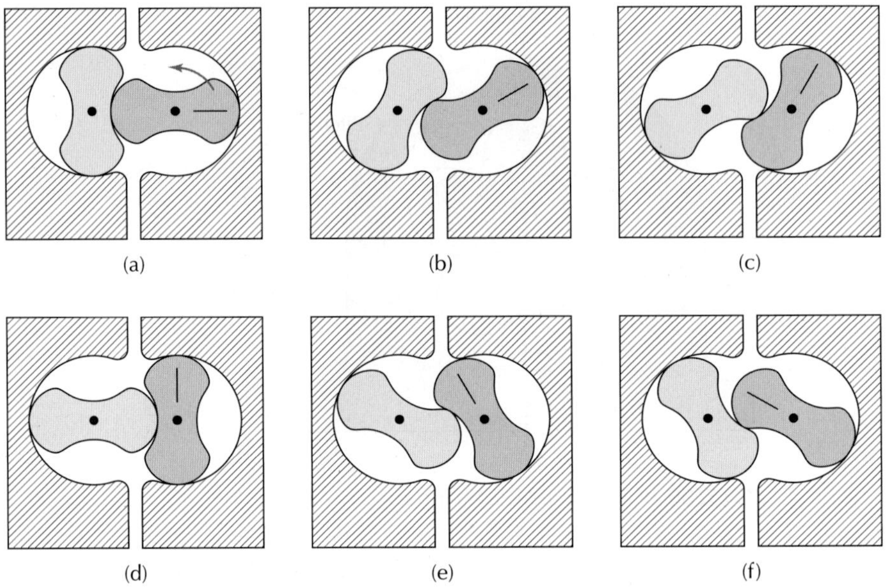

그림 5.67 ● 송풍기[비디오 5.67]. (a) $\theta = 0°$, (b) $\theta = 30°$, (c) $\theta = 60°$, (d) $\theta = 90°$, (e) $\theta = 120°$, (f) $\theta = 150°$

한 유체를 운반한다. 회전하는 동안 각 공간은 그 크기가 증가된다. 여기서는 보이지 않지만 기어의 측면에 위치한 흡입구를 통하여 빨려 들어온다. 공간이 최대의 크기에 도달했을 때, 흡입구는 차단된다. 회전에 의하여 포켓공간의 크기는 감소되고 유체는 토출구를 통하여 방출된다.

비디오 5.67
송풍기

사이클로이드 기어의 또 다른 응용은 송풍기나 공기압축기에 사용된다. 이것은 그림 5.67과 같이 2개의 반대로 회전하는 로브(돌출부)로 구성되어 있다. 각각의 그림에서 각도는 선택된 출발점에서부터 오른쪽 로브의 회전을 설명하고 있다. 각각의 로브는 실제 2개의 사이클로이드 치형으로 구성되어 있다. 출발 위치 설명에서 두 기어 사이에는 어떤 구동 토크도 있을 수 없다. 이것은 중심선의 연장에 접촉점이 있으며, 접촉점에서의 공통 법선은 중심선과 일치하기 때문이다. 그래서 동일한 회전축에서 맞물린 같은 크기의 2개의 다른 기어를 추가로 나타내었다. 추가된 기어들은 구동축과 종동축 사이에서 연속적인 토크전달을 보장한다.

비디오 5.68
사이클로이드 평기어

위의 사이클로이드 기어를 사용한 두 가지 예는 외측 사이클로이드 곡선과 내측 사이클로이드 곡선을 이용하여 만들었다. 그러나 인볼루트 형상(그림 5.18 참조)을 사용한 한 쌍의 기어와 마찬가지로 사이클로이드 곡선 일부만을 이용하는 것도 가능하다. 이와 같은 한 쌍의 기어를 그림 5.68에 나타내었다.

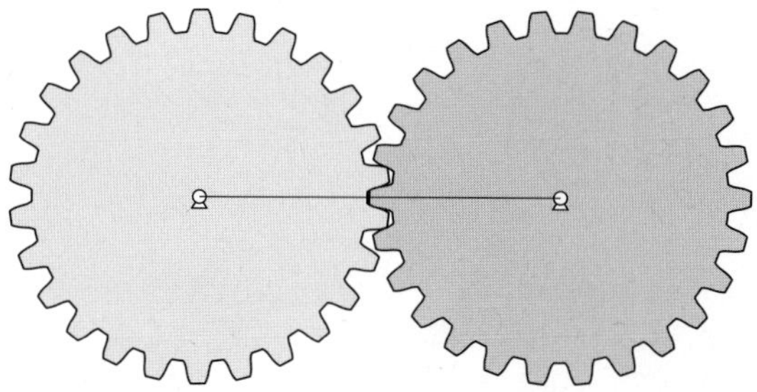

(a)

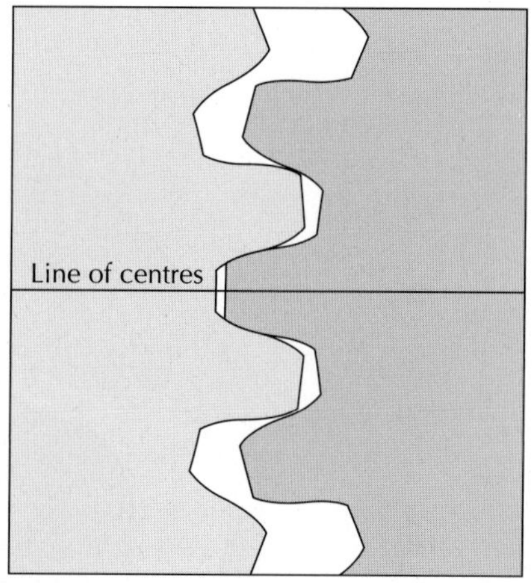

(b)

그림 5.68 ● (a) 사이클로이드 평기어[비디오 5.68], (b) 물린 부의 확대

예제 5.7 | 기어펌프의 해석

그림 5.69에 사이클로이드 기어펌프의 두 기어를 나타내었다. 기어 2와 3은 각각 O_2와 O_3를 중심점으로 회전한다. 기어 3은 내치 기어이다. 두 기어의 이 폭은 2.0 mm이다.

$$r_2 = 4.6 \text{ cm}; \quad \omega_2 = 300 \text{ rpm CW}$$

(a) 기어 3의 회전 속도를 계산하라.

(b) 피치선 속도를 계산하라.

(c) 펌프의 주어진 위치에서 모든 순간중심을 그림에 표시하라.

(d) 펌프의 주어진 위치에서, 기어 이의 접촉점 A에서 압력각을 그림에 표시하라.

(e) 기어 3에서 이의 원주 피치를 계산하라.

(f) 펌프를 통과하는 체적유량비를 산출하라.

풀이

(a) 기어 3의 회전 속도

$$\omega_3 = +\frac{N_2}{N_3}\omega_2 = \frac{3}{4}300 \text{ rpm CW} = 225 \text{ rpm CW}$$

(b) 피치선 속도

$$v_{p_{2,3}} = \omega_2 r_2 = \left(300 \times \frac{2\pi}{60} \times 4.6\right)\frac{\text{cm}}{\text{sec}} = 144\frac{\text{cm}}{\text{sec}}; \quad \overline{v}_{p_{2,3}} = 144\frac{\text{cm}}{\text{sec}}@0°$$

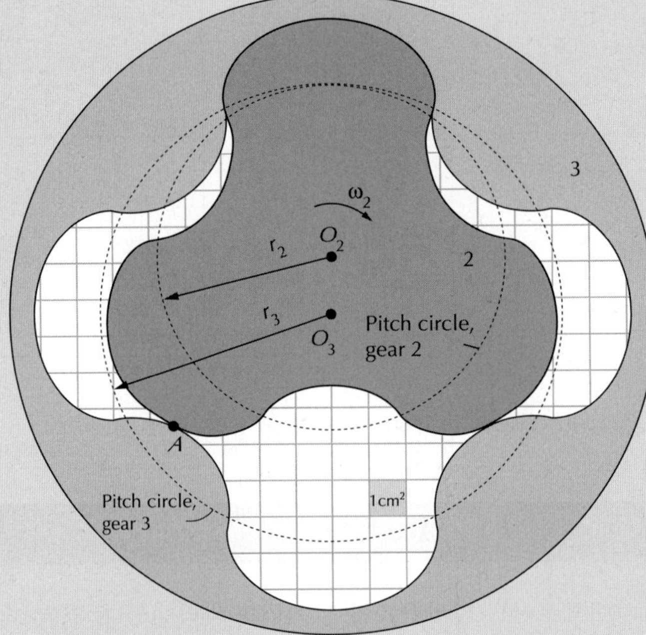

그림 5.69 ● 기어펌프

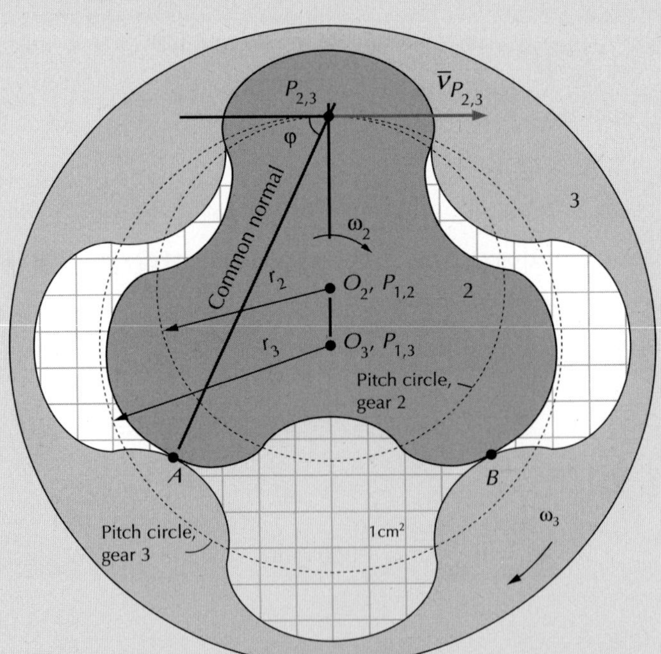

그림 5.70

(c) 순간 중심(그림 5.70 참조)

(d) 점 A에서의 압력각(그림 5.70 참조)

(e) 원주 피치

$$p_{c3} = p_{c2} = \frac{2\pi r_2}{N_2} = \frac{2\pi \times 4.6}{3} = 9.63 \text{ cm}$$

(f) 펌프를 통과하는 체적 유량비

용적 펌프는 한 쌍의 인근 접촉점 사이에 유체를 함유한 포켓의 체적이 0의 상태로 된다. 그러므로 체적유량비를 계산하기 위해서는 한 쌍의 접촉점(그림 5.70의 점 A와 B 사이에 묘사된) 사이의 최대 면적을 조사하여야 한다. 그 다음 포켓의 최대 체적을 구하기 위하여 면적과 기어 이 폭을 곱한다. 그런 다음 주어진 시간에 대하여 포켓의 최대 체적과 포켓의 수를 곱한다. 이 계산은 다음과 같다.

A와 B 사이 포켓의 최대 면적(그림 5.70 참조) = 32 cm^2

포켓의 최대 체적 = 32 cm^2 × 기어 이 폭 = 64 cm^3

$$Q_{pump} = 64 \text{ cm}^3 \times 300\frac{\text{rev}}{\text{min}} \times 3\frac{\text{pockets}}{\text{rev}} = 57{,}600\frac{\text{cm}^3}{\text{min}} = 57.6\frac{\text{liters}}{\text{min}}$$

Problems

Sizing of Gear Teeth, Straight Spur

P5.1 What is the pitch circle diameter of a 40-tooth straight spur gear having a circular pitch of 0.75 in?

P5.2 How many revolutions per minute is a straight spur gear turning at if it has 96 teeth, a circular pitch of 0.75 in, and a magnitude of the pitch line velocity of 15 ft/sec?

P5.3 How many revolutions per minute is a straight spur gear turning at if it has 96 teeth, a module of 3 mm, and a magnitude of the pitch line velocity of 500 mm/sec?

P5.4 A straight spur gear having 40 teeth is rotating at 450 rpm and is to drive another straight spur gear at 600 rpm.

(a) What is the magnitude of the speed ratio?

(b) How many teeth must the second gear have?

P5.5 A straight spur gear having 60 teeth is rotating at 600 rpm and is to drive another straight spur gear at 400 rpm.

(a) What is the magnitude of the speed ratio?

(b) How many teeth must the second gear have?

P5.6 Two straight spur gears in mesh have a module of 2 mm, a centre-to-centre distance of 80 mm, and a magnitude of speed ratio of 0.6. How many teeth do the gears have? If the pinion is rotating at 1200 rpm, what is the magnitude of the pitch line velocity?

P5.7 Two spur gears in mesh are designated as A and B. Gear A has 80 teeth of 4 in^{-1} diametral pitch, and gear B has a pitch circle diameter of 16 in. The teeth have a

pressure angle of 14.5° and involute form. Determine
(a) the number of teeth on gear *B*
(b) the centre-to-centre distance between the gears
(c) the circular pitch
(d) the outside diameter of gear *A*
(e) the base circle diameter of gear *A*

P5.8 The table provides information that pertain to the reverted gear train shown in Figure 5.28. All gears are straight spur with a 20° pressure angle. Determine
(a) the circular pitch of gear 2
(b) the base circle radius of gear 3
(c) the pitch circle diameter of gear 4
(d) the centre-to-centre distance between gears 2 and 3

TABLE P5.8 PARAMETERS OF THE REVERTED GEAR TRAIN SHOWN IN FIGURE 5.28

Gear No.	No. of Teeth	Module (mm)
2	36	4
3	—	—
4	48	—
5	96	6

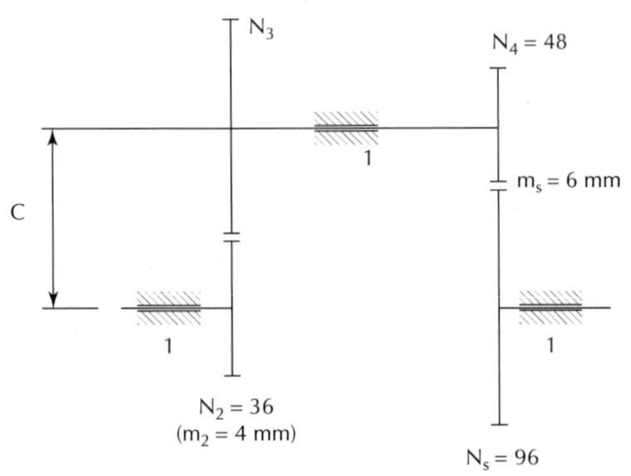

Figure P5.8

P5.9 A straight spur gear *A* has 24 teeth. It meshes with an internal gear *B*. Both gears have a 25° pressure angle, 12-in^{-1} diametral pitch, and full-depth teeth. The centre-to-centre distance between the gears is 1.50 in. Determine
(a) the addendum circle diameter of gear *A*
(b) the number of teeth on gear *B*
(c) the base circle radius of gear *B*
(d) the thickness of a gear tooth on gear *B*, measured along its pitch circle

P5.10 Determine the numbers of teeth on a pair of straight spur gears with centre-to-centre distance of 80 mm, gear teeth having module 2.0 mm and a magnitude of speed ratio 0.6.

P5.11 Determine the numbers of teeth on a pair of straight spur gears with centre-to-centre distance of 4.0 in, gear teeth having diametral pitch of 10 in^{-1} and a magnitude of speed ratio 0.25.

P5.12 Design a pair of external-internal spur gears that will generate a magnitude of speed ratio of 0.4. The centre-to-centre distance between the gears should be 41 mm. The gears are to be cut using a hob with module of 2.0 mm.

P5.13 Each column in Table P5.13 relates to a straight spur gear. Determine the missing information.

TABLE P5. 13

	(a)	(b)	(c)	(d)
Base circle diameter (in)	—	—	—	—
Dedendum circle diameter (in)	—	—	—	—
Pitch circle diameter (in)	—	—	8.0	—
Addendum circle diameter (in)	—	—	—	8.5
Diametral pitch (in^{-1})	2.0	—	4.0	10.0
Circular pitch (in)	—	0.5	—	—
Pressure angle (degrees)	20	20	25	20
Stub/Full-depth (in)	Full	Stub	Full	Full
Number of teeth	24	36	—	—

P5.14 Each column in Table P5.14 relates to a straight spur gear. Determine the missing information.

TABLE P5.14

	(a)	(b)	(c)	(d)
Base circle diameter (mm)	—	—	—	—
Dedendum circle diameter (mm)	—	—	—	40.5
Pitch circle diameter (mm)	—	—	40	—
Addendum circle diameter (mm)	—	100	—	—
Module (mm)	2.0	4.0	0.5	1.0
Pressure angle (degrees)	20	20	20	20
Number of teeth	24	—	—	—

P5.15 Each column in Table P5.15 relates to a pair of meshing external-external straight spur gears (see Figure P5.15). All gear teeth are full-depth. Determine the missing information.

TABLE P5.15

	(a)	(b)	(c)	(d)
Circular pitch (in)	—	$\pi/4$	—	—
Diametral pitch (in^{-1})	2.0	—	8.0	6.0
Pressure angle (degrees)	20	20	20	20
N_2	24	22	—	—
N_3	30	—	—	—
r_2 (in)	—	—	4.0	—
r_3 (in)	—	—	—	—
c (in)	—	7.0	9.0	8.0
$\|\omega_2\|$ (rad/sec)	60	—	9.0	10
$\|\omega_3\|$ (rad/sec)	—	40	10	—
v_p (in/sec)	—	—	—	30
Contact ratio	—	—	—	—

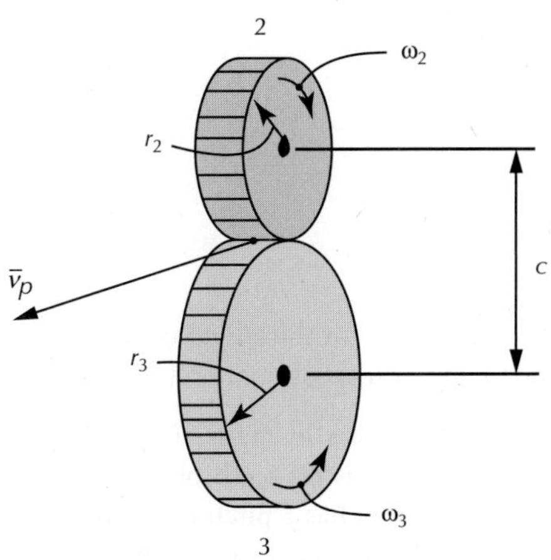

Figure P5.15

P5.16 Each column in the table relates to a rack and pinion gear set (see Figure P5.16). The teeth are full-depth and the helix angle is zero. Determine the missing information.

TABLE P5.16

Circular pitch (in)	—
Diametral pitch (in^{-1})	8
Pressure angle (degrees)	20
N_2	48
c (in)	—
$\|\omega_2\|$ (rad/sec)	60
v_p (in/sec)	—

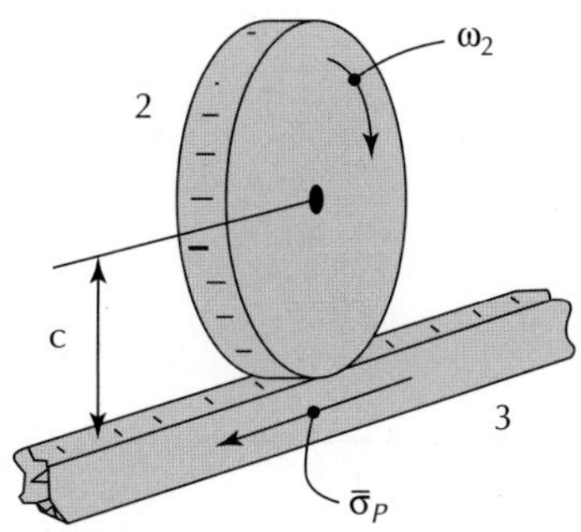

Figure P5.16

Sizing of Gear Teeth, Helical Spur

P5.17 Design a pair of external-external spur gears that will generate a magnitude of speed ratio of 0.4. The centre-to-centre distance between the gears is to be $8.0/\pi$ in. The gears are to be cut using a hob with hob pitch of 0.25 in.

P5.18 Each column in Table P5.18 relates to a helical spur gear. Determine the missing information.

TABLE P5.18

	(a)	(b)	(c)	(d)
Normal pitch (in)	0.375	0.5	0.25	0.5
Circular pitch (in)	—	0.7	—	—
Pitch circle diameter (in)	—	—	—	8.0
Helix angle (degrees)	30	—	15	—
Number of teeth	24	30	36	40

P5.19 Each column in the table relates to a pair of meshing external–external helical spur gears (see Figure P5.19). Determine the missing information.

TABLE P5.19

Circular pitch (in)	—
Normal pitch (in)	0.5
Helix angle (degrees)	30
N_2	36
N_3	54
r_2 (in)	—
r_3 (in)	—
c (in)	—
$\lvert\omega_2\rvert$ (rad/sec)	30
$\lvert\omega_3\rvert$ (rad/sec)	—
v_p (in/sec)	—

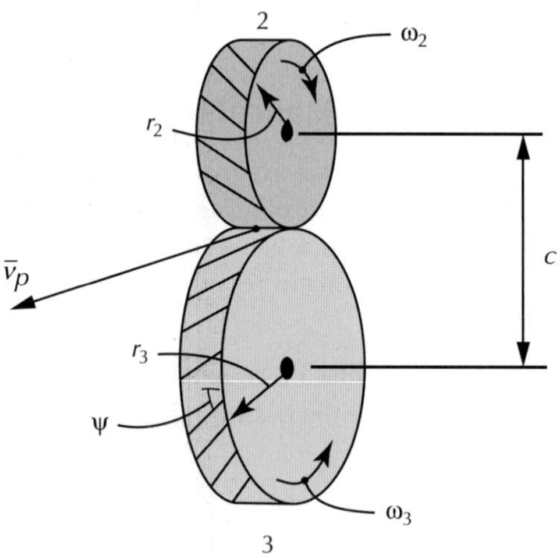

Figure P5.19

P5.20 Each column in Table P5.20 relates to a pair of meshing external–internal helical spur gears (see Figure P5.20). Determine the missing information.

TABLE P5.20

	(a)	(b)	(c)	(d)
Circular pitch (in)	—	—	—	—
Normal pitch (in)	0.5	0.5	0.25	0.50
Helix angle (degrees)	30	—	—	—
N_2	24	24	24	—
N_3	80	80	—	108
r_2 (in)	—	—	—	3.0
r_3 (in)	—	—	—	—
c (in)	—	5.0	1.0	6.0
$\lvert\omega_2\rvert$ (rad/sec)	60	—	80	—
$\lvert\omega_3\rvert$ (rad/sec)	—	40	40	—
v_p (in/sec)	—	—	—	90

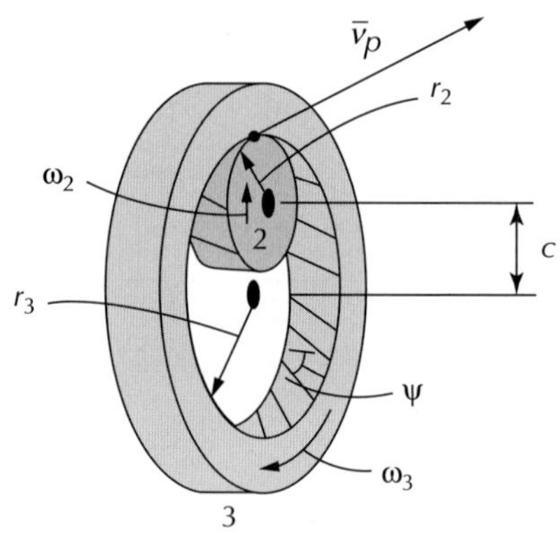

Figure P5.20

Contact Ratio

P5.21 Derive the expression for the length of contact for a rack and pinion gear set (Equation (5.10-14)).

P5.22 Two straight spur gears in mesh are designated as A and B. Gear A has 60 teeth of 4 in^{-1} diametral pitch, and gear B has a pitch circle diameter of 24 in. The teeth have a pressure angle of 14.5°. Both gears are teeth. Determine.

(a) the number of teeth on gear B

(b) the centre-to-centre distance between the gears

(c) the circular pitch

(d) the outside diameter of gear B

(e) the base circle diameter of gear B

P5.23 A gear with a diametral pitch of 2 in^{-1} and 20° full-depth involute form has 35 teeth and meshes with a 70-tooth gear. The larger gear rotates at 300 rpm CW. Both gears have external teeth. Determine

(a) the pitch circle diameters
(b) the base circle radius of the smaller gear
(c) the circular pitch
(d) the centre-to-centre distance between the gears
(e) the rotational speed of the smaller gear
(f) the contact ratio

P5.24 A pinion has 32 teeth and has been manufactured using a hob having a 20° pressure angle, 8 in^{-1} diametral pitch, and stub teeth. It meshes with a rack. Determine

(a) the length of action
(b) the contact ratio

P5.25 Determine an expression for the contact ratio between a pair of external gears where gear 2 is stub form and gear 3 is full-depth.

P5.26 Determine an expression for the contact ratio for a rack and pinion set when

(a) the pinion, gear 2, has full-depth teeth, and the rack, gear 3, has stub teeth
(b) the pinion, gear 2, has stub teeth, and the rack, gear 3, has full-depth teeth

P5.27 Determine an expression for the contact ratio of an external–internal pair of meshing gears. for which gear 3 is the internal gear, when

(a) gear 2 has full-depth teeth, and gear 3 has stub teeth
(b) gear 2 has stub teeth, and gear 3 has full-depth teeth

P5.28 Each column in Table P5.28 relates to a pair of meshing external-internal straight spur gears (see Figure P5.28). All gear teeth are full-depth. Determine the missing information.

TABLE P5.28

	(a)	(b)	(c)	(d)
Circular pitch (in)	—	—	$\pi/4$	—
Diametral pitch (in^{-1})	4.0	6.0	—	5.0
Pressure angle (degrees)	20	20	20	25
N_2	24	24	—	—
N_3	80	—	96	—
r_2 (in)	—	—	—	—
r_3 (in)	—	—	—	—
c (in)	—	7.0	8.0	9.0
$\lvert\omega_2\rvert$ (rad/sec)	60	—	—	12
$\lvert\omega_3\rvert$ (rad/sec)	—	40	50	6.0
v_p (in/sec)	—	360	—	—
Contact ratio	—	—	—	—

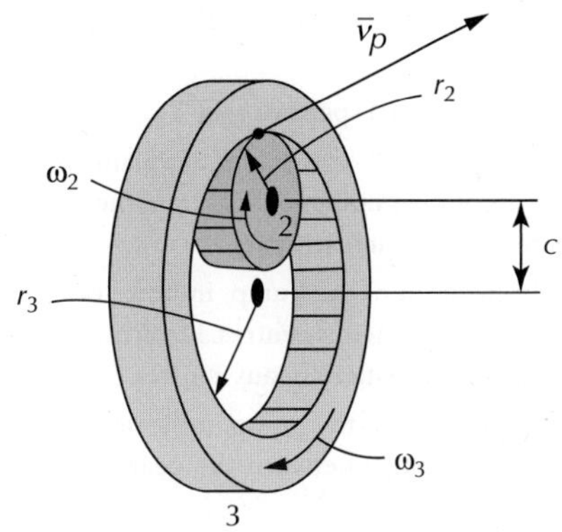

Figure P5.28

Spur and Helical Gears

P5.29 The table provides information that pertains to the reverted gear train shown in Figure 5.28.
All gears were manufactured using a hob cutter having a 20° pressure angle, 0.35-in hob pitch, and full-depth. Determine

(a) the base circle radius of gear 3
(b) the centre-to-centre distance between gears 2 and 3
(c) the circular pitch of gear 4
(d) the helix angle of gear 5
(e) the pitch circle diameter of gear 4
(f) the addendum circle diameter of gear 4 (i.e. the diameter of the gear blank)

TABLE P5.29 PARAMETERS OF THE REVERTED GEAR TRAIN SHOWN IN FIGURE 5.28

Gear No.	No. of Teeth	Type of Gear
2	30	—
3	48	Straight spur
4	28	Helical spur
5	46	—

Cycloidal Gerotor Pump

P5.30 Figure P5.30 shows portions of two gears from a cycloidal gerotor pump. Gears 2 and 3 rotate about points O_2 and O_3, respectively. Gear 2 has five teeth. The face width of both gears is 3.0 cm.

$$r_2 = 6.25\ \text{cm};\quad \omega_2 = 200\ \text{rpm CW}$$

(a) Determine the rotational speed of gear 3

(b) Specify the mobility of the pump. Explain your answer in terms of the number of links, and the numbers and types of the kinematic pairs.

(c) For the given position of the pump, indicate on the figure all of the instantaneous centres. Determine the velocities of all of the instantaneous centres.

(d) For the given position of the pump, indicate on the figure the pressure angle between the gear teeth at contact point A.

(e) Estimate the volume flow rate through the pump.

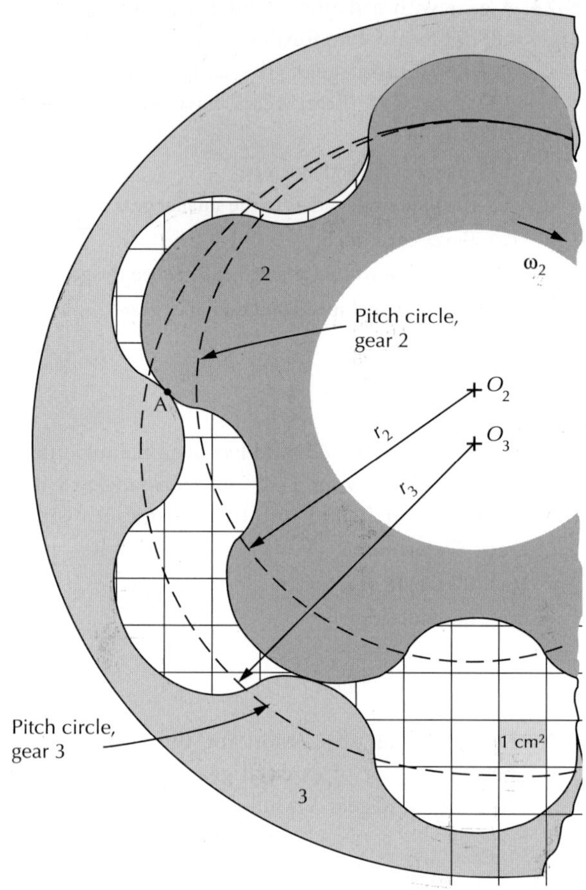

Figure P5.30

CHAPTER 6

기어열

6.1 서론

입력축으로부터 출력축까지 회전 운동과 토크(torque)를 전달하기 위해 배열된 기어의 조합을 **기어열**(gear train)이라고 한다. 기어열은 토크와 회전 속도를 변화시키거나 위치를 교체하기 위한 회전 운동을 전달하는 데 사용된다.

기어열에 조합된 기어의 수는 2개에서 여러 개의 기어들로 배열할 수 있다. 보통, 기어는 볼 또는 롤러 베어링을 사용하여 축을 지지하는 견고한 프레임에 조립되어 있다. 기어는 종종 키가 가공된 축에 끼워져 있고, 프레임에는 보통 충분한 윤활유가 포함되어 기어에 공급된다. 중하중용 기어에서는 윤활유는 순환, 여과되고 가끔 냉각하기도 한다.

그림 6.1에서 선반에 사용된 기어열을 나타내고 있으며, 전동기로 일정한 회전 속도를 입력축에 공급한다. 주축과 공작물의 다양한 회전 속도는 물린 기어의 변화에 의하여 얻어진다.

그림 6.2는 시계 기능을 수행하기 위한 기어열을 포함하고 있는 구식 수동시계를 설명하고 있다. 하나의 기어열은 입력한 회전에 대하여 적절한 비율로 시침과 분침을 돌리는 데 사용된다. 다른 기어열은 시계의 동력원인 감김 스프링을 감는 토크 전달에 사용된다. 스프링으로부터의 에너지는 기어를 구동하기 위하여 방탈 메커니즘(13장의 13.7절 참조)에 의해 서서히 방출된다. 방탈 메커니즘 역시 정확한 시간을 유지할 수 있도록 적절한 회전비로 기어를 회전시킨다. 그림 6.3은 시계의 기어열 장치를 3차원 모델로 설명하고 있다.

비디오 6.3
수동시계

기어열에는 적어도 1개의 입력축과 1개의 출력축이 있다. 그러나 기어열은 다중 입력을 받아들이고 다중 출력을 전달하거나, 또는 둘 다 가능하게 디자인되어 있다. 기어열은 입력과 출력의 속도비에 의해 특성이 부여된다. 기어열의 크기는 저용량(와트 급)에서 대용량(메가와트 급)까지의 출력비에 의하여 결정된다.

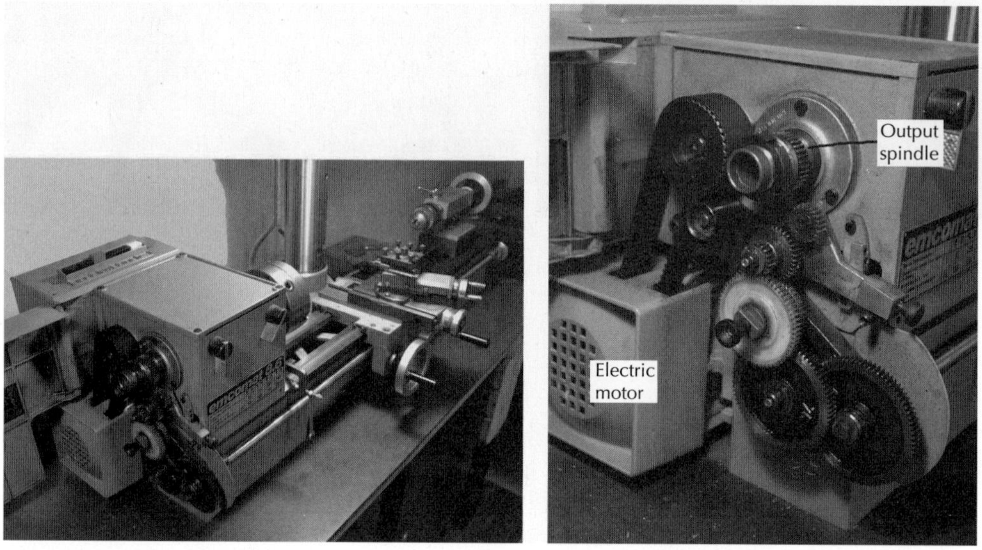

(a) (b)

그림 6.1 ● 선반의 기어열

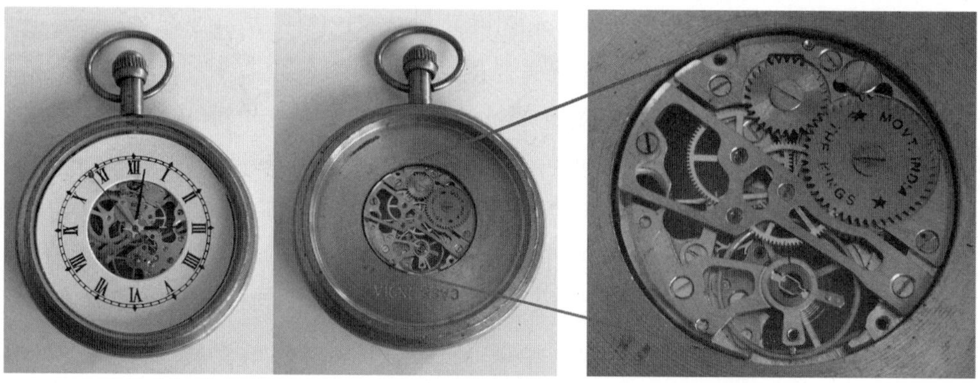

(a) (b) (c)

그림 6.2 ● (a) 수동시계, (b) 커버 분리, (c) 기어열의 확대

이 장에서는 여러 기어열의 형식과 분류에 대하여 설명하였다. 요소의 속도를 결정하는 방법 또한 기술되어 있다.

6.1.1 속도비

속도비는 두 회전 요소 사이의 상대 속도로 측정한다. 기어열에서 기어 i에 대한 기어 j의 속도비는 다음과 같이 정의된다.

$$e_{j/i} = \frac{\text{rotational speed of component } j}{\text{rotational speed of component } i} \tag{6.1-1}$$

그림 6.3 ● 수동시계[비디오 6.3]

$e_{j/i}$ 값이 양인 경우에는 요소 j와 요소 i는 둘 다 같은 방향으로 회전한다. $e_{j/i}$ 값이 음인 경우에는 회전 방향이 반대임을 의미한다. 식 (6.1-1)은 기어열의 전반적인 속도비에 적용될 수 있다. 그 경우에 j는 기어열의 출력 요소에, i는 입력 요소에 해당된다.

그림 6.4는 한 쌍의 기어의 두 가지 물림에 대하여 피치원으로 나타내었다. 그림 6.4(a)와 같이 외접으로 물린 기어는 기어가 반대 방향으로 회전하고, 속도비는 음수이다. 그림 6.4(b)의 내접 기어쌍인 경우, 기어는 같은 방향으로 회전하고, 속도비는 양수이다.

회전축이 평행한 요소들에만 적용할 수 있는 위의 속도비에 대한 부호협약은 정의되었다. 웜과 휠, 마이터 기어 그리고 베벨 기어와 같이 회전축이 평행이 아닌 경우, 식 (6.1-1)에 의하여 속도비의 크기만 정의되고 회전 방향은 적당한 스케치를 이용하여 결정할 수 있다.

식 (5.6-6)으로부터 기어의 잇수는 피치원 직경에 비례한다. 맞물린 기어는 반드시 같은

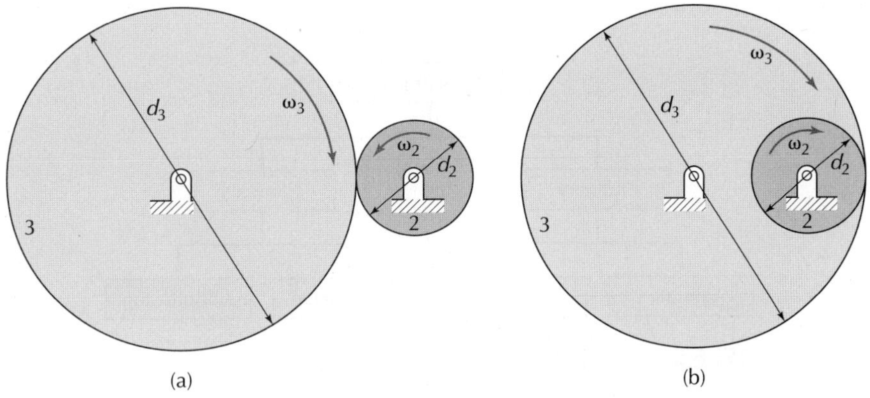

그림 6.4 ● 피치원에 의한 기어의 맞물림. (a) 외접 기어쌍, (b) 내접 기어쌍

피치여야만 한다. 그림 6.4(a)에 나타낸 것과 같이 외접 기어쌍은 기어 2와 3, 잇수 N_2와 N_3가 있으며, 회전 방향은 반대이다. 기어 2에 대한 기어 3의 속도비는 다음과 같다.

$$e_{3/2} = \frac{\omega_3}{\omega_2} = -\frac{N_2}{N_3} \tag{6.1-2}$$

그림 6.4(b)에 나타낸 것과 같이, 내접 기어쌍에 대한 속도비는 다음과 같다.

$$e_{3/2} = \frac{\omega_3}{\omega_2} = +\frac{N_2}{N_3} \tag{6.1-3}$$

일반적으로 특정한 속도비를 공급하기 위해서는 기어열의 설계가 요구된다. 예를 들어 2/3와 같은 특정한 크기의 속도비는 작은 수를 포함하는 소수인 경우에, 기어배열과 잇수의 폭넓은 선택과 사용을 할 수 있다. 이러한 조합은 20과 30, 40과 60 등으로 조합할 수 있다. 기어는 반드시 정수의 잇수로 이루어져 있기 때문에 어떤 속도비를 내는 것이 불가능하거나 또는 정확하게 속도비를 얻어내는 것을 실행할 수 없는 경우도 있다. 예를 들면, 123/177과 같이 2개의 큰 소수가 포함된 속도비의 크기는 정확한 속도비를 공급하기 위해서 123과 177개의 기어 물림이 요구될 것이다. 그러나 원하는 속도비 값으로부터 작은 편차를 허용한다면 대체 기어열이 개발될 수 있다. 예를 들면, 36과 25 잇수의 두 기어의 속도비는 0.6944이다. 이 값은 명기된 123/177 = 0.6949의 값에 매우 근접한 값이다.

6.1.2 기어열의 분류

기어열은 **보통 기어열**과 **유성 기어열** 두 그룹으로 분류할 수 있다(그림 6.5). 보통 기어열에는 모든 기어의 축이 상대적으로 프레임(즉, 베이스 링크)에 고정되어 있다.

유성 기어열에는 적어도 1개의 기어 축이 베이스 링크에 연결된 순환 경로를 따라 움직인다. 이 두 그룹의 트레인은 다음 절에서 좀 더 설명한다.

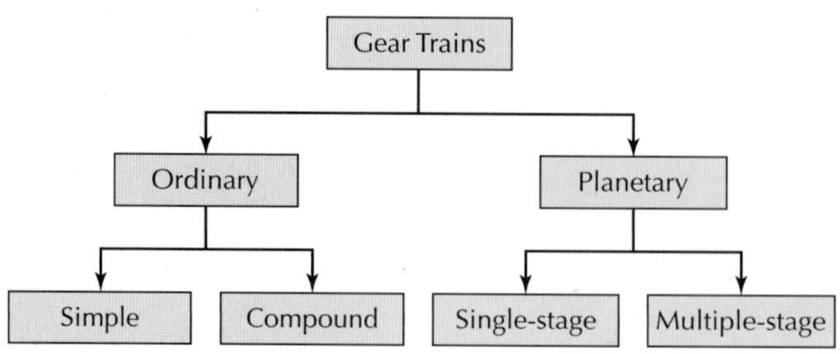

그림 6.5 ● 기어열의 분류

6.2 보통 기어열

보통 기어열에는 **단순 기어열**과 **복합 기어열**의 두 가지 형태가 있다.

6.2.1 단순 기어열

비디오 6.6A
단순 기어열

단순 기어열에는 둘 또는 그 이상의 기어가 연속적으로 물려있다. 그리고 각각의 회전축에는 오직 1개의 기어가 끼워져 있다. 그림 6.6에서 단순 기어열의 두 가지의 예를 나타내었다.

단순 기어열에서 어떤 두 기어의 물림에 대한 속도비는 식 (6.1-2) 또는 (6.1-3)을 이용하여 구할 수 있다. 그러므로 그림 6.6(a)에 나타낸 기어열에서 기어 2와 3의 속도비와 기어 3과 4의 속도비는 각각 다음과 같다.

$$e_{3/2} = \frac{\omega_3}{\omega_2} = -\frac{N_2}{N_3} \quad \text{and} \quad e_{4/3} = \frac{\omega_4}{\omega_3} = -\frac{N_3}{N_4} \tag{6.2-1}$$

만약 기어 2가 입력이고 기어 4가 출력이라고 가정하면, 식 (6.2-1)을 이용하여 기어열의 속도비는 다음 식과 같다.

$$e_{4/2} = \frac{\omega_4}{\omega_2} = e_{4/3} \times e_{3/2} = \left(-\frac{N_3}{N_4}\right)\left(-\frac{N_2}{N_3}\right) = \frac{N_2}{N_4} \tag{6.2-2}$$

그림 6.6(a)에서 나타낸 기어열에 대하여

$$N_2 = 31; \quad N_3 = 18; \quad N_4 = 31$$

그리고 식 (6.2-2)를 사용하여

$$e_{4/2} = +1.0$$

이 기어열은 기어 2와 4 직접적으로 물렸을 때의 속도비의 크기와 같은 값을 가질 것이다. 그러나 **아이들 기어**(idler gear, 유동기어, 공전기어)로 일컫는 기어 3의 존재로 인해 속도비가 음수(negative)에서 양수(positive)로 바뀐다.

단순 기어열의 아이들 기어 수가 증가하여도 속도비의 크기는 오직 입력축과 출력축에 장착된 기어의 잇수 비에 의존된다. 속도비가 음수일지 양수일지는 아이들 기어의 수에 달려 있다. 단지 단순 기어열에서 설치된 외부 기어, 홀수의 아이들 기어는 양수의 속도비를 산출하고, 그림 6.6(b)에서 보듯이 짝수 아이들 기어의 속도비는 음수이고 다음 식과 같이 산출된다.

$$e_{5/2} = -\frac{N_2}{N_5} \tag{6.2-3}$$

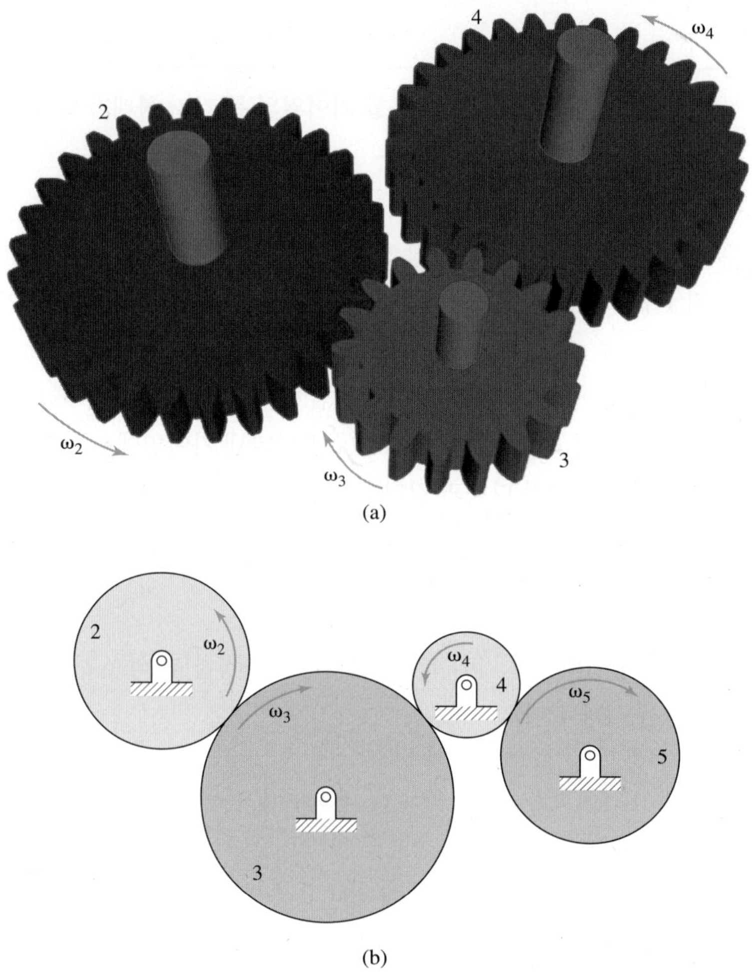

그림 6.6 ● 단순 기어열[비디오 6.6A]

예로, 기어 3과 4는 아이들 기어(공전기어)이다.

아이들 기어는 필요한 출력의 회전 방향을 조절하기 위해 그리고/또는 입력축으로부터 지정된 거리에 위치해 있는 출력축에 회전 운동을 전달하기 위해 추가된다. 입력축과 출력축 사이의 거리가 멀다면, 거리를 연결하기 위해 큰 직경의 입력, 출력 기어를 사용하는 대신 1개 이상의 아이들 기어를 사용하는 것이 더욱 경제적일 것이다. 그림 6.7은 입력축과 출력축 사이의 중심거리가 떨어져 있고 같은 속도비에 대한 두 가지의 대체 기어열을 보여주고 있다.

6.2.2 복합 기어열

복합 기어열에는 같은 축에 적어도 2개 이상의 기어가 장착된 4개 또는 그 이상의 기어가 있다. 같은 회전축에 장착된 이 기어들은 같은 비율과 같은 방향으로 회전하도록 구속되어

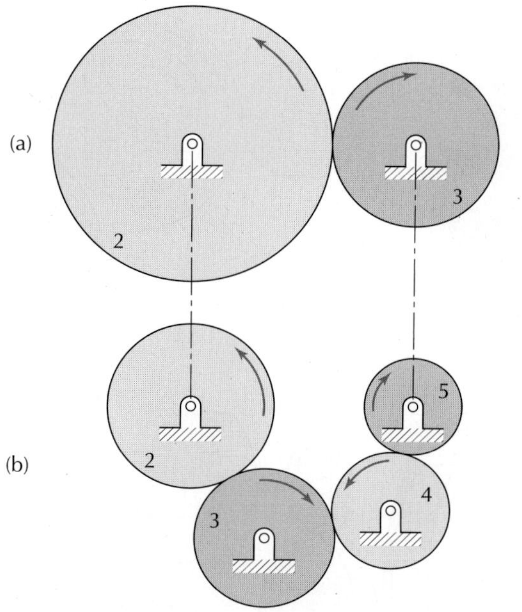

그림 6.7 ● 같은 속도비를 내는 두 가지 단순 기어열

비디오 6.8A
복합 기어열

있다. 그림 6.8에 세 가지의 복합 기어열을 나타냈다. 각각의 예에서, 기어 3과 4는 같은 회전축에 장착되어 있으며 모두 아이들 기어이다. 그림 6.8(a)의 기어열은 **회귀**(reverted) 기어열으로 불리는데, 회전축의 입력과 출력이 동일 선상에 있다.

복합 기어열의 속도비는 단순 기어열에서 사용된 같은 방식으로 알아낼 수 있다. 그림 6.8(a)의 기어열을 참고하면, 기어 2는 입력축에 붙어 있고, 기어 5는 출력축에, 그리고 아이들 기어 3과 4는 아이들 축에 장착되어 있어 같은 속도로 회전한다. 기어 2와 3이 물렸을 때의 속도비 그리고 기어 4와 5가 물렸을 때의 속도비는

$$e_{3/2} = \frac{\omega_3}{\omega_2} = -\frac{N_2}{N_3} \quad \text{and} \quad e_{5/4} = \frac{\omega_5}{\omega_4} = -\frac{N_4}{N_5}$$

이다. 이 기어열의 속도비는 다음과 같다.

$$e_{5/2} = \frac{\omega_5}{\omega_2} = \frac{\omega_5}{\omega_4}\frac{\omega_3}{\omega_2} = \left(-\frac{N_4}{N_5}\right)\left(-\frac{N_2}{N_3}\right) = \frac{N_2 N_4}{N_3 N_5} \tag{6.2-4}$$

이 경우에, 단순 기어열의 경우와는 다르게 아이들 기어의 잇수가 속도비에 영향을 준다. 비슷한 분석을 이용하여, 그림 6.8(b)와 같은 복합 기어열에 대한 속도비는 다음과 같다.

$$e_{6/2} = -\frac{N_2 N_4}{N_3 N_6} \tag{6.2-5}$$

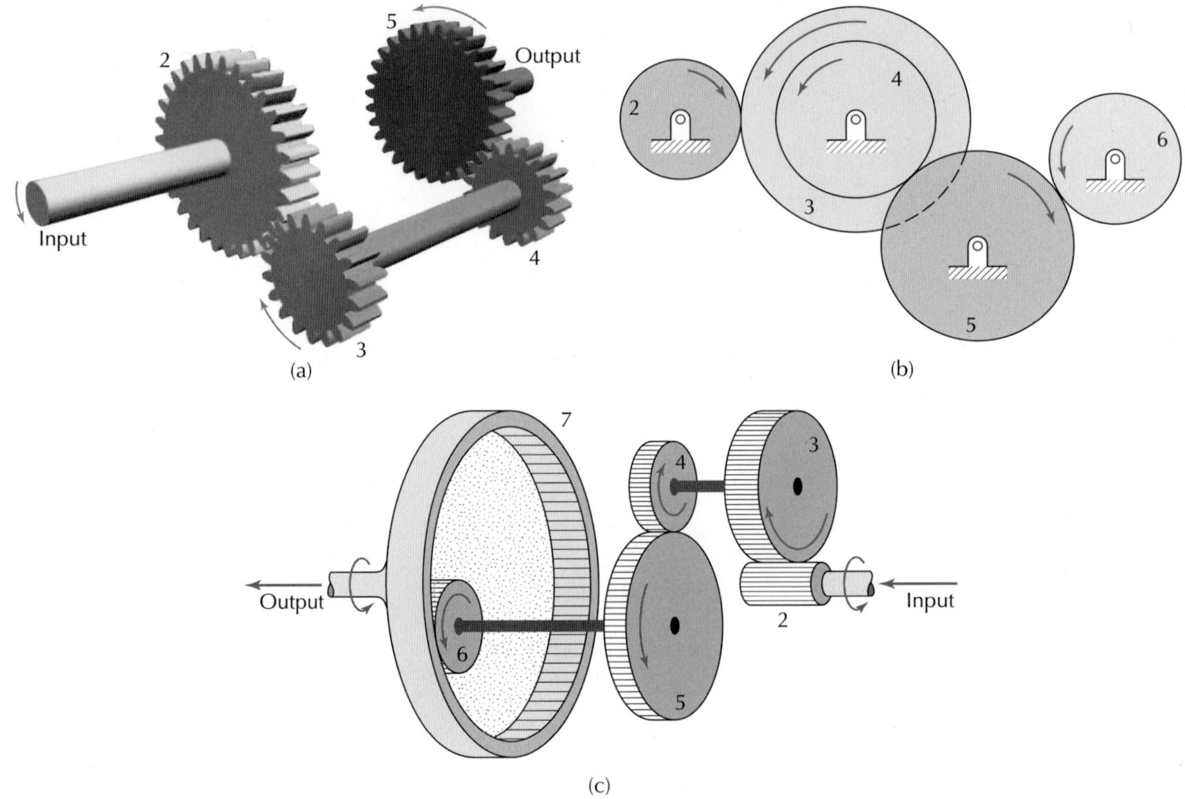

그림 6.8 ● 복합 기어열[비디오 6.8A]

아이들 기어 5는 입력축과 출력축 사이의 출력 속도의 방향과 거리에 영향을 주더라도, 속도비에는 영향을 주지 않는다.

그림 6.8(c)의 복합 기어열은 외치-내치 기어로 물려있는 형태를 보여주고 있다. 기어 잇수는 다음과 같다.

$$N_2 = 9; \quad N_3 = 62; \quad N_4 = 20$$
$$N_5 = 51; \quad N_6 = 15; \quad N_7 = 54$$

속도비는

$$e_{7/2} = \frac{\omega_7}{\omega_2} = \left(+\frac{N_6}{N_7}\right)\left(-\frac{N_4}{N_5}\right)\left(-\frac{N_2}{N_3}\right)$$
$$= \frac{N_2 N_4 N_6}{N_3 N_5 N_7} = \frac{9 \times 20 \times 15}{62 \times 51 \times 54} = 0.0158$$

비디오 6.9
기어열을 이용한 윈치

이러한 기어 배열은 윈치 설계에 이용된다. 그림 6.9는 윈치 시스템의 사진을 나타낸다.

그림 6.9 ● 기어열을 이용한 윈치[비디오 6.9]

6.2.2.1 기어열 도표의 표기법

단순 기어열과 복합 기어열은 기어 수와 축의 수가 적을 때는 일반적으로 예시하기 쉽다. 그림 6.8(a)에 나타낸 3차원 모델링과 그림 6.8(b)에 나타낸 2차원 도식은 도면 또는 스케치 작업하기가 상대적으로 쉽다. 그러나 그림 6.8(c)와 같이 요소 수가 증가되거나 다수의 면에서 기어 물림이 생기면 그 시스템을 2차원 또는 3차원으로 스케치하는 데 어려움이 증가한다. 복합 기어열의 더 나은 기록을 위한 두 가지 대체 설명법을 소개하면, **단면 표현법**과 **약도 표기법**을 들 수 있다.

이러한 도해법은 일반적으로 다양한 기어열에 사용된 기어의 수와 축의 조합에 대하여 설명할 수 있다. 그림 6.10은 이러한 일반적인 조합을 3차원 그림으로 설명한다. 여기서 모든 그림에 (a)에서 (h)까지 표시하였다. 그림 6.11과 6.12에서 (a)에서 (h)까지의 조합에 대한 설명은 세 가지 그림이 모두 동등하다. 예를 들면, 그림 6.10(c)의 기어/축의 조합은 그림 6.11(c)에 나타낸 단면 표현법과 동등하고 이 또한 그림 6.12(c)와 동등하다.

그림 6.10은 일반적인 기어/축의 조합을 설명하고 있다.

(a) 끝 단에 기어가 부착된 입력축. 이 조합은 다양한 형태의 기어열에 토크를 입력하는 흔한 형태이다.
(b) 2개의 기어가 있는 축. 기어 C와 D는 양 끝에 견고하게 부착되어 있다. 이 조합은 맞물린 기어의 떨어진 두 면 사이에 토크와 회전을 전달하기 위하여 사용된다.
(c) (b)와 유사한 조합이다. 그러나 이 조합은 암(arm) F에 의하여 지지되어 있다. 여기서 암 F는 다른 회전 링크에 연결될 수도 있다.
(d) (b)와 유사한 조합이나 중심을 통과하는 동심축 I가 있다.
(e) 암 I에 연결되어 있고 축에서 자유 회전하는 아이들 기어. 암 I는 다른 회전 링크에 연결될 수도 있다.

(f) 입력축 I와 연결된 **내치 기어** K(또는 링 기어 K)

(g) (f)와 유사한 조합, 그러나 링 기어 K의 중심을 통과하는 동심축 I가 있다.

(h) 각각의 축에서 회전은 자유로우며 맞물려 있는 두 기어. 두 축은 암 I에 연결되어 있다. 여기서 암 I는 다른 회전 링크에 연결될 수도 있다.

6.2.2.2 복합 기어열의 예

복합 기어열은 여러 개의 기어를 통한 운동 전달에 의하여 하나의 출력축을 통해 다중 속도비를 공급하기 위하여 설계되었다. 이러한 점은 다음의 예제를 통하여 설명된다.

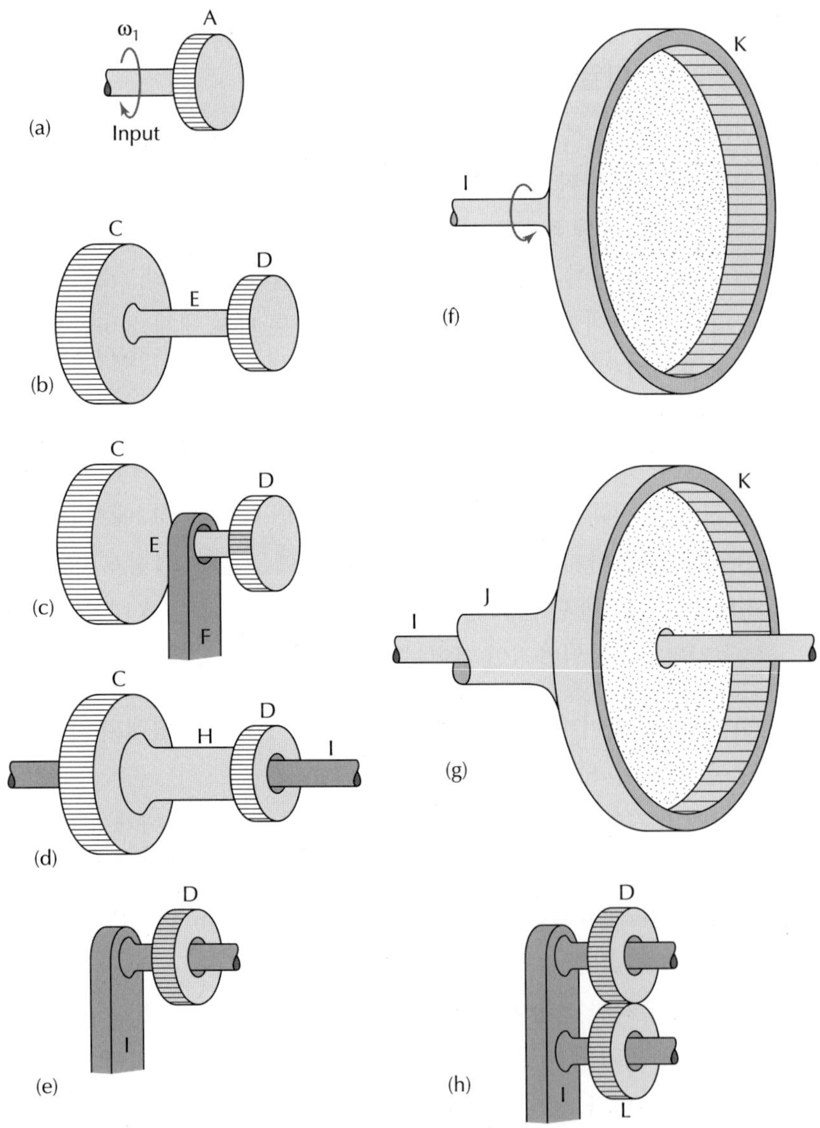

그림 6.10

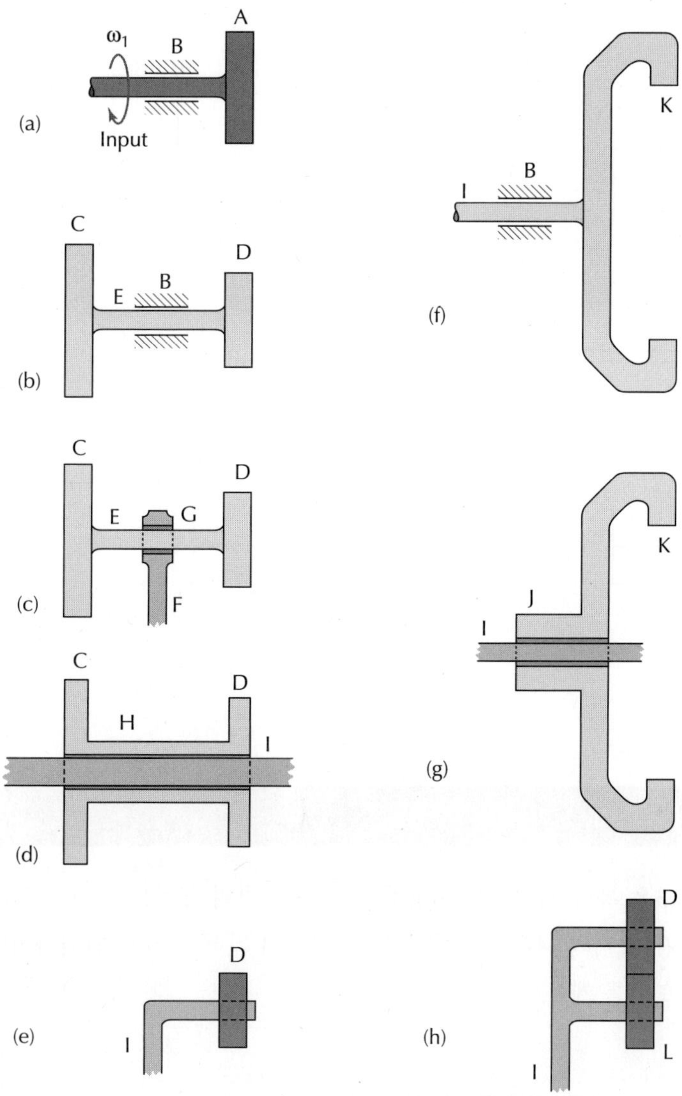

그림 6.11

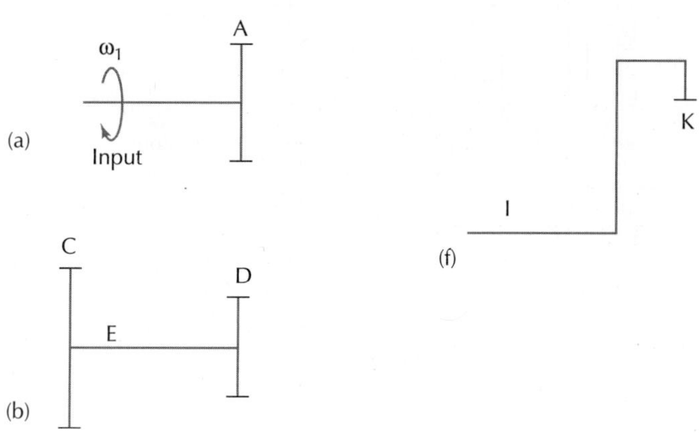

그림 6.12 ● 계속

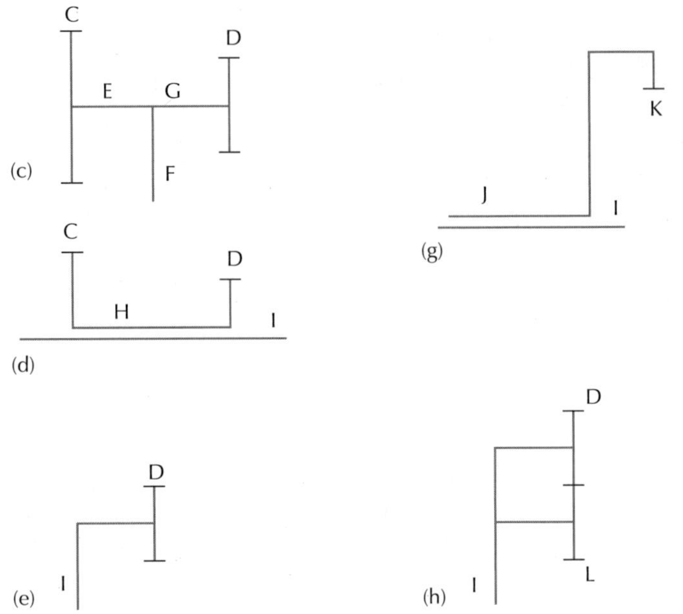

그림 6.12

예제 6.1 | 수동 변속기의 속도비

그림 6.13은 복합 기어열을 사용한 수동 변속기의 개략도를 나타내고 있다. 변속 교체 장치는 세 가지의 다른 속도비를 얻기 위하여 기어의 짝을 연결하거나 해제한다. 기어열의 속도비를 계산하라.

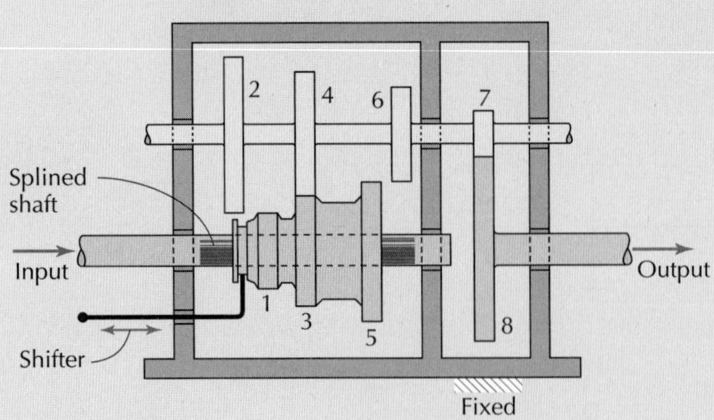

그림 6.13 ● 복합 기어열

풀이

각각의 조건은 그림 6.8(a)에 나타낸 복합 기어열과 동등하다. 표 6.1은 세 가지 다른 변속 조건에 대한 기어 물림과 각각의 속도비, 그리고 그 기어들을 나타낸다.

표 6.1 그림 6.13에 나타낸 수동 변속 기어박스의 변속비

Output Speed No.	Gears in Mesh	Speed Ratio
1	1, 2, 7, 8	$e_{8/1} = \dfrac{N_1 N_7}{N_2 N_8}$
2	3, 4, 7, 8	$e_{8/3} = \dfrac{N_3 N_7}{N_4 N_8}$
3	5, 6, 7, 8	$e_{8/5} = \dfrac{N_5 N_7}{N_6 N_8}$

비디오 6.14
수동 변속기

자동차의 수동 변속기는 예제 6.1에 나타낸 기어 배열과 비슷하다. 그림 6.14는 전진 3단과 후진 1단의 전형적인 변속기를 나타낸다. 기어 1은 **입력축**에 견고하게 연결되어 있다. 기어 2에서 5는 중간축에 견고하게 연결되어 있다. 기어 6은 자체의 회전축이 있으며 역회전에 대해 속도비를 낼 수 있도록 되어 있다. **출력축**의 스플라인(splines)과 기어 8은 둘

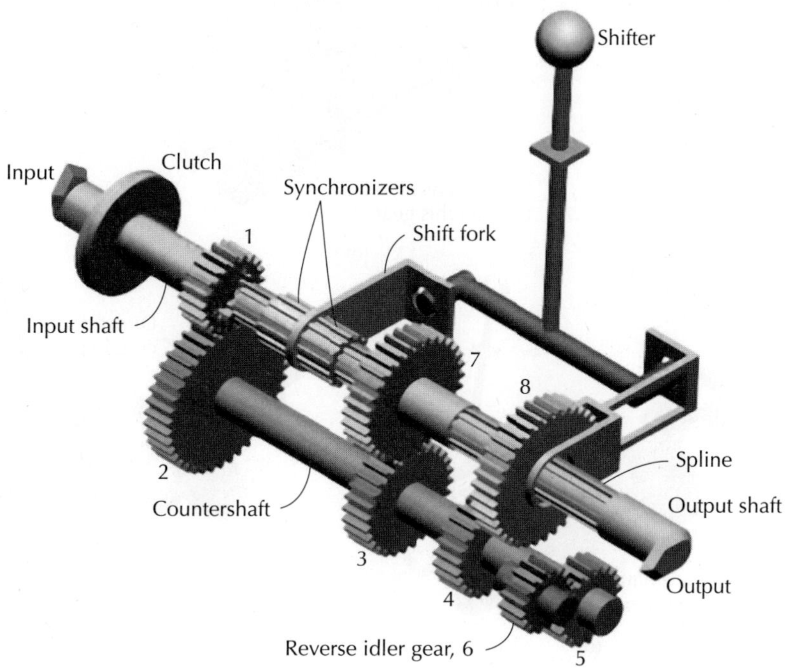

그림 6.14 ● 수동 변속기[비디오 6.14]

다 같은 회전 운동을 할 수 있는 요소이나 출력축을 따라 기어 8의 이동을 허용한다. **변속 장치**(shifter)를 장착함으로써 기어 8은 그림 6.14에 나타낸 위치로부터 기어 4 또는 6과 맞물리기 위해 움직일 수 있다. 기어 7은 연결이 해제된 상태로 출력축에 대해 자유롭게 회전한다. 필요할 때, **동기 장치**(synchronizer) 중 하나(13장의 13.3.2절 참조)는 기어 7을 출력축으로 견고하게 연결한다.

그림 6.15는 수동 변속기의 모든 속도비에 대한 구성을 보여주고 있다. 각각의 속도비

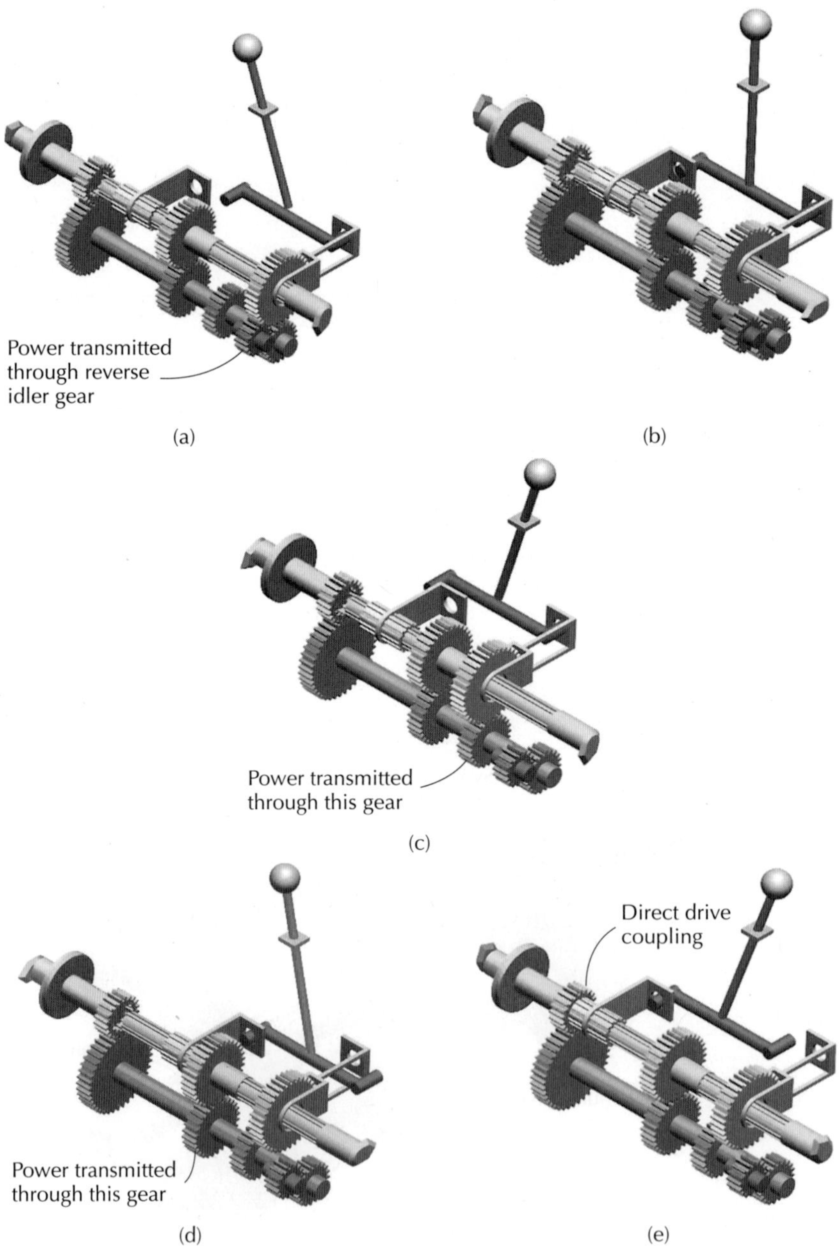

그림 6.15 ● 수동 변속기의 구성[비디오 6.14]. (a) 후진, (b)중립, (c) 1단, (d) 2단, (e) 3단

가 교체되는 동안 **클러치**(13장의 13.3.1절 참조)는 연결이 해제된다. 역회전[그림 6.15(a)]에 있어서 회전 운동은 기어 1, 2, 5, 6과 8을 통하여 전달된다. 기어 6은 아이들 기어이고 회전 방향을 변화시키기 위하여 단독으로 사용된다. 중립 위치[그림 6.15(b)]에서 출력축으로 운동이 전달되지 않는다. 이것은 기어 1, 2, 3과 7이 맞물려 있을지라도 기어 7이 출력축에 대해서 자유회전이기 때문이다. 첫 번째 전진 속도비[그림 6.15(c)]를 위해 기어 4와 맞물리는 출력축의 스플라인을 따라 기어 8은 이동된다. 기어 1, 2, 4와 8을 통해 운동이 전달된다. 두 번째 전진 속도비[그림 6.15(d)]를 위해 기어 8은 더 이상 어떤 다른 기어와 맞물리지 않으며, 운동은 기어 1, 2, 4와 7을 통하여 전달된다. 동기 장치는 기어 7을 출력축에 연결하는데 사용된다. 세 번째 전진 속도비[그림 6.15(e)]를 위해 입력과 출력축의 직접적인 연결을 하기 위해 다른 동기 장치가 사용되며 속도비는 일치한다. 이러한 조건에서, 중간축은 속도비에 영향을 주지 않는다.

동기 장치를 이용함으로써, 두 번째 전진 속도비로 변속할 때, 기어 3과 7을 탈부착하는 것이 불필요해졌다. 그러므로 동기 장치는 이 기어들이 부딪혀 소리가 날 수 있는 가능성을 제거한다. 또한 축방향으로의 미끄러짐(sliding)을 통하여 탈부착이 다소 어려운 헬리컬 평기어 장착을 가능하게 한다.

1개의 클러치를 사용한 수동 변속기를 그림 6.14에 나타내었다. 운전자는 클러치를 해제하기 위하여 클러치 패달을 밟는 것으로 변속비를 변화시킬 수 있다. 다른 기어를 선택하기 위하여 변속레버를 움직인다. 그리고 동력 전달을 위하여 마지막으로 클러치를 연결한다. 레버를 변속하는 동안, 엔진에서 바퀴로 동력 전달이 없는 뚜렷한 간격이 있다.

예제 6.2 | 수동 변속기의 잇수 설계

비디오 6.16
수동 변속기

그림 6.16은 수동 변속기를 나타내고 있다. 기어 1과 기어 2는 항상 맞물려 있다. 동기 장치를 사용하는 대신에, 스플라인 축을 따라 움직이는 기어는 중간축에 연결되어 있는 기어와 물리게 된다. 1단의 속도비는 기어 5와 8이 맞물린다. 2단 속도비는 기어 4와 7이 맞물리고, 3단 속도비는 기어 3과 6이 맞물린다. 통합 속도비는 입력축과 출력축이 견고하게 연결되었을 때 얻어진다. [**비디오 6.16**]에서 각기 다른 속도비를 얻기 위한 기어의 연속적 움직임을 동영상으로 나타내었다.

속도비 1/4.00, 1/2.50 그리고 1/1.50을 얻기 위한 적합한 속도비를 결정하라. 모든 기어의 최소 잇수는 20개이다. 중간축과 입력축/출력축 간의 중심거리 c는 75 mm이고, 모든 기어는 직선 평기어이며 모듈은 2.5 mm이다.

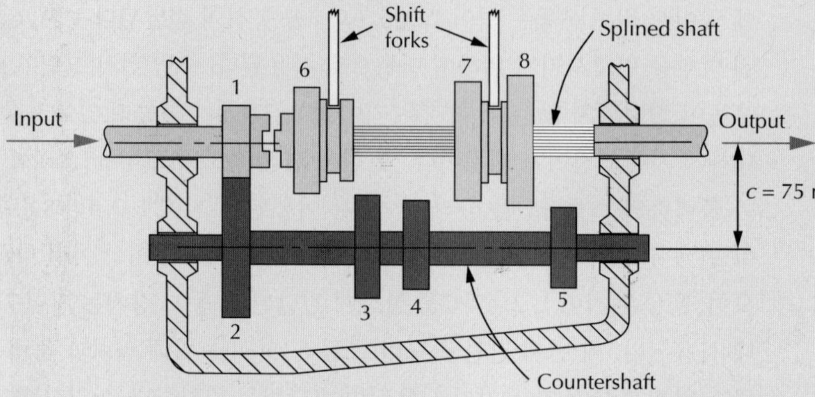

그림 6.16 ● 수동 변속기[비디오 6.16]

풀이

속도비는 다음과 같이 나타낼 수 있다.

$$\text{first: } e_{8/1} = \frac{N_1 N_5}{N_2 N_8}; \quad \text{second: } e_{7/1} = \frac{N_1 N_4}{N_2 N_7}; \quad \text{third: } e_{6/1} = \frac{N_1 N_3}{N_2 N_6}$$

모든 기어는 같은 모듈이고 공통적인 중심거리를 공통적으로 공유하여 맞물리므로 한 쌍의 물린 기어 i와 j에 대하여 식 (5.8-1)을 이용하면

$$c = 75\,\text{mm} = \frac{d_i}{2} + \frac{d_j}{2} = \frac{m(N_i + N_j)}{2} = \frac{2.5(N_i + N_j)}{2}\,\text{mm} \tag{6.2-6}$$

위 식으로부터

$$N_i + N_j = 60$$

그래서

$$N_1 + N_2 = N_3 + N_6 = N_4 + N_7 = N_5 + N_8 = 60 \tag{6.2-7}$$

식 (6.2-7)에 의하여 요구하는 1단 속도비($e_{8/1}$)는 주어진 조건의 선택으로 정확히 달성할 수 있다.

$$N_1 = 20; \quad N_2 = 40; \quad N_5 = 20; \quad N_8 = 40 \tag{6.2-8}$$

2단 속도비($e_{7/1}$)와 3단 속도비($e_{6/1}$)의 원하는 값을 정확히 구하기는 불가능하다. 기어 1

과 2의 잇수는 이미 식 (6.2-8)에서 명시되었고, 2단과 3단의 속도비(식 6.2-7)를 결정하는 데 기어 잇수의 제약조건이 있다. 잇수 조합의 다양한 가능성에 대하여 반복선택 (시행착오법) 방법을 통하여 근삿값을 결정할 수 있다.

$$N_3 = 34; \quad N_4 = 27; \quad N_6 = 26; \quad N_7 = 33$$

그러므로

$$e_{7/1} = \frac{1}{2.44}; \quad e_{6/1} = \frac{1}{1.53}$$

선택에 의하여 답의 대체 조합을 찾을 수 있다.

$$N_1 = 21; \quad N_2 = 39$$

기어의 최소 잇수 조건을 만족시키는 원하는 속도비에 근접한 값은

$$N_3 = 33; \quad N_4 = 26; \quad N_5 = 20$$
$$N_6 = 27; \quad N_7 = 34; \quad N_8 = 40$$

이 경우, 속도비는

$$e_{8/1} = \frac{1}{3.71}; \quad e_{7/1} = \frac{1}{2.43}; \quad e_{6/1} = \frac{1}{1.52}$$

그래서 3개의 원하는 속도비의 근삿값을 구했을 뿐이다. 그 기어 잇수는

$$N_5 = 19; \quad N_8 = 41$$

대체 조합으로 원하는 1단 속도비에 더욱 근접하였다. 그러나 이 답은 기어의 최소 잇수 조건에 위배되므로 허용될 수 없다.

이중 클러치 변속 장치(DCT: dual-clutch transmission)는 동력 전달이 없을 때 속도를 대폭 감소시키는 것이 가능하다. 이중 클러치 운전자는 클러치 조작이 필요 없다. 대신 연결과 해제의 조정은 자동 변속기를 사용하는 것과 유사하게 전자 또는 유압에 의하여 자동적으로 제어된다. 그 타이밍은 자동차의 속도, 엔진 속도, 부하토크 그리고 가속 페달의 위치에 의하여 명령된다. DCT는 자동차의 일반적인 운전조건하에서 수동변속 없이 부드러운 가속을 위하여 설계되었다. 보통은 자동조작과 속도변속이 요구될 때 이를 무시할 수 있는

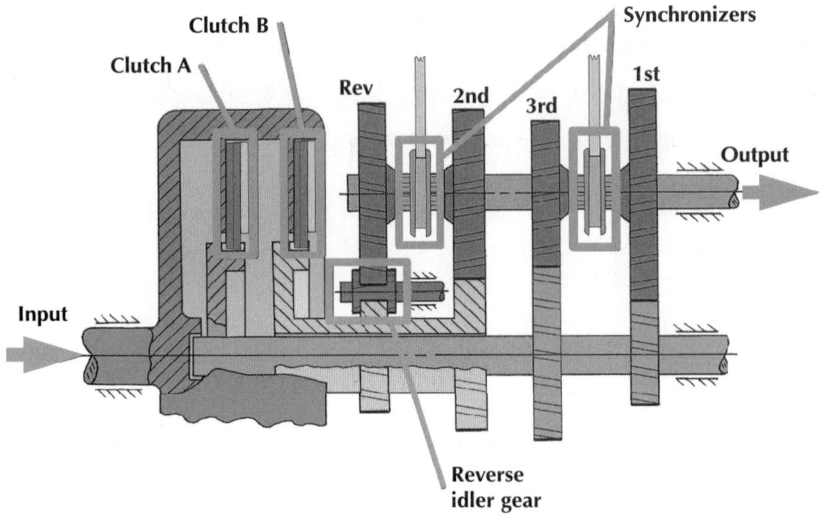

그림 6.17 ● 이중 클러치 변속 장치[비디오 6.17]

운전자를 위한 일반적인 옵션이다.

비디오 6.17
이중 클러치 변속 장치

그림 6.17은 전진 3단과 후진 1단의 이중 클러치 변속 장치(DCT)를 나타내고 있다. 실제 DCT에는 전진 5단에서 7단 정도의 변속이 사용된다. 이 장치에는 두 동심축을 이용하였고 1단과 3단을 위하여 중실축에 기어를 설치하였으며, 2단과 후진을 위하여 중공축에 기어를 설치하여 설계한 것을 나타내었다. 클러치 A는 입력축과 내측 중실축을 연결할 수 있고, 클러치 B는 입력축과 외측 중공축과 연결할 수 있다. 동기 장치는 제어장치의 지시에 의하여 출력축으로 기어를 연결하는 데 사용된다. DCT에 부가되는 속도는 출력축 기어와 맞물리는 동심축 기어에 의하여 얻어진다. 짝수 변속단을 위하여 동심축에 기어를 추가하고, 홀수 변속단을 위해서는 다른 축에 기어를 추가한다.

그림 6.18(a)는 클러치 A의 해제와 클러치 B의 연결인 2단일 때의 DCT를 나타낸다. 입력축과 출력축 사이에 동력흐름의 경로를 완전하게 하기 위하여 2번 기어에서 출력축으로 동기 장치 중의 하나가 연결된다. 그림 6.18(b)에 나타낸 바와 같이 3단 기어로 변속하기 이전에 다른 동기 장치는 출력축에서 3단 기어로 연결된다. 3단 기어가 출력축에 견고하게 연결되었다 하더라도 DCT는 여전히 2단 변속 상태이다. 실제 변속은 클러치 A 연결, 클러치 B 해제[그림 6.18(c)]일 때까지 변속은 일어나지 않는다. 이는 아주 적은 시간에 이루어질 것이다. 그래서 연속적으로 동력의 흐름이 실행되고 유지된다. 출력축으로의 2단 기어 연결 동기 장치는 접촉저항을 감소하기 위하여 나중에 중립위치로 옮길 것이다.

6.2.3 베벨 기어열

6.2.1절과 6.2.2절에 나타낸 기어열에서 모든 회전축은 평행이다. 그러나 다른 보통 기어열

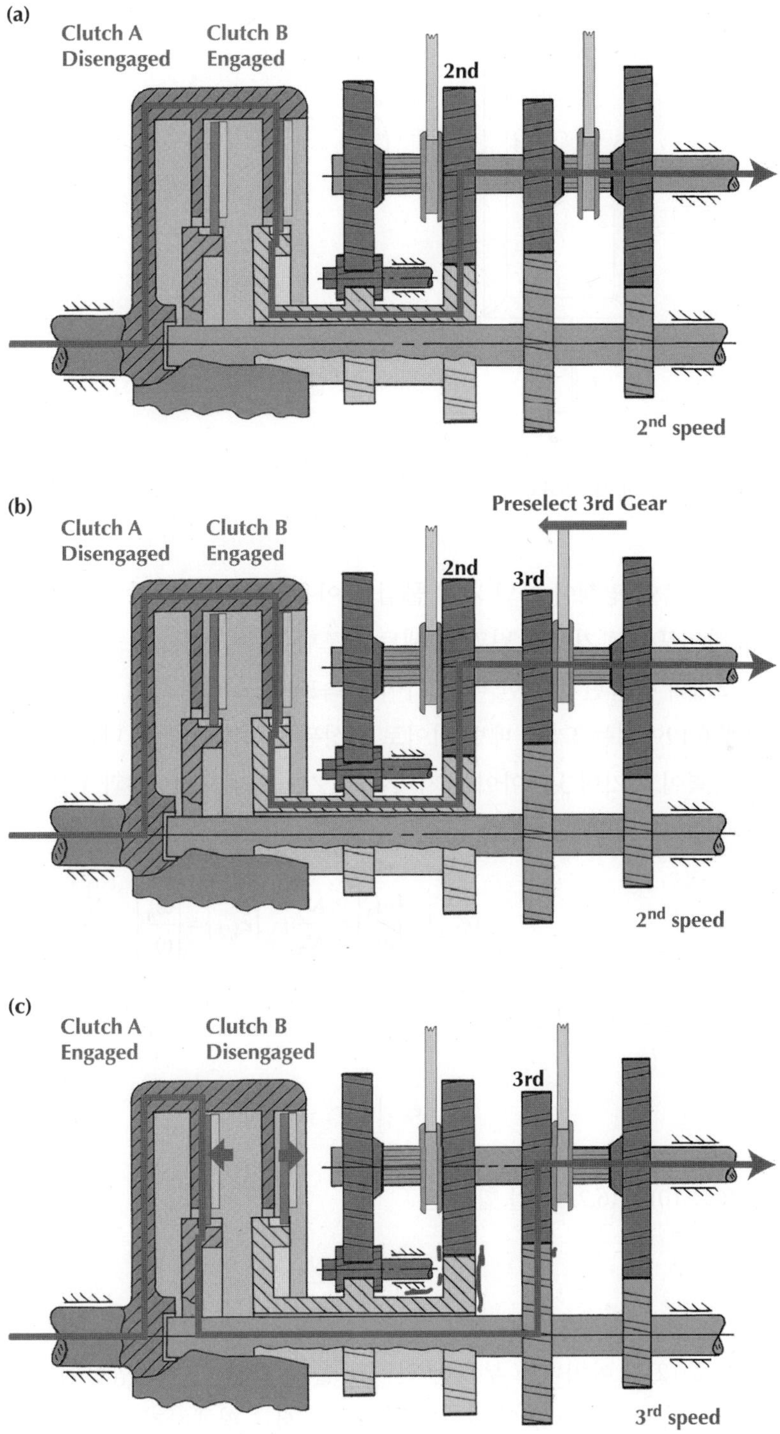

그림 6.18 ● DCT에서의 속도 변속[비디오 6.17]

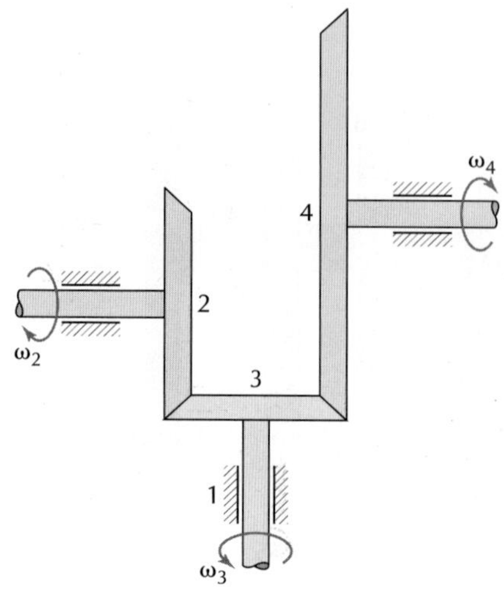

그림 6.19 ● 베벨 기어로 조합된 기어열

은 회전축이 평행이 아닌 기어 물림을 이용하여 설계할 수 있다. 이러한 기어열은 베벨 기어, 하이포이드 기어와 웜과 휠 세트를 조합할 수 있다.

2개의 맞물린 어떠한 베벨 기어의 속도비 크기는 기어 잇수에 반비례한다. 예를 들면, 그림 6.19에서는 3개의 베벨 기어로 구성된 보통 기어열을 나타낸다. 기어 2는 입력, 기어 4는 출력이고 기어 3은 아이들 기어이다. 기어 2와 3, 기어 3과 4 사이의 속도비의 크기는 다음과 같다.

$$|e_{3/2}| = \left|\frac{\omega_3}{\omega_2}\right| = \frac{N_2}{N_3}; \quad |e_{4/3}| = \left|\frac{\omega_4}{\omega_3}\right| = \frac{N_3}{N_4} \tag{6.2-10}$$

이 기어열의 속도비 크기는

$$|e_{4/2}| = |e_{4/3}| \times |e_{3/2}| = \left|\frac{\omega_4}{\omega_2}\right| \tag{6.2-11}$$

식 (6.2-10)과 (6.2-11)를 합하면

$$e_{4/2} = -\frac{N_3}{N_4}\frac{N_2}{N_3} = -\frac{N_2}{N_4} \tag{6.2-12}$$

식 (6.2-12)의 마이너스 부호는 입력과 출력 회전이 반대 방향이라는 것을 가리킨다. 이러한 부호 약속은 기어열의 입력과 출력축이 서로 평행하기 때문에 적용될 수 있다.

6.3 유성 기어열

유성 기어열에서는 **유성 기어**라고 불리는 적어도 하나의 기어 축이 고정 링크에 대하여 원형 경로로 움직인다.

그림 6.20에서 유성 기어열의 예를 나타내고 있다. 이것은 잇수 N_1인 **태양 기어**, 잇수 N_4인 **링 기어** 그리고 각각의 N_3 잇수가 있는 유성 기어들로 이루어져 있다. 유성 기어는 외치 기어인 태양 기어, 내치 기어인 링 기어와 맞물린다. 유성 기어의 축은 **크랭크** 또는 **유성 캐리어**에 부착되어 있다. 이 기어열에서 태양 기어, 유성 기어, 링 기어의 피치는 반드시 동일하여야 한다. 그림 6.20(b)는 6.20(a)의 유성 기어열 측면을 나타내었고, 이에 대응하는 윤곽도 형태는 그림 6.20(c)에 나타내었다.

유성 기어열은 보통 기어열에 비해 다음과 같은 이점이 있다.

- 특히 입력과 출력축이 동일 선상에 있을 때, 작고 경제적인 공간을 갖는다.
- 기어열의 중심축에 여러 개의 유성이 등 간격으로 배치될 때 정적, 동적인 힘은 균형이 잡힌다.
- 여러 개의 유성을 이용함으로써, 높은 토크 전달이 가능하다.
- 폭 넓은 속도비의 공급이 가능하다.

6.3.1 유성 기어열에서 기어의 잇수

유성 기어열의 기어의 잇수는 임의로 선택될 수 없다. 그림 6.20의 유성 기어열을 고려해 보면 각 피치원 지름 사이에 다음과 같은 기하학적인 관계가 존재한다.

$$d_1 + 2d_3 = d_4 \tag{6.3.-1}$$

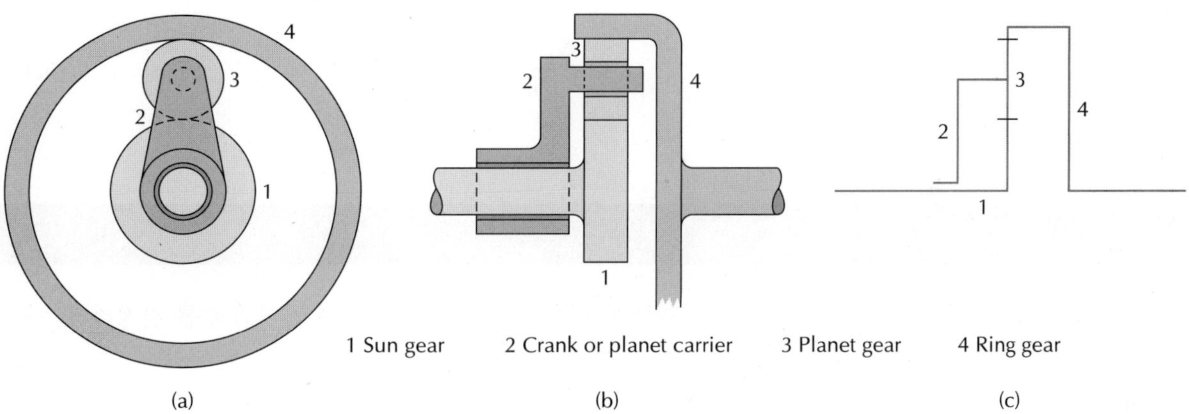

그림 6.20 ● (a) 유성 기어열, (b) 측면도, (c) 개략도(윤곽도)

이런 경우 때문에 모든 맞물린 기어의 피치는 똑같아야 하며, 식 (5.6-5)와 (6.3-1)에 따른다.

$$N_1 + 2N_3 = N_4 \tag{6.3-2}$$

또는

$$N_3 = \frac{N_4 - N_1}{2} \tag{6.3-3}$$

6.3.2 유성 기어의 수

그림 6.20에 나타낸 유성 기어열에서는 동작을 전달하기 위해 오직 1개의 유성 기어가 필요하다. 그러나 다수의 유성 기어를 사용하는 것은 일반적으로 그림 6.21에서 나타낸 예와 같은 구조를 가진다. 좀 더 많은 기어가 동시에 교차 경로를 통해 하중의 전달을 분산할 수 있도록 해주며, 그 결과 그것의 전체적인 크기를 늘리지 않더라도 기어열의 부하 용량을 증가시킨다. 실제로, 기어열의 동적인 특성을 향상시키기 위해, 보통 유성 기어들은 균일한 간격으로 배치하여 하중이 중심축에 대해 균형을 이루게 한다.

등 간격의 유성 기어 수 n은 태양 기어와 링 기어 사이의 활용 가능한 공간과 기어의 잇수에 의존된다. 다음의 두 가지 기준을 반드시 만족시켜야 한다[3].

1. **유성 기어의 이끝원(addendum circle) 겹침 방지**

$$n < \frac{180°}{\sin^{-1}\left(\dfrac{N_3 + 2\alpha}{N_1 + N_3}\right)} \tag{6.3-4}$$

여기서 α는 반 깊이와 전체 깊이에 대하여 각각 0.8에서 1.0을 취한다.

2. **이의 물림**

$$\frac{N_1 + N_4}{n} = \text{integer} \tag{6.3-5}$$

예제 6.3 | 유성 기어의 균등 배치 수

> **비디오 6.21**
> 유성 기어열

그림 6.21에 나타낸 유성 기어열에 대하여 균등 배치된 유성 기어의 수를 결정하라. 기어는 전체 깊이이고 각 기어의 잇수는 다음과 같다.

$$N_1 = 27; \quad N_3 = 18; \quad N_4 = 63$$

그림 6.21 ● 유성 기어열[비디오 6.21]

풀이

유성 기어의 균등 배치 수는 식 (6.3-4)와 (6.3-5)를 적용하여 구할 수 있다. 식 (6.3-4)에 기어 잇수와 전체 깊이 치형에 대한 $\alpha = 1.0$을 대입하면

$$n < \frac{180°}{\sin^{-1}\left(\dfrac{N_3 + 2\alpha}{N_1 + N_3}\right)} = \frac{180°}{\sin^{-1}\left(\dfrac{18 + 2.0}{27 + 18}\right)} = 6.82 \tag{6.3-6}$$

유성 기어의 수는 반드시 상수여야 하고 이 조건에 의하여 유성 기어는 6개 이상의 균등 배치로 할 수있다. 식 (6.3-5)로부터

$$\frac{N_1 + N_4}{n} = \frac{27 + 63}{n} = \frac{90}{n} = \text{integer} \tag{6.3-7}$$

$n = 1, 2, 3, 4, 5$와 6을 식 (6.3-7)에 대입하면 식을 만족시키는 $n = 1, 2, 3, 4, 5$와 6을 구할 수 있다. 그래서 이 기어열에는 1, 2, 3, 5 또는 6 어느 것이든지 사용할 수 있다. 4는 균등한 유성 기어의 배치에 사용할 수 없다.

6.3.3 유성 기어열의 분류

Lévai[6]는 모든 회전축이 평행이고 평기어를 조합한 **단단 유성 기어열**(single-stage planetary gear trains)의 열두 가지 기본 형태를 확인하였다. 그림 6.22에 유성 기어열의 윤곽도를 나타

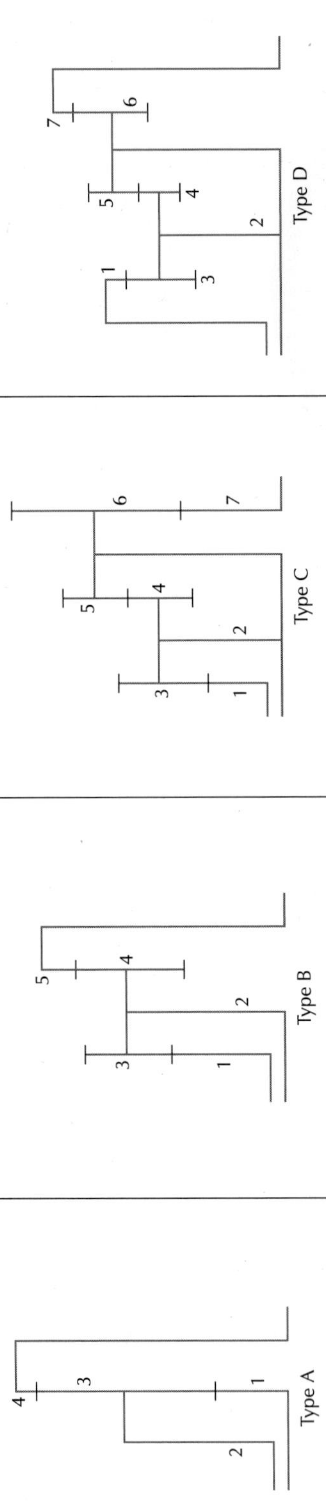

Type A

$$\omega_1 = x + y \quad \text{(A-1)}$$
$$\omega_2 = x \quad \text{(A-2)}$$
$$\omega_3 = x - \frac{N_1}{N_3} y \quad \text{(A-3)}$$
$$\omega_4 = x - \frac{N_1}{N_4} y \quad \text{(A-4)}$$

Type B

$$\omega_1 = x + y \quad \text{(B-1)}$$
$$\omega_2 = x \quad \text{(B-2)}$$
$$\omega_3 = x - \frac{N_1}{N_3} y \quad \text{(B-3)}$$
$$\omega_4 = x - \frac{N_1}{N_3} y \quad \text{(B-4)}$$
$$\omega_5 = x - \frac{N_1 N_4}{N_3 N_5} y \quad \text{(B-5)}$$

Type C

$$\omega_1 = x + y \quad \text{(C-1)}$$
$$\omega_2 = x \quad \text{(C-2)}$$
$$\omega_3 = x - \frac{N_1}{N_3} y \quad \text{(C-3)}$$
$$\omega_4 = x - \frac{N_1}{N_3} y \quad \text{(C-4)}$$
$$\omega_5 = x + \frac{N_1 N_4}{N_3 N_5} y \quad \text{(C-5)}$$
$$\omega_6 = x + \frac{N_1 N_4}{N_3 N_5} y \quad \text{(C-6)}$$
$$\omega_7 = x - \frac{N_1 N_4 N_6}{N_3 N_5 N_7} y \quad \text{(C-7)}$$

Type D

$$\omega_1 = x + y \quad \text{(D-1)}$$
$$\omega_2 = x \quad \text{(D-2)}$$
$$\omega_3 = x + \frac{N_1}{N_3} y \quad \text{(D-3)}$$
$$\omega_4 = x + \frac{N_1}{N_3} y \quad \text{(D-4)}$$
$$\omega_5 = x - \frac{N_1 N_4}{N_3 N_5} y \quad \text{(D-5)}$$
$$\omega_6 = x - \frac{N_1 N_4}{N_3 N_5} y \quad \text{(D-6)}$$
$$\omega_7 = x - \frac{N_1 N_4 N_6}{N_3 N_5 N_7} y \quad \text{(D-7)}$$

그림 6.22 ● 기본 유성 기어열 형태 [7]

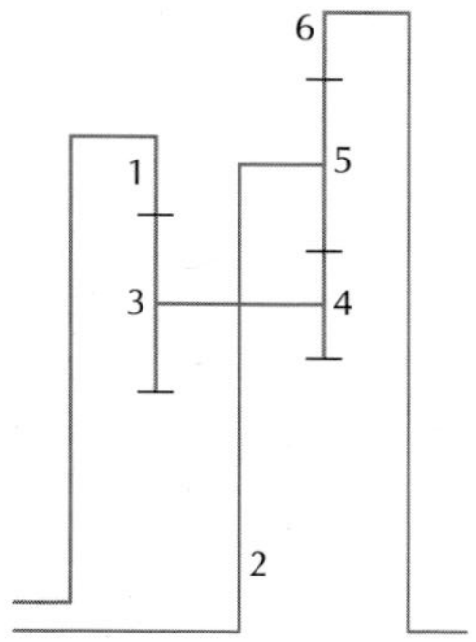

Type E

$$\omega_1 = x + y \quad \text{(E-1)}$$
$$\omega_2 = x \quad \text{(E-2)}$$
$$\omega_3 = x + \frac{N_1}{N_3} y \quad \text{(E-3)}$$
$$\omega_4 = x + \frac{N_1}{N_3} y \quad \text{(E-4)}$$
$$\omega_5 = x - \frac{N_1 N_4}{N_3 N_5} y \quad \text{(E-5)}$$
$$\omega_6 = x - \frac{N_1 N_4}{N_3 N_6} y \quad \text{(E-6)}$$

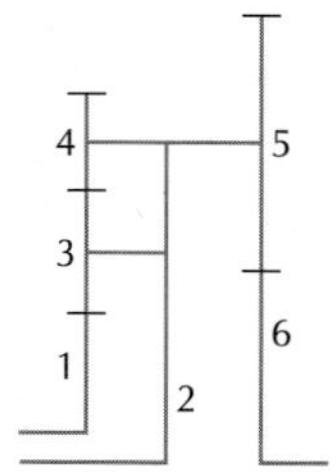

Type F

$$\omega_1 = x + y \quad \text{(F-1)}$$
$$\omega_2 = x \quad \text{(F-2)}$$
$$\omega_3 = x - \frac{N_1}{N_3} y \quad \text{(F-3)}$$
$$\omega_4 = x + \frac{N_1}{N_4} y \quad \text{(F-4)}$$
$$\omega_5 = x + \frac{N_1}{N_4} y \quad \text{(F-5)}$$
$$\omega_6 = x - \frac{N_1 N_5}{N_4 N_6} y \quad \text{(F-6)}$$

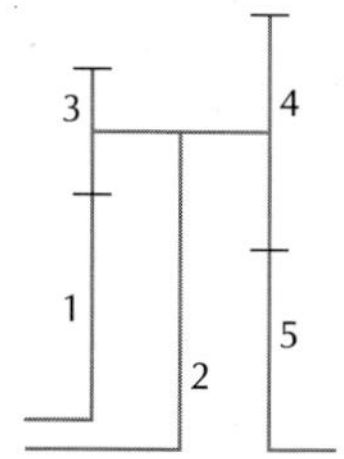

Type G

$$\omega_1 = x + y \quad \text{(G-1)}$$
$$\omega_2 = x \quad \text{(G-2)}$$
$$\omega_3 = x - \frac{N_1}{N_3} y \quad \text{(G-3)}$$
$$\omega_4 = x - \frac{N_1}{N_3} y \quad \text{(G-4)}$$
$$\omega_5 = x + \frac{N_1 N_4}{N_3 N_5} y \quad \text{(G-5)}$$

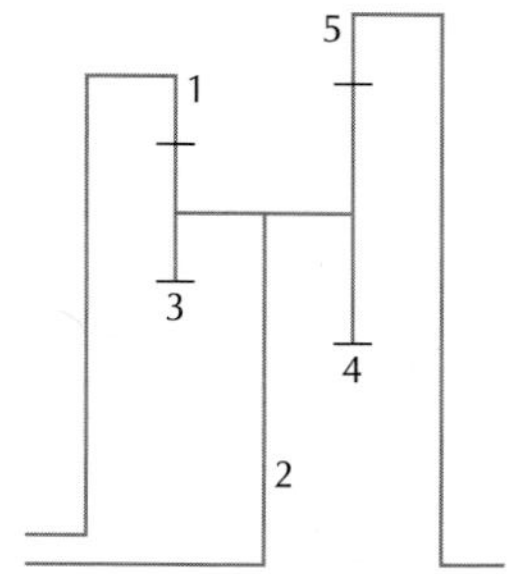

Type H

$$\omega_1 = x + y \quad \text{(H-1)}$$
$$\omega_2 = x \quad \text{(H-2)}$$
$$\omega_3 = x + \frac{N_1}{N_3} y \quad \text{(H-3)}$$
$$\omega_4 = x + \frac{N_1}{N_3} y \quad \text{(H-4)}$$
$$\omega_5 = x + \frac{N_1 N_4}{N_3 N_5} y \quad \text{(H-5)}$$

그림 6.22 ● 계속

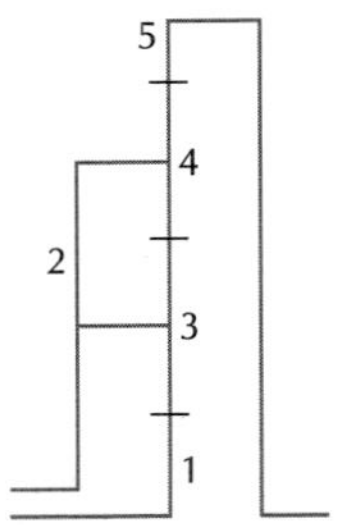

Type I

$$\omega_1 = x + y \tag{I-1}$$

$$\omega_2 = x \tag{I-2}$$

$$\omega_3 = x - \frac{N_1}{N_3} y \tag{I-3}$$

$$\omega_4 = x + \frac{N_1}{N_4} y \tag{I-4}$$

$$\omega_5 = x + \frac{N_1}{N_5} y \tag{I-5}$$

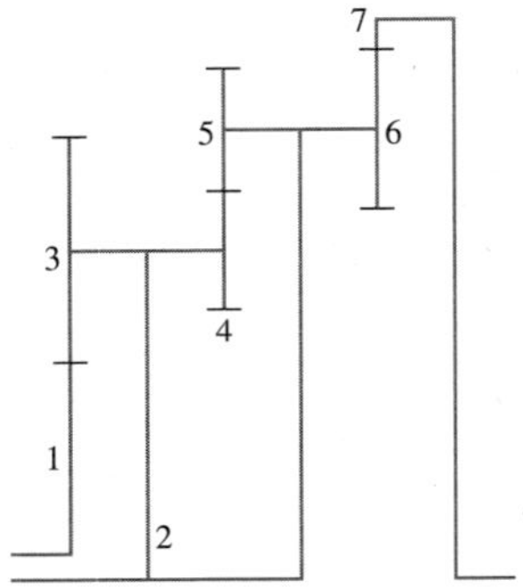

Type J

$$\omega_1 = x + y \tag{J-1}$$

$$\omega_2 = x \tag{J-2}$$

$$\omega_3 = x - \frac{N_1}{N_3} y \tag{J-3}$$

$$\omega_4 = x - \frac{N_1}{N_3} y \tag{J-4}$$

$$\omega_5 = x + \frac{N_1 N_4}{N_3 N_5} y \tag{J-5}$$

$$\omega_6 = x + \frac{N_1 N_4}{N_3 N_5} y \tag{J-6}$$

$$\omega_7 = x + \frac{N_1 N_4 N_6}{N_3 N_5 N_7} y \tag{J-7}$$

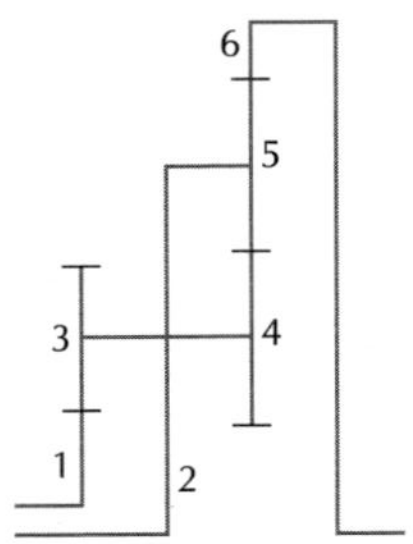

Type K

$$\omega_1 = x + y \tag{K-1}$$

$$\omega_2 = x \tag{K-2}$$

$$\omega_3 = x - \frac{N_1}{N_3} y \tag{K-3}$$

$$\omega_4 = x - \frac{N_1}{N_3} y \tag{K-4}$$

$$\omega_5 = x + \frac{N_1 N_4}{N_3 N_5} y \tag{K-5}$$

$$\omega_6 = x + \frac{N_1 N_4}{N_3 N_6} y \tag{K-6}$$

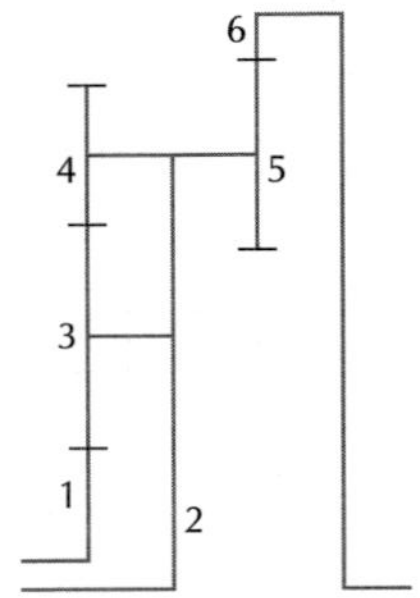

Type L

$$\omega_1 = x + y \tag{L-1}$$

$$\omega_2 = x \tag{L-2}$$

$$\omega_3 = x - \frac{N_1}{N_3} y \tag{L-3}$$

$$\omega_4 = x + \frac{N_1}{N_4} y \tag{L-4}$$

$$\omega_5 = x + \frac{N_1}{N_4} y \tag{L-5}$$

$$\omega_6 = x + \frac{N_1 N_5}{N_4 N_6} y \tag{L-6}$$

그림 6.22 ● 계속

내었다. 예를 들어 그림 6.20에 나타낸 유성 기어열은 A형식이다. 유성 기어열의 추가적인 변동은 회전축이 평행이 아닌 기어를 사용함으로써 얻을 수 있다. 이러한 예는 이 장의 뒤쪽에 기술되어 있다.

다단 유성 기어열은 단단 기어열의 조합을 사용한다. 각 단은 그림 6.22에 나타낸 형태 중 하나이거나, 베벨 기어 또는 웜, 휠과 같은 다른 형태의 기어를 사용한 것이다.

그림 6.22에 나타낸 각 유성 기어열의 자유도는 2이다. 그러므로 모든 요소의 회전 속도는 2개의 회전 속도가 지정된다면 결정될 수 있다. 2개의 입력 속도는 같은 방향 혹은 반대 방향으로 같거나 다를 수 있다. 2개의 입력 속도 중 1개는 0일 수도 있다. 그림 6.20의 기어열에서는, 크랭크가 회전되지 않도록 한다면 모든 기어는 회전축에 고정되고, 유성 기어열은 보통 기어열처럼 취급된다.

6.4 유성 기어열의 표에 의한 해석

이 절에서는 속도비와 기어열 요소의 속도를 결정하기 위한 **표에 의한 방법**이 기술된다.

유성 기어열의 표에 의한 방법은 다음과 같은 일반적인 단계를 포함한다.

1. 기어열의 모든 요소들은 중심축에 대해 x rpm 회전한다고 가정한다. 이 운동은 모든 기어열의 회전은 강체(rigid-body)로 구성되고, 물린 기어는 없다.
2. 크랭크가 움직이지 않는다고 가정한다. 다른 모든 운동 구속를 무시하고 크랭크보다는 태양 또는 링 기어 같은 기어열의 한 요소를 선택하여 y rpm으로 돌린다. 기어열의 모든 요소의 회전 속도를 결정한다. 크랭크를 고정시킴으로써 그 유성 기어열은 보통 기어열이 된다(6.2절).
3. 회전 속도를 합한 것을 1, 2단계를 고려하여 두 동작을 중첩시킨다. 즉 요소의 회전 속도는 x와 y의 형태로 표시한다.
4. 지정된 입력 속도에 3단계에서 구한 회전 속도에 대하여 동일하게 나타낸다.

그림 6.23(a)와 6.23(b)는 그림 6.21에서 설명한 유성 기어열에 1, 2단계를 적용하여 운동에 대한 표현을 설명하고 있다.

표 6.2는 그림 6.21에 나타낸 유성 기어열에 대하여 위의 3단계를 요약한 것이다. 표의 마지막 열은 다음 식과 동등하다.

$$\omega_1 = x + y; \quad \omega_2 = x$$

$$\omega_3 = x - \frac{N_1}{N_3} y; \quad \omega_4 = x - \frac{N_1}{N_4} y$$

(a) (b)

그림 6.23 ● 표에 의한 방법을 이용하여 구성된 운동의 예[비디오 6.21]. (a) 같은 회전 속도의 모든 링크, (b) 크랭크 고정에 대한 링크의 운동

표 6.2 그림 6.13의 유성 기어열의 표에 의한 해석

Operation ↓ / Component →	Gear 1 ω_1	Crank ω_2	Gear 3 ω_3	Gear 4 ω_4
All Components Turn at x rpm	x	x	x	x
Crank is Fixed, Gear 1 Turns at y rpm	y	0	$-\frac{N_1}{N_3}y$	$-\frac{N_1}{N_4}y$
Absolute Rotational Speeds	$x+y$	x	$x-\frac{N_1}{N_3}y$	$x-\frac{N_1}{N_4}y$

그림 6.21에 나타낸 기어열에 있어서 만약 링 기어가 고정되었다면

$$\omega_4 = x - \frac{N_1}{N_4}y = 0 \quad \text{or} \quad y = \frac{N_4}{N_1}x$$

게다가 만약 운동이 태양 기어로 입력되고 출력 운동이 크랭크로부터 얻어진다면 유성 기어열의 속도비는

$$e_{2/1} = \frac{\omega_2}{\omega_1} = \frac{x}{x+y} = \frac{x}{x + \frac{N_4}{N_1}x} = \frac{N_1}{N_1 + N_4} \tag{6.4-1}$$

다음의 태양 기어와 링 기어의 잇수를 이용하면

$$N_1 = 27; \quad N_4 = 63$$

식 (6.4-1)에 대입하면

$$e_{2/1}=\frac{N_1}{N_1+N_4}=\frac{27}{27+63}=\frac{27}{90}=0.30$$

만약 태양 기어의 입력 회전수 $\omega_1=400$ rpm CW이면 크랭크의 회전 속도는 다음과 같이 결정된다.

$$\omega_2=e_{2/1}\omega_1=0.30(-400)=-120=120 \text{ rpm} \quad \text{CW}$$

여기서 양수의 회전 속도는 반시계 방향이다.

링 기어가 고정되었을 때 전술한 잇수와 위의 입력 운동을 이용하면 변수 x와 y에 대하여 다음과 같은 2개의 선형방정식을 만들 수 있다.

$$\omega_1=x+y=-400 \text{ rpm} \quad \text{and}$$

$$\omega_4=x-\frac{N_1}{N_4}y=x-\frac{27}{63}y=0$$

이 두 식을 풀면

$$x=-120 \text{ rpm} \quad : \quad y=-280 \text{ rpm}$$

결정된 x와 y값, 기어열 내의 어떤 요소의 회전 속도는 결정될 수 있다. 예를 들어 출력 속도는

$$\omega_2=x=-120=120 \text{ rpm} \quad \text{CW}$$

이것은 이미 구한 값과 같다. 또한 유성 기어의 회전 속도($N_3=18$)는

$$\omega_{\text{planet}}=\omega_3=x-\frac{N_1}{N_3}y$$

$$=(-120)-\frac{27}{18}\times(-280)=300=300 \text{ rpm}$$

위의 속도는 기어 4의 고정된 링크에 대한 회전 속도의 절댓값이다. 링크에 대한 유성 기어의 상대 속도는

$$\omega_{\text{planet, relative}}=\omega_3-\omega_2=\left(x-\frac{N_1}{N_3}y\right)-x=420=420 \text{ rpm} \quad \text{CCW}$$

유성 기어열은 입력축으로 연결되는 다른 요소를 선택하거나, 출력축으로의 연결과 고정

에 의하여 더 많은 변속비를 만들어내기 위하여 사용된다. 예를 들면 표 6.3에 그림 6.21에 설명된 유성 기어열을 적용하였고 세 가지의 속도비와 위에서 결정된 것을 추가하였다. 첫 번째 속도비는 통합 속도비이고(case 1), 두 번째는 0보다는 크고 통합 속도비보다는 낮다

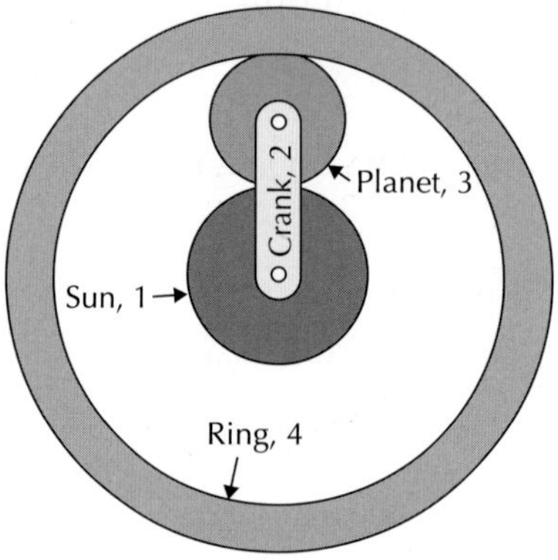

표 6.3 유성 기어열의 속도비

Operation	Sun, ω_1	Crank, ω_2	Ring, ω_4
all x rpm	x	x	x
Crank fixed, sun y rpm	y	0	$-\frac{N_1}{N_4}y$
Absolute rotational speeds	$x+y$	x	$x-\frac{N_1}{N_4}y$

표 6.3 계속

Case No.	Non-Zero input Component	Fixed Component	Output Component	Speed Ratio
1	Crank, 2	Ring, 4 $x-\frac{N_1}{N_4}y=0;\quad y=\frac{N_4}{N_1}x$	Sun, 1	$e_{1/2}=\frac{\omega_1}{\omega_2}=\frac{x+\frac{N_4}{N_1}x}{x}=\frac{N_1+N_4}{N_1}$
2	Ring, 4	Sun, 1 $x+y=0;\quad y=-x$	Crank, 2	$e_{2/4}=\frac{\omega_2}{\omega_4}=\frac{x}{\left(x-\frac{N_1}{N_4}(-x)\right)}=\frac{N_4}{N_1+N_4}$
3	Sun, 1	Crank, 2 $x=0$	Ring, 4	$e_{4/1}=\frac{\omega_4}{\omega_1}=\frac{\left(0-\frac{N_1}{N_4}y\right)}{0+y}=-\frac{N_1}{N_4}$

(case 2), 그리고 세 번 째는 0보다 작다(case 3).

지금까지의 모든 경우를 나타내면, 유성 기어열의 요소 하나가 고정된 사례에 대하여 요소들의 속도와 요소 간의 속도비가 결정되었다. 다음의 예제는 2개의 0이 아닌 회전 속도가 입력되는 조건의 유성 기어장치를 취급하였다.

예제 6.4 | 유성 기어열의 속도비

그림 6.24에 나타낸 기어열에 있어서 기어 6과 기어 7은 입력축에 물려 있다. 그리고 같은 회전수로 회전하고 있다($\omega_6 = \omega_7$). 이 기어들은 크랭크로 연결된(링크 2) 기어 2와 기어 5, 태양 기어(기어 1)에 각각 물려 있다. 그리고 유성 기어열에 두 가지의 입력 운동을 제공한다. 출력축은 링 기어(기어 4)에 부착되어 있다. 기어 1과 5는 같은 속도비($\omega_1 = \omega_5$)로 회전한다. 기어열의 속도비를 계산하라.

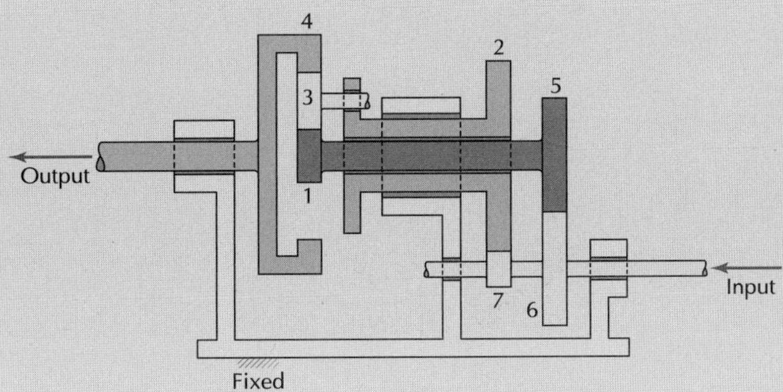

그림 6.24 ● 유성 기어열

풀이

유성 기어열에 입력되는 두 입력 회전 속도는 먼저 알고 있는 것에 의하여 결정된다.

$$e_{5/6} = \frac{\omega_5}{\omega_6} = -\frac{N_6}{N_5}; \quad e_{2/7} = \frac{\omega_2}{\omega_7} = -\frac{N_7}{N_2}$$

따라서 태양 기어와 크랭크의 회전 속도는

$$\omega_1 = \omega_5 = e_{5/6} \times \omega_6 \tag{6.4-2}$$

$$\omega_2 = e_{2/7} \times \omega_7 \tag{6.4-3}$$

그림 6.20과 6.24는 동일한 유성 기어열의 기어 배열이므로 표 6.2는 이 예제에 적용할

수 있다. 표 6.2에 주어진 데이터와 식 (6.4-2)와 (6.4-3)에 입력 회전수를 대입하면

$$\omega_1 = -\frac{N_6}{N_5}\omega_6 = x + y \tag{6.4-4}$$

$$\omega_2 = -\frac{N_7}{N_2}\omega_7 = x \tag{6.4-5}$$

식 (6.4-4)와 (6.4-5)를 y에 대하여 풀고, 다음을 적용하면

$$\omega_6 = \omega_7 \tag{6.4-6}$$

다음과 같다.

$$y = -\omega_7\left(\frac{N_6}{N_5} - \frac{N_7}{N_2}\right) \tag{6.4-7}$$

링 기어의 회전 속도 값은 마찬가지로 표 6.2로부터 구할 수 있다.

$$\omega_4 = x - \frac{N_1}{N_4}y \tag{6.4-8}$$

식 (6.4-5)에서 (6.4-7)을 대입하면

$$\omega_4 = \omega_7\left[-\frac{N_7}{N_2} + \frac{N_1}{N_4}\left(\frac{N_6}{N_5} - \frac{N_7}{N_2}\right)\right] \tag{6.4-9}$$

그리고 기어열의 속도비는 식 (6.4-9)를 이용하면

$$e_{4/7} = \frac{\omega_4}{\omega_7} = -\frac{N_7}{N_2} + \frac{N_1}{N_4}\left(\frac{N_6}{N_5} - \frac{N_7}{N_2}\right) \tag{6.4-10}$$

예제 6.5 | 연필깎이의 유성 기어열

비디오 6.25
연필깎이

그림 6.25(a)는 연필깎이를 나타내고 있으며, 그림 6.25(b)는 이 장치의 개략도를 나타내고 있다. 링 기어 4는 몸체에 고정되어 있다(기초 링크). 손잡이 크랭크는 유성 캐리어 링크 2에 견고하게 연결되어 있다. 커터는 링 기어 4와 물려 있는 유성 기어 3에 견고하게 연결되어 있다. 보이는 위치에서 출발하여 손잡이 크랭크를 180° 회전한 후에 유성 기어 위의 점 A_1의 위치를 결정하라.

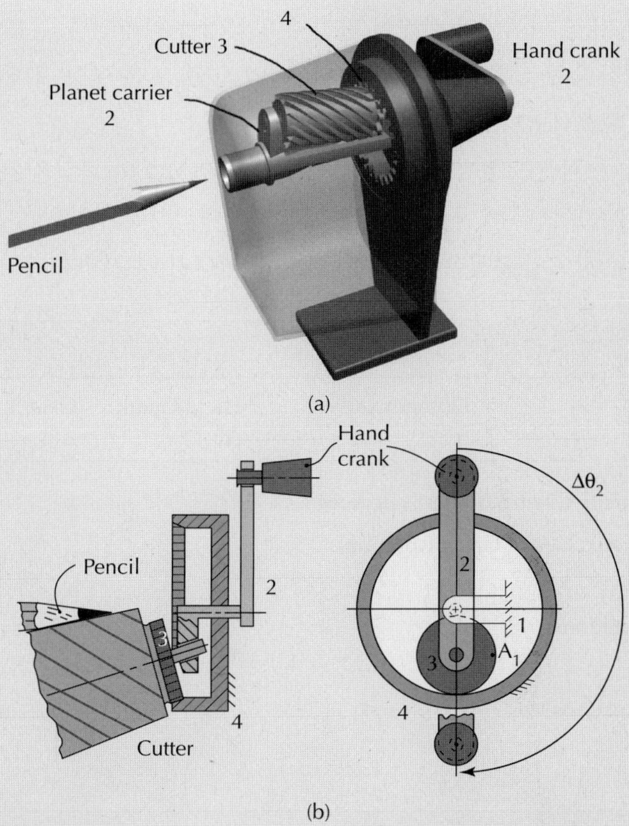

그림 6.25 ● 연필깎이. (a) 등각 뷰[비디오 6.25], (b) 개략도

$$N_3 = 11;\quad N_4 = 24$$

풀이

이 장에서 유성 기어열의 요소의 속도를 계산하기 위하여 표에 의한 방법을 적용하였다. 이 예제의 기어열의 링크회전을 결정하는 데 비슷한 과정을 적용하기로 한다.

표 6.4는 연필깎이의 회전형태를 표에 의해 해석한 결과이다. 이로부터 링 기어 4가 고정되고 손잡이 크랭크 회전이 $\Delta\theta_2 = x$일 때 유성 기어 3의 회전을 찾을 수 있다.

$$\Delta\theta_3 = \Delta\theta_2\left(1 - \frac{N_4}{N_3}\right)$$

손잡이 크랭크의 회전이 180° 시계 방향($\Delta\theta_2 = -180°$)에 대하여

$$\Delta\theta_3 = \Delta\theta_2\left(1 - \frac{N_4}{N_3}\right) = -180°\left(1 - \frac{24}{11}\right) = 212.7°$$

이 양의 값은 유성 기어 3의 회전이 반시계 방향임을 나타낸다. 손잡이 크랭크를 회전한 후의 기하학적 구조를 그림 6.26에 나타내었다. 점 A_1은 운동 후에 새로운 위치로 옮겨졌고 A_2로 표시하였다.

이 장에서 표시한 모든 표들은 유성 기어열의 각 요소의 회전을 해석하는 데 사용할 수 있다. 회전 속도보다는 변수 x와 y에 회전값을 대입하여 수행할 수 있다. 왜냐하면 기어열에서 모든 링크의 운동은 같은 시간대에 일어나기 때문이다.

표 6.4 연필깎이 유성 기어열의 표에 의한 해석

Component → / Operation ↓	Hand Crank $\Delta\theta_2$	Gear 3 $\Delta\theta_3$	Gear 4 $\Delta\theta_4$
All Components Given Rotation x degrees	x	x	x
Fix Hand Crank, Gear 4 Given Rotation y degrees	0	$+\frac{N_4}{N_3}y$	y
Absolute Rotations	x	$x+\frac{N_4}{N_3}y$	$x+y$
Absolute Rotations With Fixed Gear 4 (i.e. $x+y=0$)	x	$x\left(1-\frac{N_4}{N_3}\right)$	0

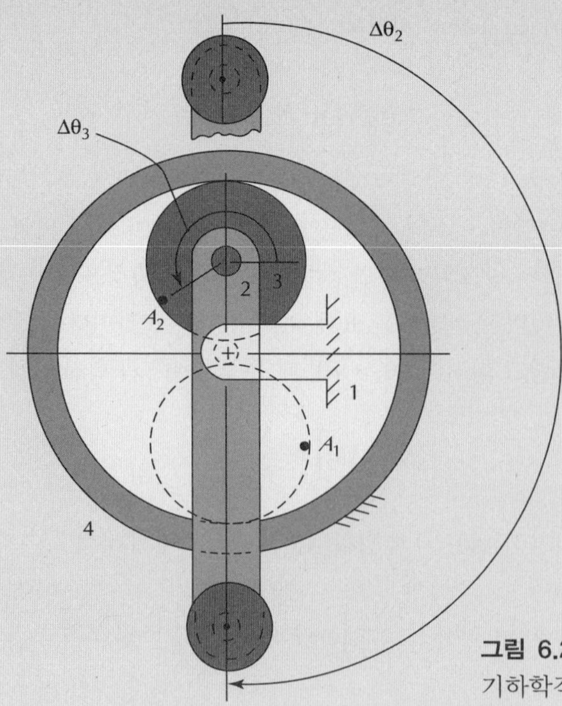

그림 6.26 ● 크랭크 회전 후의 연필깎이의 기하학적 구조

예제 6.6 | 자동 변속기의 속도비

그림 6.27에 나타낸 자동 변속기의 속도비를 구하라. 속도비는 다음과 같이 발생된다.

- 역회전: 기어 5가 고정 유지
- 1단: 기어 1이 고정 유지
- 2단: 기어 1과 기어 6은 동일 속도

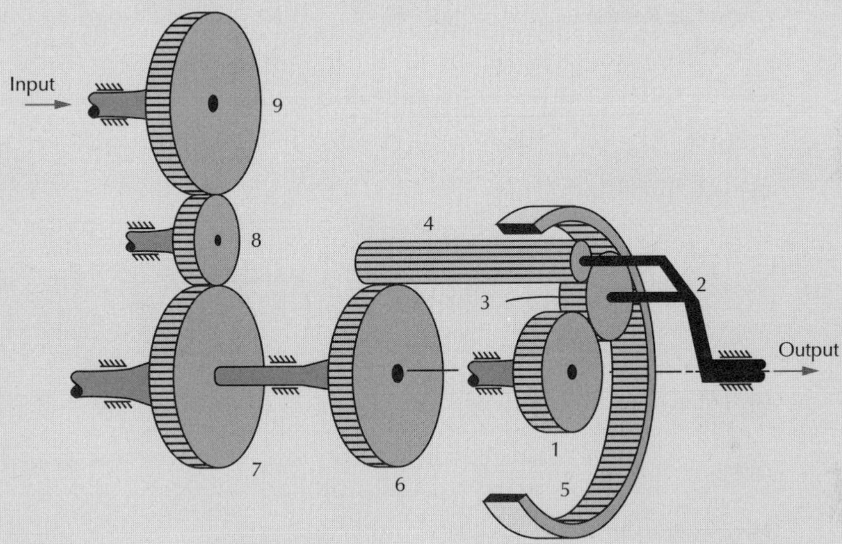

그림 6.27 ● 자동 변속기의 개략도

모든 경우, 입력은 기어 9에 연결되고, 출력은 크랭크 2에 연결된다. 각 기어의 잇수는 다음과 같다.

$$N_1 = 27; \quad N_3 = 15; \quad N_4 = 9; \quad N_5 = 57;$$
$$N_6 = N_7 = N_9 = 32; \quad N_8 = 16$$

풀이

표 6.5는 이 기어열에 대하여 나타낸 것이다. 이 표를 사용하면 기어 6과 크랭크 2에 대한 속도비는

$$e_{2/6} = \frac{\omega_2}{\omega_6} = \frac{x}{\left(x + \dfrac{N_5}{N_6}y\right)}$$

표 6.5 그림 6.27에 나타낸 기어열의 표에 의한 해석

Component → Operation ↓	Gear 1 ω_1	Crank ω_2	Gear 5 ω_5	Gear 6 ω_6
All Components Turn at x rpm	x	x	x	x
Crank is Fixed, Gear 5 Turns at y rpm	$-\frac{N_5}{N_1}y$	0	y	$+\frac{N_5}{N_6}y$
Absolute Rotational Speeds	$x-\frac{N_5}{N_1}y$	x	$x+y$	$x+\frac{N_5}{N_6}y$

따라서 기어열의 속도비는

$$e_{2/9}=\frac{\omega_2}{\omega_6}\times\frac{\omega_6}{\omega_9}=\frac{x}{\left(x+\frac{N_5}{N_6}y\right)}\times\frac{N_9}{N_7} \tag{6.4-11}$$

여기서 $\omega_6=\omega_7$이다.

역회전

표 6.5로부터 기어 5의 속도비는 고정이 유지되므로

$$\omega_5=x+y=0;\quad y=-x \tag{6.4-12}$$

식 (6.4-11)과 (6.4-12)를 조합하면 속도비는

$$e_{2/9}=\frac{\left(\frac{N_9}{N_7}x\right)}{\left(x+\frac{N_5}{N_6}y\right)}=\frac{\left(\frac{N_9}{N_7}x\right)}{x\left(1-\frac{N_5}{N_6}\right)}=\frac{\left(\frac{N_9}{N_7}\right)}{\left(1-\frac{N_5}{N_6}\right)}=\frac{1}{\left(1-\frac{57}{32}\right)}=-1.280 \tag{6.4-13}$$

1단

기어 1의 속도비는 고정이 유지되므로 표 6.5로부터

$$\omega_1=x-\frac{N_5}{N_6}y=0;\quad y=\frac{N_1}{N_5}x \tag{6.4-14}$$

식 (6.4-11)과 (6.4-14)를 조합하면 속도비는

$$e_{2/9} = \frac{\left(\dfrac{N_9}{N_7}x\right)}{\left(x + \dfrac{N_5}{N_6}y\right)} = \frac{\left(\dfrac{N_9}{N_7}x\right)}{x\left(1 + \dfrac{N_5 N_1}{N_6 N_5}\right)} = \frac{\left(\dfrac{N_9}{N_7}\right)}{\left(1 + \dfrac{N_1}{N_6}\right)} = \frac{1}{\left(1 + \dfrac{27}{32}\right)} = 0.544 \qquad (6.4\text{-}15)$$

2단

기어 1과 6은 동시에 유지되는 속도비이므로 표 6.5로부터

$$\omega_1 = \omega_6$$

$$x - \frac{N_5}{N_1}y = x + \frac{N_5}{N_6}y \qquad (6.4\text{-}16)$$

이를 만족시킨다면

$$y = 0 \qquad (6.4\text{-}17)$$

식 (6.4-11)과 식 (6.4-17)을 조합하면 속도비는

$$e_{2/9} = \frac{\left(\dfrac{N_9}{N_7}x\right)}{\left(x + \dfrac{N_5}{N_6}y\right)} = \frac{x}{x} = 1.00 \qquad (6.4\text{-}18)$$

비디오 6.28
2단 자동 변속기

그림 6.28은 이 기어열의 설명도이다.

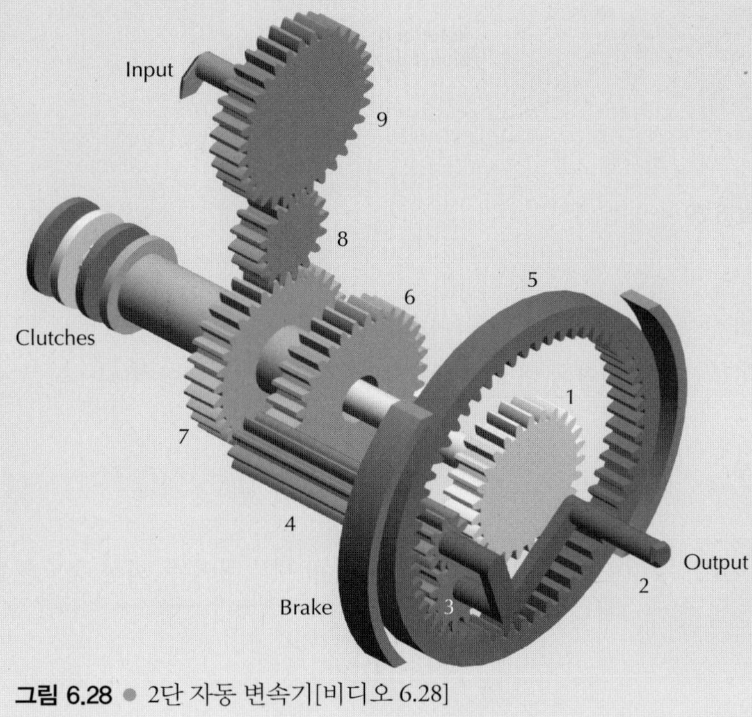

그림 6.28 ● 2단 자동 변속기[비디오 6.28]

예제 6.7 방켈 엔진의 해석

그림 6.29에 나타낸 방켈 엔진은 잇수가 N_3이고 내접 유성 기어열의 회전자의 일부이다. 태양 기어의 잇수는 N_1이고 고정되어 있다. 다음과 같을 때 유성 기어 링크 3에 대한 크랭크 링크 2의 속도비를 구하라.

$$\frac{N_1}{N_3} = \frac{2}{3} \tag{6.4-19}$$

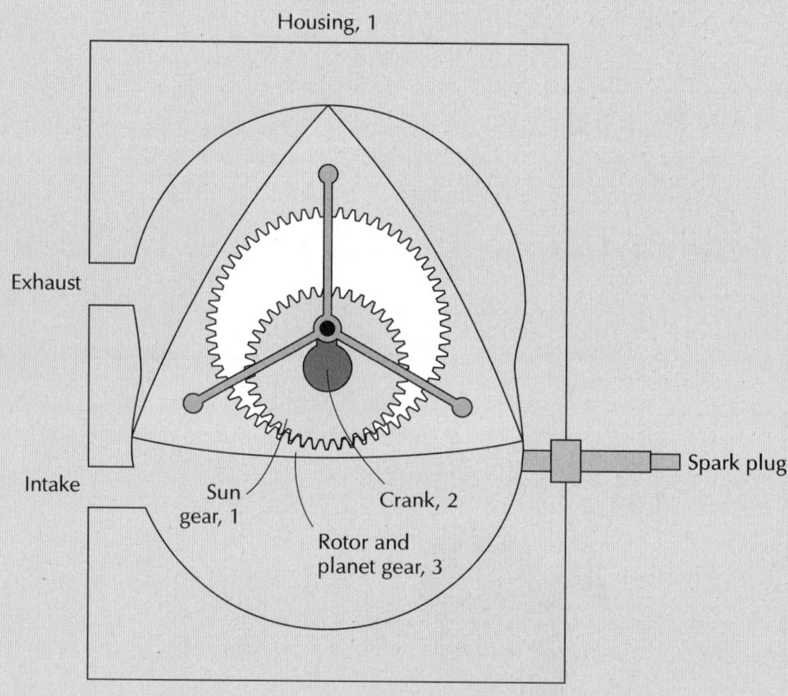

그림 6.29 ● 방켈 엔진

풀이

표 6.6에 이 기어열에 대하여 정리하였다. 알다시피 태양 기어 1은 고정이며 회전 속도 ω_1는

$$\omega_1 = x + y = 0, \quad y = -x \tag{6.4-20}$$

표 6.6과 식 (6.4-20)을 이용하여 ω_2와 ω_3로 나타내면 두 회전 속도를 하나의 변수 x로 다음과 같이 나타낼 수 있다.

표 6.6 그림 6.29에 나타낸 방켈 엔진의 표에 의한 해석

Component → / Operation ↓	Gear 1 ω_1	Crank ω_2	Gear 3 ω_3
All Components Turn at x rpm	x	x	x
Crank is Fixed, Gear 1 Turns at y rpm	y	0	$\frac{N_1}{N_3}y$
Absolute Rotational Speeds	$x+y$	x	

$$\omega_2 = x; \quad \omega_3 = x + \frac{N_1}{N_3}y = x\left(1-\frac{N_1}{N_3}\right) \tag{6.4-21}$$

식 (6.4-19)와 식 (6.4-21)을 이용하면 유성 기어에 대한 크랭크의 속도비는

$$e_{2/3} = \frac{\omega_2}{\omega_3} = \frac{x}{x\left(1-\frac{N_1}{N_3}\right)} = \frac{1}{\left(1-\frac{N_1}{N_3}\right)} = \frac{1}{\left(1-\frac{2}{3}\right)} = 3 \tag{6.4-22}$$

즉 각각의 크랭크 회전에 대하여 유성 기어는 같은 방향으로 1/3만큼 회전한다.

예제 6.8 | 전동 드라이브의 유성 기어열

그림 6.30(a)는 유성 기어열을 이용한 전동 드라이브의 끝 단을 나타낸다. 기어열을 분해한 부품들을 그림 6.30(b)에 나타내었다. 그리고 기어열의 개략적인 골조도를 그림 6.30(c)에 나타내었다. 모터가 1,000 rpm 시계 방향으로 회전할 때 출력(크랭크 5) 회전수를 계산하라. 기어의 잇수는 다음과 같다.

$$N_1 = 6 = N_2; \quad N_3 = 21 = N_6$$

풀이

링 기어의 잇수는

$$N_4 = N_1 + 2N_3 = 48 = N_7$$

그림 6.30 ● (a) 전동 드라이브, (b) 부품 분해, (c) 유성 기어열의 개략도

유성 기어열은 2단이다. 기어 1, 3, 4 그리고 크랭크 2는 1단을 구성하고 있다. 기어 2, 6, 7 그리고 크랭크 5는 2단을 구성하고 있다. 1단의 크랭크 2와 2단의 기어 2는 견고하게 연결되어 있다. 링 기어 4가 고정된 것과 표 6.2를 이용하면

$$\omega_4 = x - \frac{N_1}{N_4} y = 0 \quad \text{or} \quad y = \frac{N_4}{N_1} x$$

그래서

$$e_{2/1} = \frac{\omega_2}{\omega_1} = \frac{x}{x+y} = \frac{x}{x + \frac{N_4}{N_1} x} = \frac{N_1}{N_1 + N_4} = \frac{6}{6+48} = \frac{1}{9}$$

2단 기어 수는 1단과 같고 2단의 링 기어는 고정되었으므로

$$e_{5/2} = \frac{1}{9}$$

기어열의 회전비는

$$e_{5/1} = e_{5/2} \times e_{2/1} = \frac{1}{81}$$

그래서 출력 회전 속도는

$$\omega_5 = \omega_1 \times e_{5/1} = 1000 \times \frac{1}{81} = 12.4 \text{ rpm} \quad \text{CW}$$

1단 이상의 유성 기어열에 대한 추가 예제들은 6.5절에 제시하였다.

예제 6.9 | 유성 기어열의 속도비

그림 6.31에 나타낸 기어열에 대하여 유성 기어 3, 4 그리고 5는 견고하게 연결되어 있다. 그리고 같은 회전 속도 $\omega_3 = \omega_4 = \omega_5$로 회전하고 있다. 기어 1은 입력에 연결되어 있고 기어 7은 출력에 연결되어 있다. 그리고 기어 6은 고정되어 있다. 유성 캐리어 요소 2는 입력도 출력도 아닌 연결이다. 입력과 출력 속도비를 계산하라.

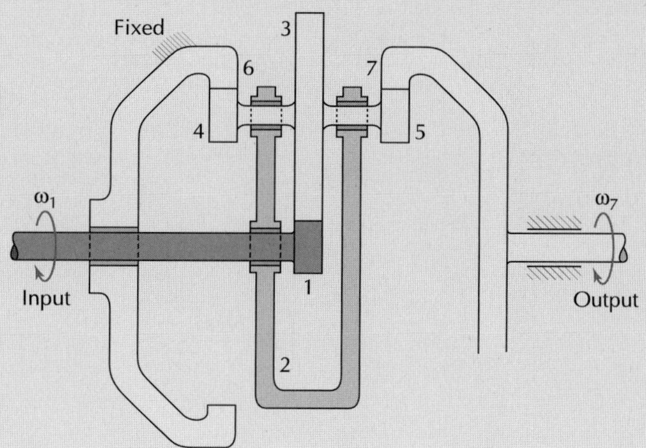

그림 6.31 ● 유성 기어열

풀이

표 6.7은 이 기어열을 나타낸 것이다. 링 기어 6은 고정되어 있다는 것을 알고 있고, 회전수 ω_6은

$$\omega_6 = x + y = 0; \quad y = -x \tag{6.4-23}$$

표 6.7에서 구한 ω_1과 ω_7을 식 (6.4-23)에 대입하고 회전 속도를 하나의 변수 x로 나타내

표 6.7 그림 6.31에 나타낸 유성 기어열의 표에 의한 해석

Component → / Operation ↓	Gear 1 ω_1	Gear 6 ω_6	Gear 7 ω_7
All Components Turn at x rpm	x	x	x
Crank Is Fixed, Gear 6 Turns at y rpm	$-\frac{N_6 N_3}{N_4 N_1} y$	y	$\frac{N_6 N_5}{N_4 N_7} y$
Absolute Rotational Speeds	$x - \frac{N_6 N_3}{N_4 N_1} y$	$x + y$	$x + \frac{N_6 N_5}{N_4 N_7} y$

면 다음과 같다.

$$\omega_1 = x - \frac{N_6 N_3}{N_4 N_1} y = x \left(1 + \frac{N_6 N_3}{N_4 N_1} \right) \tag{6.4-24}$$

$$\omega_7 = x + \frac{N_6 N_5}{N_4 N_7} y = x \left(1 - \frac{N_6 N_5}{N_4 N_7} \right) \tag{6.4-25}$$

그러므로 이 기어열의 속도비는

$$e_{7/1} = \frac{\omega_7}{\omega_1} = \frac{\left(1 - \frac{N_6 N_5}{N_4 N_7} \right)}{\left(1 + \frac{N_6 N_3}{N_4 N_1} \right)} \tag{6.4-26}$$

표에 의한 방법을 구성할 때, 표에 유성 기어열의 모든 요소를 항상 포함할 필요는 없다. 유성 기어의 회전 속도가 요구되지 않는 한 표에 그것을 포함시킬 필요는 없다. 그러나 출력과 입력에 연결된 요소는 항상 포함되어야 한다. 이것은 입력이 고정되어 있을 때도 필요하다. 예제 6.9를 보면, 유성 캐리어가 입력이나 출력에 연결되어 있지 않기 때문에 표에 나타내지 않고 있다.

그림 6.22는 유성 기어열의 열두 가지 기본 형태를 나타낸다. 또한 이 그림에 제시된 것은 각각[7]에 표에 의한 해석을 실행하여 얻은 요소들의 회전 속도에 대한 식이다. 이 식들은 제시한 기어열에 적용될 수 있을 뿐만 아니라, 열두 가지 기본 형태의 조합으로 이루어

진 좀 더 복잡한 다른 기어열의 분석에도 유용하게 쓰인다. 이러한 기어열의 분석은 6.5절에 기술되어 있다.

6.5 다단 유성 기어열의 운동학적 해석

기본 형태의 조합으로 이루어진 좀 더 복잡한 시스템에 그림 6.22에 나타난 결과를 적용할 수 있다. 기어열 각각의 기본 형태는 좀 더 복잡한 시스템의 부분이 되는 기어열의 하나의 단으로 간주될 것이다. 12개 기본 형태의 하나 이상의 조합으로 이루어진 기어열은 **다단 유성 기어열**으로 불린다. 그림 6.32는 K형식과 L형식의 기어열 조합과 동등한 유성 기어열을 나타낸 것이다. 이 시스템을 만드는 기어열의 기본 형태는 1단과 2단으로 불린다. 표 6.8은 그림 6.21에서 나타낸 유성 기어열에 사용된 요소번호와 그림 6.32에서 2개의 기본 형태로 구성된 것을 비교하고 있다(그림 6.22).

k단이 있는 유성 기어열 요소의 속도를 결정짓는 것은 미지수 $2k$를 포함한 $2k$ 식을 푸는 것이 필요하다. 1단 유성 기어열($k = 1$)에서는, 보통 기어열에서 일반적으로 입력을 기반으로 하는 2개의 미지수를 가진 2개의 식이 있다. $k > 1$에 대한 유성 기어열을 해석하는 것은 입력을 기초로 만들어진 식뿐만 아니라, 기어열의 단 간의 요소들의 연결을 고려하여 얻어진 구속조건 식(constraint equations)과 합계 $2k$의 식이 만들어지는 것이 필요하다.

그림 6.32와 같은 2단 유성 기어열에서 기어 잇수는

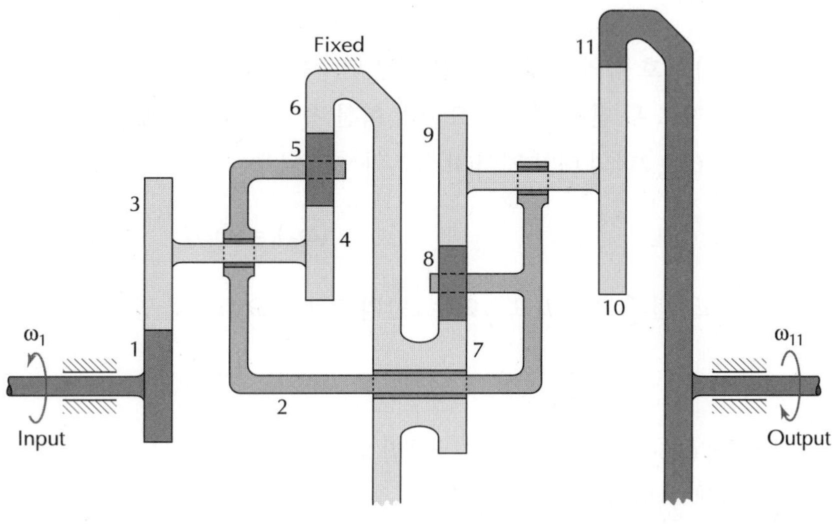

그림 6.32 ● 기본 유성 기어열의 K형식과 L형식을 조합한 2단 유성 기어열

표 6.8 그림 6.32와 6.22의 요소 수 비교

Numbering of Components of Two-Stage Planetary Gear Train (Figure 6.32)	Numbering of Components of Individual Stages (Figure 6.22)	
	Stage 1 (Type K)	Stage 2 (Type L)
1	1	—
2	2	2
3	3	—
4	4	—
5	5	—
6	6	—
7	—	1
8	—	3
9	—	4
10	—	5
11	—	6

$$N_1 = 20;\quad N_3 = 25;\quad N_4 = 16;\quad N_5 = 17;\quad N_6 = 95$$
$$N_7 = 20;\quad N_8 = 17;\quad N_9 = 22;\quad N_{10} = 40;\quad N_{11} = 116$$

그리고 주어진 입력 속도는

$$(\omega_1)_1 = 200 \text{ rpm} \tag{6.5-1}$$

$$(\omega_6)_1 = 0 \tag{6.5-2}$$

여기서 괄호 밖의 아래첨자 1은 같은 단수를 나타낸다.

추가로 두 단을 연결한 요소의 회전 속도는 항등식에 의하여 얻어진다. 1단의 링 기어(요소 6)는 2단의 태양 기어(요소 1)와 연결되고

$$(\omega_6)_1 = (\omega_1)_2 \tag{6.5-3}$$

그리고 1단의 크랭크(요소 2)는 2단의 크랭크(요소 2)와 연결되어 있으므로

$$(\omega_2)_1 = (\omega_2)_2 \tag{6.5-4}$$

식 (6.5-1)에서 식 (6.5-4)는 그림 6.22에서 제시된 식들을 사용하여 변수 x와 y의 형태로 나타낼 수 있다.

$$x_1 + y_1 = 200 \tag{6.5-5}$$

$$x_1 + \left(\frac{N_1 N_4}{N_3 N_6}\right)_1 y_1 = 0 \tag{6.5-6}$$

$$x_1 + \left(\frac{N_1 N_4}{N_3 N_6}\right)_1 y_1 = x_2 + y_2 \tag{6.5-7}$$

$$x_1 = x_2 \tag{6.5-8}$$

여기서 소괄호 바깥의 아래첨자와 변수 x와 y의 아래첨자는 관련되는 단수를 나타낸다.

표 6.8을 이용하여, 기어의 수는 그림 6.32에서 주어진 대로 나타낼 수 있다. 마찬가지로 식 (6.5-6)과 식 (6.5-7)에 주어진 기어 잇수를 대입하면

$$\begin{aligned} x_1 + \left(\frac{N_1 N_4}{N_3 N_6}\right)_1 y_1 &= x_1 + \left(\frac{N_1 N_4}{N_3 N_6}\right) y_1 = x_1 + \left(\frac{20\times16}{25\times95}\right) y_1 \\ &= x_1 + 0.1347 \quad y_1 = 0 \end{aligned} \tag{6.5-9}$$

$$\begin{aligned} x_1 + \left(\frac{N_1 N_4}{N_3 N_6}\right) y_1 &= x_1 + \left(\frac{20\times16}{25\times95}\right) y_1 \\ &= x_1 + 0.1347 y_1 = x_2 + y_2 \end{aligned} \tag{6.5-10}$$

식 (6.5-5), (6.5-8), (6.5-9) 그리고 식 (6.5-10)을 풀면

$$x_1 = x_2 = -31.14; \quad y_1 = 231.14; \quad y_2 = 31.14$$

유성 기어열에서 모든 요소의 회전 속도는 그림 6.22에 제시된 식에 x_1, x_2, y_1 그리고 y_2 값을 대입함으로써 계산할 수 있다. 유성 기어열의 속도비는

$$\begin{aligned} e_{11/1} &= \frac{\omega_{11}}{\omega_1} = \frac{(\omega_6)_2}{(\omega_1)_1} \\ &= \frac{x_2 + \left(\frac{N_1 N_5}{N_4 N_6}\right)_2 y_2}{x_1 + y_1} = \frac{x_2 + \left(\frac{N_7 N_{10}}{N_9 N_{11}}\right) y_2}{x_1 + y_1} = -0.107 \end{aligned}$$

일반적으로 k단의 유성 기어열에 있어서 $2k$에 대한 방정식은 다음과 같은 형태로 표현할 수 있다.

$$[A]\{x\} = \{B\} \tag{6.5-11}$$

여기서

$$\{x\} = [x_1, y_1, x_2, y_2, \dots, x_k, y_k]^T \tag{6.5-12}$$

식 (6.5-11)을 $\{x\}$에 대하여 푼다.

그림 6.22에서 주어진 식들은 컴퓨터를 사용하여 해를 구하는 데 이상적으로 적합하다. 그림 6.22에 나타낸 모든 종류의 유성 기어열은 컴퓨터의 메모리에 저장할 수 있다. 유성 기어열의 형식 분류에 의하여 컴퓨터는 적당한 수의 방정식으로 작업할 것이다. 식 (6.5-11)의 각각의 구속조건이 포함된 행렬 $[A]$ 그리고 벡터 $\{B\}$로 구성될 것이다.

예제 6.10 | 유성 기어열의 속도비

그림 6.31에 나타낸 유성 기어열의 속도비를 그림 6.22에 나타낸 유성 기어열의 기본 형식의 조합으로 계산하라.

풀이

기어열은 그림 6.22의 B형식의 두 가지 기본 유성 기어열을 조합한 것과 동등하다. 요소 1, 2와 3은 양단에 공유되어 있다. 그러므로 각 단을 연결하는 요소로 생각할 수 있다. 표 6.9에 그림 6.22와 6.31에 나타낸 번호를 비교하였다.

표 6.9 그림 6.31과 그림 6.22의 요소 수 비교

Numbering of Components of Two-stage Planetary Gear Train (Figure 6.31)	Numbering of Components of Individual Stages (Figure 6.22)	
	Stage 1	Stage 2
	(Type B)	(Type B)
1	1	1
2	2	2
3	3	3
4	4	–
5	–	4
6	5	–
7	–	5

다음 식들은 두 가지의 입력 회전 속도에 의하여 만들어졌다. 그중 하나는 0이고, 유성 기어열의 연결된 요소들에 의한 구속 조건이다.

$$(\omega_1)_1 = \omega_{\text{input}} = \omega_1 \tag{6.5-13}$$

$$\omega_6 = (\omega_5)_1 = 0 \tag{6.5-14}$$

$$(\omega_1)_1 = (\omega_1)_2 \tag{6.5-15}$$

$$(\omega_2)_1 = (\omega_2)_2 \tag{6.5-16}$$

$$(\omega_3)_1 = (\omega_3)_2 \tag{6.5-17}$$

식 (6.5-13)~(6.5-17)까지를 그림 6.22에 주어진 미지수의 형태로 나타내면

$$x_1 + y_1 = \omega_1 \tag{6.5-18}$$

$$x_1 - \left(\frac{N_1 N_4}{N_3 N_5}\right)_1 y_1 = 0 \quad \text{or} \quad x_1 - \frac{N_1 N_4}{N_3 N_6} y_1 = 0 \tag{6.5-19}$$

$$x_1 + y_1 = x_2 + y_2 \tag{6.5-20}$$

$$x_1 = x_2 \tag{6.5-21}$$

$$x_1 - \frac{N_1}{N_3} y_1 = x_2 - \frac{N_1}{N_3} y_2 \tag{6.5-22}$$

그러나 식 (6.5-22)는 식 (6.5-20)과 (6.5-21)의 선형 조합이다. 그래서 식 (6.5-18)~(6.5-21)까지와 미지수 x_1, x_2, y_1 그리고 y_2의 풀이만 고려하면 된다. 그러면 식 (6.5-22)는 자동적으로 충족된다.

식 (6.5-18)에서 (6.5-21)까지를 조합하여 행렬 형태로 표현하면

$$\begin{bmatrix} 1 & 1 & 0 & 0 \\ 1 & \left(-\dfrac{N_1 N_4}{N_3 N_6}\right) & 0 & 0 \\ 1 & 1 & -1 & -1 \\ 1 & 0 & -1 & 0 \end{bmatrix} \begin{Bmatrix} x_1 \\ y_1 \\ x_2 \\ y_2 \end{Bmatrix} = \begin{Bmatrix} \omega_1 \\ 0 \\ 0 \\ 0 \end{Bmatrix} \tag{6.5-23}$$

식 (6.5-23)을 풀면

$$x_1 = x_2 = \omega_1 \frac{N_1 N_4}{N_3 N_6 + N_1 N_4} \tag{6.5-24}$$

$$y_1 = y_2 = \omega_1 \frac{N_3 N_6}{N_3 N_6 + N_1 N_4} \tag{6.5-25}$$

기어열의 출력 회전 속도는

$$\omega_7 = (\omega_5)_2 = x_2 - \left(\frac{N_1 N_4}{N_3 N_5}\right)_2 y_2 \quad \text{or} \quad \omega_7 = x_2 - \frac{N_1 N_5}{N_3 N_7} y_2 \tag{6.5-26}$$

식 (6.5-24)와 (6.5-25)를 식 (6.5-26)에 대입하면

$$\omega_7 = \omega_1 \frac{N_1 N_4}{N_3 N_6 + N_1 N_4} - \frac{N_1 N_5}{N_3 N_7} \omega_1 \frac{N_3 N_6}{N_3 N_6 + N_1 N_4} \tag{6.5-27}$$

기어열의 속도비는 식 (6.5-27)에 의하여 구해지며, 단순화하면 다음 식이 얻어진다.

$$e_{7/1} = \frac{\omega_7}{\omega_1} = \frac{\left(1 - \frac{N_6 N_5}{N_4 N_7}\right)}{\left(1 + \frac{N_6 N_3}{N_4 N_1}\right)} \tag{6.5-28}$$

이것은 예제 6.9와 동일한 결과가 얻어진다.

예제 6.11 | 2단 유성 기어열의 운동해석

비디오 6.33B
2단 유성 기어열

그림 6.33(a)는 2단 유성 기어열의 개략도를 나타내고 있다. 각 기어의 잇수는

$$N_1 = 24; \quad N_2 = 60; \quad N_3 = 12$$
$$N_4 = 48; \quad N_5 = 12; \quad N_6 = 24$$

다음과 같은 조건에서 기어 1에 대한 모든 요소의 속도비를 계산하라.

(a) 기어 2는 고정으로 유지

(b) 기어 4는 고정으로 유지

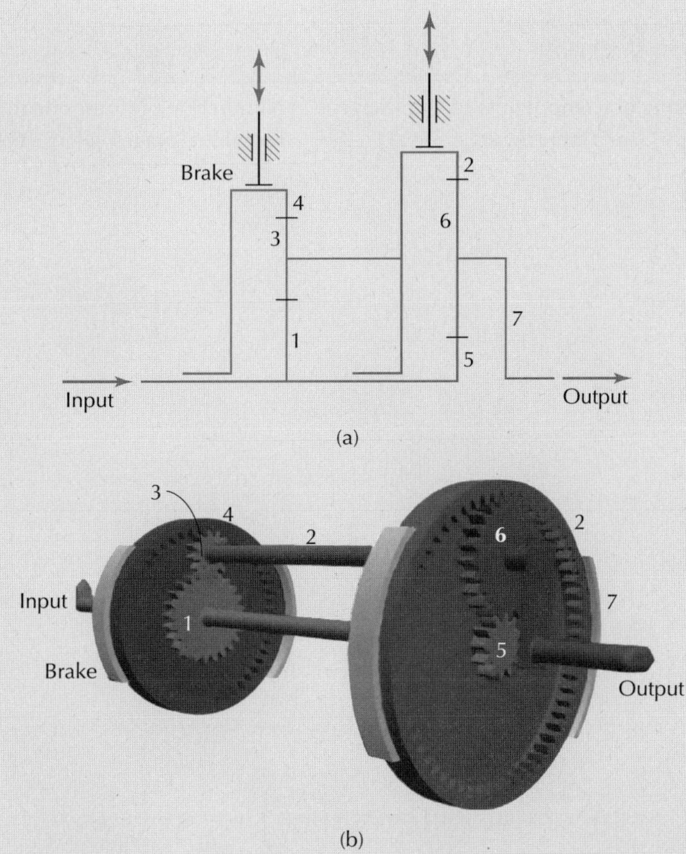

그림 6.33 ● 2단 유성 기어열. (a) 개략도 표시, (b) 3D 모델링[비디오 6.33B]

풀이

기어열은 그림 6.22에 나타낸 A형식의 두 가지 기본 유성 기어열의 조합과 동등하다. 태양 기어의 두 단은 동일한 회전 속도로 공유되고, 1단의 크랭크는 2단의 링 기어에 견고히 연결되어 있다.

표 6.10에 그림 6.22와 6.33(a)에 나타낸 개략도를 비교하였다. 그림 6.22에 주어진 식과 표 6.10의 번호를 사용하여 각 요소의 회전 속도를 다음과 같이 나타낼 수 있다.

$$\omega_1 = (\omega_1)_1 = x_1 + y_1 \tag{6.5-29}$$

$$\omega_2 = (\omega_2)_1 = x_1 \tag{6.5-30}$$

$$\omega_3 = (\omega_3)_1 = x_1 - \left(\frac{N_1}{N_3}\right)_1 y_1 = x_1 - \frac{N_1}{N_3} y_1 \tag{6.5-31}$$

표 6.10 그림 6.33(a)와 그림 6.22의 요소 수 비교

Numbering of Components of Two-Stage Planetary Gear Train (Figure 6.33(a))	Numbering of Components of Individual Stages (Figure 6.22)	
	Stage 1 (Type A)	Stage 2 (Type A)
1	1	–
2	2	4
3	3	–
4	4	–
5	–	1
6	–	3
7	–	2

$$\omega_4 = (\omega_4)_1 = x_1 - \left(\frac{N_1}{N_4}\right)_1 y_1 = x_1 - \frac{N_1}{N_4} y_1 \tag{6.5-32}$$

$$\omega_5 = (\omega_1)_2 = x_2 + y_2 \tag{6.5-33}$$

$$\omega_6 = (\omega_3)_2 = x_2 - \left(\frac{N_1}{N_3}\right)_2 y_2 = x_2 - \frac{N_5}{N_6} y_2 \tag{6.5-34}$$

$$\omega_7 = (\omega_2)_2 = x_2 \tag{6.5-35}$$

$$\omega_2 = (\omega_4)_2 = x_2 - \left(\frac{N_1}{N_4}\right)_2 y_2 = x_2 - \frac{N_5}{N_2} y_2 \tag{6.5-36}$$

기어 1에 관련된 기어열 요소의 속도비는 다음과 같이 나타낼 수 있다.

$$e_{j/1} = \frac{\omega_j}{\omega_1}, \quad j = 2, \ldots, 7 \tag{6.5-37}$$

$j=7$인 경우를 고려하고, 식 (6.5-29)와 (6.5-35)를 식 (6.5-37)에 대입하면

$$e_{7/1} = \frac{\omega_7}{\omega_1} = \frac{x_2}{x_1 + y_1} \tag{6.5-38}$$

게다가 각 단과 요소의 연결을 고려하여 다음의 식들이 만들어진다.

● 태양 기어의 연결

$$\omega_1 = \omega_5 \quad \text{or} \quad (\omega_1)_1 = (\omega_1)_2 \quad \text{or} \quad x_1 + y_1 = x_2 + y_2 \tag{6.5-39}$$

● 1단 크랭크와 2단 링 기어의 연결

$$\omega_2 = (\omega_2)_1 = (\omega_4)_2 \quad \text{or} \quad x_1 = x_2 - \frac{N_5}{N_2} y_2 \tag{6.5-40}$$

식 (6.5-29)에서 (6.5-40)까지는 이 문제의 (a)와 (b) 부분에 유효하다. 기어 2 또는 기어 4가 고정되었을 때 속도비 계산을 진행하면

(a) 만약 기어 2가 고정되면 식 (6.5-30)으로부터

$$\omega_2 = x_1 = 0 \tag{6.5-41}$$

식 (6.5-39)에서 (6.5-41)까지를 x_2의 항에서 y_1과 y_2에 대하여 풀면

$$y_1 = \frac{(N_2 + N_5)}{N_5} x_2; \quad y_2 = \frac{N_2}{N_5} x_2 \tag{6.5-42}$$

식 (6.5-41)과 (6.5-42)를 식 (6.5-38)에 대입하면

$$\begin{aligned} e_{7/1} &= \frac{x_2}{x_1 + y_1} \\ &= \frac{x_2}{\left(0 + \dfrac{(N_2 + N_5)}{N_5} x_2\right)} = \frac{N_2}{N_2 + N_5} = \frac{12}{60 + 12} = \frac{1}{6} \end{aligned} \tag{6.5-43}$$

기어열의 다른 요소들에 대한 비슷한 해석 결과를 표 6.11에 나타내었다.

(b) 만약 기어 4가 고정되면 식 (6.5-32)로부터

$$\omega_4 = x_1 - \frac{N_1}{N_4} y_1 = 0 \tag{6.5-44}$$

식 (6.5-39), (6.5-40) 그리고 식 (6.5-44)를 x_2, y_1에 대해서 풀고, x_1의 항으로 y_2에 대하여 풀면

$$x_2 = \left[1 + \frac{N_4 N_5}{N_1(N_2 + N_5)}\right] x_1; \quad y_1 = \frac{N_4}{N_1} x_1 \quad y_2 = \frac{N_2 N_4}{N_1(N_2 + N_5)} x_1 \tag{6.5-45}$$

표 6.11 그림 6.33(a)에서 기어 1에 대한 유성 기어열의 속도비

Speed Ratio	Part (a) (Gear 2 Fixed)	Part (b) (Gear 4 Fixed)
$e_{2/1}$	0	$\frac{N_1}{N_1+N_4}=\frac{1}{3}$
$e_{3/1}$	$-\frac{N_1}{N_3}=-2$	$-\frac{N_1(N_3-N_4)}{N_3(N_1+N_4)}=-1$
$e_{4/1}$	$-\frac{N_1}{N_4}=-\frac{1}{2}$	0
$e_{5/1}$	1	1
$e_{6/1}$	$\frac{N_5(N_6-N_2)}{N_6(N_2+N_5)}=-\frac{1}{4}$	$\frac{N_5N_6(N_1+N_4)+N_2(N_1N_6-N_4N_5)}{N_6(N_1+N_4)(N_2+N_5)}=\frac{1}{6}$
$e_{7/1}$	$\frac{N_5}{N_2+N_5}=\frac{1}{6}$	$\frac{N_4N_5+N_1(N_2+N_5)}{(N_1+N_4)(N_2+N_5)}=\frac{4}{9}$

식 (6.5-45)를 식 (6.5-38)에 대입하면

$$e_{7/1}=\frac{x_2}{x_1+y_1}=\frac{\left[1+\frac{N_4N_5}{N_1(N_2+N_5)}\right]x_1}{\left(x_1+\frac{N_4}{N_1}x_1\right)}$$

$$=\frac{N_4N_5+N_1(N_2+N_5)}{(N_1+N_4)(N_2+N_5)}=\frac{48\times12+24(60+12)}{(24+48)(60+12)}=\frac{4}{9} \tag{6.5-46}$$

기어열의 다른 요소들에 대한 비슷한 해석 결과를 표 6.11에 나타내었다. 그림 6.33(b)는 같은 기어열의 다른 설명을 나타낸다.

6.6 차동 기어 장치

비디오 6.34
차동 기어열

차동 기어 장치는 입력 동력을 회전 속도가 동등하지 않은 2개의 분리된 출력으로 전달하는 기계 장치이다. 유성 기어열은 어떤 기계 장치를 만들기 위해 사용하기도 하고 평기어 또는 베벨 기어를 조합할 수도 있다. 그림 6.34에 나타낸 기어열을 참고하라. 단면의 평면

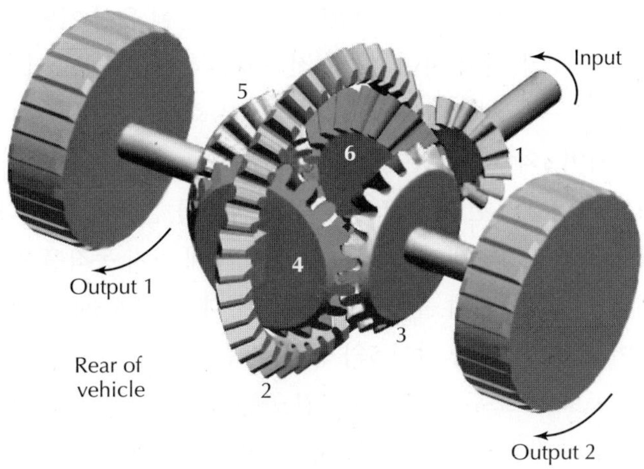

그림 6.34 ● 차동 기어 트레인[비디오 6.34]

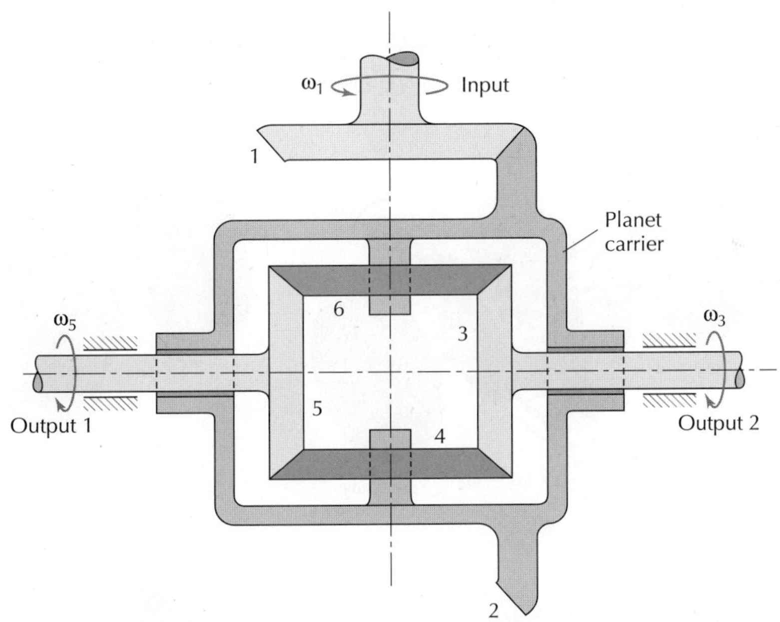

그림 6.35 ● 차동 기어열의 평면도

도를 그림 6.35에 나타내었다. 이 그림에는 차동 기어의 형태를 위해 조합된 3에서 6까지 번호가 매겨진 4개의 베벨 기어가 포함되어 있다.

그림 6.34에서 나타낸 기어열의 구성은 일반적으로 자동차의 구동 트레인에 사용된다. **피니언**으로 불리는 기어 1은 기어열 입력축이다. 링 기어 2는 유성 캐리어에 부착되어 있다. 기어 1과 2는 그림과 같이 직선 베벨 기어가 되기도 한다. 이러한 기어는 각각 그림 5.9(b)와 5.10에 나타낸 스파이럴 베벨 기어 장치나 하이포이드 기어 장치로 대체될 수도

있다. 기어 4와 6은 회전축이 고정되어 있지 않기 때문에 유성 기어이다. 이런 유성 기어는 기어 2에 대해 회전하게 하고 기어 2의 회전축에 대해 선회한다. 기어 3과 5는 2개의 구동 바퀴와 같은 축에 부착되어 있으며, 기어 2의 같은 회전축을 공유한다. 기어 3과 5는 같은 크기를 가지며, 기어 4와 6도 마찬가지이다.

차동 기어는 기어열의 한 부분으로서, 구동 바퀴를 같거나 서로 다른 속도에서 회전하게 해준다. 그림 6.36에 나타낸 바와 같이 전형적인 네 가지 동작을 발생시킨다. 이 모든 경우에서는, 1개의 입력과 2개의 출력으로 간주되었다. 그림 6.36(a)에서 보이듯이, 자동차가 직진할 때, 기어 3뿐만 아니라 기어 5의 양쪽 구동 바퀴는 같은 회전 속도를 갖는다. 이 경우에, 기어 2, 3, 4, 5와 6 모두 강체로 형성된 공통의 축에 대해 회전하며, 이러한 기어 사이에 맞물림은 없다. 그림 6.36의 세 가지 다른 경우에서 나타내었다. 기어 3, 4, 5 와 6 사이에 맞물림이 있다. 그림 6.36(b)는 자동차가 회전하는 것을 나타내고 있다. 한쪽의 구동휠은 다른 쪽보다 더 빨리 회전한다. 자동차가 오른쪽으로 회전하는 경우 기어 5에 연결된 구동 바퀴는 기어 3에 연결된 구동 바퀴보다 큰 반경으로 움직인다. 지면과 두 바퀴의 미끄럼을 피하기 위해 기어 5는 반드시 기어 3보다 빠른 비율로 회전해야 한다. 차동 기어는 출력 속도

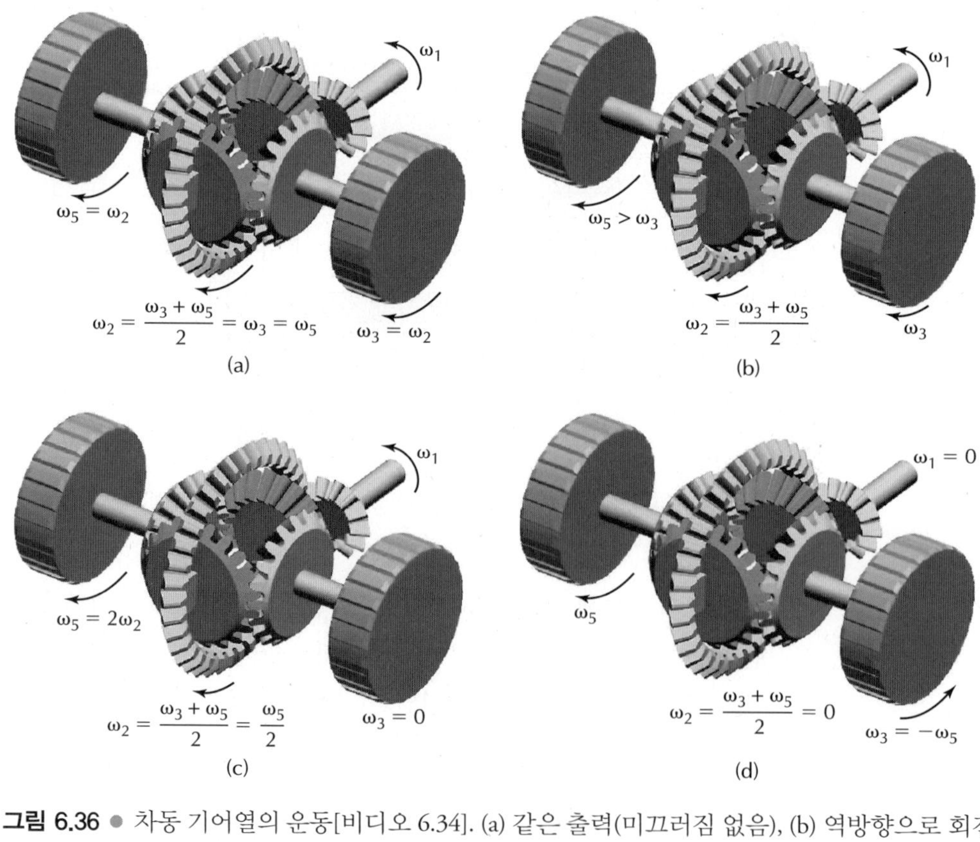

그림 6.36 ● 차동 기어열의 운동[비디오 6.34]. (a) 같은 출력(미끄러짐 없음), (b) 역방향으로 회전하는 바퀴(입력 0), (c) 굽은 길 회전 또는 부분적인 미끄러짐, (d) 완전 미끄러짐

의 이러한 두 가지 차이를 허용한다. 그림 6.36(c)는 한쪽 출력축이 계속 회전하는 동안 다른 출력축 중 하나가 정지한 경우를 보여준다. 그림 6.36(d)는 입력 기어 1은 정지되고 기어 3과 5는 정방향으로 회전하는 다른 경우를 설명하고 있다. 비록 이러한 경우가 허용되더라도 보통의 자동차 운전에서는 발생할 개연성이 낮다.

그림 6.36의 모든 설명은 기어 2의 회전 속도는 기어 3과 5의 회전 속도의 항상 평균임을 보인다. 6.4절에 기술한 표에 의한 방법을 이용하여 이를 확인한다. 처음 세 단계에 대한 표에 의한 해석 방법을 표 6.12에 구성하였다. 이 표에서 기어 1은 회전축이 다른 축과 직각이더라도 다른 기어들과 함께 제시되었다. 기어 1과 기어 2, 3, 그리고 기어 5와의 오직 속도만을 비교할 때 고려된다.

표 6.12로부터 기어 2, 3 그리고 5의 회전 속도는 변수 x와 y로 표현할 수 있다.

$$\omega_2 = \frac{N_1}{N_2}x; \quad \omega_3 = \frac{N_1}{N_2}x - y; \quad \omega_5 = \frac{N_1}{N_2}x + y \tag{6.6–1}$$

기어 2의 회전 속도는 기어 3과 5의 평균이므로

$$\omega_3 + \omega_5 = \left(\frac{N_1}{N_2}x - y\right) + \left(\frac{N_1}{N_2}x + y\right) = 2\frac{N_1}{N_2}x = 2\omega_2 \quad \text{or} \quad \omega_2 = \frac{\omega_3 + \omega_5}{2} \tag{6.6–2}$$

자동차가 직선으로 주행할 때[그림 6.36(a)], 2개의 출력 회전 속도는 동일하다. 표 6.12의 조사에 의하면, 이는 $y = 0$이고 $x = \omega_1$이므로

$$\omega_3 = \omega_5 = \frac{N_1}{N_2}x = \frac{N_1}{N_2}\omega_1 = \omega_2 \tag{6.6–3}$$

자동차가 회전할 때[그림 6.36(b)], 두 구동 바퀴는 더 이상 같은 회전 속도가 아니다. 여기서 변수 y는 유한 값을 가지며, $2y$는 두 출력 회전 속도의 차이다. 만약 기어 3이 회전 정지한다면[그림 6.36(c)]

표 6.12 그림 6.34에서 나타낸 베벨 차동 기어열에 대한 표에 의한 분석

Component → / Operation ↓	Gear 1 ω_1	Gear 2 ω_2	Gear 3 ω_3	Gear 5 ω_5
Gears 4, and 6 Are Stationary with Respect to Gear 2, Gear 1 Turns at x rpm	x	$\frac{N_1}{N_2}x$	$\frac{N_1}{N_2}x$	$\frac{N_1}{N_2}x$
Gear 1 Is Fixed, Gear 5 Turns at y rpm	0	0	$-y$	y
Absolute Rotational Speeds	x	$\frac{N_1}{N_2}x$	$\frac{N_1}{N_2}x - y$	$\frac{N_1}{N_2}x + y$

$$\omega_3 = 0 = \frac{N_1}{N_2}x - y \quad \text{or} \quad y = \frac{N_1}{N_2}x \tag{6.6-4}$$

기어 5의 회전 속도는

$$\omega_5 = \frac{N_1}{N_2}x + y = 2\frac{N_1}{N_2}x = 2\frac{N_1}{N_2}\omega_1 = 2\omega_2 \tag{6.6-5}$$

위와 같이 기어 5의 회전 속도는 기어 2의 평균 속도의 두 배이다.

이 조건은 출력축 하나가 정지하여 한쪽만 구동될 때, 즉 기어 3이 연결되어 건조한 포장도로 위에 있는 경우, 다른 한쪽은 마치 얼음과 같이 미끄러운 표면 위에서 공회전하고 있는 동안 발생할 수 있다. 이 경우에 최소 저항토크는 공회전하는 바퀴에서 나타나고, 다른 구동 바퀴로 전달할 수 있는 토크는 무시할 수 있다. 결과는 다른 구동 바퀴가 여전히 정지하고 있는 동안 기어 2의 평균 속도의 두 배로 얼음 위에서 회전한다.

위의 문제는 **차동 제한 장치**(limited-slip-differential)를 사용하는 것에 의하여 어느 정도 구제할 수 있다. 이러한 시스템의 개략도를 그림 6.37에 나타내었다. 기어의 배열은 전통적인 차동장치(그림 6.35)와 같다. 그러나 유성 캐리어(링 기어를 포함한 요소 2)와 기어 3 그리고 기어 5 사이에 마찰판이 추가되어 있다. 이 경우에, 하나의 구동 바퀴가 얼음 위에 있을 때 제한된 전 토크는 여전히 다른 한쪽으로 토크를 전달한다. 다른 견인력이 없을 때 한쪽 구동 바퀴로 전달할 수 있는 전 토크는 마찰판에 의하여 발생하는 마찰 토크에 의존된다. 차동 제한 장치의 단점은 에너지 손실, 그리고 출력 기어와 캐리어의 상대 운동이 일어

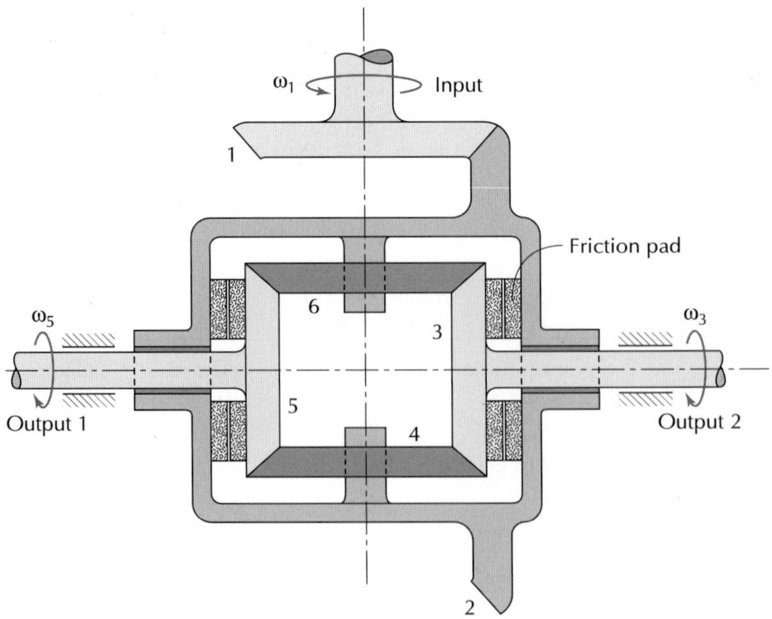

그림 6.37 ● 차동 제한 장치

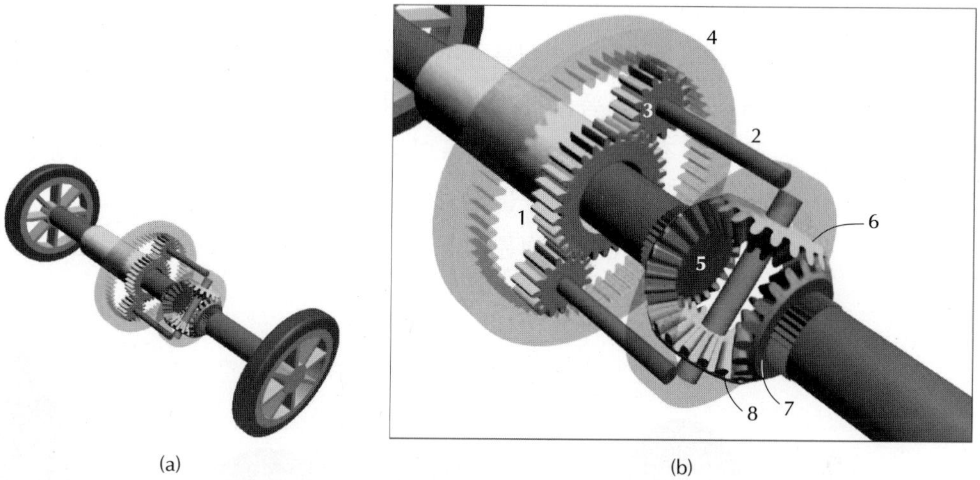

그림 6.38 ● 전륜 구동 기어열[비디오 6.38]

날 때, 즉 자동차의 정상 운전 중에도 시시각각 자동차의 방향이 변화할 때 생기는 마찰판의 마모발생이다.

비디오 6.38
전륜 구동 기어열

그림 6.34에서 나타낸 기어의 배열은 자동차의 후륜 구동에 사용된다. 즉 기어 1에 연결된 입력은 직각으로 기어 3과 기어 5, 2개로 출력된다. 또한 그림 6.38에 나타낸 기어 배열은 링 기어 4가 고정되는 동안 유성 기어열의 태양 기어 1이 구동되는 엔진과 변속기(제시하지 않음)이며 일반적으로 전륜 구동 자동차에 사용된다. 이러한 A형식의 유성 기어열(그림 6.22)은 차동장치로의 운동 전달에 앞서 최종 속도를 감속시켜 공급한다. 요소 2는 A형식 유성 기어열의 크랭크이고, 차동장치의 유성 캐리어이다. 이것은 차동장치의 두 출력 속도의 평균으로 회전한다. 기어 6과 8은 차동 기어 장치의 유성 기어이고, 기어 5와 7은 두 출력 바퀴와 연결된다.

차동장치는 유성 기어열(그림 6.22)의 I 형식을 사용하는 것에 의하여 만들어질 것이다.

$$N_5 = 2N_1 \tag{6.6-6}$$

그림 6.22에서 주어진 식에 식 (6.6-6)을 이용하여

$$\omega_1 = x + y \tag{6.6-7}$$

$$\omega_2 = x \tag{6.6-8}$$

$$\omega_5 = x + \frac{N_1}{N_5} y = x + \frac{N_1}{2N_1} y = x + \frac{1}{2} y \tag{6.6-9}$$

그러므로 만약 이 기어열으로 입력된다면, 요구된 두 출력의 평균값 ω_1, ω_2가 기어 5로 공

급된다.

비디오 6.39
평기어를 이용한 차동장치

그림 6.39는 평기어를 이용한 차동 기어 장치를 나타낸다. 차동 기어 장치는 베벨 기어 대신 기어열의 폭을 작게 하는 장점이 있는 평기어를 사용하였다. 이러한 이유로 평기어 차동 기어 장치는 종종 4륜 구동 자동차에 전륜 차동장치, 후륜 차동장치 그리고 전륜과 후륜 바퀴 사이의 차동 작용을 선택으로 사용한다.

그림 6.40은 상시 4륜 구동 기어열의 개략적 형태를 나타낸다. 변속기로부터의 입력은

그림 6.39 ● 평기어를 이용한 차동장치[비디오 6.39]

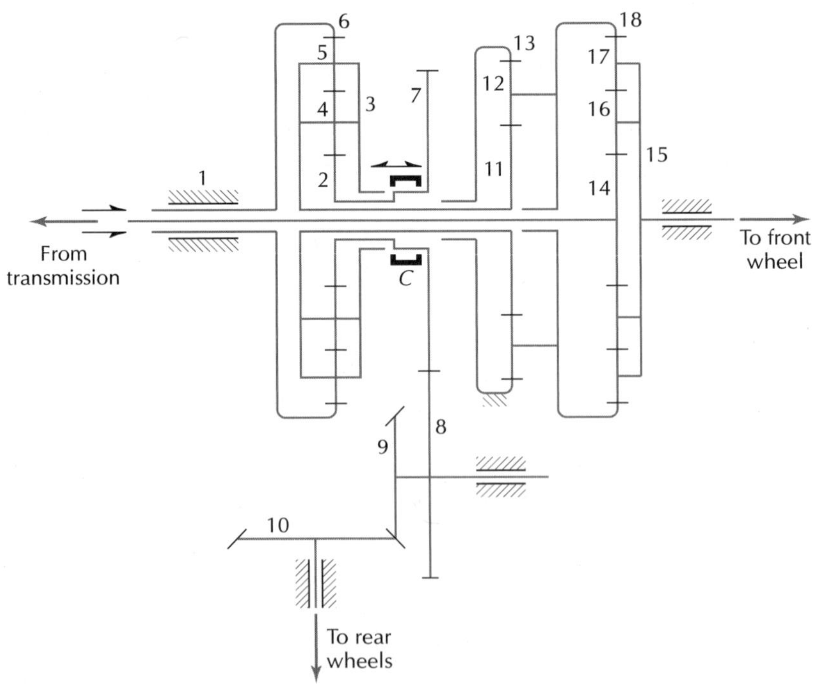

그림 6.40 ● 4륜 구동 기어열

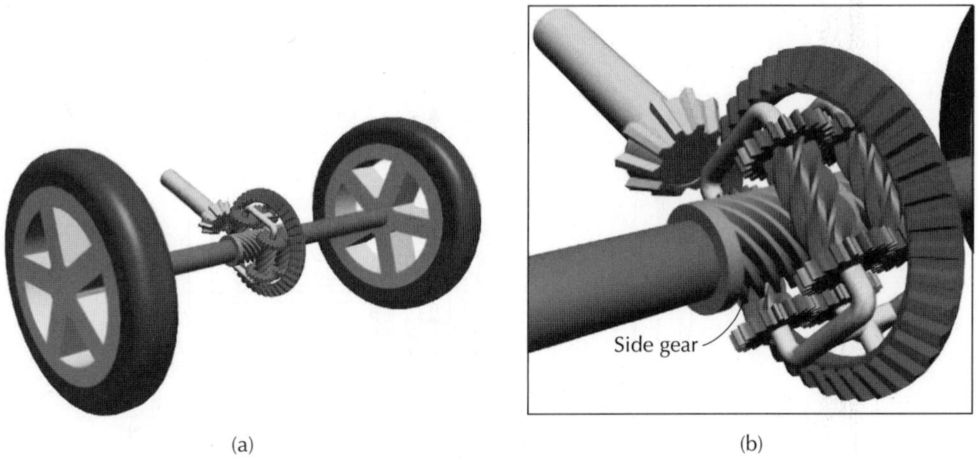

그림 6.41 ● 토르센 차동장치[비디오 6.41]

기어 6에 공급된다. 첫 번째 차동장치는 기어 2, 4, 5와 6으로 구성되며 크랭크 암 3은 전륜와 후륜 사이에서 차동작용을 허용한다. 두 번째 차동장치는 기어 14, 16, 17 그리고 기어 18로 구성되어 있다. 그리고 크랭크 암 15는 두 전륜 사이에서 차동 작용을 허용한다. 세 번째 차동장치(제시되지 않음)는 두 후륜에 대하여 사용된다. 기어 11, 12 그리고 13은 전륜에 대한 감속을 제공하는 유성 기어열의 일부이다. 후륜 차동장치에서 기어 7, 8, 9, 10은 동일한 감속을 후륜에 공급한다.

칼러(collar) *C*를 현 위치로부터 움직이는 것으로써, 그리고 요소 3과 기어 7을 잠금으로써 전륜과 후륜 사이의 차동 작용이 없도록 할 수 있다. 이 경우, 전륜에 견인력을 공급할 수 없다면 여전히 동력은 후륜으로 공급된다.

비디오 6.41
토르센 차동장치

토르센 차동장치는 다른 형태의 차동장치이다. 이 장치는 그림 6.41에 나타내었다. 이 차동장치는 각 구동 바퀴에 마찰판 없이 구동 토크를 개선하여 공급할 수 있게 한다. 2개 또는 그 이상의 유성 기어는 중앙 헬리컬 기어와 맞물리며, 이 기어들은 **사이드 기어**(side gear)로 불린다. 그 유성 기어들은 직선 평기어와 상호 연결된다. 명확한 설계에 도입되는 유성 기어의 수는 요구되는 토크 용량과 관계된다. 토르센 차동장치의 작동에 대한 포괄적인 설명은 Chocholek[8]에 의하여 작성되었다.

예제 6.12 | 차동 기어열의 해석

자동차가 좌측 커브로 시속 60 km/h로 회전하고 있으며, 커브 반경은 $\rho = 30$ m이다. 그림 6.42에 타이어 반경 r_t와 타이어 간 거리 d를 포함한 추가 변수를 나타내었다. 도로면과 타이어는 미끄러짐이 없다. 유성 캐리어(기어 2)에 대하여 안쪽 타이어(기어 5)의 상

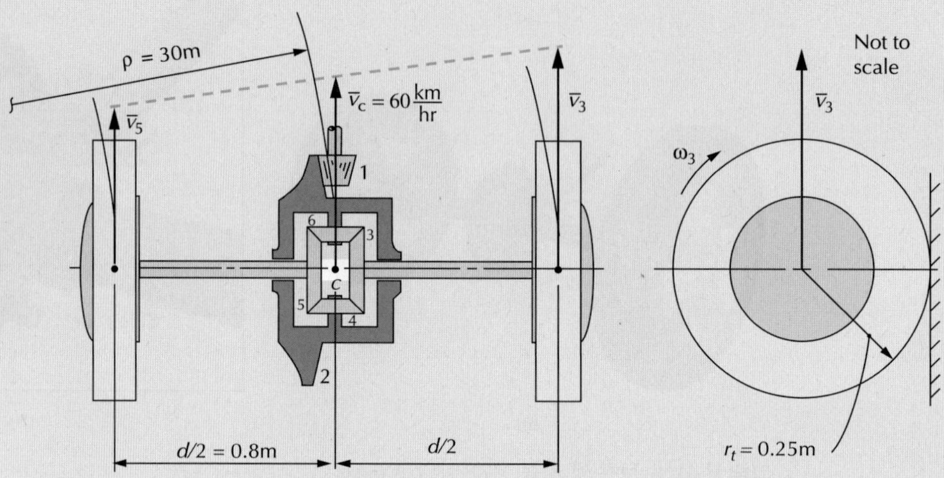

그림 6.42

대 회전 속도 및 기어 1의 회전 속도의 크기를 결정하라. 기어의 잇수는 다음과 같다.

$$N_1=17;\ \ N_2=67;\ \ N_3=24=N_5;\ \ N_4=18=N_6$$

풀이

$$v_c = 60 \text{ km/hr} = 16.7 \text{ m/sec}$$

속도는 타이어 경로의 커브 반경에 비례하므로

$$v_3 = \frac{\left(\rho + \frac{d}{2}\right)}{\rho} v_C = \frac{30.0 + 0.8}{30.0} 16.67 = 17.17 \text{ m/sec}$$

$$v_5 = \frac{\left(\rho - \frac{d}{2}\right)}{\rho} v_C = 16.17 \text{ m/sec}$$

휠의 구름 운동에서

$$\omega_3 = \frac{v_3}{r_t} = \frac{17.17}{0.25} = 68.67 \text{ rad/sec};\ \ \omega_5 = \frac{v_5}{r_t} = 64.67 \text{ rad/sec}$$

표 6.12를 이용하여

$$\omega_3 = \frac{N_1}{N_2}x - y = 68.67 \text{ rad/sec};\ \ \omega_5 = \frac{N_1}{N_2}x + y = 64.67 \text{ rad/sec}$$

주어진 잇수를 대입하고, 계산된 회전 속도 값을 대입하여 풀면

$$x = 262.7 \text{ rad/sec}; \quad y = -2.0 \text{ rad/sec}$$

유성 캐리어에 대한 안쪽 타이어의 상대 회전 속도는

$$\omega_{5/2} = \omega_5 - \omega_2 = 64.67 \text{ rad/sec} - \frac{N_1}{N_2}x = -2.0 \text{ rad/sec}$$

결과에서 음의 부호는 상대 회전 속도의 방향이 기어 2의 회전 방향과 반대 방향임을 가리킨다. 만약 기어 1의 회전 속도가 $|\omega_1| = |x|$이면 그 크기는 262.7 rad/sec이다. 위의 해석에서 차동 기어의 잇수는 계산에서 요구되지 않는 점을 유의하라.

예제 6.13 | 베벨 기어를 사용한 기어열의 속도비

그림 6.43에 나타낸 유성 기어열에 있어서, 입력 속도는 $\omega_2 = 100$ rpm CCW이다. 출력 속도 ω_{10}의 방향과 크기를 결정하라. 기어의 잇수는 다음과 같다.

$$N_2 = 40; N_4 = 30; N_5 = 25; N_6 = 120$$

$$N_7 = 50; N_8 = 20; N_9 = 70; N_{10} = 20$$

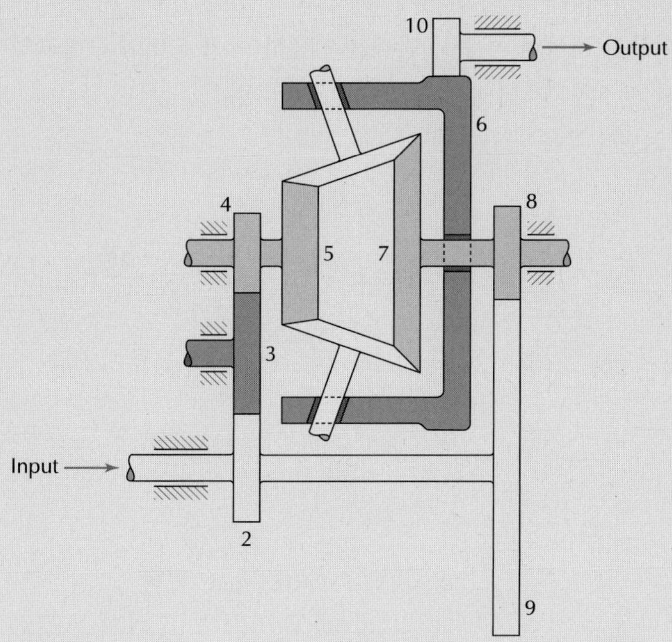

그림 6.43 ● 베벨 기어를 사용한 유성 기어열

표 6.13 그림 6.43에 나타낸 베벨 차동 기어열의 표에 의한 분석

Operation ↓ / Component →	Gear 5 ω_5	Gear 7 ω_7	Gear 6 ω_6
Gears 5, 6, and 7 Turn at x rpm	x	x	x
Gear 6 Is Fixed, Gear 5 Turns at y rpm	y	$-\frac{N_5}{N_7}y$	0
Absolute Rotational Speeds	$x+y$	$x-\frac{N_5}{N_7}y$	x

풀이

입력축은 유성 기어열의 두 기어를 구동한다. 각각의 회전 속도는

$$\omega_5=\omega_4=\frac{N_2}{N_4}\omega_2=\frac{40}{30}\times 100=133=133\text{ rpm}\quad \text{CCW}$$

$$\omega_7=\omega_8=-\frac{N_9}{N_8}\omega_2=-\frac{70}{20}\times 100=-350=350\text{ rpm}\quad \text{CW}$$

여기서 정방향 회전 속도는 반시계 방향으로 가정하였다.

표를 이용한 해석의 처음 세 단계를 이용하여, 표 6.13이 구성되었다(만약 캐리어가 고정되고 기어 5와 7이 반대 방향으로 회전한다면).

표 6.13으로부터 값을 대입하면

$$\omega_5=133=x+y$$

$$\omega_7=-350=x-\frac{N_5}{N_7}y=-350=x-\frac{25}{50}y$$

위의 두 식을 x와 y에 대하여 풀면

$$x=-189;\quad y=322$$

그러므로

$$\omega_6=x=-189=189\text{ rpm}\quad \text{CW}$$

출력 회전 속도는

$$\omega_{10} = -\frac{N_6}{N_{10}}\omega_6 = -\frac{120}{20}\times(-189) = 1134 = 1134\ \text{rpm} \quad \text{CCW}$$

6.7 하모닉 구동 장치

하모닉 구동 장치를 분해한 형태를 그림 6.44에 나타내었다. 이 구동 장치는 그것의 요소 중 하나의 유연한 탄력성을 이용하여 동력을 전달하는 독특한 방법을 도입하였다. 이러한 구동 장치는 회전 속도의 큰 감속 또는 증속이 가능하다. 구동과 종동 요소 간의 일렬로 늘어선 구조가 상대적으로 작기 때문에, 로봇 축의 구동 장치를 포함하여 다양한 응용 분야에 유용하게 사용되고 있다.

그림 6.45는 다른 하모닉 구동 장치를 나타낸다. **웨이브 발생기**(wave generator)는 타원형의 외면으로 되어 있다. 타원 모양은 같은 모양 안으로 힘을 가하여 변형시켜 **탄성 스플라인**이라고 부르는 신축성 있는 부속 안으로 삽입된다. 이러한 변형을 통해, 탄성 스플라인의 외부에 있는 이빨은 **원형 스플라인**(circular spline)으로 알려진 견고한 내부 원통 기어와 맞물린다. 탄성 스플라인의 이와 원형 스플라인의 이는 다른 하나로부터 180° 떨어진 두 위치에서 동시에 맞물린다. 이 배열은 구동 장치의 중심축에 대해 입력과 출력 사이의 토크의 균형을 이끌어낸다. 또한, 이렇게 물린 상태에서 정밀한 기계 장치는 본질적으로 백래시 0으로 작동할 수 있게 한다.

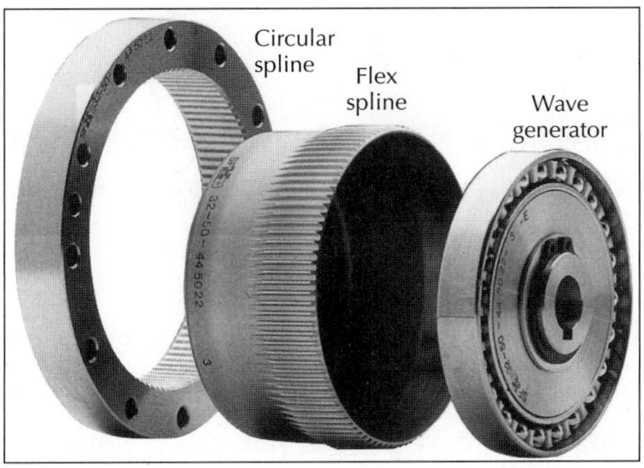

그림 6.44 ● 하모닉 구동 장치(HD 시스템사 제공)

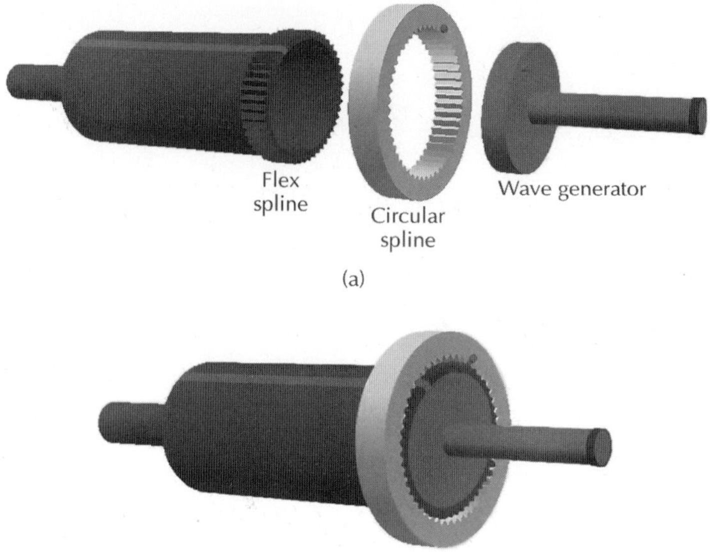

그림 6.45 ● 하모닉 구동 장치[비디오 6.45]. (a) 분리된 모습, (b) 조립된 장치

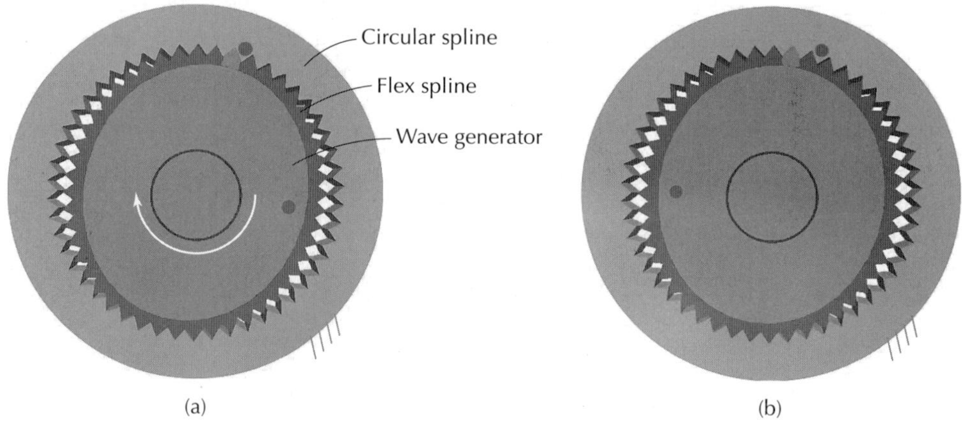

그림 6.46 ● 하모닉 구동 장치[비디오 6.45]

양쪽 스플라인의 이가 같은 피치일지라도, 원형 스플라인은 탄성 스플라인보다 2개 더 많은 잇수를 가진다. 즉,

$$N_c = N_f + 2 \tag{6.7-1}$$

여기서 N_c와 N_f는 각각 원형 스플라인과 탄성 스플라인의 잇수를 나타낸다.

비디오 6.45
하모닉 구동 장치

[**비디오 6.45**]에 2개의 별개의 동작을 갖는 동영상을 제공하였다. 첫 번째 동작에서는 웨이브 발생기가 입력 요소이고, 탄성 스플라인은 출력 요소이며, 원형 스플라인은 계속 고정된다. 웨이브 발생기가 회전함에 따라 탄성 스플라인은 변형 파동 동작을 형성한다. 그

림 6.46은 2개의 하모닉 구동 장치의 구성을 나타낸다. 그림 6.46(b)의 웨이브 발생기는 그림 6.46(a)에서 나타낸 위치로부터 시계 방향으로 180° 회전하고 있다. 웨이브 발생기의 회전 결과로서 원형 스플라인에 대해 1개의 이를 동작시켰던 탄성 스플라인 위의 표시에 주의한다. 이 움직임의 회전 방향은 변형 파동 동작의 방향과 반대이다. 다시 말하면, 시계 방향의 웨이브 발생기의 각 회전에 대해서 탄성 스플라인은 반시계 방향의 2개의 톱니바퀴와 동일하게 회전한다. 그러므로 첫 번째 속도비는

$$e_{f/w} = \frac{\omega_f}{\omega_w} = -\frac{2}{N_f} \tag{6.7-2}$$

여기서 ω_f와 ω_w는 각각 탄성 스플라인과 웨이브 발생기의 회전 속도이며, 음의 부호는 탄성 스플라인과 웨이브 발생기가 반대 방향으로 회전하는 것을 나타낸다.

그림 6.45에 나타낸 하모닉 구동 장치의 잇수는,

$$N_f = 48; \quad N_c = 50$$

그래서 이 장치는

$$e_{f/w} = -\frac{2}{N_f} = -\frac{1}{24}$$

하모닉 구동 장치의 세 가지 요소 중 어떤 것도 입력, 출력 또는 고정 요소로서 선택될 수 있다. 선택이 이루어지면, 상응하는 속도비는 유성 기어열에 적용되었던 것과 유사한 표에 의한 방법을 이용하여 결정할 수 있다. 표 6.14에 하나의 표를 제시하였다. 이 표의 한 열에는 같은 속도 x rpm을 갖는 세 가지 요소가 포함되었다. 그 다음 열에는 원형 스플라인의 회전 속도가 0이고, 웨이브 발생기는 y rpm 그리고 탄성 스플라인의 회전 속도에 대응하는 값이 제시되었다. 두 운동의 중첩된 회전 속도의 절댓값 역시 제시되었다.

표 6.14 그림 6.45에 나타낸 하모닉 구동 장치의 표에 의한 해석

Component → / Operation ↓	Wave Generator ω_w	Flex Spline ω_f	Circular Spline ω_c
All Components Turn at x rpm	x	x	x
Circular Spline Is Fixed, Wave Generator Turns at y	y	$-\frac{2}{N_f}y$	0
Absolute Rotational Speeds	$x+y$	$x-\frac{2}{N_f}y$	x

[**비디오 6.45**]를 통하여 제공된 동영상의 두 번째 부분에 있어서 탄성 스플라인은 회전을 방지한다. 표 6.14로부터

$$\omega_f = x - \frac{2}{N_f} y = 0$$

그래서

$$x = \frac{2}{N_f} y \quad \text{or} \quad y = \frac{N_f}{2} x \tag{6.7-3}$$

게다가 만약 웨이브 발생기가 입력 요소이고, 원형 스플라인이 출력 요소라면 두 번째 속도비의 생성은

$$e_{c/w} = \frac{\omega_c}{\omega_w} = \frac{x}{x+y} \tag{6.7-4}$$

식 (6.7-4)와 식 (6.7-3) 그리고 식 (6.7-1)을 합하면

$$e_{c/w} = \frac{x}{x+y} = \frac{x}{\left(x + \frac{N_f}{2} x\right)} = \frac{2}{2 + N_f} = \frac{2}{N_c} \tag{6.7-5}$$

그림 6.45에 나타낸 하모닉 구동 장치에 대해서는

$$e_{c/w} = \frac{2}{N_c} = \frac{2}{50} = \frac{1}{25}$$

여기서 원형 스플라인과 웨이브 발생기의 회전은 같은 방향이다.

하모닉 구동 장치는 큰 속도비의 전달을 위하여 유성 기어열처럼 다단으로 구성될 수 있다.

예제 6.14 | 2단 하모닉 구동 장치의 해석

그림 6.47은 2단 하모닉 구동 장치의 단면을 나타낸다. 잇수는 다음과 같다.

$$N_{f_1} = 104; \quad N_{c_1} = 106; \quad N_{f_2} = 108; \quad N_{c_2} = 110$$

다음 조건에서 속도비를 구하라.

(a) 원형 스플라인 2가 브레이크 D에 의하여 고정된 경우 웨이브 발생기에 대한 원형

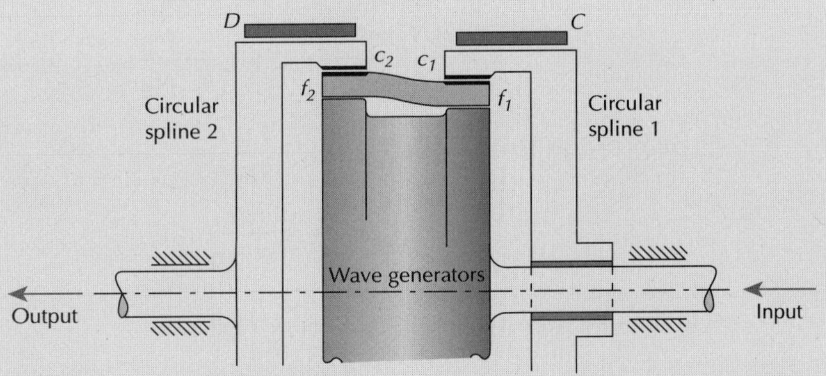

그림 6.47 ● 2단 하모닉 구동 장치

스플라인 1의 속도비

(b) 원형 스플라인 1이 브레이크 C에 의하여 고정된 경우 웨이브 발생기에 대한 원형 스플라인 2의 속도비

풀이

구동 장치는 2개의 하모닉 구동 장치를 조합한 것과 동등하다. 양단의 웨이브 발생기는 동일한 회전 속도를 공유하며, 양단의 탄성 스플라인은 견고하게 연결되어 있다. 표 6.14를 이용하여 다음 식을 만들 수 있다.

- 웨이브 발생기의 연결

$$x_1 + y_1 = x_2 + y_2 \tag{6.7-6}$$

- 탄성 스플라인의 연결

$$x_1 - \frac{2}{N_{f_1}} y_1 = x_2 - \frac{2}{N_{f_2}} y_2 \tag{6.7-7}$$

여기서 아래첨자 1과 2는 단수를 나타낸다. 식 (6.7-6)과 (6.7-7)은 이 문제의 (a)와 (b) 부분에 적합하다. 원형 스플라인 1 또는 원형 스플라인 2가 고정인 경우, 속도비 계산을 진행한다.

(a) 원형 스플라인 2가 고정이면, 표 6.14로부터

$$\omega_{c_2} = x_2 = 0 \tag{6.7-8}$$

식 (6.7-6)에서 (6.7-8)까지와 (6.7-1)을 y_2항으로 x_1과 y_1에 대하여 풀면

$$x_1 = \frac{2\left(N_{f_2} - N_{f_1}\right)}{N_{c_1} N_{f_2}} y_2; \quad y_1 = \frac{N_{c_1} N_{f_2}}{N_{c_1} N_{f_2}} y_2 \tag{6.7-9}$$

속도비는 다음과 같이 나타낼 수 있다.

$$e_{c_1/w} = \frac{\omega_{c_1}}{\omega_w} = \frac{x_1}{x_1 + y_1} \tag{6.7-10}$$

식 (6.7-9)를 식 (6.7-10)에 대입하고 단순화하면

$$e_{c_1/w} = \frac{2\left(N_{f_2} - N_{f_1}\right)}{N_{c_1} N_{f_2}} = \frac{2(108-104)}{106 \times 108} = \frac{1}{1431} \tag{6.7-11}$$

(b) 원형 스플라인 1이 고정이면, 표 6.14로부터

$$\omega_{c_1} = x_1 = 0 \tag{6.7-12}$$

식 (6.7-6), (6.7-7), (6.7-12)와 (6.7-1)을 풀고, y_2항을 x_2와 y_1에 대하여 풀면

$$x_2 = \frac{2\left(N_{f_1} - N_{f_2}\right)}{N_{c_1} N_{f_2}} y_2; \quad y_1 = \frac{N_{f_1} N_{c_2}}{N_{c_1} N_{f_2}} y_2 \tag{6.7-13}$$

속도비는 다음과 같이 나타낼 수 있다.

$$e_{c_2/w} = \frac{\omega_{c_2}}{\omega_w} = \frac{x_2}{x_1 + y_1} \tag{6.7-14}$$

식 (6.7-12)와 식 (6.7-13)을 (6.7-14)에 대입하고 단순화하면

$$e_{c_2/w} = \frac{2\left(N_{f_1} - N_{f_2}\right)}{N_{f_1} N_{c_2}} = \frac{2(104-108)}{104 \times 110} = -\frac{1}{1430} \tag{6.7-15}$$

6.8 감속기에서의 토크 관계

감속기에서 토크는 입력에서 출력축으로 전달되며, 입력과 출력 사이에 회전 속도의 차이가 있다면, 토크에도 연관된 변화가 있을 것이다. 이것은 입력과 출력 토크가 다르다는 것을 의미하며, 정적인 평형상태를 유지하기 위해서는 토크에 의한 반력이 감속기 프레임에

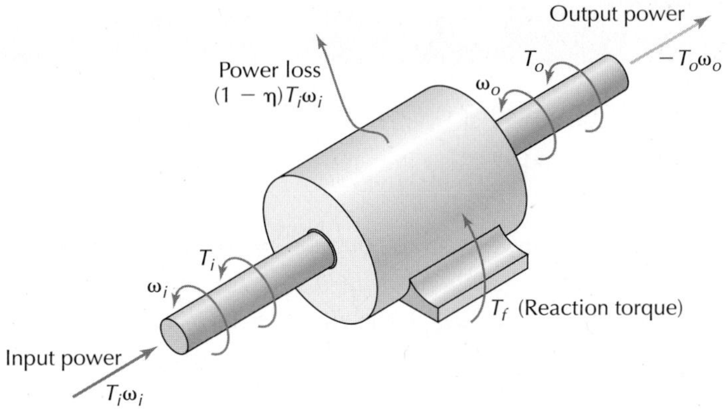

그림 6.48 ● 감속기에서의 토크

적용되어야 한다. 그림 6.48은 전형적인 감속기에서 토크의 작용을 나타낸다. 그 **입력 토크**와 **출력 토크**는 각각 T_i와 T_o로 나타내었고, 입력과 출력의 회전 속도는 ω_i와 ω_o이다. 감속기로부터 입력과 출력 동력(부록 C의 C.10.3절)은

$$P_i = T_i\omega_i \tag{6.8-1}$$

$$P_o = -T_o\omega_o \tag{6.8-2}$$

출력 토크와 출력 회전 속도가 반드시 반대 부호를 가져야 한다는 것을 알 수 있다.

마찰에 의한 손실로 인해, 출력 동력은 기어열에 입력한 동력보다 적다. 감속기의 **기계적 효율** η는 입력 동력과 출력 동력과의 비로 정의된다.

$$\eta = \frac{P_o}{P_i} = \frac{T_o\omega_o}{T_i\omega_i}$$

또는

$$T_o\omega_o = -\eta T_i\omega_i \tag{6.8-3}$$

또한 반드시 0인 모멘트의 합이 감속기에 적용된다. 즉,

$$T_i + T_o + T_f = 0 \tag{6.8-4}$$

여기서 T_f는 변속 장치에 작용하는 **토크의 반력**이며, 감속기의 프레임을 고정시키기 위해 필요한 것이다. 다음의 예제는 위의 식들에 대한 응용을 보여준다.

예제 6.15 | 기어열의 토크 해석

그림 6.21에 나타낸 감속기에 대하여 링 기어가 고정되고 아래의 조건하에서 하우징에 작용하는 토크를 계산하라.

$$\text{input power} = P_i = 30{,}000\frac{\text{N-m}}{\text{sec}} = 30{,}000 \text{ watts} = 30 \text{ kW}$$

$$\omega_i = \omega_1 = 2000 \text{ rpm}; \quad \eta = 0.98$$

풀이

감속기의 속도비는 미리 결정되었으므로[식 (6.4-1) 참조]

$$e_{o/i} = \frac{\omega_o}{\omega_i} = e_{2/1} = 0.30$$

식 (6.8-1)로부터

$$T_i = \frac{P_i}{\omega_i} = \frac{30{,}000\dfrac{\text{N-m}}{\text{sec}}}{\left(2000 \times \dfrac{2\pi}{60}\dfrac{\text{rad}}{\text{sec}}\right)} = 143 \text{ N-m}$$

식 (6.8-3)으로부터

$$T_o\omega_o = T_o e_{o/i}\omega_i = -\eta T_i \omega_i$$

그러므로

$$T_o = \frac{\eta T_i}{e_{o/i}} = -\frac{0.98 \times 143}{0.30} = -467\text{N-m}$$

위의 결과를 식 (6.8-4)와 조합하면

$$T_f = T_4 = -T_o - T_i = 467 - 143 = 324 \text{ N-m}$$

T_f가 양수이므로 링크 4에서의 토크는 입력 회전 속도와 같은 방향이다.

Problems

Ordinary and Compound Gear Trains

P6.1 For the gear train shown in Figure P6.1, determine

(a) the speed ratio $e_{6/2}$

(b) the output rotational speed, ω_6, if the input rotational speed, ω_2, is 75 rpm CW

$N_2 = 15;\ N_3 = 25;\ N_4 = 20;\ N_5 = 15;\ N_6 = 15$

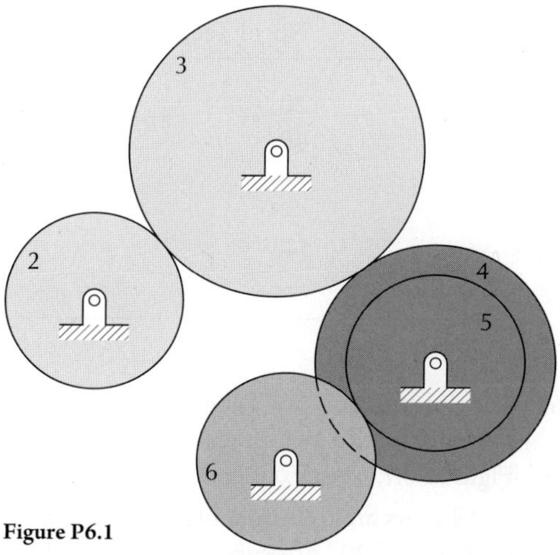

Figure P6.1

P6.2 The figure shows a Humpage's gear train. Determine the speed ratio between shafts A and B, ω_A/ω_B, and indicate whether the two shafts rotate in the same or opposite direction. Number next to the gear stands for the gear name (number of teeth). For example, 3b(27T) means gear 3b with 27 teeth.

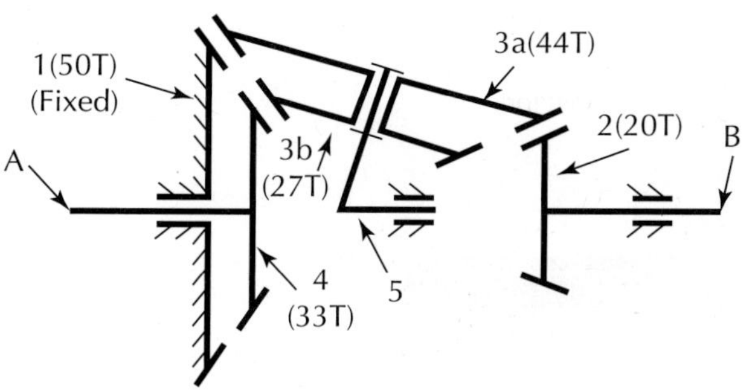

Figure P6.2

P6.3 Specify the numbers of teeth for the gears shown in Figure 6.13, having speed ratios of approximately 0.8, 0.5, and 0.3. The smallest gear must have at least 20 teeth, and the module of all teeth is 4 mm.

P6.4 Figure P6.4 (see next page) illustrates a three-speed transmission. Gears 4, 5, and 6 are free to spin about their shaft in the configuration shown, while gears 3, 7, 8, 9, 10, and 11 are keyed to their respective shafts. Gear 10 is an idler gear whose centre is not in line with those of gears 6 and 11. C_1 and C_2 are synchroizers that fix one free gear to the shaft each time, so that power is transmitted from the input shaft to the output shaft. The input and output shafts are collinear. Using gears of diametral pitch 12 in^{-1}, and using a centre-to-centre distance between the input shaft and countershaft of 4 inches, specify the number of teeth of all gears to obtain the following speed ratios: +1, +0.5, +0.2, -0.2 (reverse), subject to the constraint that the minimum number of teeth in any gear is 16.

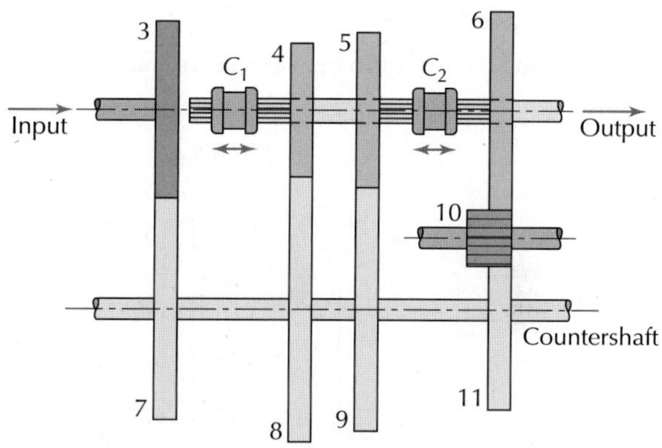

Figure P6.4

P6.5 For the gear train of Figure P6.5, calculate the speed ratio and determine the speed of rotation of output gear 10, given that gear 3 is driven at 200 rpm in the direction shown.

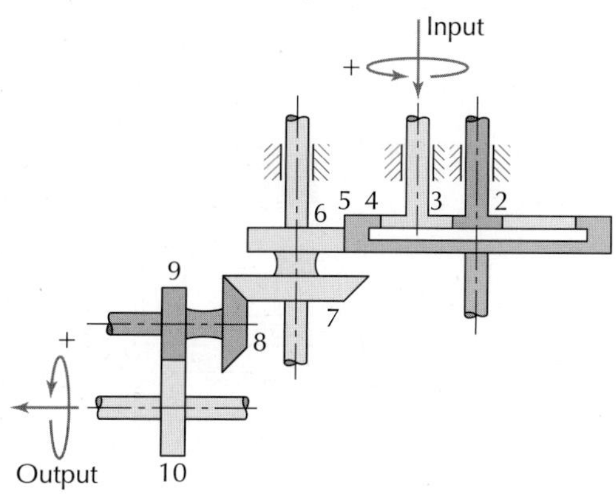

Figure P6.5

$N_2 = 20$; $N_3 = 10$; $N_4 = 60$; $N_5 = 72$; $N_6 = 15$
$N_7 = 22$; $N_8 = 16$; $N_9 = 12$; $N_{10} = 10$

Ordinary and Compound Gear Trains (requiring material from Chapter 5)

P6.6 Information pertaining to the two-speed transmission shown in Figure P6.6 is given in Table P6.6.

All gears are to be manufactured using a hob cutter having a 20° pressure angle and 0.500-inch hob pitch. All gears are to have full-depth teeth, each with more than 15 teeth and fewer than 45 teeth. Shafts *A* and *B* are collinear. The desired speed ratios are +38/156 (synchronizer connects gear 4 to shaft *B*), and +54/132 (synchronizer connects gear 6 to shaft *B*). Determine

(a) the base circle radius of gear 2
(b) the centre-to-centre distance, *c*, between gears 2 and 3
(c) the contact ratio between gears 2 and 3
(d) the number of teeth on gears 4, 5, 6, and 7 that will generate exactly the desired speed ratios
(e) the circular pitch of gear 4
(f) the helix angle of gear 4
(g) the helix angle of gear 7
(h) the pitch circle diameter of gear 5
(i) addendum circle diameter of gear 5

TABLE P6.6

Gear No.	No. of Teeth	Type of Gear
2	20	Straight spur
3	40	—
4	—	Helical spur
5	—	—
6	—	—
7	—	—

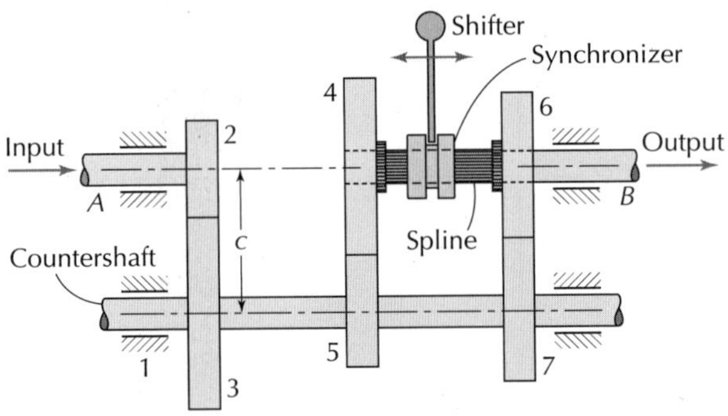

Figure P6.6

P6.7 The information in Table P6.7 (see next page) pertains to the two-speed transmission shown in Figure P6.7 (see next page).

All gears are to be manufactured using a hob cutter having a 20° pressure angle and 0.500-inch hob pitch. All gears are to have full-depth teeth, each with more than 15 teeth, and fewer than 45 teeth. Shafts *A* and *B* are collinear. The first desired speed ratio is +6/17, and is to occur when gears 4 an 5 are brought into mesh. The second speed ratio is to occur when gears 6 and 7 are brought into mesh. Determine

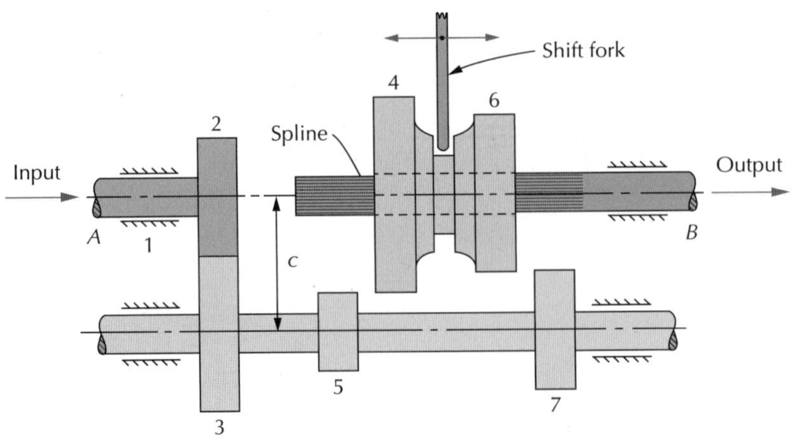

Figure P6.7

(a) the base circle radius of gear 5
(b) centre-to-centre distance, *c*, between gears 2 and 3
(c) the contact ratio between gears 4 and 5 while in mesh
(d) the numbers of teeth on gears 2 and 3 that will generate exactly the first desired speed ratio
(e) the second speed ratio
(f) the diametral pitch of gear 4
(g) the helix angle of gear 2
(h) pitch circle diameter of gear 2

TABLE P6.7

Gear No.	No. of Teeth	Type of Gear
2	—	—
3	—	Helical spur
4	40	Straight spur
5	20	—
6	—	—
7	25	Straight spur

P6.8 The figure shows a planetary gear train with input from the left shaft and output to the right shaft. The compound gear 3 is set to have a speed of $-0.5\omega_{in}$ (in the opposite direction of ω_{in}). If N_2=56 (meshing with gear 5), N_4=60, N_5=14, N_6=24 and $\omega_3=-0.5\omega_{in}$ (in the opposite direction of ω_{in}). Determine the speed ratio (ω_{out}/ω_{in}) and specify whether ω_{out} and ω_{in} are in the same or opposite direction.

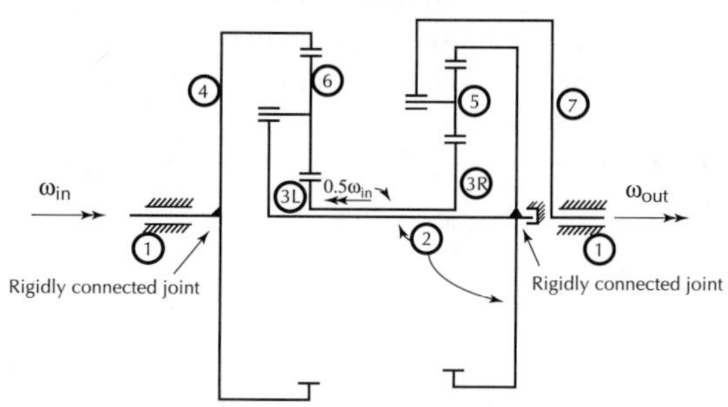

Figure P6.8

P6.9 Figure P6.9 is a type F gear train (See Fig. 6.14) consisting of all straight spur gears, in which external gears 1, 4, and 5 are known to be manufactured using a hob cutter having a 20° pressure angle and 0.5-in hob pitch. All gears have full-depth teeth. Shafts A and B are collinear. Determine

(a) The base circle radius of gear 3
(b) The standard addendum circle diameter of gear 3
(c) The centre-to-centre distance between gears 1 and 3
(d) Give a brief explanation for the advantages if gears 1, 3, and 4 are replaced by helical spur gears that have the same circular pitch as that for the original straight spur gears.

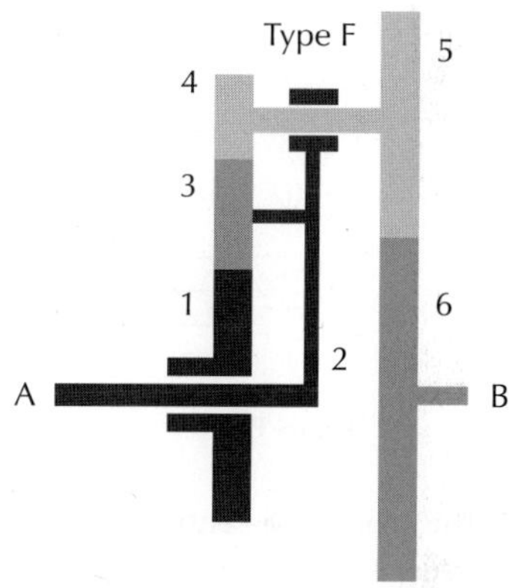

Figure P6.9

TABLE P6.9

Gear No.	No. of Teeth
1	30
2	—
3	9
4	26
5	39

P6.10 The information in Table P6.10 pertains to the gear train shown in Figure P6.10:

External gears 1, 3, and 4 are to be manufactured using hob cutters having a 20° pressure angle. All gears are to have full-depth teeth. Shafts *A* and *B* are collinear. Determine

(a) the base circle radius of gear 5
(b) the addendum circle diameter of gear 5

TABLE P6.10

Gear No.	No. of Teeth	Type of Gear	Hob Pitch (inches)
1	29	—	0.250
2	159	—	—
3	—	—	—
4	20	Straight spur	0.500
5	100	—	—

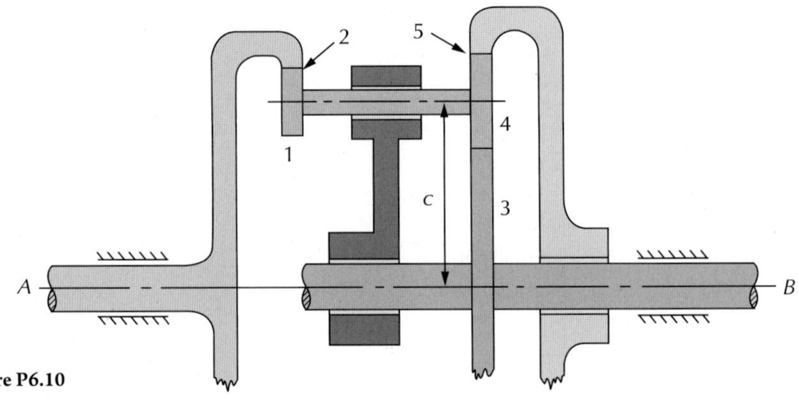

Figure P6.10

(c) the centre-to-centre distance, c, between gears 3 and 4
(d) the contact ratio between gears 4 and 5
(e) the helix angle of gear 1
(f) the pitch circle diameter of gear 2

P6.11 The information in Table P6.11 pertains to the gear train shown in Figure P6.11:
External gears 1, 3, 5, and 6 are to be manufactured using hob cutters having a 20° pressure angle. Shafts A and B are collinear. Determine

(a) the base circle radius of gear 1
(b) the dedendum circle diameter of gear 4
(c) the centre-to-centre distance between gears 1 and 5
(d) the contact ratio between gears 3 and 4
(e) the helix angle of gear 6

TABLE P6.11

Gear No.	No. of Teeth	Type of Gear	Hob Pitch (inches)
1	56	—	—
3	20	Straight spur, stub teeth	—
4	—	Straight spur, full-depth teeth	0.25
5	58	Helical spur	0.1875
6	28	—	—

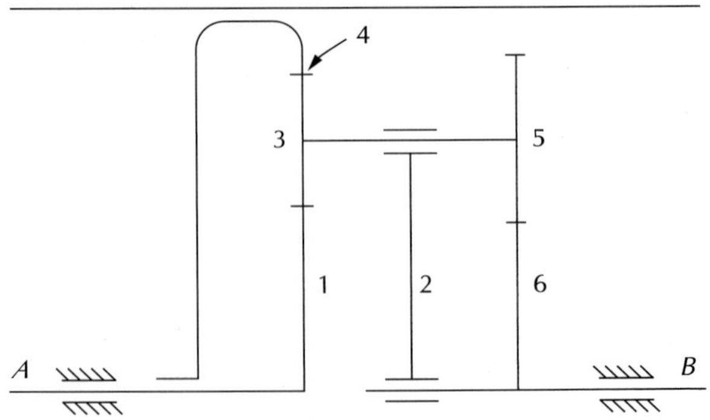

Figure P6.11

P6.12 The information in Table P6.12 pertains to the gear train shown in Figure P6.12:
External gears 1, 2, and 4 are to be manufactured using hob cutters having a 20° pressure angle. All gears are to have full-depth teeth. Shafts A and B are collinear. Determine

(a) the base circle radius of gear 3
(b) the addendum circle diameter of gear 3
(c) the centre-to-centre distance, c, between gears 1 and 2
(d) the contact ratio between gears 2 and 3
(e) the helix angle of gear 4
(f) the pitch circle radius of gear 5

TABLE P6.12

Gear No.	No. of Teeth	Type of Gear	Hob Pitch (inches)
1	60	—	—
2	—	Straight spur	0.500
3	100	—	—
4	29	—	0.250
5	159	—	—

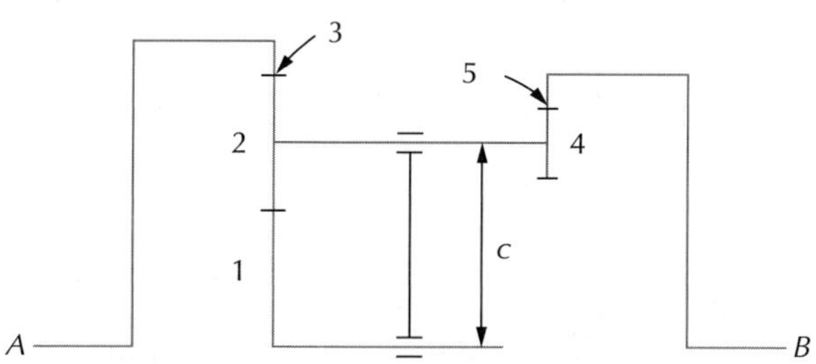

Figure P6.12

P6.13 The information in Table P6.13 pertains to the gear train shown in Figure P6.13:

All gears are straight spur with a 20° pressure angle. Gear 3 is an internal gear. Shafts A and B are collinear. Determine

(a) the numbers of teeth on gears 2 and 5
(b) the speed ratio of the gear train
(c) the dedendum circle diameter of gear 3
(d) the contact ratio between gears 2 and 3
(e) the arc of action between gears 2 and 3

P6.14 The information in Table P6.14 pertains to the gear train shown in Figure P6.14.

External gears 1, 2, and 4 were manufactured using a hob cutter having a 20° pressure angle and 0.500-in hob pitch. Gears 3 and 5 are internal. All gears have full-depth teeth. Shafts A and B are collinear. Determine

(a) the base circle radius of gear 4
(b) the centre-to-centre distance between gears 1 and 2
(c) the contact ratio between gears 4 and 5
(d) the circular pitch of gear 1
(e) the helix angle of gear 3
(f) the pitch circle diameter of gear 3
(g) the addendum circle diameter of gear 3

TABLE P6.13

Gear No.	No. of Teeth	Diametral Pitch, P (in^{-1})	Addendum	Dedendum
2	—	6	$1.0/P$	$1.25/P$
3	120	—	$0.8/P$	$1.25/P$
4	32	8	—	—
5	—	—	—	—

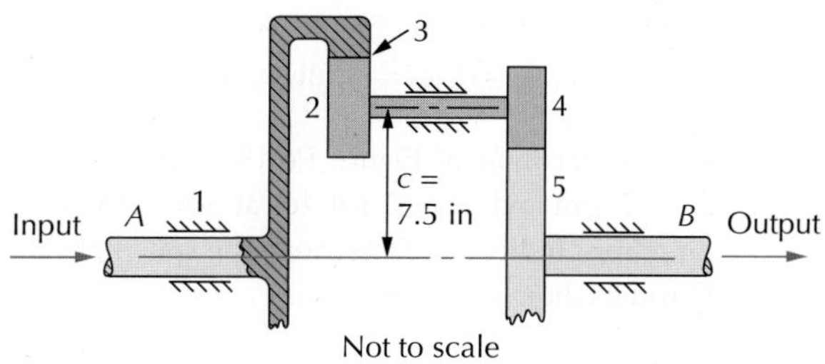

Figure P6.13

TABLE P6.14

Gear No.	No. of Teeth	Type of Gear
1	18	Helical spur
2	—	—
3	62	—
4	20	—
5	64	Straight spur

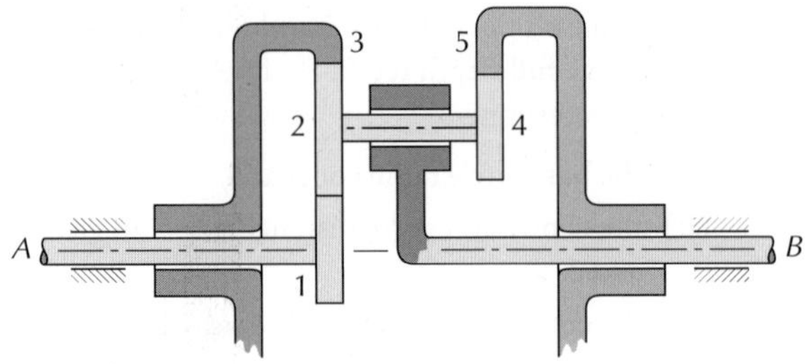

Figure P6.14

Planetary Gear Trains, Spur Gears

P6.15 Using the tabular method, derive the expressions for the component speeds for a type I planetary gear train as given in Figure 6.22.

P6.16 Using the tabular method, derive the expressions for the component speeds in a type J planetary gear train as given in Figure 6.22.

P6.17 Using the tabular method, derive the expressions for the component speeds in a type K planetary gear train as given in Figure 6.22.

P6.18 Determine the expression for the speed ratio of each of the following planetary gear trains (refer to Figure 6.22):

(a) type D, $\omega_1 = 0$, $\omega_2 =$ input, $\omega_7 =$ output

(b) type J, $\omega_7 = 0$, $\omega_1 =$ input, $\omega_2 =$ output

(c) type C, $\omega_7 = 0$, $\omega_1 =$ input, $\omega_2 =$ output

(d) type L, $\omega_1 = 0$, $\omega_2 =$ input, $\omega_6 =$ output

P6.19 In the gear train of Figure P6.19, shaft *A* rotates at 200 rpm and shaft *B* rotates at 300 rpm in the directions indicated. Determine the speed of shaft *C* and its direction of rotation.

$N_2 = 35;\ \ N_3 = 25;\ \ N_4 = 14$
$N_5 = 46;\ \ N_6 = 20;\ \ N_7 = 16$

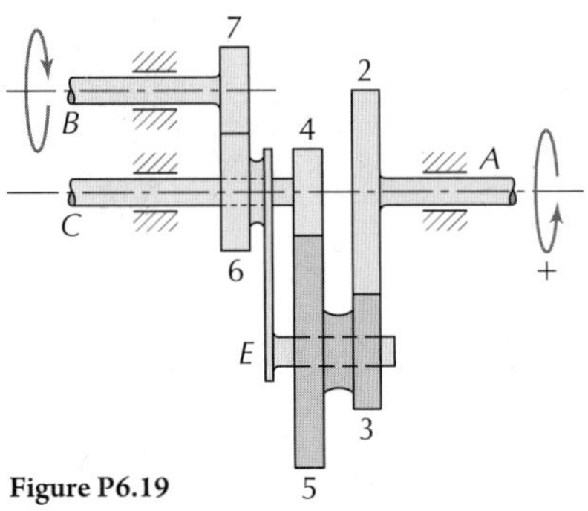

Figure P6.19

P6.20 For a planetary gear train type A (see Figure 6.22), the sun and ring gears have $N_1 = 20$ and $N_4 = 70$ teeth, respectively.

(a) If the speed of the ring gear is 500 rpm CW, at what speed must the sun gear be driven if the crank is to rotate at

(i) 75 rpm CW

(ii) 75 rpm CCW

(b) Determine the maximum number of equally spaced planet gears that can be employed in this application.

P6.21 Figure P6.21 shows an epicyclic gear train called *Ferguson's paradox*. Gears 2, 3, and 4 are loosely attached to their respective shafts while gear 5 is fixed.

(a) Find the number of rotations the crank has to turn so that gear 4 rotates five times in the direction shown. How many times does gear 3 rotate, and in which direction?

(b) Determine the number of turns that gear 2 makes about its own shaft.

$N_2 = 20;\ \ N_3 = 82;\ \ N_4 = 79;\ \ N_5 = 80$

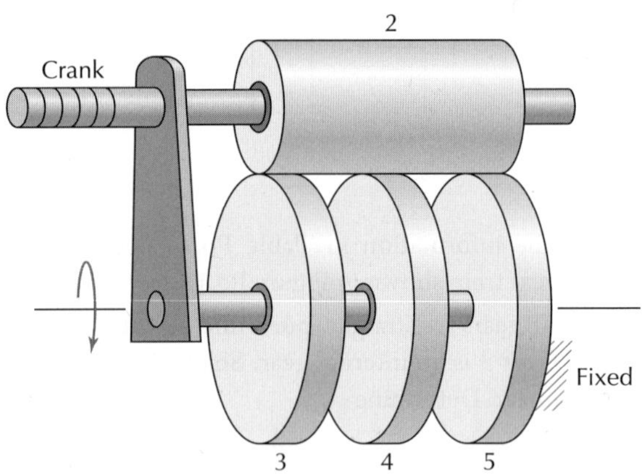

Figure P6.21

P6.22 In Figure P6.22, *C* and *D* represent brakes that can be used to stop the rotation of either arm *E* or gear 4, one at a time. Determine the speed and direction of shaft *B* when shaft *A* is rotating at 1000 rpm CW, while

(a) brake *C* holds arm *E* fixed

(b) brake *D* holds gear 4 fixed

$N_2 = 90; N_3 = 32; N_5 = 94; N_6 = 28$

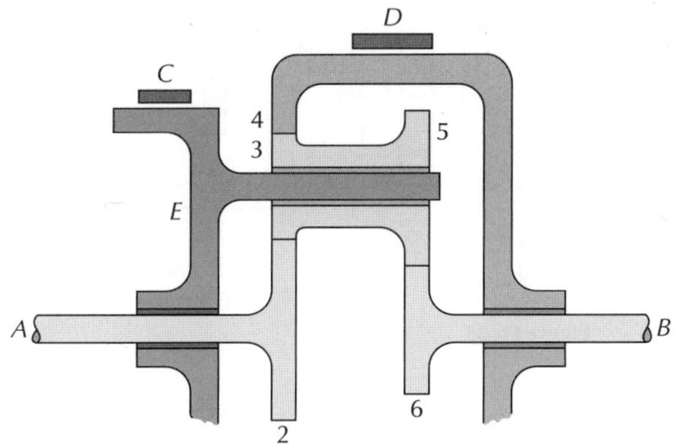

Figure P6.22

P6.23 For the gear train shown in Figure P6.23, gear 2 has a module of 2.0 mm with 75 teeth; gear 5 has a module of 4.0 mm with 50 teeth; and gear 4 has 40 teeth. Determine the number of teeth on gear 3 and speed ratio of the gear train.

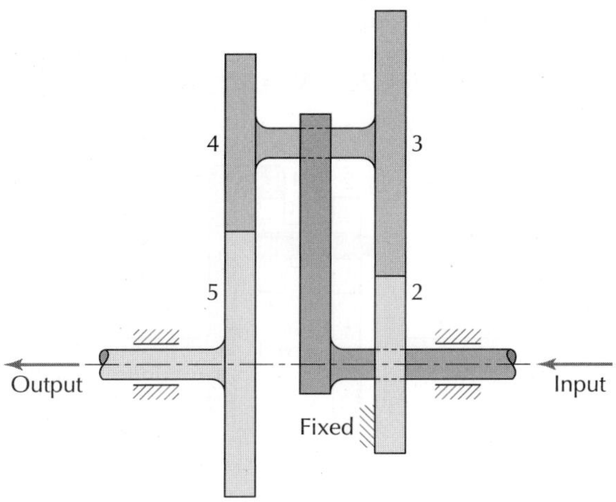

Figure P6.23

P6.24 Numbers of teeth for the gears in the planetary gear train model are: N_1 (sun gear) = 60, N_3 (planet gear) = 42 and N_4 (ring gear) = 144. The planetary gear train is used to convert rotational motion from an input shaft to an output shaft. The input and output shafts can be connected to gear 1, gear 4, or crank 2. Design connections of the input and output shafts to the planetary gear train so that the gear train provides the highest output-to- input speed ratio. Note: The element (gear 1, gear 4, or crank 2) that is not connected to input or output shaft is fixed, i.e. without any rotational motion.

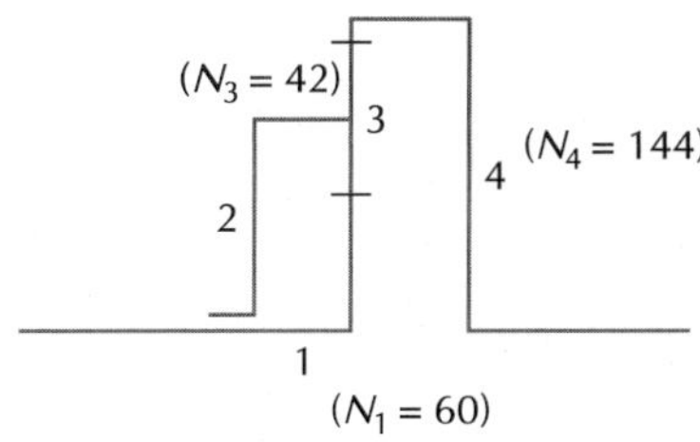

Figure P6.24

P6.25 Figure P6.25 illustrates a two-speed transmission. The two output speeds are obtained by fixing either gear 3 or gear 7 by using brakes C and D, respectively. Determine the expressions for the two possible values of the speed ratio, $e_{8/1}$.

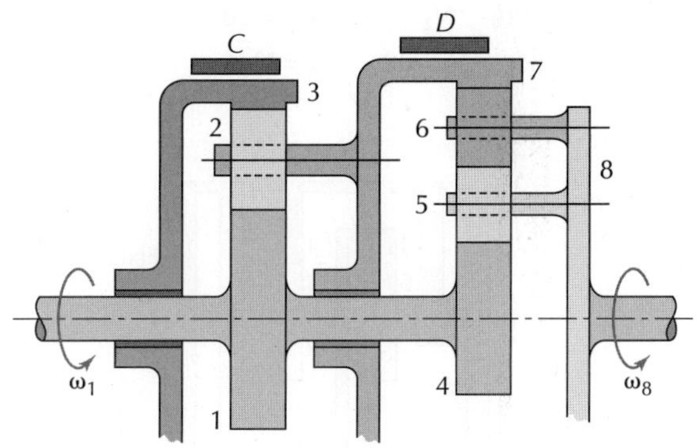

Figure P6.25

P6.26 In the gear train of Figure P6.26, gears 1 and 2 are cut from the same casting and revolve freely about the arms of the planet carrier C. Gears 5 and 6 are also cut from the same casting and are freely attached to shaft A. Gears 3 and 4 are keyed to shaft A. For an output speed of 500 rpm in the direction shown, determine the sense and speed of the input shaft rotation.

$N_1 = 42; \quad N_2 = 44; \quad N_3 = 40; \quad N_4 = 14$

$N_5 = 38; \quad N_6 = 150; \quad N_7 = 68$

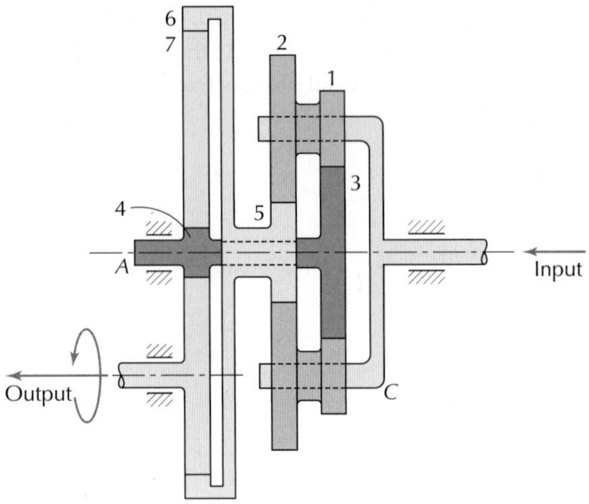

Figure P6.26

P6.27 In the operation of the gear train shown in Figure P6.27, ring gear 1 is fixed. Determine a relation involving N_6 and N_7 to obtain a speed ratio of -0.48

$N_1 = 100$; $N_2 = 30$; $N_3 = 10$

$N_4 = 85$; $N_5 = 88$; $N_8 = 22$

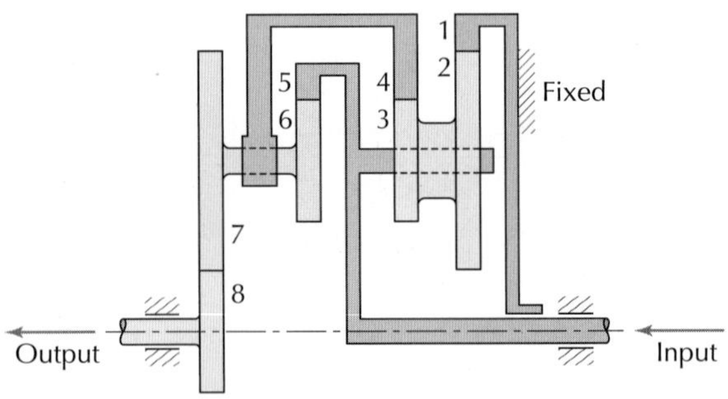

Figure P6.27

P6.28 Determine the output rotational speed, ω_2, for the gear train shown in Figure P6.28 by

(a) using the tabular method

(b) considering the gear train to be a combination of the basic types illustrated in Figure 6.22

$N_1 = 20$; $N_3 = 25$; $N_4 = 70$; $N_5 = 15$; $N_6 = 15$
$N_7 = 35$; $N_8 = 80$; $\omega_1 = 200\,\text{rpm}$ CW

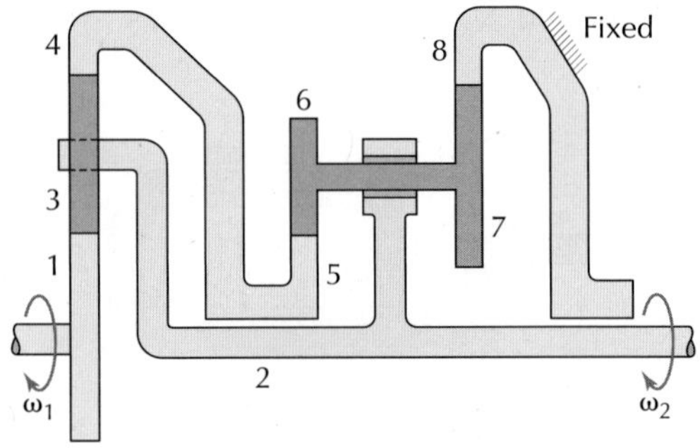

Figure P6.28

P6.29 In the planetary gear train shown on Figure P6.29, internal gear 4 turns at 300 rpm in the direction shown. The diametral pitch of gear 1 is 4 in^{-1}.

(a) Determine the diametral pitch of gear 3 and its pitch diameter.

(b) Determine the speed and direction of rotation of the output shaft.

(c) If the input power is 20 kW, and the mechanical efficiency is 95 percent, determine the external torque on gear 1.

$N_1 = 48$; $N_2 = 24$; $N_3 = 37$; $N_4 = 127$

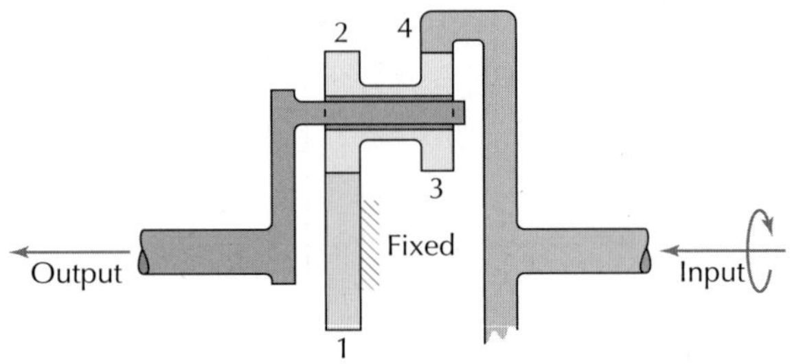

Figure P6.29

P6.30 Figure P6.30 illustrates a planetary gear train. Points *A*, *C*, *D*, and *E* are used to keep track of the angular positions of links 1, 3, 4, and 5, respectively. Starting from the position shown, gear 5 is rotated 270° counterclockwise (point *E* moves to point *E′*), and gear 1 is rotated 90° clockwise (point *A* moves to point *A′*). After completion of the motions of gears 1 and 5, do the following:

(a) Specify the angular position of the crank arm 2.

(b) Specify the angular position of planet gear 3 about its own axis.

(c) Specify the angular position of planet gear 4 about its own axis.

(d) Sketch the configuration of the gear train and indicate the positions of points C and D after the motions (indicate as C' and D', respectively).

$N_1 = 54; \quad N_3 = 20; \quad N_4 = 24; \quad N_5 = 108$

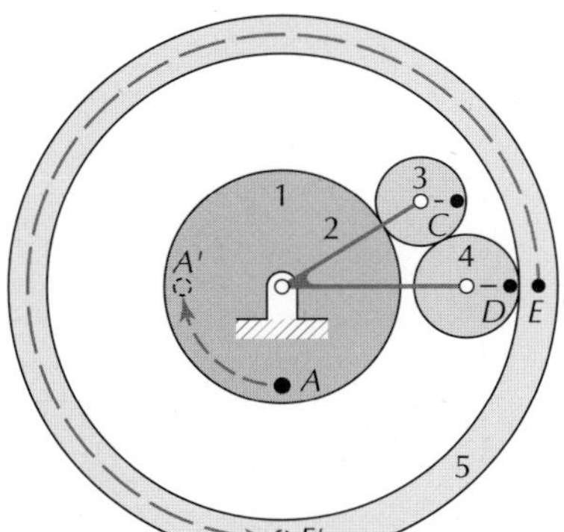

Figure P6.30

P6.31 For the planetary gear train shown in Figure P6.31, all gears have straight spur teeth, full-depth, 20° pressure angle, and module of 3 mm. Determine

(a) the speed and direction of rotation of the output shaft

(b) the relative rotational speed of the planet carrier with respect to gear 7

(c) the maximum number of equally spaced planet gears 7 that may be employed

$N_1 = 35; \quad N_2 = 21; \quad N_3 = 27; \quad N_5 = 56$
$N_6 = 100; \quad N_7 = 50; \quad N_8 = 180; \quad \omega_1 = 500$ rpm CCW

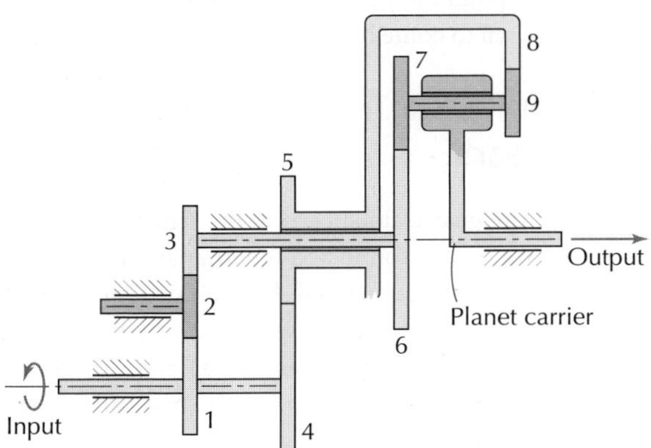

Figure P6.31

P6.32 Figure P6.32 illustrates a toothed planetary gear train. Pitch circles are given for the sun gear (link 1), and the planet gear (link 3). Points A, B, and C are used to keep track of the angular positions of the sun gear, the crank (link 2), and the planet gear, respectively.

(a) Specify the mobility of the gear train. Explain your answer in terms of the number of links, and the numbers and types of the kinematic pairs.

(b) Starting from the position shown, the sun gear is rotated 90 degrees clockwise (point A moves to point A'), while the crank is held fixed. Then, the crank is rotated 180 degrees counterclockwise (point B moves to point B'), while the sun gear is held fixed. After the motions of the sun gear and the crank, using the tabular method of planetary gear trains, do the following:

(i) Specify the angular position of the planet gear 3.

(ii) Make a sketch of the configuration of the planetary gear train. Indicate in your sketch the position of point C after completion of the motions described (indicate as C').

$N_1 = 20; \quad N_3 = 60$

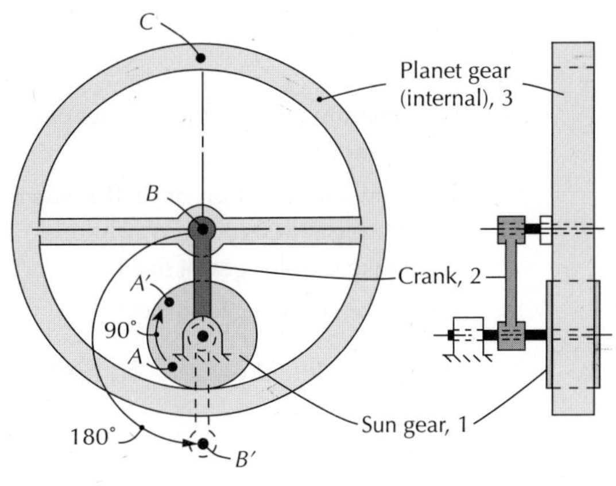

Figure P6.32

P6.33 In Figure P6.33, C and D represent brakes, which can be used to stop the rotation of either gear 4 or gear 8, one at a time. All gear teeth have a 20° pressure angle, stub form. Determine

(a) the maximum permissible number of equally spaced planet gears 3

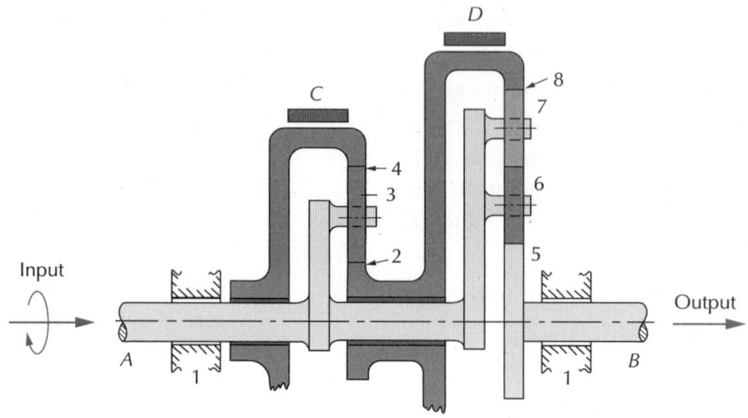

Figure P6.33

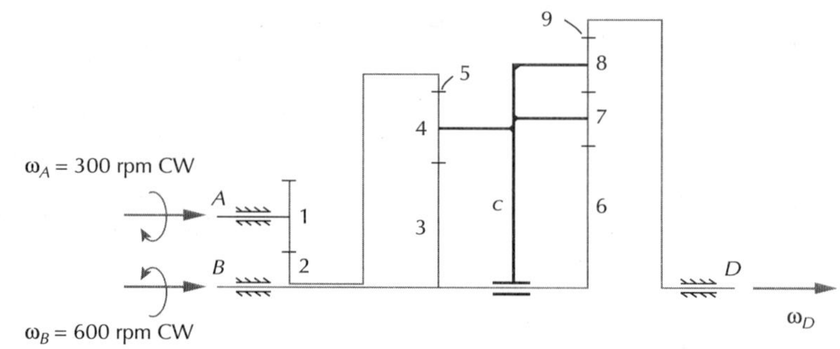

Figure P6.34

(b) the maximum permissible number of teeth on planet gear 6
(c) the speed and direction of shaft B when shaft A is rotating at 800 rpm CW, while
    (i) brake C holds gear 4 fixed
    (ii) brake D holds gear 8 fixed

$N_2 = 16;\quad N_4 = 50;\quad N_5 = 30;\quad N_8 = 80$

P6.34 The skeleton representation of the planetary gear train shown in Figure P6.34 includes collinear shafts B and D, and internal gears 5 and 9. All teeth are stub form, with a 20° pressure angle. Determine

(a) ω_D
(b) the rotational speed of planet gear 4 relative to that of crank arm C
(c) the maximum permissible number of equally spaced planet gears 4

$N_1 = 25;\quad N_2 = 25;\quad N_3 = 40$
$N_5 = 80;\quad N_6 = 50;\quad N_9 = 100$

P6.35 For the gear train in Example 6.5, determine

(a) the rotation required of the hand crank if $\Delta\theta_3 = 90°$ CCW
(b) the rotation required of the planet gear for a point on the cutter originally touching the pencil to come back into contact with the pencil

Planetary Gear Trains Incorporating Bevel Gears

P6.36 In the gear train shown in the figure, gears A and B are rigidly connected together and rotate as one unit about the inclined shaft. Gears C and D rotate with constant angular velocities of 10 to-the-right (following the right-hand rule) and 20 rad/s to-the-left, respectively. Collar DG that carries gear D can rotate freely about shaft FH. Determine

(a) Angular velocity of gears A and B about the inclined shaft

(b) Angular velocity of shaft FH which is rigidly connected to the shaft carrying gears A and B. (Assume that sizes of gears A and B are proportional to their numbers of teeth, which can be determined from trigonometry)

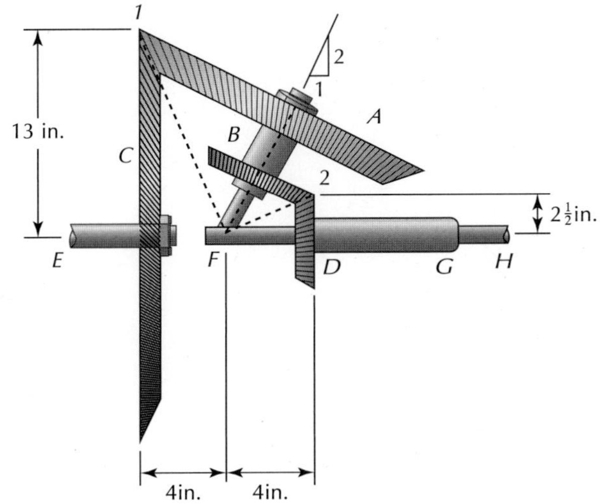

Figure P6.36

P6.37 The driveshaft of an automobile is turning at 1500 rpm with output 1 on the garage floor and the right (i.e. output 2) jacked up. The bevel gear differential of Figure 6.35 is connected to the wheels. Determine the speed of output 2 and the speed of ring gear 2.

$N_1 = 15;\ \ N_2 = 30;\ \ N_3 = N_5 = 20;\ \ N_4 = N_6 = 18$

P6.38 Refer to the Figure P6.38.

(a) Determine the rotation of the carrier when gear 1 makes 30 rotations clockwise and gear 2 makes 12 rotations counterclockwise. Also, determine the angular displacement of gear 3 about its own axis.

(b) If gear 1 rotates at f rpm and gear 2 at g rpm, determine the rotational speed of the carrier in terms of f and g.

$N_1 = 40;\ \ N_2 = 30;\ \ N_3 = 24$

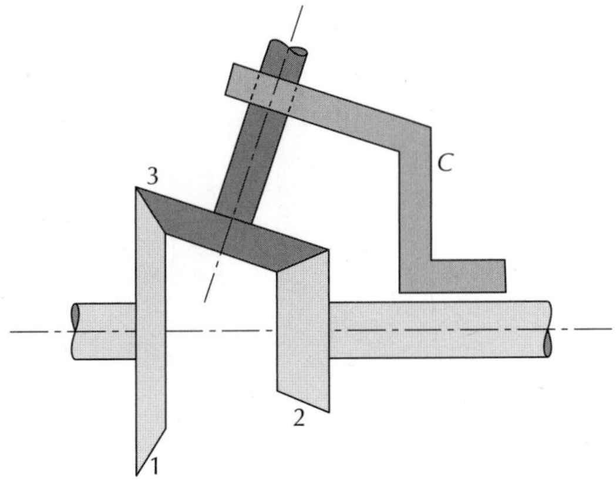

Figure P6.38

P6.39 For the planetary gear train shown in Figure P6.39, shafts B and C are collinear. Gears 4 and 5 are rigidly connected to each other. Gears 5, 6, 7, and 8 are plain bevel. Determine the value of

(a) ω_B, if $\omega_2 = 400$ rpm CW

(b) ω_2, if $\omega_B = 0$

$N_2 = 30;\ \ N_3 = 20;\ \ N_4 = 40$
$N_5 = 25;\ \ N_7 = 55;\ \ N_8 = 125$

P6.40 Figure P6.40 shows the schematic drawing of a 3-speed manual transmission. It is a compound, reverted gear train and the shafts of all gears are fixed in the vertical direction, but the horizontal position of the input and output shafts can be adjusted so that different gears mesh to achieve different speed ratios. When clutch 10 is unconnected, the input and output shafts rotates separately. When it is connected, the input and output shafts are mounted and rotate together. All gears have the same pitch (i.e. they can fit together to transmit motion smoothly) and their teeth numbers are: $N_2 = N_8 = N_9 = 14$, $N_3 = 20$, $N_4 = 27$, $N_5 = 31$. Calculate the output-to-input speed ratios for the following situations:

Determine the values of

(a) Clutch 10 is unconnected, gear 2 meshes with gear 5 and gear 4 meshes with gear 7.

(b) Clutch 10 is unconnected, gear 2 meshes with gear 5 and gear 3 meshes with gear 6.

(b) Clutch 10 is connected, gear 2 meshes with gear 5, and no other gears are in mesh. Clutch 10 is unconnected, gear 2 meshes

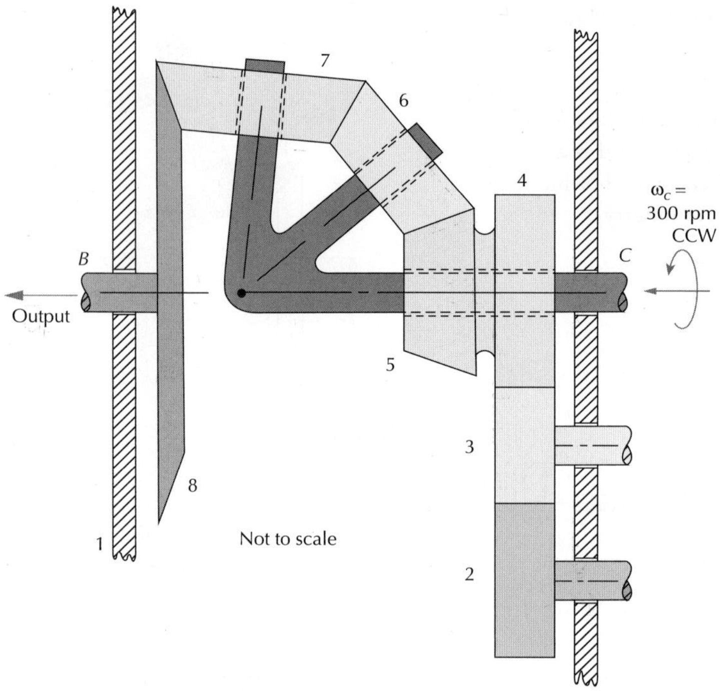

Figure P6.39

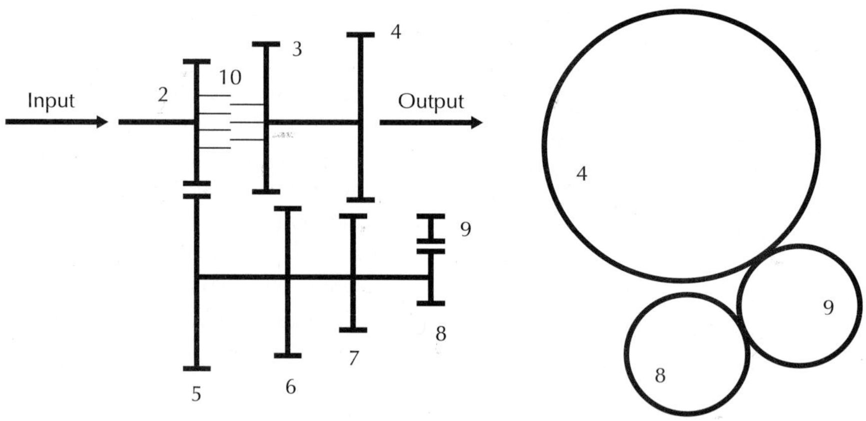

Figure P6.40

with gear 5, gear 4 meshes with gear 9, and gear 9 meshes with gear 8 (see the enlarged figure on right).

P6.41 Refer to Figure P6.41. Ring gear 1 is driven at 500 rpm in the direction shown, while gear 4 is held stationary.

(a) Determine the speed ratio of the gear train, and calculate the sense and rotational speed of carrier C.

(b) If 30 kW of power is obtained at the output, and the drive has a mechanical efficiency of 98 percent, calculate the torque required to hold gear 4 fixed

$N_1 = 500; \quad N_2 = 60; \quad N_3 = 60; \quad N_4 = 503$

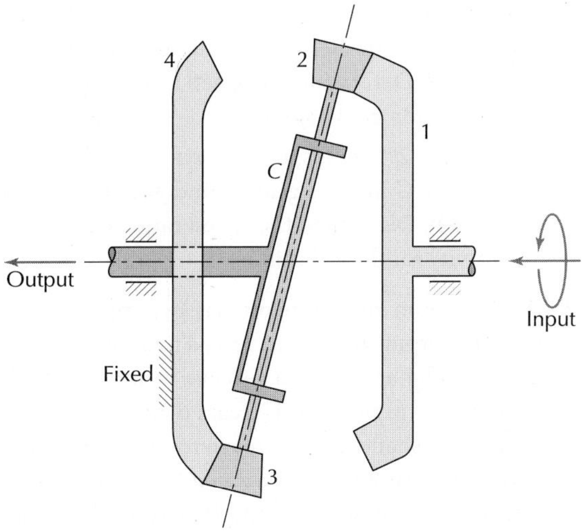

Figure P6.41

P6.42 For an input speed ω_1 = 600 rad/sec of the gear train shown in Figure P6.42, calculate the rotational speed of the planet carrier and the output rotational speed, ω_7

$N_1 = 15;\ N_3 = 42;\ N_4 = 33$
$N_5 = 150;\ N_6 = 32;\ N_7 = 100$

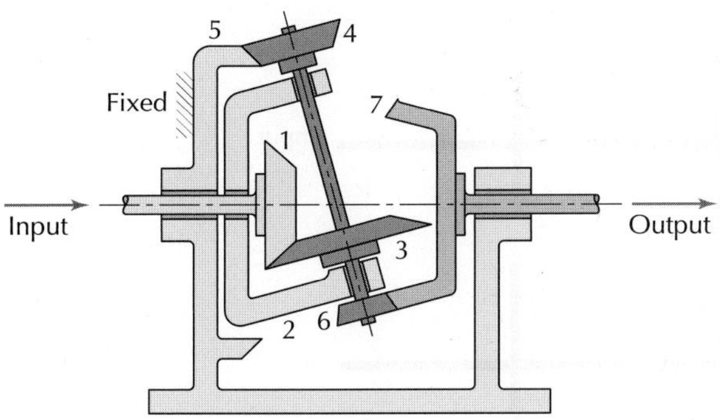

Figure P6.42

Planetary Gear Trains with Multiple Stages

P6.43 The three-stage planetary gear train illustrated in Figure P6.43 has the following two input rotational speeds: ω_1 = 100 rpm CW, ω_{19} = 6000 rpm CW. Determine the output rotational speed, ω_2, using the tabular method.

$N_1 = 20;\quad N_3 = 23;\quad N_4 = 21;\quad N_5 = 25$
$N_6 = 115;\quad N_7 = 43;\quad N_8 = 38;\quad N_9 = 17$
$N_{10} = 19;\quad N_{11} = 23;\quad N_{12} = 117;\quad N_{13} = 38$
$N_{14} = 25;\quad N_{15} = 23;\quad N_{16} = 28;\quad N_{17} = 110$
$N_{18} = 120;\quad N_{19} = 10$

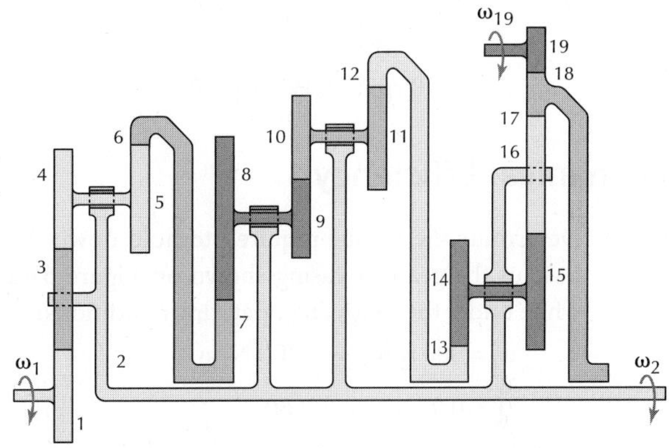

Figure P6.43

P6.44 Using the tabular method, derive the expressions for the component speeds for type J planetary gear train given in Figure 6.22.

P6.45 In the two-stage planetary gear train of Figure P6.45, gear 6 is fixed and crank arms *C* and *D* are attached to the output shaft. Gears 3 and 4 form a compound wheel that rotates freely about the output shaft. Determine

(a) the speed and direction of rotation of the output shaft

(b) the relative rotational speed of planet gear 2 with respect to crank arm *C*

(c) the maximum number of equally spaced planet gears 5 which may be employed

$N_1 = 20;\quad N_3 = 72;\quad N_4 = 24;$
$N_5 = 20;\quad \omega_1 = 300$ rpm CW

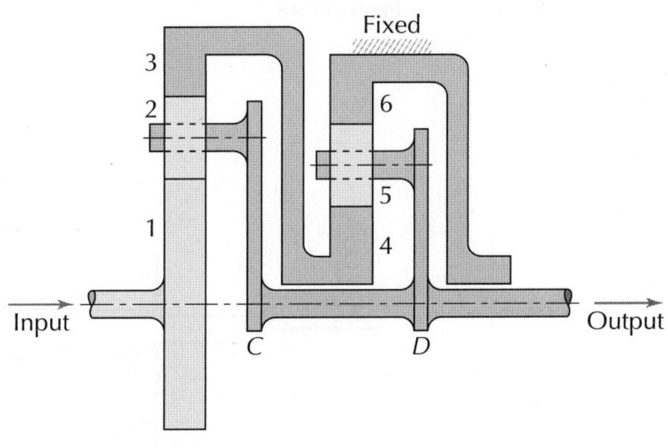

Figure P6.45

Harmonic Drive

P6.46 For a harmonic drive similar to that shown in Figure 6.44, determine the rotational speed of the flex spline.

$$N_f = 100;\quad N_c = 102;$$
$$\omega_w = 70 \text{ rpm CW};\quad \omega_c = 0$$

Mechanical Efficiency

P6.47 Determine the torque required to hold down the base of the gearbox casing shown on Figure 6.48 while under the following operating conditions:

$$\omega_i = 300 \text{ rpm};\ T_i = 200 \text{ N-m};$$
$$\eta = 0.95;\ e_{o/i} = -0.60$$

P6.48 A skeleton diagram of an ordinary gear train and number of teeth for a three-speed transmission system are given below. Output shaft is connected to gear *A* and synchronizer *S*.

(a) For the 1st shift, gear *A* is engaged with gear *C*, gear *C* meshes gear *D*, and gear *G* meshes gear *H*. Determine the speed ratio (output to input) for the 1st shift.

(b) For the 2nd shift, synchronizer *S* engages gear *E*, gear *G* meshes gear *H*, and gear *E* meshes gear *F*. Determine the speed ratio (output to input) for the 2nd shift.

P6.49 The gear train shown below has two input shafts and one output shaft. Gear 2 fixed to input shaft II. Gear 3 and 4 are fixed to a sleeve which is free to rotate about input shaft I. Gears 6 and 7 are fized to the same shaft which is free to rotate in a veering on arm 5. Gear 8 is fixed to the output shaft. Input shaft I rotates at 30 rad/s and II at 10 rad/s in the same direction. Determine the speed and direction (same as or opposite to that of the input shafts) of rotation of the output shaft.

Numbers of teeth: $N_2 = 15$; $N_3 = 30$; $N_6 = 24$; $N_7 = 20$ and $N_8 = 76$

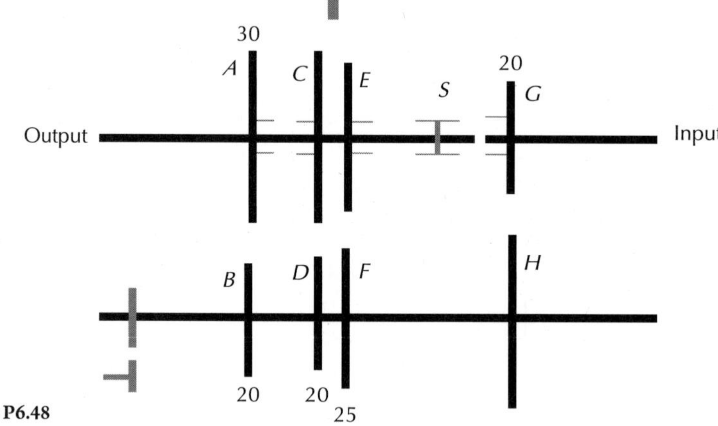

Figure P6.48

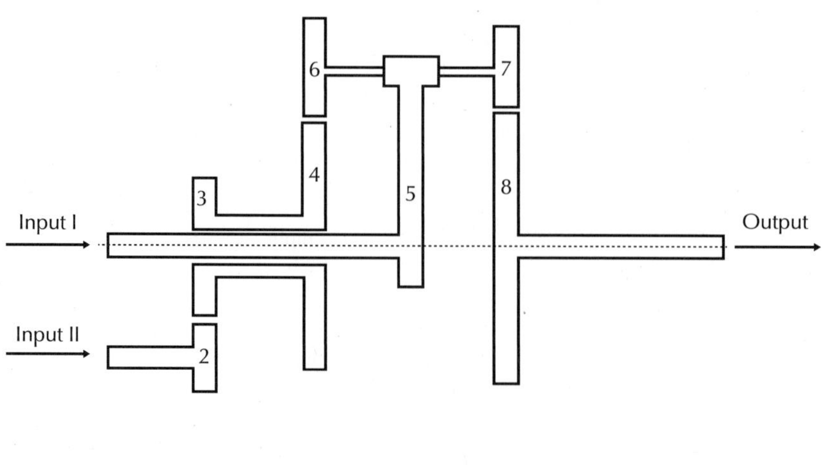

Figure P6.49

CHAPTER 7

캠

7.1 서론

이 장에서는 캠 기구의 해석과 설계가 제시되고 다양한 평면 캠과 입체 캠 기구의 정의 및 예시가 제공된다. 요구되는 기구 출력 운동용 평면 원판 캠(disc cam)의 형상을 결정하는 도해적 방법 및 해석적 방법이 다루어진다. 원판 캠 기구의 설계를 돕기 위해 Cam Design이라는 프로그램이 사용 설명서와 함께 제시되어 있다. 캠의 제작을 위한 일반적인 두 가지 방법이 다루어진다.

캠(cam)은 **종동절**(follower)이라 불리는 다른 링크에 직접 접촉함으로써 운동을 전달하는 기구에 있어 하나의 링크로 정의된다. 일반적으로 캠은 기구에 입력 운동을 제공하는 반면 종동절은 출력 운동을 제공하며, 입출력 운동은 병진 운동 또는 회전 운동이다. 종동절의 출력 운동은 다른 기계들의 링크들을 구동하는 데 사용된다. 그림 7.1에 캠 기구의 몇 가지 일반적인 유형이 나타나 있으며, 캠은 파란색, 종동절은 회색으로 표시되어 있다. 그림 7.1(a), 7.1(b)는 모든 운동이 한 평면 내에 제한된 평면 캠 기구를 나타내며, 그림 7.1(c), 7.1(d)는 3차원 공간 내에서 운동이 일어나는 입체 캠 기구를 도시하고 있다. 캠 기구는 종종 다른 기구들보다 적은 링크 수로 요구되는 출력 운동을 제공할 수 있으며, 대단히 많은 기계적 장치에 적용되어 왔다. 몇 가지 예가 1.2.4절에 제시되어 있고, 추가적인 응용 예들을 아래에서 기술한다.

그림 7.2에 보이는 **볼펜**(ballpoint pen)은 사용자가 푸시 버튼(pushbutton)을 반복적으로 누름으로써 볼펜 촉(writing tip)을 노출된 위치에서 후퇴된 위치로 옮기는 것과 또는 그 반대 동작도 가능하게 하는 2개의 캠 기구로 구성되어 있다. 어느 위치에서든, 볼펜 촉은 사용자로부터의 외부 작용 없이도 제자리에 견고하게 있을 수 있다. [**비디오 7.2**]는 볼펜의 작동 영상을 보여준다. 반투명한 볼펜의 몸통(barrel)을 통해 우리는 두 가지 캠 기구를 볼 수

비디오 7.2
볼펜

있다. 그 캠들은 캠 A와 캠 B로 명명되어 있고 원통형 모양이면서 몸통과 동심이다. 언뜻 보기에는 입체 기구로 구성되어 있기 때문에 이 장치의 동작이 복잡해 보일 수 있다. 따라서 동작을 더욱 잘 나타내기 위해 그림 7.3에 평면 기구로 변환하였다. 여기에 2개의 원통형 캠 기구가 펼쳐져서 나란히 배치되어 있다. 그림 7.2에 보이는 입체 캠 B의 회전 운동은 그림 7.3에서 평면 캠 B의 횡방향 직선 운동으로 표현되어 있다. 평면 표현에서 쉽게 볼 수 있듯이 캠 A는 푸시 버튼과 결합되어 있고, 종동절 A는 캠 B와 일체로 결합되어 있다. 종동절

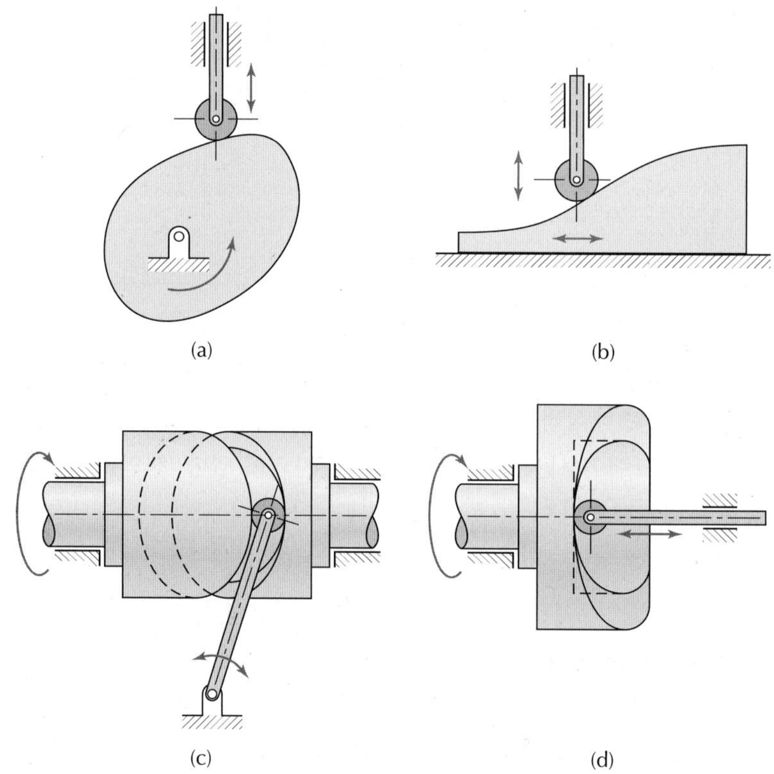

그림 7.1 ● 캠의 일반적 유형. (a) 원판 또는 평판, (b) 쐐기, (c) 원통, (d) 엔드 또는 정면

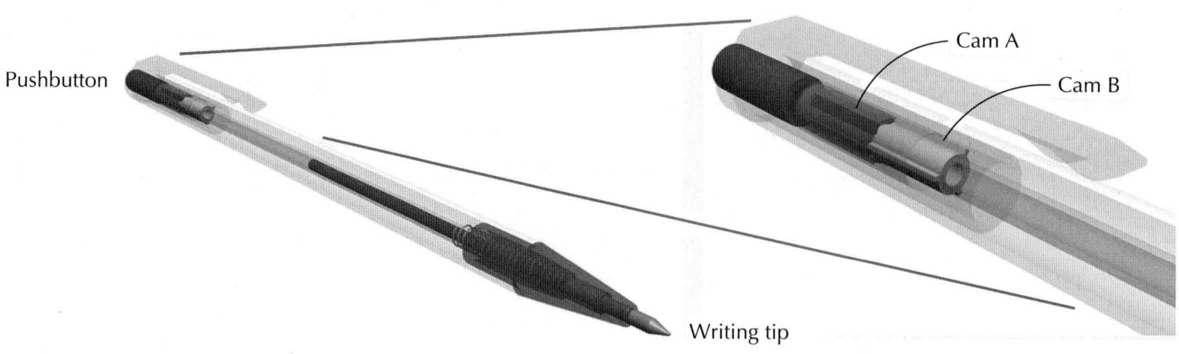

그림 7.2 ● 볼펜[비디오 7.2]

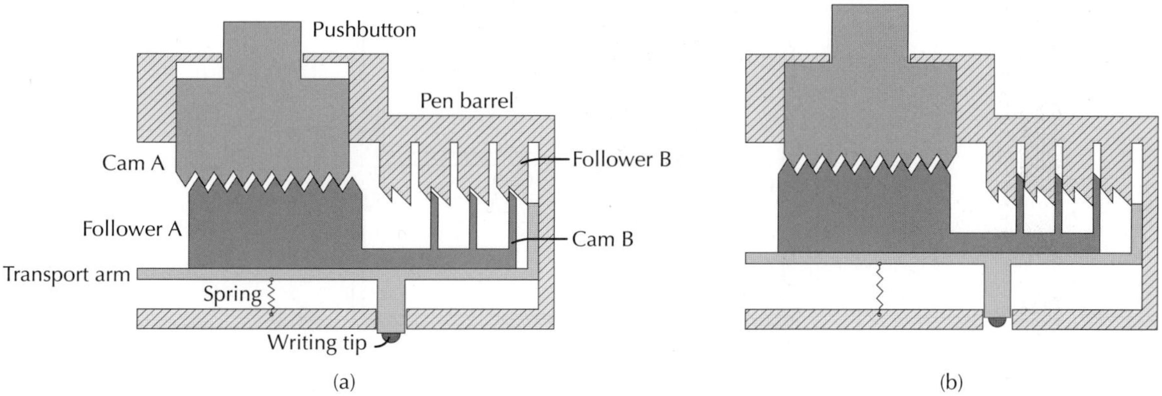

그림 7.3 ● 볼펜 기구의 평면적 표현. (a) 노출된 볼펜 촉, (b) 후퇴된 볼펜 촉[비디오 7.3]

> **비디오 7.3**
> 볼펜 기구의 평면적 표현

B는 펜의 몸통이며, 기초 링크(base link)이다. 이송 암(transport arm)은 볼펜 촉과 연결되어 있다. 표시되어 있는 평면 시스템은 종동절 A가 어느 한쪽으로 움직인 후에 부품 사이에 요구되는 접촉이 더 이상 존재하지 않기 때문에 작동이 제한되어 있다. 그러나 실제 공간 시스템에서의 운동은 회전 운동이기 때문에 캠과 종동절은 같은 표면에서 반복적으로 접촉하면서 그 장치는 영구적으로 작동할 수 있다. [**비디오 7.3**]은 볼펜의 평면적 표현 방법 영상을 제공한다. 사용자가 푸시 버튼을 누를 때, 캠 A는 종동절 A와 맞물린다. 캠 B와 종동절 B 사이의 상호작용 때문에 처음에는 종동절 A와 캠 B의 수직 이동이 제한된다. 하지만 조금 더 푸시 버튼을 누르게 되면 캠 B와 종동절 B는 더 이상 접촉하지 않고, 이제 캠 A와 종동절 A의 상호작용 때문에 종동절 A와 캠 B는 왼쪽으로 이동하게 된다. 이후, 푸시 버튼에 힘이 제거되면 스프링은 종동절 A와 캠 B를 좌우와 수직으로 움직이게 하고, 동시에 캠 A와 이송 암은 수직으로 움직이고 볼펜 촉은 그림 7.3(b)에서 보이는 위치로 후퇴한다.

캠 기구의 다른 일반적인 용도로 전기 스위치가 있는데, 여기에는 두 가지 응용 기술이 있다. 첫 번째로, 그림 7.4에 도시된 **토글 기구 전기 스위치**(toggle mechanism electric switch)이다. 이 스위치의 개략도가 그림 7.5(a)에 도시되어 있다. 종동절은 기초 피벗(base pivot)

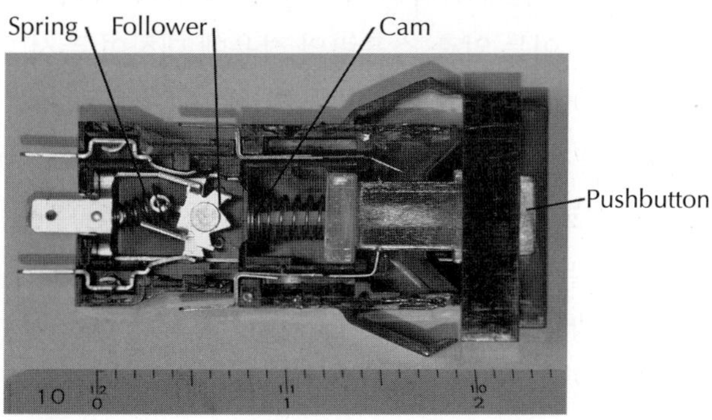

그림 7.4 ● 토글 기구 전기 스위치

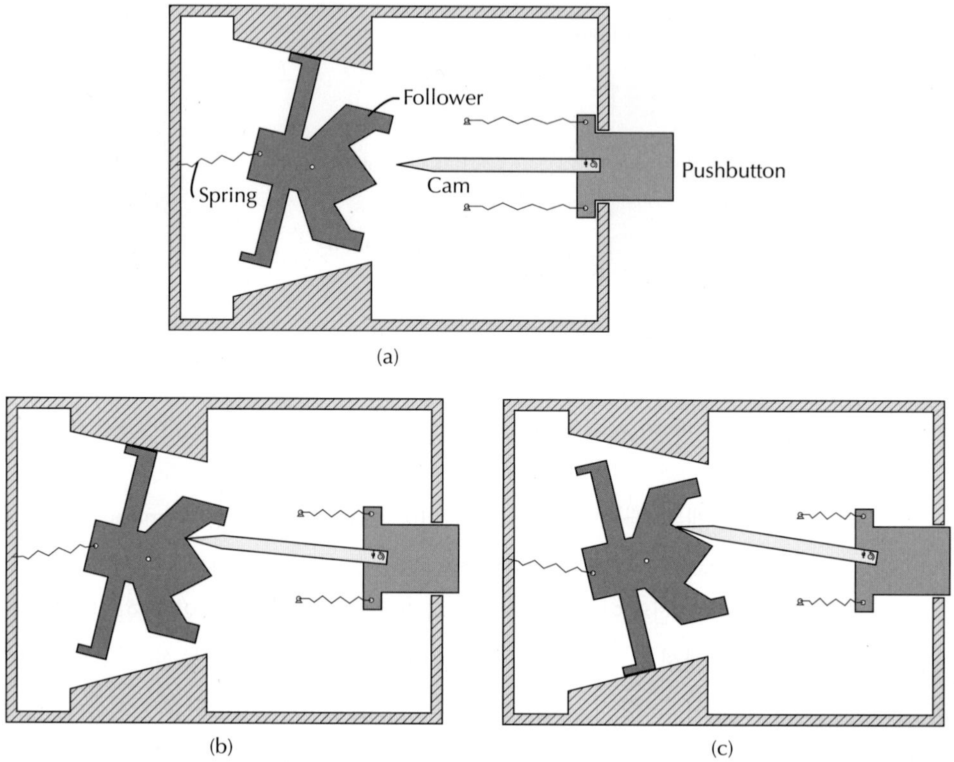

그림 7.5 ● 토글 스위치[비디오 7.5]

비디오 7.5
토글 기구 전기 스위치

비디오 7.6
하트 스위치

에 대해 어느 한쪽에서 다른 한쪽으로 토글(toggle)될 수 있다. 한쪽 위치에서 전기 회로(그림에서 제시되지 않음)는 닫혀(통전) 있고, 다른 위치에서는 회로가 열려(차단) 있다. 그림 7.5(a)에서 보이는 원래 위치에서 시작하여 푸시 버튼을 누르면 캠은 그림 7.5(b)에 도시된 바와 같이 종동절의 홈 2개 중 하나와 접촉한다. 좀 더 푸시 버튼을 누르게 되면 그림 7.5(c)와 같이 종동절이 다른 쪽으로 토글된다. 스프링은 푸시 버튼이 후퇴한 후에 종동절이 on 또는 off 위치에 있도록 한다. 다음 사이클에서 푸시 버튼을 다시 누르면 캠은 종동절의 다른 홈에 들어가고, 스위치는 원래 위치로 복귀한다. 두 번째로, **하트 스위치**(heart switch)가 그림 7.6에 도시되어 있다. 이는 압축 스프링의 작용에 대하여 푸시 버튼을 누름으로써 작동되는데, 스위치는 푸시 버튼이 완전히 눌린 위치에 있을 때가 on 위치이다. 캠은 푸시 버튼의 측면에 있는 홈이 파진 하트 형상 그루브(heart-shaped groove)이다. 종동절은 한쪽 끝단이 직각 굴곡진 와이어로 구성되어 있다. 스위치가 작동하는 동안, 종동절의 한 끝단은 캠 그루브에 의해 형성되는 트랙을 따라 운동하도록 제한되어 있다. 외팔보형 판 스프링(cantilever spring)은 종동절이 그루브에 놓이게 하고, 종동절 와이어 끝단이 그루브의 바닥 표면에 지속적으로 접촉을 유지하도록 한다. 그루브의 바닥면에 형성되어 있는 경사 및 계단 형상은 스위치 조작에 중요한 역할을 담당한다. 푸시 버튼이 행정의 끝에 도달했을 때

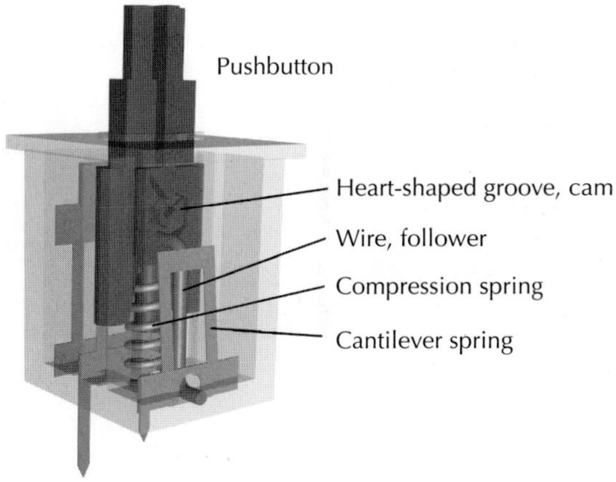

그림 7.6 ● 하트 스위치[비디오 7.6]

(on 위치 혹은 off 위치), 종동절이 계단상 위치에 놓이며 사용자로부터 외부의 상호작용 없이도 푸시 버튼이 고정된 위치를 유지할 수 있다.

그림 7.7은 캠 기구에 부합되는 **문 손잡이 조립체**(door knob assembly)를 보여주고 있다. 이 응용사례에서 캠은 문 손잡이에 견고하게 연결되어 있고, 종동절은 볼트에 견고하게 연결되어 있다. 문 손잡이가 어느 한 방향으로 돌 때, 종동절은 래치 몸통(latch housing) 내에서 병진 운동한다. [**비디오 7.7**]에 문 손잡이 조립체의 3D 동영상이 제시되어 있다.

비디오 7.7
문 손잡이 조립체

캠 기반 기구들은 종종 특정 상황에서 제한 또는 제동 운동하는 회전바퀴에도 사용되며, 그림 7.8은 캠 기구를 포함하는 **잠금 캐스터 휠**(locking caster wheel)을 나타낸다. 이 기구의 동작은 [**비디오 7.8**]의 동영상을 보면 가장 이해하기 좋다. 원형 측판(side plate)이 캐스터 휠 옆에 위치하고 캠과 견고하게 연결되어 있으며, 이 측판은 상하로 움직일 수는 있지만 캐스터 휠이 회전하는 것을 방지한다. 종동절은 캐스터 휠의 내부 원통 표면상에 있고, 이 표면 내부 주위에 8개의 움푹 들어간 홈이 나 있다. 캐스터 휠이 평탄한 바닥면에 있을 때, 측판은 바닥 표면에 의해 수직으로 들여 올려지게 되며 캠과 종동절이 접촉하지 않는다. 그리고 휠은 자유롭게 회전할 수 있으며 바닥면[그림 7.8(b)]에서 구를 수 있다. 그러나

비디오 7.8
캐스터 휠

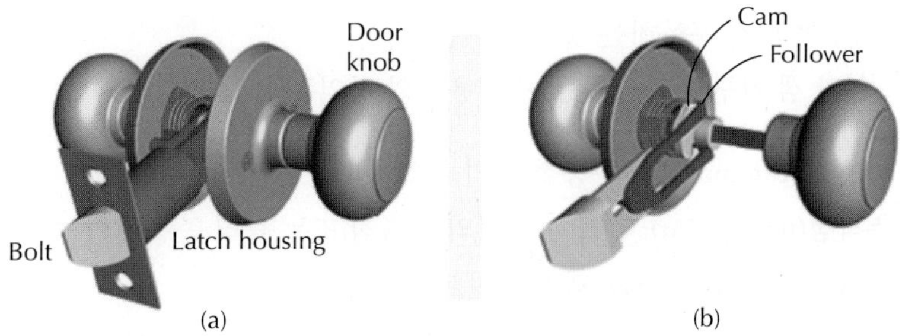

그림 7.7 ● 문 손잡이 조립체[비디오 7.7]

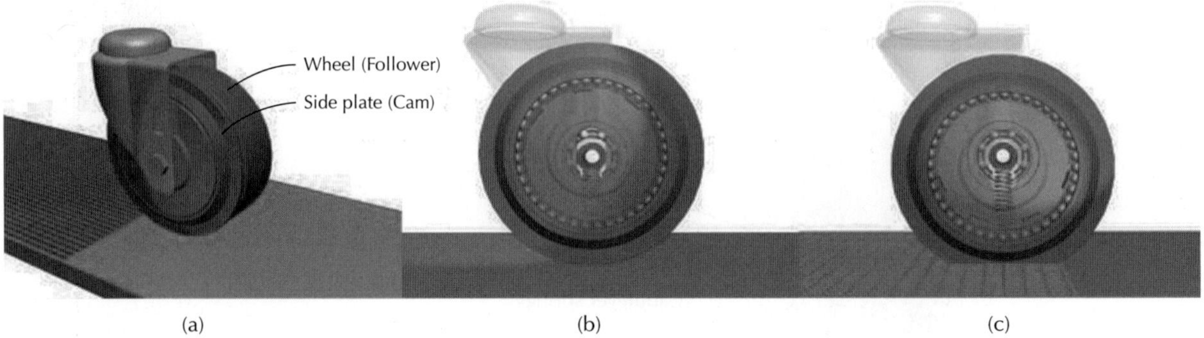

그림 7.8 ● (a) 캐스터 휠, (b) 잠금 해제 상태, (c) 잠금 상태[비디오 7.8]

만약 측판이 바닥의 직선 홈(straight groove)과 정렬된다면, 측판은 스프링 작용하에 수직 하향으로 움직인다. 캠이 종동절의 8개의 홈 중 하나로 들어가는 동안 측판은 상대적으로 캐스터 휠에 대하여 직선 홈 쪽으로 움직인다[그림 7.8(c)]. 이것은 휠을 고정시켜 구르는 것을 방지한다. 잠금 캐스터 휠은 종종 에스컬레이터(movator) 표면에서 쇼핑 카트의 위치를 고정시키는 데 적용된다.

비디오 7.9
원판 캠 기구

위의 예제들은 캠 기구로 분류될 수 있는 넓은 범위의 시스템을 나타낸다. 위의 예제 중 일부는 처음에 복잡하게 보일 수 있지만, 예제에서 제공하는 운동을 고려하면 비교적 단순한 기구들을 사용한다는 것을 알 수 있다. 이어지는 이 장의 대부분에서는 주로 그림 7.1(a)와 같은 평면 원판 캠 기구들을 다루며, 이는 이 주제의 기초를 가르치기에 가장 좋은 예이다. 원판 캠 형상을 결정하는 도해적이고 해석적인 방법이 제시된다.

7.2 원판 캠 기구의 용어

원판 캠은 종동절의 유형에 따라 분류할 수 있다. 그림 7.9는 6개의 캠과 종동절의 예를 보여준다. 종동절은 모양, 캠의 상대적인 위치, 그리고 종동절의 운동이 병진 또는 회전인지에 따라 분류된다. 그림 7.9에서는 세 가지 경우가 선형 병진 운동을 하는 데 반하여 나머지 세 경우는 회전 운동하는 것을 보여준다.

원판 캠 기구와 관련된 일반적 용어의 정의는 다음과 같다.

- **캠 형상(cam profile)**: 종동절에 의해 접촉되는 캠의 표면
- **추적점(trace point)**: 칼끝 종동절의 접촉점 또는 롤러 종동절의 중심
- **피치 곡선(pitch curve)**: 캠에 대한 추적점의 경로
- **기초원(base circle)**: 캠샤프트 축의 중심이 원점이며 캠 형상에 접하는 가장 작은 원

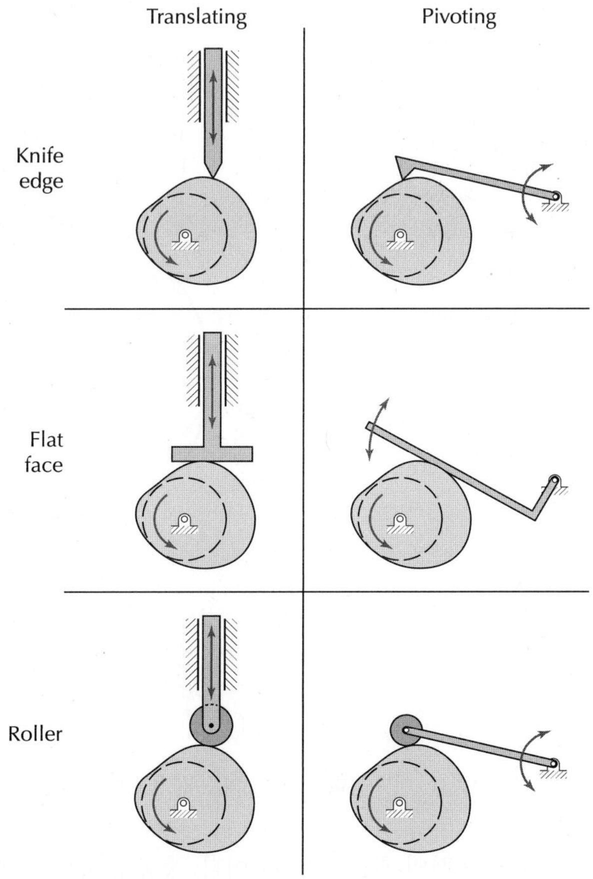

그림 7.9 ● 원판 캠 기구[비디오 7.9]

- **주원(prime circle)**: 캠샤프트 축의 중심이 원점이며 피치 곡선에 접하는 가장 작은 원
- **압력각(pressure angle)**: 추적점의 운동 방향과 피치 곡선의 법선이 이루는 각

병진과 회전 운동용 종동절을 가지는 원판 캠 기구에 대한 이 같은 용어가 그림 7.10과 7.11에 나타나 있다. 그림에는 명기되지 않았지만 종동절과 캠 형상과의 접촉을 유지하기 위해 종동절과 고정 링크 사이에 복귀용 스프링을 적용한다.

7.3 압력각

직선 운동용 평판 종동절을 가진 원판 캠 기구를 제외하고, 기구의 운동에 따라 압력각은 변화한다. 그림 7.10과 7.11에 주어진 캠 구성에 따른 압력각이 도시되어 있다.

압력각의 값은 원판 캠 기구를 설계하는 데 있어서 중요한 파라미터이고 가능한 한 작

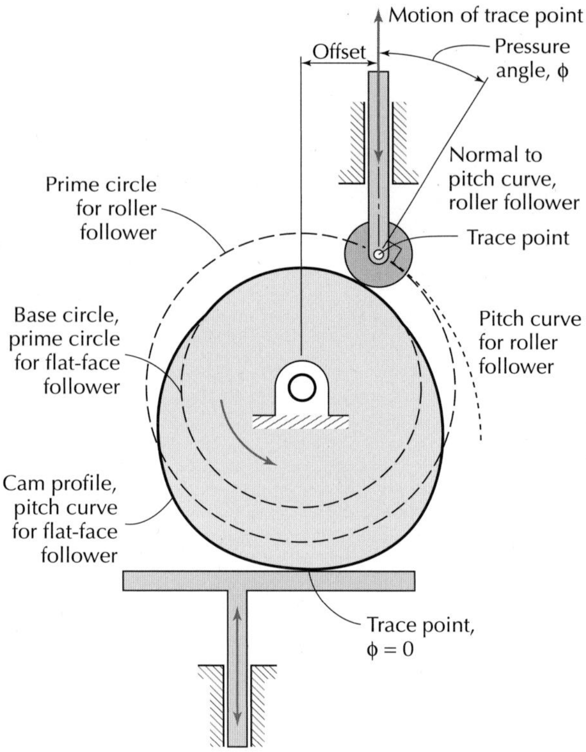

그림 7.10 ● 병진 운동용 종동절을 가진 원판 캠 기구

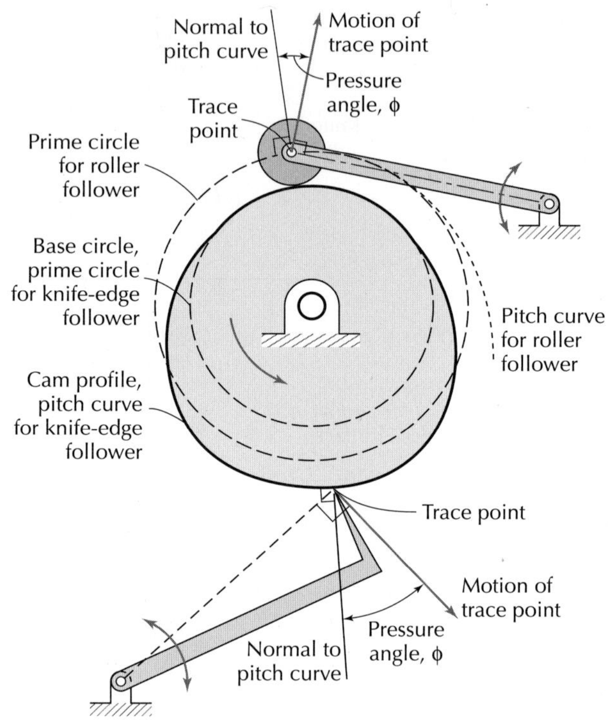

그림 7.11 ● 회전 운동용 종동절을 가진 원판 캠 기구

은 값을 유지해야 한다. 실용적인 최댓값은 30°이다. 종동절과 원판 캠이 마찰이 없는 기구학적 대우일지라도 불필요한 측력 성분은 여전히 존재한다. 이 불필요한 측력은 그림 7.12의 자유물체도에 의해 표현될 수 있다. 그림 7.12(a)는 원판 캠과 롤러 종동절을 보여준다.

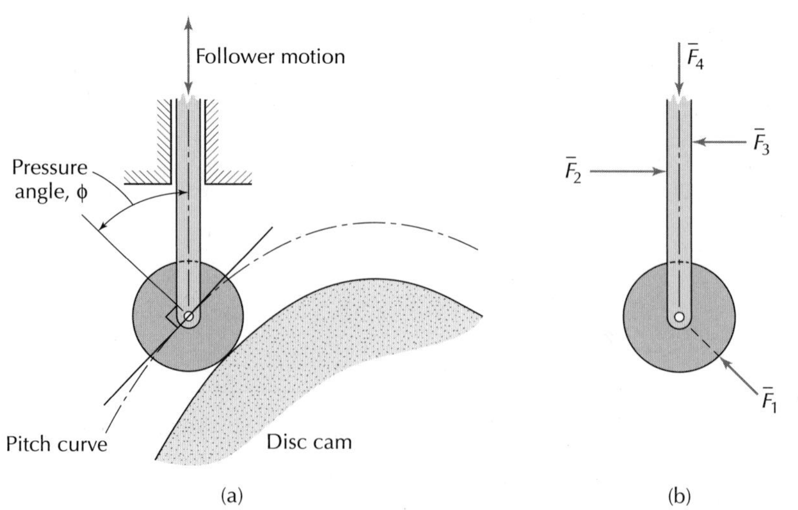

그림 7.12 ● 롤러 종동절. (a) 원판 캠과 종동절, (b) 종동절의 자유물체도

그림 7.12(b)는 종동절의 가이드가 제거되고 등가 힘들로 대체된 롤러 종동절을 보여준다. 압력각의 값이 커지면 종동절 축 상의 불필요한 면에 대한 측력이 증가하게 된다. 즉 과도한 압력각은 캠 기구의 운동 기능을 상실시킬 수 있다.

따라서 다음 사항들을 고려함으로써 압력각을 줄일 수 있다.

- 기초원의 지름 증가
- 롤러 종동절의 지름 증가
- 종동절과 캠 중심과의 편심량(offset, 그림 7.10 참조) 변화
- 종동절의 운동 변경

위의 방법을 적용한 실례가 예제 7.3에 제시된다.

7.4 변위 선도

원판 캠을 설계할 때는 먼저 한 주기 동안 요구되는 종동절의 운동을 다음과 같이 기술한다.

$$s = f(\theta); \quad 0 \leq \theta \leq 2\pi \tag{7.4-1}$$

변위 선도(displacement diagram)는 캠 회전에 대한 종동절의 변위를 나타낸 그래프이다. 종동절의 변위는 다음 세 가지 범주로 분류할 수 있다.

- **상승(rise)**: 종동절이 원판 캠의 중심으로부터 멀어지는 것이다.
- **정류(dwell)**: 종동절이 일시정지한 상태이다.
- **하강(fall)** 또는 **복귀(return)**: 종동절이 원판 캠의 중심을 향해서 움직이는 것이다.

그림 7.13은 변위 선도의 예를 보여준다. 상승, 정류, 그리고 하강하는 구간들이 묘사되어 있다. 캠의 회전각은 일반적으로 표준 함수의 구간 결합에 의해 라디안(rad)이 아닌 도(°)의

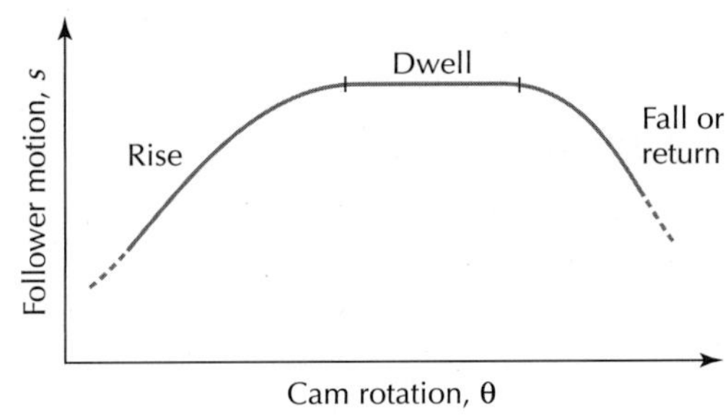

그림 7.13 ● 전형적인 변위 선도

단위로 기술한다. 종동절의 변위는 병진과 회전 운동을 하는 캠 기구에 대해 각각 그것의 선형적인 운동량이나 회전한 각도로 도시한다.

예제 7.1 | 변위 선도 결정

자동 스크류 조립기(automated screw machine)에도 원판 캠 기구가 사용된다. 그림 7.14의 초기 위치로부터 플랫폼(platform)에 장착되어 있는 결합이 요구되는 부품들은 0.6초 안에 오른쪽으로 3.0 cm 이동한다. 그 다음, 스크류가 구멍 *A*에 결합될 수 있도록 1.1초 동안 정류 상태를 유지한다. 이후 0.4초 안에 추가적으로 오른쪽으로 2.0 cm 이동하고, 스크류가 구멍 *B*에 결합되는 동안 플랫폼은 1.1초 동안 정류 상태를 유지한다. 그리고 최종적으로 0.8초 안에 초기 위치로 되돌아간다. 이때, 압축 스프링(compression spring)은 캠과 종동절 사이에서 접촉이 유지될 수 있도록 보장한다.

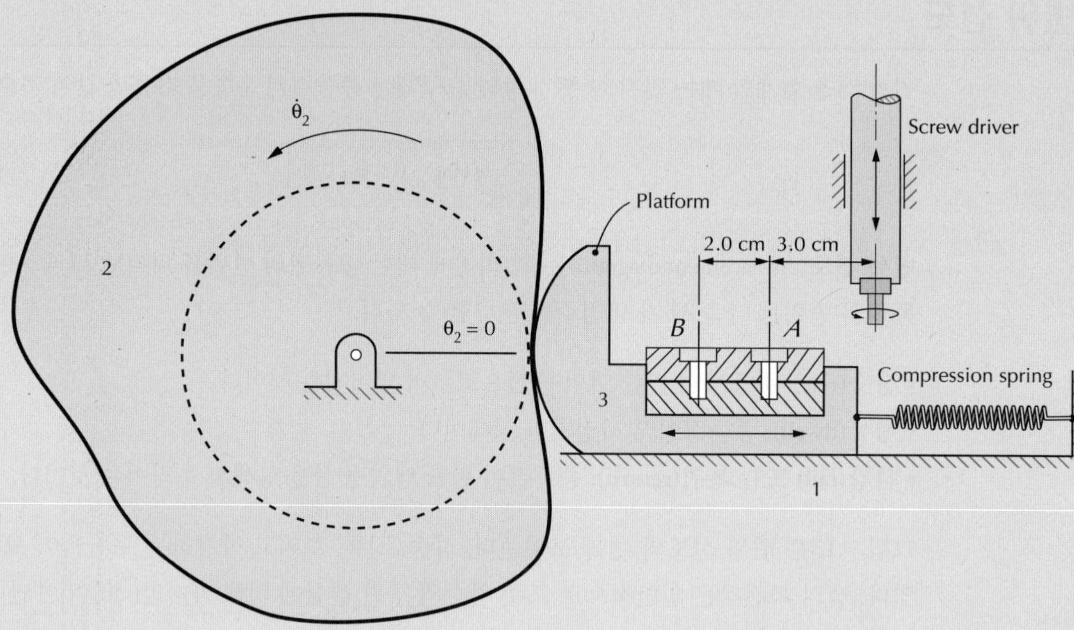

그림 7.14 ● 스크류 조립기

(a) 원판 캠의 요구되는 회전 속도를 결정하라.

(b) 적합한 변위 선도를 작성하라.

풀이

플랫폼의 필요한 움직임은 표 7.1에 요약되어 있다.

표 7.1 요구되는 플랫폼 운동

Interval i	Description of Motion of Platform	Lift or Return L_i (cm)	Time T_i (sec)
1	Move platform to right to align hole *A* with screwdriver	3.0 (lift)	0.6
2	Keep platform stationary	0	1.1
3	Additional motion of platform to right to align hole *B* with screwdriver	2.0 (lift)	0.4
4	Keep platform stationary	0	1.1
5	Move platform to left, back to starting position	3.0 + 2.0 = 5.0 (return)	0.8

(a) 한 사이클을 실행하는 데 필요한 시간

$$\tau = T_1 + T_2 + T_3 + T_4 + T_5 = 0.6 + 1.1 + 0.4 + 1.1 + 0.8 = 4.0 \text{ sec}$$

이 시간 τ는 캠의 1회전에 해당한다. 그러므로 캠의 회전 속도는

$$\dot{\theta}_2 = \frac{1 \text{ rev}}{\tau} = \frac{1.0 \text{ rev}}{4.0 \text{ sec}} \times 60 \frac{\text{sec}}{\text{min}} = 15 \text{ rpm}$$

(b) 각 구간의 캠 회전각은 다음을 사용하여 계산할 수 있다.

$$\beta_i = \frac{T_i}{\tau} 360^\circ$$

따라서

$$\beta_1 = \frac{T_i}{\tau} 360^\circ = \frac{0.6}{4.0} 360^\circ = 54^\circ; \quad \beta_2 = 99^\circ; \quad \beta_3 = 36^\circ; \quad \beta_4 = 99^\circ; \quad \beta_5 = 72^\circ$$

표 7.2는 요구되는 종동절 운동과 그에 상응하는 캠의 회전을 요약하여 제시하고 있으며, 이에 상응하는 변위 선도가 그림 7.15에 도시되어 있다. 구간 1, 3 그리고 5에서 종동절은 두 번의 상승과 한 번의 하강이 있다. 이 구간에서 함수들은 정류 구간 2와 4의 시작과 끝에서 연속되도록 그려진다. 다음 절들에서 캠 기구 동역학의 역할을 담당하는 상승과 하강에 대한 다양한 형태의 함수들을 고려한다. 또한 변위 선도에 도시되어 있는 필요한 운동을 제공하는 형상을 결정하기 위한 도해적 및 해석적 방법 모두가 제시된다.

표 7.2 예제 7.1의 종동절 운동

Parameter→ / Interval↓	Initial Angle for Interval (degrees)	Final Angle for Interval (degrees)	Type of Follower Motion	Amount Follower Motion (cm)
1	0	54	Rise	3.0
2	54	153	Dwell	0
3	153	189	Rise	2.0
4	189	288	Dwell	0
5	288	360	Return	–5.0

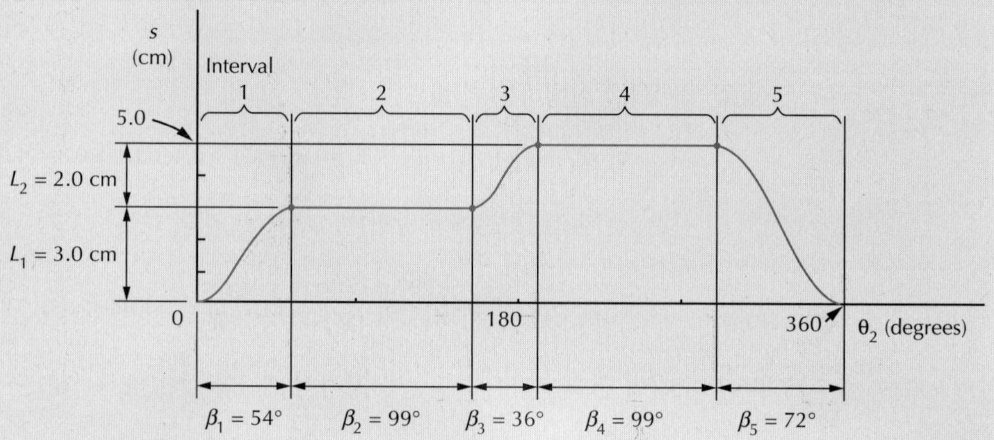

그림 7.15 ● 변위 선도

7.5 종동절 운동의 유형

변위 선도는 일반적으로 표준화된 함수의 부분들로 구성되어 있다. 변위 선도의 상승과 하강 구간에 적용되는 몇 가지 일반적인 함수들은 아래와 같은 형태로 주어진다.

$$s^* = g(\theta^*), \quad 0 \le \theta^* \le \beta \tag{7.5-1}$$

여기서

s^* = 현재 구간에서 종동절의 변위

θ^* = 현재 구간에서 캠의 회전각

β = 현재 구간에서 총 회전각

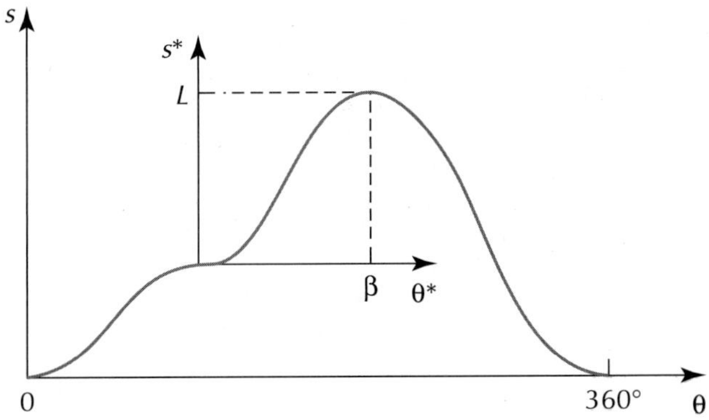

그림 7.16 ● 전형적인 변위 함수

그림 7.16은 표준 함수가 적용된 변위 선도의 일례이다. 다양한 운동 유형을 비교하기 위해서 종동절 운동 시작 전, 종료 후에서의 종동절에 대한 정류를 고려할 것이다. 또한 모든 운동은 $\theta^* = 0$에서 시작하여 $\theta^* = \beta$에서 끝날 것이다. 종동절은 현재 구간 내에서 L 위치까지 상승하고 캠의 회전 속도는 $\dot{\theta}$로 일정하다.

캠 기구의 설계 시, 특히 고속 작동을 위해서는 종동절 운동의 시간에 대한 미분 값들이 중요하다. 변위 시간에 대한 2차 미분은 **가속도**(acceleration)인데, 이는 운동 생성 작용력에 비례한다. 일반적으로 피크 가속도의 극값들을 결정하는 것이 바람직하고, 그것들의 절댓값들을 감소시키는 노력이 필요하다. 종종, 가동 환경의 소음과 진동의 척도가 되는 가속도의 시간 변화율인 **저크**(jerk) 값들을 감소시키는 노력 또한 중요하다.

7.5.1 등속 운동

일정 운동(uniform motion)은 **등속도**(constant velocity)와 등가이다. 그림 7.17은 등속 운동에 부합하는 변위 선도 상의 구간을 보여준다. 종동절이 상승, 하강하는 동안의 방정식이 이 그림에 나와 있다.

등속 운동하는 동안의 속도, 가속도, 저크의 표현은 다음 식과 같다.

$$\dot{s}^* = \frac{L}{\beta}\dot{\theta}^* = \text{constant}; \quad \ddot{s}^* = 0; \quad \dddot{s}^* = 0, 0 < \theta^* < \beta \tag{7.5-2}$$

구간 내에서 가속도와 저크는 0으로 나타내지만 $\theta^* = 0$과 $\theta^* = \beta$일 때 가속도와 저크는 무한대 값임을 명심해야 한다. 이는 운동의 시작과 끝에서 속도의 계단 변화에 기인한다. 이론적으로 이것은 무한대의 힘과 저크에 해당한다. 이런 바람직하지 못한 특성 때문에 서로 인접한 운동과의 적당한 구간 결합이 없는 종동절의 등속 운동은 과도한 가속도를 방지하기 위해서 고속의 적용 분야에서의 사용은 피해야 한다.

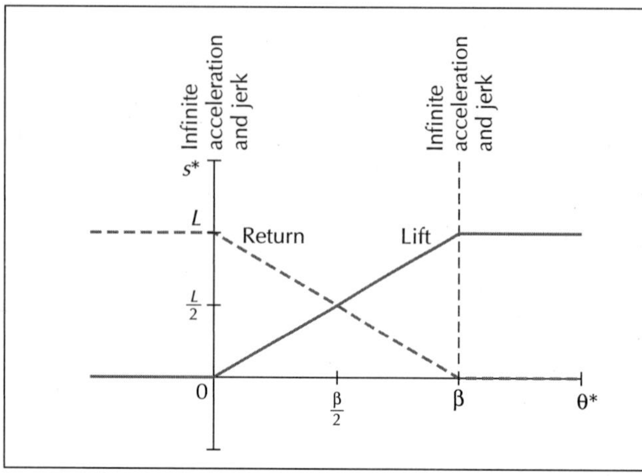

Lift

$$s^* = L\frac{\theta^*}{\beta} \qquad (0 \le \theta^* \le \beta)$$

Return

$$s^* = L\left(1 - \frac{\theta^*}{\beta}\right) \qquad (0 \le \theta^* \le \beta)$$

그림 7.17 ● 등속 운동

동적 특성을 개선하기 위해, 변위 그래프 형상에서의 일정한 기울기는 때때로 날카로운 모퉁이 부분을 부드럽게 하려고 양쪽 끝단에서 다른 그래프 형상과 결합하며, 그 결과로 무한대의 가속도를 제거할 수 있다. 7.5.3절은 등속 운동의 양쪽 끝단에서 부드러운 부분과 결합된 캠 운동을 제시한다.

7.5.2 포물선 운동

포물선 운동(parabolic motion)은 **등가속도**(constant acceleration)라고도 불린다. 그림 7.18은 상승과 하강에 대한 포물선 운동을 구현한 변위 선도를 보여준다. 운동이 시작되는 부분과 끝나는 부분에서 가속도의 계단 변화와 무한대의 저크 값이 존재한다. 종동절의 변위에 대한 방정식도 그림 내에 주어져 있다.

그림에 나와 있는 바와 같이 변위 곡선은 두 포물선으로 만들어진다. 상승 운동에서 운동의 첫 번째 반주기(0에서 β/2까지 회전)는 양의 등가속도를 가지는 데 반하여, 운동의 두 번째 반주기(β/2에서 β까지 회전)는 음의 등가속도를 가진다(즉 감속). $\theta = \beta/2$에서 두 포물선 곡선의 변위와 변위의 기울기 곡선에서의 값은 서로 일치한다.

7.5.3 수정된 포물선 운동

수정된 포물선 운동(modified parabolic motion)은 등속 운동과 포물선 운동의 조합이다. 그림 7.19는 상승과 하강에 대한 수정 포물선 운동을 구현한 변위 선도를 보여준다. 회전하는 캠의 시작과 끝에서의 종동절 운동은 포물선이다. 중앙 부분에서 종동절 운동은 일정하다. 변환점 C_1과 C_2에서는 등속 운동과 포물선 운동 사이의 변위와 변위의 기울기 곡선이 서로 매치된다. 따라서 변환점에서의 가속도는 유한한 값을 가진다. 그림 7.19 내에 종동절의 변

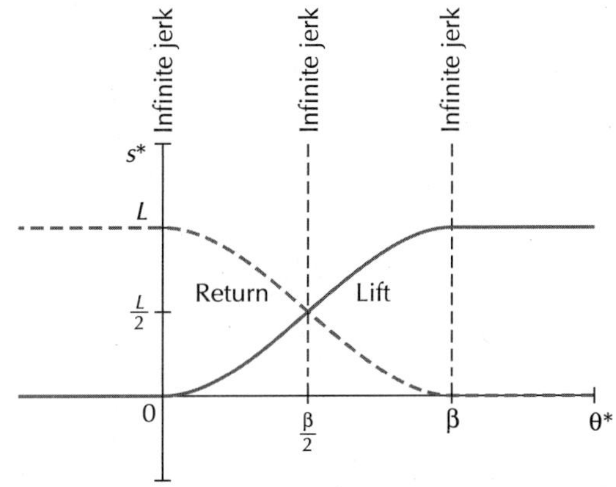

Lift

$$s^* = \begin{cases} 2L\left(\frac{\theta^*}{\beta}\right)^2 & \left(0 \le \theta^* \le \frac{\beta}{2}\right) \\ L\left[-1+4\left(\frac{\theta^*}{\beta}\right)-2\left(\frac{\theta^*}{\beta}\right)^2\right] & \left(\frac{\beta}{2} \le \theta^* \le \beta\right) \end{cases}$$

Return

$$s^* = \begin{cases} L\left[1-2\left(\frac{\theta^*}{\beta}\right)^2\right] & \left(0 \le \theta^* \le \frac{\beta}{2}\right) \\ L\left[2-4\left(\frac{\theta^*}{\beta}\right)+2\left(\frac{\theta^*}{\beta}\right)^2\right] & \left(\frac{\beta}{2} \le \theta^* \le \beta\right) \end{cases}$$

그림 7.18 ● 포물선 운동

위에 대한 식들이 제시되어 있다.

그림 7.19에 주어진 변위에 대한 식들은 파라미터 γ를 포함한다. 이 값의 범위는 다음과 같다.

$$1 < \gamma < 2$$

여기서 $\gamma = 1$과 $\gamma = 2$인 경우는 각각 등속 운동과 포물선 운동에 해당한다.

7.5.4 조화 운동

조화 운동(harmonic motion)은 사인파의 구간에 부합한다. 그림 7.20에 조화 운동을 갖는 변위 선도 및 상승과 하강 운동에 대한 방정식이 제시되어 있다.

조화 운동의 시작과 끝에서 가속도는 유한한 값을 가진다. 이곳에서 가속도가 계단 변화를 하므로 무한대의 저크가 발생한다. 시작과 끝 부분 이외의 구간에서는 저크가 유한한

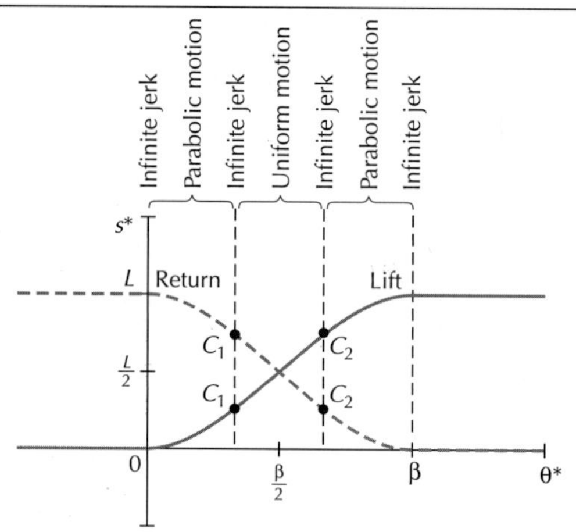

Lift

$$s^* = \begin{cases} L\dfrac{\gamma^2}{2(\gamma-1)}\left(\dfrac{\theta^*}{\beta}\right)^2 & \left(0 \le \theta^* \le \dfrac{\beta}{\gamma}(\gamma-1)\right) \\ L\left[\gamma\dfrac{\theta^*}{\beta} + \dfrac{(1-\gamma)}{2}\right] & \left(\dfrac{\beta}{\gamma}(\gamma-1) \le \theta^* \le \dfrac{\beta}{\gamma}\right) \\ L\left\{1 - \dfrac{\gamma^2}{(\gamma-1)}\left[\dfrac{1}{2} - \dfrac{\theta^*}{\beta} + \dfrac{1}{2}\left(\dfrac{\theta^*}{\beta}\right)^2\right]\right\} & \left(\dfrac{\beta}{\gamma} \le \theta^* \le \beta\right) \end{cases}$$

Return

$$s^* = \begin{cases} L\left[1 - \dfrac{\gamma^2}{2(\gamma-1)}\left(\dfrac{\theta^*}{\beta}\right)^2\right] & \left(0 \le \theta^* \le \dfrac{\beta}{\gamma}(\gamma-1)\right) \\ L\left[-\gamma\dfrac{\theta^*}{\beta} + \dfrac{(1+\gamma)}{2}\right] & \left(\dfrac{\beta}{\gamma}(\gamma-1) \le \theta^* \le \dfrac{\beta}{\gamma}\right) \\ L\left\{\dfrac{\gamma^2}{(\gamma-1)}\left[\dfrac{1}{2} - \dfrac{\theta^*}{\beta} + \dfrac{1}{2}\left(\dfrac{\theta^*}{\beta}\right)^2\right]\right\} & \left(\dfrac{\beta}{\gamma} \le \theta^* \le \beta\right) \end{cases}$$

그림 7.19 ● 수정된 포물선 운동

값을 가진다.

7.5.5 사이클로이드 운동

그림 7.21은 **사이클로이드 운동**(cycloidal motion)을 구현한 변위 선도를 보여준다. 상승과 하강에 대한 변위 함수 또한 제시되어 있다. 이 운동에 대하여 가속도에 대한 식은 시작과 끝 부분에서 0이 됨을 쉽게 보여줄 수 있다. 이러한 결과로 저크는 처음과 끝 부분을 포함한 전체 운동을 통해 유한한 값을 유지한다.

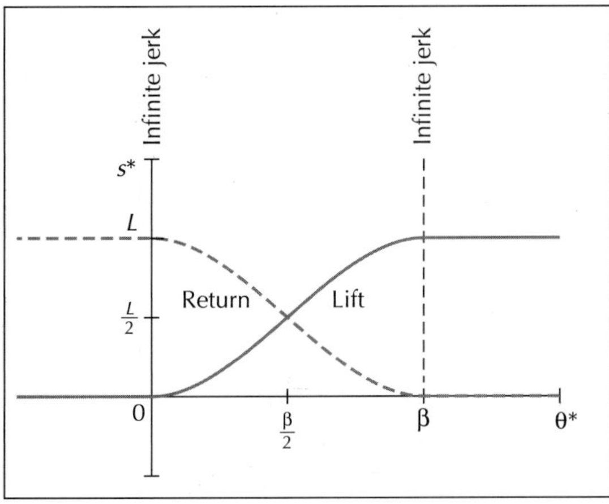

Lift

$$s^* = \frac{L}{2}\left(1 - \cos\frac{\pi\theta^*}{\beta}\right) \qquad (0 \le \theta^* \le \beta)$$

Return

$$s^* = \frac{L}{2}\left(1 + \cos\frac{\pi\theta^*}{\beta}\right) \qquad (0 \le \theta^* \le \beta)$$

그림 7.20 ● 조화 운동

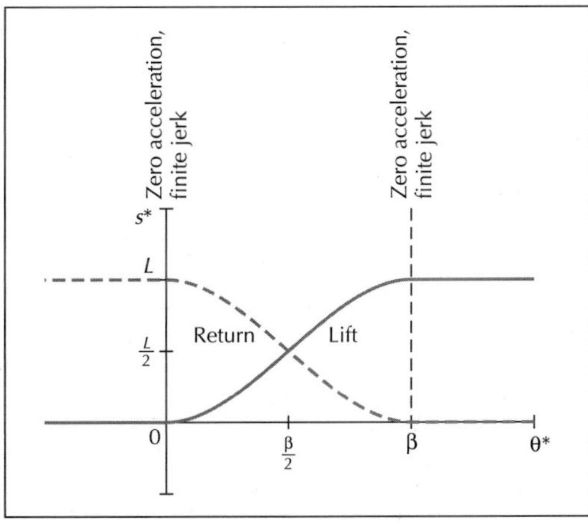

Lift

$$s^* = L\left(\frac{\theta^*}{\beta} - \frac{1}{2\pi}\sin\frac{2\pi\theta^*}{\beta}\right) \qquad (0 \le \theta^* \le \beta)$$

Return

$$s^* = L\left(1 - \frac{\theta^*}{\beta} + \frac{1}{2\pi}\sin\frac{2\pi\theta^*}{\beta}\right) \qquad (0 \le \theta^* \le \beta)$$

그림 7.21 ● 사이클로이드 운동

7.6 종동절 운동의 비교

7.5절에 제시된 네 가지 유형의 운동에 대한 비교가 그림 7.22에 제시되어 있다. 각각의 그래프는 무차원화, 즉 단위 시간에 대한 단위 상승의 결과가 도시되어 있다. 변위에 대해서는 오직 등속 운동에 대한 그래프만 즉시 식별 가능하다. 그러나 속도, 가속도, 그리고 저크에 대해서는 상당한 차이점이 있다. 포물선 운동에 대한 저크는 운동 주기의 처음, 중간, 그리고 끝에서 무한대의 값을 가지고, 그 밖의 모든 구간에서는 0의 값을 가진다.

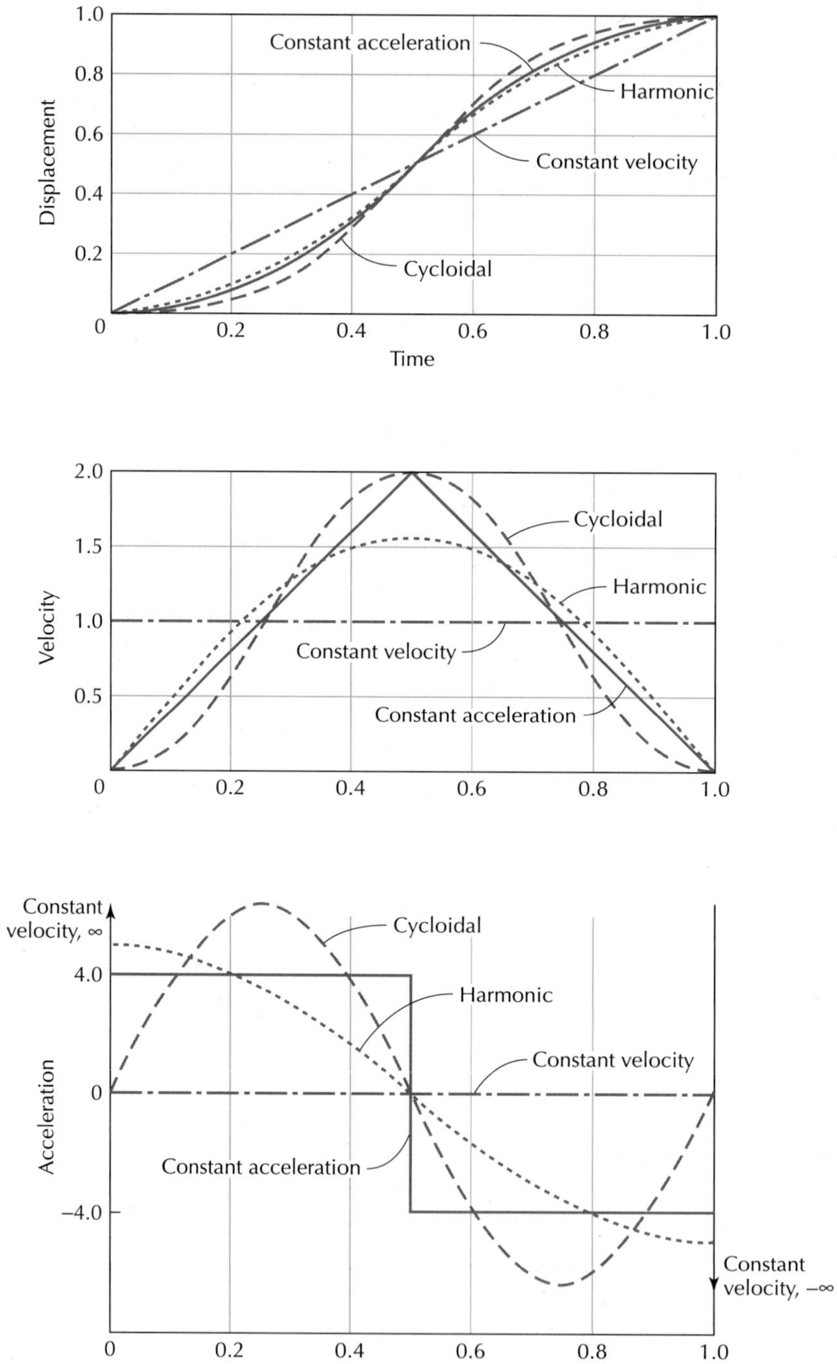

그림 7.22 ● 종동절 운동의 변위, 속도, 가속도의 비교

7.7 원판 캠 형상의 결정

캠 설계 시 근원적인 문제점은 원하는 종동절의 운동을 구현할 수 있는 캠 형상을 찾아내는 것이다. 캠 형상은 요구되는 종동절의 운동, 캠의 기초원 지름, 종동절의 유형 및 치수, 그리고 캠과 관련된 종동절의 위치에 의해 좌우된다.

캠 형상은 도해적으로 생성되거나 특수한 종동절 유형을 고려한 해석적인 식을 평가함으로써 생성될 수 있다. 이 방법들이 이 절에서 다루어질 것이다.

7.7.1 원판 캠 형상의 도해적 결정

원판 캠 형상을 도해적으로 결정하기 위해서는 다음의 일반적인 절차가 요구된다.

1. 변위 선도, 기초원의 지름, 종동절(유형과 치수)을 정한다.
2. 캠을 고정된 것으로 간주하고 캠에 관하여 다른 링크들을 운동시킨다. 즉 기구를 전이한다. 링크 사이에서 동일한 상대 운동을 얻기 위해서 기초 링크와 종동절은 캠 회전의 **반대 방향**으로 회전하게 된다. 그때 한 주기 동안의 캠에 대하여 수많은 위치에서 종동절이 그려진다.
3. 종동절 위치에 대한 포락선 내부에 캠 형상을 그린다.

그림 7.23은 여섯 가지 유형의 종동절에 대한 이 같은 절차를 보여준다.

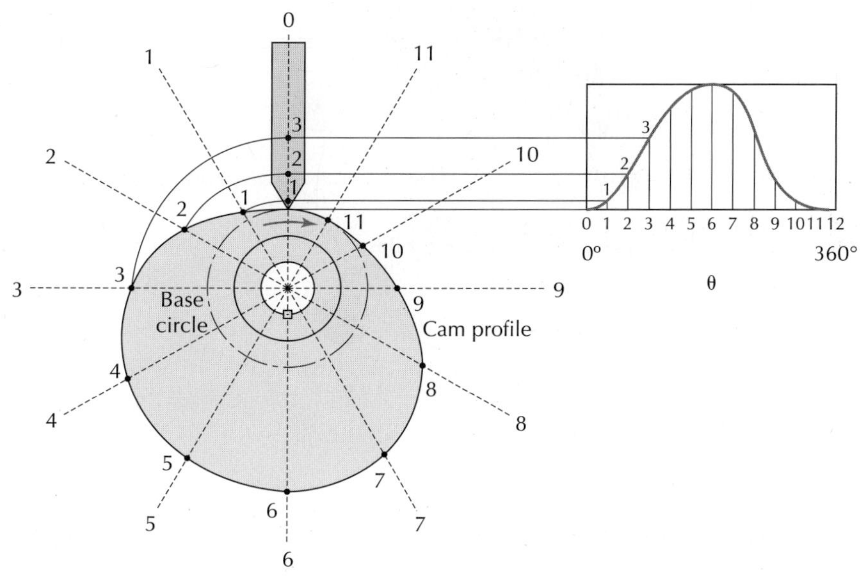

(a)

그림 7.23 ● 원판 캠의 도해적 작도. (a) 병진 운동용 칼끝 종동절

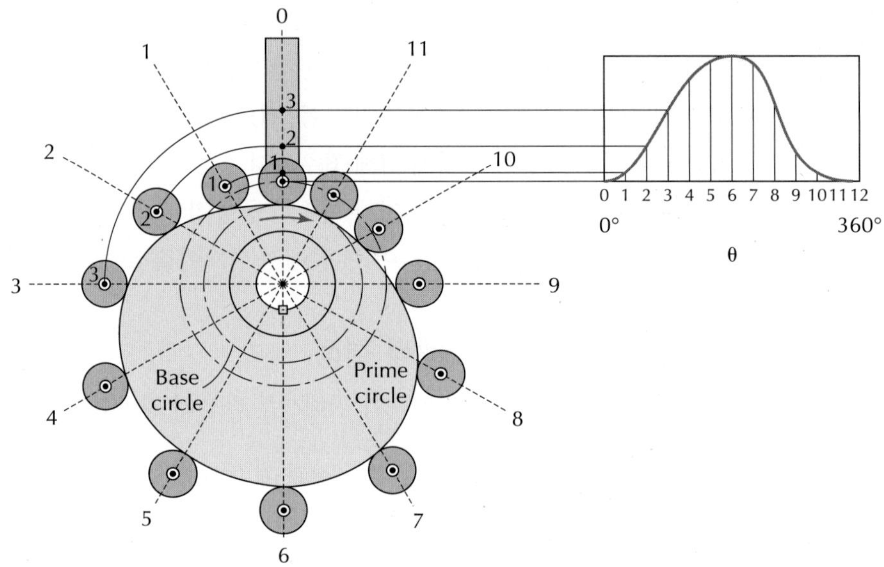

(b)

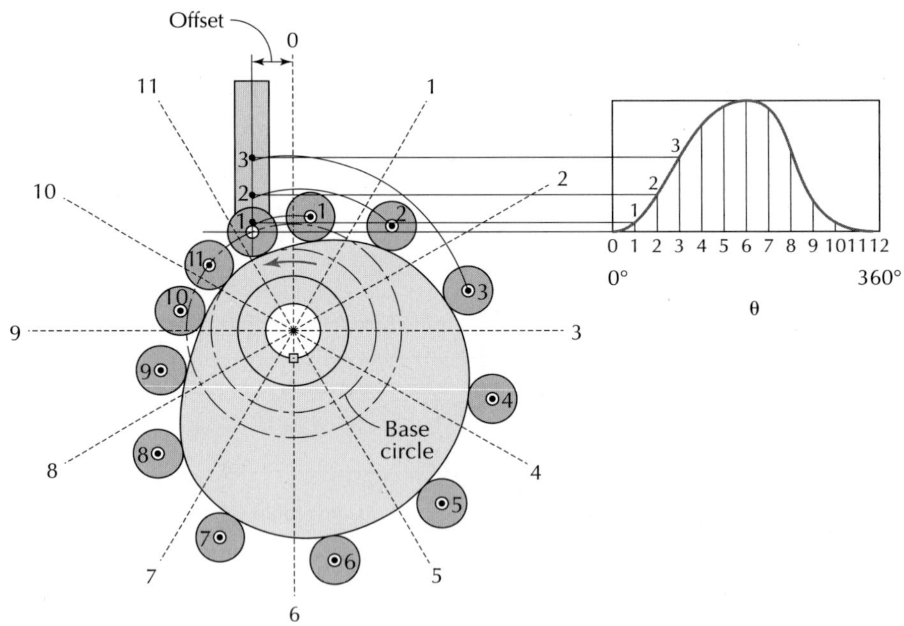

(c)

그림 7.23 ● (계속) (b) 편심이 0인 병진 운동용 롤러 종동절, (c) 편심이 있는 병진 운동용 롤러 종동절

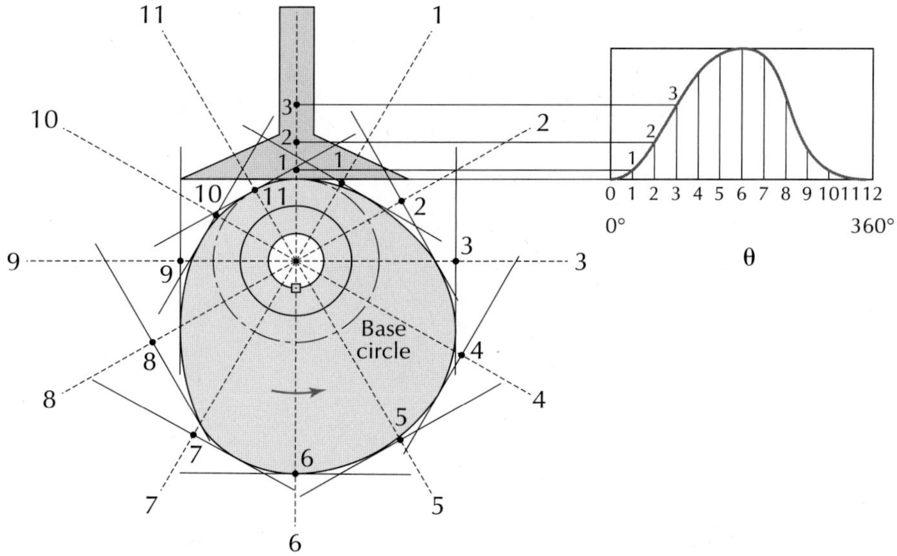

(d)

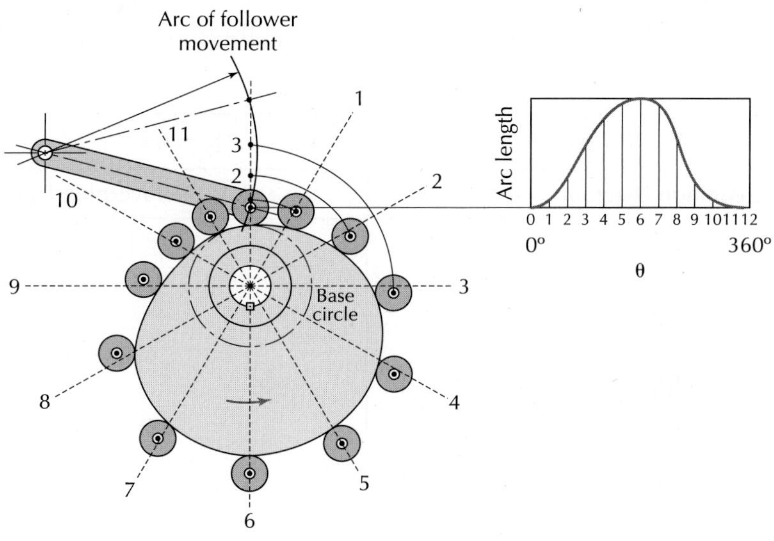

(e)

그림 7.23 ● (계속) (d) 병진 운동용 평판 종동절, (e) 요동 운동용 롤러 종동절

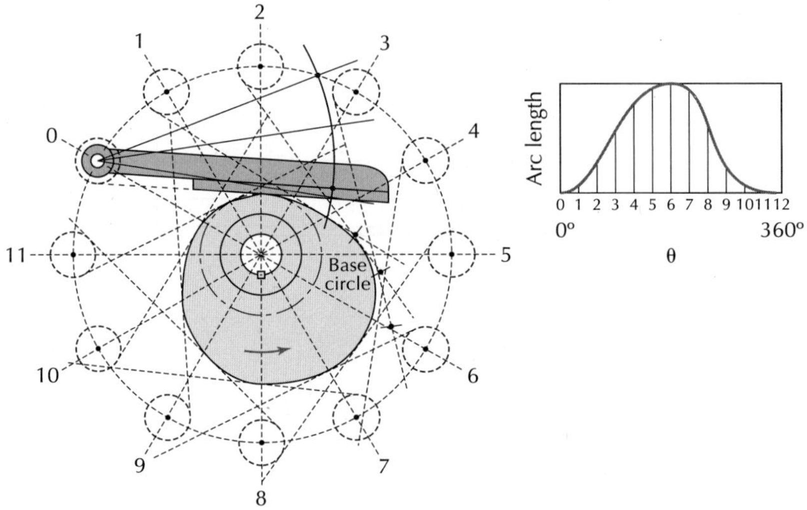

(f)

그림 7.23 ● (계속) (f) 요동 운동용 평판 종동절

7.7.2 원판 캠 형상의 해석적 결정

참고문헌[9]에 제시한 수학적 지배방정식을 이용하여 원판 캠 형상좌표를 해석적으로 결정할 수 있으며, 이 과정이 그림 7.24에 요약되어 있다. 이 방정식들에서 x_c와 y_c는 회전하는

$$R = R_o + f(\theta), \qquad X_c = r_c \cos \gamma_c, \qquad Y_c = r_c \sin \gamma_c$$

Definition Diagram	Governing Equations
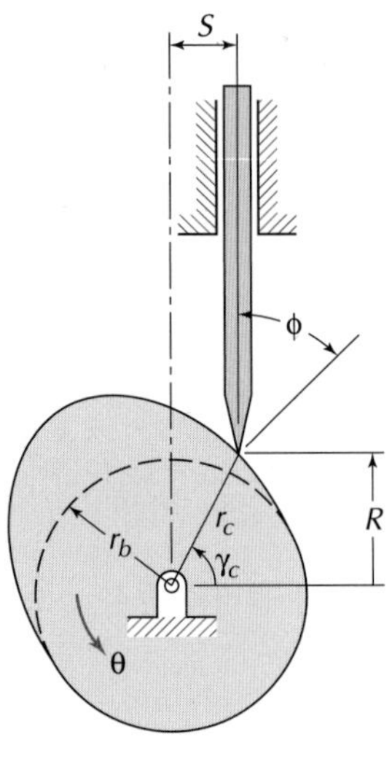 	$R_o = \left(r_b^2 - S^2\right)^{1/2}$ $r_c = (S^2 + R^2)^{1/2}$ $\gamma_c = \dfrac{\pi}{2} - \tan^{-1}(S/R)$ $\phi = \dfrac{\pi}{2} - \gamma_c - \tan^{-1}\left(\dfrac{Rf'(\theta)}{r_c^2}\right)$

그림 7.24 ● 원판 캠의 지배방정식

$$R = R_o + f(\theta), \qquad X_c = r_c \cos\gamma_c, \qquad Y_c = r_c \sin\gamma_c$$

Definition Diagram

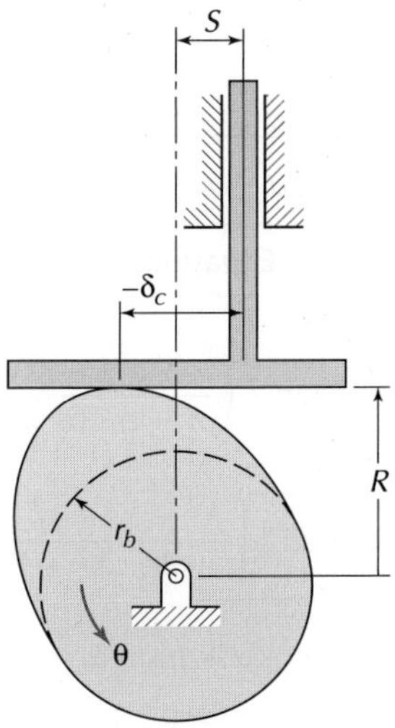

Governing Equations

$$R_o = r_b$$

$$r_c = (R^2 + f'(\theta)^2)^{1/2}$$

$$\gamma_c = \frac{\pi}{2} - \tan^{-1}\left(\frac{f'(\theta)}{R}\right)$$

$$\delta_c = f'(\theta) - S$$

$$R = R_o + f(\theta), \qquad X_c = r_c \cos\gamma_c, \qquad Y_c = r_c \sin\gamma_c$$

Definition Diagram

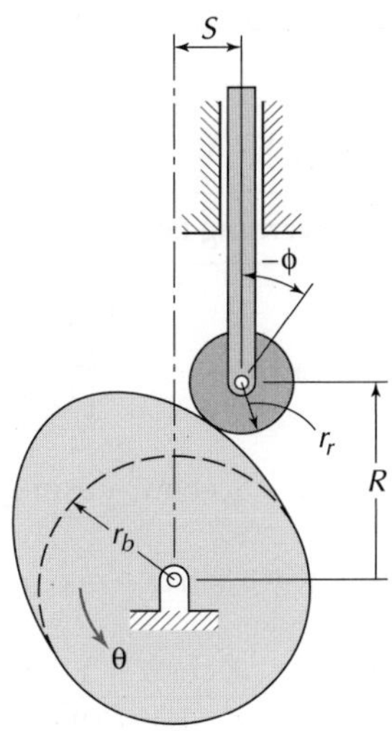

Governing Equations

$$R_o = [(r_b + r_r)^2 - S^2]^{1/2}$$

$$r_c = [(R - r_r\cos\phi)^2 + (S + r_r\sin\phi)^2]^{1/2}$$

$$\gamma_c = \frac{\pi}{2} - \tan^{-1}\left(\frac{S + r_r\sin\phi}{R - r_r\cos\phi}\right)$$

$$\text{where } \phi = \tan^{-1}\left(\frac{f'(\theta) - S}{R}\right)$$

그림 7.24 ● (계속)

캠에 대한 캠과 종동절 사이의 접촉점에 대한 좌표이다. 회전하는 캠 중심 주위의 이런 계산된 점들은, 한 위치에 대하여 캠을 그리는 데 사용하는 도해적인 절차와 유사하게 캠이 회전하는 방향의 반대 방향으로 회전시키는 작업이 필요하다. 이 식들의 사용이 다음 예제에서 다루어진다.

$$\alpha = \alpha_o + f(\theta), \qquad r_c = \left(X_c^2 + Y_c^2\right)^{1/2}, \qquad \gamma_c = \tan^{-1}(Y_c/X_c)$$

Definition Diagram

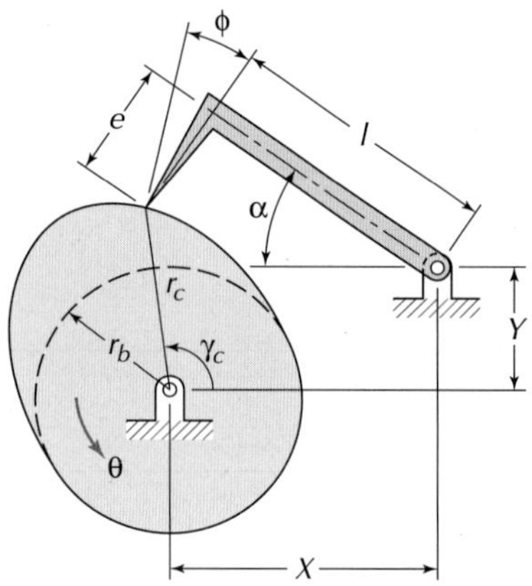

Governing Equations

$$\alpha_o = \tan^{-1}(e/l) + \tan^{-1}\left(\frac{r_b \sin\gamma_o - Y}{X - r_b\cos\gamma_o}\right)$$

$$\text{where } \gamma_o = \tan^{-1}(Y/X) + \cos^{-1}\left[\frac{X^2 + Y^2 + r_b^2 - l^2 - e^2}{2r_b(X^2+Y^2)^{1/2}}\right]$$

$$X_c = X - l\cos\alpha - e\sin\alpha$$

$$Y_c = Y + l\sin\alpha - e\cos\alpha$$

$$\phi = \frac{\pi}{2} - \gamma_c - \alpha + \tan^{-1}\left\{\frac{f'(\theta)}{r_c^2}[X_c(l\sin\alpha - e\cos\alpha) + Y_c(l\cos\alpha + e\sin\alpha)]\right\}$$

$$\alpha = \alpha_o + f(\theta), \qquad r_c = \left(X_c^2 + Y_c^2\right)^{1/2}, \qquad \gamma_c = \tan^{-1}(Y_c/X_c)$$

Definition Diagram

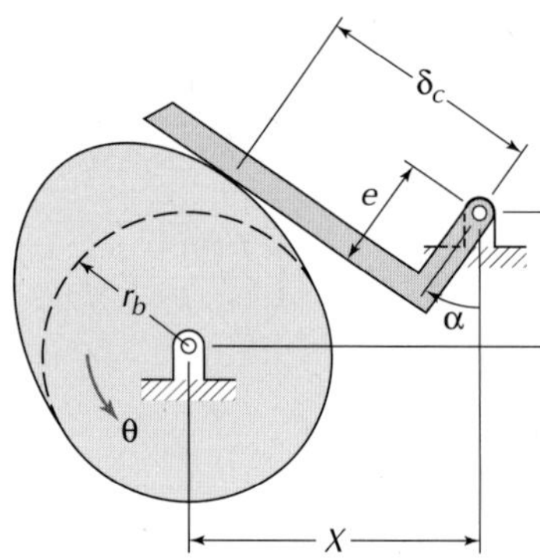

Governing Equations

$$\alpha_o = \frac{\pi}{2} - \tan^{-1}(Y/X) - \cos^{-1}\left[\frac{r_b + e}{(X^2+Y^2)^{1/2}}\right]$$

$$X_c = X - \delta_c\cos\alpha - e\sin\alpha$$

$$Y_c = Y + \delta_c\sin\alpha - e\cos\alpha$$

$$\text{where } \delta_c = \frac{X\cos\alpha - Y\sin\alpha}{1 + f'(\theta)}$$

그림 7.24 ● (계속)

$\alpha = \alpha_o + f(\theta), \qquad r_c = \left(X_c^2 + Y_c^2\right)^{1/2}, \qquad \gamma_c = \tan^{-1}(Y_c / X_c)$	
Definition Diagram	**Governing Equations**
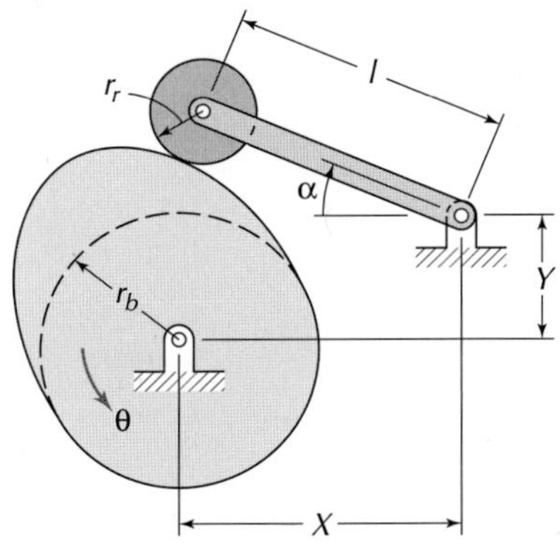	$\alpha_o = \cos^{-1}\left[\dfrac{l^2 + X^2 + Y^2 - (r_r + r_b)^2}{2l(X^2 + Y^2)^{1/2}}\right] - \tan^{-1}(Y/X)$ $X_c = X - l\cos\alpha - r_r\cos\chi$ $Y_c = Y + l\sin\alpha - r_r\cos\chi$ $\phi = \dfrac{\pi}{2} - \alpha - \chi$ where $\chi = \tan^{-1}\left\{\dfrac{Y + l[1 + f'(\theta)]\sin\alpha}{X - l[1 + f'(\theta)]\cos\alpha}\right\}$

그림 7.24 ● (계속)

예제 7.2 | 원판 캠 형상의 결정

다음과 같이 제작될 원판 캠의 입력 파라미터를 고려하자.

- 병진 운동용 롤러 종동절
- 기초원 지름 $d_b = 3.0$ cm
- 롤러원 지름 $d_r = 3.0$ cm
- 편심 $S = 3.0$ cm

$$r_b = \frac{d_b}{2} = \frac{3.0}{2} = 1.5\ \text{cm}; \quad r_r = \frac{d_r}{2} = \frac{1.0}{2} = 0.5\ \text{cm}$$

이 같은 치수에 대한 전개도가 그림 7.25에 나타나 있다. 변위 파라미터는 표 7.3에 주어지고 이에 상응하는 변위 선도가 그림 7.26에 도시되어 있다.

(a) 캠 형상을 결정하라.
(b) 캠 회전에 따른 압력각을 결정하라.

풀이

(a) 그림 7.24에 제시된 방정식을 적용하여 $\theta = 30°$일 때에 대해 계산해 보자. 이 각도는 종동절이 조화 운동으로 2.5 cm까지 상승하고 다음 구간 내의 회전 각도이다.

$$0 \le \theta \le 100°$$

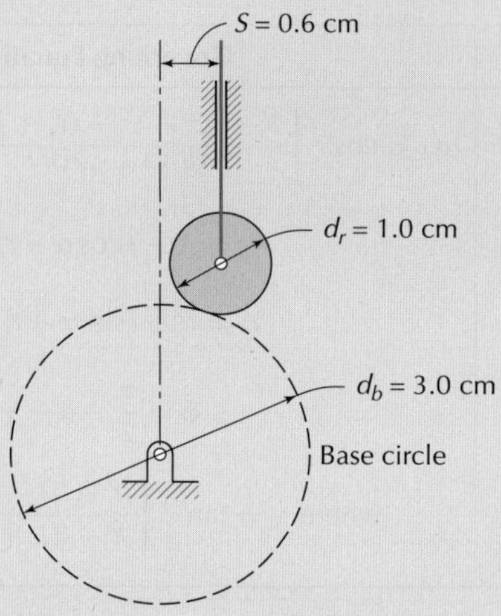

그림 7.25 ● 기술된 원판 캠의 치수

표 7.3 종동절 운동

Parameter → / Interval↓	Initial Angle for Interval (degrees)	Final Angle for Interval (degrees)	Type of Motion	Rise (+) or Return (−) (cm)
1	0	100	Harmonic	2.5
2	100	160	Dwell	0
3	160	300	Cycloidal	−1.5
4	300	360	Parabolic	− 1.0

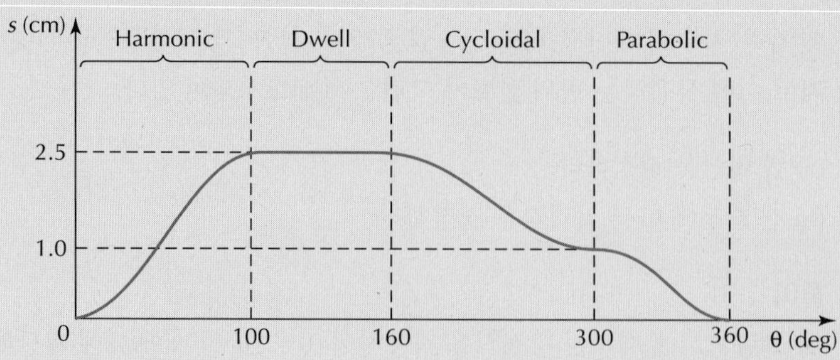

그림 7.26 ● 변위 선도

그러므로

$$L = 2.5\text{ cm};\quad \beta = 100° - 0° = 100°$$

그림 7.24의 식들을 이용하고 이 경우에 $\theta = \theta^*$와 같은 식이 성립함을 인지하면

$$\theta = \theta^*$$

$$f(\theta) = s^* = \frac{L}{2}\left(1 - \cos\frac{\pi\theta}{\beta}\right);\quad f(30°) = 0.515\text{ cm}$$

$$f'(\theta) = \frac{df(\theta)}{d\theta} = \frac{\pi L}{2\beta}\sin\frac{\pi\theta}{\beta};\quad f'(30°) = 1.82\text{ cm}$$

$$R_o = \left[(r_b + r_r)^2 - S^2\right]^{1/2} = 1.908\text{ cm}$$

$$R(\theta) = R_o + f(\theta)\,;\, R(30°) = 2.423\text{ cm}$$

$$\varphi(\theta) = \tan^{-1}\left(\frac{f'(\theta) - S}{R(\theta)}\right);\quad \varphi(30°) = 26.7°$$

$$\gamma_c(\theta) = \frac{\pi}{2} - \tan^{-1}\left[\frac{S + r_r\sin(\varphi(\theta))}{R(\theta) - r_r\cos(\varphi(\theta))}\right];\quad \gamma_c(30°) = 67.3°$$

$$r_c(\theta) = \left\{[R(\theta) - r_r\cos(\varphi(\theta))]^2 + [S + r_r\sin(\varphi(\theta))]^2\right\}^{1/2};\; r_c(30°) = 2.142\text{ cm}$$

$$x_c(\theta) = r_c\cos(\gamma_c(\theta));\quad x_c(30°) = 0.825\text{ cm}$$

$$y_c(\theta) = r_c\sin(\gamma_c(\theta));\quad y_c(30°) = 1.98\text{ cm}$$

계산된 좌표들을 캠 형상 위의 점에 위치시키기 위해 캠 회전 중심에 대하여 캠이 회전하는 반대 방향으로 회전시킨다. 이것이 그림 7.27(a)에 나타나 있다. 그림 7.27(b)는 원판 캠 기구를 보여준다.

캠 형상의 두 번째 점을 찾기 위해 $\theta = 200°$의 캠 회전을 고려하자. 이 위치에서 종동절은 사이클로이드 운동으로 하강하고 있다. 이 운동 구간은 160°에서 시작하여 300°에서 끝난다. 이 구간 동안 1.5 cm 하강한다. 그러므로

$$L = 1.5\text{ cm};\quad \beta = 300° - 160° = 140°$$
$$\theta^* = \theta - 160° = 200° - 160° = 40°$$
$$f(200°) = f(300°) + s^*(40°) = 2.30\text{ cm}$$

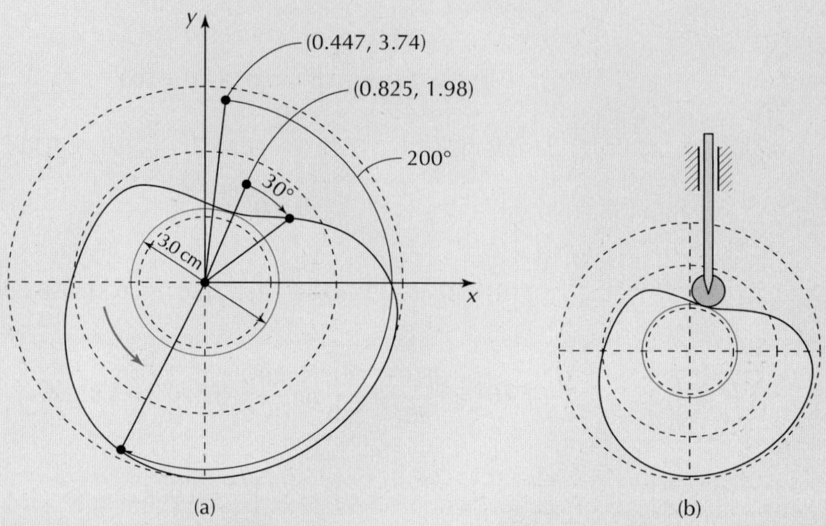

그림 7.27 ● (a) 원판 캠 형상의 전개, (b) 기구

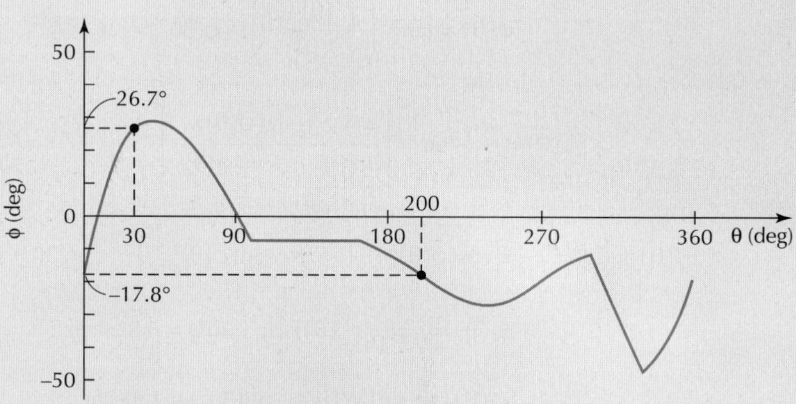

그림 7.28 ● 캠 회전에 따른 압력각

이 경우에 그림 7.21과 그림 7.24 내의 식을 적용하면

$$x_c(200°) = 0.447 \text{ cm}; \quad y_c(200°) = 3.74 \text{ cm}; \quad \phi = (200°) = -17.8°$$

이 점은 그림 7.27 내에 도시되어 있다.

(b) 압력각은 이 예제의 (a) 부분의 계산 과정에 포함되어 있다. 그림 7.28은 캠 회전에 따른 압력각 선도를 보여준다.

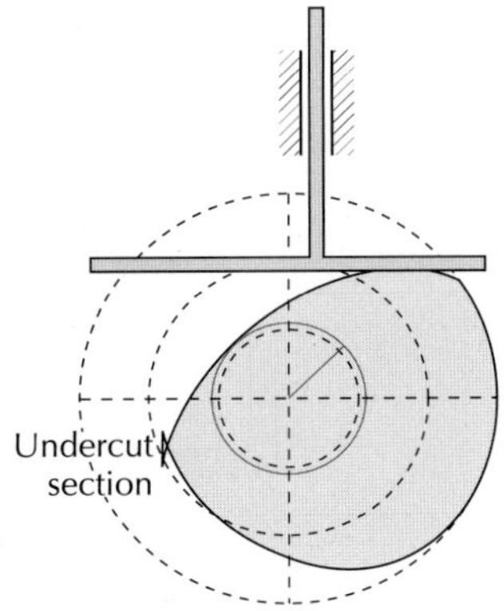

그림 7.29 ● 원판 캠의 언더컷

위 예제에 나타난 캠 형상과 압력각은 Cam Design 프로그램을 이용해서 얻을 수도 있다(7.10절 참조).

7.8 원판 캠 형상의 언더컷

경우에 따라 주어진 기구의 기하학적 형상과 명기된 종동절의 변위에 대하여 캠 형상을 생성하지 못할 수도 있다. 예제 7.2에 적용된 것과 같은 변위 선도 적용을 고려하자. 평판 종동절을 적용하고 7.7절에 나와 있는 절차를 적용했을 때의 결과가 그림 7.29에 나타나 있다. 캠 형상에 꼬여 있는 부분을 확인할 수 있다. 이 같은 캠 형상 부분은 제작이 불가능하며 이를 **언더컷**(undercut)이라 부른다. 언더컷은 부적절한 캠 회전 범위 내에서 너무 큰 종동절의 상승을 얻으려는 시도를 할 때와 요구되는 상승에 비해 캠의 기초원이 너무 작을 때 발생한다.

언더컷은 다음과 같은 방법 중 하나 또는 그 이상을 적용함으로써 제거할 수 있다.

- 기초원의 지름 증가
- 다른 유형의 종동절 적용
- 종동절의 운동 수정

이 같은 방법들을 이 장의 뒷부분에서 예제를 통해 제시할 것이다.

7.9 확동 캠 기구

확동 캠 기구(positive-motion cam mechanism)는 완전 주기 동안 종동절의 운동을 확실히 제어하는 곳에 쓰이는 캠이다. 그림 7.1에 나타낸 원통 캠 또한 확동 캠이다. 이러한 캠은 캠과 종

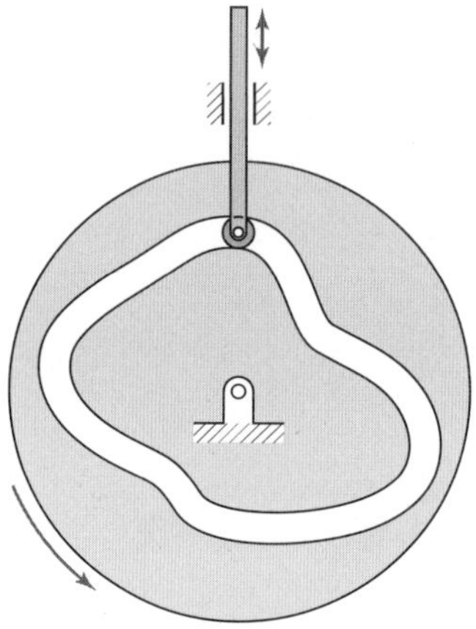

그림 7.30 ● 확동 캠 기구[비디오 7.30]

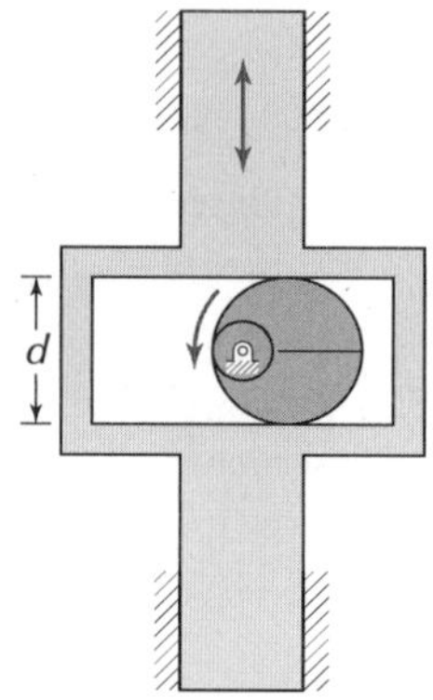

그림 7.31 ● 등폭 캠 기구[비디오 7.31]

동절 사이의 접촉을 보장하기 위한 중력이나 스프링 힘을 필요로 하지 않는다.

비디오 7.30
확동 캠 기구

그림 7.30은 확동 캠 기구의 또 다른 유형을 보여준다. 이것은 롤러 종동절을 가진 원판 캠과 거의 유사하다. 그러나 이 경우 등폭의 홈이 캠 내부에 만들어진다. 캠이 회전할 때 롤러 종동절은 이 홈 안에서의 움직임만으로 제한된다.

비디오 7.31
등폭 캠 기구

그림 7.31은 확동 캠 기구의 또 다른 유형인 **등폭 캠 기구**(constant-breadth cam mechanism)를 보여준다. 캠 표면은 항상 병진 운동용 종동절의 평행한 두 면을 따라 접촉한다. 평행한 면 사이의 거리 *d*는 기초원의 지름과 종동절의 최대 상승량을 더한 것과 같다. 등폭 캠은 캠이 180° 회전했을 때의 상승이 나머지 주기 동안의 하강과 사상(mirror image)이라면 병진 운동용 평판 종동절을 가진 원판 캠과 유사하게 설계될 수 있다.

비디오 7.33
영사 기구

그림 7.32는 영사기에 쓰이는 등폭 캠의 예를 보여준다. 그림 7.33은 같은 시스템의 또

그림 7.32 ● 영사 기구

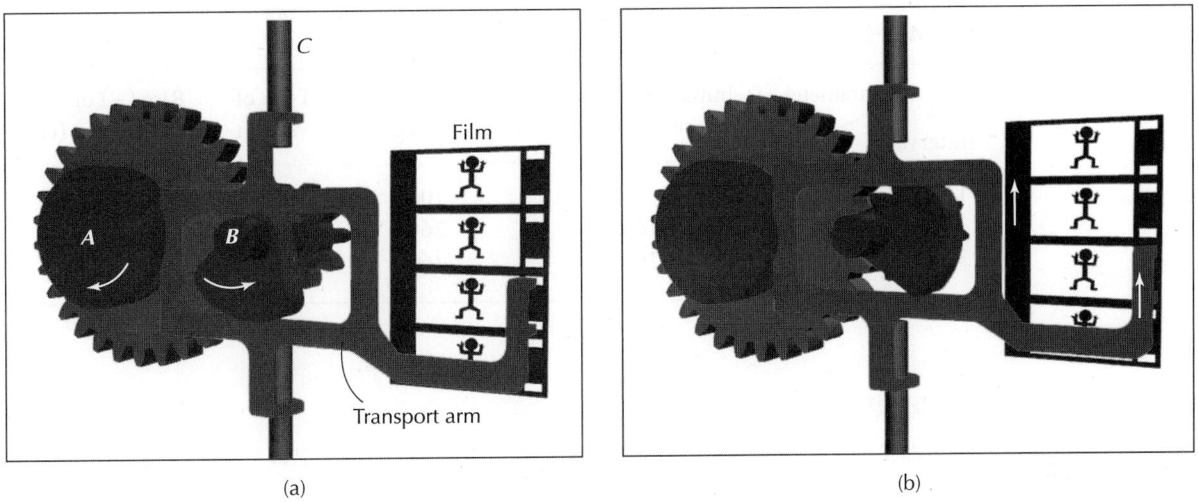

그림 7.33 ● 영사 기구[비디오 7.33]

다른 실례를 보여준다. 이 기구는 간헐적으로 한 번에 한 프레임씩 필름을 전진시킨다. 프레임이 정지하고 있는 동안 빛이 필름을 통해 밝게 비치고 순간적으로 정지한 이미지를 투영한다. 필름이 움직이는 동안 빛은 차단되어야 한다. 이 기구는 2개의 확동 캠 기구로 구현된다. 이것은 이송 암의 상하 운동을 위해 이용되는 등폭 캠 기구를 포함한다. 등폭 캠은 그림 7.33(a)에 나타낸 것처럼 샤프트 B에 위치해 있다. 샤프트 A는 샤프트 B와 기어로 연동한다. 원통 캠은 샤프트 A에 장착되어 있다. 이송 암의 한 끝은 원통 캠의 홈 안에 있다. 이 캠은 수직축 C에 대하여 이송 암의 간헐적인 회전을 일으킨다. 이 회전은 이송 암의 다른 끝이 필름의 천공 구멍들로 들어가도록 해준다. 천공 구멍들로 들어가는 동안[그림 7.33(b)] 이송 암은 수직으로 움직여 필름이 한 프레임 전진하게 된다. 이송 암의 끝 부분은 이송 암의 세 번째 상승 행정마다 필름 옆에 있는 천공 구멍으로 들어간다. **셔터**(shutter, 비디오 참조, 그림 7.33에는 나와 있지 않음)는 샤프트 B에 장착되어 있다.

7.10 Cam Design 프로그램

Cam Design 프로그램은 웹사이트 www.oup.com/cleghorn-xse에 제시되어 있다. 이 프로그램을 사용하면 병진 운동 또는 회전 운동용 종동절을 가진 원판 캠의 설계가 가능하다. 종동절은 칼끝, 롤러, 또는 평판이 가능하며, 원판 캠 형상을 그릴 수도 있고 캠 기구의 애니메이션을 수행할 수 있다. 7.5절에서 제시한 모든 운동들의 변위 선도를 만들 수 있으며, 압력각의 값들을 나타낼 수도 있다. 또한 캠의 형상을 나타냄으로써 언더컷의 발생 유무를 검토

표 7.4 종동절 운동

Interval ↓ / Parameter →	Initial Angle for Interval (degrees)	Final Angle for Interval (degrees)	Type of Motion	Rise (+) or Return (−) (cm)
1	0	100	Parabolic	0.8
2	100	260	Dwell	0
3	260	360	Harmonic	−0.8

할 수도 있다.

실례로서 다음의 입력 파라미터들을 갖는 원판 캠 기구를 고려한다.

- 병진 운동용 롤러 종동절
- 기초원 지름: 4.0 cm
- 롤러원 지름: 1.0 cm
- 편심: 0.6 cm
- 캠 회전 속도: 20 rad/sec CCW

표 7.4는 요구되는 종동절의 운동을 나타내고 있다. 그림 7.34(a)는 위의 입력 파라미터들을 나타내고 그림 7.34(b)는 변위 선도를 보여준다.

프로그램을 시작한 후, 그림 7.35와 같은 시작 창 로고를 볼 수 있다. **File** 메뉴를 선택하면 (그림 7.36) 존재하는 파일을 열 것인지 새 파일을 만들 것인지 선택할 수 있다. **New** 파일을 선택하면 대화 상자 마법사가 나타난다. 그것은 **Design Page**, **Motion Page**, 그리고 **Display Page**의 세 가지 속성 페이지를 포함한다. 각각을 다음과 같이 개별적으로 설명한다.

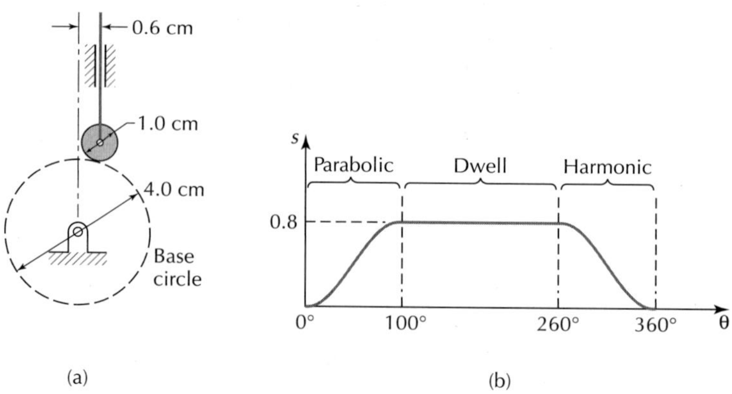

그림 7.34 ● (a) 원판 캠의 제반 치수, (b) 변위 선도

그림 7.35 ● Cam Design의 소개 로고

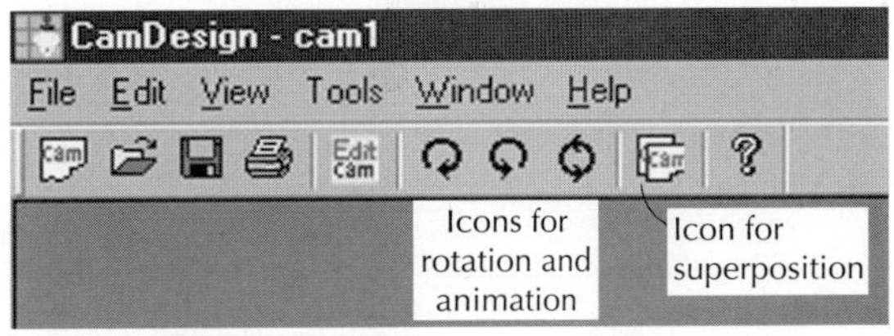

그림 7.36 ● Cam Design의 메뉴 아이콘

- **Design Page**(그림 7.37)

그림 7.37(a)는 캠 기구에 대한 디폴트 파라미터를 포함하는 **Design Page** 화면이다. 디폴트 화면에서 다음과 같은 변경 사항을 입력한다. 칼끝 종동절을 롤러 종동절로 바꾸고 기초원 지름, 종동절 편심, 그리고 롤러 지름을 바꾼다. 이 같은 데이터를 입력하면 그림 7.37(b)와 같은 창이 나타난다. 그때 **Next >**를 선택하면 **Motion Page**가 나타나게 된다.

- **Motion Page**(그림 7.38)

그림 7.38(a)는 디폴트 **Motion Page**를 보여준다. 디폴트 파라미터는 적용될 다른 파라미터로 대체된다. 이것은 완전 주기 동안의 운동 구간의 번호에 따른 캠 회전 속도를 포함한다(표 7.4 참조). 또 각 구간을 선택할 때마다 구간 끝에서의 캠 회전, 운동의 유형, 그리고 필요하다면 그 구간 동안 종동절의 상승 또는 하강량을 입력한다. 이 화면을 통해 표 7.4

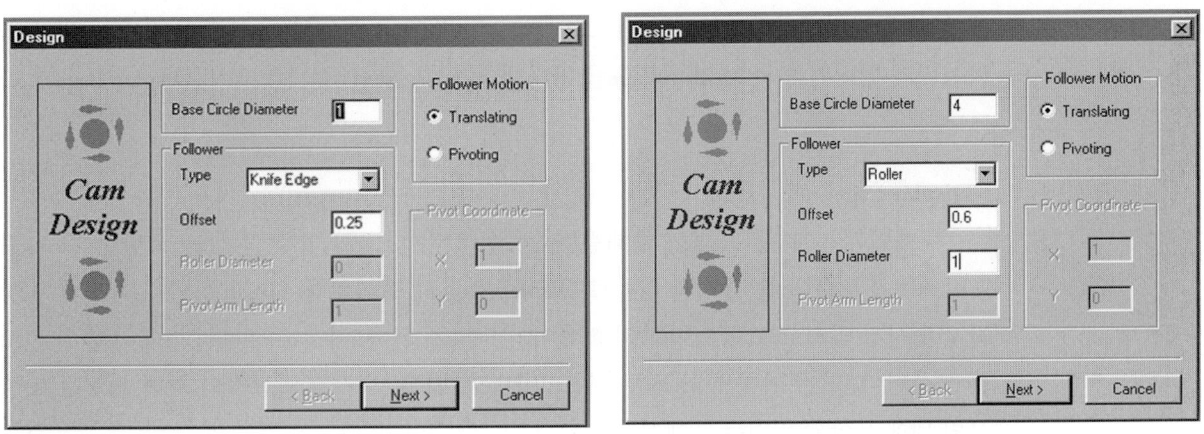

(a) (b)

그림 7.37 ● Cam Design의 Design Page

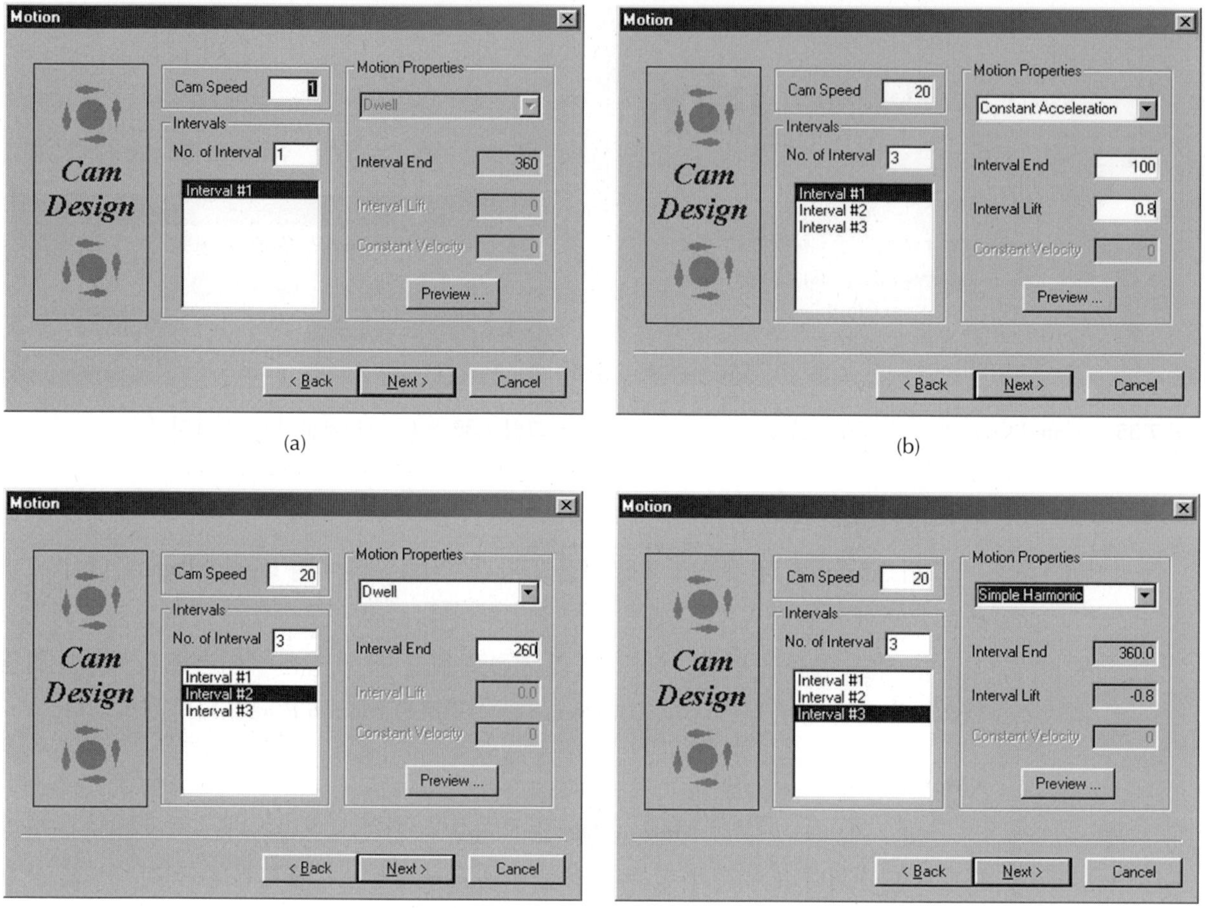

(a) (b) (c) (d)

그림 7.38 ● Cam Design의 Motion Page

에 열거된 파라미터들을 입력한다. 그림 7.38(b), 7.38(c), 7.38(d)는 각각의 구간에 대한 파라미터가 입력된 후의 **Motion Page**를 나타낸다. 이후 **Next >**를 선택하면 **Display Page**가 나타난다.

● **Display Page**(그림 7.39)

이 페이지는 표나 그래프 형태를 얻을 수 있는 다양한 표현 방식을 포함한다. 그림 7.39(a)는 변위 선도를 클릭한 디폴트 **Display Page**를 보여준다. **Finish**를 클릭하면 대화 상자 마법사가 닫히고 그림 7.39(b)의 화면이 나타나게 된다. 이것은 무차원 형태의 변위 선도를 포함한다. 한 주기를 통한 변위, 속도, 가속도, 저크, 그리고 압력각의 최대 절댓값 또한 그림 내에 포함되어 있는 표에서 제시된다.

Edit Cam 아이콘을 클릭하면(그림 7.36) 그림 7.40(a)와 같은 **Properties Sheet**가 나타난

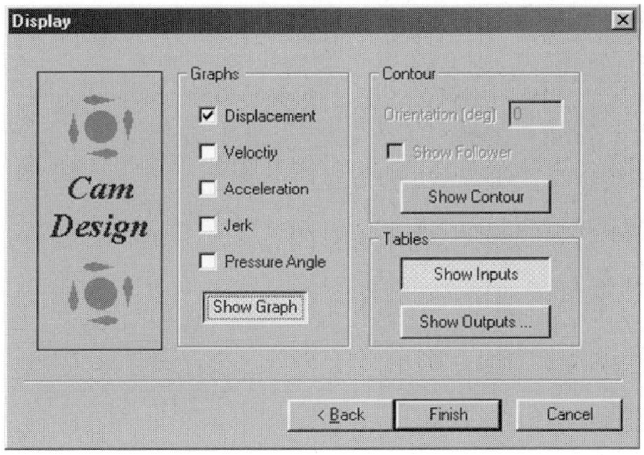

(a)

Absolute Maximum Values

Function	Absolute Maximum	Maximum at (deg)
Follower Displacement	8.000e−001	100.0
Follower Velocity	1.833e+001	50.0
Follower Acceleration	5.184e+002	260.0
Follower Jerk	1.866e+004	310.0
Pressure Angle	2.544e+001	318.0

Output Graphs (normalized with the maximum values)

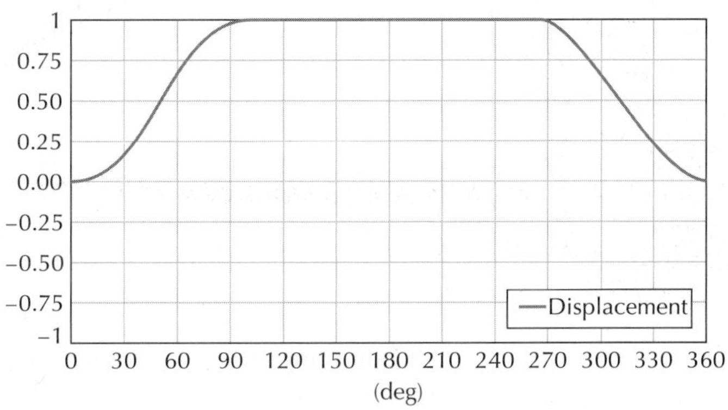

(b)

그림 7.39 ● Cam Design의 예. (a) Display Page, (b) 변위 선도

다. 이 창에서 **Design Page**, **Motion Page**, 또는 **Display Page**로 되돌아가 파라미터를 수정해서 다시 나타낼 수도 있다. 즉 **Design Page**를 통하여 캠 기구의 유형과 치수를 바꿀 수 있다. 또한 **Motion Page**를 선택하여 종동절의 운동을 변경할 수 있다. 추가적인 옵션으로는 **Display Page**를 선택하여 결과를 선택하거나 재검토할 수 있다. 즉 **Show Graph** 버튼을 해제하고 **Show Contour** 버튼을 선택한다. 또한 그림 7.40(b)와 같이 창 내의 적당한 상자를 클릭함으로써 종동절을 포함하는 옵션을 가질 수 있다. 이후 **Apply**를 클릭하면 그림 7.41

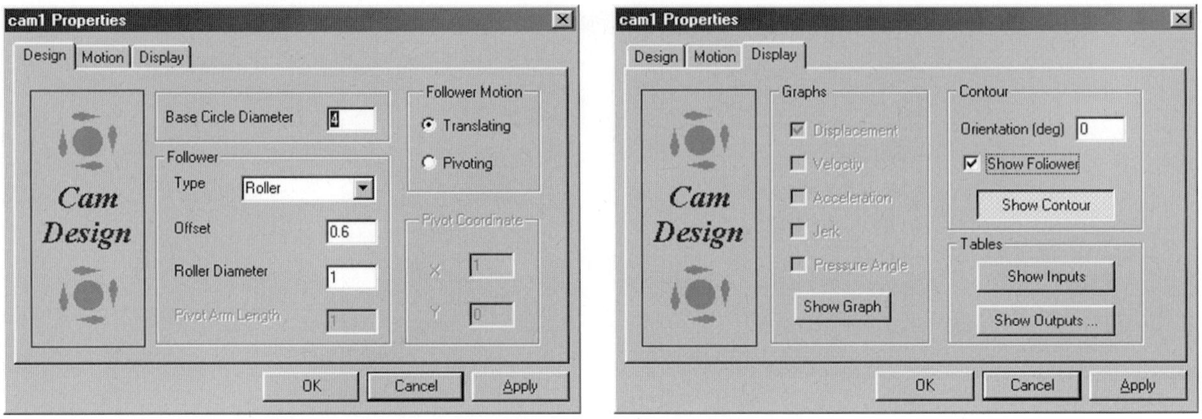

그림 7.40 ● Cam Design의 예 Properties Sheet

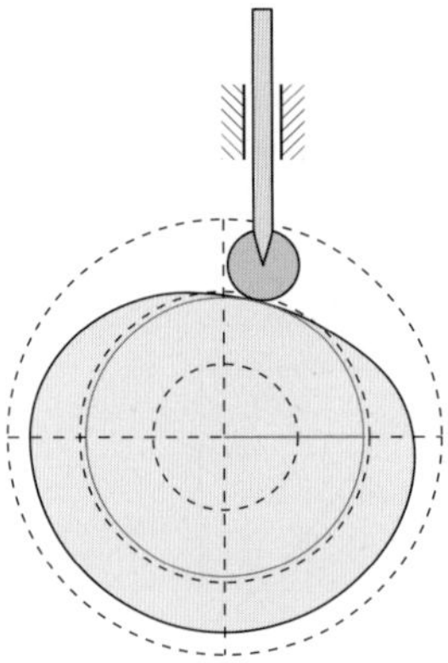

그림 7.41 ● Cam Design의 캠과 종동절

과 같은 결과가 주어진다. 일단 다시 **Edit Cam** 아이콘 클릭, **Display Page** 버튼 클릭, **Show Contour** 버튼 해제, **Show Graph** 버튼 클릭, 그림 7.42(a)의 **Pressure Angle** 그래프 선택, **Apply**를 클릭하게 되면 그림 7.42(b)와 같은 결과를 얻을 수 있다.

캠 기구의 애니메이션 또한 구현할 수 있다. 애니메이션은 종동절과 함께 또는 종동절 없이 생성될 수 있다. 애니메이션을 구현하기 위해서는 **Show Contour** 버튼을 제외하고 다른 모든 입력과 출력 장치를 해제해야 한다[그림 7.43(a)]. 그런 다음 그림 7.36에 나타나 있는 아이콘들을 사용함으로써 시계 방향 또는 반시계 방향으로 5°마다의 캠 증분 회전각에서의 운동을 선택할 수 있다. 또한 그 운동을 구동할 수도 있다. 그림 7.43(b)와 7.43(c)는 두 위치에서의 캠 기구를 보여준다.

File 메뉴 아래에서 원하는 파일 이름을 사용하여 위의 파라미터들을 저장할 수 있다. 위의 캠 기구는 **cam1**로 저장된다. 그런 다음 **Motion Page**로 돌아가서 변위 선도를 바꾸

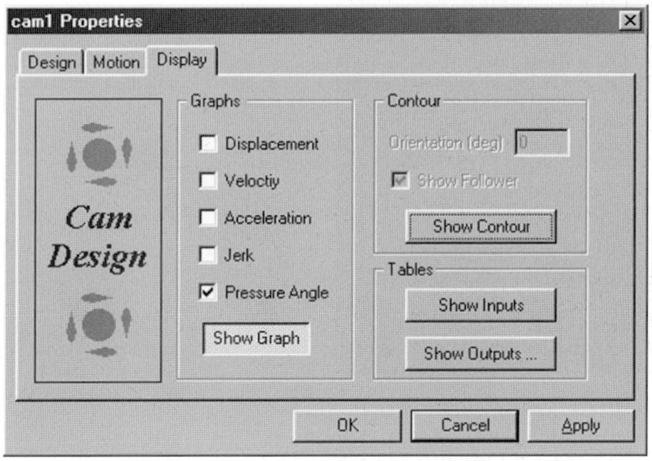

(a)

Function	Absolute Maximum	Maximum at (deg)
Follower Displacement	8.000e–001	100.0
Follower Velocity	1.833e+001	50.0
Follower Acceleration	5.184e+002	260.0
Follower Jerk	1.866e+004	310.0
Pressure Angle	2.544e+001	318.0

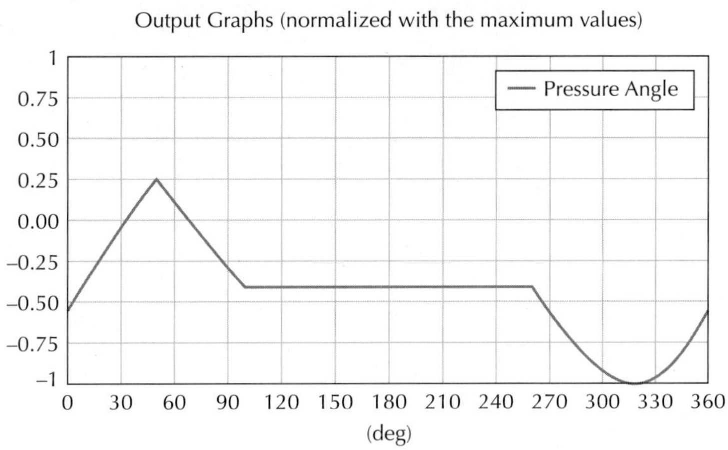

(b)

그림 7.42 ● Cam Design의 압력각 표시

는 작업을 계속한다. 세 번째 구간의 캠 하강 운동 구간에서 260°부터 300°까지 정지 운동을 추가하여 변경한다[그림 7.44(a)]. 이 수정된 캠 기구와 변위 선도가 각각 그림 7.44(b)와 7.44(c)에 나타나 있다. 그런 다음 **cam2**로 저장한다.

2개 또는 그 이상의 파일들을 동시에 열 수도 있다. 그림 7.45(a)는 **cam1**과 **cam2**를 동시에 열었을 경우를 보여준다. 하나 이상의 파일을 열었을 때 캠 형상뿐만 아니라 변위 그래

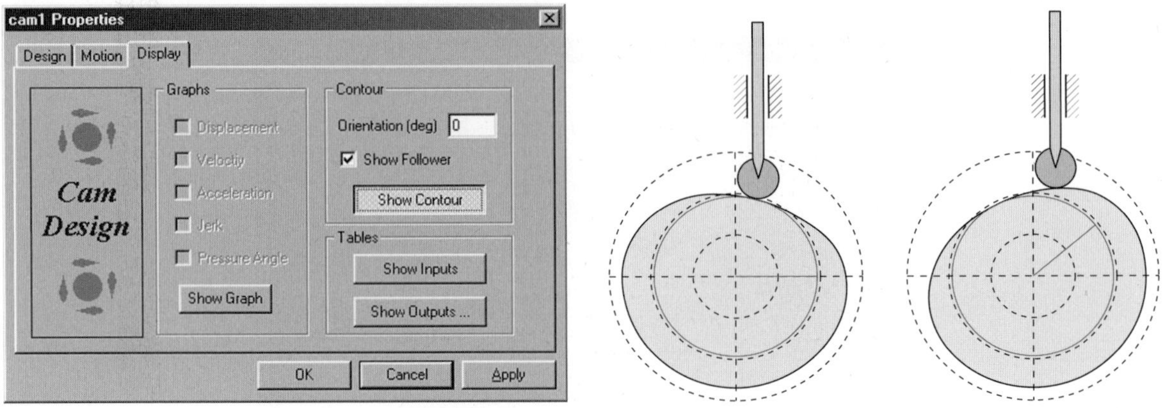

(a) (b) (c)

그림 7.43 ● Cam Design의 캠 구동

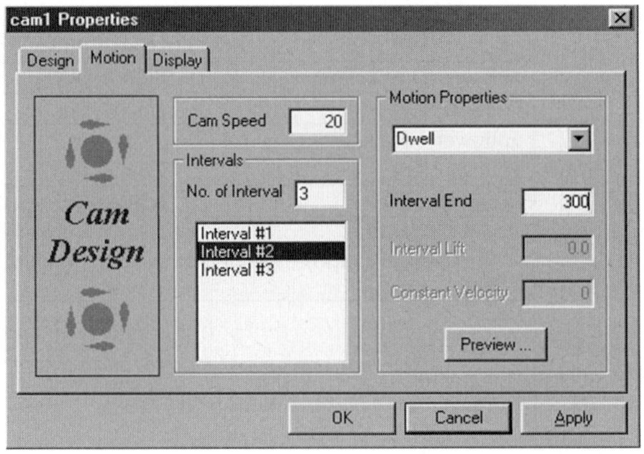

(a)

Function	Absolute Maximum	Maximum at (deg)
Follower Displacement	8.000e–001	100.0
Follower Velocity	2.400e+001	330.0
Follower Acceleration	1.440e+003	300.0
Follower Jerk	8.640e+004	330.0
Pressure Angle	3.288e+001	334.0

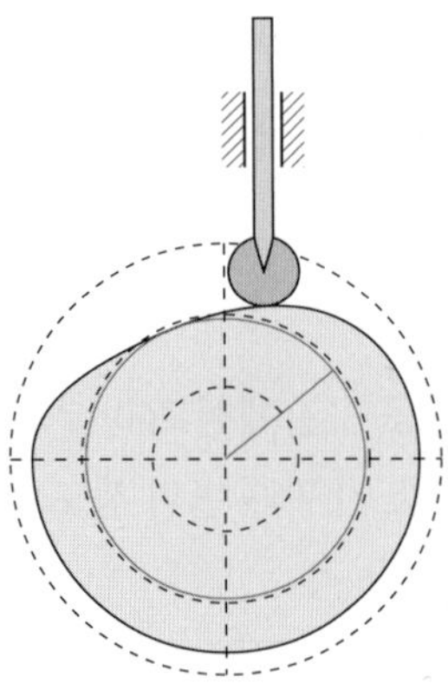

(b)

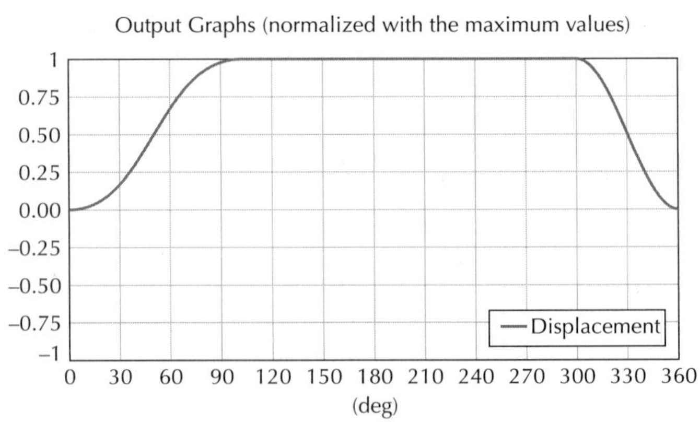

(c)

그림 7.44 ● Cam Design의 변위 선도 수정

프와 변위의 시간 도함수들을 중첩하여 나타낼 수도 있다. 그림 7.36에 나타낸 아이콘을 이용하여 중첩 기능을 활성화할 수 있다. 즉 그림 7.45(b)에 나와 있는 것과 같은 창이 나타난다. 중첩하고자 하는 파일들을 선택하여 **Add >>** 버튼을 클릭한다. **cam1**과 **cam2**가 추가되면 그림 7.45(c)와 같은 화면이 나타난다. 그래프를 중첩하기 위해 하단의 **OK** 버튼을 클릭하면 그림 7.45(d)와 같은 결과를 얻게 된다. 마찬가지로 형상 중첩 기능을 선택하면 그림

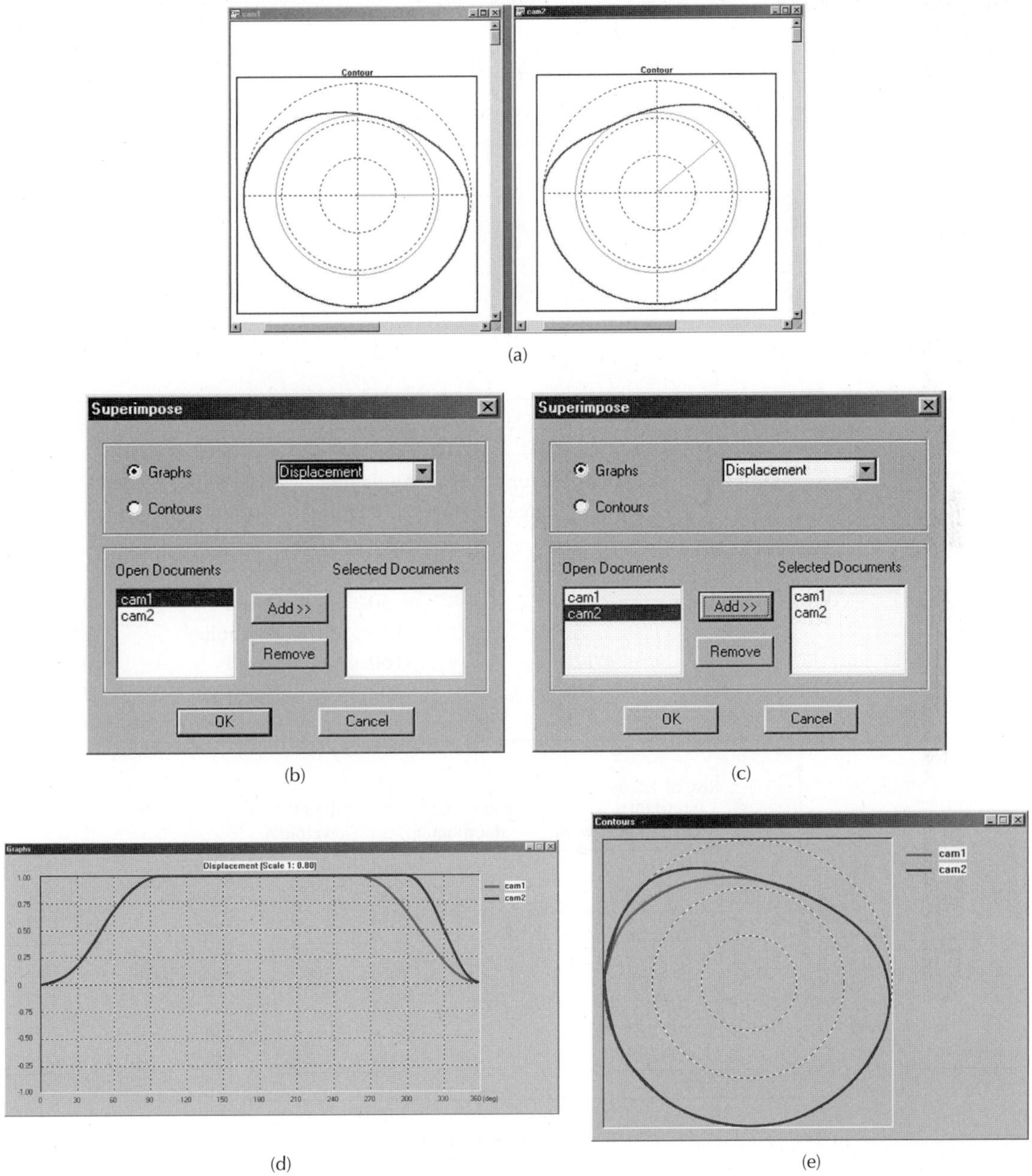

그림 7.45 ● Cam Design의 캠 형상 및 변위 선도의 중첩

7.45(e)와 같은 결과를 얻는다.

이 프로그램은 공간이나 최대 압력각과 같은 다양한 제한 사항에 대해 지배를 받는 캠 기구를 찾기 위한 설계 도구로 효율적으로 사용할 수 있다. 또한 언더컷의 유무 확인 및 언더컷이 없는 캠 기구를 설계하는 데도 사용할 수 있다.

예제 7.3 | 압력각을 줄이기 위한 원판 캠의 설계

표 7.5와 같이 주어진 5개 구간으로 이루어진 변위들을 고려한다. 이에 상응하는 변위 선도가 그림 7.46에 나타나 있다.

또 다음의 설계 파라미터들이 주어져 있다.

- 병진 운동용 롤러 종동절
- 기초원 지름: 4.0 cm
- 롤러원 지름: 1.0 cm
- 편심: 0.0 cm

표 7.5 종동절 운동

Parameter → / Interval ↓	Initial Angle for Interval (degrees)	Final Angle for Interval (degrees)	Type of Motion	Rise (+) or Return (−) (cm)
1	0	50	Dwell	0
2	50	120	Parabolic	1.5
3	120	160	Dwell	0
4	160	270	Harmonic	−0.7
5	270	360	Cycloidal	−0.8

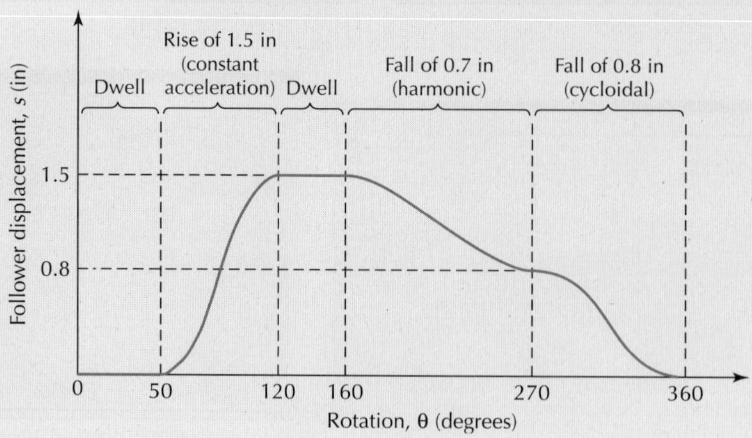

그림 7.46 ● 변위 선도

Function	Absolute Maximum	Maximum at (deg)
Follower Displacement	1.500e+000	120.0
Follower Velocity	2.456e+000	85.0
Follower Acceleration	4.020e+000	50.0
Follower Jerk	8.149e+000	270.0
Pressure Angle	3.707e+001	85.0

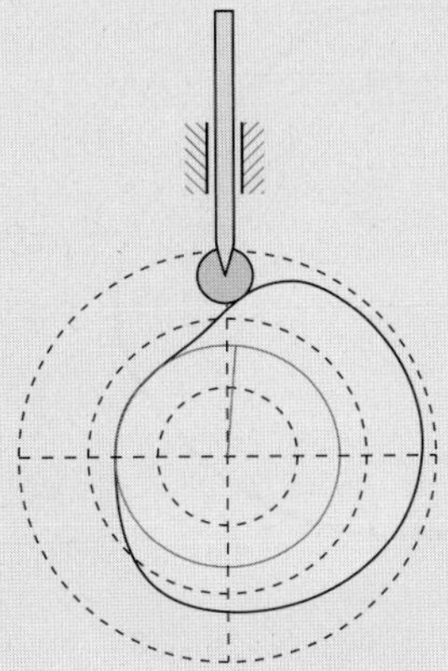

(a)

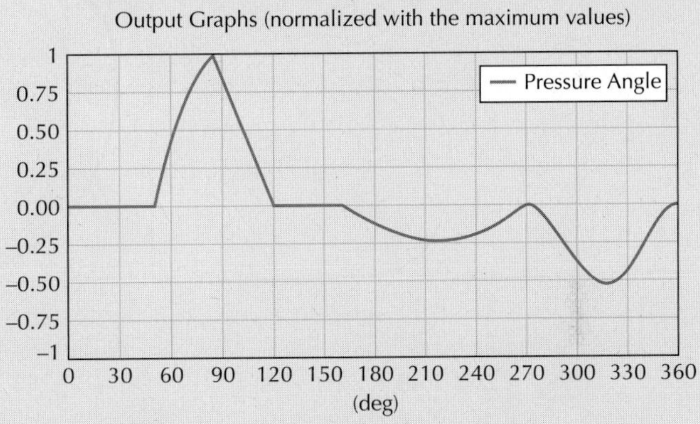

(b)

그림 7.47 ● 원래 원판 캠 기구의 압력각 분포

그림 7.47(a)는 주어진 설계 파라미터와 운동을 기초로 하여 이에 상응하는 캠 기구를 보여주고, 그림 7.47(b)는 캠 회전에 따른 압력각 그래프를 보여준다. 최대 압력각은 37.1°이다. 그림 7.47(a)는 압력각이 최대일 때의 캠 기구의 형상을 보여준다.

아래의 파라미터들을 변화시켜 압력각이 항상 30°보다 작은 캠 기구를 설계하라.

(a) 기초원의 지름
(b) 롤러 종동절의 지름
(c) 종동절의 편심
(d) 변위 선도

Cam Design 프로그램을 적용하라.

풀이

그림 7.47(a)와 같은 **설계 변동이 없는** 캠 형상을 고려한다.

(a) 일반적으로 기초원의 지름을 증가시키면 압력각의 최댓값은 감소한다. 그러나 이 방법은 기구의 크기를 증가시켜 비용이 늘어날 것이다. 시행착오를 통하여 기초원의 지름을 4.0 cm에서 6.01 cm로 증가시킴으로써 최대 압력각을 37.1°에서 30.0°로 감소시킬 수 있다. 그림 7.48(a)는 압력각이 최대인 지점에서 기구의 형상을 보여준

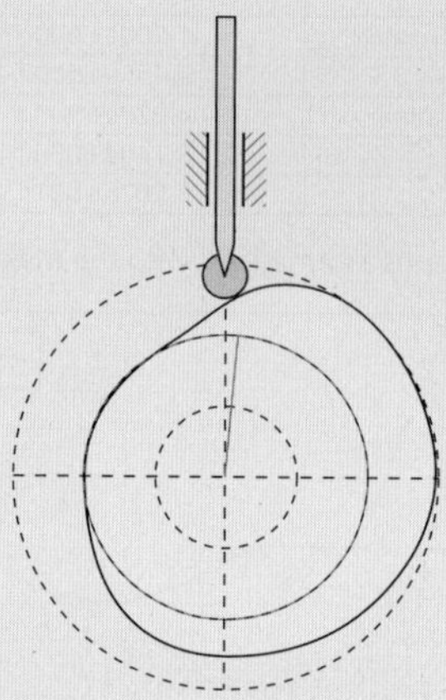

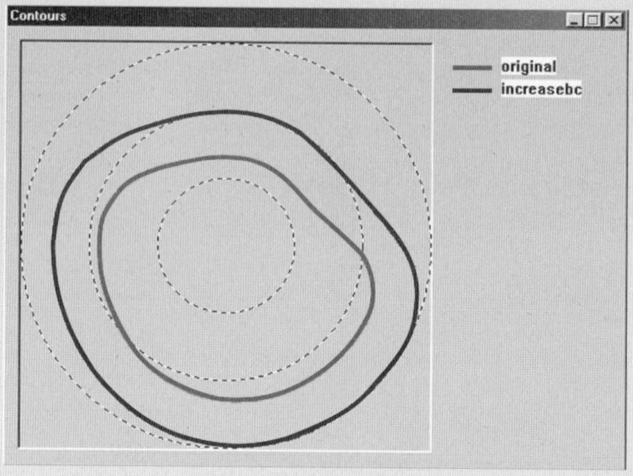

(a) (b)

그림 7.48 ● 기초원 지름이 증가된 원판 캠 기구. (a) 최대 압력각의 배치, (b) 원형과 수정된 캠 형상의 중첩된 모습

다. 그림 7.48(b)는 원형과 수정된 캠 형상의 중첩된 모습을 보여준다.

(b) 기초원의 지름을 다시 4.0 cm로 되돌리고 이제 롤러 종동절의 지름을 증가시킨다. 시행착오를 통하여 롤러 지름을 1.0 cm에서 3.01 cm로 증가시킴으로써 최대 압력각이 37.1°에서 30.0°로 감소되었다. 그림 7.49(a)는 최대 압력각의 위치에서의 원판 캠 기구를 보여준다. 그림 7.49(b)는 원형과 수정된 캠 형상의 중첩된 모습이다. 두 형상들 간에 가장 큰 차이점은 종동절이 급격히 상승하는 동안 발생한다.

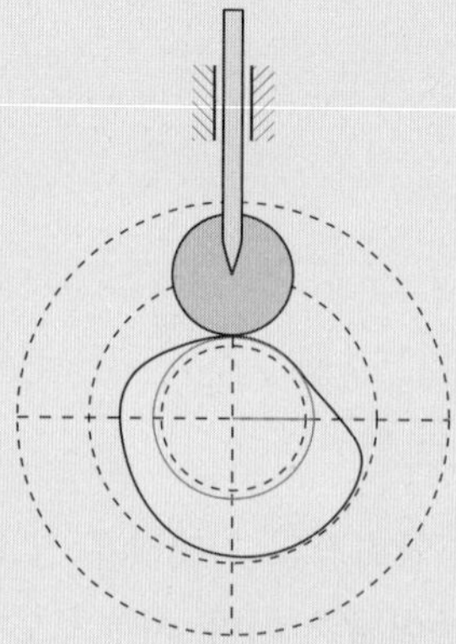

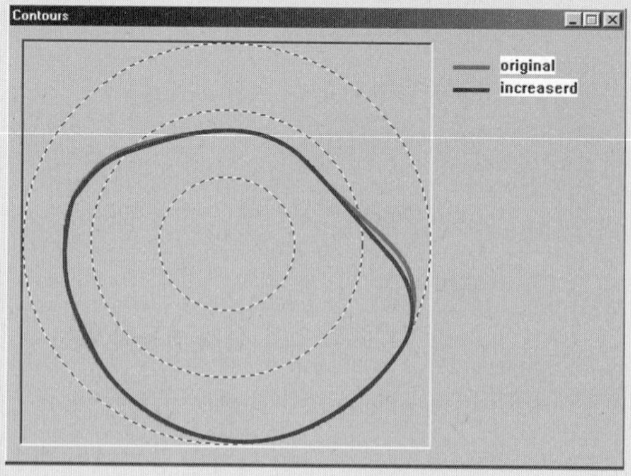

(a) (b)

그림 7.49 ● 롤러 지름이 증가된 원판 캠 기구. (a) 최대 압력각의 배치, (b) 원형과 수정된 캠 형상의 중첩된 모습

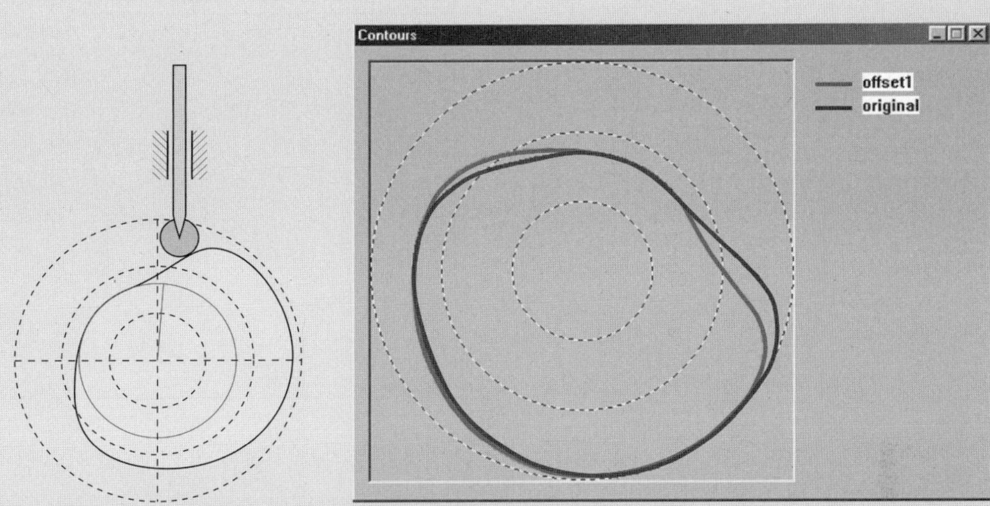

(a) (b)

그림 7.50 ● 편심을 가지는 원판 캠 기구. (a) 최대 압력각의 배치, (b) 원형과 수정된 캠 형상의 중첩된 모습

(c) 롤러 지름을 다시 1.0 cm로 되돌리고 이제 몇 가지 편심값을 가지고 한 주기 동안 최대 압력각의 최솟값을 찾는 일을 한다. 최적의 편심은 0.606 cm이다. 그림 7.50(a)는 이에 상응하는 캠 기구를 보여준다. 최대 압력각은 37.1°에서 30.2°로 감소되었다. 그림 7.50(b)는 원형과 수정된 캠 형상의 중첩된 모습을 보여준다. 이 경우에는 단지 종동절 편심을 바꾸는 것만으로 최대 압력각을 30.0°로 감소시키는 것은 불가능하다. 그러나 설계자는 원하는 결과를 얻기 위해 한 가지 파라미터를 더 바꿀 수 있는 선택권을 가진다. 편심을 0으로 하고 기초원의 지름을 4.0 cm에서 4.5 cm로 증가시키면 최대 압력각은 35.1°로 감소한다. 그런 다음, 시행착오를 통하여 0.45 cm의 편심을 추가함으로써 최대 압력각을 30.0°로 감소시킬 수 있다. 이 결과가 그림 7.51에 나타나 있다.

(d) 편심을 0으로 되돌리고 기초원의 지름을 4.0 cm로 되돌린다. 그림 7.47(b)에 나타난 결과에 대하여 가장 큰 압력각 값에 상응하는 배치는 변위 선도의 가장 급격한 기울기 근처에서 발생한다. 따라서 변위 선도의 기울기를 감소시킴으로써 이런 큰 압력각을 줄일 수 있다. 이것은 0°에서 50°까지의 초기 정류 구간을 감소시킴으로써 이룰 수 있다. 시행착오를 통하여 초기 정류 구간이 0°에서 29.0°로 감소되면 최대 압력각은 30.0°로 감소된다. 그림 7.52는 수정된 변위 선도를 보여준다. 그림 7.53(a)는 최대 압력각의 배치에서의 캠 기구를 보여준다. 그림 7.53(b)는 원형과 새로운 형상의 중첩된 모습을 보여준다.

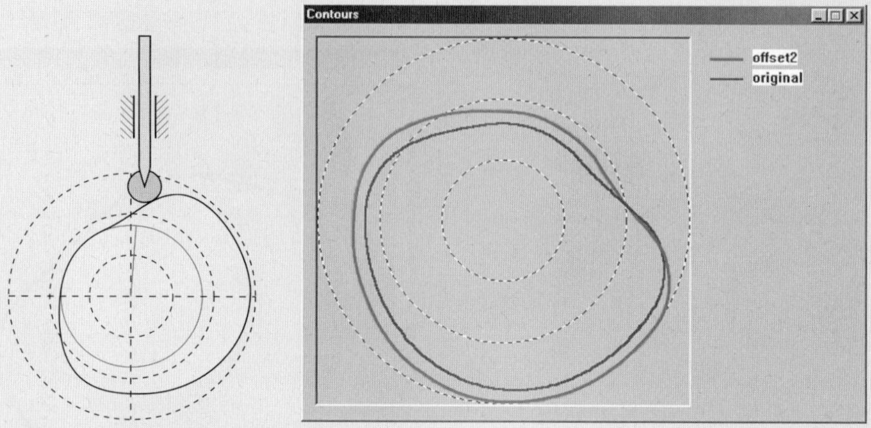

(a) (b)

그림 7.51 ● 편심을 가지고 기초원 지름을 증가시킨 원판 캠 기구. (a) 최대 압력각의 배치, (b) 원형과 수정된 캠 형상의 중첩된 모습

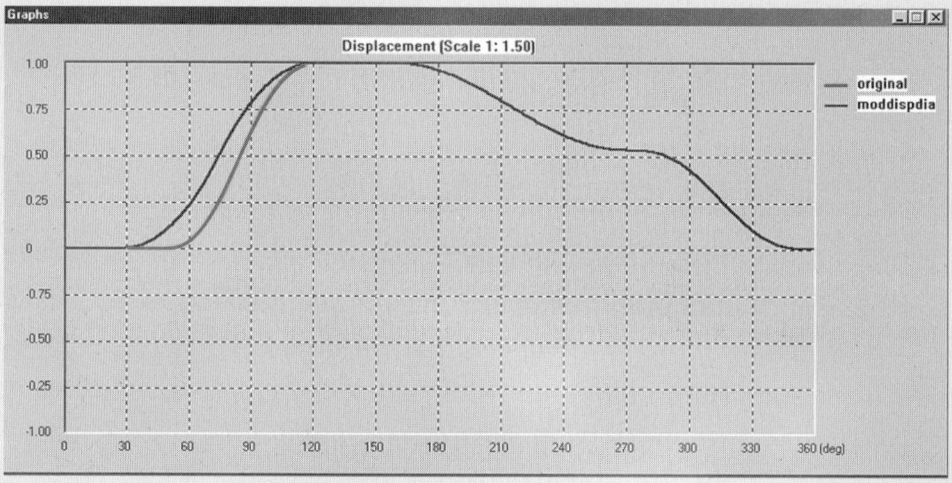

그림 7.52 ● 수정된 변위 선도

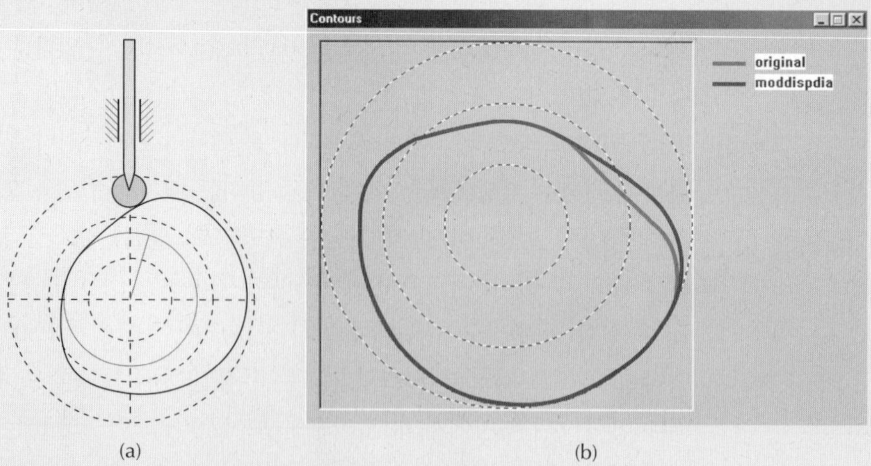

(a) (b)

그림 7.53 ● 수정된 변위 선도에 부합하는 원판 캠 기구. (a) 최대 압력각 발생 모습, (b) 원형과 수정된 캠 형상의 중첩된 모습

예제 7.4 | 언더컷을 제거하기 위한 원판 캠의 설계

표 7.6과 같은 종동절 운동을 고려하자. 이에 상응하는 변위 선도가 그림 7.54에 제시되어 있다. 추가적으로 아래의 파라미터를 적용한다.

- 병진 운동용 평판 종동절
- 기초원 지름: 15 cm

그림 7.55(a)에 캠 기구가 나타나 있다. 그림과 같이 언더컷이 발생한 캠 형상을 뚜렷이 볼 수 있다. 다음 항목의 변화를 이용하여 언더컷을 제거할 수 있도록 캠을 설계하라.

표 7.6 종동절 운동(예제 7.4)

Parameter → / Interval ↓	Initial Angle for Interval (degrees)	Final Angle for Interval (degrees)	Type of Motion	Rise (+) or Return (−) (cm)
1	0	50	Dwell	0
2	50	100	Harmonic	2.5
3	100	360	Parabolic	− 2.5

Function	Absolute Maximum	Maximum at (deg)
Follower Displacement	2.500e+000	100.0
Follower Velocity	4.500e+000	75.0
Follower Acceleration	1.620e+001	50.0
Follower Jerk	5.832e+001	75.0
Length	4.500e+000	75.0

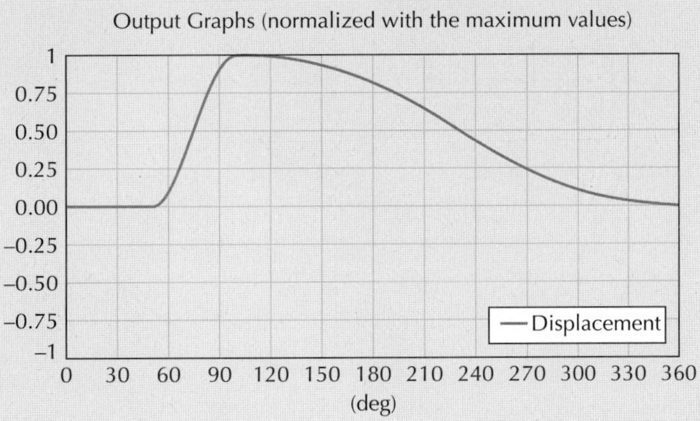

그림 7.54 ● 변위 선도

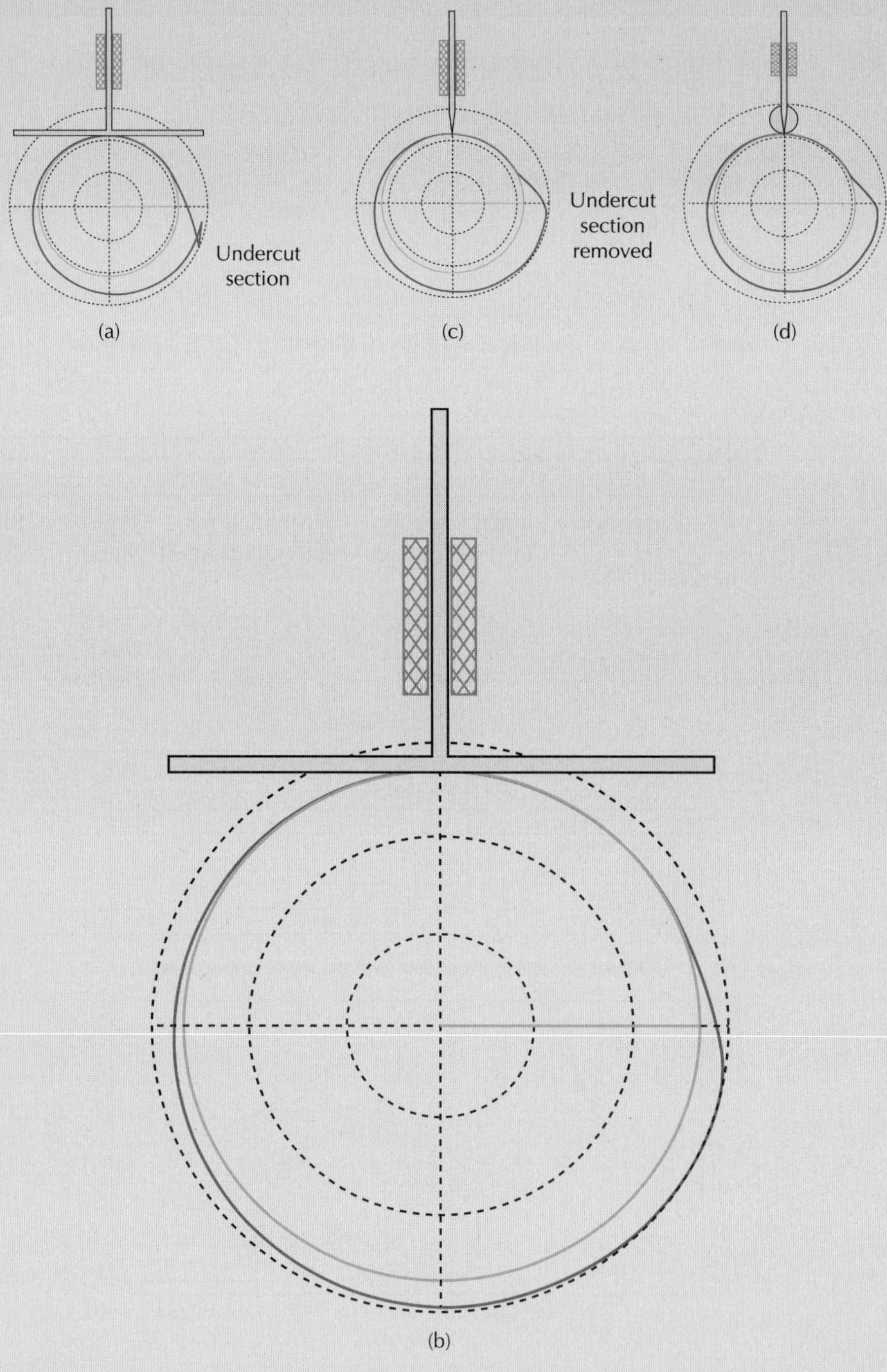

그림 7.55 ● (a) 언더컷 형상을 수반하는 칼끝 종동절, (b) 언더컷 부분 제거, (c) 칼끝 종동절, (d) 롤러 종동절

(a) 기초원의 지름
(b) 종동절의 유형

Cam Design 프로그램을 적용하라.

풀이

(a) 기초원 직경을 50 cm로 증가시키면 언더컷 현상을 제거할 수 있음을 그림 7.55(b)를 통해 확인할 수 있다.

(b) 다시 기초원 지름을 15 cm로 바꾸고 평판 종동절을 칼끝 종동절로 교체하였다. 그러면 그림 7.55(c)와 같이 언더컷은 발생하지 않지만 최대 압력각이 33°이므로, 이는 권장하는 최대치보다 높은 값이다. 이에 또 다른 대안으로, 그림 7.55(d)에 도시되어 있는 직경 3.0 cm의 롤러 종동절을 사용하면 최대 압력각은 28.9°이다. 롤러 종동절을 이용한 원판 캠 기구는 과도한 압력각 없이 가장 컴팩트한 설계를 제공한다.

예제 7.5 | 등폭 캠의 설계

8.0 cm 간격으로 분리된 평행한 두 평면 사이에서 운동하는 등폭 캠을 설계하자. 종동절의 변위는 3.0 cm 진폭을 가지며, 종동절은 분당 1,200 사이클로 움직인다. 행정의 한 끝에서, 종동절은 0.01초 동안 정지 상태를 유지한다.

Cam Design 프로그램을 적용하라.

풀이

각 사이클은 (60 sec/min)/(1200 rpm) = 0.050 sec/rev 이내에 수행된다.

0.01초의 정류(dwell)는 (0.010/0.050)360° = 72°의 캠 회전에 일치한다. 등폭 캠의 경우, 변위 선도는 반드시 $\theta = 180°$에 대해 대칭이어야 한다. 정류 구간의 절반은 $\theta = 180°$ 이전 구간에서 발생하며, 나머지 절반은 그 뒤에서 발생한다. 즉, 범위 $144° \le \theta \le 216°$가 종동절의 정류 구간이다.

종동절의 평행한 면 사이의 공간은 8.0 cm이다. 기초원의 직경은 종동절의 평행한 면 사이의 공간과 최대 상승 위치 사이의 차이이다. 즉 8.0 − 3.0 = 5.0 cm이다.

이상의 내용에 기반하여, 표 7.7과 같이 필요한 운동을 결정한다.

단순조화운동을 할 때의 캠 형상을 Cam Design 프로그램을 사용하여 설계하였고, 그 결과가 그림 7.56에 제공되어 있다. 종동절은 종동절의 평행한 면 내에서 운동하고, 이때 최고 가속도는 37,000 cm/sec^{2}이다. 만약 상승과 하강 부분에서 단순조화운동 대신 사이

표 7.7 종동절 운동(예제 7.5)

Parameter→ / Interval↓	Initial Angle for Interval (degrees)	Final Angle for Interval (degrees)	Rise (+) or Return (–) (cm)
1	0	144	3.0
2	144	216	0
3	216	360	– 3.0

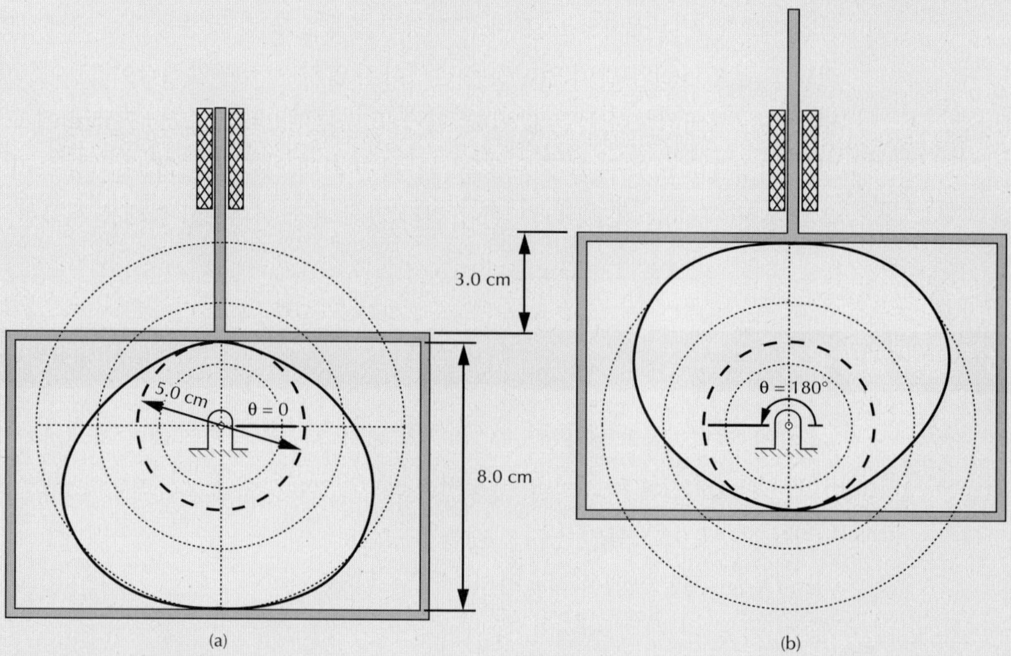

그림 7.56 ● 등폭 캠 기구

클로이드 운동을 사용한다면, 종동절의 최고 가속도는 47,100 cm/sec^{2}이라는 높은 값을 가진다. 하지만 단순조화운동을 사용할 때와 달리, 저크 값은 유한하다.

7.11 캠의 제작

캠은 다양한 방법들을 이용함으로써 제작된다. 생산할 수량과 작동 속도, 부하 하중, 그리고 요구되는 운동의 정밀도 등에 따라서 캠은 다양한 재료들로 제작되고 수작업이나 몰딩 혹은 기계 가공을 통하여 제작된다. 이 절에서는 캠 제작에 관한 두 가지 방법을 제시한다.

그림 7.57 ● 이송형 헤드스톡 밀링머신[비디오 7.57]

(a) (b) (c)

그림 7.58 ● 원판 캠 기구. (a) 단일 칼끝 종동절[비디오 7.58A], (b) 다중 칼끝 종동절[비디오 7.58B], (c) 롤러 종동절[비디오 7.58C]

비디오 7.57
이송형 헤드스톡 밀링머신

비디오 7.58A
비디오 7.58B
비디오 7.58C
원판 캠 기구

하나는 소량 생산에 관한 것이고 다른 하나는 대량 생산에 관한 것이다.

그림 7.57은 이송형 헤드스톡 밀링머신을 나타내는데, 정밀 기계 장치에 사용되는 소형 금속 부품들의 다양한 가공에 사용된다. 이 기계는 여러 유형의 캠 기구가 적용된 좋은 예이다. 여기서 종동절은 절삭 공구에 운동을 전송한다. 운동은 캠 형상 변경에 의해 쉽게 수정될 수 있으며, 그림 7.58은 이 시스템에서 사용되는 원판 캠 기구의 일부를 보여준다. 다음의 사진들은 여러 종류의 종동절을 나타낸다. 그림 7.59와 7.60은 각각 원통형 캠 기구와 면 캠 기구를 나타낸다.

그림 7.57과 같은 이송형 헤드스톡 밀링머신에 사용되는 소량 생산 원판 캠의 경우, 수작업에 의해 캠 형상을 제작할 수도 있다. 그 제작 단계들이 그림 7.61에 설명되어 있다. 먼저 소재 중심을 기준으로 종동절의 운동 구간과 정류 구간을 고려하여 방사선들을 그린다[그림 7.61(a)]. 그런 다음, 공통 중심을 이용하여 원호들을 그린다. 이들 원호는 정류 구간에 상응하는 것이다. 상승과 하강에 대한 형상을 그 다음에 추가한다[그림 7.61(b)]. 그 다음으로 띠톱(band saw)을 사용하여 캠 형상의 황삭 작업[그림 7.61(c)]을 한 후, 셰이핑 머신을 사용하여 정삭 작업을 수행한다[그림 7.61(d)]. 마지막으로 수작업을 통해 필요한 부분을

비디오 7.59
원통 캠 기구

비디오 7.60
면 캠 기구

비디오 7.61A1
비디오 7.61A2
비디오 7.61B
비디오 7.61C
비디오 7.61D
원판 캠의 제작

그림 7.59 ● 원통 캠 기구[비디오 7.59]

그림 7.60 ● 면 캠 기구[비디오 7.60]

매끄럽게 연마한다.

내연 기관용 캠은 중실축 상에서 구현 가공되므로 축과 동일 속도로 구동된다. 그림 1.1 은 캠샤프트 상에 2개의 캠을 장착한 단기통 엔진을 보여준다. 대부분의 내연 기관은 각 원통마다 2개 또는 4개의 캠을 가진 형태로 설계되어 있다.

캠샤프트의 대량 생산을 위한 현대적 설비의 전체 공정은 상당히 자동화되어 있다. 그

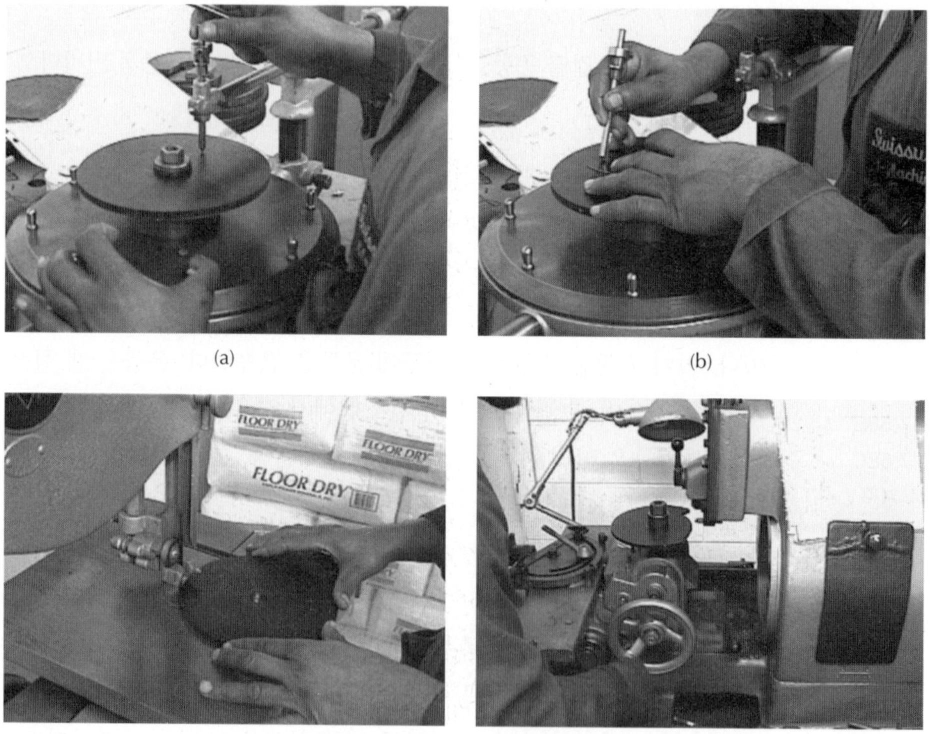

(a) (b) (c) (d)

그림 7.61 ● 원판 캠의 제작. (a) 방사선[비디오 7.61A1]과 원호[비디오 7.61A2] 긋기, (b) 상승과 하강 긋기[비디오 7.61B], (c) 띠톱을 사용한 황삭[비디오 7.61C], (d) 셰이퍼를 사용한 정삭[비디오 7.61D]

공정은 중실축을 필요로 하는 길이만큼 정확히 절단하는 것으로 시작하며, 그런 다음 한쪽 절단면 상에 4개의 구멍을 뚫는다. 그 구멍 중에 3개는 나사산이 만들어지는데 이는 추후 풀리나 캠샤프트를 구동하기 위한 타이밍 기어를 장착하기 위함이다. 나사산이 만들어지지 않은 구멍은 테이퍼 핀이 억지로 끼워 맞추어진다. 이 핀은 일련의 제조 과정에서 축의 회전을 조절하기 위해 사용된다.

축의 길이를 따라 일정 간격을 두고 원형 표면에 다중 환상 슬롯이 가공된다. 이 슬롯이 캠 사이의 간격이 될 것이다. 그런 다음 캠 형상이 만들어진다. 캠 형상의 제작에서 캠샤프트는 일정한 비율, 즉 2초마다 한 번의 회전을 한다. 회전하는 동안 밀링 커터는 캠 형상을 깎는다. 자체 회전하는 밀링 커터는 축의 중심선의 회전 반경을 따라 이동하며 움직인다. 이러한 회전 반경의 움직임은 컴퓨터 제어에 의해 구동되고 엔진에서의 종동절의 움직임과 유사하다. 이 과정은 캠샤프트 상의 모든 캠에 의해 수행된다. 캠 형상의 제조 과정에서 밀링 커터는 캠샤프트의 축과 평행하게 움직임으로써 위치를 재선정한다.

캠 형상과 캠샤프트 베어링의 최종 연마 과정을 위해 캠샤프트는 다른 기계로 자동적으로 이송된다. 각각의 캠 형상과 베어링 연삭을 위해 개별적인 그라인딩 휠이 있으며 이 또한 컴퓨터에 의해 제어되고 밀링 가공을 위해 이용되는 반경 방향 움직임과 유사하다.

그 이후의 과정에서, 캠 형상 부분만이 열처리된다. 캠샤프트는 열처리 과정으로 생성된 버와 스케일링을 제거하기 위해 와이어 브러시를 가진 기계로 이송될 것이다. 그런 다음, 캠샤프트는 폴리싱 기계로 이송된다. 여기에 폴리싱 화합물이 첨가되고 캠샤프트는 양쪽 방향으로 몇 바퀴 회전할 것이다. 그 폴리싱 과정은 가공 면에 사용되는 폴리싱 천의 긴 밴드를 이용하여 수행된다. 다음 기계에서 폴리싱 화합물을 제거하기 위해 캠샤프트가 세척되고, 최종 검사가 행해진다.

Problems

Generation of Displacement Diagram

P7.1 A cam mechanism is required for an automated screw machine. The part (i.e. follower) is to move to the right 5.0 cm on 1.0 sec, then remain stationary for 1.25 sec, then move an additional 3.0 cm to the right on 0.75 sec, followed be another dwell of 1.25 sec, and finally return to the original position in 0.75 sec. Determine the required rotational speed of the disc cam and plot a suitable displacement diagram.

P7.2 A disc cam mechanism is required for a machine. A part (i.e. cam follower) is to move to the upward 2.5 cm in 0.7 sec, then remain stationary for 0.5 sec, and finally return to the original position in 0.8 sec. Determine the required rotational speed of the disc cam and plot a suitable displacement diagram.

P7.3 A disc cam mechanism is required for a machine. A part (i.e. cam follower) is to move to the upward 3.2 cm in 1.0 sec, then remain stationary for 0.7 sec, and finally return to the original position in 0.9 sec. Determine the required rotational speed of the disc cam and plot a suitable displacement diagram.

Generation of Cam Profile, Graphical

P7.4 A disc cam's translating roller follower with zero offset is to rise 3.0 cm with simple harmonic motion in 160° of cam rotation and return with simple harmonic motion in the remaining 200°. If the roller radius is 0.50 cm, and the prime circle radius is 3 cm, construct the displacement diagram, pitch curve, and cam profile for counterclockwise cam rotation.

P7.5 The follower shown in Figure P7.5 is to be pivoted 35° clockwise with harmonic motion during a 120° counterclockwise turn of the cam, then allowed to dwell during a 30° counterclockwise turn, then return to the starting point shown, with uniformly accelerated and decelerated motion. Sketch the cam profile surface during the rise motion of the follower, by considering six equally spaced rotations of the cam during the rise.

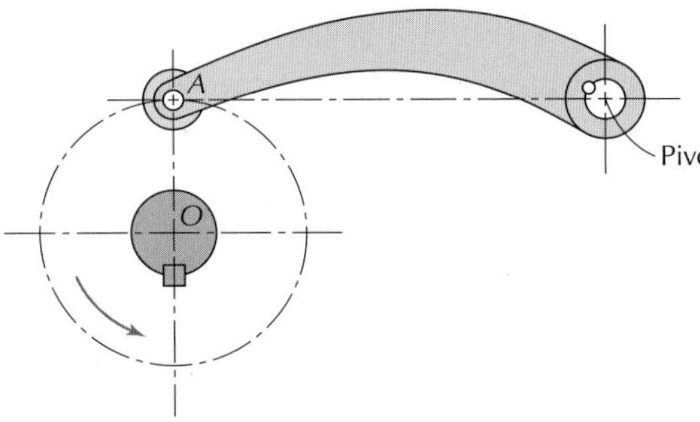

Figure P7.5

P7.6 A disc cam with a translating flat-face follower is to have the same motion as in P7.4. The prime circle is to have a radius of 3.0 cm, and the cam is to rotate clockwise. Construct the displacement diagram and the cam profile, offsetting the follower stem by 1.0 cm in the direction that reduces the bending stress in the follower during the rise.

P7.7 Construct the displacement diagram and the cam profile for the disc cam with a pivoting flat-face follower that rises through 10° with cycloidal motion in 150° of counterclockwise cam rotation, then dwells for 30°, returns with cycloidal motion in 120°, and dwells for 60°. Graphically determine the necessary length of the follower face, allowing 5.0 mm clearance at each end. The prime circle is to have a radius of 40 mm. The follower pivot arm is 120 mm to the right. The cam rotation is counterclockwise.

P7.8 The motion of the mechanism shown in Figure P7.8 (on the next page) is to be generated by means of a disc cam, rotating counterclockwise about point O_6. Starting from the configuration shown, link 4 is to move from position A to position B during 120° of cam rotation. Each number on the path of link 4 represents 30° of cam rotation. After link 4 reaches B, it is to remain stationary for 60° of cam rotation, and then return as quickly as possible to position A, where it stays during the remainder of the cycle.

(a) Construct the cam profile.

(b) Determine the pressure angles of the cam follower corresponding to cam rotations of 30°, 60°, and 90°.

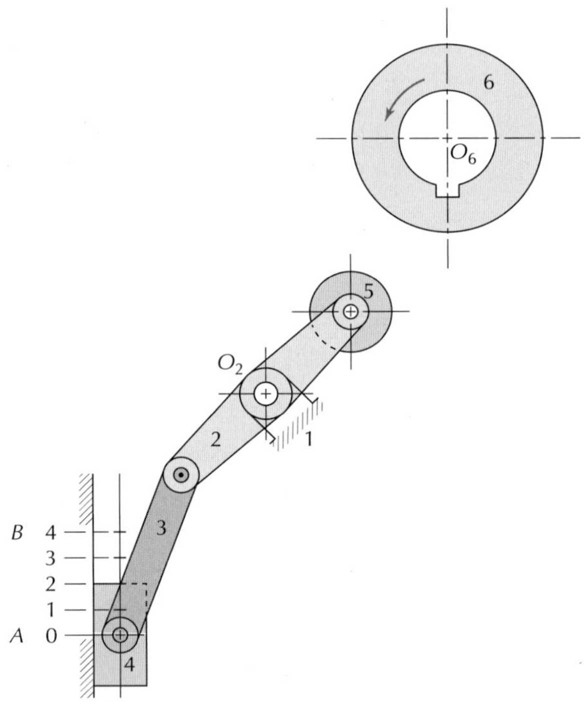

Figure P7.8

P7.9 A disc cam mechanism is to be used for a vibration platform. The follower motion is to have a rise of 3.0 cm with constant acceleration in 0.75 sec, dwell for 0.5 sec, and fall with constant acceleration in 0.9 sec. There is a translating roller follower with zero offset.

(a) Determine the rotational speed of the disc cam.

(b) Determine analytically the maximum follower velocity and acceleration.

$$d_b = 3.0\text{ cm};\quad d_r = 1.0\text{ cm}$$

P7.10 A disc cam mechanism is to provide the motion given in Table P7.10. There is a translating roller follower with zero offset.

(a) Plot the displacement diagram.

(b) Graphically construct the cam profile.

$$d_b = 4.0 \text{ cm}; \quad d_r = 1.0 \text{ cm}$$

P7.11 A disc cam mechanism is to provide the motion given in Table P7.11. There is a translating flat-face follower.

(a) Plot the displacement diagram.

(b) Graphically construct the cam profile.

$$d_b = 4.0 \text{ cm}$$

P7.12 A disc cam mechanism is to provide the motion given in Table P7.12. There is a translating roller follower with offset.

(a) Plot the displacement diagram.

(b) Graphically construct the cam profile.

$$d_b = 4.0 \text{ cm}; \quad d_r = 1.0 \text{ cm}; \quad S = 0.5 \text{ cm}$$

Generation of Cam Profile, Cam Design

P7.13 A disc cam mechanism is to provide the motion given in Table P7.13. There is a translating roller follower. The nominal dimensions are provided. Employ the program Cam Design and reduce the peak value of pressure angle to 30° by:

TABLE P7.10 FOLLOWER MOTION

Parameter → / Interval ↓	Initial Angle for Interval (degrees)	Final Angle for Interval (degrees)	Type of Motion	Rise (+) or Return (–) (cm)
1	0	100	Harmonic	1.2
2	100	240	Dwell	0
3	240	360	Parabolic	–1.2

TABLE P7.11 FOLLOWER MOTION

Parameter→ / Interval ↓	Initial Angle for Interval (degrees)	Final Angle for Interval (degrees)	Type of Motion	Rise (+) or Return (–) (cm)
1	0	120	Cycloidal	1.2
2	120	200	Dwell	0
3	200	360	Uniform	–1.2

TABLE P7.12 FOLLOWER MOTION

Parameter → / Interval ↓	Initial Angle for Interval (degrees)	Final Angle for Interval (degrees)	Type of Motion	Rise (+) or Return (–) (cm)
1	0	80	Harmonic	1.5
2	80	200	Dwell	0
3	200	360	Parabolic	–1.5

TABLE P7.13 FOLLOWER MOTION

Parameter → / Interval ↓	Initial Angle for Interval (degrees)	Final Angle for Interval (degrees)	Type of Motion	Rise (+) or Return (−) (cm)
1	0	100	Harmonic	1.4
2	100	220	Dwell	0
3	220	360	Uniform	– 1.4

TABLE P7.14 FOLLOWER MOTION

Interval	Initial angle for interval (degrees)	Final angle for interval (degrees)	Type of Motion	Rise (+) or Return (−) (cm)
1	0	130	Harmonic	3.6
2	130	280	Dwell	0
3	280	360	Harmonic	– 3.6

TABLE P7.15 FOLLOWER MOTION

Parameter → / Interval ↓	Initial Angle for Interval (degrees)	Final Angle for Interval (degrees)	Type of Motion	Rise (+) or Return (−) (cm)
1	0	90	Harmonic	1.3
2	90	200	Dwell	0
3	200	360	Uniform	– 1.3

(a) increasing the base circle diameter
(b) increasing the roller diameter
(c) adjusting the offset

$$d_b = 2.0 \text{ cm};\ \ d_r = 1.0 \text{ cm};\ \ S = 0$$

P7.14 A disc cam mechanism is to provide the motion given in Table P7.14. There is a translating flat-face follower. The nominal base circle diameter is provided. For these parameters there is undercutting of the cam profile. Employ the program Cam Design and eliminate the undercutting by increasing the base circle diameter.

$$d_b = 4.0 \text{ cm}$$

P7.15 A disc cam mechanism is to provide the motion given in Table P7.15. There is a translating knife-edge follower. The nominal dimensions are provided. Employ the program Cam Design and reduce the peak value of pressure angle to 30° by

(a) increasing the base circle diameter
(b) adjusting the offset

$$d_b = 3.0 \text{ cm};\ \ S = 0$$

P7.16 Design a constant-breadth cam that will fit between the two parallel surfaces that are separated by 4.0 cm. The displacement of the follower is to have an amplitude of 1.5 cm and the follower is to oscillate at 1200 cycles per minute. At one end of the travel, the follower is to remain stationary for 0.0050 sec. Employ the program Cam Design.

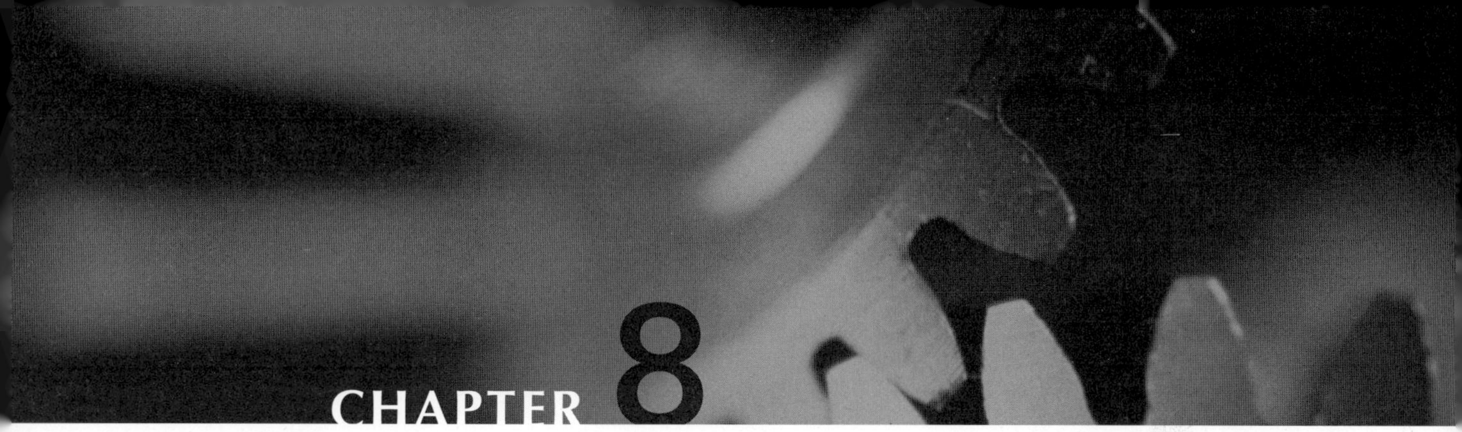

CHAPTER 8

평면 기구의 도해적 힘 해석

8.1 서론

기구 작동은 보통 링크 사이에서 힘의 전달을 초래한다. 또한, 각각의 링크는 내력을 받는다. 기구설계에 있어 기구가 작동하는 동안 발생하는 힘의 크기와 방향을 파악하는 것은 필수적이다. 설계자가 힘의 정도를 인지한다면 링크의 대략적인 단면 크기나 하중을 지지하는 베어링을 선정할 수 있다. 충분히 강하지 않게 설계된 링크는 깨질 수 있으며 전체 시스템의 파손을 초래할 수 있다. 한편, 과하게 설계된 링크는 분명히 불필요한 소재 낭비나 고가의 비용을 초래한다.

이 장에서는 정적 또는 동적 상태에 있는 기구의 힘 해석 방법에 대하여 기술한다. 이는 기구를 유지시키거나 특정한 운동을 생성하는 데 필요한 작동력 또는 토크를 결정할 수 있다. 또한 링크 내 내력과 기구학적 대우(pair)에 전달되는 힘들도 결정할 수 있다.

동적 해석을 수행하기 위해 기구는 동적 평형 상태 내에 있다고 간주할 것이다. 따라서 정적, 동적 해석을 하는 절차는 유사할 수 있다.

기구가 정적이거나 동적 평형 상태에 있다면, 기구 내의 모든 링크 또한 평형 상태에 있어야 한다. 8.2절과 8.3절에서는 기구 내 링크들이 평형 상태에 있을 수 있는 두 가지의 기본적인 경우에 대해 설명한다. 이 두 가지 경우가 기구 장치의 도해적 힘 해석을 하는 데 사용된다.

8.2 2력 부재

단 두 힘만이 작용하는 링크를 **2력 부재**(two-force member)라 한다. 2력 부재인 링크에는 작

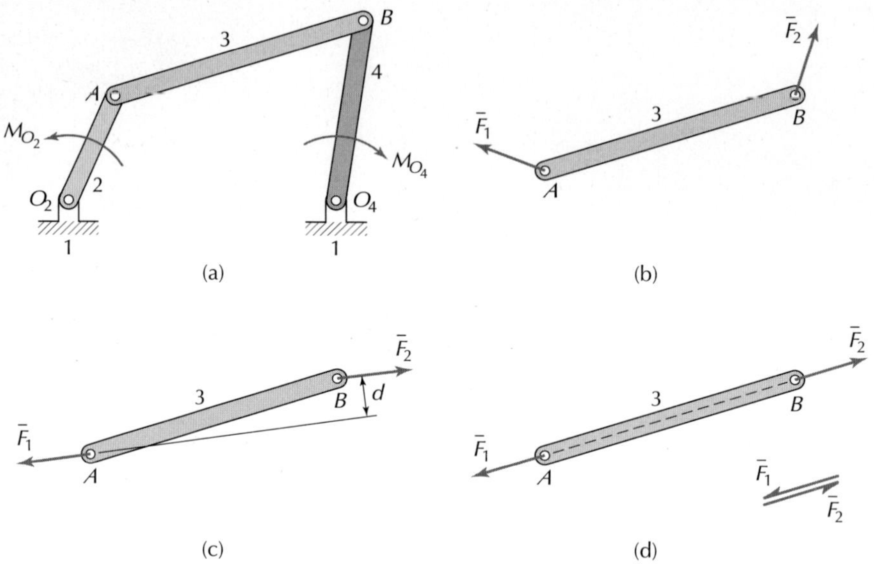

그림 8.1 ● 2력 부재의 해석

용하는 모멘트가 없다. 예를 들어 그림 8.1(a)에는 고정 링크에서 각각 링크 2와 링크 4로 모멘트 M_{O_2}와 M_{O_4}가 작용하는 4절 기구가 도시되어 있다. 따라서 이 두 링크는 2력 부재에 부합되지 않는다. 하지만 점 A와 B의 회전 대우에서의 중력, 관성, 그리고 마찰을 무시하면, 링크 3에는 회전 대우에 의해 작용하는 힘들만 관여하게 된다. 그림 8.1(b)는 링크 3의 자유물체도를 나타낸다. 이 링크에는 힘 $\bar{F}_1$과 $\bar{F}_2$가 작용하고 있다. 이 그림에서 힘의 방향과 크기는 임의로 묘사하였다. 하지만 링크 3이 평형을 유지하기 위해서는 작용하는 힘과 모멘트의 합이 0이 되어야만 한다(2.14절 참조).

작용하는 힘의 합은

$$\bar{F}_1 + \bar{F}_2 = \bar{0} \tag{8.2-1}$$

또는

$$\bar{F}_1 = -\bar{F}_2 \tag{8.2-2}$$

즉 두 작용력의 크기는 같고 방향은 반대이다. 그림 8.1(c)는 그와 같은 상태를 설명하고 있다. 하지만 그림 8.1(c)에서 볼 수 있듯이 두 힘에 의한 커플 $F_1 d$를 가지게 된다. 여기서 d는 작용선들 사이의 수직 거리이다. 모멘트의 합이 0이 되기 위해서, 거리 d는 0이 되어야 한다. 따라서 두 힘이 동일 직선상에 작용해야 한다. 그림 8.1(d)는 링크에 작용하는 정미 힘과 모멘트의 합이 0이 되는 경우를 나타내고 있다.

요약하면, 두 힘을 받는 부재가 평형 상태를 유지하기 위해서는 이들 두 힘의 크기는 같고, 동일 선상에 위치해야 하며, 방향은 반대여야만 한다.

8.3 3력 부재

작용되는 모멘트 없이 3개의 힘만이 작용하는 링크를 **3력 부재**(three-force member)라 한다. 여기서 작용하는 모멘트는 없다. 그림 8.2(a)에서의 기구를 살펴보자. 링크 2와 링크 4는 3력 부재로서 적합하지 않다. 모멘트가 작용하기 때문이다. 하지만 기구학적 대우에서 중력, 관성, 마찰을 무시한다면 링크 3은 세 힘만이 관여한다. 그림 8.2(b)는 링크 3의 자유물체도이다. 이 힘 중 점 C에 작용하는 $\bar{F}_3$는 알려져 있다고 가정한다. $\bar{F}_1$과 $\bar{F}_2$의 방향과 크기는 임의로 선택하였다. 이 물체가 평형 상태를 유지하기 위해서는 작용하는 힘의 합과 모멘트의 합이 0이 되어야만 한다. 0이 되기 위해 작용하는 힘을 모두 합하면

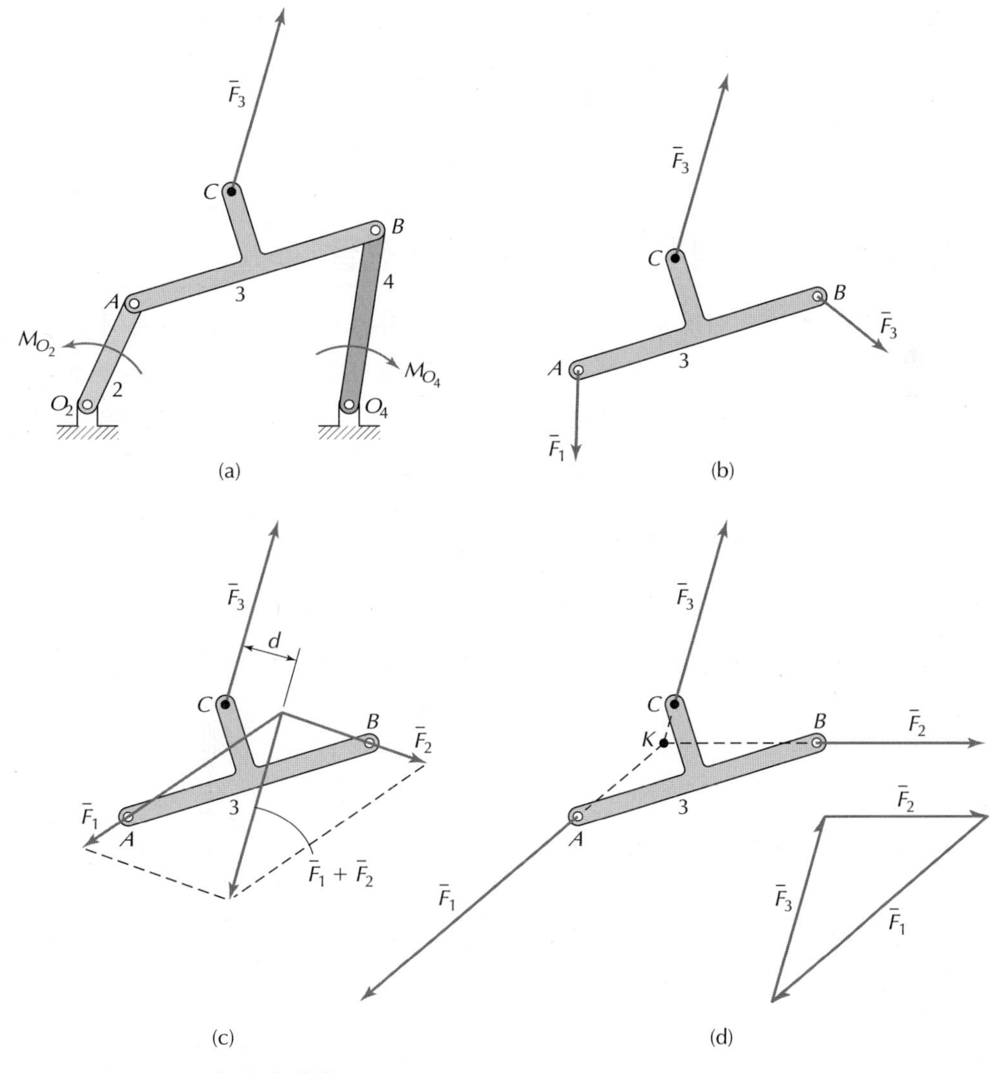

그림 8.2 ● 3력 부재 해석

$$\bar{F}_1 + \bar{F}_2 + \bar{F}_3 = \bar{0} \tag{8.3-1}$$

또는

$$\bar{F}_3 = -(\bar{F}_1 + \bar{F}_2) \tag{8.3-2}$$

그림 8.2(c)에서 식 (8.3-2)가 성립되기 위한 조건을 설명하고 있다. 하지만 그림에 나타난 세 힘에 의해서 모멘트 F_3d를 가지게 되므로 링크 3은 평형 상태에 있지 않다. 힘에 의해 발생된 모멘트가 0이 되기 위해서는 거리 d가 0이 되어야 하며, 이는 세 힘이 어느 한 점에서 만나면 성립된다. 그림 8.2(d)는 물체에 작용하는 세 힘의 작용선이 점 K에서 공통으로 만나고 있음을 보여준다. 이 예에서 알 수 있듯이 공통 교점은 반드시 링크 내부에 있을 필요는 없다.

요약하면, 세 힘을 받는 물체가 평형 상태에 있기 위해서는 이 작용력들의 벡터의 합이 0이 되어야 하고, 이 힘들의 작용선은 한 점에서 만나야 한다.

8.4 마찰이 없는 기구학적 대우에서의 힘 전달

기구에서 힘과 모멘트는 링크들을 결합하는 기구학적 대우를 통해 전달된다. 이 절에서는 마찰이 없는 기구학적 대우만을 고려한다. 이들의 경우 접촉하는 두 물체에서의 힘이 접촉하는 표면에 수직으로 전달된다. 미끄럼 대우에서의 마찰과 중력을 무시하면 링크들 간에 전달력은 미끄럼 운동 방향에 수직으로 전달된다. 그림 8.3(a)는 슬라이더에 힘 $\bar{P}$가, 크랭크에 모멘트 M이 작용하는 슬라이더 크랭크 기구이다. 그림 8.3(b)는 슬라이더의 자유물체도를 나타낸다. 링크 3은 2력 부재이므로 링크 3에서 링크 4로 작용하는 힘 $\bar{F}_{34}$의 작용선을 알 수 있다. 힘 $\bar{F}_{14}$는 접촉면에 수직으로 작용하고, 미끄럼 운동 방향에 수직이다.

그림 8.4(a)는 마찰이 없는 구름 대우를 나타낸다. 여기서 힘은 접촉점에서 링크의 표면

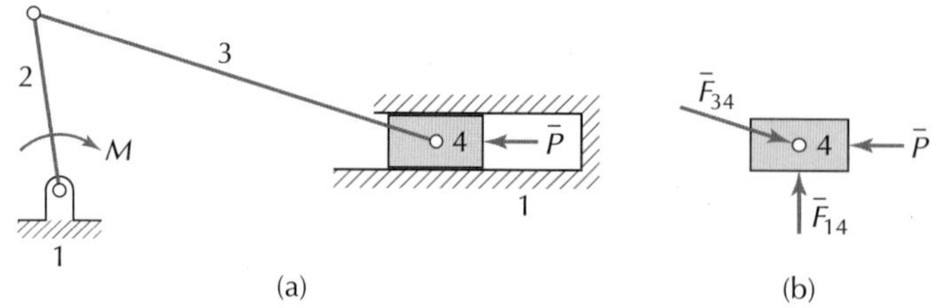

그림 8.3 ● 마찰이 없는 미끄럼 대우의 자유물체도. (a) 기구, (b) 자유물체도

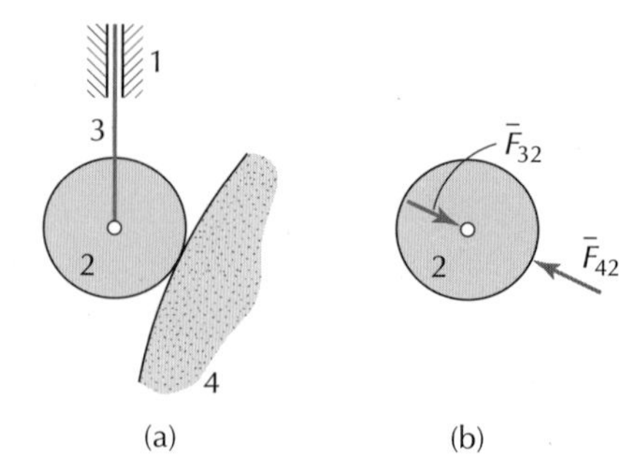

그림 8.4 ● 마찰이 없는 구름 대우의 자유물체도

에 수직으로 전달된다. 그림 8.4(b)는 롤러의 자유물체도이다. 구름 마찰을 무시하면 롤러는 2력 부재이다.

회전 대우에서 전달되는 힘의 방향은 스스로 결정되는 것이 아니라 기구학적 연쇄(체인)의 다른 기구학적 대우의 상대적인 위치에 따른다. 그림 8.4의 기구를 살펴보면 링크 2와 링크 3 사이에 하나의 회전 대우가 존재한다. 이 두 링크 간에 전달되는 힘의 방향은 링크 2와 링크 4 사이의 힘의 방향에 따른다. 따라서 링크 2에 작용하는 두 힘은 정적 평형 상태를 유지하기 위해 동일 선상에 있어야만 한다.

8.5 힘 다각형

기구 내의 3력 부재에 대한 힘의 방향 또는 크기를 결정하는 데 있어서 **힘 다각형**(force polygon)을 그리는 것이 많은 도움을 준다. 예를 들어 그림 8.5(a)와 같은 3력 부재를 고려하자. 점 A, B, C를 인접한 링크에 대한 기구학적 대우 또는 기구에 작용하는 외력의 위치점이라 하자. 점 B에 작용하는 힘의 방향과 크기를 알고 있고, 점 C에 작용하는 힘의 작용선도 주어져 있다. 이제 점 A와 C에 작용하는 힘의 크기와 방향을 결정하는 것이 요구된다.

이미 알고 있는 점 B와 C의 힘의 작용선으로부터 시작한다. 이는 그림 8.5(b)와 같이 교점 K에서 만난다. 3력 부재이므로 점 A에 작용하는 힘의 작용선은 같은 교점을 지나야만 한다. 이제 작용하는 힘의 세 작용선을 알고 있으므로 먼저 점 B에 작용하는 힘을 적당한 크기로 그리면 힘 다각형을 그릴 수 있다. 이 벡터의 시점과 종점에서 나머지 2개의 작용선을 그릴 수 있다. 이 작용선들의 교점은 힘 다각형의 형태를 결정한다. 그림 8.5(c)와 같이 벡터로 구성된 다각형을 나타냈으며 다음 식을 충족시킨다.

$$\bar{F}_1 + \bar{F}_1 + \bar{F}_3 = \bar{0} \tag{8.5-1}$$

속도, 가속도 다각형과는 달리 힘 다각형에는 극점이 없다는 것에 주목하자.

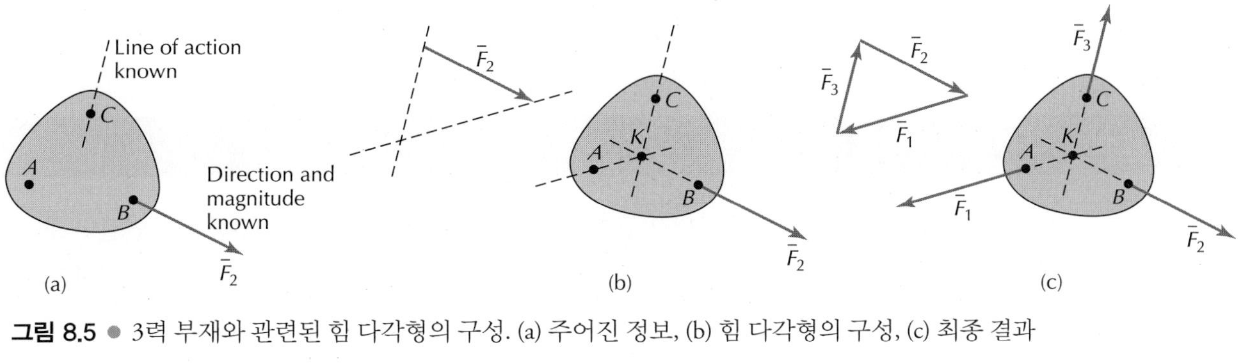

그림 8.5 ● 3력 부재와 관련된 힘 다각형의 구성. (a) 주어진 정보, (b) 힘 다각형의 구성, (c) 최종 결과

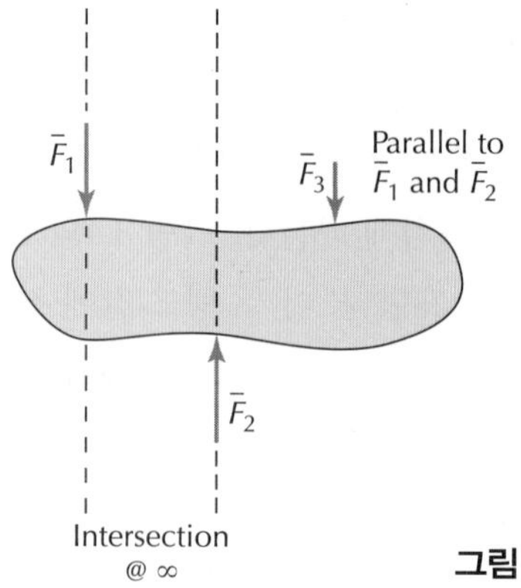

그림 8.6

3력 부재에 작용하는 힘 중 두 힘이 평행하면 그림 8.6과 같이 힘의 작용선들이 교차하지 않는 특별한 경우가 발생한다. 따라서 물체에 작용하는 세 번째 힘은 나머지 두 힘과 반드시 평행해야 한다. 이런 예에서는 힘 다각형을 그려서 미지값들을 결정할 수 없다. 대신 식 (2.14-2)와 (2.14-3)을 사용해야 한다.

8.6 힘 다각형 방법을 사용한 정적 힘 해석

8.5절에 소개한 힘 다각형을 이용하여 기구 전체에 전달되는 정적인 힘을 구할 수 있다. 힘 다각형 방법은 한 형상에만 적합하다.

이 방법은 다음의 일반적인 절차를 따른다.

1. 요구되는 형태에 맞는 크기로 기구 선도를 그려라.
2. 필요하다면 보기 좋게 적절한 수의 하위 시스템(개별 링크 또는 링크 그룹)으로 기구를 분리하고, 각각의 자유물체도를 그려라.
3. 해석할 수 있도록 나눈 하위 시스템에 대한 힘 다각형을 그려라(이미 제시된 외력과 같이).
4. 하위 시스템 사이에 전달되는 힘들을 검토하면서 힘 다각형을 그릴 수 있도록 3단계의 결과를 사용하라.

예제 8.1 | 3력 부재의 정적 힘 해석

그림 8.7은 3력 부재를 나타낸 기구이며, 정적 평형 상태에 놓여있다. 점 A에 연결된 로프에 작용하는 인장 하중은 100 N이다. 링크 3의 점 B와 O_3에 작용하는 힘을 결정하라.

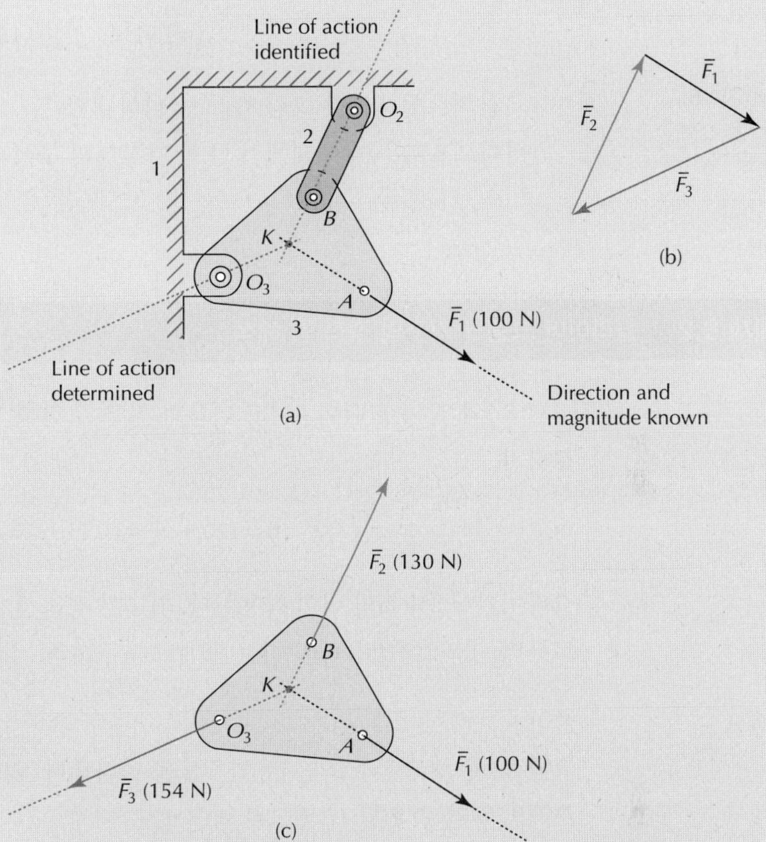

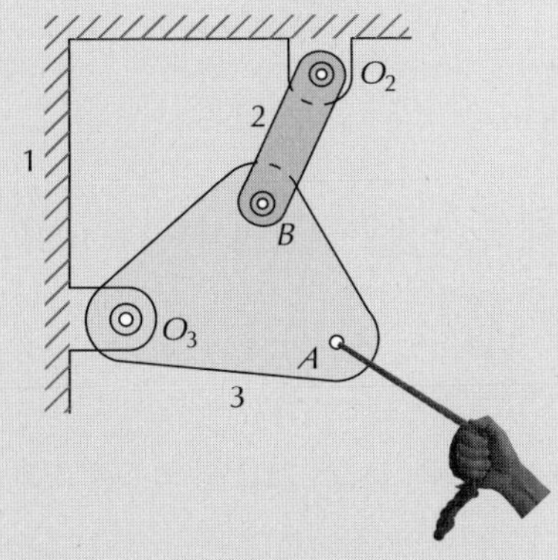

그림 8.7 ● 3력 부재에 작용하는 힘 [비디오 8.7]

그림 8.8 ● (a) 3력 부재의 해석, (b) 힘 다각형, (c) 자유물체도

중력 효과는 무시한다.

풀이

A에 작용하는 힘의 크기와 방향 모두가 주어져 있다. 링크 2는 2력 부재이므로 점 B를 지나는 힘의 작용선은 쉽게 확인된다. 점 A와 B를 지나는 힘의 작용선들은 그림 8.8(a)와 같이 K에서 교차한다. 링크 3은 3력 부재이므로 점 O_3를 지나는 힘의 작용선 또한 링크의 정적 평형을 유지하기 위해 교점 K를 통과해야만 한다.

A에 작용하는 100 N 크기의 힘 벡터를 그림 8.8(b)와 같이 적절히 선택한 척도를 그릴 수 있다. 그 다음으로, 점 B와 O_3를 지나는 힘의 작용선들이 벡터의 시점과 종점에 놓여진다. 그려진 힘 벡터들의 합은 0이다. 선택한 척도를 고려하여 점 B와 O_3에 작용하는 힘의 크기들은 다음과 같이 측정된다.

$$|\bar{F}_2| = 130\ \text{N};\quad |\bar{F}_3| = 154\ \text{N}$$

비디오 8.7
힘 다각형

링크 3의 자유물체도를 그림 8.8(c)에 나타내었다.

[**비디오 8.7**]은 이 예제에 대한 힘 다각형의 구성 과정을 제공한다.

예제 8.2 | 슬라이더 크랭크 기구의 정적 힘 해석

그림 8.9와 같이 편심이 0이고 다음과 같은 조건을 가지는 슬라이더 크랭크 기구를 고려하자.

$$\theta = 120°;\quad r_2 = 1.2\ \text{in};\quad r_3 = 4.8\ \text{in}$$

슬라이더에 250 lb의 힘이 작용한다. 기구가 정적인 상태를 유지하기 위해서, 고정 링크로부터 링크 2에 작용해야 하는 모멘트를 구하라.

풀이

그림 8.9는 링크 3과 4의 자유물체도를 나타낸다. 링크 3은 2력 부재이고, 링크 4는 3력 부재임을 알 수 있다. 그러므로 링크 4는

$$\bar{P} + \bar{F}_{14} + \bar{F}_{34} = \bar{0} \tag{8.6-1}$$

마찰이 없는 기구학적 대우를 가정하면, $\bar{F}_{14}$는 슬라이드 방향에 수직이다. 또한 링크 3으로부터 받는 힘은 점 B와 D의 선분 방향이다. 링크 4에 대한 힘 다각형을 그리면 그림 8.9와 같다.

이제 링크 3을 해석하자. 뉴턴의 제3법칙(부록 C)에 의하여 점 D에서는

$$\bar{F}_{43} = -\bar{F}_{34} \tag{8.6-2}$$

링크 3은 2력 부재이므로

$$\bar{F}_{23} = -\bar{F}_{43} \tag{8.6-3}$$

이제 링크 3에서 링크 2로 전달되는 힘을 고려하면

$$\bar{F}_{32} = -\bar{F}_{23} \tag{8.6-4}$$

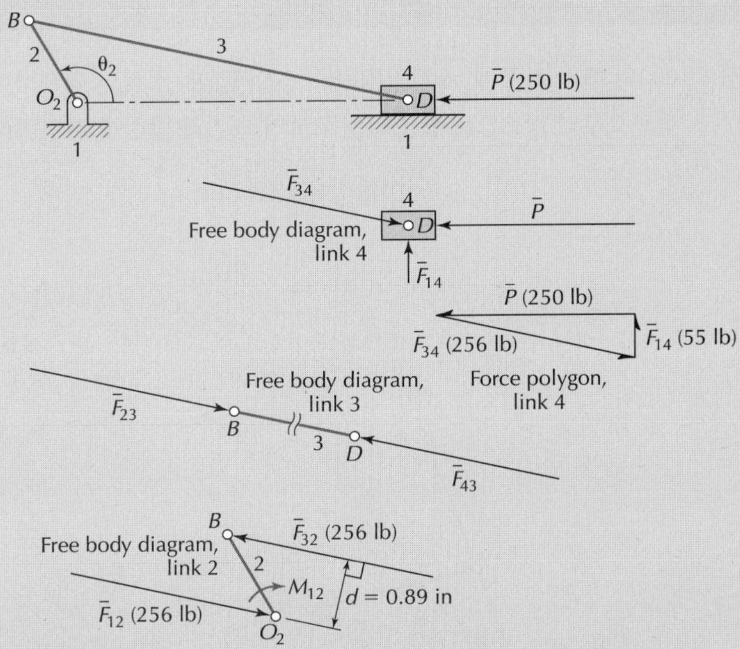

그림 8.9 ● 슬라이더 크랭크 기구의 정적 힘 해석

링크 2가 정적 평형 상태를 유지하기 위해서는 링크에 작용하는 힘과 모멘트의 합이 각각 0이 되어야 한다. 힘의 합이 0이 되기 위해서

$$\bar{F}_{12} = -\bar{F}_{32} \tag{8.6-5}$$

하지만 $\bar{F}_{12}$와 $\bar{F}_{32}$는 동일 선상에 있지 않다. 그러므로 링크 2는 2력 부재가 아니다. 따라서 이 힘에 의해 발생된 커플을 상쇄시키기 위해 반대 방향으로의 모멘트가 작용해야 한다. 모멘트의 크기는

$$M_{12} = |\bar{F}_{32}|d \tag{8.6-6}$$

여기서 d는 두 작용선 사이의 수직 거리이다. 링크 2의 짝힘에 의해 발생한 반시계 방향의 모멘트를 상쇄시키면서 평형을 유지하기 위해 이 모멘트는 시계 방향으로 작용하여야 한다. 따라서

$$M_{12} = |\bar{F}_{32}|d = 256 \text{ lb} \times 0.89 \text{ in} = 227 \text{ in-lb CW}$$

예제 8.3 | 레버 기구의 정적 힘 해석

그림 8.10(a)의 레버 기구에 50 N의 외력이 작용할 때, 정적인 평형 상태를 유지하기 위한 기초 링크로부터 링크 2로 작용되는 토크의 크기와 방향을 결정하라.

$$r_{O_2B} = 3.0 \text{ cm}$$

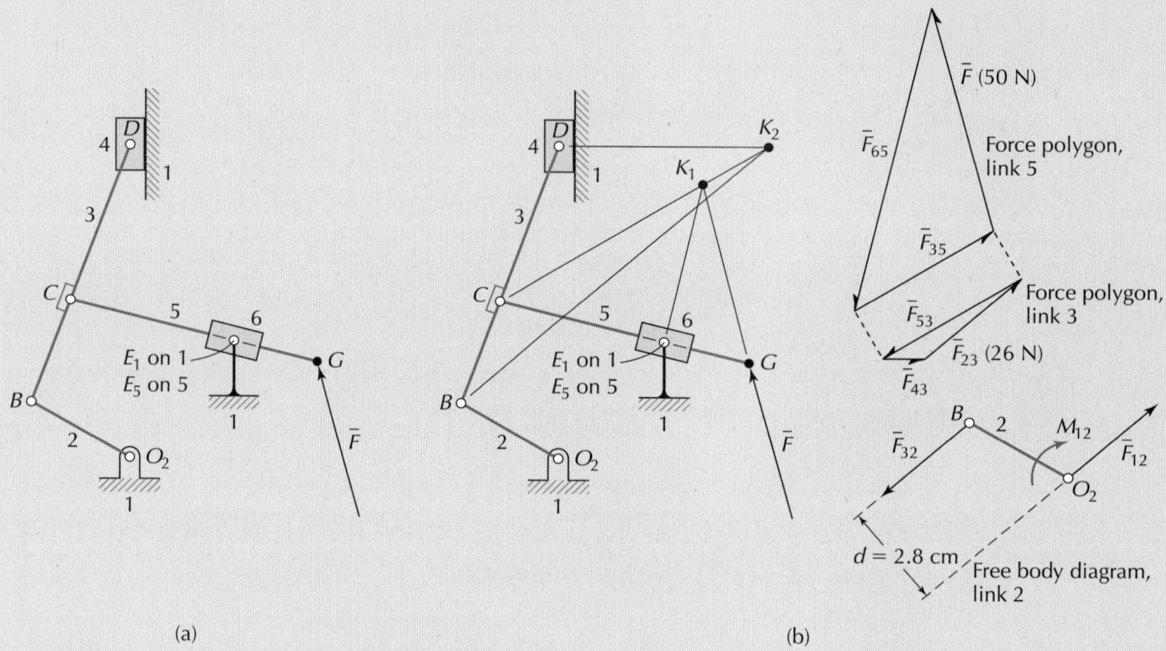

그림 8.10 ● 레버 기구의 정적 힘 해석

풀이

그림 8.10(a)를 살펴보면 링크 4와 6은 2력 부재이며, 링크 3과 5는 3력 부재이다. 링크 2는 토크가 적용되기 때문에 2력 부재가 아니다. 그림 8.10(b)는 힘의 작용선들을 나타내고 있다. 링크 5에 대하여 힘 $\bar{F}$의 작용선과 링크 6에서 링크 5로 작용하는 힘의 작용선의 교점을 K_1이라 한다. 점 C의 회전 대우를 통하여 링크 5에 작용하는 세 번째 힘의 작용선은 이 교점(K_1)을 통해 그려진다. 점 C를 통해서 링크 3으로 전달되는 힘의 작용선은 링크 4에서 링크 3으로 작용하는 힘의 작용선과 점 K_2에서 교차한다. 점 B를 통해 전달되는 링크 3에 작용하는 세 번째 힘의 작용선은 이 교점(K_2)을 통해 그려진다.

그림 8.10(b)에 링크 5와 링크 3의 힘 다각형을 나타내었다. 따라서

$$\bar{F}_{32} = -\bar{F}_{23}$$

그림 8.10(b)와 같이 링크 2의 자유물체도를 구성할 수 있다. 링크 2에 작용해야 하는 모멘트는 다음과 같다.

$$M_{12} = \left|\bar{F}_{32}\right| d = 26 \text{ N} \times 2.8 \text{ cm} = 73\text{N-cm CW}$$

예제 8.4 | 시저 잭의 정적 힘 해석

비디오 8.11
시저 잭

그림 8.11(a)는 무거운 중량물을 들어 올리는 용도로 쓰이는 시저 잭(scissor jack) 기구를 나타내었다. 보통, 시저 잭 기구는 타이어를 교체하기 위해 차량 차축을 들어 올리는 데 사용되거나 수직 테이블 리프트에 사용된다. 이 기구는 입력 크랭크(input crank)의 회전 입력 작동을 탑 브라켓(top bracket)의 수직 선형 운동으로 전환할 수 있다. 이 설계는 상대적으로 작은 입력 토크를 가하더라도 고출력의 수직 직선 운동을 가능하게 한다. 따라서 사람 팔 힘과 같이 작은 토크를 가하여 크랭크를 회전시키더라도 차량을 충분히 들 수 있는 힘을 만들어 낼 수 있다. 그림 8.11(b)와 8.11(c)는 시저 잭이 접혔을 때와 펼쳤을 때의 측면을 각각 보여준다. 그림 8.11(d)는 이러한 시스템의 모식도를 보여준다. 링크 4와 6, 그리고 링크 2와 8에 있는 섹터 기어(sector gear)들이 맞물려 있어 기구가 움직이는 동안 링크 5가 평행을 유지하도록 한다. 하지만 수평면 상에 있는 시저 잭에 중심선을 지나는 수직 하중 $\bar{P}$가 적용된다면, 기어 사이에 상호작용하는 힘들은 무시해도 된다.

$\alpha = \alpha_0 = 25°$인 상태로 배치된 상태에서 입력 크랭크의 회전수가 100회전까지 회전하였을 때 링크 4와 9의 축 하중을 결정하라.

$$r_{O_2A} = r_{AB} = r_{CD} = r_{O_8D} = L = 18.0 \text{ cm}$$

$$pitch = 0.3 \text{ cm}; \quad |\bar{P}| = 4000 \text{ N}$$

풀이

맞물려 있는 섹터 기어 사이에 상호작용하는 힘들을 무시한다면, 링크 2, 4, 6, 8, 9는 2력 부재이며 링크 3, 5, 7은 3력 부재이다. 이 기구는 대칭적 구간을 가지므로

$$|\bar{F}_{45}| = |\bar{F}_{43}| = |\bar{F}_{23}| = |\bar{F}_{12}|$$

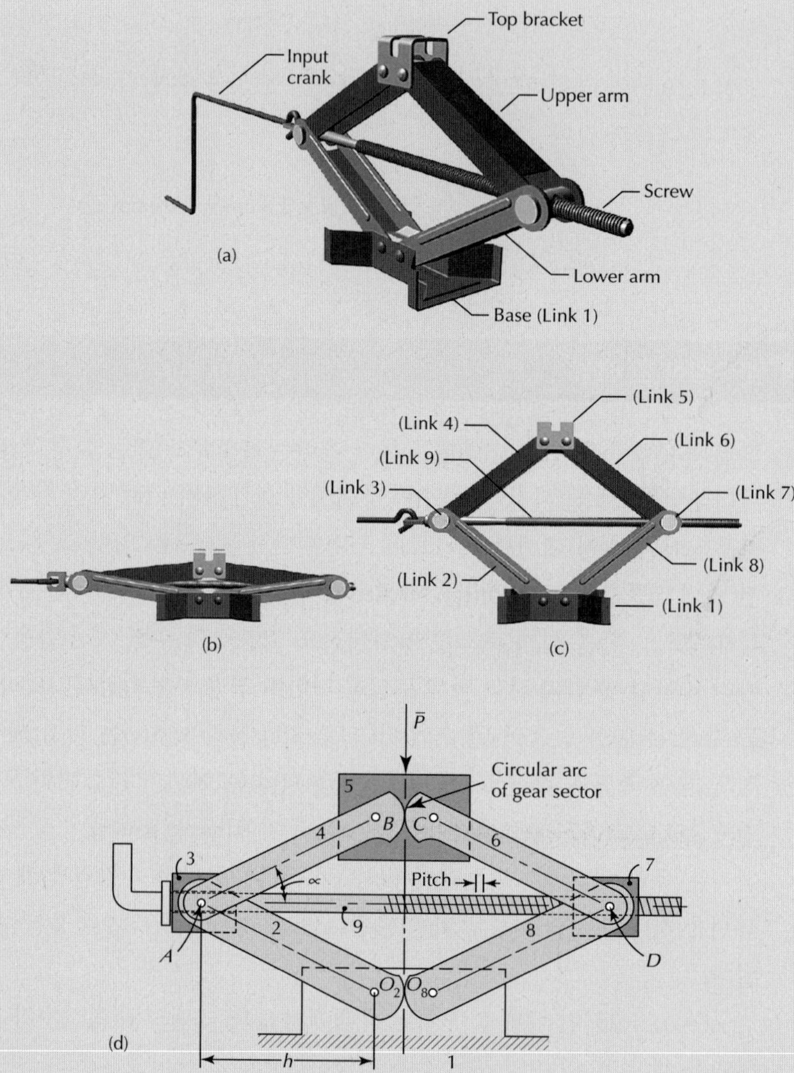

그림 8.11 ● 시저 잭[비디오 8.11]. (a) 등각투상도, (b) 접힌 상태, (c) 펼친 상태, (d) 모식도

입력 크랭크가 1회전하면 회전 대우인 점 A와 D 사이의 거리는 피치만큼 줄어든다. 그러므로 수평거리 h와 회전수 n은

$$h = h_0 - \frac{pitch}{2}n, \quad \text{where } h_0 = L\cos\alpha_0 = 16.3 \text{ cm}$$

그림 8.11(d)로부터

$$\alpha = \cos^{-1}\left(\frac{h}{L}\right) = \cos^{-1}\left(\frac{2\,h_0 - pitch\; n}{2\,L}\right)$$

임의 자세 형상에 대해 링크 5와 3에 대한 힘 다각형은 그림 8.12와 같이 나타낼 수 있으며, 다음을 얻을 수 있다.

$$|\bar{F}_{45}| = \frac{|\bar{P}|}{2\sin\alpha}; \quad |\bar{F}_{93}| = 2|\bar{F}_{43}|\cos\alpha = 2|\bar{F}_{45}|\cos\alpha$$

이를 자세히 살펴보면

$$\text{링크 4의 압축력} = |\bar{F}_{45}|; \qquad \text{링크 9의 인장력} = |\bar{F}_{93}|$$

초기 형상($\alpha = 25°$)에 대하여 주어진 값들을 위 식들에 대입하면

$$|\bar{F}_{45}|_{\alpha=25°} = 4730\text{ N}; \; |\bar{F}_{93}|_{\alpha=25°} = 8580\text{ N}$$

그림 8.13에 회전수에 따른 각도 α의 값과 링크 4의 압축력, 링크 9의 인장력 크기를 나타냈다. 이 시스템은 대칭이므로 α가 90°에 가까워지면 링크 4의 압축력은 $\bar{P}$ 크기 절반에 가까워지는 반면에 링크 9의 인장력은 사라진다.

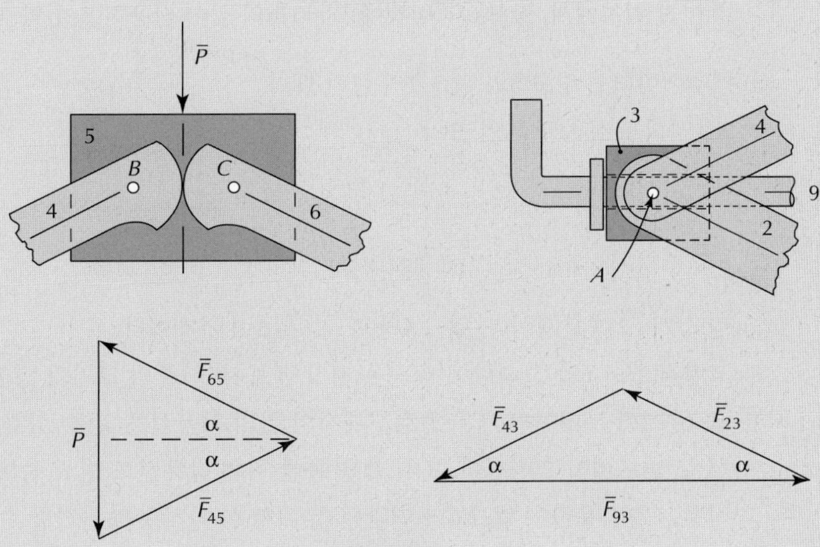

그림 8.12 ● 링크 5와 3에 대한 힘 다각형

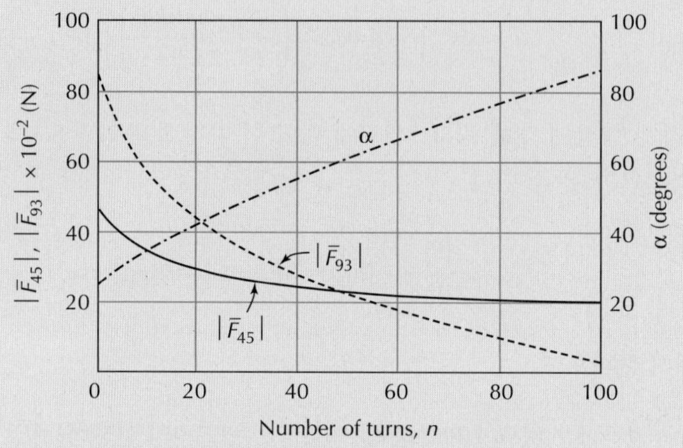

그림 8.13 ● 시저 잭의 해석

예제 8.5 | 프런트-엔드 로더의 정적 힘 해석

그림 8.14는 프런트-엔드 로더 기구를 나타낸다. 이 기구의 자유도는 2이다. 이 기구의 링크 5와 링크 7은 선형 액추에이터로서 2개의 입력 장치에 해당한다. 정적 해석을 위해 이 선형 액추에이터들을 2력 부재로 간주한다.

주어진 위치에서, 링크 6의 버킷에 5,000 lb의 힘이 작용하고 있다. 다음을 결정하라.

(a) 액추에이터인 링크 5와 링크 7의 힘의 크기
(b) B에서의 굽힘 모멘트의 크기

$$r_{AB} = 32 \text{ in}$$

풀이

(a) 링크 2는 2력 부재이다. 링크 4와 링크 6은 3력 부재이다.

먼저 링크 6을 고려하여 해석을 시작해 보자. 하중의 크기와 방향은 주어진다. 링크 7은 2력 부재이기 때문에 점 F에서의 힘의 작용선을 알 수 있다. 이 두 힘의 작용선은 점 K_1에서 교차한다. 또한 D를 통한 힘의 작용선도 점 K_1을 지나야만 한다. 세 작용선을 사용하여 링크 6과 연관된 첫 번째 힘 다각형을 완성할 수 있다.

상호작용하는 힘의 방향은 서로 마주 보고 크기는 같기 때문에 링크 3 상의 점 C와 D에 작용하는 힘은 쉽게 구할 수 있다. 하지만 링크 3에는 점 A와 B의 회전 대우를 통해 2개의 다른 힘도 작용하고 있다. 링크 3은 4개의 회전 대우를 통해 다른 링

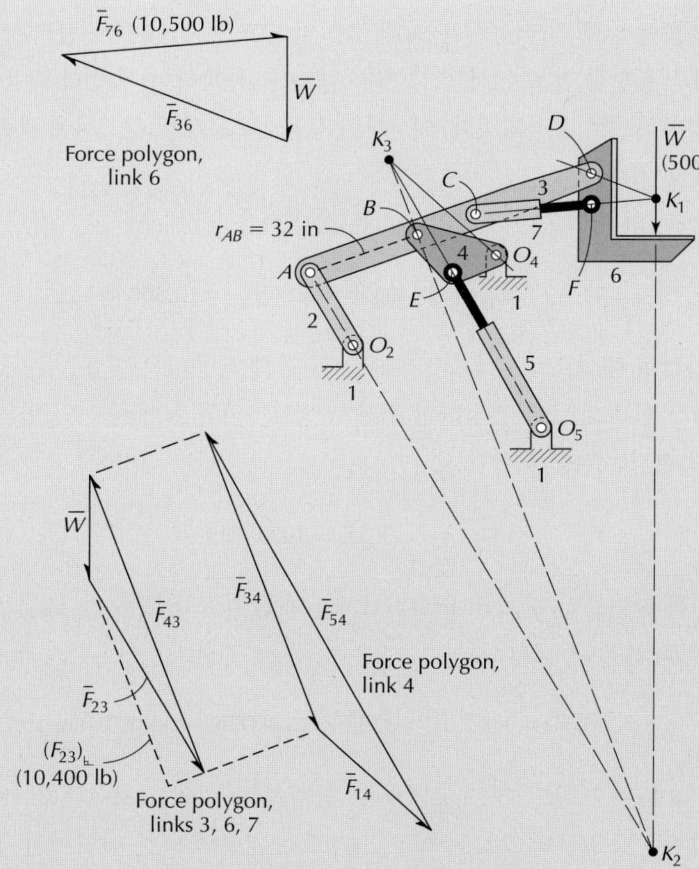

그림 8.14 ● 프런트-엔드 로더 기구의 정적 힘 해석

크와 연결되는 4력 부재이다. 8.2절과 8.3절에서 보여준 경우로는 이 링크에 작용하는 힘을 구할 수 없다. 대신에 링크 3, 6, 7의 조합으로 구성되는 하위 시스템을 고려할 필요가 있다. 이 기구는 정적인 상태이므로 링크 간에 상대적인 움직임이 없다는 것을 먼저 인식해야 한다.

이 하위 시스템은 3개의 외력을 받는다. 따라서 3력 부재의 특성이 적용될 수 있다. 외부 하중의 작용선과 링크 2의 2력 부재에 의한 작용선은 점 K_2에서 교차한다. 점 B의 회전 대우를 통한 힘의 작용선 또한 같은 교점을 지나야만 한다. 세 작용선이 결정되고 나면 하위 시스템에 부합하는 힘 다각형을 그릴 수 있다. 힘 $\bar{F}_{43}$이 이 다각형에 포함된다.

이제 또 다른 3력 부재인 링크 4를 고려한다. 앞의 힘 다각형의 결과로부터 다음을 알 수 있다.

$$\bar{F}_{34} = -\bar{F}_{43} \tag{8.6-7}$$

점 B를 통한 힘의 작용선은 이제 결정되었다. 이 작용선은 링크 5로부터 전달되는 힘의 작용선과 점 K_3에서 교차한다. 점 O_4를 통과하는 세 번째 작용선도 점 K_3를 지나가야 하므로 결정되었다. 이 3개의 작용선으로부터 링크 4에 관련된 힘 다각형을 그릴 수 있다.

링크 5와 링크 7 내의 힘의 크기는 각각 다음과 같다.

$$|\bar{F}_{54}| = 20,400 \text{ lb} \quad \text{and} \quad |\bar{F}_{76}| = 10,500 \text{ lb}$$

(b) 힘 다각형 해석으로부터 회전 대우 A를 통해 작용하는 힘 $\bar{F}_{23}$을 구할 수 있다. 점 B에서 굽힘 모멘트를 결정하기 위해서 링크 3의 방향에 수직인 힘의 성분을 고려하면 그 결과는 다음과 같다.

$$(F_{23})_{\perp} = 10,400 \text{ lb}$$

자세히 살펴보면 링크 3 내의 점 A에서의 굽힘 모멘트는 없다. 점 B에서 굽힘 모멘트의 크기는

$$M_B = r_{AB} \times (F_{23})_{\perp} = 32 \text{ in} \times 10,400 \text{ lb} = 3.33 \times 10^5 \text{ in-1b}$$

비디오 8.15
프런트-엔드 로더 기구

그림 8.15는 프런트-엔드 로더 기구 장치의 두 위치를 보여준다. [**비디오 8.15**]에서 보여주는 동영상의 속도는 매우 느리므로 기구의 모든 위치에서 정적 평형 상태를 유지함을 볼 수 있다. 그것은 각각의 모든 위치에서 3력 부재에 대한 작용선들이 하나의 공통된 점에서 교차한다는 것을 의미한다.

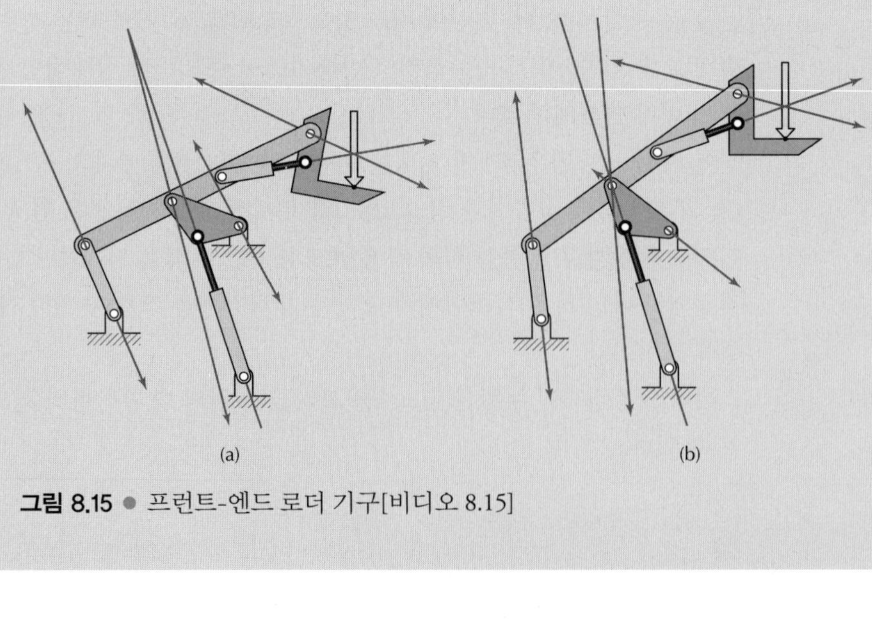

그림 8.15 ● 프런트-엔드 로더 기구[비디오 8.15]

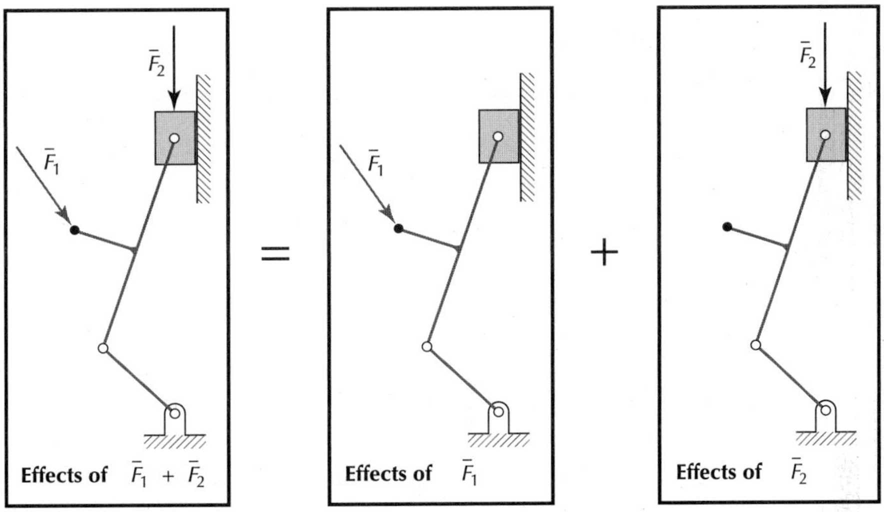

그림 8.16 ● 중첩의 원리 적용 예

8.7 중첩의 원리

기구에 여러 힘이 동시에 작용하고 있을 때, 한 번의 해석으로 원하는 조합된 결과를 얻을 수는 없다. 대신 작용하는 힘 각각에 대해 다수의 해석을 수행하여야 한다. 각각 수행한 해석의 결과를 중첩하여 원하는 조합된 결과를 얻을 수 있다. 이 절차를 **중첩의 원리**(Principle of Superposition)라 한다. 그림 8.16과 예제 8.6, 예제 8.7에 이 원리가 설명되어 있다.

예제 8.6 | 주차 브레이크 기구의 정적 힘 해석

그림 8.17은 자동차 브레이크를 작동시키거나 해체할 때 사용되는 주차 브레이크 기구를 나타내었다. 이 기구는 작은 힘의 입력 작동을 큰 힘의 출력 작동으로 증대시켜주는 기계적 이득(mechanical advantage)의 원리를 사용한다. 보통, 주차 브레이크는 자동차의 동력이 없을 때도 작동할 수 있도록 설정된 안전장치(fail-safe) 시스템이다. 따라서 사람의 힘만으로도 자동차의 브레이크를 작동시키거나 해체할 수 있어야 한다. 브레이크는 작동 시에 큰 힘을 요구하기 때문에 주차 브레이크 기구는 사람의 발에 의해서 가해지는 상대적으로 작은 힘을 증대시키는 역할을 한다. 사람이 브레이크 페달을 밟고 누를 때 페달은 피벗 주위를 회전한다. 페달과 피벗의 거리는 브레이크 케이블과 피벗의 거리보다 훨씬 크며, 그 결과 힘의 크기가 증가하게 된다. 페달을 좀 더 밟으면 멈춤쇠(pawl)와

래칫의 계단형 이와의 물림으로 페달의 후퇴를 방지하며, 브레이크 케이블에 걸린 장력이 유지된다. 브레이크를 해체할 때 페달을 다시 밟으면 멈춤쇠가 래칫으로부터 물림이 해체되어 기구가 (스프링 때문에) 원래의 위치로 되돌아오도록 한다.

비디오 8.17
주차 브레이크 기구

그림 8.17(b)에 보인 위치에 대하여 페달에 작용력의 크기 및 다음을 극복할 피벗에서의 합력을 결정하라.

(a) 브레이크 케이블의 장력

(b) 스프링의 인장력

(c) 케이블과 스프링의 중첩된 영향

$$\left|\overline{F}_{cable}\right| = 60\ \text{N};\ \ \left|\overline{F}_{spring}\right| = 80\ \text{N}$$

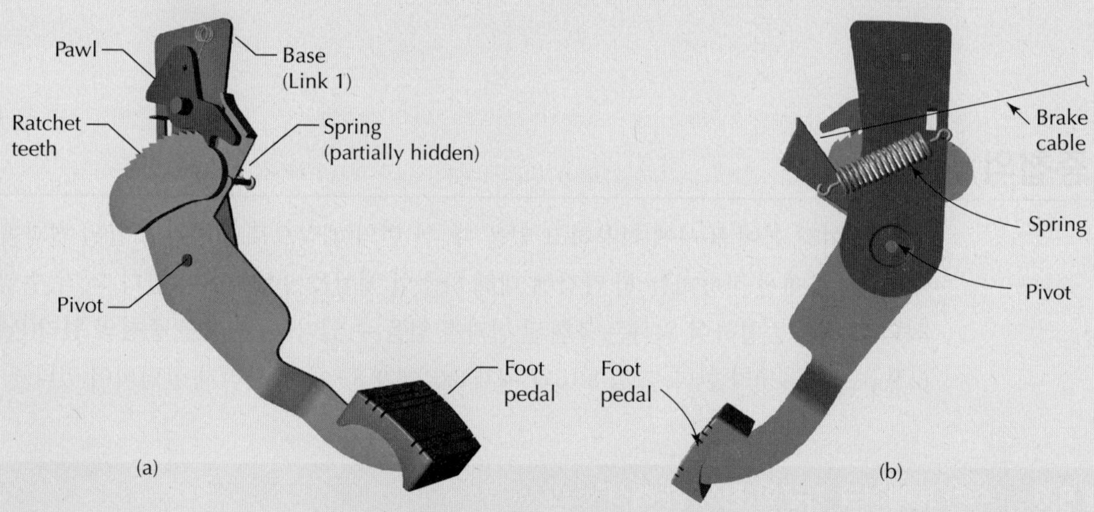

그림 8.17 ● 주차 브레이크 기구[비디오 8.17]

풀이

(a) 그림 8.18에 나타낸 바와 같이 브레이크 케이블의 힘만을 고려한다. 케이블은 장력을 받는 2력 부재로 간주할 수 있다. 링크 2는 3력 부재이다. 링크 2와 관련된 힘의 다각형은 다음과 같이 결정된다.

$$|\overline{F}_{pedal,\,cable}| = 28\ \text{N};\ \ |\overline{F}_{12,cable}| = 82\ \text{N}$$

(b) 여기서는 스프링에서의 힘만을 고려한다. 스프링은 2력 부재로 여겨질 수 있다. 링

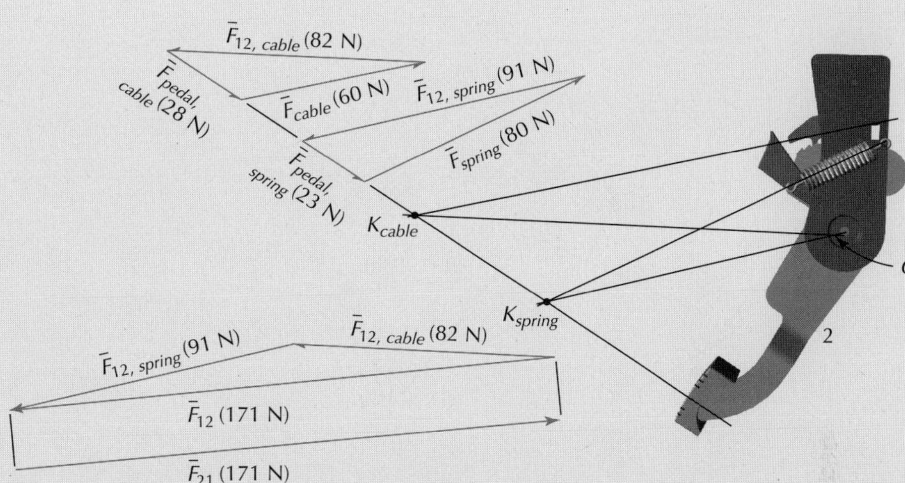

그림 8.18 ● 주차 브레이크 기구의 해석

크 2의 연관된 힘의 다각형으로부터

$$\left|\bar{F}_{pedal,spring}\right| = 23\text{ N}; \ \left|\bar{F}_{12,spring}\right| = 91\text{ N}$$

(c) 브레이크 케이블과 스프링의 중첩된 영향력을 극복하도록 요구되는 페달의 힘은 (a)와 (b)에서 결정한 힘들의 크기의 합이다. 즉,

$$\left|\bar{F}_{pedal}\right| = \left|\bar{F}_{pedal,cable}\right| + \left|\bar{F}_{pedal,spring}\right| = 28\text{ N} + 23\text{ N} = 51\text{ N}$$

그림 8.18에 나타난 대로 링크 1과 2 사이의 중첩된 힘의 크기는

$$\left|\bar{F}_{12}\right| = \left|\bar{F}_{12,cable} + \bar{F}_{12,spring}\right| = 171\text{ N}$$

예제 8.7 | 4절 기구의 정적 힘 해석

그림 8.19(a)와 같은 4절 기구를 고려하자. 이 기구는 링크 3과 링크 4에서 각각 힘을 받고 있다. 기구 평형 상태를 유지하기 위하여 고정 링크에서 링크 2로 가해야 하는 토크를 결정하라. 중력의 영향은 무시한다.

$$r_{O_2B} = 10\text{ in}$$

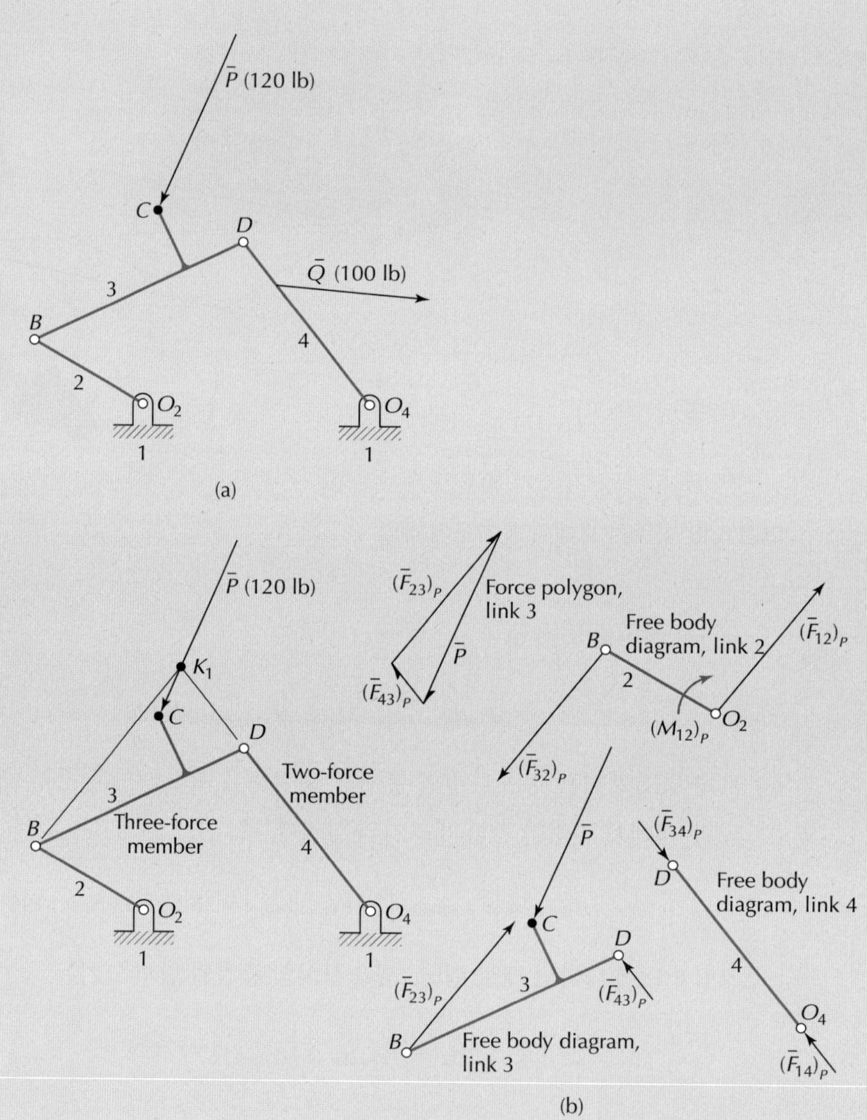

그림 8.19 ● (a) 기구, (b) 링크 3에 작용하는 하중

풀이

그림 8.19(b)에 나타낸 바와 같이 링크 4에 작용하는 하중 $\bar{Q}$를 무시하고, 단지 링크 3에 작용하는 하중 $\bar{P}$ 만을 우선 고려한다. 이 경우에 링크 3은 3력 부재로, 링크 4는 2력 부재로 간주할 수 있다. 그림에 나타낸 해석 절차에 따라 힘 $(\bar{F}_{32})_p$를 구할 수 있다.

다음으로 그림 8.19(c)와 같이 링크 3의 작용 하중 $\bar{P}$를 없애고 링크 4에 작용하는 하중 $\bar{Q}$를 적용한다. 이번에는 링크 3을 2력 부재로, 링크 4는 3력 부재로 간주할 수 있다.

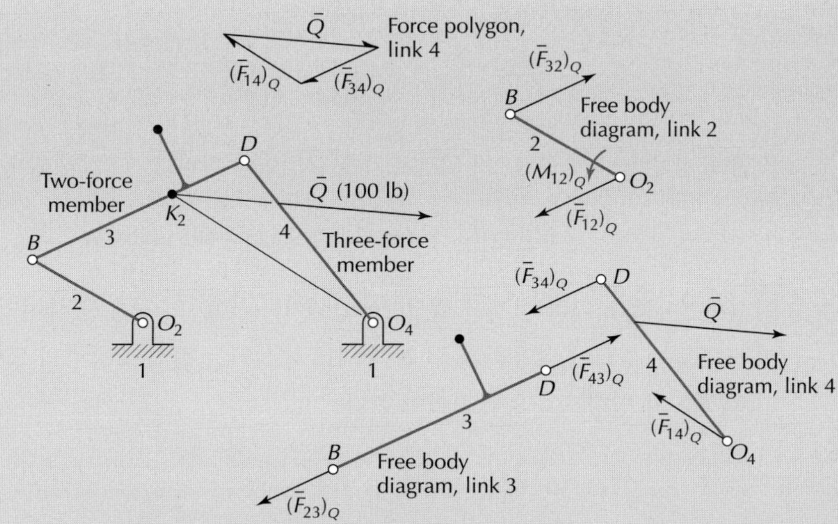

(c)

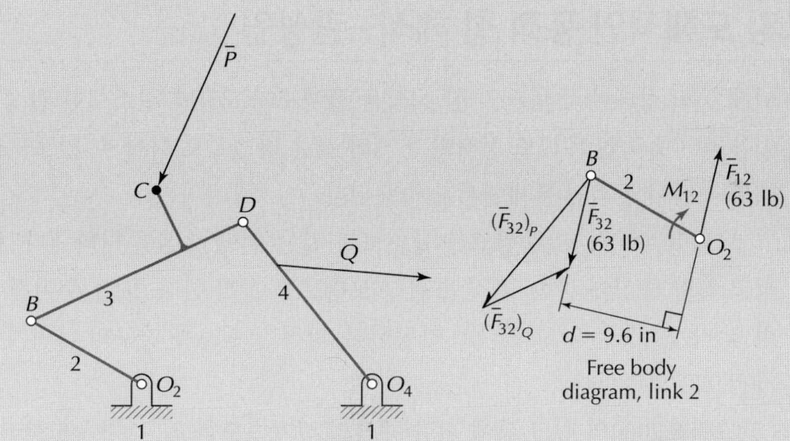

(d)

그림 8.19 ● (계속) (c) 링크 4에 작용하는 하중, (d) 중첩된 하중

그림과 같이 힘 $(\bar{F}_{32})_Q$도 구할 수 있다.

링크 사이의 모든 하중은 위 결과를 중첩함으로써 찾을 수 있다. 즉

$$\bar{F}_{32} = (\bar{F}_{32})_P + (\bar{F}_{32})_Q \tag{8.7-1}$$

그 결과는 그림 8.19(d)와 같고

$$|\bar{F}_{32}| = 63 \text{ lb}$$

링크 2가 정적 평형 상태를 유지하기 위해서는

$$\bar{F}_{12} = -\bar{F}_{32} \tag{8.7-2}$$

또한 고정 링크에서 링크 2로 모멘트가 공급되어야 한다. 그 크기와 방향은 다음과 같다.

$$M_{12} = |\bar{F}_{32}| \times d = 63\text{ lb} \times 9.6\text{ in} = 605\text{ in-lb CW}$$

여기서 $d = 9.6$ in이고 이것은 링크 2에 작용하는 힘들의 작용선 사이의 수직 거리이다. 이 모멘트는 링크에 작용하는 두 힘에 의해 생성되는 반시계 방향의 모멘트를 상쇄시키기 위해 시계 방향으로 공급되어야 한다.

8.8 기구 링크의 도해적인 동적 힘 해석—관성원

이제 동적 상태에서 링크의 힘 해석을 살펴보자. 2장에서 소개한 관성력과 관성 모멘트를 이용하여 동적인 문제도 정적인 문제와 같은 방법으로 다룰 수 있으므로 정적 해석에서 소개된 개념이 동적인 문제에서도 사용된다.

그림 8.20(a)와 같은 링크를 살펴보자. G는 질량 중심을 나타낸다. 링크의 질량을 m, 그리고 질량 중심에 관한 극 질량 관성 모멘트를 I_G라 한다. 또한 주어진 위치에서 링크의 선형 및 각가속도는 알고 있다고 가정한다. 당분간 링크를 기구의 나머지 장치와 분리하여 독자적으로 고려한다.

그림 8.20(a)의 링크 상에 질량 중심의 선가속도를 $\bar{a}_G$, 각가속도를 $\ddot{\theta}$로 벡터로 나타내었다. $\bar{a}_G$에 평행한 작용 외력에 의해 질량 중심에 선가속도 $\bar{a}_G$가 발생된다. 이에 필요한 외력(2.12.1절 참조)은

$$\bar{F} = m\bar{a}_G \tag{8.8-1}$$

식 (8.8-1)은 $\bar{F}$의 작용 위치와는 상관없다. 따라서 힘이 작용하는 곳과는 상관없이 항상 점 G에서는 같은 가속도 값을 얻는다. 하지만 $\bar{F}$의 위치를 바꾸면 링크의 각가속도가 달라지게 된다. 만약 $\bar{F}$가 질량 중심에 작용[그림 8.20(b)]한다면, G에 관한 모멘트는 발생하지 않을 것이고 식 (2.12-4)에 근거하여 각가속도는 0이 될 것이다. 하지만 질량 중심이 아닌 위치에 힘이 작용하면 이 힘은 G에 대해서 모멘트를 발생시킨다. 식 (2.12-4)에 의한 작용 모멘트는 링크에 각가속도를 발생시킨다. 그림 8.20(c)와 같이 힘을 작용시키면 이 힘 $\bar{F}$는 질량 중심에 대한 반시계 방향 모멘트 M_G를 발생시킨다. 그리고 이 결과는 링크를 동일

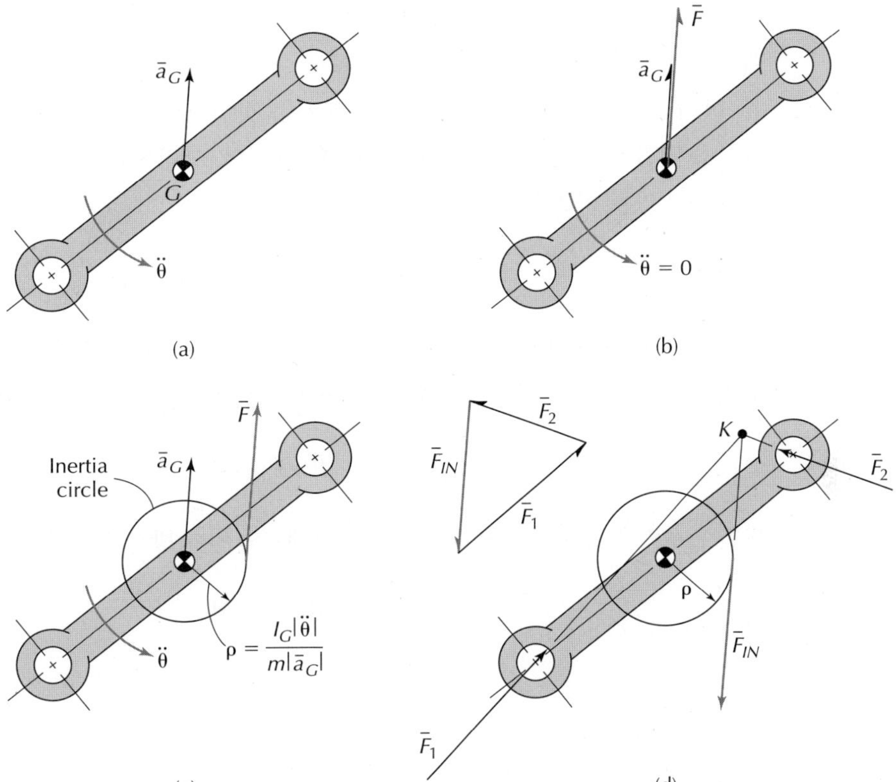

그림 8.20 ● 기구 링크의 동적 힘 해석

방향 각가속도를 가지게 한다.

$$|M_G| = |\bar{F}|\rho \tag{8.8-2}$$

여기서 ρ는 G로부터 힘의 작용선까지의 수직 거리이다. 식 (2.12-4), (8.8-1), (8.8-2)를 조합하면

$$|M_G| = |\bar{F}|\rho = m\,|\bar{a}_G|\rho = I_G|\ddot{\theta}| \tag{8.8-3}$$

식 (2.14-15), (2.14-18), (8.8-3)을 조합하면

$$\boxed{\rho = \frac{|M_G|}{|\bar{F}|} = \frac{I_G|\ddot{\theta}|}{m|\bar{a}_G|} = \frac{|M_{IN}|}{|\bar{F}_{IN}|}} \tag{8.8-4}$$

식 (8.8-4)에 주어진 운동들을 대입하면 ρ를 구할 수 있고, 이는 주어진 선형 및 각가속도를 발생시키기 위하여 G로부터 얼마나 먼 위치에 $\bar{F}$가 작용하는지를 알려준다. 반경이 ρ이고,

G를 중심으로 하는 **관성원**(inertia circle)을 그림 8.20(c)에 참고로 나타내었다. 관성원에 접하는 힘 $\bar{F}$는 수직 거리가 ρ임을 입증한다.

하지만 $\bar{F}$가 링크의 가속도를 발생시키는 것은 아니다. 오히려 이 예에서 실제 힘은 링크들을 결합하는 회전 대우를 통해 작용하고 있다. 그림 8.20(d)는 링크의 두 회전 대우에서 작용하고 있는 힘 $\bar{F}_1$과 $\bar{F}_2$를 보여준다.

$$\bar{F} = \bar{F}_1 + \bar{F}_2 \tag{8.8-5}$$

그러므로 $\bar{F}$ 대신에, 그림 8.20(d)처럼 방향이 반대이지만 $\bar{F}$와 같은 작용선을 가지는 관성력을 적용한다. 하지만 힘 $\bar{F}_1$과 $\bar{F}_2$를 조합한 힘과 관성력의 합은 0이 되어야만 한다.

$$\bar{F} + \bar{F}_{IN} = \bar{0} \tag{8.8-6}$$

또한 관성력은 실제 힘에 의해 생성되는 모멘트와 반대 방향으로 관성 모멘트를 발생시킨다.

$$M_{IN} = -M_G \tag{8.8-7}$$

또는

$$M_G + M_{IN} = 0 \tag{8.8-8}$$

관성력과 관성 모멘트를 힘과 모멘트로서 생각하면, 식 (8.8-6)과 (8.8-8)의 형태는 정적 문제의 식과 유사하다. 이 링크에 작용하는 실제 두 힘과 관성력을 포함하면 3력 부재로 생각할 수 있다.

8.7절에서 소개한 중첩의 원리가 동적 해석에서도 사용된다. 여기서 관성력은 한순간의 힘으로 고려된다. 그리고 결과들을 중첩하면 조합 하중 효과를 구할 수 있다.

8.9 힘 다각형을 이용한 동적 힘 해석

기구의 동적 힘 해석을 하기 위해서는 다음의 일반적인 절차가 요구된다.

1. 해석을 수행하는 데 적당한 형태의 크기로 기구 선도를 그려라.
2. 지시된 입력 거동을 사용하여 가속도 다각형을 그리고 링크의 질량 중심에서의 선가속도, 각가속도, 관성력 및 관성 모멘트들을 결정하라.
3. 작용하는 모든 외력과 관성력을 기구 선도에 표시하라(필요로 하는 관성 모멘트를 발생시키기 위해 질량 중심으로부터 각각의 관성력들을 오프셋하라).
4. 각각의 관성력과 외부에서 작용하는 하중을 개별적으로 고려하여 각각에 대한 힘 다각

형을 그리고 각각의 기구를 통한 각각의 결과를 구하라.

5. 만약 하나의 힘보다 많은 조합된 결과를 구해야 한다면 중첩의 원리를 적용하라.

예제 8.8 슬라이더 크랭크 기구의 동적 힘 해석

그림 8.21(a)와 같은 슬라이더 크랭크 기구에 대한 각 링크의 길이는

$$r_{O_2B} = r_2 = 3.5 \text{ in}; \quad r_{BD} = r_3 = 9.0 \text{ in}; \quad r_{BG_3} = 4.5 \text{ in}$$

그리고 일정한 입력 회전 속도는

$$\dot{\theta}_2 = 500 \text{ rpm CCW} = 52.4 \text{ rad/sec CCW}$$

가속도 다각형이 그림 8.21(b)와 같이 주어진다.

커플러인 링크 3은 일정한 단면을 가지며, 다음의 특성을 지닌다.

$$m_3^* = 3.0 \text{ lbm}; \quad I_{G_3}^* = 47.0 \text{ lbm-in}^2$$

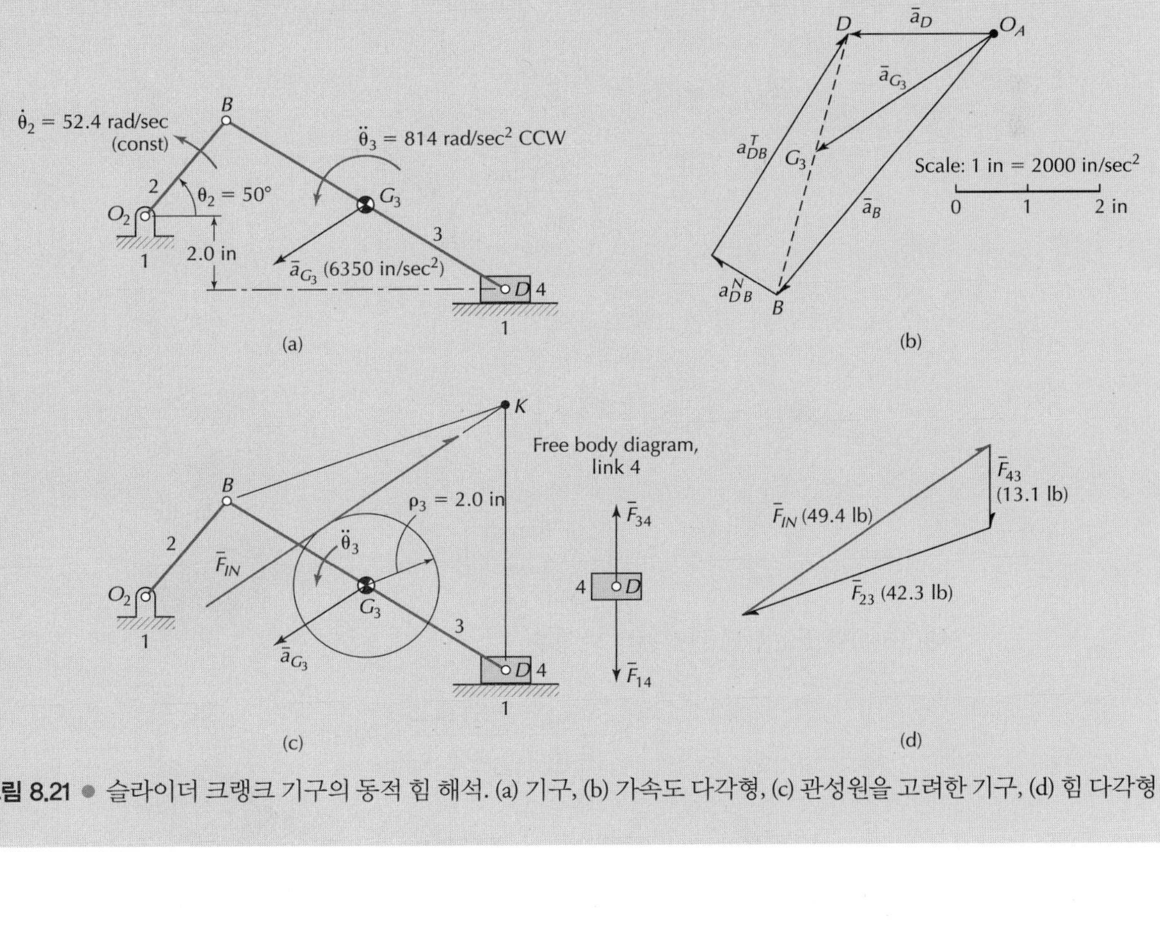

그림 8.21 ● 슬라이더 크랭크 기구의 동적 힘 해석. (a) 기구, (b) 가속도 다각형, (c) 관성원을 고려한 기구, (d) 힘 다각형

주어진 위치에 대해, 링크 3의 관성으로 인한 링크 3의 회전 대우부에서의 힘을 구하라.

풀이

커플러는 일정한 단면을 가지므로 가속도 다각형에서 질량 중심은 그림 8.21(b)와 같이 *B*와 *D*의 중간쯤에 위치한다. 질량 중심의 가속도 크기는

$$\left|\bar{a}_{G_3}\right| = 6350 \text{ in / sec}^2$$

그리고 점 *B*와 *D* 사이의 접선 방향 가속도 성분은

$$a_{DB}^T = 7330 \text{ in / sec}^2$$

링크 3의 각가속도는 다음과 같다.

$$\ddot{\theta}_3 = \frac{a_{DB}^T}{r_{DB}} = \frac{7330}{9.0} = 814 \text{ rad / sec}^2 \text{ CCW}$$

이 예제에서 사용된 수치의 단위는 표 2.3에 있는 세 번째 또는 세트에 해당한다. 관성력 계산을 위해 식 (2.14-15)에 중력 가속도 g_c의 값을 대입하여 그 크기를 계산한다.

$$\left|\bar{F}_{IN}\right|_3 = m_3\left|\bar{a}_{G_3}\right| = \frac{m_3^*}{g_c}\left|\bar{a}_{G_3}\right|$$

$$= \frac{3.0 \text{ lbm}}{\left(386 \dfrac{\text{lbm-in}}{\text{lb-sec}^2}\right)} \times 6350 \text{ in / sec}^2 = 49.4 \text{ lb}$$

식 (2.14-18)로부터, 관성 모멘트의 크기는

$$\left|M_{IN}\right|_3 = I_{G_3}\left|\ddot{\theta}_3\right| = \frac{I_{G_3}^*}{g_c}\left|\ddot{\theta}_3\right|$$

$$= \frac{47.0 \text{lbm-in}^2}{\left(386 \dfrac{\text{lbm-in}}{\text{lb-sec}^2}\right)} \times 814 \text{ rad / sec}^2 = 99.1 \text{ in- lb}$$

식 (8.8-4)를 사용하면 관성원의 반경은

$$\rho_3 = \frac{\left|M_{IN}\right|_3}{\left|\bar{F}_{IN}\right|_3} = \frac{99.1 \text{ in-lb}}{49.4 \text{ lb}} = 2.0 \text{ in}$$

관성원의 반경만큼 오프셋을 시켜 관성력 $\bar{F}_{IN}$을 기구 선도에 추가한다. $\bar{F}_{IN}$의 방향은 $\bar{a}_{G_3}$의 방향과 반대이다. 이 예제에서 링크는 반시계 방향 각가속도를 가진다. 따라서 회전 대우에서의 힘들은 반시계 방향 모멘트를 발생시킨다. 그러므로 그림 8.21(c)와 같이 관성력을 위치시키면 실제 모멘트 방향과는 반대 방향인 시계 방향의 관성 모멘트가 작용한다. 이들 모멘트의 합은 0이다. 이 해석에서 슬라이더의 질량은 고려되지 않았기 때문에 슬라이더(링크 4)는 2력 부재이다. 슬라이더에서 링크 3으로 전달된 힘의 방향은 슬라이드 방향과 수직이다. 관성력의 작용선과 슬라이더의 작용선은 점 K에서 교차한다. 점 B의 회전 대우를 통한 세 번째 작용선은 같은 교점을 지나야 한다. 관성력과 다른 두 작용선을 사용하여 그림 8.21(d)와 같이 힘 다각형을 완성한다. 링크 3에서 관성의 결과로 점 B와 D에 위치한 힘의 크기는

$$|\bar{F}_{43}| = 13.1\ \text{lb};\quad |\bar{F}_{23}| = 42.3\ \text{lb}$$

이러한 힘들의 방향은 힘 다각형에서 알 수 있다.

예제 8.9 | 4절 기구의 동적 힘 해석

그림 8.22(a)는 4절 기구를 나타낸다. 링크 2는 120 rad/sec의 일정한 각속도로 반시계 방향으로 회전한다. 또한 그림에 가속도 해석의 결과가 나타나 있다. 링크 3과 4의 적절한 물성치는 표 8.1에 나타내었다.

링크 3과 4의 관성을 극복하기 위하여 고정 링크 1에서 링크 2로 작용되는 모멘트의 크기와 방향을 결정하라.

$$r_1 = 9.0\ \text{cm};\quad r_2 = 2.0\ \text{cm};\quad r_3 = 13.0\ \text{cm};\quad r_4 = 7.0\ \text{cm}$$

풀이

이 문제는 중첩의 원리를 이용하여 해결할 수 있다. 우선 링크 3만의 관성을 고려하고, 다음으로 링크 4의 관성 효과만을 평가할 것이다. 마지막으로 각 결과들을 중첩한다. 이 예제에 사용된 수치 단위는 표 2.2에 나타난 두 번째 단위 세트에 해당하며, 이때 $g_c = 1$이다.

첫 번째 문제를 해결하기 위해서, 그림 8.22(a)에 주어진 가속도 파라미터들을 이용하면 링크 3의 관성력 크기는 다음과 같다.

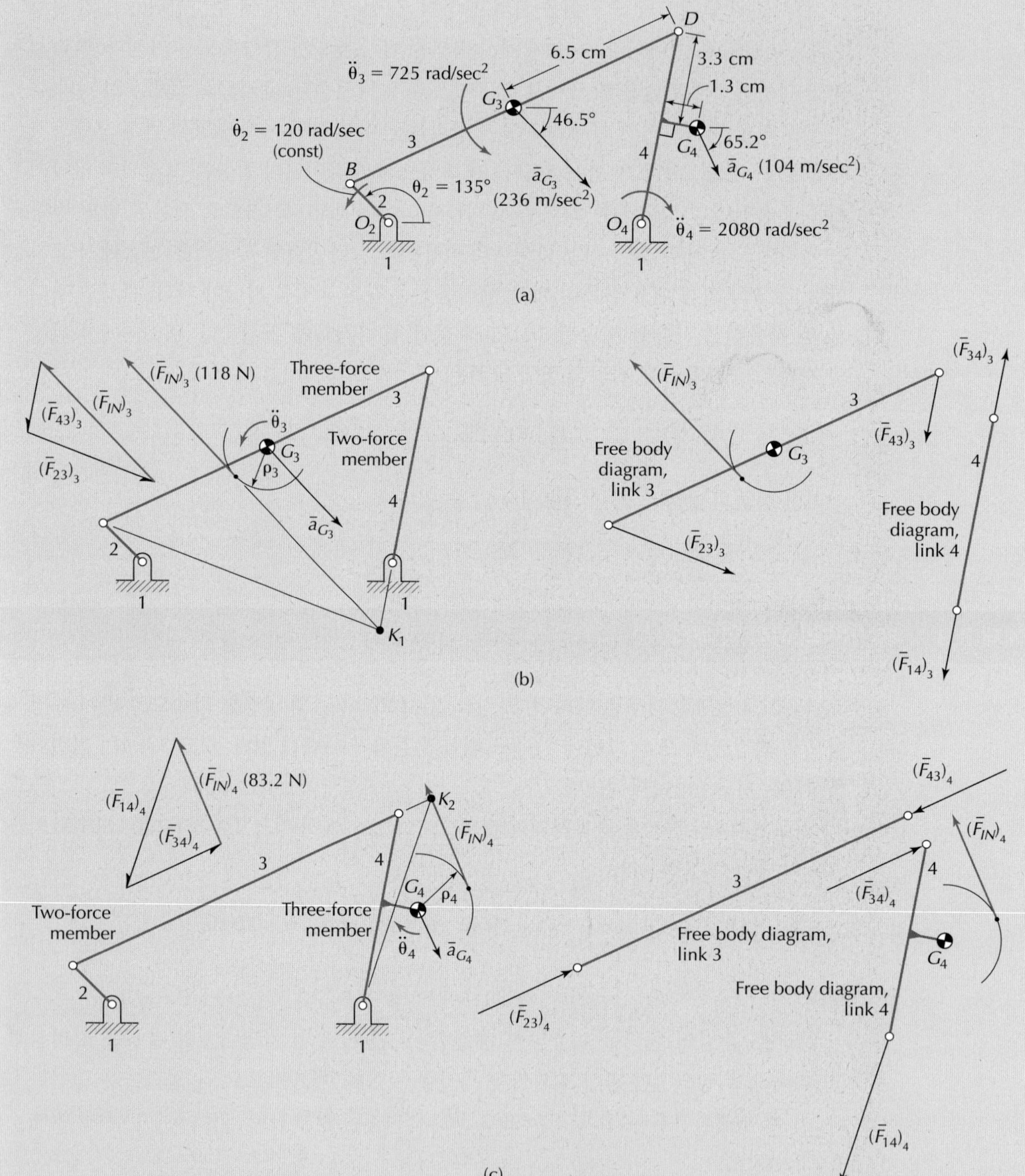

그림 8.22 ● 4절 기구의 동적 힘 해석. (a) 입력 파라미터와 가속도 해석의 결과, (b) 링크 3의 관성 효과, (c) 링크 4의 관성 효과

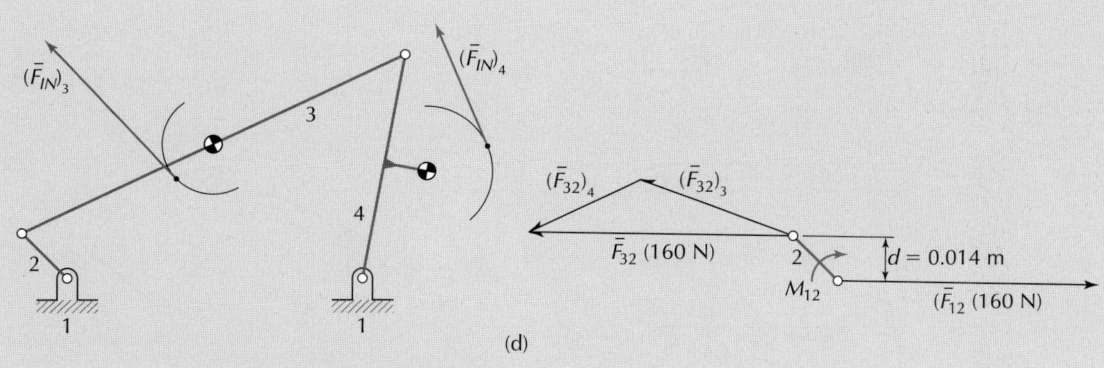

그림 8.22 ● (계속) (d) 중첩 결과

표 8.1 그림 8.22에 나타낸 4절 기구의 파라미터

	Link 3	Link 4
m^* (kg)	0.5	0.8
I_G^* (kg-m^2)	2.52×10^{-3}	8.00×10^{-4}

$$\left|\bar{F}_{IN}\right|_3 = m_3\left|\bar{a}_{G_3}\right| = \frac{m_3^*}{g_c}\left|\bar{a}_{G_3}\right|$$

$$= \frac{0.50 \text{ kg}}{1} \times 236 \text{ m/sec}^2 = 118 \text{ N}$$

링크 3의 관성 모멘트의 크기는

$$\left|M_{IN}\right|_3 = I_{G_3}\left|\ddot{\theta}_3\right| = \frac{I_{G_3}^*}{g_c}\left|\ddot{\theta}_3\right|$$

$$= \frac{2.52 \times 10^3 \text{ kg-m}^2}{1} \times 725 \text{ rad/sec}^2 = 1.83 \text{ N-m}$$

링크 3의 관성원의 반경은

$$\rho_3 = \frac{\left|M_{IN}\right|_3}{\left|\bar{F}_{IN}\right|_3} = \frac{1.83 \text{ N-m}}{118 \text{ N}} = 0.0155 \text{ m} = 1.55 \text{ cm}$$

그림 8.22(b)는 링크 3과 관련된 관성만을 고려한 해석을 보여준다. 이 링크는 3력 부재로 다루어진다. 링크 4는 질량이 없는 2력 부재로 다루어진다. 이 해석을 통해 다음을

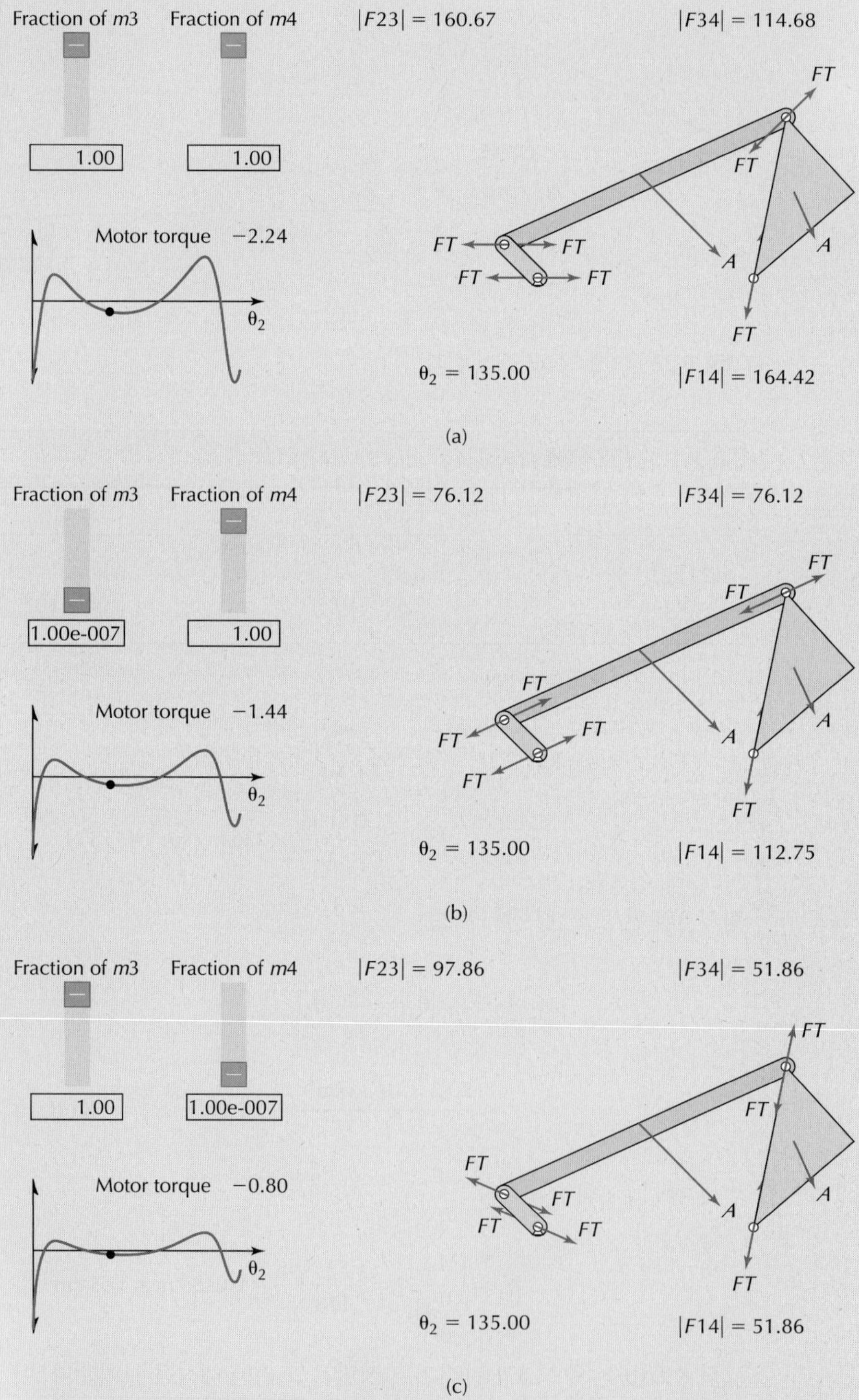

그림 8.23 ● 4절 기구의 동적 해석[모델 8.23]. (a) 링크 3과 4가 질량을 가질 때, (b) 링크 4만 질량을 가질 때, (c) 링크 3만 질량을 가질 때

결정할 수 있다.

$$(\bar{F}_{32})_3 = -(\bar{F}_{23})_3$$

두 번째 문제를 풀기 위해서 링크 4의 관성만을 고려한다. 이 경우 링크 4는 3력 부재로 다루어지고 링크 3은 2력 부재로 다루어진다. 링크 3에서 수행한 해석과 유사한 해석을 수행하면

$$|\bar{F}_{IN}|_4 = 83.2 \text{ N}; \quad |M_{IN}|_4 = 1.66 \text{ N-m}; \quad \rho_4 = 2.00 \text{ cm}$$

그림 8.22(c)는 이 문제의 힘 해석을 보여준다. 해석을 통하여 다음을 알 수 있다.

$$(\bar{F}_{32})_4 = -(\bar{F}_{23})_4$$

중첩된 결과가 그림 8.22(d)에 제시되어 있다. 이로부터

$$|\bar{F}_{32}| = |(\bar{F}_{32})_3 + (\bar{F}_{32})_4| = 160 \text{ N}; \quad d = 0.014 \text{ m}$$

여기서 d는 힘 $\bar{F}_{32}$와 $\bar{F}_{12}$의 작용선 사이의 수직 거리이다. 고정 링크로부터 링크 2 상으로 요구되는 모멘트는

$$M_{12} = |\bar{F}_{32}|d = 160 \text{ N} \times 0.014 \text{ m} = 2.24 \text{ N-m CW}$$

비디오 8.23
모델 8.23
4절 기구의 동적 해석

이 예제의 결과는 고정 링크에서 링크 2로 전달되는 모멘트는 회전 속도 방향의 반대 방향임을 보여준다. 완전한 한 사이클 동안의 운동을 통한 같은 기구의 동적 힘 해석은 [**비디오 8.23**]을 통해 제공된다. 사이클 내에서 구동 모멘트는 양수와 음수 값을 가진다. 양수 값은 반시계 방향을 의미한다. 이 모델에서 질량 값과 질량의 중심에 대한 극 질량 관성 모멘트 값을 조정할 수 있다. 그림 8.23(a)는 링크 3과 4가 질량을 가질 때의 토크 선도를 나타낸다. 그림 8.23(b)는 링크 3의 질량이 0이고, 링크 4의 질량만이 있는 경우를 나타낸다. 이 경우에 링크 3은 2력 부재로서 작용한다. 그림 8.23(c)는 링크 4의 질량이 0이고, 링크 3의 질량만이 있는 경우를 나타낸다.

Problems

Static Force Analysis

P8.1 Assuming the mechanism shown in Figure P8.1 is in static equilibrium, determine forces $\bar{Q}$ and $\bar{F}_{12}$.

$r_{O_2B} = 4.0$ cm

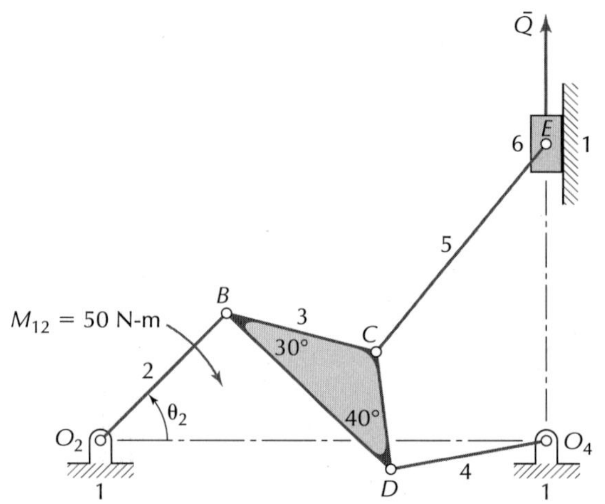

Figure P8.1

P8.2 For the vise grip mechanism shown in Figure P8.2, use force polygons to determine

(a) the applied force $\bar{P}$ necessary to produce a force $\bar{Q}$ of magnitude 120 lb

(b) the force $\bar{Q}$ that can be produced by an applied force $\bar{P}$ of magnitude 15 N

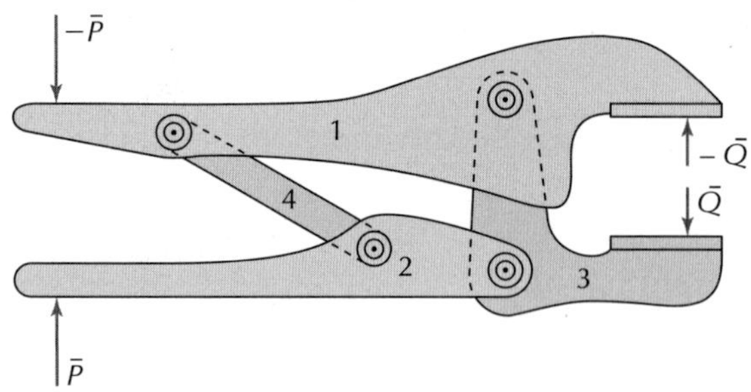

Figure P8.2

P8.3 For the quick-return mechanism in static equilibrium shown in Figure P8.3, the cutting force $\bar{F}$ has a magnitude of 30 N. Neglecting inertia, determine

(a) the driving torque required on link 2

(b) the bearing forces at O_2 and O_3

$r_{O_2B_2} = 4.0$ cm

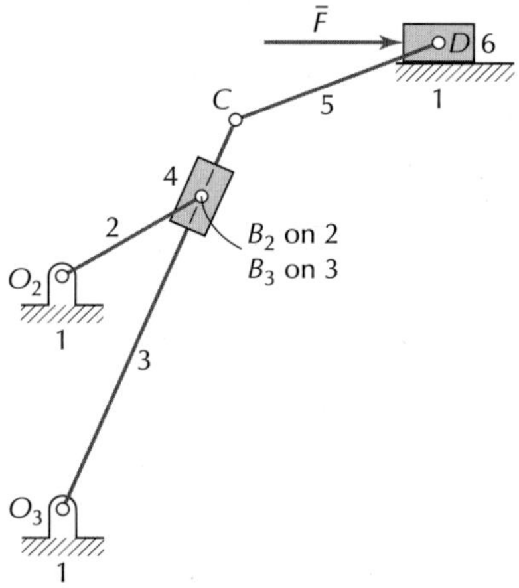

Figure P8.3

P8.4 Construct a complete set of force polygons for the mechanism in static equilibrium shown in Figure P8.4, and if $\bar{Q} = 150$ lb, determine:

(a) $\bar{P}$

(b) $\bar{F}_{41}$

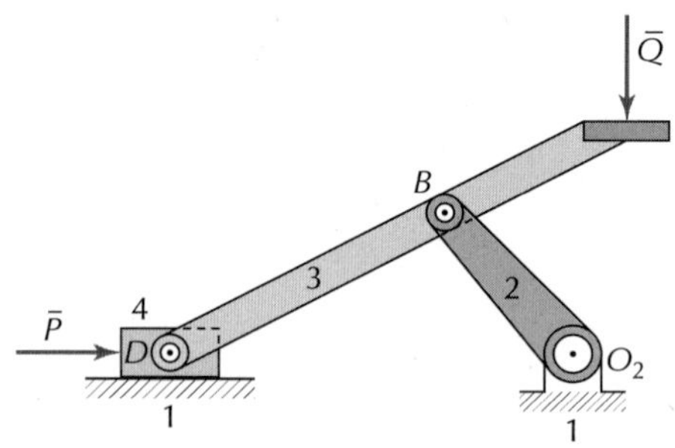

Figure P8.4

P8.5 Figure P8.5 shows a scaled diagram of a hand-operated toggle clamp. In the position shown, draw the static force polygons. Determine the clamping force, $\bar{F}$, when the hand force, $\bar{P}$, of 25 lb is applied as shown.

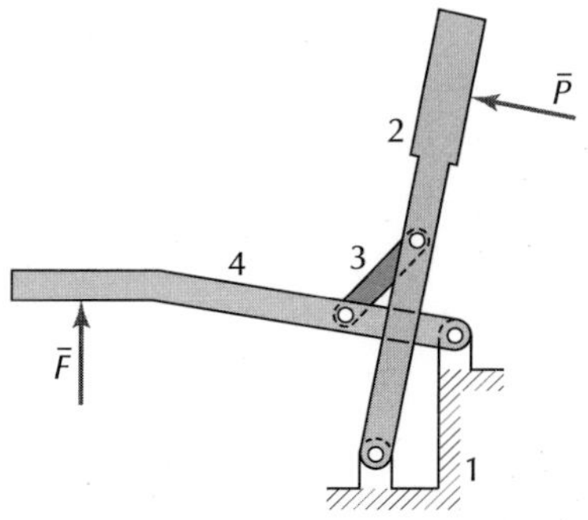

Figure P8.5

P8.6 Determine the torque required from the base link on link 2 for static equilibrium of the mechanism shown in Figure P8.6. Force $\bar{F}$ has a magnitude of 20 lb.

$$r_{O_2B_2} = 2.0\ \text{i}$$

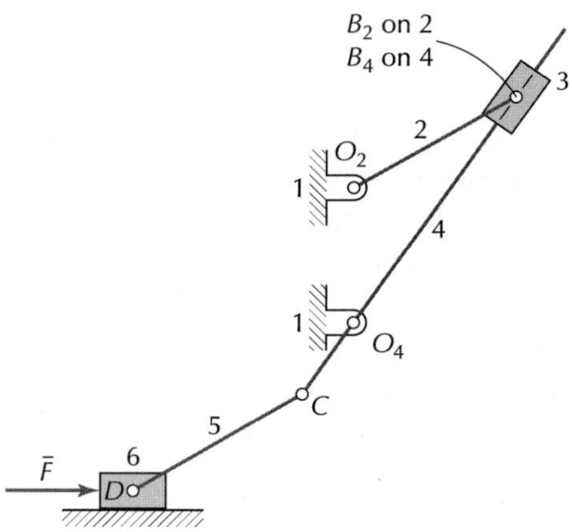

Figure P8.6

P8.7 Determine the required cylinder pressure for static equilibrium of the mechanism shown in Figure P8.7. Torque M_{14} has a magnitude of 100 N-m. The diameter of the piston is 1.0 cm.

$$r_{O_4D} = 6.0\ \text{cm}$$

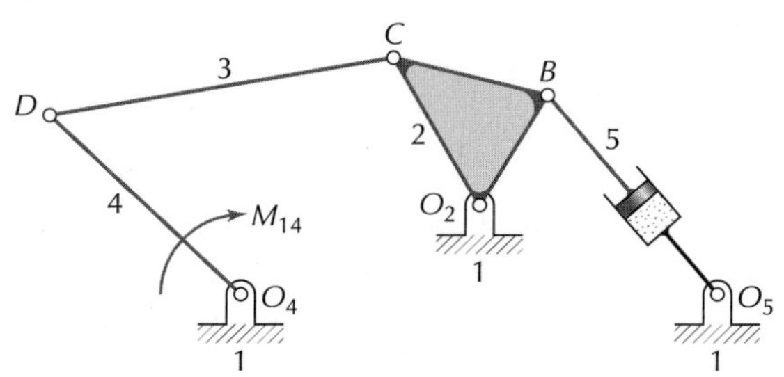

Figure P8.7

P8.8 Determine the required input torque M_{12} for static equilibrium of the mechanism shown in Figure P8.8. Force $\bar{F}$ has a magnitude of 1000 N.

$$r_{O_2B} = 3.0\ \text{cm}$$

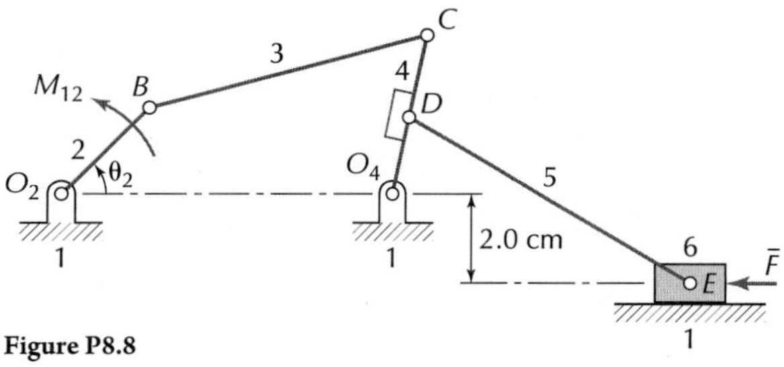

Figure P8.8

P8.9 Determine the pressure required in the 2.0 cm diameter cylinder shown in Figure P8.9 to maintain static equilibrium. The image shown is to scale.

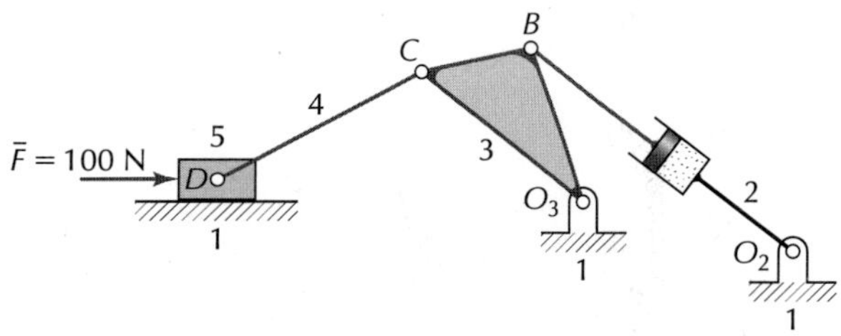

Figure P8.9

P8.10 For the given position of the mechanism shown in Figure P8.10, on the next page, determine the magnitude and sense of the torque required to be applied to crank O_6E by the base link, to maintain static equilibrium.

$$r_{O_2B} = 7.0\ \text{cm}; \quad r_{O_6E} = 3.0\ \text{cm}; \quad M_{12} = 5.0\ \text{N-m CW}$$

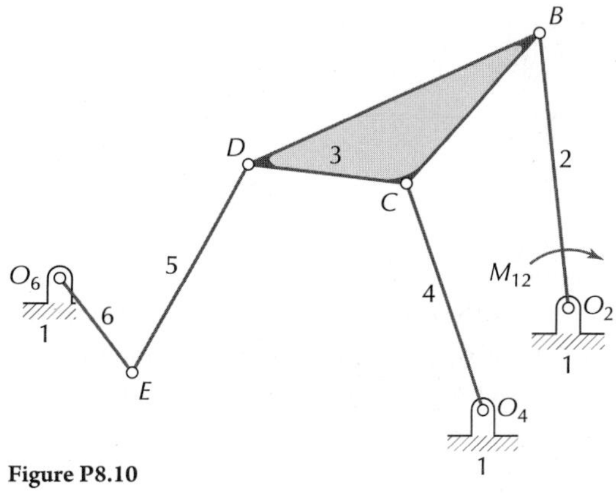

Figure P8.10

P8.11 For the mechanism illustrated in Figure P8.11, determine the magnitude and direction of the force $\bar{P}$ required to be applied to link 2, to maintain static equilibrium while being subjected to the external force shown on link 6.

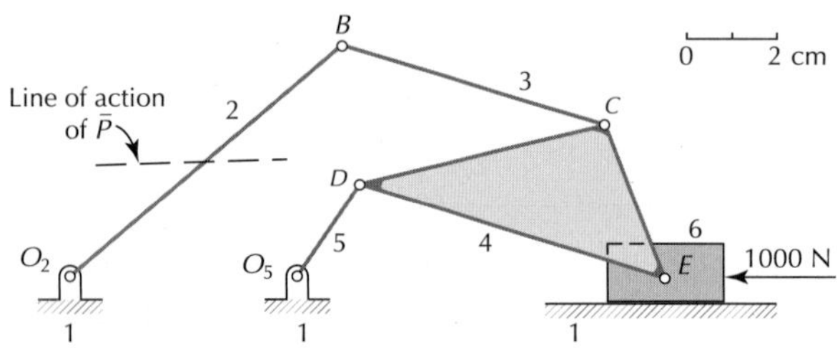

Figure P8.11

P8.12 For the mechanism illustrated in Figure P8.12, determine the magnitude of force $\bar{P}$, applied to link 1, required to produce a crimping force $\bar{Q}$, of magnitude 80 N.

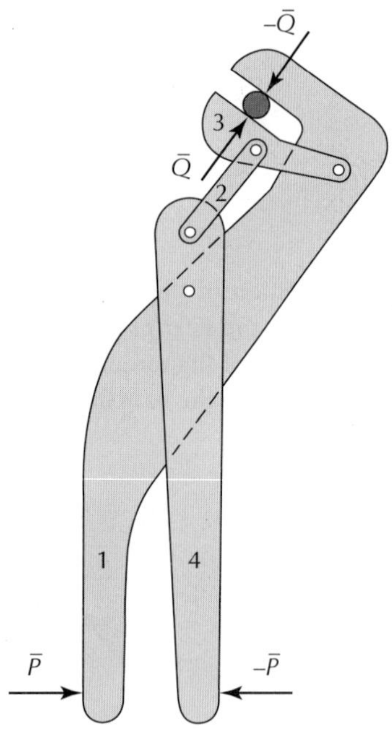

Figure P8.12

P8.13 For the mechanism illustrated in Figure P8.13, determine the magnitude and direction of moment M_{12}, applied to link 2, required to maintain static equilibrium while being subjected to force $\bar{F}$ and moment M_{14}.

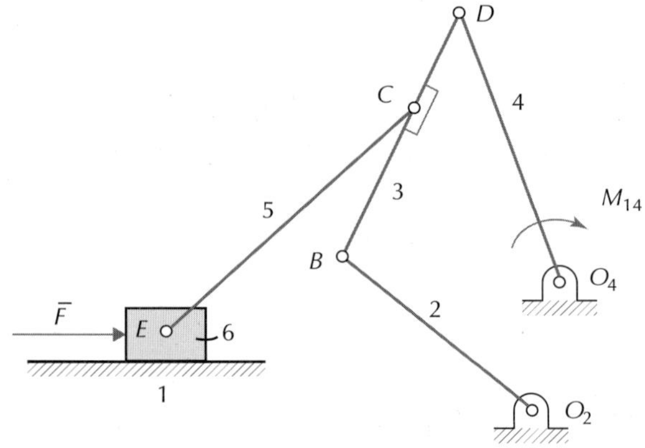

Figure P8.13

$r_{O_2B} = 5.0$ cm; $|\bar{F}| = 800$ N; $M_{14} = 50$ N-m CW

P8.14 Figure P8.14 shows a clamping mechanism. Determine the clamping force $\bar{Q}$ when the mechanism is subjected to the applied load $\bar{P}$ shown.

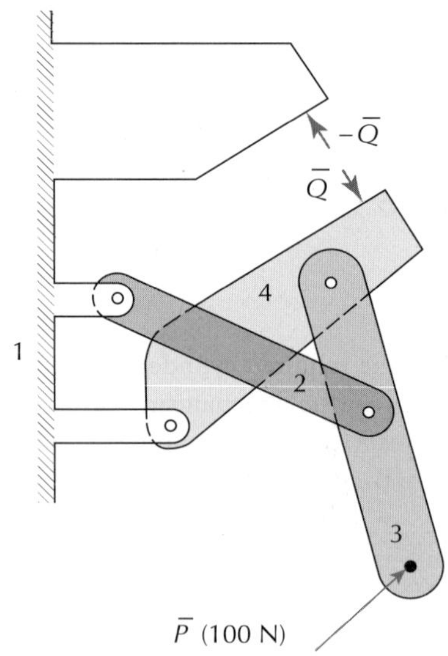

Figure P8.14

P8.15 Figure P8.15, on the next page, shows a clamping mechanism. Determine the clamping force $\bar{Q}$ when the mechanism is subjected to the applied load $\bar{P}$ of magnitude 100 N.

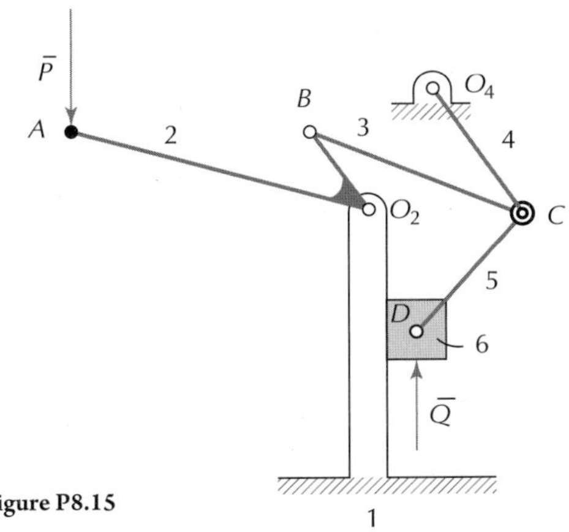

Figure P8.15

P8.16 Figure P8.16 shows a truck with a lifting mechanism. Determine the loads in the two actuators 2 and 4 to hold the container weighing 1600 N in the position shown. Neglect the weight of the other links.

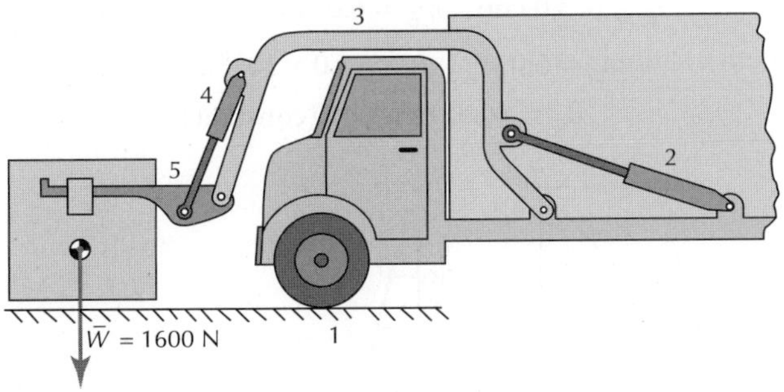

Figure P8.16

P8.17 Figure P8.17 shows a front-end loader mechanism. Determine the loads required in the actuators 2 and 5 to maintain equilibrium while holding the container weighing 800 N. Neglect the weight of the other links.

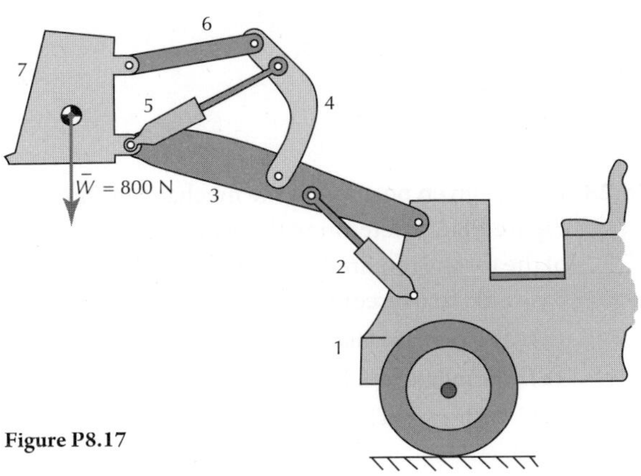

Figure P8.17

Dynamic Force Analysis

P8.18 For the mechanism shown in Figure P8.18, determine the magnitude and sense of the torque to be applied to link 2 from the base link to overcome the inertia of link 3.

$$r_{O_2B} = 5.0 \text{ cm}; \quad r_{BD} = 10.0 \text{ cm}; \quad r_{BG_3} = 5.0 \text{ cm}$$
$$m_3 = 800 \text{ gr}; \quad I_{G_3} = 6.4 \times 10^{-3} \text{ kg-m}^2$$
$$\dot{\theta}_2 = 600 \text{ rpm CCW(constant)}$$

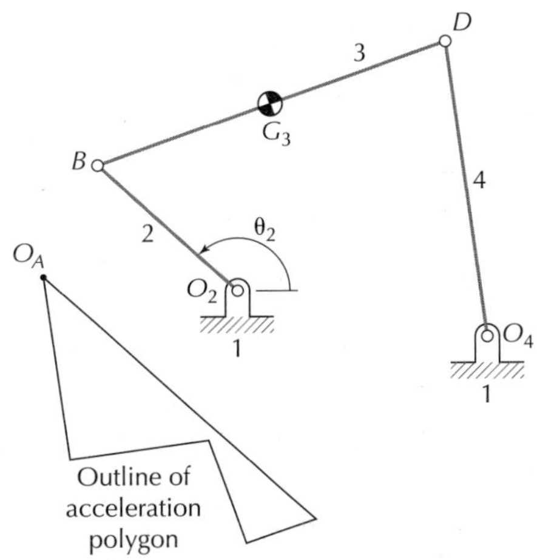

Figure P8.18

P8.19 For the mechanism shown in Figure P8.19, link 3 has a mass of 3.0 lbm and polar mass moment of inertia of 0.04 lb-in-sec^2 about its mass centre G_3. Sliding block 2 has a constant velocity of 10 ft/sec upward. Determine the instantaneous force $\bar{F}$ required to produce this motion, assuming that the sliders are massless.

$$r_{BD} = 10.0 \text{ in}; \quad r_{BG_3} = 4.0 \text{ in}$$
$$\bar{a}_{G_3} = 2360 \text{ in/sec}^2 \text{ @}180^\circ; \quad \ddot{\theta}_3 = 392 \text{ rad/sec}^2 \text{ CW}$$

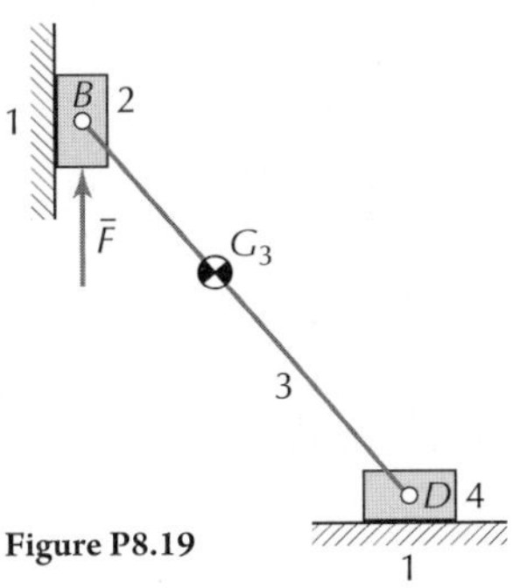

Figure P8.19

P8.20 For the mechanism shown in Figure P8.20, a gas force of 5000 lb acts to the left on link 4. Determine the magnitude and sense of the torque to be applied to link 2 from base link 1 to overcome

(a) the gas force
(b) the inertia of link 3
(c) the inertia of link 4
(d) the combined effects of parts (a), (b), and (c)

$$r_{O_2B} = 1.5 \text{ in}; \quad \dot{\theta}_2 = 1800 \text{ rpm CCW (constant)}$$
$$m_3 = 0.90 \text{ lbm}; \quad I_{G_3} = 0.010 \text{ lb-in-sec}^2$$
$$m_4 = 0.60 \text{ lbm}; \quad I_{G_4} = 5.0 \times 10^{-3} \text{ lb-in-sec}^2$$

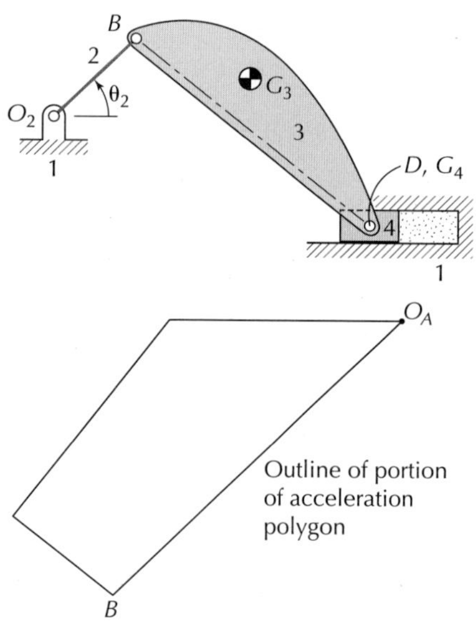

Figure P8.20

P8.21 For the given position of the mechanism shown in Figure P8.21, determine the magnitude and sense of the torque required to be applied to link 2 by the base link, to overcome the inertia of link 3.

$$r_{O_2O_4} = 10.0 \text{ cm}; \quad r_{O_2B} = 4.0 \text{ cm};$$
$$r_{BD} = 9.0 \text{ cm}; \quad r_{BG_3} = 6.0 \text{ cm}$$
$$r_{O_4D} = 7.8 \text{ cm}; \quad m_3 = 600 \text{ gr};$$
$$I_{G_3} = 1.5 \times 10^{-3} \text{ kg-m}^2$$
$$\dot{\theta}_2 = 200 \text{ rpm CCW};$$
$$\ddot{\theta}_2 = 100 \text{ rad/sec}^2 \text{ CCW};$$
$$\bar{a}_{G_3} = 19.4 \text{ m/sec}^2 \text{ @}210^\circ;$$
$$\ddot{\theta}_3 = 122 \text{ rad/sec}^2 \text{ CW}$$

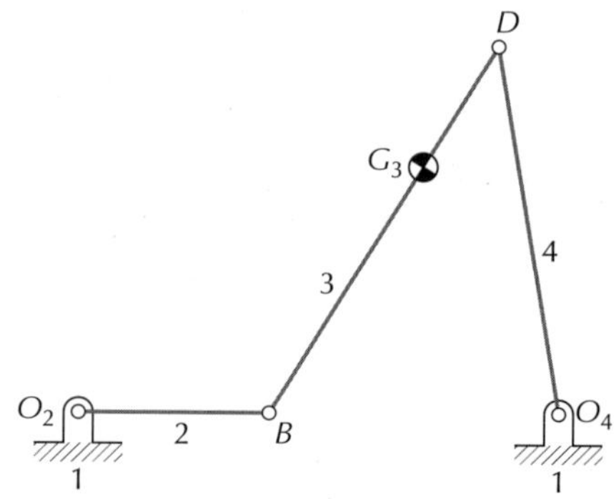

Figure P8.21

P8.22 For the given position of the mechanism shown in Figure P8.22, determine the magnitude and sense of the torque required to be applied to link 2 by the base link, to overcome the inertia of link 5.

$$r_{O_2B} = 3.0 \text{ cm}; \quad r_{CE} = 6.0 \text{ cm}; \quad r_{CG_5} = 3.0 \text{ cm}$$
$$m_5 = 5.0 \text{ gr}; \quad I_{G_5} = 5.0 \times 10^{-6} \text{ kg-m}^2$$
$$\dot{\theta}_2 = 3000 \text{ rpm CW (constant)}$$

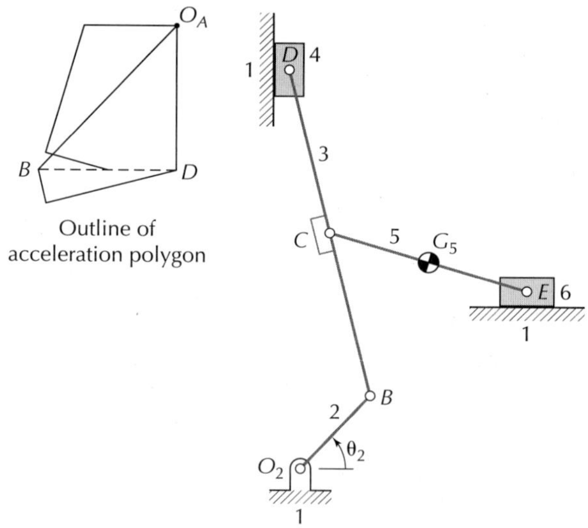

Figure P8.22

P8.23 For the given position of the mechanism shown in Figure P8.23, determine the magnitude and sense of the torque required to be applied to link 2 by the base link, to overcome

(a) the inertia of link 3
(b) the inertia of link 4
(c) the inertia of links 3 and 4

$$r_{O_2B} = 1.0 \text{ in}; \quad \dot{\theta}_2 = 475\text{rpm CW (constant)}$$
$$m_3 = 9.0 \text{ lbm}; \quad I_{G_3} = 1.5 \times 10^{-2} \text{ lb-in-sec}^2$$
$$m_4 = 11.5 \text{ lbm}; \quad I_{G_4} = 8.0 \times 10^{-2} \text{ lb-in-sec}^2$$

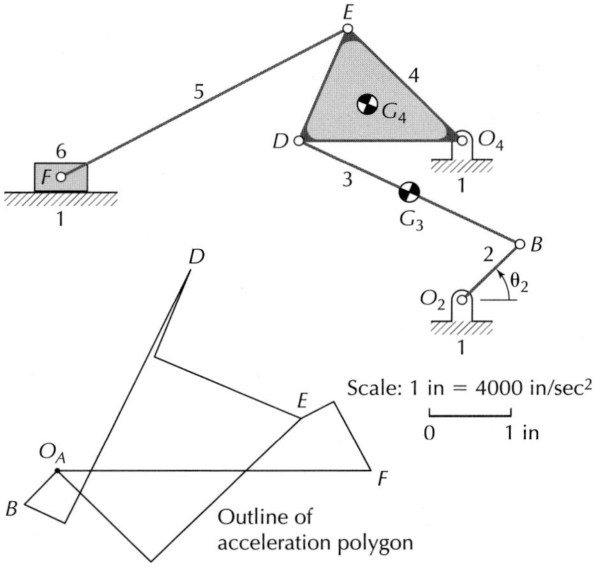

Figure P8.23

P8.24 For the given position of the mechanism shown in the figure, determine the magnitude and sense of the torque required to be applied to link 2 by the base link, to overcome

(a) the inertia of link 3
(b) the inertia of link 4
(c) the inertia of links 3 and 4

$$r_{O_2B} = 5.0 \text{ cm}; \quad r_{BD} = 10.0 \text{ cm}; \quad r_{BG_3} = 3.0 \text{ cm}$$
$$m_3 = 800 \text{ gr}; \quad m_4 = 300 \text{ gr}; \quad I_{G_3} = 1.26 \times 10^{-3} \text{kg-m}^2$$
$$\theta_2 = 40°; \quad \dot{\theta}_2 = 200 \text{ rpm CW}; \quad \ddot{\theta}_2 = 200 \text{ rad/sec}^2 \text{ CCW}$$
$$\bar{a}_{G_4} = 25.2 \text{ m/sec}^2 \text{ @ } 192°; \quad \ddot{\theta}_3 = 122 \text{ rad/sec}^2 \text{ CW}$$
$$\bar{a}_{G_4} = 27.8 \text{ m/sec}^2 \text{ @ } 180°$$

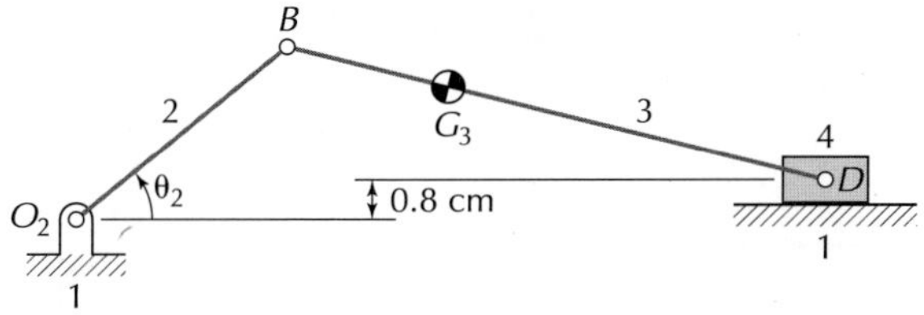

Figure P8.24

P8.25 For the given position of the mechanism shown in the figure, determine the magnitude and sense of the torque required to be applied to link 2 by the base link, to overcome the inertia of link 4.

$$r_{O_2B} = 5.0 \text{ cm}; \quad r_{O_4D} = 8.0 \text{ cm}; \quad r_{O_4G_4} = 4.0 \text{ cm}$$
$$m_4 = 0.50 \text{ kg}; \quad I_{G_4} = 5.0 \times 10^{-4} \text{kg-m}^2$$
$$\ddot{\theta}_2 = 600 \text{ rpm CW (constant)}$$

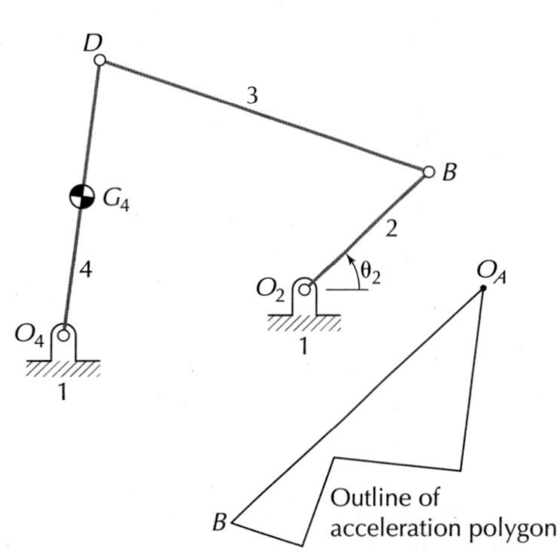

Figure P8.25

P8.26 For the given position of the mechanism shown in Figure P8.26, determine the magnitude and sense of the torque required to be applied to link 2 by the base link, to overcome the inertia of link 6.

$$r_{O_2B} = 5.0 \text{ cm}; \quad m_6 = 50 \text{ gr}; \quad I_{G_6} = 4.0 \times 10^{-5} \text{kg-m}^2$$
$$\dot{\theta}_2 = 100 \text{ rpm CW}; \quad \ddot{\theta}_2 = 80 \text{ rad/sec}^2 \text{ CW}$$
$$\bar{a}_{G_6} = 380 \text{ cm/sec}^2 \text{ @} 253°; \quad \ddot{\theta}_6 = 90 \text{ rad/sec}^2 \text{ CCW}$$

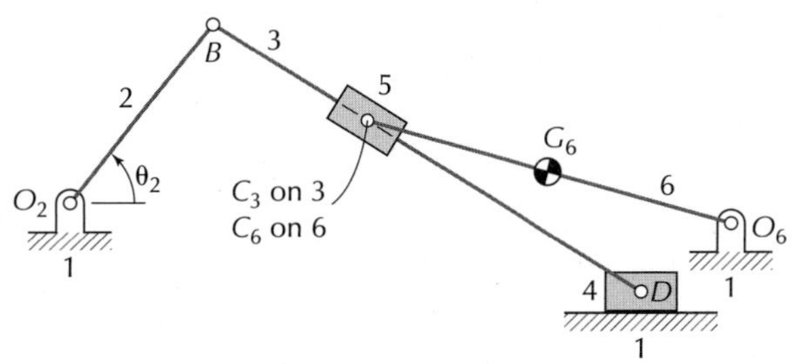

Figure P8.26

P8.27 For the given position of the mechanism shown in Figure P8.27, determine the magnitude and sense of the torque required to be applied to link 2 by the base link, to overcome

(a) the inertia of link 3
(b) the inertia of link 4
(c) the inertia of links 3 and 4

$$r_{O_2B} = 5.0\text{ cm};\quad r_{BD} = 10.0\text{ cm};\quad r_{BG_3} = 3.0\text{ cm}$$
$$m_3 = 200\text{ gr};\quad m_4 = 1200\text{ gr};\quad I_{G_3} = 3.15\times10^{-4}\text{ kg-m}^2$$
$$\theta_2 = 40°;\quad \dot{\theta}_2 = 200\text{ rpm CW};\quad \ddot{\theta}_2 = 200\text{ rad/sec}^2\text{ CCW}$$
$$\bar{a}_{G_4} = 25.2\text{ m/sec}^2 @ 192°;\quad \ddot{\theta}_3 = 122\text{ rad/sec}^2\text{ CW}$$
$$\bar{a}_{G_4} = 27.8\text{ m/sec}^2 @ 180°$$

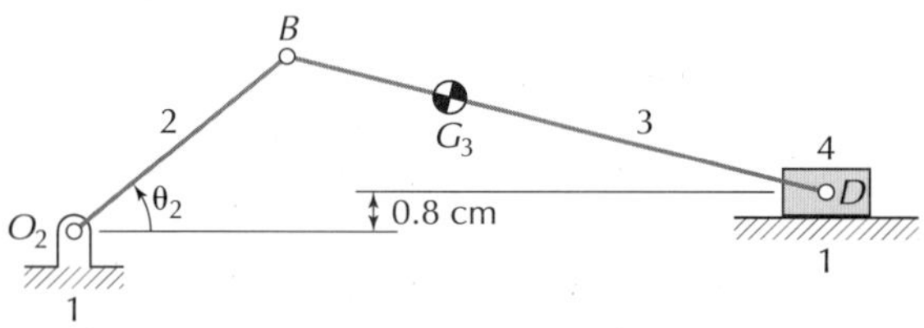

Figure P8.27

P8.28 For the given position of the mechanism shown in the figure, determine the magnitude and sense of the torque required to be applied to link 2 by the base link, to overcome the inertia of link 4.

$$r_{O_2B} = 5.0\text{ cm};\quad r_{O_4D} = 8.0\text{ cm};\quad r_{O_4G_4} = 4.0\text{ cm}$$
$$m_4 = 2.0\text{ kg};\quad I_{G_4} = 2.0\times10^{-3}\text{ kg-m}^2$$
$$\ddot{\theta}_2 = 1200\text{ rpm CW (constant)}$$

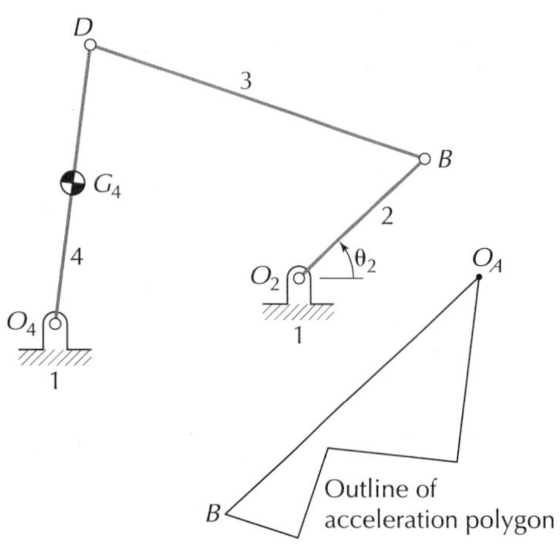

Figure P8.28

P8.29 For the given position of the mechanism shown in the figure, determine the magnitude and sense of the torque required to be applied to crank O_2B by the base link, to overcome the inertia of link 5.

$$r_{O_2B} = 6.0\text{ cm};\quad \theta_2 = 12.0\text{ rad/sec CW (constant)}$$
$$m_5 = 100\text{ gr};\quad I_{G_5} = 2.6\times10^{-4}\text{ kg-m}^2$$
$$\bar{a}_{G_5} = 690\text{ cm/sec}^2 @ 318°;\quad \ddot{\theta}_5 = 108\text{ rad/sec}^2\text{ CW}$$

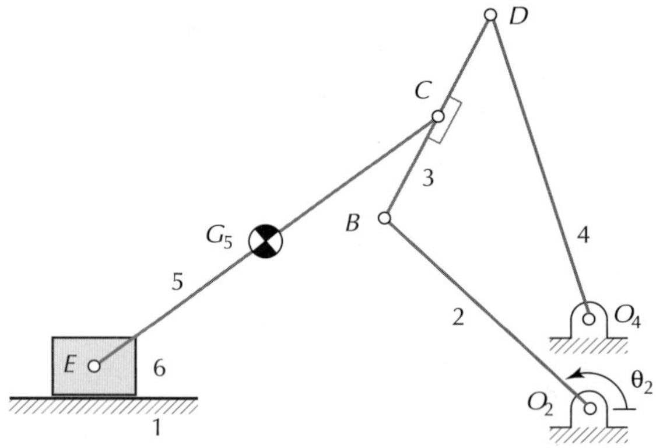

Figure P8.29

P8.30 For the given position of the mechanism shown in the figure, determine the magnitude and sense of the torque required to be applied to crank O_2B by the base link, to overcome the inertia of link 5.

$$r_{O_2B} = 6.0\text{ cm};\quad \theta_2 = 12.0\text{ rad/sec CW (constant)}$$
$$m_5 = 10.0\text{ gr};\quad I_{G_5} = 1.3\times10^{-5}\text{ kg-m}^2$$
$$\bar{a}_{G_5} = 690\text{ cm/sec}^2 @ 318°;\quad \ddot{\theta}_5 = 108\text{ rad/sec}^2\text{ CW}$$

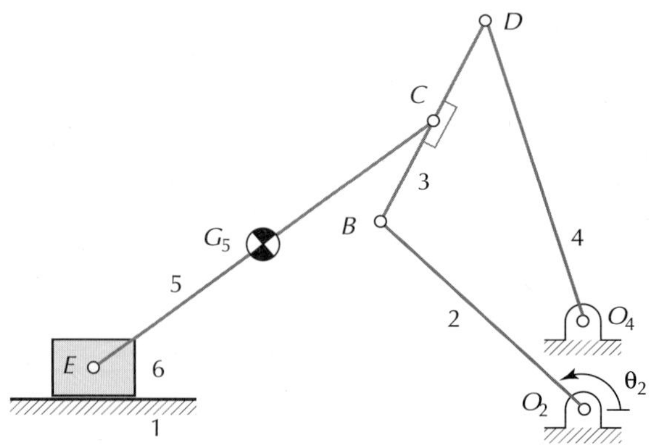

Figure P8.30

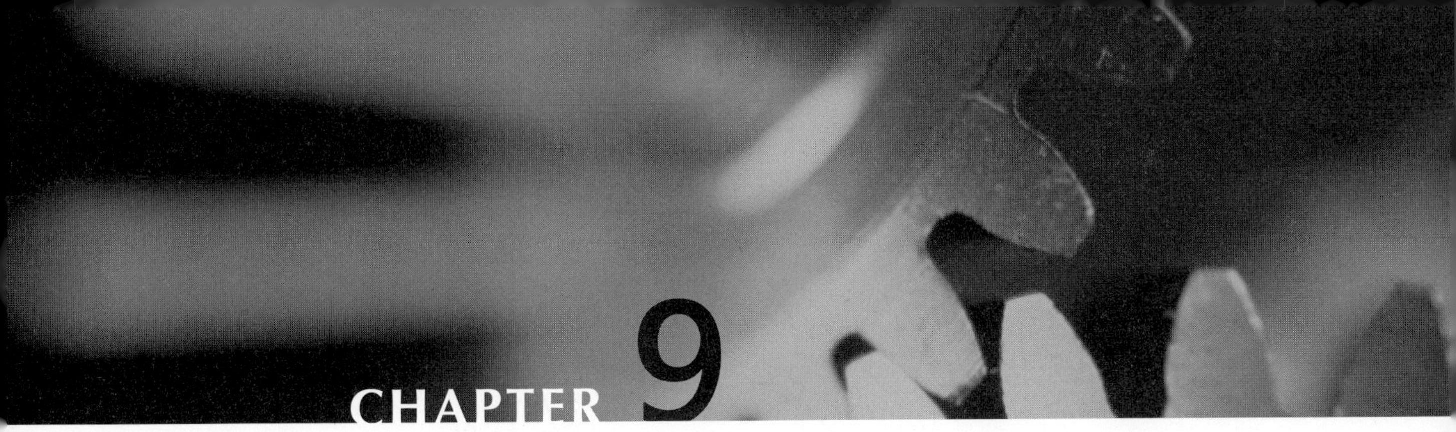

CHAPTER 9

평면 운동 기구의 힘 해석과 밸런싱

9.1 서론

이 장에서는 4절 기구와 슬라이더 크랭크 기구에 대한 운동역학적 해석에 필요한 방정식들이 소개된다. 이 방정식들은 운동 방정식에 기초를 두고(2.12절), 링크의 운동학적 거동을 나타낸다(4장). 컴퓨터를 사용하여 수 사이클에 걸쳐 발생하는 운동을 분석하게 되며, 운동 링크의 불균형 관성으로 인하여 발생하는 **요동력**(shaking force)을 제거하거나 감소시키는 방법도 소개된다.

이 장에서의 모든 해석은 구동 링크의 각속도는 항상 일정하다는 전제하에서 시행되었다. 즉

$$\dot{\theta}_2 = \omega = \text{constant} \tag{9.1-1}$$

이며, 따라서

$$\theta_2 = \omega t \tag{9.1-2}$$

가 된다.

별도의 설명이 없을 때는 모든 링크의 운동을 단일 평면에서 발생하는 평면 운동으로 간주하였다.

9.2 4절 기구의 힘 해석

그림 9.1(a)와 같은 4절 링크 기구를 생각해 보자. 회전하는 핀 요소로부터 링크 2, 3, 4의 질

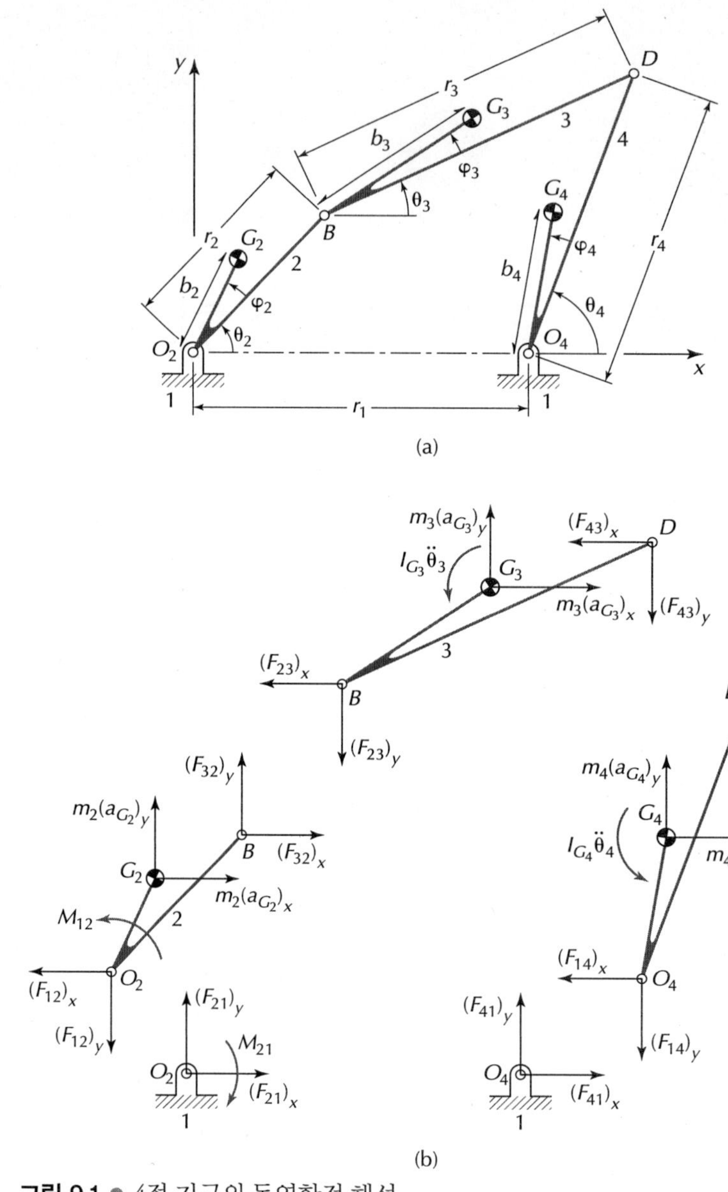

그림 9.1 ● 4절 기구의 동역학적 해석

량 중심까지의 거리를 $b_i(i=2, 3, 4)$이라 하고 회전 각도를 $\varphi_i(i=2, 3, 4)$라 한다. 이때 각각의 링크에 대한 자유물체도는 그림 9.1(b)와 같이 된다. 여기에서 구동 토크 M_{12}는 반드시 결정되어야 하는 중요한 물리량 중의 하나이다.

운동역학적 해석을 완료하려면 운동하는 링크의 질량 중심에서의 가속도를 결정해야 한다. 그림 9.1(a)에 따라 식 (9.1-1)을 적용하면 링크 2에 대한 결과는 다음과 같다.

$$(r_{G_2})_x = b_2 \cos(\theta_2 + \varphi_2)$$
$$(a_{G_2})_x = (\ddot{r}_{G_2})_x = -b_2 \omega^2 \cos(\theta_2 + \varphi_2)$$

$$(r_{G_2})_y = b_2 \sin(\theta_2 + \varphi_2)$$
$$(a_{G_2})_y = (\ddot{r}_{G_2})_y = -b_2\ \omega^2 \sin(\theta_2 + \varphi_2) \tag{9.2-1}$$

링크 3에 관한 결과는 다음과 같다.

$$(r_{G_3})_x = r_2 \cos\theta_2 + b_3 \cos(\theta_3 + \varphi_3)$$
$$(a_{G_3})_x = -r_2\omega^2 \cos\theta_2 - b_3\left[\dot{\theta}_3^2 \cos(\theta_3 + \varphi_3) + \ddot{\theta}_3 \sin(\theta_3 + \varphi_3)\right]$$
$$(r_{G_3})_y = r_2 \sin\theta_2 + b_3 \sin(\theta_3 + \varphi_3)$$
$$(a_{G_3})_y = -r_2\omega^2 \sin\theta_2 - b_3\left[\dot{\theta}_3^2 \sin(\theta_3 + \varphi_3) - \ddot{\theta}_3 \cos(\theta_3 + \varphi_3)\right] \tag{9.2-2}$$

링크 4에 관한 결과는 다음과 같다.

$$(r_{G_4})_x = r_1 + b_4 \cos(\theta_4 + \varphi_4)$$
$$(a_{G_4})_x = -b_4\left[\dot{\theta}_4^2 \cos(\theta_4 + \varphi_4) + \ddot{\theta}_4 \sin(\theta_4 + \varphi_4)\right]$$
$$(r_{G_4})_y = b_4 \sin(\theta_4 + \varphi_4)$$
$$(a_{G_4})_y = -b_4\left[\dot{\theta}_4^2 \sin(\theta_4 + \varphi_4) - \ddot{\theta}_4 \cos(\theta_4 + \varphi_4)\right] \tag{9.2-3}$$

링크 2의 운동 방정식은 식 (2.12-6)뿐만 아니라 식 (2.12-1)의 x 성분과 y 성분을 고려함으로써 구할 수 있다. 그림 9.1(b)로부터 다음 식들을 얻을 수 있다.

$$(F_{32})_x - (F_{12})_x = m_2(a_{G_2})_x \tag{9.2-4}$$

$$(F_{32})_y - (F_{12})_y = m_2(a_{G_2})_y \tag{9.2-5}$$

$$-(F_{32})_x r_2 \sin\theta_2 + (F_{32})_y r_2 \cos\theta_2 + M_{12} = 0 \tag{9.2-6}$$

링크 3과 4에 대해서도 동일한 형태의 식을 얻을 수 있으며, 모든 운동 링크에 대한 운동 방정식을 모두 포함하는 행렬 형태의 방정식으로 다음과 같이 나타낼 수 있다.

$$[A]\{x\} = \{B\} \tag{9.2-7}$$

여기에서

$$[A] = \begin{bmatrix} -1 & 0 & 1 & 0 & 0 & 0 & 0 & 0 & 0 \\ 0 & -1 & 0 & 1 & 0 & 0 & 0 & 0 & 0 \\ 0 & 0 & A_{3,3} & A_{3,4} & 0 & 0 & 0 & 0 & 1 \\ 0 & 0 & -1 & 0 & -1 & 0 & 0 & 0 & 0 \\ 0 & 0 & 0 & -1 & 0 & -1 & 0 & 0 & 0 \\ 0 & 0 & A_{6,3} & A_{6,4} & A_{6,5} & A_{6,6} & 0 & 0 & 0 \\ 0 & 0 & 0 & 0 & 1 & 0 & -1 & 0 & 0 \\ 0 & 0 & 0 & 0 & 0 & 1 & 0 & -1 & 0 \\ 0 & 0 & 0 & 0 & A_{9,5} & A_{9,6} & 0 & 0 & 0 \end{bmatrix} \tag{9.2-8a}$$

$$A_{3,3} = -r_2 \sin\theta_2; \qquad A_{3,4} = r_2 \cos\theta_2$$

$$A_{6,3} = -b_3(\sin\theta_3 + \varphi_3); \qquad A_{6,4} = b_3 \cos(\theta_3 + \varphi_3)$$

$$A_{6,5} = r_3 \sin\theta_3 - b_3 \sin(\theta_3 + \varphi_3); \qquad A_{6,6} = -r_3 \cos\theta_3 + b_3 \cos(\theta_3 + \varphi_3)$$

$$A_{9,5} = -r_4 \sin\theta_4; \qquad A_{9,6} = r_4 \cos\theta_4$$

$$\{x\} = \begin{Bmatrix} (F_{12})_x \\ (F_{12})_y \\ (F_{23})_x \\ (F_{23})_y \\ (F_{34})_x \\ (F_{34})_y \\ (F_{14})_x \\ (F_{14})_y \\ M_{12} \end{Bmatrix}; \qquad \{B\} = \begin{Bmatrix} m_2(a_{G_2})_x \\ m_2(a_{G_2})_y \\ 0 \\ m_3(a_{G3})_x \\ m_3(a_{G3})_y \\ I_{G_3}\ddot{\theta}_3 \\ m_4(a_{G4})_x \\ m_4(a_{G4})_y \\ (I_{G_4} + m_4 b_4^2)\ddot{\theta}_4 \end{Bmatrix} \tag{9.2-8b; 9.2-8c}$$

위의 방정식은 링크 3과 4의 각변위, 각속도, 각가속도의 함수로 나타나는데, 이러한 것들은 4.3.3절에서 소개된 방정식을 사용하여 구해진다.

식 (9.2-7)로부터 링크 i와 j 사이의 핀 요소를 통하여 전달되는 힘의 크기를 다음과 같이 계산할 수 있다.

$$|\bar{F}_{ij}| = [(F_{ij})_x^2 + (F_{ij})_y^2]^{1/2} \tag{9.2-9}$$

힘의 방향은 다음과 같다.

$$\alpha_{ij} = \tan 2^{-1}[(F_{ij})_x, (F_{ij})_y], \qquad -\pi < \alpha_{ij} < \pi \tag{9.2-10}$$

요동력(shaking force)은 기초 피벗(base pivot)을 통하여 기초 링크(base link)로 전달되며 다음과 같다.

$$\bar{F}_S = \bar{F}_{21} + \bar{F}_{41} \tag{9.2-11}$$

요동력의 크기는 다음과 같다.

$$|\bar{F}_S| = \{[(F_{21})_x + (F_{41})_x]^2 + [(F_{21})_y + (F_{41})_y]^2\}^{1/2} \tag{9.2-12}$$

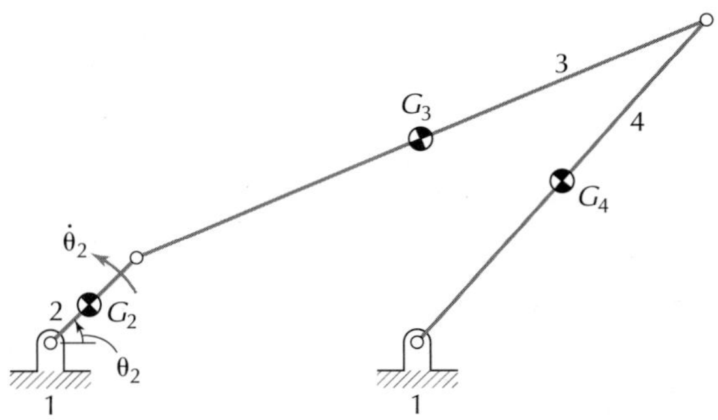

그림 9.2 ● 4절 기구

표 9.1 그림 9.2에 나타나 있는 4절 기구의 사양

	Link 1	Link 2	Link 3	Link 4
r_i (cm)	6.00	2.00	10.0	7.00
b_i (cm)	—	1.00	5.00	3.50
m (gr)	—	6.24	31.2	21.8
φ_i (degrees)	—	0	0	0
I_{G_i} (gr-cm^2)	—	—	260	89.0

방향은 다음과 같다.

$$\alpha_S = \tan 2^{-1}\{[(F_{21})_x + (F_{41})_x], [(F_{21})_y + (F_{41})_y]\}, \quad -\pi < \alpha_S < \pi \tag{9.2-13}$$

기초 피벗 O_2에 관한 **요동 모멘트**(shaking moment)는 기초 링크에서 발생하는 구동 토크와 기초 피벗 O_4에서의 반력에 기인하는 것으로 다음과 같다.

$$M_S = -M_{21} + (F_{41})_y r_1 \tag{9.2-14}$$

위의 방정식들을 적용하기 위해 그림 9.2에서와 같은 4절 링크 기구를 생각해 보자. 링크 2가 반시계 방향(CCW)으로 $\omega = 50$ rad/sec의 각속도로 구동된다고 하자. 이때 각 링크의 사양(parameter)은 표 9.1에서와 같다.

식 (9.2-7)과 (9.2-8)로부터 그림 9.3에서와 같이 구동 토크를 구할 수 있고, 식 (9.2-12)와 (9.2-13)으로부터 그림 9.4(a)에서와 같이 요동력을 구할 수 있는데, 곡선 상에 있는 점은 어떤 특정한 θ_2의 값에 대한 요동력의 크기와 방향을 나타낸다. 이 그림에서는 $\theta_2 = 30°$인 경우를 나타내고 있으며, 다른 값들은 다음과 같이 계산된다.

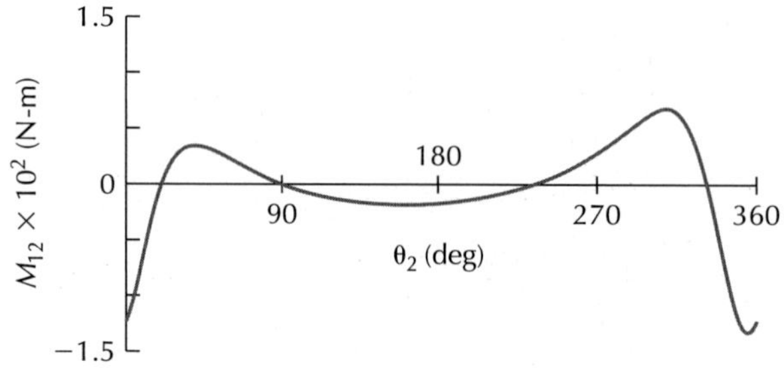

그림 9.3 ● 구동 토크

$$
\begin{aligned}
(F_{12})_x &= 7.47\text{ N};\quad (F_{12})_y = 2.60\text{ N} \\
(F_{14})_x &= -3.93\text{ N};\quad (F_{14})_y = -4.76\text{ N} \\
\overline{F}_S &= [(F_{21})_x + (F_{41})_x]\overline{i} + [(F_{21})_y + (F_{41})_y]\overline{j} \\
&= (7.47 - 3.93)\,\overline{i} + (2.60 - 4.76)\overline{j} \\
&= 3.54\,\overline{i} - 2.16\,\overline{j}\ \text{N} \\
\alpha_S &= \tan 2^{-1}\{[(F_{21})_x + (F_{41})_x], [(F_{21})_y + (F_{41})_y]\} \\
&= \tan 2^{-1}(3.54\,, -2.16) = -31.4°
\end{aligned}
$$

그림 9.4(b)는 3개의 운동 링크와 기초 링크에 작용하는 힘과 요동력을 보여주고 있다.

식 (9.2-9)와 (9.2-10)으로부터 그림 9.5에서와 같이 링크 2와 3 사이의 핀 요소에서의 힘을 구할 수 있고, 식 (9.2-14)로부터 그림 9.6에서와 같이 요동 모멘트를 구할 수 있다.

기초 링크로 전달되는 과도한 요동력은 일반적으로 바람직하지 않은 조건을 야기한다. 9.6절에서 기초 피벗을 통해 전달되는 요동력을 제거하는 방법이 제시된다.

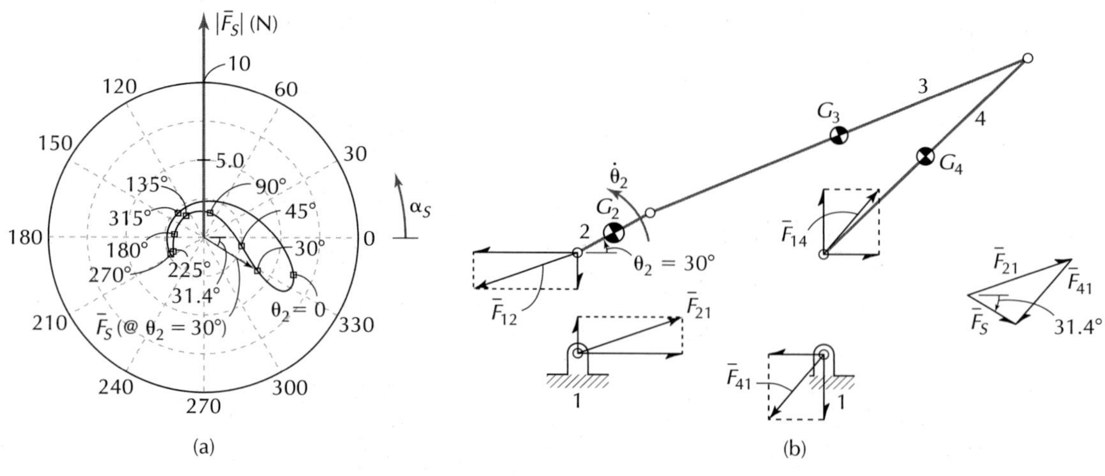

그림 9.4 ● 요동력

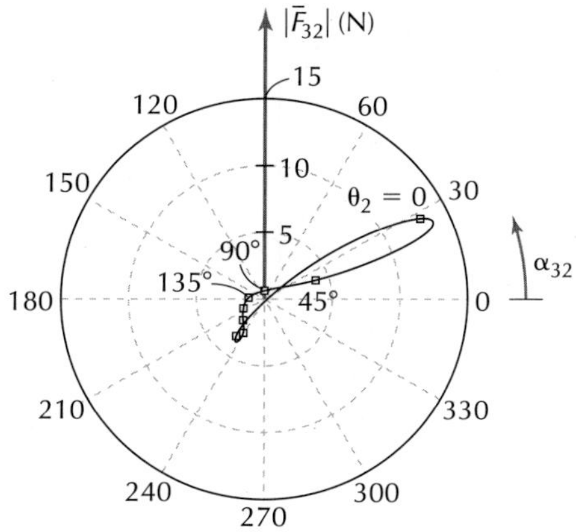

그림 9.5 ● 회전 대우에서의 힘

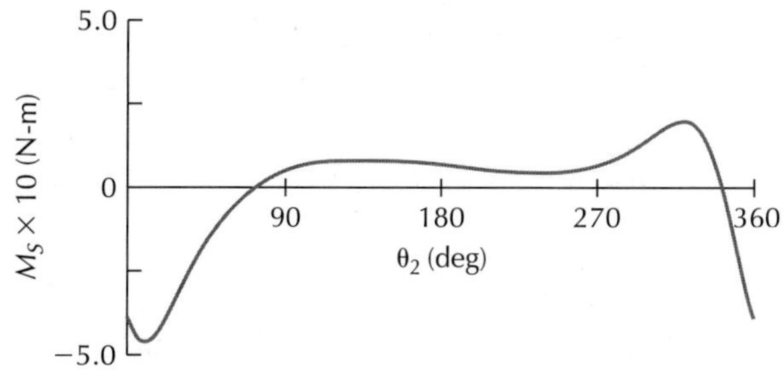

그림 9.6 ● 요동 모멘트

9.3 슬라이더 크랭크 기구의 힘 해석

그림 9.7(a)에서와 같은 슬라이더 크랭크 기구에서, 크랭크의 각속도는 ω로 일정하며, 회전하는 핀 요소로부터 링크 2와 3의 질량 중심까지의 거리가 $b_i(i = 2, 3)$이고, 회전 각도는 $\varphi_i(i = 2, 3)$이다. 각 링크의 자유물체도는 그림 9.7(b)와 같다. 이 자유물체도에 근거하여 운동 방정식을 유도하면 다음과 같다.

$$[A]\{x\} = \{B\} \tag{9.3-1}$$

여기서

$$[A] = \begin{bmatrix} -1 & 0 & 1 & 0 & 0 & 0 & 0 & 0 \\ 0 & -1 & 0 & 1 & 0 & 0 & 0 & 0 \\ 0 & 0 & A_{3,3} & A_{3,4} & 0 & 0 & 0 & 1 \\ 0 & 0 & -1 & 0 & -1 & 0 & 0 & 0 \\ 0 & 0 & 0 & -1 & 0 & -1 & 0 & 0 \\ 0 & 0 & A_{6,3} & A_{6,4} & A_{6,5} & A_{6,6} & 0 & 0 \\ 0 & 0 & 0 & 0 & 1 & 0 & 0 & 0 \\ 0 & 0 & 0 & 0 & 0 & 1 & -1 & 0 \end{bmatrix} \tag{9.3-2a}$$

$$A_{3,3} = -r_2 \sin\theta_2; \quad A_{3,4} = r_2 \cos\theta_2$$

$$A_{6,3} = r_3 \sin\theta_3 - b_3 \sin(\theta_3 + \varphi_3); \quad A_{6,4} = -r_3 \cos\theta_3 + b_3 \cos(\theta_3 + \varphi_3)$$

$$A_{6,5} = -b_3 \sin(\theta_3 + \varphi_3); \quad A_{6,6} = b_3 \cos(\theta_3 + \varphi_3)$$

$$\{x\} = \begin{Bmatrix} (F_{12})_x \\ (F_{12})_y \\ (F_{23})_x \\ (F_{23})_y \\ (F_{34})_x \\ (F_{34})_y \\ (F_{14})_y \\ M_{12} \end{Bmatrix}; \quad \{B\} = \begin{Bmatrix} m_2(a_{G_2})_x \\ m_2(a_{G_2})_y \\ 0 \\ m_3(a_{G_3})_x \\ m_3(a_{G_3})_y \\ I_{G_3}\ddot{\theta}_3 \\ m_4(a_{G_4})_x \\ 0 \end{Bmatrix} \tag{9.3-2b; 9.3-2c}$$

식 (9.3-2)는 링크 3의 각변위, 각속도, 각가속도를 포함하고 있는데, 이 값들은 식 (4.3-77), (4.3-82), 그리고 식 (4.3-84)에 의해 구해진다. 식 (9.3-2c)는 링크 2, 3, 4의 질량 중심에서의 병진 가속도의 함수이며, 이 가속도들은 4.4절에서 설명된 절차에 의해 구할 수 있다. 링크 2에 대한 결과, 즉 질량 중심에서의 병진 가속도는 다음과 같다.

$$(a_{G_2})_x = -b_2\,\omega^2\cos(\theta_2 + \varphi_2); \quad (a_{G_2})_y = -b_2\omega^2\sin(\theta_2 + \varphi_2) \tag{9.3-3}$$

링크 3에서는

$$\begin{aligned}(a_{G_3})_x &= -r_2\omega^2\cos\theta_2 + \dot{\theta}_3^2[r_3\cos\theta_3 - b_3\cos(\theta_3 + \varphi_3)] \\ &\quad + \ddot{\theta}_3[r_3\sin\theta_3 - b_3\sin(\theta_3 + \varphi_3)] \\ (a_{G_3})_y &= -r_2\omega^2\sin\theta_2 + \dot{\theta}_3^2[r_3\sin\theta_3 - b_3\sin(\theta_3 + \varphi_3)] \\ &\quad - \ddot{\theta}_3[r_3\cos\theta_3 - b_3\cos(\theta_3 + \varphi_3)]\end{aligned} \tag{9.3-4}$$

링크 4에서는

$$(a_{G_4})_x = \frac{-r_2\omega^2\cos(\theta_3 - \theta_2) + r_3\dot{\theta}_3^2}{\cos\theta_3} \tag{9.3-5}$$

요동력은 다음과 같다.

$$\boxed{\bar{F}_S = \bar{F}_{21} + \bar{F}_{41}} \tag{9.3-6}$$

이 요동력의 크기와 방향은 다음과 같다.

$$\boxed{\begin{aligned} |\bar{F}_S| &= \{(F_{21})_x^2 + [(F_{21})_y + (F_{21})_y]^2\}^{1/2} \\ \alpha_S &= \tan 2^{-1}\{(F_{21})_x, [(F_{21})_y + (F_{41})_y]\}, \quad -\pi < \alpha_S < \pi \end{aligned}} \tag{9.3-7}$$

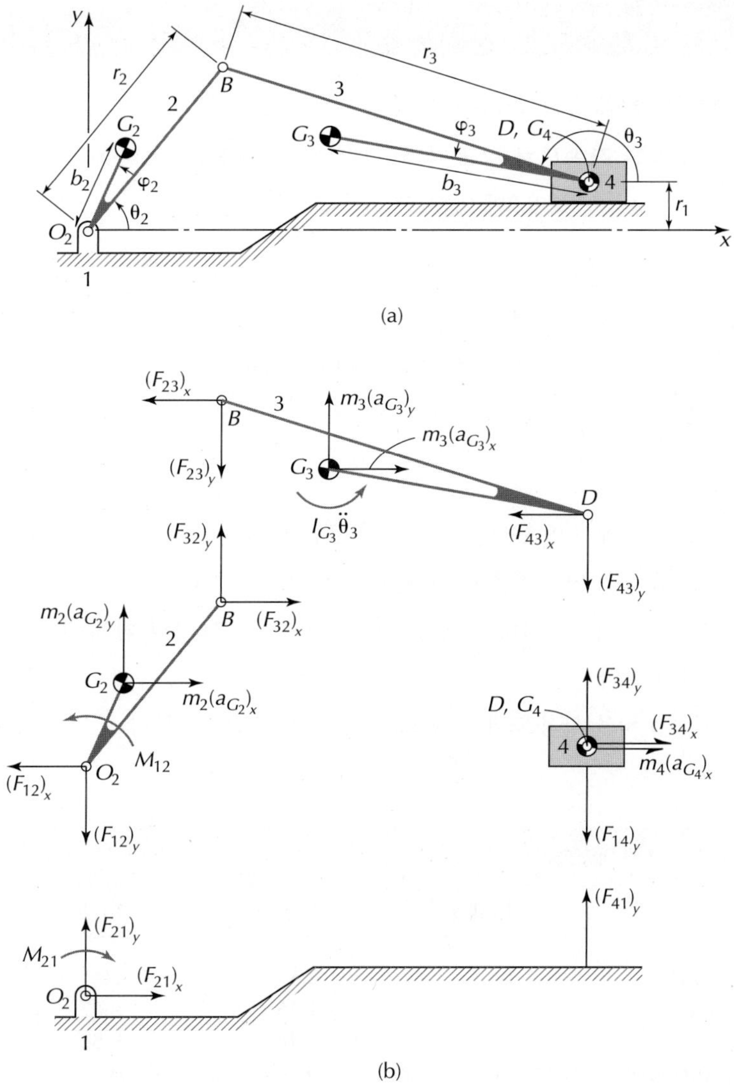

그림 9.7 ● 슬라이더 크랭크 기구의 동역학적 해석

회전 대우를 통해 전달되는 힘의 크기와 방향은 식 (9.2-9)와 (9.2-10)을 사용하여 구할 수 있으며, 요동 모멘트는 다음과 같다.

$$\boxed{M_S = -M_{21} + (F_{41})_y(r_2\cos\theta_2 - r_3\cos\theta_3)} \tag{9.3-8}$$

예제 9.1 | 슬라이더 크랭크 기구의 동역학적 힘 해석

그림 9.8에서와 같은 슬라이더 크랭크 기구에서, 링크 2가 반시계 방향으로 $\omega = 55$ rad/sec의 일정한 각속도로 구동된다. 크랭크가 1회전할 때 다음의 값을 결정하라. 필요한 파라미터 값들은 표 9.2에 있다.

(a) 구동 토크 선도
(b) 요동력의 극좌표 선도
(c) 링크 2와 3 사이의 회전 대우에서 힘의 극좌표 선도
(d) 요동 모멘트 선도

풀이

(a) 식 (9.3-1)에서 (9.3-5)를 사용하면 구동 토크는 그림 9.9와 같다.
(b) 식 (9.3-6)과 (9.3-7)을 사용하면 요동력의 극좌표 선도는 그림 9.10과 같다.
(c) 식 (9.2-9)와 (9.2-10)을 사용하면 링크 2와 3 사이의 힘에 대한 극좌표 선도는 그림 9.11과 같다.
(d) 식 (9.3-8)을 사용하면 요동 모멘트는 그림 9.12와 같다.

표 9.2 그림 9.8 슬라이더 크랭크 기구의 파라미터

	Link 1	Link 2	Link 3	Link 4
r_i (cm)	0	2.5	10	—
b_i (cm)	—	1.25	6.67	—
m (gr)	—	2.46	9.84	10
φ_i (degrees)	—	0	0	—
I_{G_i} (gr-cm^2)	—	—	82	—

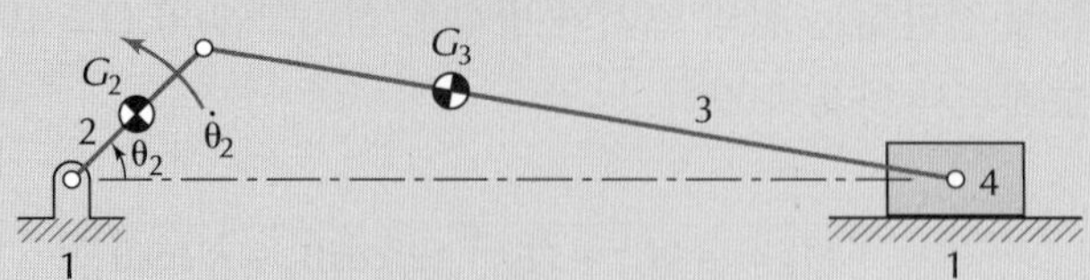

그림 9.8 ● 슬라이더 크랭크 기구

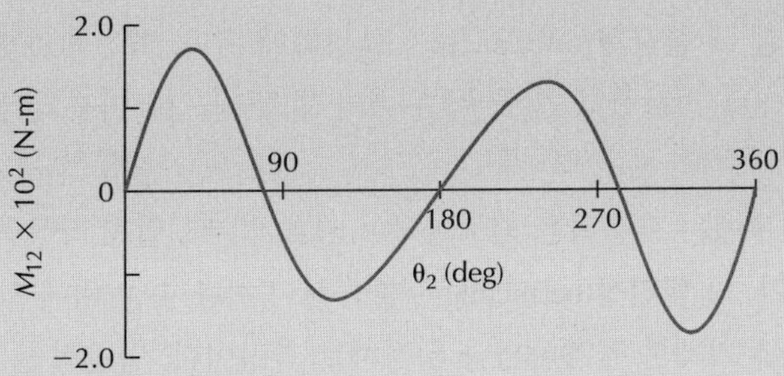

그림 9.9 ● 구동 토크

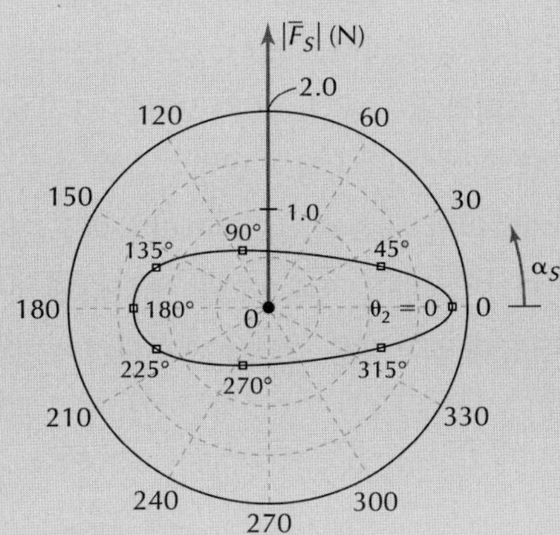

그림 9.10 ● 요동력

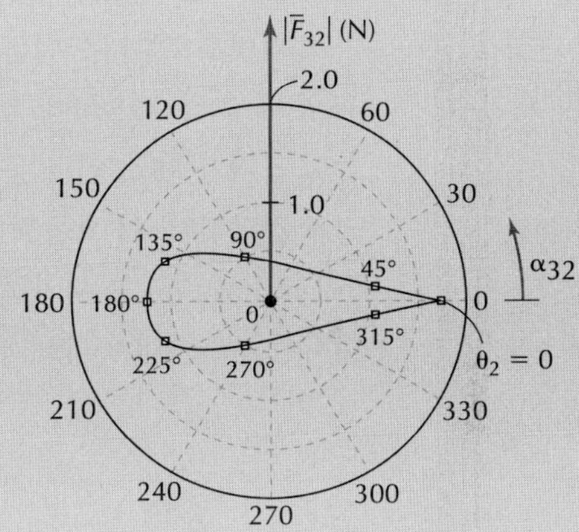

그림 9.11 ● 회전 대우에서의 힘

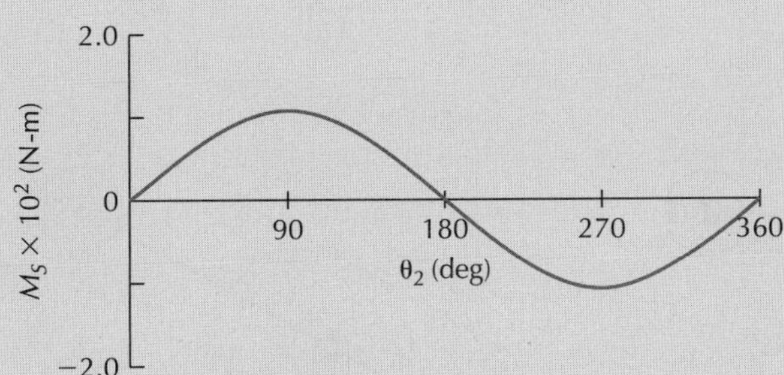

그림 9.12 ● 요동 모멘트

9.4 불균형과 밸런싱(균형잡기)

일반적으로 모든 기계에는 회전하는 부분이 있는데, 만일 회전 중심과 질량 중심이 일치하지 않으면 회전할 때 **불균형**(unbalance)이 발생하게 된다. 회전체의 불균형은 관성력을 야기하여 연결 링크로 전달한다. 만약 이 부재가 기초 링크에 연결되어 있다면, 요동력을 발생시킬 것이다.

대부분의 경우에는 요동력을 최소화하여 기계가 부드럽게 작동하도록 하는 것이 바람직하다. **균형잡기**, 즉 **밸런싱**(balancing)은 불균형이 허용 수준 내에 있도록, 즉 불균형을 감소시킬 수 있도록 기계를 설계하거나 수정하는 과정이다. 일반적인 밸런싱에서는 기계의 링크에 질량을 더하거나 감소시켜 균형을 이루게 한다.

그림 9.13(a)에서는 기초 피벗 O를 중심으로 각속도 ω로 회전하는 링크를 보여주고 있다. 이 링크는 m_A와 m_B의 집중 질량으로 이루어져 있다고 생각한다. G는 질량 중심이며, 기초 피벗으로부터 e 만큼 떨어진 곳에 위치하고 있다. 그림 9.13(a)의 시스템은 $M = m_A + m_B$일 때 그림 9.13(b)에 있는 시스템과 등가이다. 이 시스템은 그림 9.13(c)에 나타낸 바와 같이 크기가 $Me\omega^2$인 요동력을 발생시킨다. 이 힘의 방향은 ω의 속도로 회전하며, 기초 링크로 전달된다. 이 요동력을 제거하려면 기초 피벗으로부터 r_c 만큼 떨어진 곳에 **균형 질량**(balance mass) m_c를 부가해야 한다. 이 질량은 그림 9.13(d)에 나타낸 바와 같이 기초 피벗과 대각선으로 반대 방향에 부가되며, 다음과 같은 조건을 만족시켜야 한다.

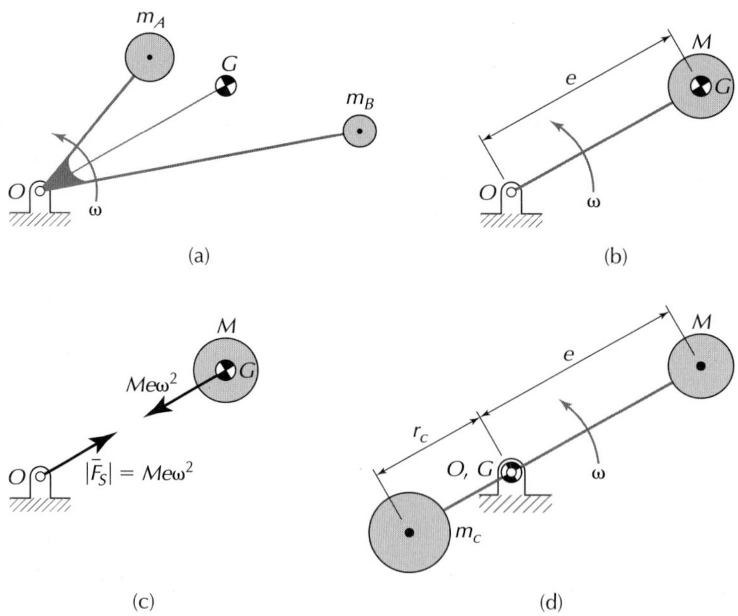

그림 9.13 ● 회전 링크의 힘 밸런싱

$$\boxed{m_c r_c = Me} \tag{9.4-1}$$

밸런싱을 하고 나면, 회전 중심과 질량 중심이 일치하게 된다.

위에서 설명한 것은 **회전 불균형**(rotating unbalance)에 관한 것이다. 고정축을 중심으로 회전하는 결과로 나타나는 회전 불균형 외에도 많은 기구에서 **왕복 불균형**(reciprocating unbalance)이 동시에 발생한다. 이는 병진 운동을 하는 질량에 의한 관성력에 기인하는 것으로, 슬라이더 크랭크 기구에서는 슬라이더의 병진 운동에 의해 발생하고, 4절 기구의 커플러에서도 발생한다.

다음 절에서는 4절 기구와 슬라이더 크랭크 기구에서 발생하는 요동력을 제거하거나 감소시키는 방법에 관해 논의할 것이다.

9.5 4절 기구의 힘 밸런싱

이 절에서는 4절 기구에서 완전하게 힘을 밸런싱하는 방법[10]이 소개된다. 여기에서는 전체 기구의 질량 중심을 링크의 성질과 입력 링크의 회전 변위의 항으로 나타내는데, 이 식을 이용하여 전체 기구의 질량 중심이 일정하다는 전제하에 링크의 값들을 계산한다. 결과적으로 기구의 질량 중심에서는 가속도가 없으며, 따라서 2개의 기초 피벗을 통하여 기초 링크로 전달되는 관성력은 존재하지 않는다.

그림 9.14에서와 같은 4절 기구에서, 복소 평면의 실수축을 기초 피벗을 지나는 직선으로 하고, 벡터 $R_{sj}(j=2, 3, 4)$를 운동하는 링크의 질량 중심까지의 벡터라고 하며, b_i와 φ_i는 그림 9.1(a)에 나타낸 바와 같이, 회전 대우에 관하여 각 링크의 질량 중심을 나타낸다.

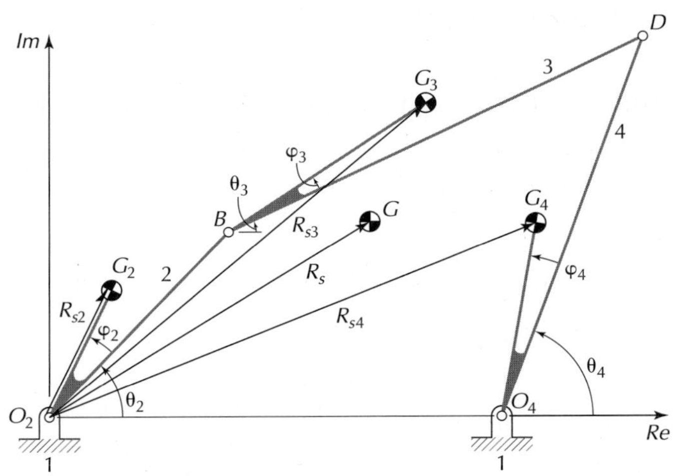

그림 9.14 ● 4절 기구의 질량 중심의 위치

전체 기구의 질량 중심 G의 위치는 다음과 같다.

$$R_s = \frac{1}{M}(m_2 R_{s2} + m_3 R_{s3} + m_4 R_{s4}) \tag{9.5-1}$$

여기에서

$$M = m_2 + m_3 + m_4 \tag{9.5-2}$$

그림 9.1(a)와 9.14로부터

$$\begin{aligned} R_{s2} &= b_2 e^{i(\theta_2 + \varphi_2)} \\ R_{s3} &= r_2 e^{i\theta_2} + b_3 e^{i(\theta_3 + \varphi_3)} \\ R_{s4} &= r_1 + b_4 e^{i(\theta_4 + \varphi_4)} \end{aligned} \tag{9.5-3}$$

식 (9.5-3)을 식 (9.5-1)에 대입하여 정리하면 다음과 같다.

$$MR_s = (m_2 b_2 e^{i\varphi_2} + m_3 r_2)e^{i\theta_2} + (m_3 b_3 e^{i\varphi_3})e^{i\theta_3} + (m_4 b_4 e^{i\varphi_4})e^{i\theta_4} + m_4 r_1 \tag{9.5-4}$$

식 (9.5-4)는 3개의 이동 링크의 회전 변위의 함수이다. 세 회전 변위 중의 하나를 루프 방정식(4.2절 참조)에 대입함으로써 제거할 수 있다. 즉

$$r_2 e^{i\theta_2} + r_3 e^{i\theta_3} - r_4 e^{i\theta_4} - r_1 = 0 \tag{9.5-5}$$

식 (9.5-5)를 $e^{i\theta_3}$에 관하여 풀면

$$e^{i\theta_3} = \frac{1}{r_3}(r_1 - r_2 e^{i\theta_2} + r_4 e^{i\theta_4}) \tag{9.5-6}$$

식 (9.5-6)을 식 (9.5-4)에 대입하여 정리하면

$$\begin{aligned} MR_s = &\left(m_2 b_2 e^{i\varphi_2} + m_3 r_2 - m_3 b_3 \frac{r_2}{r_3} e^{i\varphi_3} \right) e^{i\theta_2} + \left(m_4 b_4 e^{i\varphi_4} + m_3 b_3 \frac{r_4}{r_3} e^{i\varphi_3} \right) e^{i\theta_4} \\ &+ m_4 r_1 + m_3 b_3 \frac{r_1}{r_3} e^{i\varphi_3} \end{aligned} \tag{9.5-7}$$

식 (9.5-7)에서, θ_2와 θ_4만이 시간 함수이므로 $e^{i\theta_2}$와 $e^{i\theta_4}$의 계수가 0이라면, 이 식은 시간에 대해 독립적이다. 따라서

$$m_2 b_2 e^{i\varphi_2} + m_3 r_2 - m_3 b_3 \frac{r_2}{r_3} e^{i\varphi_3} = 0 \tag{9.5-8}$$

$$m_4 b_4 e^{i\varphi_4} + m_3 b_3 \frac{r_4}{r_3} e^{i\varphi_3} = 0 \tag{9.5-9}$$

이때 벡터 R_s는 일정하다. 식 (9.5-8)과 (9.5-9)에 의하여 힘 밸런싱을 이루는 이동 링크의 성질을 구할 수 있다. 이 방정식들은 3개 이동 링크의 파라미터에 관한 것이고, 이 중의 한 링크, 말하자면 링크 3을 정해 주면 링크 2와 링크 4의 파라미터를 계산할 수 있다. 이 경우에 식 (9.5-8)과 (9.5-9)를 정리하고 링크 3에 관한 파라미터를 우변에 놓으면

$$m_2 b_2 e^{i\varphi_2} = m_3\left(b_3 \frac{r_2}{r_3} e^{i\varphi_3} - r_2\right) \tag{9.5-10}$$

$$m_4 b_4 e^{i\varphi_4} = -m_3 b_3 \frac{r_4}{r_3} e^{i\varphi_3} \tag{9.5-11}$$

링크 2와 링크 4에 대한 파라미터를 구할 경우에는 각각의 링크에 관한 좌표계를 사용하는 것이 편리하다(그림 9.15 참조). 식 (9.5-10)과 (9.5-11)의 성분은 다음과 같다.

$$\begin{aligned} m_2(b_2)_{\xi_2} &= m_3\left(b_3 \frac{r_2}{r_3}\cos\varphi_3 - r_3\right) \\ m_2(b_2)_{\eta_2} &= m_3 b_3 \frac{r_2}{r_3}\sin\varphi_3 \end{aligned} \tag{9.5-12}$$

$$\begin{aligned} m_4(b_4)_{\xi_4} &= -m_3 b_3 \frac{r_4}{r_3}\cos\varphi_3 \\ m_4(b_4)_{\eta_4} &= -m_3 b_3 \frac{r_4}{r_3}\sin\varphi_3 \end{aligned} \tag{9.5-13}$$

식 (9.5-12)와 (9.5-13)을 이용하여 힘 밸런싱을 이룰 수 있는 값들을 계산할 수 있다. 또한 기존의 기구에 대해서는 힘 균형을 이루는 균형 질량의 위치와 크기를 계산할 수 있다. 다음의 예제를 통하여 상세히 설명한다.

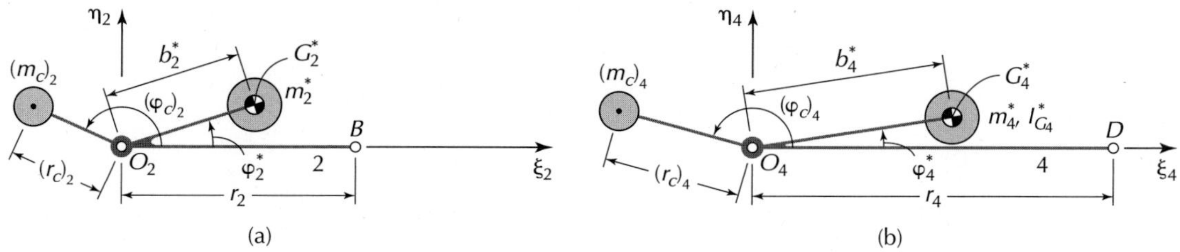

그림 9.15 ● 4절 기구에 균형 질량을 위치시키기 위한 국부 좌표계. (a) 링크 2, (b) 링크 4

예제 9.2 | 4절 기구의 힘 밸런싱

그림 9.16(a)에서와 같은 4절 기구의 파라미터는 다음과 같다.

$$r_1 = 6.0 \text{ cm}$$
$$r_2 = 2.0 \text{ cm};\ m_2^* = 250 \text{ gr};\ b_2^* = 0.70 \text{ cm};\ \varphi_2^* = 5°$$
$$r_3 = 10.0 \text{ cm};\ m_3 = 500 \text{ gr};\ b_3 = 3.0 \text{ cm};\ \varphi_3 = 10°$$
$$r_4 = 7.0 \text{ cm};\ m_4^* = 250 \text{ gr};\ b_4^* = 2.5 \text{ cm};\ \varphi_4^* = 15°$$
$$I_{G_3} = 250 \text{ gr-cm}^2;\ I_{O_4}^* = 500 \text{ gr-cm}^2$$

링크 2는 반시계 방향으로 일정한 각속도 120 rad/sec를 갖는다. 그림 9.16(b)에서는 요동력을 극좌표로 도시하였다.

힘 균형을 이루는 링크 2와 링크 4의 균형 질량의 위치와 크기를 결정하라. 기초 피벗으로부터 반경 방향으로 아래와 같이 떨어져 있는 곳에 질량을 더하라.

$$(r_c)_2 = 1.0 \text{ cm};\ (r_c)_4 = 3.5 \text{ cm}$$

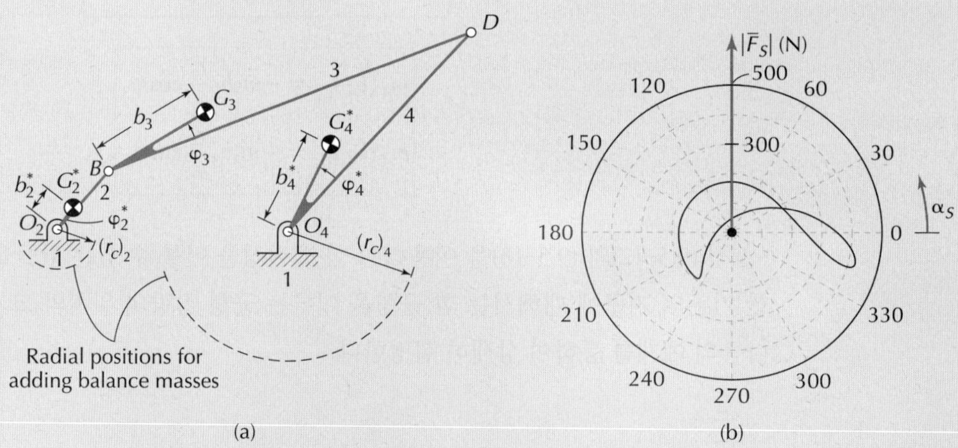

그림 9.16 ● 힘 밸런싱 전의 4절 기구. (a) 기구, (b) 요동력

풀이

식 (9.5-12)와 (9.5-13)으로부터

$$m_2(b_2)_{\xi_2} = -705 \text{ gr-cm};\ m_2(b_2)_{\eta_2} = 52.1 \text{ gr-cm}$$
$$m_4(b_4)_{\xi_4} = -1000 \text{ gr-cm};\ m_4(b_4)_{\eta_4} = -182 \text{ gr-cm}$$

이 기구에 힘 밸런싱을 제공하려면 링크 2와 링크 4에 각각 균형 질량 $(m_c)_2$와 $(m_c)_4$

를 더해야 한다. 주어진 링크와 부가된 균형 질량이 더해져서 나타나는 결과를 알아 보려면 위의 계산된 결과를 사용해야 한다. 즉 링크 4에서

$$m_4(b_4)_{\xi_4} = m_4^*(b_4^*)_{\xi_4} + (m_c)_4((r_c)_4)_{\xi_4} \tag{9.5-14a}$$

$$m_4(b_4)_{\eta_4} = m_4^*(b_4^*)_{\eta_4} + (m_c)_4((r_c)_4)_{\eta_4} \tag{9.5-14b}$$

여기에서

$$(b_4^*)_{\xi_4} = b_4^* \cos\varphi_4^* = 2.42\,\text{cm}; \quad (b_4^*)_{\eta_4} = b_4^* \sin\varphi_4^* = 0.65\,\text{cm}$$

식 (9.5-14a)와 (9.5-14b)에 알고 있는 값들을 대입하여 풀면

$$\begin{aligned}(\varphi_c)_4 &= \tan 2^{-1}[(m_c)_4((r_c)_4)_{\xi_4}, (m_c)_4((r_c)_4)_{\eta_4}] \\ &= \tan 2^{-1}[m_4(b_4)_{\xi_4} - m_4^*(b_4^*)_{\xi_4}, m_4(b_4)_{\eta_4} - m_4^*(b_4^*)_{\eta_4}] \\ &= -168.1°\end{aligned}$$

링크 4에서 균형 질량의 좌표는

$$\begin{aligned}((r_c)_4)_{\xi_4} &= (r_c)_4 \cos(\varphi_c)_4 = -3.4\text{ cm} \\ ((r_c)_4)_{\eta_4} &= (r_c)_4 \sin(\varphi_c)_4 = -0.72\text{ cm}\end{aligned}$$

식 (9.5-14a)로부터 링크 4에 필요한 균형 질량을 구하면

$$(m_c)_4 = \frac{m_4(b_4)_{\xi_4} - m_4^*(b_4^*)_{\xi_4}}{((r_c)_4)_{\xi_4}} = 478\,\text{gr}$$

균형 질량을 더해 주고 나면 링크 4의 질량은 다음과 같이 된다.

$$m_4 = m_4^* + (m_c)_4 = 728\,\text{gr}$$

링크 4에 균형 질량을 더한 후에 기초 피벗에 관한 극 질량 관성 모멘트는 다음과 같이 된다.

$$I_{O_4} = I_{O_4}^* + (m_c)_4(r_c)_4^2 = 6.360\text{ gr-cm}^2$$

마찬가지 방법에 의해 링크 2에 관해서는 다음과 같이 구할 수 있다.

$$(\varphi_c) = 177.6°; \quad (m_c)_2 = 880\,\text{gr}; \quad m_2 = 1130\,\text{gr}$$

그림 9.17은 힘의 균형을 이룬 기구를 보여주고 있으며, 요동력의 극좌표는 원점에 한 점으로 나타나고 있다.

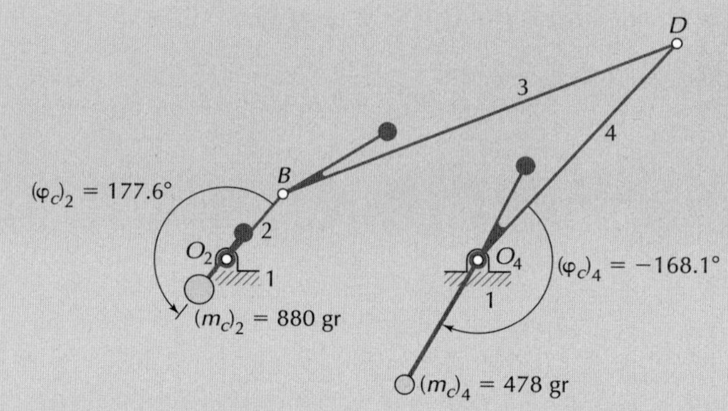

그림 9.17 ● 힘 균형을 이룬 기구

힘 밸런싱은 기구의 요동 모멘트뿐만 아니라 회전 대우의 힘에도 영향을 미친다. 예제 9.2를 생각해 보자. 그림 9.18은 링크 2와 링크 3 사이에서 발생하는 힘의 극좌표를 나타내고 있다. 실선은 힘 밸런싱을 하기 이전을 나타내고, 점선은 힘 밸런싱을 한 이후를 나타낸다. 여기에서 보면 힘 균형을 이룬 기구에서 회전 대우의 힘이 최댓값을 갖는 것을 알 수 있다. 그림 9.19는 힘의 밸런싱 이전과 이후의 요동력을 보여주고 있다. 여기에서도 최댓값이 힘 밸런싱을 한 이후에 나타나는 것을 알 수 있다.

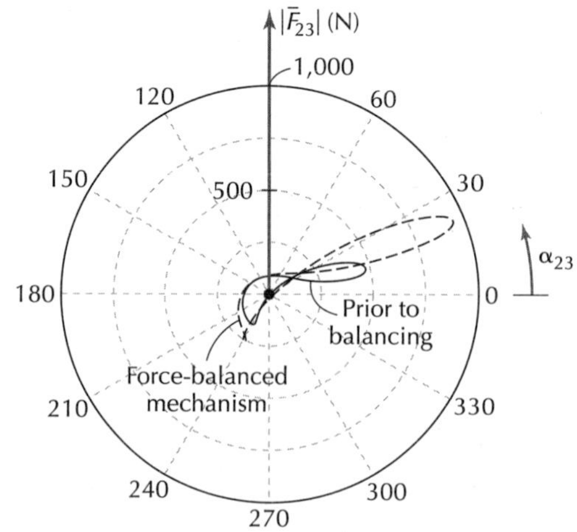

그림 9.18 ● 힘 밸런싱 이전과 이후에 회전 대우에 작용하는 힘

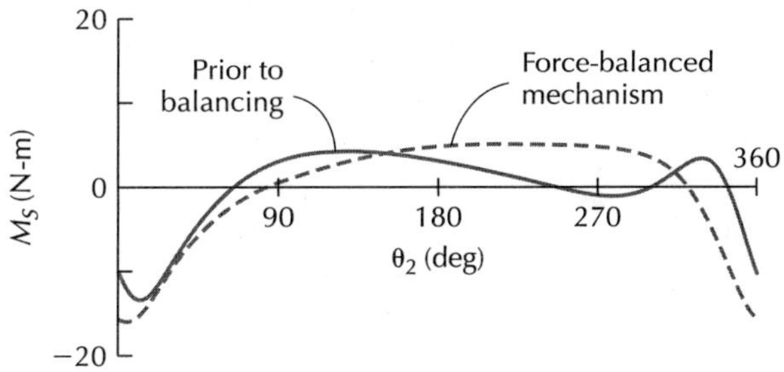

그림 9.19 ● 힘 밸런싱 이전과 이후의 요동 모멘트

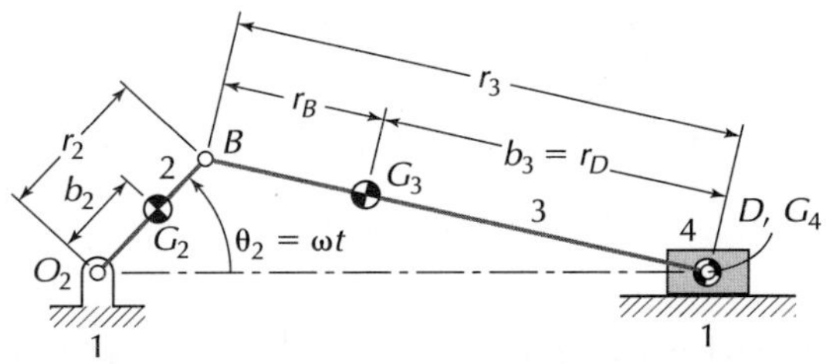

그림 9.20 ● 슬라이더 크랭크 기구

9.6 슬라이더 크랭크 기구의 힘 밸런싱

그림 9.20에 이 절에서 논의될 슬라이더 크랭크 기구가 도시되어 있다. 이 기구는 편심되어 있지 않고 크랭크와 링크의 질량 중심이 각각의 회전 대우를 지나는 직선 상에 존재한다. 링크 3의 질량 중심의 위치는 r_B와 r_D로 나타내었다. 그림 9.7과 9.20을 비교해 보면 다음 식을 얻을 수 있다.

$$\begin{gathered} r_1 = 0;\quad \varphi_2 = 0\left(\text{or } 180^\circ\right); \varphi_3 = 0 \\ b_3 = r_D;\quad r_B + r_D = r_3 \end{gathered} \tag{9.6-1}$$

또한 다음을 가정한다.

$$\frac{r_2}{r_3} < 0.25 \tag{9.6-2}$$

식 (9.6-1)과 (9.6-2)에서의 값들은 피스톤 엔진에서 흔히 사용되는 값들이다.

위의 값들을 갖고 슬라이더 크랭크 기구의 운동역학적 해석을 수행하기 위해 간단한 모델을 설정하였다. 링크 4의 선형 가속도를 간단하게 표현했으며, 링크 3의 분포 질량을 **집중 질량 모델**(lumped-mass model)로 간단히 표현하였다. 이와 같이 간단하게 수정함으로써, 계산량을 현저하게 줄이면서 해석을 수행할 수 있으며 계산 결과도 만족할 만하다.

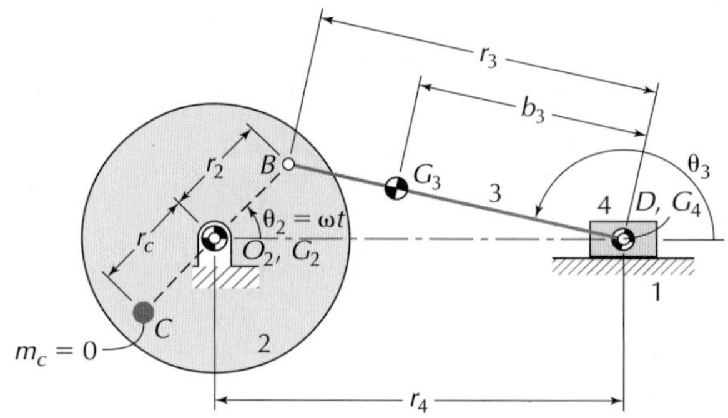

그림 9.21 ● 기준 기구

그림 9.21에서는 링크 2의 질량 중심이 기초 피벗 O_2와 일치하는 경우를 보여준다. 즉

$$b_2 = 0 \tag{9.6-3}$$

이러한 경우를 기준 기구(reference mechanism)라 하며, 이 기구를 기준으로, 균형 질량 m_c를 부가함으로써 요동력을 조절할 수 있는 것이다. 그림 9.21에 나타낸 바와 같이 기초 피벗으로부터 r_c만큼 떨어지고, 각변위가 $\theta_2 + 180°$인 지점에 링크 2의 균형 질량을 부가하는 것이다.

9.6.1 커플러의 집중 질량 모델

그림 9.22(a)에서와 같은 커플러의 분포 질량을 대체시키는 간단한 모델을 확립하였다. 그림 9.22(b)에 나타낸 바와 같이, 집중 질량이 **크랭크 핀**(crank pin)과 **리스트 핀**(wrist pin)에 위치하여 질량이 없는 강체 막대에 연결되어 있는 모델이다.

그림 9.22에서의 두 커플러가 전체 질량의 크기와 중심이 같고, 질량 중심에 관하여 동일한 극 질량 관성 모멘트를 갖는다면, 운동학적 해석 결과는 동일할 것이다. 이러한 동등 조건을 다음과 같이 표현할 수 있다.

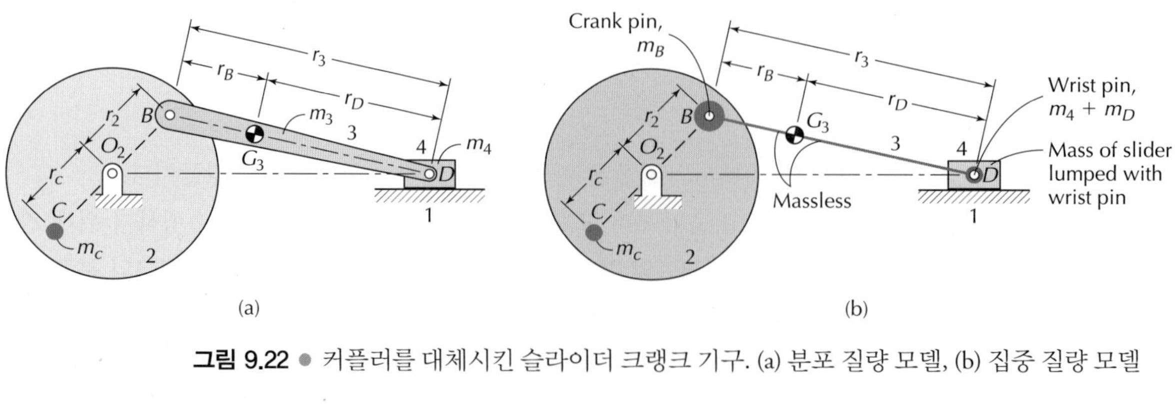

그림 9.22 ● 커플러를 대체시킨 슬라이더 크랭크 기구. (a) 분포 질량 모델, (b) 집중 질량 모델

$$m_B + m_D = m_3 \tag{9.6-4}$$

$$m_B r_B = m_D r_D \tag{9.6-5}$$

$$m_B r_B^2 + m_D r_D^2 = I_{G_3} \tag{9.6-6}$$

식 (9.6-4)부터 (9.6-6)까지에서는 m_B와 m_D의 두 가지만 변경시킬 수 있으므로, 세 식의 조건을 모두 만족시키지는 못한다. 따라서 집중 질량 모델은 분포 질량 모델의 근사 모델로 나타낼 수 있을 뿐이다. 식 (9.6-4)와 (9.6-5)를 m_B와 m_D에 관하여 풀고 식 (9.6-1)에서의 조건을 충족시키면 다음을 얻을 수 있다.

$$\boxed{m_B = \left(\frac{r_D}{r_B + r_D}\right) m_3 = \frac{r_D}{r_3} m_3; \quad m_D = \frac{r_B}{r_3} m_3} \tag{9.6-7}$$

집중 질량 모델이 식 (9.6-6)을 만족시키지는 않지만 계산된 요동력의 값은 허용할 수 있는 정도의 정밀도를 갖게 된다.

9.6.2 집중 질량의 가속도

여기에서는 크랭크 핀, 즉 점 B와 리스트 핀, 즉 점 D 그리고 균형 질량을 부가하는 위치인 점 C에서의 가속도를 구하고자 한다. 점 B와 점 C는 회전 운동을 수행하므로 가속도는 다음 식에 의해 결정된다.

$$\boxed{\bar{a}_B = -r_c \omega^2 (\cos \omega t \; \bar{i} + \sin \omega t \; \bar{j})} \tag{9.6-8}$$

$$\boxed{\bar{a}_C = r_c \omega^2 (\cos \omega t \; \bar{i} + \sin \omega t \; \bar{j})} \tag{9.6-9}$$

리스트 핀은 직선 운동을 한다. 이 핀의 가속도는 식 (9.3-5)에 의해 구할 수 있고, 링크 2와 링크 3의 길이, 회전 변위, 그리고 각속도의 함수로 나타난다. 이 가속도를 간단하게 표현하려면 우선 링크 3의 회전 변위를 식 (4.3-77)에 적용한다.

편심량 r_1이 0일 때 식 (9.1-2)를 대입하면

$$\theta_3 = 180° - \sin^{-1}\left(\frac{r_2}{r_3} \sin \omega t\right) \tag{9.6-10}$$

그런데

$$\sin^{-1} u = \cos^{-1}[1 - u^2]^{1/2} \tag{9.6-11}$$

이때

$$u = \frac{r_2}{r_3}\sin\omega\, t \tag{9.6-12}$$

따라서 식 (9.6-10)은 다음과 같이 쓸 수 있다.

$$\theta_3 = 180° - \cos^{-1}\left[1 - \left(\frac{r_2}{r_3}\sin\omega t\right)^2\right]^{1/2} \tag{9.6-13}$$

무한 급수를 사용하여 다음과 같이 나타낼 수 있다.

$$[1-u^2]^{1/2} = 1 - \frac{1}{2}u^2 - \frac{1}{8}u^4 - \ldots$$

따라서 식 (9.6-13)은 아래와 같이 쓸 수 있다.

$$\theta_3 = 180° - \cos^{-1}\left[1 - \frac{1}{2}\left(\frac{r_2}{r_3}\right)^2 \sin^2\omega t - \frac{1}{8}\left(\frac{r_2}{r_3}\right)^4 \sin^4\omega t - \ldots\right] \tag{9.6-14}$$

식 (9.6-2)의 조건에 따라 식 (9.6-14)에서 괄호 안에 있는 세 번째 항의 값은 두 번째 항의 값보다 작으므로 세 번째 항 이후의 값들을 생략하여도 무방하다. 공식에 의해

$$\sin^2\omega t = \tfrac{1}{2} - \tfrac{1}{2}\cos 2\omega t$$

따라서 식 (9.6-14)는 다음과 같이 된다.

$$\theta_3 \approx 180° - \cos^{-1}\left[1 - \frac{1}{4}\left(\frac{r_2}{r_3}\right)^2 (1 - \cos 2\omega t)\right] \tag{9.6-15}$$

그림 9.21에서 보면, 링크 4의 위치는

$$r_4 = r_2\cos\theta_2 - r_3\cos\theta_3 \tag{9.6-16}$$

식 (9.1-2)와 식 (9.6-15)를 식 (9.6-16)에 대입하면

$$r_4 = r_2\cos\omega t - r_3\cos\left\{180° - \cos^{-1}\left[1 - \frac{1}{4}\left(\frac{r_2}{r_3}\right)^2 (1 - \cos 2\omega t)\right]\right\} \tag{9.6-17}$$

공식에 의해

$$\cos(a-b) = \cos a\cos b + \sin a\sin b$$

이므로 식 (9.6-17)에서

$$a = 180°;\ \ b = \cos^{-1}\left[1 - \frac{1}{4}\left(\frac{r_2}{r_3}\right)^2 (1 - \cos 2\omega t)\right] \tag{9.6-18}$$

따라서 이 식을 정리하고 간단히 하면

$$r_4 = r_2 \cos\omega t + r_3\left[1 - \frac{1}{4}\left(\frac{r_2}{r_3}\right)^2 (1 - \cos 2\omega t)\right] \tag{9.6-19}$$

식 (9.6-19)를 시간에 관하여 두 번 미분하면

$$\ddot{r}_4 = -r_2\omega^2\left(\cos\omega t + \frac{r_2}{r_3}\cos 2\omega t\right) \tag{9.6-20}$$

따라서 링크 4의 가속도는 다음과 같다.

$$\boxed{\bar{a}_D = -r_2\omega^2\left(\cos\omega t + \frac{r_2}{r_3}\cos 2\omega t\right)\bar{i}} \tag{9.6-21}$$

식 (9.6-21)은 링크의 사양과 링크 2의 각속도에 관한 함수이다.

9.6.3 힘 해석과 밸런싱

9.6.1절에서는 커플러의 집중 질량 모델이 소개되었고 9.6.2절에서는 힘 해석의 기초로서 가속도를 구하는 방법을 학습하였다. 그림 9.23은 점 *B*, *C*, *D*에서 가속도를 갖는 슬라이더 크랭크 기구를 도시하고 있다. 이 모델은 집중 질량 모델이다. 크랭크 핀에 식 (9.6-7)에서와 같은 집중 질량 m_B가 부여되었고, 점 *C*는 균형 질량이 부가되는 위치이며, 리스트 핀, 즉 점 *D*에서는 슬라이더 질량 m_4와 집중 질량 m_D가 함께 부여된다[식 (9.6-7) 참조].

요동력은 링크의 관성으로 인해 기초 링크에 전달된다. 이 모델에서는 점 *B*, *C*, *D*의 질량에 각각의 가속도 값을 곱한 후 합한 값을 음의 부호로 나타낸 값이다. 즉

$$\boxed{\bar{F}_S = (F_S)_x\,\bar{i} + (F_S)_y\,\bar{j}} \tag{9.6-22}$$

여기에서

$$\boxed{(F_S)_x = (F_S)_{x,\text{primary}} + (F_S)_{x,\text{secondary}}} \tag{9.6-23a}$$

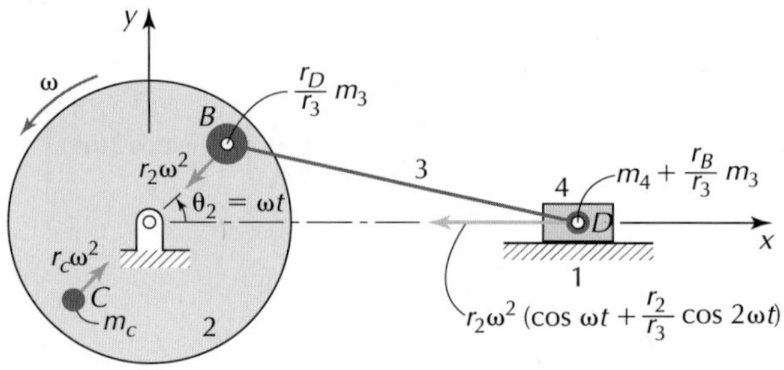

그림 9.23 ● 집중 질량 모델에서의 가속도

$$(F_S)_{x,\text{ primary}} = [(m_3 + m_4)r_2 - m_c r_c]\omega^2 \cos\omega t \tag{9.6-23b}$$

$$(F_S)_{x,\text{ secondary}} = \left(m_4 + \frac{r_B}{r_3} m_3\right)\frac{r_2^2\omega^2}{r_3}\cos 2\omega t \tag{9.6-23c}$$

그리고

$$(F_S)_y = -\left(\frac{r_D}{r_3} m_3 r_2 - m_c r_c\right)\omega^2 \sin\omega t \tag{9.6-24}$$

식 (9.6-23a)의 우변에서 첫 번째 항을 **주성분**(primary component)이라 한다. 식 (9.6-23b)을 검토해 보면 주성분의 진동수와 크랭크의 각속도가 일치함을 알 수 있다. 식 (9.6-23a)의 우변에서 둘째 항은 **제2성분**(secondary component)이라 하며, 식 (9.6-23c)로부터 이 성분의 진동수는 크랭크 각속도의 2배가 된다.

식 (9.6-23)과 (9.6-24)를 자세히 보면, $m_c r_c$ 값은 제2성분에 아무런 영향을 주지 않으며, 요동력의 y 성분과 x 성분 중 주성분을 동시에 제거할 수 있는 $m_c r_c$ 값을 구하는 것은 불가능하다는 것을 알 수 있다. 따라서 크랭크에 균형 질량을 부가하는 것으로 완전한 힘 균형을 이루는 것은 불가능한 일이다. 그러나 균형 질량을 적당히 조절함으로써 기준 기구(reference mechanism)에서 발생하는 요동력보다는 그 크기를 감소시킬 수 있다.

그림 9.24에서와 같은 슬라이더 크랭크 기구가 다음 값을 갖는다고 가정하자.

$$r_2 = 2.5 \text{ cm} = r_c; \quad r_3 = 10.0 \text{ cm}; \quad m_3 = 8.0 \text{ gr}; \quad m_4 = 12.0 \text{ gr}$$
$$r_B = 4.0 \text{ cm}; \quad r_D = 6.0 \text{ cm}; \quad \omega = 55.0 \text{ rad/sec CCW}$$

그림 9.25(a)에서는 기준 기구(즉 $m_c = 0$)의 요동력을 극좌표로 나타내었다. 이 절에서 설명한 집중 질량 모델에 의한 결과와 9.3절에서 설명한 분포 질량 모델에 의한 결과가 도

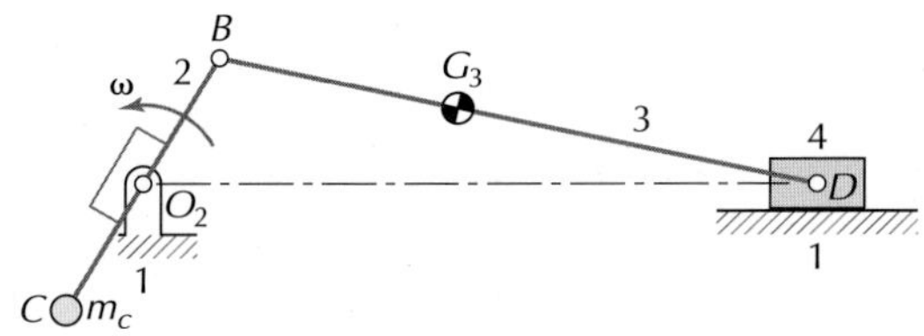

그림 9.24 ● 슬라이더 크랭크 기구

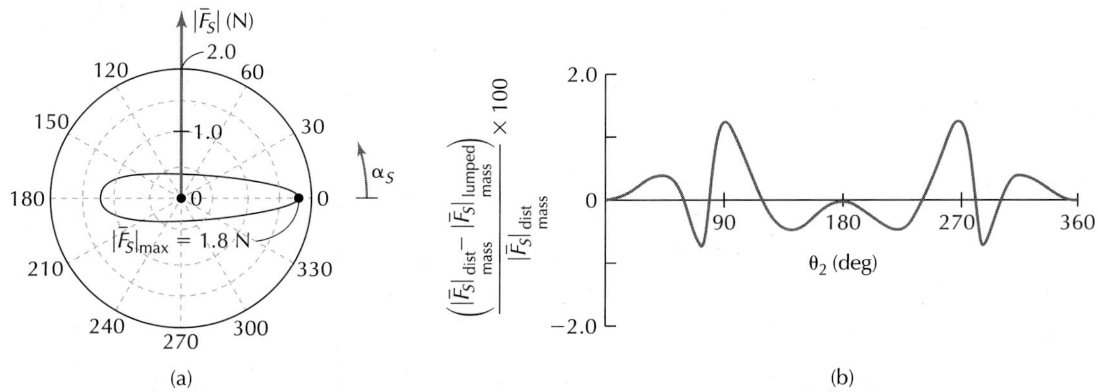

그림 9.25 ● 분포 질량 모델과 집중 질량 모델의 결과 비교. (a) 요동력, (b) 퍼센트 차이

시되어 있으며, 이 둘 사이에 구별될 만한 차이는 없다. 이 두 모델에서 얻은 결과의 퍼센트 차이는 그림 9.25(b)에서 보여주고 있다. 최대 절댓값 차이는 1.5% 이하이며, 이 결과는 집중 질량 모델의 유용성을 대변해 주고 있다. 요동력의 최댓값은 1.80 N이다.

그림 9.26에서는 세 가지의 균형 질량 m_c에 따른 요동력을 도시하고 있다. 부가하는 균형 질량의 값은 다음 식으로부터 얻는다.

$$\boxed{m_c = \frac{\dfrac{r_D}{r_3} m_3 r_2 + \gamma\left(\dfrac{r_B}{r_3} m_3 + m_4\right) r_2}{r_c}, \quad 0 \le \gamma \le 1.0} \tag{9.6-25}$$

그림 9.26(a)는 $\gamma = 0$일 때이며, 식 (9.6-25)로부터

$$m_c = \frac{r_D}{r_3}\frac{r_2}{r_c} m_3 = 4.8 \text{ gr} \tag{9.6-26}$$

이 경우에 식 (9.6-24)를 사용하여 요동력의 y 성분을 제거할 수 있다. 그림 9.26(a)에서 접선은 $m_c = 0$일 때의 요동력을 나타낸다. 이때 요동력의 최댓값은 1.44 N이며, 이 값은 기준 기구의 경우와 비교할 때 20% 감소된 값이다.

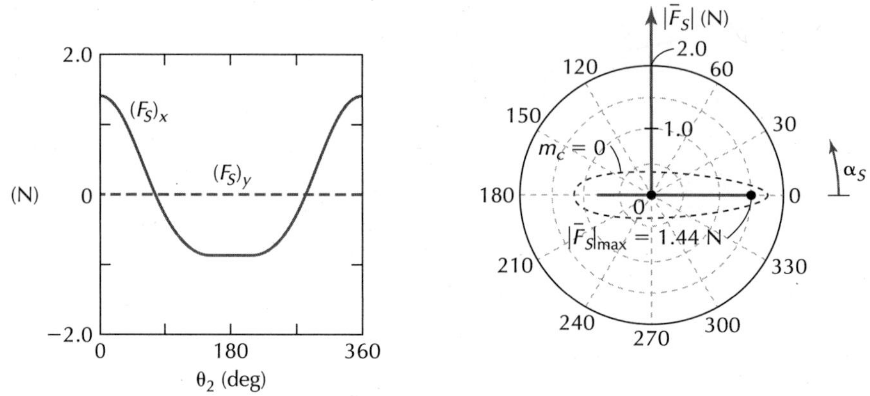

(a)

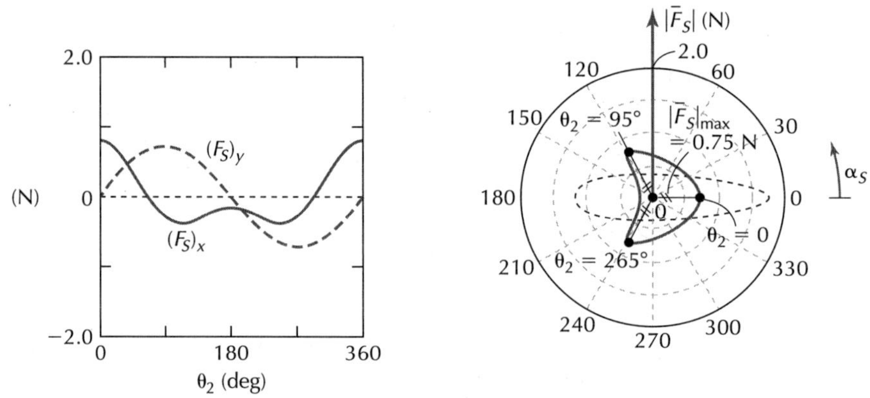

(b)

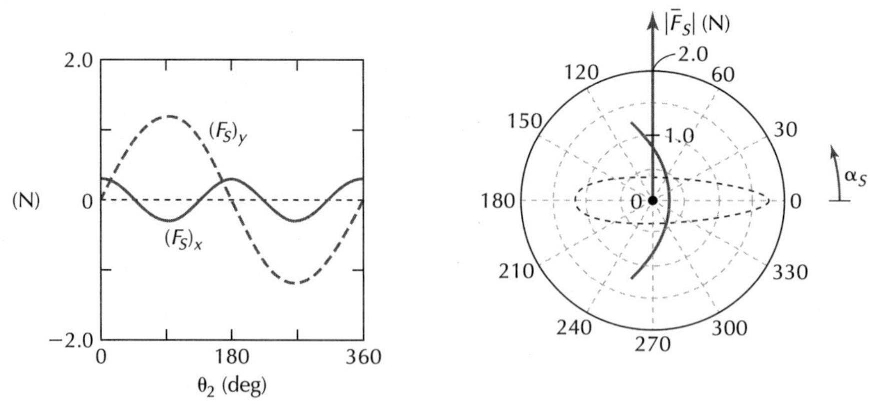

(c)

그림 9.26 ● 슬라이더 크랭크 기구에서 다른 값의 균형 질량을 부가했을 경우. (a) $m_c = 4.8$ gr, (b) $m_c = 13.8$ gr, (c) $m_c = 20.0$ gr[비디오 9.26]

γ가 0 < γ < 1.0일 때, 균형 질량을 증가시키는 경우를 생각해 보자. 다양한 γ 값을 부여함으로써 그림 9.26(b)에 나타낸 바와 같이 1 사이클에서 요동력의 최댓값을 최소화할 수 있다. 이 경우가 최적의 밸런싱 조건이 되는 것이다. 이 경우에 최대 요동력은 1 사이클에서 세 번 나타난다. 즉 $\theta_2 =$ 0°, 95°, 그리고 265°일 때 발생하며, 최대 요동력의 크기는 0.754 N이며 이는 기준 기구에 비하여 58% 감소된 것이다.

여기에서 보면 γ = 0.595를 사용했을 때 최적 균형이 되는데 이때 m_c = 13.8 gr이다. 일반적으로 γ 값은 커플러와 슬라이더의 상대 질량과 링크 2와 링크 3의 상대 길이에 의존하며, 최적의 힘 밸런싱은 0.50 < γ < 0.75의 범위에서 이루어진다.

그림 9.26(c)는 γ = 1.0인 경우이다. 식 (9.6-1)과 (9.6-25)에 의해

$$m_c = \frac{r_2}{r_c}(m_3 + m_4) = 20.0 \text{ gr} \tag{9.6-27}$$

식 (9.6-23b), (9.6-23c)와 식 (9.6-27)을 비교하면, 이 경우에 있어서 x 방향인 요동력의 주성분은 카운터 밸런싱 되었으며, 제2성분만 남게 된다. x 방향의 요동력의 크기가 상대적으로 작더라도 요동력의 최댓값은 최적 밸런싱의 경우보다 크다. 식 (9.6-25)에서 γ = 1.0을 적용하여 계산한 균형 질량을 사용한 기구에서는, 최적 조건에서보다 더 큰 요동력을 야기한다.

비디오 9.26
요동력 분석

[**비디오 9.26**]에서는 균형 질량의 레벨과 그림 9.26에 있는 그에 상응하는 극좌표를 보여준다.

Problems

Shaking Force

P9.1 For the V-shaped, two-cylinder engine shown in the figure, the two connecting rods, *BC* and *BD*, share the same crank *AB*. Each piston has mass m =10kg, but masses for the crank and connecting rods are negligible. Assume that crank *AB* rotates at an angular velocity ω = 6 rad/s (CW).

(a) Based on the *x-y* coordinates provided in the figure, determine the total shaking force (magnitude and direction) at this moment (i.e. crank AB is in the vertical position). (Note: For simplification in calculation, angles 77.5° and 46.8° have been given in the figure)

(b) Use rate of work principle to determine the force moment (torque) that should be applied to the crank at this instant to keep ω = 6 rad/s (CW). Consider only the work done by the force moment (torque), i.e. ignore the work done by the gravitational forces.

(Note: The figure is not drawn to scale)

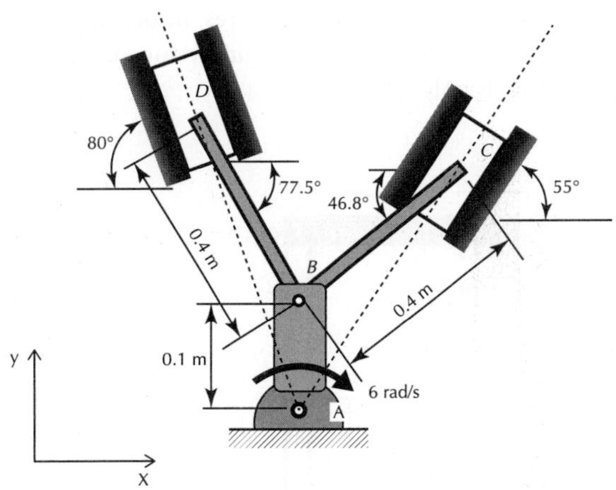

Figure P9.1

P9.2 For the parameters of the slider crank mechanism (see Figure 9.7) given in Table P9.2, determine

TABLE P9.2

	Link 1	Link 1	Link 1	Link 1
r_i (cm)	0.5	2.0	9.0	—
b_i (cm)	—	1.0	7.0	—
m_i (gr)	—	2.5	10.0	15.0
φ_i (degrees)	—	0	5.0	—
I_{G_i} (gr-cm^2)	—	—	80.0	—

(a) the shaking force throughout a cycle of motion as a result of the inertia of links 3 and 4

(b) the shaking moment throughout a cycle of motion as a result of the inertia of links 3 and 4

(Mathcad program: slidercrankforce)

ω = 50 rad/sec CCW

Balancing of Four-Bar and Slider Crank Mechanisms

P9.3 A four bar mechanism consists of links 2 (O_2B) and link 4 (O_4C) of straight, slender beams and link 3 of an L- shaped beam (BDC). At the moment, links 2, 3 and 4 form a rectangular shape, as shown in the figure. Points G_2, G_3 and G_4 represent mass centres of links 2, 3 and 4, respectively, of which the positions are also given in the figure, with mass of each link given below the figure. Balance masses, $(m_c)_2$ and $(m_c)_4$, and their angular positions, $(\phi_c)_2$ and $(\phi_c)_4$ with respect to O_2B and O_4C, respectively, should be added to links 2 and 4 at a distance of 0.1 m from their rotation centres, in order to balance the mechanism. Determine values for $(m_c)_2$ and $(\phi_c)_2$ only.

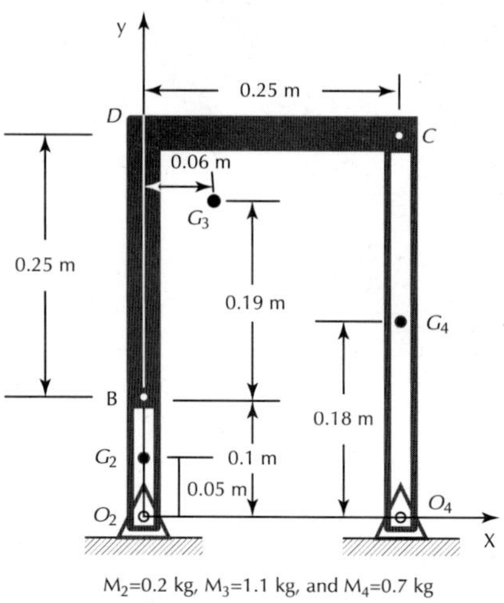

Figure P9.3

P9.4 Arrangement of V-shaped four-cylinder engine is given in the figure. All pistons have the same mass and are evenly spaced along the crank shaft at a constant distance, a. All cylinders have the same crank length (r) and connecting rod length (l). Mass of each piston is m, but mass for cranks and connecting rods is negligible. If the crank shaft rotates at an angular velocity ω (CCW), determine magnitude of the maximum total shaking force in terms of m, ω, r, and l.

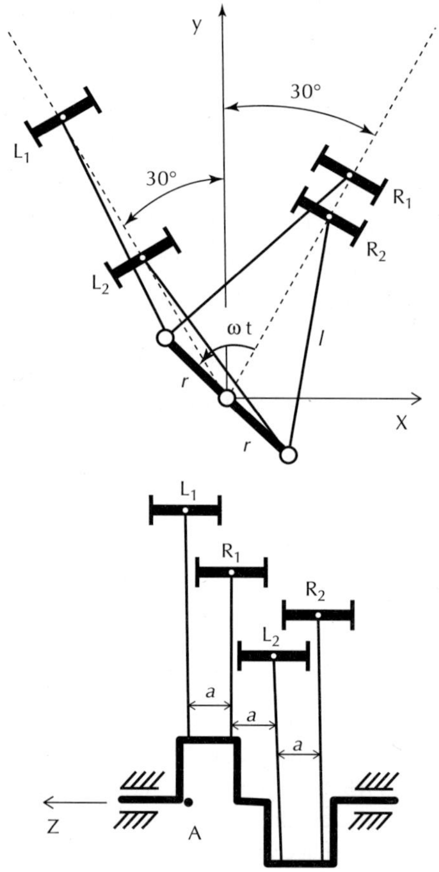

Figure P9.4

P9.5 The V-twin engine is a two cylinder engine with a single crank. One possible configuration is to have axes of the two cylinders 90° apart, as shown in the figure below. The two connecting rods have the same length (l), and length of the crank is r. Assume that the only mass to generate the shaking force is mass of the two pistons, m each. (Mass of the connecting rods is negligible and mass centre of the crank is at rotation centre O) Determine the expressions for the primary and the secondary shaking forces for this arrangement.

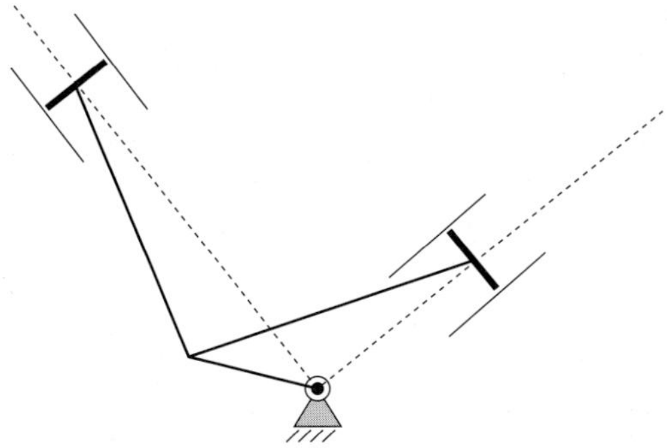

Figure P9.5

P9.6 For the four-bar mechanism shown in the figure below, determine

(a) Shaking force and shaking moment about point O_2 when $\theta_2 = 60°$,

(b) Masses and locations of the mass centres of links 2 and 4 after the four-bar mechanism is completely balanced, and

(c) Angular location ϕ_c and mass m_c for the those balance masses in links 2 and 4, provided that,

$r_1 = 6.0$ cm,

$r_2 = 2$cm, m_2^* (before balance) = 200 gr, $b_2^* = 0.7$ cm, $\varphi_2^* = -5°$,

$r_3 = 10$ cm, m_3=450 gr, $b_3 = 3$ cm, $\varphi_3 = -10°$, $r_4 = 7$ cm, $m_4^* = 250$ gr, $b_4^* = 2.5$ cm, $\varphi_4^* = -15°$, $(r_c)_2 = 2$ cm, $(r_c)_4 = 3.5$ cm

$I_{G3} = 300$ gr-cm^2, $I_{O4}^* = 800$ gr-cm^2

$\omega_2 = 120$ rad/s (CCW)

(d) For the conditions given in the above problem, determine the percentage change of shaking force and shaking moment if mass of link 2 is ignored.

$$\text{Percentage change} = \left| \frac{(\textit{without consideration of } m_2) - (\textit{with consideration of } m_2)}{\textit{with consideration of } m_2} \right| \times 100\%$$

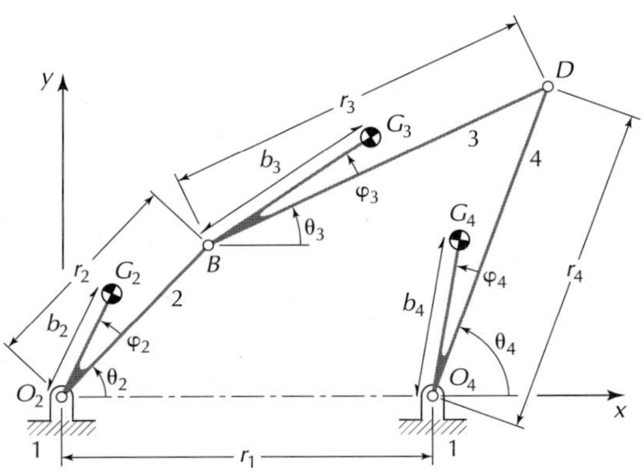

Figure P9.6

P9.7 The mechanism shown in the figure moves on a vertical plan, in which link 2 rotates at a constant angular velocity of $w_2 = 10$ rad/s CCW.

(a) Use relative motion analysis to determine angular velocity of link 3 at the moment ($\theta_2 = 135°$ and $O_2A_2 = 200$ mm),

(b) Determine the magnitude and direction of the driving torque M_2 that should be applied to link 2 at the position shown, in order to keep w_2 constant. Mass of block 4 is 10 kg. Mass of link 3 is 5 kg, and is uniformly distributed for a total length of 500 mm. Mass of link 2 is negligible. For part (b), assume that angular acceleration and angular velocity of link 3 are 36.21 rad/s^2 CCW and 2 rad/s CCW, respectively, and $\theta_3 = 60°$.

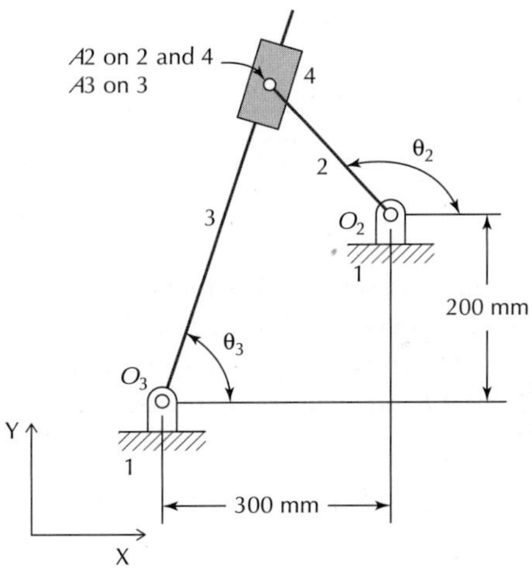

Figure P9.7

P9.8 The figure shows a four-bar mechanism that drives the oil drilling rig. Assume links 2 and 3 are massless, and mass of link 4 is 100 kg with mass centre at O_4 and moment of inertia $I_G = I_{O4} = 1600$ kg m^2. Coordinates of the joints (in meters) in the given x-y coordinate system are

$$A(-0.47, 0.65), B(0.3, 4.7), \text{and } O_4(3.3, 4.3).$$

Use rate of work principle to determine the torque (T) that should be applied to crank O_2A at the moment to keep the crank at a constant angular speed of 1 rad/sec CCW.

To save time for the calculation, values for length of the links and some parameters for equations in Chapter 4, section 4.3.3 are given below:

$r_1\ (O_2O_4) = 5.420$ m $\quad r_2\ (O_2A) = 0.8021$ m
$r_3\ (AB) = 4.123$ m $\quad r_4\ (BO_4) = 3.027$ m

$h_1 = 6.757 \quad h_2 = 1.3146 \quad h_3 = 1.7906$
$h_4 = -5.7235 \quad h_5 = 4.5683$

Horizontal distance between O_4 and force F is 3 m, as shown in the figure.

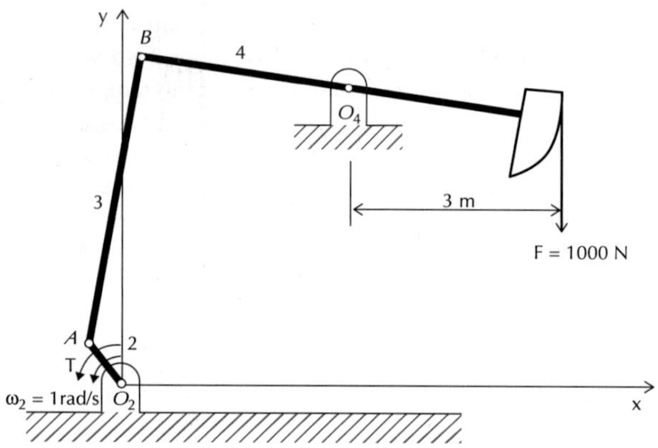

Figure P9.8

P9.9 A four-bar mechanism has been designed with dimensions and mass summarized in the table. Definition of the symbols in the table follows those given in Table 9.1 and Figure 9.1 of the textbook.

(a) Determine mass of the counterweight $(m_c)_2$ and the corresponding angle $(\phi_c)_2$ if $(r_c)_2 = 1$ cm, so that the shaking force can be completely eliminated.

(b) Explain briefly (maximum 3 sentences) whether the corresponding shaking moment can be completely eliminated.

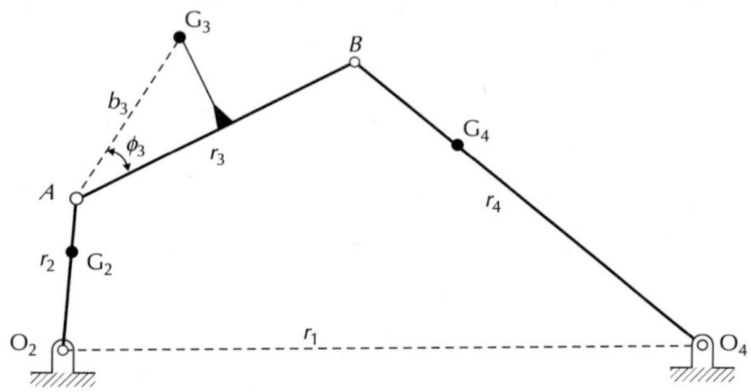

Figure P9.9

TABLE P9.9

	Link 1	Link 2	Link 3	Link 4
r_i (cm)	12.7	3.4	6.6	8.5
b_i (cm)	—	2.0	4.1	6.0
m (gr)	—	10	60	30
ϕ_i (degrees)	—	0	36	0

CHAPTER 10

관성차

10.1 서론

관성차(flywheel)는 운동 에너지를 저장하고 방출할 수 있도록 설계된 기계 요소이다. 이는 회전축에 장착되고 회전축을 중심으로 질량이 대칭이 되도록 하여 요동력을 감소시키게 되어 있다. 어떤 관성차는 단순히 고체 금속 원판일 수도 있다.

관성차는 정상 상태에서 가동 중인 내연 기관에서 발생하는 주기적인 속도 변화와 같은 진동으로 인하여 발생하는 관성력 변화의 영향을 감소시키는 데 사용되고 있다. 그림 10.1(a)에서는 크랭크축에 관성차가 장착되어 있는 단기통 엔진을 보여주고 있다(13장의 13.12.1절 참조). 이 관성차의 자유물체도는 그림 10.1(b)에 나타내었고, 가해진 토크의 방향이 표시되어 있다. 구동 토크는 엔진에 의해 제공되고, 부하 토크는 구동에 대한 반작용으로 관성차에 가해진다.

그림 10.1(c)에서는 단기통 엔진에 의해 발생하는 구동 토크를 보여주고 있다. 이 토크는 폭발 행정 중의 연료와 공기로 이루어진 혼합 기체의 연소 효과와 각 링크의 관성 효과가 중첩된 결과로 나타나는 것이다. 정상 상태로 가동 중일 때 이 토크는 2회전(즉 4π 라디안)마다 반복되어 나타나며, 부하 토크는 이에 따라 진동하게 된다. 토크의 값이 변하면, 회전 속도 ω도 변화한다. 구동 토크의 값이 하중 토크보다 크면, 관성차에 가해지는 토크가 발생하여 크랭크축에서 각가속도가 생기므로 회전 속도가 증가한다. 같은 이유로 인하여 하중 토크가 구동 토크보다 크면, 회전 속도가 감소하게 된다. 크랭크축에 관성차를 부착하면 회전 요소에 회전 관성 모멘트가 증가하여 회전 속도의 변동을 감소시킨다. 관성차의 회전 관성 모멘트가 크면 클수록, 이에 따라 회전 속도 변동은 작아지게 된다.

가솔린 동력 잔디 깎는 기계는 그림 10.1에 나타낸 장치의 응용사례이다. 잔디 깎기 날개가 크랭크축에 고정되어 있으며, 회전축에 관하여 큰 값의 회전 관성 모멘트를 제공하여

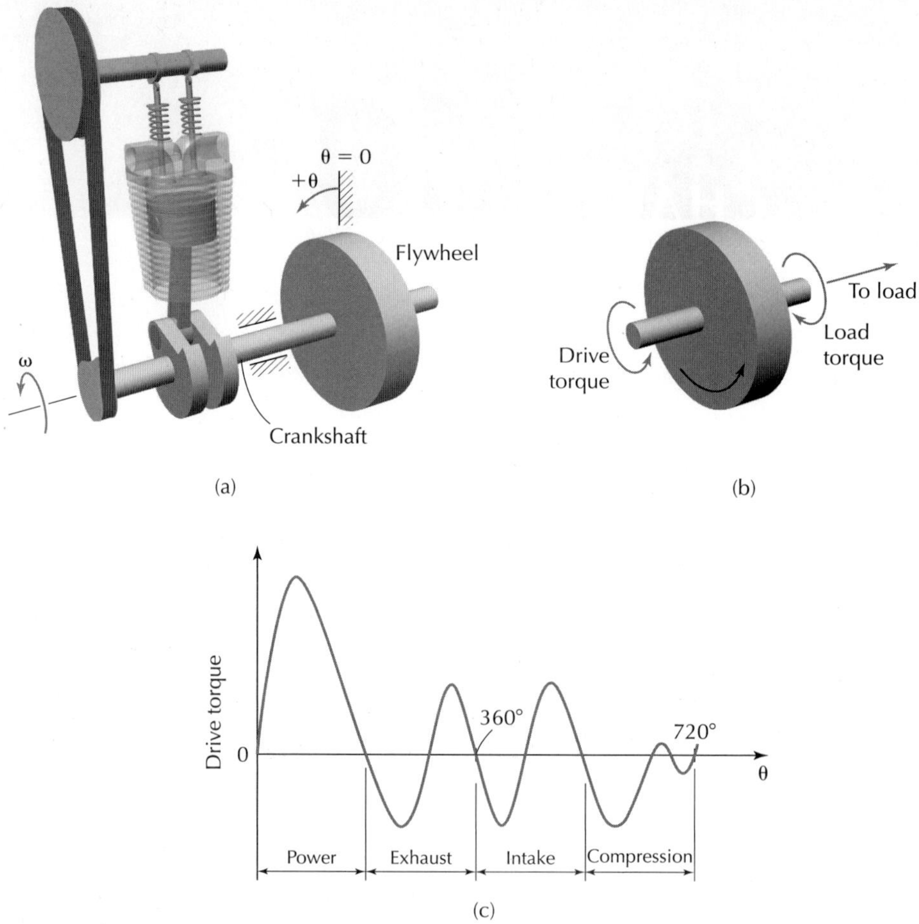

그림 10.1 ● (a) 기구, (b) 관성차, (c) 구동 토크 곡선

주므로, 관성차로 간주할 수 있다. 제대로 설계되었다면, 하중 토크가 어느 정도 변동하더라도 회전 속도의 변동을 방지하여 줄 수 있을 것이다.

단기통 엔진은 다기통 엔진과 비교할 때 구동 토크의 변화가 더 크다(13장의 13.12.2절 참조). 내연 기관 엔진에서도 그 형태는 다르지만 관성차가 적용되고 있다.

전기 모터를 장착하여 구동 토크가 일정한 경우에도 하중 토크의 변화에 대비하여 관성차를 사용하는데, 펀칭 프레스를 하나의 예로 들 수 있다. 펀칭 공정은 관성차에 가해지는 하중 토크가 구동 토크보다 큰 부분에서 행해지는데, 전기 모터가 관성차를 구동시켜 회전 속도를 증가시킴으로써 펀칭공정에 필요한 동력 에너지 원을 제공한다. 펀칭 프레스에 필요한 전기 모터의 동력을 관성차를 사용함으로써 현저하게 감소시킬 수 있는 것이다.

관성차는 최근에 에너지 저장 장치와 관련된 연구의 주제로 부각되고 있으며, 진공 체임버를 이용한 거의 마찰이 없는 마그네틱 베어링에 부착되어 발전기나 전기 모터에 연결된 시스템의 형태를 갖추고 있다. 이러한 관성차는 복합 재료로 제작되며, 거대한 회전 속도에 견딜 수 있어, 에너지 저장 용량을 증가시킬 수 있도록 되어 있으며, 관성차를 전기 모터로 구동시킴으로써 운동 에너지를 저장하게 되는 것이다. 관성차의 운동 에너지는 필요할 때 발전기를 사용하여 회수할 수 있다.

이 장에서는 정상 상태 운전하에서 가해지는 토크 변화에 따른 회전 속도의 변동을 어느 한계 내로 제한시킬 수 있도록 관성차의 크기를 결정할 수 있는 수학적 모델을 제시한다. 회전축에 부착된 모든 부재의 회전 속도는 일정하다고 생각하고 수식을 유도할 것이다.

10.2 수학적 공식 유도

물체의 회전 운동에 대한 지배 방정식은 다음과 같다[식 (2.12-4) 참조].

$$M_G = I_G \ddot{\theta} \tag{10.2-1}$$

관성차의 자유물체도는 그림 10.2에서와 같고 회전 속도 ω는 양의 방향이고 **구동 토크**(drive torque) T_D와 **하중 토크**(load torque) T_L은 관성차에 작용하고 있다. 식 (10.2-1)을 적용하고 아래 첨자 G를 제거하면 다음과 같다.

$$M = T_D + T_L = I \frac{d^2\theta}{dt^2} \tag{10.2-2}$$

또는

$$M = I \frac{d}{dt}\left(\frac{d\theta}{dt}\right) \tag{10.2-3}$$

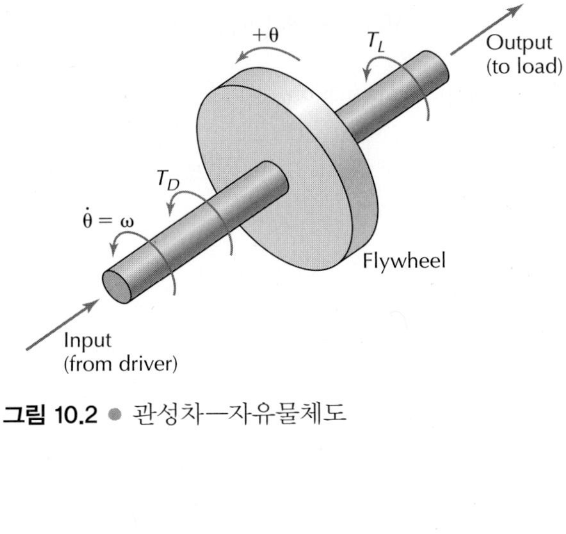

그림 10.2 ● 관성차—자유물체도

그런데

$$\omega = \frac{d\theta}{dt} \tag{10.2-4}$$

이므로 식 (10.2-3)은

$$M = I\frac{d\theta}{dt}\frac{d}{d\theta}\left(\frac{d\theta}{dt}\right) = I\omega\frac{d\omega}{d\theta} \tag{10.2-5}$$

또는

$$Md\theta = I\omega\, d\omega \tag{10.2-6}$$

가 된다. 위의 식 (10.2-6)의 양변을 적분하면 다음과 같다.

$$\int_{\theta=\theta_1}^{\theta=\theta_2} M\, d\theta = \int_{\omega=\omega_1}^{\omega=\omega_2} I\omega\ d\omega = \tfrac{1}{2}I(\omega_2^2 - \omega_1^2) \tag{10.2-7}$$

식 (10.2-7)의 좌변은 토크에 의해 행해진 일이며, ΔE로 표시할 수 있다. 우변은 관성차에 저장되는 운동 에너지의 변화를 나타낸다(부록 C의 C.10.1절 참조).

1 사이클에서의 최대 속도 변동을 구하려면, 최대 ΔE, 즉 ΔE_{max}를 발생시키는 θ 값을 알아야 한다. 식 (10.2-7)을 보면, ΔE_{max}는 다음과 같이 표시할 수 있다.

$$\Delta E_{max} = \tfrac{1}{2}I(\omega_{max}^2 - \omega_{min}^2) = \tfrac{1}{2}I(\omega_{max} + \omega_{min})(\omega_{max} - \omega_{min}) \tag{10.2-8}$$

평균 회전 속도는

$$\omega_0 = \frac{(\omega_{max} + \omega_{min})}{2} \tag{10.2-9}$$

따라서 식 (10.2-8)을 다음과 같이 쓸 수 있다.

$$\Delta E_{max} = I\omega_0\left(\omega_{max} - \omega_{min}\right) \tag{10.2-10}$$

속력 변동 계수(coefficient of speed fluctuation)는 다음과 같다.

$$\boxed{C_S = \frac{\omega_{max} - \omega_{min}}{\omega_0}} \tag{10.2-11}$$

따라서 식 (10.2-10)은 다음과 같다.

$$\Delta E_{max} = I\omega_0^2 C_S \tag{10.2-12}$$

또는

표 10.1 속력 변동 계수의 전형적인 값

Application	Typical Value of C_S
Alternators, generators	0.005
Punch press	0.10
Rock crusher	0.20

$$I = \frac{\Delta E_{max}}{\omega_0^2 C_S} \tag{10.2-13}$$

식 (10.2-13)은 관성차가 필요로 하는 극 질량 관성 모멘트의 값을 나타내는 식으로서, 1 사이클당 최대 운동 에너지 변화량, 평균 각속도, 속력 변동 계수로 표현되고 있다.

식 (10.2-13)은 관성차의 극 질량 관성 모멘트뿐만 아니라 전체 기계에도 적용될 수 있다. 기계의 극 질량 관성 모멘트가 $I_{machine}$이라면, 필요한 관성차의 극 질량 관성 모멘트는 다음과 같이 될 수 있다.

$$I_{flywheel} = I - I_{machine} \tag{10.2-14}$$

속력 변동 계수는 무차원이며, 평균 속도(ω_0)에 대하여 속력 변동이 작을 경우에는 속력 변동 계수가 1보다 훨씬 작게 된다. 표 10.1에 속력 변동 계수의 값이 예시되어 있다.

정상 운전 상태에서는 일정한 수의 회전수마다 반복 현상이 발생하는데, 예를 들면 왕복 내연 기관에서의 속력 변동은 크랭크축이 2회전(4π 라디안)을 할 때마다 주기적으로 반복된다.

관성차의 요구 조건을 해석하는 방법 중 편리한 방법으로 동일한 그래프에 구동 토크와 하중 토크의 변동 곡선을 그리는 방법이 있다. 구동 토크를 **양**(positive)으로 하고, 하중 토크를 **음**(negative)으로 하여 동일한 그래프를 표시하면, 그림 10.3과 같이 나타낼 수 있다.

정상 상태에서 1 사이클 동안 구동 토크에 의해 관성차에 입력되는 에너지는 하중 토크에 의해 관성차에서 소멸되는 에너지와 동일해야 한다. 그러므로 1 사이클 동안의 구동 토크와 하중 토크의 평균 절댓값은 동일해야 한다.

관성차의 순 토크(net torque) M은 구동 토크와 하중 토크의 합이다[식 (10.2-2) 참조]. 그림 10.3(a)의 그래프를 보면, 하중 토크가 음이므로, 관성차에 가해지는 순 토크는 두 곡선의 **차이**(difference)가 된다. 관성차의 순 토크에 대한 선도가 그림 10.3(b)에 나와 있다. 그림 10.3(a)에서 두 곡선이 교차되는 점은 관성차에 작용하는 순 토크가 없는 점이며, 이때 가속도가 0이고, 회전 속도는 극값을 갖는다. 1 사이클 동안의 회전 에너지는 그림 10.3(c)에 나타나 있고, 각각의 교차점은 에너지의 극값을 나타낸다.

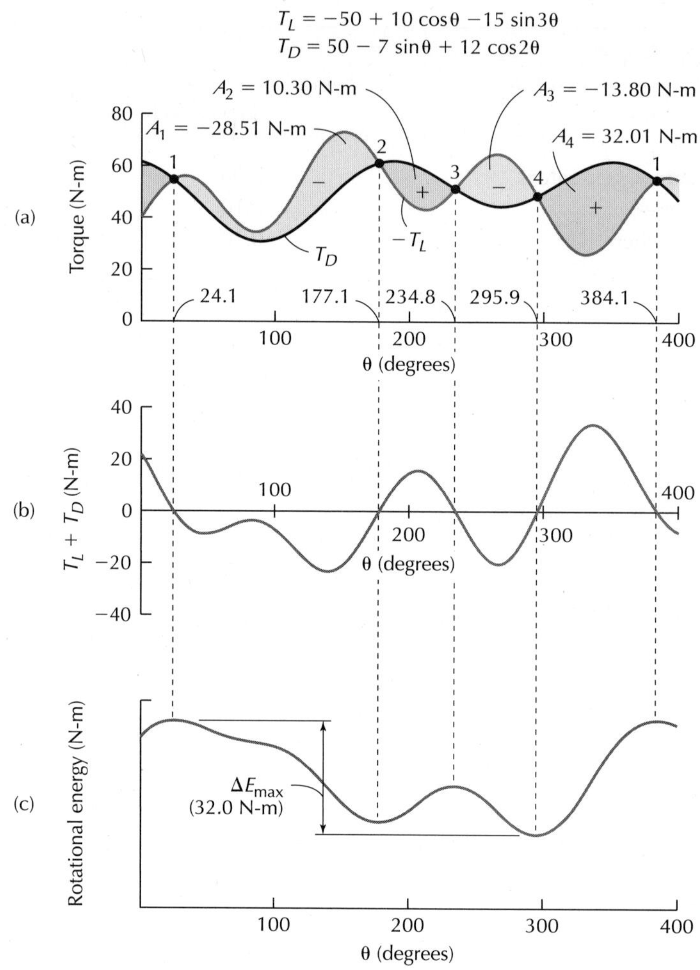

그림 10.3 ● 부하 토크 곡선과 구동 토크 곡선의 예[비디오 10.3]

구동 토크가 부하 토크보다 큰 값일 때는 순 토크의 방향이 회전 방향이 되며, 회전 속도(관성차의 에너지)는 증가하게 된다. 반대로, 하중 토크가 구동 토크보다 크면 순 토크는 회전 방향과 반대 방향으로 되어 회전 속도가 감소하게 된다.

이 그래프들은 회전에 대한 토크를 나타내고 있으므로 구동 토크와 부하 토크 곡선 사이의 면적은 관성차의 에너지 변화를 나타낸다. 또한 두 곡선의 교차점은 에너지의 극값과 일치하므로, 모든 교차점에서의 에너지 준위를 비교할 수 있다. 따라서 ΔE_{max}의 값은 에너지 준위를 비교함으로써 구할 수 있다. 이 중에서 차이가 가장 큰 값을 취하면 ΔE_{max}가 되는 것이다.

비디오 10.3
관성차 분석

[**비디오 10.3**]에서는 그림 10.3에 있는 회전 에너지 곡선이 생성되는 과정을 보여준다.

그림 10.4에서는 정상 상태로 작동 중인 단기통 엔진과 이에 해당하는 구동 및 부하 토크 곡선을 나타내고 있다. 부하 토크는 일정하고, 음의 값으로 되어 있다. 구동 토크 곡선은

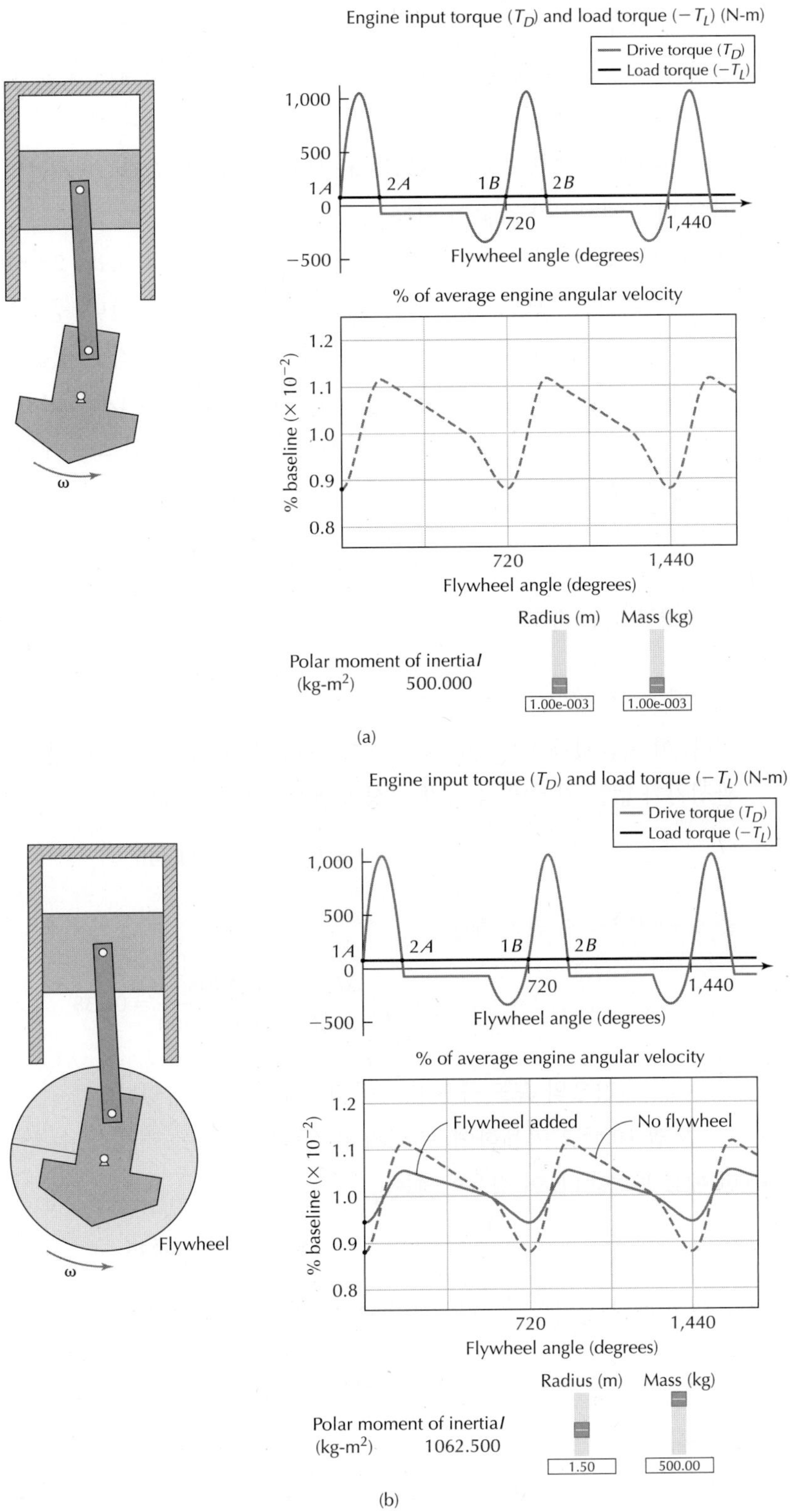

(a)

(b)

그림 10.4 ● 단기통 엔진의 관성차[비디오 10.4]

압축 행정과 폭발 행정에서 일정한 값을 갖는 것으로 간소화하여 표현하였다. 이 시스템이 정상 상태로 작동한다면 구동 토크의 평균값과 부하 토크의 평균값은 절댓값의 크기가 같아야 한다.

1 사이클당 크랭크축은 2회전(4π 라디안)을 하며, 그 토크 곡선의 교차점이 2개이고, 이 점은 회전 에너지가 극값이 되는 곳이다.

교차점 1*A*는 회전이 0일 때이며 극소점이다. 교차점 1*A*와 2*A* 사이에서는 구동 토크가 부하 토크보다 크므로 회전 에너지와 회전 속도는 증가한다. 증가는 교차점 2*A*에 도달할 때까지 계속되는데, 여기에서 회전 에너지와 회전 속도가 극댓값을 갖는다. 2*A*를 지나서 1*B*까지는 회전 에너지와 회전 속도가 감소하게 된다. 점 1*A*와 2*A* 사이에서 구동 토크 곡선으로 에워싸인 면적은 2*A*와 1*B* 사이에서 구동 토크 곡선으로 에워싸인 면적과 크기가 같다. 이 면적은

$$\Delta E_{\max} = 1905 \text{ N-m}$$

이며 평균 회전 속도는

$$\omega_0 = 4.0\,\text{rad/sec}$$

이다. 이 평균값에 대해 변동하는 양은 회전 부재의 극 질량 관성 모멘트에 따라 달라진다. 관성차가 없는 기계의 극 질량 관성 모멘트가 일정한 값

$$I = I_{\text{machine}} = 500\,\text{kg-m}$$

을 갖는다면 속력 변동 계수는

$$C_S = \frac{\Delta E_{\max}}{\omega_0^2 I} = \frac{1905}{4.0^2 \times 500} = 0.238$$

이 된다. 이 경우의 속도 곡선이 그림 10.4(a)에 나타나 있다.

비디오 10.4
모델 10.4
엔진의 관성차

[**모델 10.4**]를 이용하여, 관성차의 질량과 반경을 결정할 수 있는데, 그림 10.4(b)에서 한 예를 보여준다. 이 경우에서는

$$m = 500\text{ kg}; \quad r = 1.5\text{ m}$$

이다. 이때 관성차의 극 질량 관성 모멘트는 다음과 같다(부록 C의 C.9절 참조).

$$I_{\text{flywheel}} = \tfrac{1}{2}mr^2 = 560\ \text{kg-m}^2$$

따라서

$$I = I_{\text{machine}} + I_{\text{flywheel}} = (500 + 560)\,\text{kg-m}^2 = 1060\,\text{kg-m}^2$$

이며, 속력 변동 계수는 다음과 같이 감소하게 된다.

$$C_S = \frac{\Delta E_{\max}}{\omega_0^2 I} = \frac{1905}{4.0^2 \times 1060} = 0.112$$

이에 해당하는 속도 곡선이 그림 10.4(b)에 나타나 있으며, 비교할 수 있도록 관성차가 없을 경우의 속도 곡선도 도시하였다.

예제 10.1

그림 10.5에 부하 토크 곡선과 구동 토크 곡선이 주어져 있다. 부하 토크는 일정하고 구동 토크는 변한다.

두 토크 곡선의 교차점에서의 에너지는 표 10.2에 나타나 있다. 교차점 1은 임의의 에너지 준위 E를 나타내고, 평균 속도와 속력 변동 계수는

$$\omega_0 = 800 \text{ rpm}; \quad C_S = 0.02$$

이다. 이때의 극 질량 관성 모멘트를 구하라.

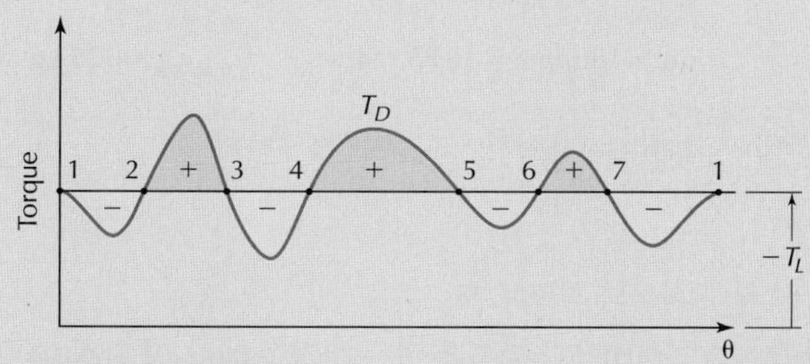

그림 10.5 ● 토크 곡선

표 10.2 그림 10.5의 교차점에서의 에너지 값

Point	Energy Level (N-m)
1	E_1
2	$E_2 = E - 1600$
3	$E_3 = E + 3200$
4	$E_4 = E - 800$
5	$E_5 = E + 4800$
6	$E_6 = E + 1500$
7	$E_7 = E + 3400$

풀이

표 10.2를 보면 최대 에너지는 점 5에서 나타나고, 최소 에너지는 점 2에서 나타난다. 따라서

$$\Delta E_{max} = E_5 - E_2 = [(E + 4800) - (E - 1600)]\ \text{N-m} = 6400\ \text{N-m}$$

식 (10.2-13)에 의해

$$I = \frac{\Delta E_{max}}{\omega_0^2 C_S} = \frac{6400\ \text{N-m}}{\left(800 \times \dfrac{2\pi}{60}\right)^2 \dfrac{\text{rad}^2}{\text{sec}^2} \times 0.02} = 45.5\ \text{N-m-sec}^2 = 45.5\ \text{kg-m}^2$$

예제 10.2

그림 10.6에서는 변화하는 부하 토크와 일정한 구동 토크의 예를 보여준다. 1 사이클당 3회전(6π 라디안)을 하며

$$\omega_0 = 180\ \text{rpm} = 18.85\ \text{rad/sec}; \quad I_{machine} = 125\ \text{kg-m}^2$$

이다. 정상 상태 운전이라는 가정하에 다음을 결정하라.

(a) 평균 동력
(b) 1 사이클당 최대 속도와 최소 속도
(c) 속력 변동 계수 $C_S = 0.025$가 되도록 하는 직경이 0.6 m인 관성차의 질량

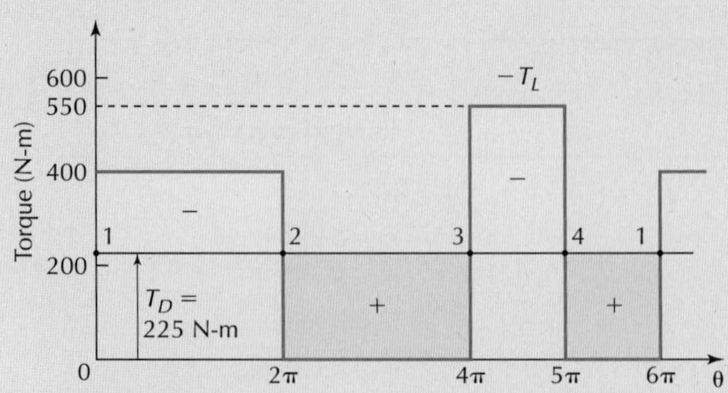

그림 10.6 ● 토크 곡선

풀이

구동 토크와 부하 토크 절댓값의 평균값이 같아야 하고 구동 토크 값이 일정하므로 부하 토크 곡선과 구동 토크 곡선의 교차점에서의 에너지는 표 10.3과 같다.

$$T_D = -\frac{\text{area under load torque curve}}{\text{cycle of operation}}$$

$$= \left(\frac{400 \times 2\pi + 550 \times \pi}{6\pi}\right) \text{N-m} = 225 \text{ N-m}$$

표 10.3 그림 10.6에서 교차점에서의 에너지 값

Point	Energy Level (N-m)
1	E_1
2	$E_2 = E_1 - (400 - 225) \times 2\pi = E_1 - 350\pi$
3	$E_3 = E_2 + 225 \times 2\pi = E_1 + 100\pi$
4	$E_4 = E_3 - (550 - 225) \times \pi = E_1 - 225\pi$

표 10.3을 보면 최대 에너지는 점 3, 최소 에너지는 점 2에서 나타나며, $\Delta E_{\max}$는 다음과 같다.

$$\Delta E_{\max} = E_3 - E_2 = 450\pi \text{ N-m}$$

따라서

(a)

$$T_D \omega_0 = 225 \text{ N-m} \times 18.85 \text{ rad/sec} = 4240 \text{ N-m/sec} = 4.24 \text{ kW}$$

(b)

$$I = \frac{\Delta E_{\max}}{\omega_0^2 C_S}; \quad I = I_{\text{machine}}$$

따라서

$$C_S = \frac{\Delta E_{\max}}{\omega_0^2 I} = \frac{450\pi}{18.85^2 \times 125} = 0.0318$$

그런데

$$C_S = \frac{\omega_{max} - \omega_{min}}{\omega_0}$$

따라서

$$\omega_{max} - \omega_{min} = C_S \times \omega_0 = (0.0318 \times 18.85) \text{ rad/sec} = 0.600 \text{ rad/sec}$$

그리고

$$\omega_{min} = \omega_0 - \frac{\omega_{max} - \omega_{min}}{2} = (18.85 - 0.300) \text{ rad/sec} = 18.55 \text{ rad/sec}$$

$$\omega_{max} = (18.85 + 0.300) \text{ rad/sec} = 19.15 \text{ rad/sec}$$

(c)

$$I = \frac{\Delta E_{max}}{\omega_0^2 C_S} = \left(\frac{450\pi}{18.85^2 \times 0.025} \right) \text{kg-m}^2 = 159 \text{ kg-m}^2$$

따라서, 식 (10.2-14)를 사용하면 다음 값을 얻을 수 있다.

$$I_{\text{flywheel}} = I - I_{\text{machine}} = (159 - 125) \text{ kg-m}^2 = 34 \text{ kg-m}^2$$

그러나 식 (C.9.9)를 사용하면 다음 값을 얻는다.

$$I_{\text{flywheel}} = \tfrac{1}{2} \text{mass } r^2 = 34 \text{ kg-m}^2 = \tfrac{1}{2} \text{mass } 0.30 \text{ m}^2$$

$$\text{mass} = 756 \text{ kg}$$

예제 10.3

구동 토크와 부하 토크는 다음과 같다.

$$T_L = (-100 - 20 \sin 3\theta) \text{ N-m}$$

$$T_D = (100 + 80 \sin \theta) \text{ N-m}$$

토크 곡선이 그림 10.7과 같고

$$I = 4.0 \text{ kg-m}^2$$

일 때, 다음을 결정하라.

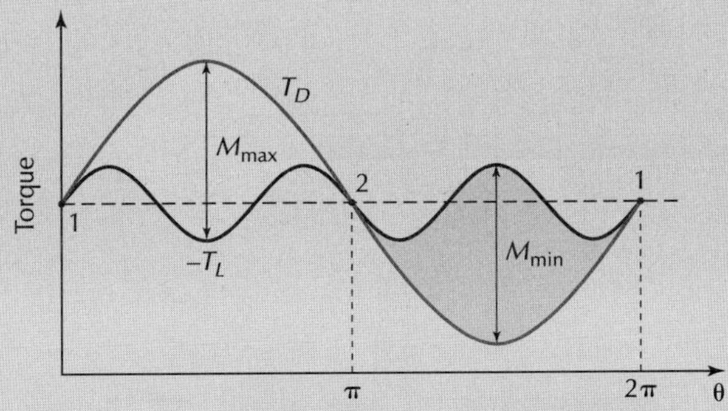

그림 10.7 ● 토크 곡선

(a) ΔE_{max}

(b) 1 사이클 동안 최대 각가속도

정상 상태 운전에서는 구동 토크 절댓값의 평균과 부하 토크 절댓값의 평균이 동일하다.

풀이

(a) 회전 에너지는 $\theta = 0$으로부터 $\theta = \pi$의 범위에서 얻는다. 최소 에너지는 점 1이고, 최대 에너지는 점 2이다. 따라서

$$\Delta E_{max} = \int_{\theta=0}^{\theta=\pi} (T_D + T_L)\, d\theta$$

$$= \left[\int_{\theta=0}^{\theta=\pi} (80 \sin\theta - 20 \sin 3\theta)\, d\theta \right] \text{N-m} = 147 \text{ N-m}$$

(b) 두 토크 곡선의 차이에 따라 순 모멘트 M이 관성차에 작용한다. 그림 10.7을 보면, $\theta = \pi/2$, $\theta = 3\pi/2$에서 곡선의 차이가 최대가 되고, 이때의 최대 순 모멘트 값은 다음과 같다.

$$M_{max} = (T_D + T_L)|_{\theta = \pi/2} = (80 + 20) \text{ N-m} = 100 \text{ N-m}$$

식 (10.2-1)에 의하여

$$\ddot{\theta}_{max} = \frac{M_{max}}{I} = \frac{100 \text{ N-m}}{4.0 \text{ kg-m}^2} = 25 \text{ rad/sec}^2$$

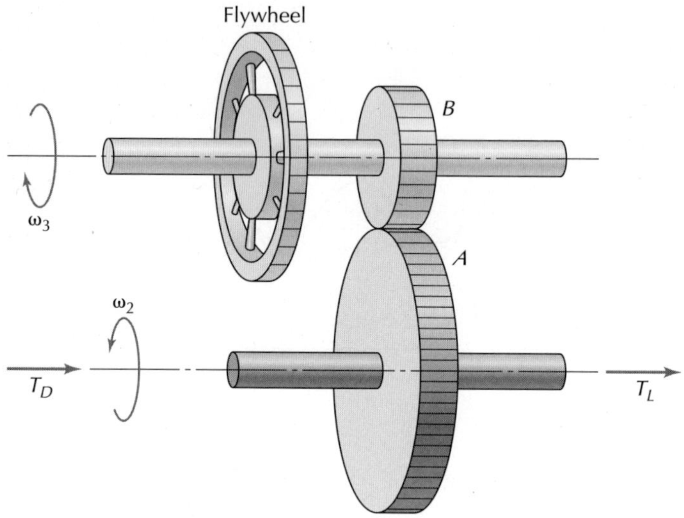

그림 10.8 ● 브랜치 시스템

10.3 브랜치 시스템

기계가 작동할 때, 각각의 부재는 서로 다른 속도로 회전하는 것이 일반적이다. 그림 10.8에서와 같은 기어 전동 장치를 생각해 보자. 기어 A가 각속도 ω_2로 회전할 때, 기어 B의 회전 속도의 크기, 즉 속력은 다음과 같다.

$$|\omega_3| = \frac{r_A}{r_B}|\omega_2| \tag{10.3-1}$$

구동 토크와 부하 토크가 기어 A가 부착되어 있는 축에 작용하고, 관성차는 기어 B와 같은 축에 장착되었다. 두 기어와 관성차의 극 질량 관성 모멘트가 각각 I_A, I_B, I_{flywheel}이라고 하면, 총 회전 에너지는 다음과 같다.

$$\begin{aligned}\text{energy} &= \tfrac{1}{2}I_A\omega_2^2 + \tfrac{1}{2}(I_B + I_{\text{flywheel}})\omega_3^2 \\ &= \tfrac{1}{2}I_A\omega_2^2 + \tfrac{1}{2}(I_B + I_{\text{flywheel}})\left(\frac{r_A}{r_B}\omega_2\right)^2 = \tfrac{1}{2}I_{\text{eff}}\omega_2^2\end{aligned} \tag{10.3-2}$$

따라서

$$\boxed{I_{\text{eff}} = I_A + (I_B + I_{\text{flywheel}})\left(\frac{r_A}{r_B}\right)^2} \tag{10.3-3}$$

이 식은 축 A에 관한 유효 극 질량 관성 모멘트를 나타낸다.

예제 10.4 | 브랜치 시스템의 관성차 해석

그림 10.8과 같은 브랜치 시스템의 구동 토크가 그림 10.9에 도시되어 있다. 부하 토크는 일정하고, 기어 A의 평균 속도는 300 rpm이고 직경은 기어 B의 2배이며, 두 기어의 질량 관성 모멘트는 다음과 같다.

$$I_A = 8.0\ \text{kg-m}^2;\ I_B = 1.0\ \text{kg-m}^2$$

이때 기어 B와 같은 축에 부착하여 속력 변동 계수를 0.005가 되게 하는 관성차의 극 질량 관성 모멘트를 결정하라.

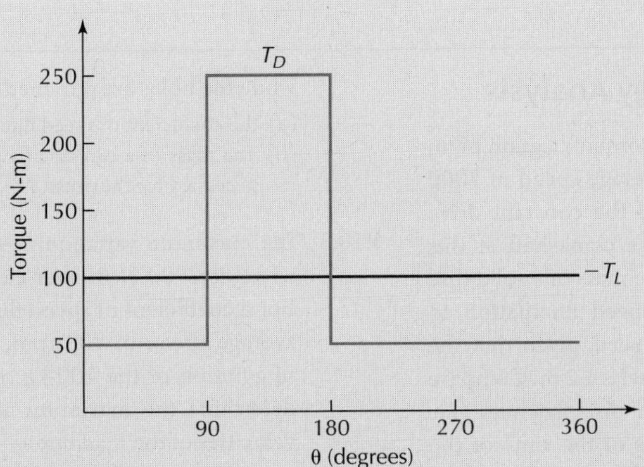

그림 10.9 ● 토크 곡선

풀이

구동 토크 곡선으로부터

$$T_L = -100\ \text{N-m};\quad \Delta E_{max} = 75\pi\ \text{N-m}$$

식 (10.2-13)으로부터

$$I = I_{eff} = \frac{\Delta E_{max}}{\omega_0^2 C_S} = \frac{75\pi\ \text{N-m}}{\left(300 \times \dfrac{2\pi}{60}\right)^2 \dfrac{\text{rad}^2}{\text{sec}^2} \times 0.005} = 47.6\ \text{kg-m}^2$$

식 (10.3-3)을 정리하면

$$I_{\text{flywheel}} = (I_{\text{eff}} - I_A)\left(\frac{r_B}{r_A}\right)^2 - I_B$$

$$= \left[(47.6 - 8.0)\left(\frac{1}{2}\right)^2 - 1.0\right] \text{kg-m}^2 = 8.90 \text{ kg-m}^2$$

Problems

Sizing of Flywheels, Energy Analysis

P10.1 Figure P10.1 shows the load torque diagram of an engine that operates at an average speed of 2000 rpm. Determine the value of the constant drive torque necessary to move the crankshaft at this speed, and then determine the mass of a solid disc flywheel required to limit speed fluctuation to 0.8 percent of the nominal speed, given that the outside diameter of the flywheel is 1.2 m. Compare this with the mass of a rim disc flywheel (i.e. assume all mass at the radius of the rim) of the same diameter that is required for the same speed fluctuation.

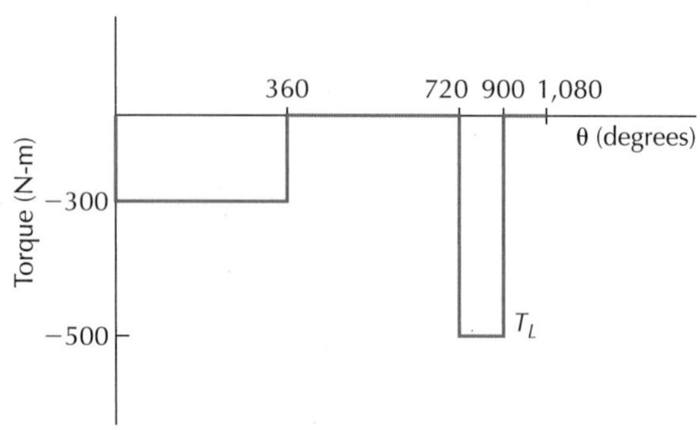

Figure P10.1

P10.2 The crankshaft of a punch press rotates at a maximum speed of 200 rpm, which falls by 5 per cent with each punching operation. The flywheel must be able to provide 10 kJ of energy during the 20° while the holes are punched. Determine

(a) the coefficient of speed fluctuation

(b) The mass of a rim disc flywheel of diameter 2.8 m necessary for the press.

P10.3 The maximum variation in stored energy of a flywheel is 2000 N-m over each cycle of operation. For a coefficient of speed fluctuation of 0.05 at an average speed of 400 rpm, determine the radius of gyration of the 100-kg rim disc flywheel. Also determine the maximum and minimum angular velocities of the machine

P10.4 A steel (7000 kg/m^3) solid disc flywheel has a diameter of 1.5 m and a thickness of 18 mm. Determine

(a) the difference in stored kinetic energy of the flywheel for a speed increase from 200 to 210 rpm

(b) the coefficient of speed fluctuation.

P10.5 A flywheel of mass 600 kg and radius of gyration 1.5 m rotates at 2500 rpm. Determine the kinetic energy that it delivers for a 2 per cent drop in speed

P10.6 Figure P10.6 shows the load torque variation for 1 cycle of a shaft driven by a constant torque.

(a) Determine the energy delivered in each cycle for a flywheel mounted on the shaft so that the coefficient of speed fluctuation is 0.05 at an average speed of 200 rpm.

(b) If the flywheel is a solid steel (7000 kg/m^3) disc of thickness 10 mm, determine its diameter.

P10.7 A solid disc flywheel has a maximum variation in stored kinetic energy amounting to 1500 J. Given that its diameter is 1.2 m and the velocity of the

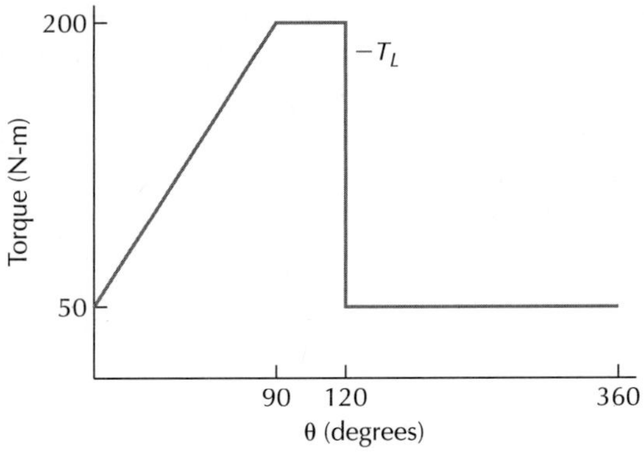

Figure P10.6

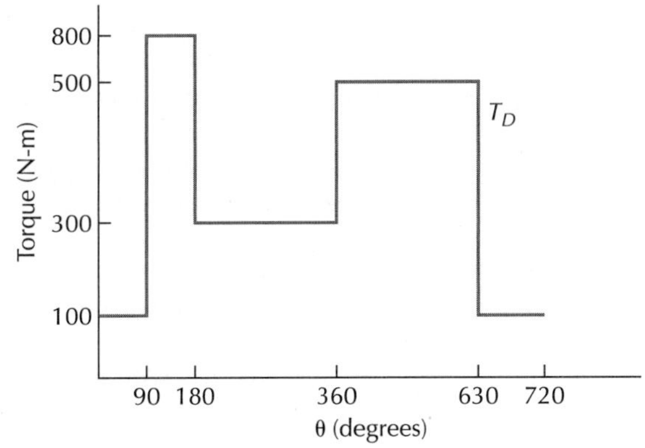

Figure P10.10

edge varies between 8 and 9 m/sec, determine its mass.

P10.8 A 1.0 m diameter solid disc flywheel of mass 120 kg is designed to handle 1200 N-m of kinetic energy change at an average speed of 180 rpm. Determine the coefficient of speed fluctuation.

P10.9 A machine performs one complete cycle of operation in three revolutions, and the load torque curve is shown in Figure P10.1. The driving torque is constant, and the polar mass moment of inertia of the machine is 100 kg-m^2. The average speed is 200 rpm. Determine

(a) the coefficient of speed fluctuation

(b) the maximum acceleration and deceleration

(c) the mass of a 60-cm-diameter solid disc flywheel required to reduce the coefficient of speed fluctuation to 0.020

P10.10 The main shaft of a rotating machine has a constant load torque and is driven by the torque shown in Figure P10.10. The machine has a moment of inertia of 8.0 kg-m^2 and an average operating speed of 400 rpm. Determine

(a) the minimum and maximum angular speeds in each cycle

(b) the greatest acceleration and deceleration in each cycle

(c) the thickness of a steel (7000 kg/m^3) 30 cm diameter solid disc flywheel, which when attached to the shaft will prevent the maximum rotational speed from exceeding 410 rpm

P10.11 A rotating engine with constant drive torque has a load of –5000 N-m for half a turn, 250 N-m for the next 180°, and –500 N-m for the final 90° of its cycle. The minimum and maximum speeds are 98 and 104 rpm, respectively.

(a) Determine the constant input torque and sketch the input and load torque curves against shaft rotation.

(b) Sketch the output speed curve below the torque curves, showing roughly the maximum, minimum, and average values.

(c) Determine the polar mass moment of inertia from the given data.

(d) Determine the thickness of a steel (7000 kg/m^3) solid disc flywheel, 100 cm in diameter, which when mounted on the shaft reduces the coefficient of speed fluctuation to 0.052.

P10.12 Figure P10.12 is the negative of the load torque curve of an engine for one cycle of operation. Given that the average operating speed of the

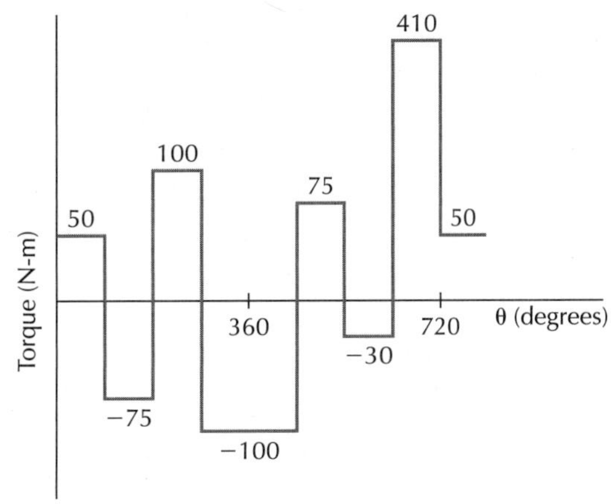

Figure P10.12

engine is 400 rpm, determine

(a) the required constant drive torque

(b) the crank angles at which the angular velocity is a maximum or minimum in every cycle

(c) the coefficient of speed fluctuation of the engine given that its polar mass moment of inertia is 8.0 kg-m^2

P10.13 An engine operates at an average speed of 3200 rpm with its speed fluctuating 18 rpm about this mean value. Given that the engine is fitted with a 2.2-m-diameter rim disc flywheel with mass of 32 kg, determine the kinetic energy consumed per cycle.

P10.14 The torque exerted on the crankshaft of an engine is given by (20,000 + 1500 sin2θ – 1320 cos2θ) N-m. For a constant load torque, determine

(a) the average power of the engine operating at 1000 rpm

(b) the mass of a 1.2-m-diameter solid disc flywheel so that the speed variation is less than 0.3 percent about the mean

(c) the rotational acceleration of the flywheel when θ = 45°

P10.15 For an engine with a drive torque given by (12,000 + 2366 sin3θ) N-m and a load torque given by (–12,000 – 1200) sinθ N-m operating at 200 rpm, determine the coefficient of speed fluctuation, given that the polar mass moment of inertia of the flywheel is 120 kg-m^2.

P10.16 In the system of Figure 10.8, the load torque of the system is $T_L = -100 \sin^2(\theta/2)$ N-m. Gear *A* turns at a nominal speed of 300 rpm, driven by a constant torque, and its diameter is three times that of gear *B*. Determine the diameter of a 100 kg rim disc flywheel that is needed to keep speed fluctuations within 0.9 percent of the average speed. If the flywheel had been mounted on the main shaft, what would its diameter have been? Neglect the effect of the gears.

P10.17 A steel (8000 kg/m^3) solid disc flywheel has a diameter of 1.5 m and a thickness of 25 mm. Determine

(a) the difference in stored kinetic energy of the flywheel for a speed increase from 190 to 210 rpm

(b) the coefficient of speed fluctuation.

P10.18 A flywheel of mass 500 kg and radius of gyration 1.4 m rotates at 2800 rpm. Determine the kinetic energy that it delivers for a 2 per cent drop in speed.

P10.19 A 1.0 m diameter solid disc flywheel of mass 80 kg is designed to handle 1100 N-m of kinetic energy change at an average speed of 150 rpm. Determine the coefficient of speed fluctuation.

P10.20 An engine operates at an average speed of 3600 rpm with its speed fluctuating 25 rpm about this mean value. Given that the engine is fitted with a 2.6-m-diameter rim disc flywheel with mass of 34 kg, determine the kinetic energy consumed per cycle.

CHAPTER 11

기구의 합성

11.1 서론

어떤 기구에서 입력되는 운동이 주어지고 출력되는 운동을 구해야 할 경우, **기구의 해석**(analysis of mechanism)을 수행하여야 한다. 그림 11.1(a)에서와 같은 기구에서는, 기구의 분석 또는 해석을 통해 그림 11.1(b)와 같은 그래프를 얻을 수 있다. 또한 해석을 통해 주어진 입력 운동에 필요한 하중을 결정하고 이 운동을 유지시키기 위해 필요한 토크를 결정하기도 한다.

기구의 합성(synthesis of mechanism)은 이러한 분석 또는 해석 과정의 역의 과정이라 할 수 있다. 이 과정은 요구되는 출력 운동으로부터 출발하며, 이 운동에 가장 적합한 기구를 선택한 후, 요구에 적합한 운동이 나올 수 있도록 각 링크의 크기를 결정하게 된다. 그림 11.1(b)에서와 같은 그래프가 주어지면, 기구의 합성 과정에서는 우선 이 요구 조건에 적합한 기구의 형태를 선택하게 된다. 7장에서 캠의 학습을 통하여 기구의 합성 과정을 수행한 적이 있다. 즉 종동절의 변위 선도를 가지고 시작하여, 변위 선도에 적합한 운동을 출력시

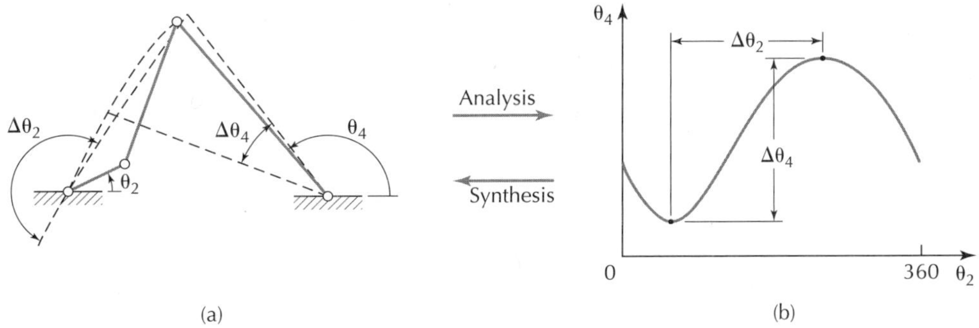

그림 11.1 ● 기구의 해석과 합성. (a) 기구, (b) 함수 그래프

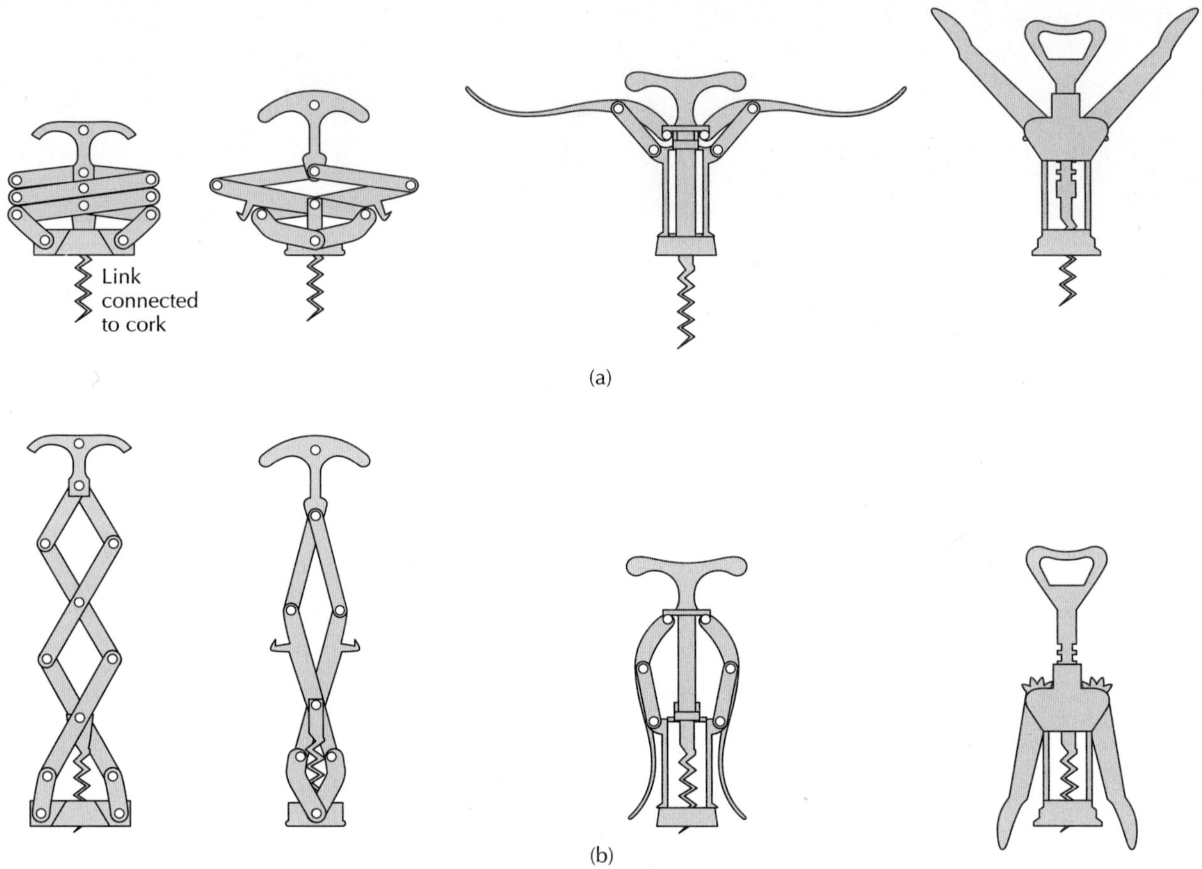

그림 11.2 ● 코르크스크루 기구[비디오 11.2]

키는 캠의 윤곽을 결정한 일을 그 예로 들 수 있다.

비디오 11.2
코르크스크루 기구

동일한 출력 운동을 제공하기 위해 여러 형태의 기구를 설계할 수 있다. 그림 11.2를 보면 코르크스크루 기구의 형태가 네 가지로 도시되어 있으며[11], 모두 코르크에 연결된 링크의 수직 운동을 출력으로 제공하고 있다. 이 경우에서는 비용, 링크의 수, 입력 운동 등을 고려하여 비교한 후, 기구의 형태가 결정될 것이다.

형태 합성(type synthesis)은 어떤 종류의 기구를 선택하느냐에 관한 것으로, 설계자의 경험에 근거하는 경우가 많다. 따라서 다양한 기구의 역할 및 활용에 친숙해져야 한다.

사양 합성(dimension synthesis)은 선택한 기구의 크기를 결정하는 것이다. 원판 캠의 윤곽을 결정하는 것을 예로 들 수 있다. 4절 링크와 슬라이더 크랭크 기구의 사양 합성에 관해서는 많은 도해적 방법과 해석적 방법이 개발되어 있으며, 이 장에서는 몇 가지 공통된 알고리즘을 제시하고 있다.

기구의 합성에는 기구의 **운동역학**(kinetics)도 포함되며, 대표적인 문제로 입력 하중과 토크가 작용할 때 기구가 원하는 바에 따라 작동할 수 있도록 설계하는 일을 들 수 있다. 관성차의 크기를 결정하거나 링크의 질량을 배분하는 일도 이 과정에 포함된다고 할 수 있다. 이 장에서는 사양 **합성**(synthesis)에 중점을 두고 학습을 진행한다.

11.2 합성의 단계

합성은 세 가지 단계로 구분할 수 있으며 다음의 각 절에서 설명된다.

11.2.1 함수 생성

함수 생성(function generation)은 두 링크의 선형 운동 및 회전 운동이 조화롭게 협력하여 요구되는 운동을 출력할 수 있도록 기구의 사양(dimension)을 결정하는 일을 말한다. 예를 들어 그림 11.3은 종동절의 출력 운동을 캠의 회전 운동의 함수로 나타내는 원판 캠 기구이다. 이 기구에서는 캠의 회전에 따라 종동절의 출력 운동을 얻을 수 있는 캠을 설계할 수 있다.

4절 기구에서도 함수 생성 과정을 적용할 수 있는데, 그림 11.1(a)에서와 같은 4절 링크에서 θ_4는 θ_2의 함수라 생각할 수 있고 4절 기구에 의해 생성되는 함수 관계는 4장에서 논

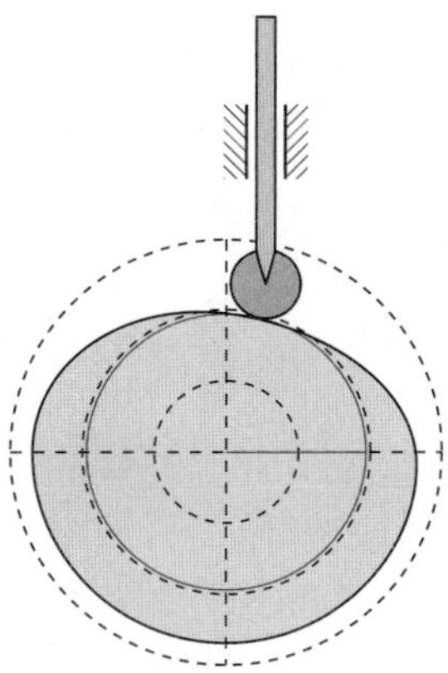

(a)

Absolute Maximum Values

Function	Absolute Maximum	Maximum at (deg)
Follower Displacement	8.000e−001	100.0
Follower Velocity	1.833e+001	50.0
Follower Acceleration	5.184e+002	260.0
Follower Jerk	1.866e+004	310.0
Pressure Angle	2.544e+001	318.0

Output Graphs (normalized with the maximum values)

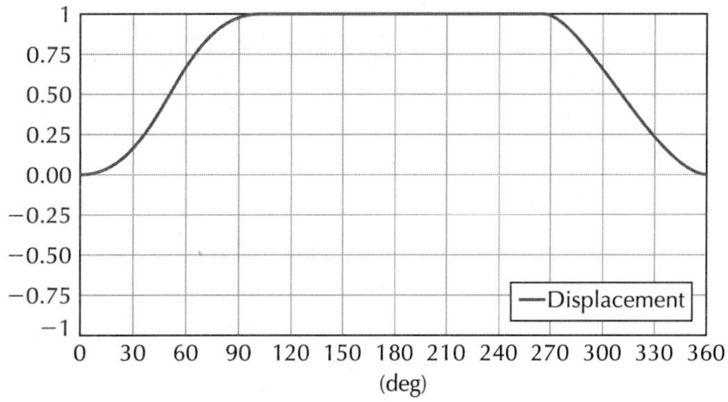

(b)

그림 11.3 ● 캠 기구

의하였다. 식 (4.3-54)와 (4.3-56)부터 (4.3-59)까지에 의하여 다음 식으로 나타낼 수 있다.

$$\theta_4 = g(\theta_2, r_1, r_2, r_3, r_4) \tag{11.2-1}$$

여기에서 함수 g는 입력 각변위 θ_2와 4절 기구의 링크 길이에 의존한다.

4절 기구가 다음 식의 표현과 같은 회전 변위를 나타내도록 설계되었다고 하자.

$$\theta_4 = f_{\theta_2}(\theta_2) \tag{11.2-2}$$

이 함수에 따라 운동하도록 4절 기구를 선택하는 데 있어서, 원하는 결과를 얻어 내기 위해서는 각각의 절, 즉 링크의 크기를 정해 주어야 한다. 그러나 θ_2의 함수로 되어 있는 회전 변위가 모든 θ_2의 값에 대해 원하는 값이 되게 하는 것은 일반적으로 불가능한 일이다. 이러한 원하는 변위 함수 f_{θ_2}와 실제의 운동 변위 g와의 차를 어느 정도 제한하여 정하여 두어야 한다. 이 차이를 **구조 오차**(structural error) e라 하며 다음과 같이 표현한다.

$$\boxed{e(\theta_2, r_1, r_2, r_3, r_4) = g(\theta_2, r_1, r_2, r_3, r_4) - f_{\theta_2}(\theta_2)} \tag{11.2-3}$$

그림 11.4(b)는 그림 11.4(a)와 같은 4절 기구에서 원하는 변위 함수 $f_{\theta_2}(\theta_2)$와 실제 변위 $g(\theta_2, r_1, r_2, r_3, r_4)$를 나타내는 선도이다. 링크의 길이는 이 장에서 제시하는 과정에 의해 결정되었다. 그래프를 보면 링크 2와 링크 4가 완전히 회전하지는 않았다. 링크 2는 $(\theta_2)_s$에서 시작하여 $(\theta_2)_f$까지 회전하였고, 링크 4는 $(\theta_4)_s$와 $(\theta_4)_f$ 사이를 회전하였다. 그래프에서 실선과 점선의 차로 구조 오차가 나타나 있으며, 두 함수의 교차점을 **정밀점**(precision point)이라고 한다. 4절 기구에서는 정밀점이 4개 또는 5개 정도 되도록 설계하는 과정이 확립되어 있다[12]. 그러나 정밀점이 3개인 경우의 알고리즘과 비교할 때, 그 과정은 매우 복잡하다. 일반적인 설계에서는 정밀점을 3개 설정하여 사용하는 것으로 충분하므로, 이 장에서는 이 과정을 학습하기로 한다.

함수 관계를 다음과 같이 무차원 형식으로 표현하면 편리할 때가 많다.

$$Y = f_X(X) \tag{11.2-4}$$

여기에서 X는 입력 운동에 비례하고 Y는 출력 운동에 비례한다. 그림 11.5에서와 같이 X와 Y의 값은 링크 2와 4의 회전 운동과 밀접한 관계가 있다.

$$\begin{aligned} X = X_S \quad \text{when} \quad \theta_2 = (\theta_2)_s; \quad X = X_f \quad \text{when} \quad \theta_2 = (\theta_2)_f \\ Y = Y_S \quad \text{when} \quad \theta_4 = (\theta_4)_s; \quad Y = Y_f \quad \text{when} \quad \theta_4 = (\theta_4)_f \end{aligned} \tag{11.2-5}$$

다음과 같이 정의를 하면, 즉

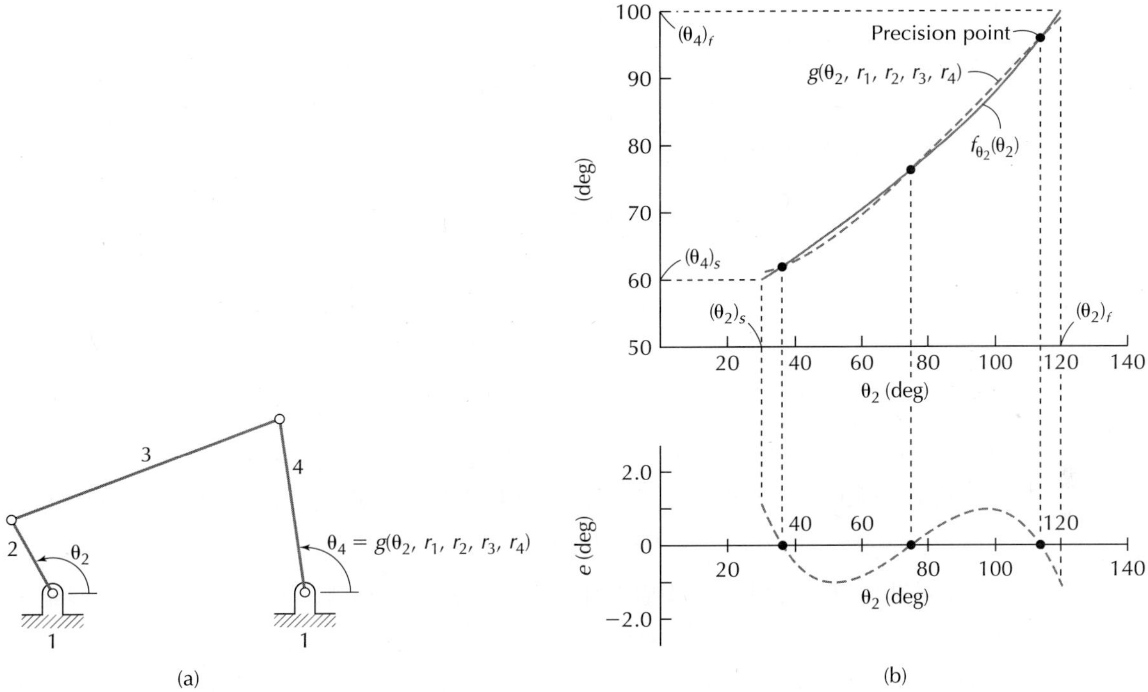

그림 11.4 ● 원하는 변위 함수와 실제 변위

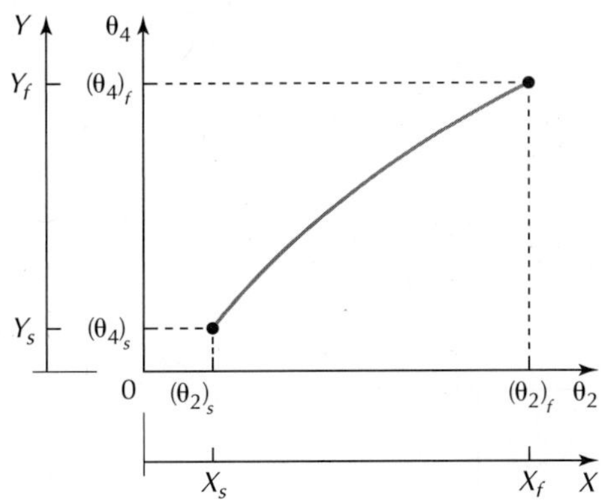

그림 11.5 ● 함수 생성 곡선

$$\begin{aligned} \Delta X &= X_f - X_s; \quad \Delta\theta_2 = (\theta_2)_f - (\theta_2)_s \\ \Delta Y &= Y_f - Y_s; \quad \Delta\theta_4 = (\theta_4)_f - (\theta_4)_s \end{aligned} \tag{11.2-6}$$

링크 2의 출발점과 종점 사이에서는 다음과 같은 표현을 할 수 있다.

$$\frac{\theta_2 - (\theta_2)_s}{X - X_s} = \frac{\Delta\theta_2}{\Delta X} = r_X \tag{11.2-7}$$

또는

$$\theta_2 = r_X(X - X_s) + (\theta_2)_s \tag{11.2-8}$$

마찬가지로 링크 4에 대해서는

$$\theta_4 = f_{\theta_2}(\theta_2) = r_Y(Y - Y_s) + (\theta_4)_s \tag{11.2-9}$$

여기에서

$$r_Y = \frac{\Delta\theta_4}{\Delta Y} \tag{11.2-10}$$

정밀점의 위치는 구조 오차의 분포에 중요한 역할을 한다. 그림 11.6(a)에서 함수 f_X를 보자. 이 함수에 대해 2개의 근사 함수가 있으며, 제각기 정밀점을 갖고 있다. 그림 11.6(b)에 이 근사 함수의 구조 오차가 도시되어 있다.

주어진 입력 운동에 대해 정밀점의 위치를 정할 때 체비셰프 간격(Chebyshev spacing)을 많이 사용한다[3]. 그림 11.7을 보면, 3개의 정밀점을 도해적으로 위치시키는 방법이 예시되어 있다. X축에 $(X_s + X_f)/2$를 중심으로 하고 ΔX를 직경으로 하는 반원을 그린 다음, 반원에 내접하고, 좌우 양쪽 변이 X축에 수직인 반정육각형을 그린다. 이 정육각형의 꼭짓점

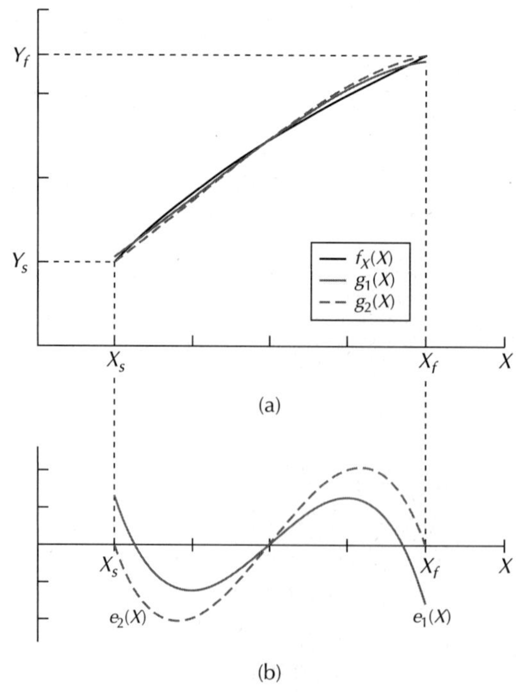

그림 11.6

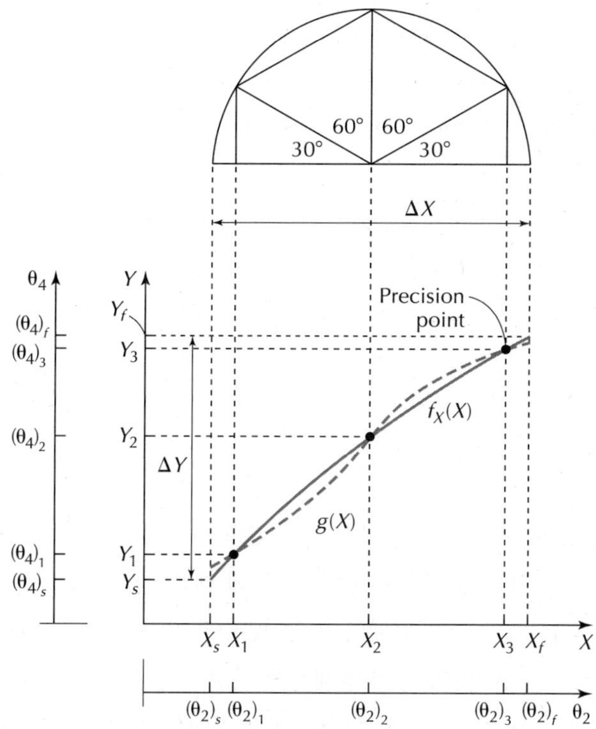

그림 11.7 ● 체비셰프 간격에 의한 3개의 정밀점

에서 X축에 수직인 직선을 그림으로써 정밀점의 위치를 결정하게 된다. 이 정밀점 위치는 다음과 같이 표현할 수 있다.

$$X_1 = \frac{X_f + X_s}{2} - \frac{X_f - X_s}{2}\cos 30° = 0.933X_s + 0.0670X_f$$

$$X_2 = \frac{X_f + X_s}{2} = 0.500X_s + 0.500X_f \tag{11.2-11}$$

$$X_3 = \frac{X_f + X_s}{2} + \frac{X_f - X_s}{2}\cos 30° = 0.0670X_s + 0.933X_f$$

식 (11.2-8)과 (11.2-9)에 의해, 링크 2와 링크 4의 변위를 정밀점의 X 값과 Y 값으로 구할 수 있다.

$$(\theta_2)_j = r_X(X_j - X_s) + (\theta_2)_s, \quad j = 1, 2, 3 \tag{11.2-12}$$

$$(\theta_4)_j = r_Y(Y_j - Y_s) + (\theta_4)_s, \quad j = 1, 2, 3 \tag{11.2-13}$$

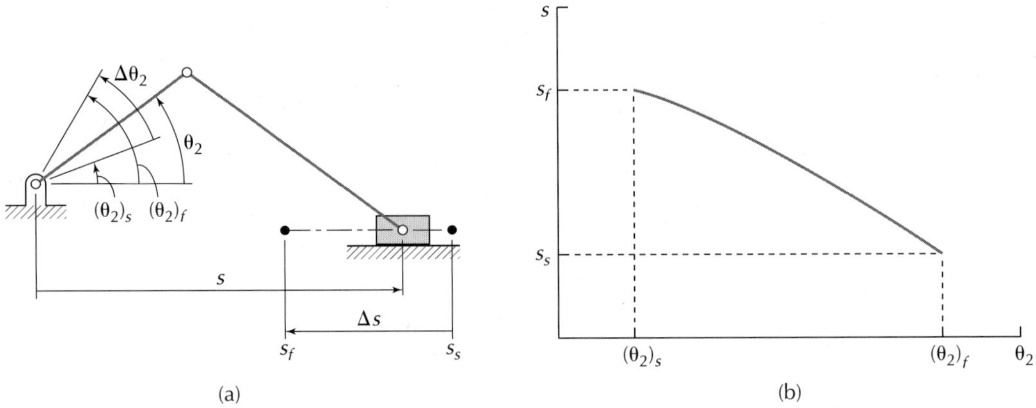

그림 11.8 ● 슬라이더 크랭크 기구와 함수 생성 곡선

슬라이더 크랭크 기구에서도 크랭크의 회전 운동의 함수로서 슬라이더의 선형 운동을 생성시킬 수 있다. 그림 11.8(a)에서와 같은 기구에 대한 함수가 그림 11.8(b)에 도시되어 있다. 생성되는 함수는 크랭크의 길이와 편심 위치에 따라 결정되는데, 생성되는 함수는 원하는 운동의 근삿값이 된다. 이 장에서 제시한 알고리즘을 사용하면, 원하는 함수와 실제로 생성되는 함수가 3개의 정밀점에서 정확하게 일치하는 것을 볼 수 있다.

슬라이더의 위치 함수는 Y값으로 다음과 같이 나타낼 수 있다.

$$s = r_Y(Y - Y_s) + s_s \tag{11.2-14}$$

여기에서

$$r_Y = \frac{\Delta s}{\Delta Y} \tag{11.2-15}$$

이 경우에 정밀점은 다음과 같다.

$$s_j = r_Y(Y_j - Y_s) + s_s, \qquad j = 1,\ 2,\ 3 \tag{11.2-16}$$

11.2.2 경로 생성

경로 생성(path generation)은 주어진 경로를 따라 링크의 위치를 안내하는 기구의 사양을 결정하는 일이다.

그림 1.16에서 경로 생성의 예를 보여준다. 커플러 위에 있는 한 점이 필름 구동 기구에서 이용되었다.

여러 가지 다양한 형태의 경로를 생성할 수 있다. 그림 1.14에서는 4절 기구의 커플러 위에 있는 한 점이 경로에 따라 추적하는 모습을 보여주고 있다. 이 중에서 **커스프**(cusp)가 발생하는 것을 볼 수 있는데, 이 점에서는 곡선의 기울기가 좌우에서 일치하지 않고 있다(기울기가 동일하지 않음).

4절 기구에 의해 생성되는 커플러의 경로 곡선에 관한 카탈로그가 Hrones와 Nelson[13]에 의해 제공되고 있다. 커플러 경로 곡선 카탈로그를 이용하여 주어진 함수에 따라 운동을 수행하는 기구의 사양을 선택할 수 있다.

11.2.3 강체 안내

기구의 합성 과정에서 **강체 안내**(rigid-body guidance)는 링크가 요구되는 회전을 하는 동안 링크 상의 한 점이 미리 정해 놓은 위치를 통과할 수 있도록 기구의 사양을 결정하는 일이다. 그림 11.9(a)에 나타낸 바와 같이, 이 기구는 링크가 1에서와 같은 위치와 방향성을 갖고 시작하여 중간에 점 2에서와 같은 위치와 방향성을 갖고 최종적으로 3의 위치와 방향성을 갖도록 설계되어 있다. 각각의 위치에서, 점 A의 좌표는 (x_i, y_i), $i = 1, 2, 3$으로 표시하였고, 점 1과 점 2 사이에서의 링크의 회전은 θ_{12}로, 점 1과 점 3 사이에서의 회전은 θ_{13}으로 각각 표시하였다. 이와 같은 경우를 **3위치 강체 안내**(three-position rigid-body guidance)라고 하며, 그림 11.9(b)에 이와 같은 운동을 제공하는 4절 기구를 나타내었다. 이 기구는 이 장에서 설명한 기구의 합성 과정에 따라 설계되었다.

유한 개의 강체 안내 위치를 정하고 이를 만족시키는 4절 기구를 설계할 수 있다. 컴퓨터를 사용하여 이 과정을 수행할 수 있는데[14], 수작업으로 하는 것은 실용적이 아니다. 그러나 2개 또는 3개의 정밀점을 갖는 강체 안내는 비교적 용이하므로 계산기를 사용하여, 도해적인 방법 또는 해석적인 방법에 의하여 합성 과정을 수행할 수 있다. 이 방법은 실제적으로 설계 문제에 광범위하게 사용하기에 충분하므로, 이 장에서 예를 들어 설명하였다.

합성 문제를 해결하는 방법은 여러 가지가 있을 수 있다. 따라서 링크의 사양, 운동의

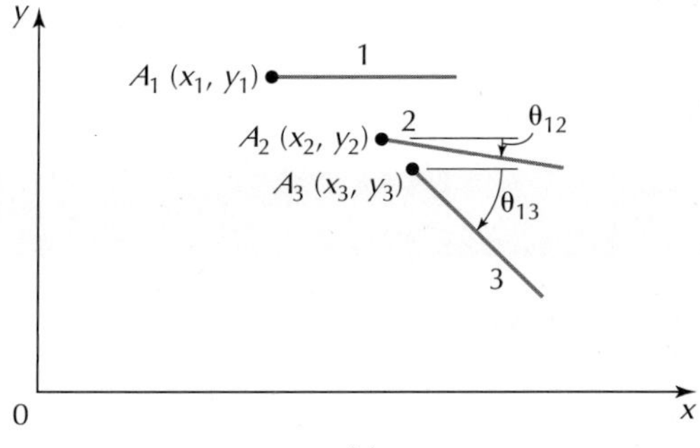

(a)

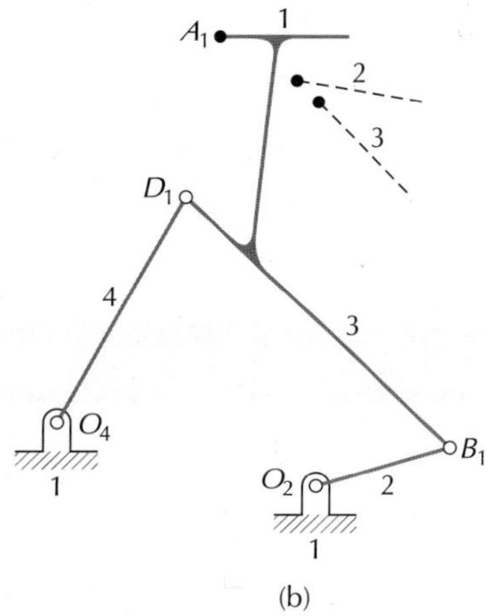

(b)

그림 11.9 ● 3위치 강체 안내

범위, 전달각 등을 비교하고, 여러 상황을 고려하여 가장 적합한 방법을 선택하여야 할 것이다.

11.3 해석적 방법에 의한 함수 생성 4절 기구 설계

이 절에서는 3개의 정밀점을 갖는 함수를 생성하는 4절 기구를 설계하는 방법을 제시한다. 다음의 식과

$$\cos(\theta_i - \theta_j) = \cos\theta_i \cos\theta_j + \sin\theta_i \sin\theta_j$$

식 (4.3-53)에 의해서 다음과 같은 **프로이덴스타인 방정식**(Freudenstein equation)을 얻을 수 있다.

$$h_1 \cos\theta_4 - h_3 \cos\theta_2 + h_5 = \cos(\theta_2 - \theta_4) \tag{11.3-1}$$

정밀점에 해당되는 링크 2와 링크 4의 각도를 식 (11.3-1)에 대입하면 다음과 같은 3개의 식을 얻을 수 있다.

$$\boxed{h_1 \cos(\theta_4)_i - h_3 \cos(\theta_2)_i + h_5 = \cos((\theta_2)_i - (\theta_4)_i), \quad i = 1, 2, 3} \tag{11.3-2}$$

h_1, h_3, h_5의 값은 이 세 방정식을 풀이하여 구할 수 있다. 기초 링크의 값을 주면 3개의 다른 링크의 길이를 구할 수 있다. 식 (4.3-54)를 정리하면 다음 식을 얻을 수 있다.

$$\boxed{r_2 = \frac{r_1}{h_1}; \quad r_4 = \frac{r_1}{h_3}; \quad r_3 = (r_1^2 + r_2^2 + r_4^2 - 2r_2r_4h_5)^{1/2}} \tag{11.3-3}$$

임의의 한 정밀점에 해당하는 기구의 모양을 결정할 때 식 (11.3-3)에서 음수의 값이 구해지면 벡터의 개념으로 해석하여야 한다. 즉 이 링크는 그림 4.3(c)에서 정의한 방향과 반대 방향에 있는 것이다.

예제 11.1 3개의 정밀점으로 기구를 생성하는 4절 기구의 합성

다음 함수에 의해 생성되는 4절 기구를 설계하라.

$$Y = X^{1/2}, \quad X_s = 1.0 \le X \le 5.0 = X_f \tag{11.3-4}$$

이때

$$r_1 = 1.00\ \text{cm};\quad \Delta\theta_2 = -90°;\quad \Delta\theta_4 = -40° \tag{11.3-5}$$

체비셰프 간격으로 된 3개의 정밀점을 사용하라.

풀이

이 문제는 링크 2와 링크 4의 운동에 관한 것으로, 초기 회전 변위에 관한 제약 조건이 없다. 따라서 다음과 같이 초기 조건을 임의로 정할 수 있다.

$$(\theta_2)_s = 120°;\quad (\theta_4)_s = 100° \tag{11.3-6}$$

식 (11.2-11)에 의해

$$\begin{aligned} X_1 &= 0.933X_s + 0.0670X_f \\ &= 0.933 \times 1.0 + 0.0670 \times 5.0 = 1.268 \\ X_2 &= 3.000;\quad X_3 = 4.732 \end{aligned} \tag{11.3-7}$$

식 (11.2-6)으로부터

$$\Delta X = X_f - X_s = 4.000 \tag{11.3-8}$$

식 (11.2-7), (11.2-12), (11.3-7), 그리고 (11.3-8)로부터

$$\begin{aligned} (\theta_2)_1 &= (\theta_2)_s + \frac{X_1 - X_s}{\Delta X}\Delta\theta_2 \\ &= 120° + \frac{1.268 - 1.000}{4.000}(-90°) = 113.97° \\ (\theta_2)_2 &= 75.00°;\quad (\theta_2)_3 = 36.03° \end{aligned} \tag{11.3-9}$$

식 (11.3-4)에 의해 정밀점에서의 Y값을 구할 수 있다.

$$\begin{aligned} &Y_j = X_j^{1/2},\quad j = 1,2,3 \\ &Y_1 = X_1^{1/2} = 1.126;\quad Y_2 = 1.732;\quad Y_3 = 2.175 \end{aligned} \tag{11.3-10}$$

또한

$$\Delta Y = Y_f - Y_s = X_f^{1/2} - X_s^{1/2} = 1.236 \tag{11.3-11}$$

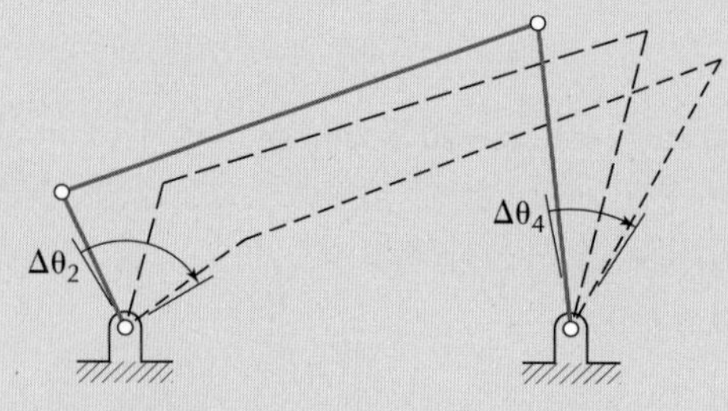

그림 11.10 ● 4절 기구

식 (11.2-13), (11.3-10)과 (11.3-11)에 의해

$$
\begin{aligned}
(\theta_4)_1 &= (\theta_4)_s + \frac{Y_1 - Y_s}{\Delta Y}\Delta\theta_4 \\
&= 100° + \frac{1.126 - 1.000}{1.236}(-40°) = 95.92° \\
(\theta_4)_2 &= 76.31°; \quad (\theta_4)_3 = 61.97°
\end{aligned} \tag{11.3-12}
$$

이 값을 식 (11.3-9), (11.3-12), (11.3-2)에 대입하면

$$
\begin{bmatrix} -0.103 & 0.406 & 1.000 \\ 0.237 & -0.259 & 1.000 \\ 0.470 & -0.809 & 1.000 \end{bmatrix} \begin{Bmatrix} h_1 \\ h_3 \\ h_5 \end{Bmatrix} = \begin{Bmatrix} 0.951 \\ 1.000 \\ 0.899 \end{Bmatrix} \tag{11.3-13}
$$

위 식을 풀면

$$
h_1 = 2.959; \quad h_3 = 1.438; \quad h_5 = 0.672 \tag{11.3-14}
$$

식 (11.3-14)를 식 (11.3-3)에 대입하면

$$
r_2 = 0.338\text{ cm}; \quad r_3 = 1.132\text{ cm}; \quad r_4 = 0.695\text{cm}
$$

그림 11.10은 3개의 정밀점에 해당하는 4절 기구의 형상을 보여준다.

4절 기구의 링크 길이를 알 때, 기구에 의해 생성되는 실제의 운동을 평가할 수 있고, 링크 2의 회전에 따른 구조 오차를 결정할 수 있다. 예를 들면,

$$
\theta_2 = (\theta_2)_s = 120°
$$

식 (4.3-56)에서 (4.3-59)에 의하면

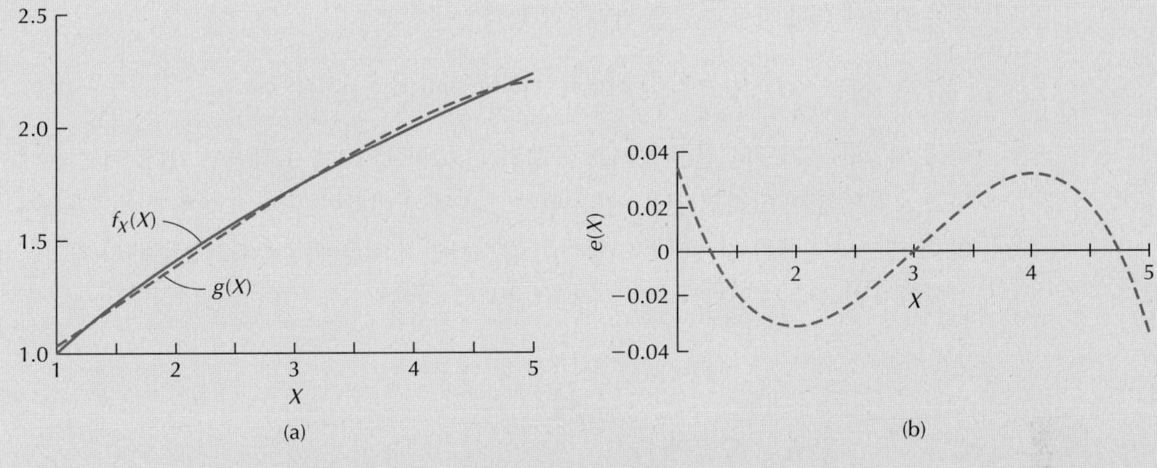

그림 11.11 ● 4절 기구의 함수 생성—1차 해

$$(\theta_4)_{@\theta_2=120^\circ} = 98.902^\circ$$

상기의 값은 예상한 값

$$(\theta_4)_s = 100^\circ$$

과 일치하지 않는다. 즉, 식 (11.2-3)에 의해 구한 값에서는 아래와 같은 링크 4의 각 변위에 의한 구조 오차를 갖는다.

$$e_{@\theta_2=120^\circ}(\theta_4 - (\theta_4)_s)_{@\theta_2=120^\circ} = 98.902^\circ - 100^\circ = -1.098^\circ$$

$X = X_s = 1.0$에서의 무차원 구조 오차는 다음과 같다.

$$(e(X))_{@X=1} = (\theta_4 - (\theta_4)_s)_{@\theta_2=120^\circ}\frac{\Delta Y}{\Delta\theta_4} = -1.098^\circ\frac{1.236}{-40^\circ} = 0.034$$

기구의 다른 위치에서의 형상도 같은 방법으로 계산될 수 있다. 이러한 계산 결과를 결합하여, 그림 11.11(a)는 요구되는 운동 범위 내에서 기구에 의해 생성되는 무차원 함수를 보여준다. 그림 11.11(b)에서는 무차원 구조 오차를 나타낸다.

초기 회전 변위를 다르게 선택하면 기구의 합성 결과가 다르게 나타난다. 링크 2와 링크 4의 초기 회전 변위를 다음과 같이 선택할 경우

$$(\theta_2)_s = 160^\circ;\quad (\theta_4)_s = 90^\circ \tag{11.3-15}$$

같은 과정에 의해 다음과 같은 결과를 얻는다.

$$r_2 = 1.685 \text{ cm}; \quad r_3 = 6.375 \text{ cm}; \quad r_4 = -5.279 \text{ cm}$$

이에 해당하는 기구와 함수 그래프가 그림 11.12와 11.13에 도시되어 있다. 이 경우에 구조 오차의 값이 달라진 것을 알 수 있다. 1차 해에 비하여 구조 오차가 감소하였을지라도, 링크의 길이가 길어졌고 전달각이 감소하였기 때문에 설계자는 2차 해의 결과를 선택하지 않을 수도 있다.

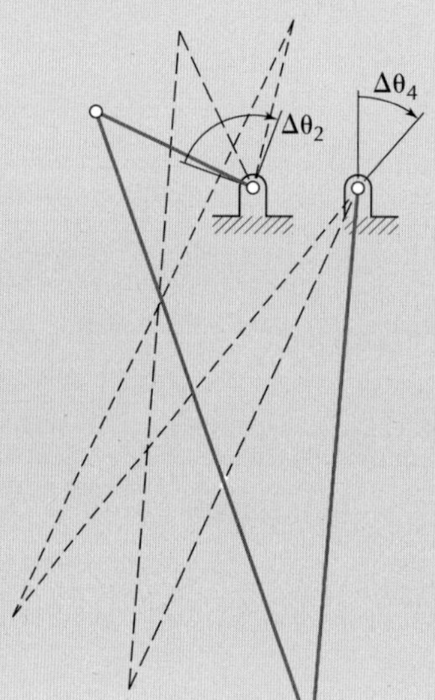

그림 11.12 ● 4절 기구—2차 해

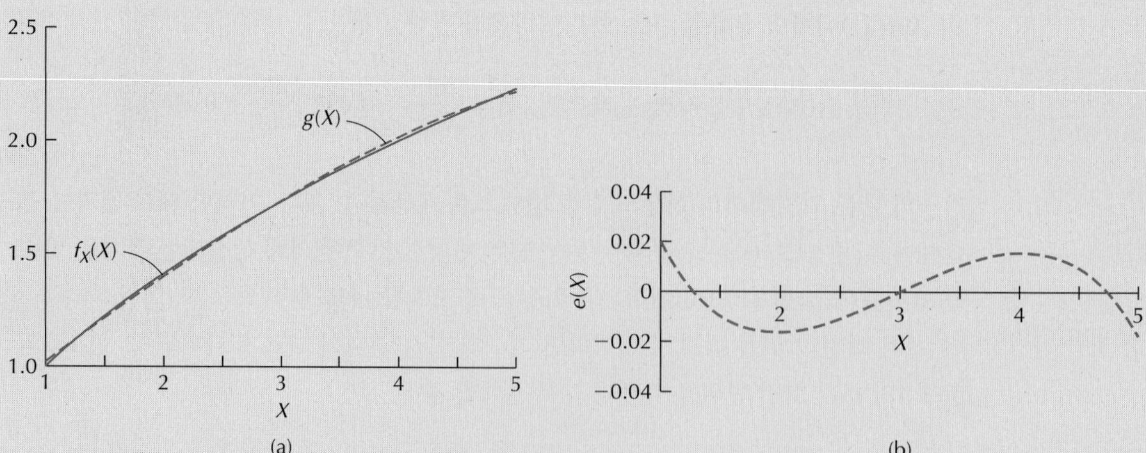

그림 11.13 ● 4절 기구의 함수 생성—2차 해

링크의 사양과 전달각 측면에서 볼 때, 계산된 결과가 항상 메커니즘 구성에 사용되는 것은 아니다. 일반적으로 계산 결과는 요구되는 운동을 완수하는 데 있어서 그 적합성을 검토하여 본 후, 수용 여부를 결정하여야 한다. 이러한 검토를 수행하는 데 Working Model 2D 소프트웨어가 효과적으로 사용된다.

11.4 해석적 방법에 의한 함수 생성 기구로서의 슬라이더 크랭크 기구 설계

그림 11.14에서와 같은 슬라이더 크랭크 기구에서, 슬라이더의 변위는 크랭크 회전의 함수이며, 이 함수는 다음과 같이 표현될 수 있다.

$$s = f_{\theta_2}(\theta_2, r_1, r_2, r_3) \tag{11.4-1}$$

링크 2가 $(\theta_2)_s$에서 $(\theta_2)_f$로 회전하면, 링크 4는 s_s에서 s_f로 병진 운동을 한다.

이송점 B의 x, y 좌표는

$$x_B = r_2 \cos\theta_2; \quad y_B = r_2 \sin\theta_2 \tag{11.4-2}$$

점 D의 좌표는

$$x_D = s; \quad y_D = r_1 \tag{11.4-3}$$

점 B와 D 사이의 거리를 제곱하면

$$r_3^2 = (x_D - x_B)^2 + (y_D - y_B)^2 \tag{11.4-4}$$

식 (11.4-2)와 (11.4-3)을 식 (11.4-4)에 대입하여 정리하면

$$s^2 = k_1 s \cos\theta_2 + k_2 \sin\theta_2 - k_3 \tag{11.4-5}$$

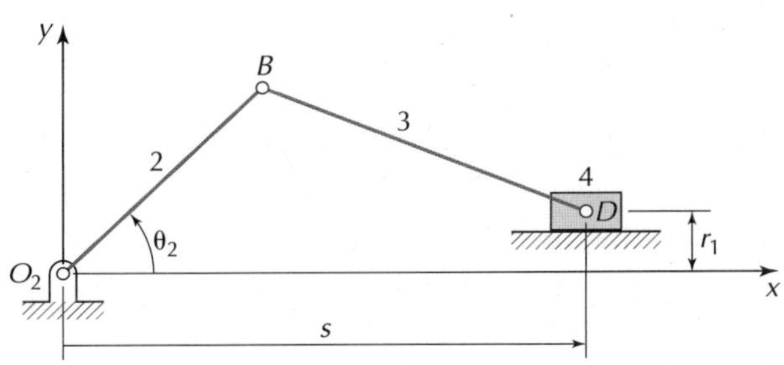

그림 11.14 ● 슬라이더 크랭크 기구

여기에서

$$k_1 = 2r_2; \quad k_2 = 2r_1r_2; \quad k_3 = r_1^2 + r_2^2 - r_3^2 \tag{11.4-6}$$

세 위치에서 링크 2의 각도, 즉 회전 변위와 슬라이더의 위치를 식 (11.4-5)에 대입하면 3개의 방정식이 얻어진다.

$$\boxed{s_i^2 = k_1 s_i \cos(\theta_2)_i + k_2 \sin(\theta_2)_i - k_3, \quad i = 1, 2, 3} \tag{11.4-7}$$

k_1, k_2, k_3의 값은 위의 세 식을 풀어서 구할 수 있으며, 식 (11.4-6)에 의해 기구의 기하학적 형상을 결정할 수 있다.

$$\boxed{r_2 = \frac{k_1}{2}; \quad r_1 = \frac{k_2}{2r_2}; \quad r_3 = (r_1^2 + r_2^2 - k_3)^{1/2}} \tag{11.4-8}$$

위의 슬라이더 크랭크 기구의 합성에서, 정밀점을 정할 때 체비셰프의 간격이 사용되었다[식 (11.2-11) 참조].

예제 11.2 | 3개의 정밀점으로 기구를 구성하는 슬라이더 크랭크 기구의 합성

다음의 함수를 생성하는 슬라이더 크랭크 기구를 설계하라.

$$Y = X^{3/2}, \quad X_s = 1.0 \le X \le 4.0 = X_f$$

체비셰프 간격을 갖는 3개의 정밀점을 사용하고, 다음의 조건을 이용하라.

$$\Delta\theta_2 = -120°; \ \Delta s = 5.0 \text{ cm}$$

풀이

초기 조건을 다음과 같이 선택한다.

$$(\theta_2)_s = 150°; \quad s_s = 2.000 \text{ cm}$$

그림 11.15의 함수 그래프로부터 다음을 얻는다.

$$\begin{aligned}
&X_1 = 1.201; \quad Y_1 = 1.316; \quad (\theta_2)_1 = 141.96°; \quad s_1 = 2.226 \text{ cm} \\
&X_2 = 2.500; \quad Y_2 = 3.953; \quad (\theta_2)_2 = 90.00°; \quad s_2 = 4.109 \text{ cm} \\
&X_3 = 3.799; \quad Y_3 = 7.405; \quad (\theta_2)_3 = 38.04°; \quad s_3 = 6.575 \text{ cm}
\end{aligned}$$

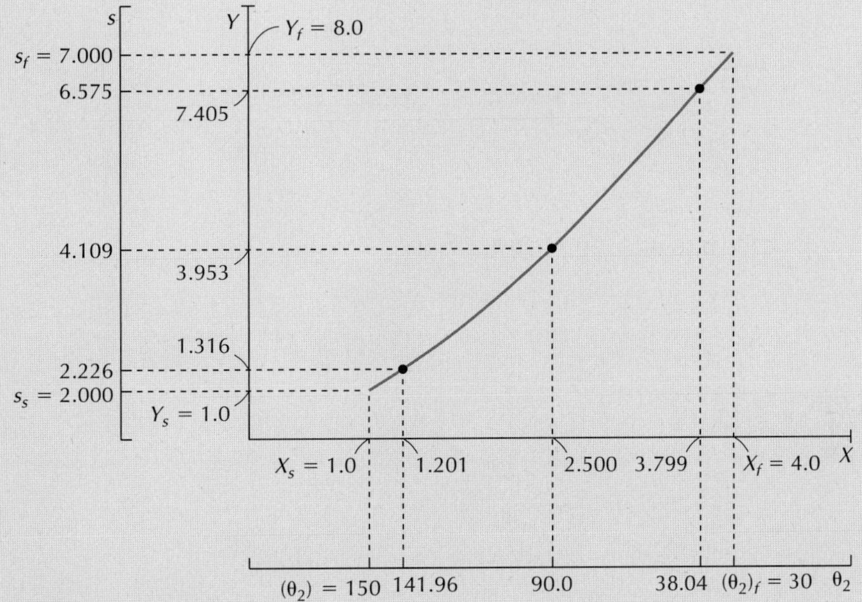

그림 11.15 ● 슬라이더 크랭크 기구의 함수 생성

위의 값들을 식 (11.4-7)에 대입하여 방정식을 풀면 다음을 얻는다.

$$k_1 = 5.522 \text{ cm};\quad k_2 = 5.865 \text{ cm}^2;\quad k_3 = -11.02 \text{ cm}^2$$

식 (11.4-8)에 의하여 기구의 사양을 구하면 다음을 얻는다.

$$r_1 = 1.062 \text{ cm};\quad r_2 = 2.761 \text{ cm};\quad r_3 = 4.446 \text{ cm}$$

그림 11.16에서는 3개의 슬라이더가 정밀점 위치에 있을 때 슬라이더 크랭크 기구의 형상을 보여주고 있다.

슬라이더 크랭크 기구의 재원을 알고 있을 때, 이 기구에 의해 생성되는 실제의 운동을 평가할 수 있고, 얻어진 결과를 예상된 결과와 비교하여 링크 2의 운동에 따른 구조 오차를 결정할 수 있다. 슬라이더의 실제 위치는 식 (4.3-77)과 (4.3-78)을 사용하여 계산할 수 있다. 그림 11.17은 예제 11.1에서 사용된 과정을 사용하여 무차원 값으로 얻어진 결과를 나타낸다.

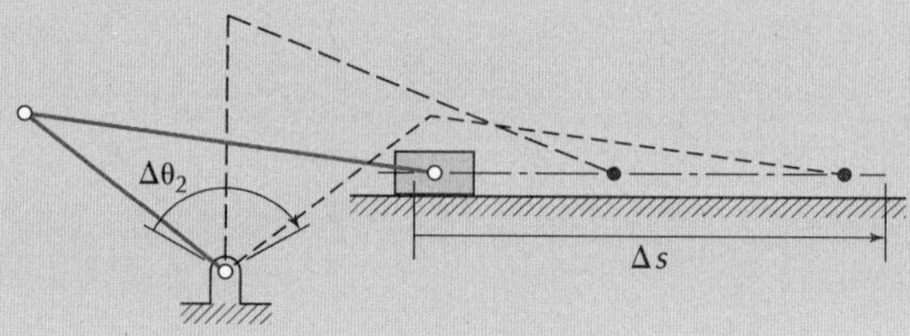

그림 11.16 ● 슬라이더 크랭크 기구

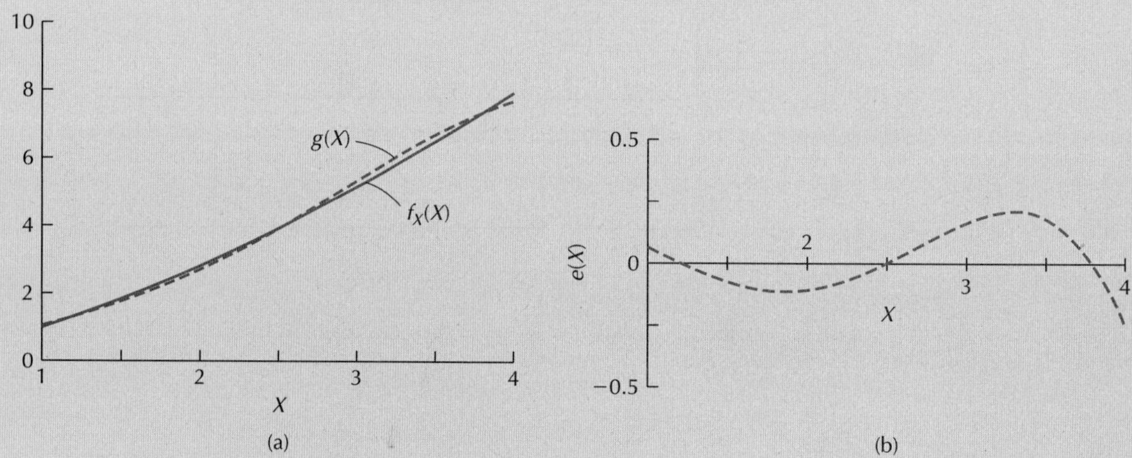

그림 11.17 ● 슬라이더 크랭크 기구의 함수 생성

11.5 도해적 방법에 의해 2위치 강체 안내를 사용한 기구의 설계

그림 11.18(a)에서와 같이 강체가 위치 1에서 위치 2로 운동할 경우에 강체 내의 두 점을 A와 B라 하자. 이때 아래 첨자는 위치를 나타낸다. 그림 11.18(b)에서는 슬라이더 A와 B가 회전 대우에 의해 연결되어 있고 각각 직선으로 안내되어 있는 미끄럼판에 의해 운동한다. 액추에이터가 슬라이더 A에 부착되어 A_1에서 A_2로 운동시키면 B도 이에 따라 운동하게 된다. 이 경우에 A와 B는 직선을 따라 운동한다. 반면에 그림 11.18(c)에서는 강체에 핀으로 연결된 크랭크 암을 도구로 사용하여 회전 경로에 따라 물체가 구동된다. 점 A는 A_1으로부터 A_2로 운동하고 기초 피벗 O_A는 직선 A_1A_2의 중점에 직선을 그으면, 수직선이 되는 위치에 있다. 두 점 A, B는 회전 대우 또는 연결 요소로 연결되어 있다. 그림 11.18(c)는 크랭크가 점 A

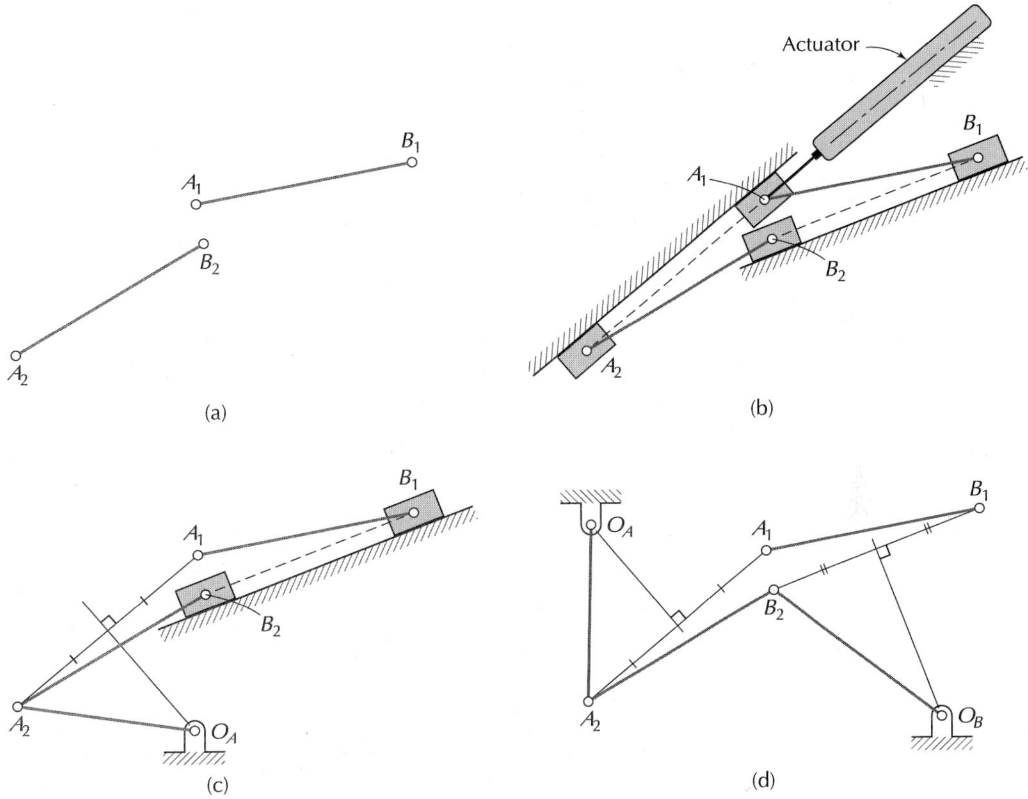

그림 11.18 ● 2위치 강체 안내

를 위치 1에서 위치 2로 이동시킨 것을 보여주고 있다. 점 B는 그림 11.18(b)와 마찬가지로 직선 운동을 하는 슬라이더 위에 있는 점이다. 이것은 슬라이더 크랭크 기구이며, 기초 피벗이 이와 같이 수직 이등분점을 이루는 위치는 무한대라고 할 수 있다. 그림 11.18(d)와 같은 기구에서는 점 A를 안내하는 크랭크와 점 B를 안내하는 다른 크랭크가 있으며, 이것은 4절 기구라 할 수 있다.

이 절에서는 동일한 역할을 수행하는 서로 다른 세 종류의 기구를 살펴보았다. 각 위치 사이에서의 운동은 기구마다 독특하다. 실제에 있어서 설계자는 상황에 따라 가장 적합한 형태의 기구를 선택해야 할 것이다. 즉 가장 적합한 기구의 합성을 수행해야 한다.

11.6 도해적 방법에 의해 3위치 강체 안내를 사용한 4절 기구의 설계

그림 11.19(a)에 나타낸 바와 같이 점 A와 B로 표시된 강체의 세 위치를 생각해 보자. 점 A의 세 위치는 A_1, A_2, A_3로 표시되어 있는데 이들은 원주 상에 있는 점들이다. 이 원의 중심

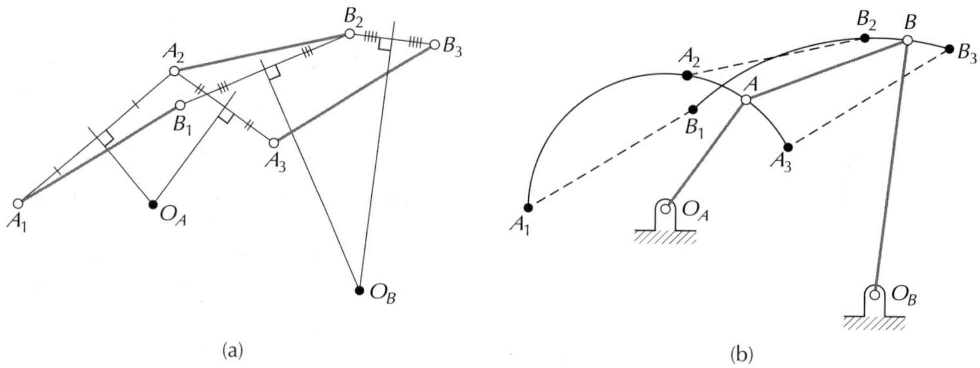

그림 11.19 ● 3위치 강체 안내

은 선분 A_1A_2의 중점을 지나는 수직선, 즉 수직 이등분점과 선분 A_2A_3의 수직 이분점의 교차점으로 O_A로 표시되어 있다. 점 A와 기초 피벗 O_A에서 핀 요소로 연결된 링크는 이 세 위치를 통해서 점 A를 안내한다. 마찬가지로 B_1, B_2, B_3로 표시된 B의 세 위치도 O_B를 중심으로 하는 원주 상에 위치한다. 또한 점 B와 기초 피벗 O_B에서 핀 요소로 연결된 링크는 이 세 위치를 통해 점 B를 안내하게 된다. 이는 O_AABO_B로 나타내는 4절 기구를 이루고, 정해진 이 세 위치를 통해서 기구를 안내한다. 그림 11.19(b)에 이 기구가 예시되어 있다.

이 절에서 제시한 과정은 커플러 상의 회전 요소의 위치를 정하는 것으로 시작하여 기초 피벗을 결정하는 것으로 끝난다. 기초 피벗의 위치를 원하는 곳에 정하기 위해서는 시행착오를 거쳐야한다. 11.7절에서는 기초 피벗의 위치를 먼저 정해 놓고, 움직이는 연결 요소의 위치를 결정하는 해석 과정이 제시된다.

11.7 해석적 방법에 의해 3위치 강체 안내를 사용한 4절 기구의 설계

그림 11.9에는 3위치 강체 안내를 통한 4절 기구의 합성을 해석적으로 수행하는 과정이 제시되어 있다. 부록 C에 있는 변위 행렬을 이용한다[52]. 고정점에 관해 회전한 다음에 병진 운동을 하는 경우를 생각해 보자. 운동하기 전의 좌표는 (x_{B_1}, y_{B_1})이고, 운동하고 난 후의 좌표는 $(x_{B_n}, y_{B_n})(n = 2, 3)$이라 하자. 식 (C.4-1), (C.4-15), (C.4-16)을 사용하면 좌표 간의 관계를 다음과 같이 나타낼 수 있다.

$$\begin{aligned} x_{B_n} &= C_{1n}x_{B_1} - S_{1n}y_{B_1} + A_{13_n} \\ y_{B_n} &= S_{1n}x_{B_1} + C_{1n}y_{B_1} + A_{23_n} \end{aligned} \tag{11.7-1}$$

여기에서

$$\begin{aligned} A_{13n} &= x_{B_n} - x_{B_1} C_{1n} + y_{B_1} S_{1n} \\ A_{23n} &= y_{B_n} - x_{B_1} S_{1n} - y_{B_1} C_{1n} \\ C_{1n} &= \cos\theta_{1n}\,; \quad S_{1n} = \sin\theta_{1n} \end{aligned} \tag{11.7-2}$$

이 위치를 통과하여 물체를 안내하는 크랭크를 적용할 경우, 기초 피벗의 좌표는 (x_{O_2}, y_{O_2})이고, 이동하는 피벗이 시작하는 위치의 좌표는 (x_{B_1}, y_{B_1})이다. 크랭크의 길이는 일정하기 때문에 기초 피벗 O_2와 이동하는 피벗과의 거리는 모든 위치에서 동일하다. 따라서

$$[(x_{B_1} - x_{O_2})^2 + (y_{B_1} - y_{O_2})^2]^{1/2} = [(x_{B_n} - x_{O_2})^2 + (y_{B_n} - y_{O_2})^2]^{1/2} \tag{11.7-3}$$

식 (11.7-3)의 양변을 제곱하고, 식 (11.7-1)을 대입한 후, 간단히 하면 다음과 같다.

$$\boxed{\begin{aligned} & x_{B_1}(A_{13n}C_{1n} + A_{23n}S_{1n} - x_{O_2}C_{1n} - y_{O_2}S_{1n} + x_{O_2}) \\ & + y_{B_1}(A_{23n}C_{1n} - A_{13n}S_{1n} + x_{O_2}S_{1n} - y_{O_2}C_{1n} + y_{O_2}) \\ & = A_{13n}x_{O_2} + A_{23n}y_{O_2} - \tfrac{1}{2}(A_{13n}^2 + A_{23n}^2), \qquad n = 2, 3 \end{aligned}} \tag{11.7-4}$$

식 (11.7-4)로부터 $n = 2$일 때와 $n = 3$일 때의 2개의 방정식을 얻을 수 있고, 기초 피벗의 위치를 정하면, 이 방정식으로부터 x_{B_1}과 y_{B_1}을 구할 수 있다. D_1의 좌표(그림 11.9 참조)를 결정하려면 O_2를 O_4로 대체시키고, B_1의 좌표를 D_1의 좌표로 대체시킨 다음, 식 (11.7-4)를 풀면 된다.

4절 기구에서 각 링크의 길이는 다음 식으로 구한다.

$$\boxed{\begin{aligned} r_1 &= \left[(x_{O_4} - x_{O_2})^2 + (y_{O_4} - y_{O_2})^2\right]^{1/2} \\ r_2 &= \left[(x_{B_1} - x_{O_2})^2 + (y_{B_1} - y_{O_2})^2\right]^{1/2} \\ r_3 &= \left[(x_{D_1} - x_{B_1}) + (y_{D_1} - y_{B_1})^2\right]^{1/2} \\ r_4 &= \left[(x_{D_1} - x_{O_4})^2 + (y_{D_1} - y_{O_4})^2\right]^{1/2} \end{aligned}} \tag{11.7-5}$$

계산해서 얻은 링크의 길이가 적합한 운동을 출력하는지 주의 깊게 검토하여야 할 것이다.

예제 11.3 | 3위치 강체 안내에 의한 4절 기구의 설계

그림 11.20에 나타낸 바와 같이 헤드라이트 덮개가 개방 위치에서 폐쇄 위치로 이동할 수 있어야 한다. 3위치 강체 안내를 이용하여, 요구되는 운동을 할 수 있도록 4절 기구

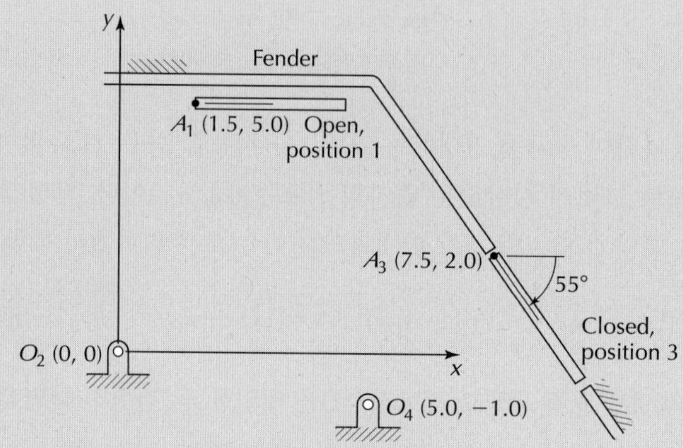

그림 11.20 ● 3위치 강체 안내

를 설계하라. 기초 피벗 O_2와 O_4의 위치는 정해져 있고, 운동하는 동안 헤드라이트 덮개는 자동차의 펜더를 넘어가서는 안 된다.

풀이

그림 11.20에 나타낸 바와 같이

$$x_{O_2} = 0.0; \quad y_{O_2} = 0.0; \quad x_{O_4} = 5.0 \text{ cm}; \quad y_{O_4} = -1.0 \text{ cm} \tag{11.7-6}$$

헤드라이트의 개방 위치와 폐쇄 위치는 각각 아래 첨자 1과 3으로 나타내었다. 따라서

$$\begin{aligned} &x_1 = 1.5 \text{ cm}; \quad y_1 = 5.0 \text{ cm} \\ &x_3 = 7.5 \text{ cm}; \quad y_3 = 2.0 \text{ cm}; \quad \theta_{13} = -55° \end{aligned} \tag{11.7-7}$$

위치 1과 위치 3 사이의 위치 2를 식 (11.7-7)에서의 값의 중간 값으로 다음과 같이 나타내었다.

$$x_2 = 4.5 \text{ cm}; \quad y_2 = 3.5 \text{ cm}; \quad \theta_{12} = -27.5° \tag{11.7-8}$$

식 (11.7-7)과 (11.7-8)의 값들을 식 (C.4-16)에 대입해서 다음 값을 얻을 수 있다.

$$C_{12} = \cos\theta_{12} = 0.887; \quad S_{12} = -0.462$$

$$A_{132} = x_2 - x_1 C_{12} + y_1 S_{12} = 0.861 \text{ cm}; \quad A_{232} = -0.242 \text{ cm}$$

$$C_{13} = 0.574; \quad S_{13} = -0.819; \quad A_{133} = 2.544 \text{ cm}; \quad A_{233} = 0.361 \text{ cm}$$

위의 값들을 $n=2$일 때와 $n=3$일 경우에 대하여 식 (11.7-4)에 대입한 후, 행렬의 형태로 나타내면 다음과 같다.

$$\begin{bmatrix} 0.875 & 0.182 \\ 1.164 & 2.291 \end{bmatrix} \begin{Bmatrix} x_{B_1} \\ y_{B_1} \end{Bmatrix} = \begin{Bmatrix} -0.400 \\ -3.301 \end{Bmatrix} \tag{11.7-9}$$

식 (11.7-9)를 풀면 다음과 같다.

$$x_{B_1} = -0.175 \text{ cm}; \quad y_{B_1} = -1.352 \text{ cm} \tag{11.7-10}$$

식 (11.7-4)와 같은 방정식을 적용하여 D_1 좌표에 관해 풀면 다음과 같다.

$$x_{D_1} = 3.281 \text{cm}; \quad y_{D_1} = -0.418 \text{cm} \tag{11.7-11}$$

식 (11.7-5)에 의해 다음을 얻는다.

$$r_1 = 5.099 \text{cm}; \quad r_2 = 1.363 \text{cm}$$

$$r_3 = 3.580 \text{cm}; \quad r_4 = 1.815 \text{cm} \tag{11.7-12}$$

비디오 11.21A
헤드라이트 덮개, 바람직하지 않은 설계

그림 11.21(a)는 설계된 기구가 시작 위치에 있는 것을 보여준다. 이 기구가 세 위치에서 결합될 수 있다 할지라도 링크 2와 링크 4가 한 방향으로 연속적으로 회전하여 세 위치를 통과하면서 운동한다고 할 수는 없다([**비디오 11.21A**] 참조). 따라서 이것은 원하는 해답이 아니다.

원하는 해답을 얻기 위해서는 위치 2에서의 헤드라이트 덮개의 위치와 방향성을 바꾸어서 다시 시도해야 한다. 만약에 다음과 같은 값을 갖는다면

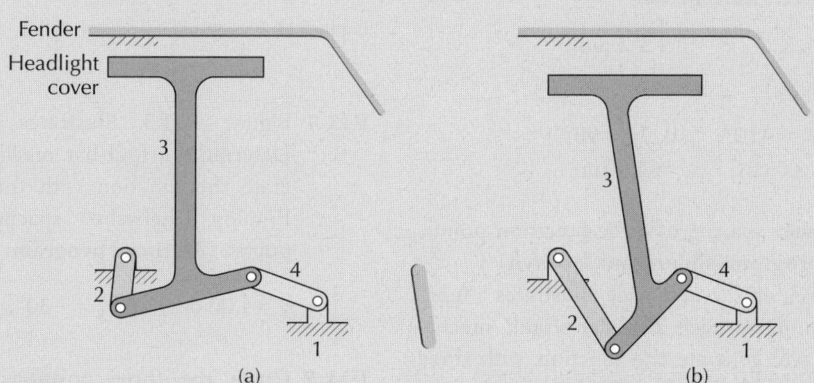

그림 11.21 ● 헤드라이트 덮개. (a) 바람직하지 못한 설계[비디오 11.21A], (b) 바람직한 설계 [비디오 11.21B]

$$x_2 = 6.2\text{ cm};\quad y_2 = 2.8\text{ cm};\quad \theta_{12} = -44° \tag{11.7-13}$$

계산된 링크의 길이는 다음과 같다.

$$r_1 = 5.099\text{ cm};\quad r_2 = 2.665\text{ cm}$$
$$r_3 = 2.622\text{ cm};\quad r_4 = 1.777\text{ cm} \tag{11.7-14}$$

비디오 11.21B
헤드라이트 덮개, 바람직한 설계

이 결과가 그림 11.21(b)에 도시되어 있다. 이 예에서는 링크 4가 한 방향으로 연속적으로 이동하여, 헤드라이트 덮개가 개방 위치에서 폐쇄 위치로 이동하게 한다([**비디오 11.21B**] 참조).

Problems

P11.1 Design a four-bar mechanism that will approximately generate the function

$$Y = X^{1/2},\quad 1 \le X \le 4$$

Also

$$r_1 = 1.00\text{ cm};\quad (\theta_2)_s = 120°;\quad (\theta_2)_f = 30°$$
$$(\theta_4)_s = 100°;\quad (\theta_4)_f = 50°$$

Use Chebyshev spacing of three precision points. **(Mathcad program: fourbarfuncsyn)**

P11.2 Design a slider crank mechanism that will approximately generate the function

$$Y = X^{3/2},\quad 1 \le X \le 3$$

Also

$$(\theta_2)_s = 150°;\quad (\theta_2)_f = 90°$$
$$s_s = 2.0\text{ cm};\quad s_f = 4.0\text{ cm}$$

Use Chebyshev spacing of three precision points. **(Mathcad program: slidercrankfuncsyn)**

P11.3 Figure P11.3, on the next page, illustrates a function graph. Determine a slider crank mechanism that will generate the function with three precision points. Employ Chebyshev spacing of the precision points. **(Mathcad program: slidercrankfuncsyn)**

$$\Delta\theta_2 = -50°;\quad \Delta s = 4.0\text{ cm}$$

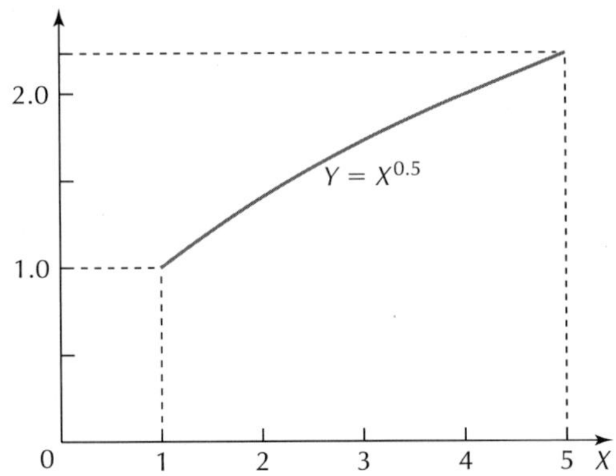

Figure P11.3

P11.4 Figure P11.3 illustrates a function graph. Determine a four-bar mechanism that will generate the function with three precision points. Employ Chebyshev spacing of the precision points. **(Mathcad program: fourbarfuncsyn)**

$$r_1 = 1.00\text{ cm};\quad \Delta\theta_2 = -30°;\quad \Delta\theta_4 = -30°$$

P11.5 Given the three positions of the rigid body shown in the figure, graphically design a four-bar mechanism that will guide the mechanism through the three positions.

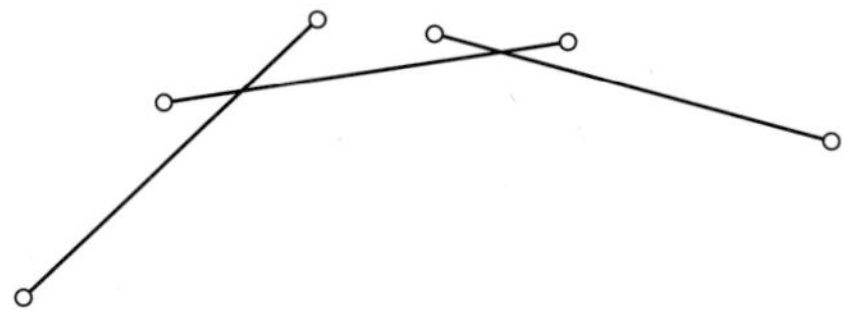

Figure P11.5

P11.6 Given the three positions of the rigid body shown in the figure, graphically design a four-bar mechanism that will guide the mechanism through the three positions.

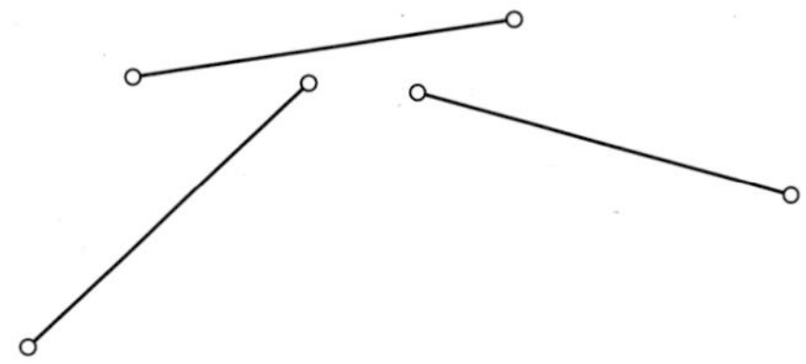

Figure P11.6

CHAPTER 12

기구와 기계 장치의 설계

12.1 서론

기계적인 기능(mechanical function)을 수행할 수 있는 장치(device)가 필요할 때, 처음 거쳐야 할 단계는 다양한 기구(mechanism)와 기계(machine)에 대하여 조사하고 여러 해법 중 하나를 목적에 맞게 수정하는 것이다. 이 책을 비롯하여 다양한 책들이 이미 존재하는 다양한 기구와 기계 장치에 대한 많은 예를 제공하고 있다. 그러나 몇몇 경우는 존재하는 해법이 없어 새로운 기구가 만들어지거나 설계되어야 하는 경우도 있다. 이 장에서는 기구와 기계 장치의 설계에 대해서 논한다. 일반적인 공학 설계 과정이 여러 가지 설계 단계에 대한 자세한 설명과 함께 주어지며, 쉬운 설명을 위하여 간단한 기구에 대한 설계 과정이 예로 주어진다. 13장에서는 설계 과정의 다양한 측면을 강조하는, 여러 가지 다양한 기구와 기계 장치에 대한 사례 연구가 이루어진다. 또한 설계 과정의 다양한 측면에 대한 문제가 이 장과 13장의 끝부분, 부록 A에 주어진다. 이런 문제들을 풀이하면서 설계를 공부하는 학생들은 여기서 언급된 내용에 대해서 연습할 수 있는 기회를 갖게 될 것이다.

12.2 설계에 대한 소개

공학 설계(engineering design)는 공학적인 문제(engineering problem)에 대한 해법을 창조하는 과정이다. 이러한 공학적인 문제에 대한 해법은 특정한 설계 목적을 만족시킬 수 있는 시스템(system) 또는 과정(process)의 형태가 될 수 있다. 설계는 여러 가지 생각과 개념을 만들어 내는 창조적인 과정이다. 이러한 개념에 대한 평가를 바탕으로 설계 목적에 가장 잘 부합되는 해법을 만들기 위한 결론이 내려진다. 해석 단계(analysis phase)는 수학과 공학을 필요로 한다. 설계 과정은 만족스러운 해답을 찾기 전까지 반복할 수 있으므로 복잡하고 개방적일 수 있다. 일반적으로 해답은 유일하지 않으며 설계 목적에 따라 각각의 장점을 갖고 있는 대체 해법(alternate solutions)이 있다.

공학 설계 활동과 공학 해석 사이의 차이를 강조하는 것은 매우 중요하다. 1장부터 11장에서 언급된 많은 예제와 문제는 수학적이고 공학적인 해석의 예들이다(특별히 설계 문제라고 언급되지 않았다면). 수학과 공학 문제는 잘 구성되어 있고 또한 매우 간결하게 주어진다. 이러한 문제들은 기구학, 동역학, 톱니 기어에 대한 법칙, 그 외의 지식과 같이 특별한 영역의 지식 활용을 요구한다. 각 문제에 대한 해법은 일반적으로 유일하고 쉽게 인식될 수 있는 해법을 갖는다. 이와는 반대로, 공학 설계 문제는 설계자에 의하여 다양한 사실, 특별히 문제 설명으로 알려진 고객의 성명(statement) 혹은 요구로부터 해석되거나 체계적으로 만들어져야 한다. 문제 설명(해설)은 일반적으로 정보의 부족으로 불완전할 수 있으며 혹은 문제 자체의 성질과 관련하여 불확실함이 존재할 수 있다. 이에 대한 해답은 수학과 공학의 범주를 자주 뛰어 넘어 다른 몇 가지 주제에 대해 고려할 필요가 있다. 일반적으로 해답은 유일하지 않으며 각각의 장점을 갖고 있는 대체 해법이 있다. 최종 설계안이 마련되거나 제출되기 전에 면밀히 조사되어야 하며 항상 추가 작업 및 수정을 위한 충고가 뒤따른다.

기구와 기계 장치의 설계는 새로운 아이디어의 창조와 합성을 포함한다. 그렇다면 어떻게 새로운 것을 창조하거나 설계하는 것을 배울 수 있을까라고 질문할 수도 있다. 정말 많은 의견과 교과서가 설계를 배우는 방법을 서술하고 있다. 혹자는 이미 만들어진 기존의 설계를 공부, 분석하고 (심미적으로) 감상함으로써 설계를 배울 수 있다고 이야기한다. 이러한 방법은 건축가나 아티스트 심지어 공학자들까지 자주 사용한다. 다른 이들은 반복적으로 설계함으로써 배울 수 있다고 말한다. 즉, 경험을 통하여 배우고 실패와 성공에 대하여 충분히 숙고하는 과정을 거쳐서 배울 수 있다고 한다. 이러한 방법은 일부 설계자들이 사용하는데 그렇게 함으로써 설계 경험을 쌓아가게 된다. 또 다른 이들은 설계는 기술(technique), 도구(tool) 및 단계(step)로 이루어진 일반적인 방법을 따라함으로써 배울 수 있다고 말한다. 이러한 방법은 매우 복잡하고 많은 사고가 필요한 설계 과제를 수행할 때 도움이 될 수 있다. 본 저자가 생각하는 설계를 배우는 방법은 지금 언급한 세 가지 방법을 잘 조화시키는 것이다.

설계 능력을 향상시키고자 하는 설계자나 설계 초보자들은 위의 세 가지 방법 모두를 사용할 것을 권장한다. 먼저, 이 책과 다른 책을 통하여 기존의 기구와 기계 장치에 대한 수많은 예를 반복적으로 복습하라. 기존의 기구와 기계 장치에 대한 예들을 깊이 공부해야 하며 만약 가능하다면, 이러한 기구에 대한 컴퓨터 모델 혹은 물리적 모델에 대하여 연구하라. 기존의 장치를 이해함으로써 새로운 설계에 필요한 지식을 습득할 수 있다. 둘째, 이 책의 12장, 13장 그리고 부록 A에 나와 있는 설계 기반의 문제들을 풀어봄으로써 설계와 창조 과정을 반복적으로 연습해야 한다. 셋째, 참고문헌 15, 16, 17에 나와 있는 공식적인 설계 방법과 과정에 익숙해져야 한다. 설계 방법과 과정은 설계 노력을 집중하고 체계화하는 데 도움이 되기 때문에 앞서 언급한 첫 번째, 두 번째 방법과 함께 사용할 때 가장 효과적이다. 설계 과정을 따르는 것은 합리적인 시간 안에 좋은 설계 해법을 찾을 수 있는 가능성을 높일 수 있다. 다음 절에서는 기구와 기계 장치 설계에 유용한 기술에 초점을 맞추어 공식적인 설계 방법과 과정을 설명한다.

12.3 설계 방법과 과정

공식적인 설계 과정을 따르는 것은 설계 노력을 집중하고 체계화하는 데 도움이 된다. 그림 12.1은 단계별로 필요한 활동 내용과 함께 총 일곱 가지 단계로 설계 과정을 설명하고 있다. 설계 과정에 나와 있는 단계와 활동은 일반적으로 선형 진행(linear progression)으로 설명된다. 그러나 실제 설계 과정은 타원형의 점선으로 표시된 것처럼 비선형적이며 반복적이다. 설계 과정은 수많은 반복, 문제의 재구성 및 역추적(backtracking), 재설계 등을 포함한다.

12.3.1 문제의 공식화

설계 과정의 첫 번째 단계는 **문제의 공식화**이다. 이 단계에서 설계자는 설계 활동의 목표와 범주, 해결해야 할 문제와 문제에 대한 해답의 범위를 정의하려고 노력한다. 문제 구성 단계에서 이루어져야 하는 활동은 설계 활동이 좋은 출발을 할 수 있도록 보장한다. 이러한 임무들은 다음의 활동을 포함한다.

임무 1: 문제 설명(해설)에서 주어진 정보를 바탕으로 설계 과제를 위한 **설계 목적 내역서**(design goal statement)를 만든다. 문제 설명은 일반적으로 고객, 고용자 혹은 다른 동료에 의해서 이루어진다. 문제 설명은 기존 설계의 부족한 점, 시스템의 비효율성과 같이 현재 상황과 관련된 문제에 대한 인식으로부터 시작한다. 문제 설명은 충분한 정보가 주어지지 않기 때문에 설계자가 직접 여러 가지 리소스로부터 정보를 찾고 모아야 할 필요가 있다. 설계 목적 내역서는 (a) 현재 상황의 문제 및 (b) 그 문제를 풀기 위한 일반적인 시도와 해법을 요약한다. 이러한 내역서는 설계 활동에 대한 필요성을 명확하게 표현해야 한다. 설계 목표 내역서와 함께 문제 설명의 두 가지 예가 다음에 주어진다. 2개의 평행하지 않은 축 사이에 토크를 전달하기 위한 설계의 필요성을 보여주는 예와 시계/반시계 방향 토크를 받는 회전 장치 설계의 필요성을 보여주는 예이다.

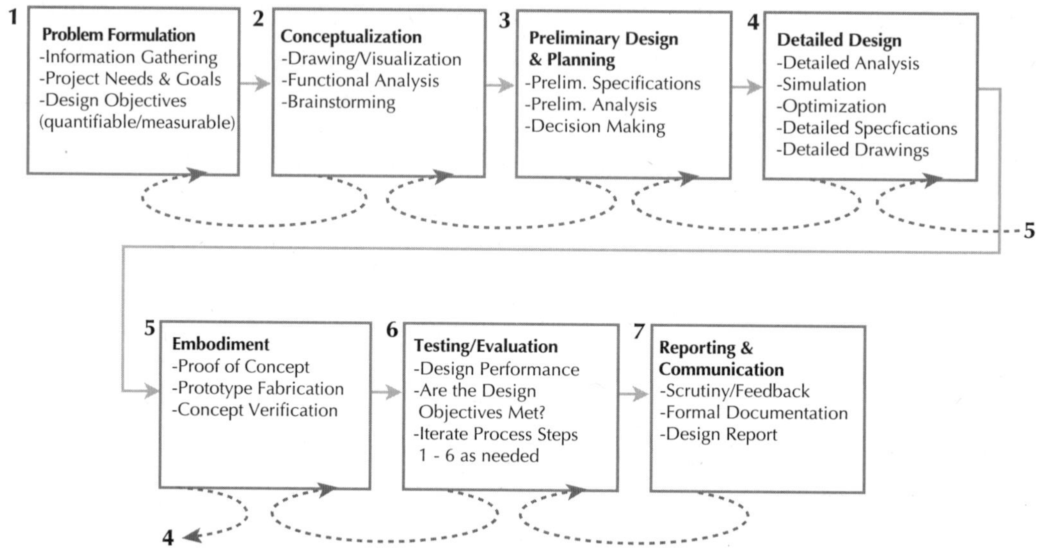

그림 12.1 ● 설계 과정의 일곱 가지 단계. 설계 과정이 선형 진행(순차적으로 진행되는 것처럼)으로 묘사되었지만 실제는 반복적이다.

예제 12.1-A | 토크 전달 기구의 설계

문제 설명(해설)

두 축 사이의 토크 전달을 목적으로 두 축을 연결하는 것은 두 축 사이의 상대적 배치(alignment)가 변화할 때 특히 어려운 문제이다. 이 경우에, 두 축이 회전하면서 두 축 사이의 배치가 계속 변화하는 중에도 토크는 입력축에서 출력축으로 전달되어야 한다. 이미 두 축의 끝부분에는 평판이 부착되어 있으며 여기에는 새로운 커플링 기구가 부착될 수 있다. 그러므로 새로운 설계는 기존의 평판과 조화를 잘 이루어야 한다. 또한 이런 응용에 있어서 기구의 중량 감소는 매우 중요하다. 금속은 무겁기 때문에 다른 재질이 고려되어야 한다. 고객에 의해서 제공된 다이어그램이 그림 12.2에 나와 있다. 여기서 설계될 장치의 형상과 위치가 "??"로 표시되어 있다.

제안된 설계 목적 내역서

3 N-m 이상의 토크를 전달할 수 있으며 두 축 사이의 상대적 각도가 변화할 수 있는 기구를 설계하라. 초기에는 두 축의 축 중심이 서로 일치된 상태이나 운전 중에 출력축은 입력축에 대하여 최대 30°까지 기울어질 수 있다. 중량을 줄이기 위해서 기구는 ABS (acrylonitrile butadiene styrene) 플라스틱만으로 만들어져야 한다. 각 축은 그 끝단에 축과 수직으로 평판이 부착되어 있으며 이 판에 새로운 기구가 부착되어야 한다.

그림 12.2 ● 토크 전달 기구에 대한 문제 해설용 그림

예제 12.1-B | 단방향 회전 장치의 설계

문제 설명(해설)

기계 장치는 회전하는 요소들을 가지고 있으며, 만약 이 중 하나라도 틀린 방향으로 회전한다면 기계 장치는 동작할 수 없게 된다. 현재, 고려하고 있는 기계요소는 시계 방향과 반시계 방향의 토크 모두 작용할 수 있으며, 이 요소는 이 가운데 한 방향으로 회전할 수 있다. 기계 장치에 대한 조사 결과, 이 기계요소의 출력은 시계 방향을 따라 회전해야만 한다. 추가적으로 기계 장치가 적절히 동작할 수 있도록 이 요소는 일정량의 토크도 전달해야 한다. 그림 12.3은 설계 예정인 요소의 형상과 위치를 "??"로 나타내고 있다.

제안된 설계 목적 내역서

다른 기계 장치와 결합하여 출력이 시계 방향으로만 회전할 수 있는 회전 장비를 설계하라. 정상적인 운전을 하는 동안 장비는 시계 방향과 반시계 방향의 토크를 받을 수 있다. 만약 토크가 반시계 방향으로 작용한다면 설계될 장비의 회전은 멈추어야만 한다. 만약 토크가 시계 방향으로 작용한다면 설계될 장비는 100 N-m의 출력 토크를 전달할 수 있어야 한다.

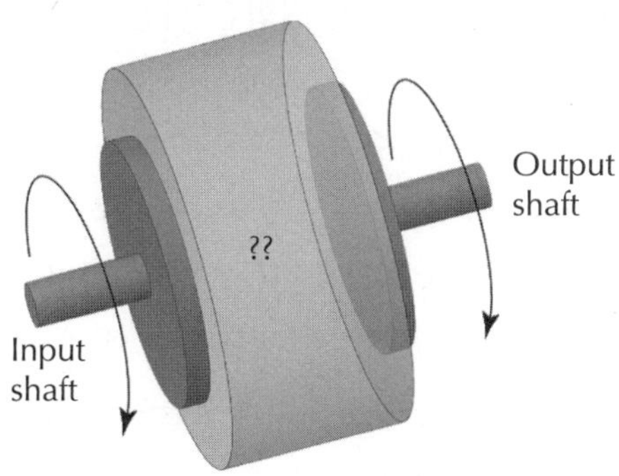

그림 12.3 ● 단방향 회전 장치에 대한 문제 해설용 그림

임무 2: 앞서 언급된 설계 목표 내역서의 내용과 관련된 기존 장비들에 대하여 조사하고 **많은 정보를 모아라**. 이것은 주어진 목표를 만족하는 설계 해답이 존재하지 않는다는 것을 확신시켜 준다. 또한 설계자에게 주어진 목표의 일부분을 만족하는 해답을 알려주기도 한다. 정보를 모을 수 있는 곳은 다음과 같다.

- **도서관**: 교과서, 주제별 저널 논문 혹은 학회 논문
- **인터넷**: 구글, 야후, 빙(bing)과 같은 온라인 검색 엔진들이 있다. 설계와 관련된 적절한 핵심어를 입력하여 관련된 문서를 발견할 수 있다.
- **인터넷 기반 이미지 검색**: 이미지 기반 검색은 특별히 기구와 기계 장치 설계에 유용하다. 검색 키워드는 잠재적으로 설계와 관련 있는 여러 개의 이미지를 제공한다. 이러한 이미지 기반 스캐닝은 기구 설계에 익숙하지 않은 설계자를 위해 추천된다. 설계 초보자는 특정 기구에 대한 기술적인 명칭을 모르는 경우가 많으므로 설계 초보자가 텍스트 기반 방법으로 정보를 얻는 것은 어렵다.
- **인터넷 기반 기술 잡지**: 이러한 잡지들은 미국기계학회나 자동차학회 혹은 관련 영역을 다루는 학회 등에서 출간되는 잡지나 논문을 포함하며 매우 많은 기술적인 영역들을 다룬다.
- **특허**: 수많은 특허가 온라인에 범주별로 정리되어 있다. 특허야말로 기구와 기계 장치 설계에 유용한 많은 정보의 출처가 된다. 특히, 20년 이상된 특허들은 더 이상 보호받지 못하기 때문에 그 내용을 누구나 무료로 이용할 수 있다. 이런 특허들은 기구가 어떻게 움직이는지 설명하는 훌륭한 그림과 설명을 갖고 있다. 추천할 만한 온라인 특허 출처는 미국특허청(United States Patent and Trademark Office)이다.
- **이해당사자**: 이들은 설계와 연관되어 있거나 설계의 영향을 받는 사람들이다. 설계를 요청한 고객을 포함한다.
- **전문가/교수**: 과거에 유사한 설계 분야에서 일을 한 사람들이다.

임무 3: **설계 목적과 제약조건의 집합**을 만들어라. 이 집합은 설계 활동의 방향을 정해줄 수 있는 구체적인 성능 지표가 된다. 때때로 이 집합은 다른 책들에서는 '설계 요구조건(Design Requirement)'이라고 언급된다. 하지만 이 책에서는 설계 목표라고 할 것이다. 설계 목표는 어떻게 설계가 동작하는지 이야기해주는 구체적인 성능 목표이며 정량화된 수치값을 포함해야 한다. 설계자라면 설계 목표를 만족시키거나 능가하기를 희망할 것이다. 설계 제약조건은 설계 목표와 유사하다. 그러나 제약조건은 설계 활동을 제한 혹은 제약하는 것들이다. 설계 목표와 제약조건의 구성을 잘 설명하기 위하여 예제 12.1-A와 12.1-B를 예제 12.2-A와 12.2-B로 각각 바꾸었다. 설계 목표와 제약조건들이 정보를 잘 통합할 수 있도록 표 형태로 정리되었다.

예제 12.2-A | 토크 전달 기구의 설계

설계 목표와 제약조건

표 12.1-A에 두 축 사이에 토크를 전달하기 위한 토크 전달 기구에 대한 설계 목표 및 제약조건을 정리하여 나타내었다.

이 예제에서는 많은 설계 목적이 만들어질 수 있다. 토크, 각도 정렬, 재질과 축 커플링 등에 대한 설계 목표는 모두 설계 목표 내역서에 제공된 정보에서 유도된다는 사실에 주의해야 한다. 그러나 사실 더 많은 정보가 필요하다. 설계자가 문제를 깊게 생각하면 할수록, 많은 질문이 생길 것이다. 문제 정의는 설계 결과는 가벼워야 한다고 말하지만 여기에 가격은 명시되지 않았다. 나아가 동작 속도, 동작 주기 또는 다른 요구조건들은 문제 해설(설명)에 언급되지 않았다는 것을 깨닫게 될 것이다. 사실 동작 속도와 동작 주기는 설계에 중요한 역할을 한다. 그러므로 의도하는 응용 사례에 대하여 보다 많이 알기 위해서 설계자는 12.3.1절의 임무 2의 제안처럼 더 많은 정보를 모으는 활동을 해야 한다. 추가적인 정보를 수집한 것으로 가정할 때, 설계자는 60 rpm의 동작 속도와 3년의 동작 주기 그리고 1 kg의 최대 중량이 응용 사례에 적합하다는 결론을 내릴지도 모른다. 이러한 정보를 바탕으로 표 12.1-A의 설계 목표와 제약조건이 만들어진다.

표 12.1-A 토크 전달 기구의 설계 목표와 제한조건

Design Objective	Description	Value (Units)
Torque	Mechanism must transmit a minimum torque.	3 (N-m)
Angular alignment	Mechanism must operate properly with angular misalignments of up to 30 degrees.	30 (degrees)
Mass	Must be lightweight with a maximum value 1 kg.	1 (kg)
Material	Must be constructed from only ABS plastic sheet of 3 mm thickness.	ABS plastic sheet
Shaft coupling	Must attach to existing shaft mounting plates, as illustrated in Figure 12.2.	Via mounting plate
Operating speed	Must operate at rotational speeds at least 60 rpm	60 (rpm)
Cycle life	Must operate for at least 3 years	3 (years)

예제 12.2-B | 단방향 회전 장치의 설계

설계 목표와 제약조건

표 12.1-B는 단방향 회전 장치에 대한 설계 목표 및 제약조건을 정리하여 나타내고 있다.

이 예제의 문제 설명(해설)은 설계 목표에 요구되는 성능 지표 또는 정량적 지표와 관련하여 알려주는 정보가 거의 없다. 많은 경우에, 기구 설계자는 유사한 정도의 제한된 정보를 제공받게 되며 그 이상의 정보를 탐색하는 것은 설계자들에게 달려 있다. 이러한 상황은 문서나 교과서, 유사한 설계에 관여했던 다른 설계자, 고객으로부터 정보를 모아야 할 필요성을 만든다.

이 예제에서는 설계자는 추가 정보를 수집하고 역-토크 능력, 고정(지지) 시스템, 재질 및 기구의 주기에 관한 설계 목적을 만들었다고 가정한다. 역-토크 능력 목적은 제안하는 기구가 반시계 방향의 출력 토크를 허용하지 않는다는 것을 말한다. 고정 시스템 목적은 기구를 고정하는 보조 구조물이 기구가 시계 방향으로 작은 마찰력을 받으며 회전할 수 있게 하는 것을 말한다. 재질 목적이란 기구의 구성 요소를 제작하기 위해서 사용되는 재질이 충분히 강하고 마찰 저항력이 있다는 것을 말한다. 주기 목적은 구성요소가 피로파괴되기 전 견딜 수 있는 최소 회전의 수를 말한다.

얻은 정보로부터, 설계자는 설계 범위에 대한 제약이 존재한다는 결론을 내린다. 이러한 제약 조건들은 새로운 장비가 들어가는 기계 장치 내부의 제한된 공간을 포함한다. 또한, 새로운 장비는 적어도 10 radian/sec의 최소 회전속도로 원하는 방향으로 회전해야만 한다.

추가로, 설계자는 정보를 수집하는 동안 설계에 대한 중량 제한은 없다는 것을 알게 된다. 또한 다른 문서에서 찾은 유사한 설계안이 동작 중 소음이 발생했다는 것도 알게 된다. 고객과 상의와 숙고를 통하여 중량과 소음 발생에 대한 설계 목적은 설계 활동에서 중요한 인자로 고려되지 않는 것으로 결론 내릴 수 있다. 이러한 정보를 바탕으로, 설계 목적과 제약조건이 표 12.1-B에 주어졌다.

설계 목적과 제약조건은 설계 활동 초기에 만드는 것이 중요하다. 이와 관련하여 몇 가지 중요한 이유는 다음과 같다.

(i) 설계 목적과 제약조건은 일반적으로 개념화 단계 이전에 만들어져야 하며 설계 해답이 만족해야만 하는 이상적인 성능값을 제공해야 한다. 더 나아가서, 각각의 목적은 설계 목표 내역서의 내용을 만족시키는 데 초점을 맞추어야 하며 구체적인 설계 개념과

표 12.1-B 단방향 회전 장치의 설계 목표와 제약조건

Design Objective	**Description**	**Value (Units)**
CW torque	Transmission of output torque in desired direction	100 (N-m)
CCW torque	Component output torque must stop. Should resist specified torque without rotation.	Ø (N-m)
Mounting	Rotational mounting system for low friction during rotation	Ball bearings
Material	Must be strong and wear resistant	Steel
Cycle Life	Must operate for at least 1,000,000 rotations	1 million (rotations)
Weight	Not considered as influential for this application	—
Noise generation	Not considered as influential for this application	—
Constraint	**Description**	**Value (Units)**
Maximum size	Mechanism must not exceed size range	30 × 30 × 15 (L × W × H) (mm)
Minimum operating speed	Device must operate smoothly at rotational speeds of at least 10 radians/sec	10 (rad/sec)

는 상대적으로 독립적이어야 한다. 이후 개념화 단계를 지나면서, 다른 개념이 원래 설계 목적을 기준으로 평가될 수도 있다. 이러한 과정은 12.3.2절에서 언급될 것이다.

(ii) 설계 목적과 제약조건은 하나의 설계를 개발하는 과정을 문서화할 수 있는 중요한 방법이 된다. 설계가 이루어짐에 따라, 원래의 설계 목적을 수정하거나 업데이트해야 하는 새로운 정보(추가적인 요구사항 혹은 오래된 생각들)가 발견될 수도 있다. 이것은 설계 과정의 반복적 성질의 일부분이다. 추가적으로, 만약 설계 과제가 한 팀의 설계자들에 의하여 수행된다면 과거와 현재의 설계 목적을 적어놓은 중심 문서는 모든 팀원들의 노력을 잘 조화하는 데 도움이 된다.

(iii) 명확한 설계 목적과 제약조건들을 만들어야 하는 중요한 이유는 고객의 요구 조건을 만족시켜야 한다는 것을 명확하게 하기 위해서이다. 설계목적과 그와 관련된 목표/수치값들을 과제 결과물로 적어 놓음으로써, 설계자와 고객 모두 예상되는 성능에 동의할 수 있다. 만약 설계 과정 중에 설계 목표를 수정해야 할 필요가 있다면 설계자와 고객이 함께 과제에 미칠 영향에 대해서 토의해야만 한다. 예제 12.1-A의 문제 설명(해설)에 대해서 고려해 보자. 여기서 설계물의 중량은 가벼운 것으로 표현되었다. 양을 특정하지 않는다면, '가벼운'이라는 용어는 다양한 해석, 의견과 그리고 궁극적으로는

설계자와 고객 사이의 오해를 가져올 수 있다. 모든 설계 목표가 명확하게 정해질 수는 없지만 문서로써 설계 목표들을 명확하게 하려는 노력은 행해져야 한다. 적절한 설계 목표의 문서화는 효과적인 의사소통을 가능하게 하고 관련자들에 의하여 설계 해답이 평가될 때 측정 가능한 성능 기준을 마련하는 데 도움이 된다.

12.3.2 개념화

설계 과정의 다음 단계는 **개념화**이다. 이 단계는 여러 개의 아이디어 혹은 개념들이 만들어지는 창조적인 단계이다. 많은 가능성이 고려되는, 설계 과정에서 분기가 이루어지는 단계이다. 각각의 개념들이 많은 설계 목적들을 해결하려고 시도해야 하나 반드시 모든 설계 목적을 해결해야 할 필요는 없다. 전형적인 설계 과제에서는 적어도 세 가지의 개념 설계 대안을 만들려는 노력이 행해져야 한다. 이러한 설계 대안들은 개념 설계에 대한 설명과 스케치를 통하여 문서화되어야 한다.

간단히 이야기하면, 창조적인 아이디어의 생산은 인간이 지닌 놀라운 능력 중의 하나이다. 윌리엄 프로머(William Plomer)라는 작가는 "창조성은 외형상 전혀 연관이 없는 것들을 연결할 수 있는 힘이다"라고 말했다. 아이디어를 만들어 내기 위해서 적용할 수 있는 공식이나 일련의 법칙은 존재하지 않는다. 오히려 여기서 이야기하는 것들은 각각의 설계자들이 타고난 자신의 창조성을 개선하는 데 도움을 줄 수 있는 실질적인 전략들이다. 특별히, 이러한 전략들은 기구와 기계 장치 설계와 밀접한 관련이 있기 때문에 논의된다.

창조적인 전략1: 설계자는 기존의 설계 예제에 대하여 주기적으로 공부하고 복습해야 한다. 창조성은 진공상태에서 만들어지는 것이 아니라 다른 많은 아이디어를 접한 결과로 만들어진다. 수백의 기구와 기계 장치에 대하여 잘 요약하고 있는 많은 책들이 있다[18, 19]. 이러한 책들은 관련 주제별로 구성되어 있으며 기구 설계 전에 읽어본다면 많은 도움이 될 것이다.

창조적인 전략2: **형태 분석**은 설계자가 외형상 관련이 없어 보이는 개념을 합치는 데 도움을 줄 수 있는 기술이다. 이 기술은 정보와 관련된 두 축을 가지고 **형태 분석 차트**를 만듦으로써 구현될 수 있다. 각각의 축은 속성, 설계 목적 혹은 설계와 관련된 함수로 설정한다. 두 축의 정보는 흥미 있는 아이디어의 생산에 도움이 되도록 서로 독립적이어야 한다. 형태 분석은 자주 비현실적인 아이디어를 만들기도 하지만, 이러한 아이디어들이 궁극적으로 현실적인 아이디어로 이끌어 줄 수도 있다. 형태 분석의 예가 두 축 사이의 토크 전달 방식 개발과 관련된 예제 12.3에 나와 있다.

창조적인 전략3: **삽화**와 **그림**은 아이디어를 기록하고 새로운 아이디어를 만들어내는 중요한 방식이다. 몇몇 설계자들은 추상적인 사고가인 반면 다른 이들은 시각적이고 공간적인 사고가이다. 그림을 준비함으로써 한계가 드러날 수도 있으며, 아이디어가 만들어질 수도 있다. 저자는 설계를 하는 학생들은 연필과 종이를 사용해서 손으로 스케치하는 것을 배우라고 추천한다. 이것이야말로 제일 첫 번째 단계가 되어야 한다. 예제 12.4-B는 단방향 회전 장치에 대한 개념 설계의 예를 제공한다. 많은 학생들이 컴퓨터 기반의 그리기 툴을 사용하는 데만 열중하고 있다. 아이디어 생산 측면에서 볼 때, 컴퓨터 기반의 그리기 툴은 빠른 스케치를 하기에는 제약조건이 많다. 다수의 컴퓨터 기반의 그리기 SW에서 이용 가능한 그리기 함수/툴 세트는 아이디어 생산 과정에 심각하게 영향을 끼친다는 것이 저자의 결론이다. 이러한 상황은 아이디어는 빠르게 만들어질 수 없고 상용화된 SW 함수나 툴 세트로 쉽게 그려지지 않기 때문에 발생한다. 컴퓨터 기반의 그리기 툴은 설계 과정 중에 **예비 설계**와 **상세 설계**의 단계에서 사용되어야 한다.

창조적인 전략4: 아이디어에 대하여 심사숙고할 충분한 시간과 반복을 **허락**하라. 창조성은 빠르게 만들어질 수 없으며, 창조 단계에 시간 기준을 정해 놓는 것은 최고의 해답을 만들어내는 것을 제한할 수도 있다. 반복은 중요하다. 왜냐하면 초기의 개념이 보다 나은 아이디어로 빈번하게 발전될 수 있기 때문이다. 때때로 설계자가 다른 관련 없는 활동을 하고 있는 중에 갑자기 아이디어가 설계 해답으로 떠오르기도 한다. 이러한 순간을 '아하 순간(Ah-ha moment)'이라고 말하며 이러한 순간은 창조적인 과정에 충분한 시간이 주어질 때 더욱 자주 일어난다.

창조적인 전략5: **기능적 분석**은 개념 발전 과정에서 설계자를 도울 목적으로 개발되어 왔다[20–22]. 이것은 특별히 복잡한 설계를 다루는 상황에서 보다 유용하며 기구와 기계장치 설계에 매우 적합하다. 기능적 분석은 예비 설계 단계에서도 유용하게 사용할 수 있으며, 설계자의 진도가 느릴 때 개념 발생 과정에서도 유용하게 사용할 수 있다. 기능적 분석의 두 가지 예가 다음 절의 예제 12.5-A와 12.5.B에 주어져 있다.

창조적인 전략6: 앞선 다섯 가지 창조적인 전략들은 개인 설계자가 충분히 따라할 수 있을 것이다. 때때로, 창조 과정에서 여러 사람이 팀으로 참여하는 것이 도움이 될 때도 있다. 이 경우에는 **브레인스토밍** 방법이 새로운 아이디어를 만들어내는 데 가장 효과적인 그룹 활동이 될 수 있다. 브레인스토밍 방법을 잘 이용하려면 참고문헌[23]의 가이드 라인을 따라야 한다.

예제 12.3 | 형태 분석 차트의 이용

표 12.3은 평행한 두 축 사이의 토크 전달을 위한 아이디어를 위해 형태 분석 차트를 이용하는 예를 제공하고 있다.

차트는 각 축에 독립 속성을 하나씩 부여함으로써 만들어진다. 이 예제에서 수평축은 **커플링 장비 유형**(다섯 가지 종류)이라는 속성을 나타낸다. 수직축은 **부착 장비**(여섯 가지 종류)라는 속성을 나타낸다. 차트는 아이디어를 생산하기 위하여 체계적으로 평가된다. 목표는 설계자가 차트를 이용함으로써 외형상 전혀 관련이 없어 보이는 기계요소 사이의 조합을 고려하게 만드는 것이다. 그렇지 않았다면 고려되지 않았거나 무시되었을 요소 간의 조합은 적어도 1~2분의 시간 동안 설계자에 의해서 고려된다.

이 예제에서는 커플링 장비 유형 중 체인이 행 방향으로 나열되어 있는 제목과 비교할 때 아이디어가 떠오르는지 살펴본다. 먼저 **체인**(열)과 **키 슬롯**(행)을 비교한다. 바꾸어 말하자면, 설계자는 "키 슬롯이 축에 사용되는 유일한 부착 시스템일 때 체인을 사용해서 두 축 사이에 토크를 전달하는 것이 가능한가" 물을 것이다. 그러나 생각해보면 유효한 조합이 아니라는 결론이 나온다. 왜냐하면 키 슬롯은 체인을 고정할 수 없기 때문이다. 따라서 박스는 공란으로 남는다. 다음 조합이 평가된다: **스프라킷**이 축에 사용되는 유일한 부착 시스템일 때 체인을 사용해서 두 축 사이에 토크를 전달하는 것이 가능한가? 이 조합은 일반적으로 사용되는 것이므로 박스에는 YES라고 표기한다. 다음 조합들이 평가된다: **구멍**(hole), **스프링**, **핀** 등이 축에 사용되는 유일한 부착 시스템일 때 체인을 사용해서 두 축 사이에 토크를 전달하는 것이 가능한가? 체인을 사용하는 모든 가능한 조합이 고려되면, 동일한 방식으로 다음 열의 장비에 대해서도 평가한다.

두 축 사이에 **벨트** 기반의 토크 전달 시스템을 고려하는 경우에, 확실한 조합은 **풀리**(pulley)를 사용하는 것이다. **기어** 기반의 토크 전달 시스템을 고려하는 경우에, 확실한 조합은 **키 슬롯**이 될 것이다. 이외에도 가능한 대답은 기어를 축에 고정시키기 위해서 **글루**(glue)를 사용하는 것이 될 수 있으며 따라서 그 조합은 YES로 표시된다.

평가를 할수록 점점 합에 대한 흥미로운 아이디어들이 떠오른다. 이러한 아이디어들은 아이디어 A, B, C, D로 표시된다. 아이디어 A는 만약 평**벨트**에 구멍이 점점으로 나 있다면 평벨트를 사용하는 것이 가능할 수도 있다는 것이다. 그러한 구멍들은 아마도 축으로부터 나온 **핀**들과 결합될 수 있도록 구멍과 구멍 사이에 명시된 피치 거리를 가지고 있어야 할 것이다. 아이디어 B는 토션 스프링을 사용하여 기어를 각 축에 연결할 수도 있다는 것이다. 두 **기어**가 서로 맞물릴 때, **스프링**은 백래시를 방지하기 위하여 사전에 힘을 받은 상태로 설치되어질 수도 있다. 아이디어 C는 둥근 **자석**을 축 안의 **구멍**에 집어넣는 것이다. 이렇게 하면 축이 회전할 때, 자력을 다른 축에 인가할 수 있게 되고 작은 양의 토크를 전달할 수 있을지도 모른다. 아이디어 D는 축 안에 압축된 **유체**를 집어넣고 축에 수직인 방향으로 **구멍**을 뚫어 분사할 수 있게 한다. 만약 두 축에서 분사되는 유체가 서로 영향을 미친다면 축 사이의 토크 전달이 가능할 수도 있다.

아이디어 A, B, C, D는 유익한 것부터 비현실적인 것까지 포함하고 있지만 좀 더 발전한다면 모두 유용한 토크 전달 시스템이 될 수도 있다. 확실한 것은 형태 분석 차트를 사용하지 않았다면 아이디어 A, B, C, D는 결코 고려되지 않았을 것이다.

개념 발생 단계에서 설계자를 도울 수 있는 가치 있는 방법과 유용한 전략들이 많이 있다. 이러한 방법과 전략들은 마인드맵[23], 6-3-5 방법[24] 그리고 창조적이고 감각적인 장벽의 인식이다. 이러한 방법들에 대한 자세한 설명과 예제는 이 책의 범위를 벗어나므로 참고문헌으로 제공한다. 설계를 배우는 학생은 이러한 방법들에 대하여 책을 읽고 더 깊이 탐구하기 바란다.

표 12.3 두 축 사이 토크 전달을 위한 아이디어 생성용 형태 분석 차트

		Coupling Device Type				
		Chain	**Belt**	**Gears**	**Magnets**	**Fluids**
Attachment System	Keyed slot			YES		
	Sprocket	YES				
	Holes				Idea C	Idea D
	Springs			Idea B		
	Pins		Idea A			
	Pulley		YES			
	Glue			YES		

예제 12.4-B | 단방향 회전 장치의 설계

개념화: 개념 설계 대안에 대한 설명

개념 설계 스케치는 반드시 손으로 그려야 하며 아이디어의 동작 원리에 대한 설명도 주어져야 한다. 다이어그램 안의 여러 가지 요소에 대해서도 이름표를 붙여야 한다. 이 예제에서는 단방향 회전 장치에 대한 네 가지의 개념 설계 대안들이 그림 12.4에 주어졌다.

개념 A는 전형적인 톱니 바퀴와 멈춤쇠(pawl)를 사용한 아이디어를 보여주고 있다. 멈춤쇠는 스프링을 사용해서 톱니를 살짝 누르고 있다. 이 설계에서는 멈춤쇠와 톱니가 맞물리는 위치가 띄엄띄엄 존재하며, 이 위치에서는 반시계 방향의 운동이 발생하지 않게 된다. 그러나 멈춤쇠는 시계 방향으로 톱니 사이에서 간단히 미끄러진다.

개념 B는 2개의 비중심(편향) 피봇 종동절을 사용한 마찰 기반의 아이디어를 보여주고 있다. 이 피봇 종동절은 스프링을 사용하여 원판을 가볍게 누르고 있다. 만약 원판이 시계 방향으로 회전하면 피봇 종동절이 서로 상쇄하므로 원판은 이들을 지나 쉽게

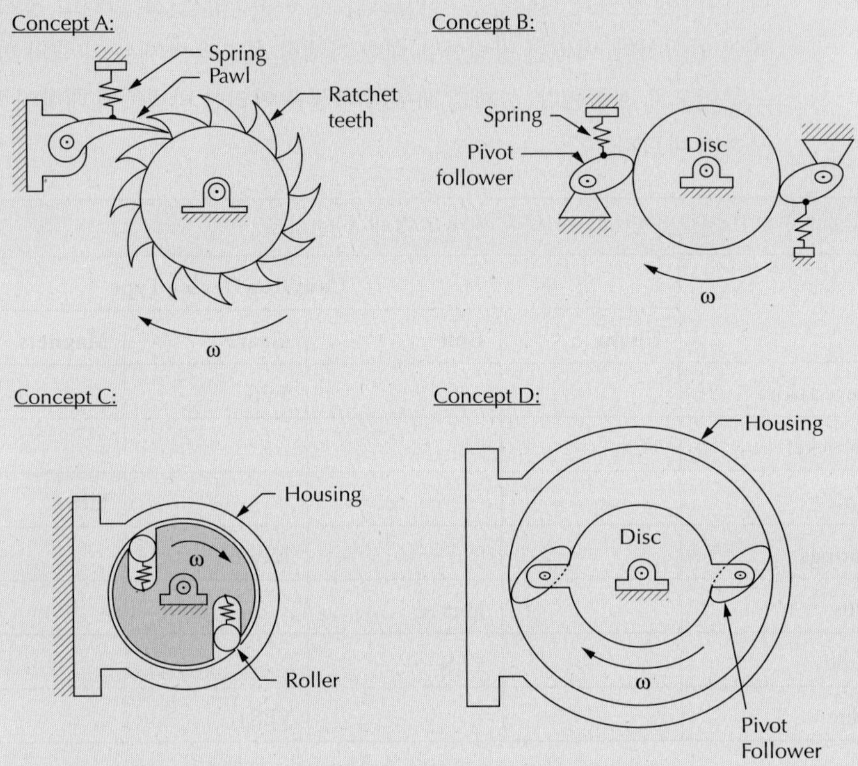

그림 12.4 ● 단방향 회전 장치의 개념 설계 대안의 스케치

미끄러진다. 그러나 만약 반시계 방향으로 원판이 회전하려고 한다면 두 종동절과 원판 사이에서의 마찰이 종동절을 원판에 고정시키게 되고 반시계 방향 운동은 제한된다.

개념 C는 2개의 비중심(편향) 롤러를 사용한 마찰 기반의 아이디어를 보여주고 있다. 이 아이디어 역시 쐐기 작용을 이용하고 있다. 이 경우에, 롤러는 원판 내에서 움직이며 스프링에 의하여 바깥 방향으로 눌려지고 있다. 원판이 시계 방향으로 회전할 때, 롤러는 안쪽으로 눌려진다. 그러나 만약 원판이 반시계 방향으로 회전하려고 한다면 롤러는 원판 밖으로 눌려지며 원판 밖의 하우징에 고정되어 회전이 제한된다.

개념 D는 2개의 타원형 피봇 종동절을 사용한 마찰 기반의 아이디어를 보여주고 있다. 이 설계 역시 쐐기 작용을 이용하고 있으며 개념 B와 유사하다. 그러나 종동절은 원형의 하우징에 대하여 원판에 핀으로 고정되어 있다. 스프링은 원형 하우징에 종동절을 밀착시키기 위하여 사용되고 있지만 그림에서 보이지는 않는다.

12.3.3 예비 설계, 해석과 의사 결정

개념 설계 대안을 만들고 난 후, **예비 설계** 단계가 시작된다. 이 단계에서는 지금까지의 개념 설계안들이 예상되는 성능에 대하여 예측이 가능하도록 보다 구체적으로 만들어져야 한다. 설계를 구체화하는 툴들은 **기능적 분석**, 공학 해석 그리고 수학적 해석이 있다. 몇몇 경우에, 예비 컴퓨터 모델링과 시뮬레이션은 성능을 예측하는 데 도움이 될 수도 있다. 개념 설계 대안들이 충분히 개발되었을 때, **의사 선택 방법**(decision selection methodology)이 최고의 설계안을 선택하기 위해서 사용되어야만 한다. 여러 가지 설계 개념 가운데 선택하기 위해 가능한 방법은 해석적 방법, 설계팀, 고객들 혹은 다른 전문가들과의 논의 같은 방법이 있다. 이 책에서는 **선택 테이블**(selection tables)이라고 불리는 해석적 방법에 대해서 이야기할 것이다. 왜냐하면 이 방법이 기구와 기계 장비 설계에 가장 잘 들어맞기 때문이다. 이 방법을 사용해서, 개발된 설계 개념들이 얼마나 설계 목적들을 잘 만족시키는가에 따라서 점수를 부여받는 방식으로 설계 개념들을 수치적으로 평가할 것이다. 일반적으로 최고 점수를 부여 받은 설계 개념이 선택될 것이며 이후 **상세 설계** 단계로 넘어가게 될 것이다.

예제 12.4-B에서 단방향 회전 장치에 대한 많은 개념적 설계안이 설명되었다. 이 설계 개념들이 분명하게 잘 묘사되기는 했지만, 그 성능을 예측하기 충분하게 개발되지는 않았다. 그러므로 예비 설계에서는 단방향 회전 장치를 위한 설계 목표와 조화를 이루도록 개념들을 설계하고 발전시키는 것이다.

12.3.3.1 예비 설계에서의 기능적 분석

기능적 분석은 설계를 보다 상세하게 발전시키는 유용하고 체계적인 기술이다[20–22]. 특별히 기구와 기계 장치 설계처럼 많은 부분으로 이루어진 복잡한 설계에 유용하다. 기능적 분석(때때로 기능적 해석이라고 언급되기도 한다[22])은 기구의 바람직한 기능을 명시적으로 나타내기 위하여 사용될 수도 있다. 기능적 분석의 첫 단계는 시스템의 기능을 표현할 수 있는 **기능 블록 다이어그램**을 만드는 것이다. 이 기능 블록 다이어그램은 요소/부분의 레이아웃 차트가 아니라는 것을 명심하라. 오히려 이것은 시스템이 반드시 수행해야 하는 바람직한 기능/활동을 표현하는 흐름도이다. 기능/활동의 측면에서 흐름도를 그림으로써, 기계적 세부사항에 대하여 걱정할 필요 없이 기구/기계 장치의 동작이 만들어지고 개발될 수 있다. 기능 블록 다이어그램이 완성된 후에, 설계자는 기능을 달성하기 위해서 필요한 기계요소를 만들 때 기능 블록을 참고할 수 있다.

기능 블록 다이어그램의 기본 요소는 블록이며 그림 12.5(a)에서 보이는 것처럼 각 블록은 기능/활동이며 입출력을 갖게 된다. 그림 12.5(b)에서 보이는 것처럼 한 블록의 출력은 다른 블록의 입력이 된다. 예를 들면 유압 펌프의 간략화된 표현이 그림 12.6에 나와 있다.

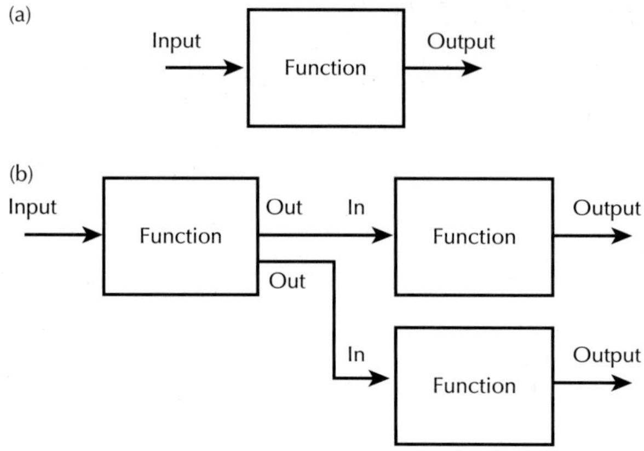

그림 12.5 ● 기능 블록 다이어그램의 기본적인 요소

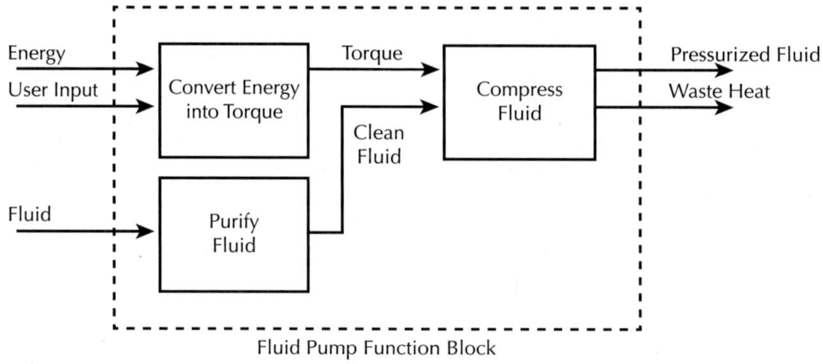

그림 12.6 ● 유압 펌프에 대한 높은 수준의 기능 블록 다이어그램

블록은 기능이나 행동을 표현하는 반면, 입출력 화살표는 에너지 흐름이나 물리적인 대상을 나타낸다. 이 간단한 예제에서 점선으로 표현된 블록은 전체 시스템 경계를 나타내고, 시스템 입력은 좌측의 에너지와 유체이며 시스템의 출력은 우측의 압축된 유체와 폐열이다. 내부에는 세 가지 기능 블록이 있다. 첫 번째 블록은 입력 에너지를 기계적 토크와 같이 유용한 형태로 바꾸어 주는 기능이다. 두 번째 블록은 시스템에 들어오는 유체를 깨끗하게 만들어 주는 기능이다. 세 번째 블록은 기계적인 토크와 깨끗한 유체를 입력으로 받아들여 유체를 압축하는 기능을 표현하고 있다. 세 번째 블록의 출력은 압축된 유체와 폐열이며 전체 시스템의 출력이 된다.

그림 12.6의 기능 블록 다이어그램은 형태가 간단하며 보다 자세한 기능을 요구하고 있다. 예를 들어 에너지의 기계적 토크로의 변환을 묘사하는 블록이나 유체의 압축을 설명하는 블록이 필요하다. 블록 다이어그램을 이용하는 기능적 분석의 장점은 계층적 수준이 사용될 수 있기 때문이다. 즉, 낮은 수준의 블록 다이어그램은 보다 더 상세한 내용을 제공한

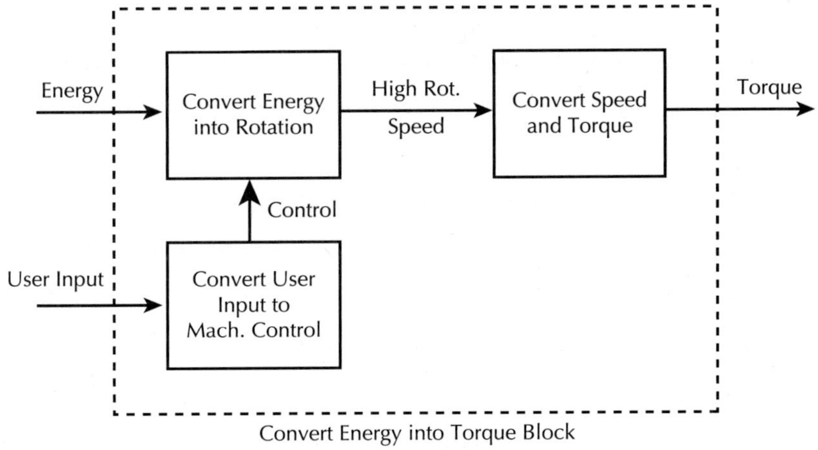

그림 12.7 ● '에너지를 토크로 변환하는' 블록에 대한 낮은 수준의 기능 블록 다이어그램

다. 예를 들면 그림 12.7은 '에너지를 토크로 변화'하는 블록에 대한 보다 낮은(자세한) 수준의 기능적 다이어그램을 설명함으로써 상세한 내용을 제공하고 있다. 이 블록의 입력과 출력은 그림 12.6의 높은 수준의 다이어그램의 입력 및 출력과 동일해야 한다. 그림 12.7의 블록 다이어그램을 만들 때, 설계자는 높은 수준의 다이어그램의 입력과 출력을 고려해야 하며 그것과 일치하는 낮은 수준의 다이어그램을 만들어야 한다. 여기서 세 가지의 새로운 기능적 블록들이 제안되고 추가되었다. 첫 번째 블록은 입력 에너지를 회전 운동으로 전화하는 것을 묘사하며 빠른 회전 속도를 출력으로 제공한다. 이것은 기능에 대하여 보다 자세한 내용을 제공하고 있으며 또한 설계자로 하여금 이와 같은 것을 이루기 위한 방법에 대해서 생각하게끔 만들어 준다. 또한 이러한 수준의 상세함은 에너지를 빠른 회전 속도로 변환해야 한다는 것을 명시함으로써 다른 가능한 변환 방법의 출발점이 된다. 설계자는 명확히 전기 모터가 이와 같은 기능을 할 수 있다는 결론을 내릴지도 모른다. 하지만 설계자는 이 단계에서는 이러한 구체적인 선택을 내리는 것을 미루어야 한다. 에너지를 회전 운동으로 바꾸는 것과 관련된 기능만을 고려해야 한다. 왜냐하면 에너지를 회전 운동으로 바꿀 수 있는 다른 가능한 방법들이 있을 수 있기 때문이다. 그래서 다이어그램은 나중에 고려될 수 있는 다양한 아이디어를 허용할 수 있는 일반적인 방식으로 그려진다. 두 번째 블록은 회전 속도를 필요한 속도와 토크로 변환/규제하는 것을 표현한다. 설계자는 기어 박스가 이러한 변환/규제 기능을 수행할 수 있다고 결론 내릴 수 있다. 그러나 블록을 변환 기능으로 적어 둠으로써, 벨트-풀리, 혹은 마찰차나 다른 기구의 사용과 같은 아이디어가 후에 고려될 수 있도록 한다. 세 번째 블록은 펌프를 on/off 시키기 위해 필요한 사용자 입력을 나타낸다. 이것은 출력이 제어로 표현된, 사용자 입력을 유용한 기계적인 제어 작용으로 변환하는 것을 의미한다.

기능 블록 다이어그램의 생성은 점진적이며 반복적이다. 다이어그램은 그림 12.6에서 보이는 것처럼 단순하게 출발해서 높은 수준의 블록을 표현하는 낮은 수준의 블록들이 추가됨으로써 보다 자세해진다. 낮은 수준의 다이어그램을 자세하게 그릴 때, 종종 높은 수준의 다이어그램에서 미처 고려되지 않았던 입력 혹은 출력이 나타날 때도 있다. 이 중 높은 수준의 블록이나 속해 있는 서브 블록에 영향을 미칠 수 있는 몇몇은 높은 수준의 다이어그램으로 이동되어야 할 필요가 있을 수도 있다. 이런 방식으로 과정은 반복되지만 기구의 기능을 상세하게 설계하는 데는 매우 유용하다. 기능 블록 다이어그램은 유일하게 존재하지 않으며 여러 가지 버전이 가능하다. 기능 블록 다이어그램의 최종 결과는 다이어그램을 생성하는 행위보다 중요하지 않을 수도 있다. 다이어그램을 생성하는 행위는 설계자에게 설계 목적과 목적을 이루기 위한 기능, 그리고 기능에 필요한 입력/출력 및 그들 사이의 관계를 냉철하게 조사하게 하며 추가 기능이 필요한지 여부 역시 결정하도록 한다. 이것이 설계의 창조적인 과정에 참여하는 좋은 방식이다.

기능적 분석과 기능 분석 다이어그램의 생성에 대한 증명은 예제 12.5-A와 12.5-B를 통하여 이루어진다. 이 예제들은 토크 전달 장치의 설계와 단방향 회전 장치에 대하여 기능적 분석을 적용한 것이다. 주어지는 여러 가지 기능에 따라서 다이어그램을 준비할 수 있는 많은 방법들이 있다.

예제 12.5-A | 토크 전달 기구의 설계

기능적 분석

토크 전달 기구를 위한 기능 블록 다이어그램의 생성이 여기에 주어져 있다. 블록 다이어그램을 그리기 전 첫 단계는 문제 설명(해설), 설계 목적 내역서 그리고 표 12.1-A의 설계 목적을 복습하는 것이다. 이렇게 하는 것이 다이어그램을 생성하는 데 유용할 것이다. 또한 가능하다면 개념 스케치 혹은 다른 개념 생성에 대해서도 반드시 복습해야 한다.

다이어그램은 그림 12.8에서처럼 점선으로 그려진 외부(경계) 상자에 대하여 명확히 하는 것으로부터 출발한다. 시스템에 들어오는 에너지(힘), 재료들과 같은 모든 외부 입력들이 시스템 밖으로 나가는 출력 에너지와 재료들과 함께 명확히 표시된다. 이러한 입력과 출력은 외부 상자를 가로지르는 화살표로 표시된다. 이 예제에서는 입력은 토크와 축 어긋남으로, 출력은 토크로 주어진다. 설계자는 이 기구 안에서 발생해야 하는 실질적인/필요한 기능들을 입력과 출력을 잘 연결해서 생성해야 한다. 아직 제안하는 기구에 대한 형상이나 형태가 없지만 설계자는 기구가 토크를 전달하는 외부 축과 연결되어야 할 필요가 있다는 것을 깨달을 것이다. 또한 기구의 출력을 외부 축과 연결할 수 있

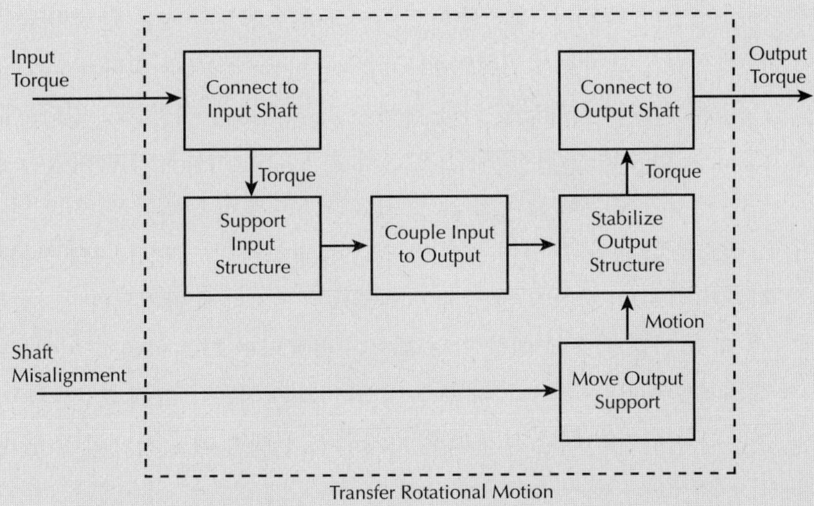

그림 12.8 ● 토크 전달 기구에 대한 높은 수준의 기능 블록 다이어그램

는 방법이 필요하다. 이러한 두 기능들이 "Connect to Input Shaft", "Connect to Output Shaft"라고 명명되어 다이어그램에 추가된다. 설계자는 기구가 회전해야 하며 이를 위하여 양 끝단이 지지되어야 한다는 것을 깨닫게 된다. 그러나 입력에 대하여 출력단이 정렬되지 않고 어긋나 있을 수도 있다. 이 정보는 "Support Input Structure"와 "Stabilize Output Structure"라고 명명된 기능 블록들로 다이어그램에 추가된다. 출력이 정렬되지 않고 어긋나지만 토크 전달이 충분히 안정적으로 이루어져야 하기 때문에 안정화라는 용어가 사용되었다. 마지막으로, 기구의 입력부를 출력부와 연결할 수 있는 방법이 있어야 한다. 이 기능은 다소 넓은 의미로 "Couple Input to Output"이라고 명명되었지만 다음 단계에서 보다 명확히 정의될 것이다. 참고로 그림 12.8을 만들어 내는 실제 과정은 힘 혹은 재질의 전개 화살표로 구분된 기능 전개가 부드럽게 이루어질 때까지 몇 번의 반복 과정을 거쳤다. 그림 12.8은 유용하지만 즉시 도움이 되기에는 아직 상세함이 부족하다.

그러므로 다음 단계에서는 각각의 기능 블록들을 보다 낮은 단계의 기능 블록들로 상세하게 분해해야 한다. 그림 12.9는 그림 12.8의 정보를 바탕으로 만들어진 보다 낮은 단계의 기능 블록 다이어그램을 보여주고 있다. 높은 단계의 다이어그램 안의 원래 블록들은 점선의 외부 블록으로 표시되고, 낮은 단계의 블록들이 그 안에 주어졌다. "Ground Link"라고 명명된 화살표가 새로운 외부 입력으로 주어져 있다. 기구가 어떠한 형식으로든 지면에 대하여 지지되어야 하므로 이 입력이 필요하다. 그라운드 링크 화살표가 전체 시스템에 들어오기 때문에 이것은 그림 12.8의 높은 단계의 다이어그램에 더해져야 한다. 그러나 기능 블록 다이어그램의 생성과 높은 단계와 낮은 단계 생성의 반복적 성질을 보여주기 위하여 의도적으로 나중에 추가되었다.

그림 12.9의 블록들은 더욱 자세한 기능 정보를 제공하고 있다. 예를 들면 정렬, 고정, 운동 허용 혹은 지지, 제한, 안정화 등과 같은 기능들이 더해졌다. 여전히 몇몇 블록들은 정보가 충분해 보이지 않고, 필요하다면 몇몇 블록들은 좀 더 낮은 단계의 다이어그램으로 분해될 수 있어 보인다. 간략히 말하자면, 그림 12.9의 블록들은 정답이 아니다. 그림 12.9의 남아 있는 상세한 부분들은 독자에게 남겨둔다.

토크 전달 기구에 대한 기능 분석이 완료되면 최종 블록 다이어그램은 다른 목적에 대해서도 이용 가능하다. 예를 들어 피드백을 위하여 고객 혹은 다른 설계자와 상세한 기능을 이야기할 때나 설계 혹은 기계 부품 선택할 때도 사용할 수 있다.

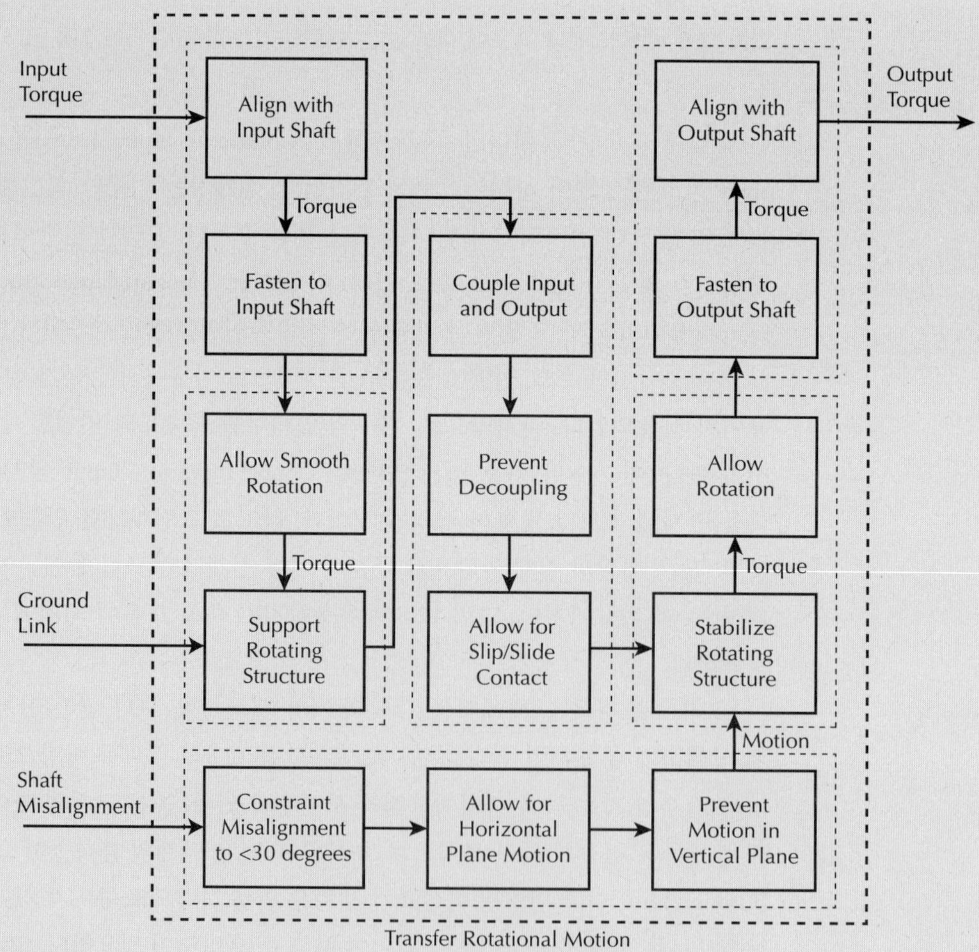

그림 12.9 ● 토크 전달 기구에 대한 낮은 수준의 기능 블록 다이어그램

예제 12.5-B | 단방향 회전 장치의 설계

기능적 분석

단방향 회전 장치를 위한 기능 블록 다이어그램의 생성이 여기에 주어졌다. 블록 다이어그램을 그리기 전에 설계자는 문제 설명(해설), 설계 목적 내역서 그리고 표 12.1-B의 설계 목적을 복습해야 한다. 또한 단방향 회전 장치에 대한 몇 개의 개념 스케치가 그림 12.4에 나와 있는 것처럼 예제 12.4-B에 주어졌다. 이러한 스케치들은 특별히 유용할 수 있다. 왜냐하면, 스케치들이 보다 구체적으로 블록 기능들을 정의하는 데 도움을 줄 수 있기 때문이다.

다이어그램의 생성은 그림 12.10에 주어진 것처럼 점선으로 외부 상자를 명시하는 것으로 시작된다. 외부에서 들어오는 모든 입력과 외부로 나가는 모든 출력이 먼저 정의되어야 한다. 이 예제에서 입력은 시계/반시계 방향 토크이고 출력은 시계 방향 토크이다. 다음으로 설계자는 이 기구에서 필요한 실질적인 기능들을 입력과 출력을 잘 연결해서 생성해야 한다. 설계자가 기능 블록들을 개발할 때 고려해야 할 몇몇 단계가 아래에 설명된다. 설계자는 기구가 어떤 방식으로든 외부의 시계 방향과 반시계 방향 토크와 연결될 수 있는 방법에 대하여 고려해야 한다. 또한 기구의 출력을 외부 링크와 연결할 방법이 필요하다. 이러한 두 기능들은 "Connect to Input Link"와 "Connect to Output Link"라고 명명되어 다이어그램에 추가된다. 설계자는 기구의 목적이 시계 방향 회전은 전달하고 반시계 방향 회전은 금지하는 것이라는 것을 고려해야 한다. 이 두 기능 블록들은 "Allow Rotation"과 "Prevent Rotation"으로 추가된다. 이 블록들에 대한

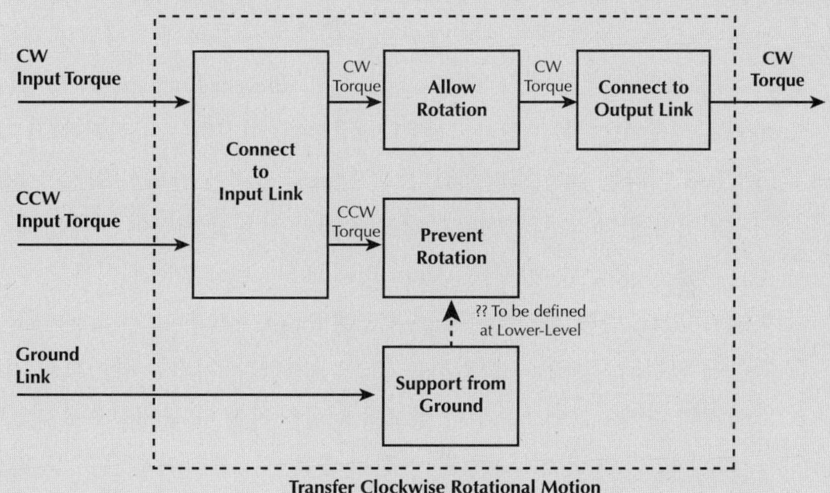

그림 12.10 ● 단방향 회전 장치에 대한 높은 수준의 기능 블록 다이어그램

입력은 시계 방향 토크와 반시계 방향 토크라는 점에 주의하라. 이러한 명칭들은 뒤따르는 블록의 의미를 설명하는 데 도움을 준다. "Allow Rotation"이라는 블록만이 출력을 갖는다는 점에 주목하라. 마지막으로 지면에 대하여 이 기구를 지지할 방법이 필요하다. 이것은 "Ground Link"라고 명명된 입력 화살표를 가진 "Support from Ground" 기능을 추가함으로써 더해진다. 지지 방법은 아직 명확하지 않기 때문에 출력 화살이 줄표로 되어 있고 낮은 수준의 다이어그램에서 정의될 것이다.

그림 12.10이 유용하지만 여전히 상세하게 되어야 할 필요가 있다. 다음 단계는 기능 블록을 낮은 수준의 기능 블록으로 분해하는 것이다. 그림 12.11은 낮은 수준의 기능 블록 다이어그램을 보여주고 있다. 여기서 그림 12.10의 몇몇 최초 블록들은 점선으로 그려진 블록으로 나타나 있다.

이 예제에서, 그림 12.4로부터 개념 스케치가 주어져 있고, 이는 낮은 수준의 기능을 정의하는 데 도움이 될 수 있다. 예를 들면, 그림 12.4(a)는 시계 방향으로 회전하는 바퀴를 설명하고 있으며 그림 12.4(b)는 시계 방향으로 회전하는 원판을 보여주고 있다. 추가로 멈춤쇠 또는 종동절로 명명된, 바퀴 혹은 원판과 연결하기 위해서 필요한 링크가 있다. 이와 같은 정보는 그림 12.11 내에서 표현될 수 있어야 한다. 설계자는 그림 12.10에서 "Support from Ground"의 상세 수준을 확장함으로써 다이어그램의 생성을 시작할 수 있다. 이 경우에, 지면에 대하여 멈춤쇠(혹은 종동절)를 지지하는 기능이 필요하며 이는 "Support Pawl Link" 블록으로 더해진다. 추가로, 회전하는 바퀴에 대하여 멈춤쇠를 누르는 기능도 필요하며 이는 "Push Pawl Against Wheel" 블록으로 추가된다. 이와 더불어, "Apply Force on Pawl" 블록이 더해진다. 이 3개의 블록들은 "Support from Ground"라는 높은 수준의 기능을 대표하는 점선으로 이루어진 블록에 의하여 경계를 둘러싸인다.

다음으로 설계자는 "Allow Rotation" 및 "Prevent Rotation"이 명명된 높은 수준의 블록의 분석을 고려할 수 있다. 그림 12.4로부터, 회전하는 바퀴가 있고 "Apply CW Torque to Wheel"이라는 블록이 더해졌다. 이 블록의 출력은 반드시 회전을 허용하는 기능으로 연결되어야 한다. 그림 12.4로부터 멈춤쇠가 사용될 예정이기 때문에 이는 바퀴가 회전하는 것을 허용할 수 있도록 "Allow Pawl to Slip over Wheel"이라고 보다 구체적으로 표현될 수 있다. 반대의 경우, "Apply CCW Torque to Wheel" 블록은 "Jaw Pawl into Wheel" 기능에 연결되어 바퀴가 회전하는 것을 방지한다. 이러한 방식으로 기능 다이어그램은 개념적인 다이어그램으로부터 정보를 취합하여 보다 구체적으로 만들어진다.

그림 12.11의 몇몇 블록들은 여전히 충분히 상세하지 않을 수도 있으며 그러한 기능 블록들은 필요하다면 보다 낮은 수준의 다이어그램으로 분해(분석)될 수 있다.

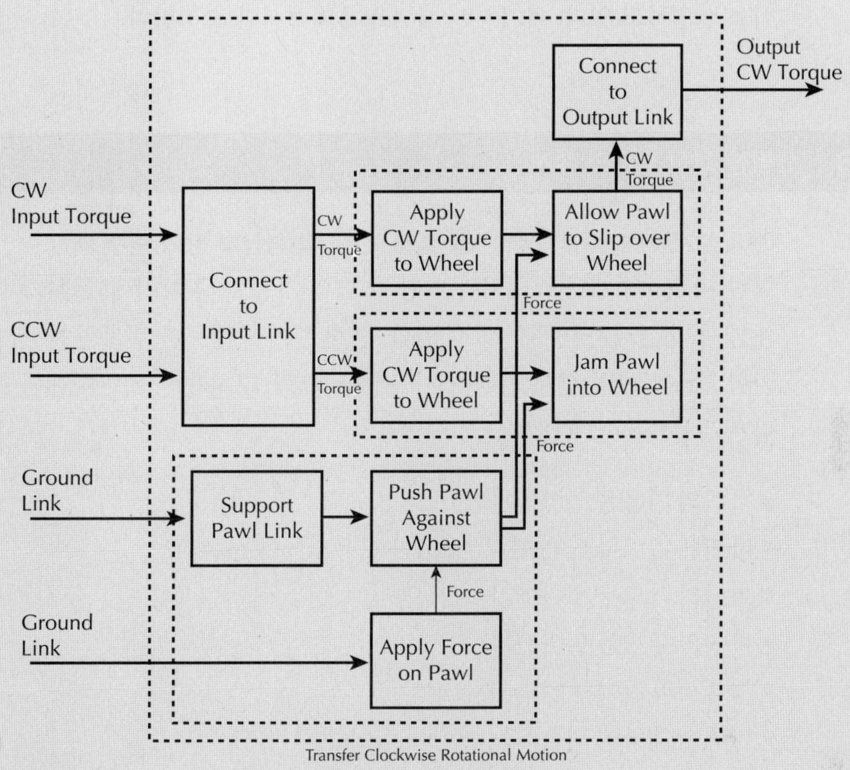

그림 12.11 ● 단방향 회전 장치에 대한 낮은 수준의 기능 블록 다이어그램

기능적 분석은 기구의 설계 목적을 이루기 위해서 필요한 기능 혹은 행동(조치)을 개발할 수 있는 정말 좋은 방법이다. 설계를 배우는 학생은 이 장의 후반부에 제공되는 예제를 이용하여 이 방법을 보다 더 연습하기를 권장한다. 참고문헌 20–22과 같은 책에서 기능적 분석 방법에 대한 많은 예제와 고급 응용 사례를 발견할 수 있다.

12.3.3.2 예비 설계에서의 변수 선택

개념 생성 활동과 기능적 분석을 수행한 후에, 개념에 대한 상세 내용, 관심 영역 그리고 질문들이 생길 것이다. 아마도 가해주는 힘이나 도달 가능한 속도, 운동의 범위 등에 대한 질문들이 포함될 것이며, 사용할 수 있는 재질, 부품의 형상과 강도, 볼트와 스프링과 같은 표준 부품의 사용 등에 관한 질문도 생길 수 있다. 이와 같이 구체적인 설계의 상세한 내용을 **설계 변수**라고 부른다. 예비 설계 과정의 주된 목적은 설계 목적을 만족시킬 수 있는 개념의 능력을 예측할 수 있도록 충분히 자세한 수준으로 설계 변수들을 개발하는 것이다. 예제

12.6-B는 단방향 회전 장치에서 부품 설계, 선택 및 형상에 대한 예비 설계를 전개하는 방식을 설명하고 있다. 여기서는 개념 A에 대해서만 고려한다.

예제 12.6-B | 단방향 회전 장치의 설계

예비 설계: 개념 A에 대한 부품 설계, 선택 및 형상화 등의 변수 개발

그림 12.4(a)의 개념 스케치와 그림 12.11의 기능 블록 다이어그램을 이용하여 개념 A에 대한 예비 설계가 이루어질 수 있다. 현재 주어진 정보를 검토할 때 생기는 질문들을 고려함으로써 예비 설계 과정이 시작된다. 그림 12.4(a)에 주어진 개념 A의 경우, 다음과 같은 질문이 있을 수 있다.

- 바퀴의 지름은 얼마인가?
- 바퀴에 얼마나 많은 톱니(이빨)가 사용되어야 하는가?
- 톱니의 각도는 얼마인가?
- 바퀴의 두께는 얼마인가?
- 멈춤쇠의 길이는 얼마인가?
- 바퀴에 대하여 멈춤쇠는 어디에 있어야 하는가?
- 멈춤쇠가 얼마만큼의 힘을 바퀴의 톱니에 가해줘야 하는가?
- 등등

그림 12.11의 기능 블록 다이어그램의 경우, 다음과 같은 질문이 있을 수 있다.

- 어떻게 기구가 입력 링크와 연결될 것인가?
- 멈춤쇠는 어떻게 지지될 것인가?
- 힘이 어떻게 멈춤쇠에 작용할 것인가?
- 바퀴는 어떻게 지지될 것인가?
- 기구는 어떻게 출력에 연결될 것인가?
- 등등

표 12.1-B에 주어진 설계 목적에서 몇몇 정보는 이미 주어질 수 있다: 바퀴와 멈춤쇠는 쇠로 만들어져야 한다. 기구의 전체 크기는 30 × 30 × 15 mm 이내여야 한다. 기구는 낮은 마찰을 보장하고 긴 동작 주기에 대한 설계 목적을 만족하는 볼베어링을 사용할 것이다. 기구는 적어도 100 N-m의 출력 토크를 시계 방향으로 전달해야만 한다 등등.

표 12.4–B 개념 A: 단방향 회전 장치에 대한 예비 설계 변수

Preliminary Design Parameters	Proposed Value (Units)	Rationale for Choice
Wheel diameter	10 mm	Fits within maximum permitted volume and still allows space for pawl and spring.
Connection to input link	Cotter pin connection	Selected after review of various attachment methods in mechanical design books [25].
Wheel support system	Ball bearing and shaft system	Specified in design objectives. Selected after review of mechanical design books.
Connection output link	Cotter pin connection	Selected since cotter pin is used for input connection, to keep system common.
Pawl support system	Bushing and shaft	Selected after review of various methods for simplicity and strength.
Location of pawl	4 mm to left and 2 mm above wheel	Fits within maximum permitted volume and accommodates wheel and support size.
Length of pawl	6 mm	Fits within maximum permitted volume and accommodates wheel and support size.
Angle of teeth	20 degrees	Low angle allows easy slip of pawl over teeth during CW motion.
Pawl force on wheel	5 N	Keeps pawl firmly in place against teeth for CCW, but still allows for easy CW slip.
Number of teeth	16	Maintains 20 degree angle and allows enough height for good pawl engagement.
Thickness of wheel	3 mm	Standard material thickness available from supplier, allows for quick machining.
Etc.		

다음 단계는 이러한 모든 설계와 관련된 질문과 상세 내용을 분류하고 우선순위 관계와 중요도에 따라서 순위를 매긴다. 우선순위는 다른 설계 변수들을 고려하기 이전에 구체화되거나 만들어져야만 하는 설계 변수들을 의미한다. 예를 들면, 바퀴의 지름은 톱니의 개수나 톱니의 각도를 결정하기 전에 반드시 결정되어야 한다. 또한, 기구의 전체 크기 역시 바퀴의 지름을 결정하기 전에 먼저 정해져야 한다(이것은 설계 목적으로 주어진다). 추가로 멈춤쇠 지지(방식)는 멈춤쇠의 길이를 결정하기 전에 결정되어야 한

다. 무엇보다 중요하고 가장 우선순위가 높은 설계 변수들은 **설계 드라이버**라고 알려져 있다. 이것들은 남아 있는 설계 결정에 큰 영향을 미칠 수 있는 초기 단계 설계 선택 및 상세 내용을 의미한다. 상대적 우선순위와 중요도에 따라서 제안된 설계 변수가 다음에 정리되어 있다. 설계 드라이버 또한 명시되어 있다.

1. 바퀴 지름(설계 드라이버)
2. 입력 링크와 기구의 연결 방법(설계 드라이버)
3. 바퀴지지 시스템(설계 드라이버)
4. 출력 링크와 기구의 연결 방법
5. 멈춤쇠 지지 시스템
6. 바퀴에 대한 멈춤쇠의 상대 위치
7. 멈춤쇠 길이
8. 톱니의 각도
9. 멈춤쇠에 의하여 바퀴에 가해지는 힘
10. 바퀴의 톱니 개수
11. 바퀴의 두께
12. 등등

일단 설계 변수의 우선순위가 정해지면, 다음 단계는 이러한 변수를 위한 부품 선택 혹은 그 값들을 결정하는 것이다. 이것은 우선순위로 정리된 설계 변수를 포함한 표를 이용, 제안값과 구체화된 상세 내용을 표기하여 할 수 있다. 표 12.4-B는 이 예제에 적용한 것을 설명하고 있다. 이 테이블은 3개의 열로 구성되어 있는 데 세 번째 열은 제안한 값이 어떻게 선택 혹은 결정되었는지 설명하는 데 도움이 될 수 있는 선택의 근거를 나타낸다. 몇몇 경우에 있어서 톱니의 개수나 멈춤쇠의 위치 같은 설계값은 스케치에서 결정되어야 한다. 다른 경우에 기존의 기계 부품들이 바퀴지지 시스템용 볼베어링과 축 지름과 같은 설계값들을 위해 선택될 수 있다. 설계값을 선택하는 것은 표의 상단부터 시작한다. 왜냐하면, 상단의 설계 변수가 보다 높은 우선순위에 있기 때문이다. 낮은 우선순위를 갖는 설계 변수들은 높은 우선순위를 갖는 설계 변수값들과 잘 호환될 수 있도록 선택되어야 한다.

표 12.4-B를 준비한 후에 모든 새로운 설계 변수와 선택을 통합할 수 있는 새로운 '예비 설계 스케치'가 준비되어야 한다. 이상적으로, 이 새로운 예비 설계 단계에서는 설계 개념의 성능을 평가하기 위한 공학 해석이 가능할 수 있도록 충분히 상세하게 설계를 구체화하여야 한다.

예비 설계 활동이 끝났을 때, 구체화된 새로운 설계 변수들이 나와야 한다. 이러한 변수들은 설계 개념의 성능이나 성질을 공학 해석을 통해 평가할 수 있을 정도로 충분히 많아야 하고 또한 상세해야 한다. 예제 12.6-B의 경우, 바퀴 지름과 두께, 톱니 크기와 재질들이 멈춤쇠의 변수들과 함께 명시적으로 주어졌기 때문에, 공학 해석을 수행할 수 있는 충분한 정보가 주어졌다. 톱니나 멈춤쇠가 손상 없이 100 N-m의 시계 방향 토크를 견딜 수 있는지 판단하기 위해서 피로해석이 이루어질 수도 있다. 혹은 주어진 부피 안에서 최대 크기에 대한 설계 목적을 만족시키는지 여부를 이러한 설계 변수를 사용하여 판단할 수 있다. 예비 설계의 주된 목적은 (a) 설계를 해석하기 위해 필요한 설계 변수를 개발하고 구체화하는 것이고, (b) 설계 목적을 만족시킬 수 있는 설계 변수의 수준(정도)을 결정하는 것이다. 만약 어떤 설계 목표가 만족되지 않는다면 관련 변수들은 설계가 목적을 만족시킬 수 있도록 변화되어야 한다. 설계의 본질인 반복은 설계 변수 선택이 상충될 때 이루어지나, 최고의 결과를 얻기 위하여 이러한 충돌은 우선순위를 통해 해결되어야 한다.

12.3.3.3 예비 설계에서의 의사 결정

개념에 대한 예비 설계와 해석을 수행한 후에 가능한 설계 해답 각각에 대하여 많은 정보가 이용 가능할 것이다. 또한 설계를 좀 더 발전시키기 위해 필요한 작업량도 상세 수준이 증가함에 따라 기하급수적으로 증가하기 시작할 것이다. 설계자 혹은 설계팀은 한정된 시간과 리소스를 가지고 있으며 모든 가능한 설계 개념에 대하여 상세한 설계를 계속할 수는 없다. 그러나 설계자는 충분한 숙고 없이 성급하게 어떤 개념도 포기해서는 안 된다. 이 단계에서는 각각의 개념 설계 대안에 대하여 설계 목적을 만족시킬 수 있는 개념의 능력을 예측할 수 있는 충분한 정보가 있을 것이다. 이러한 정보는 강화되고 또 복습되어야 한다.

모든 설계 대안의 발전을 추진할 수는 없으므로, **설계 선택**이 이루어져야만 한다. 이때 설계자는 발전시킬 하나의 설계 개념을 선택할 것이며 다른 설계 개념들은 보류될 것이다. 여러 가지 설계 대안 중에서 하나의 설계 개념을 선택하는 방법은 여러 가지가 있다. 예를 들어 각각의 개념의 장단점을 정리함으로써 선택할 수도 있을 것이다. 개념을 복습하고 의견을 제공할 수 있는 전문가 집단을 통해서도 가능할 수 있다. 설계자의 예측과 판단에 의해서도 선택할 수 있을 것이다. 각각의 선택 방법은 장단점을 가지고 있다. 그러나 어떤 선택을 하더라도 목표는 이용 가능한 사실 정보를 기반으로 최고의 개념 설계 대안을 선택하는 것이다. 그러므로 저자는 만들어진 설계 대안 가운데서 하나의 설계 개념을 선택하는 논리적인 **설계 선택 방법**의 사용에 대하여 이야기 할 것이다.

여기서 이야기하는 설계 선택 방법은 과제에 대한 제한 조건과 설계 목적에 대하여 각각의 설계 개념의 점수를 매기는 선택 테이블을 이용한다. 표 12.5는 토크 전달 장비에 대한 설계 선택 테이블의 예를 제공한다.

표 12.5 설계 선택 테이블의 개략도

Design Objectives	Value (Units)	Concept A	Concept B	Concept C
Torque	(N-m)			
Angular alignment	(degrees)			
Mass	(kg)			
Material	(type)			
Shaft coupling	(yes/no)			
Operating speed	(rpm)			
Cycle life	(years)			
TOTAL SCORE:	—			

표 12.5를 살펴보면, 첫 번째 열은 설계와 관련된 모든 설계 목적을 포함하고 있다. 측정 단위는 다음 열에 정리되어 있다. 다음 세 열(세 번째, 네 번째, 다섯 번째)들은 구체적인 설계 개념과 관련되어 있다. 각 설계 개념은 충분히 전개되어 각 설계 목적과 관련하여 그 값을 예측할 수 있도록 한다. 이 표의 마지막 행은 최종값을 계산한다.

표 12.5가 처음에는 합리적으로 보일 수 있지만 그대로 사용할 수는 없다. 그 이유는 표 12.6에 설명하였다. 개념 A, B, C가 평가되어 설계 목적에 대한 점수가 주어지고 표 12.6에 넣었다고 가정하자. 어떤 설계 목적이 모든 설계 목적을 가장 잘 만족시키는지 결정하기 위하여 모든 점수를 더하는 것이 바람직해 보일지도 모른다. 그러나 각 설계 목적에 대한 점

표 12.6 혼합된 단위 때문에 사용할 수 없는 설계 선택 테이블의 예

Design Objectives	Value (Units)	Concept A	Concept B	Concept C
Torque	(N-m)	2.5	3.5	8.0
Angular alignment	(degrees)	45	35	25
Mass	(kg)	0.5	1.6	2.0
Material	(type)	ABS	ABS	Acrylic
Shaft coupling	(yes/no)	Yes	Yes	Yes
Operating speed	(rpm)	60	50	55
Cycle life	(years)	2.5	3.5	2.5
TOTAL SCORE:	—	???	???	???

수의 단위가 다르므로 서로 더해질 수는 없다. 더구나 설계 목적에 대하여 높은 점수가 좋은지 나쁜지 혹은 낮은 점수가 좋은지 나쁜지 알 수 없다. 예를 들어 토크값과 정렬값, 질량값, 재질값 등과 더하여 최종값을 얻을 수는 없다.

설계 선택 테이블을 적절하게 이용하여, 각 개념에 대한 설계 목적값은 우선 **평가 기준**(evaluation scales)을 사용하여 변환되어야 한다. 각 설계 목적은 다른 측정 단위와 범위를 가지고 있기 때문에, 직접 더하는 것은 불가능하다. 그러므로 설계 목적을 일반적인 수치 평가 기준으로 변환하는 것이 정보를 만들기 위해서 중요하다. 표 12.7은 토크와 관련된 설계 목적에 대한 평가 기준의 예를 제공한다. 기준의 왼쪽 열은 설계 목적과 측정 단위 그리고 적정한 값의 범위를 제공한다. 값들의 이러한 범위는 설계 개념이 평가될 성능의 특성(특징)을 나타내게 된다. 오른쪽 열은 설계목적이 어떤 영역에 포함된다면 주어지는 관련 값을 포함한다. 이러한 방식으로 평가 기준은 양적인 '점수'를 설계 목적으로 '연결(매핑)'하는 데 이용된다. 이것은 수치적인 평가 기준을 사용하는 수치 해석이 추후에 수행되므로 필요하다. 표 12.7의 예제에서, 획득 점수들은 10부터 0까지 분포하는데 설계 목적을 다음과 같이 평가한다(10 = 가장 우수함, 9 = 우수함, 7 = 좋음, 5 = 보통, 0 = 미흡함, 혹은 다른 변화 가능함). 다양한 점수 분포가 사용될 수도 있지만 보통 10부터 0까지의 점수 분포가 추천되는데 이유는 뒤에서 설명할 것이다.

평가 기준은 각 설계 목적을 위하여 필요하다. 표 12.7(A)~12.7(C)은 토크 전달 장치를 위한 설계 목적들을 일반적인 선택 테이블로 변환하는 데 필요한 평가기준에 대한 예제를 제공한다. 모든 기준을 만들어냄으로써 세 가지 설계 개념은 의미 있는 수치적인 방법으로 비교될 수 있다.

평가 기준에 대하여 몇 가지 언급을 하고자 한다. 우선, 스케일(기준)은 선형 혹은 비선형의 범위를 가질 수 있다. 중요한 것은 (점수) 범위가 훌륭함(점수 = 10)에서 미흡함(점수 = 0)으로 판단되는 점수로 변환될 수 있어야 한다. 또한, 다른 설계 목적은 다른 범위의 행

표 12.7(A) 토크 설계 목적의 평가 기준

Design Objective Torque (N-m) Value Lists	Numeric Score
>4.1	10
3.1–4.0	9
2.7–3.0	7
2.5–2.6	5
2.0–2.4	3
<2.0	0

표 12.7(B) 각도 정렬(degree), 질량(kg)과 동작 속도(RPM)[a] 설계 목적에 대한 평가 기준

Design Objective Angular Alignment (degrees)	Design Objective Mass (kg)	Design Objective Operating Speed (rpm)	Numeric Score
>40	< 0.8	> 90	10
40–30	0.8–1.0	60–90	9
25–29	1.1–1.2	51–59	7
20–24	1.3–1.5	45–50	5
15–19	1.6–2.0	40–44	3
<15	>2.0	<40	0

[a] All performance characteristics are mapped to a common numeric score ranging from 10 to 0, where 10 is considered excellent and 0 is considered poor.

표 12.7(C) 재질(type), 축 커플링(yes/no)과 동작 주기(years)[a] 설계 목적에 대한 평가 기준

Design Objective Material (type)	Design Objective Coupling (yes/no)	Design Objective Cycle Life (years)	Numeric Score
ABS	Yes	> 4	10
Polycarbonate	—	3–4	9
Acrylic	—	2.5–2.9	5
Other	No	< 2.5	0

[a] All performance characteristics are mapped to a common numeric score ranging from 10 to 0, where 10 is considered excellent and 0 is considered poor.

을 가질 수 있다. 표 12.7(B)은 6개의 행을 가지고 있는 반면, 표 12.7(C)는 4개의 행을 가지고 있다. 그러나 두 표 모두 점수 범위는 10부터 0까지이다. 또한, 설계 목적에 대한 높은 점수는 좋을 수도 나쁠 수도 있다. 예를 들면, 표 12.7(B)의 질량에 대한 기준을 보면, 여기서 질량에 대한 높은 점수는 나쁜 특성이다. 그래서 큰 질량일수록 낮은 점수를 얻게 된다. 반면, 동작 속도에 대한 높은 값은 좋은 성질이므로 동작 속도가 높을수록 높은 점수를 받는다.

적절한 선택 테이블은 각각의 설계 목적에 대한 평가 기준과 함께 만들어질 수 있다. 표 12.8은 토크 전달 장치에 대한 적절한 선택 테이블을 보여주고 있다. 표 12.8은 표 12.6에 포함된 정보를 표 12.7(A)~(C)의 평가 기준을 가지고 변환하여 만들어졌다.

표 12.8에 따르면, 마지막 행에 나와 있는 **최종 점수**(Total Score)라고 표시된 행처럼 각 설계 개념에 대하여 수치적인 점수가 기록될 수 있다. 이 최종 점수를 기준으로 어떤 설계

표 12.8 표 12.7(A)~(C)의 평가 기준을 이용하여 만든 토크 전달 장치에 대한 설계 선택 테이블

Design Objectives	Evaluation Scale	Concept A	Concept B	Concept C
Torque	Table 12.7(a)	5	9	10
Angular alignment	Table 12.7(b)	10	9	7
Mass	Table 12.7(b)	10	3	3
Material	Table 12.7(c)	10	10	5
Shaft coupling	Table 12.7(c)	10	10	10
Operating speed	Table 12.7(b)	9	5	7
Cycle life	Table 12.7(c)	5	9	5
TOTAL SCORE:	—	59	55	47

개념이 설계 목적의 대부분을 만족시키는지 결정할 수 있게 된다. 표 12.8의 예제에서, 개념 A가 59점으로 가장 높은 점수를 획득했다. 각 평가 기준에 있어서 높은 점수가 훌륭함에 대응되므로 가장 높은 최종 점수가 일반적으로 다른 설계 개념들과 비교할 때 설계 목표를 가장 잘 만족시키는 개념에 대응된다.

설계 선택 테이블보다 발전된 버전은 **가중된 설계 선택 테이블**로 알려져 있다. 많은 공학 설계에 있어서, 설계 목적들은 다른 수준의 중요성을 갖게 된다. 중요성의 상대적 수준이 설계 목적에 대한 가중 인자를 부여함으로써 정량화될 수 있다. 예를 들어 토크 전달 장치를 고려해 보자. 설계자 혹은 설계팀은 토크에 대한 설계 목표가 질량에 대한 설계 목표보다 중요하다고 생각할 수 있다. 추가적으로 동작 주기는 질량보다 중요하지만 토크보다는 덜 중요하다고 판단할 수도 있다. 표 12.9는 가상의 가중된 테이블을 보여주고 있다.

설계 목표에 대한 수치적 가중의 선택은 중요하다. 가중치를 부여함으로써 높은 가중치를 가진 목표가 다른 것들보다 높은 중요도를 가진 것으로 순위가 매겨진 리스트가 만들어진다(여기서 중요성은 가중된 점수에 수치적으로 비례한다). 1.0×의 가중 인자는 다른 목표와 동등한 중요성을 가지고 있음을 의미한다. 상대적 가중을 부여하는 것은 경험이 필요하며 이루어져야만 한다. 가중 인자를 부여하는 과정을 돕기 위하여 **짝 방식 비교** 방법과 **계층적 가중 인자** 방법 같은 많은 기술들이 개발되어 왔다[26].

새로운 가중된 설계 선택 테이블이 표 12.10에 나와 있다. 이 테이블은 표 12.8의 이전 정보를 모두 포함하고 있지만 표 12.9로부터 설계 목적에 대한 가중 인자를 반영하고 있다. 원래의 개념 점수가 주어졌으나 합산되지는 않았다. 대신에 원래 개념 점수의 오른편에 '가중된 점수'라는 새로운 열이 추가되었다. 이 열은 원래 점수에 정규화된 가중된 인자가

표 12.9 토크 전달 장치의 설계 목적을 위한 가중 테이블

Design Objectives	Weighting Factor	Normalized Weight
Torque	3×	0.3
Angular alignment	2×	0.2
Mass	1×	0.1
Material	0.5×	0.05
Shaft coupling	0.5×	0.05
Operating speed	1×	0.1
Cycle life	2×	0.2

표 12.10 토크 전달 장치의 가중된 설계 선택 테이블

			Concept A		Concept B		Concept C	
Design Objectives	**Evaluation Scale**	**Normalized Weight**	**Original Score**	**Weighted Score**	**Original Score**	**Weighted Score**	**Original Score**	**Weighted Score**
Torque	12.7(a)	0.3	5	1.5	9	2.7	10	3.0
Angular alignment	12.7(b)	0.2	10	2.0	9	1.8	7	1.4
Mass	12.7(b)	0.1	10	1.0	3	0.3	3	0.3
Material	12.7(c)	0.05	10	0.5	10	0.5	5	0.25
Shaft coupling	12.7(c)	0.05	10	0.5	10	0.5	10	0.5
Operating speed	12.7(b)	0.1	9	0.9	5	0.5	7	0.7
Cycle life	12.7(c)	0.2	5	1.0	9	1.8	5	1.0
TOTAL SCORE:	—	—	—	7.4	—	8.1	—	7.15

곱해진 점수를 포함하고 있다. 가중된 점수는 각각의 개념에 대하여 합산되어 있다. 가중된 인자가 결정 선택 과정에 어떻게 영향을 미치는지 관찰하는 것은 매우 흥미로운 일이다. 표 12.8에서는 개념 A가 가장 높은 점수를 받았지만 표 12.10에서는 개념 B가 8.1로 가장 높은 점수를 받았다. 이것은 개념 B가 설계 목적의 상대적인 중요성을 고려할 때 설계 목적을 가장 잘 만족시키고 있음을 나타낸다.

설계 선택 테이블은 설계자가 여러 설계 대안 중에서 선택하는 것을 도울 수 있는 유용

한 툴이다. 그것의 가장 큰 가치는 가능한 설계 개념들을 수치적으로 평가함으로써 개념 선택 과정 중에 객관성을 만들 수 있다는 것이다. 그러나 설계 선택 테이블은 조심스럽게 사용해야 한다는 점이 강조되어야 한다. 각 개념에 대한 설계 목적 값을 추정할 때, 평가 기준을 만들 때, 상대적 가중 인자를 부여할 때 특히 주의해야 한다. 설계 선택 테이블은 다른 설계팀원으로부터의 추가 정보와 고객의 의견, 모든 설계 개념에 대한 복습을 통하여 잘 적용될 수 있다. 궁극적으로, 하나의 설계 개념이 선택되고 설계 과정의 다음 단계, 상세 설계로 넘어간다.

12.3.4 상세 설계

상세 설계 단계는 선택 결정 단계 동안 선택된 최고의 개념을 좀 더 발전시키는 단계를 포함한다. 상세 설계는 선택된 예비 설계를 실제로 제작할 수 있을 정도까지 발전시키는 것을 포함한다. 또한, 성능을 예측하기 위한 **수학적 모델링** 혹은 **컴퓨터 시뮬레이션**, 상세한 **공학 그리기** 생성, **작업 계획** 및 **시간 계획**의 준비 그리고 재료에 대한 **비용 마련** 등의 활동도 포함하고 있다.

상세한 공학 해석은 설계의 성능을 예측하기 위한 수학적 모델링과 해석에서 시작된다. 많은 학부 공학 수업에서 고체 역학, 동역학, 기구와 기계 외의 수업에서 이러한 모델을 만드는 지식을 제공한다. 이 책의 1장부터 11장까지는 다양한 기구에 대한 상세한 수학적 모델링과 해석에 대하여 다루었다. 이러한 방식으로 기구의 성능은 간단한 손 계산으로 설계 변수를 기반으로 예측될 수 있다. 몇몇 경우엔 수학적 모델링이 너무 복잡해서 컴퓨터를 이용하여 풀어야 하는 경우도 있다. 이것은 PTC MathCAD, Wolfram Mathematica 혹은 Mathworks MATLAB과 같은 수학적 소프트웨어를 사용하여 가능하다.

몇몇 경우에 여러 개의 링크와 많은 조인트로 기구의 물리적 형상이 매우 복잡할 수도 있다. 수학적인 모델링은 가능할지 몰라도, 기구와 기계 장치를 모델링하기 위한 특별한 목적의 컴퓨터 시뮬레이션을 이용하는 것이 더욱 편리할 수도 있다. 예를 들면, 모션 시뮬레이션 소프트웨어는 복잡한 기구의 운동학과 동역학을 모델링하고 분석하기 위하여 사용될 수 있다. 그러한 소프트웨어는 기구 내에서 접촉하고 있는 다양한 링크 사이의 반력을 계산할 수도 있다. 그림 12.12는 단방향 회전 장치에 대한 모션 시뮬레이션의 예를 보여준다. 이 시뮬레이션은 Working Model 2D 소프트웨어로 실행되었다. 이 시뮬레이션에서는 모션 연구에 더하여, 링크 사이의 접촉력과 회전 조인트의 반발력이 보인다. 이와 같은 반발력과 접촉력은 시뮬레이션이 다양한 위치로 움직임에 따라서 매 시간마다 계산된다.

링크 시스템과 기구 내에서의 링크 간 연결을 설계한 후에 개별 링크에 대한 상세 설계가 필요하게 된다. 각 링크는 작용하는 힘을 견딜 수 있을 정도로 충분히 튼튼해야 하므로 내부 응력(internal stress)을 결정하는 것이 필요하다. 앞서 언급된 모션 시뮬레이션 소프트

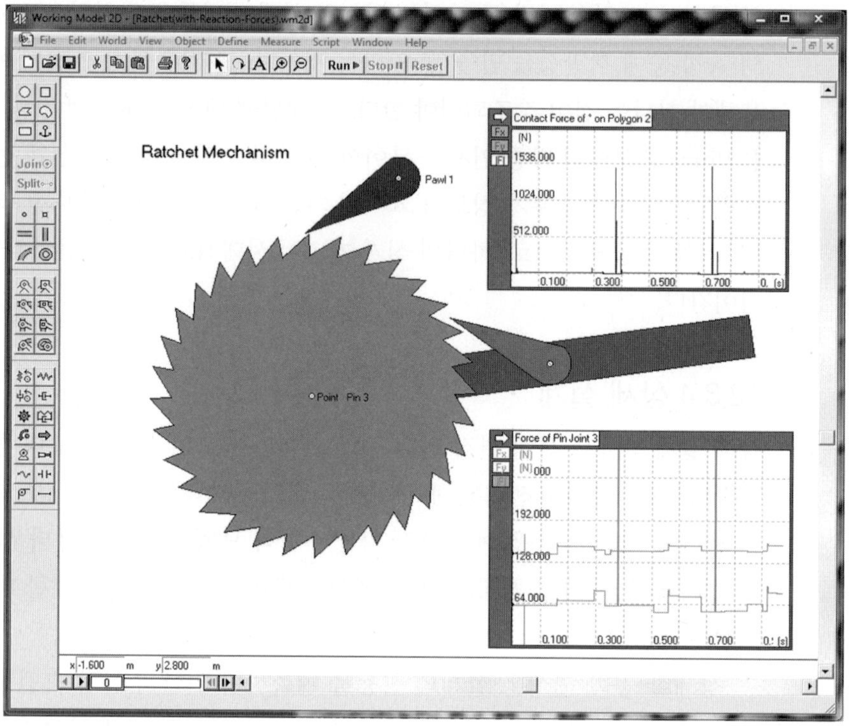

그림 12.12 ● 단방향 회전 장치의 동적 모션 시뮬레이션

웨어는 외부 힘의 계산은 가능하지만 그 결과 발생하는 내부 응력을 계산하지는 못한다. 내부 응력의 결정은 매우 중요하다. 만약 내부 응력이 너무 크다면, 링크는 과도하게 변형되거나 심지어 부러질 수도 있다. 물체의 내부 응력과 변형을 다루는 주제는 고체 역학이고 [27, 28] 이것은 이 책의 범위를 벗어난다. 기구 링크는 보통 형상이 복잡하므로 내부 응력 해석은 주로 컴퓨터 시뮬레이션에 의하여 이루어진다. 링크의 내부 응력과 변형을 계산하는 유용한 시뮬레이션 방법은 유한요소법으로 알려져 있다[29]. 그림 12.13은 유니버셜 조

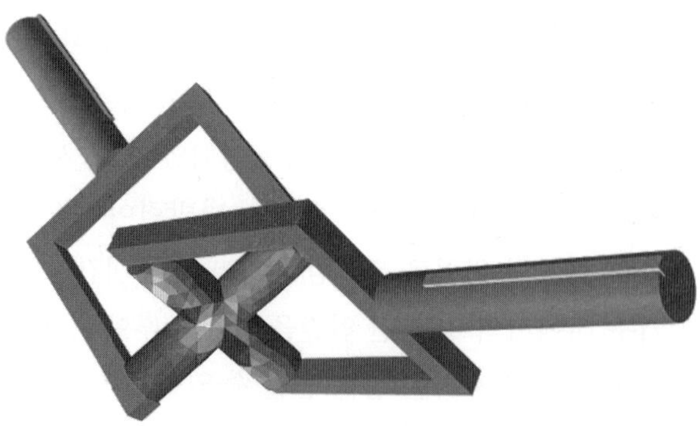

그림 12.13 ● 토크 전달 장치의 유한요소법 시뮬레이션

인트의 중심 링크에 유한요소법을 적용한 예를 보여주고 있다. 여기서 중심 링크는 수백 개의 사면체 요소로 개별화되었고 각 요소의 그림자 부분은 그 위치에서 받는 응력의 크기를 나타낸다.

기구의 링크의 물리적 형상은 내부 응력을 최소화하는 방향으로 설계되어야 하며 또한 기구학적 요구조건을 만족시킬 수 있도록 설계되어야 한다. 현재까지, CAD 툴은 링크의 컴퓨터 모델을 만들 때 유용하다. CAD 툴은 빠르게 그림을 그리는 것이 쉬울 뿐만이 아니라, 더욱 중요한 것은 설계의 반복 과정 동안 변화를 쉽게 줄 수 있다는 것이다. 때때로, CAD 툴 역시 능력에 제한을 받을 수 있는데 예를 들면, 어떤 형상이나 형태의 그림을 그리는 것이 어려울 수도 있다. 그러나 CAD 기반의 그림은 링크 그림을 만들어내는 표준적인 방법이 되었다. 2D와 3D 기반의 CAD 소프트웨어가 이용 가능하며 점차 3D 툴이 표준화되고 있다. 현대 공학 기반의 CAD 소프트웨어는 AutoCAD, SolidWorks, CATIA, Pro/ENGINEER, Siemens NX와 그 외 툴이 있다. 이 책의 기구와 기계 장치의 3D 모델들은 SolidWorks와 Pro/ENGINEER CAD 소프트웨어로 만들어졌다. 이 예를 그림 12.11의 클러치 기구, 그림 13.13의 동기화 장치, 그림 13.48의 제로 맥스 드라이브에서 확인할 수 있다.

일단 CAD 소프트웨어로 기구의 컴퓨터 3D 모델이 만들어지면 많은 것들이 이루어질 수 있다. 유한요소법이 기구의 링크가 경험할 내부 응력과 변형을 예측하기 위하여 적용될 수 있다. 만약 변형이나 응력이 너무 크다고 판단된다면, 3D 링크 모델은 재설계될 수 있으며 CAD 소프트웨어를 통하여 변형될 수 있다. 재설계된 링크는 새로운 성능을 결정하기 위하여 다시 유한요소법에 의하여 해석될 수 있다. 이와 같이 반복적인 방식으로, 설계자는 기하, 강도, 무게, 강성(변형에 대해 저항하는 성질) 등과 같은 설계 목적을 만족하는 링크 설계 해답을 향해 수렴할 수 있다. 이와 같은 반복적인 설계 방식은 링크와 기구 전반에 대한 성능 특성의 훌륭한 조합을 이끌어 낼 수 있다. 이 대신에, 앞서 언급된 설계 목적 사이에서 수학적인 최적의 균형을 발견하는 데 초점을 맞춘 공학 설계 방법이 있는데 이를 **최적화**라고 부른다[30]. 여러 가지 최적화 방법이 설계 최적화를 위하여 개발되어 왔으며 기계공학자들은 비행기 구조, 비행기 날개, 터빈 날개 등과 같이 성능이 매우 중요한 응용 설계에 대하여 최적화 기법을 개발하여 왔다.

3D 링크 모델이 설계되고 시뮬레이션과 최적화를 거친 후에, 자세한 공학 설계 그림(설계도)이 만들어질 수 있다. 그림 12.14는 토크 전달 장치의 중앙 링크에 대한 전형적인 상세 설계도의 예를 보여주고 있다. 보통 이러한 설계도는 기구 내의 모든 부분에 대하여 각각 만들어지므로 만들어지는 설계도의 양이 많다. 이러한 설계도는 각 부분의 제작을 위하여 제작소에 제공된다.

설계도를 준비할 때, 설계된 제품을 제작하기 위한 생산 계획이 만들어져야 한다. **과제 계획**[31]은 중요하다. 왜냐하면 설계를 구현하기 위해 필요한 모든 리소스들이 사용 가능

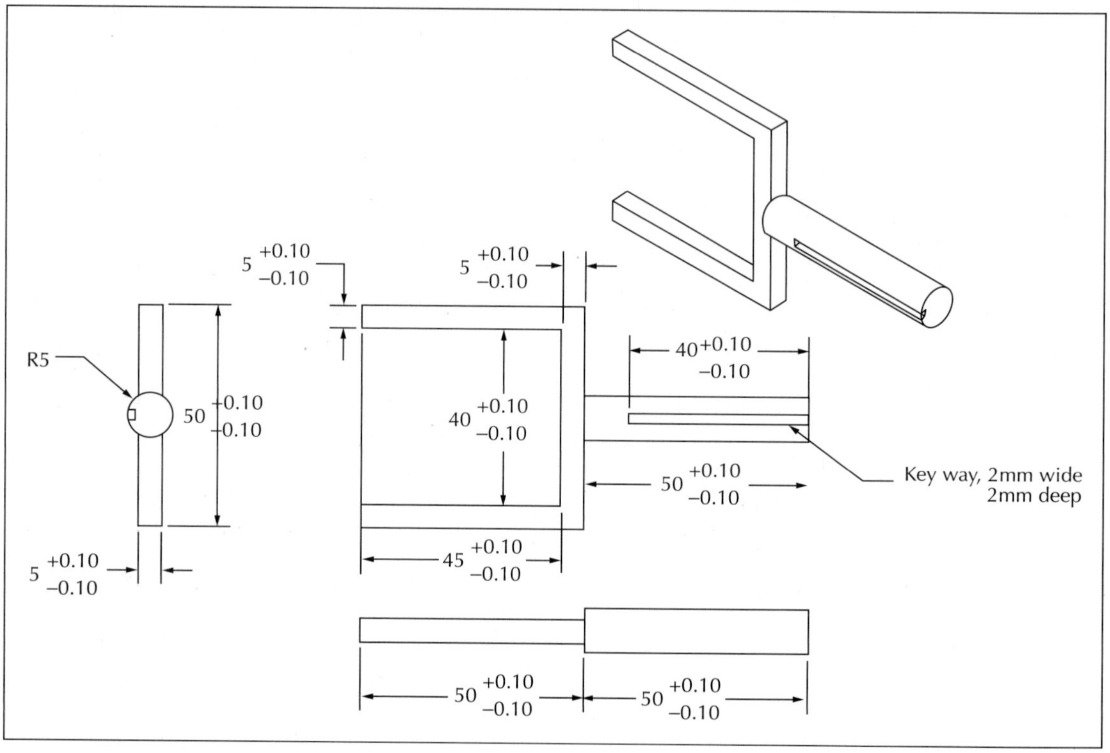

그림 12.14 ● 토크 전달 장치의 U자형 링크에 대한 자세한 공학 설계도

한지 여부를 확인하는 데 도움이 되기 때문이다. 또한 설계자(혹은 설계팀)와 고객 사이의 효과적인 대화 촉진과 설계의 진행 과정을 벤치마크하고 측정하는 데도 도움이 된다. 가장 기본적인 수준으로, 과제 계획이 포함해야 될 것은 다음과 같다.

1. 과제를 완료하기 위하여 필요한 임무(와 부품) 리스트
2. 각 임무를 수행하기 위하여 필요한 시간에 대한 예측
3. 임무의 순차적인 진행 순서와 우선순위
4. 각 임무를 위해 필요한 비용과 리소스(사람 혹은 장비)

과제 계획 정보를 보다 확실하게 할 수 있는 편리하고 그래프를 이용한 형식은 **갠트 차트**(Gantt chart)를 이용하는 것이다[31]. 그림 12.15는 토크 전달 장비의 제작과 설계를 위한 간단한 갠트 차트를 보여주고 있다.

12.3.5 구현(시제품화)

공학 설계 과정 중 구체화 단계는 설계의 동작을 증명할 수 있는 **시제품**의 물리적 구현을 포함한다. 시제품화는 제품 설계 과정에서 매우 중요한 활동이며 많은 목적을 가지고 있다.

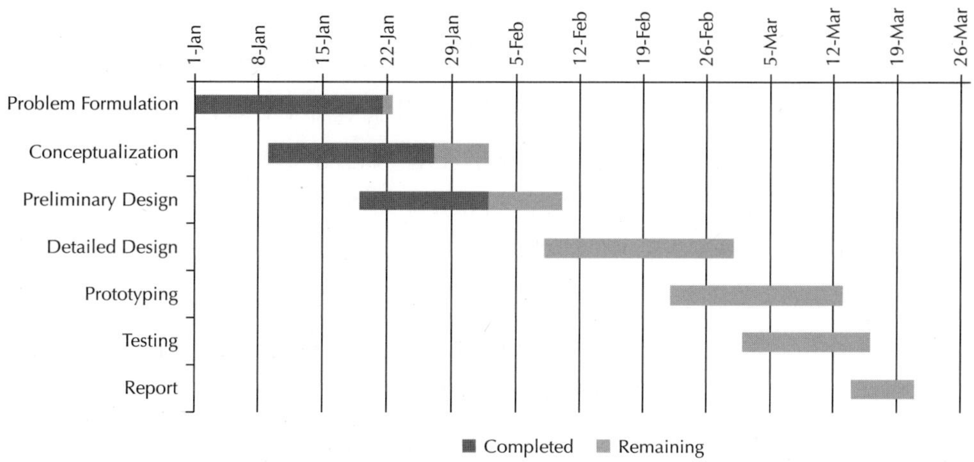

그림 12.15 ● 토크 전달 장치의 설계에 대한 갠트 차트

개념 아이디어를 물리적인 시제품으로 구현하는 것은 설계자가 설계를 위한 제작, 가공 및 재료의 사용에 있어서 물리적 한계를 배우고 경험할 수 있게 한다. 초기 단계의 시제품은 보다 나은 설계를 만들어낼 수 있는 디딤돌로 작용한다. 또한 초기 단계 시제품은 설계팀 내에서 혹은 설계자와 고객 간의 설계 개념에 대하여 의사소통하는 것을 도울 수 있다. 물리적 시제품을 팀 혹은 고객에게 보여줄 때는, "좋군. 어떻게 동작하는지 알겠어" 또는 "이렇게 동작하는 것인지 미처 알지 못했는데"라는 반응을 듣는 것이 일반적이다. 만약 팀 혹은 고객이 이전에 스케치나 공학 설계도의 형태로 설계 개념을 보았더라도 이런 반응은 매우 일반적이다. 이것은 특히 움직이는 부품 사이의 상호작용을 2D 설계도로 이해하거나 의사소통하기 어려운 기구와 기계 장치의 설계에서 그렇다. 시제품의 추가적인 가치는 설계 개념의 기능적 성능 혹은 기능적 출력을 증명할 수 있다는 것이다. 이것은 실험과 평가로 알려져 있으며 개발된 시제품은 얼마나 설계 목적을 만족시키는지 테스트 받게 된다. 이것은 설계가 의도한 설계 목적을 만족했는지, 초과했는지 혹은 부족했는지를 설계자가 평가하게 하며 때에 따라서 재설계가 요구되기도 한다.

여러 가지 목적에 따라 시제품을 구분하는 많은 방법이 있다. **알파 시제품**은 개념 설계을 물리적으로 구현할 때 빠르고 거친(초고의) 시도이다. 알파 시제품은 때때로 풀로 고정된 판지나 플라스틱의 형태를 갖기도 한다. 그것은 설계의 기하 혹은 크기를 보여주는 데 도움이 되기도 하며 제한된 기계적인 기능을 보여주기도 한다. **기능적 시제품**은 설계 개념의 의도한 기능을 성공적으로 증명하기 위한 시제품으로 설계 성능을 평가하기 위해서 테스트될 수도 있다. 몇몇 경우에 기능적 시제품은 마무리되지 않거나 심미적인 외형을 가지고 있지 않은데 이것은 기능을 증명하기 위해서만 사용되기 때문이다. **시각적/스케일 시제품**은 심미적인 외형, 형상을 보여주지만, 종종 기능을 수행하지 못하는 경우도 있다. 기구와 기계 장치의 설계에 있어서, 복잡한 기구는 알파 시제품을 준비하는 것이 도움이 된다. 이것은 그림 12.1에 나와 있는 것처럼 개념 평가를 도울 목적으로 예비 설계 과정 동안 제작될 수 있다. 기능적 시제품은 상세 설계가 완료된 후에 구현(시제품화) 단계에서 개발되어야 한다. 기능적 시제품을 만들 때는 상세 설계에서 구체화한 것처럼 의도한 재료, 부품, 제조 과정을 충분히 잘 사용하기 위해 최선을 다해야 한다. 이것은 설계의 다양한 측면과 생산성을 증명하는 데 도움을 줄 것이다.

공학 설계자가 시제품을 만들 때 도움을 줄 수 있는 많은 리소스들이 있다. 이것은 전문 부품 가공업체[32~34], 재료 공급 업체[32, 35], 기계 제작 공장, 그리고 여러 가지 시제품 제작 서비스에 특화된 사업체 등이 있다. 기구와 기계 장치 시제품에 대하여, 설계자는 가장 최신의 소량 기계 가공과 제작 기술에 대하여 알고 있어야 한다. 이것은 CNC 머시닝[36], 레이저 머시닝[37], EDM 머시닝[38] 외에 다른 소량 기술을 포함한다. 시제품 제작을 위해서는, 다이 혹은 몰드의 초기 비용이 높은 인젝션 몰딩 혹은 스탬핑과 같이 비싼 장비 구성을 요구하는 기술은 피하라. 기구와 기계 장치의 3D 시제품을 생산하기 위한 새로운 기술은 '3D 프린팅' 혹은 '쾌속 시제품화'라고 불린다[39]. 폴리카보네이트 플라스틱을 사용하여 빅토리아 대학교에서 쾌속 시제품화로 제작한 제품의 예가 그림 12.16에 나와 있다. 이것은 인공 손을 위한 손바닥과 엄지의 쾌속 시제품이다. 전통적인 기계 가공으로 가공된 이 손의 최초 버전이 그림 1.30에 나와 있다. 반면, 새로운 버전의 인공 손(그림 12.16)은 수백의 폴리카보네이트 플라스틱의 겹쳐진 층들로 구성되어 있다. 그림 12.16(a)는 레이어 과정 중에 필요한 플라스틱 지지 구조를 가지고 있는 쾌속 시제품을 보여주며, 그림 12.16(b)는 지지 구조물로부터 분리된 후 최종 구조를 보여주고 있다.

토크 전달 장비의 알파 시제품의 예가 그림 12.17에 주어져 있다. 주어진 시제품은 표

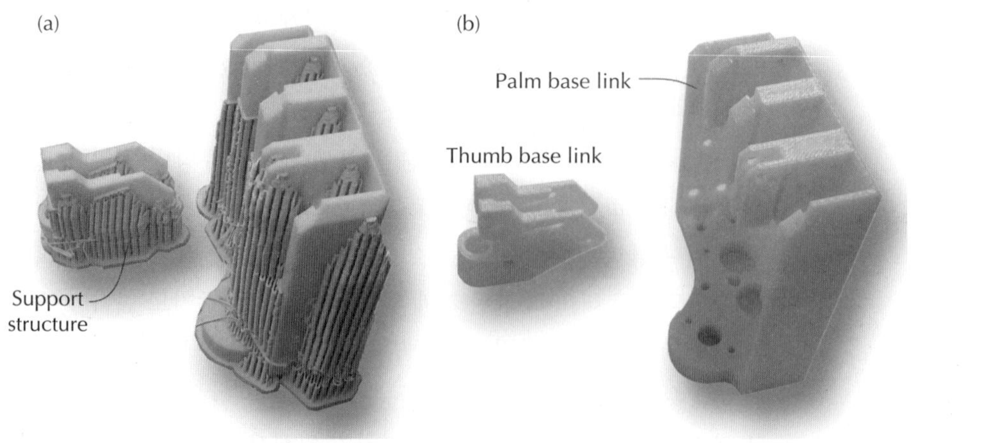

그림 12.16 ● 새로운 버전의 인공 손 손바닥과 엄지 시제품에 대한 3D 프린팅의 예. (a) 지지 구조 포함, (b) 지지 구조 불포함

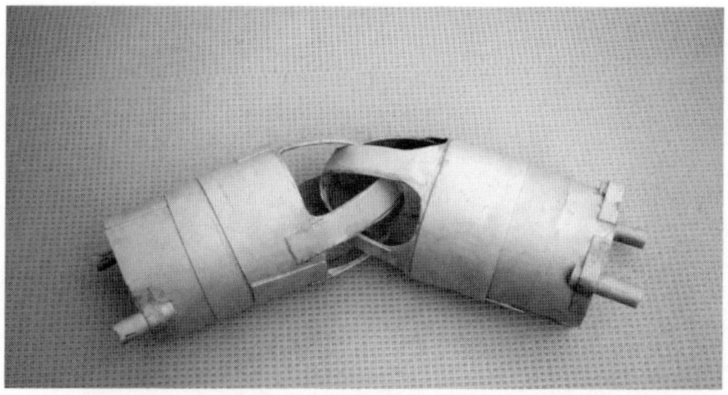

그림 12.17 ● 토크 전달 장치의 기능적 시제품

12.6의 개념 B에 대한 것이다. 설계 목적 중의 하나가 재료와 관련되었으므로 개념 B는 ABS 플라스틱으로 만들어졌다. 시제품은 다소 투박하게 제작되었지만, 기능적으로 개념을 잘 나타내고 있고 테스트와 평가 과정을 할 수 있을 정도로 잘 동작한다.

12.3.6 테스트와 평가

테스트와 평가는 공학 설계 과정 중에서 중요한 부분이다. 설계는 상세 설계와 시제품 제작 과정을 끝마친 후에 설계 목적을 만족하는지 결정하기 위해서 평가되어야 한다.

테스트와 평가는 여러 가지 형태의 성능 결정을 위하여 사용하는 테스트 유형에 따라서 다른 형태로 이루어질 수 있다. 예를 들면, 몇몇 테스트는 단순히 수치적인 진술(언급)과 관찰을 제공할지도 모른다. 이것은 '예스/노'라는 진술로 구성될 수도 있고 혹은 훌륭한, 좋은, 받아들일 수 있는 또는 미흡한 성능이라고 언급하는 진술로 구성될 수도 있다. 다른 유형의 테스트는 그 성격에 있어서 정량적이고 (수치적인, 측정 가능한) 구체적인 측정 단위(속도의 미터/초, 질량의 킬로그램, 힘의 뉴턴, 소리의 데시벨 등)를 사용하는 것을 추구한다.

이 장에서 언급되고 있는 설계 과정은 설계 목적의 확립과 이러한 설계 목적의 평가에 중심을 두고 있다. 그러므로 설계공학자는 정량적인 결과를 얻기 위한 테스트를 수행하려고 노력해야 한다. 테스트 결과의 정량화(적절한 테스트와 함께)는 설계자와 고객이 설계 목표가 만족되었다는 것에 동의할 수 있도록 만들어 준다.

테스트 과정의 구축은 쉽지 않다. 과학적으로 유효한 실험을 수행하는 공식화된 방법이 있으며 **실험 계획**(설계)이라고 불린다. 많은 책들이 공학 실험의 설계라는 주제를 다루고 있으며[40~41], 보는 것처럼 공식적인 기법들이 개발되어 왔다. 그러나 주제가 이 책의 범위를 벗어나므로 간단한 실험 준비의 기본적인 사항만 여기서 다루어진다. 이러한 실험 결과들을 통계적으로 의미 있게 다루는 과정은 앞서 언급한 책들에 나와 있다.

실험 설계 외에도 실험 장비 그 자체의 설계(즉, 테스트 힘이나 토크를 제공하기 위한 장비 또한 시제품을 지지하기 위한 장비, 시제품에서 실험 데이터를 수집하는 측정툴)가

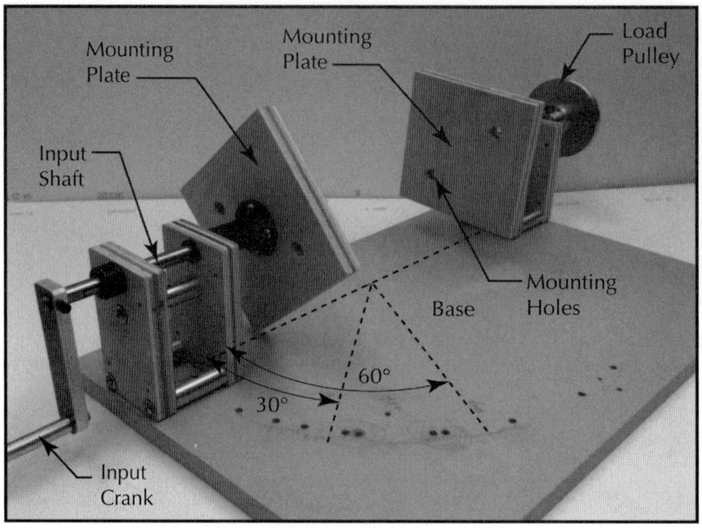

그림 12.18 ● 토크 전달 장치의 테스트 장비

남아있다. 사실, 테스트 장비의 설계는 테스트를 받게 될 시제품 설계처럼 복잡할 수도 있다. 예를 들어 그림 12.17의 토크 전달 장비를 테스트하고 평가하기 위한 테스트 장비가 그림 12.18에 나와 있다.

좋은 **테스트 계획** 혹은 **테스트 과정**은 테스트하기 전에 혹은 테스트 장비를 설계하기 전에 마련되어야 한다. 이러한 테스트 계획은 다음의 항들을 포함해야 한다.

1. 포함해야 할 테스트의 범위
   - 테스트의 목적/목표와 타당한 이유
   - 테스트를 위한 관련 변수
   - 테스트에 대한 예측(가정)
2. 행정적인 내용
   - 테스트 일자와 장소
   - 테스트를 수행하는 사람
3. 테스트 설계(실험 계획)
   - 테스트 방법의 유형와 관련성
   - 테스트 장비, 측정 장비와 모델 번호에 대한 리스트
   - 종속변수와 독립변수의 식별
   - 채집 과정: 샘플의 개수? 조합의 개수?
4. 테스트를 수행하는 상세한 각각의 과정

5. 테스트 수행
   - 안전 예방 조치
   - 데이터 채집 방법(수기 작성, 녹음, 디지털 등)
   - 외부 인자에 대한 관찰(온도, 바람, 소음, 진동 등)
6. 테스트 데이터 분석
7. 결과 분석 및 결론
   - 데이터 분석 및 다른 관찰 내용에 대한 해석
   - 손으로 작성된 테스트 보고서

수행된 테스트에 대한 예가 그림 12.19에 주어져 있다. 여기서 토크 전달 기구의 시제품은 테스트 장비에 고정되어 있다. 이 테스트 장비와 함께, 기구가 돌아가는 동안에 다른 토크가 가해질 수 있다. 또한 입력과 출력축 사이의 여러 가지 상대적인 각도가 테스트될 수도 있다. 테스트의 주된 목적은 설계가 설계 시작 단계에 정해진 성능 예상값을 만족시키는지를 증명하는 것이다. 적절한 테스트 계획, 테스트 과정 그리고 테스트 보고서는 설계가 의도한 대로 동작한다는 것을 증명하는 분명한 문서를 설계팀과 고객에게 제공할 것이다.

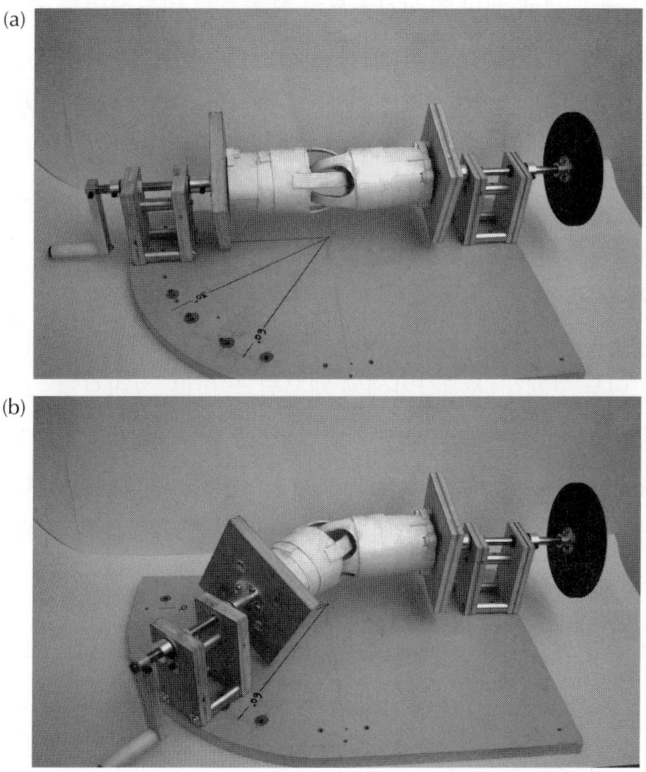

그림 12.19 ● 토크 전달 장치의 ABS 플라스틱 시제품

12.3.7 설계 보고와 문서

지원하는 문서와 함께 **설계 보고서**를 준비하는 것은 설계 과정에서 중요한 부분이다. 이러한 보고서는 왜 설계가 이루어지고 설계가 추구한 목적이 무엇인지와 같이 근본적인 질문에 대한 대답을 제공해야 한다. 이것은 설계자가 그림 12.1에 요약된 설계 과정을 거치면서 사용했던 단계를 독자로 하여금 따라가도록 해야 한다. 추가적으로, 보고서는 충분한 지원 문서를 제공하여 다른 공학자에 의해서 설계가 재현될 수 있어야 한다.

일반적으로 설계 활동이 끝났을 때, 하나의 설계 보고서가 간단한 설계 결과를 위하여 제공된다. 더욱 복잡한 설계의 경우엔, 일련의 설계 보고서가 일반적으로 작성된다. 이것은 설계 제안서, 개념 설계 보고서와 최종 설계 보고서를 포함한다.

설계 제안서는 설계 문제를 식별하고 설계 과제의 아웃라인을 만든다. 이것은 작업의 목적을 구술하는 소개, 초보자를 위한 배경 지식과 이미 다른 사람들이 수행한 유사한 과제에 대한 문서 복습 등을 포함해야 한다. 또한, 이것은 설계 목표 내역서, 제안한 설계 목적과 과제에 대한 제약 조건, 그것들에 대한 근거 및 합리화와 과제 작업 계획을 명확하게 나타내야 한다.

개념 설계 보고서는 고객 혹은 다른 이해 당사자들에 의한 복습과 설계 활동을 위해 개발된 개념 및 예비 설계 개념을 의사소통할 목적으로 만들어지는 중간 과정의 보고서이다. 이것은 설계 제안 리포트(즉 목적, 배경 지식, 문헌, 설계 목표와 목적)로부터 최신의 새로운 내용들을 포함하고 있어야 한다. 또한, 그것은 만들어진 **개념 설계 대안**, 스케치와 설명, 만들어진 설계 대안에 대한 예비 공학 해석과 최고의 설계안을 선택하기 위하여 사용한 **설계 선택 방법**을 보여줘야 한다. 추가적으로 과제를 마무리하기 위하여 남아 있는 단계들을 정리하는 업데이트된 과제 작업 계획을 제공해야 한다.

최종 설계 보고서는 처음부터 끝까지 거쳐 간 모든 설계 과정에 대한 충분한 설명을 제공하는 전문가 수준의 공학 보고서이다. 최종 설계보고서는 그 자체로 완벽한 문서이며 설계에 관심이 있는 고객이나 제삼자에게 제공될 수 있다. 그러므로 그것은 설계 제안 보고서(업데이트된)와 개념 설계 보고서(업데이트된)를 포함해야 한다. 추가적으로, 최종 설계 보고서는 다음과 같은 최종 설계에 대한 자세한 설명을 포함해야 한다. 설계에 대한 분명한 사진과 그림, 특징과 기능에 대한 설명, 자세한 공학 해석(설계 목적이 만족되었는지를 증명할 수 있는 성능 계산, 예를 들어 속도, 무게, 작업 공간, 힘, 토크, 응력 등), 생산 비용 예측, 상세한 공학 설계도, 테스트와 평가 데이터, 테스트 결과에 대한 토의 결론과 미래 계획 등이다.

12.4 요약

이 장에서는 기구와 기계 장치 설계에 적합한 공학 설계 과정을 설명하였다. 이러한 설계 과정 방법에서 정보 수집, 설계 목적의 공식화 그리고 명확한 설계 목표 개발을 위한 방법들을 제안하였다. 초기 설계 개념을 생성하고 개발하며 이러한 개념의 예비 설계를 전개하기 위한 창조적인 전략을 설명하였다. 여러 가지 설계 개념들을 수치적으로 평가하기 위하여 선택 테이블을 사용하는 설계 선택 방법에 대해서도 이야기하였다. 상세 설계를 위한 방법들이 시제품 제작을 위한 아이디어와 함께 제안되었고, 테스트와 평가 과정이 최종 설계 보고서 작성에 대한 조언과 함께 제안되었다. 설명한 설계 방법에 추가하여, 독자들은 계속해서 기구와 기계 장치의 다른 예들을 찾아보며 복습하고, 최신 기술에 대한 지식 기반을 쌓고 설계를 연습하여 설계에 대한 경험을 쌓을 것을 권장한다. 다음 장에서는 여러 가지 기구와 기계 장치 설계에 대한 사례 연구가 주어진다.

Problems

Problem Formulation

P12.1 As a design engineer, you meet with a potential client. After the meeting, the client provides you with a statement (see below) describing their thoughts and ideas on the subject. Read this statement and prepare the following:

(a) clear Design Goal Statement

(b) at least six Design Objectives along with their target values, which are of most relevance to this problem. Conduct some information gathering activities to find suitable target values for your design objectives.

Client Statement: Our company is in the business of making large highway advertisement signs. We seek a device that is able to trace out a specific shape in space and then cut shapes out of sheets of 1-mm-thick paper. The shapes we have in mind are simple circles, squares, triangles, stars, or similar. The cutout shapes need to be sized from 300 mm up to 1000 mm. The device should be manually controlled by a person, without the use of computers, and may make use of an assistive power source like electricity or compressed air. We have a set of master shapes that are 30 mm to 100 mm in size, and we would like the operator to trace out those master shapes with the device, which will amplify that trace 10× in order to cut it out from the paper stock. The machine should produce about 50 shapes per day and last for a reasonable period of time before it needs servicing.

P12.2 You are a design engineer on contract with a manufacturing company, to help design their products. The company is working on a new piece of equipment to harvest crops, but has encountered a technical problem. They provide you with a statement (see below) describing their thoughts and ideas on the problem. Read this statement and prepare the following:

(a) clear Design Goal Statement

(b) at least six Design Objectives along with their target values, which are of most relevance to this problem. Conduct some information gathering activities to find suitable target values for your design objectives.

Client Statement: We are working on a new piece of agricultural equipment, to be used to harvest crops. As part of this machine, we need a device that will transmit rotation and torque between two parallel shafts, where the shafts are separated by a large distance. It is very important that all of the rotational motion from one shaft be transmitted into the other shaft, with no relative slip between the two shafts. A speed ratio of one-to-one between the two shafts is desired. Previously, we had tried to use V-belts and pulleys to transmit the motion, but due to the high torque and moist environment, the belts kept slipping, causing relative rotation between the shafts. It is important to minimize the energy loss in transferring the torque and motion, so methods to achieve that should be implemented.

P12.3 You are an engineer employed at a heavy equipment manufacturing facility, and you meet with the assembly line workers. The assembly line workers describe their needs for a mechanism to assist their work, and they provide you with a written statement (see below). Read this statement and prepare the following:

(a) clear Design Goal Statement

(b) at least six Design Objectives along with their target values, that are of most relevance to this problem. Conduct some information gathering activities to find suitable target values for your design objectives.

Client Statement: The assembly line workers are currently assembling electric-powered forklifts. As part of the assembly process, we are required to pick up a tilt-cylinder part which weighs 40 kg, manoeuvre it into position, and bolt it into place. The final part position is such that it causes the workers to lean forward excessively while they manoeuver it into place. In addition, the part is difficult to hold, since it has no external shapes which are easy to grab with the hands. On a number of occasions, the part slipped and was dropped, but fortunately, no one has been hurt. A machine is needed that can help us complete this assembly task and overcome the existing problems.

Conceptualization

P12.4 One aspect of creativity is using conventional objects in unconventional ways. As an exercise to stimulate your creativity, list 10 different uses for a pendulum.

P12.5 As an exercise to stimulate your creativity, list 10 different uses for a four-bar crank-rocker mechanism.

P12.6 As an exercise to stimulate your creativity, list 10 different uses for a rack and pinion gear configuration

P12.7 As an exercise to stimulate your creativity, list 10 different uses for a slider-crank mechanism.

For problems **P12.8** to **P12.10**, create a 2D morphological chart to generate some novel design concepts, given the information provided below. For the 2D chart, begin by selecting a function/attribute for each dimension. Next, come up with 3–4 alternatives for each dimension. Then, construct a morphological chart to identify possible alternative design concepts. For those concepts that lead to interesting ideas, place the words "idea #" in the box, and describe the ideas below the chart in 2-3 sentences.

P12.8 You work for a manufacturer of renewable power generation equipment and have been asked to come up with a totally new way to harvest energy from the wind. Construct a 2D morphological chart to generate ideas, given the method described above.

P12.9 You work for a manufacturer of water pumps and have been asked to come up with a totally new way to pump water out of a reservoir tank. Construct a 2D morphological chart to generate ideas, given the method described above.

P12.10 You are working in an automobile design team, and the team leader has asked you to come up with a totally new type of braking system for the vehicle. Construct a 2D morphological chart to generate ideas, given the method described above.

P12.11 Create three different design concept sketches that represent possible solutions to the problem described in **P12.2**, given the design goal and the design objectives that you prepared. For each sketch, provide 2–3 sentences describing how the concept works.

P12.12 Create three different design concept sketches that represent possible solutions to the problem described in **P12.3**, given the design goal, and the design objectives that you prepared. For each sketch, provide 2-3 sentences describing how the concept works.

Preliminary Design: Functional Decomposition

For problems **P12.13** to **P12.15**, create a set of functional decomposition diagrams, given the information provided below. You may also conduct information gathering to learn more about the objectives and functions of these devices. Begin with a high-level diagram (single block) and then create a mid-level detail diagram (several blocks) and a low-level detail diagram (of any one of the mid-level blocks). Remember to clearly identify the inputs and outputs of this system, and those between the blocks.

P12.13 Create a functional decomposition diagram for a bicycle, given the method described above.

P12.14 Create a functional decomposition diagram for a portable cordless drill, given the method described above.

P12.15 Create a functional decomposition diagram for a hydraulic lift jack, given the method described above.

Preliminary Design: Decision Making

Problems **P12.16** to **P12.17** are exercises in the preparation and use of design selection tables, as part of the concept selection process. The first step is to prepare a blank selection table similar in format to that of Table 12.5. The design objectives in the first column of your selection table should be specific to your design problem. The next step is to populate your selection table with values that reflect the properties of each design concept A, B, and C, in a way similar to Table 12.6.

P12.16 Create a design selection table using the design objectives that were developed to answer question **P12.2**. The table should evaluate the three different design concept sketches that you prepared as an answer to question **P12.11**. The values used to populate your table should be based on estimates on the performance of your concept sketches. Use information gathering methods to assist with determining appropriate values for the table.

P12.17 Create a design selection table, using the design objectives that were developed to answer question **P12.3**. The table should evaluate the three different design concept sketches that you prepared as an answer to question **P12.12**. The values used to populate your table should be based on estimates on the performance of your concept sketches. Use information gathering methods to assist with determining appropriate values for the table.

Problems **P12.18** to **P12.19** are exercises in the preparation and use of evaluation scales. These evaluation scales should be similar in form to those shown in Tables 12.7(a), 12.7(b), or 12.7(c).

P12.18 Given the design selection table you created in problem **P12.16**, create a suitable evaluation scale for each of your design objectives.

P12.19 Given the design selection table you created in problem **P12.17**, create a suitable evaluation scale for each of your design objectives.

Problems **P12.20** to **P12.21** are exercises in the preparation of design selection tables that incorporate numeric scores as values for the design objectives, in a format similar to that of Table 12.8.

P12.20 Given the initial design selection table you created in problem **P12.16**, along with the evaluation scales you created in problem **P12.18**, create a final selection table that uses the scores to populate the table. At the bottom of the table, compute the total score for each design concept, A, B, and C. Does the concept with the highest score match your expectations for the best design concept? Explain your answer.

P12.21 Given the initial design selection table you created in problem **P12.17**, along with the evaluation scales you created in problem **P12.19**, create a final selection table that uses the scores to populate the table. At the bottom of the table, compute the total score for each design concept, A, B, and C. Does the concept with the highest score match your expectations for the best design concept? Explain your answer.

CHAPTER 13

기구와 기계에 대한 설계 사례 학습

13.1 서론

이 장은 기구와 기계 설계의 사례 학습 모음을 서술한다. 이러한 기구의 대부분이 흔히 사용된다. 이러한 사례 학습을 검토함으로써, 설계를 하는 학생은 두 가지 측면에서 도움을 얻을 수 있다. 첫째, 비구조화된 정보가 설계 목적과 설계 목표의 구조화된 형태로 변환하는 문제 정식화 과정을 함께 따르게 되는 측면이 있고, 둘째, 기구와 기계 설계에서 다양한 실무적 해법에 노출하게끔 하는 측면이 있다.

각 사례 학습은 설계자에게 보편적으로 필요한, 일반적인 정보를 제공하는 문제 서술(problem description)로부터 시작한다. 이러한 정보는 12.3.1절에 서술된 바와 같이 전형적으로 비구조화 되어 있고 다양한 출처와 정보 수집 방법으로부터 얻는다. 이로부터, 설계 과정에서 설계자를 안내하게 되는 설계 목적 선언(design goal statement)이 만들어진다. 다음으로, 설계 목표(design objective)의 집합이 제안되고, 이는 그 설계가 충족해야 하는 성능치를 명시한다. 여기에 제공된 사례 학습들이 가진 보편성으로는, 나타낸 설계 목표들이 완전한 목록을 구성하지는 못하고 하나의 예로 제공된다. 다음으로 설계 목적과 설계 목표를 충족하는 하나 또는 다수의 가능한 설계 해법(design solution)이 그들의 작동을 그림으로 설명하는 도표, 비디오와 함께 서술된다. 마지막으로, 설계 요약과 제안(summary and suggestion)이 설계 해법의 강점과 한계를 강조하기 위해 제공된다. 또한 독자가 여기에 제공된 이상의 대안을 고려하도록 권장하고 있다. 이 장의 말미에는 독자가 설계 과정의 다양한 단계를 체험할 수 있도록 여러 연습 문제가 제공되어 있다. 이 연습 문제들은 이 장의 사례 학습과 부록 A에 수록된 설계 문제들을 참조한다.

13.2 축 커플링

기구와 기계 설계에서, 두 축 사이의 회전 운동의 전달이 종종 필요하게 된다. 12.2절에서, 축 커플링 기구의 설계를 포함하여 두 가지 예가 소개되었다. 여기서는 두 축 간에 회전 운동을 전달하는 몇 가지의 추가 사례가 제시된다.

13.2.1 훅 커플링

문제 서술

한 축에서 다른 축으로 토크를 전달할 필요가 있으나, 두 축이 직선 상에 놓여 있지 않을 수도 있다. 각 축은 두 축의 중심선이 교차하도록 정렬될 수는 있으나 평행하게는 될 수 없다. 각 축을 서로 연결하고, 출력축을 입력축에 대하여 30°까지 축을 벗어난 각도 변화를 가능하게 하는 장치가 필요하다. 입력축과 출력축은 변경될 수 없기 때문에 이 장치를 두 축에 결합하는 단순한 방법이 요구된다. 이 장치는 적정 크기의 토크를 전달해야 한다.

설계 목적 선언

입력축과 출력축이 나란하지 않으나 중심선은 교차하는 두 회전축 사이에 토크를 전달하는 기구를 설계하라. 이 기구는 입력축과 출력축을 단순한 방법으로 결합해야 하고, 두 축이 회전하는 도중에, 두 축은 각 축에 대하여 0°에서 30°까지 상대적인 각도를 가질 수 있도록 해야 한다. 이 기구는 비교적 적은 부품을 적용함으로써 단순해야 하고, 특정한 크기의 토크를 전달하도록 충분히 강해야 한다.

제안된 설계 목표

훅 커플링 기구에 대한 설계 목표가 표 13.2.1에 열거되어 있다.

제안된 설계 해법

서술된 문제와 설계 목표를 위한 여러 가능한 설계 해법이 있다. 하나의 잘 알려진 해법이 그림 13.1(a)에서 나타낸 바와 같은 **유니버셜 조인트**(universal joint)로도 언급되는 **훅 커플링**(Hooke's coupling)이다. 이 커플링은 각각 링크 2와 링크 4로 나타낸 입력축과 출력축으로 구성된다. 두 축은 선회 관절에 의해 링크 3에 연결되어 있다. 링크 3은 링크 2 내에서 회전할 수 있고, 이 회전은 링크 2의 축에 수직이다. 또한 링크 3은 링크 4 내에서도 동일한 형태로 회전할 수 있다. 그림 13.2는 고전적 자동차의 조향 링크에서 훅 커플링의 적용 사례를 보인다. 조향 바퀴축의 축선과 조향 기어박스 축의 축선이 어긋나 있다. 이들 축 사이에 운동을 전달하기 위하여 훅 커플링이 적용된다.

훅 커플링은 표 13.2.1에 나타낸 설계 목표를 충족한다. 그러나 훅 커플링은 동작 중에

표 13.2.1 훅 커플링 기구에 대한 설계 목표

Design Objective	Description	Value (Units)
Torque	Mechanism must transmit a minimum torque	200 (N-m)
Angular alignment	Mechanism must operate with relative angles of 0 to 30 degrees between input and output shafts	30 (degrees)
Spacial alignment	Centreline of shaft axes will intersect	Shaft centrelines intersect
Shaft coupling	Input and output shafts will be connected by keys, collets, or other common means	Keys, collets
Operating speed	Low-speed operation	0–60 (rpm)

입력축과 출력축 사이의 상대 속도 관점에서 흥미로운 특이성을 보인다. 이 문제는 다양한 적용에서의 영향과 함께, 다음에 서술된다. 그림 13.1(a)에 보인 훅 커플링에서, 입력과 출력의 회전 속력이 $\dot{\theta}_2$와 $\dot{\theta}_4$로 지정된다. 각 축 중심선 사이 각도가 β이고, 나타낸 형태에서 시작할 때, 링크 4와 링크 2 사이의 **속력비** $\dot{\theta}_4/\dot{\theta}_2$는 그림 13.1(b)와 같이 나타난다. 속력비는 다른 값 $\beta = 0°$, $\beta = 20°$, 그리고 $\beta = 40°$에 대하여 그려졌다. $\beta = 0$일 때, 두 축은 동일 선상에 있고, 속력비는 모든 θ_2에 대하여 일치한다. 그러나 $\beta \neq 0$이고 $\dot{\theta}_2$는 일정할 때, $\dot{\theta}_4$는 변동하게 된다. 따라서 훅 커플링은 두 축이 나란하지 않으면 입력과 출력 사이에 일정 속력비

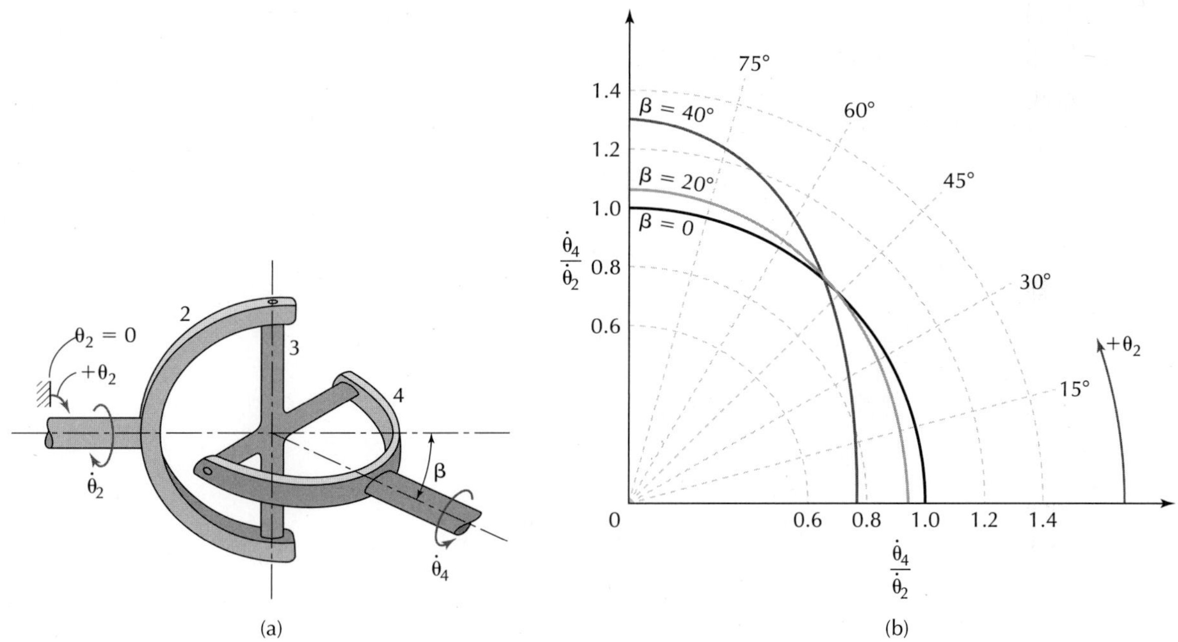

그림 13.1 ● 훅 커플링

(a) (b)

그림 13.2 ● 조향 링크 기구에 사용된 훅 커플링

비디오 13.3
훅 커플링

를 유지할 수 없다. 그림 13.3에 보인 바와 같은 단일 훅 커플링의 경우에는, β가 커짐에 따라 속력비의 변동 크기가 증가한다. 동작 중인 이 기구의 동영상이 **[비디오 13.3]**에 제공되어 있다.

비디오 13.4
이중 훅 커플링

변동 속력비 문제를 회피하기 위해서는 2개의 훅 커플링이 결합될 수 있다. 이 방법으로, 한 커플링의 변동 속력비가 다른 커플링의 변동 속력비에 의해 상쇄될 수 있다. 그림 13.4는 그러한 배치를 보인다. 양 훅 커플링 축 사이의 각도가 동일하다면, 링크 2와 링크 6 사이에 일정 속력비가 얻어 진다. 즉, 링크 2와 링크 4 사이의 각도는 링크 4와 링크 6 사이의 각도와 동일해야 한다. 이 경우는 출력 속력의 변동을 피하게 되나, 2개의 커플링이 필요하므로 구현하기 위해서는 상당한 공간이 요구된다. 동작 중인 이중 후크 커플링의 동영상이 **[비디오 13.4]**에 제공되어 있다.

요약과 제안

훅 커플링이 표 13.2.1의 설계 목표를 충족하는 하나의 설계 해법이다. 훅 커플링은 큰 각도

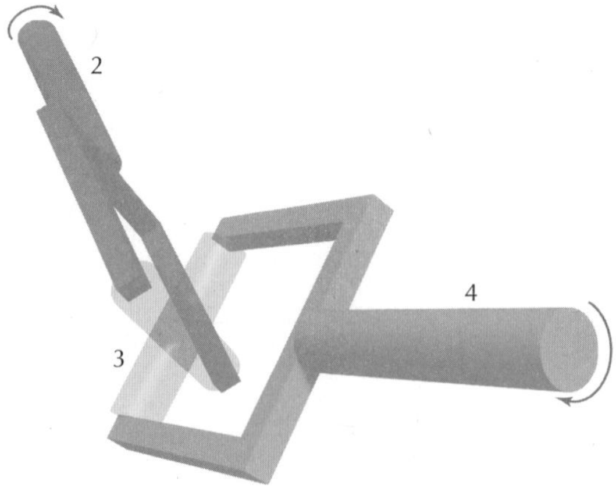

그림 13.3 ● 훅 커플링[비디오 13.3]

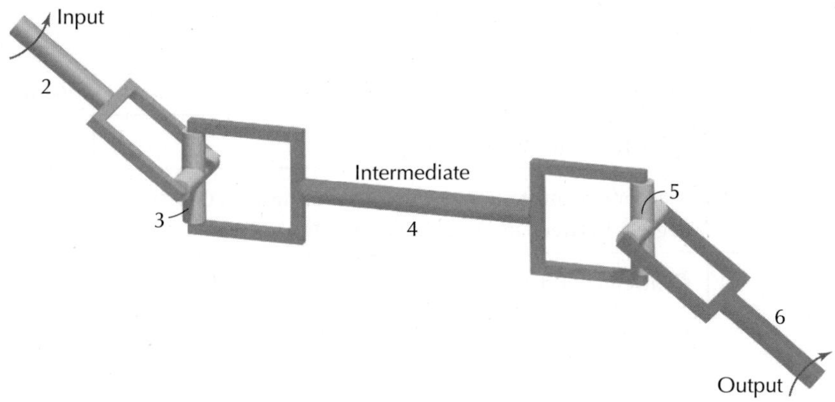

그림 13.4 ● 이중 훅 커플링[비디오 13.4]

의 어긋남에서 토크를 전달할 수 있고, 설계가 단순하며, 다양한 기구로 용이하게 구현이 가능하다. 단일 훅 커플링은 입력과 출력축 사이에 변동 속력비를 나타낸다. 이는 조향장치 바퀴축의 회전처럼 저속의 적용에서는 잘 동작한다. 그러나 고속 적용에서는 출력 속력의 이와 같은 변동이 동적 부하를 야기할 수 있다.

속력이 증가하면, 이 동적 부하의 크기는 상당히 증가할 수 있고, 과도한 진동으로 이어진다. 진동으로 이어지는 동적 부하를 방지하기 위해서는 이중 후크 커플링이 사용될 수 있고, 또는 다른 형태의 축 커플링이 고속 적용처에 사용될 수 있다.

13.2.2 등속 커플링

문제 서술

사례 학습 13.2.1과 유사하게, 한 축에서 다른 축으로 토크가 전달될 필요가 있다. 입력과 출력축의 방향은, 축들의 중심선은 서로 교차하나 평행하지는 않은 그러한 형태이다. 출력축은 입력축에 대하여 30°까지 축으로부터 벗어난 각도 변화가 가능해야 한다. 주요한 요건은 각도 어긋남에도 불구하고 입력과 출력축 사이에 일정한 속도비를 유지한다는 것이다. 이 기구는 높은 토크를 전달하고 또 고속에서 동작할 수 있어야 한다.

설계 목적 선언

일직선 상에 놓이지 않는 두 회전축을 연결하고 고속에서 높은 토크의 전달을 가능하게 하는 기구를 설계하라. 이 기구는 각 축과 용이하게 결합하여야 하고 또 회전 중에 양 축이 상호에 대하여 0°에서 30°까지 상대각을 가질 수 있도록 해야 한다. 이 기구 설계는 입력과 출력축 사이의 속도비가 항상 일정하게 유지되도록 해야 한다.

표 13.2.2 등속도 커플링에 대한 설계 목표

Design Objective	Description	Value (Units)
Torque	Must transmit a high torque	150 (N-m)
Angular alignment	Mechanism must operate with relative angles of 0 to 30 degrees between input and output shafts	30 (degrees)
Spacial alignment	Centreline of shaft axes will intersect	Shaft centrelines intersect
Shaft coupling	Input and output shafts will be connected by keys, collets, or other common means	Keys, collets
Velocity ratio	Ratio of output vs. input velocity must remain constant	Constant
Operating speed	High-speed operation	60–600 (rpm)

제안된 설계 목표

등속도 커플링에 대한 설계 목표는 표 13.2.2에 열거되어 있다.

제안된 설계 해법

비디오 13.5
등속도 커플링

서술된 문제와 설계 목표에 대한 다수의 가능한 설계 해법이 있다. 하나의 잘 알려진 해법은 두 중심선이 교차하되 반드시 평행하지 않는 두 축 사이의 회전 운동을 전달할 수 있는 등속도 커플링이다. 등속도 커플링의 표현이 그림 13.5에 나타나 있다. 완전한 기구는 그림 13.5(a)에 나타나 있고, 그림 13.5(b)는 주요 내부 요소를 표현하고 있다. 동작 중인 이 기구의 동영상이 **[비디오 13.5]**에 제공되어 있다. 동영상이 진행되면서 기구의 일부가 점차 사라지면서 내부 요소를 드러낸다. 커플링의 단면은 그림 13.6(a)에 나타냈다. 입력과 출력 축이 커플링의 **내부와 외부 저널**(journal)에 연결되어 있다. 두 축 사이의 각도는 β이다. 내부 저널에는 6개 홈이 있고, 외부 저널에는 6개의 대응되는 홈이 있다. 대응되는 각 홈의 쌍 사이에는 한 저널에서 다른 대응 저널로 힘을 전달하는 볼이 있다. 모든 홈은 축의 중심선에 대하여 경사각을 갖게 된다. 대응되는 홈의 각 쌍은 반대의 경사 방향을 갖는다. 그림

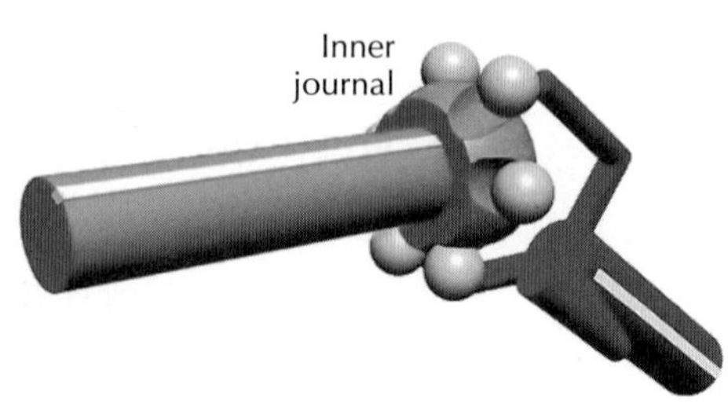

그림 13.5 ● 등속도 커플링[비디오 13.5]

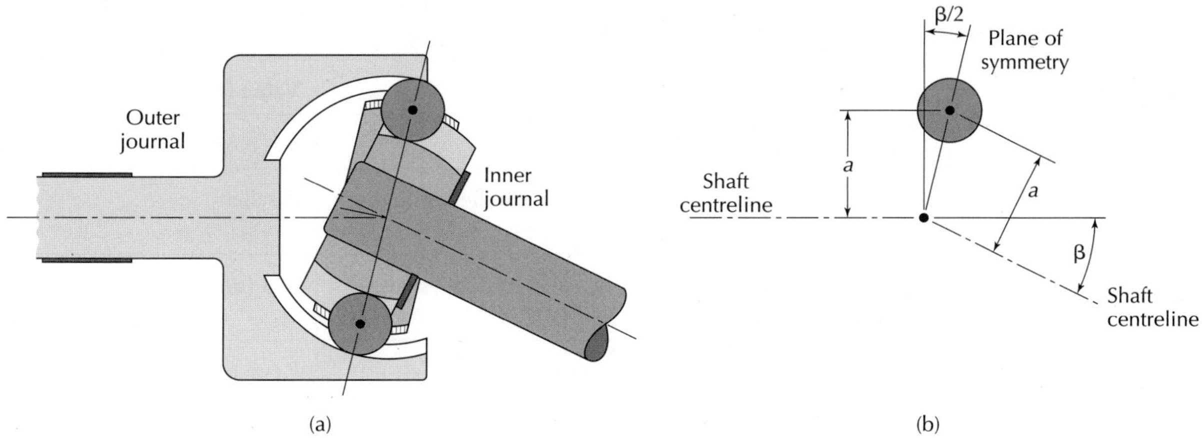

그림 13.6 ● 등속도 커플링

13.6(b)에 나타낸 것과 같이, β 값에 무관하게 각 볼은 두 축 사이의 대칭면에 놓인다. 볼 중심까지의 수직 거리 a는 양 축에 대하여 동일하다. 힘과 운동이 볼을 통해 전달되므로, 입력과 출력축은 동일한 속력으로 회전한다.

등속도 조인트는 전륜구동 차량에 보편적으로 사용된다. 두 축 사이에 정렬의 변화에도 불구하고 운동의 부드러운 전달이 얻어 진다. [**비디오 13.5**]에 제공된 동영상은 축의 회전 중심선이 일정하게 유지되는 경우를 보여준다. 그러나 두 축의 중심선 사이 각도가 변화하면 입력과 출력 회전 속력은 여전히 일정하게 유지될 것이다.

요약과 제안

이 형태의 조인트는 상대적으로 조밀하고, 고속에서 높은 토크를 전달할 수 있으며, 이 문제의 설계 목표를 충족한다. 등속도 조인트는 볼과 대응되는 홈 사이의 낮은 구름 마찰에 의존한다. 홈의 양호한 윤활 상태가 유지되고 외부로부터의 부스러기가 없어야 하는 것이 중요하다. 그렇지 않으면 마모가 급속하게 발생하게 된다.

13.2.3 올드햄 커플링

문제 서술

입력축에서 출력축으로 토크가 전달될 필요가 있다. 두 축은 중심선이 항상 평행하되 반드시 동일 선상에 있지는 않은 적용처에 사용된다. 기계의 정상 동작의 부분으로, 두 축의 중심선은 0에서 3배의 축 직경 범위에 있는 측 방향 거리만큼 이격이 된다. 또한, 이 기계에서 입력과 출력축은 이격에 의한 어긋남에도 불구하고 등속도비를 가져야 한다.

표 13.2.3 올드햄 커플링에 대한 설계 목표

Design Objective	Description	Value (Units)
Torque	Must transmit a specified torque	50 (N-m)
Alignment	Input and output shafts must remain parallel throughout operation	Parallel
Spacial alignment	Input and output shafts may be offset by 0 to 3 shaft diameters during operation	0–3 (units of diameter)
Shaft coupling	Input and output shafts will be connected by keys, collets, or other common means	Keys, collets
Velocity ratio	Ratio of output vs. input velocity must remain constant	Constant
Operating speed	Low speed operation	0–60 (rpm)

설계 목적 선언

이격이 존재하는 2개의 평행 회전축 사이에 토크를 전달하는 데 사용될 커플링 기구를 설계하라. 이 기구는 이 회전축들이 0에서 3배의 축 직경까지 상대적 측 방향 이격이 가변될 수 있도록 연결해야 한다. 입력과 출력축 사이의 속도비는 항상 일정하게 유지되어야 한다. 이 기구는 단순해야 하고 적정한 토크를 전달할 수 있어야 한다.

제안된 설계 목표

올드햄 커플링에 대한 설계 목표가 표 13.2.3에 열거되어 있다.

제안된 설계 해법

서술된 문제와 설계 목표를 위한 다수의 가능한 설계 해법이 있다. 잘 알려진 해법 하나는 그림 13.7(a)에 나타낸 바와 같은 **올드햄 커플링**이다. 그림 13.7(b)는 올드햄 커플링의 분해도를 나타내고, 그림 13.7(c)는 이 커플링의 골격도를 나타낸다. 동작 중인 이 기구의 동영상이 **[비디오 13.8]**에 제공되어 있고, 그림 13.8에 나타나 있다. 이 장치의 입력과 출력은 각각 링크 2와 4이다. 동영상이 진행되면, 어떻게 이 기구가 등속도비를 유지하고도 토크를 전달하는지를 보이기 위해, 출력축은 약간의 측 방향 크기만큼 의도적인 이격이 된다. 입력 링크 운동은 사개물림(tongue-and-groove)에 의해 중간 링크 3을 통해 출력 측에 전달된다. 각 사개물림 대우는 링크 사이의 상대적인 미끄러짐을 허용한다. 링크 3은 링크들이 회전할 때 사개물림 대우 사이의 각도 차이가 일정하게 유지되도록 보장하기 때문에, 링크 2와 링크 4는 항상 동일한 회전 속력을 갖는다.

비디오 13.8
올드햄 커플링

그림 13.9는 자동차 라디오에 적용된 올드햄 커플링의 적용 예를 보여준다. 커플링의

근접도가 그림 13.9(b)에 제공되고 있고, 여기서 조절 손잡이 축과 튜너 축의 중심선들은 일치한다. 커플링은 테이프 카세트를 수납하고자 조절 손잡이 사이의 측면 이격 공간을 늘리기 위하여, 그리고 케이싱 사이에 여유를 두면서 튜너 요소들이 내부로 이동될 수 있도록 허용하기 위하여 사용된다.

요약과 제안

이와 같은 형태의 커플링은 설계가 단순하고, 조밀하며, 이 문제의 설계 목표를 충족한다. 올드햄 커플링은 상대적 미끄럼 운동에 의존하기 때문에 사개물림 사이의 낮은 마찰이 중

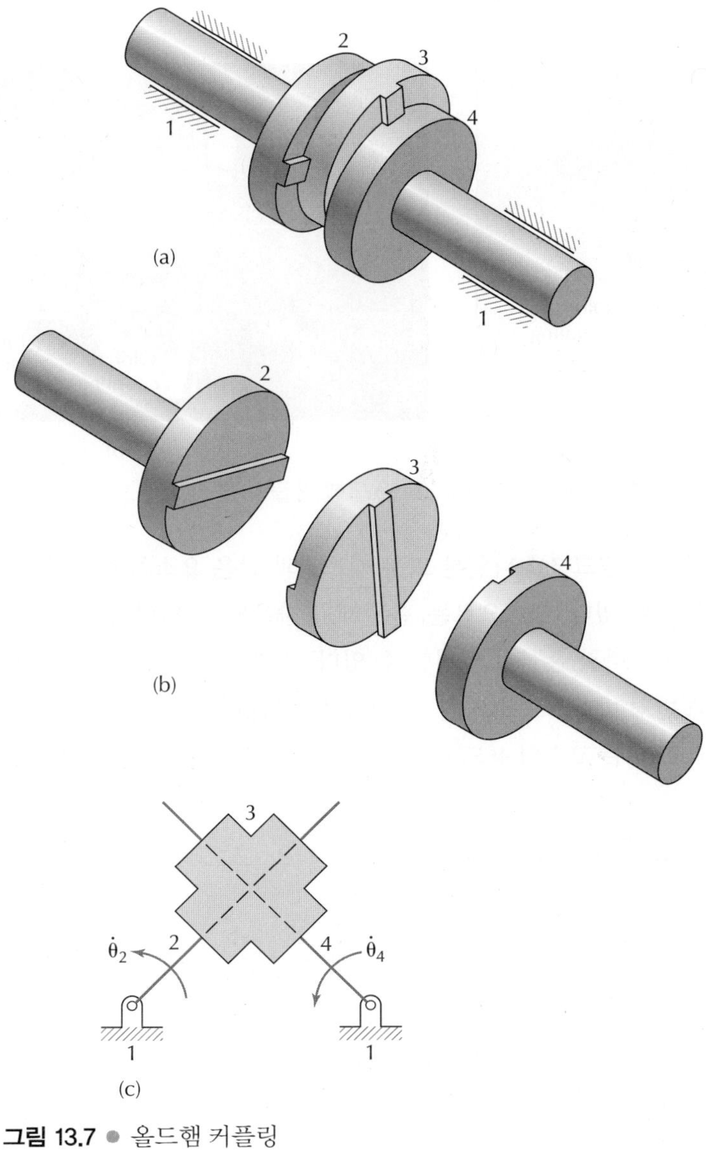

그림 13.7 ● 올드햄 커플링

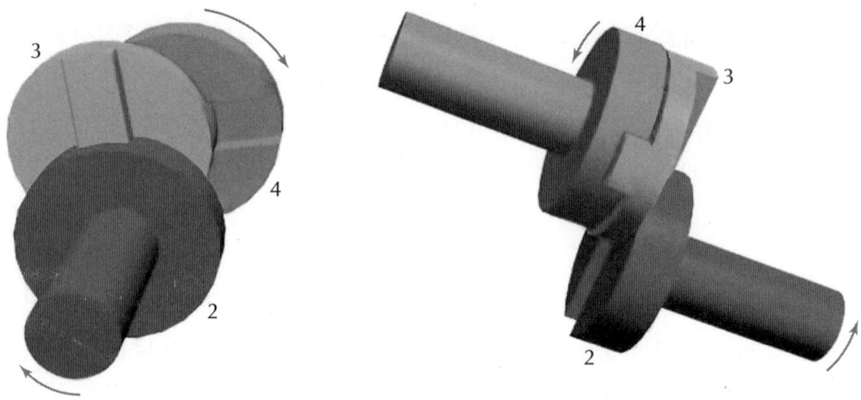

그림 13.8 ● 올드햄 커플링[비디오 13.8]

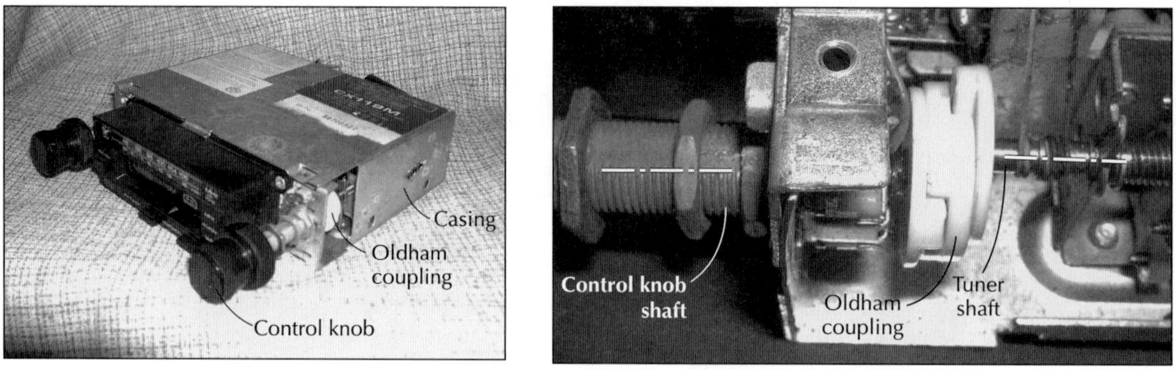

(a) (b)

그림 13.9 ● 올드햄 커플링의 적용. (a) 자동차 라디오, (b) 올드햄 커플링의 근접도

요하다. 이는 링크 3에 나일론 또는 테프론과 같은 요소들에 이종재를 사용하여 일반적으로 달성할 수 있다. 대안으로는, 윤활제가 사용될 수 있다. 적합한 윤활 없이는, 토크 전달 중에 상당한 마찰 손실이 발생할 수 있다. 링크 3은 입력과 출력축 사이에 각도 이격이 존재할 때 반경 방향으로 요동할 수 있음을 주목하라. 이 요동은 고속에서 동적 부하를 생성하게 되고, 이는 고속의 용도로 올드햄 커플링이 적합하지 않게 한다.

13.2.4 오프셋 드라이브

문제 서술

사례 학습 13.2.3과 유사하게, 한 축에서 다른 축으로 토크가 전달될 필요가 있다. 두 축은 중심선이 항상 평행하되 반드시 일직선 상에 있지 않아도 되는 용도에서 동작한다. 두 축의 중심선은 0에서 3배의 축 직경의 크기 만큼 측 방향으로 이격되나, 이 이격은 동작 중에 변화하지 않는다. 이격에도 불구하고, 입력과 출력 사이의 속도비는 일정하게 유지되어야 한다. 적용처는 동력 전달 손실을 최소화하기 위하여 고효율을 필요로 한다. 또한, 높은 토크의 전달이 중요하다.

설계 목적 선언

측 방향 이격이 있는 두 평행 회전축 사이에서 토크의 전달이 가능하도록 사용하는 커플링 기구를 설계하라. 기구는 상대적인 이격이 0에서 3배의 축 직경까지 변화할 수 있도록 두 회전축을 연결해야 한다. 입력과 출력축 사이의 속력비는 항상 일정하게 유지해야 한다. 기구는 높은 토크를 전달해야 하고 낮은 마찰 손실을 가져야 한다.

제안된 설계 목표

오프셋 드라이브에 대한 설계 목표는 표 13.2.4에 열거되어 있다.

제안된 설계 해법

이 설계 문제에 대해 잘 알려진 하나의 가능한 해법은 그림 13.10에 나타난 바와 같은 **오프셋 드라이브**이다.

오프셋 드라이브는 특정 크기의 이격에도 불구하고 평행한 두 축 사이에 회전 운동을 전달할 수 있으며, 4절 기구의 원리와 유사하게 설계된다. 특히, 오프셋 드라이브는 1.7.1절에서 서술한 바와 같이 3개의 동일한 드래그 링크 기구로 구성된다. 적절히 동작하기 위하여 이 기구는 드래그 링크 기구 형상의 법칙을 따르도록 설계되어야 한다. 동작 중인 이 기구의 동영상이 [**비디오 13.10**]에 제공되어 있고, 6개의 링크에 의해 연결된 3개의 디스크를 보여준다. 각 면에서 한 디스크는 이 기구가 동작 중에도 평행을 유지하는 3개의 링크에 의해 **중간 디스크**에 연결되어 있다. 여기에는 함께 동작하는 실질적으로 3개의 드래그 링크

비디오 13.10
오프셋 드라이브

표 13.2.4 오프셋 드라이브에 대한 설계 목표

Design Objective	Description	Value (Units)
Torque	Must transmit a specified torque	100 (N-m)
Alignment	Input and output shafts must be parallel	Parallel
Spacial alignment	Mechanism must allow for input and output shaft offset from 0–3 shaft diameters	0–3 (units of diameter)
Shaft coupling	Input and output shafts will be connected by keys, collets, or other common means	Keys, collets
Velocity ratio	Ratio of output vs. input velocity must remain constant	Constant
Efficiency	Low frictional loss, defined as torque output divided by torque input	85%
Operating speed	Low-speed operation	0–60 (rpm)

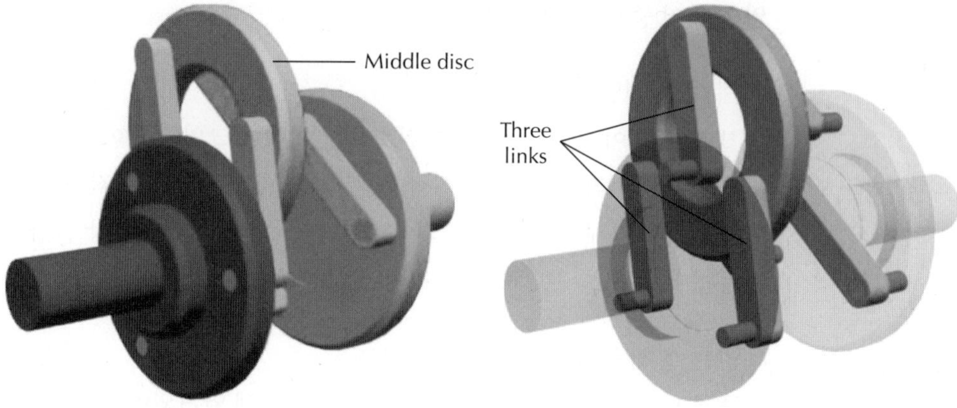

그림 13.10 ● 오프셋 드라이브[비디오 13.10]

기구가 있고, 여기서 링크의 길이는 서로를 피할 수 있도록 선정되어야 한다. 어떤 드래그 링크 기구든 기초 링크는 최소의 길이를 가져야 한다. 오프셋 드라이브의 경우는 기초 링크가 입력과 출력축의 중심선 사이의 이격 거리에 해당한다. 오프셋 드라이브의 큰 이점은 4절 기구를 구성하는 회전 관절에서 볼 베어링을 사용할 수 있다는 것이다. 베어링이 사용되기 때문에 높은 토크의 전달에서 더 높은 효율을 가능하게 하면서, 드라이브의 초래된 마찰은 적다.

요약과 제안

오프셋 드라이브는 조밀하고, 마찰이 적으며, 이 문제의 설계 목표를 충족한다. 오프셋 드라이브는 올드햄 커플링에서 발생하는 마찰 손실 문제를 극복할 수 있다. 그러나 동작 중 이격 거리는 변경될 수 없다. 이는 실질적으로 4절 링크 기구 설계의 기초 링크 길이를 변경하는 것이므로 동작에 영향을 줄 수 있기 때문이다. 일정한 이격 거리가 허용이 가능한 조건에서는 오프셋 드라이브는 양호하게 동작하고 높은 효율을 제공한다.

13.3 축 접속 기구

13.3.1 클러치 기구

문제 서술

두 축이 언제든지 서로 연결되고 분리되는 곳에서, 입력축에서 출력축으로 토크를 전달할 필요가 있다. 전달되는 토크의 크기는 자동차 드라이브 열 또는 다른 높은 토크 적용처에 적합해야 한다. 두 축은 중심선이 항상 동일 선상에 있도록 정렬되어야 한다. 정상적인 동작 동안에는 입력축은 회전하고 있고, 연결/분리 과정 동안에 정지할 수 없다. 또한, 출력축은 입력축에 연결되기 시작하기에 앞서 완전히 정지해 있거나 다소 회전하고 있을 수 있다. 두 축을 연결 또는 분리하기 위하여 조작자에 의한 입력 힘을 사용한 기계적 작용이 사용되어야 한다. 연결/분리 과정은 수 년간 매일 수십 회 발생하게 된다.

설계 목적 선언

조작자의 입력 힘을 사용하면서 동일 선상에 있는 두 회전축을 연결/분리할 수 있는 장치를 설계하라. 연결된 상태에서 이 장치는 자동차 드라이브 열에 적합한 높은 토크의 전달이 가능해야 한다. 이 장치는 입력축이 출력축과 연결/분리 중에도 연속적으로 회전하는 것을 가능하도록 해야 한다. 이 장치는 100,000 연결/분리 주기 동안 기능을 해야 한다.

제안된 설계 목표

클러치 기구에 대한 설계 목표가 표 13.3.1에 열거되어 있다.

제안된 설계 해법

이 설계 문제의 가능한 한 가지 해법은 그림 13.11에서 보인 바와 같은 **클러치** 기구이다. 이 기구는, 스프링 작동식 **마찰 패드**(friction pad)를 사용하여, 두 동일 선상의 축을 접속하고 분리할 수 있다. 그림 13.12는, 수동 변속장치를 장착한 차량에 사용되는, 잘 알려진 **판 클러치**(plate clutch)의 단면을 보여준다. 접속된 형태와 분리된 형태가 나타나 있다. 입력축은 엔진으로부터 토크를 공급하고 **플라이휠 판**(flywheel plate)에 굳게 연결되어 있다. 출력축은 변속기로 토크를 공급하고 마찰 패드에 굳게 연결되어 있다. 클러치를 분리하기 위해

표 13.3.1 클러치 기구에 대한 설계 목표

Design Objective	**Description**	**Value (Units)**
Torque	Transmit automotive drive-train level torque	400 (N-m)
Operating speed of output shaft	Output shaft speed same as input when connected. Drops to zero speed when disconnected	0–3000 (rpm)
Operating life	Number of connection/disconnection cycles before repair or replacement	100,000 (cycles)
Operation force	Force needed to engage/disengage device, must use human leg power	300 (N)
Constraint	**Description**	**Value (Units)**
Operating speed of input shaft	Input shaft always operates at speed and cannot stop during operation	1000–3000 (rpm)

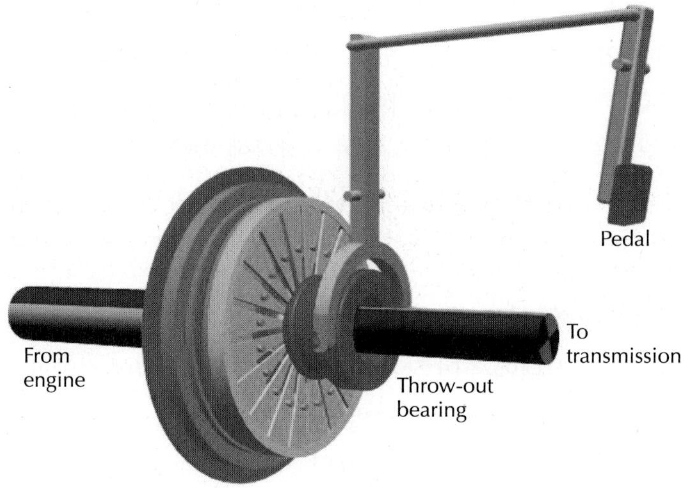

그림 13.11 ● 클러치 기구[비디오 13.11]

서는, 그림 13.12(a)에서 보인 바와 같이 조작자의 발에 의해 **페달**(pedal)이 눌러져야 한다. 이 형태에서는 마찰 패드와 플라이휠이 서로 분리된다. 클러치를 맞물리기 위해 페달에서 발을 떼면 다이어프램 스프링은 마찰 패드를 플라이휠에 가압하여 그림 13.12(b)에 나타낸 대로 입력과 출력축 사이를 직접적으로 연결해 준다. 접촉의 첫 순간에는 플라이휠은 회전하지만 마찰 패드는 정지하고 있다. 그러나 두 면 사이의 마찰은 출력축이 입력축과 같은 회전 속도에 도달할 때까지 서서히 회전 운동과 토크를 전달한다. 동작 중인 판 클러치의 동영상이 **[비디오 13.11]**에 제공되어 있다.

비디오 13.11
클러치 기구

요약과 제안

클러치 기구는 높은 토크의 전달을 가능하게 하는 두 동일 선상의 축을 연결/분리하기 위한 방법을 제공함으로써 이 문제의 설계 목표를 충족한다. 이 기구는 풋페달을 통해 스프링 힘을 해제할 때 플라이휠과 마찰 패드 시스템이 접촉하는 방식을 사용한다. 이런 의미에서 판 클러치는 분리를 위한 조작자 입력이 제공될 때까지 접속된 상태를 유지한다. 클러치를 접속할 때, 접속이 점진적으로 발생해야 하므로, 조작자의 숙련이 어느 정도 요구된다. 마찰 패드와 플라이휠 사이에 갑작스런 완전 접속은 빠른 회전 입력이 정지 출력과 부합하지 못하므로 정지-시작 미끄러짐(stop-start sliping)을 야기한다. 초래된 반력은 입력축을 느리게 할 수 있고, 엔진에 피드백되어 엔진을 멈추게 할 수 있다.

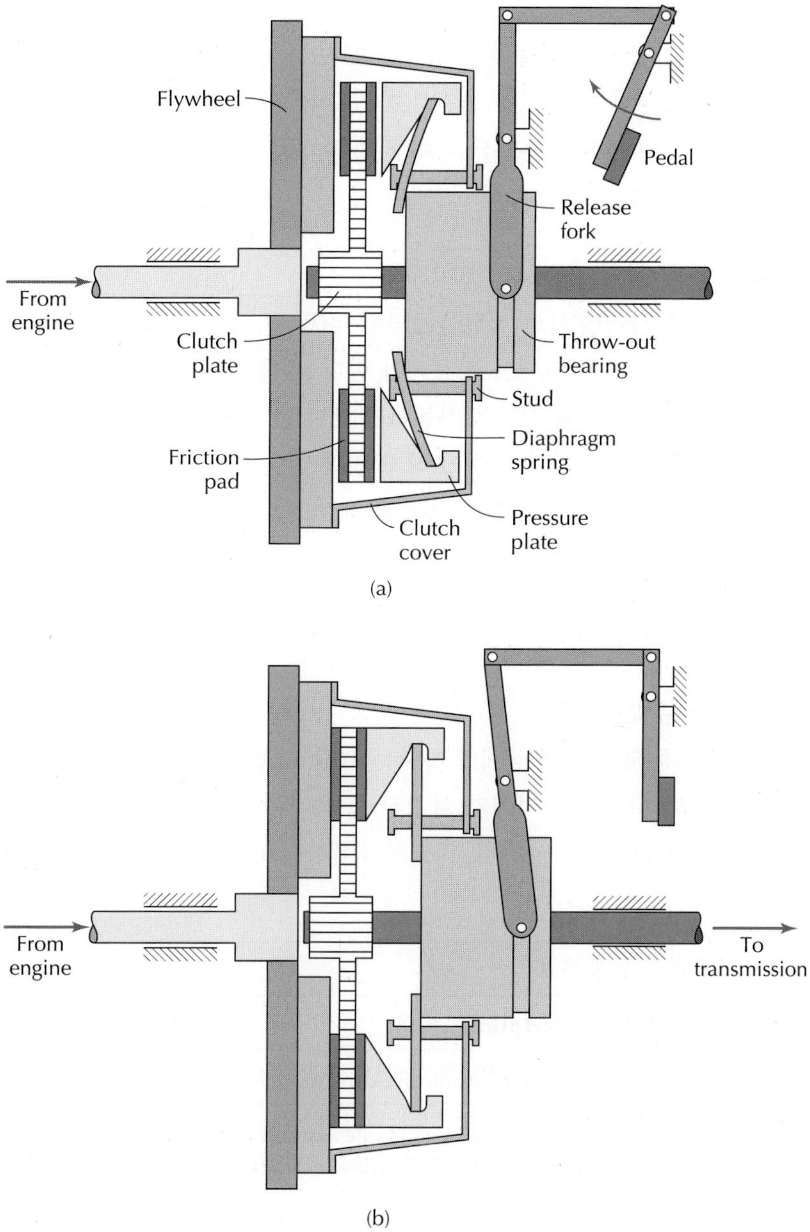

그림 13.12 ● 클러치 단면. (a) 분리된 상태, (b) 연결된 상태

13.3.2 싱크로나이저

문제 서술

두 기어의 맞물림을 통하여 입력축이 출력축과 접속되어 있다. 언제든지 토크 전달이 접속되거나 분리될 수 있는 곳에서 두 기어를 통해 입력에서 출력으로 토크가 전달되어야 한

다. 전달되는 토크의 크기는 차량의 드라이브 열 적용에 적합해야 한다. 정상 동작 동안, 접속/분리 과정 중에 입력축은 회전한다. 또한, 출력축은 입력축과 접속에 앞서 완전히 정지되어 있거나 또는 천천히 회전하고 있을 수 있다. 두 축을 접속하거나 분리하기 위하여 조작자의 입력 힘을 이용하는 기계적 작용이 사용되어야 하고, 수년 간 매일 수십 회 발생하게 된다.

설계 목적 선언

두 회전축 사이에 토크 전달을 접속/분리할 수 있는 장치를 설계하라. 두 축은 토크 전달을 위해 맞물려 있는 기어를 적용해야 한다. 접속된 동안에는 이 장치는 차량 드라이브 열에 적합한 높은 토크의 전달을 가능하게 해야 한다. 입력축이 연속적으로 회전하는 동안에 두 축을 접속/분리하기 위하여 조작자 입력 힘은 기계적인 작용을 인가해야 한다. 이 장치는 100,000 접속/분리 주기 동안 기능을 해야 한다.

제안된 설계 목표

싱크로나이저에 대한 설계 목표가 표 13.3.2에 열거되어 있다.

제안된 설계 해법

이 설계 문제의 가능한 해법 하나는 그림 13.13에 나타낸 바와 같은 **싱크로나이저** 기구이다. 싱크로나이저는 기어가 설치된 축에 기어를 견고하게 결합하거나 축으로부터 기어를 분리하기 위하여 사용된다. 싱크로나이저는 6.2.2절에서 서술한 바와 같이 차량의 수동 변

표 13.3.2 싱크로나이저에 대한 설계 목표

Design Objective	**Description**	**Value (Units)**
Torque	Transmit automotive drive-train level torque	400 (N-m)
Operating speed of output shaft	Output shaft speed same as input when engaged. Drops to zero speed when disengaged	0–1000 (rpm)
Operating life	Number of connection/disconnection cycles before repair or replacement	100,000 (cycles)
Operation force	Force needed to engage/disengage device, must use human leg power	150 (N)
Constraint	**Description**	**Value (Units)**
Connection method	Mechanism used to couple the two shafts together	Gears
Maximum operating speed of input shaft	Maximum speed of input shaft during operation	3000 (rpm)

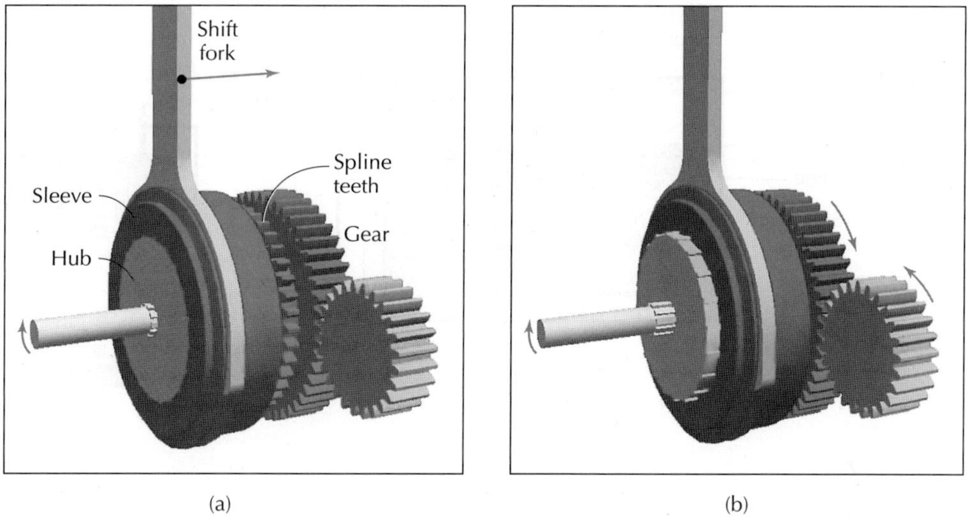

그림 13.13 ● 싱크로나이저[비디오 13.13]. (a) 중립 상태, (b) 접속 상태

속기에 일반적으로 적용된다. 기어와 축이 견고하게 결합되면, 맞물림 기어를 통하여 동력을 전달할 수 있는 일체형 구성품처럼 동작한다. 분리되면, 기어는 축에 상대적으로 자유롭게 회전하고, 동력은 전달되지 않는다. 수동 변속기 용도에 사용되면 입력축 상의 기어는 항상 출력축 상의 기어와 맞물리게 된다. 이 결합 과정은 입력축의 중심선을 따르는 기어의 움직임 없이 수행된다. 따라서 조작자는 기어 이의 충돌 없이 변속기 속력비를 변경할 수 있다.

싱크로나이저 동작의 이해를 돕기 위해, 이를 채용하는 수동 변속기의 작동을 검토해야 한다. 또한, 그림 6.14, 6.15 그리고 6.16의 검토가 필요하다. 그림 6.14에 밝힌 바와 같이, 기어 3은 모든 속력비에서 기어 7과 물림 상태를 유지한다. 그러나 변속기가 '2단 기어', [그림 6.15(d)] 상태에 있을 때, 싱크로나이저의 하나가 기어 7을 출력축에 견고하게 결합하고, 이로써 동력이 기어 3과 7을 통해 전달되는 것을 가능하게 한다. 변속기의 모든 다른 속력비에 대하여, 기어 7은 출력축으로부터 분리되어 있고 대체 기어들이 동력을 전달하기 위해 사용된다.

그림 13.14는 접속 과정 동안에 발생하는, 구별된 형태들에 놓인 싱크로나이저의 단면도들을 보여준다. 접속을 시작하기 위하여, 13.3.1절에 서술하고 그림 6.14에 보인 바와 같이, 조작자는 클러치를 분리함으로써 변속기로 전달되고 있는 토크를 먼저 차단해야 한다. 그림 13.14(c)는 기어가 축 상에서 자유롭게 회전하는 분리된 형태를 나타내고 있다. 싱크로나이저의 요소들에는 축에 스플라인을 내어 결합되는 **허브**(hub)와 허브에 스플라인을 내어 결합되는 **슬리브**(sleeve)가 포함되어 있다. **시프트 포크**(shift fork)를 그림에 보인 방향으로 밀어 허브와 슬리브를 기어 쪽으로 움직인다. 슬리브에 있는 멈춤쇠 내에 위치한 스프링

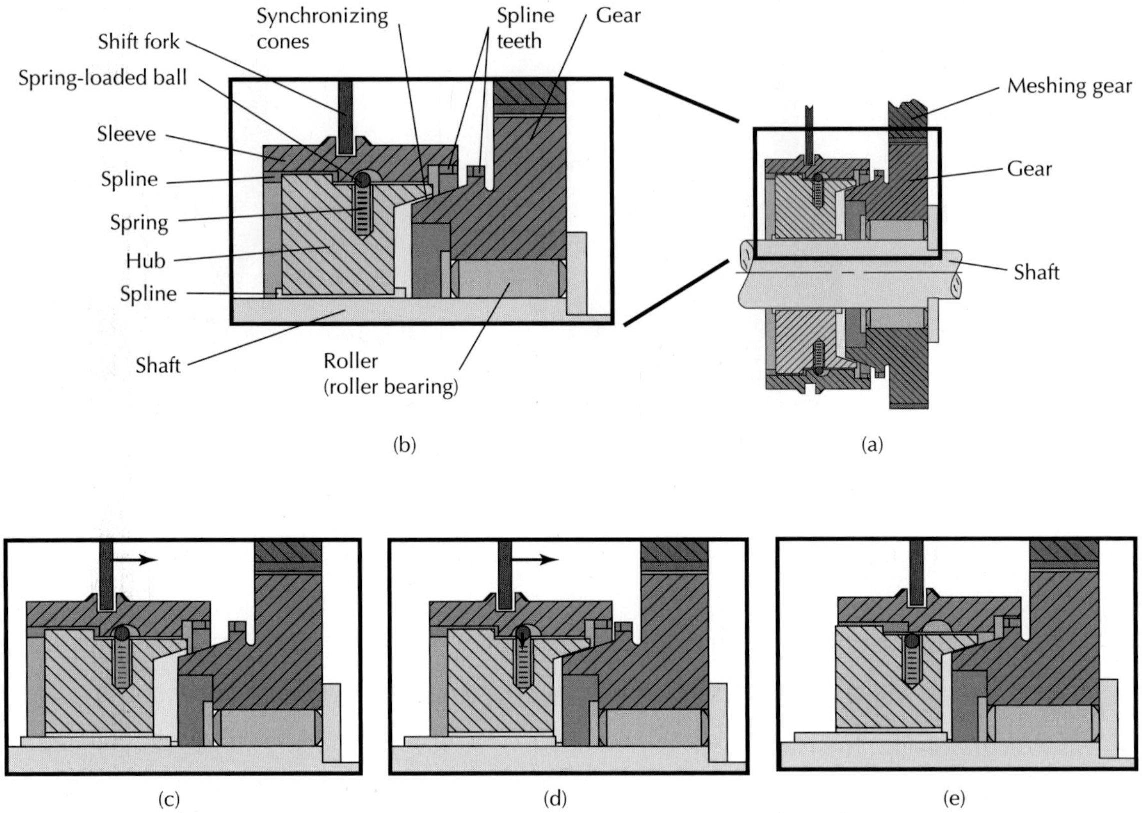

그림 13.14 ● 싱크로나이저의 단면[비디오 13.14]. (a) 전체도, (b) 확대도, (c) 분리된 상태, (d) 속도 동기화, (e) 접속된 상태

구동식 볼들이 허브와 슬리브 사이의 상대적 움직임을 방지한다. 그림 13.14(d)는 기어 상의 **싱크로나이징 콘**(synchronizing cone)과 허브 사이에 초기 접촉의 상황을 나타낸다. 콘들이 함께 눌러지면 마찰력이 기어, 허브 그리고 슬리브가 정상 회전 속력에 급속히 도달하게 한다. 시프트 포크가 더 움직이면 슬리브는 허브에 상대적으로 미끄러지는 힘을 받고 기어 쪽으로 이동한다. 이 시점에서 슬리브 상의 내부 스플라인 이가 기어 상의 외부 스플라인 이 위를 미끄러진다. 이는 슬리브와 기어 상의 스플라인 이들이 테이퍼진 끝단을 가지고 있기에 가능하다. 슬리브와 기어의 회전 속력은 이제 같기 때문에 스플라인 이들의 충돌은 없다. 슬리브가 허브에 대하여 움직이면 볼은 각 스프링을 누르며 아래로 움직인다. 이제 기어는 슬리브를 통해 축에 고정되고, 그림 13.14(e)에 보인 바와 같이 접속은 완료된다.

비디오 13.14
싱크로나이저의 단면

[비디오 13.14]는 그림 13.14에서 나타낸 싱크로나이저 접속의 순차를 제공한다. 분리된 형태와 견고히 접속된 싱크로나이저의 다른 모습을 그림 13.13에 도시하였다. **[비디오 13.13]**에 제공된 동영상에서는 싱크로나이저가 분리되면 맞물린 기어들은 회전을 멈춘다. 그러나 이 순간에 기어들은 임의의 속력으로 자유롭게 회전한다.

비디오 13.13
싱크로나이저

요약과 제안

싱크로나이저 기구는 맞물린 기어에 의해 항상 함께 접속되는 두 축 사이에 토크를 접속/분리하기 위한 방법을 제공함으로써 이 문제의 설계 목표를 충족한다.

기어가 적용되기 때문에 높은 토크의 드라이브 열 적용처에 사용을 가능하게 한다. 이 장치는 입력축과 스플라인 기어 사이에 속도를 동기화시키는 마찰 콘(friction-based cone)을 사용하여 맞물림 문제를 해결하였으며 이에 따라 장치의 이름을 싱크로나이저 기구라고 부른다. 속도가 동기화된 후 슬리브를 이용하여 입력축을 스플라인 기어에 결합시켜서 토크를 전달한다. 슬리브를 뒤로 이동시켜 스플라인 기어를 해제함으로써 맞물린 기어를 간단하게 분리시킨다.

13.4 축/작업물 체결 기구

13.4.1 드릴 척

문제 서술

토크가 모터 축에서 공구 축으로 전달되어야 하고, 여기서 공구 축은 제거 가능하다. 공구 축은 강철로서 접속부분이 매끄럽고 둥근 형상을 갖는다. 이 적용에서 공구는 드릴 날이 되고 모터 축에 연결될 때 수용되어야 하는 다양한 직경을 갖는다. 공구와 모터 축은 축선이 항상 동일 선상에 놓이도록 동작된다. 이 적용에서는 높은 토크와 높은 축방향 힘이 발생한다. 두 축을 접속 또는 분리하기 위하여 조작자의 입력 힘을 사용하는 기계적인 작용이 사용되어야 한다.

설계 목적 선언

드릴 날을 모터 축에/축에서 일직선으로 연결/분리하기 위한 기구를 설계하라. 연결 방법은 조작자의 입력 힘을 사용해야 한다. 이 기구는 다양한 직경의 드릴 날을 수용할 수 있어야 한다. 연결된 상태에서, 이 기구는 드릴 작동에서 요구되는 만큼의 높은 토크와 축방향 힘을 전달할 수 있도록 해야 한다.

제안된 설계 목표

드릴 척에 대한 설계 목표가 표 13.4.1에 열거되어 있다.

제안된 설계 해법

이 설계 문제의 가능한 한 가지 해법은 그림 13.15(a)에 보인 바와 같은 **드릴 척**이다. 척 기구는 그림 13.16에 보인 바와 같이 전동 드릴의 작동부 말단에 위치하게 된다. 척 기구는 3

표 13.4.1 드릴 척에 대한 설계 목표

Design Objective	**Description**	**Value (Units)**
Torque	Transmit torque suitable for drilling operations in mild steel, using ½" diameter drill bit	1400 (N-m)
Axial force	Transmit axial force suitable for drilling operations in mild steel	900 (N)
Operating speed	Output shaft speed during operation	0–900 (rpm)
Alignment	Motor shaft and tool shaft alignment	Collinear
Connection force	Use human power	150 (N)
Constraint	**Description**	**Value (Units)**
Tool shaft size	Must accommodate various tool shaft diameters	2–3 (mm)

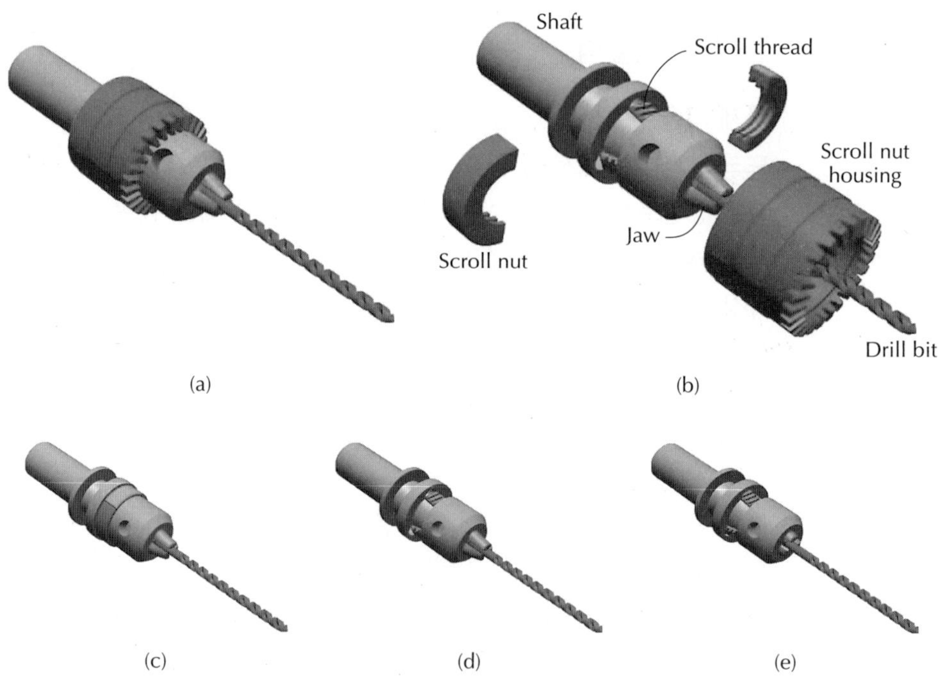

그림 13.15 ● 드릴 척 기구[비디오 13.15]

개의 핑거 조우(finger jaw)를 사용하여 드릴 날을 체결할 수 있다. 체결력은 **스크롤 너트 하우징**(scroll nut housing)을 돌리는 데 사용되는 **키**(보이지 않음)를 통하여 조작자의 손 힘이 작용할 때 생성된다.

드릴 척의 작동은 그림 13.15(a~e)의 그림들로써 설명된다. 그림 13.15(a)는 조립된 형태

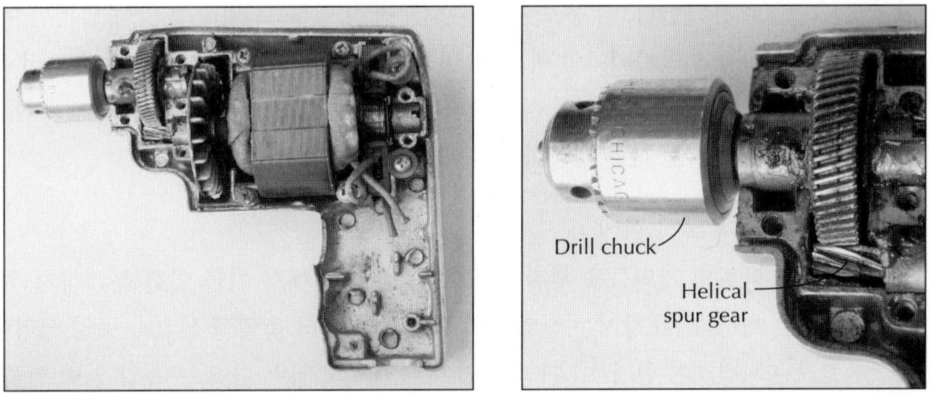

(a) (b)

그림 13.16 ● 전동 드릴

의 드릴 척을 나타내고, 그림 13.15(b)는 동일 제품의 분해도를 보여준다. 조립되면 스크롤 너트 하우징은 스크롤 너트 위에 압입되고, 이들 구성품들은 하나의 강체처럼 움직인다. 드릴 날을 체결하기 위해 날은 **조**(jaw)들 내로 삽입된다. 스크롤 하우징이(키를 통하여) 회전되면, 스크롤 너트 두 반쪽 위의 암나사와 각 조 위의 스크롤 나사 사이에 맞물림이 발생한다. 이 맞물림 작용은 3개 조들을 드릴 날의 중심선 방향을 향해 내측으로 움직이게 한다. 그림 13.15(c)는 스크롤 너트 하우징이 없는 드릴 척을 보여준다. 그림 13.15(d)와 13.15(e)에서 스크롤 너트 역시 제거되고, 드릴 날에 대하여 열림과 닫힘 위치에 있는 조들을 보이고 있다. 드릴 척의 동영상이 **[비디오 13.15]**에 제공되어 있다.

비디오 13.15
드릴 척 기구

요약과 제안

드릴 척 기구는 드릴 날을 드릴 모터 축에 연결/분리하기 위한 방법을 제공함으로써 이 문제의 설계 목표를 충족한다. 이 기구는 스크롤 너트 하우징에 대하여 조 위의 맞물리는 스크롤 나사 사이에 큰 압력각을 주는 헬리컬 나사를 적용한다. 이와 같은 방법으로 이 설계는 역방향 구동이 되지 않고, 이로써 한번 확실하게 체결이 되면 스스로 헐거워지게 되지는 않는다. 이는 드릴 적용에 사용되는 중에 높은 토크와 축방향 힘을 유지할 수 있도록 드릴 날을 견고히 체결하게 된다.

13.4.2 선반 척

문제 서술

모터 축에서 작업물로 회전 운동과 토크가 전달되어야 한다. 작업물은 자주 제거되거나 재위치되어야 할 필요가 있다. 작업물은 일반적으로 둥글고, 다양한 직경으로 공급되고, 또 다른 재질로 구성될 수 있다. 작업물의 중심선과 모터 축은 일직선 상에 놓이도록 일반적으로 동작한다. 이 용도에서는 높은 반경 방향 그리고 축 방향 힘뿐만 아니라 높은 토크가 작업물에 인가되어야 하고 또 이를 수용해야 한다. 작업물로부터 모터 축을 연결하거나 분리하기 위해 기계적인 체결 동작이 사용되어야 한다. 작업자의 입력 힘 또는 유압 입력 힘이 이 체결 동작을 제공하기 위해 고려되어야 한다.

설계 목적 선언

환형의 작업물을 체결하여, 모터 축에/축에서 이를 연결/분리하기 위한 기계적 장치를 설계하라. 이 장치는 작업물의 중심선이 모터 축의 중심선과 동일 선상에 놓이도록 작업물을 체결해야 한다. 이 연결 방법은 작업자의 입력 힘 또는 유압 입력 힘을 사용할 수 있게 해야 한다. 이 연결 장치는 다양한 작업물 직경을 수용할 수 있어야 한다. 연결된 상태에서, 이 장치는 금속 작업물의 기계가공 용도에서 필요로 하는 정도의 높은 토크와 높은 반경 방향 그리고 축 방향 힘의 전달을 가능하게 해야 한다.

제안된 설계 목표

선반 척에 대한 설계 목표가 표 13.4.2에 열거되어 있다.

제안된 설계 해법(수동 선반 척)(a)

이 설계 문제에 대한 하나의 가능한 해법은 그림 13.17에 보인 바와 같은 **수동 선반 척**이다.

표 13.4.2 선반 척에 대한 설계 목표

Design Objective	**Description**	**Value (Units)**
Torque	Transmit torque suitable for metalwork operations on mild steel	150 (N-m)
Radial force	Transmit radial force suitable for metalwork operations on mild steel	400 (N)
Axial force	Transmit axial force suitable for metalwork operations on mild steel	2000 (N)
Operating speed	Output shaft speed during operation	0–2400 (rpm)
Alignment	Motor shaft and workpiece alignment	Collinear
Connection force	Method of supplying force to clamp workpiece	Human power(a) or hydraulic power(b)
Constraint	**Description**	**Value (Units)**
Workpiece size	Must accommodate various workpiece diameters	3–150 (mm)
Workpiece material	Must accommodate various workpiece materials	Metal, plastic, wood

그림 13.17 ● 수동 선반 척

이 설계의 실례가 그림 13.18에 또한 제공되어 있다. 이 선반 척 기구는 3개의 조로써 작업물을 체결할 수 있다.

이 설계 해법은 작업물이 조들 내로 삽입되면 이를 체결하는 입력으로 작업자의 힘을 적용한다. 체결은 **렌치**(wrench)를 3 **소켓**(sockets) 중의 하나에 삽입하고 렌치를 회전함으로써 수행된다. 각 소켓은, **스크롤**(scroll) 가장자리에 위치한 베벨 **기어 트랙**과 맞물려 있는 **피니언 기어**에 부착되어 있다. 소켓이 돌려지면 피니언 기어가 스크롤을 회전한다. 스크롤은 **스핀들**에 가공된 3개의 나선 홈으로 구성된다. 이 홈들은 3 조(jaws) 상의 이들(teeth)과 맞물린다. 스크롤이 회전하면 모든 3 조가 작업물을 체결하기 위해 반경 방향 내측으로 움직이거나 또는 작업물을 해제하기 위해 반경 방향 외측으로 움직인다. 수동 선반 척의 동영상이 **[비디오 13.18]**에 제공되어 있다.

비디오 13.18
수동 선반 척

제안된 설계해법(자동 선반 척)(b)

다른 가능한 설계 해법은 유압 동력을 이용하여 구동되고 그림 13.19(a)에 나타낸 **자동 선반 척**이다. 이 대안 해법은 유압 동력에 대한 옵션이 설계 목표에 있었기 때문에 제공되었다. 이 설계에서는, 유압 실린더(보이지 않음)가 그림 13.19(b)에 나타낸 바와 같이 척의 **중심선**을 따라 축방향으로 **중앙 피스톤**(central piston)을 구동한다. 중앙 피스톤의 운동은 3개의 **웨지 블럭**(wedge blocks)으로 전달되어 블럭들을 그림 13.19(c)에 보인 바와 같이 **스핀들** 상에 위치한 **트랙**(tracks)을 따라 접선 방향으로 움직이게 한다. 웨지 블럭은 **경사진 톱니**(angled serrations) 세트를 가지고 있고, 이는 **조**(jaw) 상의 대응되는 경사진 톱니 세트와 맞물린 상태에 있다. 웨지 블럭이 접선 방향으로 움직이도록 힘이 가해지면 블럭은 연이어

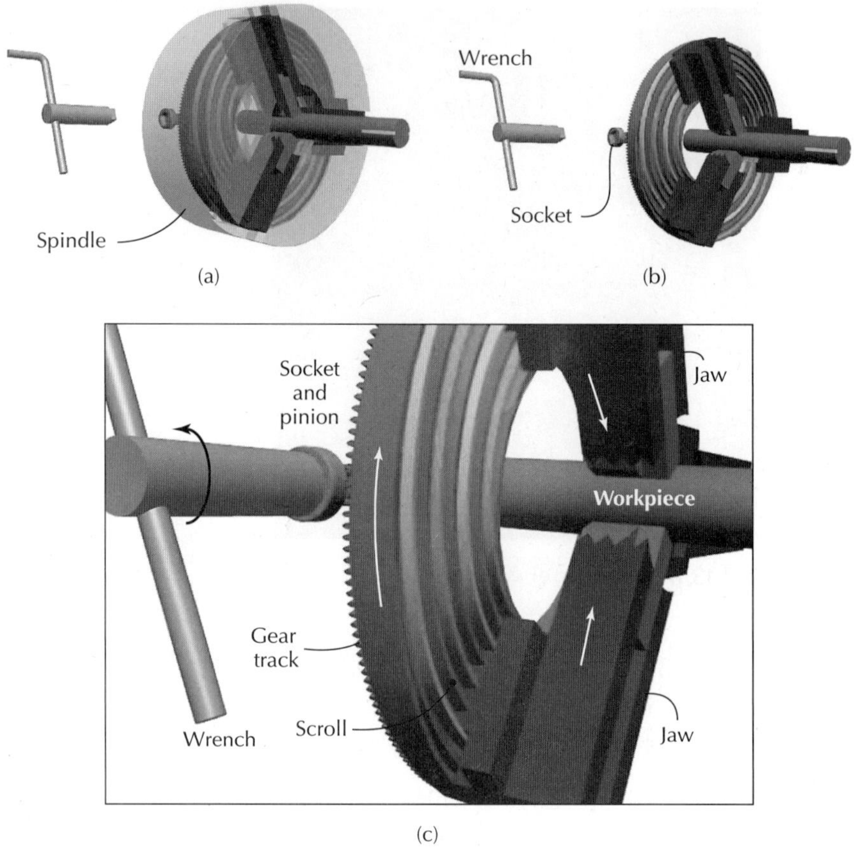

그림 13.18 ● 수동 선반 척[비디오 13.18]

> **비디오 13.19**
> 자동 선반 척

척의 중심선에 대하여 3개의 조(jaw)를 반경 방향으로 움직이도록 작용한다. 그림 13.19(d)는 척이 열린 위치에서 조와 내부 구성품을 나타낸다. 자동 선반 척의 동영상이 **[비디오 13.19]**에 제공되어 있다.

요약과 제안

두 다른 선반 척 기구가 여기에 제시되었고, 양 기구는 선반의 모터 축에 작업물을 체결/해제하기 위한 방법을 제공함으로써 이 문제의 설계 목표를 충족한다.

수동 형태에서는 체결력을 제공하는 조작자 구동 방법을 렌치와 소켓 방법을 사용하여 보였다. 이 설계는 조 상의 대응 홈과 맞물림에 스크롤(나선 홈)을 적용하였다. 이 맞물림 배치는 스크롤 홈과 조 홈 사이에 큰 압력각을 생성하고, 이로써 역 구동 방지 설계를 생성한다. 견고한 체결이 한번 이뤄지면 스스로 이완되지는 않게 된다. 그러나 렌치에 의해 피니언 기어를 돌리면 손으로 쉽게 열릴 수 있다.

자동 척 형태에서는 체결력을 생성하기 위하여 유압 동력이 사용된다. 기구의 단순화와 조밀한 크기를 위해 유압 피스톤이 축 방향으로 움직이게 배치된다. 이 축방향 움직임

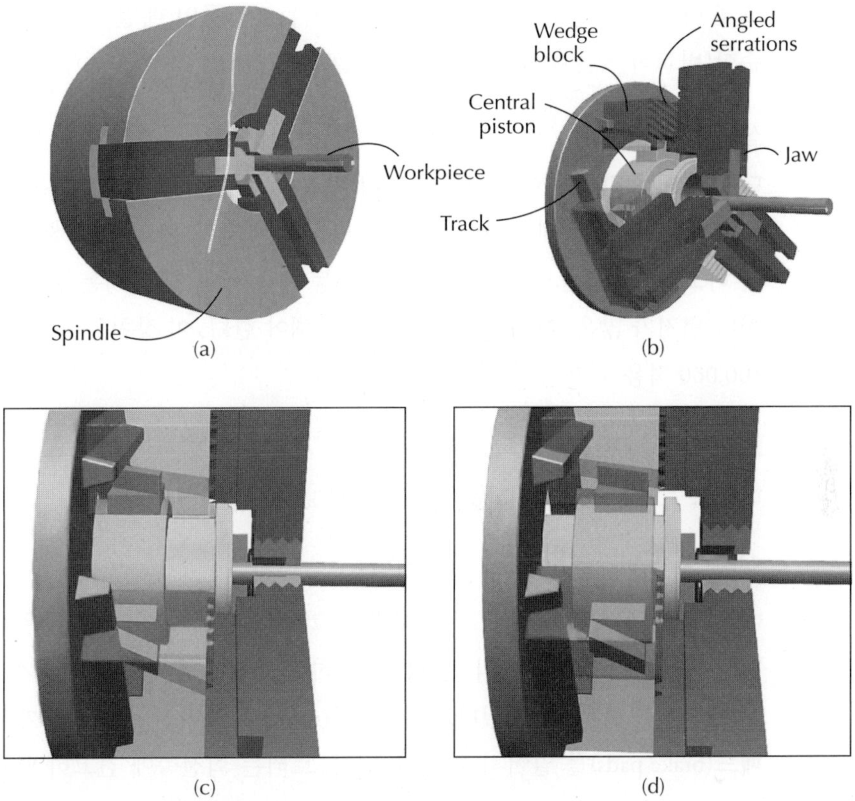

그림 13.19 ● 자동 선반 척[비디오 13.19]

을 반경 방향 체결 운동으로 변환하기 위하여 웨지 블럭 위에 트랙과 톱니 세트가 조를 내측 또는 외측으로 미끄러뜨리기 위해 사용된다. 여기서 트랙과 톱니 사이의 압력각은 기구가 동작할 수 있도록 더 낮아야 한다. 양 설계에서 3개 조 척은 작업물을 굳게 체결하게 하고 금속 가공 적용처에서 높은 토크와 반경 그리고 축방향 힘을 지탱할 수 있게 한다.

13.5 회전 브레이크 시스템

문제 서술

회전축의 각운동 에너지를 소멸시키고 그래서 축의 회전을 정지시키는 장치가 필요하다. 이 장치는 차량 용도에 사용되므로 소멸되어야 할 각운동 에너지의 크기가 크다. 이에 더하여 회전축을 정지하는 시간은 비교적 짧아야 한다. 이 장치가 완전히 작동되면 축은 완전히 정지해야 하고, 장치는 추가적인 토크가 가해지더라도 더 이상의 회전을 방지해야 한다. 정지 동작은 축의 회전 방향과 무관하게 작동해야 한다. 이 장치는 기능 수행 중에 지저분하고 습하고 추운 환경에 처할 수 있다. 장치는 2년 동안 매일 수십 회 적용된다. 기계적인 단순함(비교적 적은 부품)이 중요한 것으로 확인되었다.

설계 목적 선언

단시간 내에 각운동 에너지를 소멸하여 축의 회전을 정지하는 기구를 설계하라. 이는 회전축이 높은 각운동 에너지와 높은 토크를 갖는 차량 용도이다. 설계는 기계적으로 단순해야 하고, 축의 회전 방향에 무관하게 기능해야 한다. 이 장치는 일반적으로 지저분한 (습하거나 먼저가 많은) 환경에서 동작을 수행해야 한다. 이 장치는 수리 또는 교체 전에 적어도 100,000 적용 주기 동안 기능을 해야 한다.

제안된 설계 목표

디스크 브레이크에 대한 설계 목표는 표 13.5.1에 열거되어 있다.

제안된 설계 해법(디스크 브레이크)

이 설계 문제의 가능한 한 가지 해법은 그림 13.20에 보인 바와 같은 **디스크 브레이크**이다. 디스크 브레이크는 마찰의 원리를 적용하여 회전축의 각운동 에너지를 열로 변환함으로써 그 에너지를 소멸할 수 있다. 이는 **로터**(rotor)로 알려진 판 위에 2개의 대향하는 **브레이크 패드**(brake pads)를 밀어서 행할 수 있다. 로터는 회전축에 견고하게 고정되어 있고 브레이크 패드가 눌려지는 넓은 접촉 면적을 가진다. 이 브레이크 기구를 적용하기 위하여 조작자의 발 운동으로 입력 힘이 공급된다. 발 입력 힘은 유압 시스템을 이용하여 증폭되고, 유압 압력이 그림 13.20(a)에 나타낸 바와 같이 **플로팅 캘리퍼**(floating calliper) 내에 장착된 피스톤에 공급된다.

표 13.5.1 디스크 브레이크에 대한 설계 목표

Design Objective	Description	Value (Units)
Shaft angular kinetic energy	Energy that the mechanism must dissipate per stop cycle	100 (kilojoules)
Shaft torque	Torque that the mechanism must withstand	3000 (N-m)
Stopping time	Amount of time to stop the shaft	2–3 (seconds)
Number of parts	Minimize the number of parts in mechanism	< 10 parts
Operating environment	Must operate as expected in dusty or wet environment	Dusty or wet
Operating life	Total number of cycles of operation before repair or replacement	100,000 (cycles)

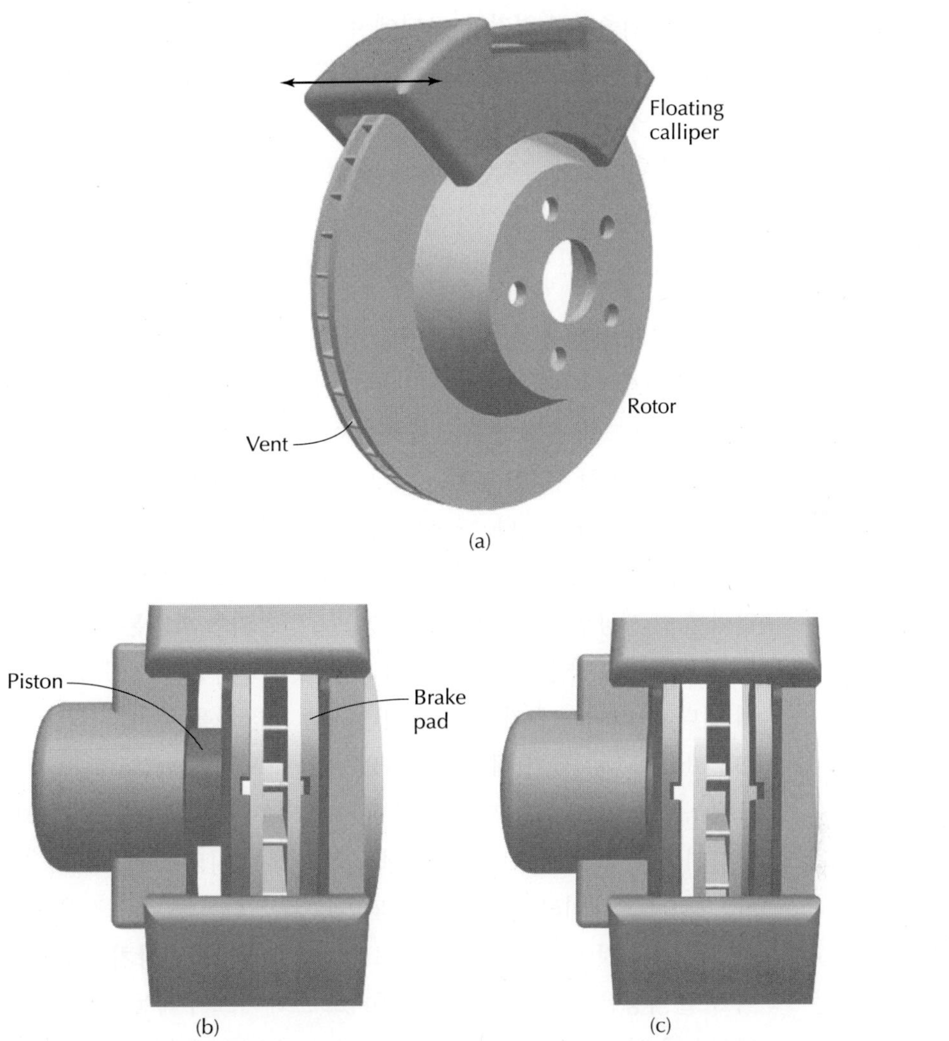

그림 13.20 ● 디스크 브레이크[비디오 13.20]. (a) 전체도, (b) 브레이크 작동, (c) 브레이크 해제

이 캘리퍼는 로터 위로, 로터 표면에 수직으로 움직이게 되고 브레이크 패드를 로터에 누르게 되는 윤활된 **슬라이드 핀**(slide pins, 보이지 않음)에 놓인다. 이 슬라이드 핀은 바퀴 조향 프레임의 정지 부분에 연결된다. 브레이크가 적용될 때 피스톤은 신장하고, 이는 한 브레이크 패드를 로터의 측면에 대하여 민다. 피스톤 실린더 내의 압력은 또한 플로팅 캘리퍼를 좌측으로 옮겨지게 만든다[그림 13.20(b)].

이 동작은 플로팅 캘리퍼에 장착된 다른 브레이크 패드를 로터의 반대편 측면에 접촉되게 한다. 결과적으로 브레이크 패드는 로터를 단단하게 쥔다. 브레이크 패드와 로터 사이의 마찰은 운동에너지를 열로 변환하여 회전율을 줄이게 된다. 브레이크가 해제되면[그림 13.20(c)], 로터로부터 브레이크 패드를 당기는 스프링이 없다. 브레이크 패드가 로터와 매

비디오 13.20
디스크 브레이크

우 가볍게 접촉하고 있거나, 로터에서 무시할 수 있는 떨림이 브레이크 패드를 짧은 거리로 로터로부터 민다. 차량용 적용에서, 브레이크의 작용으로 인하여 소멸된 에너지의 양이 상당하며 이에 따라 로터와 브레이크 패드는 많은 열을 받게 된다. 대부분의 차량용 로터는 중앙에 벤틸레이션 슬롯(ventilation slots)을 가지며 브레이크 패드 내에 공극/벤트를 포함한다. 이는 효율적으로 열에너지를 소멸하기 위하여 로터 중앙을 통해 공기의 이동을 가능하게 한다. 동작 중인 이 기구의 동영상이 **[비디오 13.20]**에 제공되어 있다.

제안된 설계 해법(드럼 브레이크)

이 설계 문제의 다른 가능한 해법은 그림 13.21에 나타낸 바와 같은 **드럼 브레이크**이다. 디스크 브레이크와 유사하게 드럼 브레이크는 마찰의 원리를 적용하여 각운동 에너지를 열에너지로 소멸할 수 있다. 이는 내부로부터 **드럼 로터**(drum rotor)를 누르는 두 **브레이크 슈**(brake shoes)로써 행한다. 드럼은 회전축에 견고하게 고정되어 있고 브레이크 슈가 눌러지는 큰 반경 방향 접촉 면적을 가진다. 디스크 브레이크와 유사하게 발 운동에 의한 조작자 입력 힘이 제공되고, 이는 유압 압력으로 변환되어 **피스톤**에 공급된다. 브레이크가 활성화되면 피스톤은 양방향으로 신장하고 브레이크 작용을 제공하기 위해 브레이크 슈를 **드럼**에 민다. 브레이크 슈가 드럼에 접촉하면, 마찰력을 증가시키는 쐐기 작용이 생긴다[그림 13.21(b)]. 브레이크가 해제되고 나면 슈는 스프링에 의해 드럼으로부터 당겨진다. 다른 스프링이 브레이크 슈를 제 위치에 유지하기 위해 사용된다. 드럼 브레이크가 정확하게 동작하기 위해 브레이크 슈는 드럼에 근접하게 유지되어 피스톤의 과도한 이동을 피해야 한다. 그러나 브레이크 슈가 마모가 되면 슈와 드럼 사이에 조절을 필요로 하는 더 큰 간극이 형성된다. 이것이 대부분의 드럼 브레이크가 **간극조절장치**(adjuster)를 채용하는 이유이다. 이 조절 작용은 차량이 반대로 이동하고 브레이크가 작동하는 경우에 한하여 발생한다. 브레이크가 역회전하는 차량을 정지하고자 적용될 때, **간극조절장치 암**(arm)은 위로 회전하고 **간극조절장치 기어**의 회전을 시도한다[그림 13.21(c)]. 간극이 마모에 의해 충분이 확대가 될 때마다 간극조절장치 암은 간극조절장치 기어를 이 하나만큼 전진하기 위하여 충분한 상향 회전 운동을 한다. 이는 그 결합부를 다소 길게 하고 그래서 간극을 줄이면서 간극조절장치의 나사 연결부에 회전을 생성한다. 동작 중인 이 기구의 동영상이 **[비디오 13.21]**에 제공되어 있다.

비디오 13.21
드럼 브레이크

요약과 제안

디스크 브레이크와 드럼 브레이크 기구는 회전축의 각운동 에너지를 열로 소멸하는 방법을 제공함으로써 이 문제의 설계 목표를 충족한다. 차량 적용에서는 회전축이 차량 바퀴에 연결된다. 그러한 경우, 바퀴는 물, 흙, 먼지를 동반한 옥외 환경에 처하게 된다.

디스크 브레이크의 경우, 압착 작용이 물과 먼지를 소멸하고 마찰 접촉의 발생을 여전

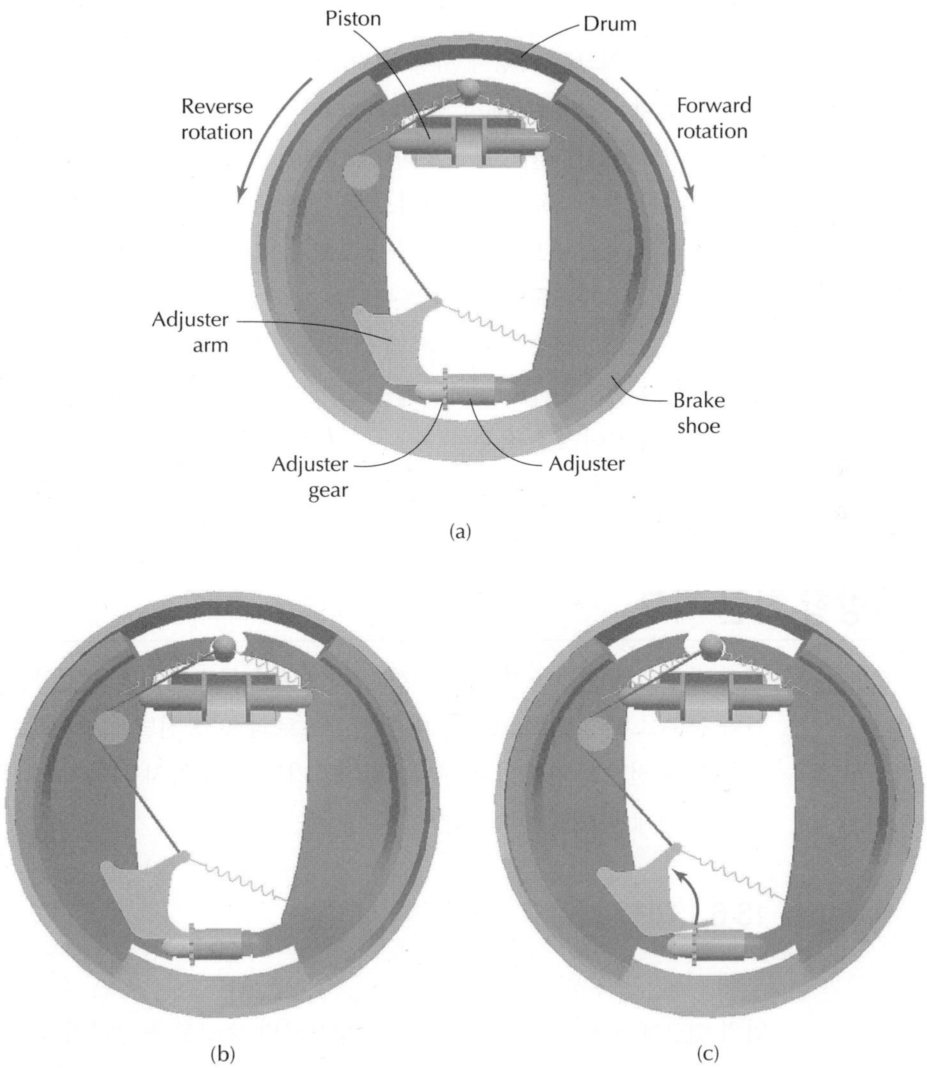

그림 13.21 ● 드럼 브레이크[비디오 13.21]. (a) 전체도, (b) 브레이크 작동, (c) 브레이크 해제

히 가능하게 하므로 서술된 브레이크 패드와 로터 시스템이 옥외 환경에서 잘 기능할 수 있다. 디스크 브레이크의 이점 하나는 옥외 환경에서 급속히 냉각할 수 있고, 내리막 적용처에서 오래 계속되는 브레이크 동작과 성능 적용처에서 잦은 무리한 브레이크 동작을 가능하게 하는 것이다. 디스크 브레이크의 구 설계들은 두 피스톤과 견고히 고정된 캘리퍼를 채용한다. 그러한 설계는 플로팅 캘리퍼 설계가 더 비싸지 않고 더 신뢰성이 있기 때문에 대부분 배제되었다. 다른 마찰 기반 시스템이 그러하듯, 궁극적으로는 브레이크 패드, 로터 또는 둘 다는 마멸되며 그리고 교체되어야 한다. 특정 에너지 소멸 정도에 대하여 재질과 크기의 적절한 선정으로써, 디스크 브레이크 기구는 100,000 사용 주기 또는 그 이상 동안

유지될 수 있다.

드럼 브레이크는 차량에 사용된 원래의 브레이크 시스템이었고, 디스크 브레이크에 앞선다. 그러나 드럼 내부에서 발생하는 열을 소멸하기가 더 어렵기 때문에 그 성능은 디스크 브레이크보다 효율적이지 못하다. 브레이크 패드는 높은 온도에서 효율이 떨어지므로, 드럼 브레이크는 지속되는 브레이크 동작 중에 낮은 성능을 가질 수 있다. 드럼 브레이크의 생산 가격은 디스크 브레이크보다 낮으므로 차량의 뒷바퀴에 계속해서 사용되고 있다. 이동하는 차량이 제동되면, 그 차량 에너지의 약 60~90%가 앞바퀴에 의해 소멸되고, 따라서 제조사는 가격과 성능 사이에 설계적 절충을 도모하기 위하여 일반적으로 앞바퀴에 디스크 브레이크를 사용하고 뒷바퀴에 드럼 브레이크를 사용한다. 고성능 차량은 네 바퀴 모두에 디스크 브레이크를 적용한다.

13.6 일방향 회전 기구

반대 방향으로 회전을 방지하고 한 방향으로만 회전운동을 전달하는 것이 자주 요구된다. 이와 같은 소위 일방향 기구는 다른 방향으로의 토크 전달을 방지하는 반면에 한 방향으로만 토크의 전달을 가능하게 한다. 그러한 기구의 몇 가지 사례가 제시되었고, 여기서 각각은 다른 설계 목표로 인해 다른 설계 특징을 갖는다.

13.6.1 래칫 기구

문제 서술

입력 링크에서 출력축으로 단지 한 방향으로만 토크를 전달하기 위한 장치가 필요하다. 반대 방향의 토크가 가해지면 출력에 역방향 토크의 전달을 방지하기 위하여 어떤 방법으로 방해를 받아야 한다. 이 적용은 원하는 방향으로 높은 토크를 전달하는 것이 필요하다. 기계적 단순함(비교적 적은 부품)이 중요하다고 확인되었다. 이 장치는 기능 중에 지저분한 환경에 처할 수 있고 크기는 작아야 한다.

설계 목적 선언

출력이 단지 한 방향으로만 토크를 받을 수 있도록 입력 링크에서 출력축으로 토크를 전달하는 기구를 설계하라. 설계는 기계적으로 단순하고 콤팩트해야 하고 높은 토크를 전달해야 한다. 이 장치는 보통 지저분한 (습하고, 기름기가 있고, 또 먼지가 있는) 환경에서 동작을 수행해야 한다.

제안된 설계 목표

래칫 기구에 대한 설계 목표가 표 13.6.1에 열거되어 있다.

제안된 설계 해법

이 설계 문제의 가능한 한 가지 해법은 그림 13.22에 보인 바와 같은 **래칫 기구**이다. 보여진 배치에서 래칫 휠은 중심점 주위를 회전하고 출력 회전을 제공한다. **폴 1**이 휠의 이와 물려 있어 휠은 단지 반시계 방향으로만 회전할 수 있다. 입력 토크는 핸들에 의해 인가된다. 핸들을 시계 방향으로 돌리면 **폴 2**를 이 위로 미끄러지게 하며, 휠에 토크를 가하지 않는다. 핸들을 반시계 방향으로 돌리면 폴 2를 두 이 사이에 물리게 하고, 이는 핸들 토크를 래칫 휠로 전달한다. 폴(pawl)의 회전 대우에 위치한 스프링(보이지 않음)은 폴의 끝이 래칫 휠과 접촉을 유지하게 한다. 동작 중인 이 기구의 동영상이 **[비디오 13.22]**에 제공되어 있다.

비디오 13.22
래칫 기구

이 기구의 흔한 적용처가 **래칫 렌치**에 있고, 여기서는 구동 토크가 단지 한 방향으로만

표 13.6.1 래칫 기구에 대한 설계 목표

Design Objective	Description	Value (Units)
CW torque	Allow applied torque to dissipate, without output shaft rotation	0 (N-m)
CCW torque	Transmit applied torque to rotate output shaft	200 (N-m)
Material	Must be strong and wear resistant	Steel
Number of parts	Minimize the number of parts in mechanism	< 10 parts
Operating environment	Must operate as expected in dusty and/or wet environment	Wet, greasy, or dusty
Overall size	Mechanism must not exceed size range	8 cm^3 (volume)

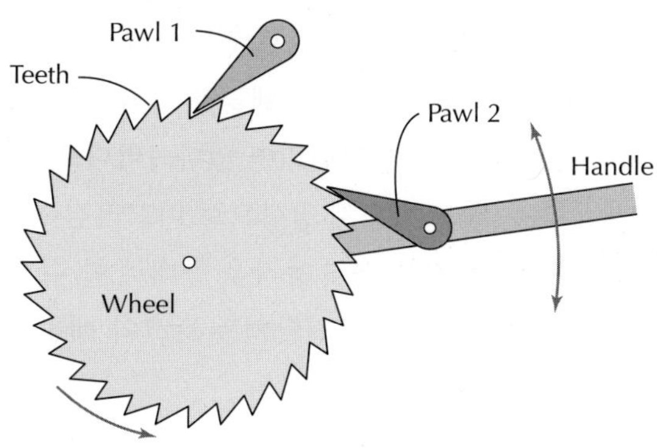

그림 13.22 ● 래칫 기구[비디오 13.22]

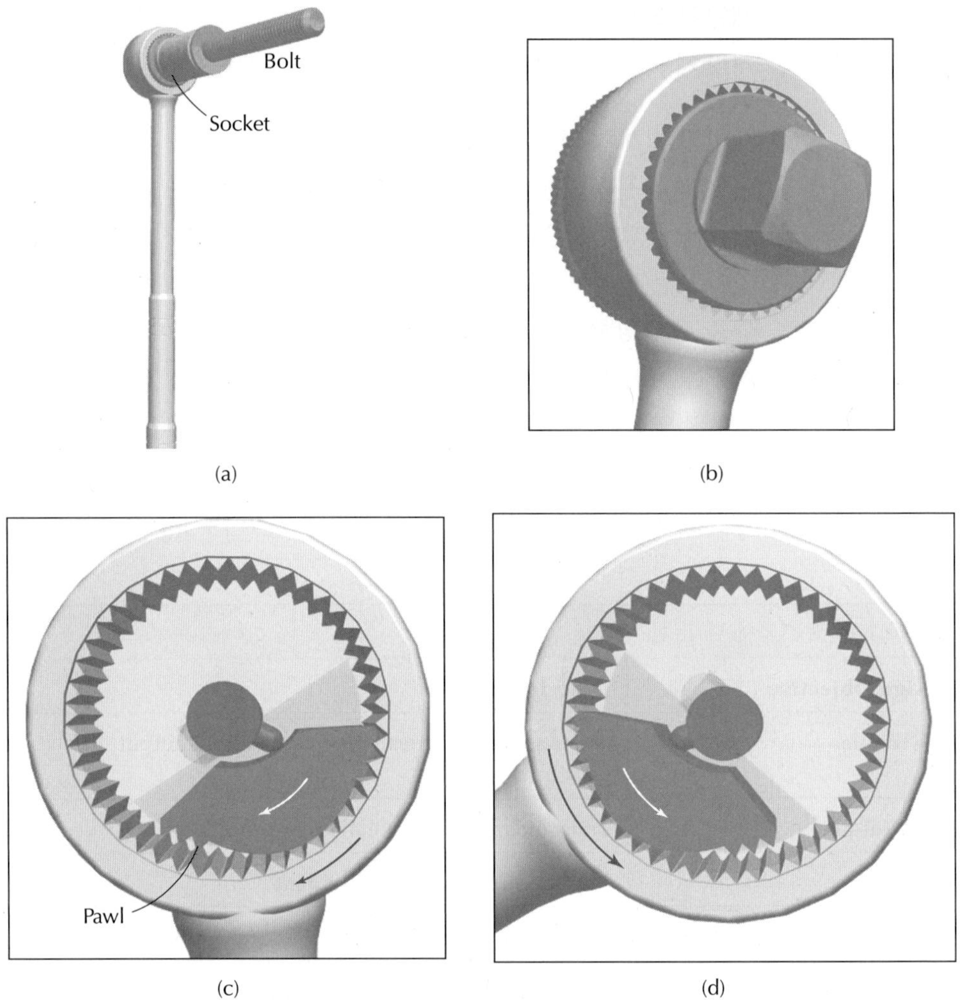

그림 13.23 ● 래칫 렌치[비디오 13.23]

비디오 13.23
래칫 렌치

제공될 수 있다. 그러한 렌치가 그림 13.23(a)에 나타나 있다. 이 기구에서, 출력축은 사각 렌치 머리에 해당하고, 이는 토크를 소켓과 볼트로 전달한다. 그림 13.23(b)는 소켓과 볼트가 제거된 렌치의 머리를 근접한 그림을 보인다. 핸들은 그림 13.23(c)에 보인 바와 같이 폴과 같은 다수의 이를 가진 링에 견고하게 연결되어 있다. **[비디오 13.23]**은 렌치가 어떻게 시계 방향으로 토크를 제공할 수 있고 반시계 방향으로 미끄러짐 동작을 수행할 수 있는지를 나타낸다. 이 기구의 부가적인 특징은 래칫 동작을 반대로 할 수 있다는 점이다. 이는 캠의 위치를 재설정하여 행할 수 있고, 이로써 전달되는 토크와 래칫 동작은 반대로 된다[그림 13.23(d)].

요약과 제안

래칫 렌치는 이 문제의 설계 목표를 충족한다. 이 렌치는 다른 방향으로는 폴이 이 위로의 미끄러짐이 가능하게 하면서 한 방향으로 토크를 전달하기 위하여 래칫과 폴 시스템을 적용한다. 이 시스템의 한 이점은 폴이 이와 견고하게 물릴 수 있어 습하거나 먼지가 있는 조건에서도 동작할 수 있다는 점이다. 그러나 다중의 이를 사용하기 때문에 물림이 발생하는 제한된 수의 단속적 위치가 존재한다. 결과적으로 폴이 이 중간에 위치할 때는 원하는 방향에서조차도 때때로 미끄러짐이 발생할 수 있다. 이런 면에서 폴이 단속적 위치에서 물리게 되는 경우에 래칫 기구는 단지 동작한다.

13.6.2 스프래그 클러치

문제 서술

사례 학습 13.6.1과 유사하게 한 방향으로만 입력축에서 출력축으로 토크를 전달하기 위한 장치가 필요하다. 역방향 토크가 가해지면 출력축으로 토크가 전달되는 것을 막기 위하여 어떤 방법으로 방해를 받아야 한다. 이 적용에서는 원하는 방향으로 가해진 토크는 기구가 동작함에 따라 어떠한 위치에서든 출력축으로 전달되어야 한다. 또한, 기구는 소음이나 진동이 없이 동작해야 하고 높은 토크를 전달할 필요가 있다. 기계적 단순함이 중요하다고 확인되고 있다.

설계 목적 선언

출력이 단지 한 방향으로만 토크를 받을 수 있도록 입력축에서 출력축으로 토크를 전달하는 기구를 설계하라. 이 기구는 소음과 진동이 최소한으로써 임의의 위치에서 연속적인 물림으로써 동작을 수행해야 한다. 이 설계는 기계적으로 단순하고 높은 토크를 전달해야 한다.

제안된 설계 목표

스프래그 클러치에 대한 설계 목표와 제약 조건이 표 13.6.2에 열거되어 있다.

제안된 설계 해법

이 설계 문제의 가능한 하나의 해법은 그림 13.24에 보인 바와 같은 **스프래그 클러치**이다. 이 기구는 **내측 레이스**(inner race)와 **외측 레이스**(outer race) 사이에 회전하는(pivoting) **스프래그 요소**(sprag elements) 세트를 가진 두 동심 레이스로 구성되어 있다. 이 예에서는 내측 레이스가 입력 토크를 인가하고 외측 레이스가 출력 토크를 내게 된다. 스프래그 요소는 레이스들에 접하게 될 수는 없고 항상 한 방향으로 기울어지게 되는 형태로 위치하게 된다. 내측 레이스가 시계 방향으로 구동되면 스프래그 요소는 다소 회전하고 내측과 외측 레이

표 13.6.2 스프래그 클러치에 대한 설계 목표와 제약 조건

Design Objective	**Description**	**Value (Units)**
CW torque	Transmit applied torque to rotate output shaft	250 (N-m)
CCW torque	Allow applied torque to dissipate, without output shaft rotation	0 (N-m)
Number of parts	Minimize the number of parts in mechanism	< 10 parts
Overall size	Mechanism must not exceed size range	50 cm^3 (volume)
Constraint	**Description**	**Value (Units)**
Continuous engagement	Device must be ready for engagement at any/all positions	–
Operating environment	Operating environment must be free of dust, debris, grease, or water	Clean
Vibration	Device must operate smoothly, where vibration must remain below set value, measured as angular acceleration of inner race	< 1 (rad/s^2)
Noise	Device must operate with low noise	< 45 (dB)

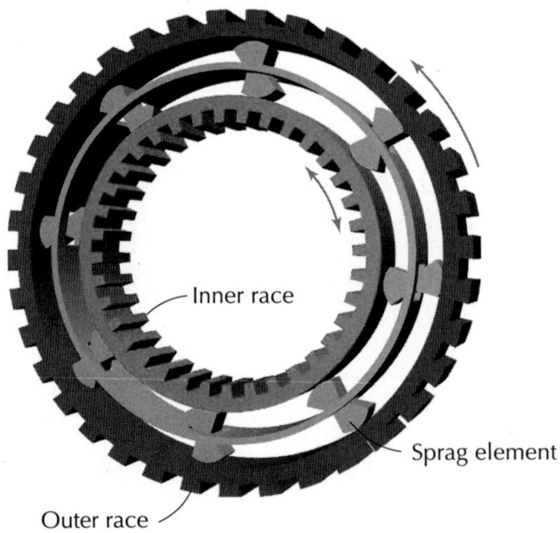

그림 13.24 ● 스프래그 클러치[비디오 13.24]

비디오 13.24
스프래그 클러치

스 사이에 스스로를 밀어 넣는다. 이로 인해 두 레이스가 함께 지지되고 양 레이스가 함께 회전하며, 이로써 내측 레이스에서 외측 레이스로 토크의 전달을 가능하게 한다. 내측 레이스가 반시계 방향으로 구동하면 스프래그 요소가 바깥으로 회전하여 출력 레이스에 운동이 전달되지 않는다. 동작 중인 이 기구의 동영상이 **[비디오 13.24]**에 제공되어 있다.

요약과 제안

스프래그 클러치는 부드럽고 연속적인 동작으로, 특히 한 방향으로 토크를 전달하는 능력으로써 이 문제의 설계 목표를 충족한다. 이 클러치는 토크를 전달하기 위하여 두 동심 레이스 사이에 스프래그 요소를 물리기 위하여 쐐기 원리를 적용한다. 이의 이점은 접속 동작이 단속적인 위치에서만 발생할 수 있는 래칫과 달리 레이스를 따르는 어떤 위치에서도 반복적인 접속과 분리가 즉시 발생한다는 점이다. 다른 이점은 스프래그 클러치는 래칫 이 위에서의 딸깍하는 동작이 없으므로 미끄럼 모드에서 조용하게 동작한다. 또한, 이 클러치는 미끄럼 모드에서 중간에서 저속력까지 동작 가능하다. 하나의 약점은 스프래그 요소와 레이스 면이 깨끗해야 하고, 쐐기 동작에 필요한 마찰을 생성하기 위하여 윤활유가 없는 면이 되어야 한다는 점이다. 레이스로 흙이나 물이 들어가면 스프래그 요소는 스스로의 쐐기 작용 대신에 이 장치를 비효율적으로 만드는 원하지 않는 미끄러짐을 나타낼 수 있다.

13.7 방탈 기구

문제 서술

정밀한 간격으로 단속적 움직임을 갖도록 회전 바퀴의 출력 운동을 조절하기 위한 장치가 필요하다. 단속적인 회전 출력은 기계식 시계의 표시 침에 사용된다. 그러면 단속적 운직임의 주기는 가능한 한 일정하게 지켜져야 한다. 또한, 장치가 마찰에 의한 에너지 손실을 보충하기 위해 동력을 제공하도록 기계적 기반의 에너지원이 고안되어야 한다. 기계적인 단순함(비교적 적은 부품)이 중요한 것으로 인식된다. 마찰은 기구의 정밀성에 영향을 미치고 또 소중한 에너지를 사용하므로 최소화되어야 한다.

설계 목적 선언

기계식 시계의 표시 침을 회전하는 데 사용하기 위해, 회전하는 바퀴에 주기적인 출력 운동을 제공하기 위한 기구를 설계하라. 또한, 출력 운동에 동력을 가하기 위한 기계적 에너지원를 설계하라. 이 설계는 기계적으로 단순해야 하고 마찰 손실을 최소화하도록 요소와 특성을 적용해야 한다.

제안된 설계 목표

방탈 기구에 대한 설계 목표는 표 13.7.1에 열거되어 있다.

제안된 설계 해법

이 설계 문제의 가능한 하나의 해법은 그림 13.25에 나타낸 바와 같은 **방탈 기구**(escapement

표 13.7.1 방탈 기구에 대한 설계 목표

Design Objective	Description	Value (Units)
Period of motion	Amount of time for mechanism to complete one cycle of motion	1/4 (second)
Accuracy	Ability to match the actual passage of time, as measured by error in ppm (parts per million)	10 (ppm)
Output motion	Nature of output motion must be intermittent, unidirectional rotation	Unidirectional rotation
Minimize friction	Employ materials or shapes to reduce revolute joint friction	Ruby jewel bearings
Number of parts	Minimize the number of parts in mechanism	< 10 parts
Mechanical energy source	Device used to supply energy to mechanism	–
Energy replenishment	Energy source must be easily recharged	Rechargeable

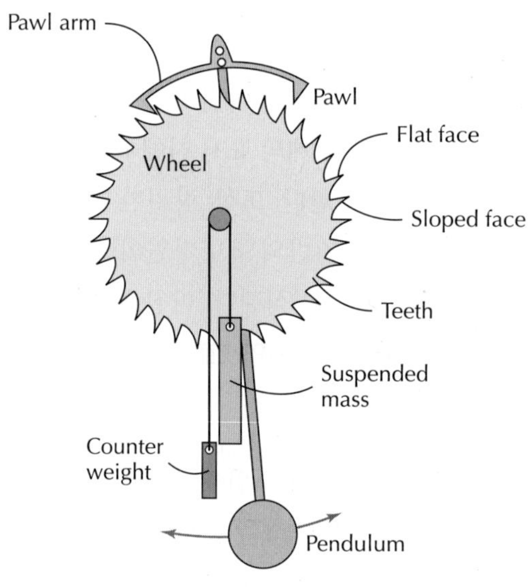

그림 13.25 ● 방탈 기구[비디오 13.25]

mechanism)이다. 이 기구는 단속적인 출력 운동을 생성하기 위해 저장된 에너지의 주기적인 방출을 제공한다.

저장된 에너지는 감긴 스프링의 형태, 매달린 중량(suspended weight)의 위치 에너지 또는 다른 형태일 수 있다. 방탈 기구는 수 세기 전에 개발되었고 기계식 시계에 일반적으로 적용된다. 모든 시계에는 시간의 경과와 연관되는 진자가 있다. 전형적인 기계식 진자는 진동의 정밀한 일정 주기를 유지해야 하는 작은 흔들림을 갖는 추(pendulums) 또는 균형 바퀴(balance wheels)이다. 그러나 기계식 진자는 움직이면서 마찰 손실을 겪게 된다. 방탈 기구는 저장된 에너지원을 기계적 진자에 의해 정밀하게 조절된 출력 운동인 단속적인 출력 운동의 펄스 또는 '똑딱임(ticks)'으로 변환한다. 동시에 방탈 기구는 마찰에 의해 손실된 에너지를 대체하기 위하여 진자에 에너지를 더한다. 기계식 시계에서 출력 운동은 보통 기어 박스를 통해 시계 침으로 공급된다.

비디오 13.25
방탈 기구

방탈 기구의 동작을 이해하기 위해서는 동작 중인 기구를 관찰하는 것이 최선이다. 기구의 동영상이 **[비디오 13.25]**에 제공되어 있다. 방탈 **바퀴**(wheel)는 그림 13.25에 나타낸 바와 같이 비대칭 형상인 수십 개의 **이**(teeth)를 가지고 있다. 각 이는 양 면을 가지며, 여기서 하나는 바퀴 반경 방향 선에 **평행한 평면**이고, 다른 측면은 반경 선에 대하여 **경사진 면**이다. 동영상에서, 방탈 바퀴는 **매달린 질량**(suspended mass)이 낮아지면서 그에 축적된 에너지에 의해 구동된다. 바퀴가 회전하면 흔들리는 추에 견고하게 부착된 양단으로 된 **폴 암**(pawl arm)에 반하여 동작한다. 이 추의 각 진동 주기에 대하여 바퀴는 바퀴 상의 한 이를 전진하도록 허용된다.

요약과 제안

방탈 기구는 시계에 사용되어 바퀴의 정밀한 주기적 출력 운동을 제공하므로 이 문제의 설계 목표를 충족한다. 방탈 바퀴의 출력은 초를 위한 표시 침을 돌리기 위해, 그리고 기어 박스를 통해 분과 시간을 위한 표시 침을 돌리기 위해 사용된다. 여기에 서술한 에너지원은 기구에 동력을 가하기 위해 느리게 낙하하는 매달린 중량이다. 에너지를 보충하기 위해 중량체는 매일 또는 이틀마다 사람에 의해 정점 위치로 되돌려 올려져야 한다. 진자는 어떤 시계든 심장부가 되고, 매달린 질량이 매 주기마다 에너지를 보충하는 한편, 추(pendulum)가 방탈 기구와 함께 기계식 시계에 사용된다. 현재, 매우 저렴한 비용과 훨씬 더 높은 정확성으로 인해 전자 기반의 수정 진자가 전자 요소와 함께 추와 방탈 기구를 대신한다.

13.8 가변 조리개 기구

문제 서술

빛의 통과를 조절하기 위하여 다양한 크기의 오리피스(orifice)를 생성하는 기구가 필요하다. 나아가 오리피스의 형태는 오리피스 직경에 무관하게 원형이어야 한다. 이 기구는 사진기에 사용될 것이다. 오리피스의 크기는 직경이 최소 4 cm에서 20 cm까지 가변해야 한다. 또한, 이 기구는 광학 렌즈 시스템 사이에 적합할 수 있도록 빛이 통과하는 방향으로 비교적 조밀해야 한다. 오리피스의 직경을 조절하는 방법은 단일 제어 동작이어야 한다.

설계 목적 선언

직경이 4 cm에서 20 cm까지 가변할 수 있는 원형 오리피스를 생성하는 기구를 설계하라. 오리피스는 특정된 직경 범위 내에서 원형을 유지해야 한다. 이 설계는 오리피스 열림에 직각인 방향으로 기계적으로 간소해야 한다. 오리피스 직경 크기는 1자유도의 입력 동작에 의해 조절될 수 있어야 한다.

제안된 설계 목표

홍채 기구에 대한 설계 목표가 표 13.8.1에 열거되어 있다.

제안된 설계 해법

이 설계 문제에 대한 하나의 가능한 해법은 그림 13.26에 나타낸 바와 같은 **홍채 기구**(iris mechanism)이다. 홍채 기구는 그림 13.26(b)에 나타낸 바와 같이 원형 링의 중심 주위에 일정한 간격으로 위치한 일련의 **베인**(vanes)으로 구성된다. 베인은 서로 겹쳐지고 링의 중심을 향하여 또는 이로부터 멀어지는 회전을 할 수 있다. 모든 베인은 단일 입력 운동에 의해 동시에 움직이는 형태로 연결되어 있다. 모든 베인이 중심을 향하여 회전하면 기구의 중앙에 있는 열림은 축소되고, 여기서 열림은 그림 13.26(c)에 보인 바와 같이 **오리피스**[orifice, 조리개(aperture)]를 나타낸다. 모든 베인이 중앙으로부터 회전되면 오리피스의 크기가 증가한다. 홍채 기구는 3개 만큼의 적은 베인으로 또는 수십 개의 베인으로 형성될 수 있다. 베인이 많이 사용될수록 중앙의 구멍(조리개)은 원형에 더 근접하게 된다. 예를 들면, 베인이 직선의 가장자리를 가진다면, 6개 베인을 가진 홍채 기구는 6각형 구멍 형태를 가진다. 홍채 기구의 두 극단적인 형태는 완전히 열린 위치[그림 13.26(a)]와 축소된 위치[그림 13.26(c)]이다. 그림 13.26(b)와 그림 13.26(d)에서 베인의 운동을 드러내 보이기 위해 하나의 베인이 분리되어 있다. 각 베인의 한 쪽 끝은 기초 링크에 핀으로 고정되어 있다. 각 베

표 13.8.1 홍채 기구에 대한 설계 목표

Design Objective	Description	Value (Units)
Variable diameter orifice	Orifice diameter is variable	4 –20 (cm)
Orifice shape	Shape of the opening regardless of size	Circular
Actuation method	Mechanical input motion with 1 degree of freedom to adjust orifice diameter	1 DOF input
Compact width	Must be compact in direction perpendicular to orifice opening	< 1 (cm)

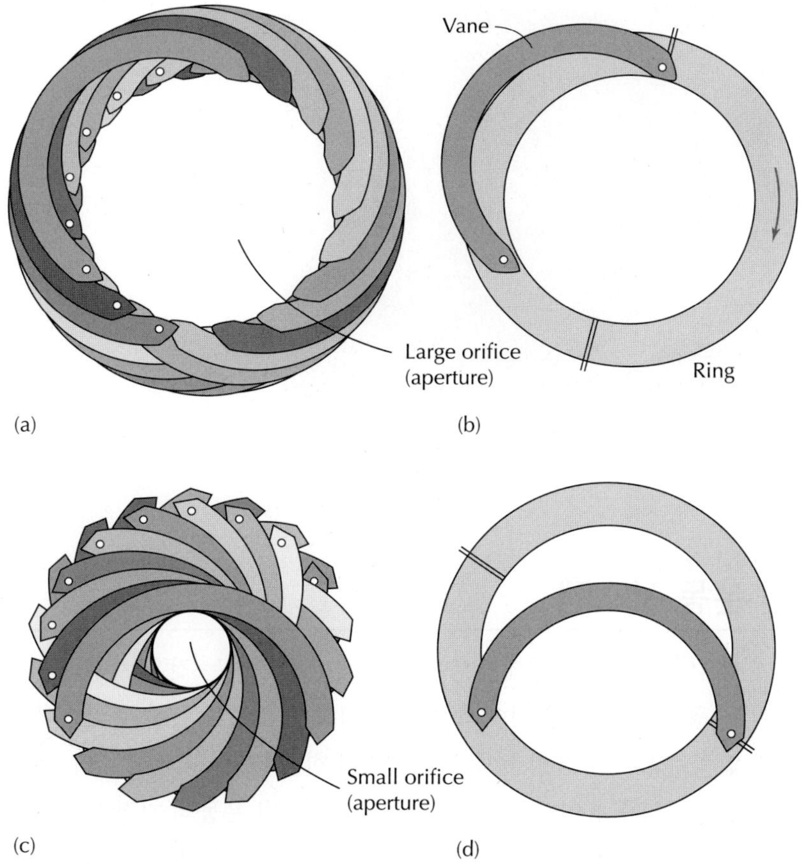

그림 13.26 ● 홍채 기구[비디오 13.26]

비디오 13.26
홍채 기구

인의 다른 끝은 동심 링의 슬롯 내에서 미끄러지는 핀을 갖는다. 기초 링크에 상대적인 링의 회전은 모든 베인이 함께 움직이도록 하게 한다. 동작 중인 이 기구의 동영상이 **[비디오 13.26]**에 제공되어 있다.

요약과 제안

홍채 기구는 거의 원형 형태를 유지하는 가변 크기 조리개를 생성하는 방법을 제공함으로써 이 문제의 설계 목표를 충족한다. 베인이 더 많이 사용되면 원형에 더 근접하게 된다. 홍채 기구는 원하는 양의 빛의 통과를 허용하기 위하여 카메라 렌즈에 널리 사용되고 있다. 열림의 형태는 광학적 이유로 중요하다. 또한, 홍채 기구는 유체 흐름의 조절처럼 다른 적용처에도 사용되고 있다. 그림 13.27은 공기흐름을 조절하는 데 적용된 홍채 기구를 나타내고 있고, **[비디오 13.27]**은 동작 중인 동일 기구를 보여준다.

비디오 13.27
유동 조절기

그림 13.27 ● 유동 조절기[비디오 13.27]

13.9 회전 직선 운동 시스템

기계적인 운동을 한 형태에서 다른 형태로 변환하는 것은 기구와 기계 설계의 중요한 측면이다. 종종, 운동이나 힘이 적용처에 대하여 즉시 유용하지 않은 형태로 공급되어 기구가 그 입력 운동을 유용한 형태로 변환해야 한다. 회전은 전기 모터, 내연기관, 터빈 또는 다른 제공원에 의해 용이하게 생성되기 때문에 입력 운동의 가장 일반적인 형태의 하나는 회전이다. 그러나 많은 기구는 직선 운동과 힘을 필요로 한다. 따라서 한 형태에서 다른 형태로 효율적으로 변환하기 위하여 여러 시스템이 고안되었다. 이러한 기구에 대한 세 가지 사례 학습이 다음에 제시되어 있다.

문제 서술

회전 입력 운동을 직선 출력 운동으로 변환하기 위한 장치가 필요하다. 이 장치는 입력 토크를 직선 힘으로 변환하는 데 높은 효율을 가져야 한다. 이 설계는 확장 가능해야 하고, 여러 직선 이동 길이를 수용할 수 있어야 한다. 이 기구는 시계 또는 반시계 방향인 입력 회전에 대하여 허용할 수 있어야 한다. 이 장치는 광범위한 적용처에 사용되도록 기계적으로 단순하고 콤팩트해야 한다.

설계 목적 선언

회전 토크와 운동을 직선 힘과 운동으로 변환하기 위한 기구를 설계하라. 이 설계는 적은 부품으로 구성되어 기계적으로 단순해야 하고, 입력 회전은 어느 방향이든지 수용해야 한다. 설계는 운동의 효율적 변환이 가능하도록 마찰 손실을 최소화하기 위하여 구성품, 재질, 그리고 특징을 적용해야 한다.

표 13.9.1 선형 운동 시스템에 대한 설계 목표

Design Objective	Description	Value (Units)
Input torque	Mechanism must handle input torques within the prescribed range	0–1000 (N-m)
Output force	Mechanism must produce output forces within the prescribed range	0–10,000 (N)
Input motion	Accommodate either clockwise or counterclockwise input motion	CW or CCW
Output motion	The linear output stroke length should be within the prescribed range	0.01–10 (m)
Efficiency	The amount of useful output energy, in comparison to the input energy	50–90 (%)
Minimize friction	Employ materials or shapes to reduce friction	Lubrication, different metals
Number of parts	Minimize the number of parts in mechanism	< 10 parts

제안된 설계 목표

직선 운동 시스템에 대한 설계 목표가 표 13.9.1에 열거되어 있다.

제안된 설계 해법(리드 스크류와 너트)

이 설계 문제의 한 가지 가능한 해법은 그림 13.28에 나타낸 바와 같은 **리드 스크류와 너트**이다. 리드 스크류는 그 원주에 헬리컬 나사를 가진 봉이다. 이 나사는 한 나선의 나사에서 다음 나사까지의 직선 거리인 **피치**(연속된 나사 사이의 거리)를 가진다. 맞물리는 암나사를 가진 **너트**(nut)는 스크류와 결합된다. 스크류가 360°만큼 회전하고, 너트가 회전하는 것

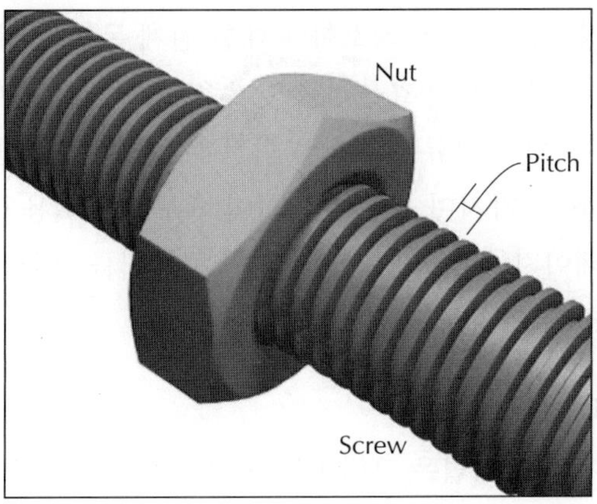

그림 13.28 ● 리드 스크류와 너트[비디오 13.28]

이 방지되면 너트는 스크류를 따라 나사의 피치와 동일한 만큼 직선 운동으로 움직인다. 이렇게 하여, 이 장치는 스크류의 회전 운동을 너트의 직선 운동으로 변환한다. 이와 달리, 스크류가 회전이 방지된 채로 너트가 회전되면 이는 스크류의 직선 운동을 야기한다. 동작 중에 스크류와 너트 사이에는 미끄럼 접촉이 있고, 따라서 효율적인 동작을 위해서는 그리스로써 윤활하는 것이 필수적이다. 또한, 금속 스크류 상에서 낮은 마찰계수를 갖는 플라스틱 소재가 너트로 사용될 수 있다. 리드 스크류와 너트의 효율은 일반적으로 50%와 65% 사이에 있다. 이 기구의 흥미로운 측면은 역방향 구동이 되지 않는다는 것이다. 달리 표현하면 스크류나 너트에 인가된 직선 힘이 너트나 스크류 각각의 회전 출력을 초래하지는 않는다. 이는 너트 나사와 스크류 나사 사이의 마찰과 높은 압력각의 조합에 기인한다. 이러한 기구는 저렴하고, 회전 운동을 다양한 인가된 힘과 직선 이동 거리의 직선 운동으로 변환하는 가장 널리 사용되는 방법이다. 동작 중인 이 기구의 동영상이 **[비디오 13.28]**에 제공되어 있다.

비디오 13.28
리드 스크류와 너트

제안된 설계 해법(재순환 볼 스크류와 너트)

이 설계 문제의 다른 가능한 해법은 그림 13.29에 나타낸 바와 같은 **재순환 볼 스크류**(recirculating ball screw)와 **볼 너트**(ball nut)이다. 재순환 볼 스크류의 운동학은 앞선 절에서 서술한 바와 같은 전통적인 리드 스크류의 경우와 동일하다. 따라서 운동학적 분석을 수행할 때 구별이 요구되지 않는다. 그러나 재순환 볼 스크류는 전통적인 스크류 형태보다 대폭적으로 더 낮은 마찰 특성을 갖는다. 이는 볼 너트와 볼 스크류 사이에 구름 접촉을 생성하기 위하여 스크류를 따르는 홈 내에 볼 베어링을 사용함으로써 가능하다. 이는 입력 토크의 직선 힘으로의 변환 효율을 85~90% 정도로 되게 한다. 리드 스크류와는 달리, 재순환 볼 스크류는 역구동이 가능하다. 이는 비록 정상 작동 모드는 아니지만, 너트에 가해진 직선 힘이 스크류의 회전운동을 야기한다는 것을 의미한다. 이 역구동 동작은 이 장치의 높은 효율성에 기인한다. 볼 스크류 기구는 리드 스크류에 비하여 많은 요소를 가지며 훨씬 더 비싸다. 이러한 점에서 이 장치는 요소의 최소화에 대한 설계 목표를 위배하고 있다. 그러나 이 장치는 높은 힘을 취급하기 위하여 효율성을 얻기 위하여 그리고 마찰의 최소화를 위하여 대단히 우월하다. 재순환 볼 스크류는 주어진 회전에 대하여 정밀한 크기의 직선 이동이 요구되는 중간 정도의 부하를 가지며 높은 정밀성이 요구되는 적용처에 일반적으로 사용된다. 이는 직선 운동 스테이지(stages)와 약간의 직선 구동기를 포함한다. 동작 중인 이 기구의 동영상이 **[비디오 13.29]**에 제공되어 있다.

비디오 13.29
재순환 볼 스크류

제안된 설계 해법(랙과 피니언)

이 설계 문제의 세 번째 가능한 해법은 그림 1.24와 그림 1.25에 나타낸 바와 같은 **랙과 피니언** 기구이다. 랙과 피니언 기구는 랙과 맞물리는 피니언 기어를 적용한 기어 열 기반 시

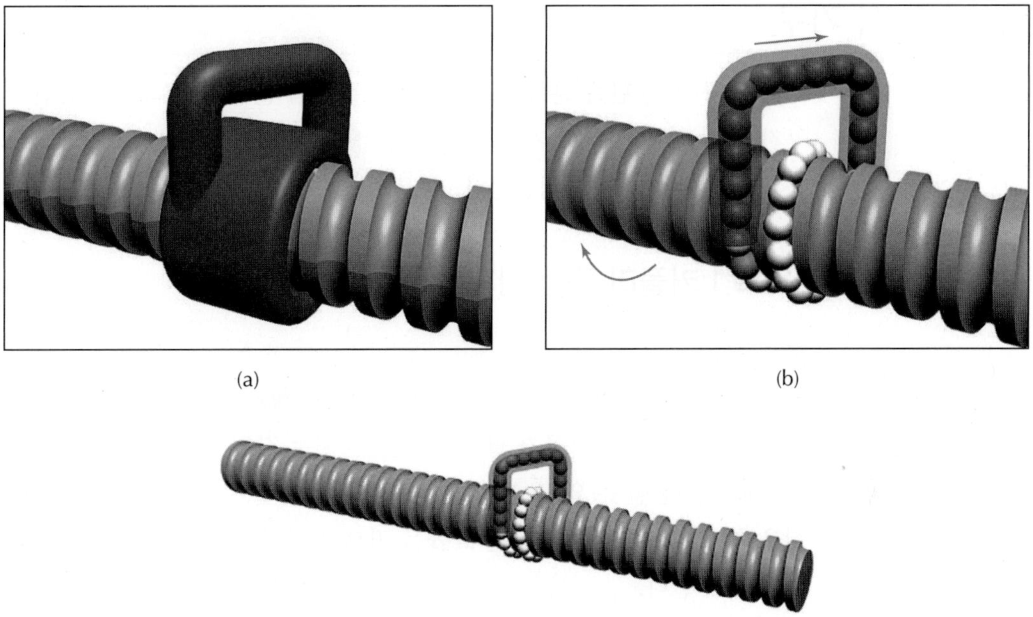

(a) (b) (c)

그림 13.29 ● 재순환 볼 스크류[비디오 13.29]

스템이다. 5장에서 서술한 바와 같이 소음과 백래시를 최소화하기 위해서는 작동 중에 피니언과 랙 사이에 상대적 거리를 유지하는 것이 중요하다. 그러면 이 지원을 제공하는 데 필요한 추가의 부품(보이지 않음)은 이 설계에 복잡함을 더한다. 랙과 피니언 기구는 완전히 전진 구동되거나 또는 역구동이 가능하다. 달리 표현하면, 이 기구는 회전 운동을 직선 운동으로 효율적으로 변환할 수 있고, 또한 직선 운동을 다시 회전 운동으로 변환할 수 있다. 이 기구는 랙을 더 크게 제작하면 비용이 소요되므로 보통 비싸다. 동작 중인 랙과 피니언의 동영상이 **[비디오 1.24]**와 **[비디오 5.20]**에 제공되어 있다. 랙과 피니언 시스템은 차량 조향 용도로 적용되고, 이러한 동작의 동영상은 **[비디오 1.25]**에 제공되어 있다.

비디오 1.24
랙과 피니언

비디오 5.20
랙과 피니언 기어

요약과 제안

리드 스크류 기구, 재순환 볼 스크류 기구, 그리고 랙과 피니언 기구는 모두 이 문제의 설계 목표를 충족한다. 이 기구들은 모두 다양한 방법으로 회전 운동과 토크를 직선 운동과 힘으로 변환할 수 있다. 각각은 고유하게 유리한 점과 불리한 점을 가지고 있고, 따라서 서로 다른 용도에 적합하다.

13.10 정지 기구

정지 기구(또한 **단속 운동 기구**로 불림)는 입력 운동이 연속적인 동안에 0인 출력 운동의 구간을 제공한다. 두 가지 그러한 기구가 다음에 서술되어 있다. 각각은 4절 기구 커플러 곡선의 특별한 형상을 적용한다.

13.10.1 커플러 곡선 정지 기구

문제 서술

연속적인 회전 입력을, 한 주기 동안에 출력 운동의 일부 구간이 정지하는, 요동하는 출력 운동으로 변환하는 기구가 필요하다. 이 장치는 작업 환경으로 인하여 전자식 타이머 또는 구성품을 채용할 수 없고, 기계식 링크와 관절만을 사용해야 한다. 이 적용은 동력 전달 손실을 최소화하기 위하여 높은 효율을 필요로 한다. 또한, 이 장치는 높은 토크와 힘을 다룰 수 있어야 한다.

설계 목적 선언

연속적인 입력 회전을 한 주기 내에서 출력이 나타나지 않는 구간을 갖는 출력 운동으로 변환하는 기구를 설계하라. 이 장치는 기구에서 마찰 손실을 최소화하는 요소를 사용해야 한다. 이 설계는 높은 토크와 힘을 다루도록 기계적으로 강해야 한다.

제안된 설계 목표

커플러 곡선 정지 기구에 대한 설계 목표가 표 13.10.1에 열거되어 있다.

제안된 설계 해법(직선 정지)(a)

비디오 13.30
직선 정지 기구

가능한 한 가지 설계 해법은 그림 13.30에 보인 바와 같이 커플러 곡선의 일부가 직선(a)에 근접하는 4절 **직선 정지**(straight-line dwell) 기구이다. 이 기구는 1.7.1절에서 서술한 바와 같은 크랭크 로커 기구 설계를 기반으로 한다. 링크 2는 크랭크이고 링크 4는 로커이다. 링크 5는 커플러 점 C에 부착된 슬라이더이다. 이 기구가 동작하면, 점 C는 **C의 점선 경로**로 보여진 공간의 경로(커플러 곡선)를 따른다. 점선 커플러 곡선은 거의 직선 부분이 있는 대문자 D를 닮은 형태를 가지고 있음을 주목하라. 슬라이더 링크 5는 공간 상의 C 경로를 따르고, 결국은 순간적으로 정지 상태를 유지하는 링크 6을 따라 미끄러지는 직선 부분을 따른다. 주기의 나머지 동안 링크 6은 맥동 회전을 한다.

제안된 설계 해법(원형 호 정지)(b)

다른 가능한 설계 해법은 그림 13.31에 보인 바와 같은 커플러 곡선의 일부가 거의 원형 호(b)가 되는 4절 원형 호 정지 기구이다. 이 대안 해법은 설계 목표에서 보인 원형 호에 대한 옵

표 13.10.1 커플러 곡선 정지 기구에 대한 설계 목표

Design Objective	Description	Value (Units)
Intermittent output motion dwell	Motion must dwell for a period of time	2 (seconds)
Total cycle time	Total time for crank to complete one revolution	10 (seconds)
Link material	Link material	6061-T6 Aluminium
Stress in links	Stress must not exceed 25% of yield stress of linkage material	60 (MPa)
Trajectory of coupler linkage	Spatial trajectory (path through space) of coupler linkage that creates the dwell motion	Straight line[(a)] or circular arc[(b)]
Minimize friction	Employ elements to reduce rolling or sliding friction	Ball bearings or roller bearings
Operating speed of input	Low-speed operation	0–60 (rpm)

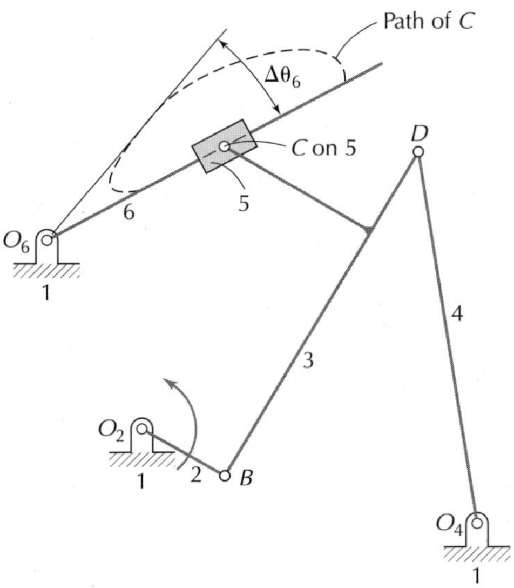

그림 13.30 ● 직선 정지 기구[비디오 13.30]

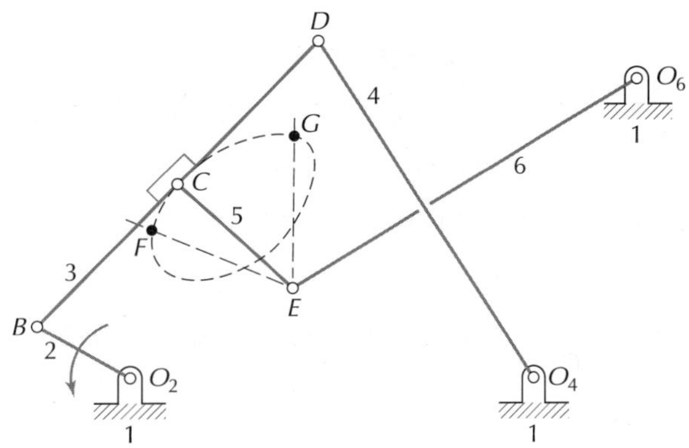

그림 13.31 ● 원형 호 정지 기구[비디오 13.31]

션이 있기 때문에 제공되어 있다.

이 기구도 또한 크랭크 로커이며, 여기서 링크 2는 크랭크이고 링크 4는 로커이다. 기구가 동작하면, 점 C는 점선 곡선으로 나타낸 달걀 모양의 커플러 곡선을 따라 움직인다. 점 F와 G 사이에서 이 곡선은 점 E에 중심을 둔 거의 원형 호이다. 회전 중심점(pivot point)이

이 원형 호의 중심(즉, 점 E)에 위치한다면, 그 점은 점 C가 원형 호를 따라 움직이는 동안에 공간 상에서 이동하지 않는다는 것을 주목하라. 따라서 점 E에서 이동 회전 중심점 연결을 공유하면서 링크 5와 6이 이 기구에 더해진다. 링크 5의 다른 끝은 점 C에 있다. 링크 2가 보여진 위치에서 회전을 시작하면, 점 C가 원형 호 상에서 움직이는 한 링크 6은 정지 상태를 유지한다. 주기의 후반에 점 C가 원형 호를 따라 이동하지 않으면 링크 6은 맥동 회전을 하게 된다. 또한 이 설계에서는 미끄럼 관절이 없고 단지 회전 관절만이 있다는 것을 주목하라.

비디오 13.31
원형 호 정지 기구

요약과 제안

이 문제의 설계 목적을 모두 충족하는 두 가지 다른 운동 정지 기구가 제시되었다. 하나는 커플러 곡선의 직선 부분을 이용하여 이를 달성하고, 다른 하나는 커플러 곡선의 원형 호 부분을 적용한다. 회전 속력과 입력 링크 2의 길이에 따라 다양한 주기를 얻을 수 있다. 링크의 길이를 어떻게 설계하는 가에 따라 운동 정지의 다양한 크기를 얻을 수 있다. 구름 마찰을 크게 줄여 이 기구를 매우 효율적으로 만들기 위해 모든 회전 관절에 볼 베어링을 사용할 수 있다. 이에 더하여, 선회 관절에 높은 정확도의 베어링을 사용하여 원형 호 설계로써 높은 정밀도의 기계적 운동을 얻을 수 있다. 8장과 9장에 서술된 원리를 사용하여 이 기구의 링크 내의 힘이 계산될 수 있다.

13.10.2 제네바 기구

문제 서술

연속 회전 입력을 멈춤-정지-시작(stop-dwell-start)의 요동 출력 운동으로 변환하는 장치가 필요하다. 이 적용은 고속력 동작을 요구하고, 그래서 출력축이 멈춤-정지-시작 동작을 초당 적어도 24회 또는 더 이상 수행할 수 있어야 한다. 멈춤-시작 동작과 연관된 높은 관성력 때문에 이 장치는 강하고 가벼운 가동 부품을 가져야 한다. 이 적용은 동력 전달 손실을 최소화하기 위하여 높은 효율을 요구하고, 의도하는 용도에서 수 백만 주기 동안 작동되어야 한다.

설계 목적 선언

연속 입력 회전을 멈춤-정지-시작의 출력 운동 주기로 변환하는 기구를 설계하라. 멈춤-정지-시작 주기는 매초 적어도 24회 발생해야 하고, 수 백만 주기 동안 작동해야 한다. 이 기구는 구성품 내에서 마찰 손실을 최소화하도록 요소를 사용해야 하고 높은 관성력에 대처하도록 기계적으로 강해야 한다.

제안된 설계 목표

제네바 기구에 대한 설계 목표가 표 13.10.2에 열거되어 있다.

제안된 설계 해법

이 설계 문제에 대한 하나의 잘 알려진 해법은 그림 13.32에 보인 바와 같은 **제네바 기구**(Geneva mechanism)라고 알려진 것이다. 이 장치는 회전 주기의 단지 일부 구간 동안에만 상호간에 맞물리는 두 회전체로 구성되어 있다. 이 경우, 입력부는 링크 2이고 출력부는 링크 3이다. 링크 2가 일정한 회전 속력으로 구동되면 링크 3의 출력 운동은 일정한 간격으로 멈추고 시작한다[42]. 그림 13.32(a)와 13.32(b)는 이 기구의 두 위치를 보여준다. 그림 13.32(a)에서, 링크 2의 일부인 **잠금판**(locking plate)이 링크 3 상의 원형면에 상대적으로

비디오 13.32
제네바 기구

표 13.10.2 제네바 기구에 대한 설계 목표

Design Objective	Description	Value (Units)
Output motion dwell	Motion of output must stop (dwell) for a percentage of total cycle time	66 (%)
Number of stop–dwell–start cycles/s	Number of motion cycles, for input crank to complete one revolution, per second	24 (cycles/sec)
Stress in links	Stress must not exceed 25% of yield stress of linkage material	60 (MPa)
Operating life	Total number of cycles of operation before repair or replacement	10 million (cycles)
Minimize friction	Employ elements to reduce rolling or sliding friction	Ball bearings or roller bearings
Operating speed of input	High-speed operation	240 (rpm)

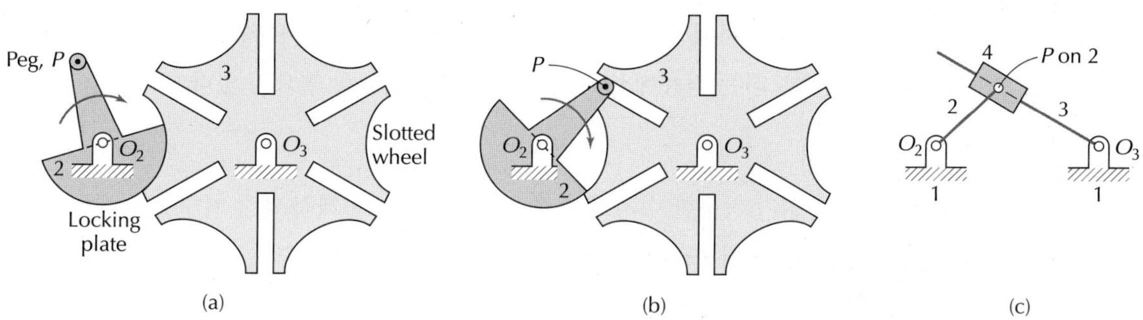

그림 13.32 ● 제네바 기구[비디오 13.32]. (a) 잠금 위치의 바퀴, (b) 펙에 의한 바퀴 구동, (c) 펙이 슬롯 내에 있을 때의 등가 기구

미끄러지고, 링크 3의 어떤 출력 운동도 방지한다. 주기의 마지막 단계에서, 그림 13.32(b)에 보인 바와 같이 잠금판은 **펙**(peg) P가 **슬롯 바퀴**(slotted wheel) 상의 슬롯에 들어가는 정확하게 그 동일한 순간에 링크 3으로부터 분리된다. 링크 3에는 6개의 등분된 슬롯이 있기 때문에, 펙은 슬롯에서 한 주기를 완료할 때마다 한 회전의 1/6(즉, 60°) 동안 링크 3을 구동한다.

한 주기의 1/6 부분에 대한 이 기구의 골격도 표현이 그림 13.32(c)에 나타나 있다. 이 부분은 그림 13.32(b)에 나타낸 부분과 등가이다. 이 골격도에서, 링크 2와 3은 각각 기구의 입력과 출력에 연결되어 있고, 링크 4는 슬라이더이다.

요약과 제안

제시된 제네바 기구는 이 문제의 설계 목표를 충족한다. 이 기구는 고속 회전 입력을 단속적인 출력 회전으로 변환할 수 있다. 입력 회전 속력이 240 rpm(4 회전/초)으로 주어지면, 6개 슬롯을 가진 보인 제네바 기구는 매초 당 24 시작-정지-멈춤 주기를 얻을 수 있다. 다른 적용을 위해서는, 제네바 기구가 링크 3에 4, 5, 7, 8 또는 더 이상의 등 간격 슬롯으로 설계될 수 있다. 슬롯 바퀴에 4개 슬롯이 있다면, 링크 2의 매 회전은 링크 3을 90°만큼 회전시킨다. 일정한 입력 회전에서 단속적인 출력이 생성되도록 요구하는 한 적용처는 필름을 주기적으로 전진하기 위한 영사기 또는 프로젝터에 있다. 이 기구는, 1.2.2절에서 제시되고 그림 1.16에서 보인 바와 같이 커플러 점을 가진 4절 기구의 대안이 될 수 있다.

13.10.3 계수 기구

문제 서술

입력축이 회전을 받는 횟수를 세기 위한 장치가 필요하다. 횟수는 영숫자를 사용하여 수의 형태로 나타낼 필요가 있다. 이 특별한 적용을 위해 이 장치는 1,000까지 계수할 수 있을 필요가 있고, 여기서 입력축의 1회전은 10회에 대응한다. 기계적 설계는 확장 가능해야 하며, 그래서 다른 적용을 위해 더 높은 수까지 계수하도록 쉽게 확장될 수 있어야 한다. 이 장치는 작동 환경으로 인하여 전자적 구성품을 채용할 수 없고, 기계적 요소만을 사용해야 한다. 이 장치는 의도하는 적용에서 수백만 주기 동안 작동할 필요가 있다.

설계 목적 선언

입력축 회전을 읽기 가능한 수치적 출력으로 변환하는 기계적 계수 기구를 설계하라. 이 기구는 1,000까지 계수할 수 있어야 한다. 단일 입력 회전과 회수의 비는 1대 10이어야 한다. 이 설계는 다른 적용처에서 더 높은 계수를 위해 용이하게 확장하는 것이 가능하도록 해야 한다. 재질과 구성품의 강도는 이 장치가 수백만 주기 동안 작동되기에 적합해야 한다.

표 13.10.3 계수 기구에 대한 설계 목표		
Design Objective	**Description**	**Value (Units)**
Numerical readout	Input shaft motion causes digits to advance, where advancement will be displayed as alphanumeric	Alphanumeric
Ratio of input shaft rotation to digit increment	One rotation of the input shaft will equal 10 counts of advancement of the numerical digits	1:10
Maximum count	Highest number that the mechanism will reach	1000
Expandability	Mechanism design must allow for easy expansion to count to higher numbers	–
Operating life	Total number of cycles of operation before repair or replacement	10 million (cycles)
Materials	Employ materials to reduce friction and wear on the mechanism components	Plastic and steel
Operating speed	Operating speed of input will be low speed	0–60 (rpm)

제안된 설계 목표

계수 기구에 대한 설계 목표가 표 13.10.3에 열거되어 있다.

제안된 설계 해법

이 설계 문제의 흥미로운 해법은 그림 13.33에 보인 바와 같은 단속 운동 계수 기구이다. 이 기구는 설계 목표를 달성하기 위하여 기어, 링크 그리고 수치가 새겨진 바퀴들을 적용한다. 입력축은 첫 번째 바퀴에 견고하게 연결되어 있다. **입력축**의 각 회전에 대하여 **첫 번째**

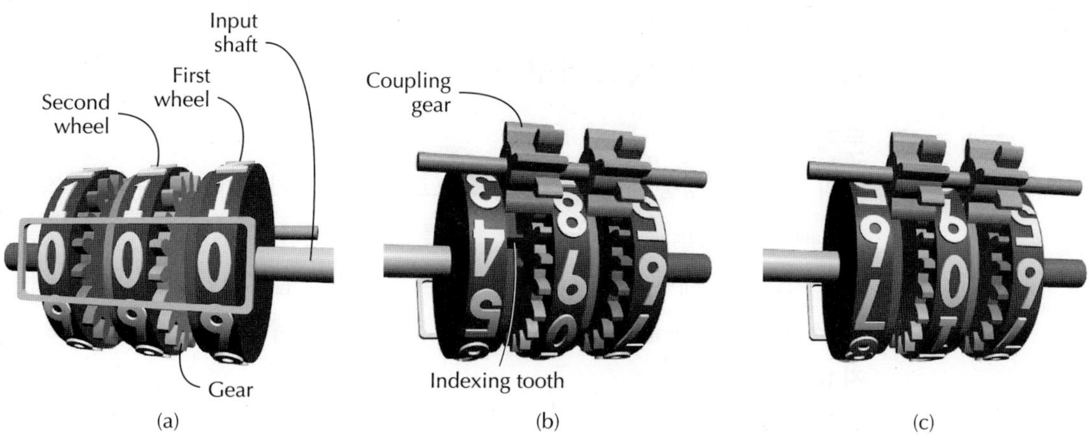

그림 13.33 ● 계수 기구[비디오 13.33]

바퀴는 완전한 1회전을 하게 된다. 각 바퀴 위에는 그림 13.33(b)에 보인 바와 같이 **색인 이**(indexing tooth)를 가진다. 첫 번째 바퀴 상의 색인 이는 두 번째 바퀴에 부착된 기어와 맞물려 있는 **커플링 기어**(coupling gear)와 주기적으로 물린다. 첫 번째 바퀴의 각 회전 후, 바퀴의 색인 이는 커플링 기어와 물리고 그럼으로써 그림 13.33(c)에 보인 바와 같이 다음 바퀴를 숫자 하나에 대응하는 1/10회전만큼 전진시킨다. 두 번째 바퀴가 완전히 한 회전을 하면 그 자체의 색인 이는 다른 커플링 기어와 물리고, 이는 세 번째 바퀴를 1/10회전 전진하게 한다. 계수 작업이 완료되면 계수 기구는 0으로 재설정되어야 한다. 이는 회수를 재설정하기 위해 내부 캠에 대해 누르는 버튼(이 예에서는 보이지 않음)으로써 수행된다. 작동 중인 이 기구의 동영상이 [**비디오 13.33**]에 제공되어 있다.

비디오 13.33
계수 기구

요약과 제안

제시된 계수 기구는 이 문제의 설계 목표를 충족한다. 이 기구는 입력축 회전을 숫자가 새겨진 바퀴의 단속적 회전으로 변환할 수 있다. 첫 번째 바퀴가 1회전을 완료하면, 이는 두 번째 바퀴에 물려 두 번째 바퀴를 1/10회전하도록 한다. 두 번째 바퀴는 결국 1회전을 완료하고, 이는 세 번째 바퀴에 물려 그 바퀴를 1/10회전하도록 한다.

더 많은 바퀴와 커플링 기어를 추가함으로써 이 설계는 더 높은 수를 계수하도록 용이하게 확장된다. 이 예에서, 하나의 입력 회전은 10회에 해당한다. 이는 첫 번째 바퀴 앞에 숫자가 새겨지지 않은 바퀴를 추가함으로써 또는 입력축의 속력을 10의 인수만큼 줄이는 기어 박스를 사용함으로써 1:1의 비로 변경할 수 있다. 이 기구 형태는 많은 적용처를 가지며, 차량 주행기록계, 회전 계수기, 그리고 거리 측정 바퀴에 사용된다.

13.11 조화 운동 기구

13.11.1 스카치 요크 기구

문제 서술

축의 회전을 구성품의 왕복 직선 운동으로 변환하는 기구가 필요하다. 이 직선 운동은 조화형(harmonic) 속도 분포(velocity profile)를 가져야 한다. 직선 이동하는 구성품은 적당한 크기의 힘을 생성해야 하고, 특정 크기의 직선 변위를 달성해야 한다. 이 설계는 단순해야 하고, 적은 수의 부품을 사용해야 한다. 이 장치는 많은 주기 동안 작동할 필요가 있고 마모되지 않아야 한다.

설계 목적 선언

축의 회전을 구성품의 조화 직선 운동으로 변환하는 기구를 설계하라. 이 기구는 직선 운동 구성품을 통해 특정한 크기의 직선 변위를 가져야 하고 적정한 힘을 전달해야 한다. 이 기구는 단순해야(비교적 적은 부품) 하고 수리나 교체 전에 100,000 주기 동안 작동해야 한다. 마찰을 최소화하는 요소나 재질이 사용되어야 한다.

제안된 설계 목표

스카치 요크 기구에 대한 설계 목표가 표 13.11.1에 열거되어 있다.

제안된 설계 해법

이 설계 문제의 한 가지 가능한 해법은 그림 13.34에 보인 바와 같은 **스카치 요크 기구**(scotch yoke mechanism)이다. 이 기구는 회전 운동을 직선 조화 운동으로 변환한다. **크랭크**는 한 쪽 끝에서 **입력축**에 견고하게 부착된다. 크랭크는 다른 쪽 끝에서 베어링을 사용한 회전 관절에 의해 **슬라이더**에 부착된다. 크랭크가 회전하면, 슬라이더는 **요크**(yoke)라고 지칭되는 구성품 상의 트랙 내에서 전과 후로 움직인다. θ_2로 나타낸 크랭크의 각변위는 선택된 기준에 대하여 측정된다. 살펴보면, 좌표계에 의해 정의된 바대로 $\theta_2 = 0$일 때, 요크는 기초 링크에 대하여 그 극점 위치 중의 하나에 도달한다. 이는 또한 **한계 위치**라고 언급된다. 요크는 한계 위치에 있을 때 0의 속도를 갖는다. 이 기구에서는, 크랭크의 각운동이 일정하다면, 그러면 요크의 직선 운동은 조화형이다.

표 13.11.1 스카치 요크 기구에 대한 설계 목표

Design Objective	Description	Value (Units)
Input torque	Maximum torque permitted at shaft input	20 (N-m)
Output force	Desired output force of linear component	50 (N)
Linear displacement	Desired displacement of linear component	45 (cm)
Motion profile	Harmonic velocity profile	Harmonic
Number of parts	Minimize the number of parts in mechanism	< 8 parts
Operating speed	Low speed operation	0–60 (rpm)
Operating life	Total number of cycles of operation before repair or replacement	100,000 (cycles)
Minimize friction	Employ elements or materials to reduce rolling or sliding friction	Ball bearings or lubrication

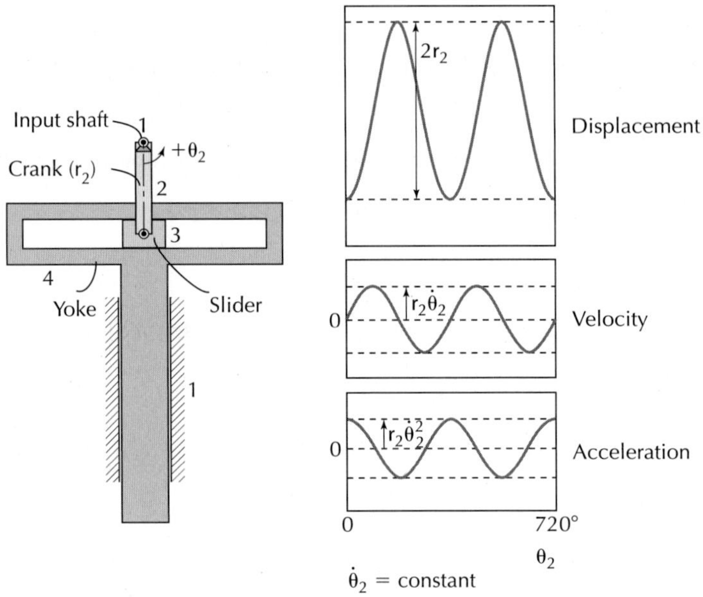

그림 13.34 ● 스카치 요크 기구[비디오 13.34]

비디오 13.34
스카치 요크 기구

동작 중인 이 기구의 2차원 동영상이 **[비디오 13.34]**에 제공되어 있고, 여러 기구의 한계 위치에 대한 해석이 2.8절에 제시되어 있다.

요약 및 제안

비디오 13.35
스카치 요크 기구의 적용

제시된 스카치 요크 기구는 이 문제의 설계 목표를 충족한다. 이 기구는 입력축 회전을 요크 링크의 조화 직선 운동으로 변환할 수 있다. 스카치 요크 기구는 기본적 기구이고, 이는 많은 다른 적용처에 사용된다. 하나의 예는 그림 13.35에 보인 바와 같은 차량의 창문을 올리거나 내리는 데 사용되는 것이다. 작동 중인 이 기구의 동영상이 **[비디오 13.35]**에 제공되어 있다. 유리창은 요크 기구에 부착되어 있다. 그래서 요크가 위와 아래로 움직이면, 창문도 그렇게 움직인다. 이 예에서는 조절 손잡이가 회전 입력을 제공하는 역할을 한다. 또한 기어 열이 손잡이와 크랭크 사이에 더해져서, 조절 손잡이의 450°에 대하여, 크랭크 회전을 180°로 줄여준다.

13.12 내연 기관(엔진)

내연 기관(ICE: internal combustion engines)은 가솔린, 디젤, 프로판과 같은 탄화수소 연료를 유용한 기계적 에너지로 변환하는 기계이다. 이러한 연료는 높은 에너지 밀도(부피당의 전체 에너지)를 가지며, 연료 탱크에 편리하게 저장되는 것을 가능하게 한다. 이는 차량, 보

그림 13.35 ● 차량 문의 창을 상승/하강하기 위한 스카치 요크 기구의 적용[비디오 13.35]

트 또는 비행기와 같은 교통수단이 연료 재주입 전에 수백 킬로미터 이동할 수 있게 한다. 이 연료를 유용한 기계적 에너지로 변환하기 위하여, 연료는 산소와 연소(산화)해야 하고, 이로써 큰 크기의 가스 압력과 열을 생성한다. 기구 설계의 하나의 주요 측면은 연소에 의해 생성된 가스 압력을 제어할 수 있고, 그 압력을 유용한 기계적 일로 변환할 수 있는 기계의 개발이다. 열역학적 오토 사이클[43]은, 특정 가스 압력과 온도를 생성하는 연료와 공기의 연소로부터 에너지를 추출하기 위해 발생해야 하는 사건의 순차를 규정한다. 많은 이러한 엔진(기관)이 지난 수백 년에 걸쳐 고안되었고, 연소하는 연료의 형태에 따라 분류된다. 오토 사이클을 따르는 가솔린 연소 엔진의 몇 가지 사례 학습이 다음에 제시된다.

13.12.1 4 행정 피스톤 엔진

문제 서술

가솔린을 연소하고 연소 가스를 축 회전 형태의 유용한 기계적 에너지로 변환하는 기계가 필요하다. 연소 과정은 열역학적 오토 사이클을 따르기를 희망한다. 이 장치에는 다른 기계로부터 가솔린과 산소의 혼합물(연료 공기 혼합물)이 공급된다. 이 연료 공기 혼합물은 어떤 방법으로 압축되고 점화되는 연소 챔버로 들어가야 한다. 점화 후, 연소 가스에 의해 생성되어 얻어진 높은 압력은 기계 부품을 움직이고 원하는 축 회전과 토크를 생성하는 데 사용되어야 한다. 가스 압력을 활용한 다음, 연료-공기 주입과 함께 시작하는 다음 사이클에 자체적으로 대비하기 위하여 기계는 연소 부산물을 방출해야 한다. 이 장치는 대단히 많은 횟수로 이 사이클을 반복해야 한다. 연소는 높은 온도의 가스를 생성함으로 기계는 높은 온도와 높은 압력을 견딜 수 있어야 한다.

설계 목적 선언

가솔린을 연소하고 연소 가스를 축 회전과 토크로 변환하는 기계를 설계하라. 기계는 높은 온도와 압력에 견딜 수 있는 재질로 만들어진 연소 챔버를 가져야 한다. 이 기계는 오토 사이클을 따르는 적절히 조율된 순차로 연료를 부드럽게 도입하고, 이를 압축하고, 이를 연소하고, 그리고 폐기 부산물을 방출해야 한다. 기계의 한 부분은 연료 흡입을 조절하고 이 순차를 조율해야 한다. 이 기계는 수리나 점검이 요구되기 전에 이 사이클을 수백만 회 반복해야 한다. 이 기계는 회전 운동으로의 연소 에너지의 효율적 변환이 가능하도록 구성품, 재질, 그리고 특징을 적용해야 한다.

제안된 설계 목표

4행정 피스톤 엔진에 대한 설계 목표와 제약 사항이 표 13.12.1에 열거되어 있다.

제안된 설계 해법(오버헤드 밸브 피스톤 엔진)

가능한 한 가지 설계 해법이 그림 13.36에 보인 바와 같은 **오버헤드 밸브 피스톤 엔진**(overhead valve piston engine)이다. 이 피스톤 엔진은 왕복 엔진으로도 알려져 있다. 이 엔진의 기계적인 기반은 그림 1.5와 1.6에 나타낸 바와 같은 가스 압력이 슬라이더에 힘을 가하

표 13.12.1 4행정 피스톤 엔진에 대한 설계 목표와 제약 조건

Design Objective	**Description**	**Value (Units)**
Engine output power	Amount of useful energy/second that the engine will produce at the output shaft	20 (kilowatt)
Engine operating speed	Number of combustion cycles occurring per minute (Coupled to previous design objective)	1000 (rpm)
Output torque	Available torque at output shaft (coupled to previous two design objectives)	54 (N-m)
Operating life	Total number of cycles of operation before repair or replacement	50 million (cycles)
Materials	Employ materials to reduce friction and wear on the mechanism components	Steel, brass, silicone
Minimize friction	Employ elements to reduce rolling/sliding friction	Ball bearings/brass bearings
Constraint	**Description**	**Value (Units)**
Max. temperature	Maximum temperature of engine components within combustion area	300 (degrees Celsius)
Max. pressure	Maximum pressure within combustion area	5 (MPa)

는 슬라이더 크랭크 기구이다. 이 힘은 연결봉을 거쳐 회전하는 크랭크에 전달된다. 피스톤 기반의 설계는 원래 18세기 유럽에서 증기 기관에 사용하기 위해 개발되었다. 증기 기관은 증기압이 피스톤을 움직이게 하는 **실린더**(기초 링크) 내부에서 움직이는 **피스톤**(슬라이더)을 채용한다. 그리고 이 설계는 19세기에 피스톤을 밀기 위해 연소 가스로부터의 압력을 이용하는 개발로 이어졌다. 연소 가스 압력은 출력축(크랭크축)의 회전 운동으로 변환되는 유용한 직선 기계적 힘을 생성하기 위해 피스톤에 의해 제어된다. 그림 13.36은 4행정(4상) 작동 순차로 구성된 오토 사이클을 채용하는 단일 실린더 피스톤 엔진의 단면도를 나타낸다. 이 특별한 엔진 설계는 **피스톤**의 위(오버헤드)에 위치하는, 그래서 이름이 **오버헤드 밸브**(overhead valve)인 밸브를 열고 닫기 위하여 **캠 기구**를 적용한다. 이 오버헤드 밸브

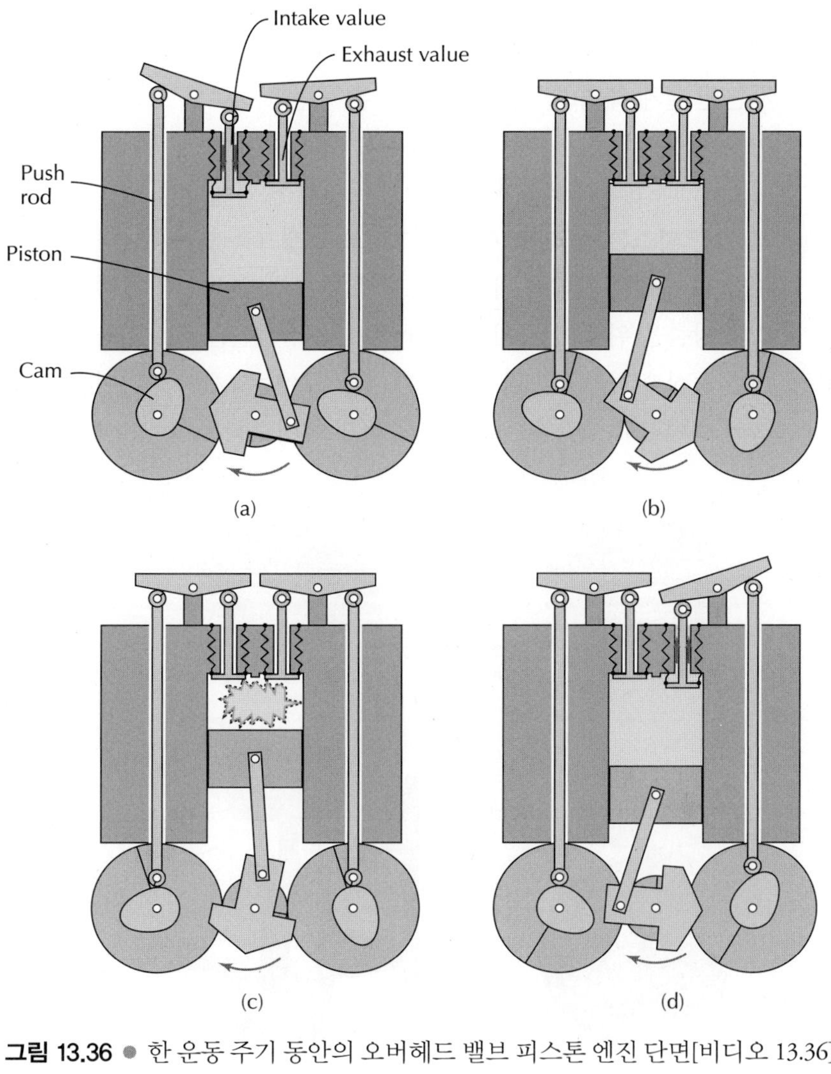

그림 13.36 ● 한 운동 주기 동안의 오버헤드 밸브 피스톤 엔진 단면[비디오 13.36]. (a) 흡기, (b) 압축, (c) 폭발, (d) 배기

는 (a) 실린더로의 연료 진입 그리고 (b) 실린더로부터 폐기 가스의 방출을 조절한다. 엔진 순차는 다음과 같이 동작한다. 그림 13.36(a)에서 보인 바와 같이 공기와 연료의 혼합물이 열린 **흡기 밸브**(intake valve)를 통해 실린더로 유입된다. 그리고 그림 13.36(b)에 보인 바와 같이 혼합물이 위 방향으로 구동되는 피스톤에 의해 압축되는 동안 흡기 밸브가 닫힌다. 다음으로 밸브가 닫힌 상태에서 연료와 공기 혼합물이 점화가 되어 가스 압력의 급격한 상승과 그래서 피스톤에 아래 방향 힘을 야기한다. 이 아래 방향 힘은 연결봉에 의해 크랭크축이 회전하는 방향으로 전달된다[그림 13.36(c)]. 피스톤이 바닥 위치에 도달하면 **배기 밸브**(exhaust valve)가 열려 연소된 혼합가스의 방출을 가능하게 한다[그림 13.36(d)]. 그러고 나서 이 사이클이 반복된다.

비디오 13.36
오버헤드 밸브
피스톤 엔진 단면

작동 중인 이 기구의 동영상이 **[비디오 13.36]**에 제공되어 있다. 벨트를 사용한 오버헤드 밸브 피스톤 엔진의 변형된 형태의 3차원 동영상이 **[비디오 1.1]**에 제공되어 있다.

제안된 설계 해법(슬리브 밸브 피스톤 엔진)

이 설계 문제의 다른 가능한 해법은 그림 13.37에 보인 바와 같은 **슬리브 밸브 피스톤 엔진**(sleeve valve piston engine)이다. 앞서 제안한 해법에서와 같이 이 기계 또한 슬라이드 크랭크 기반 **피스톤**, **슬리브**, **실린더** 그리고 **크랭크축**을 사용한다. 이 기계는 4행정 작동을 하며 오토 사이클 원리를 기반으로 동작한다. 그러나 이 기계는 연료의 첨가나 폐기 연소 가스의 방출을 위해 다른 기구를 적용한다. 이 엔진은 피스톤과 정지된 실린더 벽 사이에 위치한 동심 환형 슬리브를 적용한다. 슬리브에는 2개의 구멍이 위치하고, 하나는 연료 혼합물이 실린더로 통과하는 것을 가능하게 하며, 다른 하나는 폐기 가스가 실린더를 빠져 나

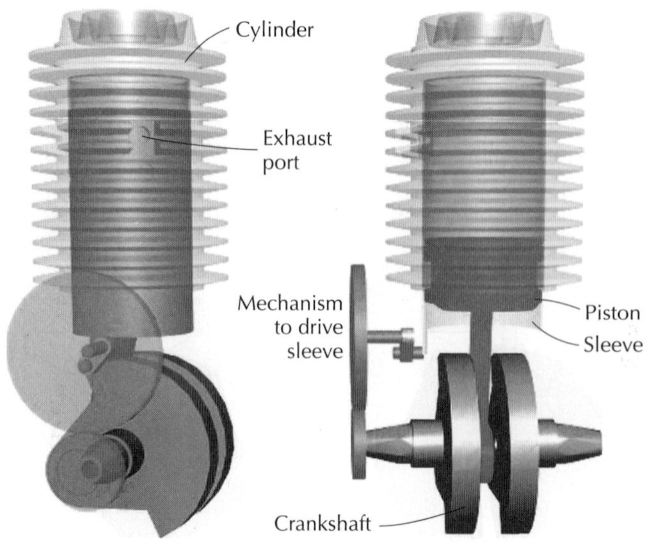

그림 13.37 ● 슬리브 밸브 피스톤 엔진[비디오 13.37]

비디오 13.37
슬리브 밸브 피스톤 엔진

갈 수 있게 한다. 슬리브의 이 운동은 2:1의 비를 가진 기어들에 의하여 크랭크축에 연결된 피봇과 슬라이더 기구를 통해 구동된다. 동작 중인 이 기구의 동영상이 **[비디오 13.37]**에 제공되어 있다. 엔진 순차는 다음과 같이 작동한다. 실린더에 있는 연료 주입 구멍이 슬리브에 있는 주입 구멍과 정렬하여 연료가 실린더로 유입되도록 한다. 그리고 피스톤이 연료-공기 혼합물을 압축하는 동안 주입 구멍이 슬리브와 실린더의 상대 운동에 의해 차단된다. 그리고 연료는 스파크에 의해 점화되어 피스톤을 아래로 구동하고, 그래서 크랭크축을 회전하는 높은 압력을 생성한다. 다음에, 피스톤이 챔버 바깥으로 배기 가스를 밀기 위해 위쪽 방향으로 움직이는 동안 실린더에 있는 배기 구멍은 슬리브에 있는 배기 구멍과 정렬한다.

요약과 제안

두 가지 다른 피스톤 엔진 설계가 제시되었고, 각각은 이 문제의 설계 목표를 충족한다. 이 엔진들은 연료-공기 혼합물이 환형 연소 챔버에서 연소될 때 생성되는 높은 압력의 가스 에너지를 통제할 수 있다. 이 가스 압력은 크랭크축을 회전시키고, 그래서 회전 출력 운동과 토크를 생성하는 피스톤의 이동을 위해 사용된다. 이 설계에 의해 생성된 동력은 사이클당의 연료-공기량, 피스톤 이동 거리, 피스톤 직경, 그리고 초당 사이클 수와 같은 여러 변수의 함수이다. 제시된 두 설계의 테두리 내에서 다양한 적용을 위한 다른 동력 설계를 생성하기 위해 이러한 변수는 조정할 수 있다. 두 설계에서는 연소 과정과 급속 운동에 기인하여 발생하는 높은 열과 소재 응력에 대처하기 위해 강재 구성품이 사용된다. 두 설계에 필요한 다른 중요한 측면은 피스톤과 실린더 사이에 기밀성이 양호하고 마찰이 작은 재질의 선택과 사용이다. 좋은 기밀성은 가스의 원하지 않는 방출을 방지하는 데 필요하며, 이는 낮은 마모와 좋은 미끄럼 성질을 갖는 피스톤 링으로 얻을 수 있다. 피스톤과 회전 관절의 윤활도 기름의 사용으로 달성될 수 있다. 두 설계는 기본적으로 연료-공기 혼합물을 도입하거나 폐기 생성물을 방출하는 데 사용하는 기구에 의해 구분된다. 실질적으로 4행정, 오버헤드 밸브 엔진이 대부분의 적용처에서 광범위하게 사용되며, 반면에 슬리브 밸브 엔진은 비교적 흔하지 않다.

13.12.2 다중 피스톤 엔진

문제 서술

어떤 경우에는, 단일 실린더 피스톤 엔진은 원하는 적용을 위한 충분한 동력을 생성할 수 없다. 또한, 4행정 설계의 특성은 나머지 행정에서는 동력의 일부를 소모하는 다른 기능을 수행하는 동안, 1/4 기간에만 동력(폭발) 행정이 발생한다는 것이다. 이는 출력 토크의 동적 변화를 초래한다. 다중 4행정 피스톤 엔진을 하나의 장치로 조합하는 설계가 필요하다. 이 장치는 더 큰 전체 동력을 생성해야 하고 출력축 토크의 변화를 최소화해야 한다. 이 장치는 내구성이 긴 작동이 가능하도록 해야 하고, 가능하다면 엔진 소음을 최소화해야 한다.

설계 목적 선언

다중 4행정 피스톤 엔진을 한 출력축을 가진 단일 엔진으로 조합하기 위한 기구를 설계하라. 이 엔진은 설계에 적용된 피스톤의 수에 비례하는 출력 동력을 생성해야 한다. 이에 더하여, 이 엔진은 출력축 토크에서 동적 변화를 최소화하도록 해야 한다. 이 엔진은 수리나 점검을 필요로 하기 전에 수천만 사이클을 견뎌야 한다. 이 엔진은 낮은 마찰 동작이 가능하게 하고 높은 온도와 압력을 견디도록 구성품, 소재, 그리고 특징을 적용해야 한다.

제안된 설계 목표

다중 피스톤 엔진에 대한 설계 목표가 표 13.12.2에 열거되어 있다.

제안된 설계 해법(V-2 피스톤 엔진)

비디오 13.38
V-2 피스톤 엔진

가능한 하나의 설계 해법은 그림 13.38에 나타낸 바와 같은 **V-2 피스톤 엔진**이다. 이 설계는 실린더 축이 서로 상대각을 갖도록 배치된 2개의 실린더로 구성된다. 이 소위 V 형상 각은 전형적으로 90°이나, 과거에 개발된 다른 설계에서는 45°에서 120° 범위의 각도를 사용하고 있다. 두 실린더 설계를 적용하는 한 이유는 동력(폭발) 행정이 주기의 1/2 동안 (50% 듀티 사이클) 가능하도록 4행정 순차를 조정하기 위해서다. 동작 중인 90° V-2 피스톤 엔진의 동영상이 **[비디오 13.38]**에 제공되어 있다. 두 실린더를 가진 V-2 엔진에서, 각 피스톤의 연결봉이 단일 크랭크축에 연결된다. 크랭크축은 회전을 균일화하기 위해 균형추를 적용한다. 엔진을 관찰하면 한 피스톤의 동력 행정(연소와 가스 팽창)은 다른 피스톤의 동력 행

표 13.12.2 다중 피스톤 엔진에 대한 설계 목표

Design Objective	Description	Value (Units)
Engine output power	Amount of useful energy/second that the engine will produce at the output shaft	100 (kilowatt)
Output shaft speed	Output shaft speed	1000 (rpm)
Output shaft torque	Output shaft torque (coupled to previous two design objectives)	250 (N-m)
Operating life	Total number of cycles of operation before repair or replacement	50 million (cycles)
Minimize output torque oscillation	Employ design configuration to provide near constant output torque	–

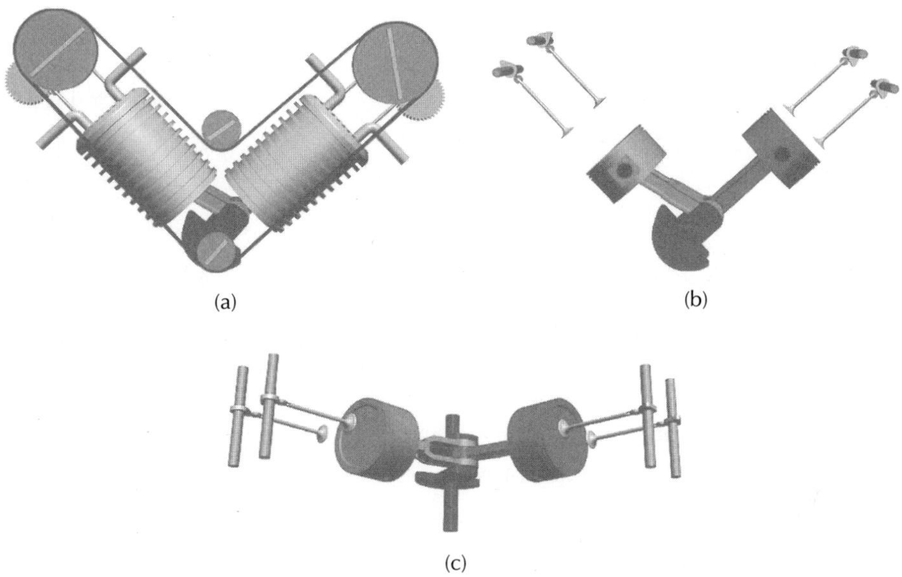

그림 13.38 ● V-2 피스톤 엔진[비디오 13.38]

정에 의한 크랭크축의 180° 회전 이후에 발생한다는 것을 보인다. 크랭크축 균형추와 함께 이 피스톤 행정 설정은 크랭크축의 출력 토크의 균형을 돕고 출력 토크의 변화를 최소화한다. 이 설계를 더 향상하기 위하여, 적합한 크랭크축 설계와 점화 순차로써, V-4 형태가 적용될 수 있다. 각 피스톤은 매 크랭크축 회전에 대하여 동력 행정이 100% 듀티 사이클이 얻어지도록 동력 행정이 다음 피스톤과 90° 위상 차가 발생하도록 하는 형태로 크랭크축에 연결될 수 있다.

제안된 설계 해법(레이디얼 피스톤 엔진)

비디오 13.39A
레이디얼 피스톤 엔진

비디오 13.39B
프로펠러를 가진 레이디얼 피스톤 엔진

다른 가능한 설계 해법은 그림 13.39에 나타낸 바와 같은 **레이디얼 피스톤 엔진**이다. 이 배치에서는 9개의 4행정 피스톤이 적용되고, 모든 피스톤은 크랭크축과 동심인 공통점에서 반경 방향으로 움직이도록 구속되어 있다. 3개 실린더를 적용한 레이디얼 엔진은 1901년 정도로 일찍이 개발되었으나, 전형적으로 5개, 9개, 또는 더 이상의 실린더를 사용한다. 이 엔진은 좋은 동력 대비 중량 성능을 제공하는 공랭이 되는 특성으로 초기 항공기 용도로 주로 사용되었다. 그림 13.39(b)은 출력축에 부착된 **프로펠러**를 가진 동일한 레이디얼 엔진을 나타낸다. 크랭크축 연결점 상의 이격 거리는 모든 피스톤의 변위가 일정하도록 세심하게 설계된다. 4행정 시스템을 위해 각 피스톤에서 연료 주입 밸브와 배기 배출 밸브의 동작 시점이 매우 중요하다.

각 밸브의 여닫힘 순차는 연속된 실린더의 동력 행정이 충돌되지 않도록, 그러나 크랭크축에 동력을 부드럽고 연속적으로 공급하도록 하는 것이어야 한다. 홀수 개 피스톤의 사

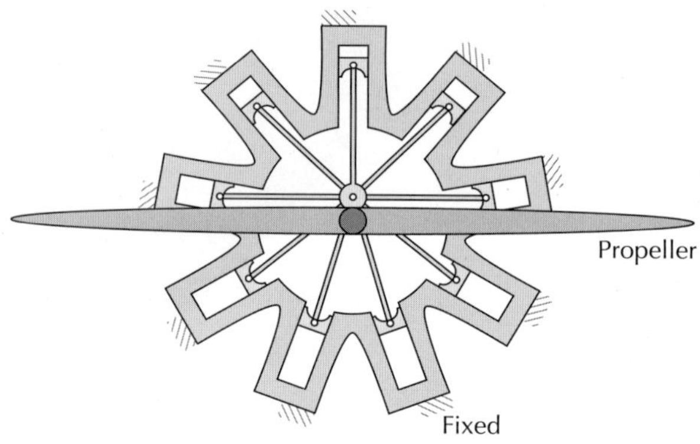

그림 13.39 ● 레이디얼 피스톤 엔진. (a) 레이디얼 엔진 단독[비디오 13.39A], (b) 프로펠러를 부착한 레이디얼 엔진[비디오 13.39B]

용은 동력 행정의 중첩을 보장하고, 일부의 동력 행정 에너지가 다음 실린더의 압축에 사용될 수 있어, 이는 더 부드러운 동작을 제공한다. 동작 중인 레이디얼 피스톤 엔진의 동영상이 **[비디오 13.39A]**에 제공되어 있고, 프로펠러를 사용하는 동일 엔진의 동영상이 **[비디오 13.39B]**에 제공되어 있다. 그림 13.40은 구형 단일 프로펠러 항공기에 채용된 레이디얼 엔진의 사진을 보여준다.

비디오 13.40
항공기 레이디얼 피스톤 엔진

요약과 제안

각각이 이 문제의 설계 목표를 충족하는 두 가지 다른 다중 피스톤 엔진 설계가 제시되었다. 이 엔진들은 단일 엔진의 전체 동력을 증가시키기 위해 다중의 형태로 피스톤 엔진을 조합할 수 있다. 또한, 이 엔진들은 출력축에서 동적 토크의 변화를 최소화한다. 또한 다중 피스톤 엔진의 수많은 다른 형태가 있다. 예를 들면, 차량용 엔진은 다양한 배치로 4, 6, 8

그림 13.40 ● 전면에 레이디얼 피스톤 엔진을 갖는 비행기[비디오 13.40]

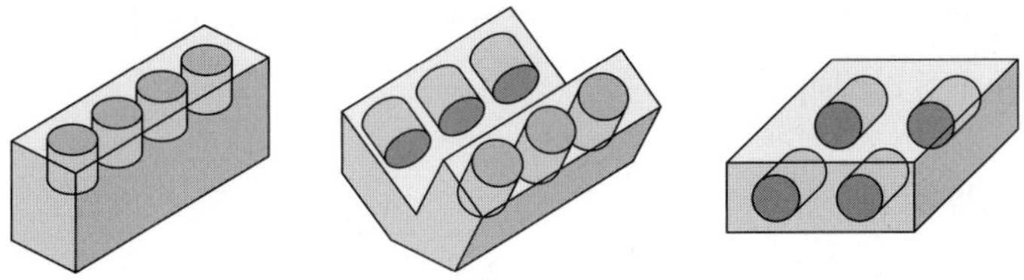

(a) (b) (c)

그림 13.41 ● 다중 실린더 엔진의 전형적 형태. (a) 직렬형 4, (b) V-6, (c) 평판형 4

피스톤 (실린더)을 적용할 수 있다. 그림 13.41은 다음을 포함하는 실린더의 몇 가지 전형적 배치를 나타낸다: 그림 13.41(a)에 나타낸 바와 같은 일렬식(직렬형), 그림 13.41(b)에 나타낸 바와 같은 V 각을 갖는 2열식, 또는 그림 13.41(c)에 나타낸 바와 같은 서로 반대 방향의 2열식(평판형).

13.12.3 방켈 엔진

문제 서술

사례 학습 13.12.1과 유사하게 가솔린과 공기의 혼합 가스를 유용한 기계적 에너지로 변환하는 기계가 필요하다. 기계의 출력은 축의 회전이어야 한다. 설계자는 기존의 왕복 피스톤 엔진 설계에 대하여 그리고 다음과 같은 그 한계점에 대하여 잘 인식하고 있어야 한다: 왕복 피스톤과 연결봉에 의한 균형 문제, 흡기와 배기 밸브의 복잡성, 그리고 전체 엔진의 크기와 무게. 이러한 한계점을 회피하는 새로운 엔진이 요구된다. 새 엔진은 여전히 오토 사이클을 따르는 연소 과정을 적용해야 한다. 이 엔진은 혼합물이 압축되고 어떤 방법으로 점화되는 연소 챔버로 들어가는 연료와 공기의 혼합물이 여전히 공급되어야 한다. 점화 후, 연소 가스는 기계 부품을 동작해야 하고 원하는 축 회전과 토크를 생성해야 한다. 가스 압력을 활용한 다음 기계는 연소 부산물을 방출하고, 반복적으로 다음 사이클을 위해 자체적인 대비를 해야 한다. 이 기계는 높은 온도와 높은 압력을 견딜 수 있어야 하고 수백만 사이클 동안 동작해야 한다.

설계 목적 선언

가솔린을 연소하고 연소 가스를 축의 회전과 토크로 변환하는 기계를 설계하라. 이는 왕복 피스톤 엔진 방법을 적용하지 않는 새로운 설계여야 한다. 이 기계는 높은 온도와 압력을 견디고 마찰 손실을 최소화할 수 있는 재질로 만들어진 연소 챔버를 가져야 한다. 이 기계는 오토 사이클을 따르는 적절히 조율된 순차로 연료를 도입하고 압축하고 연소하고 그리고 연소 부산물을 방출해야 한다. 이 기계는 캠 기반 밸브보다 덜 복잡한 연료 흡기, 연소 가스 방출, 그리고 순차 조율을 조절하는 단순한 시스템을 가져야 한다. 이 기계는 유사한 출력 동력의 피스톤 엔진보다 더 작고 가벼워야 하며, 수리나 점검이 요구되기 전에 수백만 사이클 동안 동작해야 한다.

제안된 설계 목표

방켈 엔진에 대한 설계 목표가 표 13.12.3에 열거되어 있다.

제안된 설계 해법

하나의 가능한 설계 해법은 그림 13.42에 나타낸 바와 같은 **방켈 엔진**(Wankel engine)이다. 기본적인 원리는 특별한 형상의 하우징 내에서 회전하는 편심된 회전 **로터**를 가진 기구이다. 3개의 가스 주머니(pockets)가 로터와 하우징 사이에 존재하고, 로터가 회전하면 이 가스 주머니는 로터 주위를 이동하고 그 체적을 변화한다. 로터의 세 모서리 각각에, 가스를 인접한 주머니로 누출되지 않도록 방지하는 고정된 하우징 표면을 따라 미끄러지는 **밀봉**

표 13.12.3 방켈 엔진에 대한 설계 목표

Design Objective	**Description**	**Value (Units)**
Engine output power	Amount of useful energy/second that the engine will produce at the output shaft	20 (kilowatts)
Engine operating speed	Number of combustion cycles occurring per minute (coupled to previous design objective)	2000 (rpm)
Output torque	Available torque at output shaft (coupled to previous two design objectives)	27 (N-m)
Operating life	Total number of cycles of operation before repair or replacement	50 million (cycles)
Materials	Employ materials to reduce friction and wear on the mechanism components	Steel, brass, silicone
Minimize friction	Employ elements to reduce rolling/sliding friction	Ball bearings/brass bearings
Constraint	**Description**	**Value (Units)**
Avoid reciprocating components	Avoid reciprocating piston engine approach, for better output shaft balance	—
Size	Smaller size than piston engine of comparable output power	25 × 15 × 35 (cm) [L × W × H] (volume)
Weight	Smaller weight than piston engine of comparable output power	125 (kg)
Simple fuel–air inlet and exhaust outlet	Simple design for fuel-air inlet and exhaust outlet, in comparison to piston engine valve system	—

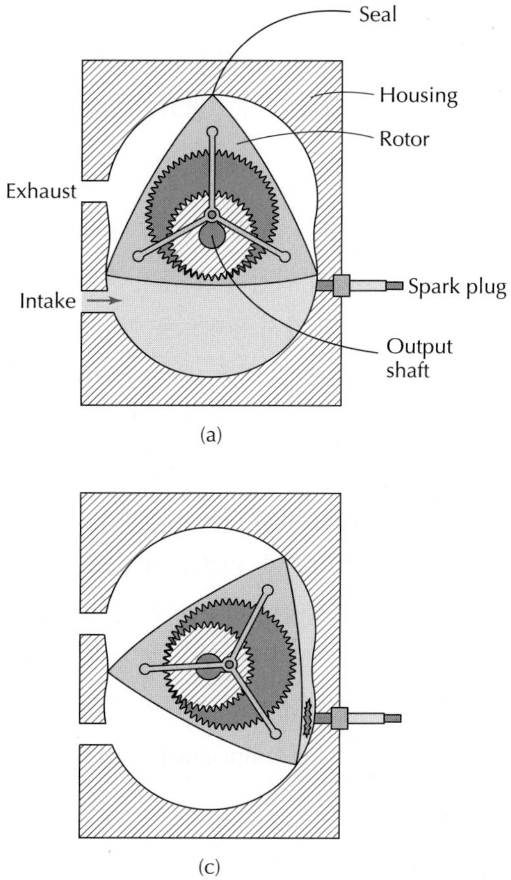

그림 13.42 ● 방켈 엔진[비디오 13.42]. (a) 흡기, (b) 압축, (c) 동력, (d) 배기

부(seal)가 있다. 로터의 편심 운동은 고정된 외치 기어와 맞물린 로터에 가공된 내치 기어에 의해 생성된다. 로터는 중앙 출력축에 연결되고, 이로써 출력 회전과 토크를 제공한다. 이 기구의 작동은 **[비디오 13.42]**에 제공된 방켈 엔진의 동영상을 관찰함으로써 잘 이해할 수 있다. 그림 13.42는 흡기, 압축, 동력(즉 연료–공기 혼합물의 연소) 그리고 소모된 연료의 배기로 구성된 한 사이클 동안 로터의 네 위치의 모양을 보여준다. 흡기 동안, 로터 주변의 가스 주머니의 하나는 그림 13.42(a)에 보인 바와 같이 **흡기구**(intake port)에 연결된다. 연료-공기 혼합물이 로터와 하우징의 내벽 사이에 증가된 체적 내로 유입된다. 로터가 회전을 계속하면 그림 13.42(b)에 보인 바와 같이 혼합물은 흡기구로부터 차단되고 압축된다. 최대 압축에 도달하면 그림 13.42(c)에 보인 바와 같이 혼합물은 점화 플러그에 의해 점화된다. 혼합물의 연소는 동력 행정에 해당하는 로터의 측면에 힘을 생성하는 높은 가스 압력을 생성한다. 이 힘은 로터를 밀고 주머니 공간의 체적은 증가한다. 최종적으로 **배기구**(exhaust port)가 그림 13.42(d)에 보인 바와 같이 가스 주머니에 연결된다. 로터가 더 돌게

비디오 13.42
방켈 엔진

되면 주머니의 체적은 감소하고, 이로써 연소된 혼합물을 방출한다. 그러고 나서 이 주기가 반복된다. 로터의 한 회전에 대하여 세 번의 중첩되는 주기가 발생함을 주목하라. 그렇게 되어 로터의 각 회전에 대하여 세 번의 점화 플러그 점화가 있다.

요약과 제안

제시된 방켈 엔진은 이 문제의 설계 목표를 충족한다. 이 엔진은 결국 출력축을 회전하게 되는 삼각형 모양 로터의 회전을 구동하기 위한 연료 공기 혼합물의 연소에서 생성되는 가스 압력을 통제할 수 있다. 방켈 엔진은 몇 가지 흥미로운 이점을 가지고 있다. 이 엔진은 동등한 출력 동력을 내는 피스톤 엔진보다 훨씬 작은 매우 조밀하고 경량의 엔진이다. 이 엔진은 피스톤 엔진에 비해 적은 수의 가동 부품을 가지며, 훨씬 더 부드러운 동작과 더 높은 회전 속력을 낼 수 있는 능력을 제공하면서, 그 회전하는 부품은 본질적으로 균형이 이루어진다. 이에 더하여, 이 엔진은 단순한 흡입 및 배기구 시스템을 적용하므로, 캠 기반의 밸브를 필요로 하지 않는다. 방켈 엔진은 1970년대, 1980년대, 그리고 1990년대 동안에 오토바이 또는 승용차에 사용되었고, 가장 주목할 만하게는 마쯔다 자동차 회사에 의해 일련의 스포츠카에 사용되었다. 이 엔진의 초기 모델은 성능의 문제로 이어지는 기밀 시스템 그리고 연료 소모와 관련된 문제를 겪었다. 최근에는 방켈 엔진이 높은 동력 대비 중량비를 가지기 때문에 소형 항공기와 무인 항공 수단(UAV: unmanned aerial vehicles)을 위해 다시 새롭게 개발되고 있다.

13.13 펌프 기구

13.13.1 용적형 펌프

문제 서술

흡입구로부터 배출구까지 유체를 퍼내는 기계가 필요하다. 퍼내는 동작은 매 단위 시간에 흡입 측으로부터 배출 측까지 특정량의 유체를 이동함으로써 발생해야 한다. 이에 더하여 퍼내는 동작은 펌프로 들어가는 모든 유체가 단지 한 방향으로 움직이도록 발생하여야 한다. 펌프가 동작 중이거나 정지 상태일 때 펌프를 통해 후방으로의 유체 누출은 없어야 한다. 이 기구로의 기계적인 입력 동력은 입력축의 회전에 의해 공급된다. 설계는 단순하고 비교적 적은 부품을 사용해야 한다. 이 펌프는 많은 주기 동안 동작할 필요가 있고 마모되지 않아야 한다.

설계 목적 선언

입력축으로부터의 회전 동력을 사용하여 흡입구로부터 배출구까지 유체를 퍼내는 기계를 설계하라. 이 기계는 초당 체적의 면에서 특정 량의 유체를 이동해야 한다. 유체 이동은 단지 한 방향으로만 발생해야 하고, 펌프가 작동 중이든 정지 중이든 펌프를 통해 후방으로 유체의 누출은 허용되지 않는다. 이 설계는 단순해야 하고 최소 개수의 부품을 사용해야 한다. 이 설계는 낮은 마찰 동작이 가능하도록 구성품, 재질, 특성을 적용해야 하고 수백만 회전 주기 동안 동작이 지속되도록 해야 한다.

제안된 설계 목표

용적형 펌프에 대한 설계 목표가 표 13.13.1에 열거되어 있다.

제안된 설계 해법(크레슨트 펌프)

하나의 가능한 설계 해법은 그림 13.43에 나타낸 바와 같은 **크레슨트 펌프**(crescent pump)이다. 이 설계는 유체를 유입하기 위해 팽창하고 유체를 유출하기 위해 수축하는 유체 주머니를 형성함으로써 동작한다. 주머니(pockets)는 맞물려진 기어 사이에 형성되며, 여기서 하나는 **링 기어**(ring gear)이고 다른 하나는 **피니언 기어**(pinion gear)이다. 링 기어와 피니언 기어 사이에는 **초승달**(crescent) 모양의 형태가 되고, 이는 기어 이 끝과 함께 단단한 밀봉(seal)을 형성한다. 피니언 기어는 입력축에 부착되어 있고, 펌프 하우징 내에서 회전이 자유로운 링 기어를 회전한다. 주머니가 전면의 흡입구로부터 팽창하면서 유체가 주머니로 들어가고, 유체는 주머니가 배출구로부터 수축되면서 주머니를 빠져 나간다. 동작 중인 크레슨트 펌프의 3차원 동영상이 **[비디오 13.43]**에 제공되어 있다.

비디오 13.43
크레슨트 펌프

표 13.13.1 용적형 펌프에 대한 설계 목표

Design Objective	Description	Value (Units)
Input power	Energy/second supplied to pump via input shaft	1000 (watts)
Flow rate	Volume/second of fluid pumped from input port to output port	500 (ml/sec)
Allowable fluids	Types of fluid handled that can be pumped	Water-based and oil-based liquids
Number of parts	Minimize the number of parts in mechanism	<15 parts
Operating speed	Medium-speed operation	0–300 (rpm)
Operating life	Total number of cycles of operation before repair or replacement	10 million (cycles)
Minimize friction	Employ elements or materials to reduce friction	Plastic and metal parts

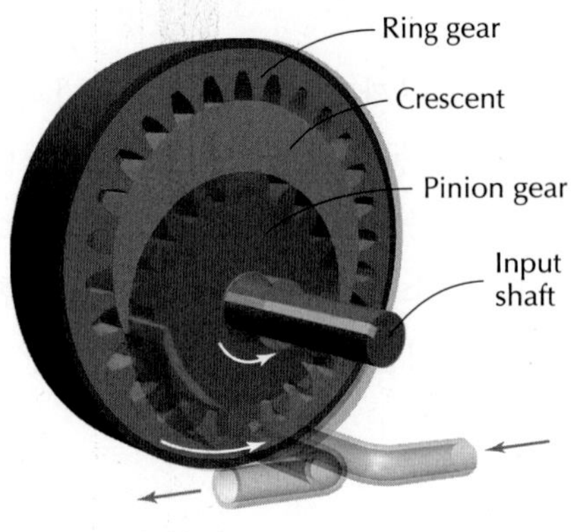

그림 13.43 ● 기어와 크레슨트를 채용한 용적형 펌프[비디오 13.43]

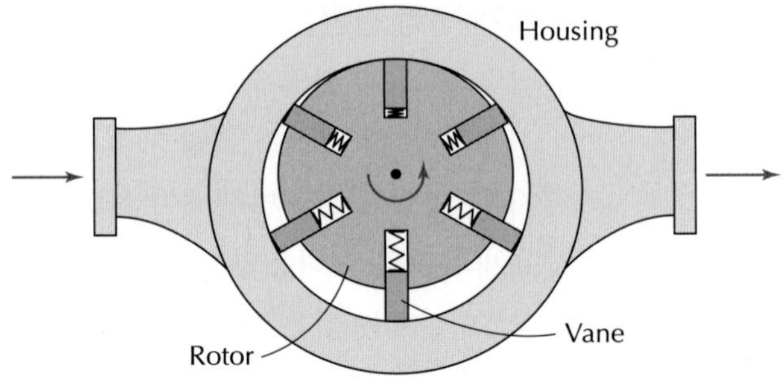

그림 13.44 ● 레이디얼-베인을 채용한 용적형 펌프[비디오 13.44]

제안된 설계 해법(레이디얼-베인 펌프)

다른 가능한 설계 해법은 그림 13.44에 나타낸 바와 같은 **레이디얼-베인 펌프**(radial-vane pump)이다. 앞선 예에서와 같이, 이 설계는 각각 유체를 흡입하고 배출하며, 팽창하고 수축하는 주머니를 생성한다. 이 설계에서의 주머니는 중앙 **로터**와 **펌프 하우징** 사이에 형성된다. 로터는 하우징 내에서 회전하고, 하우징을 누르기 위해 바깥 방향으로 펼쳐지는 다수 개의 스프링 작동 베인을 가진다. 로터가 회전하면 팽창하는 주머니는 좌측으로부터 유체를 유입하고, 수축되는 주머니는 우측에서 유체를 방출한다. 작동 중인 레이디얼-베인 펌프의 동영상이 **[비디오 13.44]**에 제공되어 있다.

비디오 13.44
레이디얼-베인 펌프

요약과 제안

두 다른 용적형 펌프 설계가 제시되었고, 각각은 이 문제의 설계 목표를 충족한다. 이들 펌프는 매 초당 특정 체적량의 유체를 흡입구로부터 배출구로 퍼낼 수 있다. 이들 설계에서 검증된 바와 같이 유체는 한 방향으로만 흐를 수 있고 역방향으로 누출될 수 없다. 하류 밸브가 닫혀 있으면 펌프는 출구 측에서 높은 유체 압력을 생성할 수 있으므로 용적형 펌프를 사용할 때 주의를 기울여야 한다. 크레슨트 펌프는 매우 적은 부품을 요하는 더 단순한 설계이나 기어 끝과 초승달 형상 사이에 밀봉이 유지되기 어렵고 마모를 받게 된다. 레이디얼-베인 펌프는 많은 부품으로 인해 더 복잡하나 하우징과 더 나은 밀봉이 형성되고 마모에 영향을 덜 받는다. 사이클로이드 기어 이를 적용한 다른 형태의 용적형 펌프가 5.12절에 제시되어 있다.

13.13.2 사판식 압축기

문제 서술

흡입구로부터 배출구로 냉매 유체를 퍼내는 기계가 필요한다. 퍼내는 동작은 유체에 특정 크기의 압력을 인가해야 하고, 초당 특정량의 유체를 퍼내야 한다. 펌프로 들어가는 모든 유체는 펌프를 단지 한 방향으로만 이동해야 한다. 펌프가 동작 중이거나 정지 중일 때 펌프를 통해 역방향으로 유체의 누출은 없어야 한다. 기계적 입력 동력은 입력축의 회전에 의해 공급된다. 설계는 신뢰할 수 있어야 하고, 수리나 교체 전에 많은 주기 동안 동작되는 것이 필요하다.

설계 목적 선언

입력축에서의 회전 동력을 사용하며, 흡입구로부터 배출구로 냉매 유체를 퍼내는 기계를 설계하라. 이 기계는 초당 특정 용량의 유체를 이동해야 하고, 유체에 특정 크기의 압력을 더해야 한다. 유체 이동은 단지 한 방향으로만 발생해야 하고, 펌프의 작동 중이나 정지 중에, 펌프를 통해 역방향으로 유체의 누출은 없어야 한다. 이 기계는 낮은 마찰 구동이 가능하도록 구성품, 재질, 그리고 특징을 적용해야 하고 수백만 회전 주기 동안 동작이 지속되어야 한다.

제안된 설계 목표

사판식 압축기에 대한 설계 목표가 표 13.13.2에 열거되어 있다.

제안된 설계 해법

가능한 한 가지 설계 해법은 그림 13.45에서 보이고, 그림 13.46에서 나타낸 바와 같은 **사판**

표 13.13.2 사판식 압축기에 대한 설계 목표

Design Objective	Description	Value (Units)
Input power	Energy/second supplied to pump via input shaft	2000 (watts)
Flow rate	Volume/second of fluid pumped from input port to output port	500 (ml/sec)
Allowable fluids	Types of fluid handled that can be pumped	Refrigerant
Operating speed	High-speed operation	600 (rpm)
Operating life	Total number of cycles of operation before repair or replacement	100 million (cycles)
Minimize friction	Employ elements or materials to reduce friction	Metal parts

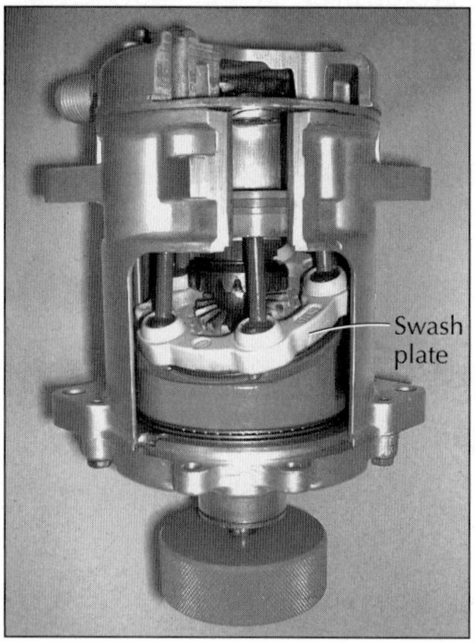

그림 13.45 ● 에어컨용 사판식 압축기

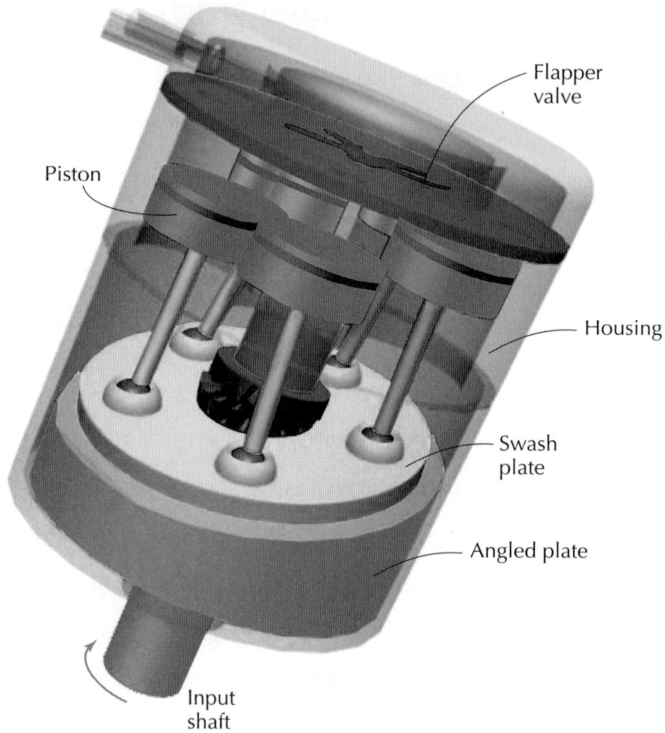

그림 13.46 ● 사판식 압축기[비디오 13.46]

식 압축기(swash-plate compressor)이다. 이 설계는 실린더 내에 유체 주머니를 생성하기 위하여 피스톤 기반의 운동을 사용함으로써 작동한다. 피스톤의 각각은 구형 관절(spherical joint)에 의해 **사판**(swash plate, 종동절)에 부착된다. 사판은 **하우징**에 대하여 경사져 있고, 사판은 **경사판**(angled plate)에 의해 받쳐져 있다. 이 경사판은 입력축에 부착되어 있다. 입력축이 경사판을 회전하면, 사판은 주기적인 경사(tilting) 운동을 받게 되고, 이는 5개의 피스톤이 각각의 실린더 내에서 순차적으로 선형 왕복 운동을 겪게 한다. 피스톤이 압축되면 유체는 방출되고, 피스톤이 팽창하면 유체는 유입된다. **플래퍼 밸브**(flapper valves)가 압축된 유체의 방출을 가능하게 하고 유체의 역방향 흐름을 방지한다. 작동 중인 이 압축기의 3차원 동영상이 **[비디오 13.46]**에 제공되어 있다.

비디오 13.46
사판식 압축기

요약과 제안

여기서 제시한 압축기 기구는 이 문제의 설계 목표를 충족한다. 이 기구는 흡입구로부터 배출구로 특정 크기의 압력과 유량으로 냉매 유체를 퍼낼 수 있다. 이 기구는 차량의 에어컨용도로 전형적으로 사용되고, 차량의 서펀틴 벨트(serpentine belt)에 연결되어 있는 입력축으로부터 동력을 도입한다. 이 기구는 고속 축 회전으로 동작할 수 있으며, 1억 회 크기 주기의 긴 수명을 가진다.

이 설계의 다른 흥미로운 변형 형태는 경사판을 대체한 **밀판**(push plate) 기구를 적용하는 것이다. 이 밀판은 가변 틸트(tilt) 각이 가능하도록 설계된다. 밀판이 회전할 때 밀판 각도를 변화함으로써 사판 요동의 크기가 변화될 수 있다. 이 요동 크기는 직접적으로 피스톤의 이동 행정과 연관되고, 그래서 퍼내는 유체의 체적과 관련이 있다. 밀판이 하우징에 직각이 되면 퍼내는 유체의 체적은 0이 되고, 밀판이 그 최대 각도에 있게 되면 최대의 체적을 퍼내게 된다.

13.13.3 유체 디스펜서 펌프

기계적 에너지를 공급하기 위해 조작자의 동력을 활용하여 흡입구로부터 배출구로 유체를 퍼내기 위한 장치가 필요하다. 이 퍼내는 동작은 매 주기마다 특정량의 유체의 이동을 가능하게 해야 하고, 여기서 유체는 단속적 방법으로 퍼내진다. 이 장치는 중간 점성의 액체 비누에서 높은 점성의 크림이나 화장품 로션까지의 범위에 있는 다양한 형태의 유체를 수용해야 한다. 이 설계는 단순해야 하고 비교적 적은 부품을 사용해야 한다. 저렴한 가격이 중요하여 설계에서는 적합한 재질과 특징이 적용되어야 한다. 이 펌프는 가용 가능한 기간에 수백 회 주기 동안 동작할 필요가 있다.

설계 목적 서술

조작자의 손 동력을 활용하여 흡입구로부터 배출구까지 유체를 퍼내는 기구를 설계하라. 이 기구는 조작자에 위해 사용될 때만 단속적으로 작동한다. 이 기구는 액체 비누 또는 화장품 로션과 같은 중간에서 높은 점성을 가진 유체를 퍼내야 하며, 매 주기마다 특정량의 유체를 퍼내야 한다. 이 기구는 저렴해야 하고 최소 개의 부품을 사용해야 한다. 이 기구는 가용 가능한 기간 동안에 1,000 주기를 지속하기만 하면 된다.

제안된 설계 목표

유체 디스펜서 펌프에 대한 설계 목표가 표 13.13.3에 열거되어 있다.

제안된 설계 해법

가능한 하나의 설계 해법은 그림 13.47에 보인 바와 같은 **유체 디스펜서 펌프**(fluid dispenser pump)이다. 이 설계는 둘 사이에 작은 유체 **챔버**(chamber)를 갖는 2개의 한 위치(one-way) 밸브를 사용함으로써 동작된다. 각 한 위치 밸브는 **볼**(ball)과 **콘**(cone)으로 구성되고, 다음과 같이 동작한다. 유체가 좁은 콘 방향으로 흐르면 볼은 유체를 따라 이송되고, 콘에 밀착되어 더 이상의 유체 유동을 차단한다. 유체가 콘이 넓어지는 방향으로 흐르면 유체는 볼을 경로로부터 밀어 내고 볼의 주변으로 흐른다. 펌프의 상부에 **푸시 탑**(push top) 구조 내에 배출구가 있다.

표 13.13.3 유체 디스펜서 펌프에 대한 설계 목표

Design Objective	**Description**	**Value (Units)**
Human input power	Energy/second supplied to pump via human power	1.0 (watts)
Intermittent operation	Pump is used for short periods	1–2 (sec)
Flow volume per cycle	Volume/cycle of fluid pumped from input port to output port	5 (ml/cycle)
Allowable fluids	Types of fluid handled that can be pumped	Medium to high viscosity fluids
Number of parts	Minimize the number of parts in mechanism	< 10 parts
Cost	Cost per unit, when mass produced	< 0.50 (s)
Operating life	Total number of operating cycles	1000 (cycles)

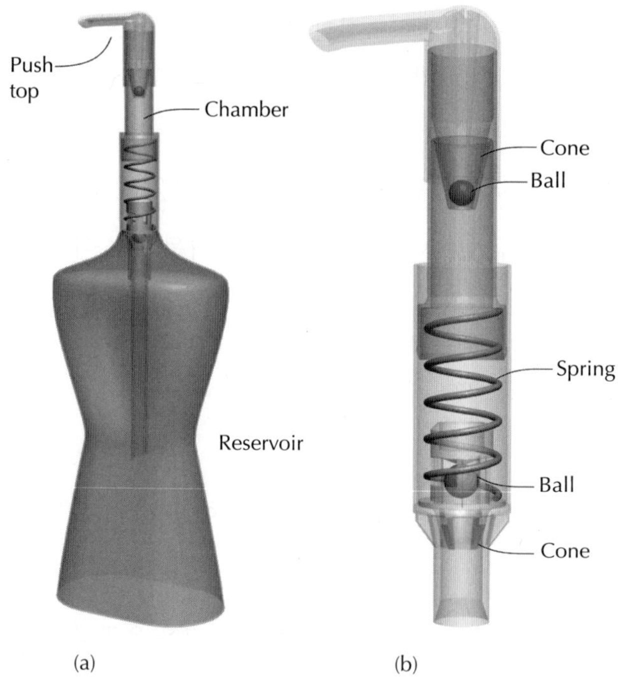

그림 13.47 ● 유체 디스펜서 펌프. (a) 전체도, (b) 펌프의 근접도[비디오 13.47]

푸시 탑이 조작자의 손에 의해 눌러지면 챔버 체적이 줄어들고, 유체는 상부 한 위치 밸브로부터 흘러나온다. 푸시 탑이 해제되면 내부 압축 **스프링**이 챔버 체적을 확대하고 하부 한 위치 밸브를 통해 **저장부**(reservoir)로부터 유체를 유입한다. 한 위치 밸브의 방향성으로 인하여 유체는 배출구에서 챔버로 또 챔버에서 저장부로 흐를 수 없다. 작동 중인 유체 디스

비디오 13.47
유체 디스펜서 펌프

펜서의 동영상이 **[비디오 13.47]**에 제공되어 있다.

요약과 제안

여기에 제시한 유체 디스펜서 기구는 이 문제의 설계 목표를 충족한다. 이 기구는 저장부에 담겨진 중간에서 높은 점성의 유체를 배출구까지 퍼낼 수 있다. 이 기구는 작은 챔버를 축소시키는 푸시 탑을 누름으로써 조작자에 의해 동력을 얻는다. 매 퍼냄 주기당 이송되는 유체의 체적은 챔버의 수축 체적과 일치한다. 이 설계는 소모성의 액체 비누 디스펜서, 몇 몇 샴푸와 유연제 디스펜서, 그리고 다른 화장품 디스펜서에 광범위하게 적용된다. 이 기구는 소모성 제품이기 때문에 값싼 플라스틱 재질로 제작되고 긴 수명이 요구되지 않는다. 그러므로 이 기구는 이용되는 용도를 만족시키기 위하여 저렴한 가격으로 생산된다.

13.14 가변 출력 기구

13.14.1 제로-맥스 드라이브

문제 서술

입력축에서 출력축으로 회전 운동과 토크가 전달되어야 한다. 입력 회전 속력과 토크는 일정하나 출력 회전 속력을 조절하는 방법이 있어야 한다. 출력 회전 속력은 0에서 어떤 최대 속력으로 변화되어야 한다. 속력을 변경하기 위한 조절 방법은 조작자에 의해 이루어져야 한다. 축들의 배치가 중요하고, 여기서 입력축과 출력축은 비록 일정 거리 이격이 있을 지라도 평행해야 한다. 이 적용은 동력 전달 손실을 최소화하도록 높은 효율을 가져야 한다. 또한, 높은 토크의 전달이 중요하다.

설계 목적 서술

입력축에서 출력축으로 회전 운동과 토크를 전달하는 기계를 설계하라. 이 기계는 출력축의 속력이 0에서 최대 속력까지 조절될 수 있도록 조절 기구를 가져야 한다. 이 조절은 기계가 동작 중인 동안, 조작자에 의해 이루지게 된다. 이 기계의 입력과 출력축은 평행해야 한다. 이 기계는 회전 운동의 효율적인 변환이 가능하고, 그리고 높은 토크를 전달할 수 있는 능력이 가능하도록 마찰 손실을 최소화하는 구성품, 재질, 특징을 적용해야 한다.

제안된 설계 목표

제로-맥스 드라이브에 대한 설계 목표가 표 13.14.1에 열거되어 있다.

표 13.14.1 제로-맥스 드라이브에 대한 설계 목표

Design Objective	Description	Value (Units)
Output torque	Must transmit a specified torque	20 (N-m)
Input speed	Maximum input speed	1800 (rpm)
Variable output speed	Output speed must vary between zero and maximum speed	0 to max speed (rpm)
Shaft alignment	Input and output shafts must be parallel	Parallel
Operating life	Total number of cycles of operation before repair or replacement	100 million (cycles)
Minimize friction	Employ elements or materials to reduce friction	Metal parts

제안된 설계 해법

가능한 하나의 설계 해법은 그림 13.48(a)에 나타낸 바와 같은 **제로-맥스 드라이브**(Zero-Max drive)이다. 이 기구는 입력축으로부터 출력축으로 회전 운동과 토크를 전달할 수 있고, 여기서 출력 속력은 변화될 수 있다. 이 기구는 1.7.1절에 기술한 바와 같은 로커-로커 4절 기구의 원리를 기초로 한다. 그림 13.48(b)는 로커들이 링크 4와 링크 6에 대응하는 단일 로커-로커 배치의 골격도를 보인다. 운동은 입력축으로부터 편심 링크 2와 링크 3을 거쳐 로커 링크 4의 요동 운동을 구동하기 위해 전달된다. 각 종동 로커 링크 6은 출력축 상의 **일방향 클러치**(one-way clutch)에 연결되어 있다. 각 링크 기구는 출력 운동이 연속인 것을 보장하도록 순서대로 단속적인 운동을 출력축에 제공한다. 출력축의 회전 관성은 일방향 클러치로 하여금 구동 링크의 운동을 상회하게 하고 또 기구의 각각에 의해 전달되는 맥동을 완화하게 한다. 출력 속력을 변화하기 위하여 요동 운동의 크기는 **제어 레버**(control lever)의 위치를 변경함으로써 조절할 수 있다. 제어 레버의 위치는 조절 가능한 기초 피봇의 위치 O_4에 해당한다. 그 위치가 점선으로 나타낸 트랙을 따라 움직이면 링크 6은 각 입력 회전에 대하여 더 작은 각도로 요동하게 되고, 입력과 출력의 속력비는 증가된다. 제어 레버가 O_4'로 옮겨지면 출력축은 정지한 상태를 유지한다. 작동 중인 이 기구의 동영상이 **[비디오 13.48]**에 제공되어 있다.

비디오 13.48
제로-맥스
드라이브

요약과 제안

제로-맥스 기구는 제시된 설계 목표를 충족하는 가변 속도 드라이브를 가능하게 한다. 이 기구는 입력축에서 출력축으로 운동을 전달하기 위해 일방향 클러치와 함께 일련의 로커-로커 4절 기구를 사용한다. 속력 조절은 제어 레버를 움직임으로써 수동으로 실행되고, 여

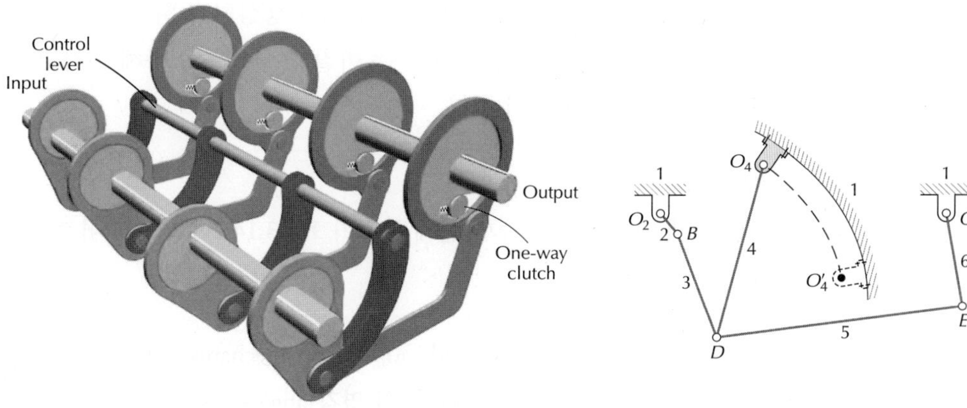

(a) (b)

그림 13.48 ● 제로-맥스 드라이브[비디오 13.48]

기서 레버는 다음 조절이 요구될 때까지 그 위치에 고정될 수 있다. 이 기구는 재봉 기계, 컨베이어 벨트, 그리고 다른 생산 라인 설비와 같은 가변 속력 출력을 요하는 다수의 적용처에 구현될 수 있는 단순한 설계이다.

13.14.2 헬리콥터 로터 날개 조절 기구

문제 서술

헬리콥터의 로터 날개는 그 항공기에 양력을 제공하기 위해 필요로 한다. 또한 이 로터 날개들은 헬리콥터가 비행 경로를 따라 비행하는 것을 가능하도록 하는 헬리콥터의 수평 운동이 가능하도록 어떤 크기의 수평 추력을 제공해야 한다. 비행 경로와 비행 상황이 변화함으로 조종사가 로터 날개에 의해 생성되는 양력의 크기를 변화시킬 수 있도록 하는 기구가 필요하다. 또한 로터 날개에 의해 생성되는 수평 추력를 가변할 필요가 있다. 하나의 로터 날개에 의해 생성되는 양력은 공기역학적 형상과 영각의 함수이다. 원하는 기구는 로터 날개가 회전하고 있는 동안, 양력을 변화하기 위해 또는 수평 추력이 얻어질 수 있는 형태로 작동하기 위해 또는 둘 다 동시에 수행하기 위해 로터 날개가 그 영각을 변화하는 것이 가능하도록 해야 한다. 이 적용은 원하는 동작을 달성하기 위해 강하고 가벼운 기계적 설계를 요한다. 이 기구는 마찰 손실을 최소화해야 하고 로터 날개에 높은 힘과 토크를 전달할 수 있어야 한다.

설계 목적 선언

로터 날개 영각의 조절을 가능하게 함으로써 헬리콥터 로터 날개에 의해 생성되는 양력을 변화할 수 있는 기구를 설계하라. 이 조절은 로터의 회전 중에 언제든지 조종사에 의해 제어된다. 두 형태의 조절이 요구되며, 가변 양력에 필요한 하나와 수평 추력을 위한 다른 하나가 있다. 이 기구는 강하고 가벼운 설계를 생성하기 위한 구성품, 재질, 그리고 특징을 적용해야 한다. 이에 더하여, 이 기구는 마찰 손실을 최소화해야 하고 로터 날개에 높은 힘과 토크를 전달할 수 있어야 한다.

제안된 설계 목표

로터 날개 조절 기구에 대한 설계 목표가 표 13.14.2에 열거되어 있다.

제안된 설계 해법

로터 날개 조절 기구(rotor-blade adjustment mechanism)에 대한 한 가지 가능한 설계 해법은 **주 로터 날개**(main rotor blades)의 **영각**(angle of attack)에 있어 변화를 가능하게 하는 사판(swash plate)식 기구를 사용하는 것이다. 그림 13.49(a)는 헬리콥터의 주 로터 날개와 **꼬리 로터 날개**(tail rotor blades)를 나타낸다. 그림 13.49(b)는 주 로터 날개의 근접도를 보이고, 여기서 각 날개의 단면은 그림 13.50에 나타낸 바와 같이 익형(shape of an airfoil)을 가진다. 모터 토크가 **주 로터 허브**(hub)에 연결된 구동 축에 공급되어 회전을 일으키게 한다. 4개 로터 날개는 각각 로터 허브에 연결되고, 헬리콥터를 비행하는 데 필요로 하는 양력을 생성하기 위해 드라이브 축의 중심선을 기준으로 회전한다. 조종사는 로터 날개의 영각을 조절함으로써 양력의 크기를 통제할 수 있다. 이는 **피치 제어 봉**(pitch control rods)을 통해 로터 날개를 로터 허브에 대하여 회전함으로써 실행된다. 그림 13.49(b)는 영각을 변경하기 위해 사용된 구성품을 나타내고 있다. 이 기구는 볼 베어링 세트에 의해 분리된 2개의 동심 사판으로 구성된다.

이들 구성품은 (a) 로터 허브와 함께 회전하는 **회전 사판**(rotating swash plate) 그리고 (b) 회전하지 않고 수평면에 대하여 단지 기울어지는 **요동 사판**(oscillating swash plate)이다. 4개의 회전하지 않는 **유압 구동기**(hydraulic actuators)가 요동 사판에 연결되고, 구동기는 사판

표 13.14.2 로터 날개 조절 기구에 대한 설계 목표

Design Objective	Description	Value (Units)
Rotational speed of rotor	Must transmit a specified torque	0–120 (rpm)
Variable angle of attack	Desired range for angle of attack of rotor blades	0 to 20 (degrees)
Strength	Lift forces exerted on adjustment mechanism	20,000(N)
Weight	Total weight of adjust mechanism	50 (kg)
Operating life	Number of rotor hub rotations before repair or replacement	10 million (cycles)
Minimize friction	Employ elements or materials to reduce friction	Metal parts

비디오 13.49
헬리콥터 로터 날개 조절 기구

을 수직으로 움직일 수 있거나 원하는 어떤 방향으로 수평면으로부터 사판을 기울일 수 있다. **시저 링크**(scissor links)는 회전 사판을 구속하여 구동축과 날개와 함께 회전하게 한다. 볼 베어링은 회전 사판을 요동 사판에 대하여 선회가 가능하도록 하며, 게다가 수직 힘을 전달한다. 각 피치 제어봉은 회전 사판과 날개에 핀 조인트로 결합된다. **[비디오 13.49]**를

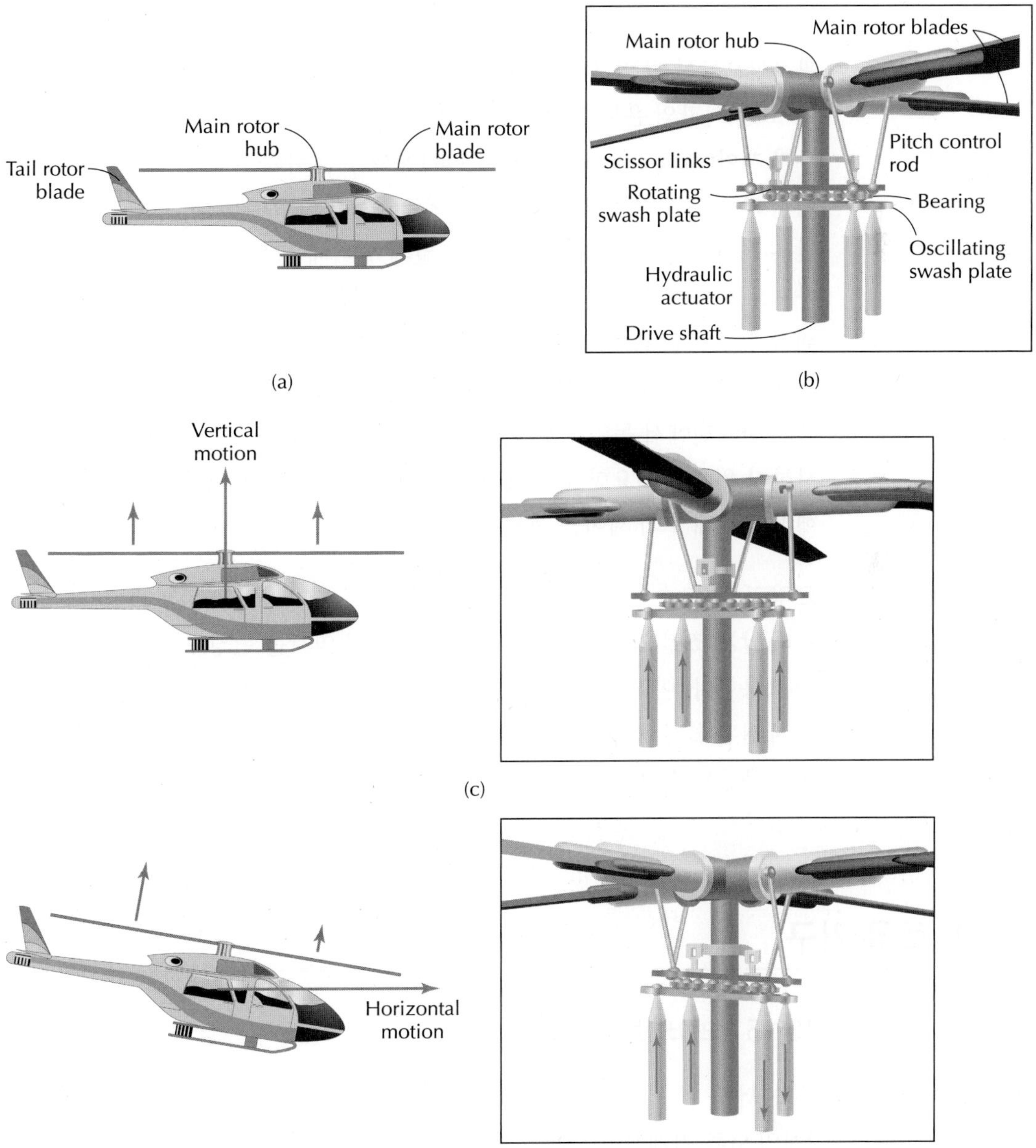

그림 13.49 ● 헬리콥터[비디오 13.49]. (a) 주 로터 날개 및 꼬리 로터 날개, (b) 주 로터 날개 기구의 근접도, (c) 수직 추력을 위한 총체 제어, (d) 수평 추력을 위한 주기 제어

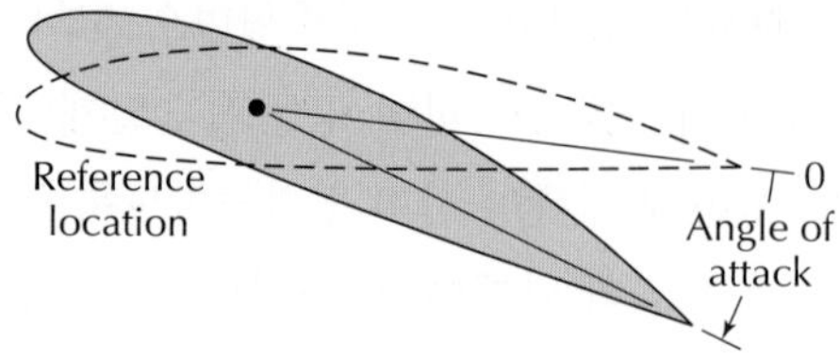

그림 13.50 ● 헬리콥터 날개의 영각

관찰함으로써 이 기구의 작동에 대하여 잘 이해할 수 있다.

요동 사판의 운동은 두 기본적인 행태로 제어될 수 있다: **총체 제어**(collective control)와 **주기 제어**(cyclic control). 그림 13.49(c)에서 보인 바와 같은 총체 제어에서 요동 경사판은 4개의 모든 유압 작동기에 의해 수직으로 구동되며, 결국 피치 제어봉은 모든 날개의 영각을 같은 크기로 동시에 변경한다. 모든 날개에 의해 생성된 양력은 같고, 헬리콥터를 수직 방향으로 구동한다. 그림 13.49(d)에서 보인 바와 같은 주기 제어에서는 유압 구동기의 수직 위치가 같지 않고, 이는 요동 경사판의 경사를 야기한다. 여기서 각 날개의 영각은 구동축의 매 선회 동안 주기적으로 변화한다. 이는 수평 방향으로 헬리콥터를 떠미는 동시에 구동축의 반대편에서 동일하지 않은 양력을 초래한다. 조종사는 대응하는 방향으로 사판을 경사하기 위하여 필요한 유압 구동기를 제어함으로써 헬리콥터를 원하는 수평 방향으로 비행하기 위해 주기 제어를 적용한다.

요약과 제안

로터 날개 조절 기구는 헬리콥터 로터 날개의 영각을 변경하기 위하여 사판과 유압 구동기를 적용한다. 이러한 방법으로 헬리콥터의 양력 크기와 수평 추력이 변화될 수 있고, 이로써 제시된 설계 목표를 충족한다. 조종사는 총체 또는 주기 제어를 생성하기 위해 구동기의 선형 운동으로 전환되는 제어 요소를 동작함으로써 헬리콥터를 비행한다.

13.15 토글 기구

13.15.1 레버 토글 기구

문제 서술

2개의 다른 기계적인 상태 사이에서 전환될 수 있는 기구가 필요하다. 각 기계적인 상태는 기구 링크의 특정한 상태나 방향에 해당한다. 이 기구는 어떤 상태에서든, 심지어 작은 힘이나 진동과 같은 외란을 받을 때조차도 기계적으로 안정되어야 한다. 이 기구를 한 상태에서 다른 상태로 전환하기 위해서는 특정한 크기의 입력 힘이 가해져야 한다. 스위칭 과정은 어느 방향이든 동일하게 잘 동작해야 하고, 수동 입력에 의해 실행되어야 한다. 이 기구는 파괴 전에 수천 회 상태를 이리저리 전환할 수 있어야 한다.

설계 목적 선언

특정 크기의 조작자 입력 힘의 인가에 의하여, 두 기계적인 상태 사이에 전환할 수 있는 기구를 설계하라. 각 기계적인 상태는 안정되어야 하고 작은 힘이나 진동하는 외란에 잘 견뎌야 한다. 이 기구는 동일한 크기의 입력 힘으로써 상태 사이에 이리저리 전환될 수 있어야 한다. 이 기구는 파괴 전에 100,000 전환 주기 동안 기능을 해야 한다.

제안된 설계 목표

토글 기구에 대한 설계 목표가 표 13.15.1에 열거되어 있다.

제안된 설계 해법(단순 토글 기구)

가능한 한 가지 설계 해법은 그림 13.51(a)에 나타낸 바와 같은 **단순 토글 기구**(simple toggle mechanism)이다. 이 설계는 신장 **스프링**(extension spring)의 사용에 의해 두 가능한 안정 위치 중의 한 위치에 유지된 **레버** 링크로 구성된다. 스프링은 한 쪽 끝에서 바닥(링크 1)에 연결되고, 다른 쪽 끝은 레버 링크에 연결된다. 보여진 위치에서 스프링은 **멈추개**(stop)에 기대어 있는 레버와 함께 최소 신장 상태에 있다. 입력 힘 F가 레버에 가해지면 스프링은 레버가 회전하면서 신장하기 시작한다. 결국, 충분한 크기의 힘 F로써 레버는 스프링이 그 최대 신장 상태가 되는 변곡점을 지난다. 더 이상의 레버 회전은 스프링을 다시 수축하게 하고, 이는 레버를 다른 멈추개로 자동적으로 빠르게 움직이게 한다. 작동 중인 단순 토글의

표 13.15.1 토글 기구에 대한 설계 목표

Design Objective	Description	Value (Units)
Mechanical state A	Defined by angle of lever linkage	60 (degrees)
Mechanical state B	Defined by angle of lever linkage	120 (degrees)
Input force to change states	Amplitude of force needed to change between states A and B, or vice versa	10 (N)
Stability	Amount of force tolerated before significant motion of lever away from a stable position	< 2 (N)
Vibration	Amount of vibration tolerated before significant motion of lever away from a stable position	< 30 (m/sec^2)
Operating life	Total number of cycles of operation before failure	100,000 (cycles)

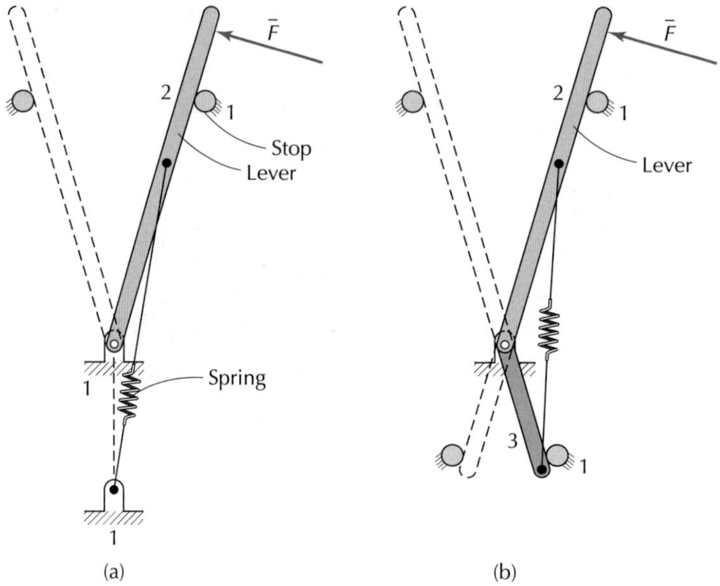

그림 13.51 ● 토글 기구. (a) 단순 토글[비디오 13.51A], (b) 이중 토글[비디오 13.51B]

비디오 13.51A
단순 토글 기구

동영상이 [**비디오 13.51A**]에 제공되어 있다. 이 기구의 약점은 레버를 두 멈추개 사이에 균형된 수직 형태로 두는 것이 가능하다는 것이다.

제안된 설계 해법(이중 토글 기구)

다른 가능한 해법은 그림 13.51(b)에 보인 바와 같은 **이중 토글 기구**(double toggle mechanism)이다. 앞선 예에서와 같이, 이 설계는 어느 위치든 유지하고자 인장력을 가하는 신장 스프링을 이용하여 레버 링크에 대한 2개의 안정된 위치를 갖는다. 이 기구에서 추가적인 짧은 레버 암인 링크 3이 더해졌다. 신장 스프링은 한 쪽 끝이 레버에 연결되고 다른 한 끝은 링크 3에 연결된다. 링크의 이러한 배치는 단순 토글 기구에서와 같이 두 멈추개 사이에서 레버의 균형을 맞추는 가능성을 줄인다. 여기서 링크 3은 2개의 멈추개 중 어느 것에 접촉하고 있을 때만 평형 상태에 있게 된다. 링크 3의 이동은 링크 2의 이동에 지연되고, 그래서 링크 2는 링크 3이 한 멈추개에서 다른 멈추개로 빠르게 움직이기 전에 수직 위치를 넘어 움직여야 한다. 작동 중인 이중 토글의 동영상이 [**비디오 13.51B**]에 제공되어 있다.

비디오 13.51B
이중 토글 기구

요약과 제안

두 가지 다른 토글 기구 설계가 제시되었고, 각각은 이 문제의 설계 목표를 충족한다. 이 설계는 레버에 특정 입력 힘을 가해 두 기계적인 안정 위치로 전환할 수 있는 레버 기구를 적용한다. 멈추개의 위치 설계와 신장 스프링의 선택으로써 다른 회전 각도와 전환에 필요한 힘을 가진 다양한 토글 기구를 개발할 수 있다. 이러한 형태의 기구는 전기 스위치의 기계적인 링크에 일반적으로 적용된다. 예를 들면, 전기 스위치 내에 사용된 토글 기구가 7.1절에 제시되어 있고, 그림 7.4와 7.5에 나타나 있다. 토글 기구의 다른 예는 문 래치(door latch) 설계 내에서 찾을 수 있다. 이는 2.14절에 제시되어 있고 그림 2.47과 그림 2.48에 나타나 있다.

13.15.2 링 바인더 기구

문제 서술

종이에 난 구멍을 통하여 많은 장의 종이를 함께 쥘 수 있는 장치가 필요하다. 이 장치로부터 종이를 추가하거나 제거하기가 쉬워야 한다. 이 장치는 2개의 다른 기계적 상태 사이로 전환할 수 있어야 한다. 한 기계적 상태에서, 이 장치는 모든 페이지들을 함께 잡아매야 한다. 다른 기계적 상태에서는 장치가 어떤 방법으로 열려 종이가 추가되거나 제거될 수 있도록 해야 한다. 이 장치는 어느 상태이든 기계적으로 안정되어야 하고, 힘이나 진동 외란에 대하여 잘 견뎌야 한다. 이 장치는 사용자가 두 상태 사이에서 그 기구를 전환하기 위해 쉽게 손가락 힘을 가할 수 있도록 설계되어야 하고, 파괴 전에 수천 회 이리저리 전환될 수 있어야 한다.

설계 목적 선언

종이를 쉽게 추가하고 제거할 수 있는 많은 장의 종이를 쥐기 위한 기구를 설계하라. 이 기구는 손가락 입력 힘을 적용하여, 2개의 기계적 상태 사이를 전환해야 한다. 한 기계적인 상태는 종이를 더하거나 제거하는 것에 해당하고, 반면에 다른 상태는 모든 종이를 함께 잡아매고 있는 상태에 해당한다. 이 기구는 안정해야 하고 작은 힘이나 진동형의 외란에 잘 견뎌야 한다. 이 기구는 파괴 전에 10,000 전환 주기 동안 기능을 해야 한다.

제안된 설계 목표

링 바인더 기구에 대한 설계 목표가 표 13.15.2에 열거되어 있다.

제안된 설계 해법

한 가지 가능한 설계 해법은 그림 13.52에 나타낸 바와 같은 **링 바인더 기구**(ring binder mechanism)이다. 이 설계는 원형의 고리(loop)를 형성하는 2개의 **링 클립**(ring clip)으로 구성된다. 보여진 이 설계에서는 3개의 그러한 고리가 적용된다. 이 기구와 함께 사용될 종이는 3개 고리 사이의 간격과 대응되는 세 구멍을 갖게 준비가 되어야 한다. 그림 13.52(b)는 열린 위치에 있는 기구의 근접도를 보여 주고, 반면에 그림 13.52(c)는 닫힌 위치에 있는 기구의 근접도를 보여 준다. 토글(toggle) 동작은 기구의 중앙에 있는 2개 **판 스프링**(leaf spring)의 상대적 위치에 의해 이루어 진다. 3개의 링 클립은 한 쪽에서 하나의 판 스프링에 견고하게 부착되어 있고, 다른 3개는 반대 쪽에서 다른 판 스프링에 부착되어 있다. 닫힌 상태

표 13.15.2 링 바인더 기구에 대한 설계 목표		
Design Objective	**Description**	**Value (Units)**
Mechanical state A	Defined by open state of mechanism allowing pages to be added or removed	Open
Mechanical state B	Defined by closed state of mechanism thereby securing pages together	Closed
Input force to change states	Amplitude of force needed to change between states	5 (N)
Stability	Amount of force tolerated before significant motion of lever away from a stable position	< 2 (N)
Operating life	Total number of cycles of operation before failure	10,000 (cycles)

비디오 13.52
링 바인더 기구

에서 판 스프링들은 위로 오목한 안정된 V모양을 형성하기 위해 서로를 누른다. 열린 상태에서 V모양은 아래로 오목하다. 기구가 한 상태에서 다른 상태로 전환되면서 판 스프링들은 그 양면들이 평행하게 되는 천이 위치를 지난다. 스프링들을 한 상태에서 다른 상태로 밀기 위해 두 판 스프링 사이 중앙에 힘을 가하기 위한 **탭**(tab) 링크가 사용된다. 작동 중인 링 바인더 기구의 동영상이 **[비디오 13.52]**에 제공되어 있다.

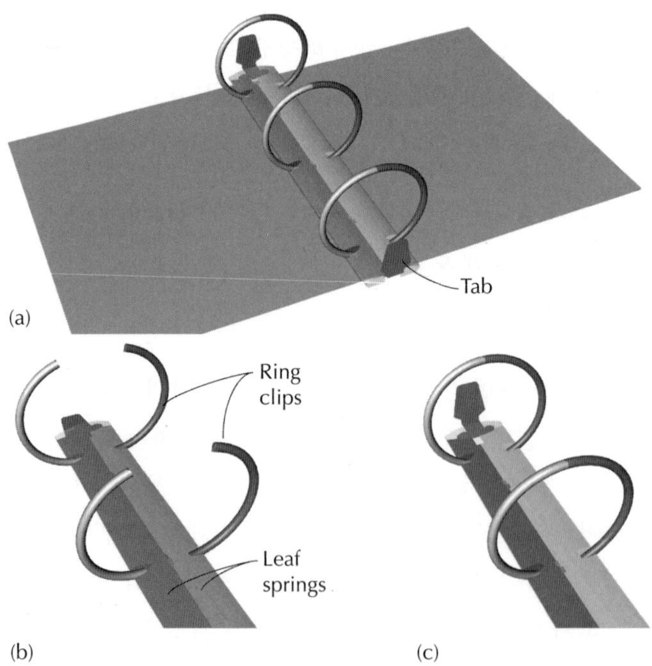

그림 13.52 ● 링 바인더 기구[비디오 13.52]. (a) 전체도, (b) 열린 위치의 근접도, (c) 닫힌 위치의 근접도

요약과 제안

링 바인더 기구는 링 클립을 열린 또는 닫힌 위치에 유지하기 위하여 두 안정된 기계적 상태 사이를 전환할 수 있다. 이는 링 클립이 열린 위치에 있을 때 적절한 구멍을 가진 종이를 클립에 삽입하거나 클립으로부터 제거될 수 있게 한다. 이 설계는 두 안정된 V모양 위치의 어느 위치에서든 서로를 누르는 2개의 판 스프링을 적용한다. 전환하는 힘은 탭을 누르는 손가락에 의해 제공된다. 이러한 방법으로 이 기구는 이 문제의 설계 목표를 충족한다. 바인더 기구는 또한 직물, 가죽, 합판, 또는 다른 얇은 재질의 견본 묶음을 쥐는 광범위한 적용처를 가지며, 이는 거래 산업에서 견본 재질을 보관하기에 편리하다.

13.16 잠금 기구

13.16.1 자물쇠

문제 서술

두 다른 기계적 상태 사이를 전환하는 기구가 필요하다. 이는 단지 특별한 형상을 가진 부가적인 기계적 요소의 사용에 의해서만 두 상태 사이를 전환할 수 있다. 특별한 형상의 기계적 요소는 어떤 방법으로 이에 의하지 않고는 상태를 변경할 수 없는 주 기구와 접속해야 한다. 이 기계적 요소는 주 기구에 쉽게 더해지거나 주 기구로부터 쉽게 제거될 수 있어야 하고 휴대할 수 있어야 한다. 주 기구의 두 상태는 레버의 물림 또는 분리 위치이어야 한다. 레버는 잠금 기구를 위해 사용된다. 잠금은 레버를 한 위치에서 다른 위치로 회전함으로써 이루어지고, 여기서 레버는 문 틀과 같은 강체 구조에 있는 구멍으로 들어간다. 이 기구는 사용자가 그 기계적 요소를 더하거나 제거하기 위하여, 또는 기구를 두 상태에서 전환하기 위하여 손 힘을 쉽게 가할 수 있도록 설계되어야 한다.

설계 목적 선언

이동식인 기계적 요소의 사용으로 두 기계적인 상태 사이에서 전환할 수 있는 잠금 기구를 설계하라. 이 기계적 요소는 주 기구를 두 상태 사이에서 전환할 수 있도록 주 기구와 접속하는 특별한 형상을 가져야 한다. 주 기구는 그 이동식 기계적 요소 없이는 두 상태 사이에서 전환하지 않아야 한다. 이 기구는 잠금 용도에 사용되고, 여기서 이 기구는 문 틀에 있는 구멍과 물리거나 분리하기 위하여 레버를 회전해야 한다. 그 기계적 요소는 손 힘으로써 주 기구에 더하거나 주 기구로부터 분리하기 쉬워야 한다. 또한, 주 기구는 손 힘으로써 두 상태 사이로 전환하도록 구동된다.

표 13.16.1 자물쇠 기구에 대한 설계 목표

Design Objective	Description	Value (Units)
Unlocked state	Open (unlocked) state of mechanism with lever disengaged from opening in door frame	Open
Locked state	Closed (locked) state of mechanism with lever engaged into opening in door frame	Closed
Size of element	Max. length of special shape mechanical element	5 (cm)
Force to add or remove element	Amplitude of force needed to add or remove specially shaped mechanical element	4 (N)
Torque to rotate	Torque needed to rotate lever from engaged to disengaged position.	0.2 (N-m)

제안된 설계 목표

자물쇠 기구에 대한 설계 목표가 표 13.16.1에 열거되어 있다.

제안된 설계 해법

비디오 13.53
자물쇠 기구

한 가지 가능한 설계 해법은 그림 13.53에 나타낸 바와 같은 **핀 텀블러 잠금**(pin tumbler lock)[44]으로도 알려진 **자물쇠**(key lock) 기구이다. 이 설계는 **플러그**(plug) 내에 존재하는 **열쇠 구멍**(keyway)으로 삽입할 수 있는 특별한 형상의 열쇠(key) 요소로 구성된다. 플러그는 **레버**에 견고하게 부착되어 있고 **하우징**(housing) 내에서 회전한다. 하우징은 고정된 상태를 유지한다. 레버는 문 틀에 있는 다른 구멍(보이지 않음)과 회전하여 접속함으로써 잠금 동작을 제공한다. 이 기구의 동작은 **[비디오 13.53]**에 제공된 동영상을 관찰함으로써 더 잘 이해할 수 있다. 애니메이션이 진행되면 하우징은 반투명하게 되고, 이는 그림 13.53(b)에 보인 바와 같이 변화하는 길이를 가진 핀 세트를 보인다. 이들 핀은 하우징과 플러그 내의 **핀 챔버**(pin chambers)에서 미끄럼 이동하도록 구속되어 있다. 잠금 형태일 때, 핀은 끝과 끝이 이어지도록 짝을 이루어 정렬되고, 압축된 **실린더 스프링**(cylinder springs)에 의해 아래로 힘이 가해진다[그림 13.53(b)에서는 보이나 동영상의 요소는 아니다]. 플러그는 모든 핀 쌍 사이의 분할 면이 플러그의 원통 면과 맞추어져 있지 않고는 회전할 수 없다. 플러그는 레버에 견고하게 부착되어 있으므로 레버는 회전할 수 없고 그래서 기구를 잠금 상태로 유지한다.

기구를 해제하기 위해서는 열쇠 구멍에 열쇠를 삽입해야 한다. 열쇠의 끝이 삽입되면 핀은 그 축 방향으로 움직인다. 열쇠가 부분적으로 삽입될 때조차도[그림 13.53(b)] 핀의 끝들은 원통 면과 일치하지 않고, 그래서 플러그가 회전하는 것을 방지하게 된다. 열쇠가 완

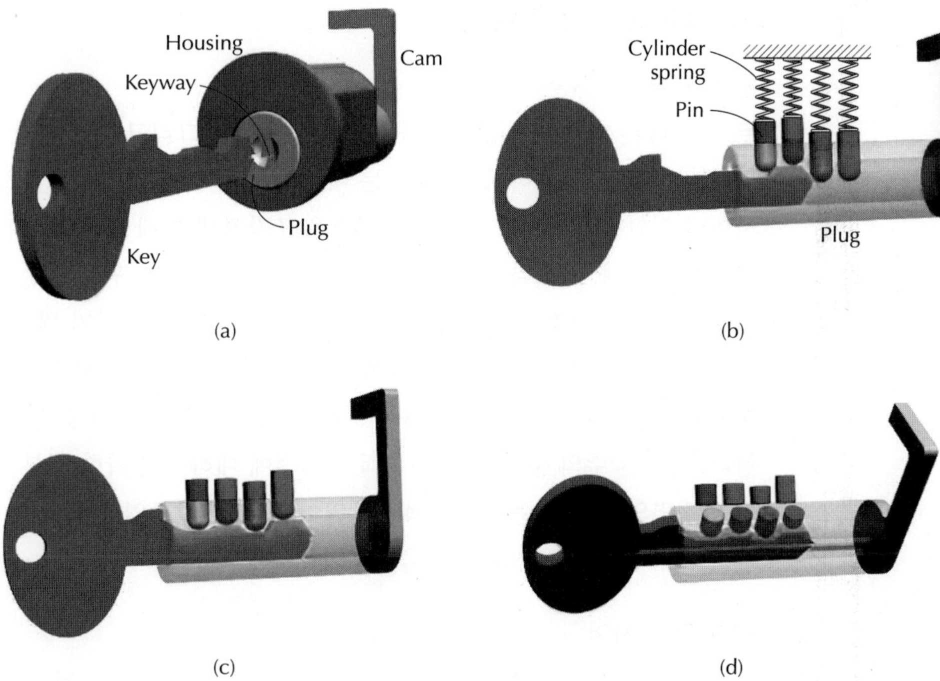

그림 13.53 ● 자물쇠 기구[비디오 13.53]

전히 삽입될 때만[그림 13.53(c)], 여기서 열쇠 어깨부가 플러그 끝에 밀어지고, 모든 분할면이 플러그의 면과 나란하게 된다. 이제 그림 13.53(d)에 보인 바와 같이 열쇠의 머리는 플러그와 레버와 함께 회전될 수 있다.

요약과 제안

자물쇠 기구는 기구와 접속되는 열쇠의 사용으로 잠겨진 그리고 해제된 기계적 상태 사이에서 전환할 수 있다. 열쇠는 플러그를 하우징 내에서 회전하게 하도록 하는 기구 내 내부 핀의 정렬을 가능하게 하는 특별한 형상을 가진다. 이들 내부 핀을 플러그 표면과 나란하게 하지 않고는 플러그는 회전할 수 없고, 이는 플러그를 잠긴 또는 열린 상태에서 유지하게 한다. 이에 더하여, 기구를 회전하는 토크는 열쇠를 통해 전달되고 손힘에 의해 공급된다. 이 방법으로 이 기구는 이 문제의 설계 목표를 충족한다. 자물쇠는 집, 차량, 캐비닛, 그리고 진열대의 문을 잠그기 위해 사용하는 광범위한 적용처를 가진다. 이 방법으로 열쇠를 소유한 사람만이 문을 잠그거나 열 수 있다. 하나의 불리한 점은 열쇠를 분실하면 이 기구는 잠그거나 열릴 수 없고, 이는 큰 불편함을 초래할 수 있다.

13.16.2 조합형 잠금 장치

문제 서술

두 가지 다른 기계적인 상태 사이를 전환하기 위해 그리고 레버 기반의 잠금 장치로 역할하기 위한 기구가 필요하다. 이 기구는 내부 링크들의 정확한 수동 정렬에 의해서만 두 상태 사이를 전환할 수 있다. 내부 링크 정렬은 조작자의 손에 의해 공급된 회전 운동에 의해 이루어져야 한다. 그러나 이들 내부 링크들의 정렬 방향은 원치 않는 접근을 방지하기 위한 보안을 위하여 시야로부터 숨겨져야 한다. 이 보안을 달성하기 위해서는 완전한 내부 정렬을 얻기 위하여 연속적이고, 정역이고, 기계적인 회전의 순서가 사용되는 것이 요구된다. 사용자가 정렬을 이루는 것을 돕기 위하여 기구부 외부 표면상에 수치적 표식이 나타나야 한다. 특정한 수의 순서는 각 연속적인 회전에 대하여 정확한 내부 정렬과 일치해야 한다. 회전 정렬의 정확한 순서는 명백하지 않아야 한다. 기구의 두 상태는 레버의 접속과 분리에 해당해야 하고, 이는 잠금 동작을 위해 사용된다.

설계 목적 선언

내부 링크의 정렬을 통하여 두 기계적 상태로 전환할 수 있는 잠금 기구를 설계하라. 이 정렬은 일련의 연속적이고 정역의 회전을 통해 수동으로 달성된다. 사용자가 기구를 정렬하는 것을 돕는 수치 정렬 표식이 제공되어야 한다. 내부 정렬 형태는 보이지 않아야 하고, 회전의 조합은 조합 순서를 모르는 사용자에게 분명하지 않아야 한다. 손 힘에 의해 구동되어야 함으로, 이 기구는 부드러운 동작성을 가져야 한다.

제안된 설계 목표

조합형 잠금 장치에 대한 설계 목표가 표 13.16.2에 열거되어 있다.

제안된 설계 해법

한 가지 가능한 설계 해법은 그림 13.54에 나타낸 바와 같은 **조합형 잠금 장치**(combination lock)이다. 이 설계는 정지된 동심 **링**(ring)에 대하여 수동으로 회전되는 **다이얼**(dial)로 구성된다. 색인 표식이 다이얼 주변에 새겨져 있고, **휠**(wheels)의 정확한 내부 방향으로써 조합의 수(보이지 않음)를 맞추기 위하여 사용된다. 여기에 나타낸 이 설계는 잠금이 열리기 위하여 적합한 순서로 3개의 정역 회전이 되어야 함을 필요로 한다. 다이얼은 중앙 스핀들 축을 통해 휠 1에 견고하게 연결되어 있다. 휠 2, 3, 그리고 4는 스핀들에 대하여 회전이 자유롭다. 회전 운동은 그림 13.54(b)에 보인 바와 같이 휠의 뒤 쪽에 위치한 탭과 접속한 **확장암**(extension arms)을 통하여만 단지 한 휠에서부터 다음 휠로 전달될 수 있다. 이 방법으로 회전은 휠 1에서 휠 2로, 휠 2에서 휠3으로, 그리고 결국 휠 3에서 휠 4로, 종속적인 형태로 전달될 수 있다. 각 휠은 주위에 **게이트**(gate)라고 불리는 작게 제거된 부분을 갖는다. 잠금

표 13.16.2 조합형 잠금 기구에 대한 설계 목표

Design Objective	Description	Value (Units)
Unlocked state	Open (unlocked) state of mechanism with lever disengaged with latch	Open
Locked state	Closed (locked) state of mechanism with lever engaged with latch	Closed
Rotational range	Rotational range for the purposes of alignment	360 (degrees)
Number of internal link alignments	Number of internal linkages that need to be aligned in order to lock or unlock mechanism	Three
Torque to rotate linkages	Torque needed to rotate linkages as they are aligned within mechanism	0.1 (N-m)

은 모든 게이트가 **사이드 바**(side bar) 아래에 정렬될 때만 열릴 수 있다. 이 사이드 바는 **볼트**(bolt)에 핀 조인트로 연결된 **펜스**(fence)라고 불리는 레버에 견고하게 연결되어 있다. 인접한 요소의 오목한 부분(보이지 않음)으로 돌출하여 잠금 작용을 제공하는 것이 볼트이다. 잠금은 볼트의 후퇴에 의해 열리게 된다.

비디오 13.54
조합형 잠금 기구

잠금 동작은 [**비디오 13.54**]에 제공한 동영상을 관찰함으로써 더 잘 이해할 수 있다. 동영상은 각 휠의 게이트들이 여러 방향에 있는 상태에서 시작한다. 다이얼이 한 방향으로 최소한 3회의 완전한 회전으로 돌려진다면 모든 확장 암은 결국 인접한 휠 상의 탭과 접촉하며, 이에 따라 모든 휠을 일제히 움직이게 한다. 조합의 첫 번째 수는 링 상의 **정지 표식**과 일치할 때까지 다이얼을 연속적으로 회전함으로써(모든 휠이 일제히 움직이는 상태로) 입력된다. 이는 그림 13.54(b)에 나타낸 바와 같이 휠 4 위의 게이트를 사이드 바 아래로 정렬한다. 다음으로 다이얼은 일제히 휠 1, 2, 그리고 3의 회전을 야기하는 휠 1과 2 상의 확장 암이 그들에 인접한 휠 위에 있는 탭과 접촉할 때까지 반대 방향으로 돌려진다. 이 회전은 조합의 두 번째 수가 정지 표식과 일치할 때까지 계속된다. 이는 휠 3 상의 게이트를 사이드 바 아래에 정렬하게 한다. 다음으로 다이얼이 휠 1 상의 확장 암이 인접한 휠과 접촉할 때까지 반대 방향으로 회전된다. 그러면 조합의 3번째 수가 정지 표식과 일치하고, 휠 2 상의 게이트는 사이드 바 아래에 맞추어 진다. 다음으로 휠 1 상의 게이트는 펜스 상의 탭 아래에 맞추어 진다. 그러고 나서 사이드 바와 펜스가 압축 스프링의 작용으로 아래로 움직인다[그림 13.54(c)에서 보이나, 동영상의 일부는 아니다]. 최종적으로, 그림 13.54(c)에 보인 바와 같이 다이얼의 작은 회전을 제공함으로써 볼트는 후퇴한다.

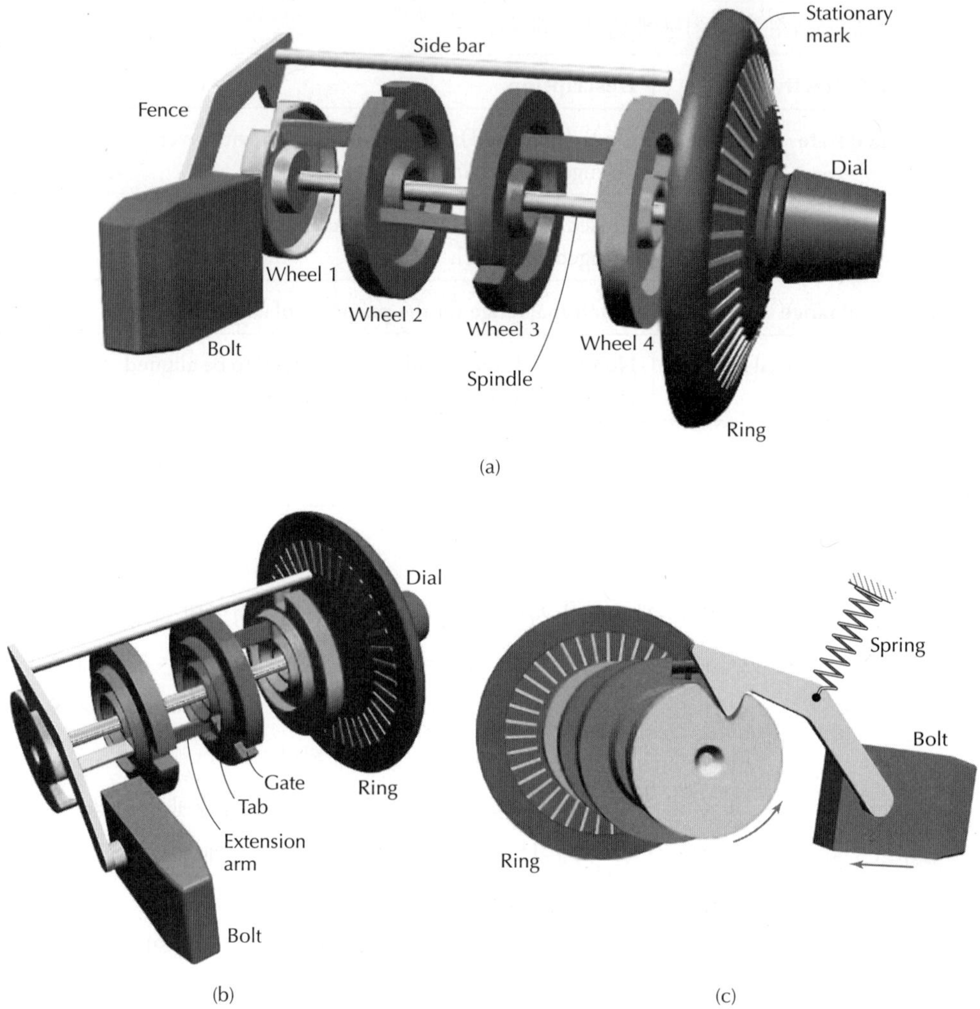

그림 13.54 ● 조합형 잠금 기구[비디오 13.54]

요약과 제안

조합형 잠금 장치는 잠기거나 열린 기계적 상태 사이를 전환할 수 있는 기구를 제공한다. 이 전환은 일련의 내부 휠이 수동으로 정렬된 후에 발생한다. 휠이 정확하게 정렬되면, 이 기구는 레버(펜스)를 회전할 수 있고 그래서 열림 상태를 얻기 위해 볼트를 직선으로 움직인다. 이 방법으로 이 기구는 이 문제의 설계 목표를 충족한다. 조합형 잠금 장치는 귀중품을 보관하기 위한 캐비넷과 금고 같은 고정형 용도에 일반적으로 적용된다. 이에 더하여 이동식 조합형 잠금 장치는 학교의 라커 또는 자전거 잠금용으로 자주 사용된다. 조합형 잠금 장치의 주요한 특징은 열쇠가 없지만, 기억해야 하는 수의 조합이 있다는 것이다. 조합이 주어진 누구든지 잠금 장치를 열 수 있다.

13.17 유연 기구

교재에 제시된 기구의 대부분은 선회 관절, 미끄럼 관절, 구형 관절 등 다양한 관절로써 서로 연결된 다수의 강체로 구성된다. 이러한 관절은 모두 2개 또는 더 많은 수의 서로 회전하고, 미끄러지고, 구르는 강체 요소로 구성된다. 그러나 일체형 유연 관절을 적용하는 다른 기구 범주가 있다. 이들은 **유연 기구**(compliant mechanism)라고 불리고[45], 고유한 유연 관절의 끝에서 더 강한 구조 사이에 상대적 운동을 생성하기 위하여 재질이 가진 고유한 유연성의 이점을 이용한다. 유연 기구는 일반적으로 재질의 단일 요소로 만들어진 일체형 구조이다. 이 기구는 인가된 힘을 받을 때 탄성 변형을 수반하도록 설계된다. 힘이 제거되면 기구는 원래 형태로 되돌아간다.

유연 기구의 고전적인 예는 그림 13.55에 보인 바와 같은 단순 신장 스프링이다. 신장 스프링은 코일로 감겨지고, 양 끝에 고리를 가진 단일 와이어 요소로 구성된다. 양 끝에 힘을 가함으로써 다른 끝에 대하여 한 끝을 이동하고, 힘을 제거하면 스프링은 원래 길이로 오므라든다. 신장 스프링을 사용할 때의 주요 원칙은 과도한 힘의 인가에 의해 스프링이 과도하게 확장되지 않는다는 것을 보장하는 것이다. 과도한 힘은 스프링의 소성(영구) 변형을 초래하고, 이는 일반적으로 그 성능을 파괴한다. 이 원칙은 또한 일반적인 유연 기구에 적용된다.

유연 기구는 많은 가정 용도로 광범위하게 사용된다. 그림 13.56은 이더넷 접속 코드의 양 끝에 사용되는 스냅-락 모듈형 커넥터를 보여준다. 모듈형 커넥터가 콘센트(보이지 않음)에 있는 짝을 이루는 슬롯에 삽입되면 탄성 변형에 의해, **클립**(clip)이 하우징에 눌러지게 된다. 콘센트에 완전히 들어가면 클립은 모듈형 커넥터를 고정 위치에 잠근다. 커넥터를 제거하기 위해서는 클립이 손가락 힘에 의해 눌러져야 한다. 그림 13.57은 DVD(디지털 비디오 디스크) 보관 케이스를 보여준다. 전형적인 케이스는 두 가지 유연 기구를 채용한다.

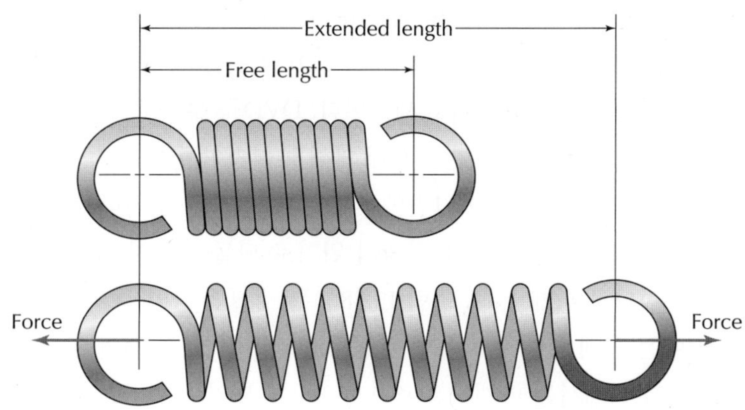

그림 13.55 ● 신장 스프링

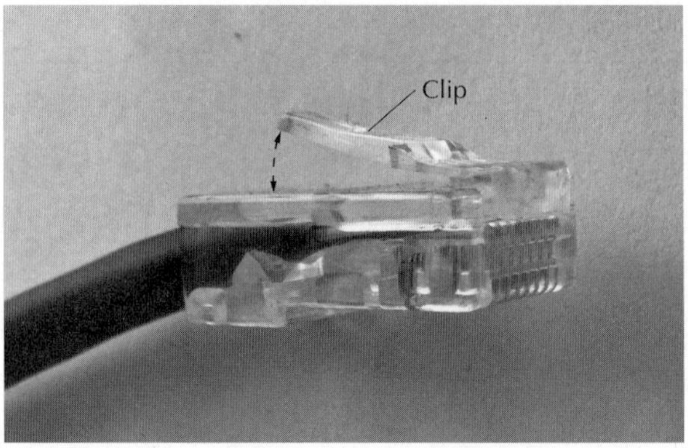

그림 13.56 ● 스냅-락 모듈형 커넥터를 가진 이더넷 접속 코드

(a)

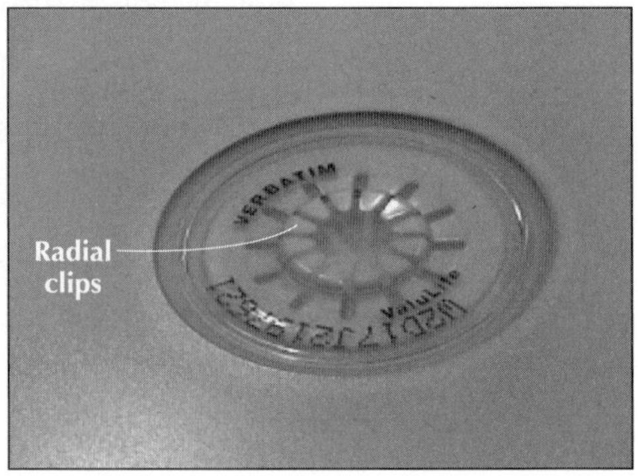

(b)

그림 13.57 ● DVD 보관 케이스. (a) 덮개 열림 기구, (b) DVD 지지대 기구

첫째는 그림 13.57(a)에 보인 바와 같은 **덮개 열림 기구**(lid release mechanism)이다. 케이스를 열기 위하여 조작자는 다른 손이 덮개를 들어올리기 위해 사용되는 동안 케이스의 어느 면에서든 덮개 열림 기구를 누르기 위해 한 손을 사용해야 한다. 두 번째 유연 기구는 그림 13.57(b)에 나타낸, **DVD 지지대 기구**(holder mechanism)이다. 지지대는 DVD 구멍에 삽입되면서 이를 지나기 위해 내측으로 휘고, DVD 위를 지지하기 위해 외측으로 팽창하는 유연한 **반경 방향 클립**(radial clips) 세트이다. DVD를 분리하기 위해 손으로 DVD를 들어 올리는 동안 반경 방향 클립은 손가락에 의해 눌러져야 한다.

몇 가지 유연 기구는 13.15.1절에 서술한 토글 스위치 원리를 적용한다. 이러한 경우, 기구는 가해진 힘을 제거한 후에 원래의 위치로 되돌아 가지 않고 오히려 두 안정된 기계적 상태 중의 하나로 휘게 된다. 그림 13.58(a)는 재질의 단일 품으로 제작된 샴푸 병뚜껑을 보여준다. 이는 쉽게 굽어지고 **유연 관절**처럼 작용하는 수 개의 얇은 단면들을 채용한다. 그 마개를 닫기 위해서는 마개가 그림 13.58(b)에 보인 천이(transition) 형태를 지나도록 휘어져야 한다. 마개가 천이 형태에 도달하기 전에 인가된 힘이 제거되면 마개는 열린 위치로

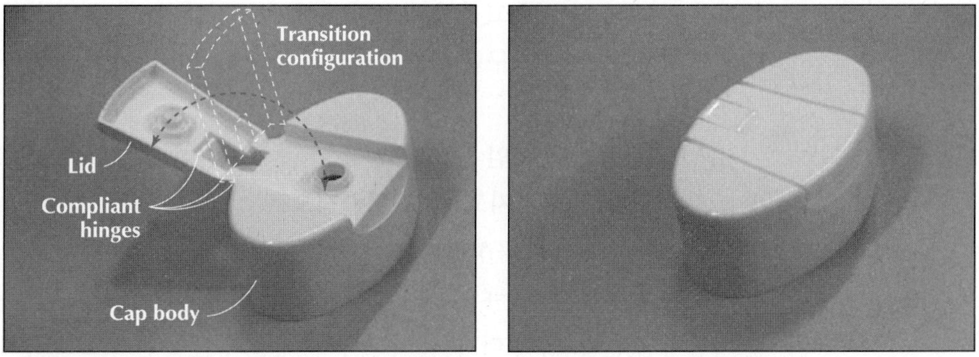

(a) (b)

그림 13.58 ● 샴푸 병 뚜껑. (a) 열린 위치, (b) 닫힌 위치

되돌아가게 된다. 마개가 천이 형태를 지난 후에 인가된 힘이 제거되면 마개는 닫힌 위치를 향해 움직임을 계속하게 된다. 유사하게, 뚜껑을 열기 위해서는 천이 형태를 넘어서까지 힘이 가해져야 한다. 그렇지 않으면 마개는 닫힌 위치를 향해 되돌아가게 된다.

어떤 경우에는, 대응되는 고전적인 링크와 관절 기구에 기초하여 상당 유연 기구를 설계하는 것이 가능하다. 그러한 한 예가 그림 13.59에 제시되어 있다. 4개의 강체 링크와 4개의 회전 대우로 구성된 고전적인 4절의 로커-로커 기구가 그림 13.59(a)에 나타나 있다. 이 기구의 작동은 1.7.1절에 서술되어 있다. 대응되는 유연 기구 형태는 그림 13.59(b)에 나타나 있다. 여기서, 회전 대우는 대응되는 링크의 두꺼운 단면보다 적은 기계적 강성을 나타내는 재질의 얇은 단면으로 대체되어 있다. 그래서 이 얇은 단면들은 쉽게 휘어질 수 있고 유연 관절로 분류한다. 두꺼운 단면은 매우 더 높은 강성을 갖고 본질적으로 **강체 링크**처럼 거동한다. 유연 관절의 세심한 설계와 그 '상당(effective)' 회전 중심을 통해 특정한 운동 범

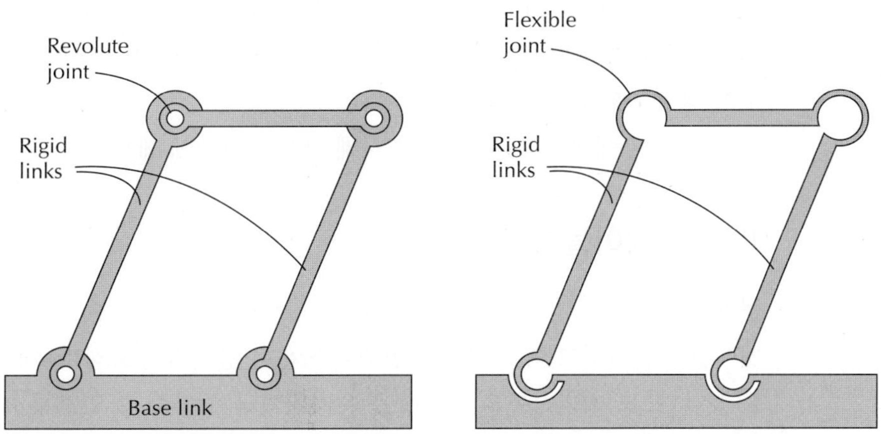

(a) (b)

그림 13.59 ● 4절 기구. (a) 고전적 링크와 관절 형태, (b) 상당 유연 기구 형태

위에서 이 유연 기구는 고전적 기구의 운동에 근접할 수 있다. 특정하게 설계된 운동 범위를 넘어서는, 이 유연 기구는 불규칙적으로 움직이거나 과도한 변형에 의해 손상을 입을 수 있다.

유연 기구는 고전적인 링크와 관절 기구에 비하여 몇 가지 흥미로운 이점을 제공하고 몇 가지 불리한 점을 가지고 있다. 일반적으로, 이득은 다음과 같다. 유연 기구는 재질의 한 단일체 부품으로 보통 구성된다. 따라서 기구는 관절에서 윤활을 필요로 하지 않고 관절에서 마모가 발생하지 않는다. 이는 설계된 탄성 변형 한계 내에서 사용될 때 긴 주기의 수명을 가능하게 한다. 이에 더하여, 이 기구는 재질의 단일 품으로 제작되기 때문에 사출 성형 또는 3D 프린팅처럼 현대식 방법과 같은 대량 생산 기법으로 쉽게 제작된다. 이는 제작에 낮은 비용을 가져온다. 유연 기구는 내장된 스프링백 효과를 가지며, 이로써 기구는 원래의 제하된 형태로 항상(토글 기구는 제외) 되돌아 가게 된다. 이는 사용 후 초기 위치로 재설정되어야 하는 많은 기구 적용에 있어 유용하다. 유연 기구는 운동이 오로지 재질 형상, 탄성, 그리고 인가된 힘에 기반하기 때문에 특정 재질에 따라 높은 정도의 운동을 생성할 수 있다. 그러므로 유연 기구 이송 스테이지(translation stages)는 나노미터 크기 운동 용도에 자주 사용되고 있다.

일반적으로 불리한 점은 다음과 같다. 때로는 이점이 되는 동일한 스프링백 효과가 힘을 가하지 않고 움직여진 위치를 유지하는 것처럼 기구가 원래 위치로 되돌아 가는 것이 요구되지 않을 때는 문제가 될 수 있다. 또한, 기구를 구동할 때 스프링백 효과를 극복하기 위하여 추가적인 입력 힘을 필요로 한다. 원하는 운동의 예측에 다른 측면 중에서 재질 형상, 탄성, 그리고 인가되는 힘의 위치 등의 상호작용을 포함해야 하기 때문에 유연 기구는 설계하기 어려울 수 있다. 이러한 설계 형태는 유한요소해석(FEA)으로 알려진 컴퓨터 기반의 계산 기법과 함께 일반적으로 고체역학 원리의 적용을 필요로 한다. 이에 더하여, 과도한 힘의 인가는 유연 기구를 손상할 수 있고, 따라서 이 기구는 유연 관절에서의 내부 응력을 고려하고 연관되는 피로 수명을 고려하여 설계되어야 한다. 이는 앞서 언급한 FEA 기법으로써 행해질 수 있다.

유연 기구에 관한 세 가지 설계 사례 학습이 다음에 제시되어 있다.

13.17.1 케이블 고정 기구

문제 서술

케이블을 움켜쥐고 벽과 같은 평면에 부착하는 장치가 필요하다. 케이블은 거의 둥근 단면을 갖는다. 장치의 작동은 케이블을 움켜쥐거나 풀어줄 수 있도록 가역적이어야 한다. 이 장치는 움켜쥠 또는 풀림의 어느 상태에서도 안정되어야 하고, 힘에 의한 외란을 잘 견뎌야 한다. 이 장치는 사용하기에 쉽고 신속해야 하며, 사용자는 두 형태 사이를 전환하기 위하여 손가락 힘을 가할 수 있다. 이러한 장치가 수백만 개 생산될 수 있을 것으로 기대된다. 따라서 저비용과 용이한 대량 생산이 매우 중요하다. 사용되는 수명 동안, 이 장치는 파괴 전에 수백 회 케이블을 움켜쥐거나 풀어줄 수 있어야 한다.

설계 목적 선언

평면 위에서 둥근 단면의 케이블을 일시적으로 움켜쥐는 기구를 설계하라. 이 기구는 두 상태를 가지며, 여기서 하나는 케이블을 부착한 상태에 상당하고 다른 하나는 케이블을 풀어준 상태이다. 이 기구는 어떤 상태에서도 기계적으로 안정되어야 하고, 힘에 의한 외란에 견뎌야 한다. 이 장치는 수백만의 수량으로 대량 생산되며 저렴해야 한다. 따라서 유연 기구 설계 접근이 적용될 것이다. 이 설계는 단지 손가락 힘을 인가함으로써 사용하도록 신속하고 단순해야 한다. 이 장치의 사용 수명은 최소한 100회의 움켜쥠과 풀림 주기가 되어야 한다.

제안된 설계 목표

케이블 고정 기구에 대한 설계 목표가 표 13.17.1에 열거되어 있다.

제안된 설계 해법

한 가지 가능한 설계 해법은 그림 13.60에 나타낸 바와 같은 **케이블 고정**(cable clip) 유연 기구이다. 이 설계는 바닥에서 유연 **중앙 관절**(central joint)에 의해 함께 달려 있는 2개의 클

표 13.17.1 케이블 고정 기구에 대한 설계 목표

Design Objective	**Description**	**Value (Units)**
Cable size range	Diameter range of cables to be grasped by device	6–12 (mm)
Overall size	Maximum size of device defined by length, width, and height	25 × 25 × 12 (mm) [L × W × H]
Monolithic design	Employ compliant mechanism design approach to create single piece device	1 piece
Material	Material suitable for compliant mechanism, such as low molecular weight plastic	Nylon or polypropylene
Quantity	Number of units to be manufactured	10,000,000
Cost/Unit	Cost per unit to manufacture including: material, machine time, and labour for production batch	0.25 ($/unit)
Force to actuate	Amount of force needed to open or close device	< 4 (N)
Service life	Total number of cycles of operation before failure	100 (cycles)

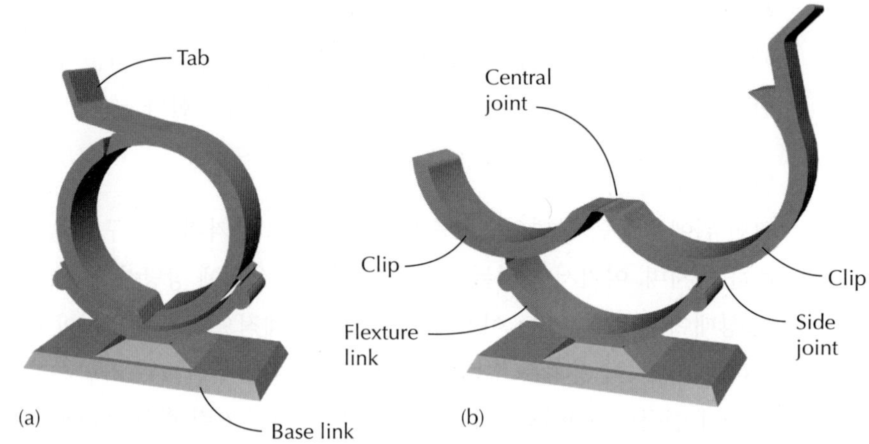

그림 13.60 ● 케이블 고정 기구[비디오 13.60]. (a) 닫힌 위치, (b) 열린 위치

비디오 13.60
케이블 고정 기구

립(clips)으로 구성된다. 2개의 부가적인 **측면 관절**(side joints)은 **만곡 링크**(flexure link) 상의 양 측에서 클립을 받치고 있고, 이들은 효과적으로 두 가지 상태를 갖는 토글 기구를 생성한다. 닫힌 상태는 그림 13.60(a)에서, 열린 상태는 그림 13.60(b)에 나타나 있다. 이 유연 기구의 작동은 **[비디오 13.60]**을 관찰함으로써 더 잘 이해될 수 있다. 열린 상태에서 두 클립은 정점에서 넓게 분리되고, 여기서 케이블을 삽입할 수 있다. 케이블이 삽입되면(동영상에서는 보이지 않음) 케이블이 중앙 관절을 누르고, 이로써 양 클립이 케이블 주위로 닫히게 한다.

토글 기구가 천이 지점을 지나고 나면 안정된 닫힌 위치를 유지하고, 이로써 케이블을 부착한다. 케이블을 풀기 위해서는 한 클립에 위치한 **탭**(tab)이 손가락 힘으로써 옆으로 밀린다. 이는 클립의 상부가 분리되게 하고, 천이 지점을 지나서 클립이 안정된 위치로 회전하여 열린다. 이 과정에서, 케이블이 클립으로부터 방출된다. 전체 장치는 기초 링크의 바닥에 접착제를 사용하여 **기초 링크**(base link)에 의해 벽에 부착된다.

요약과 제안

케이블 고정 유연 기구는 눌러져 들어오는 케이블 주위를 쥘 수 있다. 이 기구는 토글 기구처럼 동작하기 때문에 손에 의해 열리는 그러한 시점까지는 단단하게 닫힌 상태를 유지한다. 이 기구는 재질의 단일 품으로 제작되고, 운동을 가능하게 하기 위하여 유연 관절을 적용한다. 하나의 요소이므로 사출성형 공정에 의해 쉽게 제작될 수 있고, 더 이상의 조립 단계를 필요로 하지 않는다. 이는 나일론 플라스틱과 같은 저렴한 재질을 사용하여 수백만 단위로 이 기구의 대량 생산을 위한 능력을 부여한다. 이러한 특징이 주어지면 이는 이 문제의 설계 목표를 충족한다. 이 기구는 원하는 범위의 운동을 달성하기 위해 유연 관절에서 수많은 회전을 수반하게 된다. 그러면 이는 재료의 파괴를 야기하게 되고, 이는 낮은 주기 수명을 초래한다. 그럼에도 불구하고 기능 수행 중에 아마도 단지 수 차례만 열리고 닫힐 것이기 때문에 이 설계는 효과적으로 수행한다.

13.17.2 유연 스테이플러

문제 서술

금속 스테이플러를 사용하여 두 조각의 피부를 함께 잡아매기 위한, 의료용을 위한 기구가 필요하다. 두 조각의 피부는 가장자리와 가장자리가 함께 가져와지고, 직선 또는 곡선을 따라 연결된다. 이 기구는 단지 한 쪽(피부의 바깥 면)에서 철사침(staples)을 가해야 하고, 피부 아래에서는 어떠한 작업부를 가질 수 없다. 철사침의 설계도 또한 이 과제의 한 부분으로 고려되어야 한다. 의료용이기 때문에 환자의 감염을 방지하기 위하여 멸균이 매우 중요하다. 이 기구와 금속 철사침은 사용 전에 멸균 처리를 할 수 있는 무독성 재질로 만들어져야 한다. 이에 더하여, 이 기구를 단지 한 환자에게만 사용하고 사용 후에는 이를 폐기하는 것을 원한다. 단지 한 번 사용된다면 이 기구는 저렴해야 한다.

설계 목적 선언

금속 철사침을 사용하여 두 조각의 피부를 함께 잡아매는 의료용 기구를 설계하라. 이 기구는 단지 피부의 외부 면으로부터 철사침을 인가해야 하고, 피부 아래에서는 작업부를 가져서는 안 된다. 철사침도 또한 이 기구 그리고 용도와 적합성을 보장할 수 있도록 설계되어야 한다. 이 기구와 철사침은 무독성이고 멸균 가능한 재질로 제작되어야 한다. 이 기구는 단지 한 번 사용되고 폐기된다. 따라서 저렴해야 한다. 이와 같은 필요 요건이 주어진다면 유연 기구 접근이 적용되게 된다.

제안된 설계 목표

유연 스테이플러에 대한 설계 목표가 표 13.17.2에 열거되어 있다.

제안된 설계 해법

하나의 가능한 설계 해법은 그림 13.61에 보인 바와 같은 **유연 스테이플러**(compliant stapler)이다. 이 설계는 금속 철사침(staples) 세트를 채용한 유연 기구로 구성된다. 이 기구는 1.7.2절에 서술한 바와 같은 슬라이더 크랭크 기구의 원리를 기반으로 한다. 이 기구는 한 손으로 쥘 수 있고, 여기서 엄지손가락 힘이 **레버**(크랭크) 상에 작용하고, 이는 레버가 기초 링크에 대하여 회전하도록 한다. 이 기구는 그 기능을 달성하기 위하여 3개의 **유연 관절**(flixible joints)과 하나의 **미끄럼 관절**(sliding joint)을 적용한다. 유연 스테이플러의 작동은 [**비디오 13.61**]을 관찰함으로써 잘 이해될 수 있다. 트리거(trigger)가 눌러지면, 그림 13.61(b)에 보인 바와 같이, 힘이 **해머**(hammer, 슬라이더)로 전달되어, 해머가 변형되지 않

비디오 13.61
유연 스테이플러

표 13.17.2 유연 스테이플러에 대한 설계 목표

Design Objective	Description	Value (Units)
Staple size	Size of staples to be used, defined by length, width, and height	12 × 1 × 6 (mm) [L × W × H]
Staple material	Material for staples must be: strong for binding skin, nontoxic, nonirritating, and sterilizable	Stainless steel or titanium
Compliant design	Employ compliant mechanism design approach	–
Mechanism material	Material suitable for compliant mechanism, such as plastic. It must be nontoxic and sterilizable	Polycarbonate, polyester, or polypropylene
Cost/Unit	Cost per unit to manufacture including: material, machine time, and labour for production batch	< 10 ($/unit)
Force to actuate	Amount of force needed to deploy staple	< 3 (N)
Service life	Total number of cycles of operation before failure	100 (cycles)

은 철사침을 **크림프 멈추개**(crimp stop)에 누르게 한다.

그림 13.61(c)에 보인 바와 같이 해머가 최대의 신장 상태로 이동하면 이는 동시에 철사침에 바깥 방향으로 힘을 가하고 철사침을 영구적으로 변형시켜 바깥 끝이 안쪽으로 닫히도록 한다. 두 인접한 피부 조각에 대해 인가되면 이 닫힘 작용은 두 조각을 함께 연결한다. 엄지손가락 힘이 제거되면 그림 13.61(a)에 보인 바와 같이, 해머는 원래의 위치로 수축한다. 이 수축은 3개의 유연 관절이 내장된 스프링 힘을 가지며 그리고 제하된 위치로 돌아오기 때문에 발생한다. 해머가 수축하면 다음 철사침이 매거진 카트리지(magazine cartridge)로부터 위쪽 방향으로 밀려지고 사용되는 것에 대비한다.

요약과 제안

유연 스테이플러는 인접한 두 조각의 피부를 철사침을 사용하여 연결하기 위하여 의료용으로 사용될 수 있다. 이 스테이플러는 바깥 쪽으로부터 피부로 금속 철사침을 누르고 변형한다. 이것은 플라스틱 재질의 단일 요소로부터 제작되고 운동이 가능하도록 유연 관절을 적용한다. 구동 힘이 제거되면 이는 초기 위치로 되돌아 간다. 이것은 단품이고 플라스틱으로 만들어지므로 사출성형 공정을 사용하여 낮은 가격으로 생산될 수 있다. 확인된 재질은 무독성이고 사용에 앞서 멸균이 가능하다. 이러한 특징이 주어지면 이는 이 문제의 설계 목표를 충족한다.

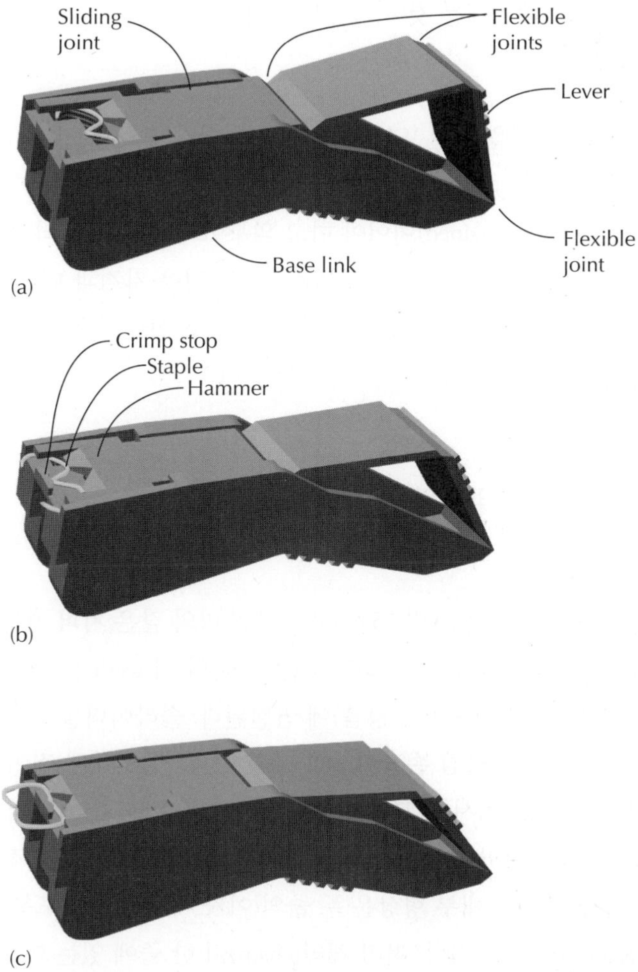

그림 13.61 ● 유연 스테이플러[비디오 13.61]. (a) 초기 열린 위치, (b) 변형되지 않은 철사침을 가진 스테이플러, (c) 변형된 철사침을 가진 스테이플러

13.17.3 지퍼 기구

문제 서술

두 장의 인접한 천 재질을 함께 붙이는 기구가 필요하다. 두 장의 천은 함께 옮겨지고 직선 또는 곡선을 따라 연결된다. 이 붙임 작업은 신속하게 이뤄질 수 있는 것이 요구된다. 중요한 것은 이 방법이 두 장이 급속히 떼어질 수 있도록 가역적이어야 한다는 것이다. 버튼이나 리벳과 같은 조임쇠(fastener)를 사용하는 것은 원하지 않는다. 사용하기에 쉬워야 하고, 사용자는 두 장을 붙이거나 떼어내기 위해 손 힘을 인가할 수 있다. 이 품목은 수백만 단위로 생산되기 때문에 낮은 가격과 대량생산의 용이함이 매우 중요하다. 이 기구는 파괴 전에

천을 수천 회 붙이고 떼어내는 것이 가능해야 한다.

설계 목적 선언

천 재질의 인접한 두 장을 직선 또는 곡선을 따라 함께 붙이는 기구를 설계하라. 이 기구는 신속히 붙이는 것이 가능해야 하고 가역적이어서 두 장을 신속히 떼어낼 수 있어야 한다. 이 기구는 자족식(self-contained)이어야 하고 외부 조임쇠는 사용되지 않는다. 이 기구는 손힘의 인가를 통해 사용하도록 사용이 쉬워야 한다. 낮은 가격과 대량생산의 용이함이 매우 중요하다. 이러한 필요 요건이 주어진다면 유연 기구 접근이 적용된다. 이 기구는 파괴 전에 수천 회의 붙임과 떼어냄 주기를 수행해야 한다.

제안된 설계 목표

지퍼 기구에 대한 설계 목표가 표 13.17.3에 열거되어 있다.

제안된 설계 방안

한 가지 가능한 설계 해법은 그림 13.62(a)에 보인 바와 같은 **지퍼 기구**(zipper mechanism)이다. 이 설계는 유연한 **테이프**(tape)에 부착된 두 줄의 이(teeth)를 가진 유연 기구로 구성된다. 다음으로, 테이프는 천(보이지 않음)에 연결된다. 슬라이더를 지퍼 길이를 따라 위 또는 아래로 움직이기 위하여 **당김 손잡이**(pull tab)가 사용자에 의해 쥐어 진다. 슬라이더의 운동 방향에 따라, 그 내부에서 미끄러지는 이는 함께 결합되거나(지퍼가 잠긴다) 또는 분리된다(지퍼가 열린다). 지퍼가 잠기는 과정 동안에, 슬라이더는 두 인접한 이의 줄을 넘어 지나가고, 여기서 슬라이더 내부 형상은 두 줄의 이가 서로 맞물리도록 안내한다. 각 이는 **고리**(hook)와 **홈**(groove)을 가진다. **지퍼 체인**(chain)이 한 줄에 있는 이 위의 고리로서 형성되

표 13.17.3 지퍼 기구에 대한 설계 목표

Design Objective	Description	Value (Units)
Fastening strength	Amount of force that can be sustained by fastener before mechanism separation	100 (N)
Compliant design	Employ compliant mechanism design approach	–
Mechanism material	Material suitable for compliant mechanism, such as plastic or fabric	Polyester, or polypropylene
Cost/Unit	Cost per unit to manufacture including: material, machine time, and labour for production batch	0.50 ($/unit)
Force to actuate	Amount of force needed to fasten/unfasten	< 5 (N)
Service life	Total number of cycles of operation before failure	2000 (cycles)

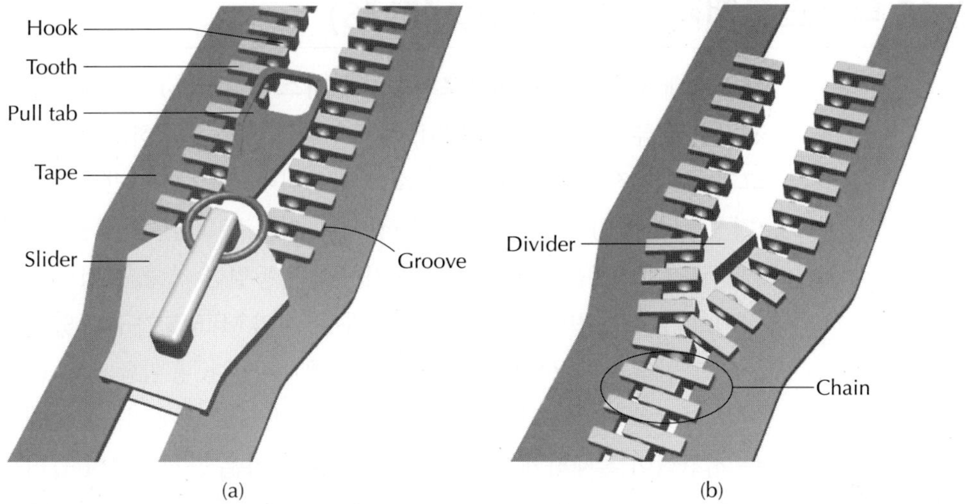

그림 13.62 ● 지퍼 기구[비디오 13.62]. (a) 당김 손잡이와 슬라이더를 가진 기구, (b) 맞물린 이와 디바이더가 가시화된 기구

며, 이 고리는 다른 줄에 있는 한 이 내의 홈과 서로 맞물리게 되고, 이것이 지퍼 내의 모든 이에 대하여 앞뒤로 반복된다. 그림 13.62(b)는 슬라이더 부분이 제거된 그림을 보여준다. **디바이더**(divider)는 (a) 지퍼를 여는 동안 이를 분리하거나 또는 (b) 지퍼를 잠그는 동안 이를 함께 안내하기 위하여 사용되는 내부 형상의 명칭이다. 작동 중인 지퍼의 동영상이 [**비디오 13.62**]에 제공되어 있다.

비디오 13.62
지퍼 기구

요약과 제안

지퍼 기구는 두 장의 천을 함께 붙이기 위해 사용될 수 있다. 이 기구는 슬라이더가 그 위를 지나갈 때 유연한 테이프의 두 줄에 위치한 수백 개의 이를 서로 맞물리게 함으로써 이를 행할 수 있다.

이 기구는 테이프의 유연성이 슬라이더를 사용하여 두 줄의 이를 물리게 하거나 또는 떼어내는 것을 가능하게 하는데도 이가 테이프에 단단하게 붙어 있으므로 유연 기구로 분류된다. 지퍼 체인이 형성되면 이는 두 조각의 천을 함께 붙어 있는 상태를 유지하기 위하여 여러 방향으로 상당한 강도를 갖는다. 지퍼에 앞서, 두 조각의 천을 연결하기 위하여 버튼이 일반적으로 사용되었다. 그러나 버튼을 누르는 과정이 과도하게 긴 시간과 많은 손의 수완을 필요로 하였고, 이는 지퍼의 개발을 위한 동기를 부여하였다. 이와 같은 방법으로 지퍼는 이 문제의 설계 목표를 충족한다.

13.18 마이크로전자기계 시스템(MEMS)

1990년대 초 이래로 **마이크로전자기계 시스템**(MEMS)으로 알려진, 기구와 기계의 비교적 새로운 분류가 생겨났다. MEMS는 특정한 기능을 달성하기 위하여 함께 작업하는 미세한 크기의 기계적이고 전기적인 요소로 구성된다. MEMS 기반의 기구와 기계는 매크로 크기(정상적인 크기) 기구로는 달리 달성할 수 없는 독특한 성능 특징을 자주 갖는다. 이들은 마이크로전자제품을 제작하기 위해 사용하는 동일한 기술, 공정 그리고 재질을 사용하여 제작되고, 실리콘 칩에 만들어 진다. 다수 사례의 MEMS 기구가 있고, 이들 대다수는 적절한 키워드 탐색을 사용하여 인터넷에서 찾을 수 있다. 흥미롭게도, 많은 MEMS 기구는 유연기구 설계의 원리를 기반으로 하고 있다. 마이크로 기계 기구는 접촉한 마이크로 물체 간에 큰 접착력이 존재하게 하는 점착[46]으로 불리는 끈적거리며/들러붙는 효과에 의해 크게 영향을 받기 때문에 이는 사실이다. 점착 문제는 회전이나 선형 관절을 실현 불가능하게 만들고, 그래서 유연 만곡부(compliant flextures)가 MEMS 기구의 관절로 보통 사용된다. 그림 13.63은 토론토대학교와 빅토리아대학교에서 설계되고 구성된 몇 가지 발전된 MEMS 기구를 보여준다. 그림 13.63(a)는 광 신호[47]를 전환하기 위해 사용된 3차원 회전 경사 마이크로거울의 SEM(주사전자현미경) 사진을 보여주고, 그림 13.63(b)는 유연한 열적-구동-기반 마이크로그리퍼[48]의 사진을 보여준다. 그림 13.63(c)는 3차원 직교 시험 구조의 SEM 사진을 보여주고, 그림 13.63(d)는 3차원 마이크로복사계(micro-radiometer)의 그림을 보여준다. 몇 가지 사례의 상용 MEMS 장치가 다음에 제시되어 있다.

MEMS 기술의 주요한 상업적 용도는 아날로그 디바이스 사에 의해 원래 생산된 마이크로가속도계 장치[49]이다. 이러한 MEMS 장치는 원래는 차량용 에어백의 전개에 사용하기 위하여 만들어졌고, 여기서 가속도계는 충돌 중에 차량의 비정상적인 높은 감속도를 탐지하고 에어백을 전개하기 위하여 신호를 제공한다. 가속도계 내부 부품의 SEM 사진이 그림 13.64에서 보인다. 최근에는 MEMS 가속도계가 많은 다른 용도로 널리 사용되고 있고, 이는 여럿 중에서 게임 제어기, 휴대폰, 카메라, 타블렛 컴퓨터, 원격 제어 헬리콥터, 그리고 장난감 등에 사용되는 것을 포함한다. MEMS 가속도계는 정전기형 감지 원리로 동작하는 유연 기구이다.

그림 13.65는 MEMS 가속도계의 작동 요소의 단순한 배치를 나타낸다. **관성 질량**(inertial mass)이 **고정점**(anchor points)에서 칩의 표면에 고정되어 있는 4개의 **유연한 기둥**(flexible beams)에 의해 매달려 있다. 그림 13.65(a)는 가속이 없을 때 배열 형태를 보여준다. 감속이 발생하면 그림 13.65(b)에 보인 바와 같이 관성 질량과 칩의 나머지 부분 사이에 상대적인 움직임이 있다. 감속이 충분히 크면 이 상대적 움직임이 상대적 움직임의 크기를 공극 거리의 변화, δx로 측정하는 **용량형 센서**(capacitive sensor)에 의해 감지될 수 있다. 이 공

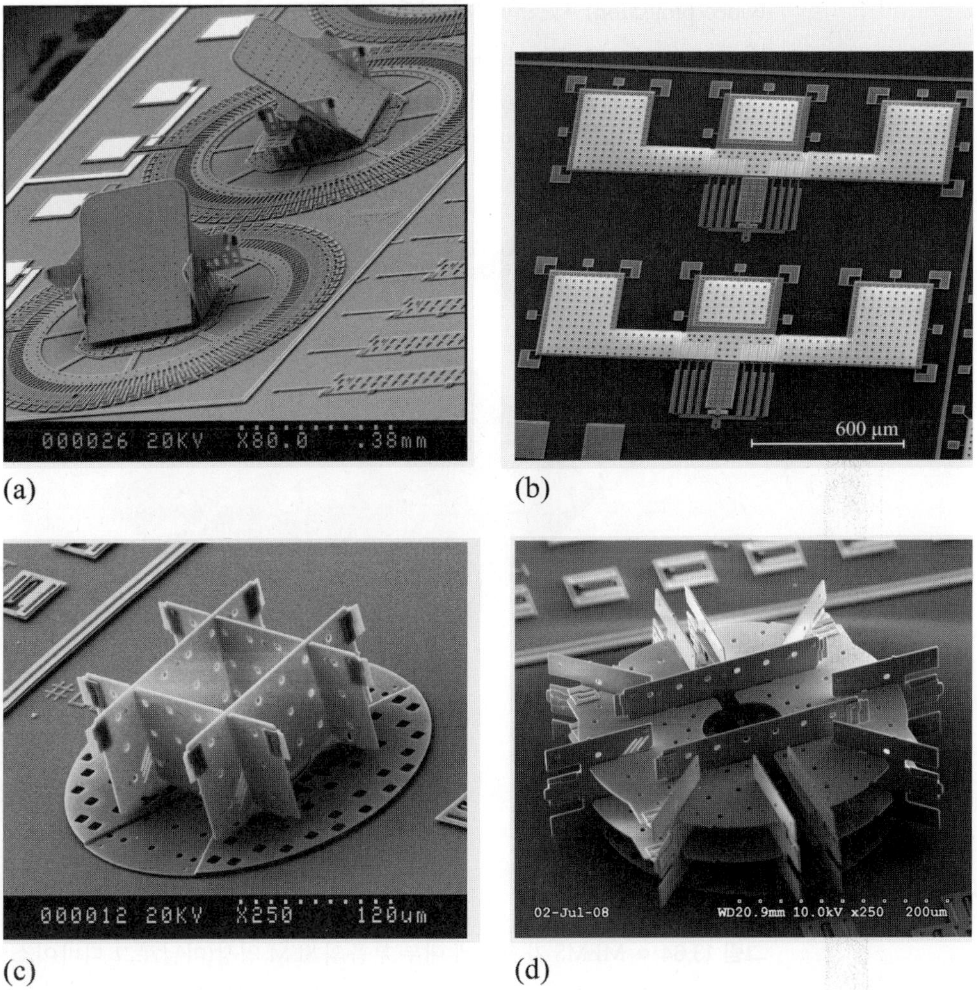

그림 13.63 ● MEMS의 예. (a) 3차원 회전 경사 마이크로거울, (b) 열적 구동 기반 마이크로그리퍼, (c) 직교 구조, (d) 마이크로복사계

극 거리에 비례하는 전기적 신호는 에어백의 전개를 위해 칩(그림에서는 보이지 않음)에 위치한 마이크로전자소자(microelectronics)에 의해 측정된다. 마이크로 크기의 유연 기구와 내장된 용량형 센서의 이 조합은 가속 변화를 신속하게 측정할 수 있고, 10 × 5 mm 패키지 내에 적합한 크기이며, 단지 수 달러에 제작되고 판매된다. 이 가속도계는 수백 달러가 소요되고 부피에 있어 수십 배 큰 전통적인 관성 센서의 성능에 필적한다. 이러한 의미에서 이 가속도계는 전통적인 기구와 마이크로전자소자를 적용하는 과거의 기술로는 달성하기 불가능한 성능과 가치를 제공한다.

MEMS 장치의 다른 주요한 상업적 사례는 DLP™[50]이라고 언급되는 텍사스 인스트루먼트(Texas Instruments)에서 생산한 디지털 마이크로거울 장치이고, 이는 많은 화상 투영

(video projection) 시스템에서 사용된다. DLP 칩의 사진을 그림 13.66에 보인다. 이 MEMS 장치는 마이크로거울이 가로 세로 나열된 매트릭스로 구성되고, 여기서 각 거울은 투사된 정보의 한 픽셀에 해당한다. 각 마이크로거울 아래에는, 마이크로거울을 이리저리 기울이

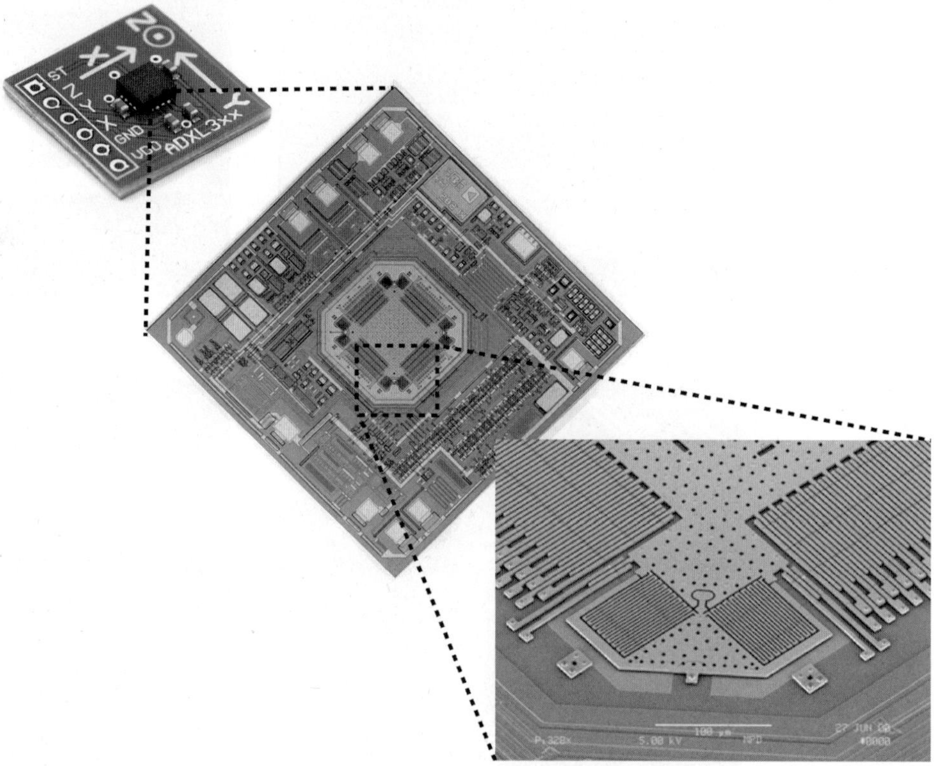

그림 13.64 ● MEMS 가속도계 내부 부품의 SEM 영상(아날로그 디바이스사 제공)

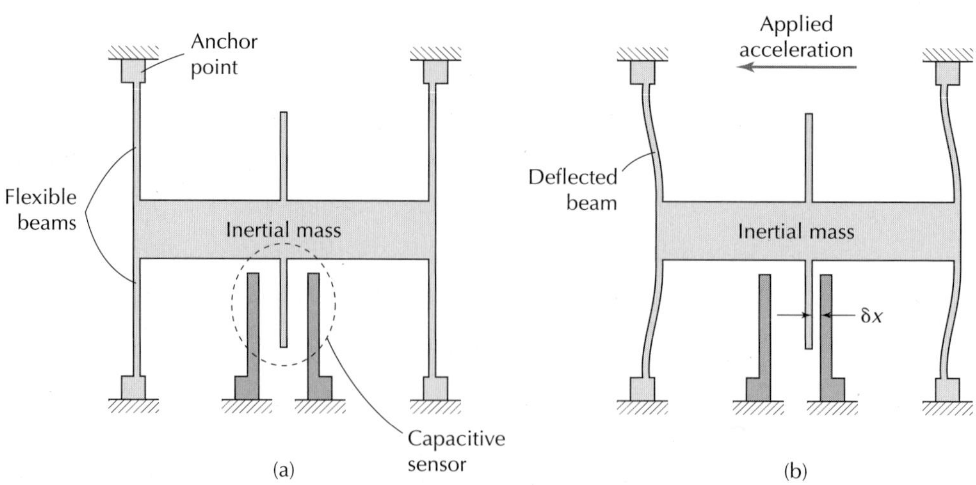

그림 13.65 ● 정전기 기반 MEMS 가속도계의 동작 원리. (a) 정지 위치, (b) 인가된 가속도에 의해 변형된 MEMS

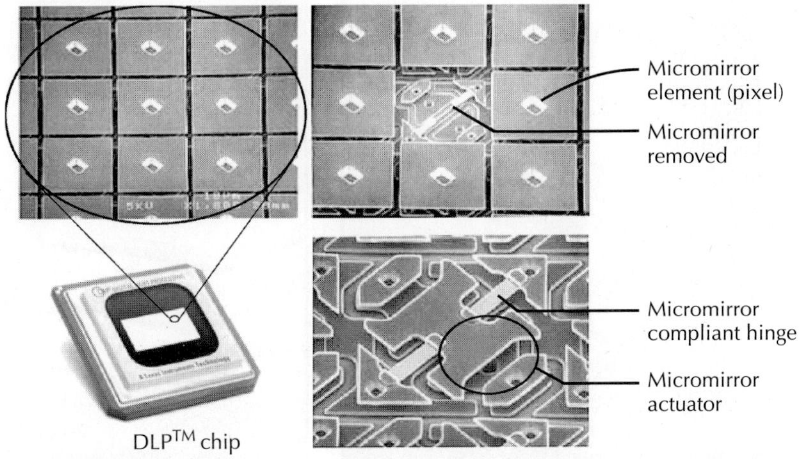

그림 13.66 ● 마이크로거울의 배열을 나타내는 DMD 칩(텍사스 인스트루먼트사 제공)

기 위하여, 정전기 구동 원리로 동작하는 마이크로구동기가 있다. 이 기울임은 마이크로거울이 유연 기구 힌지로 지지되기 때문에 가능하다. 투사된 상을 생성하기 위하여, 광이 투사 렌즈를 향하게 또는 멀어지게 반사되도록 광원은 지속적으로 마이크로거울의 매트릭스에 향하게 된다. 어느 구동기가 온과 오프로 활성화되는가를 결정하기 위하여 컴퓨터 제어가 사용된다. 이는 화면 정보의 각 픽셀이 온과 오프로 전환되게 하고 그래서 투사된 상을 생성하는 것을 효과적으로 가능하게 한다.

MEMS는 얇은 필름 재질의 연속적인 디포지션(deposition), 도핑(doping), 식각(etching)을 포함하는 공정에 의해 제작된다. 이들 재질들은 일반적 실리콘, 다결정 실리콘, 산화 규소, 금, 그리고 다른 금속과 세라믹이다. 이는 통상 1:10과 1:1000 사이에 있는 낮은 가로세로비(즉, 높이 대 평면길이)를 갖는 마이크로 기계 요소를 산출하고, 전술한 가속도계 칩과 DLP 칩 기계를 제작하는 데 사용된다.

토론토대학교와 빅토리아대학교의 마이크로 조립에 관한 연구는 훨씬 더 복잡한 MEMS의 제작과 조립의 가능성을 보이고 있다. 이제 그림 13.63에 보인 바와 같은 많은 부품으로 구성된 3차원 마이크로 구조[51]의 제작이 가능하다. 그림 13.67(a)는 토론토대학교에서 개발한, 전자기 방사를 전기적 신호로, 또 그 반대로 변환하는 데 사용될 수 있는 3차원 마이크로코일을 보인다. 마이크로 조립 공정은 파지, 조작, 결합 그리고 해제 동작의 순서로 구성된다. 이는 그림 13.68(a)에 보인 바와 같이 칩의 표면 위의 플레이너(planar)로 출발한 미세 요소의 세트로 만들어진 마이크로코일을 조립하는 공정을 설명함으로써 서술할 수 있다. 로봇 머니퓰레이터의 엔드이펙터에 접착제로 부착된 유연 마이크로그리퍼가 그림 13.68(b)에 보여져 있다. 이 마이크로그리퍼는 그림 13.68(d)에 보인 바와 같은 칩에서 마이크로부품을 파지하기 위하여 사용된다. 파지된 후에, 마이크로머니퓰레이터는 공간

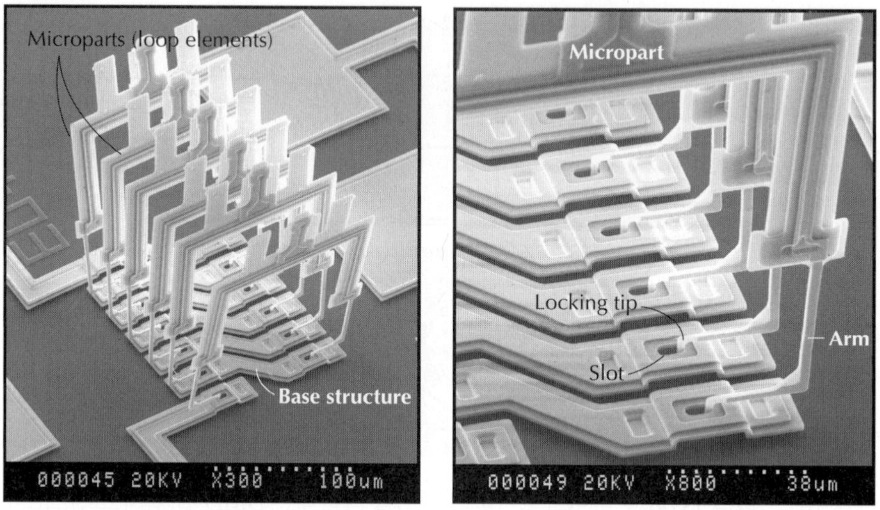

(a) (b)

그림 13.67 ● (a) 마이크로코일, (b) 근접도

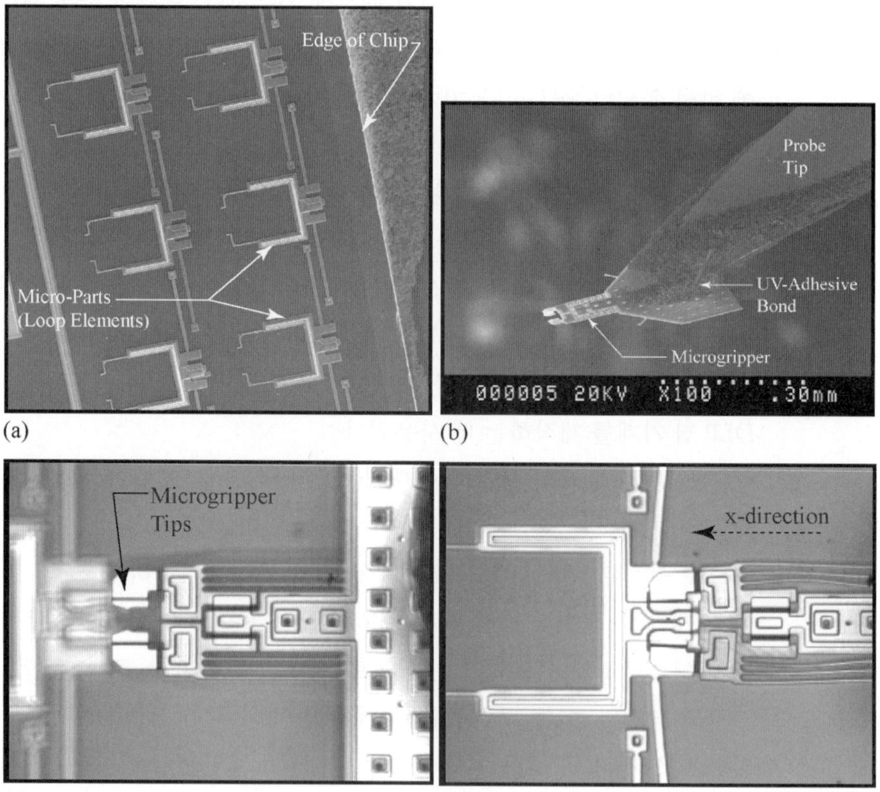

(a) (b) (c) (d)

그림 13.68 ● 마이크로코일의 조립. (a) 칩 위의 마이크로 부품, (b) 머니퓰레이터 위의 유연 마이크로그리퍼, (c) 마이크로 부품과 정렬된 마이크로그리퍼, (d) 마이크로 부품을 파지한 마이크로그리퍼

상에서 마이크로 부품의 방향을 전환하고, 그들을 목표 결합 위치와 나란하게 정렬한다. 그림 13.67(b)는 마이크로 부품들의 끝에 있는 유연 잠금 팁에 의해 이뤄진 마이크로 부품이 결합된 후 형성된 접속의 근접도를 보이고 있다. 이 마이크로 조립 공정은 이전에는 이 크기로 만들기 불가능했던 3차원 MEMS 장치의 구축을 가능하게 한다.

13.19 요약

기구와 기계 설계에 있어 일련의 사례 학습이 제시되었다. 각 사례 학습은 문제 서술의 형태로 대략적으로 구성된 정보의 제공으로 시작하였다. 그러한 정보는 고객에 의해 설계자에게 일반적으로 제공되거나 새로운 설계를 필요로 하는 기존 상황을 조사함으로써 찾을 수 있다. 그런 다음 이 문제 서술은 설계 활동을 안내하기 위한 명확한 설계 목적 선언으로 변환된다. 다른 출처로부터의 정보뿐만 아니라 문제 서술로부터의 정보를 사용하여 특정 성능 대상과 함께 명확한 한 세트의 설계 목표가 수립된다. 개념 생성, 설계 선택 방법, 그리고 예비 설계 단계는 이 사례 학습에서 포함되지 않았다. 대신, 설계 목적과 설계 목표를 충족하는 가능한 설계 해법들이 제시되고 설명되었다. 이들 사례 학습을 위한 많은 다른 가능한 설계 해법이 있다. 기구와 기계 설계를 공부하는 학생들이 12장에서 서술한 기법을 사용하여 다른 가능한 해법을 찾아내거나 그들 자신의 해법을 개발하도록 권장한다. 또한, 많은 설계 연습문제는 12장과 13장의 말미에서 구할 수 있다.

Problems

Problem Formulation

Problems **P13.1** to **P13.4** are exercises in information gathering. An important step in the design process is to search books, the Internet, patents, or other literature for similar designs that already meet your design goals and design objectives. For each of these problems, review the specified design goal statement and the design objectives and find an existing similar solution that meets those goals and objectives. Ensure the solution is different from the solution described in the case study. Use the information gathering strategies presented in Section 12.3.1, Task 2.

P13.1 Find an existing similar design solution for case study 13.2.2 (constant-velocity coupling) using information gathering strategies. Explain the solution you found with a paragraph, indicate how the design objectives are met or not met, include a scanned/copied image of the solution, and properly reference all your sources.

P13.2 Find an existing similar design solution for case study 13.4.1 (drill chuck) using information gathering strategies. Explain the solution you found with a paragraph, indicate how the design objectives are met or not met, include a scanned/copied image of the solution, and properly reference all your sources.

P13.3 Find an existing similar design solution for case study 13.8 (variable aperture mechanism) using information gathering strategies. Explain the solution you found with a paragraph, indicate how the design objectives are met or not met, include a scanned/copied image of the solution, and properly reference all your sources.

P13.4 Find an existing similar design solution for case study 13.16.1 (locking mechanism) using information gathering strategies. Explain the solution you found with a paragraph, indicate how the design objectives are met or not met, include a scanned/copied image of the solution, and properly reference all your sources.

Problems **P13.5** to **P13.8** are exercises in problem formulation to develop design goal statements and design objectives. These exercises require reading of the specified section in Appendix A. If necessary, add additional design objectives that you feel are relevant, and conduct information gathering activities to find suitable target values.

P13.5 Read the problem description statement of Appendix A.3 (slicing machine) and prepare the following: (a) a clear design goal statement and (b) at least eight design objectives along with their target values, which are of most relevance to this problem.

P13.6 Read the problem description statement of Appendix A.12 (side-tipping ore railcar) and prepare the following: (a) a clear design goal statement and (b) at least eight design objectives along with their target values, which are of most relevance to this problem.

P13.7 Read the problem description statement of Appendix A.22 (loading machine system) and prepare the following: (a) a clear design goal statement and (b) at least eight design objectives along with their target values, which are of most relevance to this problem.

P13.8 Read the problem description statement of Appendix A.24 (transport mechanism) and prepare the following: (a) a clear design goal statement and (b) at least eight design objectives along with their target values, which are of most relevance to this problem.

Conceptualization and Sketching

Problems **P13.9** to **P13.12**, are exercises in novel concept development and sketching. For each of these problems, create an alternative design concept and sketch, based upon the problem description, design goal statement, and design objectives for the specified case study. Hand drawn sketches with pencil are encouraged, using the format similar to those shown in Example 12.4-B. Ensure the key components of your sketch are labelled, and provide 4–5 sentences describing how the concept works.

P13.9 Create an alternative design concept and sketch for case study 13.3.1 (clutch mechanism). Ensure that your design concept is different from the solution described in the case study.

P13.10 Create an alternative design concept and sketch for case study 13.5 (rotational braking systems). Ensure that your design concept is different from the two solutions described in the case study.

P13.11 Create an alternative design concept and sketch for case study 13.9 (rotational to linear motion systems). Ensure that your design concept is different from three solutions described in the case study.

P13.12 Create an alternative design concept and sketch, for case study 13.13.3 (fluid dispenser pump). Ensure that your design concept is different from the solution described in the case study.

Detailed Design

P13.13 The key lock presented in Section 13.16.1 is designed to open a lock with one key. Using the same principle as the pin tumbler lock presented, design a lock that may be opened with two different keys. Such designs are used in cases where a master key is employed to open the lock in addition to the standard issued key.

(a) Revise the design objectives for this problem, to incorporate the new information, and quantify as needed.

(b) Prepare two alternate concepts for your proposed design. For each alternate concept, provide two diagrams with different views to illustrate your ideas. Ensure the main components of your sketches are clearly labelled.

(c) Write 1–2 paragraphs describing how each of the two alternate concepts work.

(d) Use a design selection strategy, as described in

Section 12.3.3.C, to select one of the concepts, and make sure to justify your choice.

P13.14 The synchronizer described in Section 13.3.2 is able to rigidly couple and uncouple the gear and the shaft on which it is mounted. Design a hub and sleeve of a synchronizer that is able to alternately connect one of two gears to the same shaft. This would be suitable for the arrangement illustrated in Figure 6.17, for the dual-clutch transmission. After review of Video 6.17, complete the following tasks:

(a) Revise the design objectives for this problem, to incorporate the new information, and quantify as needed.

(b) Prepare two alternate concepts for your proposed design. For each alternate concept, provide two diagrams with different views to illustrate your ideas. Ensure the main components of your sketches are clearly labelled.

(c) Write 1 or 2 paragraphs describing how each of the two alternate concepts work.

P13.15 The swash-plate compressor illustrated in Figure 13.46 is used to drive the connection rods of the pistons in the pump. The tilt angle of the swash plate is fixed, therefore, for a given rotational speed on the input, the pumping volume/cycle is fixed. Design a variable capacity pump for a given rotational input speed, by employing a swash plate with a variable tilt (*Hint*: Refer to the cyclic control of the helicopter), and complete the following tasks:

(a) Revise the design objectives for this problem, to incorporate the new information, and quantify as needed.

(b) Prepare two alternate concepts for your proposed design. For each alternate concept, provide two or three diagrams with different views to illustrate your ideas. Ensure the main components of your sketches are clearly labelled.

(c) Write 1 or 2 paragraphs describing how each of the two alternate concepts work.

Problems **P13.16** to **P13.18**, are exercises in detailed design and simulation. These exercises require reading of the specified section of Appendix A and the use of Working Model V5.0 simulation software. *Note*: These design exercises are significant variations of the problem described in Appendix A; hence the solutions will be different.

P13.16 Read the problem description statement of Appendix A.7 (windshield wiper) The arrangement described makes use of eight moving linkages, configured in a specific way. Do the following:

(a) Prepare a clear Design Goal Statement.

(b) Prepare at least six Design Objectives along with their target values.

(c) Prepare a new alternate concept to achieve the stated design goal statement, using a different number and arrangement of moving linkages (i.e. not eight moving linkages). *Note:* you may need to revise the design objectives for this problem. Create 1 or 2 sketches of your alternate design concept, and describe your approach.

(d) Use Working Model software to implement your design concept.

(e) Using the evaluation tool set of Working Model, evaluate the quantitative performance of your design concept. Create a table of your design objectives with an additional third column, listing your simulation results for those design objectives (as appropriate).

P13.17 Read the problem description statement of Appendix A.9, overhead garage door. The arrangement described makes use of four moving links, plus the garage door and a spring, configured in a specific way. Do the following:

(a) Prepare a clear Design Goal Statement.

(b) Prepare at least six Design Objectives along with their target values.

(c) Prepare a new alternate concept to achieve the stated design goal statement, using a different number and arrangement of moving linkages (i.e. not four linkages). *Note:* you may need to revise the design objectives for this problem. Create 1 or 2 sketches of your alternate design concept, and describe your approach.

(d) Use Working Model software to implement your design concept.

(e) Using the evaluation tool set of Working Model, evaluate the quantitative performance of your design concept. Create a table of your design objectives with an additional third column, listing your simulation results for those design objectives (as appropriate).

P13.18 Read the problem description statement of Appendix A.20, water pump mechanism. The arrangement described makes use of seven moving linkages, configured in a specific way. Do the following:

(a) Prepare a clear Design Goal Statement.

(b) Prepare at least six Design Objectives along with their target values.

(c) Prepare a new alternate concept to achieve the stated design goal statement, using fewer than seven moving linkages. *Note:* you may need to revise the design objectives for this problem. Create 1 or 2 sketches of your alternate design concept, and describe your approach.

(d) Use Working Model software to implement your design concept.

(e) Using the evaluation tool set of Working Model, evaluate the quantitative performance of your design concept. Create a table of your design objectives with an additional third column, listing your simulation results for those design objectives (as appropriate).

Problems **P13.19** to **P13.20** are design exercises in prototyping and testing, as described in Section 12.3.5 and 12.3.6, respectively. *Note*: These design exercises are significantly challenging and require resources such as tools and materials, a machine shop, or a rapid-prototyping machine, which may or may not be available to the design student. Suggested structural materials include: foam core, cardboard, thin plastic sheets (ABS, acrylic), and thin wood sheets. Suggested fastening materials include: glue, bolts, springs, string.

P13.19 Review and complete problem **P13.13**, as described. Continue on with this problem, by completing the following steps:

(a) Build a 'functional prototype' of this design, using appropriate tools and materials. This may include plastic parts, where some (but not all) of those parts may be rapid-prototyped.

(b) Create a suitable test plan for your prototype, as described in Section 12.3.6.

(c) Test your prototype and record the results.

(d) Create a test report and describe how well the prototype satisfies the design objectives.

P13.20 Review Figure 7.3 and [**Video 7.3**], which describe the inner workings of a toggle switch mechanism for a ball point pen. The mechanism shown in the figure and model is not to scale, is represented in 2D, and runs out of travel. Design a working 3D toggle switch for a ball point pen that does not run out of travel, but can toggle on/off indefinitely, using the principals of the mechanism shown in Figure 7.3. Complete the following steps:

(a) Prepare a clear Design Goal Statement.

(b) List Design Objectives along with their target values.

(c) Draw 1 or 2 sketches that show your design concept of a 3D version of the switch that can toggle indefinitely.

(d) Build a 'functional prototype' of your design concept, using appropriate tools and materials. This may include plastic parts, where some (but not all) of those parts may be rapid-prototyped.

(e) Create a suitable test plan for your prototype, as described in Section 12.3.6.

(f) Test your prototype and record the results.

(g) Create a test report and describe how well the prototype satisfies the design objectives.

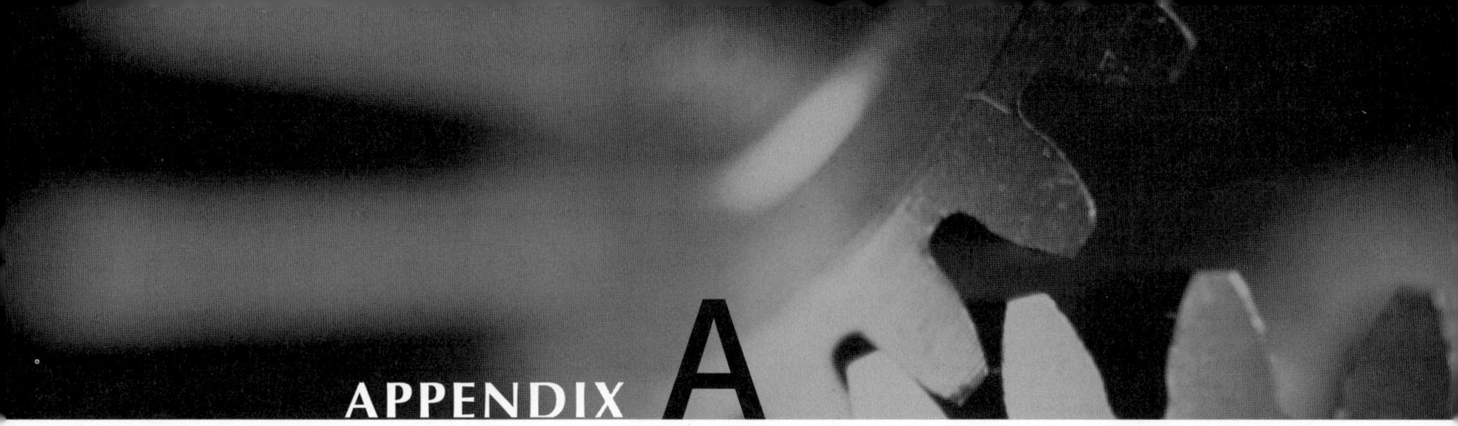

APPENDIX A

WORKING MODEL 2D를 이용한 보충 설계 과제

부록 A에서는 기구와 기계 설계에 관련된 스물여섯 가지의 설계 과제를 제공한다. 이 과제들은 기구 및 기계 설계와 연관된 학부 교과과정에 다년간 적용된 바 있으며, 학생들에게 기구 설계를 위한 경험을 제공할 것이다. 이 과제들은 전형적인 공학적 실례에서 기술하는 방식으로 문제가 정의되어 있다. 이때 특정한 성능 요구(설계 목적), 개념 구상을 나타낸 임의 크기의 그림, 설계 및 구동 영상에 관한 질문 같은 다양한 정보를 제공한다. 컴퓨터를 기반으로 한 설계 및 구동 소프트웨어들이 공학적으로 널리 사용되고 있으며, 주어진 과제들 또한 기구학이나 동역학에 특성화된 구동 소프트웨어에서 설계될 수 있도록 구성되어 있다. 권장하는 소프트웨어는 Working Modeling 2D이지만 다른 유사한 소프트웨어에서도 수행할 수 있다. 12장과 13장의 예제에서는 문제 공식화, 개념화 그리고 설계에 대한 준비 단계에 주력하였지만, 부록 A의 문제들은 상세 설계, 구동 그리고 기구 및 기계를 시험하는 시도에 주력하였다.

설계 과제를 해결하기 위해 권장하는 방법은 다음과 같다. 12.3.1절에서 서술했듯이 명백한 설계 목적을 기술하고, 설계 목표 목록을 준비함으로써 문제 기술 정보를 통합한다. 여기에 (임의 척도의) 기구학적 대우와 링크들의 일반적인 배치를 나타내는 개념선도가 이미 제시되어 있다. 그림에 제시된 개념선도를 Working Model 2D로 모델링함으로써 상세 설계를 시작한다. 문제의 설계 목적을 부합시키기 위해 링크의 형상 및 상대적인 위치 그리고 조인트의 위치를 조절하면서 진행한다. 이것들을 조절하면서 선택을 위해 1장에서 11장까지의 방법들을 이용하도록 시도한다. 반드시 기구학적 대우와 주어진 링크의 개수가 적용되었을 때 설계 모델이 구동되어야 한다. 만족스럽게 설계된 기구 형상 파일은 설계보고서 제출 자료 중 하나가 될 것이다.

비디오 A.0
Working Model 사용법

Working Model 2D 소프트웨어 사용법은 [**비디오 A.0**]에서 제공되며, 구동 방법과 모델 생성 방법을 제공한다. Working Model 2D 소프트웨어를 얻는 방법을 제공하는 사이트는 이 교재와 연관된 웹 사이트(www.oup.com/cleghorn-xse)에서 이용할 수 있다. 기구 구동은 설계 답안을 효과적으로 시연하기 위해 부드럽고 적절한 속도로 진행되어야 한다(Working Model 2D 소프트웨어 World Accuracy 메뉴의 다이얼로그 박스를 사용하여 조정). 전체 작동 동영상은 2,000 프레임을 초과해선 안 되며 원활하게 구동시키기 위해선 적어도 1,000 프레임이 요구된다.

컴퓨터 시뮬레이션 파일과 함께 보고서를 준비한다. 보고서는 제목, 개요, 부록을 제외하고 행간 200%의 줄 간격을 주되, 여덟 장을 초과해선 안 된다. 문서 형식은 다음과 같다.

- **표지**
- **요약**
- **소개**(목적 설명, 설계 목표 작성, 표 형식으로 설계 목표 열거)
- **설계에 대한 설명**(핵심 구성요소를 포함한 최종 기구 설계 그림을 1장 또는 2장 포함)
- **공학적 해석**(설계 해결방안을 생각해 낸 방법이나 링크 속성을 정의하는 데 도움을 준 이론이나 계산 포함)
- **구동과 시험 결과**(원래 설계 목적과 비교하여 시뮬레이션 결과를 열거한 표 포함)
- **토론**(기구 장치에서의 가장 중요한 파라미터와 각각의 과제에서 제시한 질문에 대한 모든 답에 대해 설명)
- **결론**
- **할 일**(설계 목표를 지향하기 위한 기구 개발안 서술)
- **부록**(보고서에 적절한 추가적인 정보)

A.1 흔들의자

그림 A.1(a)에 전형적인 흔들의자를 나타내었다. 먼저 Working Model 2D를 사용하여 이 의자를 생성하고 운동 해석을 수행하라. 그림 A.1(a)에 나타난 것과 같이 θ는 의자가 수평축과 이루는 각도이다. 바닥면은 x축 상에 생성한다. 그리고 의자의 중심을 y축에 정렬한다. 의자 형상을 생성한 다음 첫 번째 θ가 변할 때 x_C(점 C의 x 좌표)가 어떻게 변하는지, 두 번째 y_C가 어떻게 변하는지를 2개의 그래프로 나타내라. θ의 범위는 $-30° \leq \theta \leq 30°$이다.

두 번째로 그림 A.1(b)와 같이 4절 기구를 사용하여 새로운 흔들의자를 설계하라. 새로운 흔들의자의 운동은 기존 흔들의자의 운동과 비슷하게 설계되어야 한다. 새 의자의 운동을 비교하기 위해 θ의 변화에 따른 x_D 그래프와 y_D 그래프를 추가해라. 링크의 길이와 조인트의 위치를 변화시켜 가면서 가능한 한 새로운 운동을 기존 흔들의자 운동에 일치하도록 시도한다. 적당한 좌표계를 사용하여 새롭게 설계하고 링크의 길이와 조인트의 위치를 기

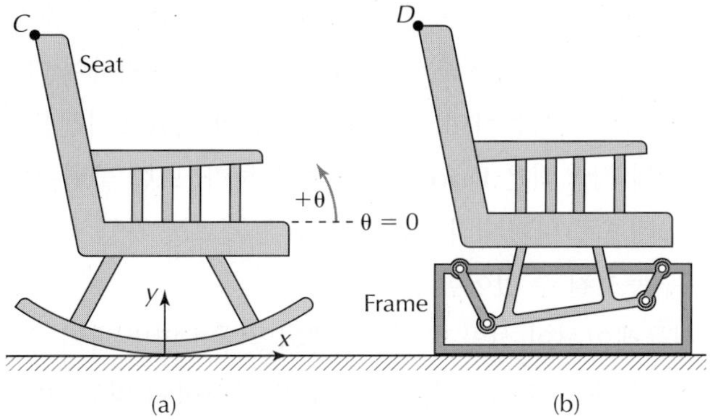

그림 A.1 ● 흔들의자

술하라.

의자 부분의 치수는 같은 치수를 사용하여 설계하고 설계된 2개의 의자가 화면에 잘 보이도록 위치시킨다.

A.2 절단기

그림 A.2에 나와 있는 기구는 두 절단 날을 통해 절단될 소재가 아래쪽으로 고정되도록 설계되어 있다. 풋페달에 하중을 가하면 클램프가 아래로 내려와서 작업 대상체를 고정하게 된다. 이 작업은 절단 날이 대상체에 접촉하기 전에 수행된다. 일단 클램프가 절단할 소재를 고정시키게 되면 이어서 절단 날이 이 소재를 향해 움직이게 된다. 하단 절단 날과 상단

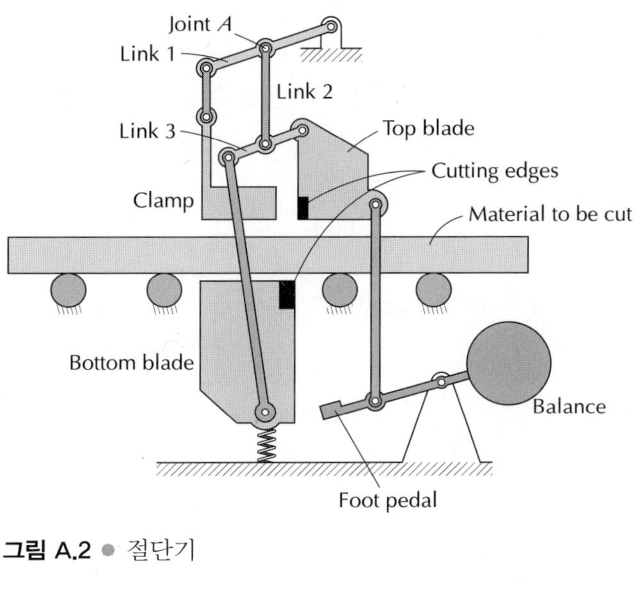

그림 A.2 ● 절단기

절단 날이 동시에 양쪽 측면에 접촉한 후 소재를 절단하게 된다. 소재가 절단된 후 절단 날들은 짧은 간격 동안 중첩된 이후 원래의 위치로 천천히 복귀하여 다시 열리게 된다.

Working Model 2D를 사용하여 이 기구의 컴퓨터 시뮬레이션을 생성하라. 시뮬레이션 구동을 위한 풋페달 작용력은 **Force** 옵션을 사용하라. 또한 클램프와 소재 사이에서 발생하는 접촉력을 그래프로 나타내라. 시뮬레이션은 재료를 자를 수 없지만 시뮬레이션을 통해 절단 날들을 구동시킬 수 있어야 한다.

이 기구의 시뮬레이션이 성공적으로 수행되었다면 몇몇 파라미터들을 조금씩 바꿔 가면서 알아볼 필요가 있다. 주어진 절단기 그림을 참조하여 링크 1에 있는 조인트 *A*의 연결점을 변화시켰을 때의 영향에 대해 설명하라. 그리고 링크 2의 길이를 변화시켰을 때 그 영향은 어떠한가?

A.3 슬라이싱 기계

이 기구의 슬라이싱 운동은 가이드 내부를 따라 미끄럼 운동을 하는 2개의 편심 원판이 회전하면서 구현된다. 2개의 편심 원판은 그림 A.3에 나타낸 것처럼 고정링크의 스탠드에 결합된 입력축에 의해 구동된다. 두 가이드 *A*와 *B*는 서로 용접되어 있다. 편심 원판 *A*는 가이드 *A*의 내부에서만 운동을 하고 편심 원판 *B*는 가이드 *B*의 내부에서만 운동을 한다. 주어진 위치에서 편심 원판 *B*는 수평절단 운동을 하고 편심 원판 *A*는 상하 운동을 수행한다. Working Model 2D를 사용하여 이 기구의 기구학적 운동에 대하여 시뮬레이션을 수행하라. 시뮬레이션을 작동하기 위해 입력축에 **Torque** 버튼을 클릭하여 토크를 적용한다. 추가로 공간 상에서 블레이드의 운동경로를 나타낼 블레이드 팁 상에 점을 생성하고 **Tracking** 기능을 사용하여 운동이 네 번 반복되는 동안의 모든 프레임의 운동 궤적을 생성하라. 이 경로는 1.0 m × 1.0 m 정사각형의 대상체를 포함할 수 있을 만큼 충분히 커야 한다. 기구 장치 전체의 높이는 5.0 m를 넘지 않아야 하고, 길이는 10.0 m를 넘지 않아야 한다.

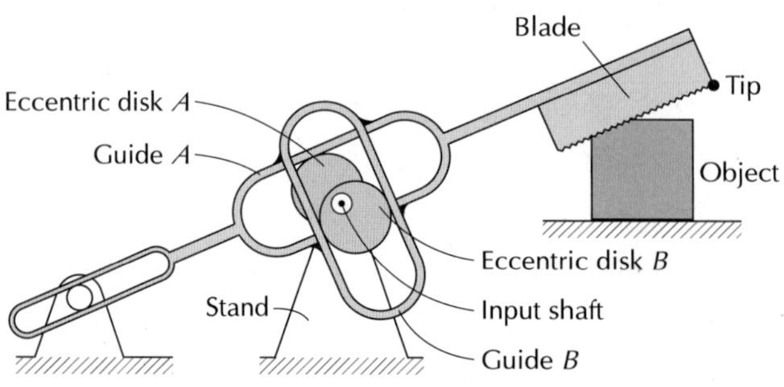

그림 A.3 ● 슬라이싱 기계

원판의 치수와 편심량의 중요성에 대해서 설명하고, 만약에 원판 A의 지름 또는 가이드 A의 폭이 원판 B의 지름보다 크다면 그 결과가 어떻게 되는지도 설명하라.

A.4 직선 운동 기구

그림 A.4에 나와 있는 기구는 지면으로부터 수직선을 따라 높은 곳으로 물체를 들어 올리는 장치로 포크(fork)의 끝 부분의 궤적이 수직선을 벗어나지 않게 해야 한다. 그림에서처럼 이 기구 장치의 초기 상태는 포크의 끝 부분이 유압 실린더의 바닥면보다 아래에 위치한다. Working Model 2D를 사용하여 이 기구의 기구학적 운동을 시뮬레이션으로 생성하라. 포크의 끝 부분은 y축을 따라 적어도 7.0 m는 이동할 수 있어야 하고, 물체를 들어 올리는 과정에서 x축으로의 변화는 20 cm 이내로 제한한다. 기구 장치의 전체 높이는 그림과 같이 구성하되 4.0 m를 넘지 않아야 하고 길이는 9.0 m를 넘지 않도록 설계한다. 시뮬레이션을 수행하기 위해 유압실린더에 **Actuator** 기능을 사용하라. 포크의 끝점에서의 x축의 위치에 따른 y축의 위치를 그래프로 생성하라. 링크 1, 2, 3의 치수를 나열하고, 추가로 포크의 끝점에 점을 생성하고 **Tracking** 기능을 사용하여 운동이 네 번 반복되는 동안의 모든 프레임의 운동 궤적을 생성하라. 이것은 공간상에서 포크의 운동 경로를 나타낼 것이다.

링크 1과 링크 2의 치수들을 변화시켰을 때의 영향을 검토하라.

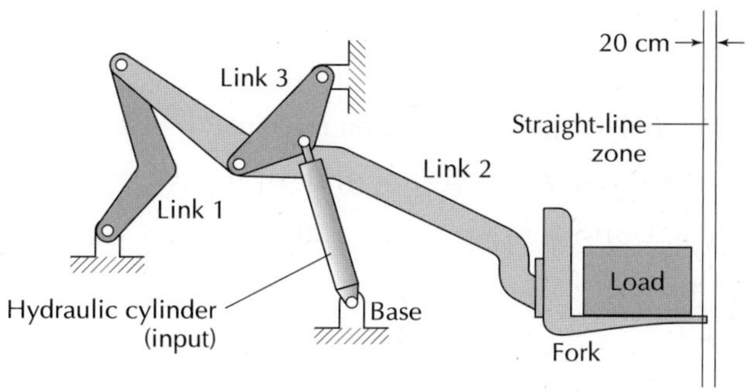

그림 A.4 ● 직선 운동 기구

A.5 사인 함수 생성기

그림 A.5에 나와 있는 기계는 2개의 독립적인 4절 기구 장치들로 구성되어 있고, 각각의 연결 막대는 블록에 의해 고정되어 미끄럼 운동만을 한다. 블록의 중심에는 L형 링크가 연결되어 구동축 M이 상하 운동하게 한다. 이 기구 장치의 구동축 각도 α는 $45° \le \alpha \le 135°$의 범

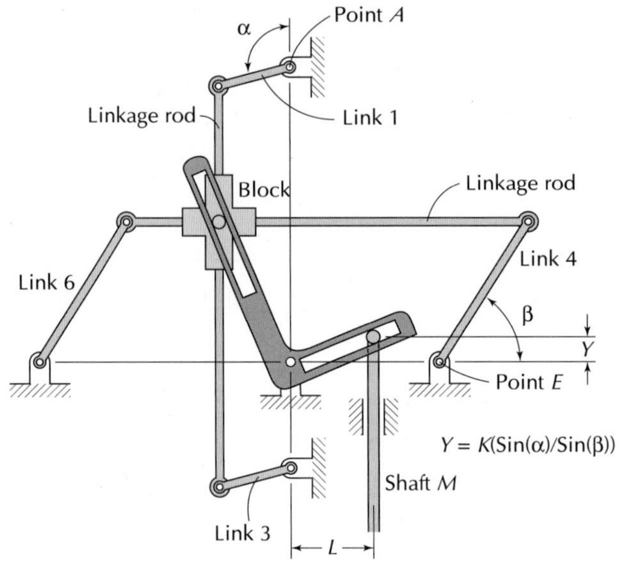

그림 A.5 ● 사인 함수 생성기

위에서 그리고 β는 45° ≤ β ≤ 135°의 범위에서 작동하도록 시뮬레이션을 수행하라. 이때 Y축으로의 변화는 5.0 mm 이내로 제한한다. **Torque** 기능을 사용하여 점 A에 토크를 주어 링크 1을 작동하고, 점 E에 토크를 주어 링크 4를 작동한다. 두 4절 기구 장치들의 기초(프레임) 길이는 적어도 7.0 m가 되도록 하고 생성한 형상 옆에 각도 α에 대한 y 방향의 운동을 그래프로 나타내라. (힌트: 모델을 간략화하기 위해 두 4절 기구들의 기구학적 체인 형태는 평행사변형으로 구성하라.)

이 기계를 **사인 함수 생성기**(sine function machine)라 부르고, y 방향으로의 운동은 방정식 $y = K(\sin(\alpha)/\sin(\beta))$에 의해서 표현될 수 있다. 여기서 K는 상수이다. 생성한 기구 모델에서 K의 값과 α:β 비는 어떻게 되는가? 그리고 링크 1과 링크 3의 길이를 동시에 변화시켰을 때 그 효과는 무엇인가?

A.6 유연 핑거를 갖는 로봇 그리퍼

그림 A.6에서 나와 있는 것과 같은 로봇 그리퍼 기구 장치를 생성하라. 핑거들을 갖는 그리퍼는 안쪽으로 구부러진다. 핑거의 초기 위치는 그림에 나타나 있는 선분 AB에 링크 1과 링크 2가 평행한 위치이다. 링크 1과 3은 각각 3개의 조인트를 가지고 링크 2와 4는 각각 2개의 조인트를 가진다. 링크 1의 길이는 50 mm가 되도록 하고, $A'A$의 간격은 80 mm가 되도록 한다. 두 핑거들의 끝과 끝은 서로 접촉이 가능해야 한다.

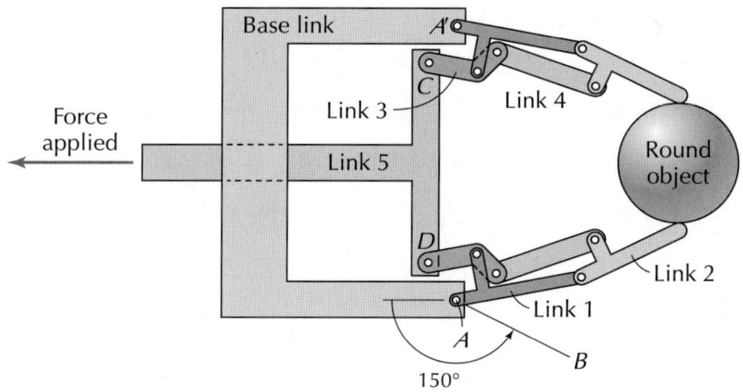

그림 A.6 ● 유연 핑거를 갖는 로봇 그리퍼

먼저 기구 장치가 완료되면 지름이 30 mm인 원형의 대상체를 하나 생성하라. 그림에 나타낸 것처럼 링크 5에 10 N의 힘을 작용시켜, 정상 상태에서 원형 대상체 위의 접촉력을 결정하라. 그리고 시간에 관한 수직력 그래프를 생성하라. 생성한 기구 장치의 기계적인 효율(즉 입력된 힘에 따른 접촉력)은 얼마인가? 어떻게 하면 기계적인 효율을 증대시킬 수 있는가? 다른 링크들의 길이를 그대로 유지시킨 상태로 링크 5 상의 *CD*의 간격을 줄이면 핑거의 운동과 힘에 미치는 효과는 어떠한가?

A.7 차 유리 와이퍼

그림 A.7과 같이 차 유리 와이퍼 기구 장치를 생성하라. 와이퍼 블레이드 1과 와이퍼 블레이드 2는 그림에 나타낸 것처럼 120°(좌로 60°, 우로 60°)로 회전할 수 있어야 한다. 2개의 와이퍼 블레이드는 항상 평행해야 한다. 각 블레이드의 작업부 길이는 50 cm, 링크 3은 60 cm 길이이다. 두 와이퍼 블레이드를 제외한 모든 링크는 기구 장치의 전 운동 구간에서 40

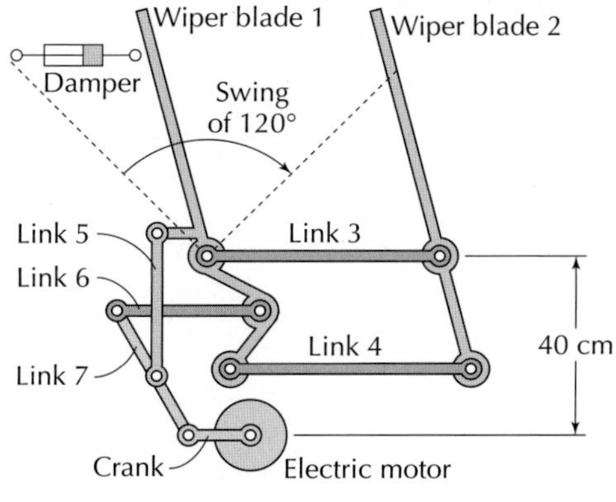

그림 A.7 ● 차 유리 와이퍼

cm 높이의 공간 이내에 알맞게 들어가도록 해야 한다.

시간에 대한 와이퍼 블레이드 1과 2의 회전각을 그래프로 생성하고, 1.0 Hz의 주기로 요동 운동을 하는 와이퍼 블레이드를 만들어라. 이를 구현하는 데 요구되는 모터의 회전 속도는 얼마인가? 물이 닦이는 것을 시뮬레이션으로 만들기 위해 그림에 나타낸 것처럼 와이퍼 블레이드 1의 끝점에 1.0 N-s/m의 댐퍼를 적용하라. 시간에 대한 모터의 토크를 그래프로 나타내라. 모터가 1회전을 하는 동안 최대 모터 토크는 얼마인가?

A.8 평행 조 플라이어

그림 A.8에 나와 있는 것과 같이 평행 조 플라이어를 생성하라. 플라이어의 손잡이에 힘을 주면 조 링크는 기초 링크와 접촉하기 위해 아래쪽으로 내려갈 것이다. 이때 조 링크상의 선분 *AB*는 기초 링크상의 선분 *CD*에 평행을 유지해야 한다. 선분 *CD*는 수평축을 기준으로 항상 0°이어야 한다. 플라이어의 전체 길이는 20 cm를 넘지 않아야 하고, 플라이어가 완전히 열린 상태의 높이가 10 cm를 넘지 않아야 한다.

조 링크의 *y* 방향 변위에 대한 선분 *AB*와 선분 *CD*의 회전각을 그래프로 나타내라. 보통의 성인은 60 N의 압력으로 쥘 수 있다고 한다. 이 힘으로 지름이 10 mm인 원형 물체를 플라이어의 조로 누르면 얼마만큼의 힘이 작용할 것인가? 손잡이를 따라 뒤쪽으로 더 나아가면서 힘을 적용하여 효과적인 위치를 찾아라(조로부터 떨어진 방향으로).

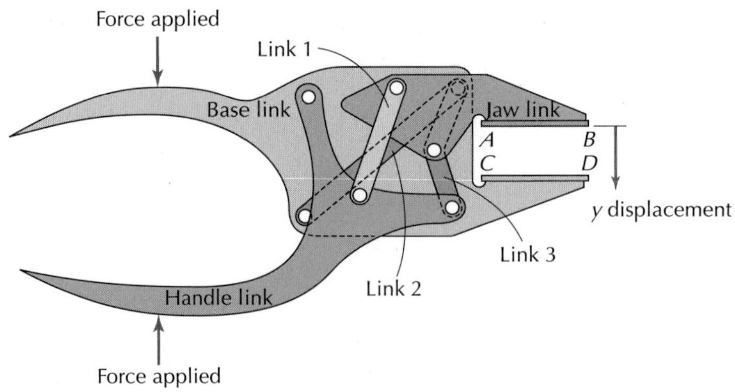

그림 A.8 ● 평행 조 플라이어

A.9 오버헤드 차고 문

그림 A.9에 나타나 있는 것과 같이 자동차가 통과할 수 있도록 적어도 2.0 m 정도의 높이를

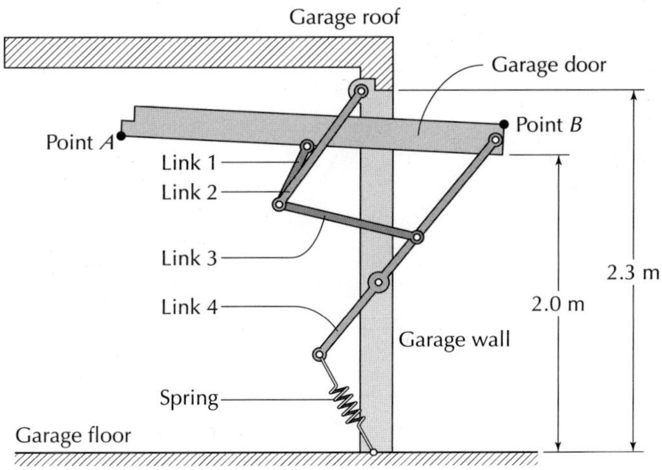

그림 A.9 ● 오버헤드 차고 문

가지는 오버헤드 차고 문을 생성해야 한다. 통과할 높이는 2.3 m이다. 문이 완전히 닫혔을 때, 문은 지면과 수직이어야 하고 차고 벽의 위 아래로 일직선이 되도록 정렬되어야 한다. 문이 움직이는 동안에 차고 지붕 또는 차고 바닥과 간섭이 발생하지 않도록 해야 한다.

시뮬레이션을 하기 위해 차고 문은 열린 상태에서 시작한다. 기구 장치를 구동하기 위해 차고 문의 점 *B*에 하향 수직력을 가한다. Working Model 2D의 추적 기능을 사용하여 차고 문이 닫히는 동안 점 *A*와 *B*의 궤적을 생성하라. 기구 장치에서 스프링의 역할은 무엇인가? 점 *B*의 *x* 좌표에 대한 스프링의 길이와 장력을 그래프로 생성하라. (힌트: 기구 장치의 설계에 도움을 주기 위해 **Collision** 옵션을 차고 지붕, 차고 문, 그리고 차고 바닥에 활성화한다.)

A.10 오버헤드 램프

그림 A.10에 나와 있는 것처럼 오버헤드 램프를 생성하라. 램프 헤드의 바닥면이 수평축과 근사적으로 평행을 유지하면서 좌우로 움직일 수 있도록 해야 한다. 램프 헤더 부분에 있는 점 *A*는 항상 램프의 다른 어떤 부분보다 5.0 cm 아래에 있어야 한다. 점 *A*는 펼쳤을 때 벽으로부터 100 cm까지 멀어질 수 있고, 안쪽으로 접으면 벽으로부터 40 cm까지 가까워지도록 램프를 설계하라. 기구 장치를 완전히 접었을 때 전체 높이는 1.5 m를 넘으면 안 되고, 완전히 펼쳤을 때 전체 길이 또한 1.5 m를 넘으면 안 된다.

기구 장치를 완전히 펼친 상태에서 시작하여 기구 장치가 완전히 접히도록 동작하게 하기 위해서 램프 헤드 부분에 수평 방향으로 작은 힘을 가한다. 점 *A*의 *x*축에 대한 *y* 축의

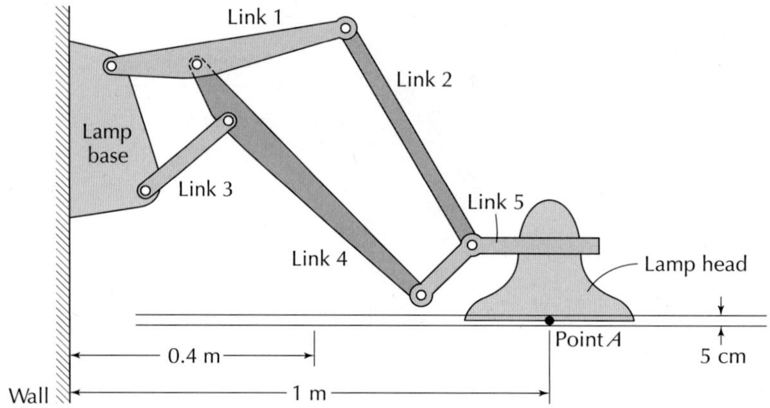

그림 A.10 ● 오버헤드 램프

변위를 그래프로 생성하라. 점 A의 y축에 대한 위치는 램프 헤드의 전체 행정상에서 5.0 cm를 벗어나지 않도록 해야 한다. 또한 점 A의 x축에 대한 램프 헤드의 회전각을 그래프로 생성하라.

A.11 조향기구

그림 A.11(a)에 나와 있는 조향기구 장치를 생성하라. 타이어는 모델 번호 #P195/75R14를 사용한다. 일직선 상태에서 두 타이어의 중심 간 거리는 142 cm이다. 피트먼 암(pitman arm)이 점 A에 대해 회전하면 두 타이어도 회전한다. 그림 A.11(b)에 나타나 있는 것처럼 대략적으로 애커만 조향(Ackerman steering) 조건에 가깝도록 회전되어야 한다. 이 조건은 4개의 타이어에 수직인 선을 생성했을 때 이 선분들이 하나의 공통 교차점에서 만나야 한다는 것이다. 이것은 타이어의 횡방향 미끄러짐과 타이어 마모를 최소화할 수 있다. 전방과 후방의 타이어 중심 간의 거리는 300 cm이다.

차체 위에 있는 점 A에 모터를 사용하여 조향기구 장치를 작동시키는데, 피트먼 암이 사인 곡선으로 운동하도록 모터를 생성한다. 전방의 오른쪽 타이어는 오른쪽으로 30°까지 돌아갈 수 있어야 하고 왼쪽 타이어는 왼쪽으로 30°까지 돌아갈 수 있어야 한다.

기구 장치를 모두 생성했다면, 타이어에 수직인 3개의 선을 생성하라. 이 선들은 전방의 타이어 2개와 후방의 타이어들을 관통하는 폭이 1.0 cm이고 길이가 30 m인 가는 빔으로 생성한다. 모터가 전방의 타이어들을 구동시키면 3개의 선들은 타이어의 전 운동 범위에서 그림 A.11(b)에 나타난 것처럼 근사적인 교차점을 가지고 있어야 한다. 그리고 이 공통 교차점은 가까울수록 좋다.

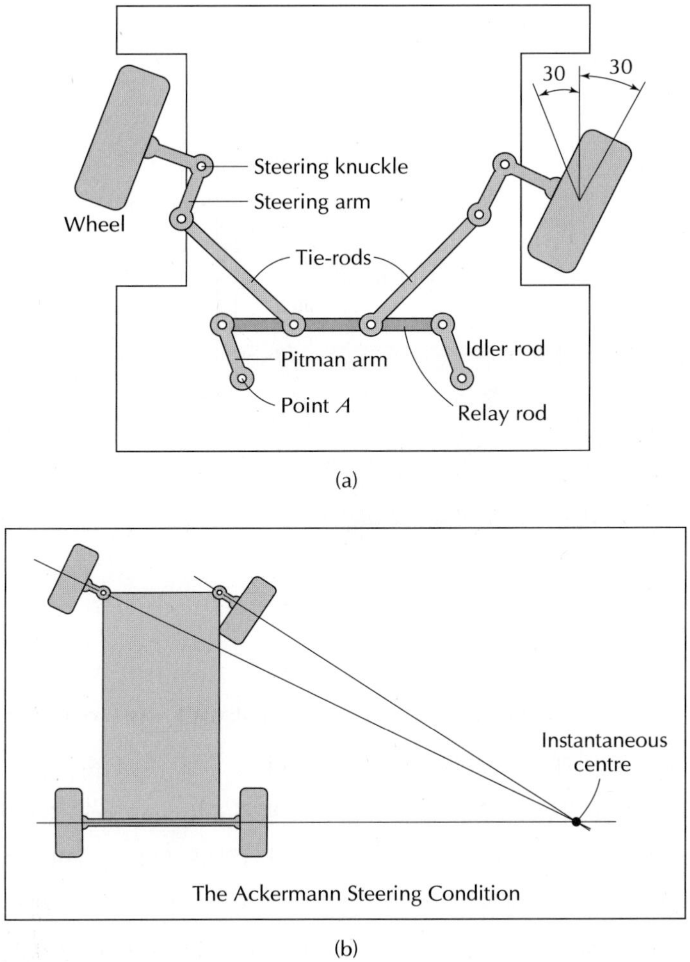

그림 A.11 ● 조향기구

각각의 전방 타이어에 대해서 시간에 관한 회전각을 볼 수 있도록 그래프를 생성하라. 아이들러 로드(idler rod)의 용도는 무엇인가? 타이 로드(tie-rod)의 함수를 설명하라. 기구 장치에서 릴레이 로드(relay rod)의 길이와 연결점을 어떻게 구성하면 가장 효과적인가?

A.12 광석 측면 배출용 레일카

그림 A.12에 나와 있는 레일카를 생성하라. 레일카의 최대 폭은 2.0 m, 높이는 톱 도어(top door)에서 레일카의 기초까지 1.5 m를 넘지 않도록 해야 한다. 레일카의 틸팅 베드(tilting bed)는 점 A 피벗을 기준으로 20° 선회할 수 있어야 한다. 틸팅 베드가 기울어짐과 동시에 일련의 세 운동이 수반되어야 한다. (1) 링크 B가 올라가서 래치가 풀려야 한다. (2) 톱 도어

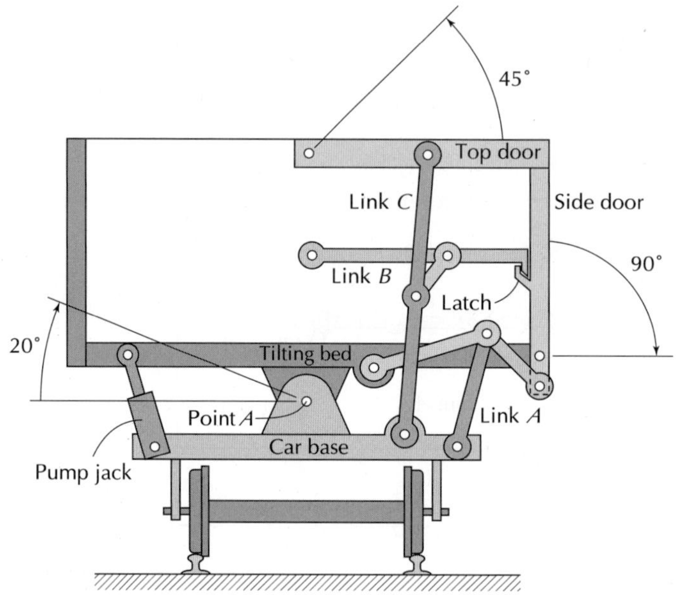

그림 A.12 ● 광석 측면 배출용 레일카

가 틸팅 베드를 기준으로 위쪽으로 45° 회전해야 한다. (3) 사이드 도어(side door)가 틸팅 베드를 기준으로 아래쪽으로 90° 회전해야 한다.

기구 장치를 작동시키기 위해 구동기로 펌프 잭(pump jack)을 설치하는데 레일카의 기초로부터 틸팅 베드 상에 힘이 가해지도록 설치한다. 필요하다면 사이드 도어가 틸팅 베드의 선분과 평행한 90°에서 안전하게 멈출 수 있도록 정지 기구를 생성하라.

임의의 3개의 물체를 생성하고 레일카에 담는다. 시뮬레이션을 작동시키면 임의로 생성한 3개의 물체는 틸팅 베드를 미끄러지며 개방된 사이드 도어를 통과하여 레일카의 바깥쪽으로 나가야 한다. 틸팅 베드의 각도에 대한 사이드 도어와 톱 도어의 각도를 나타내는 그래프를 생성하라.

링크 *A*, *B*, 그리고 *C*의 역할은 무엇인가? 펌프 잭이 특정한 하중을 운반하면서 레일카의 베드를 기울이기 위해서는 어느 정도의 힘이 필요한가? 만약 틸팅 베드 위에 20,000 N이 균등하게 분포된다면 이 힘은 무엇인가?

A.13 170° 캐비닛 힌지

그림 A.13에 나타나 있는 것과 같이 캐비닛 힌지 기구를 생성하라. 생성한 기구 장치에 회색으로 나타나 있는 2개의 캐비닛 도어(cabinet door)와 내벽(inner wall)도 함께 생성하라.

모든 도어의 두께는 18 mm로 하고 캐비닛 도어의 길이는 300 mm로 한다. 캐비닛 도어의 최초 위치는 점선으로 나타낸 사각형과 같다. 최초 위치에서 이 도어와 오른쪽 도어 사이의 틈은 2.0 mm이고, 마찬가지로 이 도어와 왼쪽도어 사이의 틈도 2.0 mm로 한다. 완전히 열린 상태에서의 도어는 점선으로 나타낸 사각형과 같이 최초 위치로부터 170° 회전한 위치에 있게 된다.

힌지 기구 장치가 완전히 접혔을 때(도어가 초기 상태일 때) 기구 장치가 차지하는 공간은 깊이가 90 mm(내벽에 평형하게 깊이를 측정)를 초과하지 않도록 하고 폭은 70 mm(도어에 평형하게 폭을 측정)를 넘지 않도록 한다. 기구 장치를 구동시키기 위해 링크 *A*의 점 *A*에 모터를 장착한다. 그리고 사인 함수를 그리며 도어가 0°에서 170°로 작동하도록 모터를 설정한다. 시뮬레이션 하는 동안에 도어에 점 *P*를 생성하고 도어가 회전하는 동안 점 *P*는 대략적으로 회전 중심에 위치하도록 해야 한다. 그리고 도어가 움직이는 동안의 점 *P*의 모든 궤적은 지름이 10 mm인 원을 벗어나지 않도록 해야 한다. 점 *P*의 *x* 위치 좌표에 대한 *y* 위치 좌표를 그래프로 생성하라. 도어의 전 운동 범위 내에서 오른쪽 도어, 왼쪽 도어, 그리고 내벽에 간섭이 발생하지 않도록 해야 한다.

링크 *A*의 역할은 무엇인가? 링크 *A*의 초기 위치 및 길이가 기구에 미치는 효과는 무엇인가?

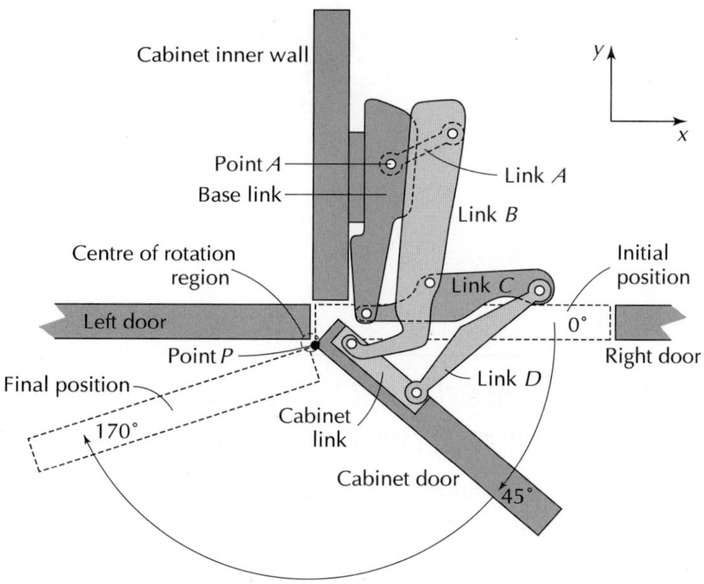

그림 A.13 ● 170° 캐비닛 힌지

A.14 원예용 전동가위

그림 A.14에 나와 있는 원예용 전동가위 기구를 생성하라. 장치의 길이는 40 cm를 넘지 않도록 해야 한다. 절단기 날부의 깊이는 10 cm로 하고 폭은 15 cm로 한다. 장치의 뒤쪽 부분의 폭은 그림에 나타나 있는 것과 같이 최대 15 cm로 해야 한다. 그림에서 회색으로 나타나 있는 절단기 날의 끝 중심점의 유격은 점 A에서 점 B까지이어야 한다. 기구 장치는 회전판(rotating plate)의 중심에서 벗어나 있는 핀에 의해 작동된다. 회전판의 중심에 모터를 연결한다. 회색 날에 있는 사각형 모양의 슬롯 내에서 핀이 움직이게 된다. 회색 날의 슬롯의 전체 움직임은 그림에 나타나 있는 15 cm 범위의 테두리 이내에서만 작동해야 한다. 이 기구 장치는 333 mN-m의 토크를 전달할 수 있는 모터를 사용해서 지름 2.0 cm의 대상체를 두 칼날에 물리고 최소 6.0 N의 힘을 낼 수 있도록 설계 요구조건을 만족시켜야 한다.

시간에 관한 모터 속도와 모터 토크를 나타내는 그래프를 생성하고 회색 날의 끝 중심점의 가속도를 그래프로 나타내라. 이 기구 장치에서 효과적인 점 P의 위치는 어디인가? 칼날이 지름 2.0 cm의 대상체를 절단하기 위해 힘을 가할 때 효과적인 위치는 어디인가?

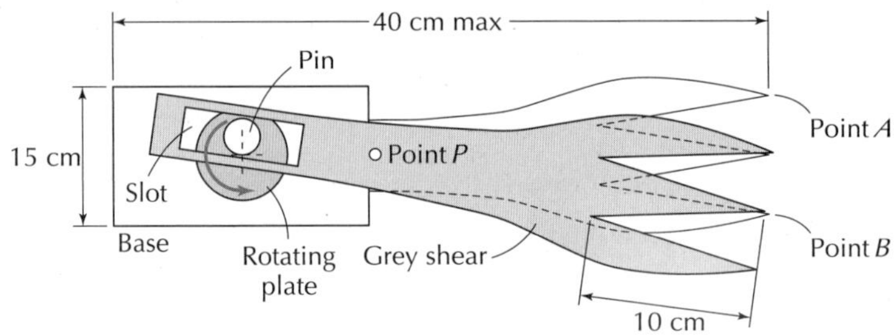

그림 A.14 ● 원예용 전동가위

A.15 항공기용 랜딩 기어

그림 A.15에 나와 있는 항공기용 랜딩 기어를 생성하라. 그림에 나타나 있는 것처럼 랜딩 기어가 최대로 펼쳐졌을 때, 점 O에서 A까지의 길이는 0.66 m가 되어야 하고 점 O에서 D까지 측정한 완충 버팀대(shock strut)의 길이는 0.53 m가 되어야 한다. 랜딩 기어 기구 장치가 위쪽으로 접힐 때 항공기 동체 내의 공간에 딱 맞게 들어가야 한다. 동체 내의 공간은 왼쪽 위 점 C, 오른쪽 아래가 점 B인 직사각형으로 구성되어 있다. 그림에서 점 O는 x, y 좌표계의 (0, 0)에 위치하고 점 C의 좌표는 (−0.83, 0.43), 점 B의 좌표는 (0.06, −0.13)이다. 모든 좌표계의 위치는 미터 단위계로 측정된 값이다. 타이어의 지름은 0.3 m이다.

I부: 랜딩 기어 기구는 액추에이터를 사용함으로써 작동되어야 한다. 액추에이터는 그

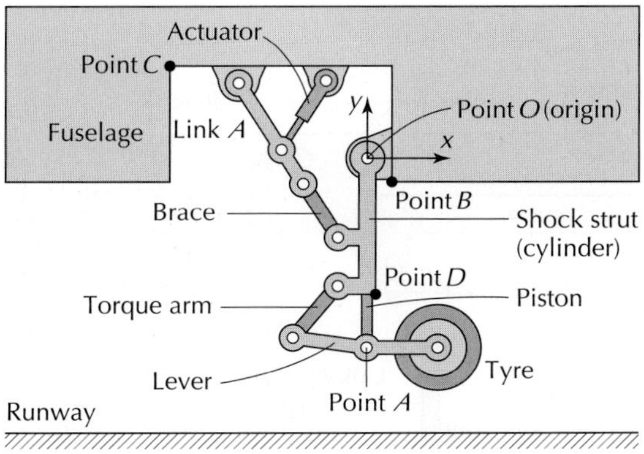

그림 A.15 ● 항공기용 랜딩 기어

림에 나타낸 것과 같은 위치에 장착하고 액추에이터의 입력 값에는 사인 함수로 변하는 길이 값을 사용한다. 기구 장치는 완전히 펼쳐졌다가 완전히 접혀지도록 구성해야 한다. 랜딩 기어 기구 장치의 어느 부분도 전체 시뮬레이션 중동체 내에서 간섭을 허용하지 않는다. 피스톤은 항상 완충 버팀대와 평행한 상태이어야 하고 피스톤과 완충 버팀대는 스프링 댐퍼로 체결되어야 한다. 시간에 따른 타이어의 x, y 위치를 나타내는 그래프를 생성하라. 그리고 토크 암(torque arm)의 역할은 무엇인가?

II부: 랜딩 기구의 착륙에 대하여 시뮬레이션을 수행하라. 착륙 시뮬레이션을 하는 동안 액추에이터에 고정된 길이 값을 준다. 착륙 시 타이어 아래 약 1.0 m에 직사각형의 공간(활주로를 의미함)을 생성해야 시뮬레이션이 구현될 수 있다. Working Model 2D에 있는 앵커 툴을 사용하여 활주로를 구속한다. 동체 쪽에 적용되어 있는 앵커(고정)를 해제하고 동체에 y 방향으로의 자유도만을 가지도록 설정한다. 그리고 동체를 아래쪽으로 가속시키기 위해 동체에 힘을 적용한다. 착륙 중에 활주로와 타이어 사이에 최대 접촉력이 얼마인지 측정하고, 점 O에서의 최대 힘을 측정하라. 해석한 결과에 대해 다음 질문에 답변하라. 완충 버팀대의 스프링 강성을 증감시켰을 때 그 영향은 무엇인가? 강성 스프링을 적용하여야 하는가? 댐핑의 증가 효과는 무엇인가? 착륙 시 정확하게 시뮬레이션이 수행되는가? 된다면 왜 그런가? 그렇지 않다면 왜 그렇지 않은가?

주: 전자 보고서 제출 시에는 II부의 착륙 시뮬레이션은 포함시키지 말고, I부의 결과에 대해서만 제출하라.

A.16 접이식 소파 침대 겸용 기구

그림 A.16에 나와 있는 것과 같이 접이식 소파 침대 겸용 기구 장치를 생성하라. 그림은 완

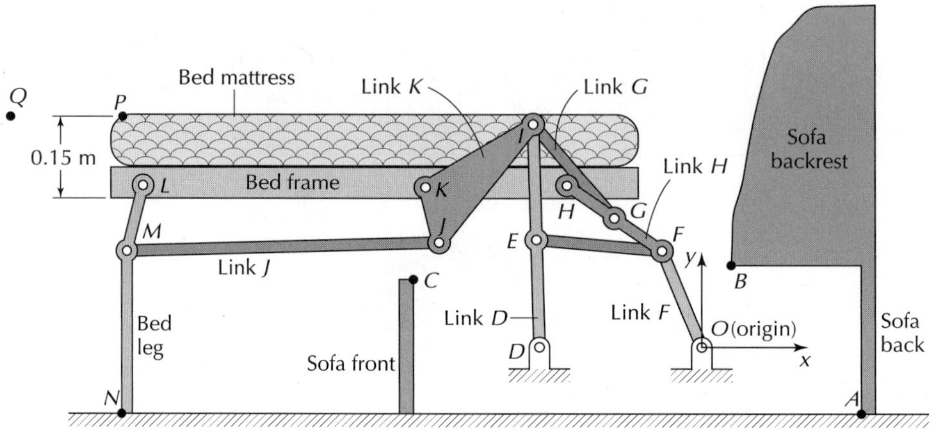

그림 A.16 ● 접이식 소파 침대 겸용 기구

전히 펼쳐진 상태를 나타내고 있다. 소파 베드가 완전히 접혔을 때 점 A, B, C의 직사각형 공간 안에 들어간다. 그림에서 점 O는 x, y 좌표계에서 (0, 0) 위치를 나타낸다. 소파 베드가 들어가는 직사각형 공간의 오른쪽 하단의 점 A의 좌표는 (0.37, −0.12)이다. 점 B는 소파 등받침의 왼쪽 하단에 있는 지점이고 좌표는 (0.04, 0.22)이다. 점 C는 소파 앞쪽의 우측 꼭짓점으로 좌표는 (−0.46, 0.17)이다. 점 L에서부터 점 H까지 베드 프레임의 길이는 0.66 m이다. 베드 프레임과 베드 매트리스의 두께는 0.15 m이다. 베드 매트리스는 베드 프레임의 윗부분에 단단히 고정되어 있다고 간주한다. 베드 프레임의 아랫부분은 바닥에서 위로 0.39 m 떨어져 있다. 소파 베드 기구 장치는 액추에이터를 사용하여 구동되고, 시뮬레이션을 위해 소파 베드가 완전히 펴진 상태에서 시작하여 완전히 접힐 때까지 구동되도록 해야 한다. 접는 동작을 구현하기 위해 그림에서 점 P와 Q 사이에 액추에이터를 연결하고 액추에이터의 입력 값으로 사인 함수로 변하는 길이 값을 사용한다. 소파 베드를 구동하는 동안에 소파 베드 기구의 어느 부분도 소파 앞쪽, 등받침, 뒤쪽, 또는 바닥면과의 간섭이 발생해서는 안 된다. 게다가 베드 매트리스는 완전히 접힌 상태에서나 완전히 펴진 상태에서 수평을 유지해야 한다.

시간에 대한 베드 매트리스의 각도를 나타내는 그래프를 생성하고, 베드 프레임에 대한 베드 다리의 각도에 대한 그래프를 생성하라. 베드 프레임이 링크 J가 없어도 접혀서 안으로 들어갈 수 있겠는가? 링크 J의 역할은 무엇인가? 링크 K상의 어느 조인트에 최대 작용력이 발생하며 그 크기는 얼마인가?

A.17 창문 기구

그림 A.17에 나와 있는 것과 같은 창문 여닫이 기구 장치를 생성하라. 그림에 나타나 있는 창문 여닫이 기구 장치는 일부가 열려 있는 상태이다. 창문이 완전히 닫힌 초기 위치에서의 창문은 창문턱과 평행하게 내부에 삽입된다(즉 점 E 위에 점 D가 놓인다). 창문이 완전히 열리는 최종 위치에서의 창문은 창문턱에 수직이 된다. 크랭크 상의 점 C는 윈도 슬롯 내부에서 미끄럼 운동을 하고, 창문의 점 W는 창문턱 슬롯의 내부에서 미끄럼 운동을 한다. 그림에서 점 O는 x, y 좌표계에서 (0, 0) 위치에 해당한다. 창문의 길이는 0.62 m이고 폭은 0.04 m이다. 점 O와 W 사이의 y축 거리 값은 0.08 m이다. 점 E의 좌표는 점 O에 대해 (0.43, 0.11)의 위치에 있다. 크랭크는 창문턱이 점 O에 핀 조인트로 연결되어 있다. 크랭크의 기저 부분에는 기어 이가 10개인 기어가 있고, 이것은 핸드 크랭크의 기어 이가 5개인 기어와 맞물려 있다.

I부: 창문 여닫이 기구 장치는 핸드 크랭크를 회전시키는 모터를 사용하여 작동된다. Working Model 2D를 사용하여 크랭크 기저 부분 핸드 크랭크를 연결하는 기어 쌍을 생성하고(기어 이를 나타낼 필요는 없음) 모터의 입력 값으로 사인 함수로 변하는 각도 변위를 사용하라. 기구 장치의 시뮬레이션은 그림에 나타낸 것과 같이 완전히 닫힌 위치에서 완전히 열린 위치까지 구동해야 한다. 창문턱에 대한 창문의 변위를 나타내는 그래프를 생성하라. 창문 여닫이 기구 장치의 전체 움직임이 가능한 창문 슬롯의 최소 길이는 얼마인가?

II부: 보고서 작성 시 창문이 열려 있을 때 강풍의 효과에 대해서 시뮬레이션을 수행하라. 이것은 창문의 점 D에서 x 방향, 즉 수평 방향의 힘을 적용하여 구할 수 있다. 풍력의 크기는 창문이 열려 있는 변위에 대한 함수이어야 하며, 창문이 완전히 열려 있을 때는 100 N

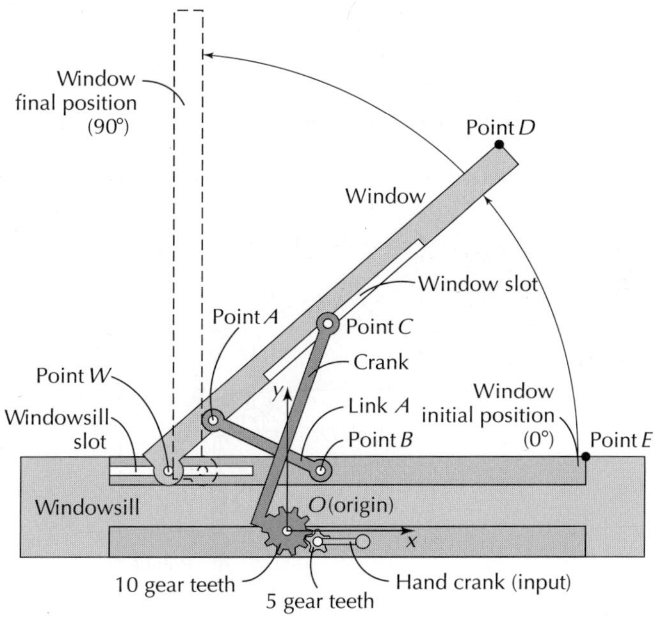

그림 A.17 ● 창문 기구

의 풍력이 적용되고, 또 창문이 완전히 닫혀 있을 때는 0 N의 힘이 적용되어야 한다. 핸드 크랭크를 회전시키기 위한 모터를 생성하고 토크를 적용하라. 창문이 항상 열려 있기 위해 요구되는 최소 토크의 크기는 얼마인가? 작성한 보고서 내에 창문의 변위에 대한 토크 그래프를 준비하라. 입력 값으로 토크가 기존 값의 1/3만 적용된다고 가정하고 바람에 대항하여 창문이 완전히 열리게 하려면 창문 여닫이 기구 장치를 어떻게 변경해야 하는가? 기구 장치에서 입력 토크 값을 산출하기 위한 목적으로 적용한 바람은 적절한가? 적절하다면 왜 적절한가? 그렇지 않다면 왜 그렇지 않은가?

주: 전자 제출 보고서에는 II부의 바람 시뮬레이션은 포함시키지 말고, I부에서 기술된 기구 장치의 결과에 대해서만 보고서를 제출하라.

A.18 접이식 지붕 자동차

그림 A.18에 나와 있는 것과 같이 접이식 지붕 자동차용 기구 장치를 생성하라. 그림에서는 기구 장치가 완전히 펼쳐진 위치를 나타내고 있다. 상판 패널(top panel)과 배면 패널(rear panel)은 뒤쪽으로 접힐 수 있어야 하며 다른 모든 링크들과 미리 설정한 공간에 정확하게 들어갈 수 있어야 한다. 미리 설정한 공간은 그림에서 점선으로 나타나 있는 직사각형의 공간이다. 점 *E*의 좌표는 (1.36, −0.44)이다. 점 *T*로부터 점 *B*까지 측정한 상판 패널의 길이는 0.84 m이다. 점 *A*에서 *O*까지 측정한 배면 패널의 길이는 0.78 m이다. 완전히 펼쳐진 상태에서 상판 패널상의 점 *T*의 좌표는 (−1.275, 0.55)이고 수평해야 한다.

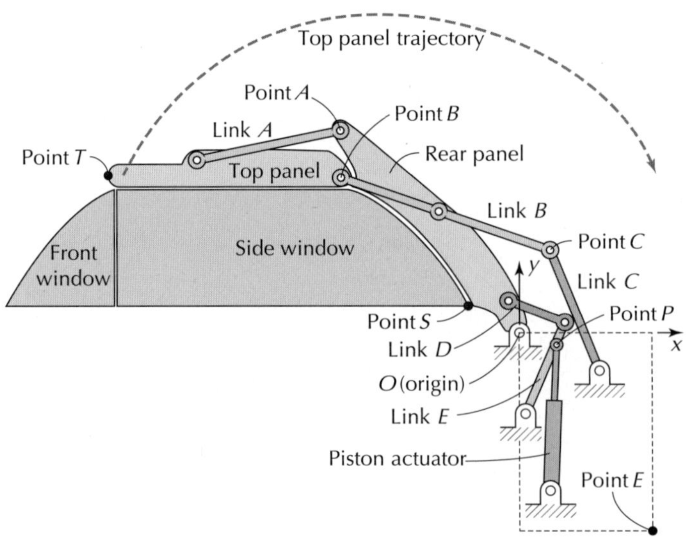

그림 A.18 ● 접이식 지붕 자동차

기구 장치는 그림에 나타낸 것처럼 피스톤 구동기에 의해 구동된다. 이 구동기의 입력 값으로는 사인 함수로 변하는 길이 값을 사용하라. 기구 장치가 완전히 펼쳐진 위치에서 완전히 접혀지는 위치까지 기구 장치의 시뮬레이션을 수행하기 위해 구동기를 사용한다. 기구 장치가 완전히 접혔을 때 피스톤 구동기를 포함한 모든 부품은 미리 설정한 사각형 안에 완전히 들어가야 한다. 또한 기구 장치는 미리 설정한 공간의 측면이나 아래쪽과 간섭이 없어야 한다.

시간에 대한 상판 패널의 변위를 그래프로 생성하라. 기구 장치가 완전히 접히는 동안의 점 T의 궤적을 Working Model 2D의 **Tracking** 기능을 이용하여 생성하라. 링크 D의 역할은 무엇인가? 링크 C의 길이가 기구 장치에 미치는 효과는 무엇인가?

A.19 수평 플랫폼 기구

그림 A.19에 나와 있는 것과 같이 수평 플랫폼 기구 장치를 생성하라. 이 기구 장치는 테이블 상단(table top)이 제한된 공차 범위 내에서 수평 운동을 수행한다. 테이블 상단이 수직 방향으로 4.0 mm 이내에서 x 방향으로 적어도 850 mm 이상은 움직일 수 있어야 한다. 기구의 전 운동 구간 상에서 테이블 상단의 각도 편차는 수평 방향과 1.0° 이내여야 한다. 그림에 나와 있는 기구 장치의 시작 위치에서 테이블 상단을 포함한 모든 링크들은 폭 850 mm(x 방향), 높이 1,050 mm(y 방향)인 공간 내에 정확히 위치한다.

이 기구 장치는 일정한 속도를 가지는 모터 구동기에 의해 구동되고 모터는 어떤 두 링크 사이의 조인트에 위치해야 한다. 모터가 위치할 두 링크는 어디인가? 그리고 그 이유에

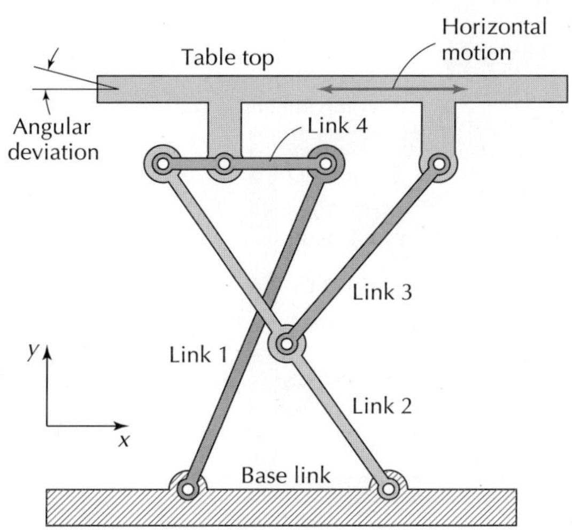

그림 A.19 ● 수평 플랫폼 기구

대해서 설명하라. 시간에 따른 테이블 상단의 각도를 나타내는 그래프를 작성하라. 테이블 상단의 시간에 따른 수직 행정과 수평 행정을 나타내는 두 그래프를 생성하라. 링크 1과 링크 3 사이에는 어떠한 관계가 있는가? 이러한 기구 장치는 어떠한 경우에 적용될 수 있는가?

시뮬레이션은 한 번의 전체 행정을 완료하여야 한다.

A.20 물 펌프 기구

그림 A.20에 나와 있는 물 펌프 기구 장치를 생성하라. 이 핸들(링크 7)은 왼쪽에 점선으로 나타난 펌프 기구와 연결된다. 점선으로 나타나 있는 펌프는 이 기구의 시뮬레이션에는 포함되지 않는다. 초기 시작 위치에서 θ는 0°이어야 한다. 그리고 최대로 돌아갔을 때 θ는 최소 51°가 되어야 한다. 링크 1에서부터 링크 5까지는 직사각형 기구 칸막이 내부에 포함되어 있고, 이 칸막이 내부 치수는 링크 폭 260 mm(x 방향), 높이 265 mm(y 방향)이다. 기구 장치가 동작하는 동안 링크 1에서 링크 5까지는 칸막이 내부에서만 동작하고 링크 6을 제외한 어떤 링크도 칸막이벽과 간섭이 없어야 한다. 핸들이 수평한 상태에서 이 기구 장치의 전체 높이는 750 mm 이하이다. 핸들의 길이는 200 mm이고, 조인트 A와 조인트 B 사이의

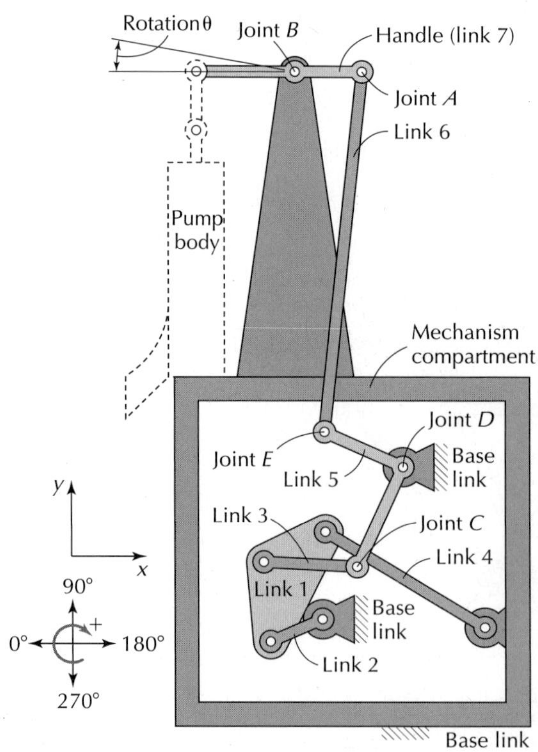

그림 A.20 ● 물 펌프 기구

길이는 85 mm이다.

이 기구 장치는 일정한 속도를 가지는 모터 구동기에 의해 구동된다. 모터는 기구 장치 안에 있는 두 링크들 사이의 조인트에 위치해야 한다. 이 모터는 링크들 중 어떤 링크 사이에 위치하는 것이 좋은가? 모터의 회전 방향은 중요한가? 그 이유에 대해서 설명하라. 링크 2의 각변위에 대한 핸들의 각변위를 나타내는 그래프를 생성하라. 링크 5는 어떤 기능을 하는가? 링크 5 상의 조인트 *D*와 조인트 *E* 사이의 거리를 변화시키면 어떤 효과가 있는가?

시뮬레이션은 한 번의 전체 행정을 완료하여야 한다.

A.21 계단 오름 기구

그림 A.21의 계단 오름 기구 장치를 생성하라. 이 기구 장치는 계단을 타고 올라가서 전체 기구 장치가 상단 플랫폼에 서도록 하는 것이다. 그림에 보이는 것처럼 계단을 생성하라. 각 계단의 길이는 254 mm이고, 높이는 178 mm이다. 일족 기구(SLM)가 하단 그림의 위쪽에 나타나 있다. 삼각형 모양 발(링크 2)의 두 변의 길이는 180 mm이고 나머지 한 변의 길이는 320 mm이다. 완성된 오름 기구 장치는 그림의 아래쪽에 나타나 있는 것과 같이, 4개

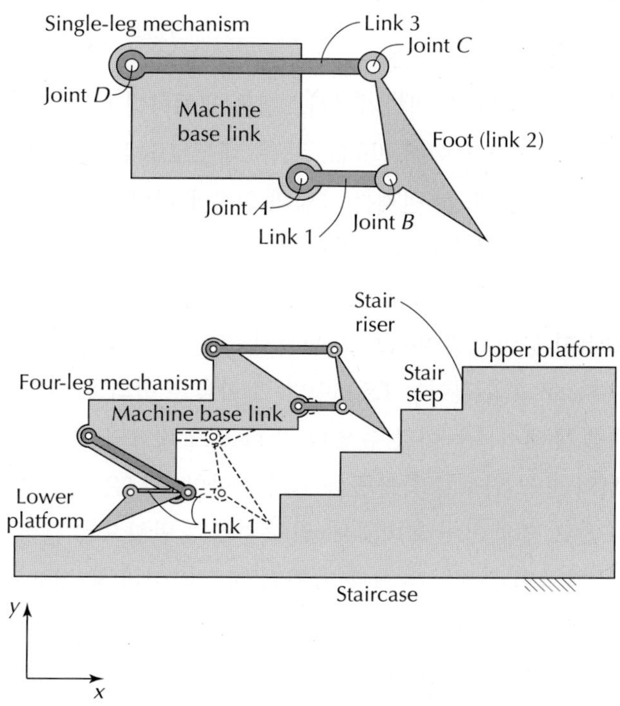

그림 A.21 ● 계단 오름 기구

의 SLM이 각각 장치 고정 링크에 연결되어 있다. 완성된 오름 기구 장치의 형상을 보다 잘 이해하기 위해 오름 기구 장치를 자동차라 생각하고, 자동차의 휠들을 SLM이라고 생각하면 된다. Working Model 2D는 2차원 소프트웨어이므로 생성된 그림에서 오른쪽에 있는 2개의 SLM은 실선으로 왼쪽에 있는 2개의 SLM은 점선으로 보인다. SLM의 링크 1의 회전각은 실선으로 나타나 있는 SLM의 링크 1로부터 180°가 된다는 것에 주의한다. 전체 기구 장치는 어떠한 위치에서도 1,150 mm보다 길지 않아야 하고, 750 mm보다 높지 않아야 한다. 기구 장치가 움직이는 동안 계단과 링크들은 간섭이 발생하지 않도록 해야 한다.

SLM 각각은 일정한 속도를 가지는 모터 구동기에 의해 구동되고 4개의 모터는 같은 속도로 작동해야 한다. 각각의 SLM에 장착되어 있는 모터들은 어떤 두 링크 사이의 조인트에 위치해야 한다. 어떤 링크 사이에 위치하는 것이 좋은가? 모터의 회전 방향은 중요한가? 그 이유에 대해서 설명하라. 기구 장치가 계단을 오르는 동안 뒤쪽으로 기울어지는 것을 막기 위해 완성된 기구 장치의 고정 링크 어딘가에 평형을 유지시킬 카운터웨이트가 필요하다. 이 카운터웨이트의 위치와 무게에 관한 합리적 근거를 설명하라.

시뮬레이션은 두 번의 전체 행정을 완료하여야 한다(2개의 계단을 오르는 것으로 되어 있다).

A.22 적하기계시스템

그림 A.22에 나와 있는 것처럼 적하기계시스템을 생성하라. 이 시스템의 목표는 그림에 나타나 있는 4개의 소화물을 들어서 빈(bin, 큰 통) 내부로 넣는 것이다. 이 시스템은 2개의 기구 장치로 나누어져 있는데, 첫 번째는 그림의 위쪽에 나타나있는 빈 적재 기구(BLM)이고, 다른 하나는 그림의 아래쪽에 나타나 있는 컨베이어 기구(CM)이다. BLM은 하나의 포크, 2개의 링크, 그리고 빈으로 구성되어 있는데, 소화물을 들어 올려야 한다. 먼저 소화물이 포크 상으로 미끄러져 들어오면 위쪽으로 들어서 빈 안으로 넣게 된다. 빈의 높이는 1.6 m에 길이는 2.3 m이다. 포크의 길이는 1.5 m이다. 소화물은 빈의 위쪽을 통해서만 들어가고 측면 또는 아래쪽을 통해서는 들어갈 수 없다. 또한 포크 링크와 빈은 간섭이 없어야 한다.

CM은 BLM의 포크 위로 소화물들을 옮겨야 한다. CM은 직선 제네바(Geneva) 기구 장치로 구성되어 있고, 컨베이어 측벽(sidewall)을 타고 x 방향으로 간헐적으로 움직이도록 생성될 것이다. 이 간헐적 움직임은 크랭크 휠의 펙 드라이버(peg driver)가 종동절 링크의 슬롯 내로 들어갈 때 발생한다. 컨베이어 측벽은 종동절 링크의 상단에 부착되어 있고, 컨베이어 측벽 위에 소화물들이 놓인다. 소화물들은 2.0 m의 간격(중심과 중심 간 거리)을 두고 놓여 있고, 각각은 높이가 400 mm이고 길이는 500 mm이다. BLM의 포크는 소화물이 적재

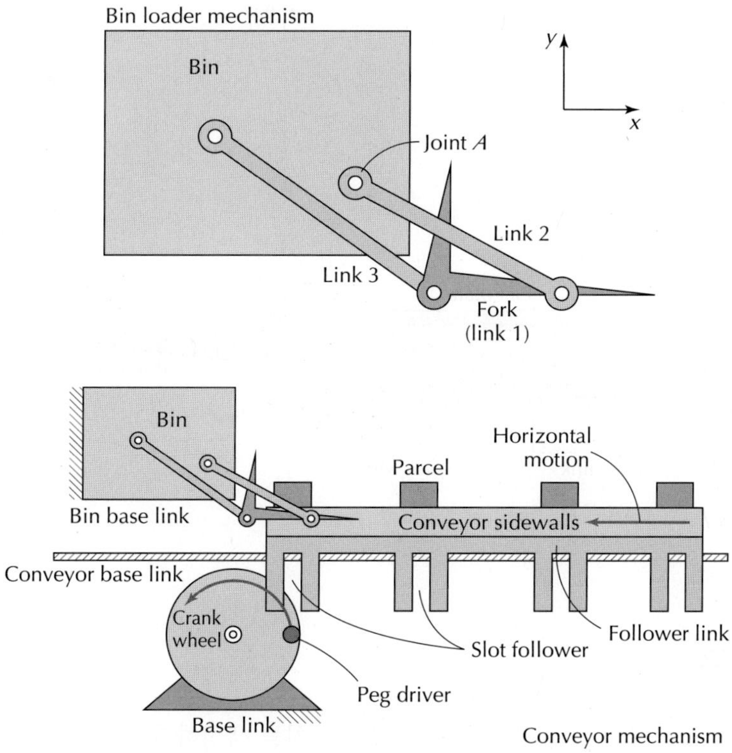

그림 A.22 ● 적하기계시스템

되는 동안 컨베이어 측벽에 간섭이 발생해도 된다. 하지만 종동절 링크에는 간섭이 발생하면 안 된다. 종동절 링크는 오직 x 방향으로만 움직일 수 있다.

BLM은 링크 2의 회전을 제어하기 위해 사인 함수를 사용하는 모터에 의해 구동된다. 모터는 빈과 링크 2 사이의 조인트 A에 위치해야 한다. CM은 크랭크 휠의 중심에 위치하여 일정한 속도로 회전하는 모터에 의해 구동된다. 펙 드라이버가 슬롯 내로 들어갈 때, 종동절 링크는 x축을 따라 일정한 양만큼 전진하게 될 것이다. 시간에 대한 종동절 링크의 속도를 나타내는 그래프를 생성하고, 펙 드라이버와 종동절 링크 시스템을 생성하기 위해 필요한 설계 방법에 대해 설명하라. 그리고 소화물의 움직임과 포크가 집어 올리는 것 사이의 관계에 대해 설명하라. 왜 간헐 운동이 필요한가? 어떻게 하면 컨베이어의 간헐적 운동을 제어할 수 있겠는가?

시뮬레이션은 두 번의 전체 행정을 완료하여야 한다(빈 내부로 2개의 소화물이 들어간다).

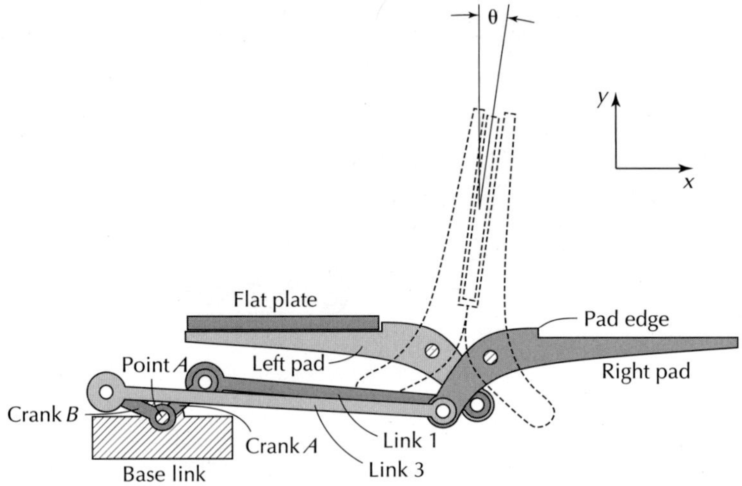

그림 A.23 ● 플리퍼 기구

A.23 플리퍼 기구

그림 A.23에서 나와 있는 플리퍼 기구 장치를 생성하라. 이 기구 장치의 요점은 평판을 좌 패드로부터 우 패드로 넘겨주면서 뒤집는 것이다. 좌 패드와 우 패드가 동시에 상승하여 수직축으로부터 각도 θ만큼 기울어진 하나의 선상에서 만나 평판이 넘겨진다. 평판의 두께는 15 mm이고 길이는 240 mm이다. 그림에 보이는 시작 위치에서 기구 장치의 모든 링크와 평판은 폭 880 mm(x 방향), 높이 200 mm(y 방향)의 공간 내에 알맞게 들어가야 한다. 평판은 좌 패드 위에서 시작해야 하고 접히는 과정이 완료되었을 때, 그것은 패드 에지의 돌출 부분이 아닌 우 패드면 상에 놓이게 된다.

이 기구 장치는 등속 모터에 의해 구동되고 모터는 점 A에 위치하여 크랭크 A와 크랭크 B 모두를 구동한다. 좌 패드의 각도에 대한 평판의 각도 그래프를 생성하라. 기구 장치의 작동에서 각도 θ의 역할은 무엇인가? 양 패드에 있어서 패드 에지 위치의 타당성에 대해 설명하라. 링크 1을 막대 요소로 대치하고, 시간에 관한 막대의 장력을 나타내는 그래프를 생성하라. 이 기구 장치의 적절한 용도를 설명하라.

시뮬레이션은 한 번의 전체 행정을 완료하여야 한다.

A.24 수송 기구

그림 A.24에 나타낸 수송(운반) 기구 장치를 생성하라. 이 기구 장치의 목표는 간헐적으로

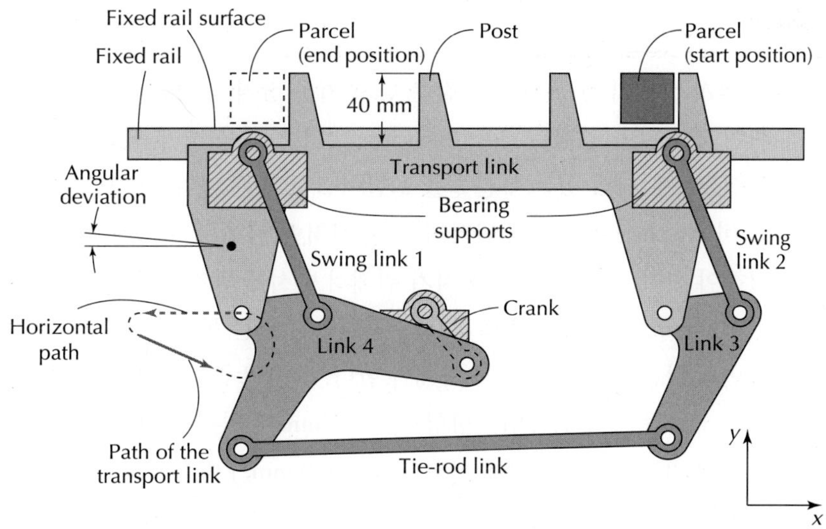

그림 A.24 ● 수송 기구

소화물을 고정 레일의 면을 따라 시작 위치에서부터 끝 위치까지 미는 것이다. 소화물은 40 mm × 40 mm의 상자이고, 수송 링크는 4개의 포스트를 가지고 소화물을 밀기 위해 사용된다. 포스트들은 120 mm 간격(피치 간격)으로 떨어져 있고, 높이는 40 mm이다. 점선은 기구 장치가 작동되는 동안의 수송 기구의 대략적인 경로를 나타낸다. 포스트들을 제외한 나머지 다른 링크들(수송 링크 포함)은 작동 중 고정 레일 면보다 위로 돌출되는 것을 허용한다. 소화물은 시작 위치에서 시작해야 하고, 이후 세 번의 밀리는 작업을 거쳐 마지막 위치에서 완료되어야 한다. 수송 링크에는 두 가지 요구 조건이 있는데, 먼저 수평축과 수송 링크의 각도 편차가 0.1° 이내이어야 하고, 두 번째는 파란색으로 나타나 있는 수평 경로의 부분은 수송 링크가 y 방향으로 6.0 mm를 벗어나지 않게 하고 최소 길이가 120 mm는 되어야 한다는 것이다. 전체 기구 장치는 행정이 이루어지는 동안 주어진 위치에서 x 방향으로 740 mm, y 방향으로 440 mm 이내의 공간에 알맞도록 해야 한다.

이 기구 장치는 크랭크에 일정한 속도를 가지는 모터 구동기에 의해 크랭크에 작용되어 구동된다. 수송 링크의 y 방향에 대한 x 방향의 그래프를 생성하고, 시간에 관한 수송 링크의 각도 위치를 나타내는 그래프를 생성하라. 어떤 함수가 타이로드 링크를 만족시키는가? 스윙 링크들과 링크 1, 링크 2의 역할과 서로 간의 상호관계에 대해서 설명할 수 있는가?

시뮬레이션은 세 번의 행정을 완료하여야 한다.

A.25 타자 기구

그림 A.25에 나와 있는 것과 같은 타자 기구 장치를 생성하라. 이 기구 장치의 목표는 키에 힘이 가해지면 임팩트 헤드(impact head)가 드럼을 치게 되는 것이다. 시뮬레이션 수행 시 점선으로 나타나 있는 부분들을 포함시킬 필요는 없다. 임팩트 헤드가 고정되어 있는 타이프 바(type bar)는 그림에 나타나 있는 것처럼 임팩트 헤드에 고정되어 수평한 상태에서 시작해야 한다. 그리고 드럼을 치기 위해서 반시계 방향으로 90° 회전하게 된다. 드럼의 지름은 160 mm로 한다. 임팩트 헤드는 충격을 가하는 동안 드럼에 접해야 하고, 드럼의 오른쪽 측면의 가운데 점에 충격을 가해야 한다. 드럼의 중심점은 점 *A*보다 위쪽(양의 *y* 방향)으로 157 mm, 점 *A* 왼쪽(음의 *x* 방향)으로 87 mm에 있어야 한다. 전체 기구 장치(드럼 제외)는 시작 위치에 있는 동안에는 *x* 방향으로 380 mm, *y* 방향으로 150 mm 이내의 공간에 알맞도록 해야 한다.

기구 장치는 키에 간헐적인 수직력을 적용하여 작동된다. 힘은 sin(t)와 같이 시간에 대한 함수로 기술될 수 있다. 기구 장치의 정확한 작업을 위해 정리해 보면, 다음 세 요소의 추가/조정 작업이 필요할 것이다. (1) 임팩트 헤드와 드럼 사이에 탄성 계수를 조정하고, 이 계수의 중요성과 기구 장치의 효과에 대해 설명하라. (2) 점 *A*를 회전 댐퍼로 전환하고, 기구의 정당한 동작을 위해 댐핑 값들을 조정하라. 회전 댐퍼를 점 *A*에 두는 목적에 대해 설명하라. (3) 키에 힘이 작용되지 않을 때, 기구 장치를 시작 위치로 되돌아오게 하기 위해 링크 1과 그라운드(타자기 몸체)에 스프링을 사용하라. 이 키의 작용력과 관련하여 보통 사람들이 정상적으로 타이핑할 때 가하는 키의 작용력을 적용하라. 시간의 함수에 관한 임팩트 헤드와 드럼 사이의 접촉력을 나타내는 그래프를 생성하라. 접촉력의 최고점과 키에 입력한 힘과의 비는 얼마인가? 기구 장치에서 이 비를 무엇이라고 부르는가?

시뮬레이션은 세 번의 행정을 완료하여야 한다.

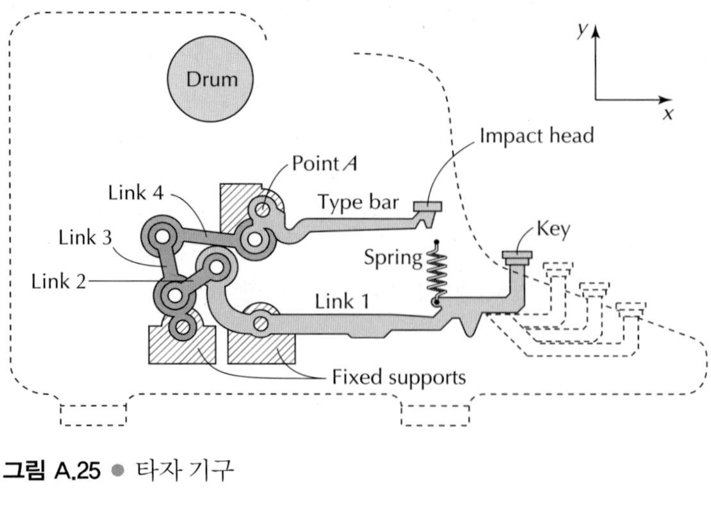

그림 A.25 ● 타자 기구

A.26 중력 그리퍼 기구

그림 A.26과 같은 그리퍼 기구 장치를 생성하라. 그리퍼의 목표는 원형 하중물을 지면으로부터 들어 올리는 것이다. 반송 암(carrying arm)을 여닫기 위한 작동기는 없다. 그리퍼는 다음과 같이 작동해야 한다. (1) 그리퍼는 하중물(payload)의 중심 위로 하강하게 된다. (2) 그리핑 패드(gripping pad)들이 하중물에 접촉되면 패드들이 회전하지 않고 반송 암을 바깥쪽으로 밀게 될 것이다. 이후에 그리핑 패드가 하중물의 최대 폭을 지나면 반송 암은 안쪽으로 오므라질 것이다. (3) 그리퍼가 위로 들리면 그리핑 패드는 하중물에 접해질 수 있도록 회전하게 될 것이다. (4) 하중물은 그리퍼에 쥐어져 같이 들려 올려진다. 2개의 아래쪽 링크에 물려 있는 크로스 타이 링크(cross tie link)를 제외하고 그리퍼는 대칭이어야 한다. 반송 암이 정지해 있는 동안 중립의 위치에 있을 수 있도록 카운터웨이트의 무게를 설정한다(그림에 나타나 있는 것과 같이). 그리퍼가 정지해 있는 동안 그리핑 패드 간의 간격은 160 mm는 되어야 하고, 하중물의 지름은 176 mm이다. 시작 위치에서 하중물의 중심보다 위쪽에 그리퍼가 있고 패드 피벗 점은 지면보다 위쪽으로 220 mm 높은 곳에 위치한다. 크로스 타이 링크로 막대를 사용한다. 그리퍼가 하중물을 들기 위해 작동할 때는 그림에 나타나 있는 것과 같이 사선을 따라 반송 암이 움직이게 된다.

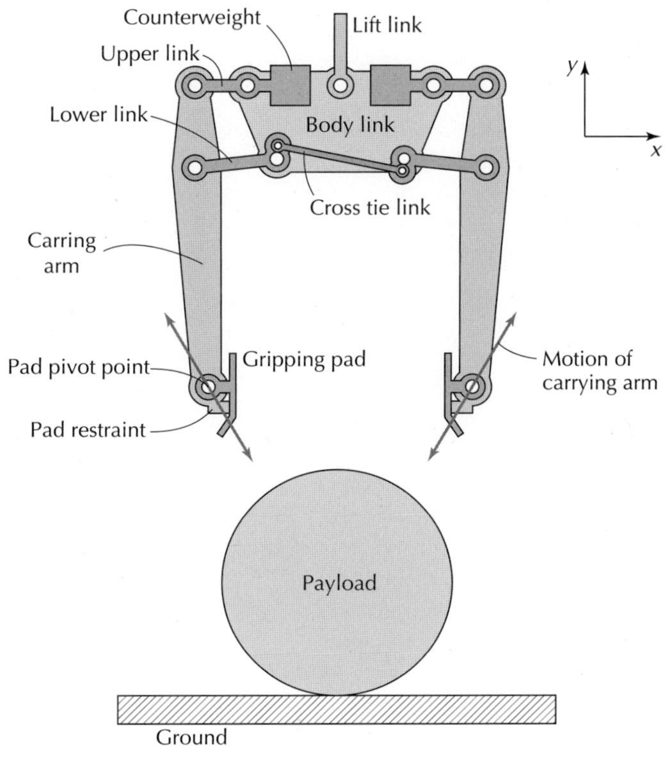

그림 A.26 ● 중력 그리퍼 기구

하중물 위에 있는 전체 그리퍼가 상하로 움직일 수 있는 병진운동 기구 장치를 생성한다. 리프트 링크 위에 수직 슬롯을 생성하고, 수직 슬롯에 리프트 링크를 견고히 결합한다. 리프트 링크 위쪽의 고정되어 있는 지점에 리프트 링크를 연결하기 위해 액추에이터를 사용한다. 그리퍼가 대상체를 움켜쥐고 지면으로부터 하중물을 들어 올릴 수 있도록 하기 위해 리프트 링크에 필요한 위, 아래 운동을 생성한다. **Actuator**를 'length'로 설정하고 입력상자에 [(starting length) + (desired travel)sin(t)]의 형태로 시간의 함수를 입력한다. 시간의 함수로 크로스 타이 링크의 장력을 나타내는 그래프를 생성하라. 하중물의 무게를 10, 100, 그리고 1,000 kg으로 조정하라. 각각의 경우에 시뮬레이션 효과는 어떤가? 만약 크로스 타이 링크의 단면적이 1.0 $inch^2$이고 피아노선과 동급인 강철로 되어 있다면 최대 얼마까지의 하중물을 들어 올릴 수 있겠는가? 그리퍼는 단면적이 160 mm^2인 물체 또는 한 변의 길이가 160 mm인 엎어진 삼각형 모양의 물체를 잡을 수 있겠는가? 이 그리퍼가 작업하기 위해 요구되는 하중물의 형상은 무엇인가?

시뮬레이션은 그리퍼가 안전하게 원형의 하중물을 쥐고 지면으로부터 들어 올리는 것을 보여주어야 한다.

APPENDIX B

스칼라와 벡터

B.1 서론

스칼라(scalar)는 크기는 있지만, 그 크기에 관련된 방향이 없는 양이다. 스칼라의 예로는 질량, 에너지, 그리고 온도가 있다. 스칼라 사이의 관계는 대수의 표현을 사용하여 다룰 수 있다. 그러나 **벡터**(vector)는 방향과 크기를 모두 가진다. 벡터의 예로는 힘, 변위, 속도, 그리고 가속도가 있다.

벡터 양은 그림 B.1에 나타낸 벡터 $\bar{b}$와 $\bar{c}$ 같이 방향을 나타내는 화살표와 직선에 의하여 표현된다. 각 선의 길이는 벡터의 크기에 비례한다.

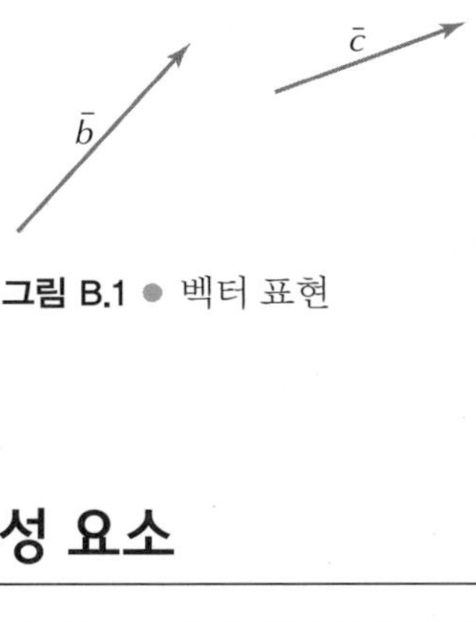

그림 B.1 ● 벡터 표현

B.2 벡터의 구성 요소

벡터는 그것의 성분들을 기술함으로써 나타낼 수 있다. 성분들은 다음에 정의된 **단위 벡터**(unit vector)의 방향에 따라 정렬된다.

이 책에서는 두 방식의 단위 벡터를 사용하는데, 다음 절에서 알아보자.

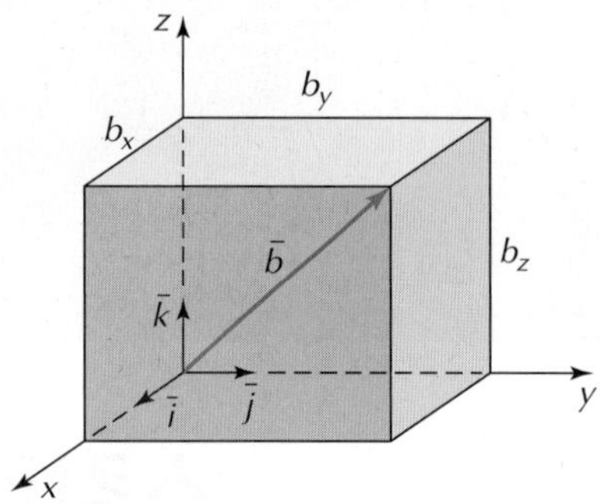

그림 B.2 ● 벡터의 직교 좌표 성분들

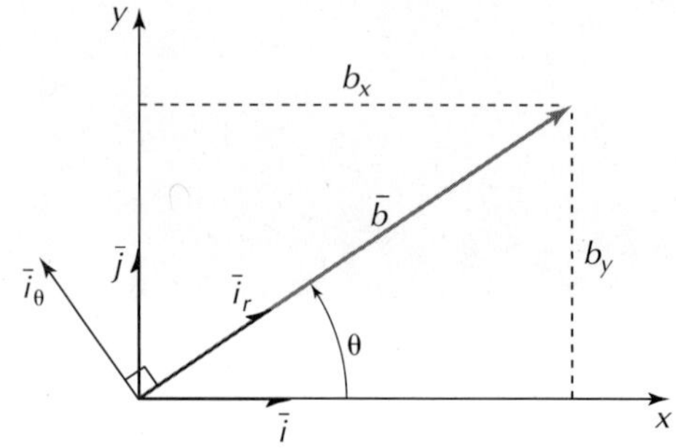

그림 B.3

B.2.1 직교 좌표 성분

그림 B.2에 나타낸 벡터 $\bar{b}$를 고려해 보자. 이는 **직교 좌표 성분**(Cartesian component) b_x, b_y, b_z에 의하여 기술될 수 있다.

$$\bar{b} = b_x \bar{i} + b_y \bar{j} + b_z \bar{k} \tag{B.2-1}$$

여기서 $\bar{i}, \bar{j}, \bar{k}$는 x, y, z 각 방향의 단위 벡터들이다.

벡터의 **크기**(magnitude)는 다음과 같이 나타낼 수 있다.

$$b = \left|\bar{b}\right| = (b_x^2 + b_y^2 + b_z^2)^{1/2} \tag{B.2-2}$$

그림 B.3처럼, $b_z = 0$일 때 벡터의 방향은 그림과 같이 좌표계의 각도 θ에 의해 나타낼 수 있다.

이 벡터의 성분들은

$$b_x = b\cos\theta; \quad b_y = b\sin\theta \tag{B.2-3}$$

여기서

$$\theta = \tan2^{-1}(b_x, b_y), \quad -\pi < \theta < \pi \tag{B.2-4}$$

B.2.2 극 좌표계 성분

그림 B.3에 설명된 벡터 $\bar{b}$는 다음과 같이 나타낼 수 있다.

$$\bar{b} = b\bar{i}_r \tag{B.2-5}$$

여기서 $\bar{i}_r$은 **반경 방향 단위 벡터**(unit radial vector)이다. 또한 이 벡터와 관련된 것이 $\bar{i}_r$에 수직인 **접선 방향 단위 벡터**(unit transverse vector) $\bar{i}_\theta$이다.

B.3 벡터의 연산

B.3.1 덧셈과 뺄셈

벡터의 **덧셈**(addition)은 x, y, z 성분들끼리 더하는 것을 말한다. 예를 들어

$$\bar{d} = \bar{b} + \bar{c} \tag{B.3-1}$$

그리고 성분들의 항으로 표현된 결과는

$$\boxed{\bar{d} = (b_x + c_x)\bar{i} + (b_y + c_y)\bar{j} + (b_z + c_z)\bar{k}} \tag{B.3-2}$$

도시적으로 벡터의 덧셈은 벡터들의 시점과 종점을 연결하여 수행된다. 2개의 벡터는 그림 B.4(a)에 나타나 있고 이들의 덧셈 결과가 그림 B.4(b)에 설명되어 있다.

뺄셈(subtraction)은 x, y, z 성분들끼리의 차를 구하는 것을 말한다. 만약

$$\bar{d} = \bar{b} - \bar{c} \tag{B.3-3}$$

이면 각 요소들로 표현된 결과는

$$\bar{d} = \left(b_x - c_x\right)\bar{i} + \left(b_y - c_y\right)\bar{j} + \left(b_z - c_z\right)\bar{k} \tag{B.3-4}$$

벡터의 뺄셈은 한 벡터의 음의 값과 다른 벡터의 양의 값을 더하는 것으로 볼 수도 있다.

$$\bar{d} = \bar{b} - \bar{c} = \bar{b} + (-\bar{c}) \tag{B.3-5}$$

그림으로 나타낸 두 벡터의 뺄셈은 그림 B.4(c)에 설명되어 있다.

B.3.2 내적

두 벡터 $\bar{b}$와 $\bar{c}$의 **내적**(dot product, scalar product)은 다음과 같이 정의된다.

$$\boxed{\bar{b}\cdot\bar{c} = |\bar{b}||\bar{c}|\cos\alpha = b_x c_x + b_y c_y + b_z c_z} \tag{B.3-6}$$

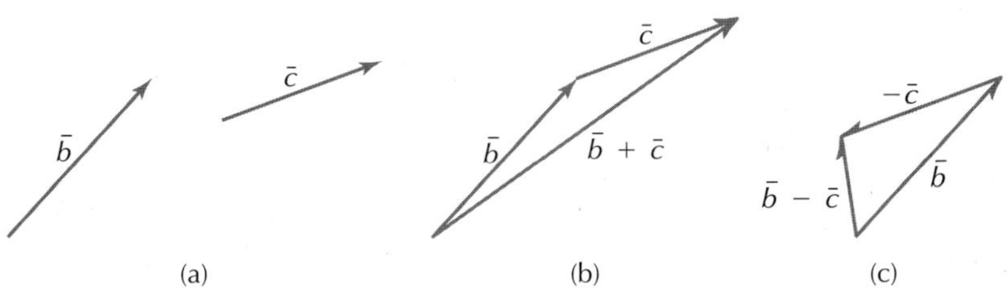

그림 B.4 ● 벡터의 덧셈과 뺄셈

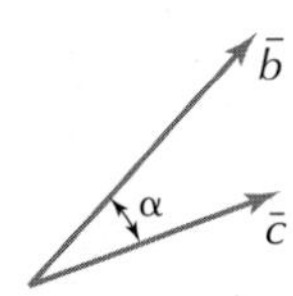

그림 B.5

여기서 α는 그림 B.5에서 두 벡터 사이의 각이다. 두 벡터의 내적은 스칼라 양이다.

B.3.3 외적

두 벡터 $\bar{b}$와 $\bar{c}$의 **외적**(cross product)은 다음과 같이 정의된다.

$$\bar{d} = \bar{b} \times \bar{c} = \begin{vmatrix} \bar{i} & \bar{j} & \bar{k} \\ b_x & b_y & b_z \\ c_x & c_y & c_z \end{vmatrix}$$
$$= \left(b_y\, c_z - b_z\, c_y\right)\bar{i} + \left(b_z\, c_x - b_x\, c_z\right)\bar{j} + \left(b_x\, c_y - b_y\, c_x\right)\bar{k} \qquad \text{(B.3-7)}$$

두 벡터의 외적 값은 벡터 양이다. 외적 결과 벡터(그림 B.6)의 방향은 두 벡터에 수직이다. 특별한 경우로 $b_z = 0$과 $c_z = 0$이면 벡터 $\bar{d}$는 $\bar{k}$ 벡터의 방향이 된다.

B.4 복소수와 복소 평면에서의 벡터

복소수의 **직교 형태**(rectangular form)는

$$R = x + iy \qquad \text{(B.4-1)}$$

여기서 x는 복소수의 **실수 성분**(real component), y는 복소수의 **허수 성분**(imaginary component)이다. 그리고

$$i = (-1)^{1/2} \qquad \text{(B.4-2)}$$

복소수의 **극 형태**(polar form)는

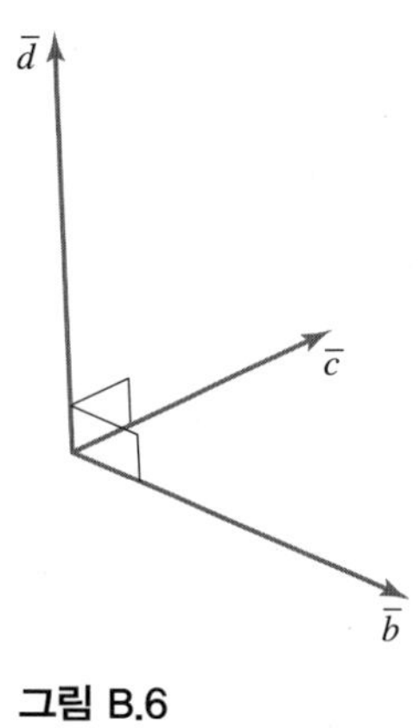

그림 B.6

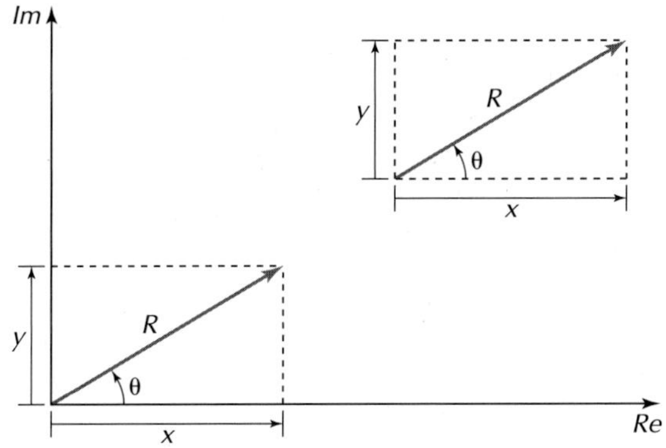

그림 B.7 ● 복소수의 도해적 표현

$$R = re^{i\theta} = r(\cos\theta + i\sin\theta) \tag{B.4-3}$$

여기서 r은 복소수의 **크기**(magnitude)이고, θ는 복소수의 **편각**(argument)이다.

복소수는 그림 B.7과 같이 **복소 평면**(complex plane) 상에서 벡터에 의해 도식적으로 표현될 수 있다. 여기에는 x, y 그리고 θ가 표현되어 있다. 예를 들어 θ는 벡터의 시점으로부터 반시계 방향으로 측정되고 수평 방향과 이루는 벡터의 각이다.

식 (B.4-1)과 (B.4-3)을 사용하면 복소수의 직교 형태와 극 형태의 관계는 다음과 같다.

$$\begin{gathered} x = r\cos\theta; \quad y = r\sin\theta \\ r\left(x^2 + y^2\right)^{1/2}; \quad \theta = \tan 2^{-1}\left(x, y\right), \quad -\pi < \theta < \pi \end{gathered} \tag{B.4-4}$$

APPENDIX C

역학: 정역학과 동역학

C.1 서론

역학(mechanics)은 힘과 모멘트의 작용하에서 물체들의 정지 상태나 운동 중의 상태를 예측하는 학문이다. 그림 C.1처럼, 역학은 정지된 물체를 다루는 **정역학**(statics)과 운동하는 물체를 다루는 **동역학**(dynamics)으로 분류할 수 있다. 동역학은 다시 운동학과 운동역학으로 분류할 수 있다. **운동학**(kinematics)은 작용력을 무시하고 물체들의 운동만을 분석하고 기술한다. **운동역학**(kinetics)에서는 물체들이 운동할 때의 힘의 영향을 연구한다.

질점(particle)이란 모든 물체의 질량이 하나의 점에 집중되어 무시할 수 있는 크기를 갖는 물체이다. 그러나 유한한 크기를 가지는 **물체**(body)에서, 물체 내의 다른 점들에서 다른 위치, 속도, 그리고 가속도를 가질 수 있다. 그것은 질점들의 집합으로 생각할 수 있다.

물체는 힘에 의해 작용될 때 항상 어떤 크기로 변형된다. 그렇지만 물체의 변형량이 무시될 만큼 충분히 작을 때 그 물체는 **강체**(rigid body)로 간주하며 모든 질점 사이의 거리는 일정하다고 가정한다. 이 교재의 거의 모든 예에서 물체는 강체라고 가정하였다. 하지만 그림 1.1에서 보여주는 밸브 스프링은 강체라고 가정할 수 없는 물체의 한 예이다.

이 부록에서는 운동학과 동역학을 다룬다. 즉 기구의 해석과 설계를 다룰 때 필요한 배경 지식들을 이 부록에서 제공한다. 단 해석은 2차원 운동으로 제한될 것이다.

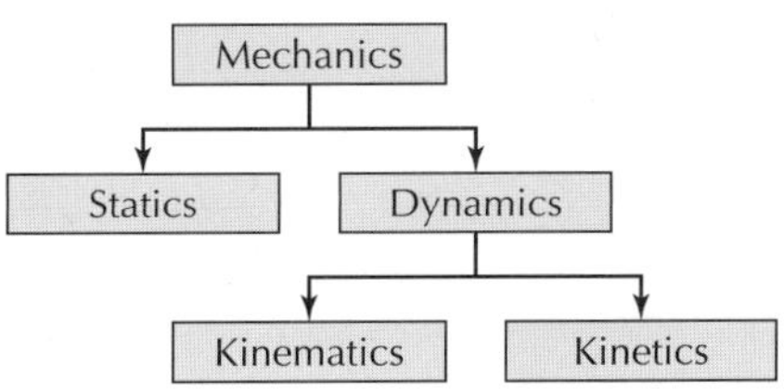

그림 C.1

C.2 직교 좌표계를 이용한 한 점의 운동학

C.2.1 위치

그림 C.2의 점 B가 평면 운동을 한다고 가정하면, 점 B의 위치는 고정 원점 O에 대한 상대 **위치 벡터**(position vector)로 나타낼 수 있다.

단위 벡터 $\bar{i}$와 $\bar{j}$를 갖춘 좌표축을 사용하면, 점 O에 대한 점 B의 위치는 다음과 같다.

$$\bar{r}_{BO} = (r_{BO})_x \bar{i} + (r_{BO})_y \bar{j} \tag{C.2-1}$$

C.2.2 속도

점 B의 **속도**(velocity)는 식 (C.2-1)에 시간 도함수를 취함으로써 구할 수 있다. 만약 좌표계와 단위 벡터들이 고정되어 있다면 속도에 대한 표현식은 다음과 같다.

$$\begin{aligned}\bar{v}_{BO} &= \frac{d}{dt}(\bar{r}_{BO}) = \frac{d}{dt}\left[(r_{BO})_x \bar{i} + (r_{BO})_y \bar{j}\right] \\ &= (\dot{r}_{BO})_x \bar{i} + (\dot{r}_{BO})_y \bar{j} = (v_{BO})_x \bar{i} + (v_{BO})_y \bar{j}\end{aligned} \tag{C.2-2}$$

여기서 도트는 시간에 대한 미분을 나타낸다.

식 (C.2-2)에서 $\bar{v}_{BO}$는 점 O에 대한 점 B의 상대 속도를 나타낸다. 하지만 점 O이 고정되어 있기 때문에 $\bar{v}_{BO}$는 점 B의 절대 속도이기도 하다. 점 B와 임의의 어떤 고정되어 있는 점과의 관계 또한 동일하다. 따라서 이 속도를 다음과 같이 표현할 수 있다.

$$\bar{v}_{BO} = \bar{v}_B \tag{C.2-3}$$

C.2.3 가속도

점 B의 **가속도**(acceleration)는 식 (C.2-2)의 시간 도함수 값이다. 그 결과는 다음과 같다.

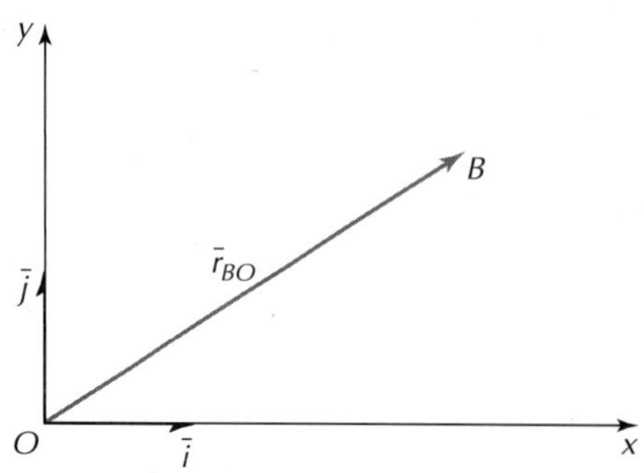

그림 C.2

$$\bar{a}_{BO} = \bar{a}_B = \frac{d}{dt}(\bar{v}_{BO}) = \frac{d}{dt}\left[(v_{BO})_x \bar{i} + (v_{BO})_y \bar{j}\right]$$

$$= (\ddot{r}_{BO})_x \bar{i} + (\ddot{r}_{BO})_y \bar{j} \tag{C.2-4}$$

C.3 극 좌표계를 이용한 한 점의 운동학

C.3.1 위치

그림 C.3의 점 B가 평면 운동 상태에 있다고 가정하면, 그 점의 위치는 고정된 점 O에 대한 위치 벡터로 표현할 수 있다. 반경 방향 및 접선 방향 벡터들을 적용하면 다음과 같이 표현할 수 있다.

$$\boxed{\bar{r}_{BO} = r_{BO}\bar{i}_r} \tag{C.3-1}$$

여기서 $\bar{i}_r$은 **반경 방향 단위 벡터**(unit radial vector)이다. 또한 $\bar{i}_r$ 방향에서 반시계 방향으로 위치해 있는 **접선 방향 단위 벡터**(unit transverse vector)인 $\bar{i}_\theta$를 그림 C.3에 나타내었다.

C.3.2 속도

식 (C.3–1)의 시간 도함수를 취하여 점 B의 속도를 다음과 같이 찾을 수 있다.

$$\bar{v}_{BO} = \bar{v}_B = \frac{d}{dt}(\bar{r}_{BO}) = \frac{d}{dt}(r_{BO}\ \bar{i}_r) = \dot{r}_{BO}\ \bar{i}_r + r_{BO}\frac{d}{dt}(\bar{i}_r) \tag{C.3-2}$$

식 (C.3–2)에는 $\bar{i}_r$의 시간 도함수가 포함된 항이 있다. 이것은 극 좌표계에서 반경 방향이 시간에 종속적이기 때문이다.

$\bar{i}_r$의 시간 도함수 표현을 찾기 위해 경로를 따라 이동하는 점 B의 미소 위치 변화를 고려한다. 미소 시간 간격 후에 점 B는 그림 C.4(a)에 나와 있는 것처럼 B'로 이동했다.

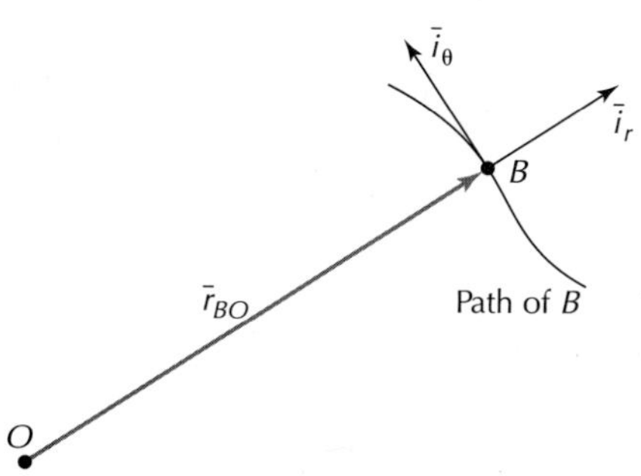

그림 C.3 ● 극 좌표계를 이용한 한 점의 위치

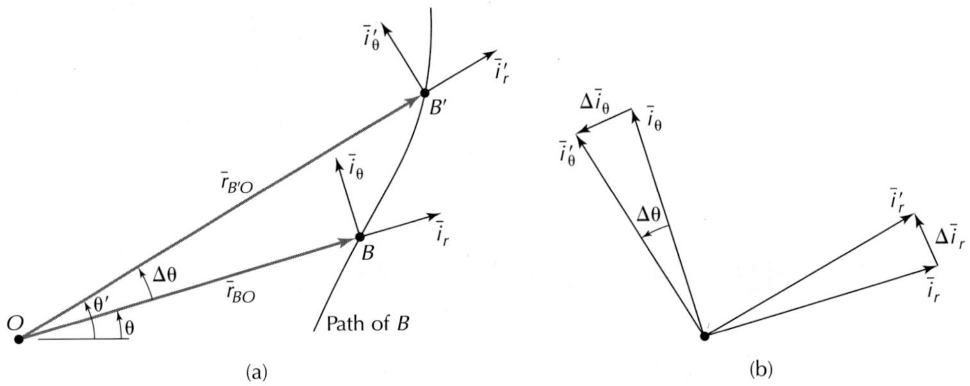

그림 C.4 ● 근접 거리를 갖는 한 점의 두 위치. (a) 극 좌표계, (b) 중첩된 좌표계

그림 C.4(b)는 점 B와 B'의 위치 벡터에 상응하는 두 쌍의 단위 벡터를 보여준다. 이 그림으로부터

$$\Delta \overline{i}_r = \overline{i}'_r - \overline{i}_r \quad ; \quad \Delta \overline{i}_\theta = \overline{i}'_\theta - \overline{i}_\theta \tag{C.3-3}$$

정의에 의해,

$$\frac{d}{d\theta}(\overline{i}_r) = \lim_{\Delta\theta \to 0} \frac{\Delta \overline{i}_r}{\Delta\theta} \tag{C.3-4}$$

식 (C.3-4)에 주어진 도함수는 벡터 양이므로 방향과 크기를 가진다. 단위 벡터 $\overline{i}_r$은 단위 길이를 가지고 있으므로 그 증분 벡터의 크기는

$$|\Delta \overline{i}_r| \approx 1 \times \Delta\theta = \Delta\theta \tag{C.3-5}$$

따라서

$$\left|\frac{d}{d\theta}(\overline{i}_r)\right| \approx \frac{\Delta\theta}{\Delta\theta} = 1 \tag{C.3-6}$$

또 그림 C.4(b)에서 볼 수 있듯이, 식 (C.3-4)의 벡터 양의 방향은 반경 방향 벡터에 수직이다. 즉 접선 방향이다.

방향과 크기에 관련된 정보를 결합하면

$$\frac{d}{d\theta}(\overline{i}_r) = \overline{i}_\theta \tag{C.3-7}$$

식 (C.3-7)에 미분의 연쇄 법칙을 적용하면

$$\frac{d}{dt}(\overline{i}_r) = \frac{d}{d\theta}(\overline{i}_r)\dot{\theta} = \dot{\theta}\overline{i}_\theta \tag{C.3-8}$$

여기서 파라미터 $\dot{\theta}$는 위치 벡터의 **각속도**(angular velocity)이다.

이와 유사하게, 접선 방향 단위 벡터의 시간 도함수는 다음으로 찾을 수 있다.

$$\frac{d}{dt}(\bar{i}_\theta) = -\dot{\theta}\,\bar{i}_r \tag{C.3-9}$$

식 (C.3-8)을 (C.3-2)에 대입하면, 반경 방향과 접선 방향 성분들의 항으로 표현된 속도를 얻을 수 있다.

$$\boxed{\bar{v}_B = \dot{r}_{BO}\,\bar{i}_r + r_{BO}\,\dot{\theta}\,\bar{i}_\theta} \tag{C.3-10}$$

C.3.3 가속도

식 (C.3-10)을 시간에 대해서 미분하면, 점 B의 가속도를 다음과 같이 얻을 수 있다.

$$\begin{aligned} \bar{a}_{BO} = \bar{a}_B &= \frac{d}{dt}(\bar{v}_B) = \frac{d}{dt}(\dot{r}_{BO}\,\bar{i}_r + r_{BO}\,\dot{\theta}\,\bar{i}_\theta) \\ &= \ddot{r}_{BO}\,\bar{i}_r + \dot{r}_{BO}\frac{d}{dt}(\bar{i}_r) + \dot{r}_{BO}\,\dot{\theta}\,\bar{i}_\theta + r_{BO}\,\ddot{\theta}\,\bar{i}_\theta + r_{BO}\,\dot{\theta}\frac{d}{dt}(\bar{i}_\theta) \end{aligned} \tag{C.3-11}$$

식 (C.3-8)을 (C.3-9)에 대입하여 정리하면

$$\boxed{\bar{a}_B = (\ddot{r}_{BO} - r_{BO}\,\dot{\theta}^2)\bar{i}_r + (r_{BO}\,\ddot{\theta} + 2\dot{r}_{BO}\,\dot{\theta})\bar{i}_\theta} \tag{C.3-12}$$

여기서 $\ddot{\theta}$는 위치 벡터의 **각가속도**(angular acceleration)이다.

C.4 변위 행렬

그림 C.5는 위치 1로부터 위치 $n(n = 2, 3, 4, \cdots)$으로 평면 운동을 하는 강체 상의 점 Q를 보여준다. 운동 전후 점 Q의 좌표는 다음과 같은 관계에 있다.

$$\boxed{\begin{Bmatrix} x_n \\ y_n \\ 1 \end{Bmatrix} = \begin{bmatrix} D_{1n} \end{bmatrix} \begin{Bmatrix} x_1 \\ y_1 \\ 1 \end{Bmatrix}} \tag{C.4-1}$$

여기서 $|D_{1n}|$은 3×3 **변위 행렬**(displacement matrix)[52]이고, x_1과 y_1은 위치 1에 있는 점 Q의 좌표이고, x_n과 y_n은 위치 n에 있는 점 Q의 좌표이다. 이동 후 점 Q의 위치 벡터는 다음과 같다.

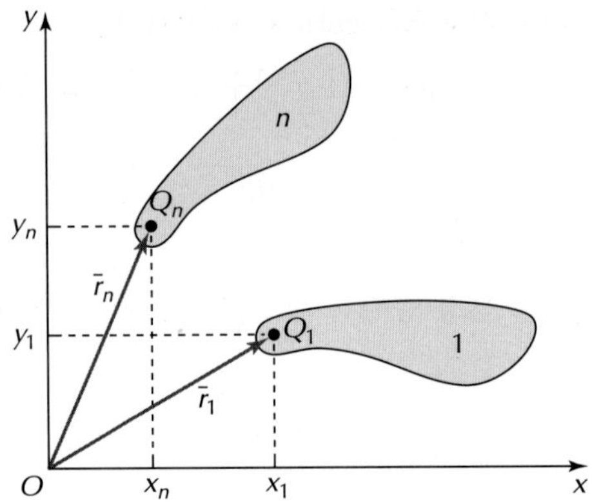

그림 C.5

$$\bar{r}_n = x_n \bar{i} + y_n \bar{j} \tag{C.4–2}$$

일련의 변위는 변위 행렬로 묘사될 수 있다. 예를 들면 한 점이 위치 1에서 2로, 또는 위치 2에서 위치 3으로 움직인다면, 변위 행렬을 사용하여

$$\begin{Bmatrix} x_2 \\ y_2 \\ 1 \end{Bmatrix} = [D_{12}] \begin{Bmatrix} x_1 \\ y_1 \\ 1 \end{Bmatrix}; \quad \begin{Bmatrix} x_3 \\ y_3 \\ 1 \end{Bmatrix} = [D_{23}] \begin{Bmatrix} x_2 \\ y_2 \\ 1 \end{Bmatrix} \tag{C.4–3}$$

위의 식들을 결합하면

$$\begin{Bmatrix} x_3 \\ y_3 \\ 1 \end{Bmatrix} = [D_{23}][D_{12}] \begin{Bmatrix} x_1 \\ y_1 \\ 1 \end{Bmatrix} \tag{C.4–4}$$

다음은 전형적인 운동 유형에 대한 변위 행렬의 형태이다.

C.4.1 병진 운동

그림 C.6에 나와 있는 물체가 순수 병진 운동을 한다고 가정하자(즉 회전 운동이 없다). 물체 내 임의의 점의 좌표 상의 변화는

$$x_n = x_1 + \Delta x; \quad y_n = y_1 + \Delta x \tag{C.4–5}$$

이에 상응하는 변위 행렬은

$$\boxed{[D_{1n}] = [D_{1n}]_T = \begin{bmatrix} 1 & 0 & \Delta x \\ 0 & 1 & \Delta y \\ 0 & 0 & 1 \end{bmatrix}} \tag{C.4–6}$$

C.4.2 고정된 원점에 대한 회전 운동

그림 C.7에 나와 있는 물체가 고정된 원점에 대하여 회전하고 있다고 가정하자. 이 경우에는 운동 발생 전후 한 점의 좌표를 결정하기 위해서 복소수의 극형을 사용하는 것이 편리하다. 우리는 다음을 알고 있다.

$$|R_1| = |R_n| = r \tag{C.4-7}$$

$$\begin{aligned} R_n &= re^{i\theta n} = re^{i(\theta_1+\theta_{1n})} = re^{i\theta_1}e^{i\theta_{1n}} \\ &= r\left(\cos\theta_1 + i\sin\theta_1\right)\left(\cos\theta_{1n} + i\sin\theta_{1n}\right) \\ &= \left(x_1\cos\theta_{1n} - y_1\sin\theta_{1n}\right) + i\left(x_1\sin\theta_{1n} + y_1\cos\theta_{1n}\right) \\ &= x_n + iy_n \end{aligned} \tag{C.4-8}$$

여기서

$$x_1 = r\cos\theta_1; \quad y_1 = r\sin\theta_1 \tag{C.4-9}$$

식 (C.4-8)을 사용하면, 변위 행렬은

$$\boxed{\left[D_{1n}\right] = \left[D_{1n}\right]_R = \begin{bmatrix} C_{1n} & -S_{1n} & 0 \\ S_{1n} & C_{1n} & 0 \\ 0 & 0 & 1 \end{bmatrix}} \tag{C.4-10}$$

여기서

$$C_{1n} = \cos\theta_{1n}; \quad S_{1n} = \sin\theta_{1n} \tag{C.4-11}$$

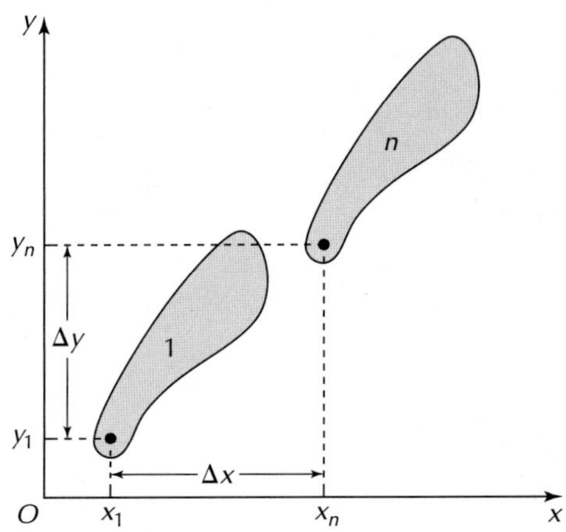

그림 C.6

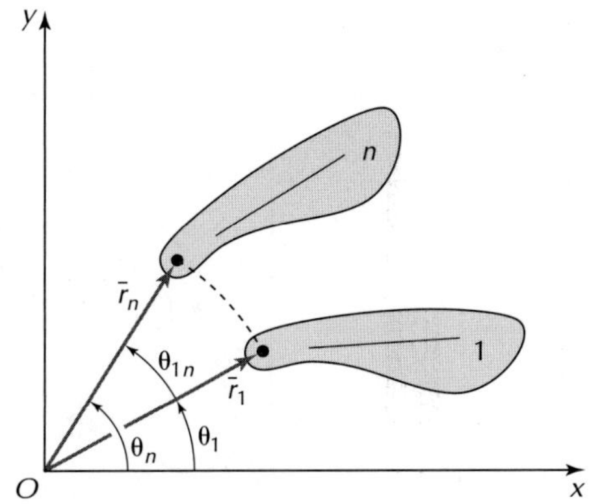

그림 C.7

C.4.3 고정된 원점에 대한 회전 운동 후 병진 운동

그림 C.8에 나와 있는 물체가 고정된 원점에 대해 회전 운동(위치 1에서 위치 n'으로)을 한 후 병진 운동(위치 n'에서 위치 n으로)이 따른다고 가정하자. 이 경우 앞에서 얻어진 결과들을 사용하면

$$[D_{1n'}]_R = \begin{bmatrix} C_{1n} & -S_{1n} & 0 \\ S_{1n} & C_{1n} & 0 \\ 0 & 0 & 1 \end{bmatrix}; \ [D_{n'n}]_T = \begin{bmatrix} 1 & 0 & (x_n - x_{n'}) \\ 0 & 1 & (y_n - y_{n'}) \\ 0 & 0 & 1 \end{bmatrix} \quad \text{(C.4-12)}$$

위의 식들을 결합하면, 아래의 식을 얻는다.

$$[D_{1n}] = [D_{n'n}]_T [D_{1n'}]_R = \begin{bmatrix} C_{1n} & -S_{1n} & (x_n - x_{n'}) \\ S_{1n} & C_{1n} & (y_n - y_{n'}) \\ 0 & 0 & 1 \end{bmatrix} \quad \text{(C.4-13)}$$

그러나

$$\begin{Bmatrix} x_{n'} \\ y_{n'} \\ 1 \end{Bmatrix} = [D_{1n'}]_R \begin{Bmatrix} x_1 \\ y_1 \\ 1 \end{Bmatrix} = \begin{bmatrix} x_1 C_{1n} & -y_1 S_{1n} \\ x_1 S_{1n} & +y_1 C_{1n} \\ & 1 \end{bmatrix} \quad \text{(C.4-14)}$$

식 (C.4-13)과 (C.4-14)를 결합하면

$$\boxed{[D_{1n}] = \begin{bmatrix} C_{1n} & -S_{1n} & A_{13n} \\ S_{1n} & C_{1n} & A_{23n} \\ 0 & 0 & 1 \end{bmatrix}} \quad \text{(C.4-15)}$$

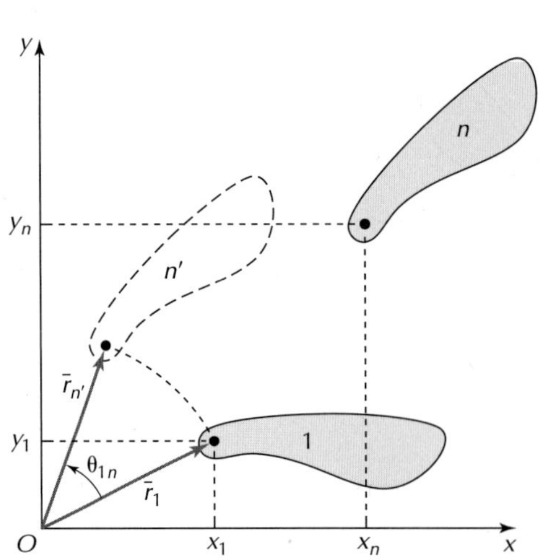

그림 C.8

여기서

$$A_{13n} = x_n - x_1 C_{1n} + y_1 S_{1n}\,;\quad A_{23n} = y_n - x_1 S_{1n} - y_1 C_{1n} \tag{C.4-16}$$

C.5 힘의 모멘트

많은 문제에서 발생하는 중요한 개념 중 하나가 몇몇 지정된 점이나 축에 관한 **힘의 모멘트** (moment of a force)이다. 그림 C.9를 참조하면, 점 O에 대한 힘 $\bar{F}$의 모멘트 $\bar{M}_O$는 아래의 식과 같이 정의된다.

$$\boxed{\overline{M}_o = \bar{r} \times \bar{F}} \tag{C.5-1}$$

C.6 커플

그림 C.10에 두 가지 힘, 즉 크기는 똑같고 방향이 반대인 힘들을 받고 있는 물체가 도시되어 있다. 두 힘의 작용선 사이의 수직 거리는 d이다. 이 힘들에 의해 생긴 모멘트를 **커플** (couple)이라 부른다. 예를 들어, 평면 내 점 O와 그 평면에 수직인 축에 대하여 커플은

$$M = F(a+d) - Fa \qquad \text{or} \qquad M = Fd \tag{C.6-1}$$

식 (C.6-1)의 두 번째 식으로부터 커플은 점 O와 관련된 힘들이 위치한 치수 a와 독립적임을 알 수 있다. 즉 커플 모멘트는 모든 점에 대해 같은 값을 가진다. 그림 C.11(a)는 점 A를 통과하는 힘 $\bar{F}$를 받는 물체를 나타낸다. 이 시스템은 점 B에 힘 $\bar{F}$와 $-\bar{F}$가 더해진 그림 C.11(b)와 등가이다. 즉 A를 통과하는 힘 $\bar{F}$와 B를 통과하는 힘 $-\bar{F}$가 물체에 대해 합력이 0

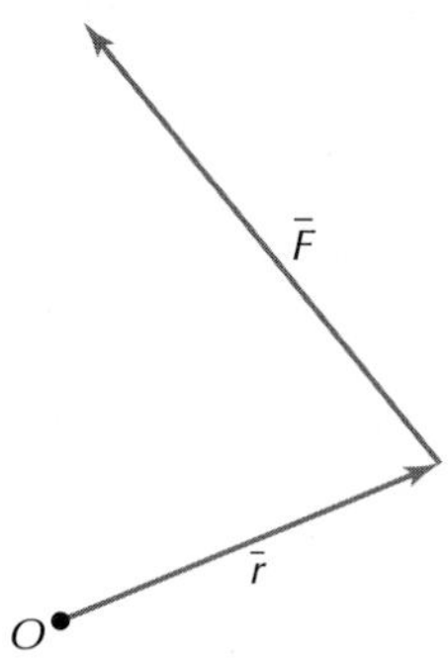

그림 C.9

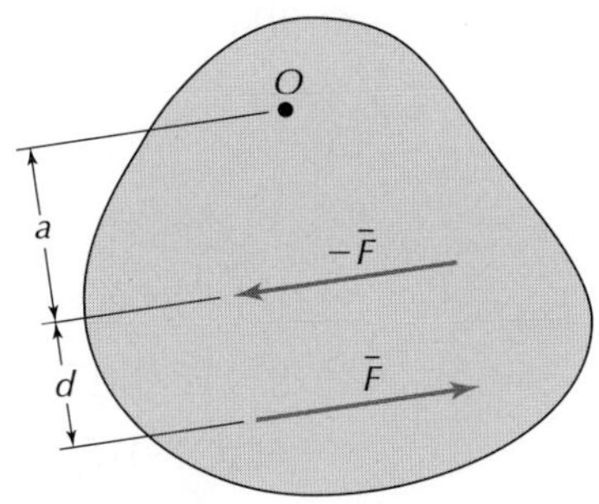

그림 C.10

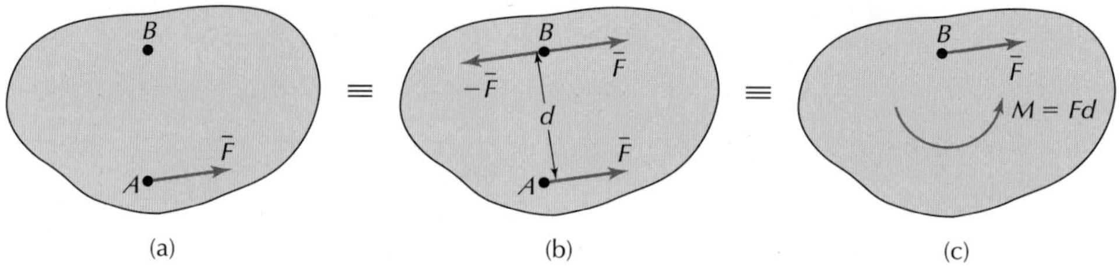

그림 C.11

이 되고 반시계 방향의 커플 $M = Fd$가 발생함을 알 수 있다. 따라서 이 시스템은 점 A에 작용하는 힘 $\bar{F}$가 점 B에 작용하는 등가 힘과 커플에 의해 대체되는 그림 C.11(c)와 등가이다. 이로부터 한 물체 상의 어느 한 점에 작용하는 힘은 힘과 커플이 작용하는 경우로 대체할 수 있음을 알 수 있다.

C.7 뉴턴의 법칙

뉴턴은 1687년에 처음으로 발표된 역학에 대한 중요한 세 가지 법칙을 공식화하였다. 이들은 동역학 연구에 대한 근거를 제시한다.

이 교재에서는 **뉴턴의 법칙**(Newton's law)을 다음과 같이 기술한다.

1. 질점에 작용하는 합력이 없다면 모든 질점은 항상 정지해 있거나 항상 일정한 속도로 계속해서 직선 운동을 한다.
2. 만약 질점에 대해 합력이 작용한다면 질점은 힘의 크기에 비례해서 힘의 방향으로 가속될 것이다.
3. 인접한 두 물체 사이에서 일어나는 모든 작용(힘, 운동)에 대해서는 각 물체에 등가이지만, 정반대인 작용이 동시에 존재한다.

제1법칙은 제2법칙의 특별한 경우에 해당한다. 제2법칙은 다음과 같이 수학적으로 표현할 수 있다.

$$\boxed{\bar{F} = m\bar{a} = m(\ddot{x}\bar{i} + \ddot{y}\bar{j})} \qquad \text{(C.7-1)}$$

여기서 $\bar{F}$는 질점 상의 합력이고 m은 질량 그리고 $\bar{a}$는 가속도이다. 벡터 $\bar{F}$와 벡터 $\bar{a}$는 같은 방향을 가진다. 식 (C.7-1)에 대한 단위계들이 2장에 제시되어 있다.

식 (C.7-1)은 질점 해석에 적용된다. 다음 절에서는 강체에 대한 운동 방정식의 전개식들이 적용될 것이다.

C.8 평면 운동을 하는 강체의 운동역학

C.8.1 선형 운동

그림 C.12(a)는 외력을 받는 강체이다. 질점들의 집합체가 물체이다. 질량이 $m_k(k = 1, 2, 3, \cdots)$인 한 질점이 C.12(b)에 나타나 있다.

고정 좌표계에서의 물체와 연관된 **질량 중심**(mass centre)의 좌표(x_G, y_G)는 다음 식으로 정의된다.

$$\boxed{x_G = \frac{\sum_k m_k x_k}{\sum_k m_k} = \frac{\sum_k m_k x_k}{m}; \quad y_G = \frac{\sum_k m_k y_k}{m}} \tag{C.8-1}$$

여기서 물체의 **질량**(mass)은

$$m = \sum_k m_k \tag{C.8-2}$$

질량 중심까지의 위치 벡터는

$$\bar{r}_G = x_G \bar{i} + y_G \bar{j} \tag{C.8-3}$$

그림 C.12(b)에 나타나 있는 물체 내 한 질점에서의 힘들은 외력과 내력으로 구분할 수 있다. 외력은 물체 밖으로부터 질점으로 작용되는 힘이다. 인접한 물체들로부터의 중력과 반력이 그 예이다. 내력은 물체 내 인접 질점들에서 발생하는 힘이다. 식 (C.7-1)을 사용하

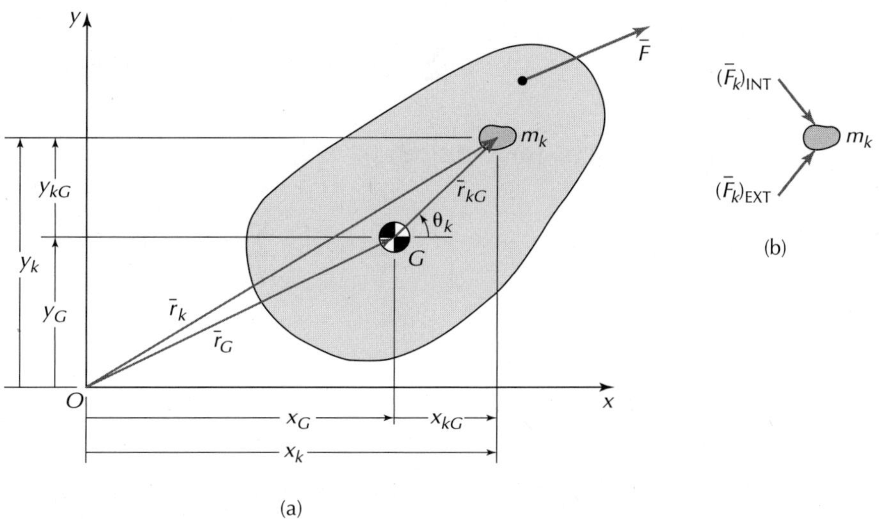

그림 C.12

면 그 결과는

$$\overline{F}_k = \left(\overline{F}_k\right)_{\text{EXT}} + \left(\overline{F}_k\right)_{\text{INT}} = m_k\,\overline{a}_k \tag{C.8-4}$$

이제 시스템 내에 있는 모든 질점 질량에 대한 식들을 더한다.

$$\sum_k \overline{F}_k = \sum_k \left(\overline{F}_k\right)_{\text{EXT}} + \sum_k \left(\overline{F}_k\right)_{\text{INT}} = \sum_k m_k\,\overline{a}_k \tag{C.8-5}$$

그러나 뉴턴 제3법칙에 의해 다음 식을 필요로 한다.

$$\sum_k \left(\overline{F}_k\right)_{\text{INT}} = \overline{0} \tag{C.8-6}$$

따라서 식 (C.8-5)는

$$\sum_k \left(\overline{F}_k\right)_{\text{EXT}} = \sum_k m_k\,\overline{a}_k \tag{C.8-7}$$

식 (C.8-7)의 아래첨자 EXT를 생략하고 스칼라 성분들로 분해하면

$$\sum_k (F_k)_x = \sum_k m_k\,\ddot{x}_k; \quad \sum_k (F_k)_y = \sum_k m_k\,\ddot{y}_k \tag{C.8-8}$$

식 (C.8-1)을 다시 정리하여 시간에 관해 두 번 미분하면

$$m\,\ddot{x}_G = \sum_k m_k \ddot{x}_k; \quad m\,\ddot{y}_G = \sum_k m_k \ddot{y}_k \tag{C.8-9}$$

식 (C.8-8)과 (C.8-9)를 결합하면

$$\sum_k (F_k)_x = m\,\ddot{x}_G; \quad \sum_k (F_k)_y = m\,\ddot{y}_G \tag{C.8-10}$$

스칼라 방정식 (C.8-10)을 벡터 형태로 결합하면

$$\boxed{\overline{F} = \sum_k (F_k)_x\,\overline{i} + \sum_k (F_k)_y\,\overline{j} = m\,\overline{a}_G} \tag{C.8-11}$$

여기서

$$\boxed{\overline{a}_G = \ddot{x}_G\,\overline{i} + \ddot{y}_G\,\overline{j}} \tag{C.8-12}$$

식 (C.8-11)은 물체 상의 순수 외력은 물체의 질량과 질량 중심에서 가속도의 곱과 같음을 나타내고 있다. 이 결과는 힘이 작용된 위치에 독립적이다.

C.8.2 각운동

유한한 크기의 물체는 또한 각운동을 가진다. 평면 운동에서 한 점에 대한 모멘트를 측정한다. 즉 질량이 $m_k(k = 1, 2, \cdots)$인 질점의 내력 성분과 외력 성분에 의한 모멘트들로 분해하면

$$(\bar{M}_O)_k = (\bar{M}_O)_{k,\text{EXT}} + (\bar{M}_O)_{k,\text{INT}} \tag{C.8-13}$$

식 (C.5-1)을 사용하면 모멘트는

$$(\bar{M}_O)_k = \bar{r}_k \times \bar{F}_k \tag{C.8-14}$$

여기서

$$\bar{r}_k = x_k\ \bar{i} + y_k\ \bar{j} \tag{C.8-15}$$

$$\bar{F}_k = (F_k)_x\ \bar{i} + (F_k)_y\ \bar{j} \tag{C.8-16}$$

식 (C.7-1)을 k번째의 질량에 대한 식 (C.8-16)에 대입하면

$$\bar{F}_k = m_k \ddot{x}_k \bar{i} + m_k \ddot{y}_k \bar{j} \tag{C.8-17}$$

식 (C.8-14), (C.8-15), (C.8-17)을 결합하면

$$(\bar{M}_O)_k = \bar{r}_k \times \bar{F}_k = \begin{vmatrix} \bar{i} & \bar{j} & \bar{k} \\ x_k & y_k & 0 \\ m_k\ddot{x}_k & m_k\ddot{y}_k & 0 \end{vmatrix} = m_k\left(x_k\ddot{y}_k - y_k\ddot{x}_k\right)\bar{k} \tag{C.8-18}$$

모든 질점 질량에 대한 모멘트를 더하면 강체를 구성할 수 있다.

$$\bar{M}_O = \sum_k (\bar{M}_O)_{k,\text{ENT}} + \sum_k (\bar{M}_O)_{k,\text{INT}} = \sum_k m_k (x_k\ddot{y}_k - y_k\ddot{x}_k)\bar{k} \tag{C.8-19}$$

그러나 뉴턴 제3법칙에 의해

$$\sum_k (\bar{M}_O)_{k,\text{INT}} = \bar{0} \tag{C.8-20}$$

또한 모멘트의 방향은 $\bar{k}$의 방향이므로 식 (C.8-19)를 다음 스칼라 식으로 고려할 수 있다.

$$M_O = \sum_k m_k (x_k\ddot{y}_k - y_k\ddot{x}_k) \tag{C.8-21}$$

그림 C.12(a)로부터

$$\begin{aligned} x_k &= x_G + x_{kG}; \quad \ddot{x}_k = \ddot{x}_G + \ddot{x}_{kG} \\ y_k &= y_G + y_{kG}; \quad \ddot{y}_k = \ddot{y}_G + \ddot{y}_{kG} \end{aligned} \tag{C.8-22}$$

식 (C.8-22)를 (C.8-21)에 대입하면

$$\begin{aligned} M_O = &\sum_k m_k\, x_{kG}\, \ddot{y}_{kG} + x_G \sum_k m_k\, \ddot{y}_{kG} + \ddot{y}_G \sum_k m_k\, x_{kG} \\ &+ x_G \ddot{y}_G \sum_k m_k - \sum_k m_k\, y_{kG}\, \ddot{x}_{kG} - y_G \sum_k m_k\, \ddot{x}_{kG} \\ &- \ddot{x}_G \sum_k m_k\, y_{kG} - y_G \ddot{x}_G \sum_k m_k \end{aligned} \tag{C.8-23}$$

우리는 다음의 식을 알 수 있다.

$$\begin{aligned} &\sum_k m_k\, x_{kG} = 0\,; \quad \sum_k m_k\, \ddot{x}_{kG} = 0 \\ &\sum_k m_k\, y_{kG} = 0\,; \quad \sum_k m_k\, \ddot{y}_{kG} = 0 \end{aligned} \tag{C.8-24}$$

그리고

$$x_{kG} = r_{kG} \cos\theta_k\,; \quad y_{kG} = r_{kG} = \sin\theta_k \tag{C.8-25}$$

식 (C.8-24)와 (C.8-25)를 식 (C.8-23)에 대입하고 단순화하면

$$\boxed{M_O = I_G\ddot{\theta} + m(x_G\, \ddot{y}_G - \ddot{x}_G\, y_G)} \tag{C.8-26}$$

여기서

$$\boxed{I_G = \sum_k m_k r_{kG}^2} \tag{C.8-27}$$

위 식은 물체의 질량 중심에 대한 **극 관성 질량 모멘트**(polar mass moment of inertia)이다. 널리 쓰이는 극 관성 질량 모멘트의 결과들이 다음 절에 예제로 제시된다.

C.9 극 관성 질량 모멘트

각 질점 질량이 미미하다면, 식 (C.8-27)은 다음과 같이 표현될 수 있다.

$$\boxed{I_G = \int_m r_G^2\, dm} \tag{C.9-1}$$

여기서 r_G는 질량 중심으로부터 질량 요소 dm까지의 거리이다.

질량 중심에 대한 극 관성 질량 모멘트는 다음의 관계를 갖는 **회전 반경**(radius of gyration) k에 의하여 표현될 수 있다.

$$I_G = mk^2 \tag{C.9-2}$$

여기서 물체의 질량은

$$m = \int_m dm \tag{C.9-3}$$

각종 기구에서 종종 보게 되는 기하학적 형상에 대하여 다음 세 가지 예제를 살펴보자.

예제 C.1 가는 막대의 극 관성 질량 모멘트

그림 C.13(a)에 나와 있는 길이 L의 균일한 가는 막대의 질량 중심에 대한 극 관성 질량 모멘트와 회전 반경을 구하라.

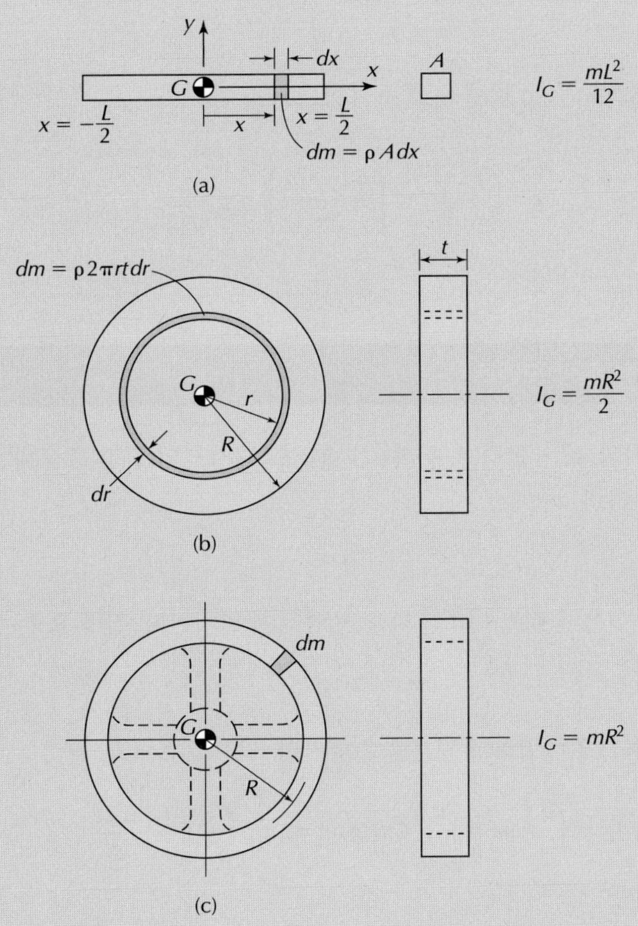

그림 C.13

풀이

막대의 질량 중심이 막대의 중점에 위치해 있다. 편의를 위해 질량 중심에 좌표 원점을 잡는다. 한 질량 요소를 고려하면

$$dm = \rho\, A dx \tag{C.9-4}$$

여기서 ρ는 밀도이고 A는 단면적이다. 식 (C.9-4)에 (C.9-1)을 대입하고 적분을 수행하면

$$\begin{aligned} I_G &= \int_m r_G^2 dm \\ &= \int_{x=-L/2}^{x=L/2} x^2 \rho A dx = \rho A \frac{x^3}{3} \Big|_{x=-L/2}^{x=L/2} \rho A \frac{L^3}{12} = \frac{mL^2}{12} \end{aligned} \tag{C.9-5}$$

여기서

$$m = \rho\, AL \tag{C.9-6}$$

식 (C.9-2)와 (C.9-5)를 이용하여 회전 반경을 구하면

$$k = \left(\frac{I_G}{m}\right)^{1/2} = \left(\frac{mL^2/12}{m}\right)^{1/2} = \frac{L}{\sqrt{12}} \tag{C.9-7}$$

예제 C.2 | 솔리드 디스크의 극 관성 질량 모멘트

그림 C.13(b)에 나와 있는 반경 R, 두께 t인 솔리드 디스크의 질량 중심에 대한 극 관성 질량 모멘트를 구하라.

풀이

디스크의 질량 중심은 솔리드 디스크의 단면 중심에 위치한다. 질량 요소는

$$dm = 2\pi r t \rho dr \tag{C.9-8}$$

식 (C.9-8)을 (C.9-1)에 대입하고 적분을 수행하면

$$I_G = \int_m r_G^2 dm = \int_0^R r^2 2\pi r t\rho\, dr = 2\pi t\rho \frac{r^4}{4}\Big|_{r=0}^{r=R} = \frac{mR^2}{2} \tag{C.9-9}$$

여기서

$$m = \rho\pi R^2 t \tag{C.9-10}$$

예제 C.3 | 림 디스크의 극 관성 질량 모멘트

그림 C.13(c)는 반지름 R의 림 디스크를 보여준다. 림 원주 상에 있는 질량은 균일하게 분포되어 있다고 가정한다. 그림에 점선으로 나타나 있는 바퀴살의 효과는 무시한다. 질량 중심에 대한 극 관성 질량 모멘트를 결정하라.

풀이

디스크의 질량 중심은 원형 림의 중심에 위치한다. 극 관성 질량 모멘트는

$$I_G = \int_m r_G^2 dm = R^2 \int dm = mR^2 \tag{C.9-11}$$

C.10 일, 에너지, 동력

C.10.1 운동 에너지

질점의 운동으로 인한 **운동 에너지**(kinetic energy)는

$$T_k = \frac{1}{2} m_k v_k^2 \tag{C.10-1}$$

일련의 질점들의 집합체로 구성된 강체를 고려했을 때 강체의 운동 에너지는

$$\boxed{T = \sum_k T_k = \frac{1}{2} m v_G^2 + \frac{1}{2} I_G \dot{\theta}^2} \tag{C.10-2}$$

여기서 v_G는 질량 중심의 속도이다.

C.10.2 힘에 의한 일

뉴턴의 제2법칙은 어떤 한 순간의 힘과 가속도에 대한 순간 해를 제공한다. 그러나 많은 경우 유한 시간 간격 동안의 운동은 변화를 결정할 필요가 있다. **일 에너지**(work-energy) 방법이 하나의 해결책이 된다. 이때 구간은 변위이고 운동의 변화는 속도에 의해 정의된다.

그림 C.14에 나와 있는 바와 같이 질점 또는 강체에 작용되는 힘 $\bar{F}$를 고려한다. $\bar{F}$의 작용점이 미소 거리 $\bar{\delta}_S$만큼 이동되었다고 가정하면 이 변위 동안 힘 $\bar{F}$에 의한 일은

$$\delta W = \bar{F} \cdot \delta \bar{s} = F \delta s \cos \varphi \tag{C.10-3}$$

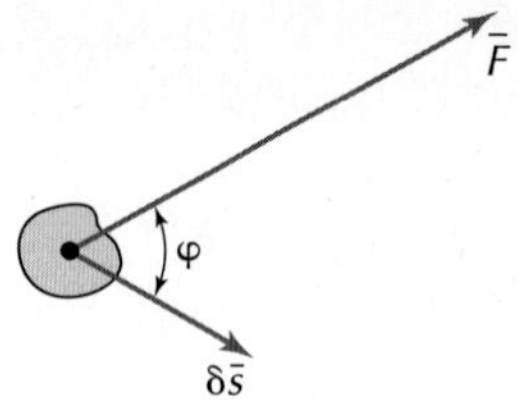

그림 C.14

여기서 ϕ는 $\bar{F}$와 $\delta\bar{s}$ 사이의 각이다. 유한 거리상의 모든 미소 범위를 합하여 고려하면 그때 일은

$$\boxed{W = \int_s F\cos\varphi\, ds} \qquad \text{(C.10–4)}$$

단위는 N-m 또는 J이다. 미소 각운동으로 인한 일의 양은

$$dW = M\ d\theta \qquad \text{(C.10–5)}$$

C.10.3 동력

동력(power)은 일의 변화율이다. 선형 병진 운동을 하는 물체는

$$\boxed{\frac{dW}{dt} = Fv\cos\varphi} \qquad \text{(C.10–6)}$$

여기서 v는 물체의 속도이다.

회전 운동을 하므로 식 (C.10–3)을 사용하면

$$\boxed{\frac{dW}{dt} = M\frac{d\theta}{dt} = M\omega} \qquad \text{(C.10–7)}$$

여기서 ω는 물체의 회전 속도이다.

SI 단위계에서 동력의 단위는 다음과 같다.

$$\boxed{1 \quad \text{watt} = 1\frac{\text{N-}m}{\text{sec}}} \qquad \text{(C.10–8)}$$

APPENDIX D

교재 연관 웹사이트의 목차

부록 D에서는 이 교재와 연관된 웹사이트(www.oup.com/cleghorn-xse)에 포함된 디지털 파일들의 모든 리스트를 기술한다. 각 파일은 지정된 소프트웨어를 기본으로 구동된다.

동영상 파일들은 mp4 포맷으로 저장되어 있으며, 이 동영상 파일들은 Window Media Player, Quick Time Player 또는 유사한 동영상 재생 프로그램으로 시청할 수 있다. Working Model 2D로 작성된 다른 파일들은 정품 소프트웨어나 그 실행 버전을 요구한다.

또한 이 웹사이트에는 실제 가동 중인 기계 시스템들의 비디오 클립들도 포함되어 있다.

CHAPTER 1 INTRODUCTION

File Name	Video player software	Working Model 2D player
Video 1.1: Single-cylinder piston engine	•	
Video 1.4: Engine assembly	•	
Video 1.5: Slider crank mechanism	•	
Video 1.7: Slider crank mechanism with offset	•	
Video 1.8: Four-bar mechanism	•	
Video 1.10: Equivalent four-bar mechanisms	•	
Video 1.12: Washing machine mechanism	•	
Video 1.14A: Four-bar with coupler point	•	•
Video 1.14B: Four-bar with coupler point	•	•
Video 1.15A: Chebyshev straight-line mechanism	•	
Video 1.15B: Roberts straight-line mechanism	•	
Video 1.15C: Watt straight-line mechanism	•	
Video 1.16: Film transport mechanism	•	
Video 1.20: Chain drive	•	
Video 1.22: Toothed gears	•	

CHAPTER 1 (CONTINUED)

File Name	Video player software	Working Model 2D player
Video 1.23: Internal gear	•	
Video 1.24: Rack and pinion	•	
Video 1.25: Rack and pinion steering	•	
Video 1.26: Disc cam mechanism	•	
Video 1.27: Disc cams	•	
Video 1.28A: Wedge cam mechanism	•	
Video 1.28B: Cylindrical cam mechanism	•	
Video 1.28C: End cam mechanism	•	
Video 1.29: Fishing reel	•	
Video 1.30: Prosthetic hand	•	
Video 1.31: Chalmers suspension	•	
Video 1.35: Linear bearing sliding stage	•	
Video 1.42: Front-end loader mechanism	•	•
Video 1.43: Slider crank mechanism and its three inversions	•	
Video 1.45: Four-bar mechanism and its three inversions	•	
Video 1.48: Speed governor	•	
Video 1.51: Parallelogram four-bar mechanism	•	
Video 1.53: Variable base link four-bar mechanism	•	•
Video 1.54: Variable-offset slider crank mechanism	•	•
Video 1.57: Cognates of a four-bar mechanism	•	
Video 1.58: Cayley's triangles	•	
Video 1.61: Cognate of a slider crank mechanism	•	

CHAPTER 2 MECHANICS OF RIGID BODIES

File Name	Video player software	Working Model 2D Player
Video 2.16: Coriolis acceleration	•	•
Video 2.23: Shaping machine	•	
Video 2.36: Instantaneous centres of a four-bar mechanism	•	
Video 2.47: Door latch mechanism	•	

CHAPTER 3 GRAPHICAL KINEMATIC ANALYSIS OF PLANAR MECHANISMS

File Name	Video player software	Working Model 2D player
Video 3.4: Mechanism incorporating a two degree of freedom pair	•	
Video 3.7: Wheeled system	•	
Video 3.8: Mechanism and velocity polygon	•	
Video 3.9: Illustration of relative velocities	•	
Video 3.15: Mechanism and acceleration polygon	•	

CHAPTER 4 ANALYTICAL KINEMATIC ANALYSIS OF PLANAR MECHANISMS

File Name	Video player software	Working Model 2D player
Video 4.20: Parallel-motion mechanism	•	
Video 4.21: Umbrella	•	

- *Mathcad program: fourbarkin, kinematic analysis of a four-bar mechanism*
- *Mathcad program: slidercrankkin, kinematic analysis of a slider crank mechanism*
- *Mathcad program: fourbarcpkin, kinematic analysis of a four-bar mechanism with a coupler point*
- *Mathcad program: slidercrankcpkin, kinematic analysis of a slider crank mechanism with a coupler point*

CHAPTER 5 GEARS

File Name	Video player software	Working Model 2D player
Video 5.2: Continuously variable traction drive	•	
Video 5.4: Continuously variable belt drive	•	
Video 5.5A: Straight spur gears	•	
Video 5.5B: Helical spur gears	•	
Video 5.7: Miter gears	•	
Video 5.8A: Herringbone gears, narrow	•	
Video 5.8B: Herringbone gears, wide	•	
Video 5.9A: Plain bevel gears	•	
Video 5.9B: Spiral bevel gears	•	
Video 5.10: Hypoid gear set	•	
Video 5.11A: Worm and wheel gears, right-hand worm	•	
Video 5.11B: Worm and wheel gears, left-hand worm	•	
Video 5.12A: Worm and wheel, double-start worm, right-hand worm	•	
Video 5.12B: Worm and wheel, double-start worm, left-hand worm	•	
Video 5.15: Generation of an involute profile	•	
Video 5.18: Straight spur gears	•	

CHAPTER 5 (CONTINUED)

File Name	Video player software	Working Model 2D player
Video 5.19: External–internal meshing gears	•	
Video 5.20: Rack and pinion gears	•	
Video 5.27: Antibacklash gear	•	
Video 5.32: Milling of a straight spur gear	•	
Video 5.34: Straight spur gear and hob	•	
Video 5.37: Hobbing of a straight spur gear	•	
Video 5.39: Helical spur gear and hob	•	
Video 5.40: Hobbing of a helical spur gear	•	
Video 5.42A: Shaping of a straight spur gear, external gear	•	
Video 5.42B: Shaping of a straight spur gear, internal gear	•	
Video 5.43A: Shaping of a straight spur gear	•	
Video 5.43B: Shaping of an internal gear	•	
Video 5.45: Planing of a plain bevel gear	•	
Video 5.47: Rotary broaching operation	•	
Video 5.52: Two spur gears in mesh	•	
Video 5.62: Meshing of gears requiring undercutting	•	
Video 5.63: Generation of a cycloid	•	
Video 5.64: Cycloidal gerotor pump	•	
Video 5.66: Cycloidal gerotor pump	•	
Video 5.67: Supercharger blower	•	
Video 5.68: Cycloidal spur gears	•	

CHAPTER 6. GEAR TRAINS

File Name	Video player software	Working Model 2D player
Video 6.3: Mechanical clock	•	
Video 6.6A: Simple gear train	•	
Video 6.8A: Reverted gear train	•	
Video 6.9: Gear train used in a winch	•	
Video 6.14: Manual transmission	•	
Video 6.16: Manual transmission	•	
Video 6.17: Dual-clutch transmission	•	
Video 6.21: Planetary gear train	•	
Video 6.25: Pencil sharpener	•	
Video 6.28: Two-speed automatic transmission	•	
Video 6.33B: Two-stage planetary gear train	•	
Video 6.34: Differential gear train	•	
Video 6.38: Front wheel drive gear train	•	
Video 6.39: Differential incorporating spur gears	•	
Video 6.41: Torsen differential	•	
Video 6.45: Harmonic drive	•	

CHAPTER 7. CAMS

File Name	Video player software	Working Model 2D player
Video 7.2: Ballpoint pen	•	
Video 7.3: Ballpoint pen mechanism—planar representation	•	
Video 7.5: Toggle mechanism electric switch	•	
Video 7.6: Heart switch	•	
Video 7.7: Door knob mechanism	•	
Video 7.8: Caster wheel	•	
Video 7.9: Disc cam mechanisms	•	
Video 7.30: Positive-motion disc cam mechanism	•	
Video 7.31: Constant-breadth cam Mechanism	•	
Video 7.33: Movie projector mechanism	•	
Video 7.57: Moving-headstock milling machine	•	
Video 7.58A: Single knife-edge follower, disc cam mechanism	•	
Video 7.58B: Multiple knife-edge followers, disc cam mechanism	•	
Video 7.58C: Roller follower, disc cam mechanism	•	
Video 7.59: Cylindrical cam mechanism	•	
Video 7.60: Face cam mechanism	•	
Video 7.61A1: Manufacture of a disc cam—scribing radial lines	•	
Video 7.61A2: Manufacture of a disc cam—scribing circular arcs	•	
Video 7.61B: Manufacture of a disc cam—scribing rises and falls	•	
Video 7.61C: Manufacture of a disc cam—rough cut	•	
Video 7.61D: Manufacture of a disc cam—fine cut	•	

- Cam Design, kinematic analysis of disc cam mechanisms

CHAPTER 8. GRAPHICAL FORCE ANALYSIS OF PLANAR MECHANISMS

File Name	Video player software	Working Model 2D player
Video 8.7: Force polygon	•	
Video 8.11: Scissor jack	•	
Video 8.15: Front-end loader mechanism	•	
Video 8.17: Parking brake mechanism	•	
Video 8.23: Dynamic analysis of a four-bar mechanism	•	•

CHAPTER 9. ANALYTICAL FORCE ANALYSIS AND BALANCING OF PLANAR MECHANISMS

File Name	Video player software	Working Model 2D player
Video 9.26: Shaking force analysis	•	

- *Mathcad program: fourbarforce, dynamic analysis of a four-bar mechanism*
- *Mathcad program: slidercrankforce, dynamic analysis of a slider mechanism*
- *Mathcad program: fourbarbalance, balancing of a four-bar mechanism*
- *Mathcad program: slidercrankbalance, balancing of a slider crank mechanism*

CHAPTER 10 FLYWHEELS

File Name	Video player software	Working Model 2D player
Video 10.3: Flywheel analysis	•	
Video 10.4: Engine flywheel	•	•

CHAPTER 11 SYNTHESIS OF MECHANISMS

File Name	Video player software	Working Model 2D player
Video 11.2: Corkscrew mechanisms		
Video 11.21A: Headlight cover, undesirable design	•	
Video 11.21B: Headlight cover, desirable design	•	

- *Mathcad program: fourbarfuncsyn, function synthesis of a four-bar mechanism*
- *Mathcad program: slidercrankfuncsyn, function synthesis of a slider crank mechanism*
- *Mathcad program: fourbarrbg, rigid-body guidance synthesis of a four-bar mechanism*

CHAPTER 13 DESIGN CASE STUDIES FOR MECHANISMS AND MACHINES

File Name	Video player software	Working Model 2D player
Video 13.3: Hooke's coupling	•	
Video 13.4: Double Hooke's coupling	•	
Video 13.5: Constant-velocity coupling	•	
Video 13.8: Oldham coupling	•	
Video 13.10: Offset drive	•	
Video 13.11: Clutch mechanism	•	

CHAPTER 13 (CONTINUED)

File Name	Video player software	Working Model 2D player
Video 13.13: Synchronizer	•	
Video 13.14: Cross section of a synchronizer	•	
Video 13.15: Drill chuck mechanism	•	
Video 13.18: Manual lathe chuck	•	
Video 13.19: Power lathe chuck	•	
Video 13.20: Disc brake	•	
Video 13.21: Drum brake	•	
Video 13.22: Ratchet mechanism	•	
Video 13.23: Ratchet wrench	•	
Video 13.24: Sprag clutch	•	
Video 13.25: Escapement mechanism	•	
Video 13.26: Iris mechanism	•	
Video 13.27: Flow regulator	•	
Video 13.28: Lead screw and nut	•	
Video 13.29: Recirculating ball screw	•	
Video 13.30: Straight-line dwell mechanism	•	
Video 13.31: Circular-arc dwell mechanism	•	
Video 13.32: Geneva mechanism	•	
Video 13.33: Counting mechanism	•	
Video 13.34: Scotch yoke mechanism	•	
Video 13.35: Application of scotch yoke mechanism	•	
Video 13.36: Overhead valve piston engine cross-section	•	
Video 13.37: Sleeve valve piston engine	•	
Video 13.38: V-2 piston engine	•	
Video 13.39A: Radial piston engine	•	
Video 13.39B: Radial piston engine with propeller	•	
Video 13.40: Airplane radial piston engine	•	
Video 13.42: Wankel engine	•	
Video 13.43: Cresent pump	•	
Video 13.44: Radial-Vane pump	•	
Video 13.46: Swash-plate compressor	•	
Video 13.47: Fluid dispenser pump	•	
Video 13.48: Zero-max drive	•	
Video 13.49: Helicopter rotor-blade adjustment mechanism	•	
Video 13.51A: Simple toggle mechanism	•	
Video 13.51B: Double toggle mechanism	•	
Video 13.52: Ring binder mechanism	•	
Video 13.53: Key lock mechanism	•	
Video 13.54: Combination lock mechanism	•	
Video 13.60: Cable clip mechanism	•	
Video 13.61: Compliant stapler	•	
Video 13.62: Zipper mechanism	•	

APPENDIX A DESIGN PROJECTS USING WORKING MODEL 2D

File Name	Video player software	Working Model 2D player
Video A.0 Working Model tutorial	•	

APPENDIX E

환산 계수

CONVERSION FACTORS FOR LENGTH

multiply number of → to obtain ↓ by ↘	Centimeters (cm)	Feet (ft)	Inches (in)	Meters (m)	Millimeters (mm)
Centimeters (cm)	1	30.48	2.540	100	0.1
Feet (ft)	$3.281(10^{-2})$	1	$8.333(10^{-2})$	3.281	$3.281(10^{-3})$
Inches (in)	0.3937	12	1	39.37	$3.937(10^{-2})$
Meters (m)	0.01	0.3048	$2.540(10^{-2})$	1	$1(10^{-3})$
Millimeters (mm)	10	304.8	25.40	$1(10^{3})$	1

CONVERSION FACTORS FOR ANGLE

1 revolution = 6.283 radians = 360 degrees

CONVERSION FACTORS FOR ROTATIONAL SPEED

1 revolution/minute (rpm) = 1/60 revolution/second = 0.1047 radians/second (rad/sec)

CONVERSION FACTORS FOR MASS

multiply number of → to obtain ↓ by ↘	(lb-sec²/in)	Grams (gr)	Kilograms (kg)	Pounds mass (lbm)	Slugs (lb-sec²/ft)
(lb-sec²/in)	1	$5.711(10^{-6})$	$5.711(10^{-3})$	$2.591(10^{-3})$	$8.333(10^{-2})$
Grams (gr)	$1.751(10^{5})$	1	$1(10^{3})$	453.6	$1.459(10^{4})$
Kilograms (kg)	175.1	$1(10^{-3})$	1	0.4536	14.59
Pounds mass (lbm)	386.0	$2.205(10^{-2})$	2.205	1	32.17
Slugs (lb-sec²/ft)	12	$6.853(10^{-5})$	$6.853(10^{-2})$	$3.108(10^{-2})$	1

CONVERSION FACTORS FOR FORCE

multiply number of → to obtain ↓ by ↘	Dynes (gr-cm/sec²)	Newtons (kg-m/sec²)	Pounds force (lb)	Poundals (lbm-ft/sec²)
Dynes (gr-cm/sec²)	1	$1(10^{5})$	$4.448(10^{5})$	$1.383(10^{4})$
Newtons (kg-m/sec²)	$1(10^{-5})$	1	4.448	0.1383
Pounds force (lb)	$2.248(10^{-6})$	0.2248	1	$3.108(10^{-2})$
Poundals (lbm-ft/sec²)	$7.233(10^{-5})$	7.233	32.17	1

CONVERSION FACTORS FOR TORQUE OR MOMENT OF FORCE

multiply number of → to obtain ↓ by ↘	Dyne-centimeters	Gram-centimeters (grf-cm)	Kilogram-meters (kgf-m)	Pound-feet (lb-ft)	Newton-meters (N-m)
Dyne-centimeters	1	980.7	$9.807(10^{7})$	$1.356(10^{7})$	$1(10^{7})$
Gram-centimeters (grf-cm)	$1.020(10^{-3})$	1	$1(10^{5})$	$1.383(10^{4})$	$1.020(10^{4})$
Kilogram-meters (kgf-m)	$1.020(10^{-8})$	$1(10^{-5})$	1	0.1383	0.1020
Pound-feet (lb-ft)	$7.376(10^{-8})$	$7.233(10^{-5})$	7.233	1	0.7376
Newton-meters (N-m)	$1(10^{-7})$	$9.807(10^{-5})$	9.807	1.356	1

CONVERSION FACTORS FOR MASS MOMENT OF INERTIA

multiply number of → to obtain ↓ by ↘	Gram-centimeters squared ($gr\text{-}cm^2$)	Kilogram-meters squared ($kg\text{-}m^2$)	Pound mass-inches squared ($lbm\text{-}in^2$)	Pound mass-feet squared ($lbm\text{-}ft^2$)	($lb\text{-}in\text{-}sec^2$)
Gram-centimeters squared ($gr\text{-}cm^2$)	1	$1(10^{7})$	$2.927(10^{3})$	$4.214(10^{5})$	$1.130(10^{6})$
Kilogram-meters squared ($kg\text{-}m^2$)	$1(10^{-7})$	1	$2.927(10^{-4})$	$4.214(10^{-2})$	0.1130
Pound mass-inches squared ($lbm\text{-}in^2$)	$3.417(10^{-4})$	$3.417(10^{3})$	1	144	386.0
Pound mass-feet squared ($lbm\text{-}ft^2$)	$2.373(10^{-6})$	23.73	$6.944(10^{-3})$	1	2.681
($lb\text{-}in\text{-}sec^2$)	$8.853(10^{-7})$	8.853	$2.591(10^{-3})$	0.3730	1

참고문헌

1. Dechev, N., Cleghorn, W. L., and Naumann, S., Multiple Finger, Passive Grasp Prosthetic Hand, *Mechanism and Machine Theory*, Vol. 36, No. 10, pp. 1157–1173, 2001.
2. Uicker, J. J., Pennock, G. R., and Shigley, J. E., *Theory of Machines and Mechanisms*, fourth edition, Oxford University Press, New York, 2010.
3. Mabie, H. H., and Reinholtz, C. F., *Mechanisms and Dynamics of Machinery*, fourth edition, Wiley, New York, 1987.
4. Beer, F. P., and Johnson, E. R., *Vector Mechanics for Engineers*, McGraw-Hill, New York, 1988.
5. Zarkandi, S., Application of Mechanical Advantage and Instant Centres on Singularity Analysis of Single-DOF Planar Mechanisms, *Journal of Mechanical Engineering*, Vol. ME 91, No. 1, pp. 50–57, 2010.
6. Lévai, Z., Theory of Epicycle Gears and Epicycle Change-Speed Gearing, Budapest Technical University of Building, Civil Transport Engineering, Professorate for Motor Vehicles, Doctorate dissertation, No. 29, 1966.
7. Cleghorn, W. L., and Tyc, G., "Kinematic Analysis of Multiple Stage Planetary Gear Trains Using a Microcomputer," *International Journal of Mechanical Engineering Education*, Vol. 15, No. 1, pp. 57–69, 1987.
8. Chocholek, S. E., The Development of a Differential for the Improvement of Traction Control, In *Traction Control and Anti-Wheel-Spin Systems for Road Vehicles*, IMechE, Automobile Division, London, England, pp. 75–82, 1988.
9. Cleghorn, W. L., and Podhorodeski, R. P., Disc Cam Design Using a Microcomputer, *International Journal of Mechanical Engineering Education*, Vol. 16, No. 4, pp. 235–250, 1988.
10. Berkof, R. S., and Loewen, G. G., A New Method for Completely Force Balancing Simple Linkages, *ASME J. Engineering for Industry*, Vol. 91, No. 1, pp. 21–26, 1969.
11. Kraus, H., and Babbidge, H. D., Symptoms of Withdrawal: An Assessment of Mechanical Corkscrews, *Chartered Mechanical Engineer*, Vol. 24, No. 12, pp. 70–75, 1977.
12. Hartenberg, R. S., and Denavit, J., *Kinematic Synthesis of Mechanisms*, McGraw-Hill, New York, 1964.
13. Hrones, J. A., and Nelson, G. L., *Analysis of the Four Bar Linkage*, Wiley, New York, 1951.
14. Erdman, A. G., Sandor, G. N., and S. Kota, *Mechanism Design: Analysis and Synthesis*, fourth edition, Prentice-Hall, Englewood Cliffs, NJ, 2001.
15. Hyman, B., *Fundamentals of Engineering Design*, second edition, Prentice Hall, Upper Saddle River, NJ, 2003.
16. Eggert, R. J., *Engineering Design*, second edition, Prentice Hall, Upper Saddle River, NJ, 2010.
17. Ulrich, K. T., and Eppinger, S. D., *Product Design and Development*, fifth edition, McGraw-Hill, New York, 2012.
18. Parmley, R. O., *Illustrated Sourcebook of Mechanical Components*, McGraw-Hill Professional, New York, 2000.
19. Sclater, N., and Chironis, N., *Mechanisms and Mechanical Devices Sourcebook*, McGraw-Hill, New York, 1996.
20. Otto, K. N., and Wood, K. L., *Product Design: Techniques in Reverse Engineering and New Product Development*, Prentice-Hall, Engleword Cliff, NJ, Chapter 5, 2001.

21. Dixon J., and Poli, C., *Engineering Design and Design for Manufacturing: A Structured Approach*, Fieldstone Publications, Nashville, TN, 1995.
22. Akiyama, N. K., *Function Analysis: Systematic Improvement of Quality and Performance*, Productivity Press, New York, 1991.
23. Michalko, M., *Thinkertoys: A Handbook of Creative-Thinking Techniques*, second edition, Ten Speed Press, Berkeley, CA, 2006.
24. Linsey, J. S., and Becker, B., Effectiveness of Brainwriting Techniques: Comparing Nominal Groups to Real Terms in *Design Creativity*, Springer, London, 2011.
25. Spotts, M. F., *Design of Machine Elements*, Prentice-Hall, sixth edition, 1985.
26. Hyman, B., *Fundamentals of Engineering Design*, Prentice-Hall, second edition, Chapter 9, Upper Saddle River, NJ, 2003.
27. Ugural, A. C., and Fenster, S. K., *Advanced Mechanics of Materials and Applied Elasticity*, fifth edition, Prentice Hall, Upper Saddle River, NJ, 2012.
28. Solecki, R., and Conant, R. J., *Advanced Mechanics of Materials*, Oxford University Press, New York, 2003.
29. Logan, D. L., *A First Course in the Finite Element Method*, fifth edition, Cengage Learning, 2011.
30. Arora, J. S., *Introduction to Optimum Design*, third edition, Elsevier Academic Press, Amsterdam, 2012.
31. Verzuh, E., *The Fast Forward MBA in Project Management*, fourth edition, Wiley, Hoboken, NJ, 2011.
32. McMaster Carr (July 1, 2014). Home Page [Online]. Available: http://www.mcmaster.com/
33. Stock Drive Products (July 1, 2014). Home Page SDP/SI [Online]. Available: http://www.sdp-si.com/
34. Digikey (July 1, 2014). Home Page [Online]. Available: http://www.digikey.com/
35. Metal Supermarkets (July 1, 2014). Home Page [Online]. Available: http://www.metalsupermarkets.com/
36. Hess, E., *The CNC Cookbook: An Introduction to the Creation and Operation of Computer Controlled Mills, Router Tables, Lathes, and More*, Scitech Publications, Nagur, Pakistan, 2009.
37. Steen, W. M., and Mazumder, J., *Laser Material Processing*, fourth edition, Springer, Berlin, 2010.
38. Guitrau, E. B., *The EDM Handbook*, Hanser Publications, Cincinnati, 2009.
39. Gibson, I., and Rosen, D. W., *Additive Manufacturing Technologies: Rapid Prototyping to Direct Digital Manufacturing*, Springer, Berlin, 2010.
40. Hicks, C. R., and Turner, K. V., *Fundamental Concepts in the Design of Experiments*, fifth edition, Oxford University Press, New York, 1999.
41. Antony, J., *Design of Experiments for Engineers and Scientists*, Elsevier, Amsterdam, 2003.
42. Sclater, N., and Chironis, N. P., *Mechanisms and Mechanical Devices Sourcebook*, fourth edition, McGraw-Hill Professional, New York, 2001.
43. Stone, R., *Introduction to Internal Combustion Engines*," third edition, Society of Automotive Engineers Inc., Washington, D.C., 1999.
44. Alth, M., *All About Locks and Locksmithing*, Hawthorn Books, New York, 1972.
45. Howell, L. L., *Compliant Mechanisms*, Wiley-Interscience, Hoboken, NJ, 2001.
46. Spengen, W. M., Puers, R., and De Wolf, I., A Physical Model to Predict Stiction in MEMS, *Journal of Micromechanics and Microengineering*, Vol. 12, pp. 702–713, 2002.
47. Basha, M. A., Dechev, N., Safavi-Naeini, S., and Chadhuri, S., A Scalable 1 × N Optical MEMS Switch Architecture Utilizing A Microassembled Rotating Micromirror, *IEEE Journal of Selected Topics in Quantum Electronics*, Vol. 13, No. 2, pp. 336–347, March/April 2007.
48. Dechev, N., Cleghorn, W. L., and Mills, J. K., Microassembly of 3-D MEMS Structures Utilizing a MEMS Microgripper with a Robotic Manipulator, *Proceedings of the IEEE*

International Conference on Robotics and Automation (ICRA 2003), Taipei, Taiwan, September 14–19, 2003.

49. Analog Devices (July 1, 2014). MEMS Acelerometers, [Online]. Available: http://www.analog.com/en/mems-sensors/mems-accelerometers/products/index.html
50. Texas Instruments (July 1, 2014). DLP technology product [Online]. Available: http://www.dlp.com/
51. Dechev, N., Cleghorn, W. L., and Mills, J. K., Microassembly of 3D Microstructures Using a Compliant, Passive Microgripper, *Journal of Microelectromechanical Systems*, Vol. 13, No. 2, pp. 176–189, 2004.
52. Suh, C. H., and Radcliffe, C. W., Synthesis of Plane Linkages with Use of the Displacement Matrix, *ASME J. Engineering for Industry*, Vol. 84, No. 2, pp. 206–214, 1967.

TROGONOMETRIC IDENTITIES

$$\cos\left(u \pm \frac{\pi}{2}\right) = \mp \sin u; \qquad \sin\left(u \pm \frac{\pi}{2}\right) = \pm \cos u$$

$$\sin(u+\pi) = -\sin u; \qquad \sin(-u) = -\sin u$$

$$\cos(u+\pi) = -\cos u; \qquad \cos(-u) = \cos u$$

$$\tan\left(u + \frac{\pi}{2}\right) = -\tan u; \qquad \tan(-u) = -\tan u$$

$$\sin^2 u + \cos^2 u = 1$$

$$\tan^2 u + 1 = \sec^2 u$$

$$\cot^2 u + 1 = \csc^2 u$$

$$\sin^2 u = \tfrac{1}{2}(1 - \cos 2u)$$

$$\cos^2 u = \tfrac{1}{2}(1 + \cos 2u)$$

$$\sin(u \pm v) = \sin u \cos v \pm \cos u \sin v$$

$$\cos(u \pm v) = \cos u \cos v \mp \sin u \sin v$$

$$\sin^{-1} u = \cos^{-1}\left(1 - u^2\right)^{1/2}$$

$$-\frac{\pi}{2} < \tan^{-1}\left(\frac{y}{x}\right) < \frac{\pi}{2}$$

$\tan2^{-1}(x, y)$ considers the signs of both x and y, $-\pi < \tan2^{-1}(x, y) < \pi$

Note: $\tan2^{-1}\left(|x|, |y|\right) = \tan^{-1}\left(\frac{|y|}{|x|}\right)$

$$\frac{d}{dx}\sin u = \cos u \frac{du}{dx}; \qquad \frac{d}{dx}\cos u = -\sin u \frac{du}{dx}$$

$$\frac{d}{dx}\sin^{-1}u = \frac{1}{\sqrt{1-u^2}}\frac{du}{dx}; \qquad -\frac{\pi}{2} \le \sin^{-1}u \le \frac{\pi}{2}$$

$$\frac{d}{dx}\cos^{-1}u = -\frac{1}{\sqrt{1-u^2}}\frac{du}{dx}; \quad 0 \le \cos^{-1}u \le \pi$$

$$\frac{d}{dx}\tan^{-1}u = -\frac{1}{1+u^2}\frac{du}{dx}; \qquad -\frac{\pi}{2} \le \tan^{-1}u \le \frac{\pi}{2}$$

$$\frac{d}{dx}\cot^{-1}u = -\frac{1}{1+u^2}\frac{du}{dx}; \qquad -\frac{\pi}{2} \le \cot^{-1}u \le \frac{\pi}{2}$$

COSINE LAW

$$a^2 = b^2 + c^2 - 2b\,c\cos\alpha$$

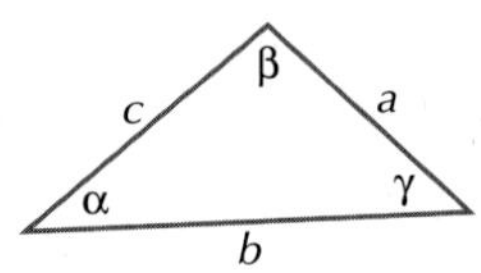

SINE LAW

$$\frac{a}{\sin\alpha} = \frac{b}{\sin\beta} = \frac{c}{\sin\gamma}$$

찾아보기

| ㅈ |

| 기타 |